CORPO
Humano

Equipe de tradução da 10ª edição:

Alexandre Lins Werneck

(Capítulos 1, 6-8, 10, 11, 13-18, 23, 24, apêndice, glossário, índice, conteúdo online)

Tradutor e professor da Faculdade de Medicina de São José do Rio Preto, SP (Famerp).

Mestre e Doutor em Ciências da Saúde: Anatomia Humana pela Famerp.

Luciana Cavalcanti Lima

(Capítulos 3, 4, 9-12)

Médica anestesiologista. Professora da Faculdade Pernambucana de Saúde (FPS).

Mestre em Saúde Materno-Infantil pelo Instituto Fernando Figueira.

Doutora em Anestesiologia pela Universidade Estadual Paulista Júlio de Mesquita Filho (Unesp).

Oscar César Pires

(Capítulos 2, 5, 19-22)

Médico anestesiologista. Professor da disciplina de Farmacologia e Anestesiologia da Universidade de Taubaté (Unitau).

Diretor do Instituto Básico de Biociências da Unitau.

Mestre em Ciências Farmacêuticas: Insumos e Medicamentos pela Universidade São Francisco.

Doutor em Anestesiologia pela Universidade de São Paulo (USP).

Tradutores e revisores técnicos da 8ª edição:

Luiz Alberto Santos Serrano (Tradutor e revisor técnico)

Professor auxiliar de Anatomia Humana da Universidade de Itaúna (UI).

Professor assistente de Anatomia Humana do Centro Universitário de Belo Horizonte (UNI-BH). Membro da Sociedade Brasileira de Anatomia.

Oscar César Pires (Tradutor)

Médico anestesiologista. Professor da disciplina de Farmacologia e Anestesiologia da Universidade de Taubaté (Unitau).

Diretor do Instituto Básico de Biociências da Unitau.

Mestre em Ciências Farmacêuticas: Insumos e Medicamentos pela Universidade São Francisco.

Doutor em Anestesiologia pela Universidade de São Paulo (USP).

Antônio Fernando Carneiro (Tradutor)

Professor de Anestesiologia da Universidade Federal de Goiás. Mestre em Medicina pela Universidade Federal de Goiás.

Doutor em Medicina pela Santa Casa de São Paulo.

Luciana Cavalcanti Lima (Tradutora)

Médica anestesiologista. Professora da Faculdade Pernambucana de Saúde (FPS).

Mestre em Saúde Materno-Infantil pelo Instituto Fernando Figueira.

Doutora em Anestesiologia pela Universidade Estadual Paulista Júlio de Mesquita Filho (Unesp).

Tolomeu Artur Assunção Casali (Revisor técnico)

Professor de Anatomia da Faculdade de Ciências Médicas de Minas Gerais e da Universiadde de Itaúna.

Doutor em Ciências Fisiológicas pela Universidade Federal de Minas Gerais.

T712c Tortora, Gerard J.

Corpo humano : fundamentos de anatomia e fisiologia / Gerard J. Tortora, Bryan Derrickson ; [tradução: Alexandre Lins Werneck ... et al.] ; revisão técnica: Alexandre Lins Werneck, Paulo Cavalheiro Schenkel, Naira Correia Cusma Pelógia. – 10. ed. – Porto Alegre : Artmed, 2017.

xxviii, 676 p. : il. color. ; 28 cm.

ISBN 978-85-8271-363-1

1. Anatomia humana. 2. Fisiologia humana. I. Derrickson, Bryan. II. Título.

CDU 611/612

Catalogação na publicação: Poliana Sanchez de Araujo – CRB 10/2094

Gerard J. Tortora
Bergen Community College

Bryan Derrickson
Valencia College

CORPO *Humano*

FUNDAMENTOS DE ANATOMIA E FISIOLOGIA

10ª Edição

Consultoria, supervisão e revisão técnica desta edição:

Alexandre Lins Werneck
Tradutor e professor da Faculdade de Medicina de São José do Rio Preto (Famerp).
Mestre e Doutor em Ciências da Saúde: Anatomia Humana pela Famerp.

Paulo Cavalheiro Schenkel
Professor adjunto do Instituto de Ciências Básicas da Saúde da Universidade Federal do Rio Grande do Sul (UFRGS).
Mestre e Doutor em Ciências Biológicas: Fisiologia pela UFRGS.

Naira Correia Cusma Pelógia
Professora titular da Universidade Paulista (Unip).
Mestre e Doutora em Ciências: Farmacologia pela Universidade de São Paulo (USP).

Reimpressão 2021

artmed

2017

Obra originalmente publicada sob o título
Introduction to the human body, 10th Edition
ISBN 9781118583180 / 1118583183

Gerente editorial: *Letícia Bispo de Lima*

Colaboraram nesta edição:

Editora: *Mirian Raquel Fachinetto Cunha*

Capa: *Márcio Monticelli*

Preparação de originais: *Madi Pacheco*

Leitura final: *Geórgia Marques Píppi*

Editoração: *Techbooks*

Nota:

As ciências básicas estão em constante evolução. À medida que novas pesquisas e a própria experiência clínica ampliam o nosso conhecimento, são necessárias modificações na terapêutica, em que também se insere o uso de medicamentos. Os autores desta obra consultaram as fontes consideradas confiáveis num esforço para oferecer informações completas e, geralmente, de acordo com os padrões aceitos à época da publicação. Entretanto, tendo em vista a possibilidade de falha humana ou de alterações nas ciências médicas, os leitores devem confirmar estas informações com outras fontes. Por exemplo, e em particular, os leitores são aconselhados a conferir a bula completa de qualquer medicamento que pretendam administrar para se certificar de que a informação contida neste livro está correta e de que não houve alteração na dose recomendada nem nas precauções e contraindicações para o seu uso. Essa recomendação é particularmente importante em relação a medicamentos introduzidos recentemente no mercado farmacêutico ou raramente utilizados.

Reservados todos os direitos de publicação, em língua portuguesa, à
ARTMED EDITORA LTDA., uma empresa do GRUPO A EDUCAÇÃO S.A.
Av. Jerônimo de Ornelas, 670 – Santana
90040-340 Porto Alegre RS
Fone: (51) 3027-7000 Fax: (51) 3027-7070

Unidade São Paulo
Rua Doutor Cesário Mota Jr., 63 – Vila Buarque
01221-020 São Paulo SP
Fone: (11) 3221-9033

SAC 0800 703-3444 – www.grupoa.com.br

IMPRESSO NO BRASIL
PRINTED IN BRAZIL

SOBRE OS AUTORES

Jerry Tortora é professor de biologia e ex-coordenador no Bergen Community College, em Paramus, New Jersey, onde ministra aulas de anatomia humana e fisiologia, além de microbiologia. É Bacharel em Biologia pela Fairleigh Dickinson University e Mestre em Educação Científica pelo Montclair State College. É membro de muitas organizações profissionais, incluindo a Human Anatomy and Physiology Society (HAPS), a American society of Microbiology (ASM), a American Association for the Advancement of Science (AAAS), a National Education Association (NEA) e a Metropolitan Association of College and University Biologists (MACUB).

Acima de tudo, Jerry é devotado a seus estudantes e às suas aspirações. Em reconhecimento a esse compromisso, recebeu o Prêmio President's Memorial da MACUB, de 1992. Em 1996, recebeu o prêmio de excelência do National Institute for Staff and Organizational Development (NISOD) da Universidade do Texas, e foi escolhido como representante do Bergen Community College na campanha para aumentar o reconhecimento das contribuições dos Community Colleges para a educação superior.

Jerry é autor de vários livros didáticos de grande sucesso sobre ciências e manuais de laboratório, vocação que requer frequentemente dedicação adicional de 40 horas por semana, além de suas responsabilidades como educador. Entretanto, ainda encontra tempo para fazer de quatro a cinco horas semanais de exercícios aeróbicos, incluindo bicicleta e corrida. Também gosta de assistir aos jogos de basquete universitário, da liga profissional de hóquei e a peças no Metropolitan Opera House.

A meus filhos: Lynne Marie, Gerard Joseph, Kenneth Stephen, Anthony Gerard e Andrew Joseph. O amor e o apoio deles recebido continuam a fazer com que meu mundo valha a pena.
Nunca serei capaz de retribuir-lhes o que fazem por mim. G. J. T.

Bryan Derrickson é professor de biologia no Valencia College, em Orlando, Flórida, onde ministra aulas de anatomia humana e fisiologia, além de biologia geral e sexualidade humana. É bacharel em Biologia pelo Morehouse College e obteve seu Ph.D. em Biologia Celular pela Duke University. Bryan trabalhou na Divisão de Fisiologia, no Departamento de Biologia Celular. Assim, formado em Biologia Celular, especializou-se em Fisiologia. No Valencia College, frequentemente trabalha nos comitês de contratação da faculdade. Trabalhou como membro do Faculty Senate, que é a administração da universidade, e como membro do Faculty Academy Committee (agora denominado Teaching and Learning Academy), que estabelece os padrões para aquisição de direitos de estabilidade pelos membros da faculdade. Nacionalmente, é membro da Human Anatomy and Physiology Society (HAPS) e da National Association of Biology Teachers (NABT). Bryan sempre quis ensinar: inspirado por diversos professores de biologia enquanto estava na faculdade, decidiu ensinar fisiologia, sempre visando ao ensino superior. Dedica-se inteiramente ao sucesso de seus alunos. Particularmente, valoriza os desafios da diversificada população estudantil, em termos de idade, etnia e capacidade acadêmica, e considera-se capacitado para atingir a todos eles, apesar de suas diferenças, uma experiência que julga gratificante. Os esforços e a assistência de Bryan são continuamente reconhecidos por seus alunos, que o indicam para o prêmio do campus conhecido como "O professor que faz de Valencia um lugar melhor para o início de sua carreira acadêmica". Bryan recebeu esse prêmio três vezes.

À minha familia: Rosalind, Hurley, Cherie e Robb.
O apoio e motivação recebidos deles foram inestimáveis. B. D.

AGRADECIMENTOS

Agradecemos de maneira especial a diversos colegas acadêmicos por suas contribuições para esta edição. Além disso, somos muito gratos aos colegas que revisaram o original, participaram dos grupos de discussão e encontros, e ofereceram sugestões para melhorias. Acima de tudo, gostaríamos de agradecer àqueles que contribuíram para a criação e integração deste texto com o ***WileyPLUS LEARNING Space***.

As melhorias e aperfeiçoamentos para esta edição só foram possíveis, em grande parte, em virtude da habilidade e do trabalho cuidadoso do seguinte grupo de pessoas:

Matthew Abbott, Des Moines Area Community College

Nick Butkevich, Eastern Florida State College

Anthony Contento, State University of New York at Oswego

Melissa Greene, Northwest Mississippi Community College

Margaret Howell, Santa Fe College

Cynthia Kincer, Wytheville Community College

Jason Locklin, Temple College

Javanika Mody, Anne Arundel Community College

Erin Morrey, Georgia Perimeter College

Gisele Nasr, Eastern Florida State College

Pamela Smith, Madisonville Community College

George Spiegel, College of Southern Maryland

Jill Tall, Ozarks Technical Community College

Terry Thompson, Wor-Wic Community College

Caryl Tickner, Stark State College

Finalmente, nossa profunda admiração a todos na Wiley. Somos gratos por trabalhar com essa equipe talentosa, dedicada e entusiasta de profissionais da área editorial. Nossos agradecimentos a toda equipe – Bonnie Roesch, editor executivo; Lauren Elfers, editora associada sênior, Brittany Cheethan, editora assistente; Trish McFadden, editor de produção sênior; Mary Ann Price, gerente de fotografia; Claudia Volano, coordenadora de ilustração; Madelyn Lesure, designer sênior; Linda Muriello designer de produto; e Maria Guarascio, gerente executivo de marketing.

GERARD J. TORTORA

Department of Science and Health, S229

Bergen Community College

400 Paramus Road

Paramus, NJ 07652

gjtauthor01@optonline.net

BRYAN DERRICKSON

Department of Science, PO Box 3028

Valencia College

Orlando, FL 32802

bderrickson@valenciacollege.edu

P R E F Á C I O

Corpo humano: fundamentos de anatomia e fisiologia, 10ª edição, foi idealizado para cursos de anatomia e fisiologia humanas ou de biologia humana. Para tal, não presume estudo prévio do corpo humano. Assim, esta 10ª edição continua a oferecer apresentação equilibrada do conteúdo no âmbito do tema unificado e básico da homeostasia, apoiado por análises relevantes das interrupções da homeostasia. Além disso, os comentários feitos por estudantes, ao longo de anos, nos convenceram de que aprendem anatomia e fisiologia mais facilmente quando compreendem as relações entre estrutura e função. As distintas formações de um anatomista e de um fisiologista propiciam ao livro o necessário equilíbrio entre anatomia e fisiologia.

A organização e o fluxo de conteúdo nessas páginas foi pensado para fornecer aos estudantes um conteúdo claro, preciso e habilmente ilustrado relativo à estrutura e função do corpo humano.

Novidades desta edição

A 10ª edição de *Corpo humano: fundamentos de anatomia e fisiologia* foi inteiramente atualizada, prestando-se atenção cuidadosa para incluir a terminologia mais atual em uso (baseada na *Terminologia Anatômica)* e um glossário ampliado. Incluímos novas seções, além de trazer seções amplamente revisadas sobre tampões e doenças, criolipólise, lâmina epifisária e controle de respiração. Correlações Clínicas que auxiliam os estudantes a compreender a relevância das funções e estruturas anatômicas foram atualizadas em todo o livro e, em alguns casos, estão agora dispostas ao longo das ilustrações relacionadas reforçando tais conexões para os estudantes.

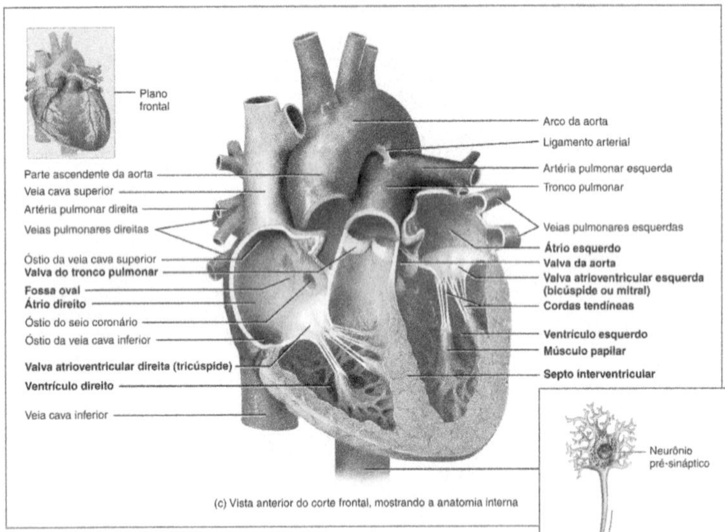

(c) Vista anterior do corte frontal, mostrando a anatomia interna

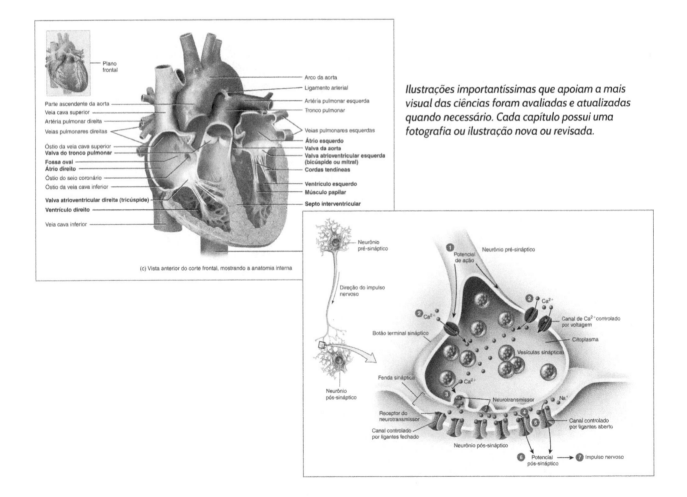

Ilustrações importantíssimas que apoiam a mais visual das ciências foram avaliadas e atualizadas quando necessário. Cada capítulo possui uma fotografia ou ilustração nova ou revisada.

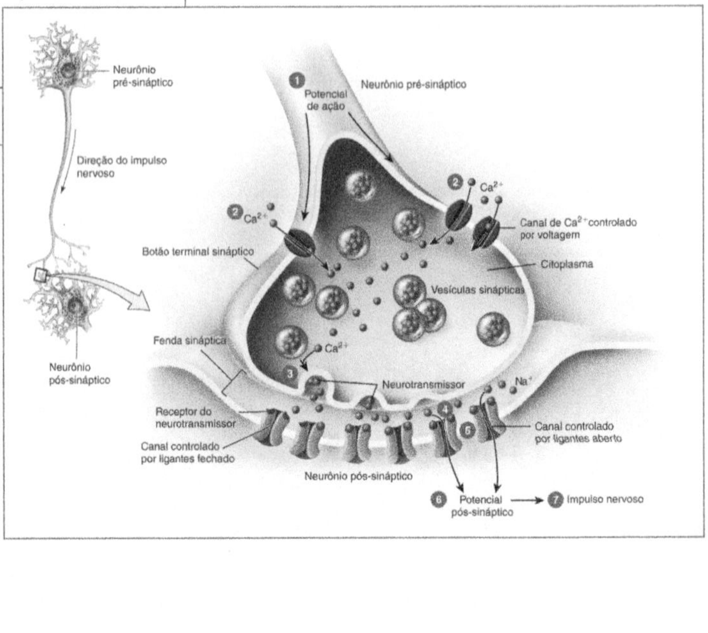

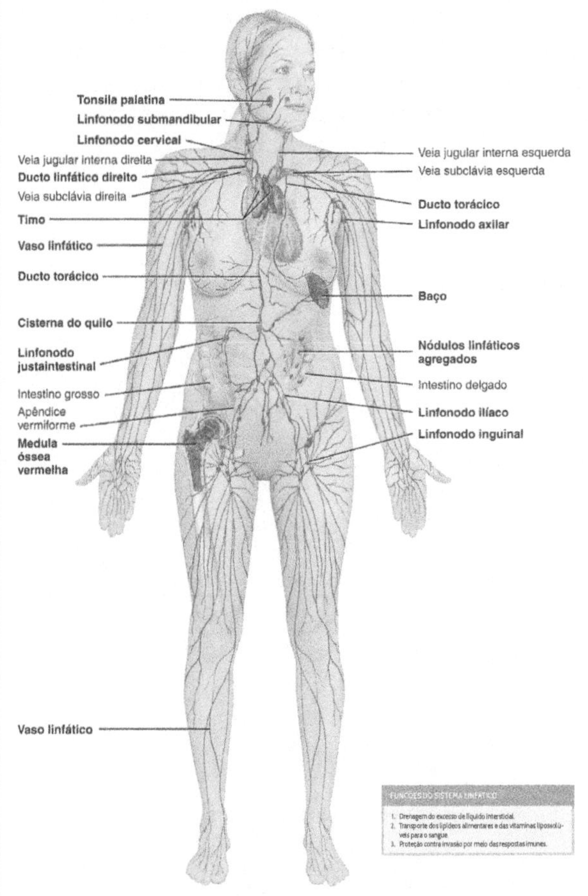

(a) Vista anterior dos principais componentes do sistema linfático

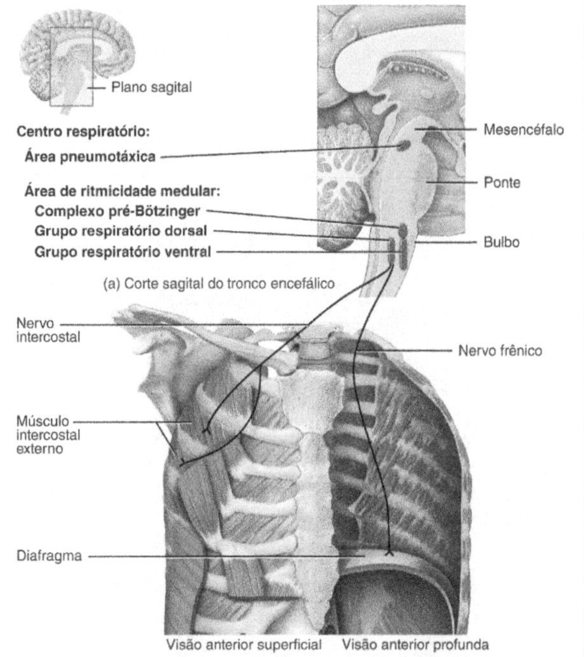

(b) Musculatura do tórax

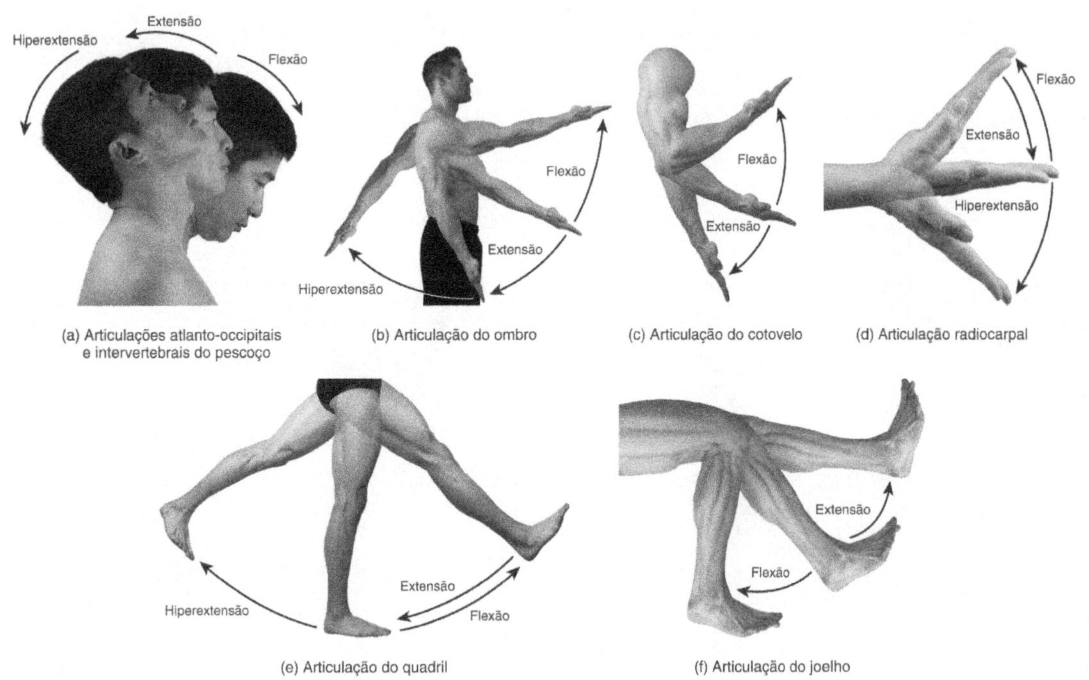

(a) Articulações atlanto-occipitais e intervertebrais do pescoço

(b) Articulação do ombro

(c) Articulação do cotovelo

(d) Articulação radiocarpal

(e) Articulação do quadril

(f) Articulação do joelho

Reforçando a ênfase na importância da homeostasia e nos mecanismos que lhe dão respaldo, foram redesenhadas as ilustrações que descrevem diagramas de avaliações distribuídas ao longo do livro. Já introduzida no primeiro capítulo, a estrutura diferenciada auxilia os estudantes a reconhecerem os componentes essenciais de um ciclo de retroalimentação (*feedback*), quer estudando o controle de pressão do sangue, regulação da respiração, regulação da taxa de filtração glomerular ou de uma miríade de outras funções, incluindo retroalimentação positiva e negativa. Para auxiliar leitores visuais, nestas ilustrações há consistência no uso das cores – verde para condição controlada, azul para receptores, lilás para o centro de controle e rosa para efetores.

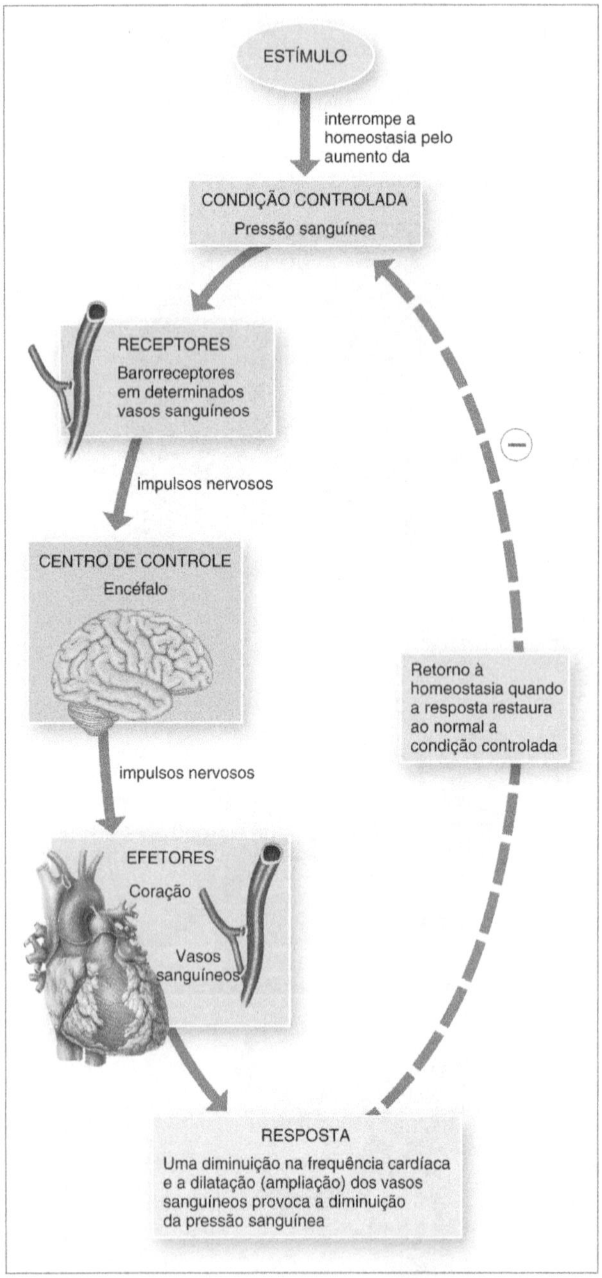

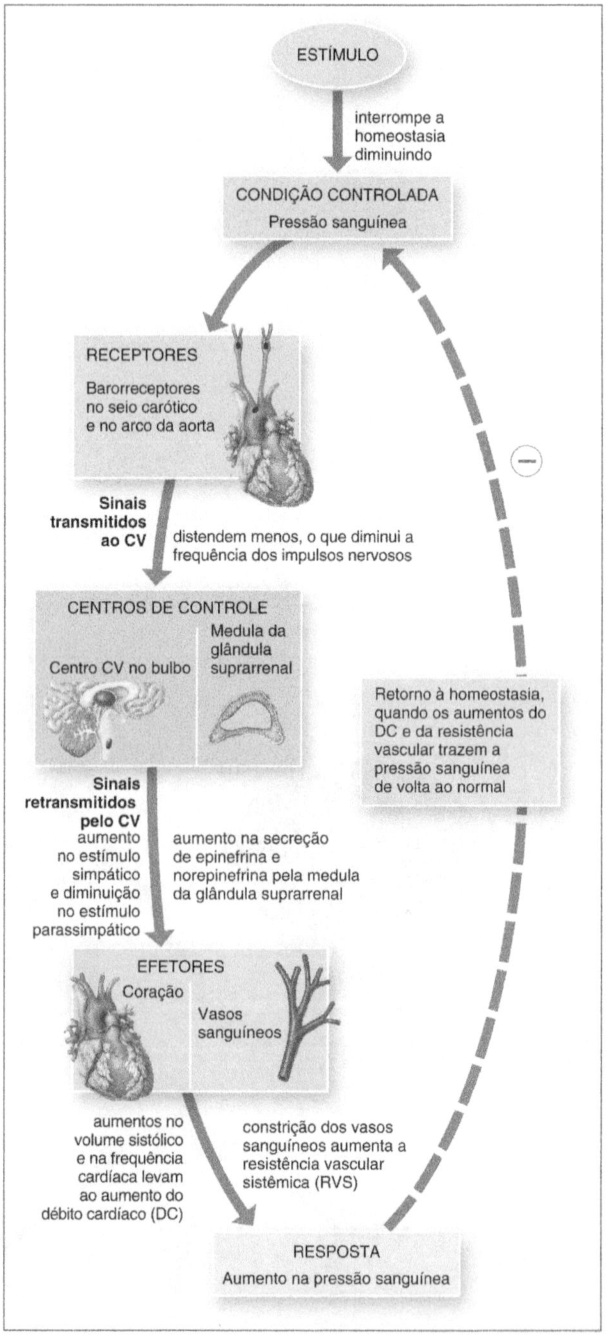

Além disso, acompanhando os capítulos que abrangem cada sistema do corpo, uma pagina é dedicada a favorecer a compreensão de como cada sistema contribui para a homeostasia geral, por meio da interação com outros sistemas do corpo. Essas páginas têm novo projeto gráfico, desenvolvido para proporcionar um melhor aproveitamento dos resumos de cada tema.

FOCO na HOMEOSTASIA

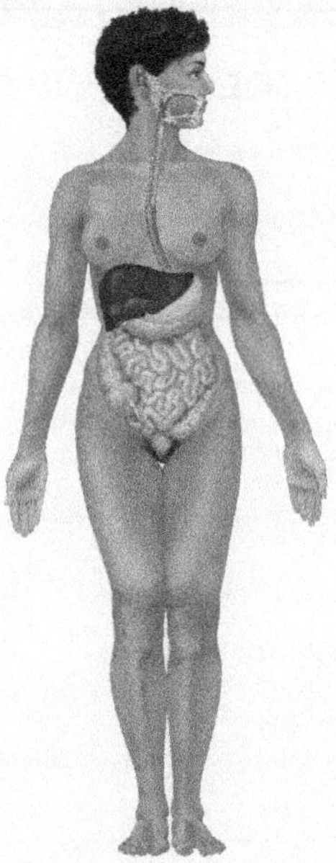

CONTRIBUIÇÕES DO

SISTEMA DIGESTÓRIO

PARA TODOS OS SISTEMAS DO CORPO

- O sistema digestório decompõe nutrientes da alimentação em formas que são absorvidas e utilizadas pelas células do corpo para a produção de ATP e construção dos tecidos do corpo
- Absorve água, minerais e vitaminas necessários para o crescimento e a função dos tecidos do corpo
- Elimina resíduos dos tecidos do corpo nas fezes

TEGUMENTO COMUM

- O intestino delgado absorve a vitamina D, que a pele e os rins modificam para produzir o hormônio calcitriol
- O excesso de calorias na alimentação é armazenado como triglicerídeos nas células adiposas na derme e na tela subcutânea

SISTEMA ESQUELÉTICO

- O intestino delgado absorve os sais de cálcio e de fósforo presentes na alimentação, necessários para formar a matriz óssea

SISTEMA MUSCULAR

- O fígado converte ácido lático (produzido pelos músculos durante o exercício) em glicose

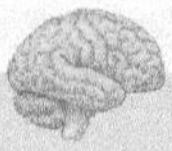

SISTEMA NERVOSO

- A gliconeogênese (síntese de novas moléculas de glicose) no fígado, mais a digestão e absorção dos carboidratos na alimentação fornecem a glicose, necessária para a produção de ATP pelos neurônios

SISTEMA ENDÓCRINO

- O fígado inativa alguns hormônios, terminando sua atividade
- As ilhotas pancreáticas liberam insulina e glucagon
- As células na túnica mucosa do estômago e intestino delgado secretam hormônios que regulam as atividades digestivas
- O fígado produz angiotensinogênio

SISTEMA CIRCULATÓRIO

- O trato GI absorve água, que ajuda a manter o volume de sangue e ferro, necessário para a síntese de hemoglobina nos eritrócitos
- A bilirrubina da degradação da hemoglobina é parcialmente eliminada nas fezes
- O fígado sintetiza a maioria das proteínas plasmáticas

SISTEMA LINFÁTICO E IMUNIDADE

- A acidez do suco gástrico destrói bactérias e a maioria das toxinas no estômago
- Nódulos linfáticos no tecido conectivo areolar da túnica mucosa do trato gastrintestinal (nódulos linfáticos) destroem micróbios

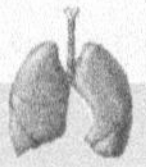

SISTEMA RESPIRATÓRIO

- A pressão dos órgãos abdominais contra o diafragma ajuda a expelir o ar rapidamente durante uma expiração forçada

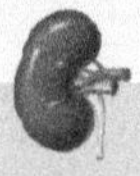

SISTEMA URINÁRIO

- A absorção de água pelo trato GI fornece água necessária para a eliminação dos produtos residuais da urina

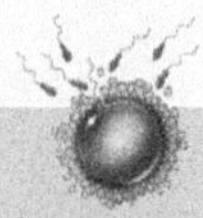

SISTEMA GENITAL

- A digestão e absorção fornecem os nutrientes adequados, incluindo gorduras, para o desenvolvimento normal das estruturas reprodutivas, para a produção de gametas (óvulos e espermatozoides) e para o crescimento e desenvolvimento do feto durante a gestação

R E C U R S O S   D I D Á T I C O S

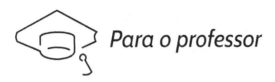

Para o professor

Na Área do Professor, uma seleção de materiais traduzidos está disponível para facilitar o ensino e a aprendizarem em sala de aula.

Para acessar gratuitamente esses materiais, acesse nosso site, loja.grupoa.com.br, cadastre-se como professor, encontre a página do livro por meio do campo de busca e clique no link Material para o Professor.

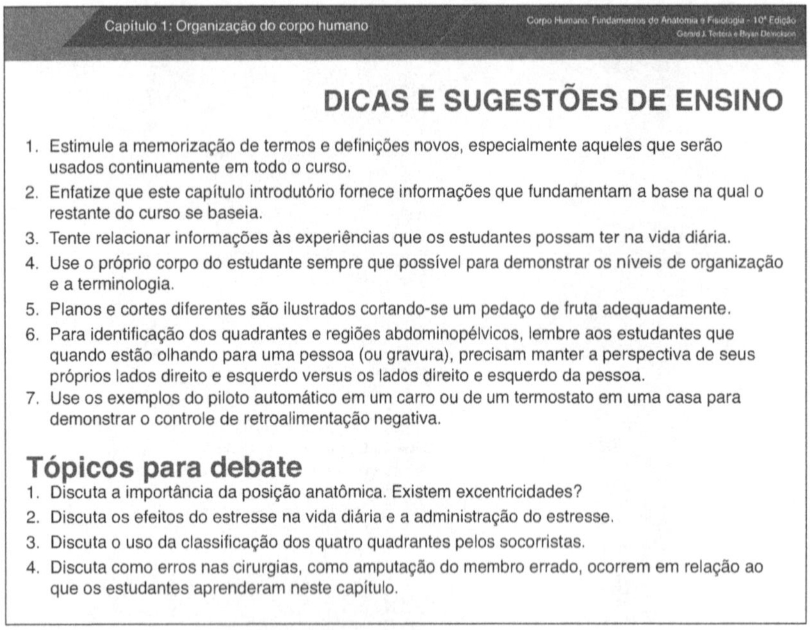

Capítulo 1: Organização do corpo humano

Corpo Humano: Fundamentos de Anatomia e Fisiologia - 10ª Edição
Gerard J. Tortora e Bryan Derrickson

DICAS E SUGESTÕES DE ENSINO

1. Estimule a memorização de termos e definições novos, especialmente aqueles que serão usados continuamente em todo o curso.
2. Enfatize que este capítulo introdutório fornece informações que fundamentam a base na qual o restante do curso se baseia.
3. Tente relacionar informações às experiências que os estudantes possam ter na vida diária.
4. Use o próprio corpo do estudante sempre que possível para demonstrar os níveis de organização e a terminologia.
5. Planos e cortes diferentes são ilustrados cortando-se um pedaço de fruta adequadamente.
6. Para identificação dos quadrantes e regiões abdominopélvicos, lembre aos estudantes que quando estão olhando para uma pessoa (ou gravura), precisam manter a perspectiva de seus próprios lados direito e esquerdo versus os lados direito e esquerdo da pessoa.
7. Use os exemplos do piloto automático em um carro ou de um termostato em uma casa para demonstrar o controle de retroalimentação negativa.

Tópicos para debate

1. Discuta a importância da posição anatômica. Existem excentricidades?
2. Discuta os efeitos do estresse na vida diária e a administração do estresse.
3. Discuta o uso da classificação dos quatro quadrantes pelos socorristas.
4. Discuta como erros nas cirurgias, como amputação do membro errado, ocorrem em relação ao que os estudantes aprenderam neste capítulo.

Para cada capítulo, dicas e sugestões de tópicos de discussão são apresentadas para auxiliar na preparação e condução das aulas.

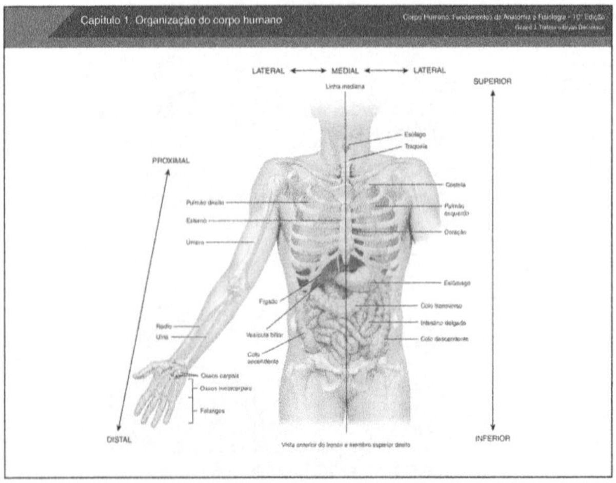

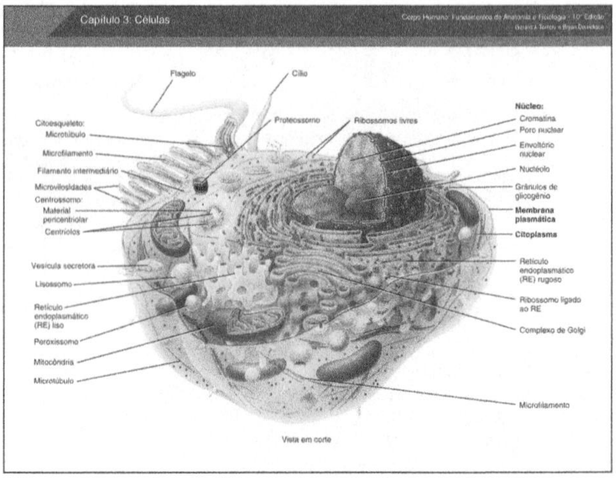

Úteis como recurso didático, as imagens da obra estão disponíveis em formato PowerPoint®.

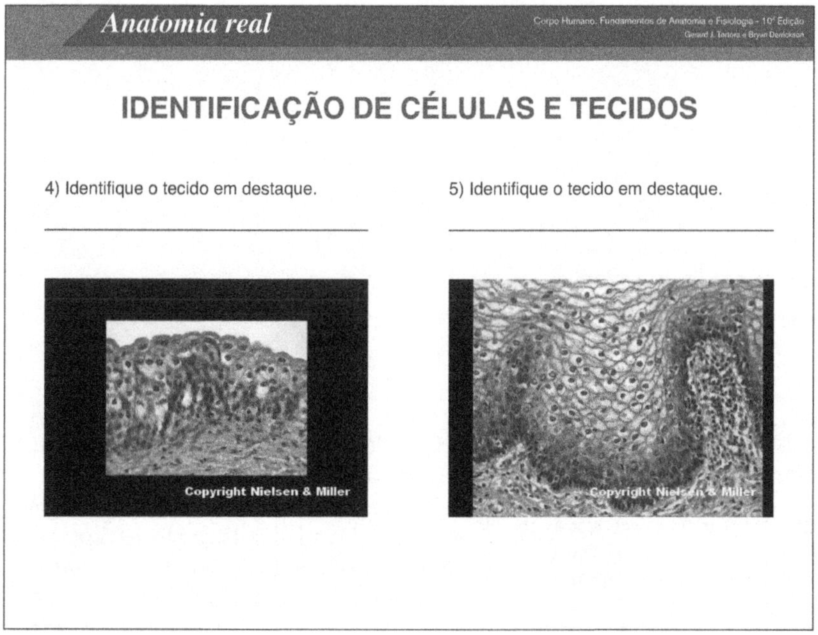

Imagens anatômicas reais estão disponíveis em arquivos Word® para que o estudante possa exercitar seus conhecimentos. Para o professor, há também um arquivo com as respostas.

Para o estudante

Seu livro tem uma variedade de características especiais que farão do seu tempo estudando anatomia e fisiologia uma experiência mais recompensadora. Elas foram desenvolvidas com base no retorno de estudantes que utilizaram as edições anteriores.

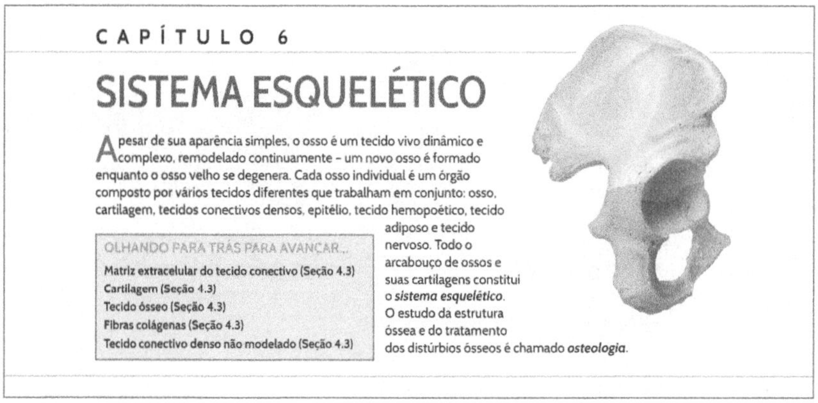

No início de cada capítulo, **Olhando para trás para avançar...** reúne uma listagem de conceitos necessários para a melhor compreensão do tema a ser estudado. Cada tópico traz a identificação do número da seção em que este conteúdo pode ser revisado.

Cada seção é numerada para facilitar remissões de informações, bem como apresenta seus objetivos específicos. Assim, sugere-se ao estudante que, ao começar a leitura de cada seção, anote quais são esses objetivos, o que ajudará a concentrar-se nos tópicos de interesse

6.3 Estrutura do osso

OBJETIVOS

- Descrever as partes de um osso longo.
- Descrever as características histológicas do tecido ósseo.

Exploraremos, agora, a e… croscópico e microscópic…

TESTE SUA COMPREENSÃO

4. Esquematize as partes de um osso longo e liste as funções de cada parte.
5. Quais são os quatro tipos de células no tecido ósseo?
6. Quais são as diferenças entre os tecidos ósseos esponjoso e compacto, em termos de sua aparência microscópica, localização e função?

Ao concluir a leitura da seção, reserve algum tempo para responder às questões do **Teste sua compreensão**. Se você conseguir respondê-las adequadamente, está pronto para ir adiante; se tiver dificuldades, releia o conteúdo da seção antes de continuar.

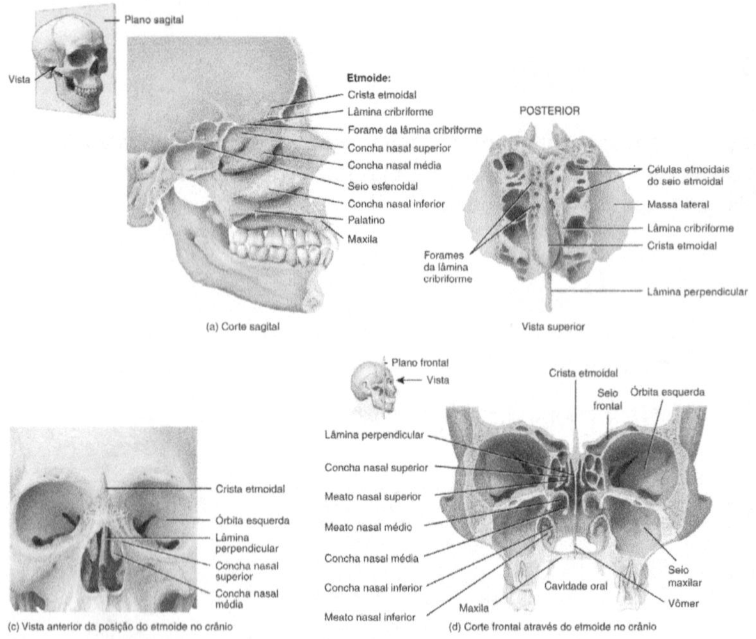

Que parte do etmoide forma a parte superior do septo nasal?

Figura 6.10 **Etmoide.**

O etmoide é a principal estrutura de suporte da cavidade nasal.

Estudar ilustrações, neste livro, é tão importante quanto ler o texto. Para obter o máximo do aspecto visual deste livro, utilize as ferramentas que adicionamos às figuras para ajudá-lo a entender os conceitos que estão sendo apresentados. Inicie pela leitura da **legenda**, que explica do que trata a figura. A seguir, estude o **enunciado do conceito-chave**, indicado por um ícone "chave", que revela uma ideia básica contida na figura. Em muitas figuras, você também encontrará um **diagrama de orientação**, que o ajudará a compreender a perspectiva a partir da qual você está visualizando uma determinada peça anatômica. Figuras selecionadas incluem **quadros de funções**, resumos curtos das funções da estrutura anatômica do sistema mostrado. Finalmente, abaixo de cada figura, você encontrará uma **questão da figura**, acompanhada por um ícone "ponto de interrogação". Se você tentar responder essas questões à medida que avançar na leitura, elas servirão para testar o conhecimento. Com frequência, será possível responder uma questão examinando a própria figura. Outras questões o encorajarão a integrar o conhecimento adquirido por meio da leitura cuidadosa do texto associado à figura. Outras questões ainda podem levá-lo a pensar criticamente sobre o tópico presente ou a prever uma consequência antes da sua descrição no texto. Você encontrará a resposta para cada questão da figura no final do respectivo capítulo.

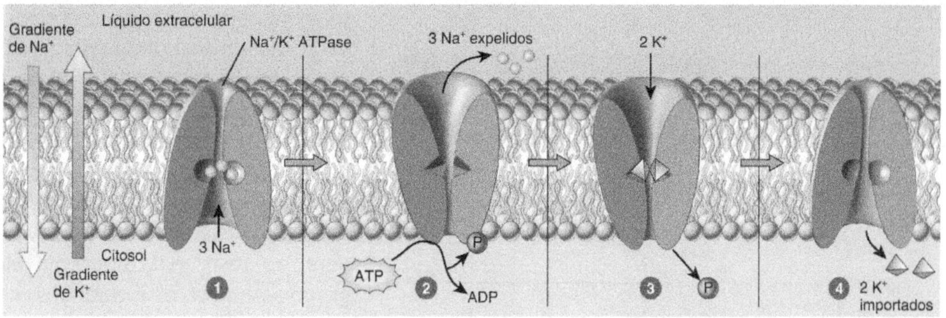

1. 3 íons de sódio (Na^+) do citosol se ligam à face interna da bomba de sódio-potássio
2. A ligação do Na^+ desencadeia a ligação do ATP à bomba e sua clivagem em ADP e P (fosfato). A energia a partir da clivagem do ATP faz a proteína mudar sua forma, o que move o Na^+ para o exterior
3. 2 íons potássio (K^+) se ligam à face externa da bomba e provocam a liberação do P
4. A liberação do P provoca o retorno da bomba à sua forma original, o que move o K^+ para dentro da célula

Qual a função do ATP na operação dessa bomba?

Figura 3.9 **Operação da bomba de sódio-potássio.** Os íons sódio (Na^+) são expelidos da célula, e os íons potássio (K^+) são transportados para dentro da célula. A bomba não funciona a menos que Na^+ e ATP estejam presentes no citosol e K^+ esteja presente no líquido extracelular.

A bomba de sódio-potássio mantém uma baixa concentração intracelular de Na^+.

atua como uma enzima para clivar ATP. Como os íons se movimentam, essa bomba é chamada ***bomba de sódio-potássio*** (***Na^+–K^+***). Todas as células possuem milhares de bombas de sódio-potássio em suas membranas plasmáticas. Essas bombas mantêm uma baixa concentração de íons sódio no citosol, por bombeamento de Na^+ para o LEC, contra o gradiente de concentração de Na^+. Ao mesmo tempo, a bomba move íons potássio para dentro das células, contra o gradiente de concentração de K^+. Como Na^+ e K^+ vazam lentamente de volta pela membrana plasmática, diminuindo seus gradientes de concentração, as bombas de sódio-potássio precisam operar continuamente para manter uma baixa concentração de Na^+ e uma alta concentração de K^+ no citosol. Essas diferenças de concentração são cruciais para o equilíbrio osmótico dos dois líquidos e também para a capacidade de algumas células gerarem sinais elétricos, como os potenciais de ação.

A Figura 3.9 mostra como a bomba de sódio-potássio opera.

1. No citosol, três íons sódio (Na^+) se ligam à proteína da bomba.
2. A ligação do Na^+ desencadeia a clivagem de ATP em ADP mais um grupo fosfato (P), que também se liga à proteína da bomba. Essa reação química altera a forma da proteína da bomba, expelindo os três Na^+ no LEC. A forma alterada da proteína da bomba favorece, então, a ligação de dois íons potássio (K^+), que estão no LEC, à proteína da bomba.
3. A ligação do K^+ provoca a liberação do grupo fosfato pela bomba, o que a faz retornar à sua forma original.
4. Quando a bomba retorna à sua forma original, libera os dois K^+ no citosol. Nesse ponto, a bomba está novamente pronta para se ligar ao Na^+, e o ciclo se repete.

Transporte nas vesículas

Uma ***vesícula*** é um pequeno saco redondo formado pelo brotamento de uma membrana existente. As vesículas transportam substâncias de uma estrutura para outra dentro das células, captam substâncias do líquido extracelular e liberam substâncias no líquido extracelular. O movimento das vesículas requer energia fornecida pelo ATP e, consequentemente, é um processo ativo. Os dois principais tipos de transporte por vesículas entre uma célula e o líquido extracelular que a rodeia são (1) ***endocitose***, na qual materiais se movem para o *interior* de uma célula em uma vesícula formada a partir da membrana plasmática, e (2) ***exocitose***, em que os materiais se movem para o *exterior* de uma célula pela fusão de uma vesícula formada dentro de uma célula com a membrana plasmática.

ENDOCITOSE. Substâncias introduzidas na célula por endocitose são circundadas por uma porção da membrana

Estudar **fisiologia** requer compreensão da sequência de processos. A correlação de processos sequenciais no texto e na arte é alcançada pelo uso de **listas especiais numeradas** na narrativa, que correspondem a segmentos numerados na figura que a acompanham. Esse recurso é usado em todo o livro, esclarecendo o fluxo de processos complexos.

QUADRO 6.6 Vértebras sacrais e coccígeas *(Fig. 6.16)*

OBJETIVO
- Identificar a localização e as características superficiais das vértebras sacrais e coccígeas.

O ***sacro*** é um osso triangular formado pela fusão das cinco vértebras sacrais, indicadas na Figura 6.16 como S1 a S5. A fusão das vértebras sacrais começa entre 16 e 18 anos de idade e geralmente está completa em torno dos 30 anos. O sacro atua como uma fundação sólida para o cíngulo do membro inferior. Está posicionado posteriormente à cavidade pélvica, na qual suas faces laterais se unem aos dois ossos do quadril.

Os lados anterior e posterior do sacro contêm quatro pares de *forames sacrais*. Nervos e vasos sanguíneos passam pelos forames. O *canal sacral* é a continuação do canal vertebral. A entrada inferior do canal é chamada de *hiato sacral*. A margem anterossuperior do sacro possui uma projeção, chamada *promontório da base do sacro*, usada como um ponto de referência para medir a pelve antes do parto.

CORRELAÇÕES CLÍNICAS | Anestesia caudal

Os agentes anestésicos que atuam sobre os nervos sacrais e coccígeos são, algumas vezes, injetados pelo hiato sacral, um procedimento chamado de **anestesia caudal**. O procedimento é usado, mais frequentemente, para aliviar a dor durante o trabalho de parto e fornecer anestesia para a área perineal. Como o local de injeção é inferior à parte mais inferior da medula espinal, existe pequeno risco de danificar a medula. •

O ***cóccix***, como o sacro, tem formato triangular e é formado pela fusão de quatro vértebras coccígeas. Estas estão indicadas na Figura 6.16 como Co1 a Co4. A parte superior do cóccix se articula com o sacro.

TESTE SUA COMPREENSÃO
Quantas vértebras se fundem para formar o sacro e o cóccix?

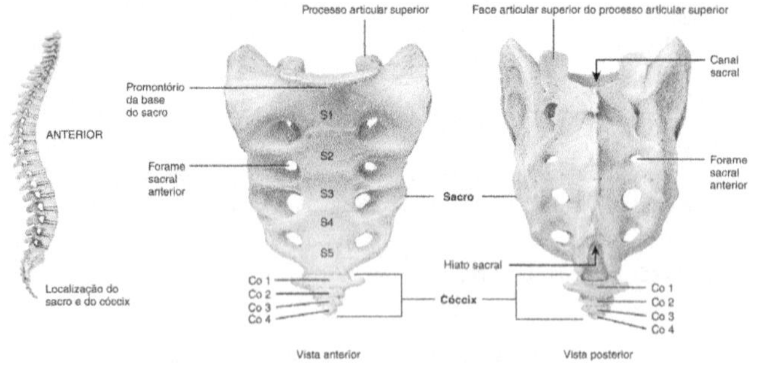

Qual é a função dos forames sacrais?

Figura 6.16 **Sacro e cóccix.**

O sacro é formado pela união de cinco vértebras sacrais, e o cóccix, em geral, pela união de quatro vértebras coccígeas.

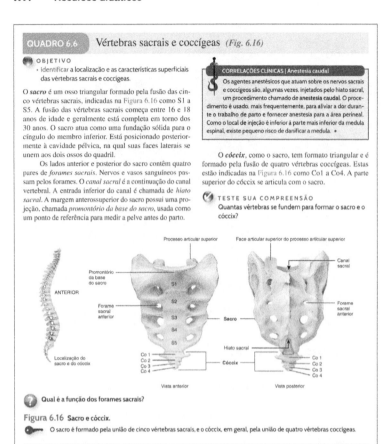

Aprender a anatomia complexa e toda a terminologia envolvida em certos sistemas do corpo – mais notavelmente os músculos esqueléticos, as articulações, os vasos sanguíneos e os nervos – pode ser uma tarefa assustadora. Os **Quadros** são recursos autoexplicativos projetados para dar o auxílio extra que você necessita para essa tarefa. Cada Quadro consiste em um objetivo, uma visão geral, um resumo da anatomia relevante, um grupo associado de ilustrações ou fotografias e uma questão de checagem. Alguns Quadros também contêm uma **Conexão clínica** relevante.

Há uma série de características no texto que auxiliam o leitor a relacionar a anatomia e a fisiologia normais às condições clínicas. Elas incluem quadros ao longo dos capítulos, chamados de **Correlações clínicas**. Em cada final de capítulo, você também encontrará seções sobre **Distúrbios comuns**, **Terminologia e condições médicas**. Em conjunto, esses recursos exploram o conteúdo clínico, profissional ou cotidiano relevante do capítulo e o auxiliam a construir um vocabulário de trabalho que aperfeiçoa sua compreensão das aplicações médicas.

CORRELAÇÕES CLÍNICAS | Síndrome do estresse patelofemoral

A **síndrome do estresse patelofemoral** ("joelho do corredor") é um dos problemas mais comuns que os corredores experimentam. Durante a flexão e a extensão normais do joelho, a patela se move (desliza) superior e inferiormente no sulco entre os côndilos femorais. Na síndrome do estresse patelofemoral, o deslizamento normal não ocorre; em vez disso, a patela se move lateral, superior e inferiormente, e o aumento da pressão na articulação provoca dor ou hipersensibilidade em torno da patela ou sob ela. A dor normalmente ocorre após a pessoa ter se sentado por algum tempo, especialmente após o exercício. A dor é agravada ao se agachar ou descer escadas. Uma causa do joelho do corredor é a prática constante de caminhada, corrida ou passeio a passos rápidos no mesmo lado da rua. Como as ruas possuem uma inclinação nas laterais, o joelho que está mais próximo ao centro da rua suporta estr… estendido d… incluem cor… formidade a…

DISTÚRBIOS COMUNS

Osteoporose

Osteoporose, literalmente uma condição de porosidade óssea, acomete 10 milhões de pessoas ao ano nos Estados Unidos (Fig. 6.28). Além disso, 18 milhões de pessoas têm baixa massa óssea (*osteopenia*), o que as coloca em risco para osteoporose. O problema básico é que a reabsorção óssea (decom-…

…vidade do osteoblasto e a síntese de matriz extracelular óssea. Além do sexo, os fatores de risco para o desenvolvimento de osteoporose incluem história familiar da doença, ancestralidade europeia ou asiática, biotipo (pessoas magras ou pequenas), estilo de vida sedentário, tabagismo, alimentação deficiente em cálcio e vitamina D, mais de dois drinques por dia e uso de determinados medicamentos.

…eoporose é diagnosticada analisando-se a história …ela densitometria óssea (exame de *densidade mi-*… *DMO*). Realizado como uma radiografia, o teste …sidade óssea, além de ser usado para confirmar um

TERMINOLOGIA E CONDIÇÕES MÉDICAS

Distensão muscular Dilaceração de um músculo em razão de impacto violento, acompanhada por sangramento e dor intensa. Conhecida também como *charley horse* ou espasmo muscular. Ocorre frequentemente nos esportes de contato e afeta principalmente o músculo quadríceps femoral, na face anterior da coxa.

Eletromiografia (EMG) Registro e estudo das alterações elétricas que ocorrem no tecido muscular.

Hipertonia Aumento do tônus muscular, caracterizado por aumento da rigidez muscular e, algumas vezes, associado a uma alteração nos reflexos normais.

Hipotonia Redução ou perda do tônus muscular.

Mialgia Dor nos músculos ou associada.

Mioma Tumor que consiste de tecido muscular.

Miomalácia Amolecimento patológico do tecido muscular.

Miosite Inflamação das fibras (células) musculares.

Miotonia Aumento na excitabilidade e na contratilidade musculares, com redução da força de relaxamento; espasmo tônico do músculo.

REVISÃO DO CAPÍTULO

6.1 Funções do osso e do sistema esquelético

1. O sistema esquelético consiste em todos os ossos fixados às articulações e na cartilagem entre as articulações.
2. As funções do sistema esquelético incluem suporte, proteção, movimento, homeostasia mineral, alojamento do tecido hemopoético e armazenamento de energia.

6.2 Tipos de ossos

1. Com base na forma, os ossos são classificados como longos, curtos, planos ou irregulares.

6.3 Estrutura do osso

1. Partes de um osso longo incluem **diáfise** (corpo), **epífises** (extremidades), **metáfises**, **cartilagem articular**, **periósteo**, **cavidade medular** e **endósteo**. A diáfise é recoberta por periósteo.
2. O tecido ósseo consiste em células amplamente separadas, circundadas por grandes quantidades de matriz extracelular. Os quatro tipos principais de células são as **células osteoprogenitoras**, os **osteoblastos** (células formadoras de osso), os **osteócitos** (mantenedores da atividade diária do osso) e os **osteoclastos** (células destruidoras do osso). A matriz extracelular contém fibras colágenas (orgânicas) e sais minerais, que consistem basicamente em fosfato de cálcio (inorgânico).
3. O **tecido ósseo compacto** consiste em **ósteons** (sistemas de Havers) com pouco espaço entre eles. O osso compacto compõe a maior parte do tecido ósseo da diáfise. Funcionalmente, o osso compacto protege os órgãos internos e sustenta os tecidos moles e resiste ao estr...
4. O **tecido ósseo espo**...
Forma a maior parte d...
esponjoso armazena a...

APLICAÇÕES DO PENSAMENTO CRÍTICO

1. J.R. estava andando de motocicleta sobre uma ponte, quando colidiu com uma gaivota míope. No desastre resultante, J.R. esmagou a perna esquerda, fraturando ambos os ossos da perna; rompeu a extremidade distal pontiaguda do osso lateral do antebraço; e quebrou o osso mais lateral e proximal do carpo (pulso). Nomeie os ossos que J.R. quebrou.
2. Você está começando uma aula de anatomia forense. O instrutor dá a você e a seu parceiro de laboratório dois conjuntos completos de ossos de seres humanos adultos. Sua tarefa é determinar qual conjunto de ossos é o de um homem e qual é o de uma mulher. Quais características você usará para determinar o sexo dos esquel...
3. Vovó Olga é uma mulher muito pequena e encurvada, com um grande senso de humor. Sua citação de filme favorita é de *O Mágico de Oz*, quando a bruxa malvada diz: "Estou derretendo". "Esta sou eu", gargalha vovó Olga, "derretendo, ficando menor a cada ano". O que está acontecendo com ela?
4. Durante um jogo de vôlei, Cátia saltou, girou, cortou, marcou o ponto e gritou! Não conseguia colocar peso na perna esquerda. A radiografia revelou uma fratura da parte proximal da tíbia. Em termos leigos, qual é a localização da fratura de Cátia? Quais são as necessidades corporais para a cicatrização óssea?

RESPOSTAS ÀS QUESTÕES DAS FIGURAS

6.1 A cartilagem epifisial reduz o atrito nas articulações; a medula óssea vermelha produz células sanguíneas; e o endósteo reveste a cavidade medular.

6.2 Como os canais centrais se constituem na principal fonte de suprimento sanguíneo dos osteócitos, o bloqueio levaria-os à morte.

6.3 Os ossos planos do crânio, a mandíbula e parte da clavícula desenvolvem ossificação intramembranácea.

6.4 As linhas epifisiais são indicações das zonas de crescimento que pararam de funcionar.

6.5 Batimento cardíaco, respiração, funcionamento das células nervosas, funcionamento das enzimas e coagulação

Para encerrar o estudo de cada capítulo, é apresentado um **Resumo** com enunciados concisos dos tópicos importantes discutidos no capítulo. Cabeçalhos são incluídos, de modo que você possa facilmente recorrer às passagens específicas no texto, para esclarecimento ou ampliação do conhecimento. As **Aplicações do pensamento crítico** são questões que permitem a você aplicar os conceitos que estudou no capítulo a situações específicas. As respostas sugeridas para as **Aplicações do pensamento crítico** (algumas das quais não têm apenas uma resposta correta) são fornecidas em um apêndice no final do livro, para que você possa checar seu progresso. As questões que acompanham as figuras são respondidas de forma clara e objetiva na seção **Respostas às questões das figuras**.

SUMÁRIO RESUMIDO

SUMÁRIO

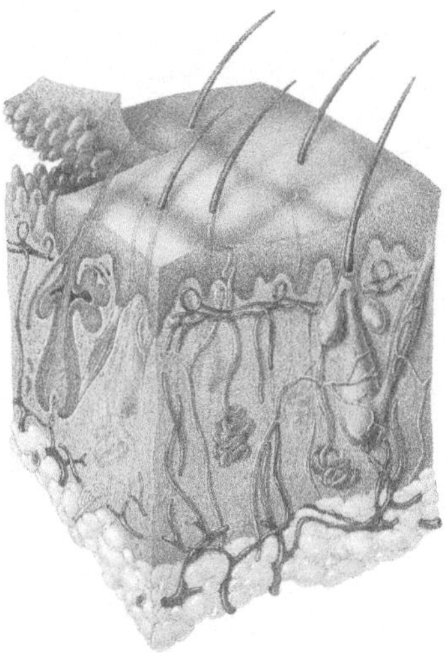

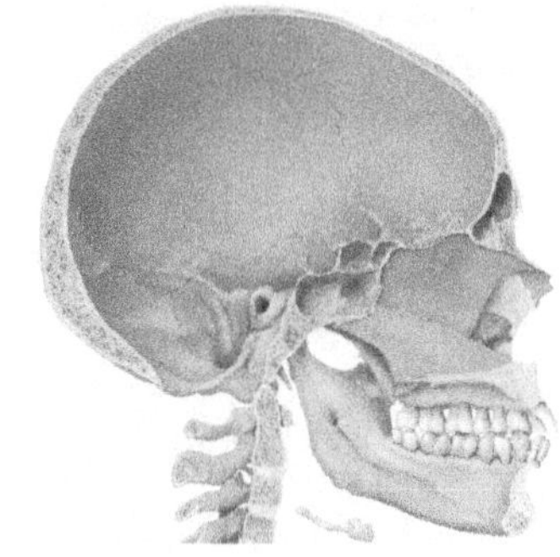

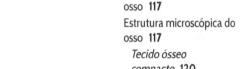

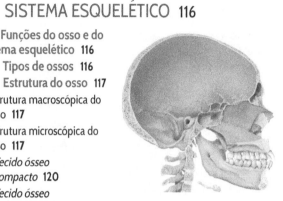

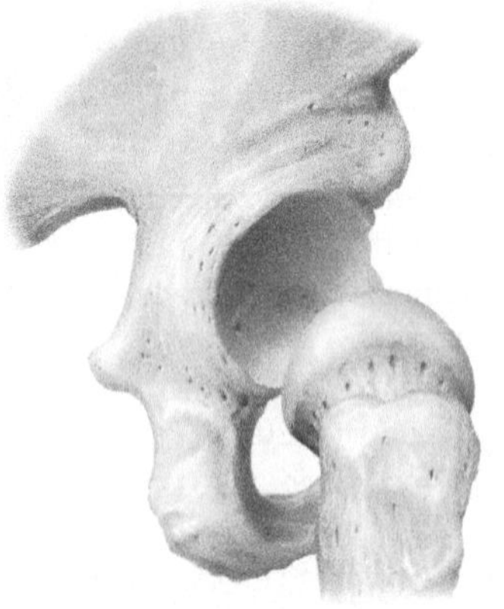

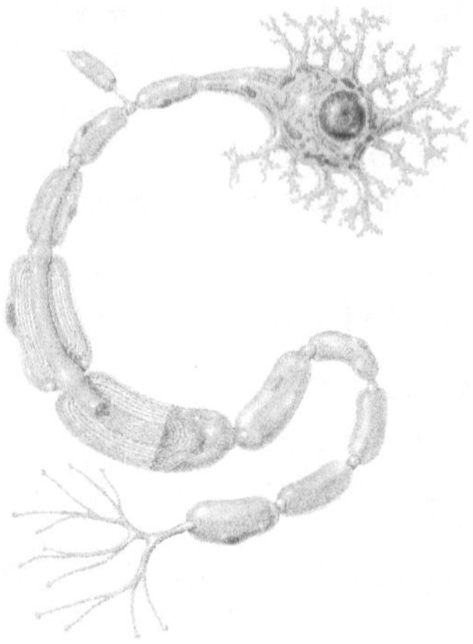

10 PARTE CENTRAL DO SISTEMA NERVOSO, NERVOS ESPINAIS E NERVOS CRANIANOS 254

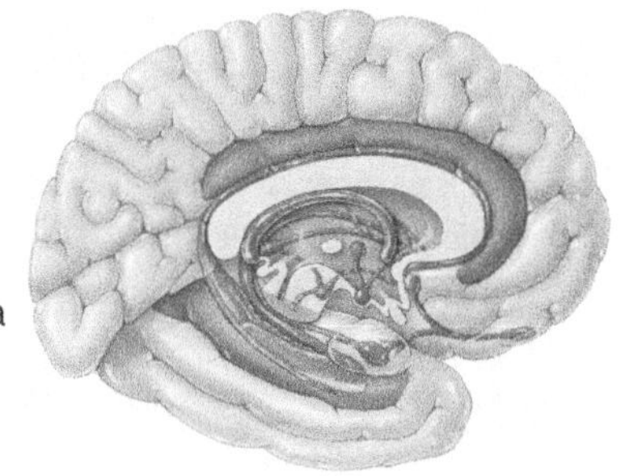

11 DIVISÃO AUTÔNOMA DO SISTEMA NERVOSO 282

12 SENTIDOS SOMÁTICOS E SENTIDOS ESPECIAIS 293

13 SISTEMA ENDÓCRINO 323

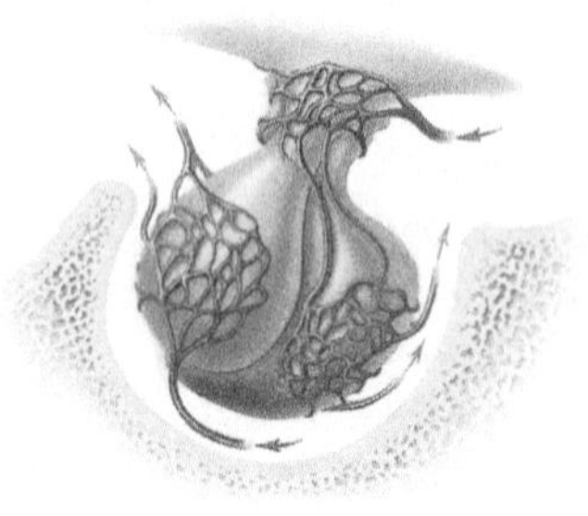

14 SISTEMA CIRCULATÓRIO: SANGUE 352

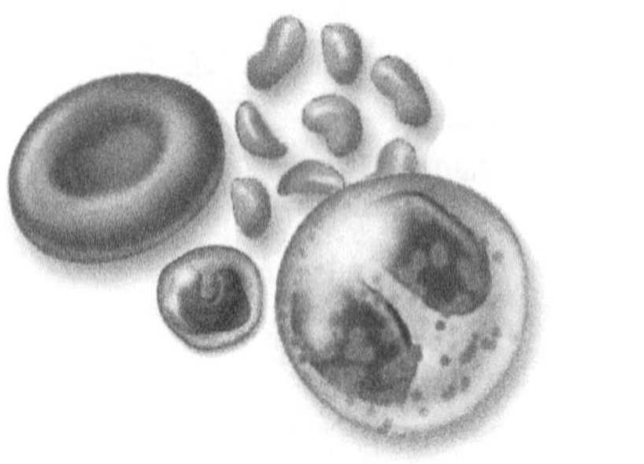

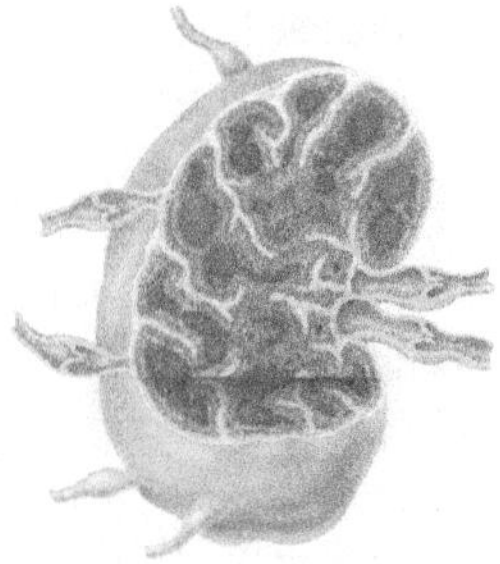

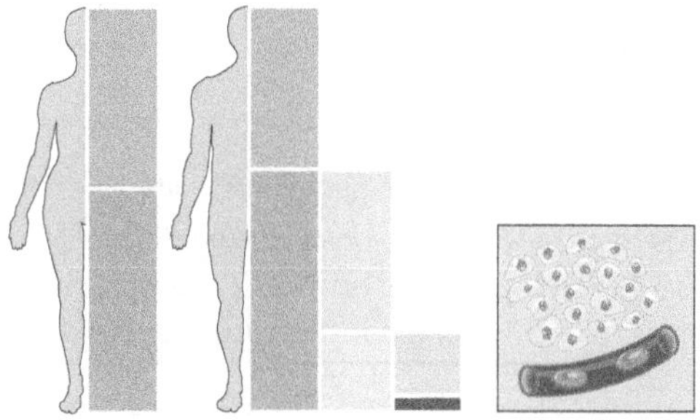

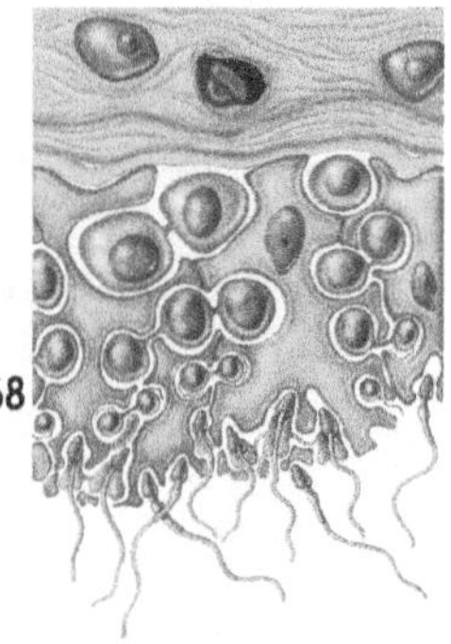

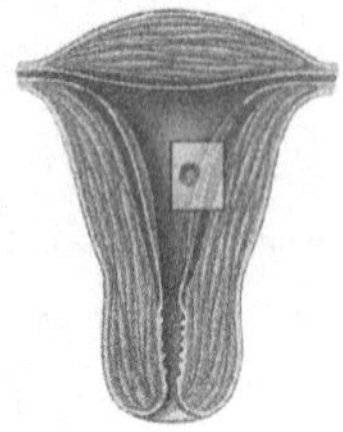

CAPÍTULO 1

ORGANIZAÇÃO DO CORPO HUMANO

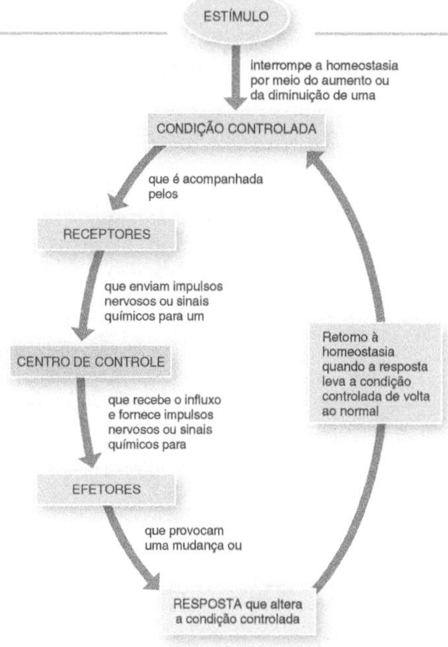

Você está começando uma fascinante exploração do corpo humano, em que aprenderá como ele está organizado e como funciona. Inicialmente, você será introduzido às disciplinas científicas de anatomia e fisiologia. Serão considerados os níveis de organização que caracterizam os seres vivos e as propriedades que todos compartilham. A seguir, examinaremos como o corpo está constantemente regulando seu ambiente interno. Esse processo incessante, denominado homeostasia, é um tema importante em todos os capítulos deste livro. Estudaremos, também, como os vários sistemas individuais que compõem o corpo humano cooperam entre si para manter a saúde como um todo. Finalmente, estabeleceremos um vocabulário básico que nos permita falar sobre o corpo da maneira como é compreendido pelos cientistas e pelos profissionais da saúde.

1.1 Definição de anatomia e fisiologia

OBJETIVO

- Definir **anatomia e fisiologia.**

As ciências da anatomia e da fisiologia são o fundamento para a compreensão das estruturas e das funções do corpo humano. ***Anatomia*** é a ciência da *estrutura* e de suas relações. ***Fisiologia*** é a ciência das *funções* do corpo, isto é, como as partes do corpo atuam. Como a função nunca está completamente separada da estrutura, entendemos melhor o corpo humano estudando a anatomia e a fisiologia em conjunto. Veremos como cada estrutura do corpo está projetada para cumprir uma função específica e como a estrutura de uma parte determina, com frequência, as funções que consegue desempenhar. Os ossos do crânio, por exemplo, são fortemente unidos para formar um invólucro rígido que protege o encéfalo. Os ossos dos dedos, em contraste, são mais livremente unidos, para permitir o desempenho de uma variedade de movimentos, como virar as páginas deste livro.

TESTE SUA COMPREENSÃO

1. **Qual é a diferença básica entre anatomia e fisiologia?**
2. **Exemplifique como a estrutura de uma parte do corpo está relacionada com sua função.**

1.2 Níveis de organização e sistemas do corpo

OBJETIVOS

- Descrever **a organização estrutural do corpo humano.**
- Delinear **os sistemas do corpo e explicar como se relacionam entre si.**

As estruturas do corpo humano estão organizadas em vários níveis, do mesmo modo como estão organizadas as letras do alfabeto, as palavras, as frases, os parágrafos e assim por diante. Estão listados aqui, em ordem crescente, os seis níveis de organização do corpo humano: químico, celular, tecidual, de órgãos, de sistemas e de organismo (Fig. 1.1).

1. O ***nível químico*** inclui ***átomos***, as menores unidades da matéria que participam das reações químicas, e ***moléculas***, constituídas por dois ou mais átomos unidos. Os átomos e as moléculas podem ser comparados às letras do alfabeto. Determinados átomos, como carbono (C), hidrogênio (H), oxigênio (O), nitrogênio (N), fósforo (P) e outros, são essenciais para a manutenção da vida. Os exemplos conhecidos de moléculas encontradas no corpo são o DNA (ácido desoxirribonucleico), material genético transmitido de uma geração para outra; hemoglobina, que transporta o oxigênio no sangue; glicose, comumente conhecida como açúcar do sangue; e vitaminas, necessárias para uma variedade de processos quími-

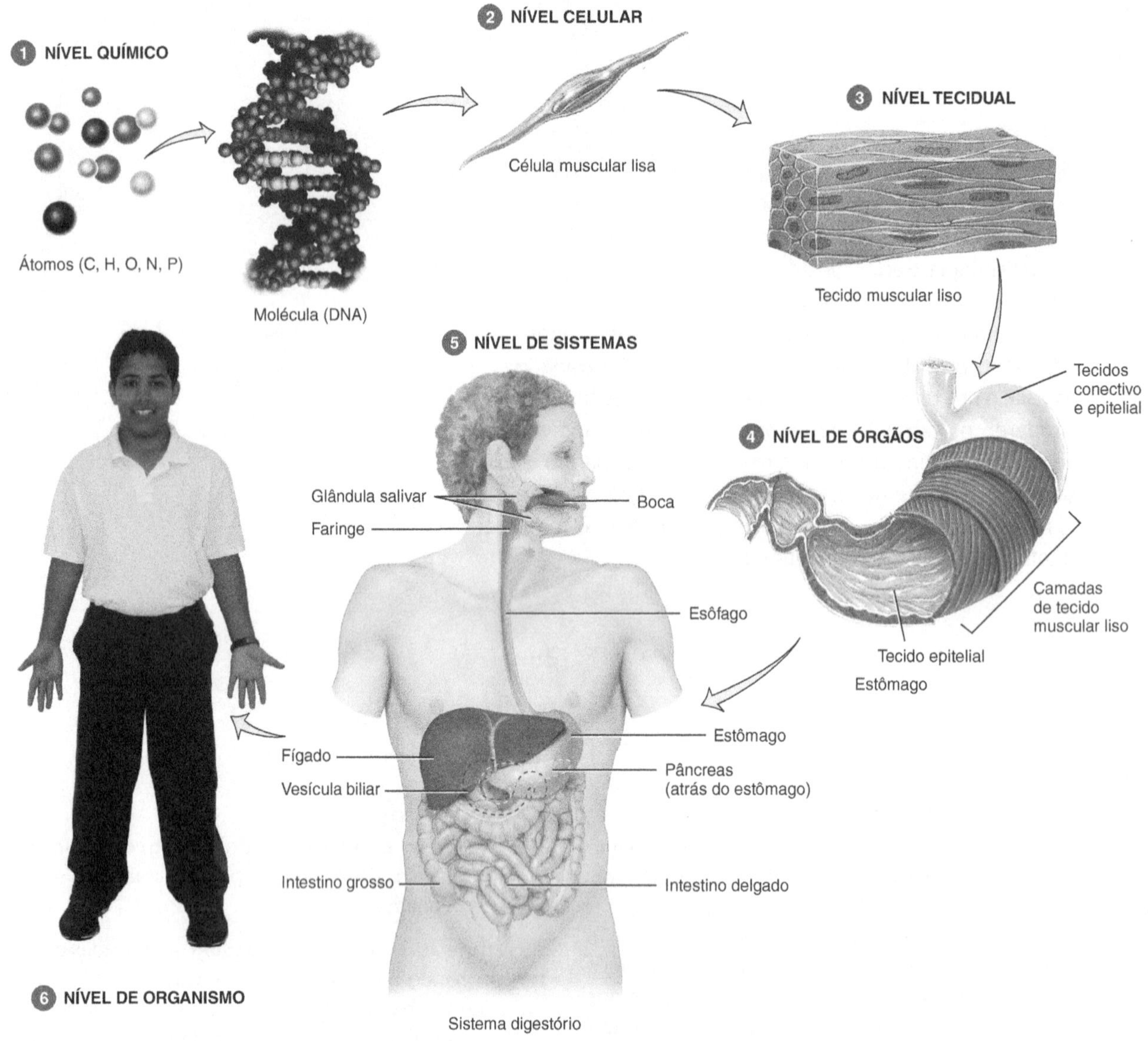

Qual nível de organização estrutural geralmente tem uma forma reconhecível e é composto por dois ou mais tipos de tecidos diferentes que têm uma função específica?

Figura 1.1 **Níveis de organização estrutural no corpo humano.**

Os níveis de organização estrutural são químico, celular, tecidual, de órgãos, de sistemas e de organismo.

cos. Os Capítulos 2 e 20 dão ênfase ao nível químico de organização.

2 As moléculas se combinam para formar as estruturas do nível seguinte de organização – o ***nível celular***. ***Células*** são as unidades estruturais e funcionais básicas de um organismo. Assim como as palavras são os menores elementos da linguagem, as células são as menores unidades vivas no corpo humano. Entre os numerosos tipos de células no corpo estão células musculares, nervosas e sanguíneas. A Figura 1.1 mostra uma célula muscular lisa, um dos três tipos diferentes de células musculares no corpo. Como será visto no Capítulo 3, as células contêm estruturas especializadas, denominadas *organelas*, como o núcleo, as mitocôndrias e os lisossomos, que desempenham funções específicas.

3 O ***nível tecidual*** é o nível seguinte de organização estrutural. ***Tecidos*** são grupos de células e materiais adjacentes que trabalham juntos para desempenhar uma função específica. As células se unem para for-

mar os tecidos, do mesmo modo que as palavras são colocadas juntas para formar as frases. Os quatro tipos básicos de tecidos em seu corpo são *tecido epitelial*, *tecido conectivo*, *tecido muscular* e *tecido nervoso*. As semelhanças e diferenças entre os diferentes tipos de tecidos são o foco do Capítulo 4. Observe, na Figura 1.1, que o tecido muscular liso consiste em células musculares lisas fortemente compactadas.

4 No ***nível de órgãos***, os diferentes tipos de tecidos se unem para formar as estruturas do corpo. ***Órgãos*** geralmente apresentam uma forma reconhecível, são compostos por dois ou mais tipos de tecidos diferentes e têm funções específicas. Os tecidos se unem para formar os órgãos, semelhante ao modo como as frases são agrupadas para formar os parágrafos. São exemplos de órgãos, o estômago, coração, fígado, pulmões e encéfalo. A Figura 1.1 mostra os diversos tecidos que constituem o estômago. A *túnica serosa* é uma camada em torno da face externa do estômago, protegendo e reduzindo o atrito quando se move e resvala contra outros órgãos. Abaixo da túnica serosa estão as *camadas de tecido muscular liso*, que se contraem para agitar e misturar o alimento, empurrado para o próximo órgão digestório, o intestino delgado. O revestimento mais interno do estômago é uma *camada de tecido epitelial*, que produz fluido e substâncias químicas que auxiliam na digestão.

5 O próximo nível de organização estrutural no corpo é o ***nível de sistemas***. Um ***sistema*** consiste em órgãos relacionados que têm uma função comum. Os órgãos se unem para formar sistemas, semelhante ao modo como os parágrafos são agrupados para formar capítulos. O exemplo mostrado na Figura 1.1 é o sistema digestório, que decompõe e absorve moléculas do alimento. Nos capítulos seguintes, exploraremos a anatomia e a fisiologia de cada sistema do corpo. A Tabela 1.1 apresenta os componentes e as funções desses sistemas. À medida que estudamos os sistemas do corpo, descobriremos como funcionam em conjunto para manter a saúde, protegendo contra doenças e permitindo a reprodução da espécie.

6 O ***nível de organismo*** é o maior nível de organização. Todos os sistemas do corpo se combinam para constituir um ***organismo***, isto é, um ser humano. Os sistemas se unem para formar um organismo do mesmo modo como os capítulos são unidos para formar um livro.

TESTE SUA COMPREENSÃO

3. Defina os seguintes termos: átomo, molécula, célula, tecido, órgão, sistema e organismo.
4. Recorrendo à Tabela 1.1, responda: quais sistemas do corpo ajudam a eliminar resíduos?

TABELA 1.1

Componentes e funções dos 11 principais sistemas do corpo humano

1. TEGUMENTO COMUM (CAPÍTULO 5)

Componentes: Pele e estruturas associadas, como pelos, unhas e glândulas sudoríferas e sebáceas

Funções: Ajuda a regular a temperatura corporal; protege o corpo; elimina alguns resíduos; ajuda a produzir vitamina D; detecta sensações, como tato, pressão, dor, calor e frio

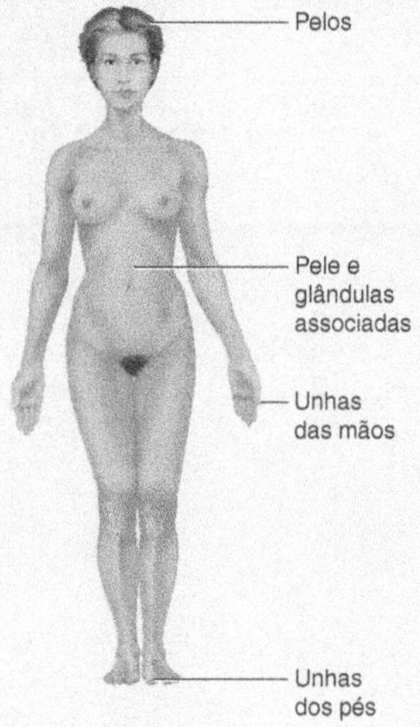

2. SISTEMA ESQUELÉTICO (CAPÍTULOS 6 E 7)

Componentes: Ossos e articulações do corpo e cartilagens associadas

Funções: Sustenta e protege o corpo; fornece uma área específica para fixação muscular; auxilia nos movimentos corporais; armazena células que produzem as células sanguíneas e armazena minerais e lipídeos (gorduras)

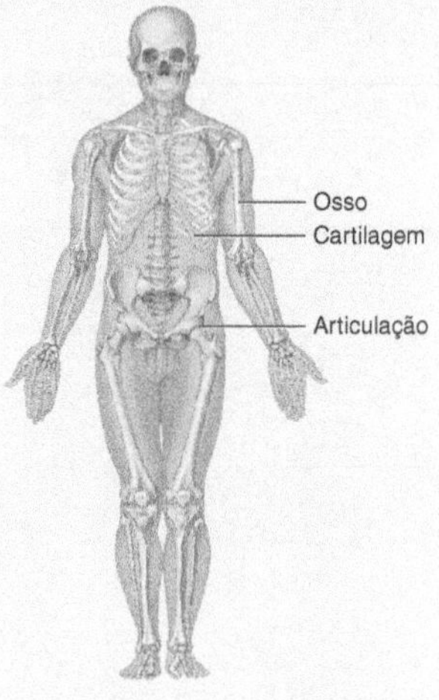

(CONTINUA)

TABELA 1.1 (CONTINUAÇÃO)

Componentes e funções dos 11 principais sistemas do corpo humano

3. SISTEMA MUSCULAR (CAPÍTULO 8)

Componentes: Refere-se especificamente ao tecido muscular esquelético que, em geral está fixado a ossos (outros tecidos musculares incluem o liso e o cardíaco)

Funções: Participa na produção de movimentos corporais como caminhar; mantém a postura; e produz calor

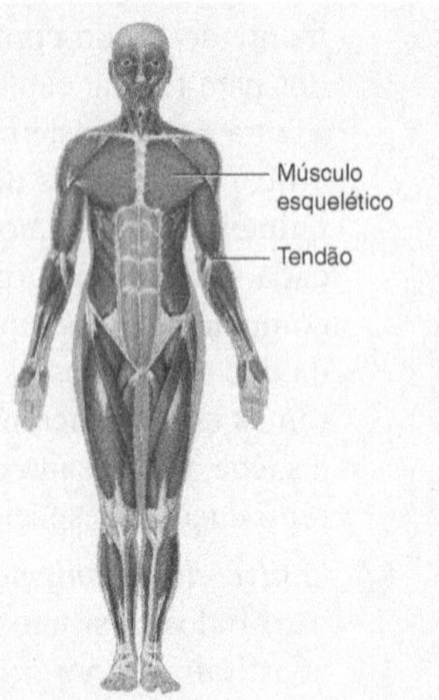

4. SISTEMA NERVOSO (CAPÍTULOS 9 A 12)

Componentes: Encéfalo, medula espinal, nervos e órgãos dos sentidos especiais, como os olhos e as orelhas

Funções: Regula as atividades corporais por meio de impulsos nervosos, detectando mudanças no meio ambiente, interpretando e respondendo, mediante contrações musculares ou secreções glandulares

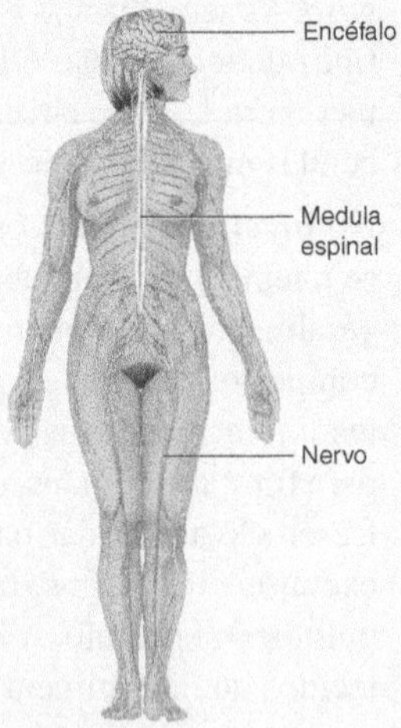

5. SISTEMA ENDÓCRINO (CAPÍTULO 13)

Componentes: Todas as glândulas e tecidos que produzem substâncias químicas reguladoras das funções do corpo, denominadas hormônios

Funções: Regula as atividades do corpo, por meio de hormônios transportados pelo sangue até os diversos órgãos-alvo

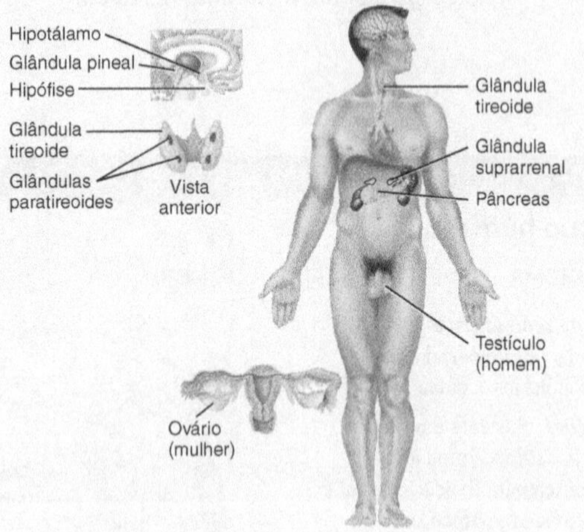

6. SISTEMA CIRCULATÓRIO (CAPÍTULOS 14 A 16)

Componentes: Sangue, coração e vasos sanguíneos

Funções: O coração bombeia sangue por meio dos vasos sanguíneos; o sangue conduz oxigênio e nutrientes para as células e retira dióxido de carbono e resíduos das células, e ajuda a regular acidez, temperatura e conteúdo hídrico dos fluidos corporais; os componentes do sangue auxiliam na defesa contra doenças e no reparo de vasos sanguíneos danificados

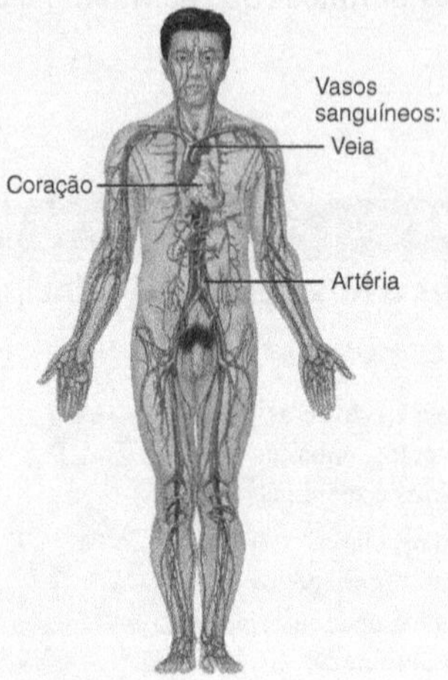

(CONTINUA)

TABELA 1.1 (CONTINUAÇÃO)

Componentes e funções dos 11 principais sistemas do corpo humano

7. SISTEMA LINFÁTICO E IMUNE (CAPÍTULO 17)

Componentes: Líquido linfático (linfa) e vasos linfáticos; baço, timo, linfonodos e tonsilas; células que executam as respostas imunes (células B, células T e outras)

Funções: Retorna proteínas e líquido para o sangue; transporta lipídeos do trato gastrintestinal para o sangue; contém locais de maturação e proliferação de células B e células T, que protegem contra os micróbios patogênicos

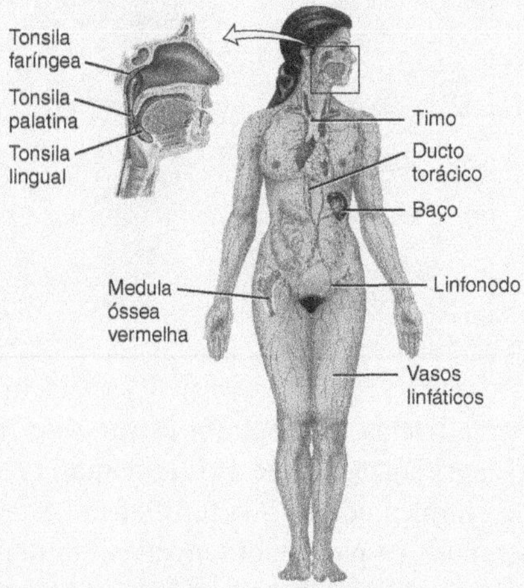

8. SISTEMA RESPIRATÓRIO (CAPÍTULO 18)

Componentes: Pulmões e vias respiratórias, como faringe, laringe, traqueia, brônquios e bronquíolos nos pulmões

Funções: Transfere o oxigênio do ar inalado para o sangue e o dióxido de carbono do sangue para o ar exalado; ajuda a regular a acidez dos líquidos corporais; a temperatura corporal, o ar fluindo para fora dos pulmões, passando pelas pregas vocais, produz sons

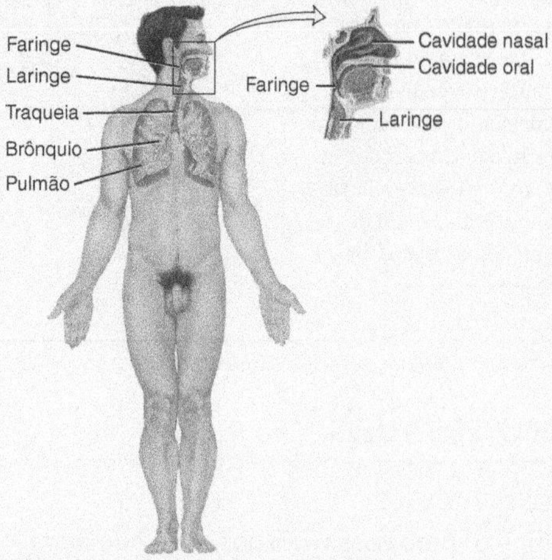

9. SISTEMA DIGESTÓRIO (CAPÍTULO 19)

Componentes: Órgãos do trato gastrintestinal, incluindo a boca, faringe, esôfago, estômago, intestinos delgado e grosso, reto e ânus; inclui também os órgãos digestórios acessórios que auxiliam nos processos digestivos, como glândulas salivares, fígado, vesícula biliar e pâncreas

Funções: Realiza a decomposição física e química dos alimentos; absorve os nutrientes; elimina os resíduos sólidos

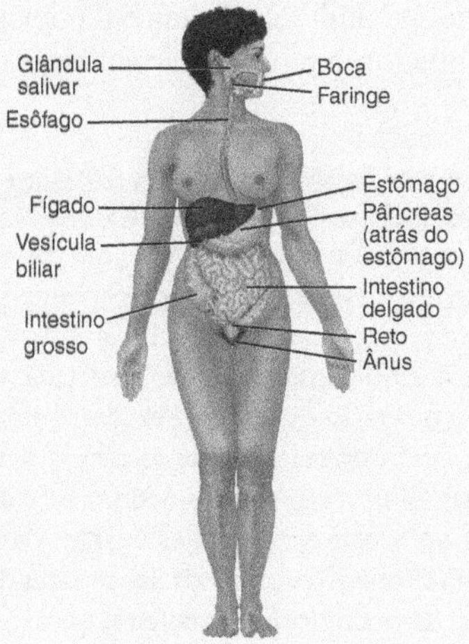

10. SISTEMA URINÁRIO (CAPÍTULO 21)

Componentes: Rins, ureteres, bexiga urinária e uretra

Funções: Produz, armazena e elimina a urina; elimina resíduos e regula o volume e a composição química do sangue; ajuda a regular o equilíbrio acidobásico dos líquidos corporais; mantém o equilíbrio mineral do corpo; ajuda a regular a produção de eritrócitos

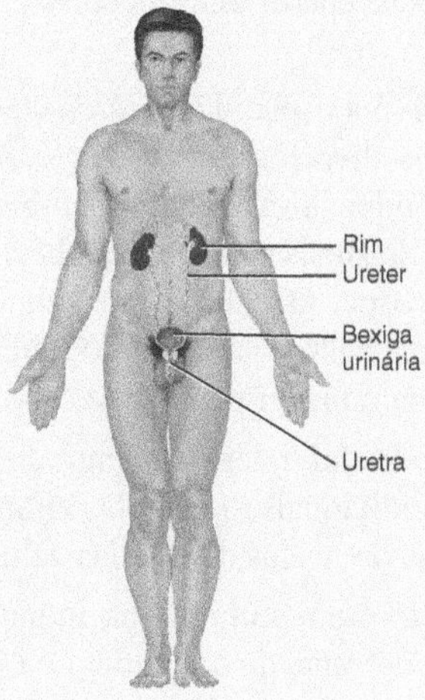

(CONTINUA)

TABELA 1.1 (CONTINUAÇÃO)

Componentes e funções dos 11 principais sistemas do corpo humano

11. SISTEMAS GENITAIS (CAPÍTULO 23)

Componentes: Gônadas (testículos nos homens e ovários nas mulheres) e órgãos associados: tubas uterinas, útero e vagina nas mulheres, e epidídimo, ducto deferente e pênis nos homens

Funções: As gônadas produzem gametas (espermatozoides ou ovócitos), que se unem para formar um novo organismo, e liberam hormônios que regulam a reprodução e outros processos corporais; os órgãos associados transportam e armazenam os gametas, glândulas mamárias produzem leite

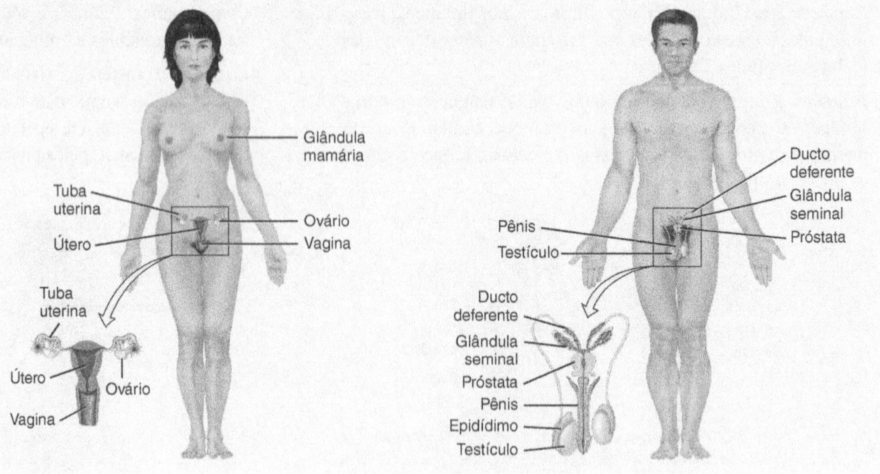

1.3 Processos vitais

OBJETIVO

- Definir os processos vitais dos seres humanos.

Todos os organismos vivos têm determinadas características que os distinguem das coisas não vivas. A seguir, são descritos seis processos vitais dos seres humanos:

1. ***Metabolismo*** é a soma de todos os processos químicos que ocorrem no corpo e inclui a decomposição de moléculas maiores e complexas em moléculas menores e mais simples, e a formação de moléculas complexas a partir de moléculas menores e mais simples.
2. ***Reatividade*** é a capacidade do corpo de detectar e responder às alterações no ambiente. As células nervosas respondem a variações no ambiente, por meio da geração de sinais elétricos, conhecidos como impulsos nervosos. As células musculares respondem aos impulsos nervosos por meio da contração, que gera força para mover partes do corpo.
3. ***Movimento*** inclui o deslocamento de todo o corpo, de órgãos individuais, de células simples, ou ainda, de pequenas organelas dentro das células.
4. ***Crescimento*** é um aumento no tamanho do corpo. Pode ser decorrente de um aumento (1) no tamanho das células existentes, (2) no número de células ou (3) na quantidade de material intercelular.
5. ***Diferenciação*** é o processo pelo qual células não especializadas se tornam especializadas. As células especializadas diferem em estrutura e função das não especializadas que as originaram. Por exemplo, uma simples célula-ovo fertilizada sofre tremenda diferenciação para se desenvolver em um indivíduo único, que é semelhante aos pais, ainda que diferente deles.
6. ***Reprodução*** se refere (1) à formação de novas células para crescimento, reparação ou substituição, e (2) à produção de um novo indivíduo.

Embora nem todos esses processos ocorram nas células por todo o corpo durante o tempo todo, quando cessam de ocorrer adequadamente pode haver morte celular. Quando a morte celular é substancial e leva à falência do órgão, o resultado é a morte do organismo.

CORRELAÇÕES CLÍNICAS | Autópsia

Uma **autópsia** é um exame póstumo do corpo em que é realizada a dissecação dos órgãos internos para confirmar ou determinar a causa da morte. Uma autópsia consegue descobrir a existência de doenças não detectadas durante a vida, determinar a extensão de lesões e explicar como essas lesões podem ter contribuído para a morte da pessoa. Além disso, pode fornecer mais informação sobre a doença, auxiliar no acúmulo de dados estatísticos e ensinar os estudantes da área da saúde. Uma autópsia também revela condições capazes de afetar a descendência ou os irmãos (como os defeitos cardíacos congênitos). Algumas vezes uma autópsia é exigida legalmente, como durante uma investigação criminal. Além disso, também pode ser útil na resolução de disputas entre beneficiários e companhias seguradoras com relação à causa da morte. •

TESTE SUA COMPREENSÃO

5. Quais são os diferentes significados para crescimento?

1.4 Homeostasia: manutenção dos limites

OBJETIVOS

- Definir homeostasia e explicar sua importância.
- Descrever os componentes de um sistema de retroalimentação.
- Comparar o funcionamento dos sistemas de retroalimentação negativa e positiva.
- Distinguir entre os sintomas e os sinais de uma doença.

Os trilhões de células do corpo humano necessitam de condições relativamente estáveis para funcionar de modo eficiente e contribuir para a sobrevivência do corpo como um todo. A manutenção de condições relativamente estáveis é chamada ***homeostasia***. A homeostasia garante que o ambiente interno do corpo permaneça constante, apesar de mudanças dentro e fora do corpo. Uma grande parte do meio interno consiste no fluido circundante das células do corpo, chamado de *líquido intersticial*.

Cada sistema corporal, de algum modo, contribui para a homeostasia. Por exemplo, no sistema circulatório, a contração e o relaxamento alternados do coração impulsionam o sangue para todos os vasos sanguíneos do corpo. À medida que o sangue flui pelos vasos sanguíneos minúsculos, nutrientes e oxigênio penetram nas células, a partir do sangue, e resíduos passam das células para o sangue. A homeostasia é *dinâmica*, isto é, se altera dentro de uma faixa limitada compatível com a manutenção dos processos celulares vitais. Por exemplo, o nível de glicose no sangue é mantido dentro de uma faixa restrita. Normalmente não cai muito entre as refeições nem sobe muito, mesmo após a ingestão de uma refeição com alto teor de glicose. O encéfalo necessita de um suprimento regular de glicose para permanecer funcionando – um nível sanguíneo baixo de glicose pode levar à inconsciência ou mesmo à morte. Em contraste, um nível sanguíneo elevado e prolongado de glicose danifica os vasos sanguíneos e provoca perda excessiva de água na urina.

Controle da homeostasia: sistemas de retroalimentação

Felizmente, cada estrutura corporal, das células aos sistemas, tem um ou mais dispositivos homeostáticos que trabalham para manter o ambiente interno dentro dos limites normais. Os mecanismos homeostáticos do corpo estão, principalmente, sob o controle de dois sistemas, o sistema nervoso e o sistema endócrino. O sistema nervoso detecta as alterações do estado de equilíbrio e envia mensagens, na forma de *impulsos nervosos*, para os órgãos que neutralizam essas alterações. Por exemplo, quando a temperatura corporal se eleva, os impulsos nervosos fazem as glândulas sudoríferas liberarem mais suor, que esfria o corpo à medida que evapora. As glândulas endócrinas corrigem as alterações por meio da secreção de moléculas, chamadas de *hormônios*, no sangue. Hormônios afetam células específicas do corpo, nas quais provocam respostas que restauram a homeostasia. Por exemplo, o hormônio insulina reduz o nível sanguíneo de glicose quando está muito alto. Os impulsos nervosos normalmente provocam correções rápidas, hormônios geralmente trabalham de forma mais lenta.

A homeostasia é mantida por meio de muitos sistemas de retroalimentação. Um ***sistema de retroalimentação*** ou *alça de retroalimentação* é um ciclo de eventos no qual uma condição no corpo é continuamente monitorada, avaliada, modificada, monitorada novamente, reavaliada e assim por diante. Cada condição monitorada, como a temperatura corporal, pressão sanguínea ou nível sanguíneo de glicose, é denominada *condição controlada*. Qualquer ruptura que provoque uma mudança em uma condição controlada é chamada de *estímulo*. Alguns estímulos provêm do ambiente externo, como calor intenso e oferta de oxigênio. Outros se originam no ambiente interno, como um nível sanguíneo de glicose que esteja muito baixo. Os desequilíbrios homeostáticos podem também ocorrer em razão de estresses psicológicos em nosso ambiente social – as exigências do trabalho ou da escola, por exemplo. Na maioria dos casos, a ruptura da homeostasia é leve e temporária, e as respostas das células do corpo restauram rapidamente o equilíbrio no ambiente interno. Em alguns casos, no entanto, a ruptura da homeostasia pode ser intensa e prolongada, como no envenenamento, superexposição a temperaturas extremas, infecção grave ou morte de um ente querido.

Três componentes básicos constituem um sistema de retroalimentação: um receptor, um centro de controle e um efetor (Fig. 1.2).

1. Um ***receptor*** é uma estrutura do corpo que monitora as alterações em uma condição controlada e envia a informação (impulsos nervosos ou sinais químicos) para um centro de controle. As terminações nervosas na pele que percebem a temperatura constituem um em centenas de tipos diferentes de receptores no corpo.
2. Um ***centro de controle*** no corpo, por exemplo, o encéfalo, estabelece uma faixa de valores dentro da qual uma condição controlada deve ser mantida, avalia a informação que recebe dos receptores e gera impulsos nervosos ou sinais químicos, retransmitidos do centro de controle para um efetor.

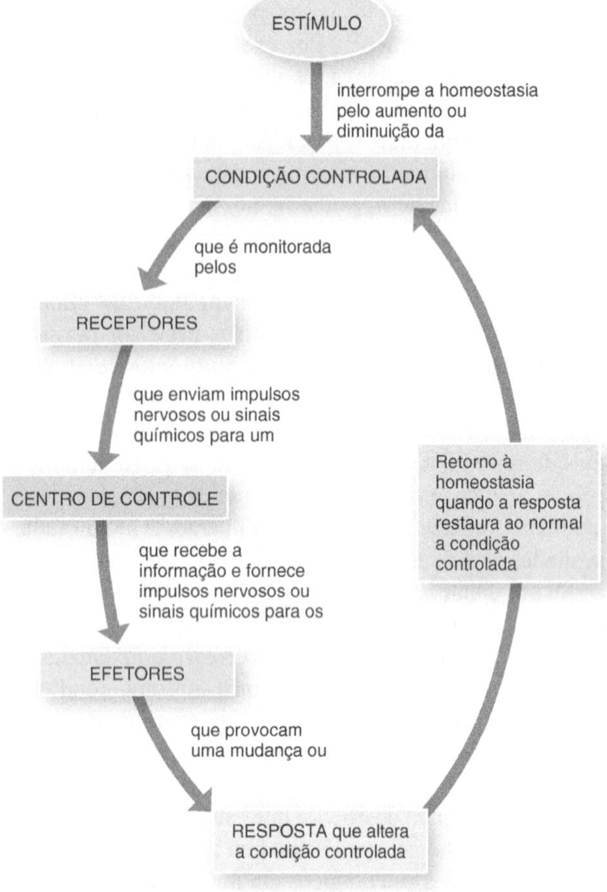

Qual é a diferença básica entre os sistemas de retroalimentação negativa e positiva?

Figura 1.2 **Componentes de um sistema de retroalimentação.**

Os três elementos básicos de um sistema de retroalimentação são o receptor, o centro de controle e o efetor.

3. Um ***efetor*** é uma estrutura do corpo que recebe impulsos do centro de controle e produz uma *resposta* que altera a condição controlada. Quase todo órgão ou tecido no corpo se comporta como um efetor. Por exemplo, quando a temperatura corporal cai bruscamente, o encéfalo (centro de controle) envia impulsos nervosos para os músculos esqueléticos (efetores), que provocam tremores, gerando calor e elevando a temperatura.

Sistemas de retroalimentação são classificados, tanto como sistemas de retroalimentação negativa quanto sistemas de retroalimentação positiva.

Sistemas de retroalimentação negativa

Um ***sistema de retroalimentação negativa*** reverte uma alteração em uma condição controlada. Consideremos um sistema de retroalimentação negativa que ajuda a regular a pressão sanguínea. A *pressão sanguínea* é a força exercida pelo sangue, contra as paredes dos vasos sanguíneos. Quando o coração bate mais rápido ou mais forte, a pressão sanguínea aumenta. Se um estímulo provoca o aumento da pressão sanguínea (condição controlada), a seguinte sequência de eventos ocorre (Fig. 1.3): a pressão mais elevada é detectada por *barorreceptores*, células nervosas sensíveis à pressão localizadas na parede de determinados vasos sanguíneos (os receptores); os barorreceptores enviam impulsos nervosos para o encéfalo (centro de controle), que interpreta as informações e responde enviando impulsos nervosos para o coração (o efetor); a frequência cardíaca diminui, o que provoca a redução (resposta) da pressão sanguínea. Essa sequência de eventos retorna a condição controlada – pressão sanguínea – ao normal, e a homeostasia é restaurada. Esse é um sistema de retroalimentação negativa, porque a atividade do efetor produz um resultado, uma queda na pressão sanguínea, que reverte o efeito do estímulo. Sistemas de retroalimentação negativa tendem a regular as condições no corpo que são mantidas razoavelmente estáveis durante longos períodos de tempo, como a pressão sanguínea, nível sanguíneo de glicose e temperatura corporal.

Sistemas de retroalimentação positiva

Ao contrário de um sistema de retroalimentação negativa, um sistema de ***retroalimentação positiva*** tende a *intensificar e reforçar* uma alteração em uma das condições controladas do corpo. O centro de controle envia comandos para um efetor, mas desta vez, o efetor produz uma resposta fisiológica que aumenta ou *reforça* a alteração inicial na condição controlada. A ação de um sistema de retroalimentação positiva continua até que seja interrompida por algum mecanismo.

O parto normal proporciona um bom exemplo de um sistema de retroalimentação positiva (Fig. 1.4). As primeiras contrações do trabalho de parto (estímulo) empurram parte do feto para o colo do útero, a parte mais inferior do útero, que se abre na vagina. Células nervosas sensíveis ao estiramento (receptores) monitoram a quantidade de estiramento do colo do útero (condição controlada). À medida que o estiramento aumenta, as células enviam mais impulsos nervosos para o encéfalo (centro de controle), que, por sua vez, libera o hormônio ocitocina no sangue. A ocitocina provoca uma contração ainda mais forte dos músculos na parede do útero (efetor). As contrações empurram o feto mais para baixo no útero, o que distende ainda mais o colo

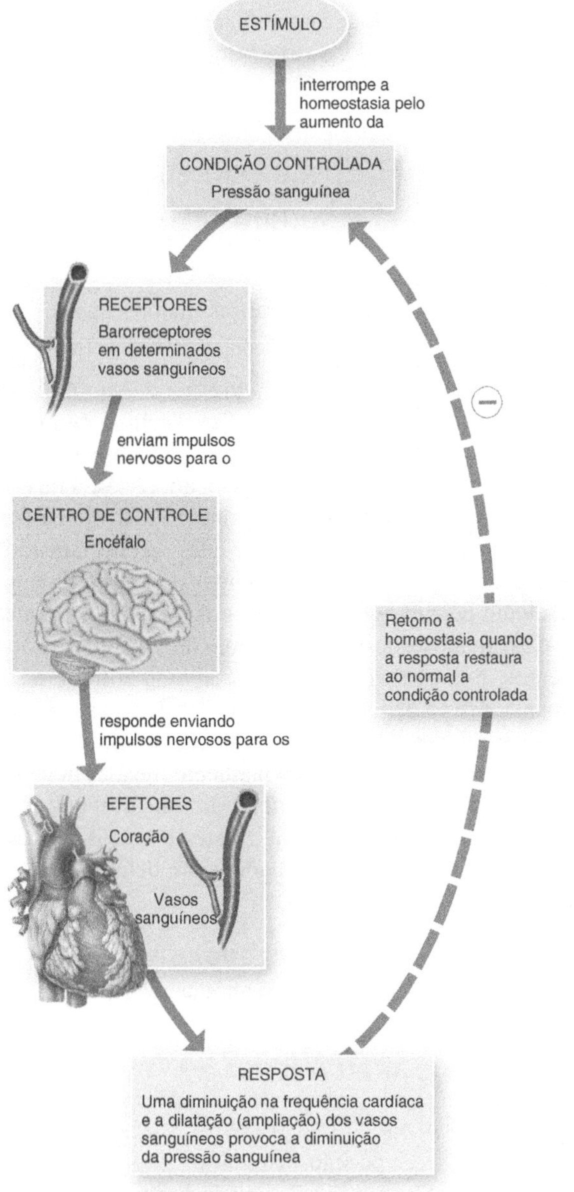

O que aconteceria à frequência cardíaca, se algum estímulo provocasse a diminuição da pressão sanguínea? Isso ocorreria por retroalimentação positiva ou negativa?

Figura 1.3 **Homeostasia da pressão sanguínea por meio de um sistema de retroalimentação negativa.** A seta tracejada do retorno com um sinal negativo dentro de um círculo, simboliza a retroalimentação negativa. Perceba que a resposta é alimentada de volta para o sistema e este continua a reduzir a pressão sanguínea até haver um retorno à pressão sanguínea normal (homeostasia).

Se a resposta reverte uma alteração em uma condição controlada, o sistema está operando por retroalimentação negativa.

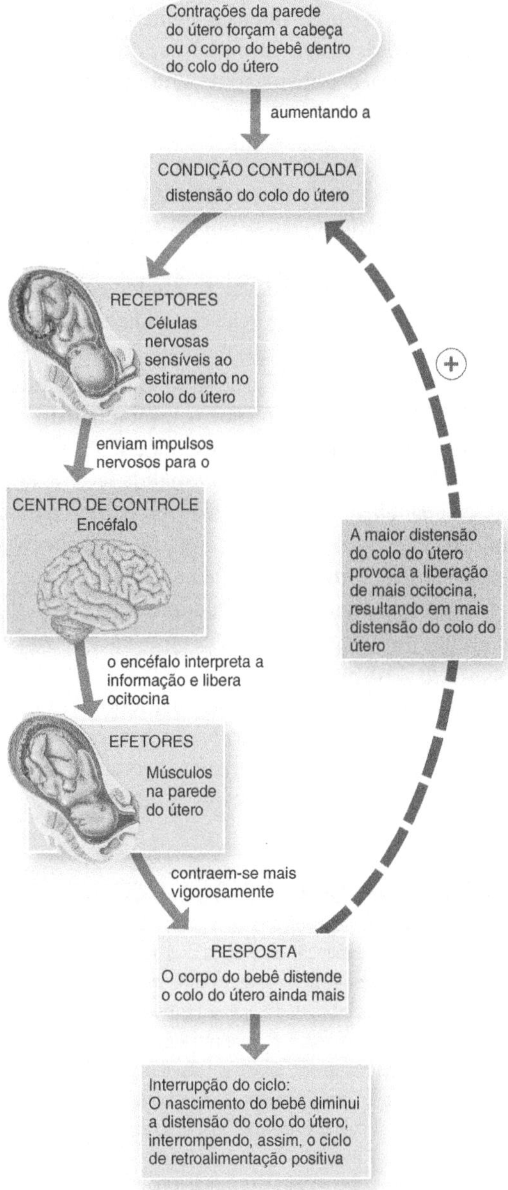

Por que os sistemas de retroalimentação positiva, que fazem parte de uma resposta fisiológica normal, incluem alguns mecanismos que encerram o sistema?

Figura 1.4 **Controle da retroalimentação positiva nas contrações do trabalho de parto, durante o nascimento de um bebê.** A seta de retorno tracejada, com um sinal positivo dentro de um círculo, simboliza a retroalimentação positiva.

Se a resposta reforça ou intensifica o estímulo, o sistema está operando por retroalimentação positiva.

do útero. O ciclo de estiramento, liberação de hormônio e contrações cada vez mais intensas é interrompido apenas pelo nascimento do bebê. Em seguida, o estiramento do colo do útero cessa e a liberação de ocitocina é deprimida.

Homeostasia e doença

Enquanto todas as condições controladas do corpo permanecem dentro de determinados limites restritos, as células do corpo funcionam eficientemente, a homeostasia é mantida e o corpo permanece saudável. Contudo, se um ou mais componentes do corpo perdem sua capacidade de contribuir para a homeostasia, o equilíbrio normal entre todos os processos do corpo poderá ser perturbado. Se o desequilíbrio homeostático for moderado, poderá ocorrer um distúrbio ou uma doença; se for grave, poderá resultar em morte.

Um ***distúrbio*** é qualquer anormalidade de estrutura e/ou função. ***Doença*** é um termo mais específico para uma enfermidade caracterizada por um conjunto reconhecível de sintomas e sinais. ***Sintomas*** são alterações *subjetivas* nas funções corporais, que não são aparentes para um observador, como, por exemplo, cefaleia ou náusea. ***Sinais*** são alterações *objetivas* que um clínico observa e avalia, como sangramento, inchaço, vômito, diarreia, febre, erupção ou paralisia. As doenças específicas alteram a estrutura e a função do corpo de formas características, geralmente produzindo um conjunto de sintomas e sinais reconhecíveis.

CORRELAÇÕES CLÍNICAS | Diagnóstico

Diagnóstico é a identificação de uma doença ou distúrbio, com base na avaliação científica dos sinais e sintomas do paciente, história médica, exame físico e, algumas vezes, em dados de exames laboratoriais. A anamnese consiste na coleta de informações sobre eventos que podem estar relacionados à enfermidade do paciente, incluindo a queixa principal, história da doença atual, problemas clínicos passados, problemas clínicos familiares e história social. O *exame físico* é uma avaliação ordenada do corpo e de suas funções. Esse processo inclui *inspeção* (observação do corpo em busca de quaisquer alterações que fogem do normal), *palpação (perceber as superfícies do corpo com as mãos)*, *ausculta* (escutar os sons do corpo, frequentemente usando um estetoscópio), *percussão* (bater na superfície do corpo e escutar o eco resultante) e *mensuração dos sinais vitais* (temperatura, pulso, frequência respiratória e pressão sanguínea). Alguns exames laboratoriais comuns incluem análises do sangue e da urina. •

TESTE SUA COMPREENSÃO

6. Quais são os tipos de distúrbios capazes de atuar como estímulos que iniciam um sistema de retroalimentação?
7. Como os sistemas de retroalimentação negativa e positiva se assemelham? Como diferem?
8. Diferencie e dê exemplos de sinais e sintomas de uma doença.

1.5 Envelhecimento e homeostasia

OBJETIVO

- Descrever algumas mudanças anatômicas e fisiológicas que ocorrem com o envelhecimento.

Como você verá mais tarde, ***envelhecimento*** é um processo normal, caracterizado por um declínio progressivo na capacidade do corpo de restaurar a homeostasia. O envelhecimento produz alterações observáveis na estrutura e na função e aumenta a vulnerabilidade ao estresse e à doença. As mudanças associadas ao envelhecimento são evidentes em todos os sistemas do corpo. Exemplos incluem pele enrugada, cabelo grisalho, perda de massa óssea, redução da força e da massa muscular, reflexos lentos, redução na produção de alguns hormônios, aumento da incidência de doenças cardíacas, aumento da suscetibilidade às infecções e ao câncer, diminuição da capacidade pulmonar, funcionamento menos eficiente do sistema digestório, diminuição da função renal, menopausa e aumento da próstata. Estes e outros efeitos do envelhecimento serão estudados com detalhes em capítulos posteriores.

TESTE SUA COMPREENSÃO

9. Cite alguns sinais do envelhecimento.

1.6 Termos anatômicos

OBJETIVOS

- Descrever a posição anatômica.
- Identificar as principais regiões do corpo e relacionar nomes comuns de várias partes do corpo aos termos anatômicos correspondentes.
- Definir os termos direcionais e os planos e cortes anatômicos utilizados para localizar as partes do corpo humano.

A linguagem da anatomia e da fisiologia é muito precisa. Quando se descreve onde o carpo (pulso) está localizado, é correto dizer “o carpo (pulso) está acima dos dedos”? Esta descrição é verdadeira se os braços estiverem nas laterais do corpo. Mas, se mantivéssemos as mãos acima da cabeça, os dedos estariam acima do carpo (pulso). Para evitar esse tipo de confusão, os cientistas e os profissionais da saúde se referem a uma posição anatômica padrão e usam um vocabulário especial para correlacionar as partes do corpo.

No estudo da anatomia, as descrições de qualquer parte do corpo humano assumem que o corpo está em uma postura específica, chamada de ***posição anatômica***. Na posição anatômica, a pessoa está de pé, ereta, de frente para o observador, com a cabeça nivelada e os olhos voltados para a frente. Os membros inferiores estão paralelos e os pés apoiados no chão e direcionados para frente e os membros superiores estão ao lado do corpo, com as palmas voltadas para frente (Fig. 1.5). Na posição anatômica, o corpo está na vertical. Dois termos descrevem um corpo reclinado. Se o corpo está deitado com a face para baixo, está na posição **prona** (decúbito ventral). Se o corpo está deitado com a face para cima, está na posição **supina** (decúbito dorsal).

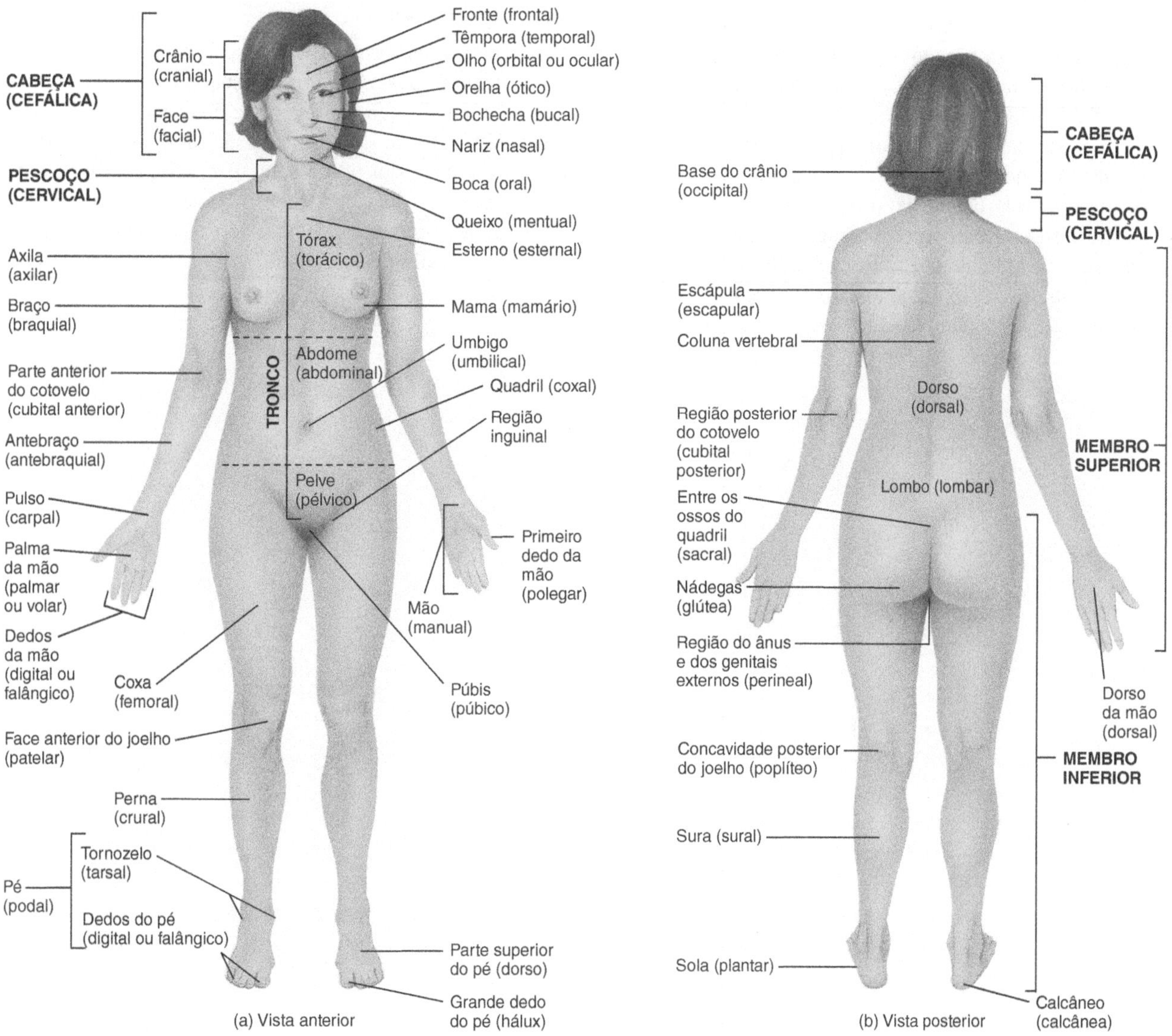

Onde está localizada uma verruga plantar?

Figura 1.5 A posição anatômica. Os nomes comuns e os termos anatômicos correspondentes (entre parênteses) indicam regiões específicas do corpo. Por exemplo, a cabeça é a região cefálica.

Na posição anatômica, o indivíduo está de pé, ereto, de frente para o observador, com a cabeça nivelada e os olhos voltados para frente. Os pés estão apoiados no solo e dirigidos para a frente e os braços estão ao lado do corpo com as palmas das mãos voltadas para frente.

Denominações das regiões do corpo

O corpo humano é dividido em várias regiões principais, identificadas externamente. Essas regiões são a cabeça, pescoço, tronco, membros superiores e membros inferiores (Fig. 1.5). A ***cabeça*** consiste no crânio e na face. O *crânio* é a parte da cabeça que envolve e protege o encéfalo, e a *face* é a porção frontal da cabeça que inclui os olhos, nariz, boca, fronte, bochechas e mento (queixo). O ***pescoço*** sustenta a cabeça, unindo-a ao tronco. O ***tronco*** consiste no tórax, abdome e pelve. Cada ***membro superior*** está ligado ao tronco e consiste no ombro, axila, braço (porção do membro, do ombro ao cotovelo), antebraço (porção do membro, do cotovelo ao carpo), carpo (pulso) e mão. Cada ***membro inferior*** está também ligado ao tronco e consiste nas nádegas, coxa (porção do membro, do quadril ao joelho), perna (porção do membro, do joelho ao tarso [tornozelo]), tarso e pé. A *região inguinal* é a área na superfície frontal do corpo, marcada por uma depressão linear de cada lado, na qual o tronco se fixa às coxas.

Na Figura 1.5, o nome anatômico correspondente a cada parte do corpo aparece entre parênteses, próximo ao nome comum. Por exemplo, se você receber uma injeção contra o tétano em sua *nádega* será uma injeção *glútea*. A nomenclatura anatômica de uma parte do corpo é baseada em uma palavra ou “raiz” grega ou latina para a mesma parte ou área. A palavra latina para axila é *axilla*, por exemplo; portanto, um dos nervos que atravessa a região axilar é denominado nervo axilar. Você aprenderá mais sobre as raízes dos termos anatômicos e fisiológicos à medida que ler este livro.

Termos direcionais

Para localizar as várias estruturas corporais, os anatomistas utilizam ***termos direcionais*** específicos, palavras que descrevem a posição de uma parte do corpo em relação à outra. Vários termos direcionais são agrupados em pares que têm significados opostos, por exemplo, anterior (frente) e posterior (dorso). Estude o Quadro 1.1 e a Figura 1.6 para determinar, entre outras coisas, se o estômago é superior aos pulmões.

QUADRO 1.1 Termos direcionais *(Fig. 1.6)*

OBJETIVO

• Definir **cada termo direcional utilizado para descrever o corpo humano.**

A maioria dos termos direcionais utilizados para descrever o corpo humano é agrupada em pares que têm significados opostos. Por exemplo, ***superior*** indica em direção à parte de cima do corpo, e ***inferior*** significa em direção à parte de baixo do corpo. É importante compreender que os termos direcionais têm significados *relativos*; somente fazem sentido quando são usados para descrever a posição de uma estrutura em relação a alguma outra. Por exemplo, o joelho é superior ao tornozelo, embora ambos estejam localizados na metade inferior do corpo. Estude os termos direcionais e o exemplo de como cada um é utilizado. Conforme lê cada exemplo, recorra à Figura 1.6 para ver a localização das estruturas mencionadas.

TESTE SUA COMPREENSÃO

Que termos direcionais são usados para especificar as relações entre (1) o cotovelo e o ombro, (2) os ombros esquerdo e direito, (3) o esterno e o úmero e (4) o coração e o diafragma?

TERMO DIRECIONAL	DEFINIÇÃO	EXEMPLO DE USO
Superior (cefálico ou cranial)	Em direção à cabeça ou a parte mais alta de uma estrutura	O coração é superior ao fígado
Inferior (caudal)	Distante da cabeça ou a parte mais inferior de uma estrutura	O estômago é inferior aos pulmões
Anterior (ventral)	Mais próximo da frente do corpo, ou na frente do corpo	O osso esterno é anterior ao coração
Posterior (dorsal)	Mais próximo do dorso do corpo, ou no dorso do corpo	O esôfago é posterior à traqueia
Medial	Mais próximo da linha mediana, uma linha vertical imaginária que divide o corpo em lados iguais, direito e esquerdo	A ulna é medial ao rádio
Lateral	Mais afastado da linha mediana ou do plano sagital mediano	Os pulmões são laterais ao coração
Intermediário	Entre duas estruturas	O colo transverso é intermediário aos colos ascendente e descendente
Ipsilateral	No mesmo lado do corpo que outra estrutura	A vesícula biliar e o colo ascendente são ipsilaterais
Contralateral	No lado oposto do corpo de outra estrutura	Os colos ascendente e descendente são contralaterais
Proximal	Mais próximo da fixação de um membro ao tronco; mais próximo do ponto de origem ou do início	O úmero é proximal ao rádio
Distal	Mais afastado da fixação de um membro ao tronco; mais afastado do ponto de origem ou do início	As falanges são distais aos ossos carpais
Superficial (externo)	Em direção à ou na superfície do corpo	As costelas são superficiais aos pulmões
Profundo (interno)	Distante da superfície do corpo	As costelas são profundas à pele do tórax e do dorso

CONTINUA

QUADRO 1.A Termos direcionais *(Fig. 1.6)* (CONTINUAÇÃO)

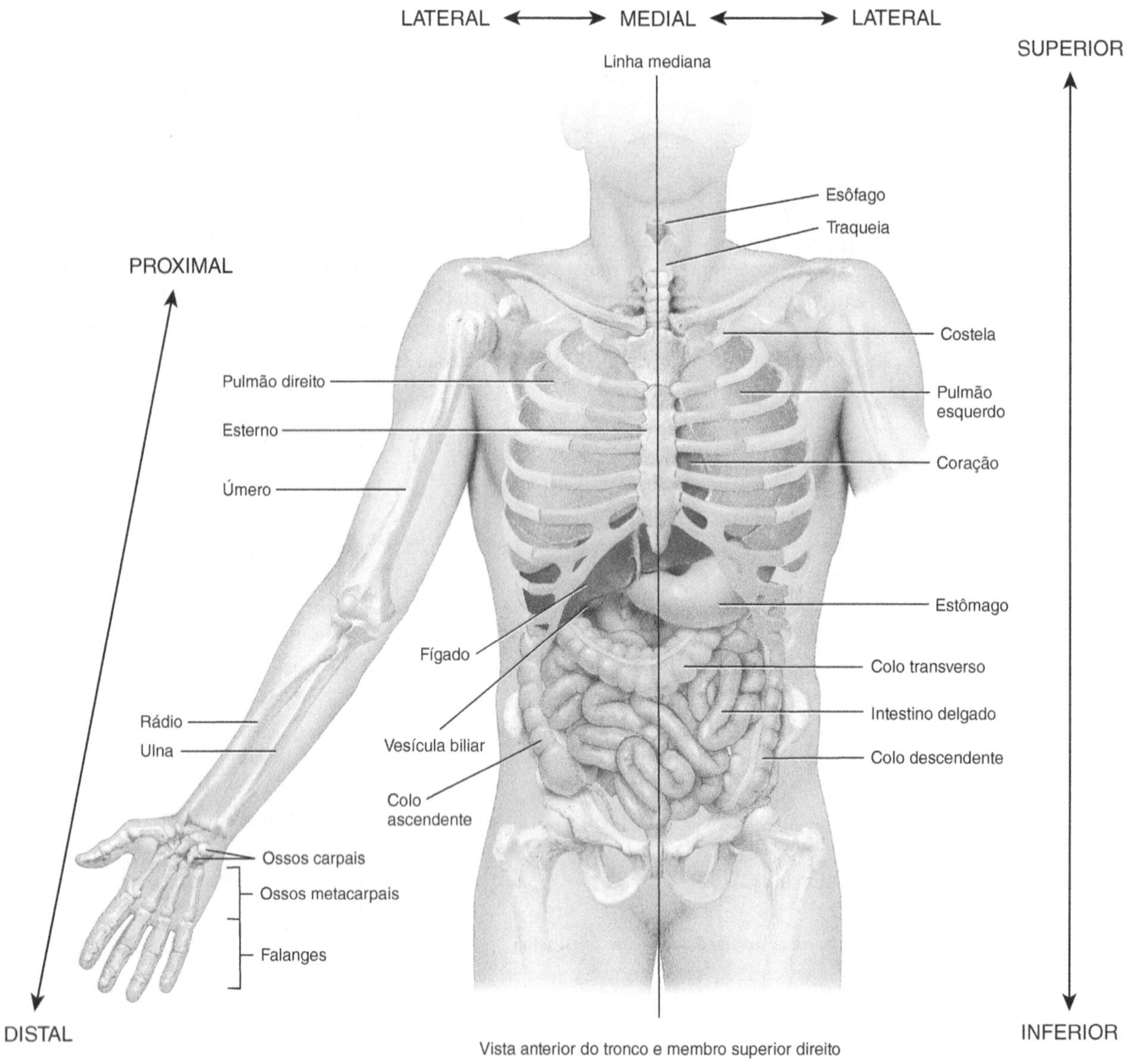

O rádio é proximal ao úmero? O esôfago é anterior à traqueia? As costelas são superficiais aos pulmões? Os colos ascendente e descendente são ipsilaterais? O esterno é lateral ao colo descendente?

Figura 1.6 **Termos direcionais.**

Os termos direcionais localizam com precisão as várias partes do corpo relacionadas entre si.

Planos e secções

Estudaremos também as partes do corpo em quatro ***planos*** principais, isto é, superfícies planas imaginárias que passam através das partes do corpo (Fig. 1.7): sagital, frontal, transverso e oblíquo. Um ***plano sagital*** é um plano vertical que divide o corpo ou um órgão em lados direito e esquerdo. Mais especificamente, quando um plano passa através da linha mediana do corpo ou do órgão e os divide em metades *iguais*, direita e esquerda, é denominado ***plano sagital mediano***. Se o plano sagital não passa através da linha mediana, mas, em vez disso, divide o corpo ou um órgão em lados direito e esquerdo, *desiguais*, é denominado ***plano sagital paramediano***. Um ***plano frontal*** ou *plano coronal* divide o corpo ou um órgão em porções anterior (frente) e posterior (dorso). Um ***plano transverso*** divide o corpo ou um órgão em partes superior (acima) e inferior (abaixo). Um plano transverso pode também ser chamado de *plano horizontal* ou *axial*. Os planos sagitais, frontais e transversos formam ângulos retos entre si. Um ***plano oblíquo***, por outro lado, passa através do corpo ou de um órgão em um ângulo entre o plano transverso e um plano sagital ou entre o plano transverso e um plano frontal.

Quando se estuda uma região do corpo, com frequência você a vê em secção (ou corte). Uma ***secção*** é um corte do corpo ou de um órgão feito ao longo de um dos planos já descritos. É importante conhecer o plano da secção, de modo que você possa entender as correlações anatômicas das partes. A Figura 1.8 indica como três secções diferentes – uma *secção sagital mediana*, uma *secção frontal* e uma *secção transversa (axial)* – proporcionam vistas diferentes do encéfalo.

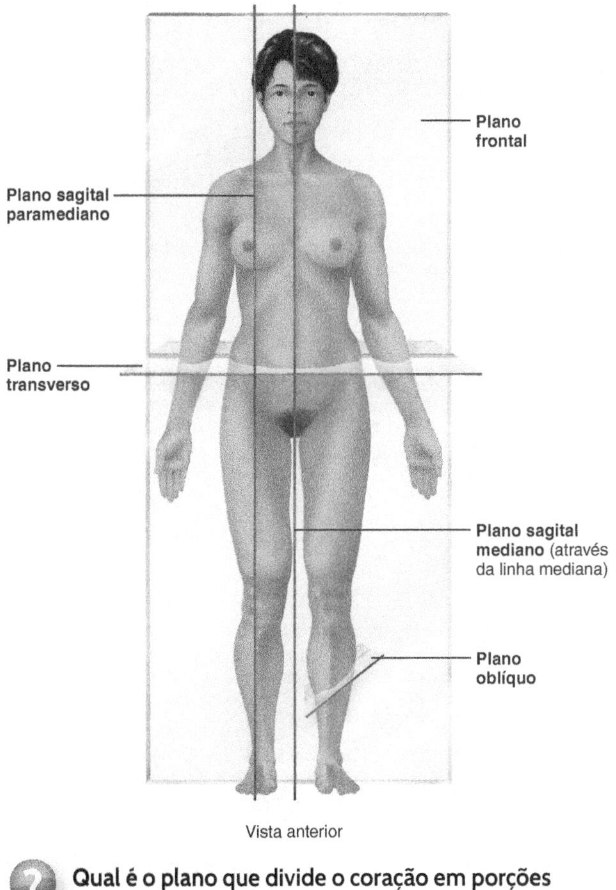

Qual é o plano que divide o coração em porções anterior e posterior?

Figura 1.7 Planos através do corpo humano.

Os planos frontal, transverso, sagital e oblíquo dividem o corpo de formas específicas.

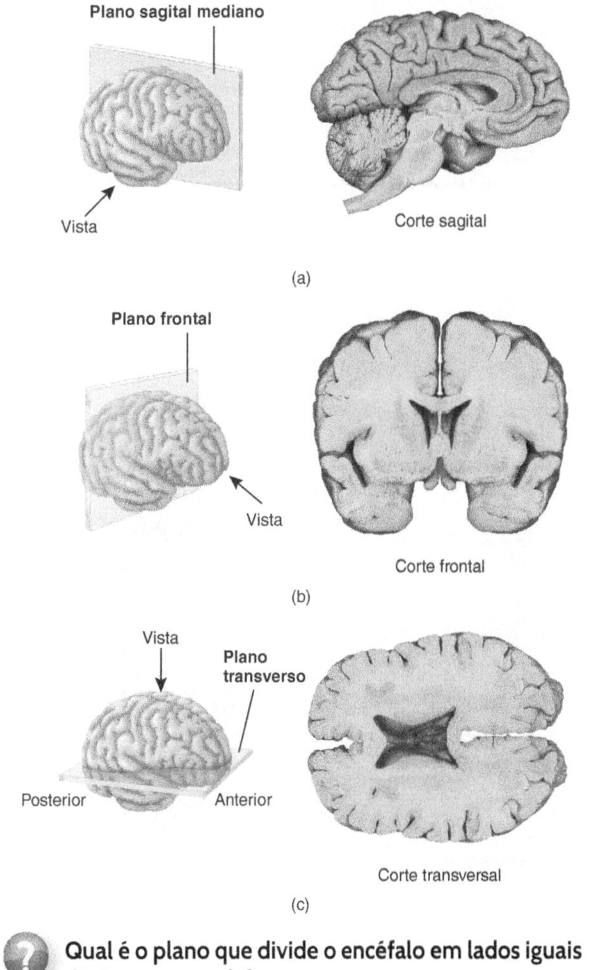

Qual é o plano que divide o encéfalo em lados iguais direito e esquerdo?

Figura 1.8 Planos e secções através de diferentes partes do encéfalo. Os diagramas (à esquerda) mostram os planos, e as fotografias (à direita) mostram as secções resultantes. (**Nota:** As setas em "Vista", no diagrama, indicam a direção a partir da qual cada secção é visualizada. Esse subsídio é usado em todo o livro para indicar a perspectiva da visualização).

Os planos dividem o corpo de várias formas, para produzir secções.

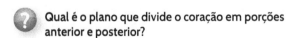

TESTE SUA COMPREENSÃO

10. Descreva a posição anatômica e explique por que ela é utilizada.
11. Localize cada região do seu próprio corpo e então a identifique pelo nome comum e pela forma descritiva anatômica correspondente.
12. Para cada termo direcional listado no Quadro 1.1, forneça seu próprio exemplo.
13. Quais são os diversos planos que podem ser passados através do corpo? Explique como cada um deles divide o corpo.

1.7 Cavidades do corpo

OBJETIVOS

- Descrever as principais cavidades do corpo e os órgãos que elas contêm.
- Explicar por que a cavidade abdominopélvica é dividida em regiões e quadrantes.

Cavidades do corpo são espaços dentro do corpo que contêm, protegem, separam e sustentam os órgãos internos. Aqui, estudamos várias das maiores cavidades do corpo (Fig. 1.9).

A ***cavidade do crânio*** é formada pelos ossos cranianos e contém o encéfalo. O ***canal vertebral*** *(espinal)* é formado pelos ossos da coluna vertebral e contém a medula espinal.

As principais cavidades corporais do tronco são as cavidades torácica e abdominopélvica. A ***cavidade torácica*** é a cavidade do tórax. No interior da cavidade torácica se encontram três cavidades menores: a ***cavidade do pericárdio*** que engloba o coração e contém uma pequena quantidade de líquido lubrificante, e duas ***cavidades pleurais***, cada uma das quais guarnece um pulmão e contém uma pequena quantidade de líquido lubrificante (Fig.1.10). A parte central da cavidade torácica é uma região anatômica, chamada ***mediastino***. Situa-se entre os pulmões, estendendo-se do esterno à coluna vertebral e da primeira costela ao diafragma (Fig. 1.10), e contém todos os órgãos torácicos, exceto os próprios pulmões. Dentre as estruturas no mediastino estão coração, esôfago, tra-

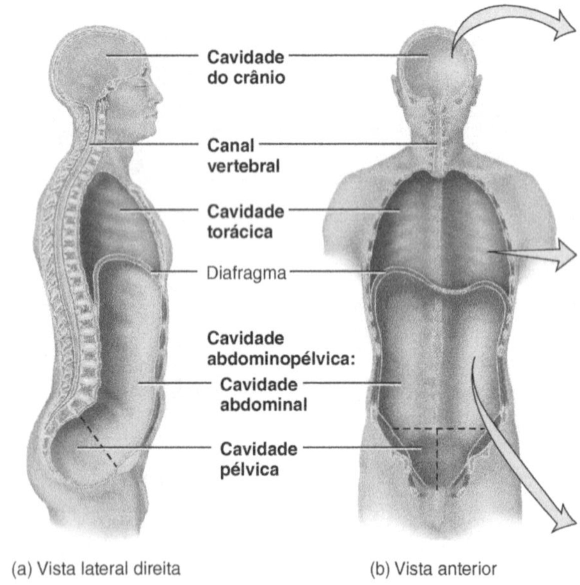

CAVIDADE	COMENTÁRIOS
Cavidade do crânio	Formada pelos ossos do crânio e contém o encéfalo
Canal vertebral	Formado pela coluna vertebral e contém a medula espinal e o início dos nervos espinais
Cavidade torácica*	Cavidade do tórax; contém as cavidades pleurais e do pericárdio e o mediastino
Cavidade pleural	Cada uma circunda um pulmão; a túnica serosa de cada cavidade pleural é a pleura
Cavidade do pericárdio	Circunda o coração; a túnica serosa da cavidade do pericárdio é o pericárdio
Mediastino	Parte central da cavidade torácica entre os pulmões; estende-se do esterno até a coluna vertebral e da primeira costela até o diafragma; contém o coração, timo, esôfago, traqueia e vários grandes vasos sanguíneos
Cavidade abdominopélvica	Subdividida em cavidades abdominal e pélvica
Cavidade abdominal	Contém o estômago, baço, fígado, vesícula biliar, intestino delgado e a maior parte do intestino grosso; a túnica serosa da cavidade abdominal é o peritônio
Cavidade pélvica	Contém a bexiga urinária, porções do intestino grosso e os órgãos genitais internos femininos e masculinos

*Ver Figura 1.10 para detalhes da cavidade torácica.

Em quais cavidades estão localizados os seguintes órgãos: bexiga urinária, estômago, coração, intestino delgado, pulmões, órgãos genitais internos femininos, timo, baço e fígado? Use os seguintes símbolos para as suas respostas: T, cavidade torácica; A, cavidade abdominal; P, cavidade pélvica.

Figura 1.9 **Cavidades do corpo.** As linhas tracejadas em negrito indicam o limite entre as cavidades abdominal e pélvica.

As principais cavidades corporais do tronco são as cavidades torácica e abdominopélvica.

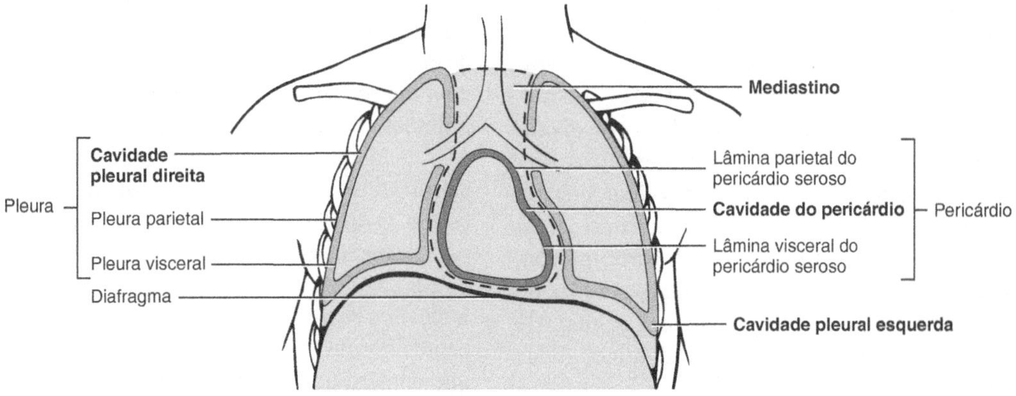

(a) Vista anterior da cavidade torácica

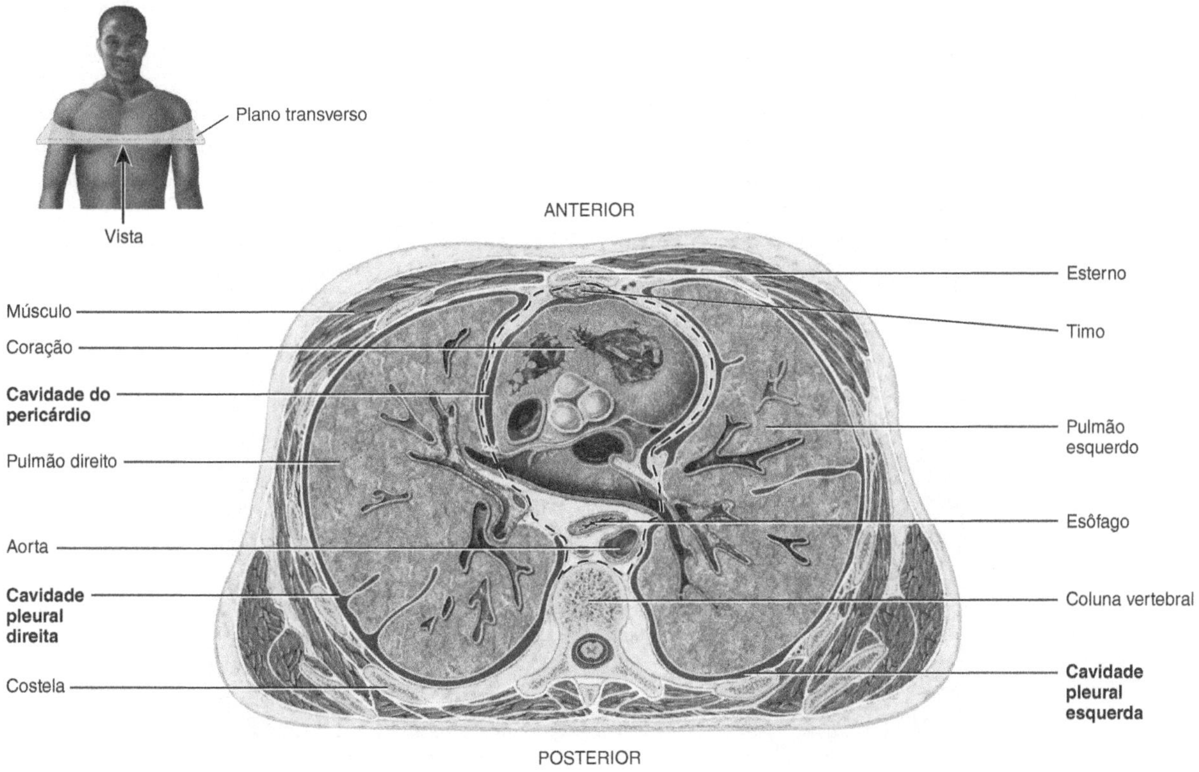

(b) Vista inferior do corte transverso da cavidade torácica

Quais das seguintes estruturas estão contidas no mediastino: pulmão direito, coração, esôfago, medula espinal, aorta, cavidade pleural esquerda?

Figura 1.10 A cavidade torácica. As linhas tracejadas indicam os limites do mediastino. **Nota:** Quando os cortes transversos são vistos inferiormente (de baixo para cima), a face anterior do corpo aparece no topo da ilustração, e o lado esquerdo do corpo aparece no lado direito da ilustração. Observe que a cavidade do pericárdio circunda o coração e que as cavidades pleurais circundam os pulmões.

O mediastino é a região anatômica medial aos pulmões, que se estende do esterno até a coluna vertebral e da primeira costela até o diafragma.

queia e vários grandes vasos sanguíneos. O ***diafragma*** é um músculo cupuliforme, que possibilita a respiração e separa a cavidade torácica da cavidade abdominopélvica.

A ***cavidade abdominopélvica*** se estende do diafragma até a região inguinal. Como o nome indica, está dividida em duas partes, embora nenhuma parede as separe (ver Fig. 1.9). A parte superior, a ***cavidade abdominal***, contém o estômago, baço, fígado, vesícula biliar, intestino delgado e a maior parte do intestino grosso. A parte inferior, a ***cavidade pélvica*** contém a bexiga urinária, porções do intestino grosso e órgãos internos do sistema genital. Os órgãos dentro das cavidades torácica e abdominopélvica são chamados de ***vísceras***.

Uma ***túnica*** é um tecido flexível delgado que recobre, reveste, divide ou une estruturas. Um exemplo é a túnica bilaminada escorregadia associada com as cavidades do corpo que não se abrem diretamente para o exterior, chamada ***túnica serosa***. Recobre as vísceras dentro das cavidades torácica e abdominal e também reveste as paredes do tórax e do abdome. As partes de uma túnica serosa são (1) a *lâmina parietal*, que reveste as paredes das cavidades, e (2) a *lâmina visceral*, que recobre as vísceras dentro das cavidades e adere a elas. Entre as lâminas se encontra um espaço potencial que contém uma pequena quantidade de líquido lubrificante (líquido seroso) entre as duas lâminas. O líquido permite que as vísceras deslizem um pouco durante os movimentos, como quando os pulmões se enchem e se esvaziam durante a ventilação.

A túnica serosa da cavidade pleural é chamada de ***pleura***. A túnica serosa da cavidade do pericárdio é o ***pericárdio***. O ***peritônio*** é a túnica serosa da cavidade abdominal.

Além das já descritas, aprenderemos também sobre outras cavidades do corpo em capítulos posteriores. Essas incluem a *cavidade oral* (*boca*), que contém a língua e os dentes; a *cavidade nasal*, no nariz; as *cavidades orbitais*, que contêm os bulbos dos olhos; a *cavidade timpânica*, que contém os ossículos da orelha média, e as *cavidades sinoviais*, que são encontradas em articulações livremente móveis e contêm sinóvia.

Regiões e quadrantes abdominopélvicos

Para descrever mais precisamente a localização dos vários órgãos abdominais e pélvicos, a cavidade abdominopélvica pode ser dividida em compartimentos menores. Em um dos métodos, duas linhas horizontais e duas linhas verticais, como uma grade de jogo-da-velha,

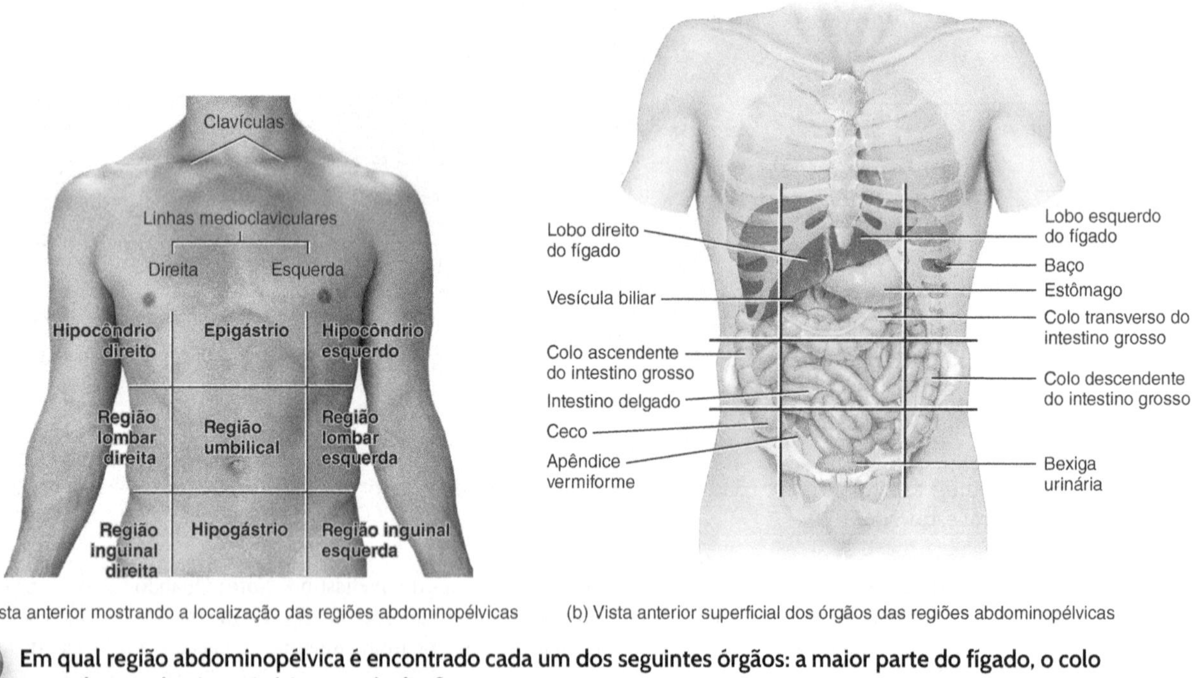

(a) Vista anterior mostrando a localização das regiões abdominopélvicas

(b) Vista anterior superficial dos órgãos das regiões abdominopélvicas

Em qual região abdominopélvica é encontrado cada um dos seguintes órgãos: a maior parte do fígado, o colo ascendente, a bexiga urinária e o apêndice?

Figura 1.11 **As nove regiões da cavidade abdominopélvica.** Os órgãos genitais internos na cavidade pélvica são mostrados nas Figuras 23.1 e 23.6.

A designação de nove regiões é utilizada para estudos anatômicos.

repartem a cavidade em nove regiões abdominopélvicas (Fig. 1.11). Os nomes das nove **regiões abdominopélvicas** são *hipocôndrio direito*, *epigástrio*, *hipocôndrio esquerdo*, *região lombar direita*, *umbilical*, *região lombar esquerda*, *inguinal direita*, *hipogástrio* e *inguinal esquerda*. Em outro método, uma linha horizontal e outra vertical atravessando o *umbigo*, dividem a cavidade abdominopélvica em ***quadrantes*** (Fig. 1.12). Os nomes dos quadrantes abdominopélvicos são: *quadrante superior direito (QSD)*, *quadrante superior esquerdo (QSE)*, *quadrante inferior direito (QID)* e *quadrante inferior esquerdo (QIE)*. A divisão em nove regiões é mais amplamente usada para estudos anatômicos, e os quadrantes são mais comumente usados pelos clínicos para descrever o local de uma dor abdominopélvica, uma massa ou outra anormalidade.

TESTE SUA COMPREENSÃO

14. Quais limites de referência separam as diversas cavidades do corpo umas das outras?
15. Localize as nove regiões abdominopélvicas e os quatro quadrantes abdominopélvicos em você mesmo e liste alguns órgãos encontrados em cada um(a) delas.

• • •

No Capítulo 2, examinaremos o nível químico de organização. Aprenderemos sobre os vários grupos de substâncias químicas, suas funções e como contribuem para a homeostasia.

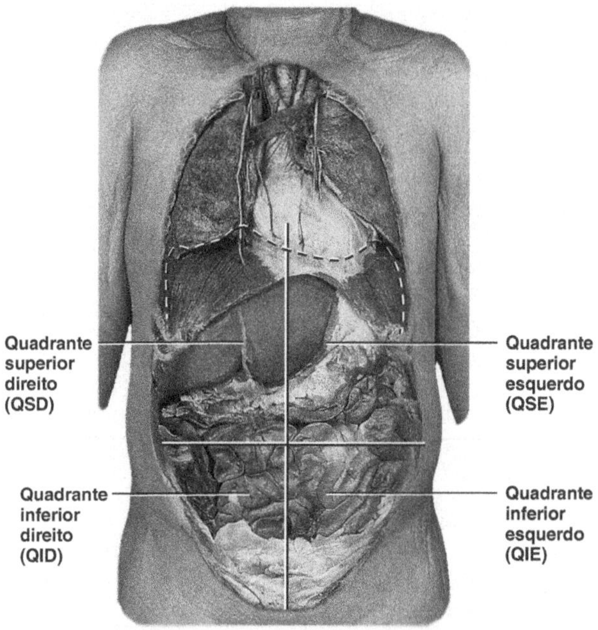

Vista anterior mostrando a localização dos quadrantes abdominopélvicos

Em qual quadrante abdominopélvico seria sentida a dor decorrente da apendicite (inflamação do apêndice vermiforme)?

Figura 1.12 **Quadrantes da cavidade abdominopélvica (abaixo da linha tracejada).** As duas linhas se cruzam em ângulos retos no umbigo.

A designação quadrante é usada para determinar o local da dor, uma massa ou alguma outra anormalidade.

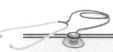

TERMINOLOGIA E CONDIÇÕES MÉDICAS

A maioria dos capítulos deste livro é seguida por um glossário de termos médicos básicos, incluindo condições normais e patológicas. Devemos nos familiarizar com esses termos, porque desempenham uma função essencial em seu vocabulário médico.

Algumas dessas condições, bem como as discutidas no texto, são referidas como locais ou sistêmicas. Uma *doença local* é a que afeta uma parte ou uma área limitada do corpo. Uma *doença sistêmica* afeta o corpo inteiro ou várias partes.

Epidemiologia A ciência que estuda o porquê, quando e onde as doenças ocorrem e como são transmitidas em uma população humana definida.

Farmacologia A ciência que lida com os efeitos e o uso dos fármacos no tratamento da doença.

Geriatria A ciência que lida com os problemas médicos e cuidados de pessoas idosas.

Patologia A ciência que lida com a natureza, as causas e o desenvolvimento de condições anormais e com as alterações estruturais e funcionais que as doenças produzem.

REVISÃO DO CAPÍTULO

1.1 Definição de anatomia e fisiologia

1. **Anatomia** é a ciência da estrutura e das relações entre as estruturas do corpo.
2. **Fisiologia** é a ciência de como as estruturas do corpo funcionam.

1.2 Níveis de organização e sistemas do corpo

1. O corpo humano consiste em seis níveis de organização: **químico**, **celular**, **tecidual**, **de órgãos**, **de sistemas** e **de organismo**.
2. **Células** são as unidades estruturais e funcionais básicas de um organismo e as menores unidades vivas no corpo humano.
3. **Tecidos** consistem em grupos de células e de materiais adjacentes, que trabalham em conjunto para desempenhar uma função específica.
4. **Órgãos** geralmente têm formas reconhecíveis, são compostos de dois ou mais tipos de tecidos diferentes e têm funções específicas.
5. **Sistemas** consistem em órgãos relacionados que têm uma função comum.
6. A Tabela 1.1 introduz os 11 sistemas do corpo humano: tegumento comum, esquelético, muscular, nervoso, endócrino, circulatório, linfático, respiratório, digestório, urinário e genital.
7. O organismo humano é uma coleção de sistemas estruturalmente e funcionalmente integrados. Os sistemas do corpo trabalham juntos para manter a saúde, proteger contra doenças e permitir a reprodução da espécie.

1.3 Processos vitais

1. Todos os organismos vivos possuem determinadas características que os distinguem das coisas não vivas.
2. Os processos vitais nos seres humanos incluem **metabolismo**, **reatividade**, **movimento**, **crescimento**, **diferenciação** e **reprodução**.

1.4 Homeostasia: manutenção dos limites

1. A **homeostasia** é uma condição na qual o ambiente interno do corpo permanece estável, dentro de determinados limites.
2. Uma grande parte do ambiente interno do corpo é de líquido intersticial, que envolve todas as células corporais.
3. A homeostasia é regulada pelos sistemas nervoso e endócrino, atuando em conjunto ou separadamente. O sistema nervoso detecta as alterações corporais e envia impulsos nervosos para manter a homeostasia. O sistema endócrino regula a homeostasia por meio da secreção de hormônios.
4. As interrupções na homeostasia provêm de estímulos internos e externos e de estresses psicológicos. Quando a interrupção da homeostasia é branda e temporária, as respostas das células do corpo rapidamente restauram o equilíbrio no ambiente interno. Se a interrupção for extrema, as tentativas do corpo para restaurar a homeostasia poderão falhar.
5. Um **sistema de retroalimentação** consiste de três partes: (1) **receptores** que monitoram alterações em uma condição controlada e enviam informações para (2) um **centro de controle** que estabelece valores nos quais uma condição controlada deve ser mantida, avalia as informações que recebe e gera comandos eferentes, quando estes são necessários e (3) **efetores** que recebem os impulsos do centro de controle e produzem uma resposta (efeito) que altera a condição controlada.
6. Se uma resposta reverte uma alteração em uma condição controlada, o sistema é chamado de **sistema de retroalimentação negativa**. Se uma resposta reforça uma alteração em uma condição controlada, o sistema é referido como **sistema de retroalimentação positiva**.
7. Um exemplo de retroalimentação negativa é o sistema que regula a pressão sanguínea. Se um estímulo faz a pressão sanguínea (condição controlada) subir, os barorreceptores (células nervosas sensíveis à pressão, os receptores) nos vasos sanguíneos enviam impulsos para o encéfalo (centro de controle). O encéfalo envia impulsos para o coração (efetor). Como resultado, a frequência cardíaca diminui (resposta) e a pressão sanguínea volta ao normal (restauração da homeostasia).
8. Um exemplo de retroalimentação positiva ocorre durante o nascimento de um bebê. Quando o trabalho de parto começa, o colo do útero é distendido (estímulo), e as células nervosas sensíveis ao estiramento, no colo do útero (receptores), enviam impulsos nervosos para o encéfalo (centro de controle). O encéfalo responde liberando ocitocina, que estimula o útero (efetor) a se contrair mais vigorosamente (resposta). O movimento do útero distende ainda mais o colo do útero, mais ocitocina é liberada e, ocorrem, contrações até mesmo mais vigorosas. O ciclo é rompido com o nascimento do bebê.
9. As interrupções na homeostasia – desequilíbrios homeostáticos – conduzem a distúrbios, doenças e até mesmo à morte. Um **distúrbio** é qualquer anormalidade de estrutura e/ou função. **Doença** é um termo mais específico para uma enfermidade, com um conjunto definido de sinais e sintomas.
10. **Sintomas** são alterações subjetivas nas funções corporais, que não são aparentes para um observador. **Sinais** são alterações objetivas que são observadas e mensuradas.
11. **Diagnóstico** da doença inclui a identificação de sinais e sintomas, anamnese, exame físico e, algumas vezes, exames laboratoriais.

1.5 Envelhecimento e homeostasia

1. **Envelhecimento** produz alterações observáveis na estrutura e na função e aumenta a vulnerabilidade ao estresse e à doença.
2. Alterações associadas ao envelhecimento ocorrem em todos os sistemas do corpo.

1.6 Termos anatômicos

1. Descrições de qualquer região do corpo assumem que o corpo está na **posição anatômica**, em que a pessoa está de pé, ereta, de frente para o observador, com a cabeça nivelada e os olhos voltados para frente. Os pés estão apoiados no chão e dirigidos para frente, e os braços estão ao lado do corpo, com as palmas voltadas para frente.
2. O corpo humano é dividido em diversas regiões principais: **cabeça**, **pescoço**, **tronco**, **membros superiores** e **membros inferiores**.
3. Nas regiões do corpo, as partes específicas têm denominações comuns e nomenclaturas anatômicas correspondentes. Os exemplos são: tórax (torácico), nariz (nasal) e carpo/pulso (carpal).
4. Os **termos direcionais** indicam a relação de uma parte do corpo com outra. O Quadro 1.1 resume os termos direcionais comumente usados.
5. **Planos** são superfícies planas imaginárias que dividem o corpo ou os órgãos em duas partes. Um **plano sagital mediano** divide o corpo ou um órgão em lados direito e esquerdo iguais. Um **plano sagital paramediano** divide o corpo ou um órgão em lados direito e esquerdo desiguais. Um **plano frontal** divide o corpo ou um órgão em partes anterior e posterior. Um **plano transverso** divide o corpo ou um órgão em partes superior e inferior. Um **plano oblíquo** atravessa o corpo ou um órgão em ângulo entre um plano transverso e um plano sagital ou entre um plano transverso e um plano frontal.
6. As **secções** resultam de cortes através das estruturas corporais. São nomeadas de acordo com o plano no qual o corte é feito: transversa, frontal ou sagital.

1.7 Cavidades do corpo

1. Os espaços no corpo que contêm, protegem, separam e sustentam os órgãos internos são chamados de **cavidades do corpo**.
2. A **cavidade do crânio** contém o encéfalo, e o **canal vertebral** contém a medula espinal.
3. A **cavidade torácica** é subdividida em três cavidades menores: **cavidade do pericárdio**, que contém o coração, e duas **cavidades pleurais**, cada qual contendo um pulmão.
4. A parte central da cavidade torácica é o **mediastino**. Está localizado entre os pulmões e se estende do esterno até a coluna vertebral e do pescoço até o **diafragma**. Contém todos os órgãos torácicos, exceto os pulmões.
5. A **cavidade abdominopélvica** é separada da cavidade torácica pelo diafragma e é dividida em uma **cavidade abdominal**, superior, e uma **cavidade pélvica**, inferior.
6. Os órgãos nas cavidades torácica e abdominopélvica são chamados de **vísceras**. As vísceras da cavidade abdominal incluem o estômago, baço, fígado, vesícula biliar, intestino delgado e a maior parte do intestino grosso. As vísceras da cavidade pélvica incluem a bexiga urinária, partes do intestino grosso e os órgãos internos do sistema genital.
7. Para descrever facilmente a localização dos órgãos, a cavidade abdominopélvica pode ser dividida em nove **regiões abdominopélvicas**, por meio de duas linhas horizontais e duas verticais. As denominações das nove regiões abdominopélvicas são: hipocôndrio direito, epigástrio, hipocôndrio esquerdo, região lombar direita, região umbilical, região lombar esquerda, região inguinal direita, hipogástrio e região inguinal esquerda.
8. A cavidade abdominopélvica também pode ser dividida em **quadrantes**, passando-se uma linha horizontal e uma linha vertical pelo umbigo. As denominações dos quadrantes abdominopélvicos são: quadrante superior direito (QSD), quadrante superior esquerdo (QSE), quandrante inferior direito (QID) e quadrante inferior esquerdo (QIE).

APLICAÇÕES DO PENSAMENTO CRÍTICO

1. Júlia estava tentando quebrar o recorde de maior permanência de cabeça para baixo nas barras paralelas no pátio durante o recreio. Ela não conseguiu e pode ter quebrado o braço. O técnico da sala de emergência gostaria de uma radiografia do braço de Júlia na posição anatômica. Use os termos anatômicos apropriados para descrever a posição do braço de Júlia na radiografia.
2. Você está trabalhando em um laboratório e acha que pode estar observando um novo organismo. Que nível mínimo de organização estrutural você precisaria observar? Quais são algumas das características que você precisaria observar para assegurar que é um organismo vivo?
3. Guy estava tentando impressionar Jéssica com uma história sobre a sua última partida de futebol . "O treinador disse que eu sofri uma lesão caudal à região sural dorsal em minha região inguinal." Jéssica respondeu, "Eu acho que você ou o seu treinador sofreu uma lesão encefálica." Por que Jéssica não ficou impressionada pela proeza atlética de Guy?
4. Existe um espelho especial em um parque de diversões, que esconde metade do seu corpo e duplica a imagem da sua outra metade. No espelho, você realiza proezas incríveis, como elevar ambas as pernas do chão. Ao longo de qual plano o espelho está dividindo o corpo? Um espelho diferente, na próxima sala, mostra seu reflexo com duas cabeças, quatro braços e nenhuma perna. Ao longo de qual plano este espelho está dividindo o corpo?

RESPOSTAS ÀS QUESTÕES DAS FIGURAS

1.1 Órgãos têm uma forma reconhecível e consistem em dois ou mais tipos diferentes de tecidos que têm uma função específica.

1.2 A diferença básica entre os sistemas de retroalimentação negativa e positiva é que, nos sistemas de retroalimentação negativa, a resposta se contrapõe a uma alteração em uma condição controlada; e nos sistemas de retroalimentação positiva, a resposta reforça a alteração em uma condição controlada.

1.3 Se um estímulo provocou a diminuição da pressão sanguínea, a frequência cardíaca deveria aumentar, em virtude da operação deste sistema de retroalimentação negativa.

1.4 Como os sistemas de retroalimentação positiva intensificam continuamente ou reforçam o estímulo original, é necessário algum mecanismo para terminar a resposta.

1.5 Uma verruga plantar é encontrada na planta do pé.

1.6 Não, o rádio é distal ao úmero. Não, o esôfago é posterior à traqueia. Sim, as costelas são superficiais aos pulmões. Não, os colos ascendente e descendente são contralaterais. Não, o esterno é medial ao colo descendente.

1.7 O plano frontal divide o coração em partes anterior e posterior.

1.8 O plano sagital mediano divide o encéfalo em lados iguais, direito e esquerdo.

1.9 Bexiga urinária = P, estômago = A, coração = T, intestino delgado = A, pulmões = T, órgãos genitais femininos internos = P, timo = T, baço = A, fígado = A.

1.10 Algumas estruturas no mediastino incluem o coração, esôfago e aorta.

1.11 O fígado se situa principalmente no epigástrio; o colo ascendente na região lombar direita; a bexiga urinária no hipogástrio; o apêndice na região inguinal direita.

1.12 A dor associada à apendicite seria sentida no quadrante inferior direito (QID).

CAPÍTULO 2

INTRODUÇÃO À QUÍMICA

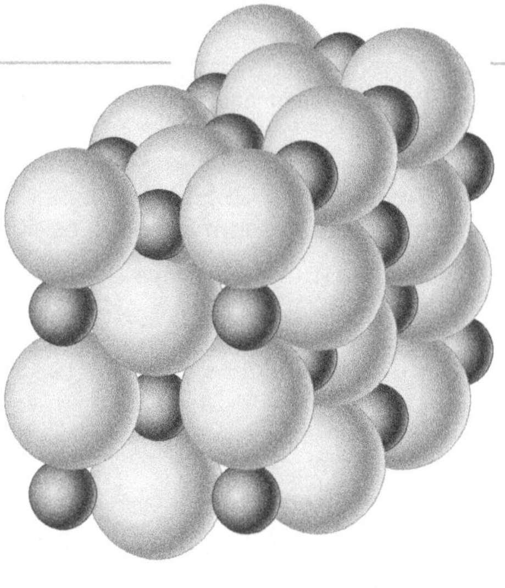

Muitas substâncias comuns que ingerimos – como água, açúcar, sal, proteínas, amidos, gorduras – desempenham funções fundamentais para nos manter vivos. Neste capítulo, você aprenderá como essas substâncias funcionam no organismo. Como o corpo é composto de substâncias químicas, e como todas as atividades corporais têm uma natureza química, é importante que você se familiarize com a linguagem e com as ideias básicas da química para entender a anatomia e a fisiologia humanas.

OLHANDO PARA TRÁS PARA AVANÇAR...

Níveis de organização e sistemas do corpo (Seção 1.2)

2.1 Introdução à química

OBJETIVOS

- Definir elemento químico, átomo, íon, molécula e composto.
- Explicar como se formam as ligações químicas.
- Descrever o que acontece em uma reação química e explicar por que é importante para o corpo humano.

Química é a ciência da estrutura e das interações da ***matéria***, que é qualquer coisa que ocupa espaço e tem massa. ***Massa*** é a quantidade de matéria em qualquer organismo vivo ou não vivo.

Elementos químicos e átomos

Todas as formas de matéria são compostas por um número limitado de unidades básicas chamadas ***elementos químicos***, substâncias que não são separadas em uma forma mais simples por meio de reações químicas comuns. Atualmente, os cientistas reconhecem 112 elementos diferentes. Cada elemento é designado por um ***símbolo químico***, composto por uma ou duas letras do nome do elemento em inglês, em latim ou em outra língua. Por exemplo, H para o hidrogênio, C para o carbono, O para o oxigênio, N para o nitrogênio, K para o potássio, Na para o sódio, Fe para o ferro e Ca para o cálcio.

Normalmente, 26 elementos diferentes estão presentes no corpo. Apenas quatro elementos, chamados *elementos principais*, constituem 96% da massa corporal: oxigênio (O), carbono (C), hidrogênio (H) e nitrogênio (N). Outros oito, os *elementos secundários*, contribuem com 3,6% da massa corporal: cálcio (Ca), fósforo (P), potássio (K), enxofre (S), sódio (Na), cloro (Cl), magnésio (Mg) e ferro (Fe). Quatorze elementos adicionais – *oligoelementos* – estão presentes em pequenas quantidades. Juntos, totalizam os 0,4% restantes da massa corporal. Embora os oligoelementos sejam poucos em quantidade, muitos exercem funções importantes no corpo. Por exemplo, o iodo (I) é necessário na produção de hormônios tireoidianos. As funções de alguns oligoelementos são desconhecidas. A Tabela 2.1 lista os principais elementos químicos presentes no corpo humano.

Cada elemento é formado por ***átomos***, as menores unidades da matéria que conservam as propriedades e as características de um elemento. Uma amostra do elemento carbono, como o carvão puro, contém apenas átomos de carbono, e um reservatório do gás hélio contém apenas átomos de hélio.

Um átomo consiste em duas partes básicas: um núcleo e um ou mais elétrons (Fig. 2.1). O ***núcleo***, localizado no centro, contém ***prótons***, carregados positivamente (p^+), e ***nêutrons*** sem carga, (n^0). Como cada próton tem uma carga positiva, o núcleo também tem carga positiva. Os ***elétrons*** (e^-) são partículas minúsculas com carga negativa que giram em um grande espaço em torno do núcleo. Os elétrons não seguem uma trajetória ou órbita fixa, mas formam, em torno do núcleo, uma "nuvem" carregada negativamente (Fig. 2.1a). O número de elétrons em um átomo é igual ao número de prótons. Como cada elétron tem uma carga negativa, o conjunto de elétrons carregados negativamente e os prótons carregados positivamente se equilibra de forma mútua. Como resultado, cada átomo é eletricamente neutro, o que significa dizer que sua carga total é zero.

TABELA 2.1

Principais elementos químicos do corpo

ELEMENTO QUÍMICO (SÍMBOLO)	% DA MASSA CORPORAL TOTAL	RELEVÂNCIA
ELEMENTOS PRINCIPAIS	**Aproximadamente 96%**	
Oxigênio (O)	65	Parte da água e de muitas moléculas orgânicas (que contêm carbono); usada para gerar ATP, uma molécula utilizada pelas células para armazenar temporariamente energia química
Carbono (C)	18,5	Forma as cadeias principais e os anéis de todas as moléculas orgânicas: carboidratos, lipídeos (gorduras), proteínas e ácidos nucleicos (DNA e RNA)
Hidrogênio (H)	9,5	Constituinte da água e da maioria das moléculas orgânicas; sua forma ionizada (H^+) torna os líquidos corporais mais ácidos
Nitrogênio (N)	3,2	Componente de todas as proteínas e dos ácidos nucleicos
ELEMENTOS SECUNDÁRIOS	**Aproximadamente 3,6%**	
Cálcio (Ca)	1,5	Contribui para a rigidez de ossos e dentes; sua forma ionizada (Ca^{2+}) é necessária para a coagulação sanguínea, a liberação de hormônios, a contração muscular e muitos outros processos
Fósforo (P)	1	Componente dos ácidos nucleicos e do ATP; necessário para a estrutura normal de ossos e dentes
Potássio (K)	0,35	Sua forma ionizada (K^+) é o cátion (partícula com carga positiva) mais abundante no líquido intracelular; necessário para gerar potenciais de ação
Enxofre (S)	0,25	Componente de algumas vitaminas e de muitas proteínas
Sódio (Na)	0,2	Sua forma ionizada (Na^+) é o cátion mais abundante no líquido extracelular, essencial para manter o equilíbrio hídrico e necessário para gerar potenciais de ação
Cloro (Cl)	0,2	Sua forma ionizada (Cl^-) é o ânion (partícula com carga negativa) mais abundante no líquido extracelular e essencial para manter o equilíbrio hídrico
Magnésio (Mg)	0,1	Sua forma ionizada (Mg^{2+}) é necessária para a ação de muitas enzimas (moléculas que aumentam a velocidade das reações químicas nos organismos)
Ferro (Fe)	0,005	As formas ionizadas ferroso (Fe^{2+}) e férrico (Fe^{3+}) fazem parte da hemoglobina (proteína carreadora de oxigênio nos eritrócitos) e de algumas enzimas
OLIGOELEMENTOS	**Aproximadamente 0,4%**	Alumínio (Al), boro (B), cromo (Cr), cobalto (Co), cobre (Cu), flúor (F), iodo (I), manganês (Mn), molibdênio (Mo), selênio (Se), silício (Si), estanho (Sn), vanádio (V) e zinco (Zn)

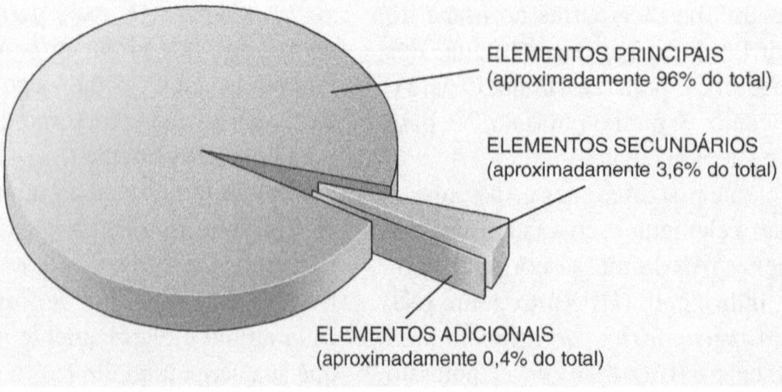

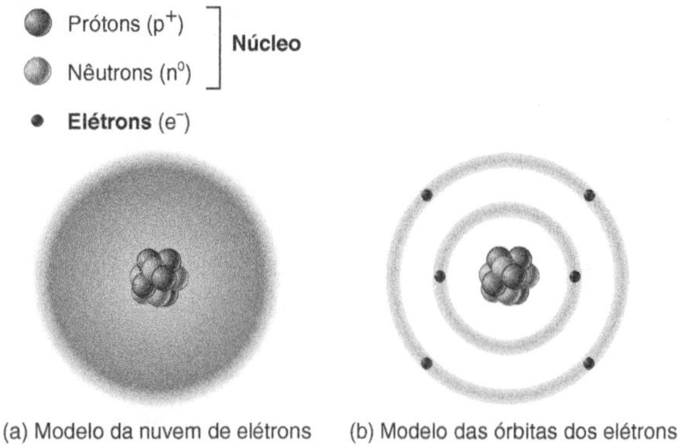

Qual é o número atômico do carbono?

Figura 2.1 Duas representações da estrutura de um átomo. Os elétrons giram em torno do núcleo, que contém nêutrons e prótons. (a) No modelo da nuvem de elétrons de um átomo, o sombreamento representa a possibilidade de encontrar um elétron nas regiões de fora do núcleo. (b) No modelo das órbitas dos elétrons, os círculos cheios representam elétrons individuais, agrupados em círculos concêntricos de acordo com as camadas que ocupam. Ambos os modelos mostram um átomo de carbono com seis prótons, seis nêutrons e seis elétrons.

Um átomo é a menor unidade de matéria que conserva as propriedades e as características do seu elemento.

O número de prótons no núcleo de um átomo é chamado de ***número atômico*** do átomo. Os átomos de cada tipo diferente de elemento contêm um número diferente de prótons em seu núcleo: um átomo de hidrogênio contém 1 próton; 1 átomo de carbono contém 6 prótons; 1 átomo de sódio contém 11 prótons; 1 átomo de cloro contém 17 prótons; e assim por diante (Fig. 2.2). Portanto, cada tipo de átomo, ou elemento, tem um número atômico diferente. O número total de prótons e nêutrons em um átomo é seu ***número de massa***. Por exemplo, um átomo de sódio, com 11 prótons e 12 nêutrons em seu núcleo, tem peso atômico de 23.

Mesmo que suas posições exatas não sejam previstas, os grupos específicos de elétrons se movimentam, provavelmente, em determinadas regiões ao redor do núcleo. Essas regiões são chamadas de ***órbitas dos elétrons***, que são representadas como círculos nas Figuras 2.1b e 2.2, embora algumas de suas formas não sejam esféricas. A órbita de elétrons mais próxima ao núcleo – a primeira órbita de elétrons – possui no máximo dois elétrons. A segunda órbita possui no máximo oito elétrons, e a terceira possui no máximo 18 elétrons. As órbitas superiores de elétrons (existem até sete órbitas) contêm muito mais elétrons. Essas órbitas são preenchidas

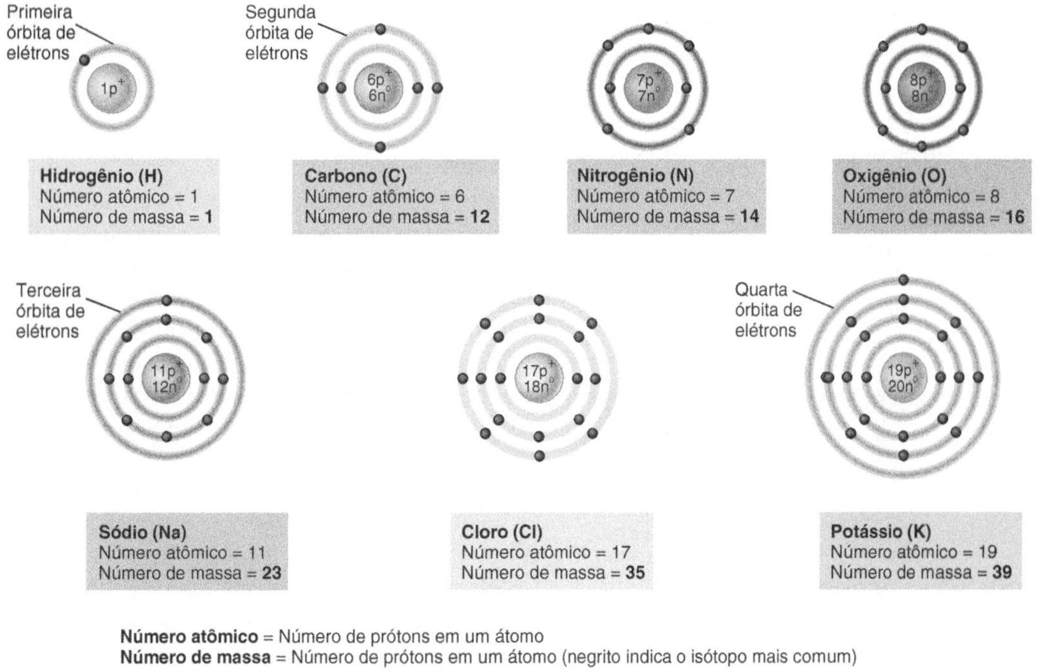

Destes elementos, quais são os quatro mais abundantes em organismos vivos?

Figura 2.2 Estruturas atômicas de diversos átomos que desempenham funções importantes no corpo humano.

Os átomos de elementos diferentes têm números atômicos diferentes, porque possuem números de prótons diferentes.

com elétrons em uma ordem específica, começando com a primeira órbita.

Íons, moléculas e compostos

Os átomos de cada elemento têm uma maneira característica de perder, ganhar ou compartilhar seus elétrons quando interagem com outros átomos. Se um átomo *perde* ou *ganha* elétrons, se tornará um ***íon*** (um átomo que tem uma carga positiva ou negativa decorrente do número desigual de prótons e elétrons). O íon de um átomo é representado por seu símbolo químico, seguido pelo número de suas cargas positivas (+) ou negativas (−). Por exemplo, Ca^{2+} quer dizer íon de cálcio com duas cargas positivas, porque perdeu dois elétrons. Veja na Tabela 2.1 as funções importantes dos diversos íons no corpo.

Em contrapartida, quando dois ou mais átomos compartilham seus elétrons, a combinação de átomos resultante é chamada ***molécula***. Uma *fórmula molecular* indica o número e o tipo de átomos que formam uma molécula. Uma molécula pode possuir dois ou mais átomos do mesmo elemento, como uma molécula de oxigênio ou de hidrogênio, ou dois ou mais átomos de elementos diferentes, como uma molécula de água (Fig. 2.3). A fórmula molecular para uma molécula de oxigênio é O_2. O número 2 subscrito indica que existem dois átomos de oxigênio na molécula de oxigênio. Na molécula de água, H_2O, um átomo de oxigênio compartilha elétrons com dois átomos de hidrogênio. Observe que duas moléculas de hidrogênio se combinam com uma molécula de oxigênio para formar duas moléculas de água (Fig. 2.3).

Um ***composto*** é uma substância contendo átomos de dois ou mais elementos diferentes. A maioria dos átomos no corpo está unida em compostos, por exemplo, a água (H_2O). Uma molécula de oxigênio (O_2) *não* é um composto, porque se constitui de átomos de um único elemento.

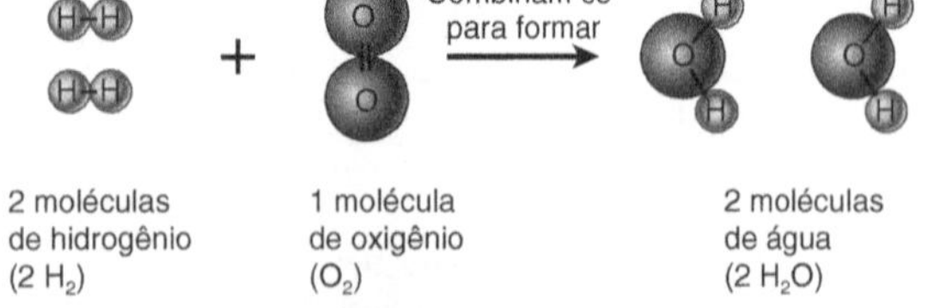

Quais das moléculas mostradas aqui é um composto?

Figura 2.3 Moléculas.

Uma molécula pode consistir em dois ou mais átomos do mesmo elemento ou dois ou mais átomos de elementos diferentes.

Um ***radical livre*** é um íon ou molécula que tem um elétron não pareado em sua órbita mais externa (a maioria dos elétrons dos átomos se apresenta em pares). Um exemplo comum de um radical livre é o *superóxido*, formado pela adição de um elétron a uma molécula de oxigênio. Ter um elétron não pareado torna o radical livre instável e destrutivo para as moléculas próximas. Os radicais livres rompem moléculas importantes do corpo, tanto ao perder seu elétron não pareado quanto ao ganhar um elétron de outra molécula.

CORRELAÇÕES CLÍNICAS | Radicais livres e seus efeitos na saúde

Em nosso corpo, diversos processos produzem radicais livres. Podem resultar da exposição à radiação ultravioleta da luz solar ou dos raios X. Algumas reações que ocorrem durante processos metabólicos normais produzem radicais livres. Além disso, determinadas substâncias nocivas, como o tetracloreto de carbono (um solvente utilizado na lavagem a seco), produzem radicais livres quando participam das reações metabólicas no corpo. Entre os muitos distúrbios e doenças ligados aos radicais livres derivados do oxigênio estão o câncer, o acúmulo de gordura nos vasos sanguíneos (aterosclerose), a doença de Alzheimer, o enfisema, o diabetes melito, a catarata, a degeneração macular, a artrite reumatoide e a deterioração associada ao envelhecimento. Consumir mais *antioxidantes* - substâncias que estabilizam os radicais livres derivados do oxigênio - podem diminuir o ritmo das lesões provocadas pelos radicais livres. Entre os antioxidantes importantes da alimentação estão o selênio, o zinco, os betacarotenos, e as vitaminas C e E. Frutas e vegetais vermelhos, azuis ou roxos contêm grandes quantidades de antioxidantes. •

Ligações químicas

As forças que mantêm unidos os átomos das moléculas e dos compostos, resistindo à sua separação, são as ***ligações químicas***. A chance de que um átomo forme uma ligação química com outro átomo depende do número de elétrons em sua órbita mais externa, também chamada de ***órbita de valência***. Um átomo com uma órbita de valência com oito elétrons é *quimicamente estável*, significando que dificilmente formará ligações químicas com outros átomos. O neônio, por exemplo, tem oito elétrons em sua órbita de valência e, por essa razão, raramente forma ligações com outros átomos.

Os átomos da maioria dos elementos biologicamente importantes não têm oito elétrons na sua órbita de valência. Em condições adequadas, dois ou mais desses átomos interagem ou se unem de forma a produzir um arranjo quimicamente estável de oito elétrons na órbita de valência de cada átomo (*regra do octeto*). Os três tipos gerais de ligações químicas são as ligações iônicas, as ligações covalentes e as ligações de hidrogênio.

Ligações iônicas

Os íons com carga positiva e negativa se atraem. Essa força de atração entre os íons de cargas opostas é chamada de ***ligação iônica***. Considere os átomos de sódio e de cloro para ver como uma ligação iônica se forma (Fig. 2.4). O sódio tem apenas um elétron na sua órbita de valência (Fig. 2.4a). Se um átomo de sódio *perde* esse elétron, passa a ter oito elétrons em sua segunda órbita. No entanto, o número total de prótons (11) agora excede o número de elétrons (10). Como resultado, o átomo de sódio torna-se um ***cátion***, íon com carga positiva. Um íon sódio possui carga 1+ e é representado por Na^+. Em contrapartida, o cloro tem sete elétrons na órbita de valência (Fig. 2.4b), muitos para perder. Contudo, se o cloro *aceita* um elétron de um átomo vizinho, passará a ter oito elétrons em sua terceira órbita. Quando isso ocorre, o número total de elétrons (18) excede o número de prótons (17), e o átomo de cloro se torna um ***ânion***, íon com carga negativa. A forma iônica do cloro é denominada íon cloreto, possui carga 1- e é representado por Cl^-. Quando um átomo de sódio doa seu único elétron da órbita de valência para um átomo de cloro, as cargas positivas e negativas resultantes atraem uma à outra para formar uma ligação iônica (Fig. 2.4c). O composto iônico resultante é o cloreto de sódio, escrito como NaCl.

No corpo, as ligações iônicas são encontradas principalmente nos dentes e nos ossos, nos quais proporcionam grande resistência aos tecidos. A maioria dos outros íons está dissolvida nos líquidos corporais. Um composto iônico que se dissocia em cátions e ânions quando dissolvido se chama ***eletrólito***, porque a solução conduz uma corrente elétrica. Como você verá nos próximos capítulos, os eletrólitos têm muitas funções importantes. Por exemplo, são cruciais no controle do movimento da água dentro do corpo, na manutenção do equilíbrio acidobásico e na geração de impulsos nervosos.

Ligações covalentes

Quando uma ***ligação covalente*** se forma, nenhum dos átomos participantes perde ou ganha elétrons. Ao invés disso, os átomos formam uma molécula pelo *compartilhamento* de um, dois ou três pares de elétrons das suas órbitas de valência. Quanto maior for o número de pares de elétrons compartilhados entre dois átomos, mais forte será a ligação covalente. As ligações covalentes são as ligações químicas mais comuns no corpo, e os compostos resultantes dessas ligações formam a maioria das estruturas do corpo. Diferentemente das ligações iônicas, a maioria das ligações covalentes não se dissocia quando a molécula é dissolvida em água.

É mais fácil entender a natureza das ligações covalentes considerando as ligações que se formam entre os átomos do mesmo elemento (Fig. 2.5). Uma *ligação covalente simples* acontece quando dois átomos compartilham um par de elétrons. Por exemplo, uma molécula de hidrogênio se forma quando dois átomos de hidrogênio compartilham seus elétrons de valência única (Fig. 2.5a), permitindo que ambos os átomos tenham uma órbita de valência completa. (Lembre-se de que a primeira órbita de elétrons possui apenas dois elétrons.) Uma *ligação covalente dupla* (Fig. 2.5b) ou uma *ligação covalente tripla* (Fig. 2.5c) acontece quando dois átomos compartilham dois ou três pares de elétrons. Observe as *fórmulas estruturais* das moléculas ligadas covalentemente na Figura 2.5. O número de linhas entre os símbolos químicos para os dois átomos indica se a ligação covalente é simples (−), dupla (=) ou tripla (≡).

Os mesmos princípios da ligação covalente que se aplicam aos átomos do mesmo elemento também se aplicam às ligações covalentes entre os átomos de diferentes

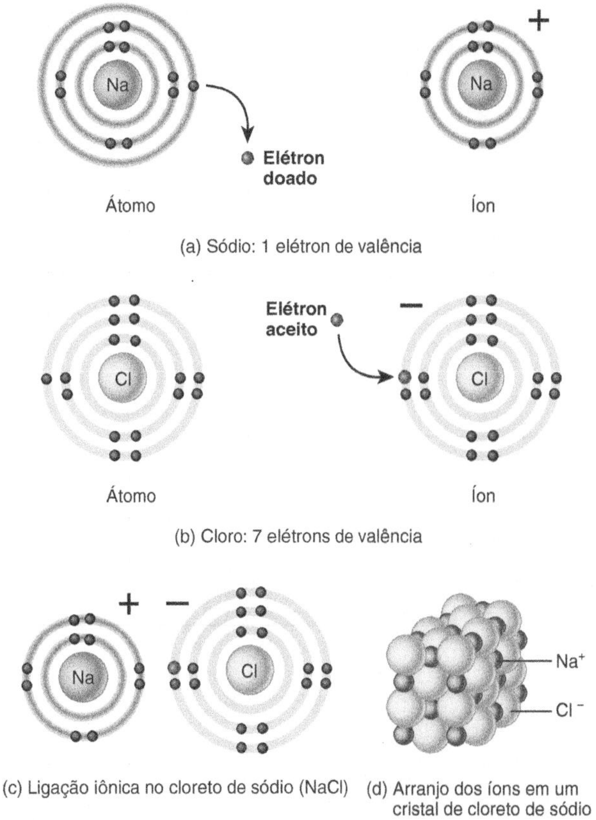

O elemento potássio (K) tem mais probabilidade de formar um ânion ou um cátion? Por quê? (Dica: veja novamente na Fig. 2.2 a estrutura atômica do potássio.)

Figura 2.4 Íons e formação de uma ligação iônica.
O elétron que é doado ou aceito está na cor vermelha.

Uma ligação iônica é a força de atração que mantém unidos os íons com cargas opostas.

elementos. O metano (CH_4), um gás, contém quatro ligações covalentes simples separadas; cada átomo de hidrogênio compartilha um par de elétrons com o átomo de carbono (Fig. 2.5d).

Em algumas ligações covalentes, os átomos compartilham os elétrons igualmente – um átomo não atrai os elétrons compartilhados com mais força do que o outro átomo. Isso é chamado de *ligação covalente apolar*. As ligações entre dois átomos idênticos são sempre ligações covalentes apolares (Fig. 2.5a-c). Outro exemplo de ligação covalente apolar é a ligação covalente simples que se forma entre o carbono e cada átomo de hidrogênio em uma molécula de metano (Fig. 2.5d).

Em uma *ligação covalente polar*, o compartilhamento de elétrons entre os átomos é desigual – um átomo atrai os elétrons compartilhados com mais força do que o outro átomo. As cargas parciais são indicadas pela letra grega minúscula delta (δ) com um sinal de positivo

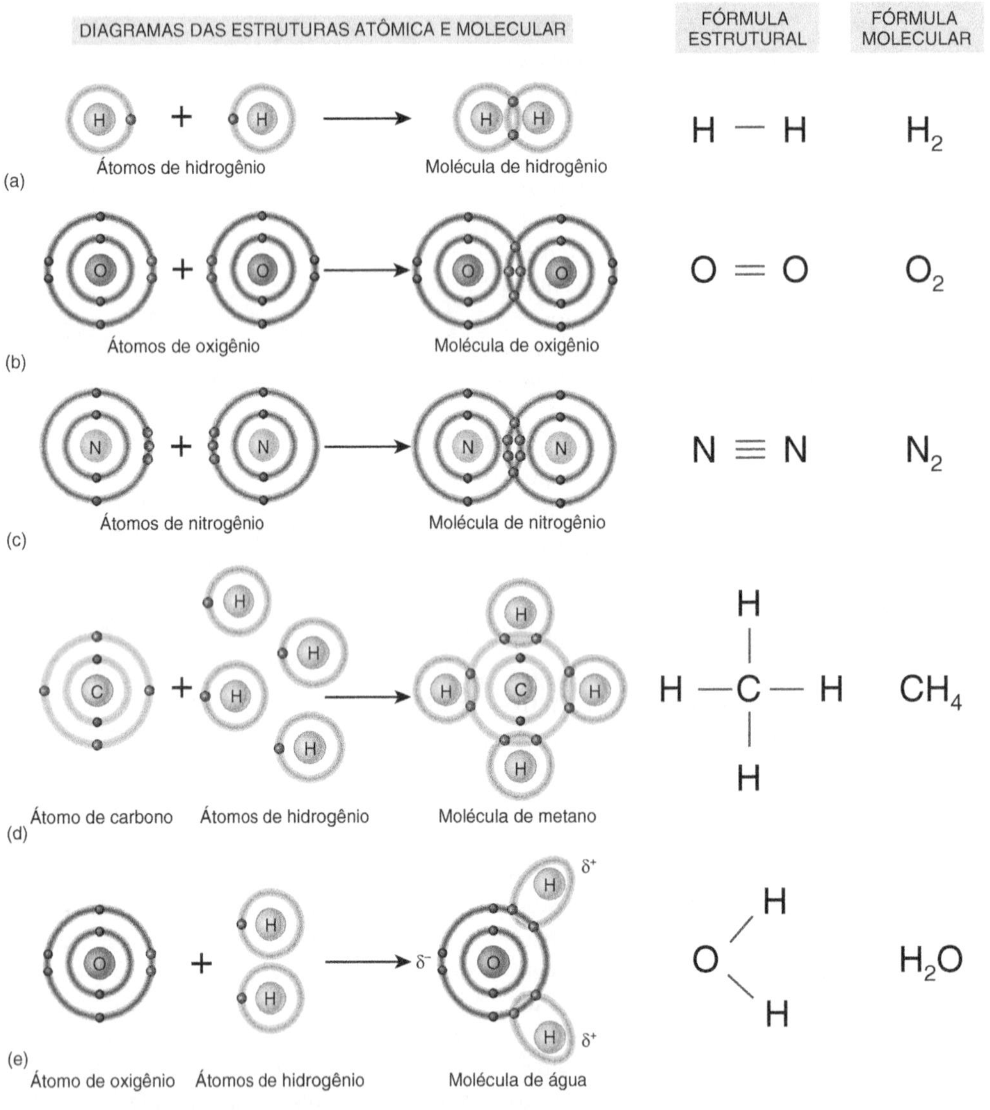

Qual é a principal diferença entre uma ligação iônica e uma ligação covalente?

Figura 2.5 Formação de ligações covalentes. Os elétrons em vermelho são compartilhados igualmente em (a) a (d) e desigualmente em (e). À direita, estão formas mais simples de representar essas moléculas. Na fórmula estrutural, cada ligação covalente é representada por uma linha reta entre os símbolos químicos de dois átomos. Na fórmula molecular, o número de átomos em cada molécula fica subscrito.

Em uma ligação covalente, dois átomos compartilham um, dois ou três pares de elétrons na órbita de valência.

ou negativo. Por exemplo, quando ligações covalentes polares se formam, a molécula resultante tem uma carga parcial negativa, descrita por δ^-, ao lado do átomo que atrai elétrons com mais força. Pelo menos outro átomo na molécula terá então uma carga parcial positiva, descrita por δ^+. Um exemplo muito importante de uma ligação covalente polar em sistemas vivos é a ligação entre o oxigênio e o hidrogênio em uma molécula de água (Fig. 2.5e).

Pontes de hidrogênio

As ligações covalentes polares que se formam entre átomos de hidrogênio e outros átomos permitem um terceiro tipo de ligação química, chamada ***ponte de hidrogênio***. Uma ponte de hidrogênio se forma quando um átomo de hidrogênio com uma carga parcial positiva (δ^+) atrai a carga parcial negativa (δ^-) de átomos eletronegativos vizinhos, em geral de oxigênio ou nitrogênio. Portanto, as pontes de hidrogênio resultam da atração de partes de moléculas com cargas opostas, em vez de compartilhar elétrons como nas ligações covalentes. Quando comparadas às ligações iônicas e às covalentes, as pontes de hidrogênio são fracas. Assim, não conseguem unir átomos em moléculas. No entanto, as pontes de hidrogênio estabelecem conexões importantes entre as moléculas, como as moléculas de água, ou entre diferentes partes de moléculas grandes, como as proteínas e o ácido desoxirribonucleico (DNA), nas quais adicionam força e estabilidade e ajudam a determinar a forma tridimensional da molécula (ver Fig. 2.15).

TESTE SUA COMPREENSÃO

1. **Compare os significados de número atômico, número de massa, íon e molécula.**
2. **Qual a importância da camada de valência (camada mais externa de elétrons) de um átomo?**

Reações químicas

Uma ***reação química*** ocorre quando ligações novas se formam e/ou ligações antigas se dissociam entre os átomos. Por meio de reações químicas, as estruturas corporais são construídas e as funções corporais são realizadas, em processos que incluem transferência de energia.

Formas de energia e reações químicas

Energia é a capacidade de realizar trabalho. As duas formas principais de energia são a ***energia potencial***, energia armazenada pela matéria em virtude de sua *posição*, e a ***energia cinética***, energia da matéria *em movimento*. Por exemplo, a energia armazenada em uma bateria ou em uma pessoa posicionada para pular alguns degraus é a energia potencial. Quando a bateria é utilizada para fazer funcionar um relógio ou a pessoa pula, a energia potencial é convertida em energia cinética. A ***energia química*** é uma forma de energia potencial, armazenada nas ligações moleculares. No seu corpo, a energia química dos alimentos consumidos é finalmente convertida em várias formas de energia cinética, como a energia mecânica, utilizada para andar e falar, e a energia térmica, utilizada para manter a temperatura do corpo. Nas reações químicas, a dissociação de ligações antigas requer energia ao passo que a formação de ligações novas libera energia. Como a maioria das reações químicas inclui tanto a dissociação de ligações antigas quanto a formação de ligações novas, a *reação total* pode tanto liberar energia quanto necessitar dela.

Reações de síntese

Quando dois ou mais átomos, íons ou moléculas se combinam para formar moléculas novas e maiores, esse processo é chamado ***reação de síntese***. A palavra *síntese* significa "agrupar". As reações de síntese são expressas da seguinte maneira:

$$\underset{\text{Átomo, íon ou molécula A}}{A} + \underset{\text{Átomo, íon ou molécula B}}{B} \xrightarrow{\text{Combinam-se para formar}} \underset{\text{Nova molécula AB}}{AB}$$

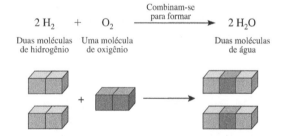

Um exemplo de uma reação de síntese é a síntese de água a partir de moléculas de hidrogênio e oxigênio (ver Fig. 2.3):

$$\underset{\text{Duas moléculas de hidrogênio}}{2\,H_2} + \underset{\text{Uma molécula de oxigênio}}{O_2} \xrightarrow{\text{Combinam-se para formar}} \underset{\text{Duas moléculas de água}}{2\,H_2O}$$

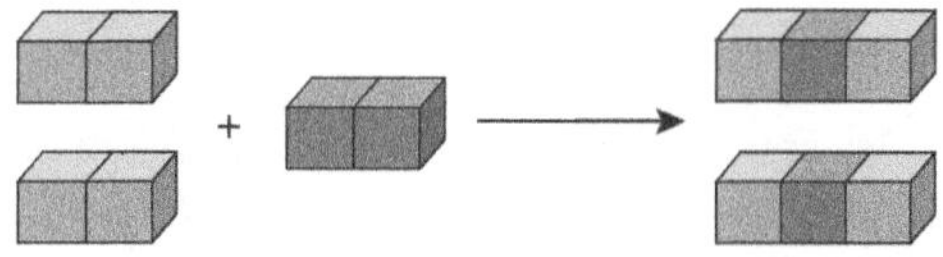

Todas as reações de síntese que ocorrem no seu corpo são denominadas coletivamente como ***anabolismo***. Combinar moléculas simples como os aminoácidos (discutidos em breve) para formar moléculas grandes como as proteínas é um exemplo de anabolismo.

Reações de decomposição

Em uma ***reação de decomposição***, uma molécula é dividida em frações. A palavra *decompor* significa quebrar em pedaços menores. As moléculas grandes são quebradas em moléculas menores, íons ou átomos. Uma reação de decomposição ocorre da seguinte maneira:

$$\underset{\text{Molécula AB}}{AB} \xrightarrow{\text{Decompõe-se em}} \underset{\text{Átomo, íon ou molécula A}}{A} + \underset{\text{Átomo, íon ou molécula B}}{B}$$

Por exemplo, nas condições apropriadas, uma molécula de metano é decomposta em um átomo de carbono e em duas moléculas de hidrogênio:

$$\underset{\text{Uma molécula de metano}}{CH_4} \xrightarrow{\text{Decompõe-se em}} \underset{\text{Um átomo de carbono}}{C} + \underset{\text{Duas moléculas de hidrogênio}}{2\,H_2}$$

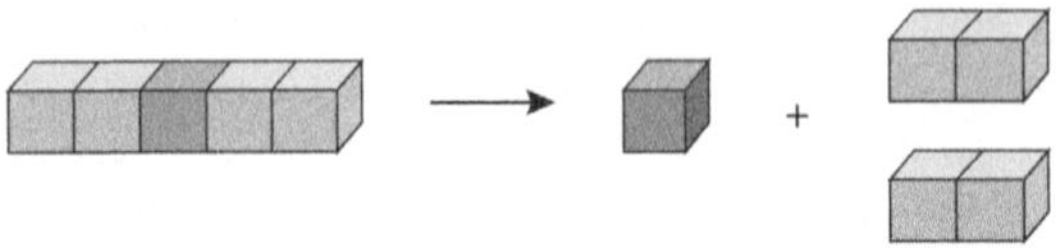

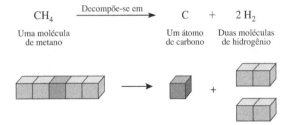

As reações de decomposição que ocorrem no seu corpo são denominadas coletivamente como ***catabolismo***. A decomposição de moléculas grandes de amido em muitas moléculas menores de glicose, durante a digestão, é um exemplo de catabolismo.

Em geral, as reações que liberam energia ocorrem quando os nutrientes, como a glicose, são decompostos por meio das reações de decomposição. Parte da energia liberada é temporariamente armazenada em uma molécula especial chamada ***trifosfato de adenosina*** (***ATP***), que será discutida detalhadamente adiante neste capítulo. A energia transferida para as moléculas de ATP é, posteriormente, utilizada para gerar as reações de síntese dependentes de energia que resultam na construção das estruturas do corpo, como músculos e ossos.

Reações de troca

Muitas reações no corpo são ***reações de troca***; consistem tanto nas reações de síntese quanto nas de decomposição. Um tipo de reação de troca funciona assim:

$$AB + CD \longrightarrow AD + CB$$

As ligações entre A e B e entre C e D se rompem (decomposição), e novas ligações são formadas (síntese) entre A e D e entre B e C. Um exemplo de uma reação de troca é:

$$\underset{\text{Ácido clorídrico}}{HCl} + \underset{\text{Bicarbonato de sódio}}{NaHCO_3} \longrightarrow \underset{\text{Ácido carbônico}}{H_2CO_3} + \underset{\text{Cloreto de sódio}}{NaCl}$$

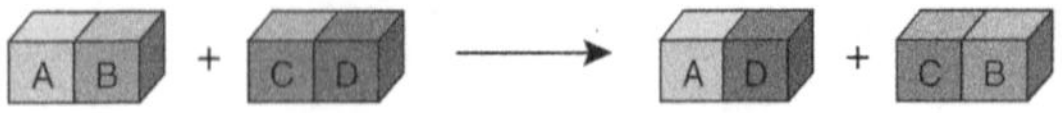

Observe que os átomos ou íons em ambos os compostos tiveram os "parceiros trocados": o íon hidrogênio (H^+) do HCl se combinou com o íon bicarbonato (HCO_3^-) do $NaHCO_3$, e o íon sódio (Na^+) do $NaHCO_3$ combinou-se com o íon cloreto (Cl^+) do HCl.

Reações reversíveis

Algumas reações químicas ocorrem em apenas uma direção, como previamente indicado pelas setas simples, enquanto outras reações podem ser reversíveis. As ***reações reversíveis*** ocorrem em qualquer direção, em diferentes condições, e são indicadas por duas meias setas que apontam para direções opostas:

$$AB \underset{\text{Combina-se para formar}}{\overset{\text{Decompõe-se em}}{\rightleftharpoons}} A + B$$

Algumas reações são reversíveis apenas em condições especiais:

$$AB \underset{\text{Calor}}{\overset{\text{Água}}{\rightleftharpoons}} A + B$$

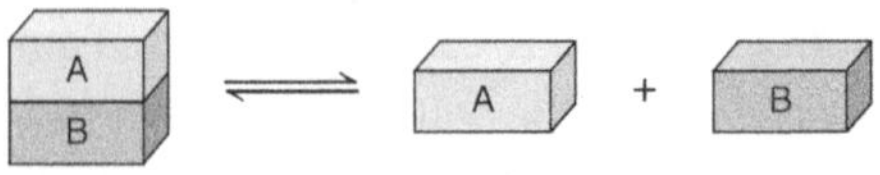

O que quer que esteja escrito acima ou abaixo indica a condição necessária para que a reação ocorra. Nessas reações, AB decompõe-se em A e B apenas quando água é adicionada, e A e B reagem para produzir AB apenas quando o calor é aplicado.

A soma de todas as reações químicas no corpo é chamada de ***metabolismo***. Metabolismo e nutrição são discutidos detalhadamente no Capítulo 20.

TESTE SUA COMPREENSÃO

3. **Diferencie ligações iônicas, ligações covalentes e pontes de hidrogênio.**
4. **Explique a diferença entre anabolismo e catabolismo. Qual deles inclui reações de síntese?**

2.2 Compostos químicos e processos vitais

OBJETIVOS

- Examinar as funções da água e de ácidos, bases e sais inorgânicos.
- Definir pH e explicar como o corpo tenta manter seu pH dentro dos limites da homeostasia.
- Descrever as funções de carboidratos, lipídeos e proteínas.
- Descrever como as enzimas funcionam.
- Explicar a importância do ácido desoxirribonucleico (DNA), do ácido ribonucleico (RNA) e do trifosfato de adenosina (ATP).

As substâncias químicas no corpo são divididas em duas classes principais de compostos: inorgânicos e orgânicos. ***Compostos inorgânicos***, em geral, não apresentam átomos de carbono, são estruturalmente simples e agrupados por ligações covalentes ou iônicas, e incluem a água, muitos sais, ácidos e bases. Dois compostos inorgânicos que contêm carbono são o dióxido de carbono (CO_2) e o íon bicarbonato (HCO_3^-). ***Compostos orgânicos***, em contrapartida, sempre contêm carbono, geralmente contêm hidrogênio, e sempre têm ligações covalentes. Os exemplos incluem carboidratos, lipídeos, proteínas, ácidos nucleicos e ATP. Os compostos orgânicos são discutidos detalhadamente nos Capítulos 19 e 20. Moléculas orgânicas grandes chamadas *macromoléculas* são formadas por ligações covalentes de muitas subunidades fundamentais idênticas ou similares chamadas *monômeros*.

Compostos inorgânicos

Água

Água é o composto inorgânico mais importante e mais abundante em todos os sistemas vivos, constituindo de 55 a 60% da massa corporal de adultos magros. Com poucas exceções, a água compõe a maioria do volume das células e dos líquidos do corpo. Diversas de suas propriedades explicam por que esse composto é um componente essencial para a vida.

1. **A água é um excelente solvente**. Um ***solvente*** é um líquido ou gás no qual outro material, chamado de ***soluto***, foi dissolvido. A combinação de solvente mais soluto é chamada de ***solução***. A água é um solvente que transporta nutrientes, oxigênio e resíduos por todo o corpo. A versatilidade da água como solvente é decorrente de suas ligações covalentes polares e de sua forma "curvada" (ver Fig. 2.5e), permitindo que cada molécula de água possa interagir com diversos íons ou com moléculas vizinhas. Solutos que são carregados ou contêm ligações covalentes polares são ***hidrofílicos***, indicando que se dissolvem facilmente em água. Exemplos comuns de solutos hidrofílicos são açúcar e sal. As moléculas que contêm principalmente ligações covalentes apolares, em contrapartida, são ***hidrofóbicas***, isto é, não se dissolvem facilmente em água. Exemplos de compostos hidrofóbicos incluem gordura animal e óleos vegetais.
2. **A água participa das reações químicas**. Como a água dissolve diversas substâncias diferentes, é um meio ideal para as reações químicas. A água também participa ativamente de algumas reações de síntese e de decomposição. Durante a digestão, por exemplo, as reações de decomposição degradam moléculas grandes de nutrientes em moléculas menores, pela adição de moléculas de água. Esse tipo de reação é chamada de ***hidrólise*** (ver Fig. 2.8). As reações de hidrólise permitem que os nutrientes da dieta sejam absorvidos pelo corpo.
3. **A água absorve e libera calor muito lentamente**. Em comparação com a maioria das substâncias, a água pode absorver ou liberar uma quantidade relativamente grande de calor com apenas uma pequena mudança em sua temperatura. A grande quantidade de água no corpo, porém, modera os efeitos das mudanças nas temperaturas ambientais, ajudando, assim, a manter a homeostasia da temperatura corporal.
4. **A água necessita de uma grande quantidade de calor para mudar do estado líquido para o gasoso**. Quando a água presente no suor evapora da superfície da pele, leva grandes quantidades de calor e promove um excelente mecanismo de resfriamento.
5. **A água atua como lubrificante**. A água é o componente principal da saliva, do muco e de outros líquidos lubrificantes. A lubrificação é especialmente necessária nas cavidades torácica e abdominal, nas quais os órgãos internos encostam e deslizam uns sobre os outros. É também necessária nas articulações, nas quais ossos, ligamentos e tendões entram em atrito.

Ácidos, bases e sais inorgânicos

Muitos compostos inorgânicos são classificados como ácidos, bases ou sais. Um ***ácido*** é uma substância que, quando dissolvida em água, se rompe ou *se dissocia* em um ou mais *íons hidrogênio* (H^+). Uma ***base***, em contrapartida, geralmente se dissocia em um ou mais *íons hidróxido* (OH^-) quando dissolvida na água (Fig. 2.6b). Um ***sal***, quando dissolvido na água, se dissocia em cátions e ânions, sendo que nenhum é H^+ ou OH^- (Fig. 2.6c).

Ácidos e bases reagem entre si para formar sais. Por exemplo, a reação de ácido clorídrico (HCl) e hidróxido de potássio (KOH), uma base, produz o sal cloreto de potássio (KCl), juntamente com água (H_2O). Essa reação de troca pode ser escrita da seguinte maneira:

$$\underset{\text{Ácido}}{HCl} + \underset{\text{Base}}{KOH} \longrightarrow \underset{\text{Sal}}{KCl} + \underset{\text{Água}}{H_2O}$$

Equilíbrio acidobásico: o conceito de pH

Para assegurar a homeostasia, os líquidos corporais devem conter quantidades equilibradas de ácidos e bases. Quanto mais íons hidrogênio (H^+) forem dissolvidos na solução, mais ácida ela será; ao contrário, quanto mais íons hidróxido (OH^-), mais básica (alcalina) a solução. As reações químicas que acontecem no corpo são muito sensíveis às pequenas alterações na acidez ou na alcalinidade dos

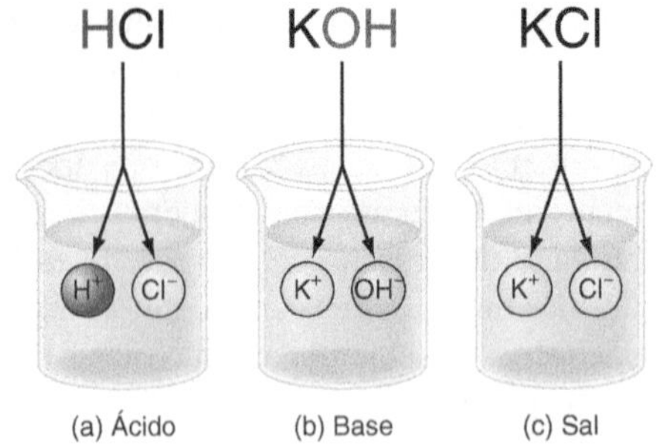

O composto $CaCO_3$ (carbonato de cálcio) se dissocia em um íon cálcio (Ca^{2+}) e um íon carbonato (CO_3^{2-}). Esse composto é um ácido, uma base ou um sal? E sobre o H_2SO_4, que se dissocia em dois H^+ e um SO_4^{2-}?

Figura 2.6 **Ácidos, bases e sais.** (a) Quando colocado em água, o ácido clorídrico (HCl) é ionizado em H^+ e Cl^-. (b) Quando a base hidróxido de potássio (KOH) é colocada em água, se ioniza em OH^- e K^+. (c) Quando o sal cloreto de potássio (KCl) é colocado em água, é ionizado em íons positivo e negativo (K^+ e Cl^-), e nenhum é H^+ ou OH^-.

A ionização é a separação de ácidos, bases e sais inorgânicos em íons dentro de uma solução.

líquidos corporais em que ocorrem. Qualquer distanciamento dos limites estreitos das concentrações normais de íons H^+ e OH^- perturba muito as funções corporais.

A acidez ou a alcalinidade de uma solução são expressas em uma ***escala de pH***, que varia de 0 a 14 (Fig. 2.7). Essa escala tem base no número de íons hidrogênio em uma solução. O ponto médio da escala é 7, em que os números de H^+ e OH^- são iguais. Uma solução com pH 7, como a água pura, é neutra: nem ácida, nem alcalina. Uma solução que tenha mais H^+ do que OH^- é ***ácida*** e tem um pH abaixo de 7. Uma solução que tenha mais OH^- do que H^+ é ***básica*** (***alcalina***) e tem um pH acima de 7. Uma alteração de um número inteiro na escala do pH representa uma alteração *10 vezes maior* no número de H^+. Em um pH de 6, existem 10 vezes mais H^+ do que em uma solução com pH de 7. Visto de outra forma, um pH de 6 é 10 vezes mais ácido do que um pH de 7, e um pH de 9 é 100 vezes mais alcalino do que um pH de 7.

Manutenção do pH: sistemas-tampão

Mesmo que o pH de vários líquidos corporais possa ser diferente, os limites normais para cada um são muito estreitos. A Figura 2.7 mostra os valores do pH para determinados líquidos corporais, comparados com o pH de substâncias de consumo familiar comum. Os mecanismos homeostáticos mantêm o pH do sangue entre 7,35 e 7,45, para que seja ligeiramente mais básico do que água pura. Mesmo que ácidos e bases mais fortes possam ser absorvidos pelo corpo ou ser formados pelas células do corpo, o pH dos líquidos dentro e fora das células permanece quase sempre constante. Uma importante razão disso é a presença dos ***sistemas-tampão***.

Tampões são compostos químicos que agem rapidamente, ligando-se temporariamente ao H^+, removendo o

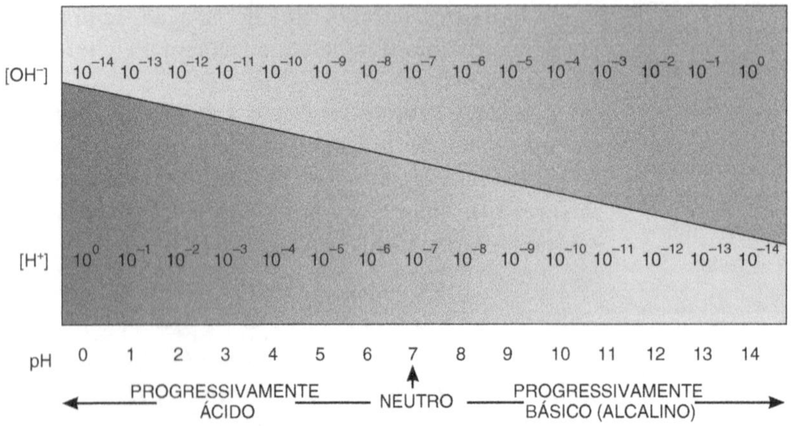

Qual pH é mais ácido, 6,82 ou 6,91? Qual é o pH mais próximo do neutro, 8,41 ou 5,59?

Figura 2.7 **A escala de pH.** Um pH abaixo de 7 indica uma solução ácida, ou com mais H^+ do que OH^-. Quanto mais baixo for o número do pH, mais ácida será a solução, uma vez que a concentração de H^+ se torna progressivamente maior. Um pH acima de 7 indica uma solução básica (alcalina), isto é, há mais OH^- do que H^+. Quanto maior o pH, mais básica será a solução.

Em um pH de 7 (neutro), as concentrações de H^+ e OH^- são iguais.

Valores de pH de substâncias selecionadas

Substância*	Valor de pH
Suco gástrico	1,2-3
Suco de limão	2,3
Suco de uva, vinagre, vinho	3
Refrigerantes carbonatados	3-3,5
Suco de laranja	3,5
Líquido vaginal	3,5-4,5
Suco de tomate	4,2
Café	5
Urina	4,6-8
Saliva	6,35-6,85
Leite de vaca	6,8
Água destilada (pura)	7
Sangue	7,35-7,45
Sêmen	7,2-7,6
Líquido cerebrospinal	7,4
Suco pancreático	7,1-8,2
Bile	7,6-8,6
Leite de magnésio	10,5
Detergente	14

*Substâncias no corpo humano estão realçadas pelo sombreamento amarelo-ouro.

excesso muito reativo de H^+ da solução, mas não do corpo. Os tampões previnem alterações drásticas rápidas no pH de um líquido corporal ao converterem ácidos e bases fortes em ácidos e bases fracos. Ácidos fortes liberam H^+ mais rapidamente do que ácidos fracos e, portanto, contribuem com mais íons H^+. De forma similar, bases fortes aumentam o pH mais do que bases fracas.

Um exemplo de sistema-tampão é o ***sistema-tampão bicarbonato-ácido carbônico***. Este sistema se baseia no *íon bicarbonato* (HCO_3^-), que age como uma base fraca, e no *ácido carbônico* (H_2CO_3), que age como um ácido fraco. O HCO_3^- é um ânion importante tanto para os líquidos intracelulares quanto para os extracelulares. Como os rins reabsorvem o HCO_3^- filtrado, esse importante tampão não é perdido na urina. Se existir excesso de H^+, o HCO_3^- funciona como uma base fraca e remove o excesso de H^+, como demonstrado a seguir:

H^+	+	HCO_3^-	$\longrightarrow$	H_2CO_3
Íon hidrogênio		Íon bicarbonato (base fraca)		Ácido carbônico

Inversamente, se existir deficiência de H^+, o H_2CO_3 funciona como um ácido fraco e fornece H^+, como demonstrado a seguir:

H_2CO_3	$\longrightarrow$	H^+	+	HCO_3^-
Ácido carbônico (ácido fraco)		Íon hidrogênio		Íon bicarbonato

CORRELAÇÕES CLÍNICAS | Tampões e doenças

Um aspecto muito importante da homeostasia é a manutenção do pH sanguíneo entre 7,35 e 7,45 (normal). Se algum fator produzir a diminuição do pH para valores abaixo de 7,35, a condição é denominada **acidose**. A acidose deprime o sistema nervoso e se torna tão grave que provoca desorientação, coma ou até mesmo a morte da pessoa. Se, por outro lado, ocorrer aumento do pH para valores acima de 7,45, a condição é denominada **alcalose**. Esta condição estimula excessivamente o sistema nervoso, resultando em nervosismo, espasmos musculares, convulsões e morte. •

Você poderá ler mais sobre tampões no Capítulo 22.

Compostos orgânicos

Carboidratos

Carboidratos são compostos orgânicos e incluem açúcares, glicogênio, amidos e celulose. Os elementos presentes nos carboidratos são carbono, hidrogênio e oxigênio. A razão de átomos de carbono para hidrogênio e para oxigênio é geralmente de 1:2:1. Por exemplo, a fórmula molecular para a pequena molécula de glicose é $C_6H_{12}O_6$. Os carboidratos são divididos em três grandes grupos com base em seu tamanho: monossacarídeos, dissacarídeos e polissacarídeos. Monossacarídeos e dissacarídeos são denominados ***açúcares simples***, e polissacarídeos são conhecidos como ***carboidratos complexos***.

1. ***Monossacarídeos*** são as unidades básicas dos carboidratos. No seu corpo, a principal função do monossacarídeo glicose é atuar como fonte de energia química para geração de ATP que alimenta as reações metabólicas. A ribose e a desoxirribose são monossacarídeos utilizados na fabricação do ácido ribonucleico (RNA) e do ácido desoxirribonucleico (DNA), que são descritos a seguir neste capítulo.
2. ***Dissacarídeos*** são açúcares simples que consistem em dois monossacarídeos unidos por uma ligação covalente. Quando dois monossacarídeos (moléculas menores) se combinam para formar um dissacarídeo (uma molécula maior), uma molécula de água é formada e removida. Tal reação é denominada ***síntese por desidratação***. Essas reações ocorrem durante a síntese de moléculas grandes. Por exemplo, os monossacarídeos glicose e frutose se combinam para formar o dissacarídeo sacarose (açúcar comum) como mostrado na Figura 2.8. Os dissacarídeos são divididos em monossacarídeos ao adicionar uma molécula de água em uma reação de ***hidrólise***. A sacarose, por exemplo, pode ser hidrolisada em seus componentes de glicose e frutose ao se adicionar água (Fig. 2.8a). Outros dissacarídeos incluem maltose (glicose + glicose), ou açúcar de malte, e lactose (glicose + galactose), o açúcar do leite.
3. ***Polissacarídeos*** são carboidratos grandes e complexos formados por dezenas ou centenas de monossacarídeos, a partir de reações de síntese por desidratação. Como os dissacarídeos, os polissacarídeos são decompostos em monossacarídeos pelas reações de hidrólise. O principal polissacarídeo no corpo humano é o *glicogênio*, formado totalmente por unidades de glicose agrupadas em cadeias ramificadas (Fig. 2.9). O glicogênio é armazenado nas células do fígado e dos músculos esqueléticos. Se as demandas do corpo por energia forem altas, o glicogênio é decomposto em glicose; quando as demandas por energia são baixas, a glicose novamente forma o glicogênio. *Amidos* também são formados por unidades de glicose, constituindo polissacarídeos que são produzidos geralmente por plantas. Digerimos os amidos para glicose como outra fonte de energia. A *celulose* é um polissacarídeo encontrado nas paredes das células das plantas. Embora os humanos não consigam digeri-la, a celulose fornece massa (fibras) que ajuda a mover as fezes pelo intestino grosso. Diferentemente de açúcares simples, os polissacarídeos geralmente não são hidrossolúveis e não apresentam sabor adocicado.

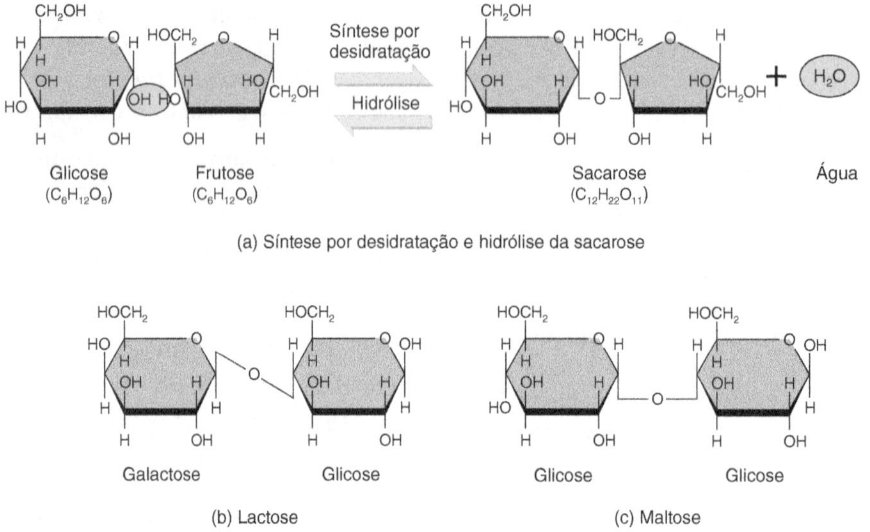

Quantos átomos de carbono existem na frutose? E na sacarose?

Figura 2.8 A síntese por desidratação e hidrólise de uma molécula de sacarose. Na reação de síntese por desidratação (leia da esquerda para a direita), as duas moléculas menores, glicose e frutose, se unem para formar uma molécula maior de sacarose. Observe a perda de uma molécula de água. Na reação de hidrólise (leia da direita para a esquerda), a molécula maior de sacarose é decomposta em duas moléculas menores, glicose e frutose. Aqui, uma molécula de água é adicionada à sacarose para que a reação ocorra.

Monossacarídeos são estruturas fundamentais dos carboidratos.

Lipídeos

Assim como os carboidratos, os ***lipídeos*** contêm carbono, hidrogênio e oxigênio. Diferente dos carboidratos, não têm uma razão de 2:1 de hidrogênio para oxigênio. A proporção de átomos de oxigênio nos lipídeos geralmente é menor do que nos carboidratos; portanto, existem menos ligações covalentes polares. Como resultado, a maioria dos lipídeos é hidrofóbica, isto é, não é hidrossolúvel.

A família diversificada dos lipídeos inclui triglicerídeos (gorduras e óleos), fosfolipídeos (lipídeos que contêm fósforo), esteroides, ácidos graxos e vitaminas solúveis em gordura (vitaminas A, D, E e K).

Os lipídeos mais abundantes no corpo e na alimentação são os ***triglicerídeos***. Na temperatura ambiente, os triglicerídeos podem tanto ser sólidos (gorduras) como líquidos (óleos). Representam a maior forma de energia química concentrada no corpo, armazenando mais do que o dobro de energia química por grama do que carboidratos ou proteínas. Nossa capacidade de armazenar triglicerídeos no tecido gorduroso, chamado de tecido adiposo, para todos os propósitos práticos, é ilimitada. Os excessos de carboidratos, proteínas, gorduras e óleos na dieta têm o mesmo destino, ou seja, são depositados no tecido adiposo na forma de triglicerídeos. Um triglicerídeo consiste em dois tipos de unidades fundamentais: uma única molécula de glicerol e três moléculas de ácidos graxos. A molécula de ***glicerol*** com três carbonos forma a estrutura básica de um triglicerídeo (Fig. 2.10). Três ***ácidos graxos*** são fixados por meio de reações de síntese por desidratação, um para cada carbono da molécula de glicerol. As cadeias de ácidos graxos de um triglicerídeo podem ser saturadas, monoinsaturadas ou poli-insaturadas. As ***gorduras saturadas*** contêm apenas

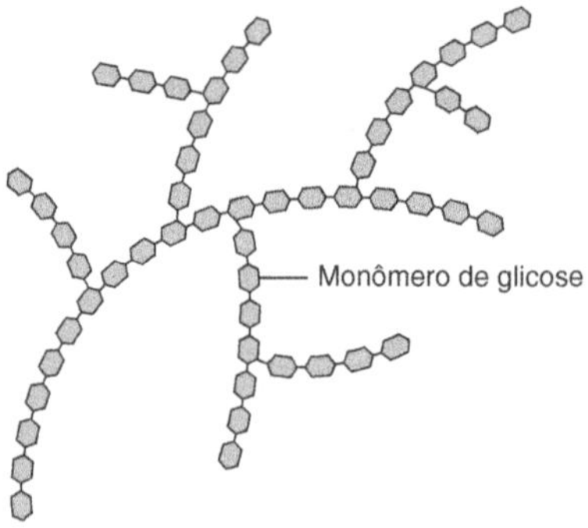

Que células do corpo armazenam glicogênio?

Figura 2.9 Parte de uma molécula de glicogênio, o principal polissacarídeo no corpo humano.

O glicogênio é formado por unidades de glicose e é a forma de armazenamento de carboidratos no corpo humano.

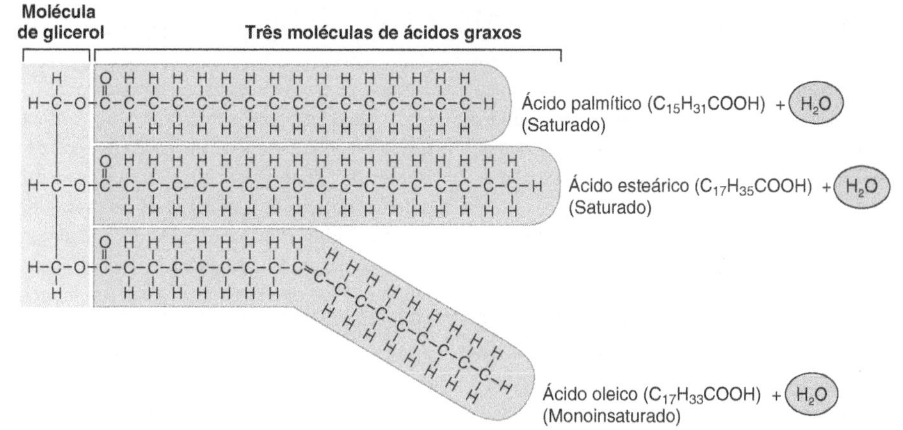

Quantas ligações duplas carbono-carbono existem em um ácido graxo monoinsaturado?

Figura 2.10 **Os triglicerídeos consistem em três moléculas de ácidos graxos fixados à estrutura de glicerol.** Os ácidos graxos variam em comprimento e em número e localização das ligações duplas entre átomos de carbono (C=C). Mostra-se aqui uma molécula de triglicerídeo que contém dois ácidos graxos saturados e um ácido graxo monoinsaturado.

Um triglicerídeo consiste em dois tipos de unidades fundamentais: uma única molécula de glicerol e três moléculas de ácidos graxos.

ligações covalentes simples entre átomos de carbono do ácido graxo. Como não contêm quaisquer ligações duplas, cada átomo de carbono é *saturado com átomos de hidrogênio* (ver ácido palmítico e ácido esteárico na Fig. 2.10).

Triglicerídeos com ácidos graxos essencialmente saturados são sólidos na temperatura ambiente e ocorrem praticamente em carnes (especialmente carnes vermelhas) e em laticínios não desnatados queijo e manteiga). Além disso, estão presentes em algumas plantas tropicais, como cacaueiro, palmeira e coqueiro. Os alimentos que contêm grandes quantidades de gorduras saturadas estão associados a doenças cardíacas e ao câncer colorretal. ***Gorduras monoinsaturadas*** contêm ácidos graxos com *uma ligação covalente dupla* entre dois átomos de carbono dos ácidos graxos e, portanto, não são completamente saturadas com átomos de hidrogênio (ver ácido oleico na Fig. 2.10). Azeite de oliva, óleo de amendoim, óleo de canola, a maioria das nozes e abacate são ricos em triglicerídeos com ácidos graxos monoinsaturados. Acredita-se que gorduras monoinsaturadas diminuam o risco de doença cardíaca. ***Gorduras poli-insaturadas*** contêm *mais de uma ligação covalente dupla* entre átomos de carbono dos ácidos graxos. Óleo de milho, óleo de açafrão, óleo de girassol, óleo de soja e os peixes gordurosos (salmão, atum e cavala) contêm um alto percentual de ácidos graxos poli-insaturados. Acredita-se que gorduras poli-insaturadas também diminuam os riscos de doenças cardíacas. No entanto, quando produtos como margarina e gordura vegetal se originam de gorduras poli-insaturadas, compostos chamados ácidos graxos *trans* são produzidos. Os ácidos graxos trans, como as gorduras saturadas, aumentam o risco de doenças cardiovasculares.

Como os triglicerídeos, os ***fosfolipídeos*** têm uma estrutura de glicerol e dois ácidos graxos fixados aos dois primeiros carbonos (Fig. 2.11a). Fixado ao terceiro carbono está um grupo de fosfato (PO_4^{3-}) que liga um pequeno grupo com carga à estrutura de glicerol. Enquanto os ácidos graxos apolares formam as "caudas" hidrofóbicas de um fosfolipídeo, o grupo de fosfato polar e o grupo com carga formam a "cabeça" hidrofílica (Fig. 2.11b). Os fosfolipídeos se alinham de cauda a cauda em uma carreira dupla para formar grande parte da membrana que envolve cada célula (Fig. 2.11c).

A estrutura dos ***esteroides***, com seus quatro anéis de átomos de carbono, difere consideravelmente daquela dos triglicerídeos e dos fosfolipídeos. O colesterol (Fig. 2.12a), que é necessário para a estrutura da membrana, é o esteroide a partir do qual outros esteroides podem ser sintetizados nas células do corpo. Por exemplo, as células dos ovários sintetizam o estradiol (Fig. 2.12b), que é um dos *estrogênios* (hormônios sexuais femininos). Os estrogênios regulam as funções sexuais. Outros esteroides incluem *testosterona* (o principal hormônio sexual masculino), que também regula as funções sexuais; cortisol, que é necessário para a manutenção dos níveis normais de açúcar no sangue; sais biliares, que são necessários para a digestão e a absorção de lipídeos; e vitamina D, que está relacionada com o crescimento ósseo.

CORRELAÇÕES CLÍNICAS | Ácidos graxos na saúde e na doença

Um grupo de ácidos graxos chamado **ácidos graxos essenciais (AGEs)** é necessário para a saúde humana. No entanto, não é produzido pelo corpo humano e precisa ser obtido dos alimentos ou suplementos. Entre os AGEs mais importantes estão os *ácidos graxos ômega-3*, os *ácidos graxos ômega-6* e os *ácidos graxos cis*.

Os ácidos graxos ômega-3 e ômega-6 são ácidos graxos poli-insaturados que podem ter um efeito protetor contra doenças cardíacas e acidente vascular encefálico ao reduzir o colesterol total, aumentando as lipoproteínas de alta densidade (HDL, do inglês *high density lipoprotein*, ou "colesterol bom") e diminuindo as lipoproteínas de baixa densidade (LDL, do inglês *low density lipoprotein*, ou "colesterol ruim"). Adicionalmente, diminuem a perda óssea, reduzem os sintomas da artrite decorrente de inflamação, promovem a cicatrização de feridas, melhoram determinadas inflamações cutâneas (psoríase, eczema e acne) e melhoram as funções mentais. As fontes primárias de ácidos graxos ômega-3 incluem linhaça, peixes gordurosos, óleos com grande quantidade de gorduras poli-insaturadas, óleo de peixe e nozes. As fontes primárias de ácidos graxos ômega-6 incluem a maioria das comidas processadas (cereais, pães, arroz branco), ovos, assados, óleos com grande quantidade de gorduras poli-insaturadas e carnes (especialmente órgãos, como o fígado).

Os ácidos graxos *cis* são ácidos graxos monoinsaturados nutricionalmente benéficos, utilizados pelo corpo para produzir reguladores semelhantes aos hormônios e às membranas celulares. No entanto, quando os ácidos graxos cis são aquecidos, pressurizados e combinados com um catalisador (geralmente níquel), em um processo chamado *hidrogenação*, mudam para ácidos graxos *trans* nocivos. A hidrogenação é utilizada por fabricantes para deixar os óleos vegetais sólidos em temperatura ambiente menos propensos a se tornarem rançosos. Ácidos graxos trans ou hidrogenados são comuns em produtos assados e industrializados (bolachas, bolos e *cookies*), salgadinhos, algumas margarinas e produtos fritos (*donuts* e batata frita). Se o rótulo de um produto contém a palavra "hidrogenado" ou "parcialmente hidrogenado", então o produto contém ácidos graxos *trans*. Entre os efeitos adversos dos ácidos graxos trans estão o aumento do colesterol total, a diminuição do HDL, o aumento do LDL e o aumento dos triglicerídeos. Esses efeitos, que aumentam o risco de doenças cardiovasculares e doenças cardíacas, são semelhantes aos provocados pelas gorduras saturadas. •

Proteínas

Proteínas são moléculas grandes que contêm carbono, hidrogênio, oxigênio e nitrogênio; algumas proteínas também contêm enxofre. Muito mais complexas em estrutura do que os carboidratos ou os lipídeos, as proteínas desempenham muitas funções no corpo e são as principais responsáveis pela estrutura das células do corpo. Por exemplo, proteínas chamadas enzimas aceleram reações químicas específicas, enquanto outras são responsáveis pela contração dos músculos; as proteínas chamadas anticorpos ajudam o corpo a se defender de micróbios invasores; alguns hormônios são proteínas.

Aminoácidos são as estruturas fundamentais das proteínas. Todos os aminoácidos têm um *grupo amino* (—NH_2) em uma extremidade e um *grupo carboxila* (—COOH) na outra extremidade. Cada um dos 20 aminoácidos diferentes tem uma *cadeia lateral* diferente (grupo R) (Fig. 2.13a). As ligações covalentes que unem os aminoácidos para formar moléculas mais complexas são chamadas *ligações peptídicas* (Fig. 2.13b).

A união de dois ou mais aminoácidos produz um ***peptídeo***. Quando dois aminoácidos se combinam, a molécula é chamada ***dipeptídeo*** (Fig. 2.13b). Adicionando outro aminoácido ao dipeptídeo, produz-se, então, um ***tripeptídeo***. Um ***polipeptídeo*** contém um grande número de aminoácidos. Proteínas são polipeptídeos que contêm no mínimo 50 e no máximo 2.000 aminoácidos. Como cada variação no número e na sequência de aminoácidos produz uma proteína diferente, uma grande variedade de proteínas é possível. A situação é semelhante a usar o alfabeto de 20 letras para formar palavras. Cada letra seria equivalente a um aminoácido, e cada palavra seria uma proteína diferente.

Uma alteração na sequência dos aminoácidos tem graves consequências. Por exemplo, uma única substituição de um aminoácido na hemoglobina, uma proteína do sangue, resulta em uma molécula deformada, que produz **anemia falciforme** (ver Seção Distúrbios Comuns no Capítulo 14).

Uma proteína pode consistir apenas de um polipeptídeo ou de diversos polipeptídeos conectados. Um determinado tipo de proteína possui uma configuração tridimensional exclusiva, em razão das formas como cada polipeptídeo individual se torce e se dobra, à medida que polipeptídeos associados se unem. Se uma proteína encontra um ambiente hostil, no qual a temperatura, o pH ou a concentração de íons esteja significativamente alterado, pode se desenrolar e perder sua forma característica. Esse processo chama-se ***desnaturação***. Proteínas desnaturadas não são mais funcionais. Um exemplo comum de desnaturação é visto na fritura do ovo. No ovo cru, a proteína da clara (albumina) é solúvel, e a clara é um líquido transparente e viscoso. No entanto, quando se aplica calor ao ovo, a albumina se desnatura, altera sua forma, torna-se insolúvel e adquire uma cor branca.

Enzimas

Como vimos, reações químicas ocorrem quando ligações químicas são formadas ou rompidas, quando átomos, íons ou moléculas colidem entre si. Na temperatura normal do corpo, essas colisões ocorrem muito raramente para manter a vida. ***Enzimas*** são a solução desse problema para as células vivas, uma vez que aceleram as reações químicas ao aumentar a frequência dessas colisões e ao orientar devidamente as moléculas que colidem. Substâncias capazes de acelerar reações químicas sem sofrer alterações – como

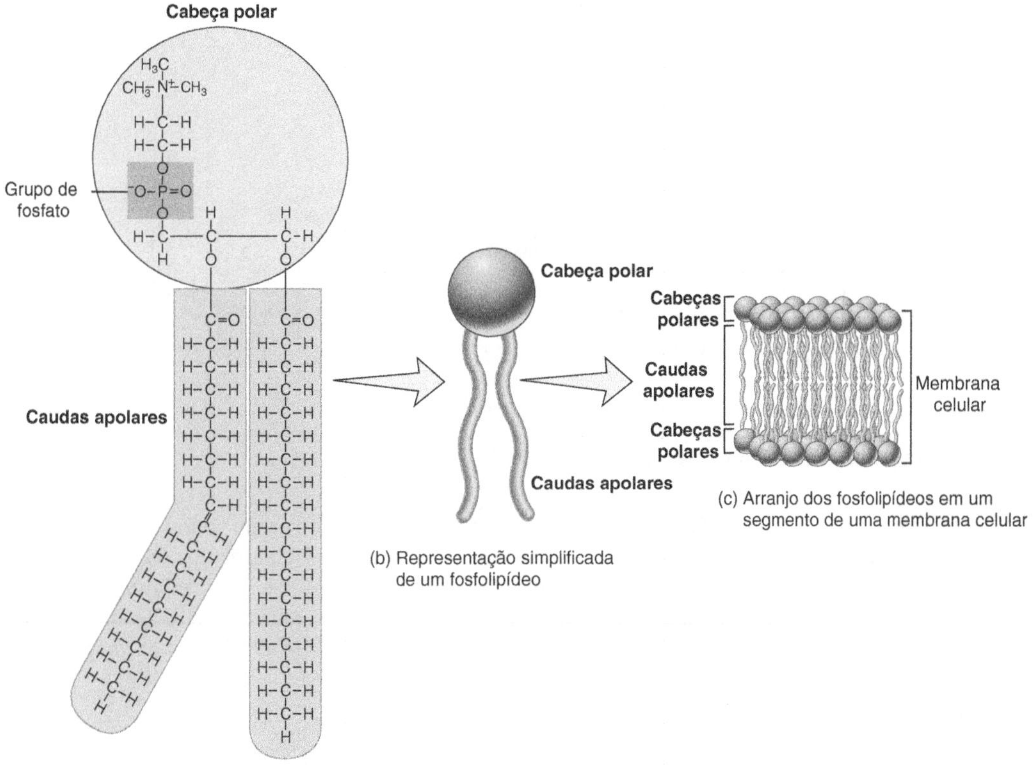

(a) Estrutura química de um fosfolipídeo

Como um fosfolipídeo se difere de um triglicerídeo?

Figura 2.11 Fosfolipídeos. (a) Na síntese dos fosfolipídeos, dois ácidos graxos se fixam aos dois primeiros carbonos da estrutura de glicerol. Um grupo de fosfato une um pequeno grupo com carga ao terceiro carbono de glicerol. Em (b), o círculo representa a região polar da cabeça, e as duas linhas onduladas representam as duas caudas apolares.

Os fosfolipídeos são os principais lipídeos das membranas celulares.

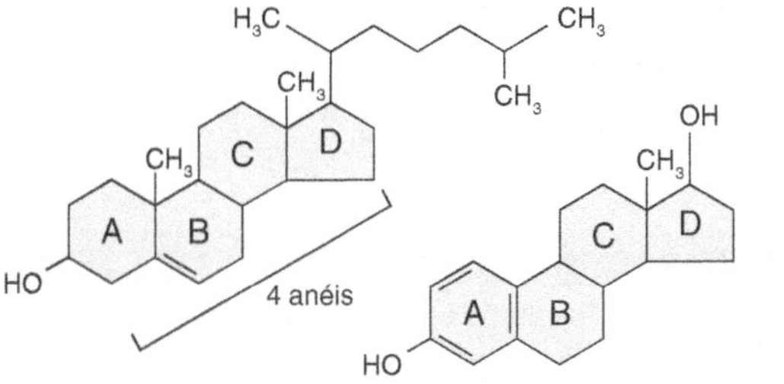

(a) Colesterol (b) Estradiol (um estrogênio ou hormônio sexual feminino)

Que lipídeos de consumo alimentar acredita-se que contribuam para o surgimento da aterosclerose?

Figura 2.12 Esteroides. Todos os esteroides têm quatro anéis de átomos de carbono. Os anéis individuais são indicados pelas letras A, B, C e D.

O colesterol é o material inicial para a síntese de outros esteroides no corpo.

as enzimas – são chamadas ***catalisadores***. Nas células vivas, a maioria das enzimas é proteína. As denominações das enzimas geralmente terminam em ***-ase***. Todas as enzimas são agrupadas de acordo com os tipos de reações químicas que catalisam. Por exemplo, *oxidases* adicionam oxigênio, *cinases* adicionam fosfato, *desidrogenases* removem hidrogênio, *anidrases* removem água, *ATPases* dividem ATP, *proteases* decompõem proteínas, e *lipases* decompõem lipídeos.

As enzimas catalisam reações selecionadas com grande eficiência e com excelente controle. As três propriedades importantes das enzimas são sua especificidade, eficiência e controle.

1. **Especificidade**. Enzimas são altamente específicas. Cada enzima catalisa uma reação química específica que envolve ***substratos*** específicos, as moléculas nas quais as enzimas agem, que dão origem a ***produtos*** específicos, as moléculas produzidas pela reação. Em alguns casos, a enzima se encaixa no substrato como

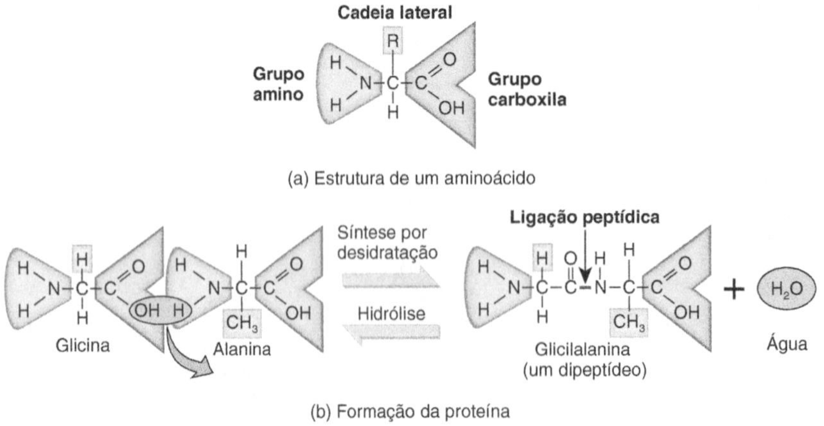

Quantas ligações peptídicas existiriam em um tripeptídeo?

Figura 2.13 **Aminoácidos.** (a) De acordo com seu nome, os aminoácidos têm um grupo amino (em azul) e um grupo carboxila (ácido) (em vermelho). A cadeia lateral (grupo R) em amarelo é diferente para cada tipo de aminoácido. (b) Quando dois aminoácidos são unidos quimicamente pela síntese por desidratação (ler da esquerda para direita), a ligação covalente resultante entre eles é chamada ligação peptídica. A ligação peptídica é formada no ponto em que a água é perdida. Aqui, os aminoácidos glicina e alanina são unidos para formar o dipeptídeo glicilalanina. A dissociação da ligação peptídica ocorre pela hidrólise (ler da direita para a esquerda).

Aminoácidos são as estruturas fundamentais das proteínas.

uma chave na fechadura. Em outros casos, a enzima muda sua forma para se encaixar confortavelmente em torno do substrato (ver Fig. 2.14).

2. **Eficiência**. Nas condições ideais, as enzimas catalisam reações a uma velocidade de milhões a bilhões de vezes mais rápida do que aquelas de reações similares que ocorrem sem enzimas. Uma única molécula de enzima converte moléculas de substratos em moléculas de produtos a uma velocidade de até 600.000 por segundo.
3. **Controle**. Enzimas estão sujeitas a uma variedade de controles celulares. A taxa de síntese e concentração, a qualquer hora, está sujeita ao controle dos genes das células. As substâncias dentro da célula podem aumentar ou diminuir a atividade de uma dada enzima. Muitas enzimas existem tanto nas formas ativas quanto inativas dentro da célula. A razão pela qual a forma inativa se torna ativa, ou vice-versa, é determinada pelo meio químico dentro da célula. Muitas enzimas exigem uma substância não proteica, conhecida como ***cofator*** ou ***coenzima***, para operar adequadamente. Íons ferro, zinco, magnésio ou cálcio são cofatores; niacina ou riboflavina, derivados da vitamina B, agem como coenzimas.

A Figura 2.14 ilustra as ações de uma enzima.

1 Os substratos se fixam ao ***sítio ativo*** da molécula da enzima, a parte específica da enzima que catalisa a reação, formando um composto transitório chamado ***complexo enzima-substrato***. Nesta reação, os substratos são o dissacarídeo sacarose e uma molécula de água.

2 As moléculas dos substratos são transformadas pela reorganização dos átomos existentes, pela quebra da molécula do substrato, ou pela combinação de diversas moléculas do substrato nos produtos da reação. Aqui, os produtos são dois monossacarídeos: glicose e frutose.

3 Após a reação se completar e os produtos da reação se afastarem da enzima, a enzima não alterada estará livre para se ligar a outra molécula de substrato.

CORRELAÇÕES CLÍNICAS | Intolerância à lactose

As deficiências das enzimas podem levar a determinados tipos de distúrbios. Por exemplo, algumas pessoas não produzem lactase suficiente, uma enzima que decompõe o dissacarídeo lactose em monossacarídeos de glicose e galactose. Essa deficiência provoca uma condição chamada **intolerância à lactose**, na qual a lactose não digerida retém líquidos nas fezes, e a fermentação bacteriana resulta na produção de gases. Os sintomas da intolerância à lactose incluem diarreia, gases, inchaço e cólicas abdominais após o consumo de leite e outros laticínios. A gravidade dos sintomas varia de pequena a suficientemente grave, a ponto de necessitar de atendimento médico. Pessoas com intolerância à lactose acrescentam suplementos enzimáticos à alimentação para facilitar a digestão de lactose. •

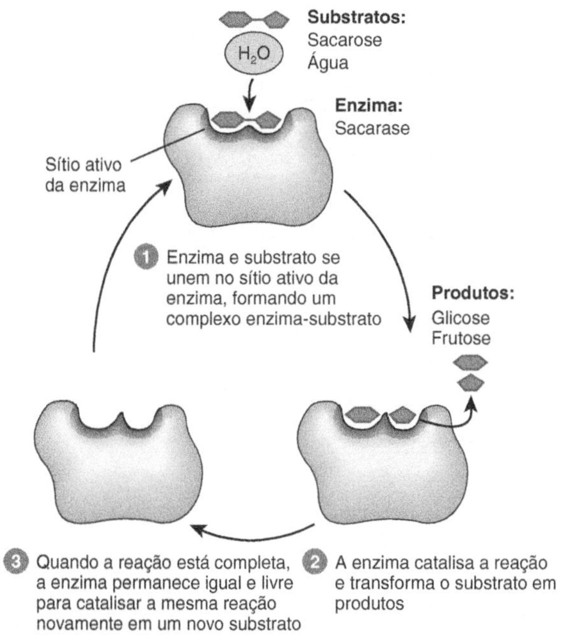

Que parte da enzima se combina com seu substrato?

Figura 2.14 Como uma enzima funciona.

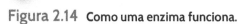

Uma enzima acelera uma reação química sem ser alterada ou consumida.

Ácidos nucleicos: DNA e RNA

Ácidos nucleicos, assim denominados porque foram primeiramente descobertos nos núcleos das células, são moléculas orgânicas enormes que contêm carbono, hidrogênio, oxigênio, nitrogênio e fósforo. Os dois tipos de ácidos nucleicos são o ***ácido desoxirribonucleico*** (***DNA***) e o ***ácido ribonucleico*** (***RNA***).

Uma molécula de ácido nucleico é composta por estruturas fundamentais repetidas, chamadas ***nucleotídeos***. Cada nucleotídeo de DNA consiste em três partes (Fig. 2.15a):

- Uma das quatro ***bases nitrogenadas*** diferentes, moléculas anelares contendo átomos de carbono, hidrogênio, oxigênio e nitrogênio.
- Um monossacarídeo com cinco carbonos chamado *desoxirribose*.
- Um *grupo fosfato* (PO_4^{3-}).

No DNA, as quatro bases são adenina (A), timina (T), citosina (C) e guanina (G). A Figura 2.15b mostra as seguintes características estruturais da molécula de DNA:

1. A molécula contém dois filamentos com bases transversais. Os filamentos se enrolam um no outro para formar uma ***dupla-hélice***, lembrando uma escada de corda retorcida.
2. As ligações verticais (filamentos) da escada de DNA são feitas de grupos fosfatos alternados e das porções de desoxirribose dos nucleotídeos.
3. Os degraus da escada contêm pares de bases nitrogenadas, unidas pelas ligações de hidrogênio. A adenina sempre faz par com a timina, e a citosina sempre faz par com a guanina.

Aproximadamente 1.000 degraus de DNA formam um ***gene***, uma porção de um filamento de DNA que realiza uma função específica, por exemplo, fornecer instruções para sintetizar o hormônio insulina. Os seres humanos têm por volta de 30.000 genes. Os genes determinam quais traços herdamos e controlam todas as atividades que ocorrem em nossas células durante a vida. Qualquer alteração ocorrida na sequência das bases nitrogenadas de um gene é chamada ***mutação***. Algumas mutações podem resultar na morte de uma célula, provocar câncer ou produzir defeitos genéticos nas gerações futuras.

RNA, o segundo tipo de ácido nucleico, é copiado do DNA, mas difere deste em diversos aspectos. Enquanto o DNA tem uma dupla-hélice, o RNA tem apenas um filamento. O açúcar nos nucleotídeos do RNA é a ribose, e o RNA contém a base nitrogenada uracila (U), em vez da timina. As células contêm três diferentes tipos de RNA: RNA mensageiro, RNA ribossômico e RNA transportador. Cada um desempenha uma função específica na realização das instruções contidas no DNA para a síntese de proteínas, como será descrito no Capítulo 3.

Um resumo das maiores diferenças entre o DNA e o RNA é apresentado na Tabela 2.2.

Trifosfato de adenosina

Trifosfato de adenosina (***ATP***) é a "moeda energética" dos organismos vivos. Como visto neste capítulo, o ATP transfere a energia das reações que liberam energia para as reações que necessitam de energia para manter as atividades celulares. Entre essas atividades celulares estão contração muscular, movimento dos cromossomos durante a divisão das células, movimento das estruturas dentro das células, transporte de substâncias pelas membranas celulares e síntese de moléculas maiores a partir de moléculas menores.

Estruturalmente, o ATP consiste em três grupos fosfato ligados à adenosina, composta de adenina e ribose (Fig. 2.16). A reação de transferência de energia ocorre por meio de hidrólise: a remoção do último grupo fosfato (PO_4^{3-}), simbolizado, no exemplo seguinte, por P, por adição de uma molécula de água que libera energia e deixa uma molécula chamada ***difosfato de adenosina*** (***ADP***). A enzima que catalisa a hidrólise do ATP é cha-

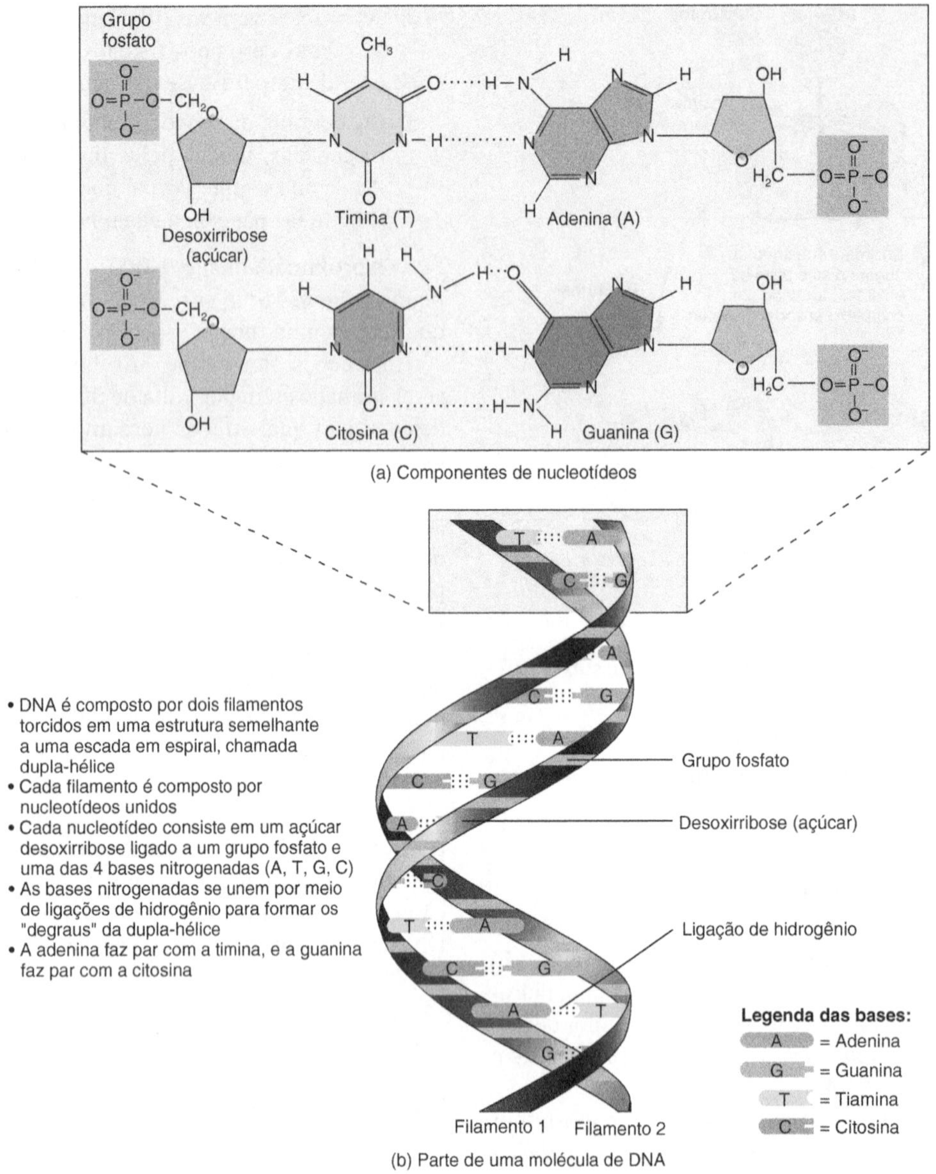

Que base nitrogenada não está presente no RNA? Que base nitrogenada não está presente no DNA?

Figura 2.15 Molécula de DNA. (a) Um nucleotídeo consiste em uma base nitrogenada, um açúcar com cinco carbonos, e um grupo fosfato. (b) As bases nitrogenadas pareadas se projetam para o centro da dupla-hélice. A estrutura é estabilizada pelas ligações de hidrogênio (linhas tracejadas) entre cada par de bases. Existem duas ligações de hidrogênio entre adenina e timina e três entre citosina e guanina.

Os nucleotídeos são estruturas fundamentais dos ácidos nucleicos.

TABELA 2.2

Comparação entre DNA e RNA

CARACTERÍSTICAS	DNA	RNA
Bases nitrogenadas	Adenina (A), citosina (C), guanina (G), timina (T)*	Adenina (A), citosina (C), guanina (G), uracila (U)
Açúcar nos nucleotídeos	Desoxirribose	Ribose
Número de filamentos	Dois (dupla-hélice, como uma escada torcida)	Um
Emparelhamento das bases nitrogenadas (número de ligações de hidrogênio)	A com T (2), G com C (3)	A com U (2), G com C (3)
Como é copiada?	Autorreplicação	Utilizando DNA como modelo
Função	Codifica a informação para a produção de proteínas	Carrega o código genético e auxilia na produção das proteínas
Tipos	Nuclear, mitocondrial†	RNA mensageiro (RNAm), RNA transportador (RNAt), RNA ribossômico (RNAr)‡

*Letras e palavras em vermelho enfatizam as diferenças entre DNA e RNA.
†Núcleo e mitocôndria são organelas celulares, discutidos no Capítulo 3.
‡ Esses RNAs participam no processo de síntese proteica, também discutido no Capítulo 3.

mada *ATPase*. Essa reação pode ser representada da seguinte maneira:

$$\underset{\text{Trifosfato de adenosina}}{\text{ATP}} + \underset{\text{Água}}{H_2O} \xrightarrow{\text{ATPase}} \underset{\text{Grupo de fosfato}}{\text{Ⓟ}} + \underset{\text{Energia}}{\text{E}}$$

A energia liberada pela decomposição do ATP em ADP é constantemente utilizada pela célula. Como o fornecimento de ATP a qualquer momento pode ser limitado, existe um mecanismo para a reconstituição por meio da enzima *ATP sintase*, que promove a adição de um grupo fosfato no ADP. Essa reação pode ser representada da seguinte maneira:

$$\underset{\text{Difosfato de adenosina}}{\text{ADP}} + \underset{\text{Grupo fosfato}}{\text{Ⓟ}} + \underset{\text{Energia}}{\text{E}} \xrightarrow{\text{ATP sintase}} \underset{\text{Trifosfato de adenosina}}{\text{ATP}} + \underset{\text{Água}}{H_2O}$$

Como você pode verificar a partir dessa reação, a energia é necessária para a produção de ATP. A energia necessária para adicionar um grupo fosfato ao ADP é fornecida principalmente pela decomposição da glicose em um processo chamado de respiração celular, sobre o qual você aprenderá no Capítulo 20.

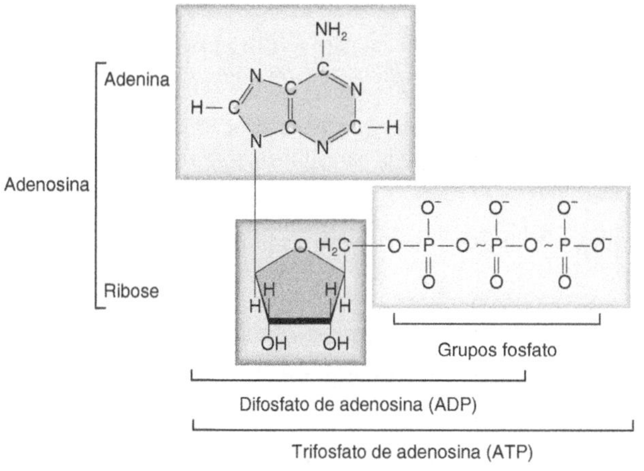

Quais são algumas das atividades celulares que dependem da energia fornecida pelo ATP?

Figura 2.16 Estruturas do ATP e do ADP. As duas ligações fosfato que são utilizadas para transferir energia estão indicadas por til (~). A maioria das transferências de energia inclui hidrólise da ligação fosfato terminal do ATP.

O ATP transfere energia química para alimentar as atividades celulares.

TESTE SUA COMPREENSÃO

5. Como os compostos inorgânicos diferem dos compostos orgânicos?
6. Quais são as funções que a água desempenha no corpo?
7. O que é um tampão?
8. Diferencie gorduras saturadas, monoinsaturadas e poli-insaturadas.
9. Quais são as propriedades importantes das enzimas?
10. Como DNA e RNA diferem entre si?
11. Por que o ATP é importante?

• • •

No Capítulo 1, você aprendeu que o corpo humano é caracterizado por diversos níveis de organização e que o nível químico consiste em átomos e moléculas. Agora que possui o conhecimento das substâncias químicas contidas no corpo, você verá, no próximo capítulo, como essas substâncias são organizadas para formar as estruturas das células e realizar as atividades celulares que contribuem para a homeostasia.

REVISÃO DO CAPÍTULO

2.1 Introdução à química

1. Química é a ciência da estrutura e das interações da matéria, que é qualquer coisa que ocupa espaço e possui massa. A matéria é feita de **elementos químicos**. Os elementos oxigênio (O), carbono (C), hidrogênio (H) e nitrogênio (N) compõem 96% da massa corporal.
2. Cada elemento é formado por unidades chamadas **átomos**, que são constituídos por um **núcleo**, contendo **prótons** e **nêutrons**, e **elétrons** que se movem ao redor do núcleo nas **órbitas de elétrons**. O número de elétrons é igual ao número de prótons em um átomo. O **número atômico**, isto é, o número de prótons em um átomo, distingue os átomos de um elemento daqueles de outro elemento. A soma de prótons e nêutrons em um átomo é o seu **número de massa**.
3. Um átomo que *doa* ou *ganha* elétrons se torna um **íon** – um átomo com carga positiva ou negativa decorrente dos números desiguais de prótons e elétrons.
4. Uma **molécula** é uma substância que consiste em dois ou mais átomos quimicamente combinados. A fórmula molecular indica o número e o tipo dos átomos que compõem uma molécula.
5. Um **composto** é uma substância decomposta em dois ou mais elementos diferentes por meios químicos comuns.
6. Um **radical livre** é um íon ou molécula destrutiva que possui um elétron sem par em sua órbita de valência.
7. As **ligações químicas** unem os átomos de uma molécula. Os elétrons da **camada de valência** (camada mais externa) são os que participam de reações químicas (participam da formação e da decomposição de ligações).
8. Quando os elétrons da órbita de valência são transferidos de um átomo para outro, ocorre a formação de íons com cargas diferentes que se atraem e formam **ligações iônicas**. Íons carregados positivamente são chamados **cátions**; íons carregados negativamente são chamados **ânions**. Em uma **ligação covalente**, pares de elétrons da órbita de valência são compartilhados entre dois átomos. As **ligações de hidrogênio** são fracas entre o hidrogênio e determinados átomos. Estabelecem ligações importantes entre moléculas de água e diferentes partes de moléculas grandes, como as proteínas e o ácido desoxirribonucleico (DNA), em que acrescentam resistência e estabilidade, ajudando a determinar a forma tridimensional da molécula.
9. **Energia** é a capacidade de realizar trabalho. **Energia potencial** é a energia armazenada pela matéria, em virtude de sua posição. **Energia cinética** é a energia da matéria em movimento. **Energia química** é uma forma de energia potencial armazenada nas ligações entre as moléculas. Nas reações químicas, a dissociação de ligações antigas exige energia, e a formação de novas ligações libera energia.
10. Na **reação de síntese** (anabólica), dois ou mais átomos, íons ou moléculas se combinam para formar uma molécula nova e maior. Na **reação de decomposição** (catabólica), uma molécula se decompõe em moléculas menores, íons ou átomos.
11. Quando os nutrientes, como a glicose, são degradados por meio de reações de decomposição, parte da energia liberada é temporariamente armazenada na forma de **trifosfato de adenosina** (**ATP**) e depois utilizada para alimentar as reações de síntese que exigem energia para construir estruturas do corpo, como os músculos e os ossos.
12. **Reações de troca** são combinações de reações de síntese e decomposição. **Reações reversíveis** prosseguem em ambas as direções sujeitas a condições diferentes.

2.2 Compostos químicos e processos vitais

1. **Compostos inorgânicos** geralmente possuem estrutura simples e não contêm carbono. **Compostos orgânicos** sempre contêm carbono, geralmente contêm hidrogênio, e sempre possuem ligações covalentes.
2. **Água** é a substância mais abundante no corpo. É um excelente **solvente**, participa de reações químicas, absorve e libera calor vagarosamente, requer uma grande quantidade de calor para mudar do estado líquido para o gasoso e atua como lubrificante.
3. **Ácidos**, **bases** e **sais inorgânicos** são dissociados em íons na água. Um ácido se ioniza em íons de hidrogênio (H^+); uma base geralmente se ioniza em íons hidróxido (OH^-). Um sal não é ionizado nem em íons H^+ nem em íons OH^-.
4. O pH dos líquidos corporais deve permanecer razoavelmente constante, para que o corpo mantenha a homeostasia. Na **escala de pH**, 7 representa neutralidade. Valores abaixo de 7 indicam soluções ácidas, e acima de 7 indicam soluções **básicas** (**alcalinas**).
5. **Sistemas-tampão** ajudam a manter o pH, convertendo ácidos ou bases fortes em ácidos ou bases fracas.

6. **Carboidratos** incluem açúcares, glicogênio e amidos. Podem ser **monossacarídeos**, **dissacarídeos** ou **polissacarídeos**. Carboidratos fornecem a maior parte da energia química necessária para gerar ATP. Carboidratos e outras moléculas orgânicas grandes são sintetizados por meio de reações de **síntese por desidratação**, nas quais uma molécula de água é perdida. No processo inverso, chamado **hidrólise**, as moléculas grandes são decompostas em menores ao se adicionar água.
7. **Lipídeos** são um grupo diversificado de compostos que incluem os **triglicerídeos** (gorduras e óleos), **fosfolipídeos** e **esteroides**. Triglicerídeos protegem, isolam, fornecem energia e são armazenados no tecido adiposo. Fosfolipídeos são componentes importantes das membranas. Esteroides são sintetizados a partir do colesterol.
8. **Proteínas** são construídas a partir de **aminoácidos**. Fornecem estrutura ao corpo, regulam processos, proporcionam proteção, ajudam na contração muscular, transportam substâncias e atuam como enzimas.
9. **Enzimas** são moléculas, geralmente proteicas, que aceleram as reações químicas e estão sujeitas aos diversos controles celulares.
10. **Ácido desoxirribonucleico** (**DNA**) e **ácido ribonucleico** (**RNA**) são ácidos nucleicos compostos de unidades repetidas chamadas **nucleotídeos**. Um nucleotídeo consiste em uma **base hidrogenada**, açúcares com cinco carbonos e grupos fosfato. DNA possui dupla-hélice e é a substância química principal dos genes. RNA difere de DNA em estrutura e composição química; sua principal função é levar as instruções contidas no DNA para a síntese de proteínas.
11. **Trifosfato de adenosina** (**ATP**) é a principal molécula de transferência de energia nos sistemas vivos. Quando transfere energia, o ATP é decomposto pela hidrólise em difosfato de **adenosina** (**ADP**) e Ⓟ. O ATP é sintetizado a partir do ADP e do grupo fosfato Ⓟ, utilizando principalmente a energia fornecida pela decomposição da glicose.

APLICAÇÕES DO PENSAMENTO CRÍTICO

1. Sabrina, 3 anos de idade, adicionou leite, suco de limão e muito açúcar em seu chá, que agora tem estranhos grumos brancos flutuando nele. Qual foi a causa para o leite coalhar?
2. Você está determinado a mudar para hábitos alimentares mais saudáveis e compra um pedaço de salmão para o jantar. Você não consegue decidir se vai cozinhá-lo usando margarina feita de puro óleo de milho ou óleo de milho líquido. Qual seria a melhor escolha e por quê?
3. Alberto estava brincando com o novo *kit* caseiro de química SuperGênio que ganhou de aniversário. Decidiu checar o pH de sua fórmula secreta: suco de limão e Coca-Cola *diet*. O pH foi de 2,5. Em seguida, adicionou suco de tomate. Agora tem uma mistura realmente nojenta com um pH de 3,5. "Uau! É quase duas vezes mais forte!" Alberto tem condições de ser um "SuperGênio"? Explique.
4. Durante o laboratório de química, Maria coloca sacarose (açúcar comum) em um copázio, adiciona água e mistura. Enquanto o açúcar desaparece, ela proclama, em alto e bom som, que degradou quimicamente a sacarose em frutose e glicose. A análise da Maria está quimicamente correta?

RESPOSTAS ÀS QUESTÕES DAS FIGURAS

2.1 O número atômico do carbono é 6.

2.2 Os quatro elementos mais abundantes nos organismos vivos são oxigênio, carbono, hidrogênio e nitrogênio.

2.3 A água é um composto porque contém átomos de dois diferentes elementos (hidrogênio e oxigênio).

2.4 K é um doador de elétron; quando ionizado, se torna um cátion K^+, porque, com a perda de um elétron da quarta órbita de valência, deixa a terceira órbita com oito elétrons.

2.5 Uma ligação iônica inclui a *perda* e o *ganho* de elétrons; uma ligação covalente consiste no *compartilhamento* de pares de elétrons.

2.6 $CaCO_3$ é um sal, e H_2SO_4 é um ácido.

2.7 Um pH de 6,82 é mais ácido do que um pH de 6,91. Tanto o pH 8,41 quanto o 5,59 estão a 1,41 unidade do pH neutro (pH = 7).

2.8 Existem seis carbonos na frutose e 12 na sacarose.

2.9 Glicogênio é armazenado no fígado e nas células musculares esqueléticas.

2.10 Um ácido graxo monoinsaturado possui uma ligação dupla, carbono-carbono.

2.11 Um triglicerídeo possui três moléculas de ácidos graxos fixadas à estrutura de glicerol, e um fosfolipídeo possui duas caudas de ácidos graxos e um grupo fosfato fixado à estrutura de glicerol.

2.12 Acredita-se que os lipídeos dietéticos contribuintes para a aterosclerose sejam o colesterol e as gorduras saturadas.

2.13 Um tripeptídeo teria duas ligações peptídicas, cada uma ligada a dois aminoácidos.

2.14 O sítio ativo da enzima se combina com o substrato.

2.15 A timina está presente no DNA, mas não no RNA; a uracila está presente no RNA, mas não no DNA.

2.16 Algumas das atividades celulares que dependem da energia fornecida pelo ATP são contrações musculares, movimento dos cromossomos, transporte de substâncias pelas membranas celulares e reações de síntese.

CAPÍTULO 3

CÉLULAS

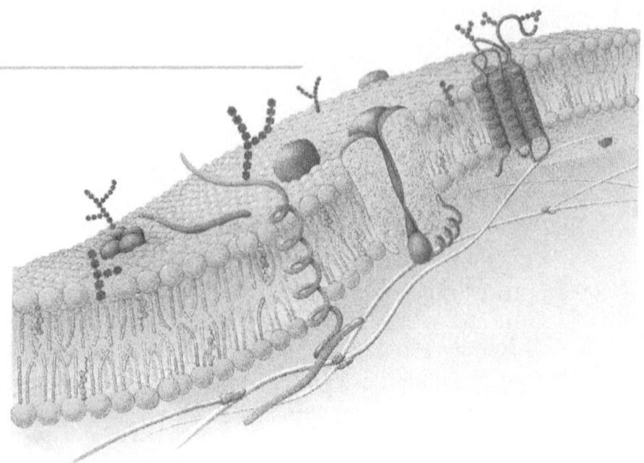

Existem aproximadamente 200 tipos diferentes de células no corpo. Cada *célula* é uma unidade de vida estrutural e funcional envolvida por uma membrana. Todas as células surgem de células já existentes, por meio do processo de *divisão celular*, em que uma célula se divide em duas novas células. No corpo, diferentes tipos de células cumprem funções exclusivas que sustentam a homeostasia e contribuem para muitas capacidades funcionais do organismo humano. *Biologia celular* é o estudo da estrutura e da função celular. À medida que estudamos as várias partes da célula e suas relações entre si, aprenderá que a estrutura e a função celulares estão intimamente relacionadas.

OLHANDO PARA TRÁS PARA AVANÇAR...

Níveis de Organização e Sistemas do Corpo (Seção 1.2)
Íons, Moléculas e Compostos (Seção 2.1)
Carboidratos (Seção 2.2)
Lipídeos (Seção 2.2)
Proteínas (Seção 2.2)
Ácido Desoxirribonucleico (DNA) e Ácido Ribonucleico (RNA) (Seção 2.2)

3.1 Visão geral da célula

OBJETIVO

- Nomear e descrever as três partes principais de uma célula.

A Figura 3.1 é uma visão geral de uma célula, mostrando seus principais componentes. Embora algumas células do corpo não possuam algumas estruturas celulares mostradas nesse diagrama, muitas células incluem a maioria desses componentes. Para facilitar o estudo, dividimos uma célula em três partes principais: membrana plasmática, citoplasma e núcleo.

1. A ***membrana plasmática*** forma a superfície externa flexível da célula, separando o ambiente interno da célula de seu ambiente externo. Regula o fluxo de materiais para dentro e para fora da célula, para manter um ambiente apropriado às atividades celulares normais. A membrana plasmática também exerce uma função essencial na comunicação entre células e entre as células e seu ambiente externo.
2. O ***citoplasma*** consiste em todos os conteúdos celulares entre a membrana plasmática e o núcleo. O citoplasma é dividido em dois componentes: citosol e organelas. ***Citosol*** é a porção líquida do citoplasma, que consiste principalmente em água mais solutos dissolvidos e partículas suspensas. Também é chamado de *fluido intracelular*. No citosol existem vários tipos diferentes de ***organelas***, cada uma das quais possui uma estrutura característica e funções específicas.
3. O ***núcleo*** é a maior organela da célula, atuando como o centro de controle para a célula, porque contém os genes que controlam a estrutura celular e a maioria das atividades celulares.

TESTE SUA COMPREENSÃO

1. **Quais são as funções gerais das três partes principais da célula?**

3.2 Membrana plasmática

OBJETIVO

- Descrever a estrutura e as funções da membrana plasmática.

A membrana plasmática é uma barreira flexível, porém, resistente que consiste principalmente em lipídeos e proteínas. O arcabouço estrutural básico da membrana plasmática é a ***bicamada lipídica***, duas camadas justapostas, formadas por três tipos de moléculas lipídicas: ***fosfolipídeos*** (lipídeos que contêm fósforo), ***colesterol*** e ***glicolipídeos*** (lipídeos ligados a carboidratos) (Fig. 3.2). As proteínas na membrana são de dois tipos: integrais e periféricas (Fig. 3.2). ***Proteínas integrais*** se estendem para dentro ou por entre a bicamada lipídica. ***Proteínas periféricas*** não estão firmemente fixadas na face externa ou interna da membrana. Algumas proteínas periféricas, chamadas ***glicoproteínas***, são proteínas ligadas a carboidratos.

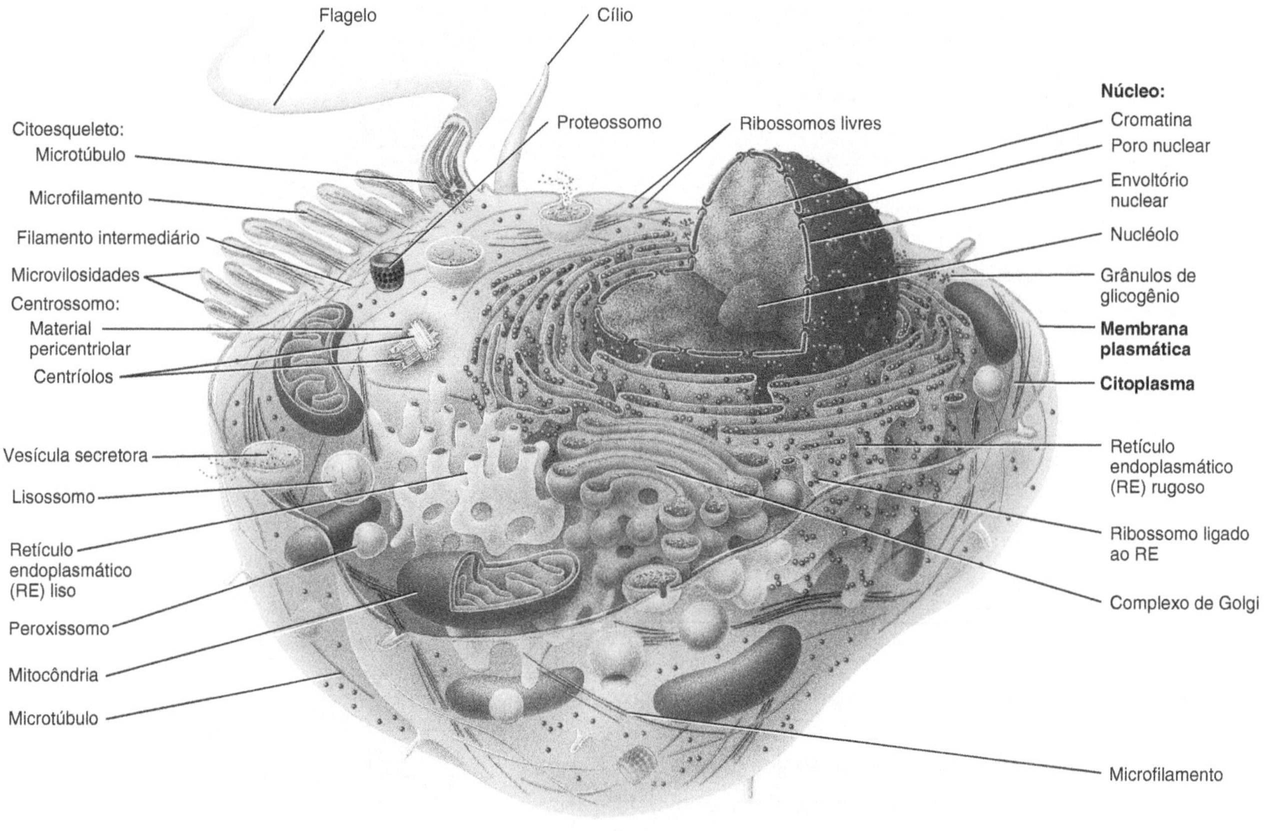

Quais são as três partes principais de uma célula?

Figura 3.1 Visão Geral de uma célula do corpo.

A célula é a unidade básica, viva, estrutural e funcional do corpo.

A membrana plasmática permite que algumas substâncias se movam para dentro e para fora da célula, mas restringe a passagem de outras. Essa propriedade das membranas é chamada ***permeabilidade seletiva***. Parte da bicamada lipídica da membrana é permeável à água e às moléculas apolares (lipossolúveis), como ácidos graxos, vitaminas lipossolúveis, esteroides, oxigênio e dióxido de carbono. A bicamada lipídica *não* é permeável aos íons e às moléculas polares não carregadas, grandes, como glicose e aminoácidos. Esses materiais hidrossolúveis de tamanho pequeno e médio conseguem atravessar a membrana com a ajuda das proteínas integrais. Algumas proteínas integrais formam ***canais iônicos***, pelos quais íons específicos como os íons potássio (K^+), se movem para dentro e para fora das células (ver Fig. 3.5). Outras proteínas da membrana atuam como ***carreadoras*** (***transportadoras***), que alteram sua forma à medida que movem uma substância de um lado da membrana para o outro (ver Fig. 3.6). As moléculas grandes, como as proteínas, são incapazes de atravessar a membrana plasmática, exceto por transporte dentro de vesículas (discutido posteriormente neste capítulo).

A maioria das funções da membrana plasmática depende dos tipos de proteínas presentes. Proteínas integrais, chamadas ***receptores***, reconhecem e se ligam a uma molécula específica que comanda alguma função celular, por exemplo, um hormônio como a insulina. Algumas proteínas integrais agem como ***enzimas***, acelerando reações químicas específicas. As glicoproteínas e os glicolipídeos de membrana frequentemente são ***marcadores de identidade celular***. Possibilitam que uma célula reconheça outras células de sua mesma espécie, durante a formação tecidual, ou reconheça e responda a células estranhas potencialmente perigosas.

TESTE SUA COMPREENSÃO

2. Que moléculas formam a membrana plasmática e quais suas funções?
3. O que se entende por permeabilidade seletiva?

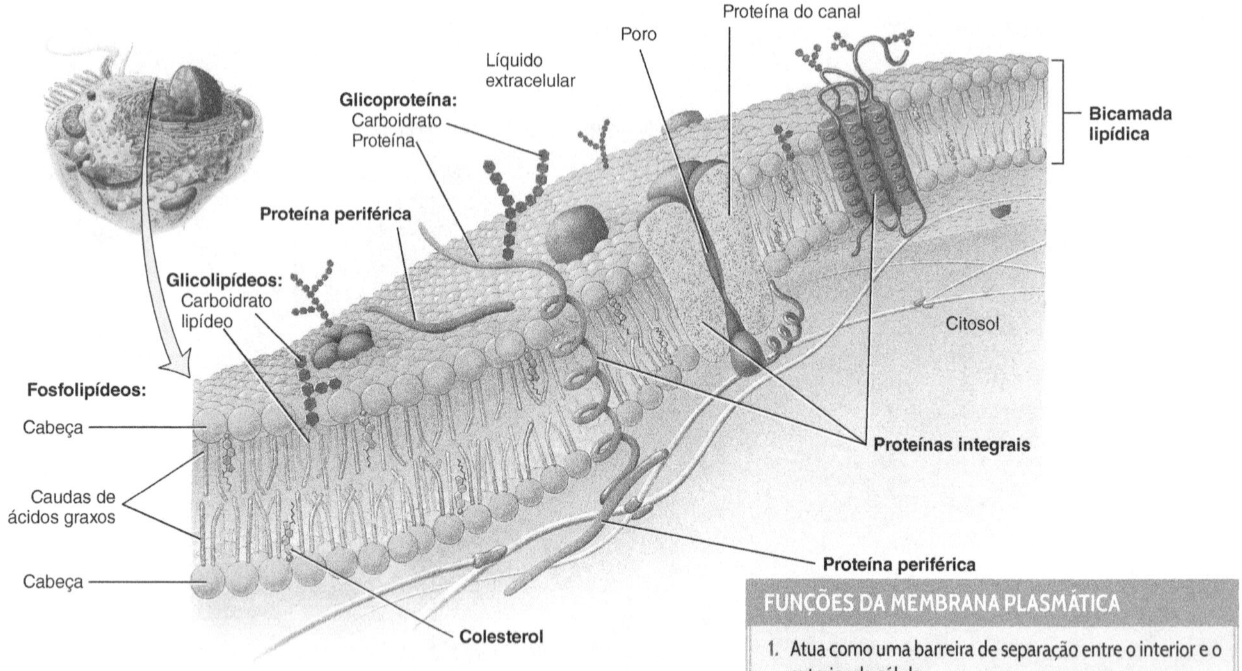

FUNÇÕES DA MEMBRANA PLASMÁTICA

1. Atua como uma barreira de separação entre o interior e o exterior da célula.
2. Controla o fluxo de substâncias dentro e fora da célula.
3. Ajuda a identificar a célula para outras células (p. ex., células imunes).
4. Participa da sinalização intracelular.

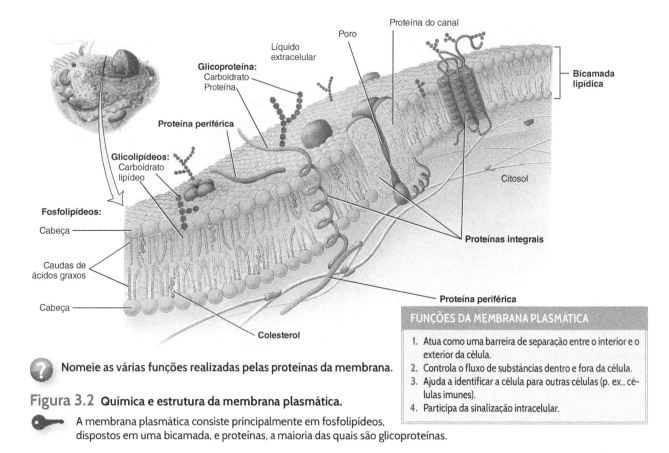

Nomeie as várias funções realizadas pelas proteínas da membrana.

Figura 3.2 **Química e estrutura da membrana plasmática.**

A membrana plasmática consiste principalmente em fosfolipídeos, dispostos em uma bicamada, e proteínas, a maioria das quais são glicoproteínas.

3.3 Transporte pela membrana plasmática

OBJETIVO

- Descrever os processos que transportam substâncias pela membrana plasmática.

O movimento de materiais pela membrana plasmática é essencial para a vida de uma célula. Determinadas substâncias devem se mover para dentro da célula para sustentar reações metabólicas. Outros materiais devem ser removidos para fora da célula, porque foram produzidos pela célula para exportação, ou são produtos residuais celulares. Antes de estudarmos como os materiais se movem para dentro e para fora de uma célula, precisamos entender o que exatamente está sendo movido, assim como a forma que precisa tomar para realizar sua jornada.

Aproximadamente dois terços do seu líquido corporal estão contidos no corpo da célula e é chamado de ***líquido intracelular*** (***LIC***). O LIC, como indicado anteriormente, é na realidade o citosol da célula. O fluido que se encontra fora da célula é chamado ***líquido extracelular*** (***LEC***). O LEC no espaço microscópico entre as células dos tecidos é o ***líquido intersticial***. O LEC nos vasos sanguíneos é chamado de ***plasma sanguíneo***, e aquele nos vasos linfáticos é chamado de ***linfa***. O LEC no encéfalo e na medula espinal e em volta deles é chamado ***líquido cerebrospinal*** (***LCS***).

Os materiais dissolvidos nos líquidos corporais incluem gases, nutrientes, íons e outras substâncias necessárias à manutenção da vida. Qualquer material dissolvido em um líquido é chamado ***soluto***, e o líquido no qual ele é dissolvido é o ***solvente***. Os líquidos corporais são soluções diluídas, nas quais uma variedade de solutos está dissolvida em um solvente muito conhecido, a água. A quantidade de um soluto em uma solução determina a sua ***concentração***. ***Gradiente de concentração*** é a diferença na concentração entre duas áreas diferentes, por exemplo, o LIC e o LEC. Diz-se que os solutos que se movem de uma área de alta concentração (em que há mais solutos) para uma área de baixa concentração (na qual há menos solutos) se movem *para baixo* ou *a favor* do gradiente de concentração. Solutos que se movem de uma área de baixa concentração para uma área de alta concentração se movem *para cima* ou *contra* o gradiente de concentração.

Substâncias se movem pelas membranas celulares por processos passivos e ativos. ***Processos passivos***, em que uma substância se move pela membrana, utilizando apenas sua própria energia de movimento (energia cinética), incluem difusão simples e osmose. Nos ***processos ativos***, a energia celular, geralmente na forma de ATP, é utilizada para "impulsionar" a substância pela membrana contra seu gradiente de concentração "ladeira acima". Outro modo pelo qual algumas substâncias podem entrar e sair das células é um processo ativo em que sacos membranáceos minúsculos, referidos como *vesículas*, são utilizados.

Processos passivos

Difusão: o princípio

A ***difusão*** é um processo passivo em que uma substância se move com o auxílio de sua energia cinética. Se uma substância específica estiver presente em alta concentração em uma área e em baixa concentração em outra, mais partículas da substância se difundem da região de alta concentração para a de baixa concentração do que na direção oposta. A difusão de mais moléculas em uma direção do que na outra é chamada difusão *efetiva*. As substâncias que sofrem difusão efetiva se movem de uma alta concentração para uma baixa concentração, ou seja, *diminuem seu gradiente de concentração*. Após algum tempo, o ***equilíbrio*** é alcançado: a substância se torna igualmente distribuída na solução, e o gradiente de concentração desaparece.

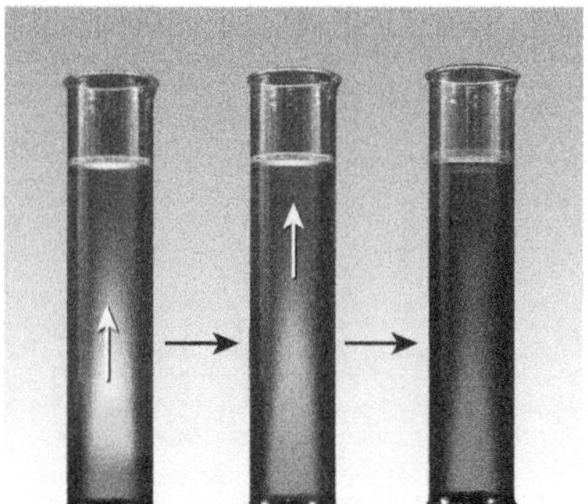

Início (a) Intermediário (b) Equilíbrio (c)

Como a difusão simples se diferencia da difusão facilitada?

Figura 3.3 Princípio da difusão. Um cristal de corante, colocado em um cilindro de água, se dissolve (a), e há difusão efetiva da região de maior concentração do corante para regiões de menor concentração (b). No equilíbrio (c), a concentração do corante é uniforme em toda a solução.

No equilíbrio, a difusão efetiva cessa, mas os movimentos aleatórios continuam.

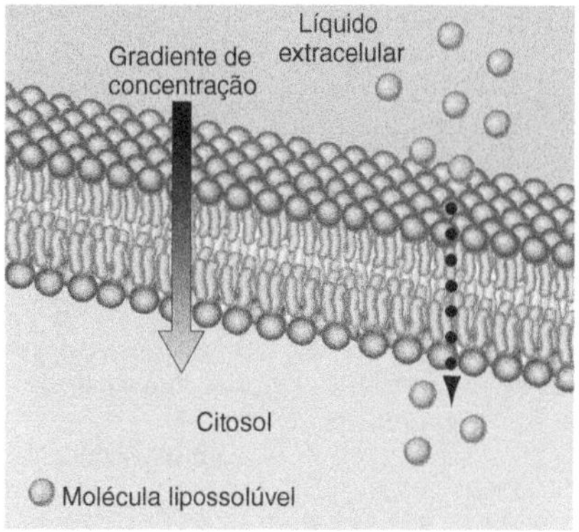

Cite alguns exemplos de substâncias que se difundem pela bicamada lipídica.

Figura 3.4 Difusão simples. As moléculas lipossolúveis se difundem pela bicamada lipídica.

Na difusão simples, existe um movimento efetivo (resultante) de substâncias de uma região com sua concentração mais alta para uma região com sua concentração mais baixa.

A colocação de um cristal de corante em um recipiente cheio de água fornece um exemplo de difusão (Fig. 3.3). No início, a cor é mais intensa apenas próximo ao cristal, porque o cristal está se dissolvendo, e a concentração do corante é maior ali. Em distâncias crescentes, a cor é cada vez mais clara, porque a concentração do corante é cada vez menor. As moléculas do corante sofrem difusão efetiva, abaixando seu gradiente de concentração, até estarem finalmente misturadas na água. Em equilíbrio, a solução apresenta uma cor uniforme. No exemplo da difusão do corante, nenhuma membrana estava envolvida. Substâncias também podem se difundir por uma membrana, se a membrana for permeável a elas.

Agora que você tem um entendimento básico da natureza da difusão, vamos considerar dois tipos de difusão: a difusão simples e a difusão facilitada.

DIFUSÃO SIMPLES. Na ***difusão simples***, substâncias se difundem pela membrana por meio da bicamada lipídica (Fig. 3.4). As substâncias lipossolúveis que atravessam as membranas por difusão simples pela bicamada lipídica incluem os gases oxigênio, dióxido de carbono e nitrogênio; ácidos graxos; esteroides; e vitaminas lipossolúveis (A, D, E e K). As moléculas polares, como água e ureia, também se movem pela bicamada lipídica. A difusão simples por meio da bicamada lipídica é importante na troca de oxigênio e dióxido de carbono entre o sangue e as células corporais e entre o sangue e o ar dentro dos pulmões, durante a respiração. Esse também é o meio de transporte para absorção de nutrientes li-

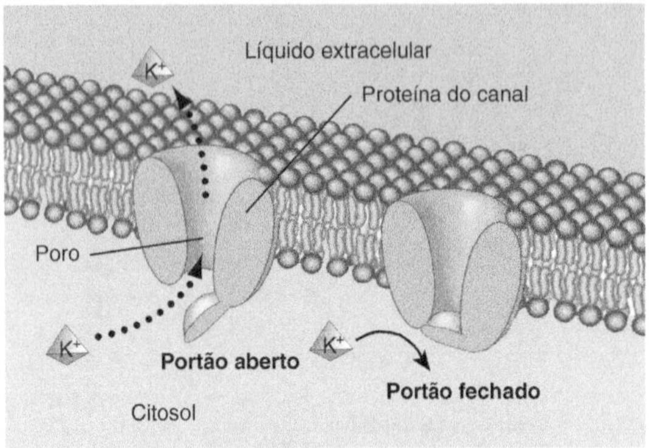

Detalhes do canal de K^+

A concentração de K^+ é mais alta no citosol das células corporais ou no líquido extracelular?

Figura 3.5 **Difusão facilitada de íons K^+ por um canal dependente de K^+.** Um canal dependente é aquele em que uma porção da proteína do canal age como um portão para abrir ou fechar o poro do canal para a passagem de íons.

Os canais iônicos são proteínas integrais de membrana que permitem a passagem de pequenos íons inorgânicos específicos pela membrana.

possolúveis e liberação de alguns resíduos das células corporais.

Difusão facilitada. Algumas substâncias que não se movem pela bicamada lipídica por difusão simples atravessam a membrana plasmática por um processo passivo chamado ***difusão facilitada***. Nesse processo, uma proteína integral de membrana auxilia uma substância específica a se mover pela membrana. A proteína de membrana é tanto um canal da membrana quanto um transportador.

Na difusão facilitada com participação dos *canais iônicos*, os íons diminuem seus gradientes de concentração pela bicamada lipídica. A maioria dos canais de membrana são canais iônicos, que permitem a um tipo específico de íon atravessar a membrana pelo poro do canal. Em membranas plasmáticas típicas, os canais iônicos mais comuns são seletivos para íons potássio (K^+) ou íons cloro (Cl^-); poucos canais estão disponíveis para íons sódio (Na^+) ou íons cálcio (Ca^{2+}). Muitos canais iônicos são dependentes; isto é, uma parte da proteína de canal age como um "portão", se movendo em uma direção para abrir o poro e em outra direção para fechá-lo (Fig. 3.5). Quando os portões estão abertos, os íons se difundem para dentro ou para fora da célula, diminuindo seu gradiente de concentração. Os canais dependentes são importantes para a produção de sinais elétricos pelas células corporais.

Na difusão facilitada com participação de um *transportador*, a substância se liga a um transportador específico em um dos lados da membrana e é liberada no outro lado, depois que o transportador sofre uma mudança em sua forma.

As substâncias que atravessam as membranas plasmáticas por difusão facilitada com ajuda dos transportadores incluem glicose, frutose, galactose e algumas vitaminas. A glicose entra em muitas células corporais por difusão facilitada, como a seguir (Fig. 3.6):

1. A glicose se liga a uma proteína transportadora de glicose na face externa da membrana.
2. Quando a proteína transportadora sofre uma mudança em sua forma, a glicose atravessa a membrana.
3. O transportador libera a glicose no outro lado da membrana.

A permeabilidade seletiva da membrana plasmática frequentemente é regulada para alcançar a homeostasia. Por exemplo, o hormônio insulina promove a inserção de mais transportadores de glicose nas membranas plasmáticas de determinadas células. Assim, o efeito da insulina é aumentar a entrada de glicose nas células corporais por meio de difusão facilitada.

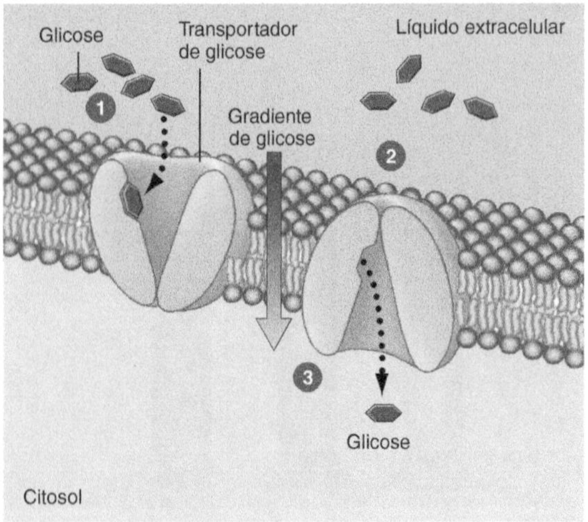

Como a insulina altera o transporte de glicose por difusão facilitada?

Figura 3.6 **Difusão facilitada da glicose por uma membrana usando um transportador.** A proteína transportadora se liga à glicose no líquido extracelular e a libera no citosol.

A difusão facilitada por uma membrana com a participação de um transportador é um mecanismo importante para o transporte de açúcares, como glicose, frutose e galactose para dentro das células.

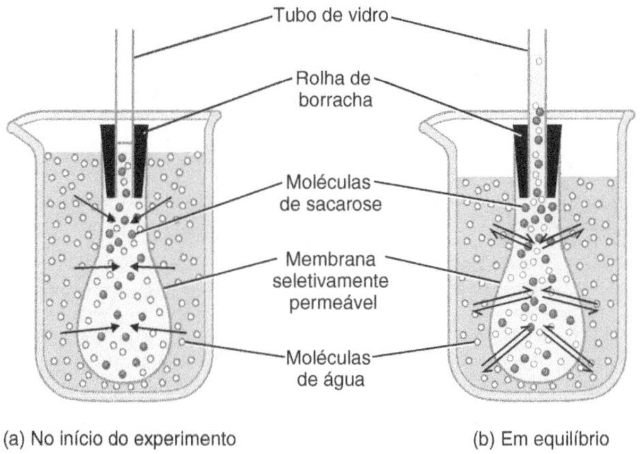

O nível de líquido no tubo continuará a subir até que as concentrações de sacarose sejam as mesmas no tubo e no saco?

Figura 3.7 **Princípio da osmose.**

Osmose é o movimento efetivo das moléculas de água por uma membrana seletivamente permeável.

Osmose

Osmose é um processo passivo em que há um movimento efetivo de água por uma membrana seletivamente permeável. A água se move, por osmose, de uma área de *maior concentração de água* para uma área de *menor concentração de água* (ou de uma área de *menor concentração de soluto* para uma área de *maior concentração de soluto*). Moléculas de água atravessam as membranas plasmáticas em dois locais: pela bicamada lipídica e pelas proteínas integrais de membrana que funcionam como canais hídricos.

O dispositivo na Figura 3.7 demonstra a osmose.

1. Um saco de celofane, uma membrana seletivamente permeável que permite a passagem de água, mas não de sacarose (açúcar), é preenchido com uma solução de 20% de sacarose e 80% de água. A parte superior do saco de celofane é firmemente fechada com uma rolha, pela qual um tubo de vidro é ajustado.
2. O saco é colocado em um copázio contendo água pura (100%) (Fig. 3.7a). Observe que o celofane agora separa dois líquidos contendo diferentes concentrações de água.
3. A água começa a se mover, por osmose, da região na qual sua concentração é mais alta (100% de água no copázio), através do celofane, para onde sua concentração é mais baixa (80% de água dentro do saco). No entanto, como o celofane não é permeável à sacarose, todas as moléculas de sacarose permanecem no interior do saco.
4. À medida que a água se move para dentro do saco, o volume da solução de sacarose aumenta, e o líquido sobe dentro do tubo de vidro (Fig. 3.7b). Quando o líquido sobe no tubo, a pressão da água força algumas moléculas de água do saco a voltarem para o copázio. Em equilíbrio, muitas moléculas de água estão se movendo tanto para o copázio, em virtude da pressão da água, como para dentro do saco, em função da osmose.

Uma solução contendo partículas de solutos que não conseguem atravessar uma membrana exerce pressão sobre essa membrana, chamada ***pressão osmótica***. A pressão osmótica de uma solução depende da concentração das partículas do seu soluto – quanto maior a concentração do soluto, maior é a pressão osmótica da solução. Como a pressão osmótica do citosol e do líquido intersticial é a mesma, o volume da célula permanece constante. Células não encolhem em razão da perda de água por osmose, nem incham em função do ganho de água por osmose.

Qualquer solução na qual as células mantêm sua forma e volume normais é chamada ***solução isotônica***. Esta é uma solução em que as concentrações de solutos são as *mesmas*, em ambos os lados. Por exemplo, uma solução de NaCl (cloreto de sódio ou sal de cozinha) a 0,9%, chamada *solução salina normal*, é isotônica para os eritrócitos. Quando os eritrócitos são banhados em uma solução de NaCl a 0,9%, as moléculas de água entram e saem das células a uma mesma taxa, permitindo que os eritrócitos mantenham sua forma e seu volume normais (Fig. 3.8a).

Se os eritrócitos forem colocados em uma ***solução hipotônica***, uma solução que tem uma *menor* concentração de solutos (maior concentração de água) do que o citosol dentro dos eritrócitos (Fig. 3.8b), as moléculas de água entrarão nos eritrócitos por osmose mais rapidamente do que sairão deles. Essa situação faz com que os eritrócitos inchem e, finalmente, se rompam. A ruptura dos eritrócitos é chamada ***hemólise***.

Uma ***solução hipertônica*** tem uma *maior* concentração de solutos (menor concentração de água) do que o citosol dos eritrócitos (Fig. 3.8c).

Quando os eritrócitos são colocados em uma solução hipertônica, as moléculas de água se movem para fora deles, por osmose, mais rapidamente do que entram, fazendo-os encolher. Esse encolhimento dos eritrócitos é chamado ***crenação***.

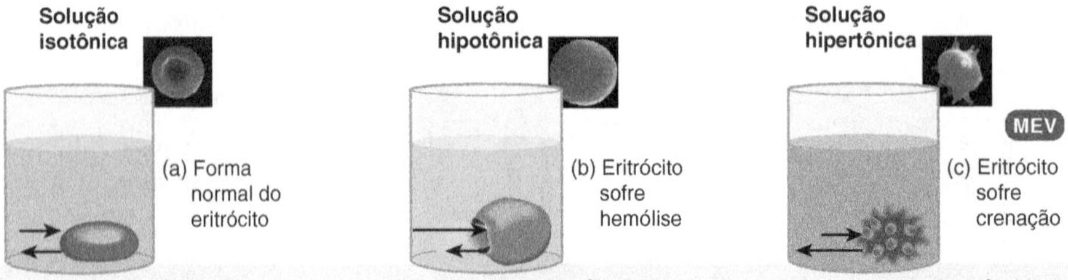

PERGUNTA	ISOTÔNICA	HIPOTÔNICA	HIPERTÔNICA
A membrana é permeável à água?	Sim	Sim	Sim
Onde a concentração do soluto é mais alta?	Igual em ambos os lados da célula	Dentro da célula	Fora da célula
Onde a concentração do soluto é mais baixa?	Igual em ambos os lados da célula	Fora da célula	Dentro da célula
Onde a concentração de água é mais alta?	Igual em ambos os lados da célula	Fora da célula	Dentro da célula
Onde a concentração de água é mais baixa?	Igual em ambos os lados da célula	Dentro da célula	Fora da célula
Qual a direção em que haverá movimento da água?	Nenhum	Para fora da célula	Para dentro da célula
O que acontece com o tamanho da célula?	Permanece o mesmo	Tumefação (a célula pode romper)	Crenação

Uma solução de NaCl a 2% provoca hemólise ou crenação dos eritrócitos?

Figura 3.8 **Princípio da osmose aplicado aos eritrócitos.** As setas indicam a direção e o grau do movimento da água para dentro e para fora das células. Microscópios eletrônicos de varredura ampliam até 15.000X.

Uma solução isotônica é aquela na qual as células mantêm sua forma e volume normais.

CORRELAÇÕES CLÍNICAS | Uso Clinico de soluções isotônicas, hipertônicas e hipotônicas

Os eritrócitos e outras células do corpo podem ser danificadas ou destruídas se forem expostas a soluções hipertônicas ou hipotônicas. Por essa razão, muitas *soluções intravenosas (IV)*, líquidos infundidos no sangue de uma veia, são **soluções isotônicas**. Exemplos são solução salina isotônica (NaCl a 0,9%) e D5W, dextrose a 5% em água. Algumas vezes, a infusão de **soluções hipertônicas** é útil no tratamento de pacientes com *edema cerebral*, excesso de líquido intersticial no encéfalo. A infusão de tais soluções alivia a sobrecarga líquida, provocando a osmose da água do líquido intersticial para o sangue. Os rins excretam na urina o excesso de água do sangue. As **soluções hipotônicas**, administradas por via oral ou IV, são usadas para tratar pessoas desidratadas. A água na solução hipotônica se move do sangue para o líquido intersticial e, em seguida, para dentro das células do corpo, para reidratá-las. A água e a maioria das bebidas esportivas que você consome para "reidratação" após um exercício são hipotônicas em relação às suas células corporais. •

Processos ativos

Transporte ativo

Transporte ativo é um processo no qual a energia celular é utilizada para transportar substâncias pela membrana, contra um gradiente de concentração (de uma área de baixa concentração para uma área de alta concentração).

A energia derivada da quebra do ATP muda a forma de uma proteína transportadora, chamada ***bomba***, que move uma substância por uma membrana celular, contra o seu gradiente de concentração. Uma célula corporal típica gasta aproximadamente 40% do seu ATP no transporte ativo. Fármacos que cessam a produção de ATP, como o veneno cianeto, são letais, porque paralisam o transporte ativo nas células em todo o corpo. As substâncias transportadas pela membrana plasmática por transporte ativo são principalmente íons, especialmente Na^+, K^+, H^+, Ca^{2+}, I^-, e Cl^-.

A bomba de transporte ativo mais importante promove o efluxo de íons sódio (Na^+) e o influxo de íons potássio (K^+) das células. A proteína da bomba também

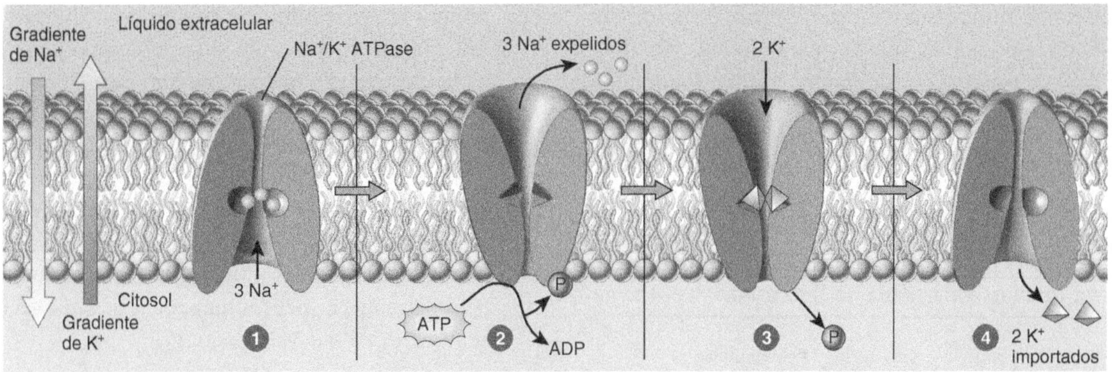

1. 3 íons de sódio (Na^+) do citosol se ligam à face interna da bomba de sódio-potássio
2. A ligação do Na^+ desencadeia a ligação do ATP à bomba e sua clivagem em ADP e P (fosfato). A energia a partir da clivagem do ATP faz a proteína mudar sua forma, o que move o Na^+ para o exterior
3. 2 íons potássio (K^+) se ligam à face externa da bomba e provocam a liberação do P
4. A liberação do P provoca o retorno da bomba à sua forma original, o que move o K^+ para dentro da célula

Qual a função do ATP na operação dessa bomba?

Figura 3.9 **Operação da bomba de sódio-potássio.** Os íons sódio (Na^+) são expelidos da célula, e os íons potássio (K^+) são transportados para dentro da célula. A bomba não funciona a menos que Na^+ e ATP estejam presentes no citosol e K^+ esteja presente no líquido extracelular.

A bomba de sódio-potássio mantém uma baixa concentração intracelular de Na^+.

atua como uma enzima para clivar ATP. Como os íons se movimentam, essa bomba é chamada ***bomba de sódio-potássio*** (***Na^+–K^+***). Todas as células possuem milhares de bombas de sódio-potássio em suas membranas plasmáticas. Essas bombas mantêm uma baixa concentração de íons sódio no citosol, por bombeamento de Na^+ para o LEC, contra o gradiente de concentração de Na^+. Ao mesmo tempo, a bomba move íons potássio para dentro das células, contra o gradiente de concentração de K^+. Como Na^+ e K^+ vazam lentamente de volta pela membrana plasmática, diminuindo seus gradientes de concentração, as bombas de sódio-potássio precisam operar continuamente para manter uma baixa concentração de Na^+ e uma alta concentração de K^+ no citosol. Essas diferenças de concentração são cruciais para o equilíbrio osmótico dos dois líquidos e também para a capacidade de algumas células gerarem sinais elétricos, como os potenciais de ação.

A Figura 3.9 mostra como a bomba de sódio-potássio opera.

1. No citosol, três íons sódio (Na^+) se ligam à proteína da bomba.
2. A ligação do Na^+ desencadeia a clivagem de ATP em ADP mais um grupo fosfato (P), que também se liga à proteína da bomba. Essa reação química altera a forma da proteína da bomba, expelindo os três Na^+ no LEC. A forma alterada da proteína da bomba favorece, então, a ligação de dois íons potássio (K^+), que estão no LEC, à proteína da bomba.
3. A ligação do K^+ provoca a liberação do grupo fosfato pela bomba, o que a faz retornar à sua forma original.
4. Quando a bomba retorna à sua forma original, libera os dois K^+ no citosol. Nesse ponto, a bomba está novamente pronta para se ligar ao Na^+, e o ciclo se repete.

Transporte nas vesículas

Uma ***vesícula*** é um pequeno saco redondo formado pelo brotamento de uma membrana existente. As vesículas transportam substâncias de uma estrutura para outra dentro das células, captam substâncias do líquido extracelular e liberam substâncias no líquido extracelular. O movimento das vesículas requer energia fornecida pelo ATP e, consequentemente, é um processo ativo. Os dois principais tipos de transporte por vesículas entre uma célula e o líquido extracelular que a rodeia são (1) ***endocitose***, na qual materiais se movem para o *interior* de uma célula em uma vesícula formada a partir da membrana plasmática, e (2) ***exocitose***, em que os materiais se movem para o *exterior* de uma célula pela fusão de uma vesícula formada dentro de uma célula com a membrana plasmática.

ENDOCITOSE. Substâncias introduzidas na célula por endocitose são circundadas por uma porção da membrana plasmática, que brota para dentro da célula para formar uma vesícula contendo as substâncias ingeridas. Os dois tipos de endocitose que consideraremos são a fagocitose e a pinocitose.

1. **Fagocitose.** Na ***fagocitose***, ou "ingestão e digestão celulares", partículas sólidas grandes, como bactérias inteiras, vírus, células senis ou mortas são ingeridas pela célula (Fig. 3.10). A fagocitose começa quando a partícula se liga a um receptor na membrana plasmática, fazendo com que a célula estenda as projeções de sua membrana plasmática e citoplasma, chamadas ***pseudópodes***. Dois ou mais pseudópodes englobam a partícula, e porções de sua membrana se fundem para formar uma vesícula, chamada *fagossomo*, que entra no citoplasma. O fagossomo se funde com um ou mais lisossomos, e as enzimas lisossômicas degradam o material ingerido. Na maioria dos casos, qualquer material não ingerido permanece indefinidamente em uma vesícula, sendo chamado *corpo residual*.

   A fagocitose ocorre apenas nos ***fagócitos***, células que são especializadas em engolfar e destruir bactérias e outras substâncias estranhas. Fagócitos incluem determinados tipos de leucócitos e macrófagos presentes na maioria dos tecidos corporais. O processo de fagocitose é um mecanismo de defesa vital que ajuda a proteger o corpo contra as doenças.

2. **Pinocitose.** Na ***pinocitose***, "ingestão de líquido pela célula", as células captam gotas minúsculas de líquido extracelular. O processo ocorre na maioria das células corporais e capta todos e quaisquer solutos dissolvidos no líquido extracelular. Durante a pinocitose, a membrana plasmática se dobra para dentro e forma uma vesícula contendo uma gota minúscula de líquido extracelular. A vesícula se separa, "desprende-se" da membrana plasmática e entra no citosol. Dentro da célula, a vesícula se funde com um lisossomo, no qual as enzimas degradam os solutos engolfados. As moléculas menores resultantes, como aminoácidos e ácidos graxos, deixam o lisossomo para serem utilizadas em outro local da célula.

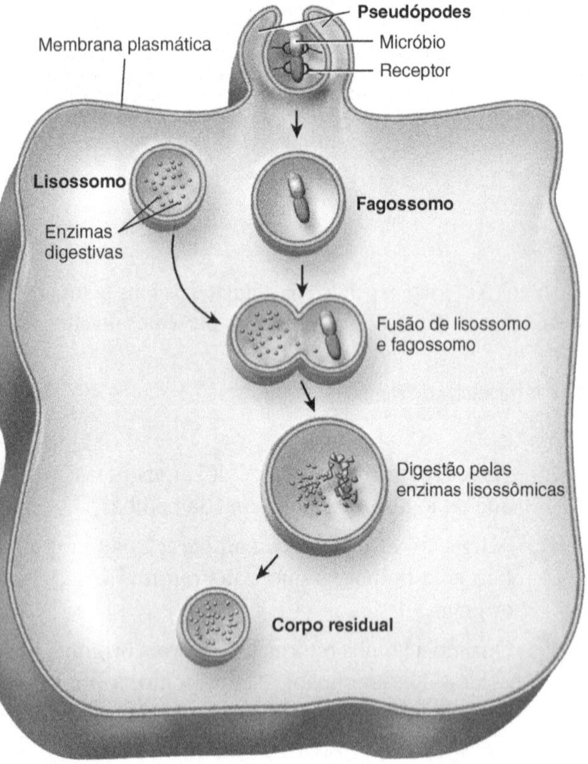

(a) Diagrama do processo

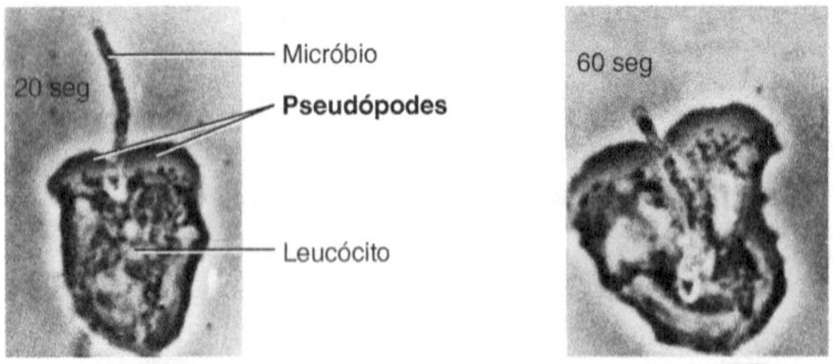

(b) Leucócito engolfa o micróbio

(c) Leucócito destrói o micróbio

O que desencadeia a formação do pseudópode?

Figura 3.10 Fagocitose.

A fagocitose é um mecanismo de defesa vital que ajuda a proteger o corpo contra doenças.

Exocitose. Em contraste com a endocitose, que traz materiais para dentro de uma célula, a exocitose resulta em *secreção*, liberação de materiais de uma célula. Todas as células realizam exocitose, mas é especialmente importante em dois tipos de células: (1) células secretoras que liberam enzimas digestivas, hormônios, muco ou outras secreções; e (2) células nervosas que liberam substâncias chamadas *neurotransmissores* via exocitose (ver Fig. 9.7). Durante a exocitose, vesículas revestidas por membrana, chamadas *vesículas secretoras*, se formam dentro da célula, se fundem com a membrana plasmática e liberam seu conteúdo no líquido extracelular.

Segmentos de membrana plasmática perdidos durante a endocitose são recuperados ou reciclados pela exocitose. O equilíbrio entre endocitose e exocitose mantém a área de superfície da membrana plasmática celular relativamente constante.

A Tabela 3.1 resume os processos pelos quais os materiais se movem para dentro e para fora das células.

TABELA 3.1

Transporte de materiais para dentro e para fora das células

PROCESSO DE TRANSPORTE	DESCRIÇÃO	SUBSTÂNCIAS TRANSPORTADAS
Processos passivos	Movimento de substâncias que diminui o gradiente de concentração até que o equilíbrio seja alcançado; não requer energia celular na forma de ATP	
Difusão	Movimento de uma substância por energia cinética que diminui o gradiente de concentração até que o equilíbrio seja alcançado	
Difusão simples	Movimento passivo de uma substância pela bicamada lipídica da membrana plasmática	Moléculas lipossolúveis: gases oxigênio, dióxido de carbono e nitrogênio; ácidos graxos, esteroides e vitaminas lipossolúveis (A, D, E, K). Moléculas polares: água e ureia
Difusão facilitada	Movimento passivo de uma substância que diminui seu gradiente de concentração auxiliada pelos canais iônicos e/ou transportadores	K^+, Cl^-, Na^+, Ca^{2+}, glicose, frutose, galactose e algumas vitaminas
Osmose	Movimento de moléculas de água pela membrana seletivamente permeável, de uma área de maior concentração de água para uma área de menor concentração de água	Água
Processos ativos	Movimento de substâncias contra um gradiente de concentração; requer energia celular na forma de ATP	
Transporte ativo	Transporte em que a célula gasta energia para mover uma substância pela membrana, contra seu gradiente de concentração, auxiliado por proteínas de membrana que agem como bombas; essas proteínas integrais de membrana usam energia fornecida pelo ATP	Na^+, K^+, Ca^{2+}, H^+, I^-, Cl^- e outros íons
Transporte nas Vesículas	Movimento de substâncias para dentro ou para fora de uma célula nas vesículas que brotam da membrana plasmática; requer energia fornecida pelo ATP	
Endocitose	Movimento de substâncias para dentro de uma célula nas vesículas	
Fagocitose	"Ingestão e digestão celulares"; movimento de uma partícula sólida para dentro de uma célula após ser engolfada pelos pseudópodes	Bactérias, vírus e células senis ou mortas
Pinocitose	"Ingestão de líquido pela célula"; movimento de líquido extracelular para dentro de uma célula por invaginação da membrana plasmática	Solutos no líquido extracelular
Exocitose	Movimento de substâncias para fora de uma célula nas vesículas secretoras que se fundem com a membrana plasmática e liberam seu conteúdo no líquido extracelular	Neurotransmissores, hormônios e enzimas digestivas

TESTE SUA COMPREENSÃO

4. Qual é a diferença essencial entre os processos passivos e ativos?
5. Como são comparadas as difusões simples e facilitada?
6. Quais são as semelhanças e as diferenças entre a endocitose e a exocitose?

3.4 Citoplasma

OBJETIVO

- Descrever a estrutura e as funções do citoplasma, citosol e organelas.

O ***citoplasma*** consiste em todo o conteúdo celular entre a membrana plasmática e o núcleo e inclui o citosol e as organelas.

Citosol

O ***citosol*** (*líquido intracelular*) é a porção líquida do citoplasma que circunda as organelas e corresponde a aproximadamente 55% do volume celular total. Embora o citosol varie em sua composição e consistência de uma parte da célula para outra, normalmente é 75% a 90% de água mais diversos solutos dissolvidos e partículas suspensas. Entre esses, encontram-se vários íons, glicose, aminoácidos, ácidos graxos, proteínas, lipídeos, ATP e produtos residuais. Algumas células também contêm *gotículas lipídicas*, que contêm triglicerídeos, e *grânulos de glicogênio*, aglomerados de moléculas de glicogênio (ver Fig. 3.1). O citosol é o local de muitas das reações químicas que mantêm as estruturas celulares e permitem o crescimento celular.

Estendendo-se por todo o citosol, o ***citoesqueleto*** é uma rede de três diferentes tipos de filamentos proteicos: microfilamentos, filamentos intermediários e microtúbulos.

Os elementos mais finos do citoesqueleto são os ***microfilamentos***, concentrados na periferia da célula e contribuem para a força e forma da célula (Fig. 3.11a). Microfilamentos possuem duas funções gerais: fornecer suporte mecânico e ajudar a gerar movimentos. Além disso, ancoram o citoesqueleto às proteínas integrais da membrana plasmática e fornecem suporte para as projeções digitiformes microscópicas da membrana plasmática chamadas ***microvilosidades***. Como aumentam muito a área de superfície da célula, as microvilosidades são abundantes nas células que participam da absorção, como as células que revestem o intestino delgado. Alguns microfilamentos se estendem além da membrana plasmática e ajudam as células a se ligarem umas às outras ou a materiais extracelulares.

Em relação ao movimento, os microfilamentos participam da contração muscular, divisão celular e locomoção celular. Os movimentos assistidos pelos microfilamentos incluem migração de células embrionárias durante o desenvolvimento, invasão de tecidos pelos leucócitos para combater infecções e migração de células da pele durante a cicatrização de ferimentos.

Como seu nome sugere, os ***filamentos intermediários*** são mais espessos do que os microfilamentos, porém, mais finos do que os microtúbulos (Fig. 3.11b). São encontrados em partes das células sujeitas a estresse (como o alongamento), ajudam a manter organelas como o núcleo no lugar e ajudam a fixar as células umas às outras.

Os maiores componentes do citoesqueleto, os ***microtúbulos***, são tubos ocos longos (Fig. 3.11c). Os microtúbulos ajudam a determinar a forma da célula e funcionam tanto no movimento de organelas, como as vesículas secretoras no interior de uma célula, quanto na migração dos cromossomos durante a divisão celular. Além disso, são responsáveis pelos movimentos dos cílios e flagelos.

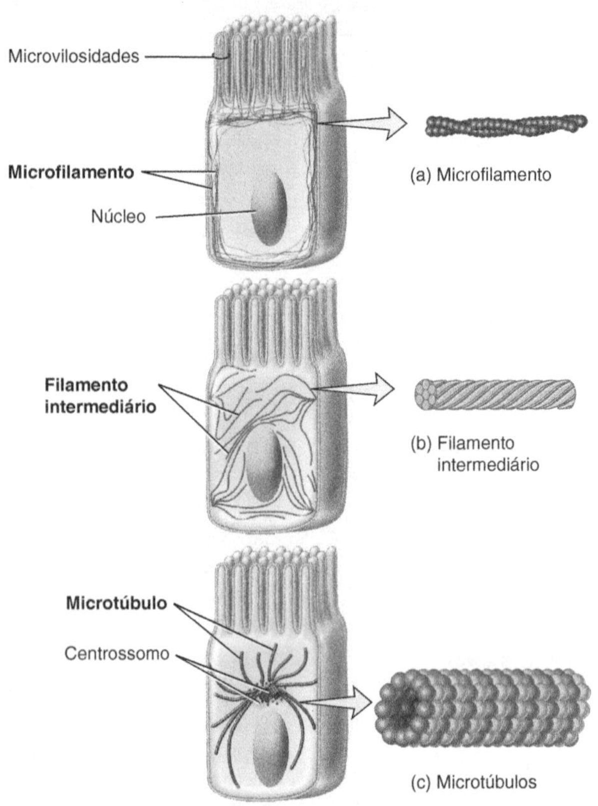

FUNÇÕES DO CITOESQUELETO

1. Atua como arcabouço que ajuda a determinar a forma da célula e a organizar o conteúdo celular.
2. Auxilia o movimento de organelas dentro da célula, de cromossomos durante a divisão celular e de células inteiras, como os fagócitos.

Que componentes do citoesqueleto ajudam a formar a estrutura dos centríolos, cílios e flagelos?

Figura 3.11 Citoesqueleto.

Estendendo-se por todo o citosol, o citoesqueleto é uma rede de três tipos de filamentos proteicos: microfilamentos, filamentos intermediários e microtúbulos.

Organelas

As ***organelas*** são estruturas intracelulares especializadas que possuem formas características e funções específicas. Cada tipo de organela é um compartimento funcional no qual ocorrem processos específicos e cada um possui seu próprio conjunto exclusivo de enzimas.

Centrossomo

O ***centrossomo***, localizado próximo ao núcleo, possui dois componentes: um par de centríolos e material pericentriolar (Fig. 3.12). Os dois *centríolos* são estruturas

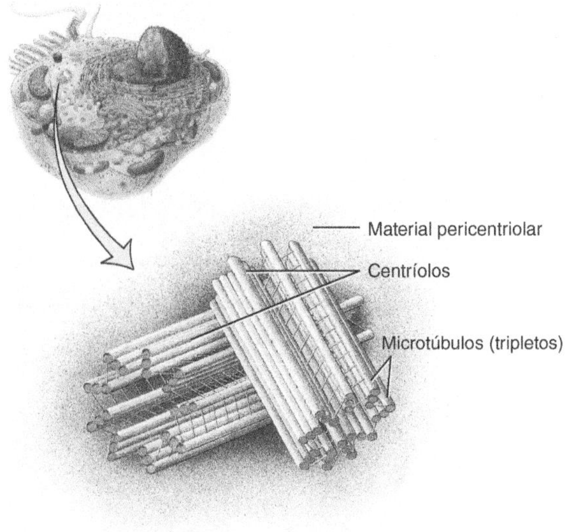

FUNÇÕES DOS CENTROSSOMOS

O material pericentriolar do centrossomo contém tubulinas que formam microtúbulos nas células que não estão dividindo e formam o fuso mitótico durante a divisão celular.

Quais são os componentes do centrossomo?

Figura 3.12 **Centrossomo.**

O material pericentriolar de um centrossomo organiza o fuso mitótico durante a divisão celular.

cilíndricas, cada uma composta por nove conjuntos de três microtúbulos (um tripleto) dispostos em um padrão circular. Em torno dos centríolos está o *material pericentriolar*, que contém centenas de proteínas anulares chamadas *tubulinas*. As tubulinas são os centros organizadores para o desenvolvimento do fuso mitótico, que exerce uma função essencial na divisão celular e na formação dos microtúbulos nas células que não estão se dividindo.

Cílios e flagelos

Os microtúbulos são os principais componentes estruturais e funcionais dos cílios e flagelos, ambos os quais são projeções móveis da superfície celular.

Cílios são numerosas projeções piliformes curtas que se estendem desde a superfície da célula (ver Fig. 3.1). No corpo humano, os cílios impulsionam os líquidos pelas superfícies das células que estão firmemente ancoradas no lugar. O movimento coordenado de muitos cílios sobre a superfície de uma célula provoca um movimento constante de líquido ao longo da superfície celular. Muitas células do trato respiratório, por exemplo, possuem centenas de cílios que ajudam a varrer partículas estranhas presas no muco para fora dos pulmões. Seu movimento é paralisado pela nicotina na fumaça do cigarro. Por essa razão, os fumantes tossem frequentemente para remover partículas estranhas de suas vias respiratórias. As células que revestem as tubas uterinas (de Falópio) também possuem cílios para varrer os oócitos/ovócitos (célula-ovo/óvulos não fertilizados) em direção ao útero.

Flagelos são semelhantes em estrutura aos cílios, mas são muito mais longos (ver Fig. 3.1). Os flagelos geralmente movem uma célula inteira. O único exemplo de um flagelo no corpo humano é a cauda do espermatozoide, que o impulsiona em direção à sua possível união com um oócito/ovócito.

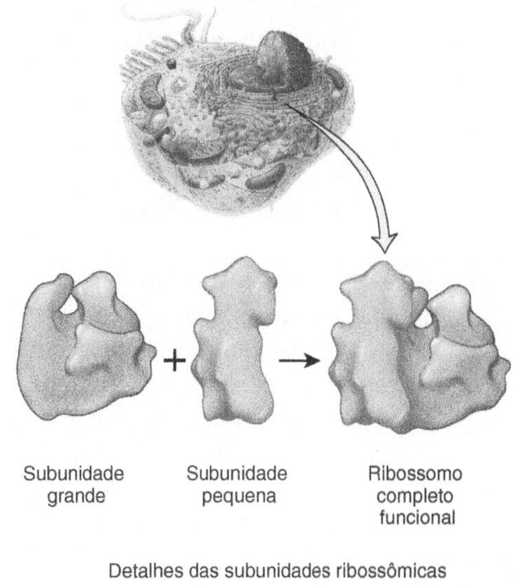

FUNÇÕES DOS RIBOSSOMOS

1. Os ribossomos associados ao retículo endoplasmático sintetizam proteínas destinadas à inserção na membrana plasmática ou à secreção a partir das células.
2. Os ribossomos livres sintetizam proteínas usadas no citosol.

Onde as subunidades ribossômicas são sintetizadas e reunidas?

Figura 3.13 **Ribossomos.**

Ribossomos, locais de síntese de proteínas, consistem em uma subunidade grande e uma subunidade pequena.

Ribossomos

Ribossomos são locais de síntese de proteínas. Os ribossomos recebem esse nome pelo seu alto conteúdo de ácido ribonucleico (RNA). Além do RNA ribossômico

(RNAr), essas organelas minúsculas contêm proteínas ribossômicas. Estruturalmente, um ribossomo consiste em duas subunidades, grande e pequena, uma com aproximadamente metade do tamanho da outra (Fig. 3.13). As subunidades grande e pequena são formadas no nucléolo do núcleo. Mais tarde, deixam o núcleo e são reunidas no citoplasma, no qual formam um ribossomo funcional.

Alguns ribossomos estão fixados na superfície externa da membrana nuclear e a uma membrana muito pregueada, chamada retículo endoplasmático. Esses ribossomos sintetizam proteínas destinadas a organelas específicas, para inserção na membrana plasmática ou para exportação da célula. Outros ribossomos são chamados ribossomos livres, porque não estão fixados a outras estruturas citoplasmáticas. Os ribossomos livres sintetizam proteínas usadas no citosol. Os ribossomos também estão localizados no interior das mitocôndrias, nas quais sintetizam as proteínas mitocondriais.

Retículo endoplasmático

Retículo endoplasmático (RE) é uma rede de membranas pregueadas na forma de sacos ou túbulos achatados (Fig. 3.14). O RE se estende por todo o citoplasma e é tão extenso que constitui mais da metade das superfícies membranáceas no interior do citoplasma da maioria das células.

As células contêm duas formas distintas de RE, que diferem em estrutura e função. O ***RE rugoso*** se estende a partir do envoltório nuclear (membrana em torno do núcleo) e tem aparência "rugosa", porque sua superfície externa é cravejada de ribossomos. As proteínas sintetizadas pelos ribossomos fixados no RE rugoso entram nos espaços internos do RE, para processamento e classificação. Essas moléculas (glicoproteínas e fosfolipídeos) podem ser incorporadas às membranas das organelas ou à membrana plasmática. Assim, o RE rugoso é uma fábrica para a síntese de proteínas secretoras e moléculas da membrana.

O ***RE liso*** se estende a partir do RE rugoso para formar uma rede de túbulos membranáceos (Fig. 3.14). Como você já deve ter concluído, o RE liso possui uma aparência "lisa" pela falta de ribossomos. O RE liso é o local de síntese dos ácidos graxos e esteroides, como os estrogênios e a testosterona. Nas células do fígado, enzimas do RE liso também ajudam a liberar glicose na corrente sanguínea e a inativar ou desintoxicar uma variedade de fármacos e substâncias potencialmente prejudiciais, incluindo álcool, pesticidas e *carcinógenos* (agentes produtores de câncer). Nas células musculares, íons cálcio necessários à contração muscular são armazenados e liberados a partir de uma forma de RE liso chamada retículo sarcoplasmático.

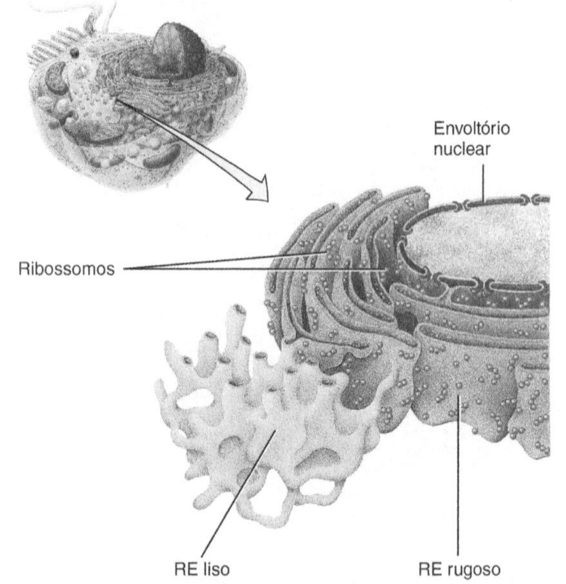

FUNÇÕES DO RETÍCULO ENDOPLASMÁTICO

1. O RE rugoso sintetiza glicoproteínas e fosfolipídeos que são transferidos para o interior das organelas celulares, inseridos na membrana plasmática ou secretados durante a exocitose.
2. O RE liso sintetiza ácidos graxos e esteroides, como estrogênios e testosterona; inativa ou desintoxica substâncias potencialmente prejudiciais; remove o grupo fosfato da glicose-6-fosfato; e armazena e libera íons cálcio, que desencadeiam a contração nas células musculares.

Como o RE rugoso e o RE liso se diferenciam estrutural e funcionalmente?

Figura 3.14 Retículo endoplasmático (RE).

O RE é uma rede de membranas pregueadas que se estende por todo o citoplasma e se conecta ao envoltório nuclear.

CORRELAÇÕES CLÍNICAS | RE liso e aumento da tolerância medicamentosa

Uma das funções do RE liso, como assinalado anteriormente, é desintoxicar* determinados medicamentos. Os indivíduos que repetidamente ingerem tais medicamentos, como o sedativo fenobarbital, desenvolvem alterações no RE liso de seus hepatócitos. A administração prolongada de fenobarbital resulta no aumento da tolerância a esse medicamento; a mesma dose não produz mais o mesmo grau de sedação. Com a exposição repetida ao medicamento, a quantidade de RE liso e de suas enzimas aumenta para proteger as células contra seus efeitos tóxicos. À medida que a quantidade de RE liso aumenta, são necessárias dosagens cada vez maiores do medicamento para alcançar o efeito original. Isso poderia resultar em um aumento da possibilidade de *overdose* e aumento da dependência de drogas. •

*N. de R.T. Desintoxicar, ou destoxificar significa diminuir ou eliminar a qualidade venosa de qualquer substância, é reduzir a virulência de qualquer organimos patogênico.

Complexo de Golgi

Após as proteínas serem sintetizadas em um ribossomo ligado ao RE rugoso, a maioria geralmente é transportada para outra região da célula. O primeiro passo nessa via de transporte é por meio de uma organela denominada ***complexo de Golgi***. Este consiste em 3 a 20 ***cisternas***, sacos membranáceos achatados com margens protuberantes, que se assemelham a uma pilha de pães sírios (Fig. 3.15).

A maioria das células possui vários complexos de Golgi. O complexo de Golgi é mais extenso nas células que secretam proteínas. A principal função do complexo de Golgi é modificar e acondicionar proteínas. As proteínas sintetizadas pelos ribossomos no RE rugoso, entram no complexo de Golgi e são modificadas para formar glicoproteínas e lipoproteínas. Em seguida, são classificadas e acondicionadas nas vesículas. Algumas das proteínas processadas são liberadas das células por exocitose. Determinadas células do pâncreas liberam o hormônio insulina dessa forma. Outras proteínas processadas se tornam parte da membrana plasmática, à medida que partes existentes da membrana são perdidas. Outras proteínas processadas ainda são incorporadas nas organelas chamadas lisossomos.

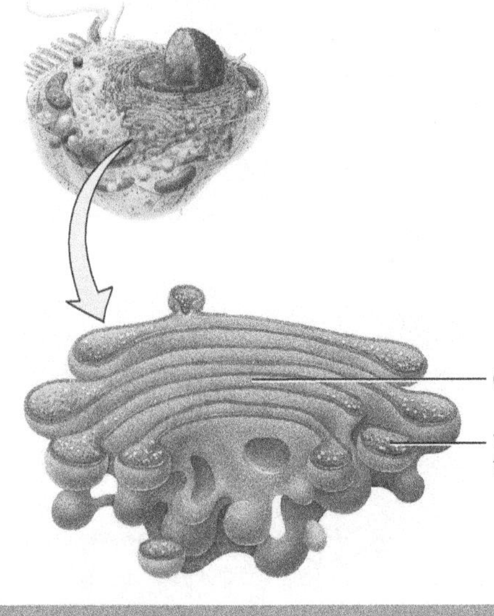

FUNÇÕES DO COMPLEXO DE GOLGI

1. Modifica, classifica, acondiciona e transporta proteínas recebidas pelo RE rugoso.
2. Forma vesículas secretoras que liberam proteínas processadas via exocitose no líquido extracelular; forma vesículas de membranas que transportam novas moléculas para a membrana plasmática; forma vesículas de transporte que conduzem moléculas para outras organelas, como os lisossomos.

Que tipos de células corporais provavelmente possuem complexos de Golgi extensos?

Figura 3.15 **Complexo de Golgi.**

A maioria das proteínas sintetizadas pelos ribossomos ligados ao RE rugoso passa pelo complexo de Golgi para processamento.

Lisossomos

Lisossomos são vesículas revestidas por membranas (ver Fig. 3.1), que podem conter até 60 enzimas digestivas diferentes; estas enzimas decompõem uma ampla variedade de moléculas, uma vez que o lisossomo se funde com vesículas formadas durante a endocitose. A membrana lisossômica contém proteínas transportadoras que permitem aos produtos finais da digestão, como monossacarídeos, ácidos graxos e aminoácidos, serem transportados para o citosol.

As enzimas lisossômicas também ajudam a reciclar as estruturas desgastadas. Um lisossomo engolfa outra organela, digerindo-a e retornando os componentes digeridos ao citosol para reutilização. Dessa forma, organelas senis são continuamente substituídas. O processo pelo qual organelas desgastadas são digeridas é chamado ***autofagia***. Durante a autofagia, a organela a ser digerida é envolvida por uma membrana derivada do RE, para criar uma vesícula que depois se funde com um lisossomo. Dessa maneira, um hepatócito humano, por exemplo, recicla aproximadamente metade do seu conteúdo a cada semana. Enzimas lisossômicas também podem destruir completamente a célula, um processo conhecido como ***autólise***. A autólise ocorre em algumas condições patológicas e também é responsável pela deterioração tecidual que ocorre logo após a morte.

CORRELAÇÕES CLÍNICAS | Doença de Tay-Sachs

Alguns distúrbios são provocados por enzimas lisossômicas ausentes ou defeituosas. Por exemplo, a **doença de Tay-Sachs**, que mais frequentemente afeta crianças de descendência asquenaze (judeus do Leste Europeu), é uma condição hereditária caracterizada pela ausência de uma única enzima lisossômica. Esta enzima normalmente decompõe um glicolipídeo da membrana chamado gangliosídeo G_{M2}, que é especialmente prevalente nos neurônios. Quando o gangliosídeo G_{M2} se acumula, porque não é decomposto, os neurônios funcionam com menos eficiência. As crianças com doença de Tay-Sachs sofrem convulsões e rigidez muscular. Gradualmente perdem a visão, apresentam significativa deterioração das funções cognitiva e intelectual e não possuem coordenação motora. Em geral estas crianças morrem antes dos 5 anos de idade. Atualmente, testes revelam se um adulto é portador desse defeito genético. •

Peroxissomos

Outro grupo de organelas semelhantes em estrutura aos lisossomos, mas menores, são chamados ***peroxissomos*** (ver Fig. 3.1). Os peroxissomos contêm diversas *oxidases*, enzimas que oxidam (removem átomos de hidrogênio) várias substâncias orgânicas. Por exemplo, os aminoácidos e os ácidos graxos são oxidados nos peroxissomos, como parte do metabolismo normal. Além disso, as enzimas nos peroxissomos também oxidam substâncias tóxicas. Portanto, os peroxissomos são muito abundantes no fígado, local em que ocorre a desintoxicação de álcool e de outras substâncias prejudiciais. Um subproduto das reações de oxidação é o peróxido de hidrogênio (H_2O_2), um composto potencialmente tóxico e associado a radicais livres, como o superóxido. Contudo, os peroxissomos também contêm uma enzima, denominada *catalase*, que decompõe o H_2O_2. Como a geração e a degradação do H_2O_2 ocorrem dentro da mesma organela, os peroxissomos protegem outras partes da célula contra os efeitos tóxicos do H_2O_2. Os peroxissomos também possuem enzimas que destroem o superóxido.

Proteossomos

Embora os lisossomos degradem as proteínas levadas até eles pelas vesículas, as proteínas no citosol também precisam ser descartadas, em certos momentos da vida de uma célula. A destruição contínua de proteínas desnecessárias, danificadas ou defeituosas é a função de minúsculas estruturas em forma de barril, chamadas ***proteossomos***. Uma célula do corpo típica contém muitos milhares de proteossomos, tanto no citosol quanto no núcleo. Os proteossomos receberam esse nome porque contêm uma miríade de *proteases*, enzimas que dividem as proteínas em pequenos peptídeos. Uma vez que as enzimas de um proteossomo dividiram uma proteína em partes menores, outras enzimas depois decompõem os peptídeos em aminoácidos, que podem ser reciclados em novas proteínas.

CORRELAÇÕES CLÍNICAS | Proteossomos e Doença

Algumas doenças resultam da incapacidade dos **proteossomos** em degradar proteínas anormais. Por exemplo, grumos de proteínas deformadas se acumulam nas células encefálicas de pessoas com **mal de Parkinson** e **doença de Alzheimer**. Descobrir por que os proteossomos não conseguem remover essas proteínas anormais é uma meta de pesquisas em andamento. •

Mitocôndrias

Como são o local de maior produção de ATP, as "usinas" de uma célula são as ***mitocôndrias***. Uma célula pode ter no mínimo até uma centena ou no máximo até vários milhares de mitocôndrias, dependendo do grau de atividade da célula. Por exemplo, células ativas como aquelas encontradas nos músculos, fígado e rins usam ATP em uma taxa elevada e possuem um grande número de mitocôndrias. Uma mitocôndria consiste em duas membranas, cada uma das quais é similar em estrutura à membrana plasmática (Fig. 3.16). A *membrana mitocondrial externa* é lisa, mas a *membrana mitocondrial interna* é disposta em uma série de pregas chamadas ***cristas*** mitocondriais. A grande cavidade central cheia de líquido de uma mitocôndria, envolvida pela membrana interna e cristas, é a ***matriz mitocondrial***. As pregas complexas das cristas proporcionam uma enorme área de superfície para uma série de reações químicas que fornecem a maior parte do ATP celular. As enzimas que catalisam essas reações estão localizadas na matriz e nas cristas. As mitocôndrias

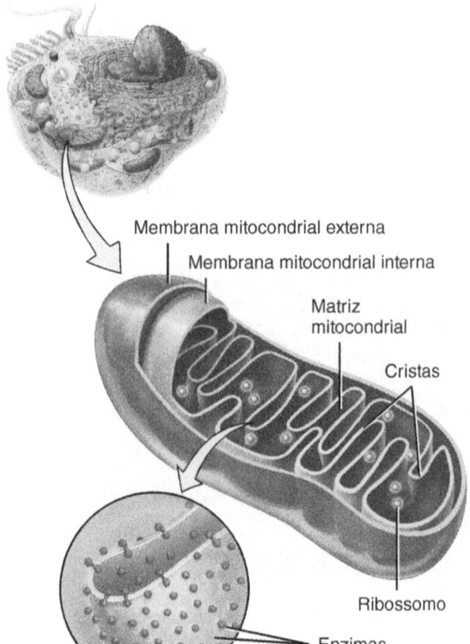

FUNÇÃO DAS MITOCÔNDRIAS

Geram ATP por meio de reações da respiração celular aeróbia.

Como as cristas de uma mitocôndria contribuem para sua função de produção de ATP?

Figura 3.16 Mitocôndria.

Nas mitocôndrias, reações químicas geram a maior parte do ATP de uma célula.

também contêm um pequeno número de genes e alguns ribossomos, permitindo que sintetizem algumas proteínas.

TESTE SUA COMPREENSÃO

7. O que o citoplasma tem que o citosol não tem?
8. O que é uma organela?
9. Descreva a estrutura e a função dos ribossomos, complexo de Golgi e mitocôndrias.

3.5 Núcleo

OBJETIVO

- Descrever a estrutura e as funções do núcleo.

O ***núcleo*** é uma estrutura esférica ou oval que em geral é a característica mais proeminente da célula (Fig. 3.17). A maioria das células do corpo possui um núcleo único, embora algumas, como os eritrócitos maduros, não tenham nenhum. Em contraste, as células musculares esqueléticas e alguns outros tipos de células possuem vários núcleos. Uma membrana dupla, chamada ***envoltório nuclear***, separa o núcleo do citoplasma. Ambas as camadas do envoltório nuclear são bicamadas lipídicas, semelhantes à membrana plasmática. A membrana externa do envoltório nuclear é contínua com o RE rugoso e se assemelha estruturalmente a ele. Muitas aberturas chamadas ***poros nucleares*** perfuram o envoltório nuclear. Os poros nucleares controlam o movimento de substâncias entre o núcleo e o citoplasma.

No interior do núcleo existem um ou mais corpos esféricos chamados ***nucléolos***. Estes aglomerados de proteínas, DNA e RNA são os locais de formação dos ribossomos, que deixam o núcleo pelos poros nucleares e participam da síntese de proteínas no citoplasma. As células que sintetizam grandes quantidades de proteínas, como as células musculares e hepáticas, possuem nucléolos proeminentes.

Além disso, no interior do núcleo estão a maioria das unidades hereditárias da célula, chamadas ***genes***, que controlam a estrutura celular e orientam a maioria das atividades celulares. Os genes nucleares são dispostos ao longo dos ***cromossomos*** (ver Fig. 3.21). As células somáticas humanas possuem 46 cromossomos, 23 herdados de cada genitor. Em uma célula que não está se dividindo, os 46 cromossomos aparecem como uma massa granular difusa, chamada ***cromatina*** (Fig. 3.17). A informação genética total contida em uma célula ou organismo é chamada ***genoma***.

As principais partes de uma célula e suas funções estão resumidas na Tabela 3.2.

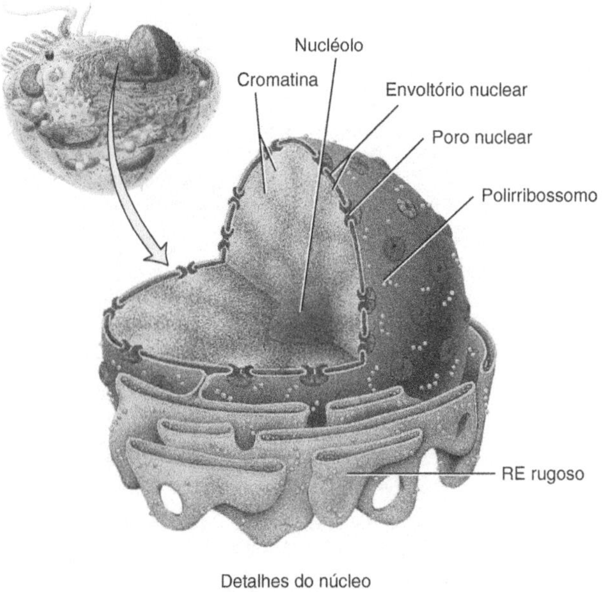

Detalhes do núcleo

FUNÇÕES DO NÚCLEO
1. Controla a estrutura celular.
2. Orienta as atividades celulares.
3. Produz ribossomos nos nucléolos.

Quais são as funções dos genes nucleares?

Figura 3.17 Núcleo.

O núcleo contém a maioria dos genes de uma célula, os quais estão localizados nos cromossomos.

CORRELAÇÕES CLÍNICAS | Genômica

Na última década do século XX, os genomas de seres humanos, camundongos, drosófilas e mais de 50 microrganismos foram sequenciados. Como resultado, a pesquisa no campo da genômica, o estudo das relações entre o genoma e as funções biológicas de um organismo prosperaram. O Projeto Genoma Humano começou, em 1990, como um esforço para sequenciar todos os quase 3,2 bilhões de nucleotídeos do nosso genoma, e foi concluído em abril de 2003. Os cientistas agora sabem que o número total de genes no genoma humano é de aproximadamente 30.000. As informações com relação ao genoma humano e como é afetado pelo ambiente buscam identificar e descobrir as funções de genes específicos que desempenham uma função importante nas doenças genéticas. A medicina genômica também planeja desenvolver novos medicamentos e fornecer testes de triagem para capacitar os médicos a oferecerem aconselhamento e tratamento mais eficaz para distúrbios com componentes genéticos significativos, como hipertensão, obesidade, diabetes e câncer. •

TABELA 3.2

Partes da célula e suas funções

PARTE	DESCRIÇÃO	FUNÇÃO(ÕES)
MEMBRANA PLASMÁTICA	Composta por uma bicamada lipídica que consiste em fosfolipídeos, colesterol e glicolipídeos com várias proteínas inseridas; circunda o citoplasma	Protege os conteúdos celulares; faz contato com outras células; armazena canais, transportadores, receptores, enzimas e marcadores de identidade celular; intermedeia a entrada e a saída de substâncias
CITOPLASMA	Conteúdos celulares entre a membrana plasmática e o núcleo, incluindo citosol e organelas	Local de todas as atividades intracelulares, exceto as que ocorrem no núcleo
Citosol	Composto por água, solutos, partículas suspensas, gotículas de lipídeos e grânulos de glicogênio	Líquido no qual ocorrem muitas das reações químicas da célula
	O citoesqueleto é uma rede no citoplasma composta por três filamentos proteicos: microfilamentos, filamentos intermediários e microtúbulos	Mantém a forma e a organização geral dos conteúdos celulares; responsável pelos movimentos celulares
Organelas	Estruturas celulares especializadas, com formas características e funções específicas	Cada organela possui uma ou mais funções específicas
Centrossomo	Centríolos pareados e material pericentriolar	Material pericentriolar é o centro de organização para microtúbulos e fuso mitótico
Cílios e flagelos	Projeções móveis da superfície da célula, com núcleo interno de microtúbulos	Cílios movem os líquidos sobre a superfície celular; um flagelo move uma célula inteira
Ribossomo	Composto por duas subunidades que contêm RNAr e proteínas; pode estar livre no citosol ou ligado ao RE rugoso	Síntese de proteínas
Retículo endoplasmático (RE)	Rede membranosa de membranas pregueadas; RE rugoso é repleto de ribossomos e está ligado à membrana nuclear; o RE liso não possui ribossomos	RE rugoso é o local de síntese de glicoproteínas e fosfolipídeos; RE liso é o local de síntese de ácidos graxos e de esteroides; RE liso também libera glicose na corrente sanguínea, inativa ou desintoxica medicamentos e substâncias potencialmente nocivas, e armazena e libera íons cálcio para a contração muscular
Complexo de Golgi	Uma pilha de 3 a 20 sacos membranosos achatados, chamados cisternas	Aceita proteínas provenientes do RE rugoso; forma glicoproteínas e lipoproteínas; armazena, empacota e exporta proteínas
Lisossomo	Vesícula formada a partir do complexo de Golgi; contém enzimas digestivas	Se funde com vesículas e digere seu conteúdo; digere organelas desgastadas (autofagia), células inteiras (autólise) e materiais extracelulares
Peroxissomo	Vesícula contendo enzimas oxidativas	Desintoxica substâncias prejudiciais, como peróxido de hidrogênio e radicais livres associados
Proteossomo	Estrutura minúscula em forma de barril que contém proteases, enzimas que decompõem as proteínas	Degrada proteínas desnecessárias, danificadas ou defeituosas, decompondo-as em peptídeos pequenos
Mitocôndria	Consiste em membranas externa e interna, cristas e matriz	Local das reações que produzem a maior parte do ATP da célula
NÚCLEO	Consiste no envoltório nuclear com poros, nucléolos e cromatina (ou cromossomos)	Contém os genes que controlam a estrutura celular e orientam a maioria das atividades celulares

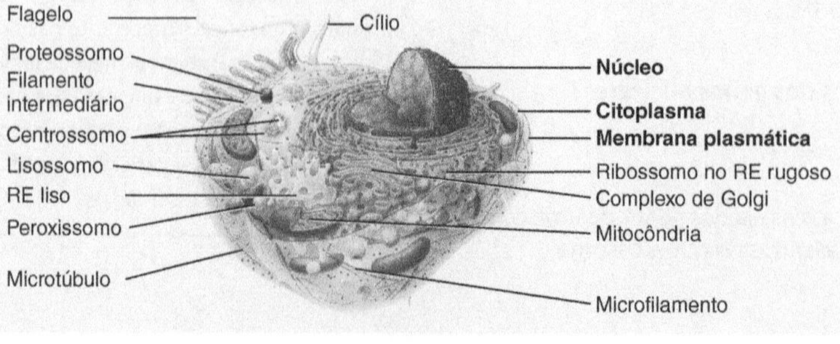

TESTE SUA COMPREENSÃO

10. Por que o núcleo é tão importante na vida de uma célula?

3.6 Ação gênica: síntese de proteína

OBJETIVO

- Delinear a sequência de eventos que participam da síntese de proteínas.

Embora as células sintetizem muitas substâncias químicas para manter a homeostasia, grande parte da maquinaria celular é dedicada à produção de proteínas. As células sintetizam constantemente um grande número de proteínas diferentes. As proteínas, por sua vez, determinam as características físicas e químicas das células e, em uma escala mais ampla, dos organismos.

O DNA contido nos genes fornece as instruções para a fabricação das proteínas. Para sintetizar uma proteína, a informação contida em uma região específica do DNA é inicialmente *transcrita* (copiada) para produzir uma molécula específica de RNA. O RNA depois se liga a um ribossomo, no qual a informação contida no RNA é *traduzida* em uma sequência específica correspondente de aminoácidos para formar uma nova molécula de proteína (Fig. 3.18).

A informação é armazenada no DNA em quatro tipos de nucleotídeos, as unidades repetidas de ácidos nucleicos (ver Fig. 2.15). Cada sequência de três nucleotídeos de DNA é transcrita como uma sequência complementar (correspondente) de três nucleotídeos de RNA. Assim, uma sequência de três nucleotídeos de DNA sucessivos é chamada ***trinca de bases***. Os três nucleotídeos de RNA sucessivos são chamados de ***códon***. Quando traduzido, um determinado códon especifica um aminoácido particular.

Transcrição

Durante a ***transcrição***, que ocorre no núcleo, a informação genética nas trincas de base do DNA é copiada para uma sequência complementar de códons em um filamento de RNA. A transcrição do DNA é catalisada pela enzima *RNA polimerase*, que deve ser instruída onde começa e termina o processo de transcrição. O segmento do DNA no qual a RNA polimerase se liga, é uma sequência especial de nucleotídeos, chamada ***promotor***, localizada próximo ao início de um gene (Fig. 3.19a). Três tipos de RNA são produzidos a partir do DNA:

- ***RNA mensageiro*** (***RNAm***) orienta a síntese de uma proteína.

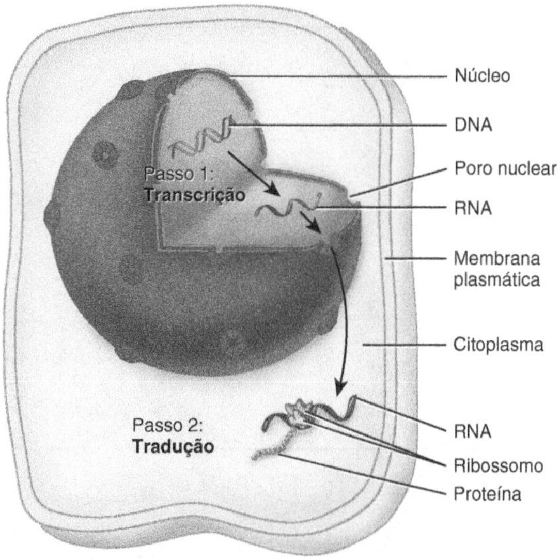

Por que as proteínas são importantes na vida de uma célula?

Figura 3.18 Visão geral da transcrição e tradução.

A transcrição ocorre no núcleo; a tradução no citoplasma.

- ***RNA ribossômico*** (***RNAr***) se une às proteínas ribossômicas para compor os ribossomos.
- ***RNA transportador*** (***RNAt***) se liga a um aminoácido e o mantém no lugar no ribossomo até que seja incorporado a uma proteína durante a tradução. Cada um dos mais de 20 tipos diferentes de RNAt se liga a apenas um dos 20 aminoácidos diferentes.

Durante a transcrição, os nucleotídeos se dispõem aos pares de uma maneira complementar: a base nitrogenada citosina (C), no DNA, dita a base nitrogenada complementar guanina (G), no novo filamento de RNA; a G no DNA, dita a C no RNA; a tiamina (T) no DNA dita a adenina (A) no RNA; e a A no DNA dita a uracila (U) no RNA. Por exemplo, se um segmento de DNA tivesse a sequência de bases ATGCAT, o recém-transcrito filamento de RNA teria a sequência de bases complementar UACGUA.

A transcrição do DNA termina em outra sequência especial de nucleotídeos do DNA, chamada ***finalizador***, que especifica o fim de um gene (ver Fig. 3.19a). Ao alcançar o finalizador, a RNA polimerase se desprende da molécula de RNA transcrita e do filamento de DNA. Uma vez sintetizados, RNAm, RNAr (nos ribossomos) e RNAt deixam o núcleo da célula, passando por um poro nuclear. No citoplasma, participam da próxima etapa da síntese de proteínas, a tradução.

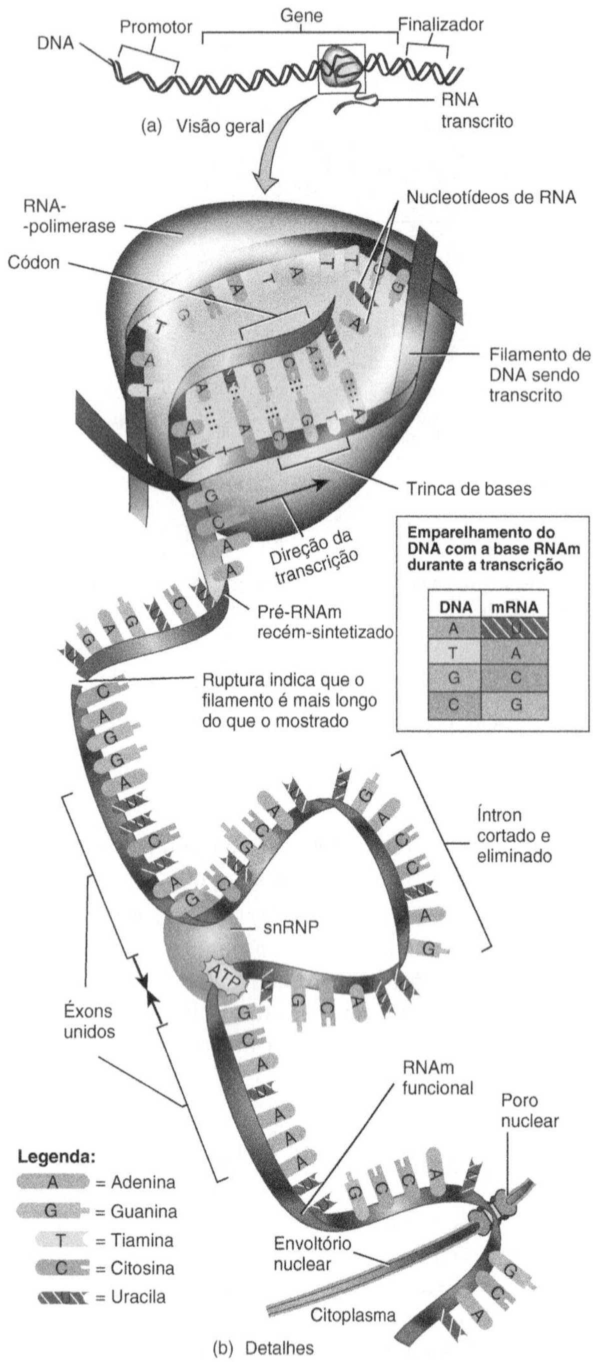

Que enzima catalisa a transcrição do DNA?

Figura 3.19 **Transcrição no núcleo.**
snRNP, ribonucleoproteínas nucleares pequenas (do inglês, small nuclear ribonucleoprotein).

Durante a transcrição, a informação genética do DNA é copiada para o RNA.

Tradução

Tradução é o processo no qual o RNAm se associa aos ribossomos e orienta a síntese de proteínas, convertendo a sequência de nucleotídeos do RNAm em uma sequência específica de aminoácidos. A tradução ocorre da seguinte maneira (Fig. 3.20):

1. Uma molécula de RNAm se liga à subunidade pequena do ribossomo, e um RNAt especial, chamado de *RNAt iniciador*, se liga ao códon iniciador (AUG) no RNAm, no qual a tradução começa.
2. A subunidade grande do ribossomo se fixa à subunidade pequena, criando um ribossomo funcional. O RNAt iniciador se encaixa em sua posição sobre o ribossomo. Uma das extremidades de um RNAt carrega um aminoácido específico, e a extremidade oposta consiste em um tripleto de nucleotídeos, chamado ***anticódon***. Por meio do pareamento entre as bases nitrogenadas complementares, o anticódon do RNAt se liga ao códon do RNAm. Por exemplo, se o códon do RNAm for AUG, então um RNAt com o anticódon UAC se ligará a ele.
3. O anticódon de outro RNAt com seu aminoácido se liga ao códon complementar do RNAm seguinte ao RNAt iniciador.
4. Uma ligação peptídica é formada entre os aminoácidos transportados pelo RNAt iniciador e pelo RNAt seguinte a ele.
5. Depois que a ligação peptídica se forma, o RNAt vazio se desprende do ribossomo, e este desloca o filamento de RNAm pela extensão de um códon. Quando o RNAt responsável pela proteína recém-formada se desloca, outro RNAt com seu aminoácido se liga ao novo códon apresentado. Os passos 3 a 5 se repetem várias vezes, à medida que a proteína se alonga.
6. A síntese da proteína termina quando o ribossomo alcança um códon finalizador, momento em que a proteína completa se desprende do último RNAt. Quando o RNAt desocupa o ribossomo, este se divide em subunidades grande e pequena.

A síntese de proteínas progride a uma velocidade de aproximadamente 15 aminoácidos por segundo. À medida que o ribossomo se move ao longo do RNAm e antes de se completar a síntese de toda a proteína, outro ribossomo pode se ligar atrás do primeiro, e começar a tradução do mesmo filamento de RNAm. Dessa maneira, vários ribossomos podem se ligar ao mesmo RNAm. Esse grupo de ribossomos é chamado ***polirribossomo***. O movimento simultâneo de vários ribossomos ao longo do mesmo filamento de RNAm permite que uma grande quantidade de proteínas seja produzida a partir de cada RNAm.

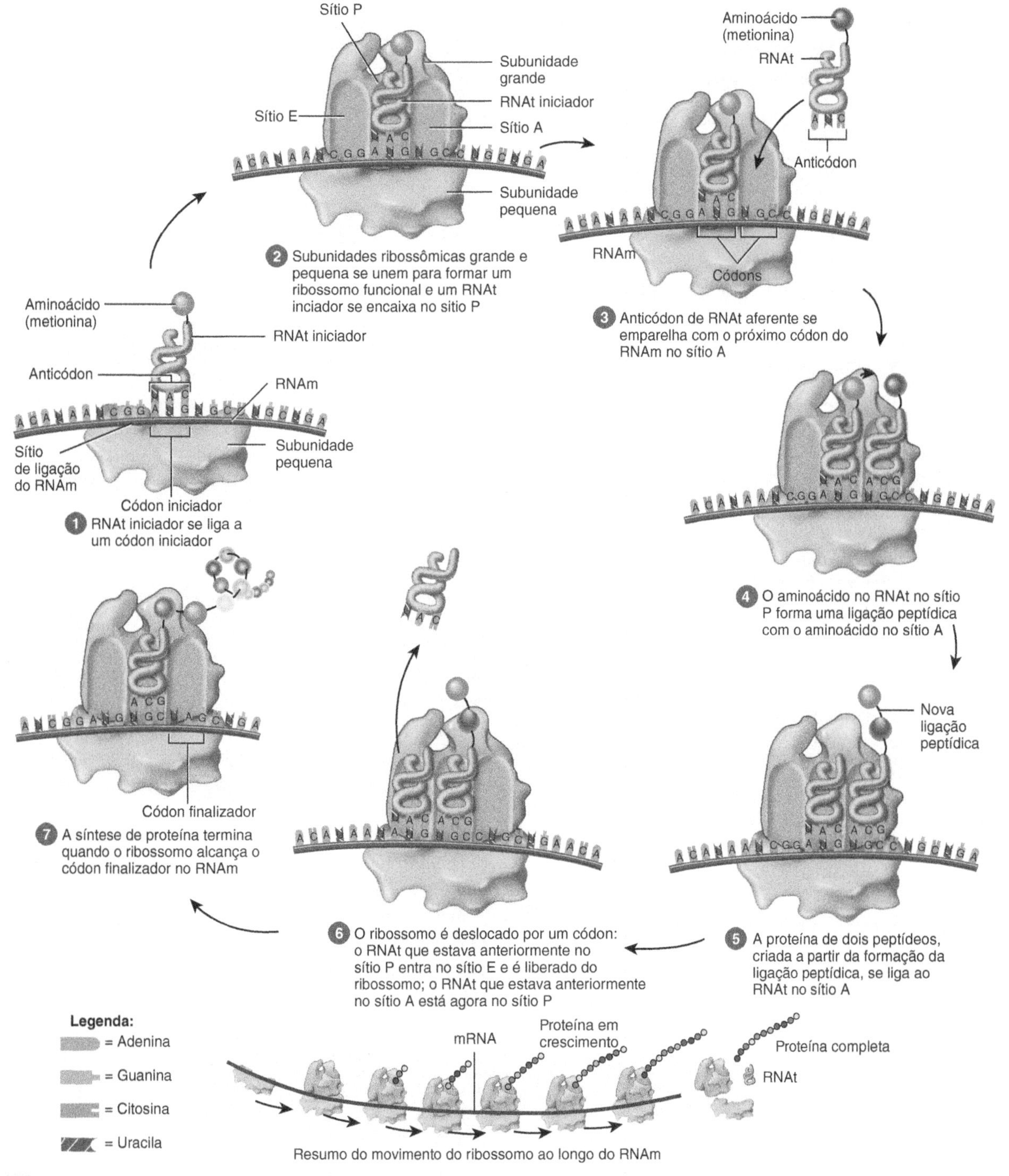

Qual é a função de um códon finalizador?

Figura 3.20 **Alongamento e conclusão da síntese de proteína durante a tradução.**

Durante a síntese de proteínas, as subunidades ribossômicas se unem, mas se separam quando o processo está completo.

TESTE SUA COMPREENSÃO

11. Defina síntese de proteínas.
12. Faça a distinção entre transcrição e tradução.

3.7 Divisão celular somática

OBJETIVO

- Discutir os estágios, eventos e significado da divisão celular somática.

Quando as células do corpo se tornam danificadas, doentes ou desgastadas, são substituídas por meio de ***divisão celular***, o processo pelo qual as células se reproduzem. Os dois tipos de divisão celular são a divisão celular reprodutiva e a divisão celular somática. A ***divisão celular reprodutiva*** ou ***meiose*** é o processo que produz gametas – espermatozoides e ovócitos –, as células necessárias para formar a próxima geração de organismos sexualmente reprodutivos. A meiose é descrita no Capítulo 23; aqui daremos ênfase à divisão celular somática.

Todas as células do corpo, exceto os gametas, são chamadas ***células somáticas***. Na ***divisão celular somática***, uma célula se divide em duas células idênticas. Uma parte importante da divisão celular somática é a replicação (duplicação) das sequências de DNA que compõem os genes e os cromossomos, de forma que o mesmo material genético possa ser passado para as células recém-formadas. Após a divisão celular somática, cada célula recém-formada tem o mesmo número de cromossomos da célula original. A divisão celular somática repõe células mortas ou danificadas e adiciona novas células para o crescimento tecidual. Por exemplo, as células da pele são continuamente substituídas por meio da divisão celular somática.

Ciclo celular é o nome dado para a sequência de mudanças que ocorrem na célula, desde o momento em que se forma até quando duplica seu conteúdo e se divide em duas células. Nas células somáticas, o ciclo celular consiste em dois períodos principais: a interfase, quando a célula não está se dividindo, e a fase mitótica, quando a célula está se dividindo.

Interfase

Durante a ***interfase***, a célula replica o seu DNA, além de produzir organelas e componentes citosólicos adicionais, como os centrossomos, em antecipação à divisão celular. A interfase é um estado de muita atividade metabólica, e durante esse tempo a célula realiza a maior parte do seu crescimento.

Uma visão microscópica de uma célula, durante a interfase, mostra um envoltório nuclear claramente definido, um nucléolo e uma massa enovelada de cromatina (Fig. 3.21a). Assim que a célula completa sua replicação do DNA e as outras atividades da interfase, a fase mitótica começa.

Fase mitótica

A ***fase mitótica*** do ciclo celular consiste em *mitose*, divisão do núcleo, seguida de *citocinese*, divisão do citoplasma em duas células. Os eventos que ocorrem durante a mitose e a citocinese são plenamente visíveis ao microscópio, porque a cromatina se condensa em cromossomos.

Divisão nuclear: mitose

Durante a ***mitose***, os cromossomos duplicados se tornam exatamente segregados, com um conjunto para cada um dos dois núcleos separados. Por conveniência, os biólogos dividem o processo em quatro estágios: prófase, metáfase, anáfase e telófase. Contudo, a mitose é um processo contínuo, com um estágio se fundindo imperceptivelmente ao seguinte.

PRÓFASE. Durante o início da ***prófase***, as fibras de cromatina se condensam e encurtam no interior dos cromossomos que são visíveis ao microscópio óptico (Fig. 3.21b). O processo de condensação pode impedir o enovelamento dos longos filamentos de DNA, à medida que se movem durante a mitose. Lembre-se de que a replicação do DNA ocorreu durante a interfase. Portanto, cada cromossomo da prófase consiste em um par de ***cromátides*** com filamentos duplos idênticos. Uma região constrita do cromossomo, chamada ***centrômero***, mantém o par de cromátides unido.

Mais tarde, na prófase, o material pericentriolar dos dois centrossomos começa a formar o ***fuso mitótico***, um conjunto fusiforme de microtúbulos (Fig. 3.21b). O alongamento dos microtúbulos entre os centrossomos empurra os centrossomos para polos opostos (extremidades) da célula. Finalmente, o fuso se estende de polo a polo. Em seguida, o nucléolo e o envoltório nuclear se decompõem.

METÁFASE. Durante a ***metáfase***, os centrômeros dos pares de cromátides são alinhados ao longo dos microtúbulos do fuso mitótico, exatamente no centro do fuso mitótico (Fig. 3.21c). Essa região mediana é chamada ***placa equatorial***.

ANÁFASE. Durante a ***anáfase***, os centrômeros se dividem, separando os dois membros de cada par de cromátides que se movem para polos opostos da célula (Fig. 3.21d). Uma vez separadas, as cromátides são chamadas cromossomos. À medida que os cromossomos são atraídos pelos microtúbulos do fuso mitótico durante a anáfase, assumem a forma de um V, porque os centrômeros assumem o comando, arrastando as caudas dos cromossomos em direção ao polo.

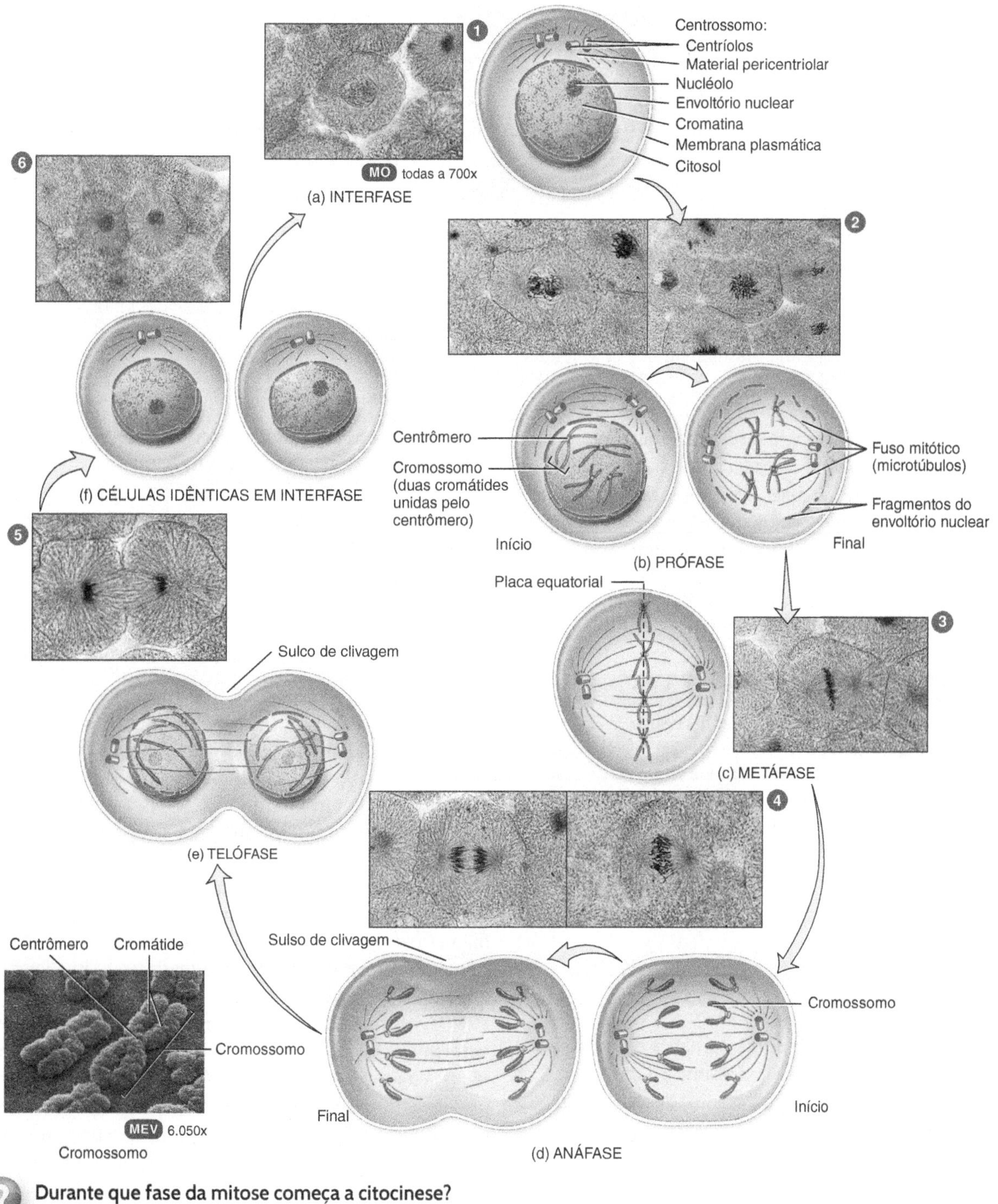

Durante que fase da mitose começa a citocinese?

Figura 3.21 **Divisão celular: mitose e citocinese.** Comece a sequência em (a), no topo da figura, e leia no sentido horário até completar o processo.

Na divisão celular somática, uma única célula se divide para produzir duas células idênticas.

TELÓFASE. O estágio final da mitose, a ***telófase***, começa depois do término do movimento dos cromossomos (Fig. 3.21e). Os conjuntos idênticos de cromossomos, agora nos polos opostos da célula, se desenrolam e voltam à forma filiforme da cromatina. Um novo envoltório nuclear se forma em torno de cada massa de cromatina, os nucléolos aparecem e, finalmente, o fuso mitótico se desintegra.

Divisão citoplasmática: citocinese

A divisão do citoplasma e das organelas celulares é chamada citocinese. Este processo geralmente começa no final da anáfase, com a formação de um ***sulco de clivagem***, um leve entalhe da membrana plasmática, que se estende em torno do centro da célula (Fig. 3.21d, e). Os microfilamentos no sulco de clivagem puxam a membrana plasmática progressivamente para o interior, constringindo o centro da célula como um cinto ao redor da cintura, e, finalmente, dividindo-a em duas. Após a citocinese, há duas células separadas e novas, cada uma com porções iguais de citoplasma e organelas e conjuntos idênticos de cromossomos. Quando a citocinese está completa, começa a interfase (Fig. 3.21f).

CORRELAÇÕES CLÍNICAS | Quimioterapia

Uma das características peculiares das células cancerosas é a divisão incontrolável. A massa de células resultante dessa divisão á chamada de neoplasia ou tumor. Uma das maneiras de tratar o câncer é por meio da **quimioterapia**, o uso de fármacos anticancerígenos. Alguns desses fármacos interrompem a divisão celular, inibindo a formação do fuso mitótico. Infelizmente, esses tipos de fármacos anticancerígenos também matam todos os tipos de células do corpo que se dividem rapidamente, provocando efeitos colaterais, como será descrito na seção Distúrbios Comuns. •

TESTE SUA COMPREENSÃO

13. Diferencie divisão celular somática e reprodutiva. Por que cada uma é importante?
14. Quais são os principais eventos de cada estágio da fase mitótica?

3.8 Diversidade celular

OBJETIVO

- Descrever como as células diferem em tamanho e forma.

O corpo de um adulto médio é composto por aproximadamente 100 trilhões de células, que variam consideravelmente de tamanho.

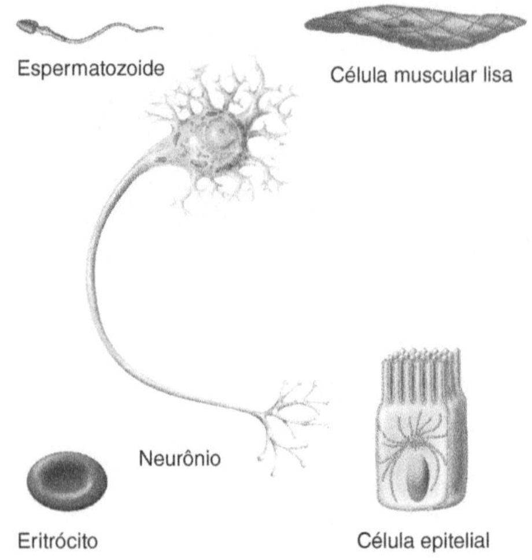

Por que os espermatozoides são as únicas células do corpo que precisam ter um flagelo?

Figura 3.22 Diversas formas e tamanhos de células humanas. A diferença relativa no tamanho entre as menores e as maiores células é, na realidade, muito maior do que a mostrada aqui.

Os quase 100 trilhões de células de um adulto médio são classificados em aproximadamente 200 tipos celulares diferentes.

Os tamanhos das células são medidos em unidades chamadas *micrômetros*. Um micrômetro (μm) é igual a 1 milionésimo de um metro, ou 10^{-6} m. Microscópios de alta potência são necessários para observar as menores células do corpo. A maior célula, um oócito/ovócito simples, possui um diâmetro de aproximadamente 140 μm e dificilmente é visível a olho nu. Um eritrócito possui um diâmetro de 8 μm. Para visualizar melhor, um fio de cabelo médio do topo de sua cabeça mede aproximadamente 100 μm de diâmetro.

As formas das células também variam consideravelmente (Fig. 3.22), podendo ser redondas, ovais, achatadas, cuboides, colunares, alongadas, estreladas, cilíndricas ou discoidais. A forma da célula está relacionada à sua função no corpo. Por exemplo, um espermatozoide possui uma cauda longa, semelhante a um chicote (flagelo), usada para locomoção. Os espermatozoides são as únicas células masculinas que necessitam se mover por distâncias consideráveis. A forma discoidal de um eritrócito lhe proporciona uma grande área de superfície, aumentando sua capacidade de liberar oxigênio para outras células. A forma fusiforme longa de uma célula muscular lisa relaxada diminui à medida que se contrai. Essa mudança na forma permite que grupos de células musculares lisas estreitem e dilatem a passagem do sangue que flui pelos vasos sanguíneos. Dessa maneira, regulam o fluxo sanguíneo pelos vários tecidos. Lembre-se que algumas células contêm microvilosidades, que aumentam muito sua área de superfície. As microvilosidades são comuns nas células epiteliais que revestem o intestino delgado, no qual a grande área de superfície acelera a absorção do alimento digerido. Os neurônios possuem prolongamentos longos que lhes permitem conduzir impulsos nervosos por grandes distâncias. Como você verá nos capítulos seguintes, a diversidade celular também permite a organização das células em tecidos e órgãos mais complexos.

TESTE SUA COMPREENSÃO

15. Como a forma da célula está relacionada com a sua função? Exemplifique.

3.9 Envelhecimento e células

OBJETIVO

• Descrever as alterações celulares que ocorrem com o envelhecimento.

Envelhecimento é um processo normal acompanhado por uma alteração progressiva das respostas adaptativas homeostáticas do corpo, que produz mudanças visíveis na estrutura e na função corporais e aumenta a vulnerabilidade ao estresse ambiental e às doenças. O ramo especializado da medicina que lida com os problemas clínicos e o atendimento das pessoas idosas é a ***geriatria***. ***Gerontologia*** é o estudo científico do processo e dos problemas associados ao envelhecimento.

Embora muitos milhões de novas células sejam produzidos normalmente a cada minuto, diversos tipos de células no corpo – células musculares esqueléticas e neurônios – não se dividem. Experimentos demonstram que muitos outros tipos celulares possuem apenas uma capacidade limitada de divisão. Células normais cultivadas fora do corpo se dividem somente um determinado número de vezes e depois param. Essas observações indicam que a cessação da mitose é um evento normal, geneticamente programado. De acordo com essa visão, os "genes do envelhecimento" fazem parte do plano genético ao nascimento. Esses genes têm uma função importante nas células normais, mas suas atividades diminuem ao longo do tempo, ocasionando o envelhecimento, diminuindo ou interrompendo os processos vitais.

Outro aspecto do envelhecimento inclui os ***telômeros***, sequências específicas de DNA encontradas somente nas extremidades de cada cromossomo. Esses segmentos de DNA protegem as extremidades dos cromossomos contra erosão e adesão mútuas. Contudo, na maioria das células normais do corpo, cada ciclo de divisão celular encurta os telômeros. Finalmente, após muitos ciclos de divisão celular, os telômeros desaparecem completamente, e até mesmo algum material cromossômico funcional pode se perder. Essas observações mostram que a erosão do DNA, a partir das extremidades dos nossos cromossomos, contribui muito para o envelhecimento e a morte das células. Indivíduos que experimentam níveis intensos de estresse possuem telômeros de comprimento significativamente mais curtos.

A glicose, o açúcar mais abundante no corpo, exerce uma função no processo de envelhecimento, sendo acrescentada aleatoriamente às proteínas dentro e fora das células, formando ligações cruzadas irreversíveis entre moléculas das proteínas adjacentes. Com o avanço da idade, formam-se mais ligações cruzadas que contribuem para o enrijecimento e para a perda da elasticidade que ocorre nos tecidos envelhecidos.

Radicais livres produzem dano oxidativo nos lipídeos, proteínas ou ácidos nucleicos. Alguns efeitos são pele enrugada, articulações enrijecidas e artérias endurecidas. As enzimas de ocorrência natural nos peroxissomos e no citosol normalmente eliminam os radicais livres. Determinadas substâncias da dieta, como vitamina E, vitamina C, betacaroteno, zinco e selênio, são antioxidantes que inibem a formação de radicais livres.

Algumas teorias do envelhecimento explicam esse processo no nível celular, ao passo que outras se concentram nos mecanismos reguladores que operam no organismo como um todo. Por exemplo, o sistema imune pode começar a atacar as próprias células do corpo. Essa resposta autoimune pode ser causada por alterações em determinadas glicoproteínas e glicolipídeos da membrana plasmática (marcadores de identidade celular), fazendo com que os anticorpos ataquem e marquem as células para destruição. À medida que as alterações nas proteínas da membrana plasmática das células aumentam, a resposta autoimune se intensifica, produzindo os sinais bem conhecidos do envelhecimento.

TESTE SUA COMPREENSÃO

16. Descreva brevemente as alterações celulares implicadas no envelhecimento.

• • •

A seguir, no Capítulo 4, exploraremos como as células se associam para formar os tecidos e os órgãos que estudaremos posteriormente no livro.

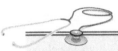

DISTÚRBIOS COMUNS

Câncer

Câncer é um grupo de doenças caracterizadas por proliferação celular descontrolada ou anormal. Quando as células em uma parte do corpo se dividem sem controle, o excesso de tecido que se desenvolve é chamado ***tumor*** ou ***neoplasia***. O estudo dos tumores é chamado ***oncologia***. Os tumores podem ser cancerosos e frequentemente fatais, ou podem ser inofensivos. Uma neoplasia cancerosa é chamada ***tumor maligno*** ou ***malignidade***. Uma propriedade da maioria dos tumores é a capacidade de sofrer ***metástase***, a disseminação das células cancerosas para outras partes do corpo. Um ***tumor benigno*** é uma neoplasia que não forma metástase. Um exemplo é uma verruga. A maioria dos tumores benignos pode ser removida cirurgicamente caso interfira com a função normal do corpo ou provoque desfiguração. Alguns são inoperáveis e, ocasionalmente, fatais.

Crescimento e disseminação do câncer

Células de tumores malignos se duplicam rápida e continuamente. As células do corpo que possuem uma alta taxa de divisão celular apresentam um risco maior para o desenvolvimento de câncer. Quando as células malignas invadem tecidos adjacentes, frequentemente desencadeiam a ***angiogênese***, o crescimento de novas redes de vasos sanguíneos. As proteínas que estimulam a angiogênese nos tumores são chamadas ***fatores de angiogênese tumoral*** (***FsAT***). A formação de novos vasos sanguíneos ocorre por superprodução de FsAT ou pela ausência de inibidores naturais da angiogênese. À medida que o câncer cresce, começa a competir com os tecidos normais por espaço e nutrientes. Finalmente, o tecido normal diminui de tamanho e morre. Algumas células malignas podem se desprender do tumor inicial (primário) e invadir uma cavidade do corpo ou entrar na corrente sanguínea ou linfática e, em seguida, circular para outros tecidos corporais, invadindo-os e estabelecendo tumores secundários. As células malignas resistem às defesas antitumorais do corpo. A dor associada ao câncer se desenvolve quando o tumor pressiona os nervos ou bloqueia a via de passagem em um órgão, de modo que as secreções aumentam a pressão, ou como resultado de morte do tecido ou órgãos.

Causas do câncer

Diversos fatores podem fazer uma célula normal perder o controle e se tornar cancerosa. Uma causa são os agentes ambientais: substâncias no ar que respiramos, na água que bebemos e nos alimentos que ingerimos. Um agente químico ou radiação que produza câncer é chamado de ***carcinógeno***. Os carcinógenos induzem ***mutações***, alterações permanentes na sequência de bases do DNA de um gene. A Organização Mundial da Saúde estima que os carcinógenos estejam associados a 60 a 90% de todos os cânceres humanos. Exemplos de carcinógenos são os hidrocarbonetos encontrados no alcatrão do cigarro, o gás radônio da terra e a radiação ultravioleta (UV) da luz solar.

Esforços intensivos de pesquisas estão atualmente direcionados para o estudo dos genes causadores do câncer, ou ***oncogenes***. Quando inapropriadamente ativados, esses genes têm a capacidade de transformar uma célula normal em uma célula cancerosa. A maioria dos oncogenes deriva de genes normais, chamados ***proto-oncogenes***, que regulam o crescimento e o desenvolvimento. O proto-oncogene sofre alguma alteração, fazendo com que seja expresso de forma inadequada ou fabrique seus produtos em quantidades excessivas ou no momento errado. Alguns oncogenes provocam produção excessiva de fatores de crescimento, substâncias químicas que estimulam o crescimento celular. Outros podem desencadear alterações em um receptor de superfície celular, fazendo com que emita sinais como se estivesse sendo ativado por um fator de crescimento. Como resultado, o padrão de crescimento da célula se torna anormal.

Alguns cânceres têm origem viral. Os vírus são pacotes minúsculos de ácidos nucleicos, RNA ou DNA, que se reproduzem apenas enquanto estão no interior das células que infectam. Alguns vírus, denominados ***vírus oncogênicos***, provocam câncer, estimulando a proliferação anormal das células; por exemplo, o *papilomavírus humano* (*HPV*) provoca praticamente todos os cânceres de colo de útero nas mulheres. O vírus produz uma proteína que provoca a destruição, pelos proteossomos, de uma proteína que normalmente impede a divisão celular descontrolada. Na ausência dessa proteína supressora, as células proliferam sem controle.

Estudos recentes mostram que determinados cânceres podem estar ligados a uma célula com um número anormal de cromossomos. Como resultado, a célula tem potencialmente cópias extras de oncogenes ou pouquíssimas cópias de genes supressores de tumores, o que em ambos os casos levaria à proliferação celular descontrolada. Há também algumas evidências indicando que o câncer pode ser provocado por células-tronco normais que se desenvolvem em células-tronco cancerosas, capazes de formar tumores malignos.

Mais adiante, estudaremos o processo de inflamação, uma resposta defensiva do tecido danificado. Parece que a inflamação contribui para várias etapas do desenvolvimento do câncer. Algumas evidências mostram que a inflamação crônica estimula a proliferação de células mutantes e aumenta sua sobrevida, promove a angiogênese e contribui para a invasão e a metástase das células do câncer. Há uma clara relação entre determinadas condições inflamatórias crônicas e a transformação do tecido inflamado em um tecido maligno. Por exemplo, a gastrite crônica (inflamação do revestimento do estômago) e a úlcera péptica podem ser fatores causais em 60 a 90% dos cânceres de estômago. Acredita-se que a hepatite crônica (inflamação do fígado) e a cirrose hepática sejam responsáveis por aproximadamente 80% dos cânceres hepáticos. O câncer colorretal tem uma probabilidade 10 vezes maior de ocorrer em pacientes com doenças inflamatórias crônicas do colo, como a colite ulcerativa e a doença de Crohn. E a relação entre asbestose e silicose, duas condições inflamatórias crônicas do pulmão, e câncer de pulmão foi reconhecida há muito tempo. A inflamação crônica é também um contribuinte subjacente para artrite reumatoide, doença de Alzheimer, depressão, esquizofrenia, doença cardiovascular e diabetes.

Carcinogênese: um processo de múltiplas etapas

Carcinogênese, processo pelo qual o câncer se desenvolve, é um processo de múltiplas etapas, em que até 10 mutações distintas podem se acumular em uma célula antes que se torne cancerosa. No câncer de colo, o tumor começa como um aumento da área de proliferação celular, resultante de uma única mutação. Esse crescimento, em seguida, progride para crescimentos anormais, mas não cancerosos chamados adenomas. Após várias mutações adicionais, um carcinoma se desenvolve. O fato de que tantas mutações sejam necessárias para o desenvolvimento de um câncer, indica que o crescimento celular normalmente é controlado com muitos mecanismos de controles e equilíbrios.

Tratamento do câncer

Muitos cânceres são removidos cirurgicamente. No entanto, quando um câncer está amplamente disseminado pelo corpo ou quando existe em órgãos como o encéfalo, cujo funcionamento seria muito prejudicado pela cirurgia, pode-se usar quimioterapia e radioterapia. Algumas vezes, a cirurgia, a quimioterapia e a radioterapia são utilizadas em conjunto. Quimioterapia inclui a administração de fármacos que provocam a morte das células cancerosas. A radioterapia destrói os cromossomos, bloqueando, assim, a divisão celular. Como as células cancerosas se dividem rapidamente, são mais vulneráveis aos efeitos destrutivos da quimioterapia e da radioterapia do que as células normais. Infelizmente para os pacientes, as células do folículo piloso, medula óssea vermelha e revestimento do trato gastrintestinal também se dividem rapidamente. Por essa razão, os efeitos colaterais da quimioterapia e da radioterapia incluem perda de cabelo, decorrente da morte das células do folículo piloso; náusea e vômito, em virtude da morte das células de revestimento do estômago e dos intestinos, e suscetibilidade à infecção, por causa da produção mais lenta de leucócitos na medula óssea vermelha.

O tratamento do câncer é difícil porque não se trata de uma doença única e porque as células em população tumoral única raramente se comportam da mesma maneira. Embora se acredite que muitos cânceres derivem de uma única célula anormal, no momento em que um tumor alcança um tamanho clinicamente detectável, pode conter uma população diversa de células anormais. Por exemplo, algumas células cancerosas produzem metástases rapidamente e outras não. Algumas são sensíveis aos fármacos quimioterápicos, enquanto outras são resistentes. Por causa da diferença na resistência aos fármacos, um único agente quimioterápico pode destruir as células suscetíveis, mas permitir a proliferação das células resistentes.

Outro potencial tratamento para o câncer que atualmente está em desenvolvimento é a ***viroterapia***, o uso de vírus para matar as células cancerosas. Os vírus empregados nessa estratégia são elaborados de forma que seus alvos sejam, especificamente, as células cancerosas, sem afetar as células sadias do corpo. Por exemplo, as proteínas (como os anticorpos) que se ligam especificamente a receptores encontrados somente nas células cancerosas são fixadas pelos vírus. Uma vez no interior do corpo, os vírus se ligam às células cancerosas, infectando-as. As células cancerosas são finalmente destruídas, uma vez que os vírus provocam a lise celular.

Pesquisas também estão investigando a função dos ***genes reguladores de metástase***, que controlam a capacidade das células cancerosas se disseminarem. Cientistas esperam desenvolver fármacos terapêuticos que manipulem esses genes e, consequentemente, bloqueiem a metástase das células cancerosas.

TERMINOLOGIA E CONDIÇÕES MÉDICAS

Anaplasia Perda da diferenciação e da função dos tecidos que é característica da maioria dos processos malignos.

Apoptose Morte celular genética e ordenadamente programada, em que genes de "suicídio celular" são ativados. As enzimas produzidas por esses genes rompem o citoesqueleto e o núcleo; a célula encolhe e se afasta das células vizinhas; o DNA dentro do núcleo se fragmenta; e o citoplasma encolhe, embora a membrana plasmática permaneça intacta. Os fagócitos circunvizinhos ingerem a célula moribunda. Apoptose remove as células desnecessárias durante o desenvolvimento antes do nascimento e continua após o nascimento, para regular o número de células em um tecido e eliminar células potencialmente perigosas, como as células cancerosas.

Atrofia Diminuição no tamanho das células, com subsequente diminuição do tamanho do tecido ou órgão afetado; definhamento.

Biópsia Remoção e exame microscópico de tecido do corpo vivo para diagnóstico.

Displasia Alteração no tamanho, forma e organização das células, decorrente de uma irritação crônica ou inflamação; pode progredir para uma neoplasia (formação de tumor, geralmente maligno) ou voltar ao normal, se a irritação for removida.

Hiperplasia Aumento do número de células de um tecido, em função de um aumento na frequência de divisão celular.

Hipertrofia Aumento no tamanho das células em um tecido sem divisão celular.

Metaplasia Transformação de um tipo de célula em outra.

Necrose Tipo patológico de morte celular, resultante de dano tecidual, em que muitas células adjacentes incham, estouram e derramam seu citoplasma no líquido intersticial; os resíduos celulares geralmente estimulam uma resposta inflamatória, que não ocorre na apoptose.

Progênia Prole ou descendentes.

Progéria Doença caracterizada por desenvolvimento normal no primeiro ano de vida, seguido por envelhecimento rápido. Provocada por um defeito genético, no qual os telômeros são consideravelmente mais curtos do que o normal. Sintomas incluem pele seca e enrugada, calvície total e características faciais semelhantes às dos pássaros. A morte geralmente ocorre em torno dos 13 anos.

Proteômica Estudo do proteoma (todas as proteínas de um organismo) para identificar todas as proteínas produzidas; inclui a determinação de como as proteínas interagem e a verificação da estrutura tridimensional das proteínas, de modo que fármacos sejam projetados para alterar a atividade das proteínas e auxiliar no diagnóstico e tratamento de doenças.

Marcador tumoral Substância introduzida na circulação pelas células tumorais, que indica a presença de um tumor, bem como seu tipo específico. Os marcadores tumorais podem ser utilizados para triagem, diagnóstico, prognóstico, avaliação da resposta ao tratamento e monitoramento da recorrência do câncer.

Síndrome de Werner Doença hereditária rara que provoca uma aceleração rápida do envelhecimento, geralmente enquanto a pessoa se encontra na segunda década de vida. É caracterizada por enrugamento da pele, cabelos acinzentados e calvície, catarata, atrofia muscular e tendência a desenvolver diabetes melito, câncer e doença cardiovascular. A maioria dos indivíduos afetados morre antes dos 50 anos. Recentemente, o gene que provoca a síndrome de Werner foi identificado. Os pesquisadores esperam usar essa informação para melhorar a compreensão dos mecanismos do envelhecimento, bem como ajudar os que sofrem da doença.

REVISÃO DO CAPÍTULO

Introdução

1. A **célula** é a unidade básica, viva, estrutural e funcional do corpo.
2. A **biologia celular** é o estudo da estrutura e da função da célula.

3.1 Visão geral da célula

1. A Figura 3.1 mostra uma visão geral de uma célula que é uma composição de muitas células diferentes do corpo.
2. As partes principais de uma célula são a **membrana plasmática**; o **citoplasma**, que consiste em **citosol** e **organelas**; e o **núcleo**.

3.2 Membrana plasmática

1. A membrana plasmática circunda e contém o citoplasma de uma célula, sendo composta por lipídeos e proteínas.
2. A bicamada lipídica consiste em duas camadas justapostas de **fosfolipídeos**, **colesterol** e **glicolipídeos**.
3. As **proteínas integrais** se estendem para dentro ou atravessam a bicamada lipídica; as **proteínas periféricas** se associam às faces interna ou externa da membrana.
4. A **permeabilidade seletiva** da membrana permite que algumas substâncias a atravessem mais facilmente do que outras. A bicamada lipídica é permeável à água e à maioria das moléculas lipossolúveis. Materiais hidrossolúveis de tamanhos médio e pequeno podem atravessar a membrana com o auxílio das proteínas integrais.
5. As proteínas da membrana possuem diversas funções. Os **canais** iônicos e os **carreadores (transportadores)** são proteínas integrais que auxiliam solutos específicos a atravessarem a membrana; os **receptores** atuam como sítios de reconhecimento celular; algumas proteínas da membrana são **enzimas** e outras são **marcadores de identidade celular**.

3.3 Transporte através da membrana plasmática

1. O líquido dentro das células corporais é chamado **líquido intracelular (LIC)**; o líquido fora das células corporais é chamado **líquido extracelular (LEC)**. O LEC nos espaços microscópicos entre as células do tecido é o **líquido intersticial**. O LEC nos vasos sanguíneos é o **plasma**, e nos vasos linfáticos é a **linfa**.
2. Qualquer material dissolvido em um líquido é chamado **soluto**, e o líquido que dissolve os materiais é o **solvente**. Os líquidos corporais são soluções diluídas, nas quais vários solutos estão dissolvidos no solvente água.
3. A permeabilidade seletiva da membrana plasmática sustenta a existência de **gradientes de concentração**, que são diferenças nas concentrações de substâncias químicas entre um lado e o outro da membrana.

4. Os materiais se movem pelas membranas celulares por **processos passivos** ou por **processos ativos**. Nos processos passivos, a substância diminui o seu gradiente de concentração pela membrana. No transporte ativo, energia celular é utilizada para direcionar a substância "ladeira acima", contra o seu gradiente de concentração.
5. No transporte nas vesículas, minúsculas vesículas se desprendem da membrana plasmática enquanto levam materiais para dentro da célula, ou se fundem com a membrana plasmática, para liberar materiais a partir da célula.
6. **Difusão** é o movimento de substâncias decorrente de sua energia cinética. Na difusão efetiva, as substâncias se movem de uma área de maior concentração para uma área de menor concentração, até que o **equilíbrio** seja alcançado. No equilíbrio, a concentração é a mesma em toda a solução. Na **difusão simples**, as substâncias lipossolúveis se movem pela bicamada lipídica. Na **difusão facilitada**, as substâncias atravessam a membrana com a assistência de canais iônicos e transportadores.
7. **Osmose** é o movimento das moléculas de água por uma membrana seletivamente permeável, de uma área de maior concentração de água para uma de menor concentração. Em uma **solução isotônica**, os eritrócitos mantêm sua forma normal; em uma **solução hipotônica**, ganham água e sofrem hemólise; em uma **solução hipertônica**, perdem água e sofrem **crenação**.
8. Com o gasto de energia celular, geralmente na forma de ATP, os solutos conseguem atravessar a membrana contra o seu gradiente de concentração por **transporte ativo**. Solutos transportados ativamente incluem diversos íons, como Na^+, K^+, H^+, Ca^{2+}, I^- e Cl^-, aminoácidos e monossacarídeos. A bomba de transporte ativo mais importante é a **bomba de sódio-potássio**, que expele Na^+ das células e leva K^+ para dentro delas.
9. Transporte nas **vesículas** inclui tanto a **endocitose** (**fagocitose** e **pinocitose**) e **exocitose**. Fagocitose é a ingestão de partículas sólidas. É um processo importante usado por alguns leucócitos para destruir bactérias que entram no corpo. A pinocitose é a ingestão de líquido extracelular. A exocitose inclui o movimento de produtos secretados ou residuais para fora da célula por fusão das vesículas no interior da célula com a membrana plasmática.

3.4 Citoplasma

1. **Citoplasma** inclui todo o conteúdo celular entre a membrana plasmática e o núcleo; consiste em **citosol** e **organelas**. A porção líquida do citoplasma é o citosol, composto principalmente por água, mais íons, glicose, aminoácidos, ácidos graxos, proteínas, lipídeos, ATP e produtos residuais; o citosol é o local de muitas reações químicas necessárias para a existência celular. As organelas são estruturas celulares especializadas, com formas características e funções específicas.
2. O **citoesqueleto** é uma rede de diversos tipos de filamentos proteicos que se estende por todo o citoplasma; fornece uma armação estrutural para a célula e gera movimentos. Componentes do citoesqueleto incluem **microfilamentos**, **filamentos intermediários** e **microtúbulos**.
3. O **centrossomo** é uma organela que consiste em dois centríolos e material pericentriolar. O centrossomo serve como centro de organização dos microtúbulos, nas células na interfase, e do fuso mitótico, durante a divisão celular.
4. Cílios e **flagelos** são projeções móveis da superfície celular. Os cílios movimentam líquido ao longo da superfície celular; o flagelo movimenta uma célula inteira.
5. **Ribossomos**, compostos por RNAr e proteínas ribossômicas, consistem em duas subunidades e são os locais da síntese de proteína.
6. **Retículo endoplasmático (RE)** é uma rede de membranas que se estende do envoltório nuclear para todo o citoplasma. O **RE rugoso** é cravejado de ribossomos. As proteínas sintetizadas nos ribossomos entram no RE para processamento e distribuição. O RE também é o local em que se formam as glicoproteínas e os fosfolipídeos. O **RE liso** não contém ribossomos. É o local em que ácidos graxos e esteroides são sintetizados. O RE liso também participa na liberação de glicose do fígado para a corrente sanguínea, na inativação e desintoxicação de fármacos e outras substâncias potencialmente prejudiciais e no armazenamento e liberação de íons Ca^{++} que desencadeiam a contração nas células musculares.
7. O **complexo de Golgi** consiste em sacos achatados, chamados **cisternas**, que recebem as proteínas sintetizadas no RE rugoso. Dentro das cisternas de Golgi, as proteínas são modificadas, distribuídas e empacotadas nas vesículas, sendo transportadas para diferentes destinos. Algumas proteínas processadas deixam as células nas vesículas secretoras, algumas são incorporadas à membrana plasmática, e algumas entram nos lisossomos.
8. **Lisossomos** são vesículas revestidas por membrana, contendo enzimas digestivas. Atuam na digestão de organelas desgastadas (**autofagia**) e até mesmo na digestão de sua própria célula (**autólise**).
9. **Peroxissomos** são semelhantes aos lisossomos, porém menores. Oxidam várias substâncias orgânicas, como aminoácidos, ácidos graxos e substâncias tóxicas, e, nesse processo, produzem peróxido de hidrogênio e radicais livres associados como o superóxido. O peróxido de hidrogênio é degradado nos peroxissomos por uma enzima chamada catalase.
10. **Proteossomos** contêm proteases que degradam continuamente proteínas desnecessárias, danificadas ou defeituosas.
11. **Mitocôndrias** consistem em uma membrana externa lisa; uma membrana interna contendo pregas, chamadas **cristas** mitocondriais; e uma cavidade cheia de líquido, chamada **matriz**. São chamadas de "usinas de força" das células, pois produzem a maior parte do ATP da célula.

3.5 Núcleo

1. O **núcleo** consiste em um **envoltório nuclear** duplo; **poros nucleares**, que controlam o movimento de substâncias entre o núcleo e o citoplasma; **nucléolos**, que produzem ribossomos; e **genes** dispostos nos **cromossomos**.
2. A maioria das células corporais possui um núcleo único, algumas (eritrócitos) não possuem nenhum, e outras (células musculares esqueléticas) possuem vários.
3. Os genes controlam a estrutura e a maioria das funções celulares.

3.6 Ação gênica: síntese de proteínas

1. A maior parte da maquinaria celular é dedicada à síntese de proteínas.
2. As células fabricam proteínas por transcrição e tradução da informação genética codificada na sequência de quatro tipos de bases nitrogenadas no DNA.
3. Na **transcrição**, a informação genética codificada na sequência de bases de DNA (**trinca de bases**) é copiada para uma sequência complementar de bases em um filamento de **RNA mensageiro (RNAm)** chamado **códon**. A transcrição começa no DNA, em uma região chamada **promotor**.
4. **Tradução** é o processo no qual o RNAm se associa aos ribossomos e direciona a síntese de uma proteína, convertendo a sequência de nucleotídeos no RNAm em uma sequência específica de aminoácidos na proteína.
5. Na tradução, o RNAm se liga a um ribossomo, aminoácidos específicos ligam-se ao **RNA transportador (RNAt)**, e os **anticódons** do RNAt se ligam aos códons do RNAm, trazendo aminoácidos específicos para a sua posição em uma proteína em crescimento. A tradução começa no códon iniciador e termina no códon finalizador.

3.7 Divisão celular somática

1. A **divisão celular** é o processo pelo qual as células se reproduzem. A divisão celular que resulta em um aumento no número das células do corpo é chamada **divisão celular somática**; inclui uma divisão nuclear, chamada **mitose**, mais a divisão do citoplasma, chamada **citocinese**. A divisão celular que resulta na produção de espermatozoides e ovócitos é chamada **divisão celular reprodutiva**.
2. O **ciclo celular** é uma sequência ordenada de eventos na divisão da célula somática em que uma célula duplica seu conteúdo e se divide em duas. Consiste em **interfase** e **fase mitótica**.
3. Durante a interfase, as moléculas de DNA, ou cromossomos, se autoduplicam, de forma que cromossomos idênticos possam ser passados para a próxima geração de células. Diz-se que uma célula está entre divisões e está realizando todos os processos vitais, exceto a divisão celular, está em interfase.
4. A mitose é a replicação e a distribuição de dois conjuntos de cromossomos em núcleos separados e iguais; consiste em **prófase**, **metáfase**, **anáfase** e **telófase**.
5. Durante a citocinese, que começa geralmente no final da anáfase e termina na telófase, um **sulco de clivagem** é formado e progride para cima, atravessando a célula, de modo a formar duas células idênticas separadas, cada uma com porções iguais de citoplasma, organelas e cromossomos.

3.8 Diversidade celular

1. Os diferentes tipos de células no corpo variam consideravelmente de tamanho e forma.
2. Os tamanhos das células são medidos em micrômetros. Um micrômetro (μm) é igual a 10^{-6} m. O tamanho das células no corpo varia de 8 a 140 μm.
3. A forma de uma célula está relacionada à sua função.

3.9 Envelhecimento e as células

1. **Envelhecimento** é um processo normal, acompanhado pela alteração progressiva das respostas adaptativas homeostáticas do corpo.
2. Muitas teorias sobre o envelhecimento foram propostas, incluindo a da interrupção geneticamente programada da divisão celular, do encurtamento dos telômeros, da adição da glicose às proteínas, da produção de radicais livres e da resposta autoimune intensificada.

APLICAÇÕES DO PENSAMENTO CRÍTICO

1. Uma função do osso é armazenar minerais, especialmente o cálcio. O tecido ósseo deve ser dissolvido para liberar o cálcio para o uso pelos sistemas corporais. Que organela estaria envolvida na degradação do tecido ósseo?
2. Em seu sonho, você está flutuando em uma jangada, no meio do oceano. O sol está quente, você está sedento e cercado por água. Você quer tomar um grande gole gelado de água do mar, mas alguma coisa que você aprendeu em Anatomia e Fisiologia (você sabia que isso viria) o impede de beber e salva a sua vida! Por que você não deve beber a água do mar?

3. Mucina é uma glicoproteína presente na saliva. Quando misturada com água, a mucina se torna a substância escorregadia conhecida como muco. Trace a rota seguida pela mucina nas células das glândulas salivares, começando com a organela na qual é sintetizada, terminando com sua liberação das células.

4. Seu amigo Jared tem um emprego muito estressante, como controlador de tráfego aéreo. Sua dieta durante o expediente consiste principalmente em barras de doces e refrigerantes. Jared adoece com muita frequência e, brincando, exclama que o emprego "o está envelhecendo prematuramente". Sua resposta é que Jared pode não estar longe da verdade. Por quê?

RESPOSTAS ÀS QUESTÕES DAS FIGURAS

3.1 As três partes principais da célula são membrana plasmática, citoplasma e núcleo.

3.2 Algumas proteínas integrais funcionam como canais ou transportadores, para mover substâncias pelas membranas. Outras proteínas integrais funcionam como receptores. Os glicolipídeos e as glicoproteínas da membrana participam no reconhecimento celular.

3.3 Na difusão simples, as substâncias atravessam a membrana pela bicamada lipídica; na difusão facilitada, há participação de canais iônicos ou transportadores.

3.4 Oxigênio, dióxido de carbono, ácidos graxos, vitaminas lipossolúveis e esteroides conseguem atravessar a membrana plasmática por difusão simples por meio da bicamada lipídica.

3.5 A concentração de K^+ é maior no citosol das células corporais do que nos líquidos extracelulares.

3.6 A insulina promove a inserção de transportadores de glicose na membrana plasmática, os quais aumentam a captação celular de glicose por difusão facilitada.

3.7 Não, as concentrações de água nunca são as mesmas, porque o copázio sempre contém água pura, e o saco contém uma solução com menos de 100% de água.

3.8 Uma solução de NaCl a 2% provoca crenação dos eritrócitos, porque é hipertônica.

3.9 O ATP adiciona um grupo fosfato à proteína da bomba, o que altera a forma tridimensional da bomba.

3.10 O gatilho que provoca o prolongamento de pseudópodes é a ligação de uma partícula a um receptor de membrana.

3.11 Grupos de microtúbulos formam a estrutura de centríolos, cílios e flagelos.

3.12 Os componentes do centrossomo são dois centríolos e material pericentriolar.

3.13 As subunidades grande e pequena dos ribossomos são sintetizadas no nucléolo, núcleo, e depois se reúnem no citoplasma.

3.14 O RE rugoso possui ribossomos ligados, nos quais as proteínas que serão utilizadas nas organelas ou na membrana plasmática ou exportadas da célula são sintetizadas; o RE liso não possui ribossomos e está associado à síntese de lipídeos e outras reações metabólicas.

3.15 As células que secretam proteínas para o líquido extracelular possuem complexos de Golgi extensos.

3.16 As cristas mitocondriais proporcionam uma grande área de superfície para as reações químicas e contêm as enzimas necessárias para a produção de ATP.

3.17 Os genes nucleares controlam a estrutura celular e orientam a maioria das atividades celulares.

3.18 As proteínas determinam as características físicas e químicas das células.

3.19 RNA polimerase catalisa a transcrição do DNA.

3.20 Quando um ribossomo encontra um códon finalizador em um RNAm, a proteína completa se desprende do último RNAt.

3.21 A citocinese geralmente começa no final da anáfase.

3.22 Espermatozoides, que utilizam flagelos para locomoção, são as únicas células do corpo que necessitam se mover por distâncias consideráveis.

CAPÍTULO 4

TECIDOS

Como você aprendeu no capítulo anterior, as células são unidades vivas bastante organizadas, mas normalmente não funcionam sozinhas. Ao contrário, as células trabalham juntas, em grupos chamados tecidos.

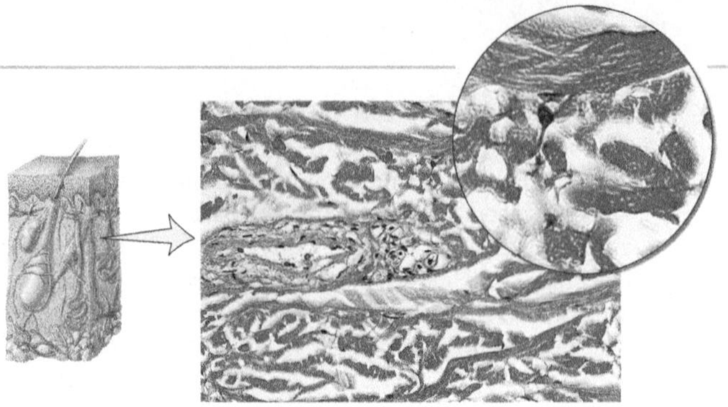

OLHANDO PARA TRÁS PARA AVANÇAR...

Níveis de organização e sistemas do corpo (Seção 1.2)
Visão geral da célula (Seção 3.1)
Fagocitose (Seção 3.3)
Citosol (Seção 3.4)
Organelas (Seção 3.4)
Cílios (Seção 3.4)

Um ***tecido*** é um grupo de células semelhantes, em geral com uma origem embrionária comum, que funcionam em conjunto para executar atividades especializadas. ***Histologia*** é a ciência que lida com o estudo dos tecidos. Um ***patologista*** é um médico que examina as células e os tecidos para ajudar outros médicos a fazer um diagnóstico preciso. Uma das principais funções de um patologista é examinar os tecidos quanto a quaisquer alterações que possam indicar doença.

4.1 Tipos de tecidos

OBJETIVO

- Nomear os quatro tipos básicos de tecidos que compõem o corpo humano e relatar as características de cada um deles.

Os tecidos corporais são classificados em quatro tipos básicos, com base em suas estruturas e funções:

1. O ***tecido epitelial*** recobre as superfícies corporais; reveste cavidades corporais, órgãos ocos e ductos (tubos); e forma glândulas.
2. O ***tecido conectivo*** protege e sustenta o corpo e seus órgãos; une os órgãos; armazena reservas de energia como gordura; e fornece imunidade.
3. O ***tecido muscular*** gera a força física necessária para movimentar as estruturas corporais.
4. O ***tecido nervoso*** detecta mudanças dentro e fora do corpo; inicia e transmite impulsos nervosos (potenciais de ação) que coordenam atividades corporais para manter a homeostasia.

O tecido epitelial e a maioria dos tipos de tecido conectivo são discutidos em detalhe neste capítulo. A estrutura e as funções do tecido ósseo e do sangue (tecidos conectivos), tecido muscular e tecido nervoso são examinados em detalhe posteriormente em outros capítulos.

A maioria das células epiteliais e algumas células musculares e nervosas estão firmemente unidas em unidades funcionais por pontos de contato entre suas membranas plasmáticas, chamadas ***junções celulares***. Algumas junções celulares fundem as células tão firmemente que impedem a passagem de substâncias entre as células. Essa fusão é muito importante para os tecidos que revestem o estômago, intestinos e bexiga urinária, porque impede o vazamento do conteúdo desses órgãos. Outras junções celulares mantêm as células unidas de maneira que não se separam enquanto executam suas funções. Entretanto, outras junções celulares formam canais, permitindo que íons e moléculas passem entre as células. Isso permite que as células em um tecido se comuniquem umas com as outras e também possibilita que os impulsos nervosos ou musculares se propaguem rapidamente entre as células.

TESTE SUA COMPREENSÃO

1. **Defina tecido. Quais são os quatro tipos básicos de tecidos corporais?**
2. **Por que as junções celulares são importantes?**

4.2 Tecido epitelial

OBJETIVOS

- Discutir as características gerais do tecido epitelial.
- Descrever a estrutura, localização e função dos vários tipos de tecidos epiteliais.

O tecido epitelial, ou, mais simplesmente, ***epitélio***, pode ser dividido em dois tipos: (1) *epitélio de revestimento e cobertura* e (2) *epitélio glandular*. Como seu nome mostra, o epitélio de revestimento forma a cobertura externa da pele e de alguns órgãos internos. Além disso, reveste cavidades corporais, vasos sanguíneos, ductos e o interior dos sistemas respiratório, digestório, urinário e genital. Compõe, juntamente com o tecido nervoso, partes dos órgãos do sentido para a audição, a visão e o tato. O epitélio glandular compõe a porção secretora das glândulas, como as glândulas sudoríferas.

Características gerais do tecido epitelial

Como você verá em breve, há muitos tipos diferentes de tecidos epiteliais, cada um com estrutura e funções características. Contudo, todos os diferentes tipos de tecidos epiteliais também têm aspectos em comum. As características gerais do tecido epitelial incluem as descritas a seguir:

- O tecido epitelial consiste, em grande parte ou inteiramente, em células justapostas, com pouco material extracelular entre elas, e as células estão dispostas em lâminas contínuas, em camadas únicas ou múltiplas.
- As células do tecido epitelial têm uma *superfície apical* (livre), que está exposta a uma cavidade do corpo, revestindo um órgão interno, ou ao exterior do corpo; as *superfícies laterais*, voltadas para as células adjacentes de cada lado; e a *superfície basal*, que está ligada à membrana basal. Ao discutir tecidos epiteliais com múltiplas camadas, o termo *camada apical* se refere à camada celular mais superficial; o termo *camada basal* se refere à camada mais profunda da célula. A ***membrana basal*** é uma estrutura extracelular fina, composta principalmente por fibras proteicas, estando localizada entre o tecido epitelial e a camada de tecido conectivo subjacente, e ajuda a fixar o tecido epitelial ao seu tecido conectivo subjacente (ver Fig. 4.1).
- O tecido epitelial é ***avascular***; isto é, não possui vasos sanguíneos. Os vasos que levam nutrientes e removem resíduos do tecido epitelial estão localizados nos tecidos conectivos adjacentes. A troca de materiais entre o tecido epitelial e o tecido conectivo ocorre por difusão.
- O tecido epitelial possui suprimento nervoso.
- Como o tecido epitelial está sujeito a uma determinada quantidade de desgaste e lesão, possui alta capacidade de renovação por divisão celular.

CORRELAÇÕES CLÍNICAS | Membranas basais e doenças

Em certas condições, as membranas basais se tornam marcadamente mais espessas, em virtude do aumento da produção de fibras. Em casos de diabetes melito sem tratamento, a membrana basal dos pequenos vasos sanguíneos (capilares) se espessa, especialmente nos olhos e rins. Como consequência, os vasos sanguíneos não funcionam corretamente, resultando em cegueira e insuficiência renal. •

Classificação do tecido epitelial

O epitélio de revestimento e cobertura, que recobre ou reveste várias partes do corpo, é classificado de acordo com o arranjo das células em camadas e com a forma das células (Fig. 4.1).

1. **Arranjo das células em camadas.** As células de revestimento e cobertura do tecido epitelial estão dispostas em uma ou mais camadas, dependendo das funções que o epitélio executa.
   a. O *epitélio simples* é uma camada única de células que atua na difusão, osmose, filtração, secreção e absorção. ***Secreção*** é a produção e a liberação de substâncias, como muco, suor ou enzimas. ***Absorção*** é a captação de fluidos ou outras substâncias como o alimento digerido a partir do trato intestinal.
   b. O *epitélio pseudoestratificado* parece ter múltiplas camadas de células, porque os núcleos das células se encontram em níveis diferentes e nem todas as células alcançam a superfície apical. As células que se estendem até a superfície apical podem conter cílios; outras (células caliciformes) secretam muco. O epitélio pseudoestratificado é, na realidade, um epitélio simples, porque todas as suas células se situam na membrana basal.
   c. O *epitélio estratificado* consiste em duas ou mais camadas de células que protegem tecidos subjacentes em locais em que há considerável desgaste.
2. **Formas das células.**
   a. *Células escamosas* são finas, e isso permite a rápida passagem de substâncias por elas.
   b. *Células cúbicas* são tão altas quanto largas e têm formato semelhante ao de cubos ou hexágonos. Podem ter microvilosidades em sua superfície apical e atuam na secreção ou na absorção.

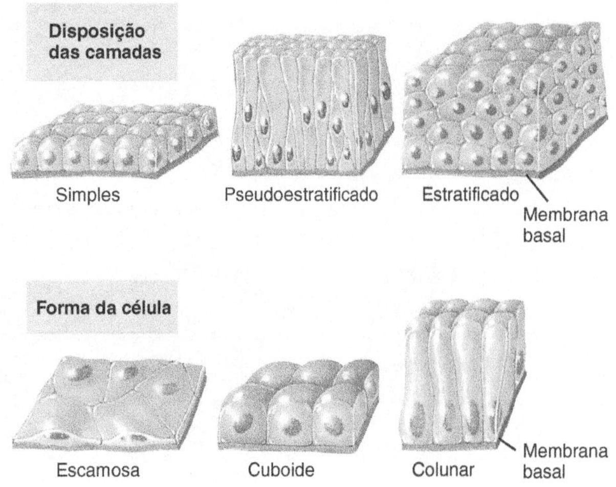

Que forma da célula está mais bem adaptada para movimentos rápidos de substâncias de uma célula para outra?

Figura 4.1 Formas das células e disposições das camadas do epitélio de revestimento e cobertura.

A disposição das camadas e a forma das células são a base para a classificação dos epitélios de revestimento.

c. *Células colunares* são muito mais altas do que largas, como colunas, e protegem os tecidos subjacentes. Suas superfícies apicais podem ter cílios ou microvilosidades, e muitas vezes são especializadas em secreção e absorção.

d. *Células de transição* mudam de forma, de achatadas para cuboides e vice-versa, quando órgãos, como a bexiga urinária, esticam (distendem) e depois diminuem de tamanho.

A combinação das duas características (arranjos em camadas e formas das células) produz os tipos de epitélios de revestimento seguintes:

I. Epitélio simples
- **A.** Epitélio escamoso simples
- **B.** Epitélio cuboide simples
- **C.** Epitélio colunar simples (não ciliado e ciliado)
- **D.** Epitélio colunar pseudoestratificado (não ciliado e ciliado)

II. Epitélio estratificado*
- **A.** Epitélio escamoso estratificado (queratinizado e não queratinizado)
- **B.** Epitélio cuboide estratificado
- **C.** Epitélio colunar estratificado
- **D.** Epitélio de transição

Todos esses epitélios de cobertura e revestimento estão incluídos na Tabela 4.1. Cada entrada da tabela consiste em uma fotomicrografia, um diagrama correspondente-

TABELA 4.1

Tecidos epiteliais: epitélio de revestimento e cobertura

A. Epitélio escamoso simples

Descrição: Uma única camada de células planas que se assemelha a um piso de azulejos, quando visto a partir da superfície apical; o núcleo localizado centralmente é achatado e oval ou esférico

Localização: Reveste o coração, vasos sanguíneos, vasos linfáticos, alvéolos pulmonares, cápsula glomerular (de Bowman) dos rins e a face interna da membrana timpânica; forma a camada epitelial das túnicas* serosas (mesotélio), como a do peritônio. O epitélio escamoso simples que reveste coração, vasos sanguíneos e vasos linfáticos é conhecido como ***endotélio***; o tipo que forma a camada epitelial das túnicas serosas, tal como a do peritônio, pleura e pericárdio, é chamado de ***mesotélio***. Ver Figura 4.3b

Função: Filtração, difusão, osmose e secreção nas túnicas serosas

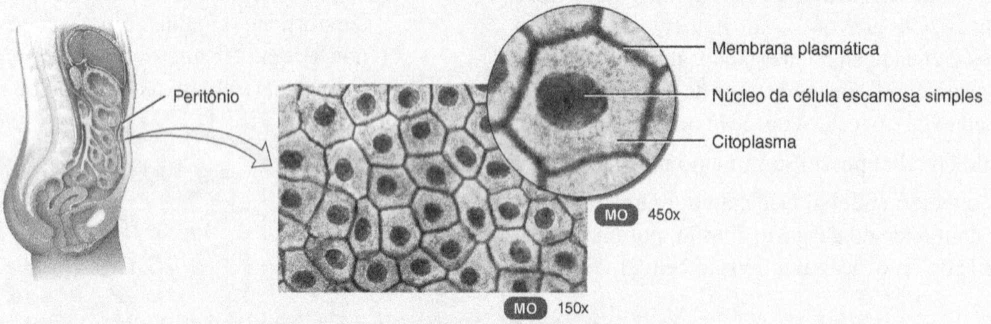

Vista superficial do epitélio escamoso simples do revestimento mesotelial do peritônio

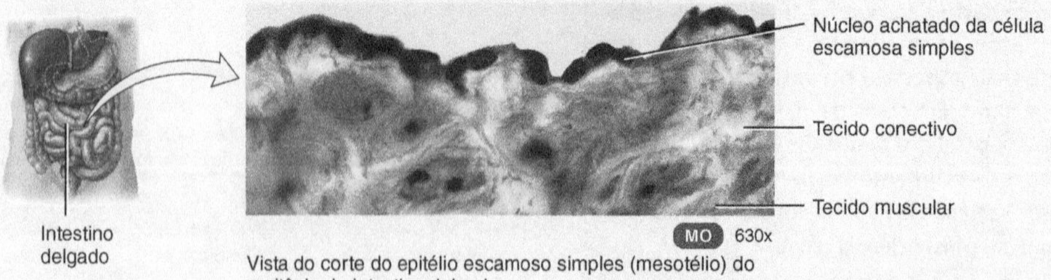

Vista do corte do epitélio escamoso simples (mesotélio) do peritônio do intestino delgado

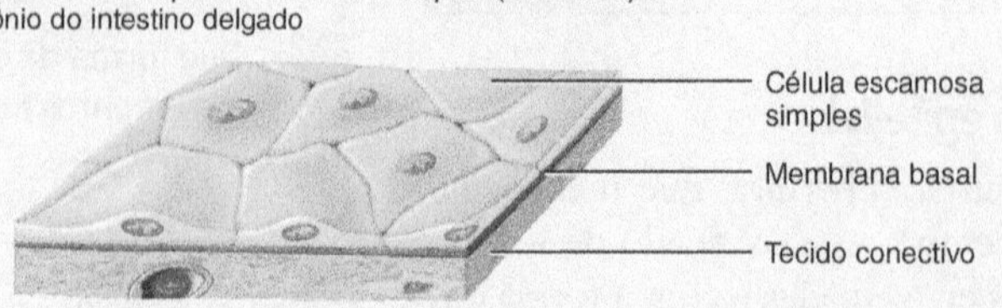

Epitélio escamoso simples

*N. de R.T. Túnicas são membranas.

(CONTINUA)

TABELA 4.1 (CONTINUAÇÃO)

Tecidos epiteliais: epitélio de revestimento e cobertura

B. Epitélio cuboide simples

Descrição: Camada única de células cuboides; núcleo de localização central. A forma cuboide é óbvia quando o tecido é cortado e visto de lado

Localização: Reveste túbulos renais e ductos menores de muitas glândulas; constitui a porção secretora de algumas glândulas, como a glândula tireoide; recobre a superfície do ovário; reveste a face anterior da cápsula da lente do olho; e forma o epitélio pigmentado na parte posterior do olho

Funções: Secreção e absorção

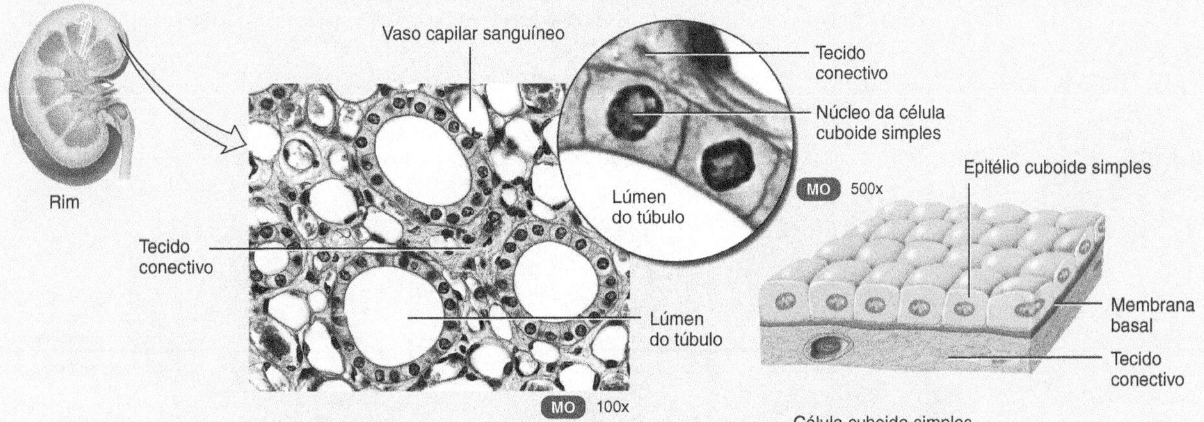

Vista do corte do epitélio cuboide simples dos túbulos uriníferos

Célula cuboide simples

C. Epitélio colunar simples não ciliado

Descrição: Camada única de células colunares não ciliadas com núcleos próximos às bases das células; contém células com microvilosidades e células caliciformes. ***Microvilosidades***, projeções microscópicas digitiformes, aumentam a área de superfície da membrana plasmática (ver Fig. 3.1), aumentando assim a taxa de absorção pela célula. ***Células caliciformes*** são células colunares modificadas que secretam muco, um fluido ligeiramente pegajoso, na sua superfície apical. Antes da liberação, o muco se acumula na parte superior da célula, provocando uma protuberância e fazendo toda a célula se assemelhar a um cálice ou copo de vinho

Localização: Reveste a maior parte do trato gastrintestinal (do estômago ao ânus), os ductos de muitas glândulas e a vesícula biliar

Funções: Secreção e absorção. O muco secretado lubrifica os revestimentos dos tratos digestório, respiratório e genital, e a maior parte do trato urinário; ajuda a aprisionar poeira que entra no trato respiratório; e impede a destruição do revestimento do estômago pelo ácido do estômago

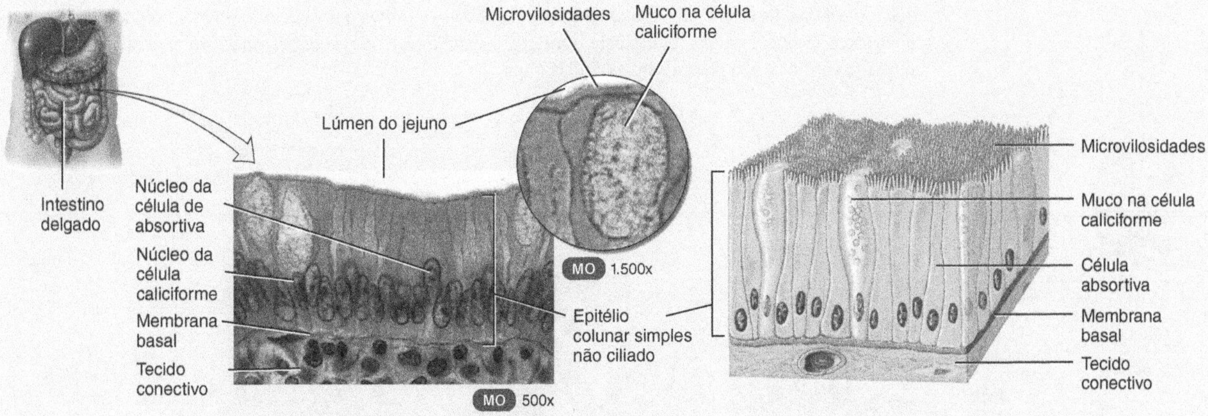

Vista do corte do epitélio colunar simples não ciliado do revestimento do jejuno do intestino delgado

Epitélio colunar simples não ciliado

(CONTINUA)

TABELA 4.1 (CONTINUAÇÃO)

Tecidos epiteliais: epitélio de revestimento e cobertura

D. Epitélio colunar simples ciliado

Descrição: Camada única de células colunares ciliadas com núcleos próximos às bases; contém células caliciformes em algumas localizações

Localização: Reveste poucas porções da via respiratória superior, tubas uterinas (de Falópio), útero, alguns seios paranasais e canal central da medula espinal

Funções: O muco secretado pelas células caliciformes forma uma película sobre a superfície respiratória, que captura as partículas estranhas inaladas. Os cílios ondulam em uníssono e movem o muco e quaisquer partículas estranhas capturadas em direção à garganta, da qual podem ser expectoradas, engolidas ou cuspidas. Os cílios também ajudam a mover os ovócitos expelidos pelos ovários pelas tubas uterinas até o útero

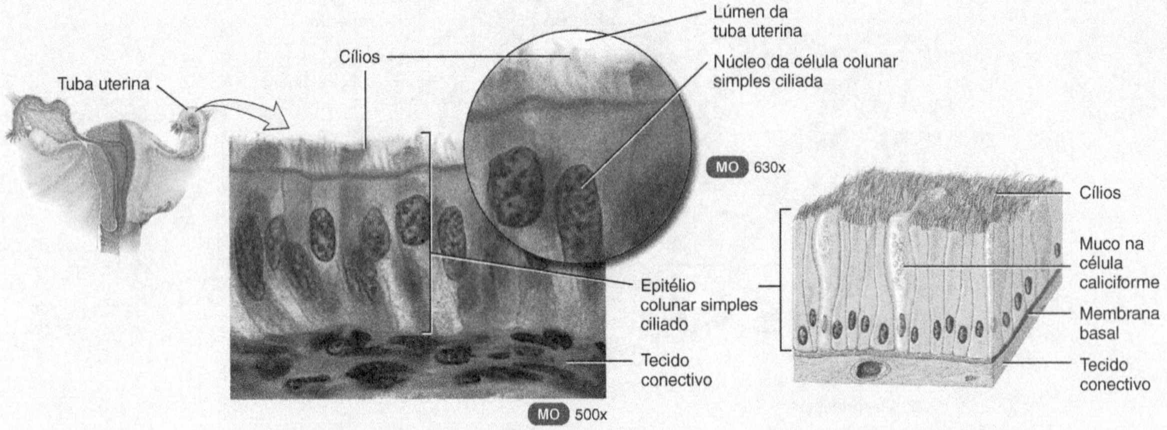

Vista do corte do epitélio colunar simples ciliado da tuba uterina

Epitélio colunar simples ciliado

E. Epitélio colunar pseudoestratificado

Descrição: Não é um tecido estratificado verdadeiro; os núcleos das células estão em níveis diferentes; todas as células estão fixadas à membrana basal, mas nem todas alcançam a superfície apical

Localização: O epitélio colunar pseudoestratificado ciliado reveste as vias respiratórias da maior parte do trato respiratório superior; o epitélio colunar pseudoestratificado não ciliado reveste os ductos maiores de muitas glândulas, o epidídimo e parte da uretra masculina

Funções: A variedade ciliada secreta muco que retém partículas estranhas, e os cílios varrem o muco para eliminá-lo do corpo; a variedade não ciliada age na absorção e na proteção. Esse tecido parece ter várias camadas, porque os núcleos das células estão em diversas profundidades. Todas as células estão ligadas à membrana basal em uma única camada, mas algumas células não se estendem até a superfície apical. Quando vistas de lado, essas características dão uma falsa impressão de um tecido multicamadas, daí o nome epitélio *pseudo*estratificado. O *epitélio colunar pseudoestratificado ciliado* contém células que se estendem até a superfície e secretam muco (células caliciformes). O *epitélio colunar pseudoestratificado não ciliado* contém células sem cílios e não possui células caliciformes

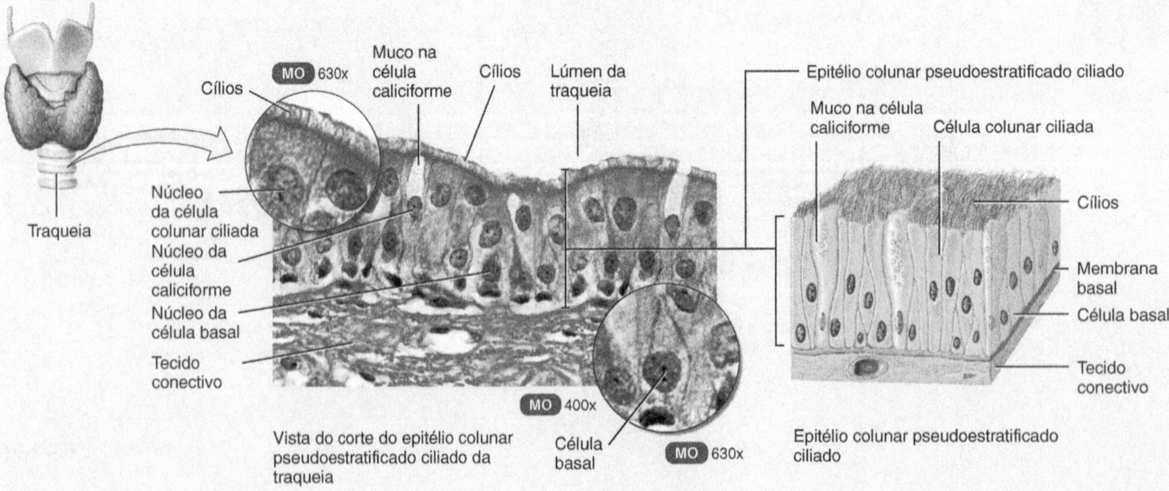

Vista do corte do epitélio colunar pseudoestratificado ciliado da traqueia

Epitélio colunar pseudoestratificado ciliado

(CONTINUA)

TABELA 4.1 (CONTINUAÇÃO)

Tecidos epiteliais: epitélio de revestimento e cobertura

F. Epitélio escamoso estratificado

Descrição: Tem duas ou mais camadas de células; as células na camada apical e em várias camadas mais profundas a ela são escamosas; aquelas nas camadas mais profundas variam em forma, da cuboide à colunar. As células basais (mais profundas) estão continuamente sofrendo divisão celular. À medida que novas células crescem, as células da camada basal são empurradas para cima, em direção à superfície. Como se movem para longe das camadas mais profundas e do seu suprimento sanguíneo, no tecido conectivo subjacente, se tornam desidratadas, encolhidas e mais endurecidas. Na camada apical, as células perdem suas junções celulares e são descartadas, mas são continuamente substituídas à medida que novas células emergem a partir das células basais. O *epitélio escamoso estratificado queratinizado* desenvolve uma camada resistente de queratina na camada apical e em várias camadas mais profundas a ela. A *queratina* é uma proteína resistente que ajuda a proteger a pele e os tecidos subjacentes contra micróbios, calor e substâncias químicas. O *epitélio escamoso estratificado não queratinizado* não contém queratina na camada apical e em várias camadas mais profundas a ela, e permanece úmido

Localização: A variedade queratinizada forma a camada superficial da pele; a variedade não queratinizada reveste as superfícies úmidas (revestimento da boca, do esôfago, de parte da epiglote, de parte da faringe e da vagina), e recobre a língua

Função: Proteção; fornece a primeira linha de defesa contra micróbios

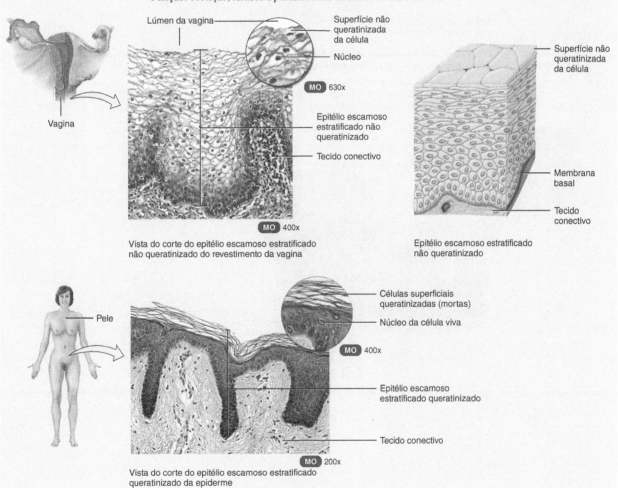

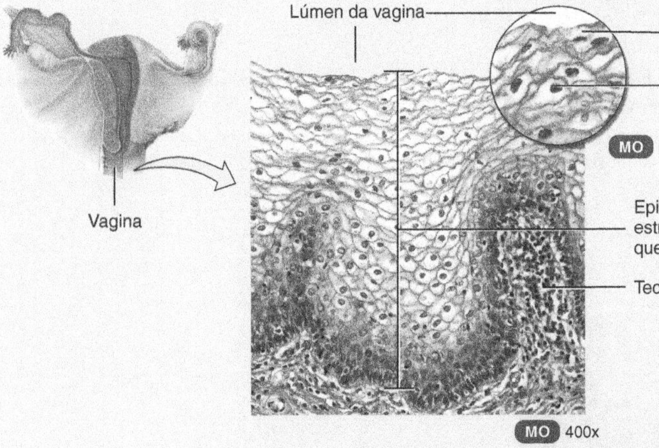

Vista do corte do epitélio escamoso estratificado não queratinizado do revestimento da vagina

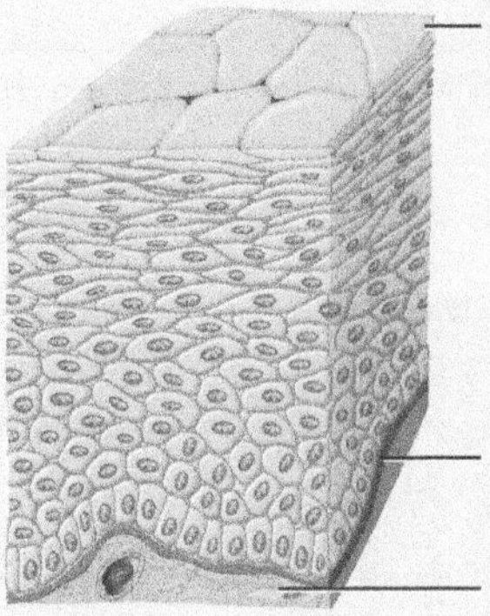

Epitélio escamoso estratificado não queratinizado

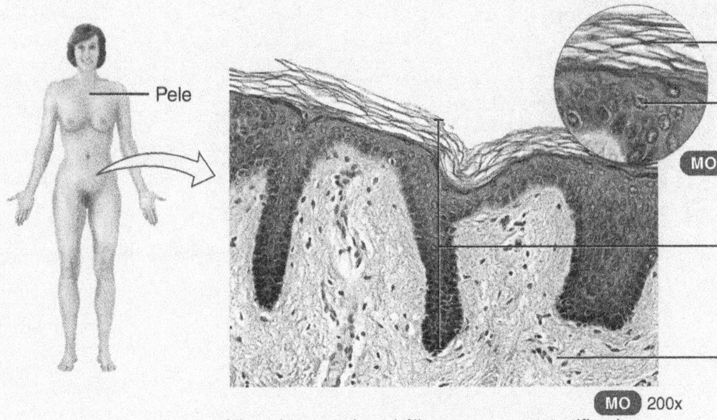

Vista do corte do epitélio escamoso estratificado queratinizado da epiderme

(CONTINUA)

TABELA 4.1 (CONTINUAÇÃO)

Tecidos epiteliais: epitélio de revestimento e cobertura

G. Epitélio cuboide estratificado

Descrição: Tem duas ou mais camadas de células; as células na camada apical têm forma de cubo; é um tipo bastante raro de tecido
Localização: Ductos de glândulas sudoríferas e esofágicas de adultos e parte da uretra masculina
Funções: Proteção e limitadas secreção e absorção

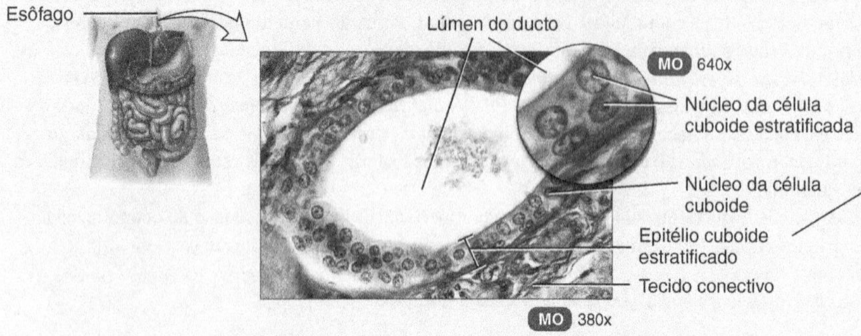

Vista do corte do epitélio cuboide estratificado do ducto de uma glândula esofágica

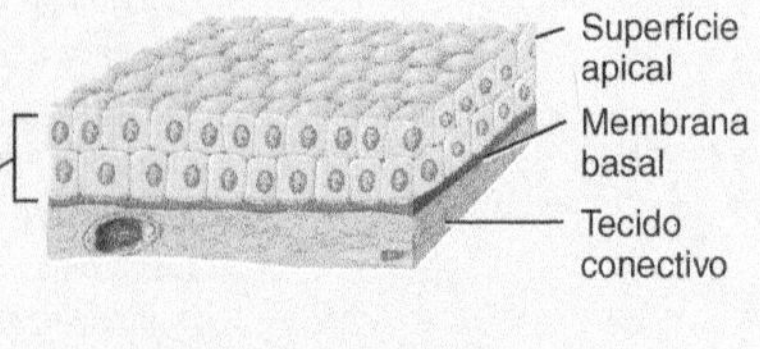

Epitélio cuboide estratificado

H. Epitélio colunar estratificado

Descrição: As camadas basais geralmente consistem em células curtas, de forma irregular; apenas a camada apical tem células colunares; é incomum
Localização: Reveste parte da uretra; os grandes ductos excretores de algumas glândulas, como as glândulas esofágicas; pequenas áreas na túnica mucosa anal; e uma parte da túnica conjuntiva do bulbo do olho
Funções: Proteção e secreção

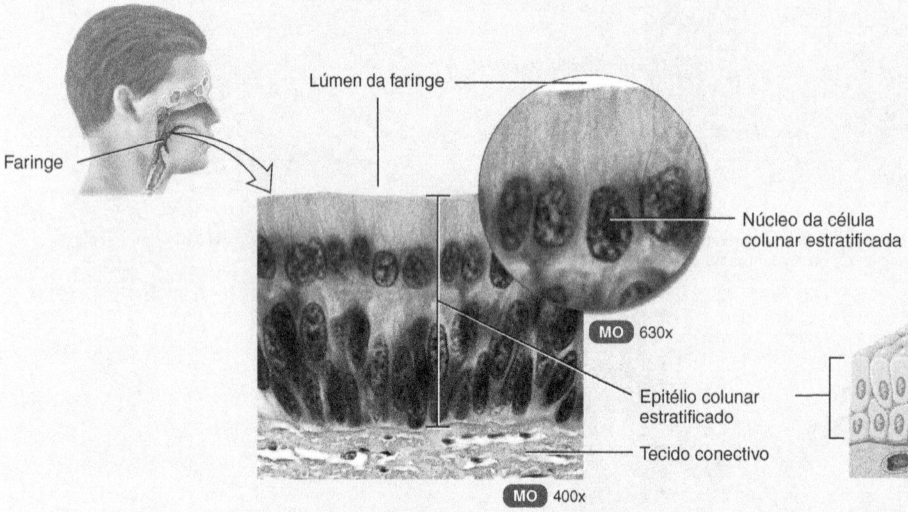

Vista do corte do epitélio colunar estratificado do revestimento da faringe

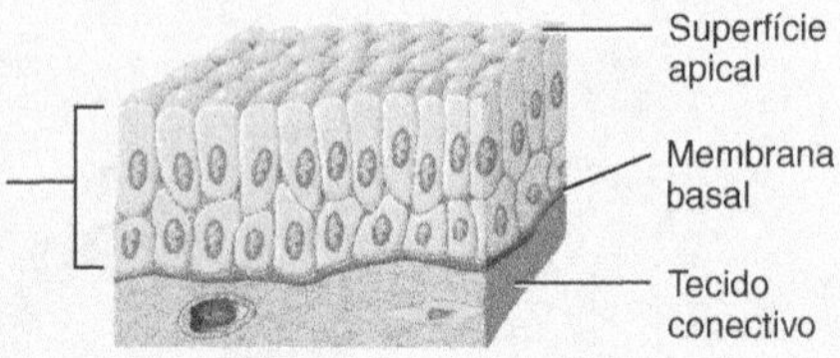

Epitélio colunar estratificado

(CONTINUA)

TABELA 4.1 (CONTINUAÇÃO)

Tecidos epiteliais: epitélio de revestimento e cobertura

I. Epitélio de transição

Descrição: Variável na aparência (transição). No estado relaxado ou natural, é semelhante ao epitélio cuboide estratificado, exceto pelas células da camada apical, que tendem a ser grandes e arredondadas. À medida que o tecido é esticado, as células se tornam mais planas, conferindo-lhes uma aparência de um epitélio escamoso estratificado. Múltiplas camadas e sua elasticidade tornam esse tecido ideal para o revestimento de estruturas ocas (bexiga) sujeitas à expansão de dentro para fora

Localização: Reveste a bexiga e porções dos ureteres e uretra

Função: Permite que órgãos urinários estiquem, preservando o revestimento protetor, enquanto mantêm quantidades variáveis de líquido, sem se romper

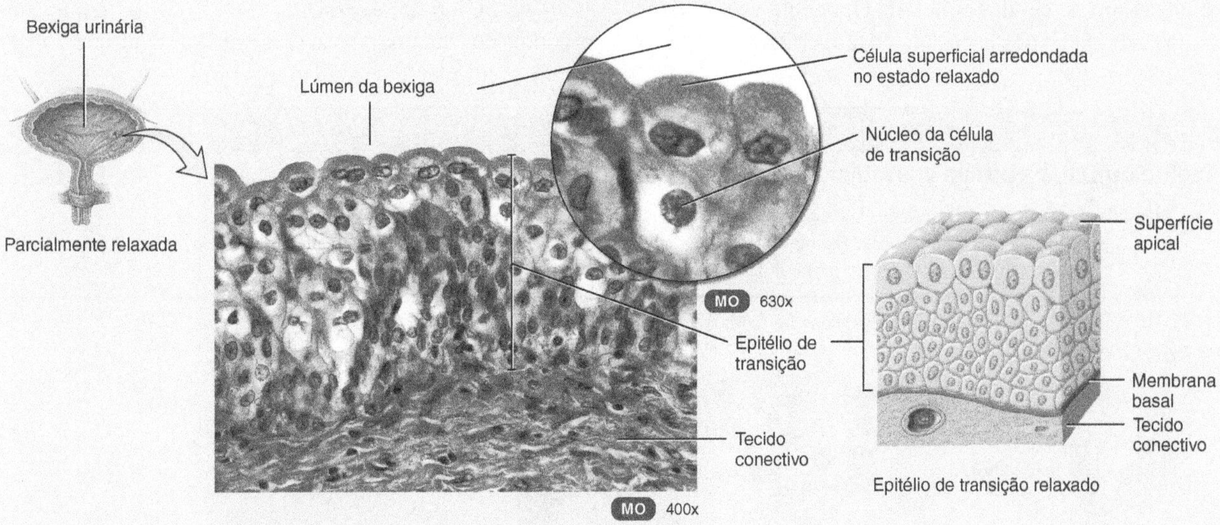

Vista do corte do epitélio de transição da bexiga no estado parcialmente relaxado

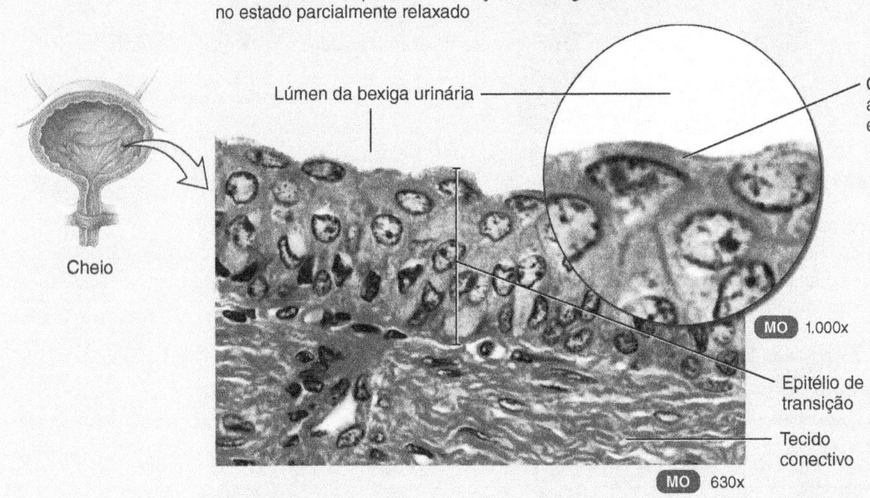

Vista do corte do epitélio de transição da bexiga urinária no estado cheio

te, e uma inserção que identifica um local importante do tecido no corpo. Descrições, localizações e funções dos tecidos acompanham cada ilustração.

Epitélio glandular

A função do epitélio glandular é a secreção, realizada pelas células glandulares que frequentemente se situam em aglomerados profundos ao epitélio de revestimento e cobertura. Uma ***glândula*** pode consistir em uma célula ou em um grupo de células epiteliais altamente especializadas que secretam substâncias nos ductos (tubos), em uma superfície ou no sangue. Todas as glândulas do corpo são classificadas como endócrinas ou exócrinas.

As secreções das ***glândulas endócrinas*** (Tab. 4.2A) entram no líquido intersticial e, em seguida, se difundem na corrente sanguínea, sem fluir por um ducto. Essas secreções, chamadas *hormônios*, regulam muitas atividades metabólicas e fisiológicas para manter a homeostasia. A hipófise, a glândula tireoide e as glândulas suprarrenais são exemplos de glândulas endócrinas. As glândulas endócrinas serão descritas em detalhes no Capítulo 13.

As ***glândulas exócrinas*** (Tab. 4.2B) secretam seus produtos nos ductos, que se esvaziam na superfície do epi-

TABELA 4.2

Tecido epitelial: epitélio glandular

A. Glândulas endócrinas

Descrição: Secreções (hormônios) se difundem no sangue após atravessarem o líquido intersticial
Localização: Exemplos incluem a hipófise na base do encéfalo, a glândula pineal no encéfalo, as glândulas tireoide e paratireoide perto da laringe, as glândulas suprarrenais superiores aos rins, o pâncreas perto do estômago, os ovários na cavidade pélvica, os testículos no escroto e o timo na cavidade torácica
Função: Produzem hormônios que regulam várias atividades corporais

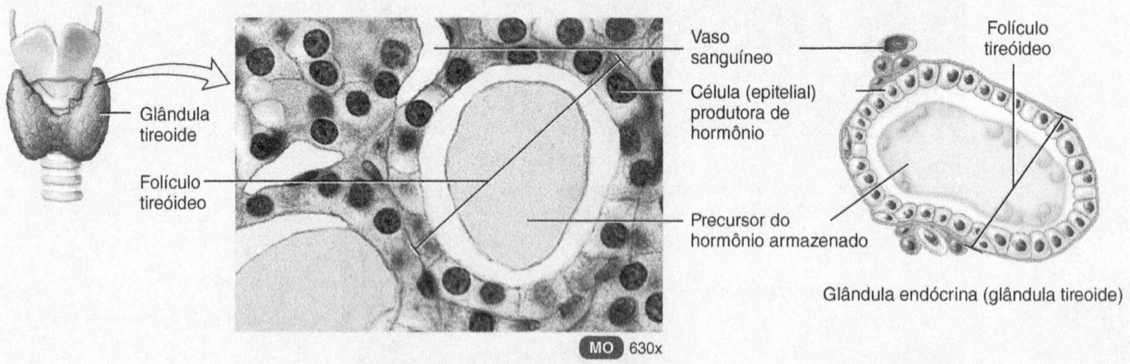

Glândula endócrina (glândula tireoide)

Vista do corte de uma glândula endócrina (glândula tireoide)

B. Glândulas exócrinas

Descrição: Produtos da secreção liberados em ductos
Localização: Glândulas sudoríferas, sebáceas e ceruminosas da pele; glândulas digestivas, como as glândulas salivares, que secretam na cavidade da boca; e o pâncreas, que secreta no intestino delgado
Função: Produzem substâncias como suor, óleo, cerume, saliva ou enzimas digestivas

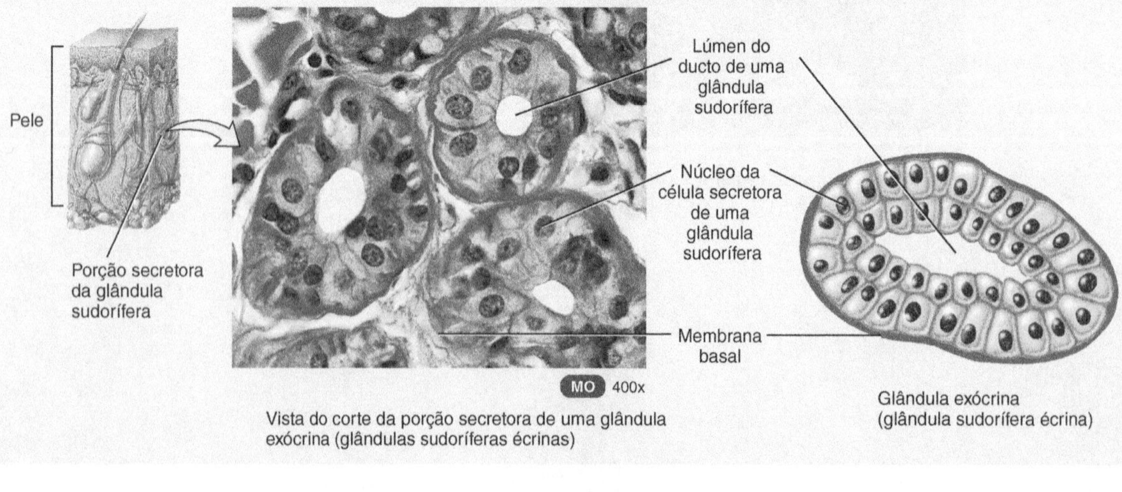

Vista do corte da porção secretora de uma glândula exócrina (glândulas sudoríferas écrinas)

Glândula exócrina (glândula sudorífera écrina)

télio de revestimento, tal como na superfície da pele ou no lúmen (espaço interior) de um órgão oco. As secreções das glândulas exócrinas incluem muco, suor, óleo, cerume, leite, saliva e enzimas digestivas. São exemplos de glândulas exócrinas as glândulas sudoríferas, que produzem o suor para baixar a temperatura corporal, e as glândulas salivares, que secretam muco e enzimas digestivas. Como você verá mais tarde, algumas glândulas do corpo, como pâncreas, ovários e testículos, contêm tanto tecido endócrino quanto exócrino.

CORRELAÇÕES CLÍNICAS | Exame de Papanicolaou

Um **exame de Papanicolaou** inclui a coleta e o exame microscópico de células epiteliais raspadas da camada apical de um tecido. Um tipo muito comum de exame de Papanicolaou inclui o exame das células do epitélio escamoso estratificado não queratinizado da vagina e do colo (porção inferior) do útero. Esse tipo de exame de Papanicolaou é realizado principalmente para detectar alterações iniciais nas células do sistema genital feminino, que podem indicar uma condição pré-cancerosa ou câncer. Na realização de um exame de Papanicolaou, o médico coleta células que, em seguida, são esfoliadas em uma lâmina de vidro para exame ao microscópio. As lâminas são enviadas a um laboratório para análise. Recomenda-se que esse exame de Papanicolaou seja realizado a cada três anos, com início aos 21 anos de idade. Recomenda-se ainda que as mulheres com idade entre 30 e 65 anos realizem o exame de Papanicolaou e de papilomavírus humano (HPV) (coteste) a cada cinco anos ou apenas um exame de Papanicolaou a cada três anos. Mulheres com determinados fatores de risco elevado ou após os 65 anos de idade podem precisar de exames mais frequente. •

TESTE SUA COMPREENSÃO

3. Que características são comuns a todos os tecidos epiteliais?
4. Descreva as várias formas das células e as disposições em camadas do epitélio.
5. Explique como a estrutura dos seguintes tipos de epitélios está relacionada às funções de cada um deles: escamoso simples, cuboide simples, colunar simples (não ciliado e ciliado), colunar pseudoestratificado (não ciliado e ciliado), escamoso estratificado (queratinizado e não queratinizado), cuboide estratificado, colunar estratificado e de transição.

4.3 Tecido conectivo

OBJETIVOS

- Estudar as características gerais do tecido conectivo.
- Descrever a estrutura, localização e função dos vários tipos de tecidos conectivos.

Tecido conectivo é um dos tecidos mais abundantes e mais amplamente distribuídos no corpo. Em suas diversas formas, o tecido conectivo possui uma variedade de funções, unindo, sustentando e reforçando outros tecidos do corpo; protege e isola órgãos internos; compartimentaliza estruturas como músculos esqueléticos; é o principal sistema de transporte dentro do corpo (sangue, um tecido conectivo líquido); é o principal local de armazenamento das reservas de energia (tecido adiposo ou gorduroso); e é a principal fonte de respostas imunológicas.

Características gerais do tecido conectivo

O tecido conectivo consiste em dois elementos básicos: células e matriz extracelular. A ***matriz extracelular*** de um tecido conectivo é o material entre suas células amplamente espaçadas, que consiste em fibras de proteínas e *substância fundamental*, o material entre as células e as fibras. A matriz extracelular é geralmente secretada pelas células do tecido conectivo e determina as qualidades do tecido. Por exemplo, na cartilagem, a matriz extracelular é firme, mas flexível. A matriz extracelular de osso, por outro lado, é dura e inflexível.

Em contraste com os tecidos epiteliais, os tecidos conectivos geralmente não ocorrem na superfície do corpo. Além disso, diferentemente do tecido epitelial, os tecidos conectivos em geral são muito vascularizados, isto é, possuem um suprimento sanguíneo abundante. Exceções incluem cartilagem, que é avascular, e tendões, com um escasso suprimento sanguíneo. Com exceção da cartilagem, os tecidos conectivos, assim como os tecidos epiteliais, possuem suprimento nervoso.

Células do tecido conectivo

Os tipos de células do tecido conectivo variam de acordo com o tecido e incluem os descritos a seguir (Fig. 4.2).

- ***Fibroblastos*** são células planas grandes, com processos ramificados. Estão presentes em diversos tecidos conectivos, e geralmente são os mais numerosos.
- ***Macrófagos*** são fagócitos que se desenvolvem a partir de monócitos, um tipo de leucócito.
- ***Plasmócitos*** são parte importante da resposta imunológica do corpo.
- ***Mastócitos*** participam da resposta inflamatória e também matam bactérias.
- ***Adipócitos*** são células de gordura.

Leucócitos não são normalmente encontrados em número significativo nos tecidos conectivos. Contudo, em resposta a determinadas condições, os leucócitos deixam o sangue e entram nos tecidos conectivos. Por exemplo, os *neutrófilos* se reúnem em locais de infecção, e os *eosi-*

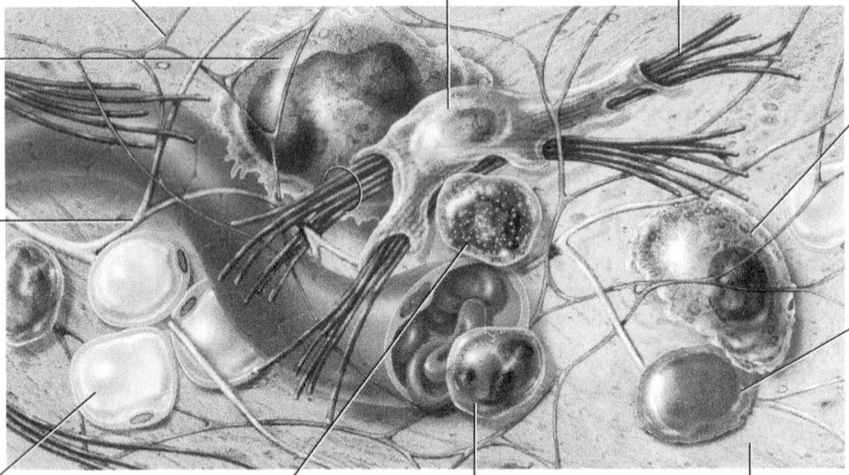

Fibras reticulares
são feitas de colágeno e glicoproteínas. Fornecem sustentação às paredes dos vasos sanguíneos e formam redes ramificadas em torno de várias células (gordura, músculo liso, nervos)
Fibroblastos
são células planas grandes que se movem pelos tecidos conectivos e secretam fibras e substância fundamental
Fibras colágenas
são feixes resistentes e flexíveis da proteína colágeno, a proteína mais abundante no seu corpo
Macrófagos
se desenvolvem a partir de monócitos e digerem bactérias e detritos celulares por fagocitose
Mastócitos
são abundantes ao longo dos vasos sanguíneos. Produzem histamina, que dilata os pequenos vasos sanguíneos durante inflamações e matam bactérias
Fibras elásticas
são fibras extensíveis, mas resistentes, feitas de proteínas, elastina e fibrilina. São encontradas na pele, paredes dos vasos sanguíneos e tecido pulmonar
Plasmócitos
são células pequenas que se desenvolvem a partir de linfócitos B. Secretam anticorpos que atacam e neutralizam substâncias estranhas
Adipócitos
ou células de gordura, armazenam gorduras. Os adipócitos são encontrados abaixo da pele e em torno de órgãos (coração e rins)
Eosinófilos
são leucócitos que migram para locais de infecção parasitária e de respostas alérgicas
Neutrófilos
são leucócitos que migram para locais de infecção e destroem micróbios por fagocitose
Substância fundamental
é o material entre as células e as fibras. É feita de água e moléculas orgânicas (ácido hialurônico, sulfato de condroitina, glucosamina). Sustenta células e fibras, unindo-as, e proporcionado um meio para a troca de substâncias entre o sangue e as células

Qual é a função dos fibroblastos?

Figura 4.2 Células representativas e fibras presentes nos tecidos conectivos.

Os fibroblastos geralmente são as células mais numerosas do tecido conectivo.

nófilos migram para os locais de invasão parasitária e de respostas alérgicas.

Matriz extracelular do tecido conectivo

Com base nos materiais extracelulares específicos entre as células, cada tipo de tecido conectivo possui propriedades exclusivas. A matriz extracelular consiste em uma substância fundamental líquida, gelatinosa ou sólida, mais fibras proteicas.

Substância fundamental

Substância fundamental é o componente do tecido conectivo entre as células e as fibras. Sustenta as células, mantendo-as unidas e fornecendo um meio pelo qual as substâncias são trocadas entre o sangue e as células. A substância fundamental desempenha uma função ativa no desenvolvimento, migração, proliferação e mudança de forma dos tecidos, e na maneira como exercem suas funções metabólicas.

A substância fundamental contém água e uma variedade de moléculas orgânicas grandes, muitas das quais são combinações complexas de polissacarídeos e proteínas. Por exemplo, o polissacarídeo ***ácido hialurônico*** é uma substância escorregadia viscosa que une as células, lubrifica as articulações e ajuda a manter a forma dos bulbos dos olhos. Parece exercer também uma função de auxílio na migração dos fagócitos pelo tecido conectivo, durante o desenvolvimento e o reparo de ferimentos. Os leucócitos, espermatozoides e algumas bactérias produzem *hialuronidase*, uma enzima que decompõe o ácido hialurônico, fazendo com que a substância fundamental do tecido conectivo se torne aquosa. A capacidade de produzir hialuronidase permite que os leucócitos se movam pelos tecidos conectivos para alcançar os locais de infecção e permite que os espermatozoides penetrem o óvulo durante a fertilização. Além disso, é responsável pela forma como as bactérias se difundem pelos tecidos conectivos.

Outra substância fundamental é o polissacarídeo ***sulfato de condroitina***, que fornece sustentação e adesividade aos tecidos conectivos no osso, cartilagem, pele e vasos sanguíneos. A ***glucosamina*** é uma molécula de polissacarídeo-proteína.

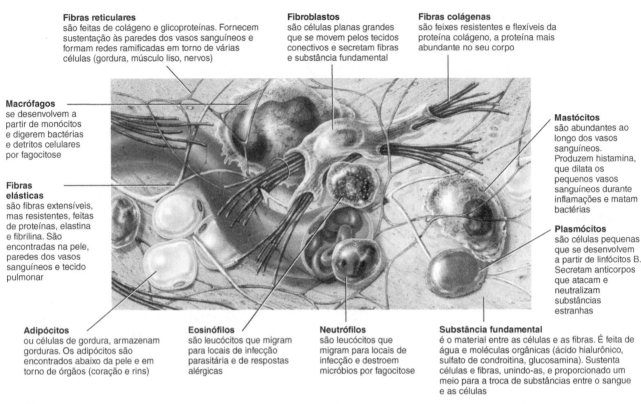

CORRELAÇÃO CLÍNICA | Sulfato de condroitina, glucosamina e doença articular

Nos últimos anos, o **sulfato de condroitina** e a **glucosamina** foram usados como suplementos nutricionais, isoladamente ou em combinação, para promover e manter a estrutura e a função da cartilagem articular, promover alívio da dor decorrente da osteoartrite e reduzir a inflamação da articulação. Embora esses suplementos tenham beneficiado alguns indivíduos com osteoartrite moderada e grave, o benefício é mínimo em casos mais leves. Mais pesquisa é necessária para determinar como atuam e por que ajudam algumas pessoas e outras não. •

Fibras

Fibras, na matriz extracelular, fortalecem e sustentam os tecidos conectivos. Três tipos de fibras são incorporados na matriz extracelular, entre as células: fibras colágenas, fibras elásticas e fibras reticulares.

Fibras colágenas são muito fortes e resistem às forças de tração, mas não são rígidas, o que proporciona flexibilidade ao tecido. Essas fibras com frequência ocorrem em feixes paralelos uns aos outros (Fig. 4.2). A disposição dos feixes confere aos tecidos grande resistência. Quimicamente, as fibras colágenas consistem na proteína ***colágeno***. Esta é a proteína mais abundante do corpo, representando aproximadamente 25% da proteína total. As fibras colágenas são encontradas na maioria dos tipos de tecidos conectivos, em especial ossos, cartilagens, tendões e ligamentos.

CORRELAÇÕES CLÍNICAS | Entorse

A despeito de sua resistência, os ligamentos podem ser exigidos além de sua capacidade normal. Isso resulta em **entorse**, um ligamento distendido ou rompido. A articulação talocrural é a que sofre entorse com mais frequência. Em virtude do seu suprimento sanguíneo deficiente, a cura dos ligamentos, ainda que apenas parcialmente rompidos, é um processo lento; ligamentos completamente rompidos requerem reparo cirúrgico. •

Fibras elásticas, com um diâmetro menor do que as fibras colágenas se ramificam e se unem para formar uma rede dentro de um tecido. Uma fibra elástica consiste em moléculas de uma proteína chamada *elastina*, circundadas por uma glicoproteína chamada *fibrilina*, que é essencial para a estabilidade de uma fibra elástica. As fibras elásticas são fortes, mas só conseguem ser esticadas até uma vez e meia o seu comprimento relaxado, sem se romper. Igualmente importante é a capacidade que as fibras elásticas possuem de retornar à sua forma original após a distensão, uma propriedade chamada *elasticidade*. As fibras elásticas são abundantes na pele, paredes dos vasos sanguíneos e tecido pulmonar.

CORRELAÇÕES CLÍNICAS | Síndrome de Marfan

Síndrome de Marfan é um distúrbio hereditário provocado por um defeito no gene da fibrilina. O resultado é o desenvolvimento anormal das fibras elásticas. Tecidos ricos em fibras elásticas são malformados ou fracos. As estruturas mais gravemente afetadas são a camada de revestimento dos ossos (periósteo), o ligamento que suspende a lente do bulbo do olho e as paredes das grandes artérias. As pessoas com a síndrome de Marfan tendem a ser altas e ter braços, pernas, dedos das mãos e dos pés desproporcionalmente longos. Um sintoma comum é a visão embaçada, provocada pelo deslocamento da lente do bulbo do olho. A complicação mais letal, na síndrome de Marfan, é o enfraquecimento da aorta (a principal artéria que emerge do coração), que se rompe subitamente. •

Fibras reticulares consistindo em *colágeno* e revestimento de glicoproteína fornecem sustentação às paredes dos vasos sanguíneos e formam redes ramificadas ao redor de células adiposas, fibras nervosas e células musculares esqueléticas e lisas. Produzidas pelos fibroblastos, são muito mais finas do que as fibras colágenas. Como as fibras colágenas, as fibras reticulares dão sustentação e força e também formam o estroma (arcabouço de sustentação) de muitos órgãos moles, como o baço e os linfonodos. Essas fibras também ajudam a formar a membrana basal.

Classificação dos tecidos conectivos

Em virtude da diversidade das células e da matriz extracelular e às diferenças em suas proporções relativas, a classificação dos tecidos conectivos não é sempre clara. Oferecemos o seguinte esquema:

I. Tecido conectivo frouxo
- **A.** Tecido conectivo areolar
- **B.** Tecido adiposo
- **C.** Tecido conectivo reticular

II. Tecido conectivo denso
- **D.** Tecido conectivo denso modelado
- **E.** Tecido conectivo denso não modelado
- **F.** Tecido conectivo elástico

III. Cartilagem
- **G.** Cartilagem hialina
- **H.** Fibrocartilagem
- **I.** Cartilagem elástica

IV. Tecido ósseo

V. Tecido conectivo líquido (tecido sanguíneo e linfa)

Tecido conectivo frouxo

As fibras no ***tecido conectivo frouxo*** são frouxamente dispostas entre as muitas células. Os tipos de tecido conectivo frouxo são o tecido conectivo areolar, o tecido adiposo e o tecido conectivo reticular (Tab. 4.3).

CORRELAÇÕES CLÍNICAS | Ácidos graxos na saúde e na doença

Um procedimento cirúrgico chamado **lipoaspiração** ou **lipectomia por sucção** compreende a aspiração de pequenas quantidades de tecido adiposo de várias áreas do corpo. Após a confecção de uma incisão na pele, a gordura é removida por meio de um tubo oco, chamado cânula, com a assistência de uma unidade de pressão a vácuo potente que suga a gordura. A técnica é utilizada como um procedimento para modelar o corpo, em regiões como coxas, nádegas, braços, seios e abdome, e para transferir gordura para outra área do corpo. As complicações pós-cirúrgicas que podem se desenvolver incluem gordura que pode entrar nos vasos sanguíneos que foram rompidos durante o procedimento e obstruir o fluxo sanguíneo, infecção, perda da sensibilidade da área, depleção de líquidos, lesão de estruturas internas e dor pós-operatória intensa. **Criolipólise** ou **escultura a frio** se refere à destruição de células de gordura pela aplicação externa de resfriamento controlado. Uma vez que a gordura cristaliza mais rapidamente do que as células ao redor do tecido adiposo, a temperatura fria mata as células de gordura, poupando danos a células nervosas, vasos sanguíneos, e outras estruturas. Dentro de poucos dias após o procedimento, a apoptose (morte programada geneticamente) começa e dentro de vários meses, as células de gordura são removidas. •

Tecido conectivo denso

Tecido conectivo denso contém fibras mais densas, espessas e numerosas (mais densamente agrupadas), mas com menos células do que o tecido conectivo frouxo. Há três tipos: tecido conectivo denso modelado, tecido conectivo denso não modelado e tecido conectivo elástico (Tab. 4.4).

TABELA 4.3

Tecidos conectivos: tecido conectivo frouxo

A. Tecido conectivo areolar

Descrição: Um dos tecidos conectivos mais amplamente distribuídos; constituído por fibras (colágenas, elásticas e reticulares) dispostas aleatoriamente e por vários tipos de células (fibroblastos, macrófagos, plasmócitos, mastócitos, adipócitos e alguns leucócitos) embebidas em uma substância fundamental semifluida. Combinado ao tecido adiposo, o tecido conectivo areolar forma a *tela subcutânea*, a camada de tecido que liga a pele aos tecidos e aos órgãos subjacentes

Localização: Dentro e em torno de quase toda a estrutura corporal (assim chamado de "material de embalagem" do corpo); tela subcutânea profunda da pele; região superficial da derme da pele; camada de tecido conectivo das túnicas mucosas; e em torno de vasos sanguíneos, nervos e órgãos do corpo

Funções: Força, elasticidade e sustentação

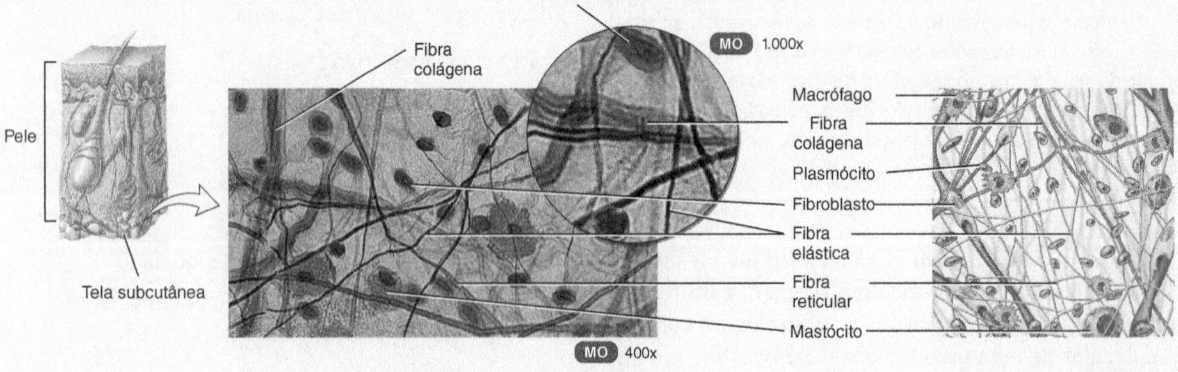

Vista do corte do tecido conectivo areolar subcutâneo

Tecido conectivo areolar

(CONTINUA)

TABELA 4.3 (CONTINUAÇÃO)

Tecidos conectivos: tecido conectivo frouxo

B. Tecido adiposo

Descrição: Possui células chamadas ***adipócitos*** especializadas no armazenamento de triglicerídeos (gorduras). Como a célula é preenchida com uma única grande gotícula de triglicerídeo, o citoplasma e o núcleo são empurrados para a periferia da célula. À medida que a quantidade de tecido adiposo aumenta com o ganho de peso, novos vasos sanguíneos se formam. Assim, uma pessoa obesa tem muito mais vasos sanguíneos do que uma pessoa magra, uma situação que pode elevar a pressão sanguínea, uma vez que o coração precisa trabalhar mais

Localização: Onde quer que o tecido conectivo areolar esteja localizado; tela subcutânea profunda à pele, ao redor do coração e dos rins, medula óssea amarela e o coxim em torno de articulações, e por trás do bulbo do olho na órbita

Funções: Reduz a perda de calor através da pele, serve como reserva energética, sustenta e protege órgãos

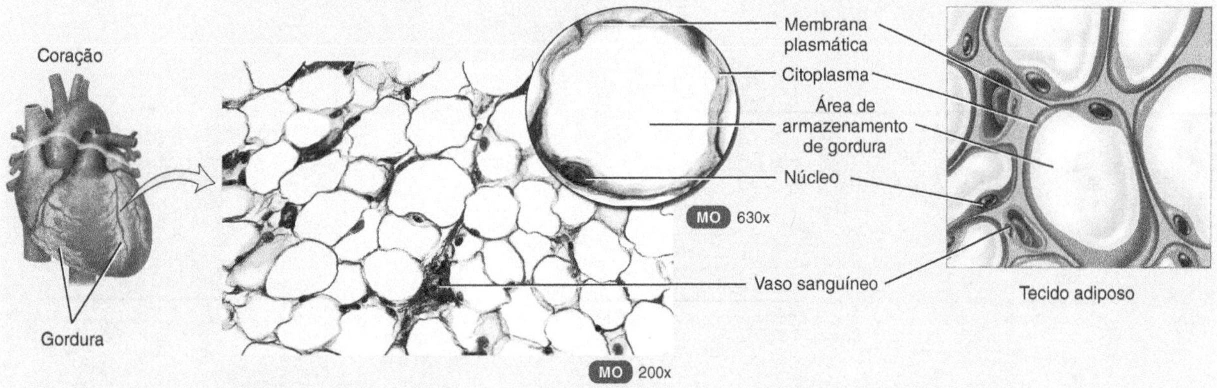

Vista do corte do tecido adiposo, mostrando adipócitos e detalhes de um adipócito.

C. Tecido conectivo reticular

Descrição: Rede entrelaçada fina de *fibras reticulares* (forma fina de fibras colágenas) e células reticulares

Localização: *Estroma* (estrutura de sustentação) do fígado, baço e linfonodos; medula óssea vermelha, que dá origem às células sanguíneas; parte da membrana basal; e em torno de vasos sanguíneos e músculos

Funções: Forma o estroma de órgãos; une as células do tecido muscular liso; filtra e remove células sanguíneas desgastadas no baço e micróbios nos linfonodos

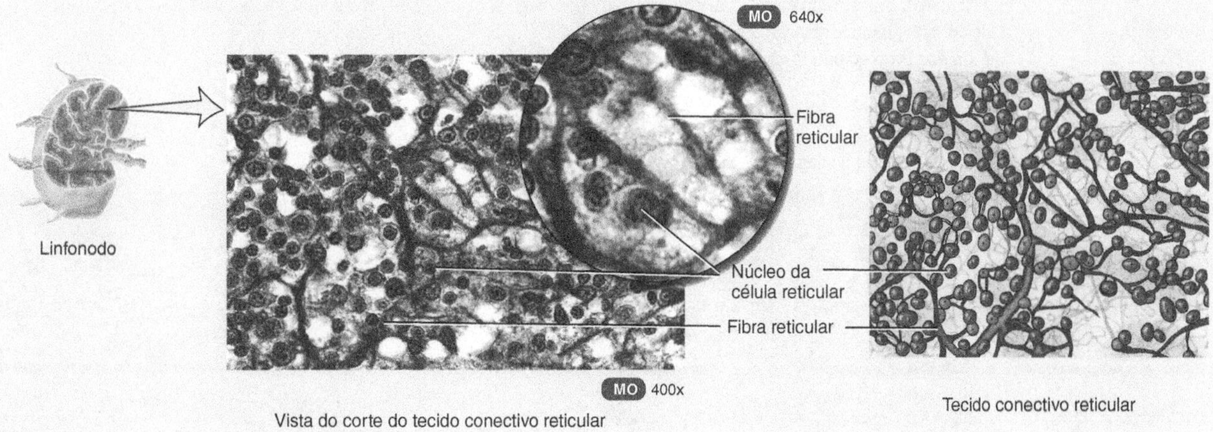

Vista do corte do tecido conectivo reticular de um linfonodo

TABELA 4.4

Tecidos conectivos: tecido conectivo denso

A. Tecido conectivo denso modelado

Descrição: A matriz extracelular tem aparência branca e brilhante; o tecido consiste principalmente em fibras colágenas regularmente dispostas em feixes; fibroblastos estão presentes em fileiras entre os feixes. Fibras de colágeno não são células vivas, mas estruturas de proteínas secretadas por fibroblastos; assim, tendões e ligamentos danificados cicatrizam lentamente

Localização: Forma *tendões* (fixam os músculos aos ossos), a maioria dos *ligamentos* (fixam os ossos a outros ossos) e *aponeurose* (tendões laminados que fixam músculos a outros músculos ou ossos)

Função: Proporciona forte ligação entre várias estruturas. A estrutura do tecido resiste à tração (tensão) em toda a extensão do eixo longo das fibras

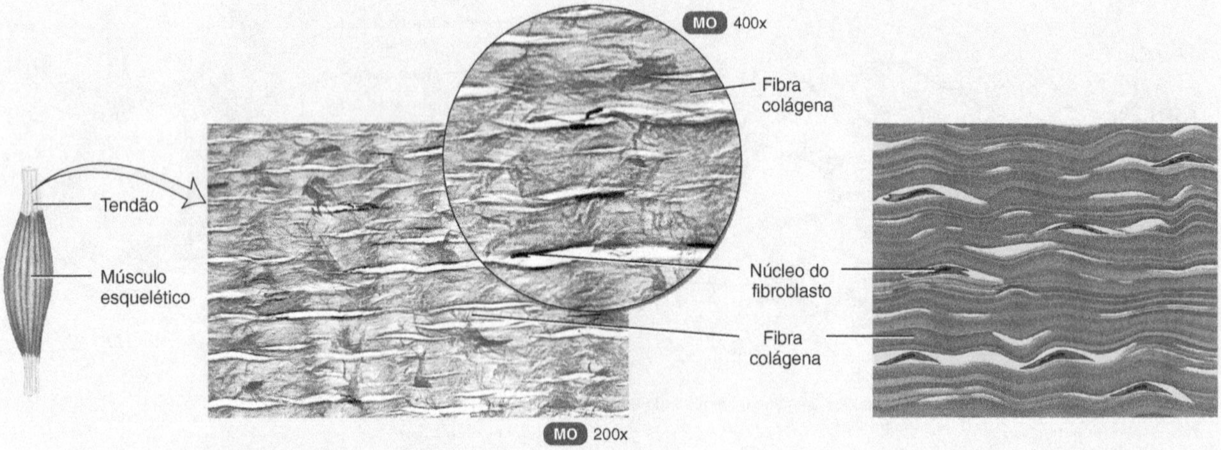

Vista do corte do tecido conectivo denso modelado de um tendão

Tecido conectivo denso modelado

B. Tecido conectivo denso não modelado

Descrição: Consiste predominantemente em fibras colágenas dispostas aleatoriamente e poucos fibroblastos

Localização: Está presente com frequência em bainhas, como *fáscia* (tecido debaixo da pele e ao redor de músculos e outros órgãos), região mais profunda da derme da pele, periósteo de osso, pericôndrio de cartilagem, cápsulas articulares, cápsulas de membrana em torno de vários órgãos (rins, fígado, testículos, gânglios linfáticos), pericárdio do coração; também em valvas cardíacas

Função: Proporciona força de tensão (tracionando) em muitas direções

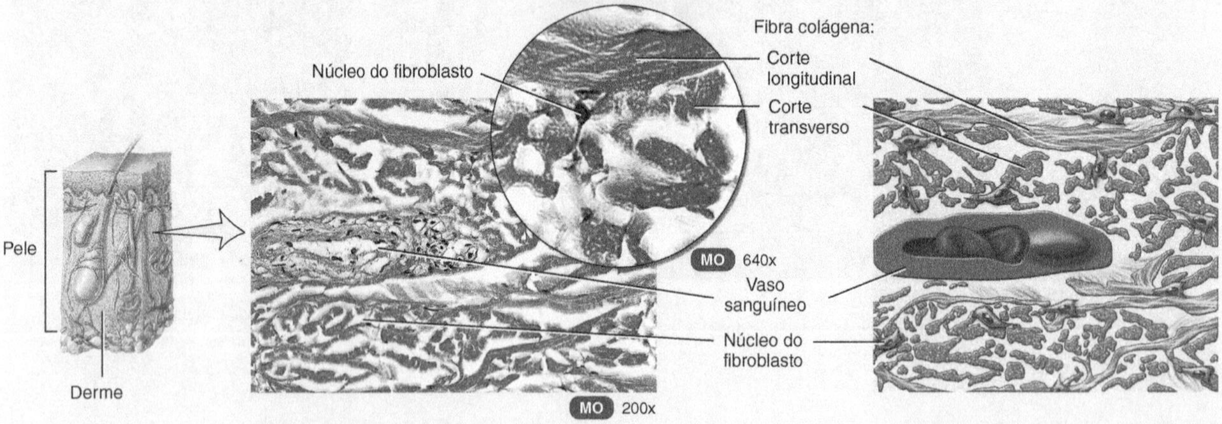

Vista do corte do tecido conectivo denso não modelado da região reticular da derme

Tecido conectivo denso não modelado

(CONTINUA)

TABELA 4.4 (CONTINUAÇÃO)

Tecidos conectivos: tecido conectivo denso

C. Tecido conectivo elástico	*Descrição:* Consiste predominantemente em fibras elásticas; fibroblastos estão presentes nos espaços entre as fibras. O tecido sem mancha é amarelado *Localização:* Tecido pulmonar, parede de artérias elásticas, traqueia, brônquios, pregas vocais verdadeiras, ligamento suspensor do pênis e ligamentos entre as vértebras *Funções:* Permite o alongamento de vários órgãos; é resistente e retorna à forma original após ser estirado. A elasticidade é importante para o funcionamento normal do tecido pulmonar, que retorna à sua forma original quando você expira, e para as artérias elásticas, cujo retorno à forma normal entre os batimentos cardíacos, ajuda a manter o fluxo sanguíneo

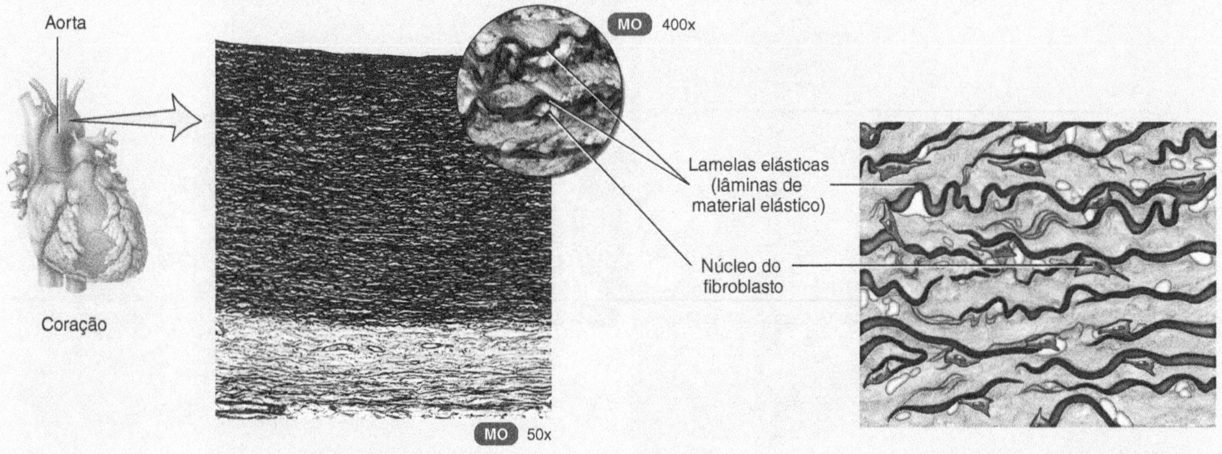

Vista do corte do tecido conectivo elástico da aorta

Tecido conectivo elástico

Cartilagem

Cartilagem consiste em uma rede densa de fibras colágenas ou elásticas firmemente incorporadas no sulfato de condroitina, um componente em forma de gel da substância fundamental. A cartilagem suporta consideravelmente mais estresse do que os tecidos conectivos frouxo e denso. A resistência da cartilagem se deve às suas fibras colágenas, e sua *resiliência* (capacidade em voltar à sua forma original após deformação) se deve ao sulfato de condroitina.

As células da cartilagem madura, chamadas ***condrócitos***, ocorrem isoladamente ou em grupos dentro de espaços, chamados ***lacunas***, na matriz extracelular. A maior parte da superfície da cartilagem está rodeada por uma membrana de tecido conectivo denso não modelado chamado ***pericôndrio***. Ao contrário de outros tecidos conectivos, a cartilagem não possui vasos sanguíneos ou nervos, exceto no pericôndrio. A cartilagem não apresenta um suprimento sanguíneo, porque secreta um *fator antiangiogênese*, uma substância que impede o crescimento de vasos sanguíneos. Em razão dessa propriedade, o fator antiangiogênese é estudado como um possível tratamento contra o câncer para impedir que células cancerosas promovam o crescimento de novos vasos sanguíneos, o que favorece a rápida velocidade de divisão e expansão das células cancerosas. Como a cartilagem não possui suprimento sanguíneo, o restabelecimento após uma lesão é deficiente. Os três tipos de cartilagem são cartilagem hialina, fibrocartilagem e cartilagem elástica (Tab. 4.5).

Tecido ósseo

Ossos são órgãos compostos por vários tecidos conectivos diferentes, incluindo ***osso*** ou *tecido ósseo*. O tecido ósseo tem várias funções. Sustenta tecidos moles, protege estruturas delicadas e trabalha com os músculos esqueléticos para gerar movimentos. O osso armazena cálcio e fósforo; estoca medula óssea vermelha, que produz células sanguíneas; e aloja medula óssea amarela, um local de armazenamento de triglicerídeos. Os detalhes do tecido ósseo são apresentados no Capítulo 6.

Tecido conectivo líquido

Um ***tecido conectivo líquido*** possui líquido como sua matriz extracelular. Exemplos são o tecido sanguíneo e a linfa.

TECIDO SANGUÍNEO. ***Tecido sanguíneo*** (ou simplesmente *sangue*) é um tecido conectivo com uma matriz extra-

TABELA 4.5

Tecidos conectivos: cartilagem

A. Cartilagem hialina

Descrição: Contém um gel resistente como a substância fundamental e aparece no corpo como uma substância brilhante, de coloração branco-azulada (se cora de rosa ou roxo quando preparada para exame microscópico). Fibras colágenas finas não são visíveis com técnicas comuns de coloração; condrócitos proeminentes são encontrados em lacunas. É cercado por pericôndrio (exceções: cartilagem articular e lâminas epifisárias, nas quais os ossos crescem à medida que a pessoa se desenvolve); é o tipo de cartilagem mais abundante no corpo

Localização: Extremidades dos ossos longos, extremidades anteriores das costelas, nariz, partes da laringe, traqueia, brônquios e esqueletos embrionário e fetal

Funções: Fornece faces lisas para o movimento nas articulações, bem como flexibilidade e sustentação; é o tipo mais fraco de cartilagem (passível de fratura)

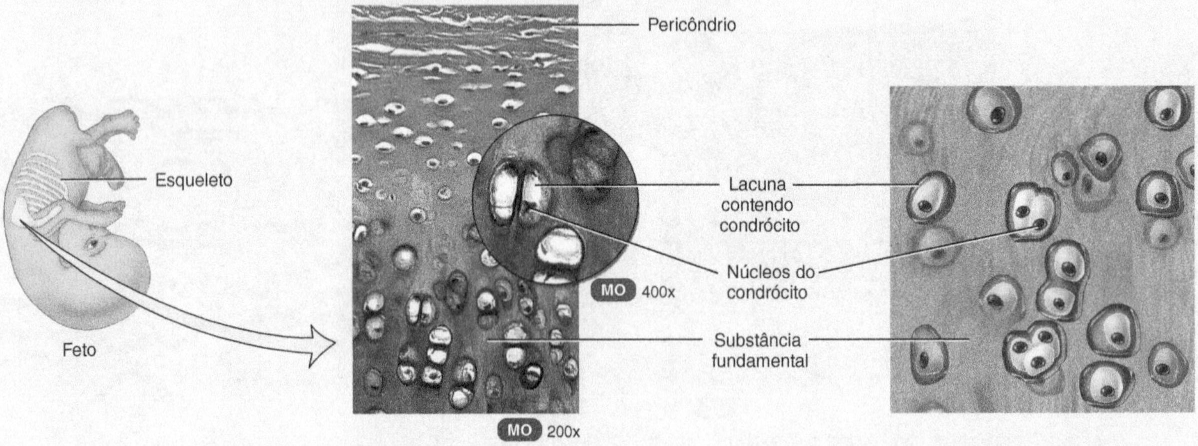

Vista do corte da cartilagem hialina de um osso fetal em desenvolvimento

Cartilagem hialina

B. Fibrocartilagem

Descrição: Consiste em condrócitos dispersos entre feixes espessos claramente visíveis de fibras de colágeno dentro da matriz extracelular; não possui pericôndrio

Localização: *Sínfise púbica* (ponto no qual os ossos do quadril se articulam anteriormente), *discos intervertebrais* (discos entre as vértebras), *menisco* (coxins de cartilagem) do joelho e porções de tendões que se inserem na cartilagem

Funções: Sustentação e união de estruturas. Sua força e rigidez a tornam o tipo mais forte de cartilagem

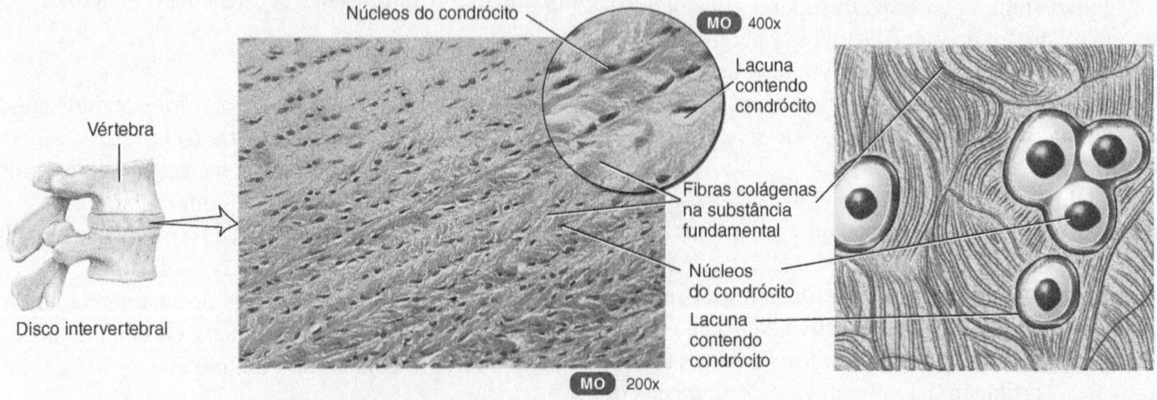

Vista do corte de fibrocartilagem do disco intervertebral

Fibrocartilagem

(CONTINUA)

TABELA 4.5 (CONTINUAÇÃO)

Tecidos conectivos: cartilagem

C. Cartilagem elástica

Descrição: Consiste em condrócitos localizados em uma rede filiforme de fibras elásticas no interior da matriz extracelular

Localização: Cobertura na parte superior da laringe (epiglote), orelha externa e tubas auditivas (de Eustáquio).

Funções: Proporciona resistência e elasticidade; mantém a forma de determinadas estruturas

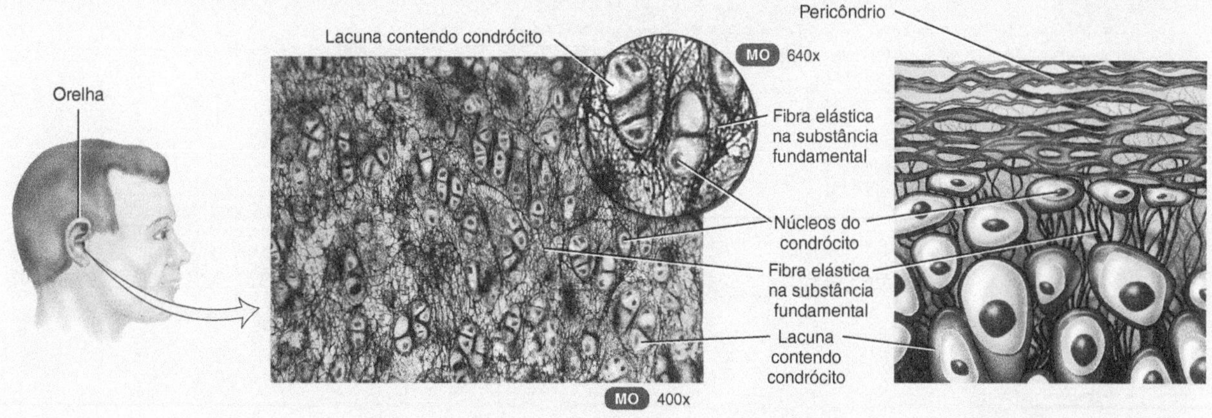

Vista do corte da cartilagem elástica da orelha

Cartilagem elástica

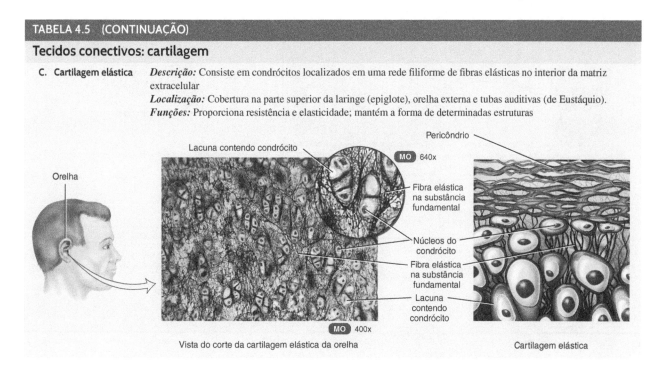

celular líquida chamada ***plasma sanguíneo***, um líquido amarelo-pálido que consiste principalmente em água, com uma ampla variedade de substâncias dissolvidas: nutrientes, resíduos, enzimas, hormônios, gases respiratórios e íons. Suspensos no plasma estão eritrócitos, leucócitos e plaquetas. ***Eritrócitos*** transportam oxigênio para as células do corpo e removem o gás carbônico das células. ***Leucócitos*** atuam na fagocitose, imunidade e reações alérgicas. ***Plaquetas*** participam da coagulação sanguínea. Os detalhes sobre o sangue são considerados no Capítulo 14.

LINFA. ***Linfa*** é um líquido que flui nos vasos linfáticos. É um tecido conectivo que consiste de vários tipos de células em uma matriz extracelular clara, semelhante ao plasma sanguíneo, mas com muito menos proteínas. Os detalhes sobre a linfa são abordados no Capítulo 17.

TESTE SUA COMPREENSÃO

6. Quais são as características das células, substância fundamental e fibras que compõem o tecido conectivo?
7. Aponte a relação entre as estruturas dos seguintes tecidos conectivos com suas funções: tecido conectivo areolar, tecido adiposo, tecido conectivo reticular, tecido conectivo denso modelado, tecido conectivo denso não modelado, tecido conectivo elástico, cartilagem hialina, fibrocartilagem, cartilagem elástica, tecido ósseo, tecido sanguíneo e linfa.

4.4 Membranas

OBJETIVOS

- Definir uma membrana.
- Descrever a classificação das membranas.

Membranas (Fig. 4.3) são lâminas planas de tecido flexível que recobrem ou revestem uma parte do corpo. A combinação de uma camada epitelial e uma camada de tecido conectivo subjacente constitui uma ***membrana epitelial***. As principais membranas epiteliais do corpo são as túnicas mucosas, túnicas serosas e tegumento comum ou pele. (Pele não será estudada neste capítulo, pois será apresentada em detalhes no capítulo 5.) Outro tipo de membrana, a membrana sinovial, reveste articulações e contém tecido conectivo, mas sem epitélio.

Túnicas mucosas

Uma ***túnica mucosa*** ou *mucosa* reveste uma cavidade do corpo que se abre diretamente para o exterior. As túnicas mucosas revestem todo o sistema digestório, respiratório e genital, e a maior parte do sistema urinário. A camada epitelial de uma túnica mucosa secreta muco, impedindo que as cavidades ressequem (Fig. 4.3a). Além disso, captura partículas nas vias respiratórias; lubrifica e absorve alimentos, à medida que estes se movem pelo trato gastrintestinal; e secreta enzimas digestivas. A camada de tecido conectivo (tecido conectivo areolar) ajuda a fixar o epitélio às estruturas subjacentes, suprindo o epi-

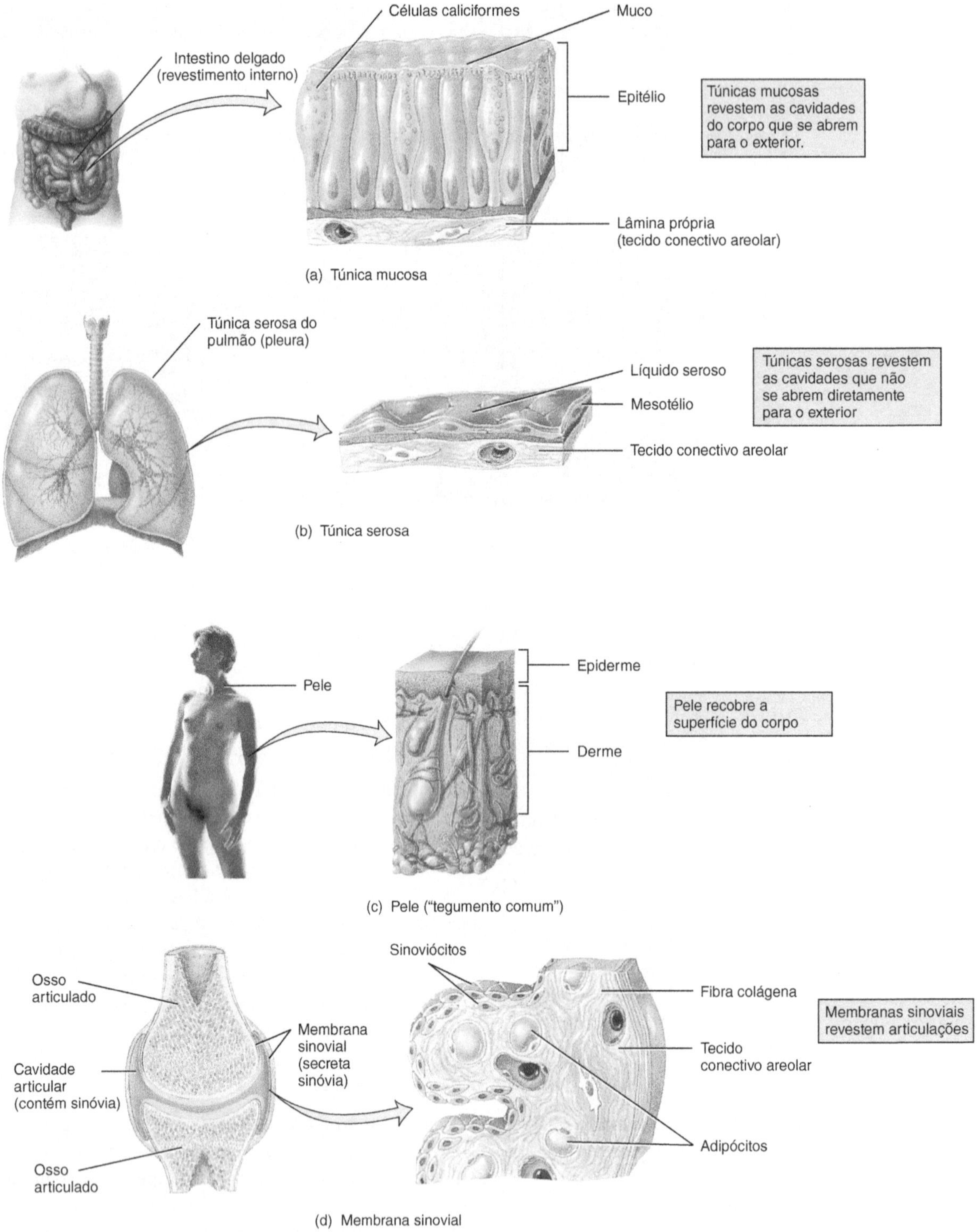

O que é uma membrana epitelial?

Figura 4.3 Membranas.

Uma membrana é uma lâmina plana de tecido flexível que recobre ou reveste uma parte do corpo.

télio com oxigênio e nutrientes e remove os resíduos, via vasos sanguíneos.

Túnicas serosas

Uma ***túnica serosa*** reveste uma cavidade do corpo que não se abre diretamente para o exterior e também recobre órgãos situados dentro da cavidade. Lembre-se que as túnicas serosas consistem em duas partes: uma camada parietal e uma camada visceral (ver Fig. 1.10a). A ***camada parietal*** é a parte presa à parede da cavidade, e a ***camada visceral*** é a parte que recobre e adere aos órgãos dentro dessas cavidades. Cada camada consiste em tecido conectivo areolar recoberto por mesotélio (Fig. 4.3b). Mesotélio é um epitélio escamoso simples, que secreta ***líquido seroso***, um líquido aquoso lubrificante que permite aos órgãos deslizarem facilmente uns sobre os outros ou contra as paredes das cavidades.

Lembre-se do Capítulo 1, no qual a túnica serosa que reveste a cavidade torácica e recobre os pulmões é a ***pleura***. A túnica serosa que reveste e recobre o coração é o ***pericárdio***. A túnica serosa que reveste a cavidade abdominal e recobre os órgãos abdominais é o ***peritônio***.

Membranas sinoviais

Membranas sinoviais revestem as cavidades de algumas articulações. São compostas por tecido conectivo areolar e tecido adiposo com fibras colágenas, e não apresentam uma camada epitelial (Fig. 4.3d). Membranas sinoviais contêm células (sinoviócitos) que secretam ***sinóvia***. Este líquido lubrifica as extremidades dos ossos, à medida que se movem nas articulações, nutre a cartilagem que recobre os ossos e remove micróbios e resíduos da cavidade articular.

TESTE SUA COMPREENSÃO

8. Defina os seguintes tipos de membranas: mucosa, serosa, cutânea e sinovial.
9. Onde cada tipo de membrana está localizado no corpo? Quais são as suas funções?

4.5 Tecido muscular

OBJETIVOS

- Descrever as funções do tecido muscular.
- Comparar as localizações dos três tipos de tecido muscular.

Tecido muscular consiste em células alongadas, chamadas *fibras musculares*, que são extremamente especializadas na produção de força. Como resultado dessa característica, o tecido muscular produz movimento, mantém a postura e gera calor, além de oferecer proteção. Com base em sua localização e em determinadas características estruturais e funcionais, o tecido muscular é classificado em três tipos: esquelético, cardíaco e liso. ***Tecido muscular esquelético*** é assim nomeado em virtude de sua localização – geralmente fixado aos ossos do esqueleto. ***Tecido muscular cardíaco*** forma a parte principal da parede do coração. ***Tecido muscular liso*** está localizado nas paredes de estruturas internas ocas, como vasos sanguíneos, vias respiratórias para os pulmões, estômago, intestinos, vesícula biliar e bexiga urinária. Os detalhes do tecido muscular são apresentados no Capítulo 8.

TESTE SUA COMPREENSÃO

10. Quais são as funções do tecido muscular?
11. Cite os três tipos de tecido muscular.

4.6 Tecido nervoso

OBJETIVO

- Descrever as funções do tecido nervoso.

Apesar da impressionante complexidade do sistema nervoso, este consiste em apenas dois tipos principais de células: neurônios e neuróglia. ***Neurônios*** ou *células nervosas* são sensíveis a vários estímulos. Convertem estímulos em impulsos nervosos (potenciais de ação) e conduzem esses impulsos a outros neurônios, fibras musculares ou glândulas. ***Neuróglia*** não gera ou conduz impulsos nervosos, mas desempenha muitas outras funções de apoio. A estrutura e as funções detalhadas dos neurônios e da neuróglia são consideradas no Capítulo 9.

TESTE SUA COMPREENSÃO

12. Como os neurônios diferem da neuróglia?

4.7 Reparo dos tecidos: restauração da homeostasia

OBJETIVO

- Descrever a função do reparo dos tecidos na restauração da homeostasia.

Reparo dos tecidos é o processo que substitui células desgastadas, danificadas ou mortas. Novas células se originam, por divisão celular do ***estroma***, tecido conectivo de sustentação, ou do ***parênquima***, células que constituem a parte funcional do tecido ou do órgão. Nos adultos, cada um dos quatro tipos básicos de tecidos (epitelial, conectivo, muscular e nervoso) tem capacidade diferente para a reposição de células do parênquima perdidas decorrente de lesão, doença ou outros processos.

As células epiteliais, que suportam considerável desgaste (e, até mesmo, lesão) em algumas localizações, possuem capacidade contínua de renovação. Em alguns casos, células imaturas, indiferenciadas, chamadas ***células-tronco***, se dividem para substituir as células perdidas ou danificadas. Por exemplo, células-tronco se alojam em locais protegidos nos epitélios da pele e no trato gastrintestinal para repor células descamadas da camada apical.

Alguns tecidos conectivos também possuem capacidade contínua de renovação. Um dos exemplos é o osso, que tem um amplo suprimento sanguíneo. Outros tecidos conectivos, como a cartilagem, repõem células com menos facilidade, em parte, em virtude do suprimento sanguíneo precário.

O tecido muscular possui uma capacidade relativamente menor de renovar as células perdidas. As fibras musculares cardíacas são produzidas a partir de células-tronco, sujeitas a condições especiais (ver Seção 24.1). O tecido muscular esquelético não se divide com rapidez suficiente para substituir fibras musculares extensamente danificadas. As fibras musculares lisas proliferam até certo ponto, mas o fazem muito mais lentamente do que as células dos tecidos epitelial ou conectivo.

O tecido nervoso apresenta a menor capacidade de renovação. Embora experimentos revelem a presença de algumas células-tronco no encéfalo, normalmente não sofrem mitose para substituir neurônios danificados.

Se as células do parênquima realizarem o reparo, a ***regeneração do tecido*** será possível e poderá ocorrer uma reconstrução quase perfeita do tecido danificado. Contudo, se os fibroblastos do estroma estiverem ativos no reparo, o tecido substituído será um novo tecido conectivo. Os fibroblastos sintetizam colágeno e outros materiais da matriz extracelular, que se agregam para formar tecido cicatricial, um processo conhecido como ***fibrose***. Como o tecido cicatricial não é especializado na execução das funções do tecido parenquimatoso, a função original do tecido ou órgão será prejudicada.

CORRELAÇÕES CLÍNICAS | Aderências

O tecido cicatricial forma **aderências**, junção anormal de tecidos. As aderências geralmente se formam no abdome, em torno de um local de inflamação prévia, como um apêndice inflamado, e podem se desenvolver após uma cirurgia. Embora as aderências nem sempre provoquem problemas, diminuem a flexibilidade tecidual, provocam obstrução (como no intestino) e tornam uma operação subsequente mais difícil. A remoção cirúrgica das aderências pode ser necessária. •

TESTE SUA COMPREENSÃO

13. Como se diferenciam os reparos de um tecido a partir do estroma e do parênquima?

4.8 Envelhecimento e tecidos

OBJETIVO

- Descrever os efeitos do envelhecimento sobre os tecidos.

Geralmente, os tecidos se restabelecem com mais rapidez e deixam cicatrizes menos óbvias nos mais jovens do que nos mais idosos. De fato, a cirurgia executada em fetos não deixa cicatrizes. O corpo mais jovem, em geral, está em melhor estado nutricional, seus tecidos têm melhor suprimento sanguíneo, e suas células têm uma taxa metabólica mais elevada. Assim, as células sintetizam os materiais necessários e se dividem com mais rapidez.

Os componentes extracelulares dos tecidos também mudam com a idade. A glicose, o açúcar mais abundante no corpo, exerce uma função no processo de envelhecimento. A glicose é casualmente adicionada a proteínas dentro e fora das células, formando ligações cruzadas irreversíveis entre as moléculas de proteínas adjacentes. Com o avanço da idade, mais ligações cruzadas se formam, o que contribui para o enrijecimento e para a perda da elasticidade que ocorre nos tecidos envelhecidos. As fibras colágenas, responsáveis pela resistência dos tendões, aumentam em quantidade e mudam em qualidade com o envelhecimento. A elastina, outro componente extracelular, é responsável pela elasticidade dos vasos sanguíneos e da pele. Com a idade, se torna espessa, se fragmenta e adquire maior afinidade por cálcio – mudanças que podem estar associadas também com o desenvolvimento de aterosclerose, o depósito de materiais gordurosos nas paredes arteriais.

TESTE SUA COMPREENSÃO

14. Que mudanças comuns ocorrem nos tecidos epitelial e conectivo, com o envelhecimento?

• • •

Agora que você tem uma maior compreensão dos tecidos, veremos a organização dos tecidos em órgãos e dos órgãos em sistemas. No próximo capítulo, consideraremos de que modo a pele e outros órgãos funcionam como componentes do tegumento comum.

DISTÚRBIOS COMUNS

Síndrome de Sjögren

A ***síndrome de Sjögren*** é um distúrbio autoimune comum que provoca inflamação e destruição de glândulas exócrinas, especialmente das glândulas lacrimais e salivares. Os sinais incluem secura dos olhos, boca, nariz, orelhas, pele e vagina, e aumento das glândulas salivares. Os efeitos sistêmicos incluem fadiga, artrite, dificuldade de deglutição, pancreatite (inflamação do pâncreas), pleurite (inflamação da pleura dos pulmões) e dores muscular e articular. O distúrbio afeta mais mulheres do que homens, em uma proporção de 9:1. Aproximadamente 20% dos adultos mais velhos experimentam alguns sinais da síndrome de Sjögren. O tratamento é de apoio e inclui usar de lágrimas artificiais para umedecer os olhos, ingerir pequenos goles de líquidos, mascar chicletes sem açúcar, usar um substituto da saliva para umedecer a boca e aplicar cremes hidratantes para a pele. Se os sintomas ou complicações forem graves, medicamentos poderão ser utilizados. Estes incluem colírios de ciclosporina, pilocarpina para aumentar a produção de saliva, imunossupressores, anti-inflamatórios não esteroides e corticosteroides.

Lúpus eritematoso sistêmico

Lúpus eritematoso sistêmico (**LES**) ou simplesmente *lúpus*, é uma doença inflamatória crônica do tecido conectivo, que ocorre principalmente em mulheres negras durante a idade fértil. É uma doença autoimune que provoca lesão tecidual em todos os sistemas do corpo. A doença varia de uma condição leve, na maioria dos pacientes, a uma doença rapidamente fatal, sendo marcada por períodos de exacerbação e remissão. Embora a causa do LES seja desconhecida, fatores genéticos, ambientais e hormonais estão implicados. O componente genético é proposto por estudos em gêmeos e história familiar. Fatores ambientais incluem vírus, bactérias, substâncias químicas, drogas, exposição à luz solar excessiva e estresse emocional. Os hormônios sexuais, como os estrogênios, também podem desencadear o LES.

Sinais e sintomas do LES incluem dores articulares, febre baixa, fadiga, úlceras na boca, perda de peso, aumento dos linfonodos e do baço, sensibilidade à luz solar, perda rápida de grandes quantidades de cabelo e perda do apetite. Uma característica distintiva do LES é uma erupção no dorso do nariz e nas bochechas, chamada de "erupção em asa de borboleta". Outras lesões de pele podem ocorrer, incluindo bolhas e ulcerações. Considera-se que a natureza erosiva de algumas lesões de pele, no LES, se assemelha à lesão provocada pela mordida de lobo – daí o nome *lúpus* (lobo). As complicações mais graves da doença incluem inflamação de rins, fígado, baço, pulmões, coração, encéfalo e trato gastrintestinal. Como não há cura para o LES, o tratamento é de apoio, incluindo fármacos anti-inflamatórios, como o ácido acetilsalicílico, e fármacos imunossupressores.

TERMINOLOGIA E CONDIÇÕES MÉDICAS

Rejeição tecidual Resposta imunológica do corpo dirigida a proteínas estranhas em um tecido ou órgão transplantado; fármacos imunossupressores, como a ciclosporina, superam amplamente a rejeição tecidual nos pacientes de transplantes de coração, rim e fígado.

Transplante de tecido Substituição de um tecido ou órgão doente ou danificado; os transplantes mais bem-sucedidos incluem o uso dos próprios tecidos da pessoa ou os de um gêmeo idêntico.

Xenotransplante Substituição de um tecido ou órgão doente ou danificado, com células ou tecidos de um animal. Até o momento, existem apenas alguns casos de xenotransplantes bem-sucedidos.

REVISÃO DO CAPÍTULO

4.1 Tipos de tecidos

1. Um tecido é um grupo de células semelhantes, que geralmente têm uma origem embrionária similar, e é especializado em uma determinada função.
2. Os diferentes tecidos do corpo são classificados em quatro tipos básicos: **tecido epitelial**, **tecido conectivo**, **tecido muscular** e **tecido nervoso.**

4.2 Tecido epitelial

1. Os tipos gerais de tecido epitelial (**epitélio**) incluem o epitélio de revestimento e cobertura e o epitélio glandular. O epitélio tem as seguintes características gerais: consiste principalmente em células com pouco material extracelular, é organizado em camadas, é ligado ao tecido conectivo por uma **membrana basal**, é **avascular** (sem vasos sanguíneos), tem suprimento nervoso e se autorregenera.

2. As camadas epiteliais são simples (uma camada) ou estratificadas (várias camadas). As formas das células podem ser escamosas (planas), cuboides (semelhante a um cubo), colunares (retangulares) ou de transição (variáveis).
3. O **epitélio escamoso simples** consiste em uma camada única de células planas (Tab. 4.1A). É encontrado em partes do corpo nas quais a filtração ou a difusão são processos prioritários. Um tipo, o **endotélio**, reveste o coração e os vasos sanguíneos. Outro tipo, o **mesotélio**, forma as túnicas serosas que revestem as cavidades torácica e abdominal e recobrem os órgãos no seu interior.
4. O **epitélio cuboide simples** consiste em uma camada única de células em forma de cubo que funcionam na secreção e na absorção (Tab. 4.1B). É encontrado recobrindo os ovários, nos rins e olhos, e revestindo alguns ductos glandulares.
5. O **epitélio colunar simples não ciliado** consiste em uma camada única de células retangulares não ciliadas (Tab. 4.1C). Reveste a maior parte do trato gastrintestinal. As células especializadas contendo microvilosidades realizam absorção. As **células caliciformes** secretam muco.
6. O **epitélio colunar simples ciliado** consiste em uma camada única de células retangulares ciliadas (Tab. 4.1D). É encontrado em algumas porções da via respiratória superior, nas quais move partículas estranhas aprisionadas no muco para fora do trato respiratório.
7. O **epitélio colunar pseudoestratificado** tem apenas uma camada, mas com a aparência de muitas (Tab. 4.1E). A variedade ciliada move o muco no trato respiratório. A variedade não ciliada funciona na absorção e na proteção.
8. O **epitélio escamoso estratificado** consiste em várias camadas de células; células na camada apical e em várias camadas mais profundas a ela são achatadas (Tab. 4.1F). É protetor. A variedade não queratinizada reveste a boca; a variedade queratinizada forma a epiderme, a camada mais superficial da pele.
9. O **epitélio cuboide estratificado** consiste em várias camadas de células; as células na camada apical são cuboides (Tab. 4.1G). Nos adultos, é encontrado nas glândulas sudoríferas e em parte da uretra masculina. Protege e proporciona secreção e absorção limitadas.
10. O **epitélio colunar estratificado** consiste em várias camadas de células; as células na camada apical têm forma de colunas (Tab. 4.1H). É encontrado em parte da uretra masculina e nos grandes ductos excretores de algumas glândulas. Atua na proteção e na secreção.
11. O **epitélio de transição** consiste em várias camadas de células, cuja aparência varia com o grau de distensão (Tab. 4.1I). Reveste a bexiga urinária.
12. Uma **glândula** é uma célula única ou um grupo de células epiteliais adaptadas para secreção. As **glândulas endócrinas** secretam hormônios no líquido intersticial e, em seguida, no sangue (Tab. 4.2A). As **glândulas exócrinas** (glândulas mucosas, sudoríferas, sebáceas e digestivas) secretam dentro de ductos ou diretamente em uma superfície livre (Tab. 4.2B).

4.3 Tecido conectivo

1. **Tecido conectivo**, um dos tecidos mais abundantes no corpo, consiste em células e uma **matriz extracelular** de substância fundamental e fibras; possui uma matriz abundante com relativamente poucas células. Em geral não ocorre em superfícies livres; possui suprimento nervoso (exceto na cartilagem) e é muito vascularizado (exceto na cartilagem, tendões e ligamentos).
2. As células do tecido conectivo incluem **fibroblastos** (secretam matriz), **macrófagos** (realizam fagocitose), **plasmócitos** (secretam anticorpos), **mastócitos** (produzem histamina) e **adipócitos** (armazenam gordura).
3. A **substância fundamental** e as **fibras** constituem a matriz extracelular. A substância fundamental sustenta e mantém as células unidas, proporciona um meio para a troca de materiais e influencia ativamente as funções celulares.
4. As fibras na matriz extracelular fornecem resistência e sustentação e são de três tipos: (a) **fibras colágenas** (compostas de colágeno) são encontradas em grandes quantidades em ossos, tendões e ligamentos; (b) **fibras elásticas** (compostas por elastina, fibrilina e outras glicoproteínas) são encontradas na pele, paredes dos vasos sanguíneos e pulmões; e (c) **fibras reticulares** (compostas por colágeno e glicoproteínas) são encontradas em torno das células adiposas, fibras nervosas e células musculares esqueléticas e lisas.
5. O tecido conectivo é subdividido em tecido conectivo frouxo, tecido conectivo denso, cartilagem, osso e tecido conectivo líquido (sangue e linfa).
6. O **tecido conectivo frouxo** inclui o tecido conectivo areolar, o tecido adiposo e o tecido conectivo reticular. O **tecido conectivo areolar** consiste em três tipos de fibras, várias células e substância fundamental semilíquida (Tab. 4.3A). É encontrado na tela subcutânea, nas túnicas mucosas e em torno de vasos sanguíneos, nervos e órgãos do corpo. O **tecido adiposo** consiste em **adipócitos**, que armazenam triglicerídeos (Tab. 4.3B). É encontrado na tela subcutânea, em torno de órgãos e na medula óssea amarela. O **tecido conectivo reticular** consiste em fibras e células reticulares e é encontrado no fígado, no baço e linfonodos (Tab. 4.3C).
7. O **tecido conectivo denso** inclui o tecido conectivo denso modelado, o tecido conectivo denso não modelado e o tecido conectivo elástico. O **tecido conectivo denso modelado** consiste em feixes paralelos de fibras colágenas e fibroblastos (Tab. 4.4A). Forma tendões, a maioria dos ligamentos e aponeuroses. O **tecido conectivo denso não modelado** consiste em fibras colágenas geralmente dispostas de forma aleatória e poucos fibroblastos (Tab. 4.4B). É encontrado nas fáscias, derme da pele e cápsulas membranosas em torno dos órgãos. O **tecido conectivo elástico** consiste em fibras elásticas ramificadas e fibroblastos (Tab. 4.4C). É encontrado nas paredes de grandes artérias, pulmões, traqueia e brônquios.

8. A **cartilagem** contém **condrócitos** e tem uma matriz de consistência emborrachada (sulfato de condroitina) contendo colágeno e fibras elásticas. A **cartilagem hialina** é encontrada no esqueleto embrionário, extremidades dos ossos, nariz e estruturas respiratórias (Tab. 4.5A). É flexível, permite movimentos e fornece sustentação. A **fibrocartilagem** é encontrada na sínfise púbica, discos intervertebrais e meniscos (coxins cartilagíneos) da articulação do joelho (Tab. 4.5B). A **cartilagem elástica** mantém a forma de órgãos como a epiglote da laringe, tubas auditivas (de Eustáquio) e orelha externa (Tab. 4.5C).
9. O **osso** ou tecido ósseo sustenta, protege, ajuda a produzir movimentos, armazena minerais e aloja o tecido hematopoético.
10. **Sangue** é tecido conectivo líquido que consiste em **plasma sanguíneo**, no qual eritrócitos, leucócitos e plaquetas estão suspensos. Suas células transportam oxigênio e dióxido de carbono, realizam fagocitose, participam das reações alérgicas, fornecem imunidade e promovem a coagulação sanguínea. **Linfa**, o líquido extracelular que flui nos vasos linfáticos, também é um tecido conectivo líquido. É um líquido claro semelhante ao plasma sanguíneo, mas com menos proteínas.

4.4 Membranas

1. Uma **membrana epitelial** consiste em uma camada epitelial sobrejacente a uma camada de tecido conectivo. São exemplos as túnicas mucosas, as túnicas serosas, a pele e as membranas sinoviais.
2. As **túnicas mucosas** revestem cavidades que se abrem para o exterior, como o trato gastrintestinal.
3. As **túnicas serosas** revestem cavidades fechadas (pleura, pericárdio, peritônio) e recobrem os órgãos nessas cavidades. Essas túnicas consistem em **lâminas parietal** e **visceral**.
4. As **membranas sinoviais** revestem as cavidades articulares, a bolsas e as bainhas dos tendões. Consistem em tecido conectivo areolar e não têm camada epitelial.

4.5 Tecido muscular

1. O **tecido muscular** consiste em células (chamadas fibras musculares) que são especializadas em contração. Produz movimento, manutenção da postura, produção de calor e proteção.
2. O **tecido muscular esquelético** está fixado aos ossos, o **tecido muscular cardíaco** forma a maior parte da parede do coração, e o **tecido muscular liso** é encontrado nas paredes de estruturas internas ocas (vasos sanguíneos e vísceras).

4.6 Tecido nervoso

1. O sistema nervoso é composto por **neurônios** (células nervosas) e **neuróglia** (células protetoras e de sustentação).
2. Os neurônios são sensíveis a estímulos, convertem estímulos em impulsos nervosos e conduzem impulsos nervosos.

4.7 Reparo tecidual: restauração da homeostasia

1. O **reparo tecidual** é a substituição de células desgastadas, danificadas ou mortas por células saudáveis.
2. As **células-tronco** podem se dividir para substituir células perdidas ou danificadas. A formação de tecido cicatricial é chamada **fibrose**.

4.8 Envelhecimento e os tecidos

1. Os tecidos se restabelecem mais rapidamente e deixam menos cicatrizes óbvias nos mais jovens do que nos mais idosos; cirurgias realizadas em fetos não deixam cicatrizes.
2. Os componentes extracelulares dos tecidos, como fibras colágenas e elásticas, também mudam com a idade.

APLICAÇÕES DO PENSAMENTO CRÍTICO

1. O seu jovem sobrinho não pode esperar para ter um *piercing* na sobrancelha, como seu irmão mais velho. Enquanto isso está andando com agulhas enfiadas nas pontas dos dedos. Não há sangramento visível. Que tipo de tecido ele perfurou? (Seja específico.) Como você sabe?
2. O colágeno é o novo cosmético "milagroso". A propaganda diz que ele que dá a você cabelos brilhantes e pele corada, e pode ser injetado para reduzir as rugas. O que é o colágeno? Se você quisesse lançar a sua própria linha de cosméticos, que tecido ou estrutura você supriria com colágeno em abundância?
3. O seu colega de laboratório, Pedro, colocou uma lâmina de tecido rotulada como tuba uterina ao microscópio. Ajustou o foco na lâmina e exclamou: "Olhe! Ela é toda cabeluda." Explique a Pedro o que realmente é o "cabelo".
4. Mara, de 3 anos de idade, pulou do sofá e lesionou a tíbia direita (osso da perna). A enfermeira da sala de emergência disse que ela "quebrou a cartilagem". A mãe de Mara se sentiu aliviada porque Mara não quebrou o osso. Dois anos mais tarde, Mara parecia estar claudicando, e a mãe notou que a perna direita da filha parecia mais curta que a esquerda. O que aconteceu com Mara?

RESPOSTAS ÀS QUESTÕES DAS FIGURAS

4.1 Substâncias se moveriam mais rapidamente pelas células escamosas, porque são mais finas.

4.2 Fibroblastos secretam as fibras e a substância fundamental da matriz extracelular.

4.3 Uma membrana epitelial é uma membrana que consiste em uma camada epitelial e em uma camada subjacente de tecido conectivo.

CAPÍTULO 5

TEGUMENTO COMUM

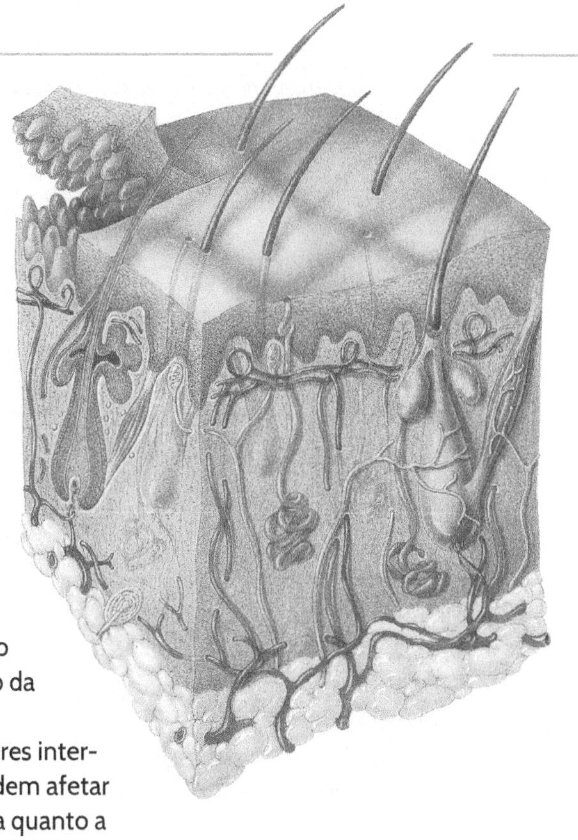

De todos os órgãos do corpo, nenhum é mais facilmente observado ou exposto a infecções, doenças e lesões do que a pele. Em razão de sua visibilidade, a pele reflete nossas emoções e alguns aspectos da fisiologia normal, como demonstrado pela testa franzida em situações de desagrado, rubor ou palidez e suor. Mudanças na coloração ou na condição da pele podem indicar desequilíbrios homeostáticos no corpo. Por exemplo, erupções cutâneas como as que ocorrem na catapora revelam uma infecção sistêmica, mas a cor amarelada geralmente tem origem nas doenças do fígado, um órgão interno. Outros distúrbios podem ser limitados à pele, como verrugas, manchas de idade ou espinhas. A localização da pele a torna vulnerável a danos por trauma, luz solar, micróbios ou poluentes no ambiente. Danos à pele de grandes proporções, como em queimaduras de terceiro grau, são potencialmente fatais, em razão da perda de suas propriedades protetoras.

Muitos fatores inter-relacionados podem afetar tanto a aparência quanto a saúde da pele, incluindo nutrição, higiene, circulação, idade, imunidade, características genéticas, estado psicológico e medicamentos. A pele é tão importante para a imagem do corpo que as pessoas gastam tempo e dinheiro para restaurá-la e deixá-la com uma aparência mais jovial. ***Dermatologia*** é o ramo da medicina que lida com a função, estrutura e distúrbios do tegumento comum.

OLHANDO PARA TRÁS PARA AVANÇAR...

Tipos de tecido (Seção 4.1)
Características gerais do tecido epitelial (Seção 4.2)
Epitélio escamoso estratificado (Seção 4.2)
Características gerais do tecido conectivo (Seção 4.3)
Tecido conectivo areolar (Seção 4.3)
Tecido conectivo irregular denso (Seção 4.3)

5.1 Pele

OBJETIVOS

- Descrever **a estrutura e funções da pele.**
- Explicar **as bases para as diferentes colorações da pele.**

Lembre-se do Capítulo 1 que um sistema consiste em um grupo de órgãos trabalhando em conjunto para realizar uma atividade específica. O ***tegumento comum*** é composto da pele, pelos, gordura e glândulas sudoríferas, unhas e receptores sensoriais. ***Pele*** ou *membrana cutânea* recobre a superfície externa do corpo. É o maior órgão do corpo em área de superfície e peso. Nos adultos, a pele recobre uma área aproximada de 2 metros quadrados e pesa entre 4,5 e 5 quilos, perfazendo aproximadamente 7% do peso total do corpo.

Estrutura da pele

Estruturalmente, a pele consiste em duas partes principais (Fig. 5.1). A parte delgada superficial, composta de *tecido epitelial*, é a ***epiderme***. A camada mais espessa e profunda, composta por *tecido conectivo*, é a ***derme***.

Abaixo da derme, mas não fazendo parte da pele, fica a ***tela subcutânea***. Também chamada de *hipoderme*, esta camada é formada pelos tecidos conectivos adiposo e areolar. As fibras que se estendem a partir da derme, fixam a pele à tela subcutânea que, por sua vez, se fixa a tecidos e órgãos subjacentes. A tela subcutânea atua como local de armazenamento de gordura e contém grandes vasos sanguíneos que irrigam a pele. Essa região (e às vezes a derme) também contém terminações nervosas chamadas ***corpúsculos lamelados*** (*de Pacini*), que são sensíveis à pressão (Fig. 5.1).

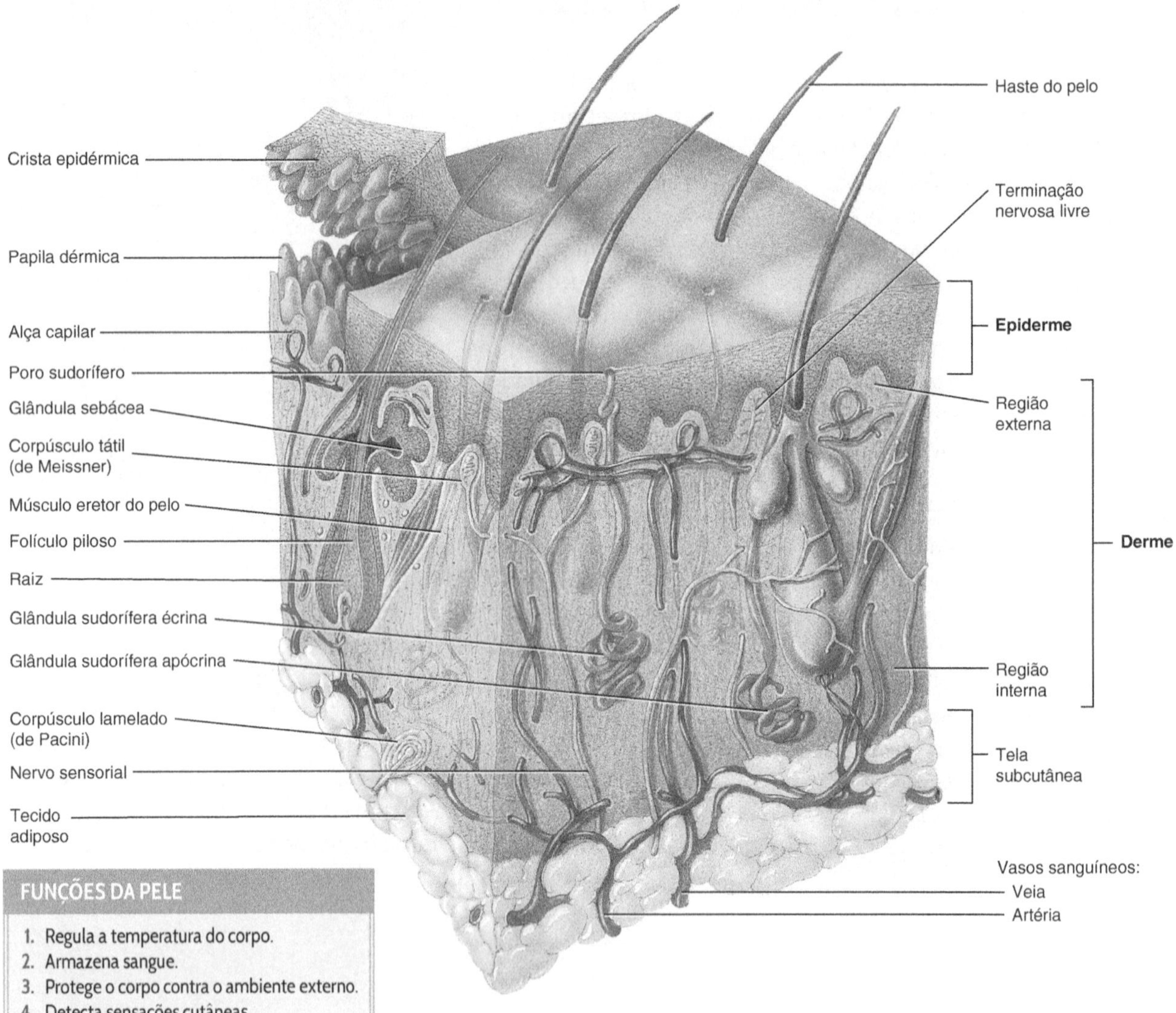

FUNÇÕES DA PELE

1. Regula a temperatura do corpo.
2. Armazena sangue.
3. Protege o corpo contra o ambiente externo.
4. Detecta sensações cutâneas.
5. Excreta e absorve substâncias.
6. Sintetiza vitamina D.

Visão transversal da pele e da tela subcutânea

Que tipos de tecidos formam a epiderme e a derme?

Figura 5.1 Componentes do tegumento comum. A pele consiste em uma epiderme superficial fina e uma derme mais espessa e profunda. Abaixo da pele encontra-se a tela subcutânea que fixa a derme aos órgãos e tecidos subjacentes.

O tegumento comum inclui a pele e suas estruturas acessórias - pelos, unhas e glândulas - assim, como músculos e nervos associados.

Epiderme

A epiderme é composta por epitélio escamoso estratificado queratinizado. Contém quatro tipos principais de células: queratinócitos, melanócitos, macrófagos intraepiteliais e células epiteliais táteis (Fig. 5.2). Aproximadamente 90% das células da epiderme são ***queratinócitos***, organizados em quatro ou cinco camadas e produzindo ***queratina***. Lembre-se do Capítulo 4, no qual a queratina é uma proteína fibrosa dura que ajuda a proteger a pele e os tecidos subjacentes contra abrasão, calor, micróbios e substâncias químicas. Os queratinócitos também produzem grânulos lamelares, que liberam um selante à prova d'água.

Aproximadamente 8% das células epidérmicas são ***melanócitos***, que produzem o pigmento melanina. Suas projeções finas e longas se estendem entre os queratinócitos e transferem grânulos de melanina para eles. A ***melanina*** é

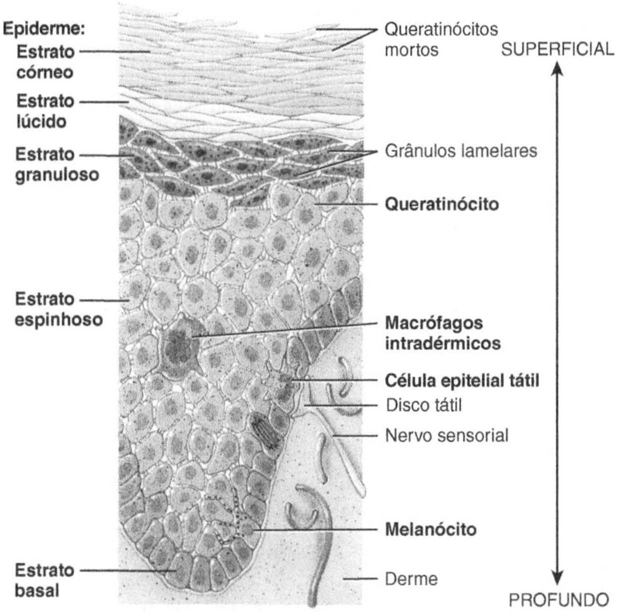

Quatro principais tipos de células na epiderme da pele grossa

Que estrato da epiderme contém células-tronco que sofrem divisão celular continuamente?

Figura 5.2 Estratos da epiderme.

A epiderme é formada por epitélio estratificado escamoso queratinizado.

um pigmento amarelo-avermelhado ou castanho-escuro que contribui para a coloração da pele e absorve a radiação ultravioleta (UV) prejudicial. Embora os queratinócitos recebam proteção dos grânulos de melanina, são especialmente suscetíveis aos danos provocados pela radiação UV.

Os ***macrófagos intraepidérmicos*** (*células de Langerhans*) participam das respostas imunes desenvolvidas contra micróbios que invadem a pele. Essas células ajudam outras células do sistema imunológico a reconhecer um antígeno (micróbio ou substância externa) e destrui-lo (ver Cap. 17), mas são facilmente danificadas pela radiação UV.

Células epiteliais táteis fazem contato com o processo achatado de um neurônio sensorial (célula nervosa), uma estrutura chamada de ***disco tátil***. Células epiteliais táteis e os ***discos táteis*** detectam sensações táteis.

Diversas camadas distintas de queratinócitos em diferentes estágios de desenvolvimento formam a epiderme (Fig. 5.2). Na maioria das regiões do corpo, a epiderme contém quatro estratos ou camadas – estrato basal, estrato espinhoso, estrato granuloso e estrato córneo. Essa é a chamada *pele fina*. Onde a exposição ao atrito é maior, como nas pontas dos dedos, palmas das mãos e nas plantas dos pés, a epiderme tem cinco estratos – estrato basal, estrato espinhoso, estrato granuloso, estrato lúcido e estrato córneo, que é mais espessa –, e é chamada de *pele grossa*.

A camada mais profunda da epiderme é o ***estrato basal***, composto por uma única fileira de queratinócitos cuboides ou colunares. Algumas células nessa camada são *células-tronco* que sofrem divisão celular para produzir continuamente novos queratinócitos.

CORRELAÇÕES CLÍNICAS | Enxertos de pele

A pele não se regenera se uma lesão destrói o estrato basal e suas células-tronco. Os ferimentos cutâneos dessa magnitude requerem enxertos de pele para cicatrização. **Enxerto de pele** é a transferência de um fragmento de pele saudável, retirado de um local doador para recobrir o ferimento. Para evitar a rejeição tecidual, a pele transplantada geralmente é retirada do mesmo indivíduo (*autoenxerto*) ou de um gêmeo idêntico (*isoenxerto*). Se o dano à pele é muito extenso, a ponto de um autoenxerto ser prejudicial, pode ser utilizado um procedimento de autodoação, chamado *transplante autólogo de pele*. Nesse procedimento, realizado mais frequentemente em pacientes gravemente queimados, pequenas quantidades da epiderme do paciente são removidas, e os queratinócitos são cultivados em laboratório para produzir camadas finas de pele. A nova pele é transplantada de volta no paciente para recobrir a região queimada, gerando uma pele permanente. Produtos cultivados em laboratório (Apligraf e Trasite), a partir do prepúcio de crianças circuncisadas, também estão disponíveis como enxertos de pele. •

Superficialmente ao estrato basal, se encontra o ***estrato espinhoso***, no qual 8 a 10 camadas de queratinócitos poliédricos se encaixam firmemente justapostos. Essa camada fornece resistência e flexibilidade à pele. As células nas partes mais superficiais dessa camada se tornam um tanto achatadas.

Aproximadamente na metade da epiderme, encontra-se o ***estrato granuloso***, formado por 3 a 5 camadas de queratinócitos achatados que estão passando pelo processo de apoptose, morte celular geneticamente programada, em que o núcleo se fragmenta antes que as células morram. Os núcleos e outras organelas dessas células começam a se degenerar. Uma característica específica das células nessa camada é a presença da queratina. Também estão presentes nos queratinócitos, os ***grânulos lamelares*** envolvidos por membrana, que liberam uma secreção rica em lipídeos que age como um selante impermeável, retardando a perda de líquidos corporais e a entrada de materiais estranhos.

O ***estrato*** lúcido está presente apenas na pele espessa de áreas, como as pontas dos dedos, as palmas das mãos e as plantas dos pés. Consiste em 3 a 5 camadas de queratinócitos mortos claros achatados, contendo grandes quantidades de queratina.

O ***estrato*** córneo é formado por 25 a 30 camadas de queratinócitos mortos achatados. Essas células são continuamente descartadas e substituídas por células dos estratos mais profundos. O interior dessas células contém basicamente queratina. Suas camadas múltiplas de células mortas ajudam a proteger as camadas mais profundas contra lesões e invasões microbianas. A exposição constante da pele ao atrito estimula a formação de um *calo*, um espessamento anormal do estrato córneo.

Células recém-formadas no estrato basal são empurradas lentamente para a superfície. Enquanto as células se movem de uma camada epidérmica para outra acumulam cada vez mais queratina, um processo chamado ***queratinização***. Finalmente, as células queratinizadas se desprendem e são substituídas por células subjacentes que, por sua vez, se tornam queratinizadas. O processo completo no qual as células se formam no estrato basal, chegam à superfície, se tornam queratinizadas e se desprendem durante aproximadamente quatro semanas em uma epiderme com espessura média de 0,1 mm. Uma quantidade excessiva de células queratinizadas que se desprendem do couro cabeludo é chamada *caspa*.

Derme

A segunda parte mais profunda da pele, a derme, é formada principalmente por tecido conectivo contendo fibras colágenas e elásticas. A parte superficial da derme constitui aproximadamente um quinto da espessura total da camada (ver Fig. 5.1), consistindo de tecido conectivo areolar contendo fibras elásticas finas. Sua área de superfície é muito aumentada por pequenas projeções digitiformes chamadas ***papilas dérmicas***. Essas estruturas em forma de mamilo se projetam na face inferior da epiderme. Algumas contêm ***alças capilares*** (capilares sanguíneos). Outras papilas dérmicas também contêm receptores táteis chamados ***corpúsculos táteis*** ou *corpúsculos de Meissner*, terminações nervosas sensíveis ao tato. ***Terminações nervosas livres*** associadas às sensações de calor, frio, dor, cócegas e coceira, também estão presentes nas papilas dérmicas.

A parte mais profunda da derme, fixada à tela subcutânea, é formada por tecido conectivo denso não modelado contendo feixes de fibras colágenas e algumas fibras elásticas espessas. Células adiposas, folículos pilosos, nervos, glândulas sebáceas e glândulas sudoríferas são encontradas entre as fibras.

A combinação de fibras colágenas e elásticas, na parte mais profunda da pele, fornece *extensibilidade* (capacidade de distensão) e *elasticidade* (habilidade de retornar à forma original após o estiramento) da pele. A extensibilidade da pele é facilmente observada na gravidez e obesidade. A distensão ao extremo, porém, pode produzir pequenas lacerações na derme, provocando *estrias*, ou marcas de estiramento, que são linhas avermelhadas ou branco-prateadas na superfície da pele.

Coloração da pele

Melanina, hemoglobina e caroteno são três pigmentos que dão à pele uma ampla variedade de cores. A quantidade de ***melanina*** provoca variação na coloração da pele de amarelo-claro a castanho-avermelhado a preto. Melanócitos são mais abundantes na epiderme do pênis, papilas mamárias das mamas, a área imediatamente em torno das papilas mamárias (aréolas), face e membros. Estão presentes também nas túnicas mucosas. Como o *número* de melanócitos é quase o mesmo em todas as pessoas, as diferenças na cor da pele se devem à *quantidade de pigmento* que os melanócitos produzem e transferem para os queratinócitos. Em algumas pessoas, a melanina se acumula em pequenas áreas chamadas ***sardas***. Com o envelhecimento, ***manchas senis*** podem se formar. Essas manchas planas são parecidas com as sardas e variam de coloração do castanho-claro ao preto. Como as sardas, as manchas senis correspondem ao acúmulo de melanina. Uma área elevada ou plana arredondada que representa um crescimento benigno excessivo de melanócitos e geralmente se desenvolve na infância ou adolescência é chamada ***nevo***.

A exposição à radiação UV estimula a produção de melanina. Tanto a quantidade quanto a intensidade da cor da melanina aumentam, o que confere à pele a aparência bronzeada e protege ainda mais o corpo contra a radiação UV. Portanto, dentro de determinados limites, a melanina tem uma função protetora. No entanto, a exposição repetitiva à radiação UV provoca câncer de pele. O bronzeado é perdido quando os queratinócitos contendo melanina se desprendem do estrato córneo. O ***albinismo*** é a incapacidade herdada por uma pessoa de produzir melanina. A maioria dos ***albinos***, pessoas afetadas pelo albinismo, não tem melanina em seus pelos, olhos e pele. Em outra condição, chamada ***vitiligo***, a perda parcial ou completa de melanócitos de áreas de pele produz manchas brancas irregulares. A perda de melanócitos pode estar relacionada ao mau funcionamento do sistema imunológico, no qual os anticorpos atacam os melanócitos.

As pessoas de pele escura têm grandes quantidades de melanina na epiderme. Consequentemente, a epiderme tem uma pigmentação escura, e a coloração da pele varia do amarelo ao vermelho ao bronze ao preto. Indivíduos com pele clara têm pouca melanina na epiderme; portanto, a epiderme parece translúcida, e a coloração varia do rosa ao vermelho, dependendo da quantidade e do conteúdo de oxigênio no sangue que passa pelos capilares na derme. A coloração vermelha é produzida pela ***hemoglobina***, o pigmento que transporta oxigênio nos eritrócitos.

Caroteno é um pigmento amarelo-alaranjado que confere à gema do ovo e às cenouras sua coloração. Esse precursor da vitamina A, usado para sintetizar pigmentos necessários à visão, se acumula no estrato córneo e nas áreas adiposas da derme e tela subcutânea, em resposta à absorção excessiva na alimentação. De fato, tanto caroteno pode ser depositado na pele após ingestão de grandes quantidades de alimento rico em caroteno, que a coloração da pele literalmente torna-se alaranjada, o que fica especialmente aparente em pessoas de pele clara. Diminuir a ingestão de caroteno elimina esse problema.

CORRELAÇÕES CLÍNICAS | Cor da pele e da túnica mucosa como uma pista diagnóstica

A coloração da pele e das túnicas mucosas fornece indícios para o diagnóstico de determinadas condições. Quando o sangue não está captando uma quantidade adequada de oxigênio dos pulmões, como acontece com alguém que parou de respirar, as túnicas mucosas, matrizes das unhas e pele parecem azuladas ou **cianóticas**. **Icterícia** ocorre em razão do acúmulo do pigmento amarelado bilirrubina na pele. Essa condição confere uma aparência amarelada à pele a ao branco dos olhos e, geralmente, indica doença hepática. **Eritema**, vermelhidão da pele, é produzido pelo ingurgitamento dos capilares na derme com sangue, decorrente de lesão cutânea, exposição ao calor, infecção, inflamação ou reações alérgicas. **Palidez** ou lividez da pele pode ocorrer em condições como choque ou anemia. Todas as mudanças na coloração da pele são observadas mais facilmente em pessoas com a pele mais clara e mais dificilmente em pessoas com a pele mais escura. No entanto, o exame da matriz das unhas e das gengivas pode fornecer algumas informações sobre a circulação em pessoas com pele mais escura. •

Tatuagem e *piercing* corporais

Tatuagem é a coloração permanente da pele produzida por um pigmento externo, depositado com uma agulha na derme. Acredita-se que a prática se originou no Egito antigo, entre 4.000 e 2.000 a.C. Atualmente, a tatuagem é realizada, de um forma ou de outra, praticamente em todo o mundo, e estima-se que aproximadamente 1 em cada 3 estudantes universitários norte-americanos tem uma ou mais tatuagens. Tatuagens são criadas ao se injetar tinta com uma agulha que perfura a epiderme e se movimenta entre 50 e 3.000 vezes por minuto, depositando tinta nos macrófagos da derme. Visto que a derme é estável (diferentemente da epiderme, que se desprende a aproximadamente cada quatro semanas), as tatuagens são permanentes. Contudo, desaparecem com o tempo em virtude da exposição ao sol, cicatrização inadequada, formação de crostas que se desprendem e remoção de partículas de tinta pelo sistema linfático. Às vezes, tatuagens são usadas como pontos de referência para a radiação e também como maquiagem permanente (delineador de lábios, batom, *blush* e sobrancelhas). Entre os riscos de tatuagens destacam-se infecções (por estafilococos, impetigo e celulite), reações alérgicas aos pigmentos de tatuagem, e cicatrizes. Tatuagens são removidas por *lasers* que usam feixes concentrados de luz. Nesse procedimento, que requer uma série de tratamentos, as tintas da tatuagem e os pigmentos absorvem seletivamente o laser de alta intensidade sem destruir o tecido cutâneo normal adjacente. O laser provoca a dissolução da tatuagem em partículas pequenas de tinta que são finalmente removidas pelo sistema imunológico. A remoção de tatuagens por *laser* requer um investimento considerável de tempo e dinheiro e é muito dolorosa, podendo resultar na formação de cicatrizes e descoloração cutânea.

Piercing corporal, a inserção de joias por um orifício artificial, é também uma prática antiga empregada por faraós egípcios e soldados romanos, sendo uma prática comum atual entre muitos americanos. Atualmente, estima-se que 1 em 2 estudantes universitários norte-americanos tem um *piercing* corporal. Para a maioria das localizações de *piercings*, o profissional limpa a pele com antisséptico, retrai a pele com fórceps, e passa uma agulha através da pele. Em seguida, a joia é conectada à agulha e empurrada através da pele. A cicatrização completa leva até um ano. Entre os lugares que recebem os *piercings*, estão orelhas, nariz, sobrancelhas, lábios, língua, papilas mamárias, umbigo e órgãos genitais. As complicações potenciais do *piercing* corporal são infecções, reações alérgicas e danos anatômicos (como dano ao nervo ou deformação da cartilagem). Além disso, as joias do *piercing* corporal podem interferir com determinados procedimentos médicos, como máscaras usadas para reanimação, procedimentos de tratamento nas vias respiratórias, cateterização urinária, radiografias e parto. Por essa razão, *piercings* devem ser removidos antes de procedimentos médicos.

TESTE SUA COMPREENSÃO

1. Quais estruturas formam o tegumento comum?
2. Quais as principais diferenças entre epiderme e derme?
3. Quais são os três pigmentos encontrados na pele, e como contribuem para a sua coloração?
4. O que é tatuagem? Quais os possíveis problemas associados ao uso do *piercing*?

5.2 Estruturas acessórias da pele

OBJETIVO

- Descrever **a estrutura e as funções dos pelos, glândulas da pele e unhas.**

Estruturas acessórias da pele que se desenvolvem a partir da epiderme de um embrião – pelo, glândulas e unhas – executam funções vitais. Por exemplo, pelos e unhas protegem o corpo, e as glândulas sudoríferas ajudam a regular a temperatura corporal.

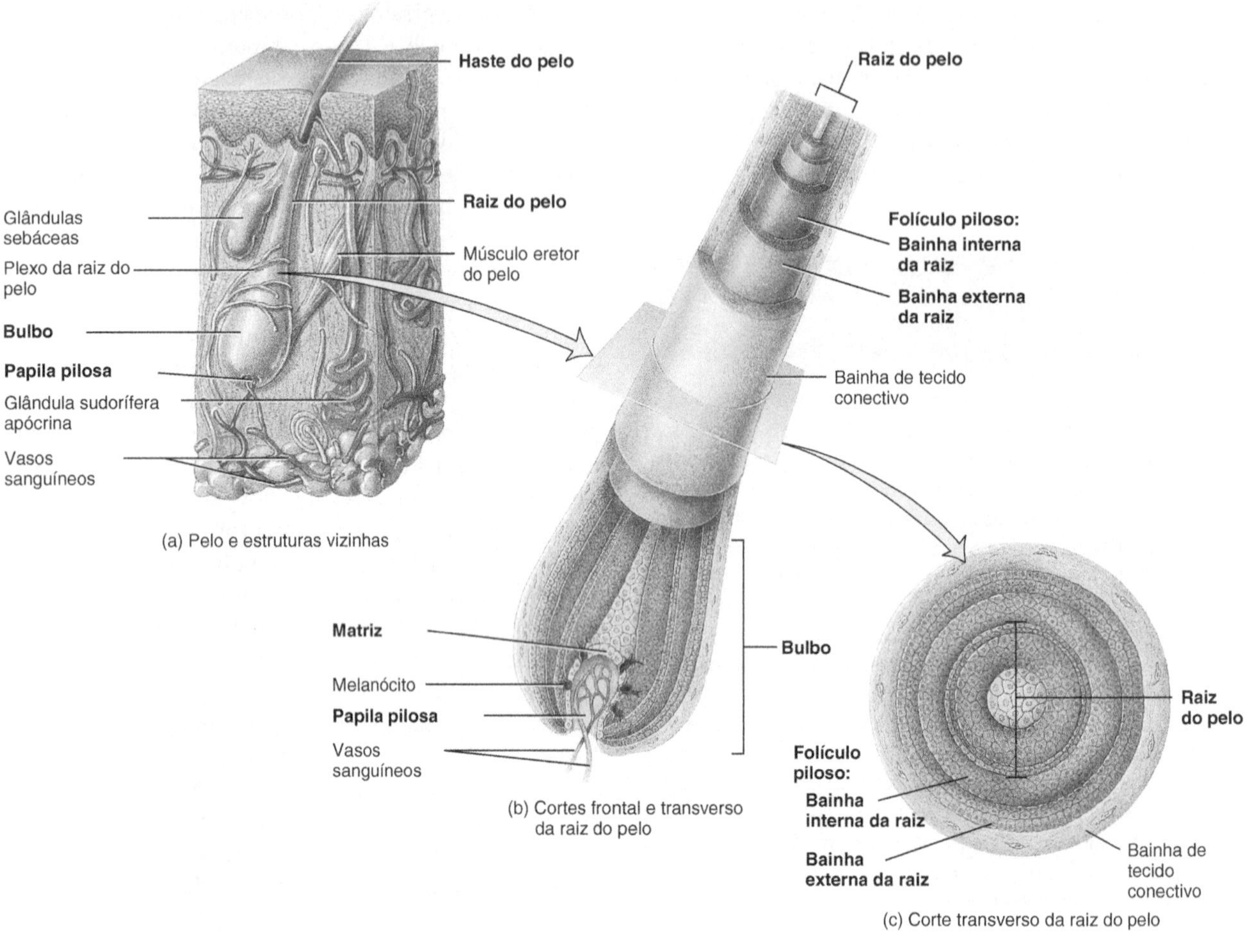

Que parte do pelo produz um novo pelo por divisão celular?

Figura 5.3 Pelo.

Os pelos são prolongamentos de células epidérmicas queratinizadas mortas.

Pelo

Pelos estão presentes na maioria das superfícies cutâneas, exceto nas palmas das mãos, face palmar dos dedos, plantas dos pés e face plantar dos dedos do pé. Nos adultos, o pelo é, em geral, mais densamente distribuído no couro cabeludo, acima dos olhos e em torno dos órgãos genitais externos. Influências genéticas e hormonais determinam a espessura e o padrão de distribuição dos pelos. O pelo na cabeça protege o couro cabeludo contra danos provocados pela luz solar; sobrancelhas e cílios protegem os olhos contra partículas estranhas; e o pelo nas narinas protege contra a inalação de germes e partículas estranhas.

Cada pelo é um filamento de células epidérmicas queratinizadas mortas fundidas, que consiste em uma haste e uma raiz (Fig. 5.3). A ***haste*** é a parte superficial do pelo que se projeta acima da superfície da pele. A ***raiz*** é a parte abaixo da superfície que penetra na derme e, por vezes, na tela subcutânea. Em torno da raiz está o ***folículo piloso***, composto por duas camadas de células epidérmicas, *bainhas externas* e *internas da raiz*, envolvidas por uma *bainha de tecido conectivo*. Ao redor de cada folículo piloso estão terminações nervosas, chamadas *plexos da raiz do pelo*, que são sensíveis ao toque. Se a haste do pelo é movida, o plexo da raiz responde.

A base de cada folículo é ampliada para uma estrutura em forma de cebola, o *bulbo*. No bulbo há uma endentação mamilar, a *papila pilosa*, que contém muitos vasos sanguíneos e fornece nutrientes para o pelo crescer. O bulbo também contém uma região de células, chamada *matriz*, que produz novos pelos por divisão celular quando pelos mais velhos caem.

CORRELAÇÕES CLÍNICAS | Quimioterapia e queda de cabelo

Quimioterapia é um tratamento, geralmente para o câncer, por meio de substâncias químicas ou medicamentos. Agentes quimioterápicos interrompem o ciclo de vida das células cancerosas, que se dividem de forma rápida. Infelizmente, os medicamentos também afetam outras células que se dividem com rapidez no corpo, como as células da matriz. É por isso que pacientes submetidos à quimioterapia experimentam perda de cabelo. Uma vez que aproximadamente 15% das células da matriz do couro cabeludo estão na fase de repouso, essas células não são afetadas pela quimioterapia. Assim que a quimioterapia é interrompida, as células da matriz substituem os folículos pilosos, e o crescimento do cabelo recomeça. •

Glândulas sebáceas (discutidas a seguir) e um feixe de células musculares lisas também estão associadas aos pelos. O músculo liso é chamado ***músculo eretor do pelo***. Estende-se da parte superior da derme até o folículo piloso. Em sua posição normal, o pelo emerge em ângulo com a superfície da pele. Submetido a estresse, como frio ou medo, as terminações nervosas estimulam os músculos eretores do pelo a se contraírem, o que puxa as hastes do pelo perpendicularmente à superfície da pele. Essa ação produz uma "pele de galinha", porque a pele ao redor da haste forma pequenas elevações.

A cor do pelo é decorrente da melanina, sintetizada pelos melanócitos na matriz do bulbo e passa para as células da raiz e da haste. O pelo escuro contém basicamente melanina variando do castanho ao preto. O pelo ruivo e loiro contém variações de melanina amarela e vermelha, em que há ferro e mais enxofre. O pelo grisalho ocorre com um declínio na síntese da melanina. O pelo branco ocorre a partir do acúmulo de bolhas de ar na haste do pelo.

Na puberdade, quando os testículos começam a liberar quantidades significativas de andrógenos (hormônios sexuais masculinos), os homens desenvolvem o padrão masculino comum de crescimento de pelo, incluindo barba e pelos no peito. Nas mulheres na puberdade, os ovários e as glândulas suprarrenais produzem pequenas quantidades de andrógenos, o que promove crescimento de pelos nas axilas e na região púbica. Ocasionalmente, um tumor nas glândulas suprarrenais ou nos ovários, produz uma quantidade excessiva de andrógenos. O resultado nas mulheres ou nos homens pré-púberes é o ***hirsutismo***, uma condição de excesso de pelos corporais.

Surpreendentemente, os andrógenos também precisam estar presentes para ocorrer o tipo mais comum de calvície, a ***alopecia androgênica*** ou *calvície de padrão masculino*. Nos adultos geneticamente predispostos, os andrógenos inibem o crescimento de pelo. Nos homens, a perda de cabelo é mais evidente nas têmporas e na coroa da cabeça. As mulheres têm mais probabilidade de apresentar cabelos mais finos no topo da cabeça. O primeiro fármaco aprovado para intensificar o crescimento de cabelo no couro cabeludo foi o minoxidil (Rogaine®), que promove a vasodilatação (dilatação dos vasos sanguíneos), aumentando, assim, a circulação. Em aproximadamente um terço das pessoas que testaram o minoxidil, houve melhora no crescimento do cabelo, produzindo a expansão dos folículos pilosos do couro cabeludo e prolongando o ciclo de crescimento. Para muitos, no entanto, o crescimento do cabelo é pequeno. O minoxidil não ajuda as pessoas que já são calvas.

Glândulas

Lembre-se do Capítulo 4, no qual as glândulas são células epiteliais únicas ou em grupos que secretam uma substância. As glândulas associadas à pele são as sebáceas, sudoríferas e ceruminosas.

Glândulas sebáceas

Glândulas sebáceas ou glândulas oleosas, com raras exceções, estão conectadas aos folículos pilosos (Fig. 5.3a). As partes secretoras da glândula se situam na derme e se abrem nos folículos pilosos ou diretamente na superfície da pele. Não existem glândulas sebáceas nas palmas das mãos e nem nas plantas dos pés.

As glândulas sebáceas secretam uma substância oleosa chamada ***sebo***. O sebo mantém o pelo hidratado, evita a evaporação excessiva de água da pele, mantém a pele macia e inibe o crescimento de determinadas bactérias. A atividade das glândulas sebáceas aumenta durante a adolescência.

Quando as glândulas sebáceas na face se alargam, em consequência do acúmulo de sebo, ocorre a formação de ***cravos***. Como o sebo é nutritivo para determinados tipos de bactérias, frequentemente aparecem ***espinhas*** ou ***furúnculos***. A cor dos cravos se deve à melanina e ao óleo oxidado, e não à sujeira.

CORRELAÇÕES CLÍNICAS | Acne

Acne é uma inflamação das glândulas sebáceas que geralmente começa na puberdade, quando as glândulas sebáceas são estimuladas pelos andrógenos. A acne ocorre predominantemente nos folículos sebáceos que foram colonizados por bactérias, algumas das quais prosperam no sebo rico em lipídeos. O tratamento consiste em lavar suavemente as áreas afetadas, uma ou duas vezes ao dia com sabonete neutro e administrar antibióticos tópicos (como clindamicina e eritromicina), medicamentos tópicos como peróxido de benzoíla ou tretinoína, e antibióticos orais (tetraciclina, minociclina, eritromicina e isotretinoína). Ao contrário da crença popular, comidas como chocolate ou fritura não provocam nem pioram a acne. •

Glândulas sudoríferas

Existem de 3 a 4 milhões de glândulas sudoríferas. As células dessas glândulas liberam suor, ou perspiração, nos folículos do pelo ou na superfície da pele, pelos poros. As glândulas sudoríferas são divididas em dois tipos principais, écrina e apócrina, com base em sua estrutura, localização e tipo de secreção.

Glândulas sudoríferas écrinas são muito mais comuns do que as glândulas sudoríferas apócrinas (ver Fig. 5.1). Estão distribuídas ao longo da pele na maioria das regiões do corpo, especialmente na pele da fronte, palmas das mãos e plantas dos pés. No entanto, as glândulas sudoríferas écrinas não estão presentes nas margens dos lábios, matrizes das unhas dos dedos das mãos e pés, glande do pênis, glande do clitóris, lábios menores do pudendo e membrana timpânica. A porção secretora das glândulas sudoríferas écrinas está localizada, em sua maior parte, na derme (às vezes na parte superior da tela subcutânea). O ducto excretor se projeta através da derme e da epiderme e termina como um poro na superfície da epiderme (ver Fig. 5.1).

O suor produzido pelas glândulas sudoríferas écrinas (aproximadamente 600 mL por dia) é formado por água, íons (basicamente Na^+ e Cl^-), ureia, ácido úrico, amônia, aminoácidos, glicose e ácido lático. A principal função das glândulas sudoríferas écrinas é ajudar na regulação da temperatura do corpo por meio da evaporação. Com a evaporação do suor, grandes quantidades de energia calórica deixam a superfície do corpo. As glândulas sudoríferas écrinas também liberam suor em resposta a um estresse emocional, como medo ou vergonha. Esse tipo de sudorese é conhecido como ***sudorese emocional*** ou *suor frio*. Em contraste à regulação da temperatura corporal por meio do suor, a sudorese emocional primeiro, ocorre nas palmas das mãos, plantas dos pés e axilas e, em seguida, se espalha para outras áreas do corpo. Como você logo aprenderá, as glândulas sudoríferas écrinas também estão ativas durante a sudorese emocional.

Glândulas sudoríferas apócrinas também são glândulas tubulares espiraladas simples (ver Fig. 5.1). São encontradas principalmente na pele da axila, região inguinal, aréolas (áreas pigmentadas ao redor das papilas mamárias) das mamas, e nas regiões com barba na face de homens adultos. A porção secretora dessas glândulas está localizada geralmente na tela subcutânea, e os ductos excretores se abrem em folículos do pelo (ver Fig. 5.1).

Comparada com a secreção écrina, a secreção apócrina é ligeiramente viscosa e apresenta coloração leitosa ou amarelada. A secreção apócrina contém os mesmos componentes da secreção écrina, mais lipídeos e proteínas. O suor secretado a partir das glândulas sudoríferas apócrinas não tem odor. No entanto, quando a secreção apócrina interage com as bactérias na superfície da pele, as bactérias metabolizam seus componentes, deixando a secreção apócrina com um odor almiscarado que, frequentemente, é chamado de *odor corporal*. As glândulas sudoríferas écrinas estão ativas logo após o nascimento, mas as glândulas sudoríferas apócrinas só começam a funcionar na puberdade.

As glândulas sudoríferas apócrinas, assim como as sudoríferas écrinas, são ativadas durante a sudorese emocional. Adicionalmente, as glândulas sudoríferas apócrinas secretam suor durante a atividade sexual. Ao contrário das glândulas sudoríferas écrinas, as apócrinas não exercem função alguma na regulação da temperatura corporal.

Glândulas ceruminosas

Glândulas ceruminosas estão presentes no meato acústico externo. A secreção combinada das glândulas ceruminosas e sebáceas é uma secreção amarelada chamada **cerume** ou cera de ouvido. O cerume, em conjunto com os pelos no meato acústico externo, fornece uma barreira viscosa que impede a entrada de corpos estranhos e insetos. O cerume impermeabiliza o meato e também evita que bactérias e fungos entrem nas células.

Unhas

Unhas são placas de células epidérmicas queratinizadas mortas, duras e firmemente compactadas. Cada unha (Fig. 5.4) é formada por corpo, margem livre e raiz da unha. O ***corpo da unha*** é a parte visível; a ***margem livre*** é a parte do corpo da unha que se estende além do final dos dedos. O ***leito ungueal (hiponíquio)*** é uma área espessa de estrato córneo abaixo da margem livre que prende a unha à ponta do dedo. A ***raiz da unha*** é a parte não visível. A maior parte do corpo da unha é rósea, em razão dos capilares sanguíneos subjacentes. A área semilunar esbranquiçada próximo da raiz da unha é chamada ***lúnula***. Aparece esbranquiçada porque o tecido vascular abaixo não aparece, em virtude da espessura do estrato basal na área. A parte proximal do epitélio, profunda à raiz da unha, é chamada ***matriz da unha***. É nessa região que as células superficiais se dividem por mitose para produzir novas células da unha. O crescimento médio das unhas das mãos é de 1 mm por semana. A ***cutícula (eponíquio)*** é formada pelo estrato córneo.

Funcionalmente, as unhas nos ajudam a segurar e manipular pequenos objetos; fornecem proteção para as pontas dos dedos e nos permitem coçar várias partes do corpo.

TESTE SUA COMPREENSÃO

5. Descreva a estrutura do pelo. O que produz a "pele arrepiada"?
6. Compare os locais e as funções das glândulas sebáceas e sudoríferas.
7. Descreva as partes da unha.

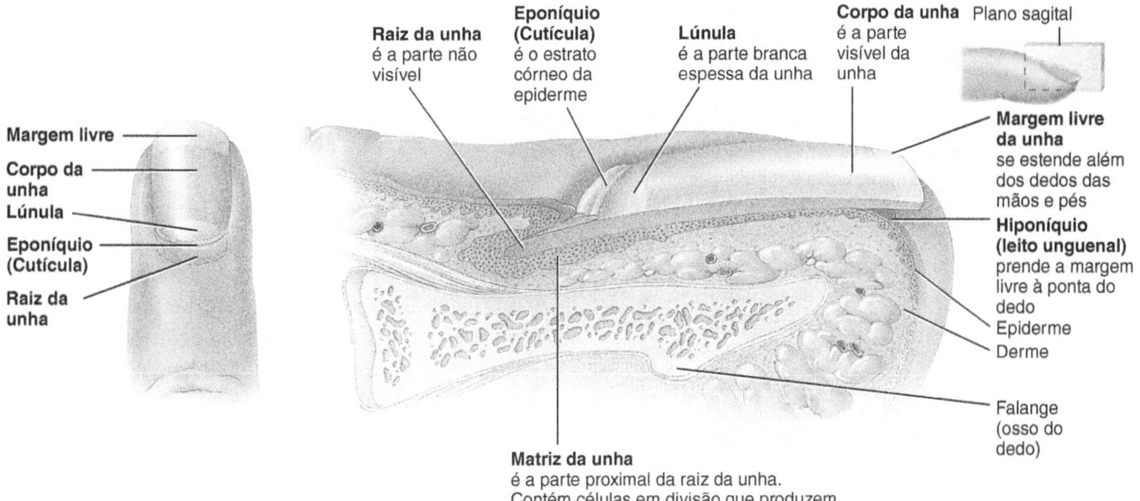

(a) Vista dorsal

(b) Corte sagital mostrando detalhes internos

Por que as unhas são tão duras?

Figura 5.4 **Unhas.** Em exibição, a unha de um dedo da mão.

As células das unhas se originam pela transformação das células superficiais da matriz da unha para células da unha.

5.3 Funções da pele

OBJETIVO

- Descrever **como a pele contribui para regulação da temperatura corporal, proteção, sensação, excreção e absorção e, síntese de vitamina D.**

A seguir, as principais funções da pele:

1. **Regulação da temperatura corporal.** A pele contribui para a regulação homeostática da temperatura do corpo, ao liberar suor na superfície e ao ajustar o fluxo de sangue na derme. Em resposta a temperaturas ambientais elevadas ou ao calor produzido por exercício, a produção de suor proveniente das glândulas sudoríferas écrinas aumenta; a evaporação do suor da superfície da pele ajuda a baixar a temperatura do corpo. Além disso, vasos sanguíneos na derme se dilatam (se expandem); por consequência, mais sangue flui pela derme, o que aumenta a quantidade da perda de calor do corpo. Em resposta a baixas temperaturas ambientais, a produção de suor das glândulas sudoríferas écrinas diminui, ajudando a conservar o calor. Além disso, os vasos sanguíneos na derme se contraem (se estreitam), o que diminui o fluxo sanguíneo pela pele e reduz a perda de calor do corpo.
2. **Proteção.** A queratina na pele protege os tecidos subjacentes contra germes, abrasão, calor e substâncias químicas, e os queratinócitos firmemente interligados resistem à invasão dos micróbios. Os lipídeos liberados pelos grânulos lamelares inibem a evaporação da água da superfície da pele, protegendo o corpo da desidratação. O sebo oleoso evita a desidratação dos pelos e contém substâncias bactericidas que matam as bactérias da superfície. O pH ácido da perspiração retarda o crescimento de determinados micróbios. A melanina fornece certa proteção contra os efeitos nocivos da radiação UV. Pelos e unhas também exercem funções protetoras. Macrófagos intraepidérmicos alertam o sistema imunológico para a presença de micróbios invasores potencialmente prejudiciais, reconhecendo-os e processando-os, e os macrófagos na derme destroem bactérias e vírus que conseguem passar pelos macrófagos intraepidérmicos da epiderme.
3. **Sensações cutâneas.** São aquelas que se originam na pele e incluem sensações táteis – toque, pressão, vibração e cócegas – assim como sensações térmicas, como calor e frio. Outra sensação cutânea, a dor, geralmente é uma indicação de dano eminente ou real ao tecido. O Capítulo 12 fornece mais detalhes sobre o tópico da sensação cutânea.
4. **Excreção e absorção.** A pele normalmente desempenha uma pequena função na *excreção*, a eliminação de substâncias do corpo, e na *absorção*, a passagem de materiais do ambiente externo para as células do corpo.

CORRELAÇÕES CLÍNICAS | Administração transdérmica de medicamentos

A maioria dos medicamentos é absorvida pelo corpo por meio do sistema digestório ou é injetada na tela subcutânea ou tecido muscular. Uma rota alternativa, a **administração transdérmica (tópica) de medicamentos**, possibilita que um medicamento contido em um adesivo dérmico penetre na epiderme e entre nos vasos sanguíneos da derme. O medicamento é liberado continuamente a uma taxa controlada durante um período de um a vários dias. Um número crescente de medicamentos está disponível para a administração transdérmica, incluindo nitroglicerina, para prevenção de angina *pectoris*, que é dor torácica associada com doenças cardíacas (nitroglicerina também é administrada embaixo da língua ou por injeção intravenosa); escopolamina, para enjoo; estradiol, usado na terapia de reposição hormonal durante a menopausa; etinilestradiol e norelgestromina em adesivos contraceptivos; nicotina, utilizada para ajudar pessoas a parar de fumar; e fentanil, utilizado para aliviar dores fortes em pacientes com câncer. •

5. **Síntese da vitamina D.** A exposição da pele à radiação UV ativa a vitamina D. Basicamente, a vitamina D é convertida para sua forma ativa, um hormônio chamado calcitriol, que ajuda na absorção de cálcio e de fósforo do trato gastrintestinal para o sangue. Pessoas que evitam exposição ao sol e que vivem em climas mais frios podem ter deficiência de vitamina D se não for incluída na dieta ou em suplementos.

TESTE SUA COMPREENSÃO

8. Quais são as duas maneiras pelas quais a pele ajuda na regulação da temperatura corporal?
9. De que forma a pele atua como barreira de proteção?
10. Quais sensações se originam a partir da estimulação dos neurônios presentes na pele?

5.4 Envelhecimento e tegumento comum

OBJETIVO

- Descrever os efeitos do envelhecimento no tegumento comum.

A maioria das alterações relacionadas com a idade começa por volta dos 40 anos de idade e ocorre nas proteínas na derme, quando fibras de colágeno na derme começam a diminuir em quantidade, a endurecer, a se fragmentar e a se desorganizar, formando uma massa emaranhada amorfa. As fibras elásticas perdem parte de sua elasticidade, se aglomeram e se desgastam, um efeito que é acelerado na pele de fumantes. Os fibroblastos, que produzem tanto colágeno quanto fibras elásticas, diminuem em quantidade. Como resultado, ocorre na pele, a formação de fissuras e sulcos característicos, conhecidos como *rugas*.

Os efeitos nítidos do envelhecimento da pele não se tornam perceptíveis até que as pessoas cheguem aos 40 anos. Macrófagos intraepidérmicos diminuem em quantidade e se tornam fagócitos menos eficientes, diminuindo a resposta imune da pele. Além disso, a diminuição no tamanho das glândulas sebáceas leva ao ressecamento e ruptura da pele, que fica mais suscetível às infecções. A produção de suor diminui, o que provavelmente contribui para uma maior incidência de insolação nos idosos. Ocorre uma diminuição da quantidade de melanócitos ativos, resultando em pelos grisalhos e pigmentação atípica da pele. A perda de pelo aumenta com o envelhecimento, à medida que os folículos pilosos param de produzir pelos. Aproximadamente 25% dos homens começam a mostrar sinais de perda de cabelo aos 30 anos, e quase dois terços têm uma perda significativa de cabelo aos 60. Tanto homens quanto mulheres desenvolvem padrões de calvície. Um aumento no tamanho de alguns melanócitos produz manchas pigmentadas (manchas senis). As paredes dos vasos sanguíneos, na derme, se tornam mais espessas e menos permeáveis, e o tecido adiposo subcutâneo é perdido. A pele envelhecida (especialmente a derme) é mais fina do que a pele nova, e a migração de células do estrato basal para a superfície epidérmica fica consideravelmente mais lenta. Com o início do envelhecimento, a pele se cura vagarosamente e se torna mais suscetível a condições patológicas, como câncer de pele e úlceras de pressão. ***Rosácea*** é uma condição que, em geral, afeta adultos de pele clara entre 30 e 60 anos de idade. É caracterizada por vermelhidão, pústulas minúsculas e vasos sanguíneos evidentes, normalmente na parte central da face.

O crescimento de unhas e pelos diminui durante a segunda e a terceira décadas de vida. As unhas também podem se tornar mais frágeis com a idade, frequentemente em consequência da desidratação ou do uso contínuo de removedor de cutícula ou esmalte de unha.

Diversos tratamentos cosméticos antienvelhecimento estão disponíveis para reduzir os efeitos do envelhecimento e dos danos produzidos pela luz solar. Estes incluem os seguintes:

- **Produtos tópicos** que clareiam a pele com objetivo de suavizar manchas (hidroquinona) ou diminuir rugas finas e áreas espessas (ácido retinoico).
- **Microdermobrasão** utilizando minúsculos cristais sob pressão para remover e aspirar as células superficiais da pele, com o objetivo de melhorar a textura e reduzir manchas.
- ***Peeling* químico** com aplicação de um ácido brando (como o ácido glicólico) na pele, com objetivo de remover as células superficiais para melhorar a textura e reduzir manchas.

- **Rejuvenescimento a *laser*** para limpar os vasos sanguíneos superficiais da pele, suavizar manchas e diminuir rugas finas. Um exemplo é o IPL Photofacial®.
- **Preenchedores dérmicos** com injeções de colágeno humano (Cosmoderm®), **ácido hialurônico (Restylane e Juvederm®**), hidroxiapatita de cálcio (Radiesse®), ou poli-L-ácido-láctico (Sculptra®) com o objetivo de esticar a pele, suavizar rugas e preencher sulcos, como aqueles em torno do nariz e da boca e entre as sobrancelhas.
- **Transplante de gordura**, no qual a gordura retirada de uma parte do corpo é injetada em outro local como em torno dos olhos.
- **Toxina botulínica** ou **Botox®**, versão diluída da toxina que é injetada na pele para paralisar músculos esqueléticos que provocam o enrugamento da pele.
- ***Ritidectomia (Facelift)* não cirúrgica por radiofrequência**, no qual são utilizadas emissões de frequência de rádio para comprimir as camadas mais profundas da pele do pescoço, da pele da mandíbula, das sobrancelhas e pálpebras flácidas.
- *Ritidectomia (facelift)*, das **sobrancelhas** e do **pescoço**, cirurgia invasiva na qual o excesso de pele e gordura **é removido cirurgicamente**, e os tecidos conectivos subjacentes e os músculos são esticados.

TESTE SUA COMPREENSÃO

11. Qual parte da pele está implicada na maioria das mudanças relacionadas com o envelhecimento? Cite diversos exemplos.

• • •

Para avaliar as várias maneiras de contribuição da pele para a homeostasia dos outros sistemas do corpo, estude Foco na Homeostasia: o Tegumento comum. Esse texto específico é o primeiro de 11 encontrados no final de capítulos selecionados, que explicam como o sistema corporal em questão contribui para a homeostasia de todos os outros sistemas corporais. Essa seção ajuda a entender como os sistemas corporais individuais interagem para contribuir para a homeostasia de todo o corpo. A seguir, no Capítulo 6, veremos como o tecido ósseo é formado e como os ossos são montados no sistema esquelético, protegendo muitos de nossos órgãos internos.

FOCO na HOMEOSTASIA

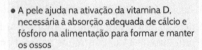

SISTEMA ESQUELÉTICO

- A pele ajuda na ativação da vitamina D, necessária à absorção adequada de cálcio e fósforo na alimentação para formar e manter os ossos

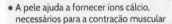

SISTEMA MUSCULAR

- A pele ajuda a fornecer íons cálcio, necessários para a contração muscular

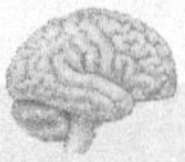

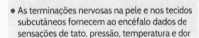

SISTEMA NERVOSO

- As terminações nervosas na pele e nos tecidos subcutâneos fornecem ao encéfalo dados de sensações de tato, pressão, temperatura e dor

SISTEMA ENDÓCRINO

- Queratinócitos, na pele, ajudam a ativar a vitamina D em calcitriol, um hormônio que auxilia na absorção do cálcio e do fósforo da alimentação

SISTEMA CIRCULATÓRIO

- Mudanças químicas locais da derme provocam dilatação ou contração dos vasos sanguíneos, o que ajuda no fluxo sanguíneo para a pele

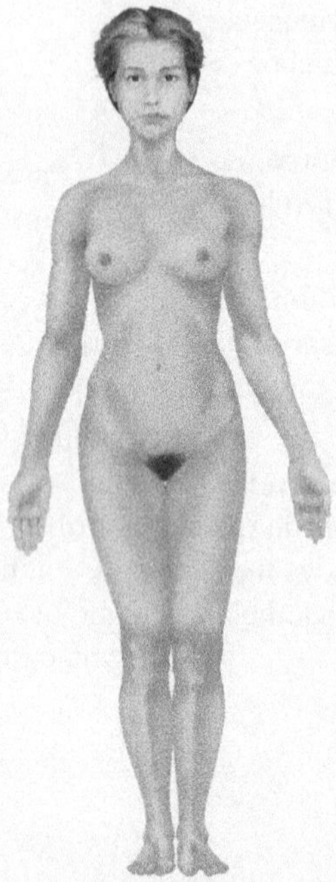

CONTRIBUIÇÕES DO TEGUMENTO COMUM

PARA TODOS OS SISTEMAS DO CORPO

- Pele e cabelo fornecem barreiras que protegem todos os órgãos internos contra agentes nocivos do ambiente externo
- Glândulas sudoríferas e vasos sanguíneos da pele regulam a temperatura corporal, necessários para funcionamento adequado de outros sistemas corporais

SISTEMA LINFÁTICO E IMUNIDADE

- A pele é a "primeira linha de defesa" na imunidade, fornecendo barreiras mecânicas e secreções químicas que desencorajam a penetração e o crescimento de micróbios
- Macrófagos intraepidérmicos participam das respostas imunes ao reconhecer e processar antígenos estranhos
- Macrófagos, na derme, destroem micróbios que penetram na superfície da pele

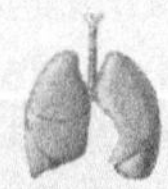

SISTEMA RESPIRATÓRIO

- Pelos, no nariz, filtram partículas de poeira inaladas
- A estimulação de terminações nervosas de dor, na pele, pode alterar a frequência respiratória

SISTEMA DIGESTÓRIO

- A pele ajuda a ativar a vitamina D para formar o hormônio calcitriol, que promove a absorção de cálcio e de fósforo da alimentação no intestino delgado

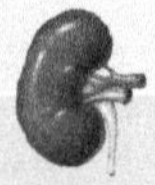

SISTEMA URINÁRIO

- Células dos rins recebem a vitamina D parcialmente ativada na pele e a convertem em calcitriol
- Alguns resíduos do corpo são excretados pelo suor, contribuindo para a excreção pelo sistema urinário

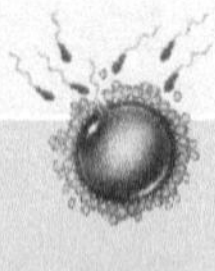

SISTEMAS GENITAIS

- Terminações nervosas na pele e no tecido subcutâneo respondem a estímulos eróticos, contribuindo para o prazer sexual
- A sucção da mama por um bebê estimula terminações nervosas na pele que levam à ejeção do leite
- Glândulas mamárias (glândulas de suor modificadas) produzem leite
- A pele estica, com o crescimento fetal, durante a gravidez

DISTÚRBIOS COMUNS

Câncer de pele

A exposição excessiva ao sol é responsável, praticamente, por todos os 1 milhão de casos de ***câncer de pele***, diagnosticados anualmente nos Estados Unidos. Existem três formas comuns de câncer de pele (Fig. 5.5). ***Carcinomas de células basais*** representam quase 78% de todos os cânceres da pele. Os tumores se originam de células do estrato basal da epiderme e raramente sofrem metástase. Os ***carcinomas de células escamosas***, que representam aproximadamente 20% de todos os cânceres de pele, se originam no estrato espinhoso da epiderme e têm uma tendência variável para metástase. Os carcinomas ***de células basais*** e escamosas são conhecidos como *câncer de pele não melanômicos*.

Os ***melanomas malignos*** se originam de melanócitos e totalizam aproximadamente 2% de todos os cânceres de pele, sendo os tipos mais comuns de câncer com risco de morte em mulheres jovens. O risco permanente estimado de desenvolver melanoma é, atualmente, de 1 para cada 75, duas vezes maior do que há 15 anos. Em parte, esse aumento se deve à destruição da camada de ozônio, que absorve os raios UV nas camadas superiores da atmosfera. Contudo, a principal razão para o aumento é que mais pessoas estão passando mais tempo ao sol e em clínicas de bronzeamento. Os melanomas malignos formam metástases rapidamente e matam uma pessoa poucos meses após o diagnóstico.

A chave para o sucesso do tratamento do melanoma maligno é a detecção prévia. Os sinais iniciais de alerta para a ocorrência do melanoma maligno são identificados pela sigla ABCDE (Fig. 5.5). A é para a *assimetria*: melanomas malignos tendem a apresentar falta de simetria. B é para a *borda*: melanomas malignos apresentam bordas com entalhes irregulares. C é para a *cor*: melanomas malignos têm uma coloração desigual e podem conter várias cores. D é para o *diâmetro*: verrugas comuns são, em geral, menores do que 6 mm, menores do que o tamanho de um lápis borracha. E é para *evolução*: melanoma maligno muda de tamanho, forma e cor. Quando o melanoma maligno tem as características A, B, C, geralmente mede mais do que 6 mm.

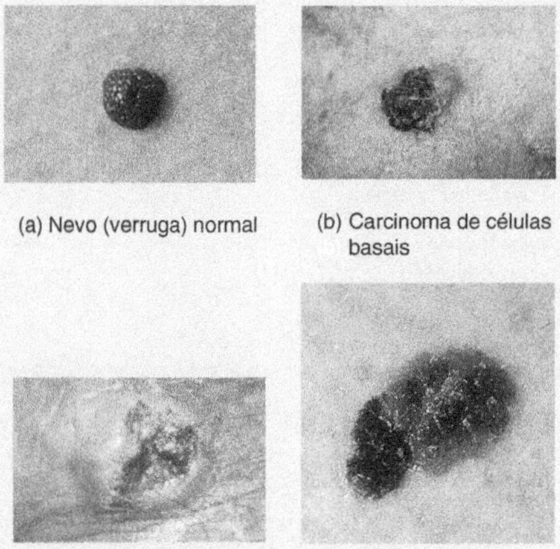

(a) Nevo (verruga) normal

(b) Carcinoma de células basais

(c) Carcinomas de célula escamosa

(d) Melanoma maligno

Qual o tipo mais comum de câncer de pele?

Figure 5.5 Formas comuns de câncer de pele.

Exposição excessiva ao sol é responsável pela maioria dos cânceres de pele.

Entre os fatores de risco para o câncer de pele, estão:

1. ***Tipo de pele.*** Pessoas com pele clara que nunca se bronzeiam, mas sempre se queimam ao sol, apresentam risco elevado.
2. ***Exposição ao sol.*** Pessoas que vivem em áreas com muitos dias de sol por ano e em grandes altitudes (onde a radiação UV é mais intensa) têm risco mais elevado de desenvolver câncer de pele. Da mesma forma, pessoas que se dedicam a ocupações ao ar livre ou que já sofreram três ou mais queimaduras solares graves mostram um risco elevado.
3. ***Histórico familiar.*** As taxas de câncer de pele são mais altas em algumas famílias do que em outras.
4. ***Idade.*** Pessoas mais velhas estão mais predispostas ao câncer de pele, em razão da maior exposição total ao sol.
5. ***Estado imunológico.*** Pessoas imunossuprimidas têm maior incidência de câncer de pele.

Danos do sol

Mesmo que ficar no calor do sol seja prazeroso, não é uma prática saudável. Existem duas formas de radiação UV que afetam a saúde da pele. Raios ultravioleta A, com comprimento de onda mais longo, chamados de raios UVA, correspondem a 95% da radiação UV que chega à Terra. Os raios UVA não são absorvidos pela camada de ozônio. Penetram mais fundo na pele, onde são absorvidos pelos melanócitos e, portanto, participam do processo de bronzeamento. Os raios UVA também deprimem o sistema imune. Os raios ultravioleta B, com comprimento de onda mais curto, chamados de raios UVB, são parcialmente absorvidos pela camada de ozônio e não penetram a pele tão profundamente quanto os raios UVA. Os raios UVB provocam queimadura e são responsáveis pela maior parte das lesões teciduais (produção de radicais livres de oxigênio que desintegram colágenos e fibras elásticas), resultando no enrugamento e envelhecimento da pele e no desenvolvimento de catarata. Acredita-se que, tanto os raios UVA quanto os UVB provoquem câncer. A exposição demasiadamente longa à luz solar resulta em vasos sanguíneos dilatados, manchas senis, sardas e mudanças na textura da pele.

A exposição à radiação UV (tanto da luz natural quanto da artificial) também pode produzir ***fotossensibilidade***, uma reação intensificada da pele após consumo de determinados medicamentos ou contato com determinadas substâncias. A fotossensibilidade é caracterizada por vermelhidão, prurido, bolhas, descamação, inflamações e, até mesmo, estado de choque. Entre os medicamentos e substâncias que podem provocar reação de fotossensibilidade estão determinados antibióticos (tetraciclina), anti-inflamatórios não esteroides (ibuprofeno e naproxeno), certos suplementos naturais, alguns contraceptivos, alguns medicamentos utilizados para tratar hipertensão arterial, alguns anti-histamínicos e certos adoçantes artificiais, perfumes, loções pós-barba, detergentes e cosméticos.

Loções autobronzeadoras (***bronzeadores artificiais***) são substâncias aplicadas topicamente, contendo um aditivo corante (di-hidroxiacetona), que produz uma aparência de bronzeamento ao interagir com as proteínas da pele.

Protetores solares são preparações aplicadas topicamente, contendo vários agentes químicos (como a benzofenona ou um de seus derivados) que absorvem os raios UVB, mas deixam a maioria dos raios UVA passar.

Bloqueadores solares são preparações aplicadas topicamente, contendo substâncias como óxido de zinco que refletem e dispersam tanto os raios UVB quanto os UVA.

Tanto os protetores quanto os bloqueadores solares são classificados de acordo com *fator de proteção solar* (*FPS*), que mede o nível de proteção que supostamente fornecem contra os raios UV. Quanto maior for o FPS, presumidamente melhor será a proteção. Como medida de precaução, pessoas planejando passar muito tempo ao sol, devem usar protetor ou bloqueador solar com um FPS de 15 ou superior. Mesmo que os protetores solares protejam contra queimaduras de sol, existe um debate considerável quanto à proteção efetiva contra o câncer de pele. Na verdade, alguns estudos sugerem que os protetores solares aumentam a incidência de câncer de pele justamente pela falsa sensação de segurança que oferecem.

Queimaduras

Uma ***queimadura*** é uma lesão tecidual produzida por calor excessivo, eletricidade, radioatividade ou por produtos químicos corrosivos que desnaturam (destroem) as proteínas das células da pele. As queimaduras destroem algumas das importantes contribuições da pele para a homeostasia – proteção contra invasão microbiana e desidratação, bem como regulação da temperatura do corpo.

As queimaduras são classificadas de acordo com o grau de gravidade. A ***queimadura de primeiro grau*** inclui apenas a epiderme (Fig. 5.6a). É caracterizada por dor moderada e *eritema* (vermelhidão), mas não apresenta pápulas. As funções da pele permanecem intactas. Limpeza imediata com água fria pode diminuir a dor e a lesão produzida por uma queimadura de primeiro grau. Geralmente, a cicatrização de uma queimadura de primeiro grau ocorre em 3 a 6 dias e pode ser acompanhada por descamação. Um exemplo de queimadura de primeiro grau é a queimadura moderada de sol.

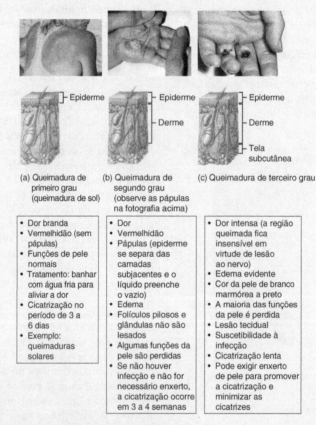

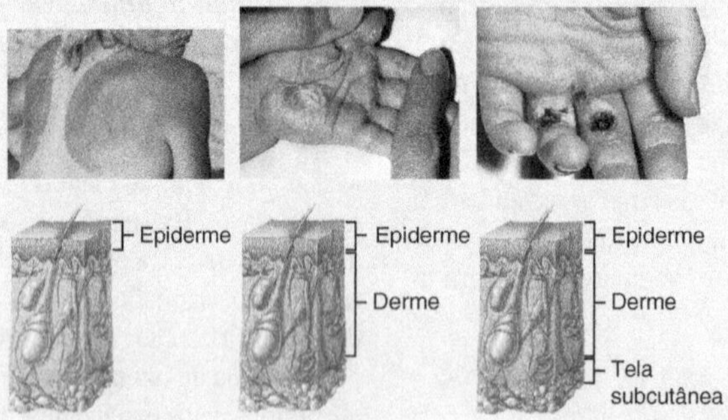

(a) Queimadura de primeiro grau (queimadura de sol)
- Dor branda
- Vermelhidão (sem pápulas)
- Funções de pele normais
- Tratamento: banhar com água fria para aliviar a dor
- Cicatrização no período de 3 a 6 dias
- Exemplo: queimaduras solares

(b) Queimadura de segundo grau (observe as pápulas na fotografia acima)
- Dor
- Vermelhidão
- Pápulas (epiderme se separa das camadas subjacentes e o líquido preenche o vazio)
- Edema
- Folículos pilosos e glândulas não são lesados
- Algumas funções da pele são perdidas
- Se não houver infecção e não for necessário enxerto, a cicatrização ocorre em 3 a 4 semanas

(c) Queimadura de terceiro grau
- Dor intensa (a região queimada fica insensível em virtude de lesão ao nervo)
- Edema evidente
- Cor da pele de branco marmórea a preto
- A maioria das funções da pele é perdida
- Lesão tecidual
- Suscetibilidade à infecção
- Cicatrização lenta
- Pode exigir enxerto de pele para promover a cicatrização e minimizar as cicatrizes

Quais fatores determinam a gravidade da queimadura?

Figura 5.6 Queimaduras.

A queimadura é uma lesão tecidual produzida por agentes que destroem as proteínas nas células da pele.

A *queimadura de segundo grau* destrói a epiderme e parte da derme (Fig. 5.6b). Algumas das funções da pele são perdidas. Como resultado de uma queimadura de segundo grau, observam-se vermelhidão, formação de pústulas, edema e dor. Em uma pústula, a epiderme se separa da derme em decorrência do acúmulo de fluido entre as camadas. Estruturas associadas, como folículos pilosos, glândulas sebáceas e glândulas sudoríferas, geralmente não são prejudicadas. Se não existir infecção, queimaduras de segundo grau cicatrizam sem enxerto de pele, em aproximadamente 3 a 4 semanas, mas cicatrizes podem ocorrer. As queimaduras de primeiro e segundo graus são chamadas de *queimaduras de espessura parcial*.

A *queimadura de terceiro grau* ou *queimadura de espessura total* destrói a epiderme, derme e tela subcutânea (Fig. 5.6c). A maioria das funções da pele é perdida. Essas queimaduras têm aparência diversificada, variando de feridas com colorações branco mármore a avermelhada a carbonizadas secas. Existe um edema pronunciado, e a região queimada fica insensível, porque as terminações nervosas sensitivas foram queimadas. A regeneração ocorre lentamente, e muito tecido de granulação se forma antes de ser coberto por epitélio. Pode ser necessário enxerto de pele para promover a cicatrização e minimizar as cicatrizes.

A lesão aos tecidos cutâneos, diretamente em contato com o agente nocivo, é o *efeito local* de uma queimadura. Geralmente, no entanto, os *efeitos sistêmicos* de uma grande queimadura são uma ameaça maior à vida. Os efeitos sistêmicos de uma queimadura incluem (1) grande perda de água, plasma e proteínas do sangue, o que provoca choque; (2) infecção bacteriana; (3) redução da circulação sanguínea; (4) diminuição na produção de urina; e (5) diminuição das respostas imunes.

A gravidade de uma queimadura é determinada por sua profundidade e extensão da área atingida, assim como pela idade da pessoa e estado geral de saúde. De acordo com a classificação da lesão de queimadura da American Burn Association, uma queimadura grave inclui queimaduras de terceiro grau que cobrem uma área de 10% da superfície corporal; ou queimaduras de segundo grau sobre uma área de 25% da superfície corporal; ou qualquer queimadura de terceiro grau na face, mãos, pés ou *períneo*, que inclui as regiões anal e urogenital. Quando a área de uma queimadura excede 70%, mais da metade das vítimas morre. Uma maneira rápida de estimar a área afetada por uma queimadura em um adulto é a regra dos nove (Fig. 5.7):

1. Considere 9% se as superfícies anterior e posterior da cabeça e do pescoço foram afetadas.
2. Considere 9% para as superfícies anterior e posterior de cada membro superior (18% para ambos os membros).
3. Considere 4 vezes 9, ou 36%, para as superfícies anterior e posterior do torço, incluindo as nádegas.
4. Considere 9% para a superfície anterior e 9% para a superfície posterior de cada membro inferior até as nádegas (total de 36% para ambos os membros inferiores).
5. Considere 1% para o períneo.

Muitas pessoas que são queimadas com fogo também inalam fumaça. Se a fumaça for extremamente quente ou densa ou a inalação prolongada, ocorrem problemas graves. A fumaça quente danifica a traqueia, provocando edema em seu revestimento. Enquanto o edema obstruir a traqueia, o fluxo de ar para os pulmões fica obstruído. Além disso, pequenas vias respiratórias dentro dos pulmões também ficam menores, produzindo uma respiração ofegante ou falta de ar. Uma pessoa que inalou fumaça recebe oxigênio por meio de máscara facial e um tubo pode ser inserido na traqueia para auxiliar a respiração.

Úlceras de pressão

Úlceras de pressão, também conhecidas como úlceras de decúbito ou *escaras*, são provocadas pela constante deficiência de fluxo sanguíneo aos tecidos. Normalmente, o tecido afetado se estende sobre uma projeção óssea submetida a uma pressão prolongada contra um objeto, como cama, gesso ou tala. Se a pressão é aliviada após algumas horas, ocorre vermelhidão, mas não existem danos teciduais permanentes. Pústulas na área afetada podem indicar danos superficiais; uma descoloração azul-avermelhada pode indicar danos a tecidos mais profundos. Pressão prolongada provoca ulceração do tecido. Pequenas fissuras na epiderme se tornam infectadas, e a tela subcutânea e os tecidos mais profundos são danificados. Finalmente, o tecido morre. As úlceras de pressão ocorrem com mais frequência em pacientes acamados. Com cuidados apropriados, as úlceras de pressão são evitáveis, mas se desenvolvem rapidamente em pacientes muito idosos ou muito doentes.

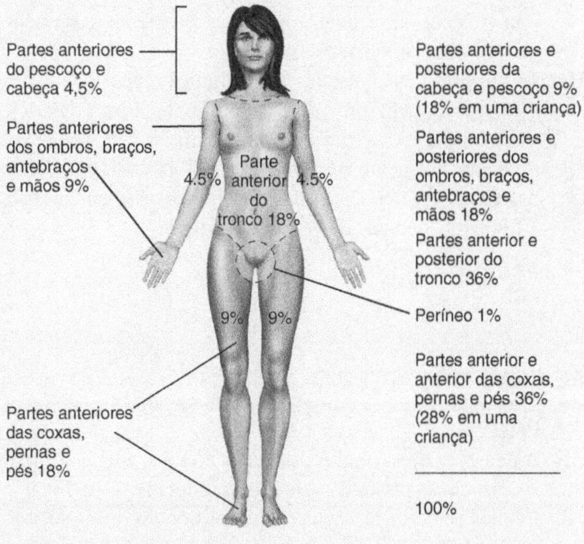

Qual percentual do corpo teria sido queimado se apenas o tronco anterior e o membro superior anterior esquerdo estivessem envolvidos?

Figura 5.7 Método da regra dos nove para determinar a extensão de uma queimadura em adultos.
Os percentuais são as proporções aproximadas da área de superfície do corpo.

A regra dos nove é uma maneira rápida de estimar a superfície do corpo que foi afetada por uma queimadura.

TERMINOLOGIA E CONDIÇÕES MÉDICAS

Abrasão Uma parte da epiderme que foi raspada.

Calo Espessamento doloroso do estrato córneo da epiderme encontrado principalmente nas juntas dos dedos do pé e entre esses dedos, provocado por atrito ou pressão. Os calos podem ser duros ou moles, dependendo de sua localização. Calos duros são encontrados sobre as articulações dos dedos do pé, e calos moles, entre o quarto e o quinto dedos do pé.

Ceratose Formação de um tumor endurecido do tecido epidérmico, como na ***ceratose solar***, uma lesão pré-maligna na pele do rosto e das mãos exposta ao sol.

Dermatite de contato Inflamação da pele caracterizada por vermelhidão, prurido e inchaço, provocados pela exposição da pele a substâncias químicas que provocam reação alérgica, como a toxina da hera venenosa.

Geladura Destruição local da pele e do tecido subcutâneo em superfícies expostas ao frio extremo. Em casos brandos, a pele é azulada e intumescida e ocorre dor leve. Em casos graves, ocorre tumefação considerável, um pouco de sangramento, nenhuma dor e vesiculação. Se não tratada, pode ocorrer gangrena. Geladura é tratada por reaquecimento rápido.

Hemangioma Tumor localizado na pele e na tela subcutânea que resulta do aumento anormal de vasos sanguíneos. Um tipo é a ***mancha em vinho do porto***, uma lesão plana violácea ou vermelha ou rósea presente no nascimento, geralmente na nuca.

Herpes simples Lesão, geralmente na túnica mucosa da boca, provocada pelo vírus do herpes simples tipo 1 (HSV), transmitido pelas vias oral ou respiratória. O vírus permanece dormente até ser "acionado" por fatores, como radiação UV, mudanças hormonais e estresse emocional. Também chamado de vesícula febril.

Impetigo Infecção cutânea superficial provocada pelas bactérias *Staphylococcus*; mais comum em crianças.

Intradérmico Dentro da pele. Também chamada ***intracutâneo***.

Laceração Corte irregular da pele.

Pé de atleta Infecção fúngica superficial da pele do pé.

Prurido Coceira, um dos distúrbios dermatológicos mais comuns. Pode ser provocado por distúrbios (infecções) da pele, distúrbios sistêmicos (câncer, insuficiência renal), fatores psicogênicos (estresse emocional) ou reações alérgicas.

Psoríase Distúrbio cutâneo crônico comum, no qual os queratinócitos se dividem e se movem mais rápido do que o normal do estrato basal para o estrato córneo e formam escamas, geralmente nos joelhos, ombros e couro cabeludo.

Pústula Acúmulo de líquido seroso no interior da epiderme ou entre a epiderme e a derme, resultante do atrito intenso de curta duração.

Queloide Área escurecida irregular elevada, com excesso de tecido cicatricial, provocado pela formação de colágeno durante a cicatrização. Estende-se além da lesão original e é geralmente dolorosa. Ocorre na derme e no tecido subcutâneo adjacente, em geral após trauma, cirurgia, queimadura ou acne grave; mais comum em pessoas de descendência africana.

Tópico Refere-se à medicação aplicada na superfície da pele em vez de ser ingerida ou injetada.

Urticária Condição da pele marcada por áreas elevadas avermelhadas pruriginosas, geralmente provocadas por infecções, trauma físico, medicamentos, estresse emocional, aditivos alimentícios e determinadas alergias alimentares.

Verruga Massa produzida pelo crescimento descontrolado das células epiteliais, provocada pelo papilomavírus. A maioria das verrugas não é cancerígena.

REVISÃO DO CAPÍTULO

5.1 Pele

1. A pele, os pelos e outras estruturas como as unhas formam o **tegumento comum**.
2. As principais partes da pele são a **epiderme**, superficial, e a **derme**, profunda. A derme recobre e se fixa à **tela subcutânea**.
3. Células epidérmicas incluem **queratinócitos**, **melanócitos**, **macrófagos intraepiteliais** e **células epiteliais táteis**. As camadas epidérmicas, em ordem da mais profunda para a mais superficial, são **estrato basal** (sofre processo de divisão celular e produz todas as outras camadas), **estrato espinhoso** (fornece resistência e flexibilidade), **estrato granuloso** (contém queratina e grânulos lamelares), **estrato lúcido** (presente apenas nas palmas das mãos e na planta dos pés) e **estrato córneo** (descarta pele morta).
4. A derme é formada por duas regiões. A região superficial é de tecido conectivo areolar contendo vasos sanguíneos, nervos, folículos pilosos, **papilas dérmicas** e corpúsculos táteis (corpúsculos de Meissner). A região mais profunda é composta por tecido conectivo denso, disposto irregularmente contendo tecido adiposo, folículos pilosos, nervos, glândulas sebáceas e ductos das glândulas sudoríferas.
5. A coloração da pele é consequência dos pigmentos **melanina**, **caroteno** e **hemoglobina**.
6. Na **tatuagem**, um pigmento é depositado na derme, com uma agulha. ***Piercing corporal*** é a inserção de um adorno através de uma abertura artificial na pele.

5.2 Estruturas acessórias da pele

1. **Estruturas acessórias da pele** se desenvolvem a partir da epiderme de um embrião e incluem pelos, glândulas cutâneas (sebáceas, sudoríferas, ceruminosas) e unhas.
2. Os **pelos** são filamentos de células queratinizadas mortas fundidas que funcionam como proteção. São formados por uma **haste** que fica acima da superfície, uma **raiz** que penetra na derme e na tela subcutânea, e um **folículo piloso**.
3. Associados aos pelos estão feixes de músculo liso, chamados **músculo eretor do pelo**, e **glândulas sebáceas** (oleosas). As glândulas sebáceas estão geralmente conectadas aos folículos pilosos; não estão presentes na palma das mãos nem na planta dos pés. As glândulas sebáceas produzem **sebo**, que lubrifica o pelo e impermeabiliza a pele.
4. Existem dois tipos de **glândulas sudoríferas**: écrinas e apócrinas. As **glândulas sudoríferas** écrinas têm uma distribuição extensa; seus ductos terminam em poros na superfície da epiderme, e sua principal função é ajudar a regular a temperatura do corpo. As **glândulas sudoríferas apócrinas** têm uma distribuição limitada, e seus ductos se abrem nos folículos pilosos. Começam a funcionar na puberdade e são estimuladas durante o estresse emocional e a excitação sexual.
5. As **glândulas ceruminosas** são glândulas sudoríferas modificadas que secretam **cerume**. São encontradas no meato acústico externo.
6. As **unhas** são células epidérmicas queratinizadas mortas e duras que recobrem as partes terminais dos dedos das mãos e dos pés. As principais partes da unha são o **corpo da unha**, a **margem livre**, a **raiz da unha**, a **lúnula**, o hiponíquio (leito ungueal), o eponíquio (cutícula) e a **matriz da unha**. A divisão celular das células da matriz da unha produz novas unhas.

5.3 Funções da pele

1. As funções da pele incluem regulação da temperatura, proteção, sensibilidade, excreção, absorção e síntese da vitamina D.
2. A pele participa da regulação da temperatura do corpo liberando suor na superfície e ajustando o fluxo sanguíneo na derme.
3. A pele fornece barreiras físicas, químicas e biológicas que ajudam a proteger o corpo.
4. As **sensibilidades cutâneas** incluem as sensações táteis, térmicas e dor.

5.4 Envelhecimento e o tegumento comum

1. A maioria dos efeitos do envelhecimento ocorre quando a pessoa chega ao final dos 40 anos.
2. Entre os efeitos do envelhecimento estão rugas, perda de gordura subcutânea, atrofia das glândulas sebáceas e diminuição da quantidade de melanócitos e macrófagos intraepidérmicos.

APLICAÇÕES DO PENSAMENTO CRÍTICO

1. Michael, de 3 anos de idade, estava cortando o cabelo pela primeira vez. Quando o barbeiro começou a cortar, Michael gritou: "Pare! Você está matando o meu cabelo!". Ele então puxou seu próprio cabelo e gritou "Ai! Tá vendo! Está vivo!". Michael está certo quanto ao cabelo?
2. Michelle, a irmã gêmea de Michael, ralou o joelho no parquinho. Ela disse à mãe que queria "uma nova pele que não vazasse". A mãe prometeu que uma pele nova logo apareceria sob a bandagem. Como nasce pele nova?
3. Tatiana está grávida de sete meses de seu primeiro filho. Ela não consegue acreditar no tamanho da "barriga", mas está perturbada pelas estrias brancas que apareceram no abdome. Qual região da pele e quais estruturas são responsáveis pela elasticidade para acomodar a gravidez? O que está causando essas estrias brancas?
4. Jonas, um jovem de 15 anos, apresenta um caso grave de cravos. De acordo com a tia Fátima, os problemas da pele dele são decorrentes de ficar até tarde assistindo TV e de comer pizza congelada e pipoca com queijo. Explique para a tia Fátima a causa real dos cravos.

RESPOSTAS ÀS QUESTÕES DAS FIGURAS

5.1 A epiderme é formada por tecido epitelial, e a derme é composta por tecido conectivo.

5.2 O estrato basal é o estrato da epiderme que contém células-tronco que continuamente sofrem divisão celular.

5.3 A matriz produz novo pelo por divisão celular.

5.4 As unhas são duras porque são compostas por células epidérmicas queratinizadas mortas endurecidas e densamente agrupadas.

5.5 O carcinoma de célula basal é o tipo mais comum de câncer de pele.

5.6 A gravidade de uma queimadura é determinada pela profundidade e extensão da área afetada, idade do indivíduo e saúde geral.

5.7 Aproximadamente 22,5% do corpo estariam queimados (4,5% [do braço] + 18% [da parte anterior do tronco]).

CAPÍTULO 6

SISTEMA ESQUELÉTICO

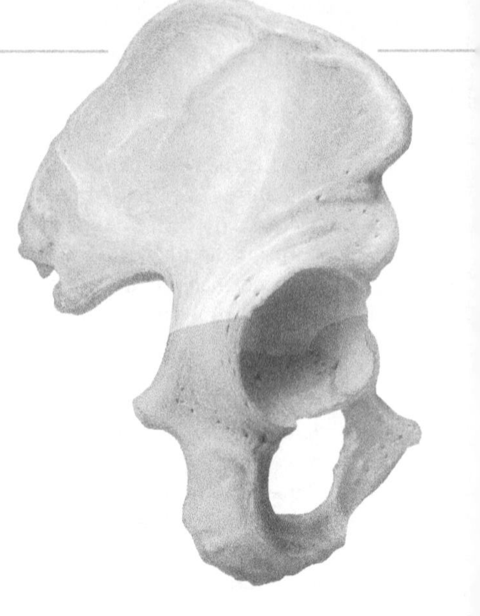

Apesar de sua aparência simples, o osso é um tecido vivo dinâmico e complexo, remodelado continuamente – um novo osso é formado enquanto o osso velho se degenera. Cada osso individual é um órgão composto por vários tecidos diferentes que trabalham em conjunto: osso, cartilagem, tecidos conectivos densos, epitélio, tecido hemopoético, tecido adiposo e tecido nervoso. Todo o arcabouço de ossos e suas cartilagens constitui o ***sistema esquelético***. O estudo da estrutura óssea e do tratamento dos distúrbios ósseos é chamado ***osteologia***.

> OLHANDO PARA TRÁS PARA AVANÇAR...
>
> Matriz extracelular do tecido conectivo (Seção 4.3)
> Cartilagem (Seção 4.3)
> Tecido ósseo (Seção 4.3)
> Fibras colágenas (Seção 4.3)
> Tecido conectivo denso não modelado (Seção 4.3)

6.1 Funções do osso e do sistema esquelético

OBJETIVO

- Discutir as seis funções do osso e do sistema esquelético.

O tecido ósseo e o sistema esquelético realizam várias funções básicas:

1. **Suporte.** O esqueleto fornece uma estrutura para o corpo, sustentando os tecidos moles e proporcionando pontos de fixação para os tendões da maioria dos músculos esqueléticos.
2. **Proteção.** O esqueleto protege muitos órgãos internos contra lesão. Por exemplo, os ossos do crânio protegem o encéfalo, as vértebras protegem a medula espinal, e a caixa torácica protege o coração e os pulmões.
3. **Assistência ao movimento.** A maioria dos músculos esqueléticos está fixada aos ossos; assim, quando os músculos se contraem, tracionam os ossos. Em conjunto, ossos e músculos produzem movimento. Essa função é estudada em detalhe no Capítulo 8.
4. **Homeostasia mineral.** O tecido ósseo armazena vários minerais, especialmente cálcio e fósforo. Conforme a demanda, o osso libera minerais no sangue para manter os equilíbrios minerais críticos (homeostasia) e para distribuir os minerais para outras partes do corpo.
5. **Produção de eritrócitos.** No interior de determinados ossos, um tecido conectivo chamado ***medula óssea vermelha*** produz eritrócitos, leucócitos e plaquetas, um processo chamado ***hemopoese***. A medula óssea vermelha consiste em células sanguíneas em desenvolvimento, adipócitos, fibroblastos e macrófagos. Está presente nos ossos em desenvolvimento do feto e em alguns ossos adultos, como pelve, costelas, esterno, vértebras, crânio e extremidades dos ossos do braço e da coxa.
6. **Armazenamento de triglicerídeos.** A ***medula óssea amarela*** consiste principalmente em adipócitos que armazenam triglicerídeos. A reserva de triglicerídeos é uma reserva potencial de energia química. A medula óssea amarela também contém poucas células sanguíneas. No recém-nascido, toda a medula óssea é vermelha e participa da hemopoese. Com o aumento da idade, grande parte da medula óssea muda de vermelha para amarela.

TESTE SUA COMPREENSÃO

1. Quais tipos de tecidos compõem o sistema esquelético?
2. Como as medulas ósseas vermelha e amarela diferem em composição, localização e função?

6.2 Tipos de ossos

OBJETIVO

- Classificar os ossos com base em sua forma e sua localização.

Quase todos os ossos do corpo podem ser classificados em quatro tipos principais, com base em sua forma: longo, curto, plano e irregular. ***Ossos longos*** possuem comprimento maior do que a largura e consistem em uma diáfise (corpo) e em um número variável de epífises (extremidades). Em geral, são ligeiramente encurvados para obtenção de resistência. Os ossos longos incluem aqueles na coxa (fêmur), na perna (tíbia e fíbula), no braço (úmero), no antebraço (ulna e rádio) e nos dedos das mãos e dos pés (falanges).

Ossos curtos são relativamente cuboides e quase iguais em comprimento e largura. Exemplos de ossos curtos incluem a maioria dos ossos carpais e tarsais.

Ossos planos são geralmente finos, proporcionam considerável proteção e fornecem áreas extensas para fixação muscular. Os ossos classificados como planos incluem os ossos do crânio, que protegem o encéfalo; o esterno e as costelas, que protegem os órgãos do tórax; e as escápulas.

Ossos irregulares possuem formas complexas e não são agrupados nas categorias anteriores. Esses ossos incluem as vértebras e alguns ossos faciais.

TESTE SUA COMPREENSÃO

3. Dê vários exemplos de ossos longos, curtos, planos e irregulares.

6.3 Estrutura do osso

OBJETIVOS

- Descrever as partes de um osso longo.
- Descrever as características histológicas do tecido ósseo.

Exploraremos, agora, a estrutura do osso nos níveis macroscópico e microscópico.

Estrutura macroscópica do osso

A estrutura de um osso pode ser analisada considerando-se as partes de um osso longo, por exemplo, o úmero (o osso do braço), como mostrado na Figura 6.1. Um típico osso longo consiste nas sete partes descritas a seguir.

1. A ***diáfise*** é o corpo do osso – a parte principal cilíndrica e longa do osso.
2. As ***epífises*** são as terminações distal e proximal do osso.
3. As ***metáfises*** são as regiões, em um *osso maduro*, nas quais a diáfise se une às epífises. No *osso em crescimento*, cada metáfise contém uma *lâmina epifisial*, camada de cartilagem hialina que permite o crescimento longitudinal da diáfise do osso (descrito posteriormente neste capítulo). Quando o crescimento ósseo longitudinal cessa, a cartilagem na lâmina epifisial é substituída por osso, e a estrutura óssea resultante é conhecida como *linha epifisial*.
4. A ***cartilagem articular*** é uma fina lâmina de cartilagem hialina recobrindo a parte da epífise na qual o osso forma uma articulação com outro osso. A cartilagem articular reduz o atrito e absorve o choque nas articulações muito móveis. Em virtude da ausência de um pericôndrio na cartilagem articular, o reparo de lesão é limitado.
5. O ***periósteo*** é uma bainha resistente de tecido conectivo denso e sua irrigação sanguínea associada, que envolve a superfície do osso, em partes em que não é recoberta por cartilagem articular. O periósteo contém osteoblastos que permitem o crescimento ósseo em diâmetro ou espessura, mas não em comprimento. Além disso, protege o osso, auxilia no reparo de fraturas, ajuda na nutrição do tecido ósseo e atua como um ponto de fixação para ligamentos e tendões.
6. A ***cavidade medular***, nos adultos, é um espaço cilíndrico oco, no interior da diáfise, contendo medula óssea amarela adiposa.
7. O ***endósteo*** é uma membrana fina que reveste a cavidade medular. Contém uma única camada de osteoblastos.

Estrutura microscópica do osso

Como outros tecidos conectivos, o ***osso*** ou ***tecido ósseo*** é rico em matriz extracelular que envolve células amplamente separadas. A matriz extracelular é composta por aproximadamente 25% de água, 25% de fibras colágenas e 50% de sais minerais cristalizados. Quando esses sais minerais são depositados no arcabouço formado pelas fibras colágenas da matriz extracelular, eles se cristalizam, e o tecido enrijece. Esse processo de ***calcificação*** é iniciado pelos osteoblastos, as células formadoras de osso.

Embora a *resistência* do osso dependa dos sais minerais inorgânicos cristalizados, a *flexibilidade* do osso depende de suas fibras colágenas. Assim como barras de aço que reforçam o concreto armado, as fibras colágenas e outras moléculas orgânicas proporcionam *resistência à tração*, que é a resistência à distensão ou à ruptura do osso.

No tecido ósseo, estão presentes quatro tipos principais de células: células osteoprogenitoras (mesenquimais), osteoblastos, osteócitos e osteoclastos (Fig. 6.2a).

1. ***Células osteoprogenitoras*** são células-tronco não especializadas derivadas do ***mesênquima***, o tecido do qual quase todos os tecidos conectivos são formados. São as únicas células ósseas que sofrem divisão celular; as células resultantes se desenvolvem em osteoblastos. As células osteoprogenitoras são encontradas ao longo da parte interna do periósteo, no endósteo e nos canais dentro do osso que contêm vasos sanguíneos.
2. ***Osteoblastos*** são células formadoras de osso. Sintetizam e secretam fibras colágenas e outros com-

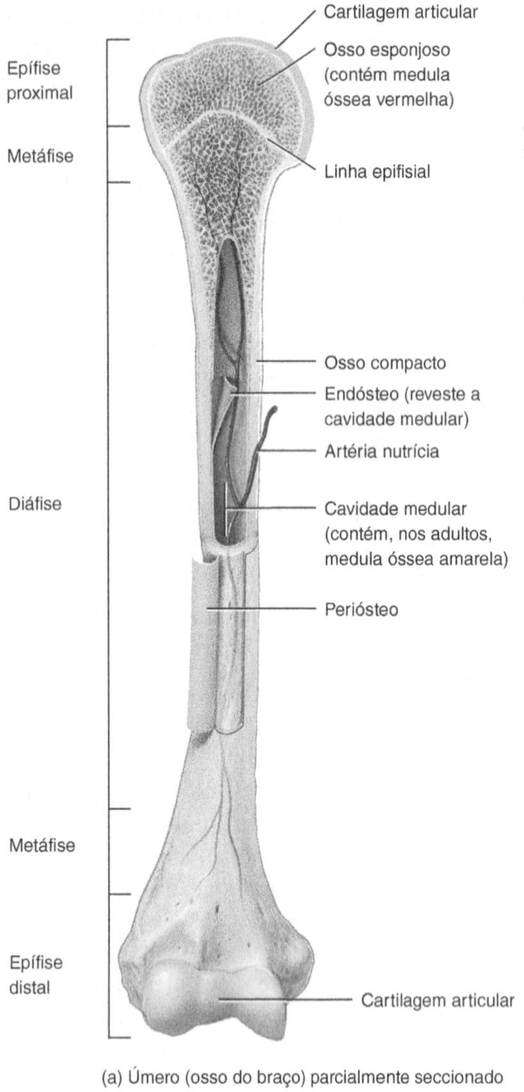

(a) Úmero (osso do braço) parcialmente seccionado

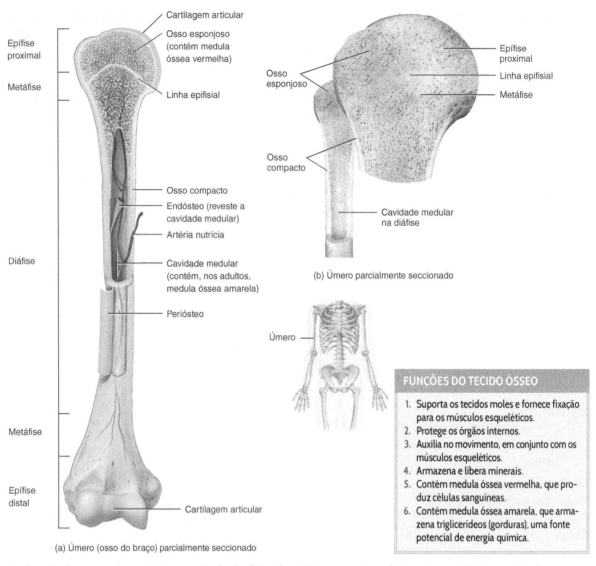

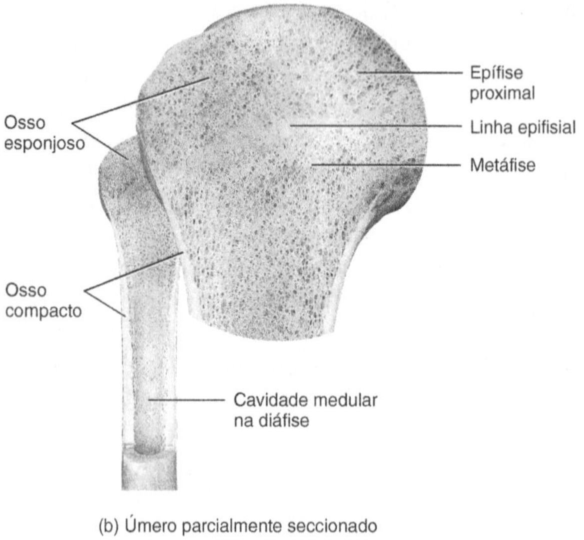

(b) Úmero parcialmente seccionado

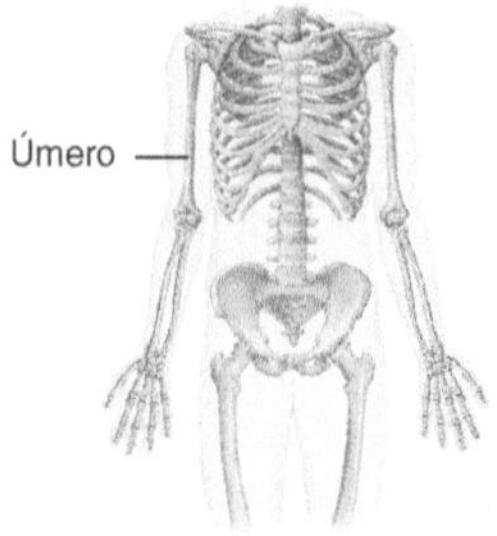

FUNÇÕES DO TECIDO ÓSSEO

1. Suporta os tecidos moles e fornece fixação para os músculos esqueléticos.
2. Protege os órgãos internos.
3. Auxilia no movimento, em conjunto com os músculos esqueléticos.
4. Armazena e libera minerais.
5. Contém medula óssea vermelha, que produz células sanguíneas.
6. Contém medula óssea amarela, que armazena triglicerídeos (gorduras), uma fonte potencial de energia química.

Qual parte do osso reduz o atrito nas articulações? Produz células sanguíneas? Reveste a cavidade medular?

Figura 6.1 **Partes de um osso longo: epífise, metáfise e diáfise.** O osso esponjoso da epífise e da metáfise contém medula óssea vermelha, e a cavidade medular da diáfise, no adulto, contém medula óssea amarela.

Um osso longo é recoberto por cartilagem articular em suas epífises proximal e distal e pelo periósteo em torno do restante do osso.

ponentes orgânicos necessários para formar a matriz extracelular do tecido ósseo. À medida que os osteoblastos são recobertos com matriz extracelular, ficam presos em suas secreções e se transformam em osteócitos. (Nota: células com o sufixo *-blasto*, no osso ou em qualquer outro tecido conectivo, secretam matriz extracelular.)

3. ***Osteócitos***, células ósseas maduras, são as principais células do tecido ósseo e mantêm seu metabolismo diário, como a troca de nutrientes e de resíduos com o sangue. Como os osteoblastos, os osteócitos não sofrem divisão celular. (Nota: células com o sufixo *-cito*, no osso ou em qualquer outro tecido, preservam o tecido.)
4. ***Osteoclastos*** são células enormes, derivadas da fusão de até 50 monócitos (um tipo de leucócito), e estão concentradas no endósteo. Liberam enzimas e ácidos lisossômicos potentes que digerem os componentes proteico e mineral da matriz extracelular óssea. Essa decomposição da matriz extracelular óssea, denominada *reabsorção*, é parte do desenvolvimento, do crescimento, da manutenção e do reparo normais do osso. (Nota: células com o sufixo *-clasto*, no osso, decompõem a matriz extracelular.)

O osso não é completamente sólido; possui muitos espaços pequenos entre suas células e componentes da matriz extracelular. Alguns espaços são canais para os vasos sanguíneos que irrigam as células ósseas com nutrientes. Outros espaços são áreas de armazenamento para a medula óssea vermelha. Com base no tamanho e na distribuição dos espaços, as regiões de um osso podem ser classificadas como compactas ou esponjosas (ver Fig. 6.1). Em geral, aproximadamente 80% do esqueleto é osso compacto, e 20% é osso esponjoso.

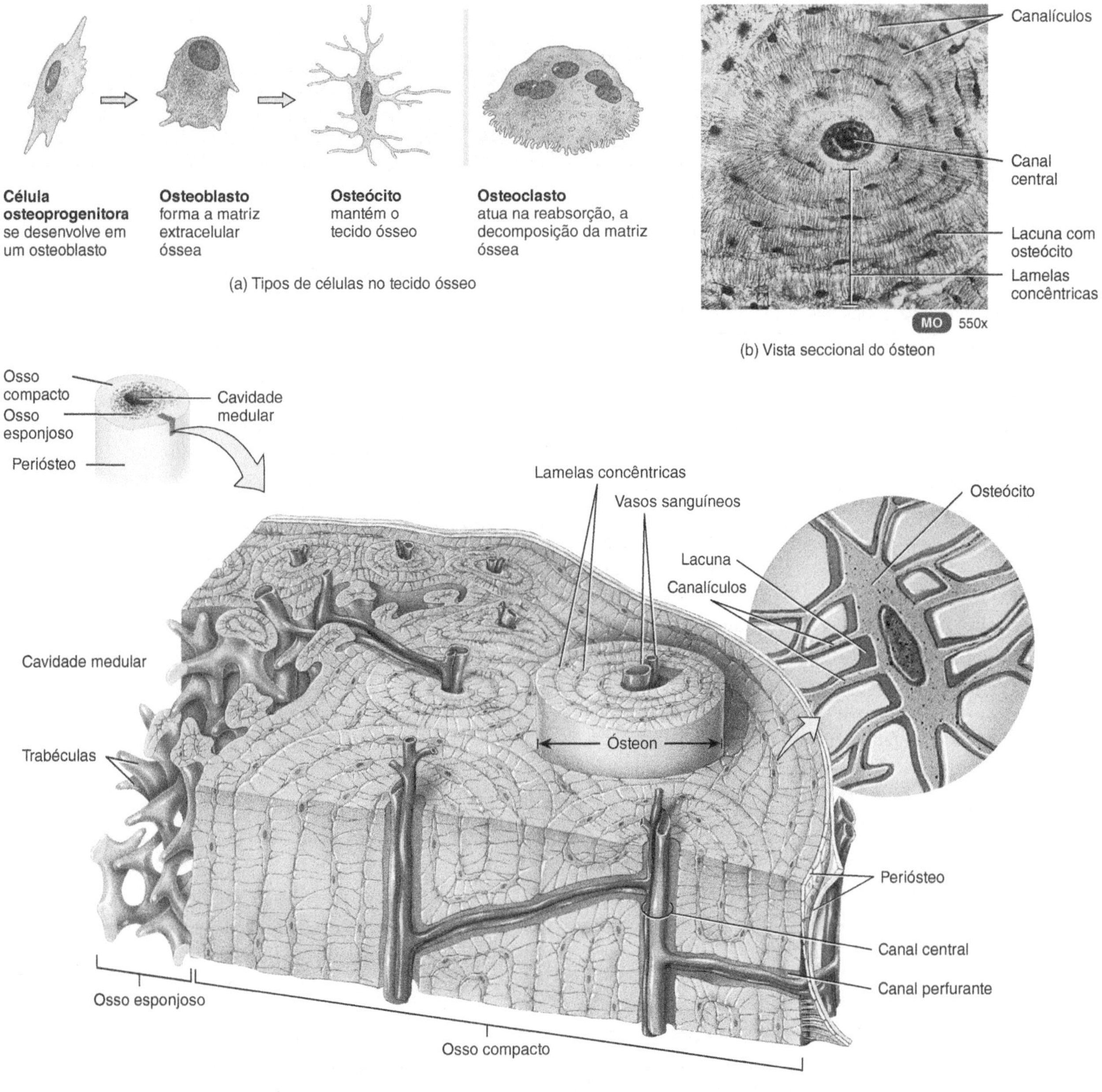

(a) Tipos de células no tecido ósseo

(b) Vista seccional do ósteon

(c) Ósteons no osso compacto e trabéculas no osso esponjoso

À medida que as pessoas envelhecem, alguns canais centrais podem se tornar bloqueados. Que efeito isso teria sobre os osteócitos?

Figura 6.2 Histologia do osso.

Os osteócitos se situam nas lacunas dispostas em círculos concêntricos em torno de um canal central no osso compacto, e em lacunas dispostas irregularmente nas trabéculas do osso esponjoso.

Tecido ósseo compacto

O ***tecido ósseo compacto*** contém poucos espaços e está disposto em unidades estruturais repetitivas, chamadas de ***ósteons*** ou *sistemas de Havers* (Fig. 6.2c). Cada ósteon consiste em um canal central (haversiano), com suas lamelas dispostas concentricamente. O ***canal central*** ou *haversiano* é um canal que contém vasos sanguíneos, nervos e vasos linfáticos. Os canais centrais correm longitudinalmente pelo osso. Em torno dos canais, estão ***lamelas concêntricas*** – anéis de matriz extracelular calcificada rígida, assemelhando-se aos anéis de crescimento de uma árvore. Os ósteons, tubuliformes, formam uma série de cilindros que correm paralelos uns aos outros, nos ossos longos, ao longo do eixo longitudinal do osso. Entre as lamelas estão pequenos espaços, chamados de ***lacunas***, contendo osteócitos. Irradiando-se em todas as direções, a partir das lacunas, estão ***canalículos*** minúsculos preenchidos com líquido extracelular. No interior dos canalículos encontram-se projeções digitiformes delgadas dos osteócitos (ver inserção à direita na Fig. 6.2c). Os canalículos conectam as lacunas entre si e com os canais centrais. Desse modo, um intrincado sistema de canais em miniatura por todo o osso fornece muitas vias para nutrientes e oxigênio chegarem aos osteócitos e para remoção dos resíduos. Isso é muito importante, pois a difusão pelas lamelas é extremamente lenta.

Vasos sanguíneos e nervos provenientes do periósteo penetram no osso compacto pelos ***canais perfurantes*** (de *Volkmann*) transversais. Os vasos e nervos dos canais perfurantes se conectam com os da cavidade medular, do periósteo e dos canais centrais (haversianos).

O tecido ósseo compacto é o tipo mais forte de tecido ósseo. É encontrado abaixo do periósteo de todos os ossos e constitui a massa da diáfise dos ossos longos. O tecido ósseo compacto fornece proteção e suporte e resiste ao estresse produzido pelo peso e pelo movimento.

Tecido ósseo esponjoso

Ao contrário do tecido ósseo compacto, o ***tecido ósseo esponjoso*** não contém ósteons. Como mostra a Figura 6.2c, consiste em unidades chamadas de ***trabéculas***, treliças irregulares de finas colunas de osso. Os espaços macroscópicos entre as trabéculas de alguns ossos são preenchidos com medula óssea vermelha. No interior de cada trabécula se encontram lamelas concêntricas, osteócitos que se situam nas lacunas, e canalículos que se irradiam das lacunas.

O tecido ósseo esponjoso compõe a maior parte do tecido ósseo dos ossos curtos, planos e irregulares. Além disso, forma a maioria das epífises dos ossos longos e a margem estreita em torno da cavidade medular da diáfise dos ossos longos.

O tecido ósseo esponjoso é diferente do tecido ósseo compacto em dois aspectos. Primeiro, o tecido ósseo esponjoso é leve, o que reduz o peso total do osso, de modo que ele se move mais prontamente quando tracionado por um músculo esquelético. Segundo, as trabéculas do tecido ósseo esponjoso suportam e protegem a medula óssea vermelha. O tecido ósseo esponjoso, nos ossos do quadril, nas costelas, no esterno, na coluna vertebral e nas extremidades dos ossos longos, se constitui no único local no qual a medula óssea vermelha é encontrada e, portanto, o local de produção de células sanguíneas nos adultos.

CORRELAÇÕES CLÍNICAS | Cintilografia óssea

Uma **cintilografia óssea** é um procedimento diagnóstico que tira proveito do fato de o osso ser um tecido vivo. Uma pequena quantidade de um marcador radiativo, que é prontamente absorvido pelo osso, é injetada por via intravenosa. O grau de captação do marcador está relacionado à quantidade de fluxo sanguíneo para o osso. Um dispositivo de escaneamento (câmara gama) mede a radiação emitida pelos ossos, e a informação é traduzida em uma fotografia que pode ser lida como uma radiografia em um monitor. O tecido ósseo normal é identificado por uma cor cinza constante em todo o osso, em virtude da sua absorção uniforme do marcador radiativo. Áreas mais escuras ou mais claras podem indicar anormalidades ósseas. As áreas mais escuras, chamadas de "áreas hipercaptantes", são áreas de metabolismo rápido que absorvem mais marcador radiativo, em decorrência do aumento no fluxo sanguíneo. As áreas mais escuras podem indicar câncer ósseo, cicatrização anormal de fraturas ou crescimento ósseo anormal. As áreas mais claras, chamadas de "áreas hipocaptantes", são áreas de metabolismo lento que absorvem menos marcador radiativo, em decorrência da redução no fluxo sanguíneo. As áreas mais claras podem indicar problemas como doença óssea degenerativa, osso descalcificado, fraturas, infecções ósseas, doença de Paget e artrite reumatoide. Uma cintilografia óssea detecta anormalidades 3 a 6 meses antes do que os procedimentos padronizados de radiografia e expõe o paciente a menos radiação. Uma cintilografia óssea é o padrão para triagem óssea, extremamente importante na triagem da osteoporose nas mulheres. •

TESTE SUA COMPREENSÃO

4. Esquematize as partes de um osso longo e liste as funções de cada parte.
5. Quais são os quatro tipos de células no tecido ósseo?
6. Quais são as diferenças entre os tecidos ósseos esponjoso e compacto, em termos de sua aparência microscópica, localização e função?

6.4 Formação do osso

OBJETIVOS

- Explicar a importância da formação óssea durante as diferentes fases da vida de uma pessoa.

- Descrever os fatores que afetam o crescimento ósseo durante a vida de uma pessoa.

O processo pelo qual o osso se forma é chamado de ***ossificação***. A formação do osso ocorre em quatro situações principais: (1) a formação inicial de ossos no embrião e no feto, (2) o crescimento dos ossos durante a infância e a adolescência até seu tamanho adulto ser alcançado, (3) a remodelação do osso (substituição do tecido ósseo velho por tecido ósseo novo durante toda a vida) e (4) o reparo de fraturas (rupturas nos ossos) durante toda a vida.

Formação óssea inicial no embrião e no feto

Consideraremos primeiro a formação inicial do osso no embrião e no feto. O "esqueleto" embrionário é composto, no início, de mesênquima que tem o formato dos ossos. Esses são locais nos quais a ossificação ocorre. Esses "ossos" fornecem o modelo para a subsequente ossificação, que começa durante a sexta semana do desenvolvimento embrionário e segue um de dois padrões.

Os dois métodos de formação óssea, ambos os quais incluem a substituição de um tecido conectivo preexistente por osso, não levam a diferenças na estrutura dos ossos maduros, mas são simplesmente métodos diferentes de desenvolvimento ósseo. No primeiro tipo de ossificação, chamada de ***ossificação intramembranácea***, o osso se forma diretamente no interior do mesênquima disposto em camadas laminadas que se assemelham a membranas. No segundo tipo, a ***ossificação endocondral***, o osso se forma no interior da cartilagem hialina que se desenvolve a partir do mesênquima.

Ossificação intramembranácea

A ***ossificação intramembranácea*** é o mais simples dos dois métodos de formação óssea. Os ossos planos do crânio, a maioria dos ossos da face, a mandíbula e parte da clavícula são formados dessa forma. Além disso, as "áreas moles" (fontículos) que ajudam o crânio do feto a passar pelo canal do parto posteriormente endurecem, conforme sofrem ossificação intramembranácea, o que ocorre como segue (Fig. 6.3):

1. **Desenvolvimento do centro de ossificação.** No local em que o osso se desenvolverá, chamado ***centro de ossificação***, as células mesenquimais se aglomeram em grupos e se diferenciam, primeiro, em células osteoprogenitoras e depois em osteoblastos. Os osteoblastos secretam a matriz extracelular orgânica do osso.
2. **Calcificação.** A seguir, a secreção da matriz extracelular cessa, e as células, agora chamadas de osteócitos, se situam nas lacunas e estendem seus processos citoplasmáticos estreitos até os canalículos que se irradiam em todas as direções. Em alguns dias, cálcio e outros sais minerais são depositados, e a matriz extracelular endurece ou se calcifica (calcificação).
3. **Formação de trabéculas.** À medida que a matriz extracelular óssea se forma, se desenvolve nas trabéculas que se fundem umas com as outras, para formar o osso esponjoso. Os vasos sanguíneos crescem nos espaços entre as trabéculas. O tecido conectivo associado aos vasos sanguíneos nas trabéculas se diferencia na medula óssea vermelha.
4. **Desenvolvimento do periósteo.** Em conjunto com a formação das trabéculas, o mesênquima se condensa na periferia e se desenvolve no periósteo. Finalmente, uma fina camada de osso compacto substitui as camadas superficiais do osso esponjoso, mas o osso esponjoso permanece no centro.

Ossificação endocondral

A substituição da cartilagem pelo osso é denominada ***ossificação endocondral***. A maioria dos ossos do corpo é formada dessa forma, mas, como mostrado na Figura 6.4, esse tipo de ossificação é mais bem observado em um osso longo e ocorre como se segue:

1. **Desenvolvimento do modelo cartilagíneo.** No local em que o osso se formará, as células mesenquimais se aglomeram na forma do futuro osso e, em seguida, se desenvolvem nos condroblastos. Os condroblastos secretam a matriz extracelular cartilagínea, produzindo um ***modelo cartilagíneo*** constituído por cartilagem hialina. Uma membrana, chamada de ***pericôndrio***, se desenvolve em torno do modelo cartilagíneo.
2. **Crescimento do modelo cartilagíneo.** Assim que os condroblastos se tornam profundamente engastados na matriz extracelular cartilagínea, são chamados condrócitos. À medida que o modelo cartilagíneo continua a crescer, os condrócitos na sua região média aumentam de tamanho, e a matriz extracelular circundante começa a se calcificar. Outros condrócitos no interior da cartilagem em calcificação morrem, porque os nutrientes não se difundem mais com rapidez suficiente pela matriz extracelular. Quando os condrócitos morrem, lacunas se formam e, finalmente, se fundem em pequenas cavidades.
3. **Desenvolvimento do centro primário de ossificação.** A ossificação primária se processa de fora *para dentro*, a partir da face externa do osso. Uma artéria nutrícia penetra no pericôndrio e na região mediana do modelo cartilagíneo em calcificação, estimulando as células osteoprogenitoras do pericôndrio a se diferenciarem em osteoblastos. Assim que o pericôndrio começa a formar o osso, torna-se conhecido como ***periósteo***. Próximo à área média do modelo

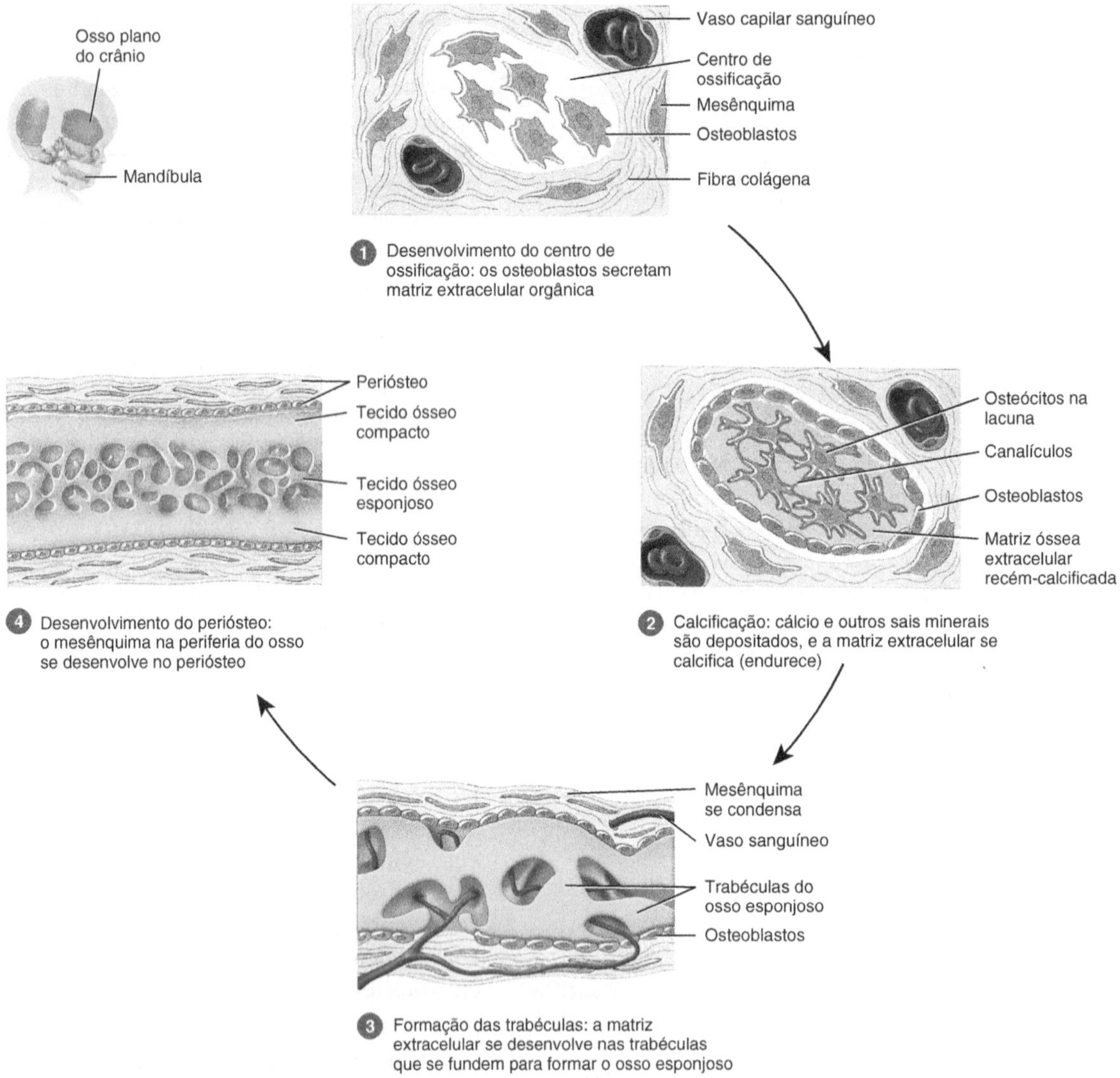

Quais ossos do corpo se desenvolvem por ossificação intramembranácea?

Figura 6.3 **Ossificação intramembranácea.** As ilustrações 1 e 2 mostram um campo de visão menor em ampliação maior do que nas ilustrações 3 e 4.

A ossificação intramembranácea inclui a formação de osso no interior do mesênquima disposto em camadas laminadas que se assemelham a membranas.

cartilagíneo, vasos sanguíneos crescem dentro da cartilagem calcificada em desintegração e induzem o crescimento de um ***centro primário de ossificação***, uma região na qual o tecido ósseo substitui a maior parte da cartilagem. Os osteoblastos começam a depositar a matriz extracelular óssea sobre os restos de cartilagem calcificada, formando trabéculas de osso esponjoso. A ossificação primária espalha-se em direção às duas extremidades do modelo cartilagíneo.

4 **Desenvolvimento da cavidade medular.** À medida que o centro primário de ossificação cresce em direção às extremidades do osso, os osteoclastos decompõem algumas trabéculas do osso esponjoso recém-formado. Essa atividade forma uma cavidade, a cavidade medular, na diáfise (corpo). A maior parte da parede da diáfise é substituída por osso compacto.

5 **Desenvolvimento dos centros secundários de ossificação.** Quando os vasos sanguíneos penetram nas epífises, ***centros secundários de ossificação*** se desenvolvem, geralmente na época do nascimento. A formação óssea é similar àquela dos centros primários de ossificação, com exceção do osso espon-

joso, que permanece no interior das epífises (nenhuma cavidade medular é formada). A ossificação secundária prossegue de dentro para fora, a partir do centro da epífise em direção à face externa do osso.

6 **Formação da cartilagem articular e da lâmina epifisial.** A cartilagem hialina que recobre as epífises se torna a cartilagem articular. Antes da maioridade, a cartilagem hialina permanece entre a diáfise e a epífise, como a ***lâmina epifisial*** (placa de crescimento), responsável pelo crescimento longitudinal dos ossos longos.

Crescimento ósseo em comprimento e espessura

Durante a lactância, a infância e a adolescência, os ossos longos crescem em comprimento e espessura.

Crescimento em comprimento

O crescimento do osso em comprimento está relacionado à atividade da lâmina epifisial. No interior da lâmina epifisial há um grupo de condrócitos jovens que estão constantemente em divisão. À medida que um osso cresce em comprimento, novos condrócitos são formados no lado epifisial da placa, enquanto os condrócitos velhos são substituídos por osso, no lado diafisário da placa. Dessa forma, a espessura da lâmina epifisial permanece relativamente constante, mas o osso no lado diafisário aumenta em comprimento. Quando a adolescência chega ao fim, a formação de novas células e de matriz extracelular diminui e, finalmente, cessa entre os 18 e os 25 anos. Nesse ponto, o osso substitui toda a cartilagem, deixando uma estrutura óssea chamada de ***linha epifisial***. Com o surgimento da linha epifisial, o crescimen-

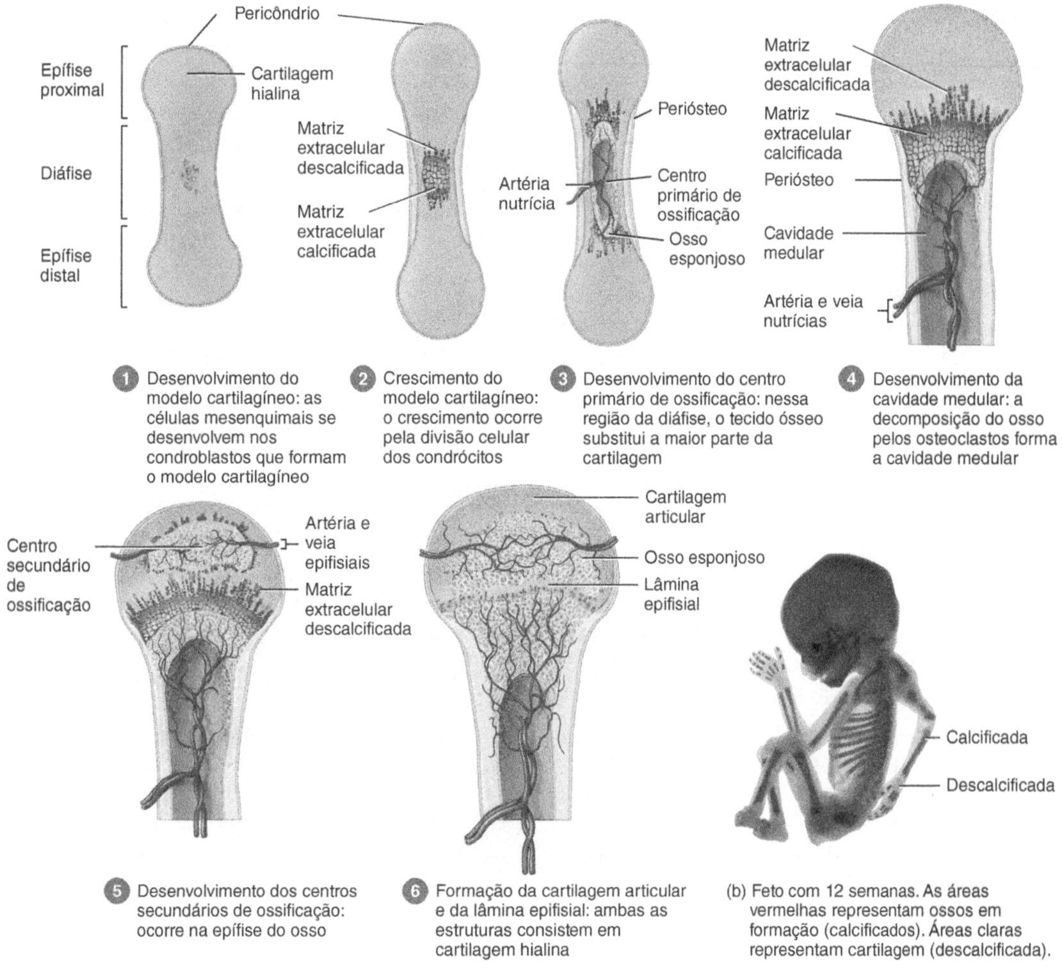

(a) Sequência de eventos

Qual estrutura sinaliza a cessão do crescimento ósseo em comprimento?

Figura 6.4 **Ossificação endocondral.**

Durante a ossificação endocondral, o osso gradualmente substitui o modelo cartilagíneo.

to ósseo em comprimento cessa. Se uma fratura óssea danifica a lâmina epifisial, o osso fraturado poderá ser menor do que o normal, uma vez que a estatura adulta seja alcançada. Isso acontece porque o dano à cartilagem, que é avascular, acelera o fechamento da lâmina epifisial, inibindo, consequentemente, o crescimento longitudinal do osso.

O fechamento da lâmina epifisial é um processo gradual, e o grau com que ocorre é útil na determinação da idade óssea, prevendo o tamanho adulto e estabelecendo a idade na morte, a partir dos restos mortais ósseos, especialmente em recém-nascidos, crianças e adolescentes. Por exemplo, uma lâmina epifisial aberta indica uma pessoa mais jovem, ao passo que uma lâmina epifisial parcialmente fechada ou completamente fechada indica uma pessoa mais velha. Devemos nos lembrar de que o fechamento da lâmina epifisial, em média, ocorre 1 a 2 anos mais cedo nas mulheres.

Crescimento em espessura

À medida que os ossos longos se alongam, também crescem em espessura (largura). Na superfície do osso, células no pericôndrio se diferenciam em osteoblastos, que secretam matriz extracelular óssea. Em seguida, os osteoblastos se desenvolvem em osteócitos, lamelas são adicionadas à superfície do osso, e ocorre a formação de novos ósteons de tecido ósseo compacto. Ao mesmo tempo, osteoclastos do endósteo decompõem o tecido ósseo que reveste a cavidade medular. A decomposição óssea no interior do osso, pelos osteoclastos, ocorre em um ritmo mais lento do que o da formação óssea no exterior do osso. Desse modo, a cavidade medular se expande, à medida que o osso aumenta em espessura.

Remodelação óssea

Como a pele, o osso se forma antes do nascimento, mas a partir daí renova-se continuamente. A ***remodelação óssea*** é a substituição contínua do tecido ósseo velho por tecido ósseo novo, incluindo a ***reabsorção óssea***, remoção de minerais e de fibras colágenas do osso pelos osteoclastos, e a ***deposição óssea***, adição de minerais e fibras colágenas ao osso pelos osteoblastos. Portanto, a reabsorção óssea resulta na destruição da matriz extracelular óssea, ao passo que a deposição óssea resulta na formação da matriz extracelular óssea. A remodelação acontece em proporções distintas nas diferentes regiões do corpo. Mesmo após os ossos atingirem sua forma e tamanho adultos, o osso velho é continuamente destruído, e osso novo é formado em seu lugar. A remodelação também remove o osso lesado, substituindo-o por tecido ósseo novo. A remodelação pode ser desencadeada por fatores como exercício, estilo de vida e alterações na alimentação.

CORRELAÇÕES CLÍNICAS | Remodelação e ortodontia

A **ortodontia** é o ramo da odontologia relacionado à prevenção e à correção de dentes mal alinhados. O movimento dos dentes por intermédio de aparelhos ortodônticos aplica um estresse sobre o osso formador dos encaixes que ancoram os dentes. Em resposta a esse estresse artificial, os osteoclastos e os osteoblastos remodelam os encaixes para que os dentes se alinhem adequadamente. •

Existe um delicado equilíbrio entre as ações dos osteoclastos e as dos osteoblastos. Quando muito tecido novo é formado, os ossos se tornam anormalmente espessos e pesados. Se muito material mineral é depositado no osso, o excedente pode formar elevações espessas no osso, chamadas de *esporões*, que interferem no movimento das articulações. Uma perda excessiva de cálcio ou de tecido ósseo enfraquece os ossos, que podem se partir como ocorre na osteoporose, ou podem se tornar muito flexíveis, como no raquitismo e na osteomalácia (para mais informações sobre esses distúrbios, ver seção Distúrbios Comuns, ao final deste capítulo). A aceleração anormal do processo de remodelação resulta em uma condição chamada doença de Paget, na qual o osso recém-formado, especialmente aqueles da pelve, dos membros, das vértebras inferiores e do crânio, se torna espesso e quebradiço e fratura facilmente.

Fraturas

Uma ***fratura*** é qualquer ruptura no osso. Os tipos de fraturas incluem os seguintes:

- **Parcial:** uma ruptura incompleta pelo osso, como uma fissura.
- **Completa:** uma ruptura completa pelo osso; isto é, o osso é quebrado em dois ou mais fragmentos.
- **Fechada (simples):** o osso fraturado não irrompe através da pele.
- **Aberta (composta):** as extremidades fraturadas do osso se projetam através da pele.

O reparo de uma fratura inclui vários passos. Primeiro, fagócitos começam a remover qualquer tecido ósseo morto. Em seguida, condroblastos formam fibrocartilagem no local da fratura, que une as extremidades fraturadas do osso. A seguir, fibrocartilagem é convertida em tecido ósseo esponjoso pelos osteoblastos. Finalmente, ocorre a remodelação óssea, na qual partes mortas do osso são absorvidas pelos osteoclastos, e osso esponjoso é convertido em osso compacto.

Embora o osso tenha uma irrigação sanguínea substancial, a cicatrização, algumas vezes, leva meses. O cálcio e o fósforo necessários para fortalecer e endurecer o osso novo são depositados apenas gradualmente, e as células ósseas geralmente crescem e se reproduzem lentamente. A interrupção temporária na irrigação sanguínea também ajuda a explicar a lentidão da cicatrização de ossos gravemente fraturados.

Fatores que afetam o crescimento e a remodelação ósseos

O crescimento ósseo no jovem, a remodelação óssea no adulto e o reparo do osso fraturado dependem de vários fatores (ver Tab. 6.1). Estes incluem (1) minerais adequados, sendo os mais importantes cálcio, fósforo e magnésio; (2) vitaminas A, C e D; (3) vários hormônios; e (4) exercício com peso (exercício que aplica estresse nos ossos). Antes da puberdade, os principais hormônios que estimulam o crescimento ósseo são o hormônio do crescimento humano (hGH, do inglês *human growth hormone*), produzido pelo lobo anterior da hipófise, e os fatores de crescimento semelhantes à insulina (IGFs, do inglês *insulinlike growth factors*), produzidos localmente pelo osso e também pelo fígado, em resposta à estimulação do hGH. A hipersecreção de hGH produz *gigantismo*, no qual a pessoa se torna muito mais alta e pesada do que o normal, e a hipossecreção do hGH produz *nanismo* (baixa estatura). Os hormônios tireoidianos (provenientes da glândula tireoide) e a insulina (proveniente do pâncreas) também estimulam o crescimento ósseo normal. Na puberdade, *estrogênios* (hormônios sexuais produzidos pelos ovários) e *andrógenos* (hormônios sexuais produzidos pelos testículos nos homens e pelas glândulas suprarrenais em ambos os sexos) começam a ser liberados em grandes quantidades. Esses hormônios são responsáveis pelo surto de crescimento repentino que ocorre durante a adolescência. Os estrogênios também promovem mudanças no esqueleto que são típicas das mulheres, como, por exemplo, o alargamento da pelve.

Função do osso na homeostasia do cálcio

O osso é o principal reservatório de cálcio, armazenando 99% da quantidade total de cálcio presente no corpo. O cálcio (Ca^{2+}) se torna disponível para outros tecidos quando o osso é destruído, durante a remodelação. Entretanto, mesmo pequenas alterações nos níveis de Ca^{2+} no sangue são fatais – o coração pode parar (parada cardíaca), se o nível for muito alto, ou a respiração pode cessar (parada respiratória), se o nível for muito baixo. Além disso, a maioria das funções das células nervosas, de muitas enzimas e a coagulação dependem do nível correto de Ca^{2+}, muitas enzimas necessitam do Ca^{2+}. A função do osso na homeostasia do Ca^{2+} é o de "tamponar" o seu nível sanguíneo, liberando-o para o sangue quando o nível sanguíneo de Ca^{2+} cai (usando osteoclastos), e depositando Ca^{2+} de volta no osso quando o nível sanguíneo aumenta (usando os osteoblastos).

O hormônio mais importante na regulação da troca de Ca^{2+} entre o osso e o sangue é o ***paratormônio* (*PTH*)**, secretado pelas glândulas paratireoides (ver Fig. 13.10). A secreção de PTH funciona por meio de um sistema de retroalimentação negativa (Fig. 6.5). Se algum estímulo provoca a diminuição do nível de Ca^{2+} no sangue, as células da glândula paratireoide (receptores) detectam essa alteração e aumentam a produção de uma molécula conhecida como monofosfato de adenosina cíclico (AMPc). O gene para o PTH, dentro do núcleo de uma célula da glândula paratireoide, que atua como centro de controle, detecta o aumento na produção do AMPc (o estímulo). Como resultado, a síntese de PTH acelera, e mais PTH (a resposta) é liberado no sangue. A presença de níveis mais altos de PTH aumenta o número e a atividade dos osteoclastos (efetores), que intensificam o ritmo da reabsorção óssea. A liberação resultante de Ca^{2+} do osso para o sangue retorna ao normal o nível sanguíneo de Ca^{2+}.

O PTH também reduz a perda de Ca^{2+} na urina; assim, mais Ca^{2+} é retido no sangue e estimula a formação do calcitriol, um hormônio que promove sua absorção no trato gastrintestinal. Ambos os efeitos também ajudam a elevar o seu nível sanguíneo.

Como você aprenderá no Capítulo 13, outro hormônio que participa na homeostasia do Ca^{2+} é a *calcitonina* (*CT*). Esse hormônio é produzido pela glândula tireoide e reduz o nível sanguíneo de Ca^{2+} pela inibição da ação dos osteoclastos, diminuindo, assim, a reabsorção óssea.

TESTE SUA COMPREENSÃO

7. Diferencie a ossificação intramembranácea da ossificação endocondral.
8. Explique como os ossos crescem em comprimento e espessura.
9. O que é remodelação óssea? Por que é importante?
10. Defina uma fratura e explique como ocorre o reparo.
11. Quais fatores afetam o crescimento ósseo?
12. Quais são algumas das importantes funções do cálcio no corpo?

6.5 Exercício e tecido ósseo

OBJETIVO

- Descrever como o exercício e a tensão mecânica afetam o tecido ósseo.

Dentro de determinados limites, o tecido ósseo tem a capacidade de alterar sua resistência em resposta à tensão mecânica. Quando submetido à tensão, o tecido ósseo se torna mais forte, por meio do aumento na deposição de sais minerais e da produção de fibras colágenas. Sem a tensão mecânica, o osso não se remodela normalmente, porque a reabsorção supera a formação óssea. A ausência de tensão mecânica enfraquece o osso por meio da redução do número de fibras colágenas e da ***desmineralização***, a perda dos minerais ósseos.

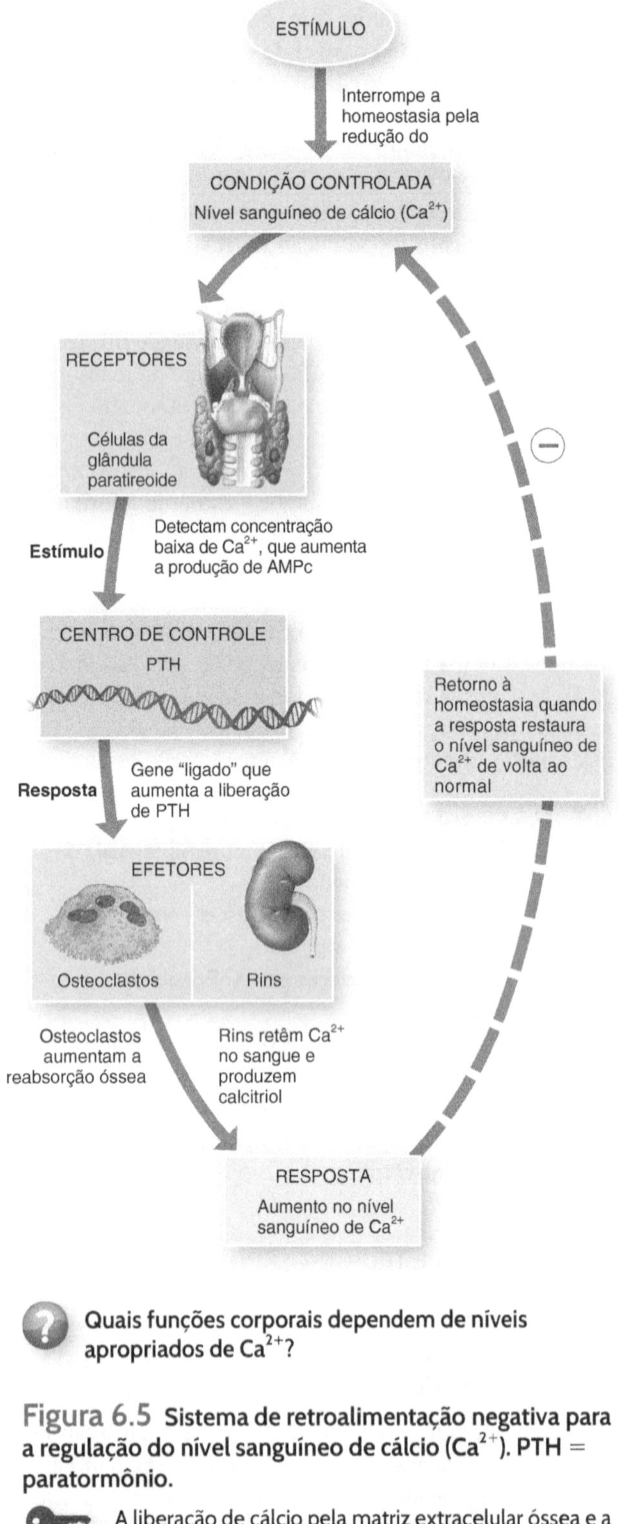

Quais funções corporais dependem de níveis apropriados de Ca^{2+}?

Figura 6.5 **Sistema de retroalimentação negativa para a regulação do nível sanguíneo de cálcio (Ca^{2+}). PTH = paratormônio.**

A liberação de cálcio pela matriz extracelular óssea e a retenção de cálcio pelos rins são os dois principais meios pelos quais o nível desse íon pode ser aumentado.

As principais tensões mecânicas sobre o osso são aquelas que resultam da tração dos músculos esqueléticos e da força da gravidade. Se uma pessoa está acamada ou tem um osso engessado em decorrência de fratura, a resistência do osso sem tensão diminui. Os astronautas submetidos à ausência de gravidade do espaço também perdem massa óssea. Em ambos os casos, a perda óssea é significativa, de até 1% por semana. Os ossos dos atletas, que são repetida e intensamente submetidos à tensão, se tornam visivelmente mais espessos do que os dos não atletas. As atividades com sustentação de peso, como a caminhada ou o levantamento moderado de peso, ajudam a construir e manter a massa óssea. Os adolescentes e adultos jovens devem praticar exercícios regulares de sustentação de peso antes do fechamento das lâminas epifisiais, para ajudar a construir a massa total, antes da sua inevitável redução com o envelhecimento. Entretanto, os benefícios do exercício não terminam na idade adulta jovem. Mesmo as pessoas idosas conseguem fortalecer os ossos praticando exercícios de sustentação de peso.

A Tabela 6.1 resume os fatores que influenciam o metabolismo ósseo: o crescimento, a remodelação e o reparo de ossos fraturados.

TESTE SUA COMPREENSÃO

13. **Quais tipos de tensões mecânicas podem ser usados para fortalecer o tecido ósseo?**

6.6 Divisões do sistema esquelético

OBJETIVO

- Classificar os ossos do corpo em divisões axial e apendicular.

Como o sistema esquelético forma a estrutura do corpo, um conhecimento dos nomes, das formas e das posições dos ossos individuais ajuda na localização de outros órgãos. Por exemplo, a artéria radial, local no qual o pulso é normalmente verificado, é assim denominada por sua proximidade com o rádio, osso lateral do antebraço. O nervo ulnar é assim denominado por sua proximidade com a ulna, osso medial do antebraço. O lobo frontal do cérebro se situa profundamente ao frontal (fronte). O músculo tibial anterior se situa ao longo da face anterior da tíbia.

O esqueleto humano adulto consiste em 206 ossos agrupados em duas divisões principais: 80 no ***esqueleto axial*** e 126 no ***esqueleto apendicular*** (Tab. 6.2 e Fig. 6.6). O esqueleto axial consiste em ossos que se situam ao redor do *eixo* longitudinal do corpo humano, uma linha imaginária que passa através do centro de gravidade do corpo, da cabeça até o espaço entre os pés: ossos do crânio, ossículos da audição (ossos da orelha), hioide, costelas, esterno e vértebras. O esqueleto apendicular contém os ossos

TABELA 6.1

Resumo dos fatores que influenciam o metabolismo ósseo

FATOR	COMENTÁRIO
Minerais	
Cálcio e fósforo	Endurecem a matriz extracelular óssea
Magnésio	Ajuda a formar a matriz extracelular óssea
Fluoreto	Ajuda a fortalecer a matriz extracelular óssea
Manganês	Ativa as enzimas que participam da síntese da matriz extracelular óssea
Vitaminas	
Vitamina A	Necessária para a atividade dos osteoblastos durante a remodelação óssea; a deficiência interrompe o crescimento ósseo; é tóxica em altas doses
Vitamina C	Necessária para a síntese de colágeno, a principal proteína do osso; a deficiência leva à redução na produção de colágeno, que desacelera o crescimento ósseo e retarda o reparo de ossos fraturados
Vitamina D	A forma ativa (calcitriol) é produzida pelos rins; ajuda a construir osso, aumentando a absorção de cálcio do trato gastrintestinal para o sangue; a deficiência provoca calcificação defeituosa e desacelera o crescimento ósseo; pode reduzir o risco de osteoporose, mas é tóxica se for ingerida em altas doses. Pessoas que têm exposição mínima aos raios ultravioleta ou não ingerem suplementos com vitamina D podem não ter vitamina D para absorção de cálcio. Isto interfere com o metabolismo de cálcio
Vitaminas K e B_{12}	Necessárias para a síntese de proteínas ósseas; a deficiência leva à produção anormal de proteína na matriz extracelular óssea e à redução na densidade óssea
Hormônios	
Hormônio do crescimento humano (hGH)	Secretado pela adeno-hipófise; promove o crescimento geral de todos os tecidos do corpo, incluindo o ósseo, estimulando principalmente a produção de IGFs
Fatores de crescimento semelhantes à insulina (IGFs)	Secretados pelo fígado, pelos ossos e por outros tecidos submetidos à estimulação do hGH; promovem o crescimento normal do osso, estimulando os osteoblastos e aumentando a síntese de proteínas necessárias para construir osso novo
Hormônios tireoidianos (tiroxina e tri-iodotironina)	Secretados pela glândula tireoide; promovem o crescimento normal do osso, estimulando os osteoblastos
Insulina	Secretada pelo pâncreas; promove o crescimento normal do osso, aumentando a síntese de proteínas ósseas
Hormônios sexuais (estrogênios e testosterona)	Secretados pelos ovários nas mulheres (estrogênios) e pelos testículos nos homens (testosterona); estimulam os osteoblastos e promovem o "estirão de crescimento" repentino que ocorre durante a adolescência; interrompem o crescimento das lâminas epifisiais por volta dos 18 aos 21 anos de idade, provocando o término do crescimento longitudinal do osso; contribuem para a remodelação óssea durante a vida adulta, retardando a reabsorção óssea pelos osteoclastos e promovendo a deposição óssea pelos osteoblastos
Paratormônio (PTH)	Secretado pelas glândulas paratireoides; promove a reabsorção óssea pelos osteoclastos; aumenta a recuperação dos íons cálcio da urina; promove a formação da forma ativa da vitamina D (calcitriol)
Calcitonina (CT)	Secretada pela glândula tireoide; inibe a reabsorção óssea pelos osteoclastos
Exercício	Atividades com sustentação de peso estimulam os osteoblastos e consequentemente ajudam a construir ossos mais espessos e mais resistentes, retardando a perda de massa óssea que ocorre à medida que as pessoas envelhecem
Envelhecimento	À medida que os níveis dos hormônios sexuais diminuem durante a meia-idade até a idade adulta mais avançada, especialmente em mulheres após a menopausa, a reabsorção óssea pelos osteoclastos ultrapassa a deposição óssea pelos osteoblastos, o que leva a uma diminuição da massa óssea e a um aumento no risco de osteoporose

dos membros superiores e inferiores, ou *apêndices*, mais os grupos de ossos chamados de *cíngulos*, que conectam os membros ao esqueleto axial. Os esqueletos dos recém-nascidos e crianças têm mais de 206 ossos, pois alguns dos seus ossos, como cada osso do quadril e as vértebras, se fundem mais tarde na vida.

TESTE SUA COMPREENSÃO

14. Como os membros são conectados ao esqueleto axial?

6.7 Crânio e hioide

OBJETIVO

- **Nomear** os ossos do crânio e da face e **indicar** suas localizações e principais características estruturais.

O ***crânio***, que contém 22 ossos, repousa no topo da coluna vertebral e inclui dois grupos de ossos: os ossos do crânio (neurocrânio) e os ossos da face (viscerocrânio). Os oito ***ossos do crânio***, coletivamente chamados de *crânio*,

TABELA 6.2

Ossos do sistema esquelético adulto

DIVISÃO DO ESQUELETO	ESTRUTURA	NÚMERO DE OSSOS
Esqueleto axial 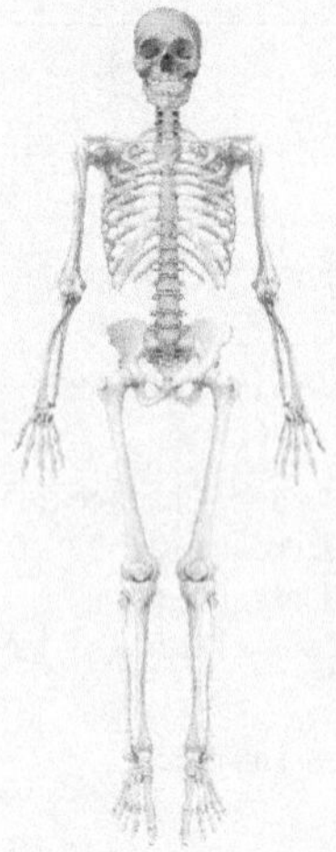	**Crânio**	
	Neurocrânio	8
	Face (viscerocrânio)	14
	Hioide	1
	Ossículos da audição (ver Fig. 12.14)	6
	Coluna vertebral	26
	Tórax	
	Esterno	1
	Costelas	24
		Subtotal = 80
Esqueleto apendicular 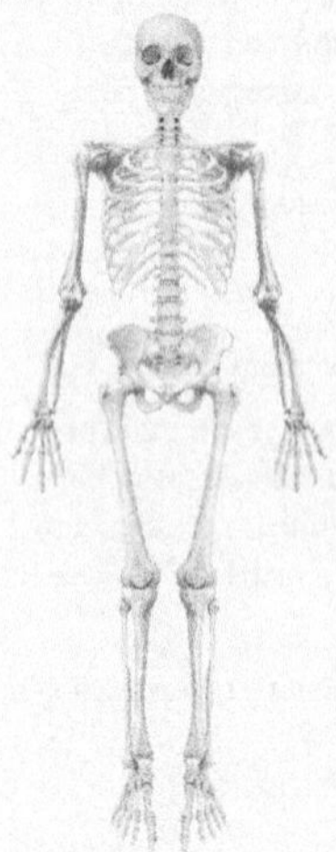	**Cíngulos dos membros superiores (ombros)**	
	Clavícula	2
	Escápula	2
	Membros superiores	
	Úmero	2
	Ulna	2
	Rádio	2
	Ossos carpais	16
	Ossos metacarpais	10
	Falanges	28
	Cíngulo do membro inferior	
	Osso do quadril	2
	Membros inferiores	
	Fêmur	2
	Patela	2
	Fíbula	2
	Tíbia	2
	Ossos tarsais	14
	Ossos metatarsais	10
	Falanges	28
		Subtotal = 126
	Total em um esqueleto adulto =	**206**

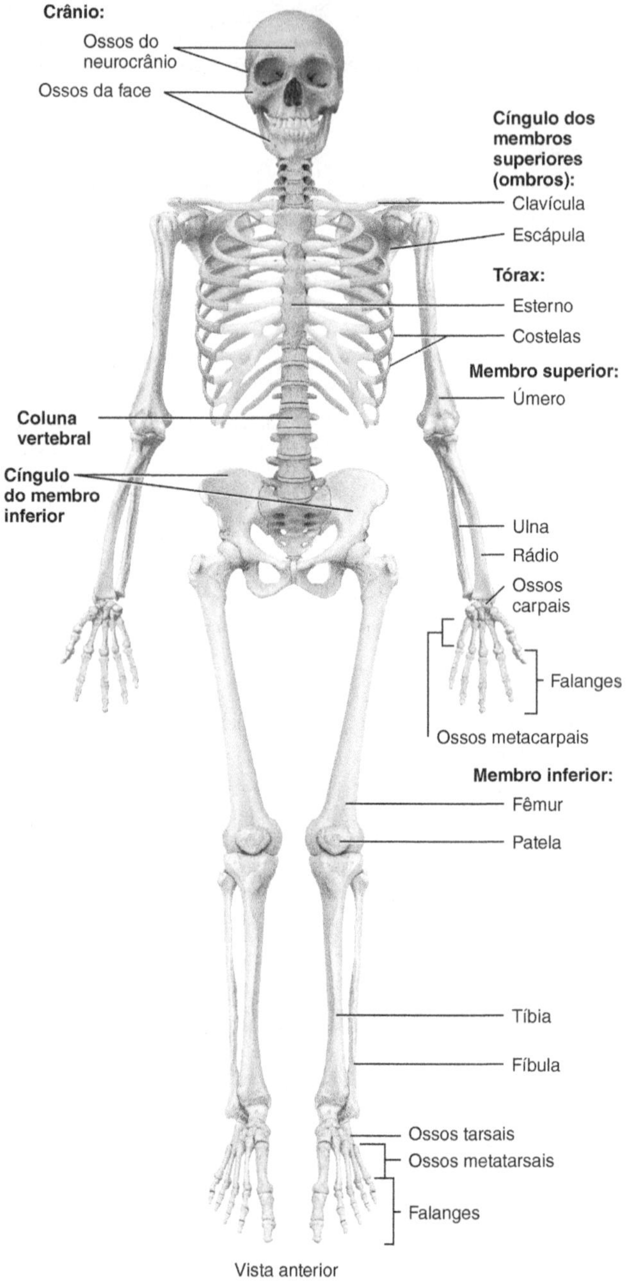

Identifique cada um dos seguintes ossos como parte do esqueleto axial ou do esqueleto apendicular: crânio, clavícula, coluna vertebral, cíngulo do membro superior, úmero, cíngulo do membro inferior e fêmur.

Figura 6.6 **Divisões do sistema esquelético.** O esqueleto axial está indicado em azul. (Observe a posição do hioide na Fig. 6.7d.)

O esqueleto humano adulto consiste em 206 ossos agrupados em divisões axial e apendicular.

formam a cavidade do crânio (neurocrânio), que envolve e protege o encéfalo. Os ossos são o frontal, os dois parietais, os dois temporais, o occipital, o esfenoide e o etmoide. A face é composta por 14 ***ossos da face***: dois ossos nasais, duas maxilas, dois zigomáticos, a mandíbula, dois lacrimais, dois palatinos, duas conchas nasais inferiores e o vômer.

Juntos, os ossos do crânio e da face protegem e sustentam os delicados órgãos dos sentidos especiais para visão, gosto, olfato, audição e equilíbrio. Os Quadros 6.1 e 6.2 fornecem mais detalhes com relação aos ossos do crânio e da face, respectivamente.

QUADRO 6.1 Ossos do crânio (neurocrânio) *(Figs. 6.7-6.10)*

OBJETIVO

- Descrever as localizações e funções de cada um dos oito ossos do crânio.

Os ossos do crânio têm outras funções além da proteção do encéfalo. Suas faces internas se fixam nas meninges, que estabilizam as posições do encéfalo, dos vasos sanguíneos e dos nervos. Suas faces externas fornecem grandes áreas de fixação para os músculos, que movem várias partes da cabeça.

O ***frontal*** forma a fronte (a parte anterior do crânio), as paredes superiores das órbitas (cavidades para os olhos; Fig. 6.7a, b), e grande porção da parte anterior (frontal) do assoalho (parte inferior) crânio. Os *seios frontais* se situam profundamente no frontal (Fig. 6.7c). Essas cavidades revestidas de túnica mucosa atuam como câmaras de som que dão ressonância à voz. Outras funções dos seios são indicadas posteriormente neste capítulo.

Os dois ***parietais*** formam a maior parte dos lados e o teto (parte superior) da cavidade do crânio (Fig. 6.7d).

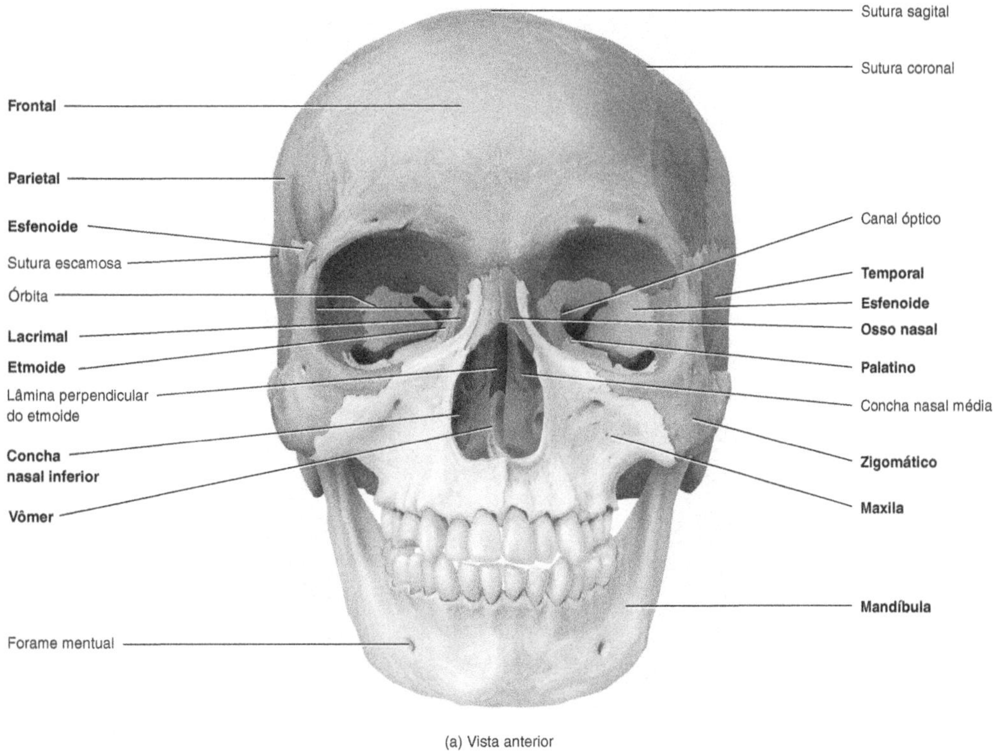

Quais são os nomes dos ossos do crânio?

Figura 6.7 Crânio. Embora o hioide não faça parte do crânio, está incluído em (c) para referência. (*Continua*)

O crânio consiste em dois conjuntos de ossos: oito ossos do crânio (neurocrânio) que formam a cavidade do crânio, e 14 ossos da face (viscerocrânio) que formam a face.

CONTINUA

QUADRO 6.1 Ossos do crânio (neurocrânio) *(Figs. 6.7-6.10)* CONTINUAÇÃO

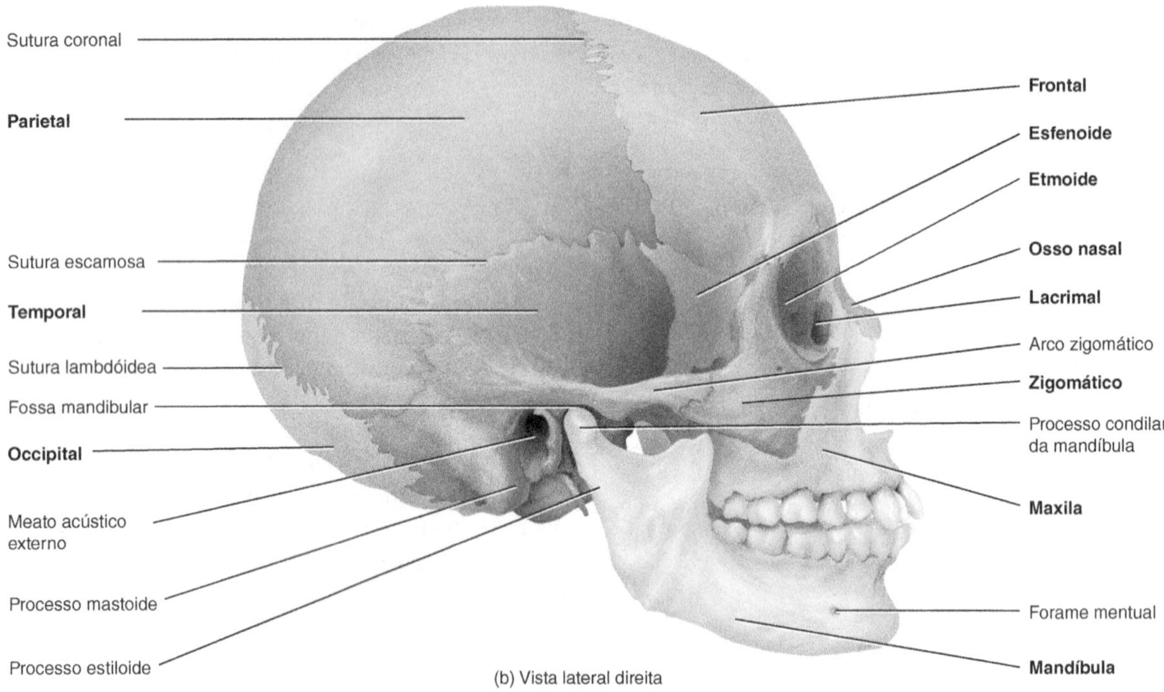

(b) Vista lateral direita

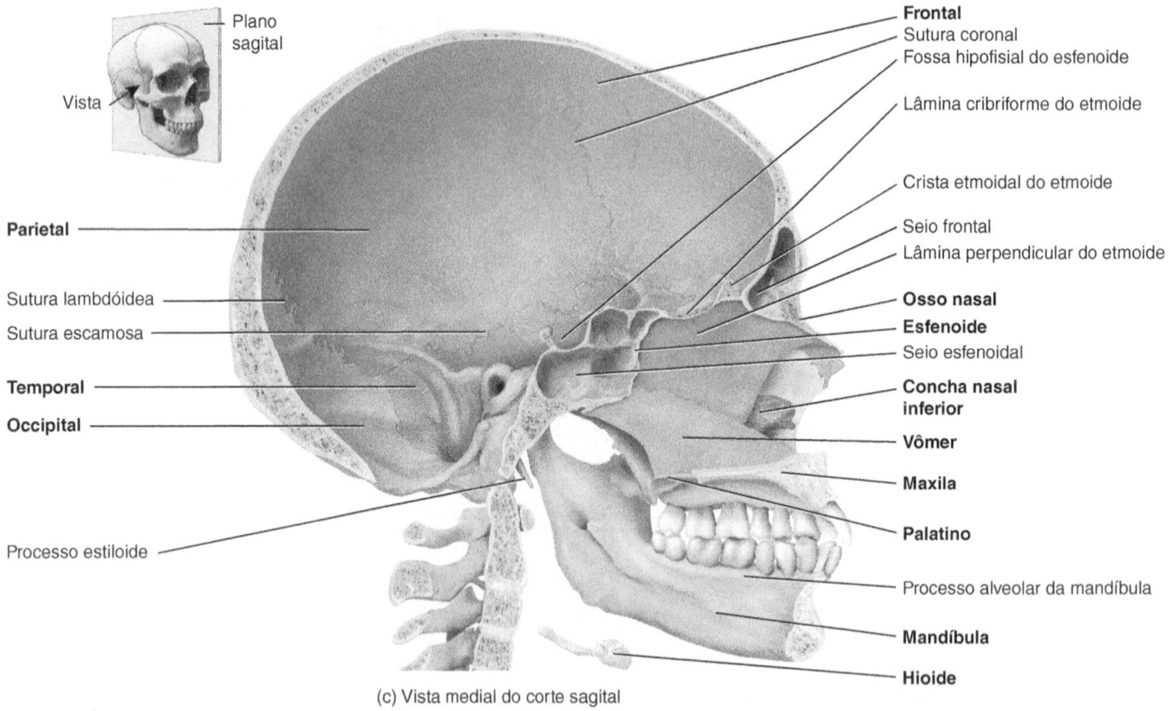

(c) Vista medial do corte sagital

Figura 6.7 **(*Continuação*) Crânio.** Embora o hioide não faça parte do crânio, está incluído em (c) para referência. (*Continua*)

CONTINUA

QUADRO 6.1 Ossos do crânio (neurocrânio) *(Figs. 6.7-6.10)* CONTINUAÇÃO

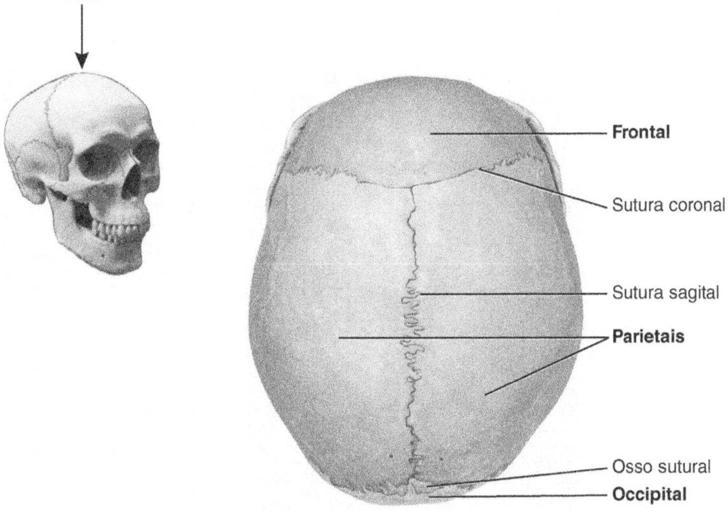

(d) Vista superior

Figura 6.7 ***(Continuação)* Crânio.** Embora o hioide não faça parte do crânio, está incluído em (c) para referência.

Os dois ***temporais*** formam os lados inferiores do crânio e parte do assoalho craniano. Na vista lateral do crânio (Fig. 6.7b), observe que o temporal e o zigomático se unem para formar o *arco zigomático*. A *fossa mandibular* (depressão) forma uma articulação com uma projeção da mandíbula, denominada processo condilar, para formar a *articulação temporomandibular* (*ATM*). A fossa mandibular é vista na Figura 6.8. O *meato acústico externo* é o canal no temporal que conduz à orelha média. O *processo mastoide* (ver Fig. 6.7b) é uma projeção arredondada do temporal, posterior ao meato acústico externo. Atua como ponto de fixação para vários músculos do pescoço. O *processo estiloide* (ver Fig. 6.7b) é uma projeção delgada que aponta para baixo, a partir da face inferior do temporal, e atua como ponto de fixação para os músculos e ligamentos da língua e do pescoço. O *canal carótico* (Fig. 6.8) é o canal pelo qual passa a artéria carótida interna.

CONTINUA

QUADRO 6.1 Ossos do crânio (neurocrânio) *(Figs. 6.7-6.10)* CONTINUAÇÃO

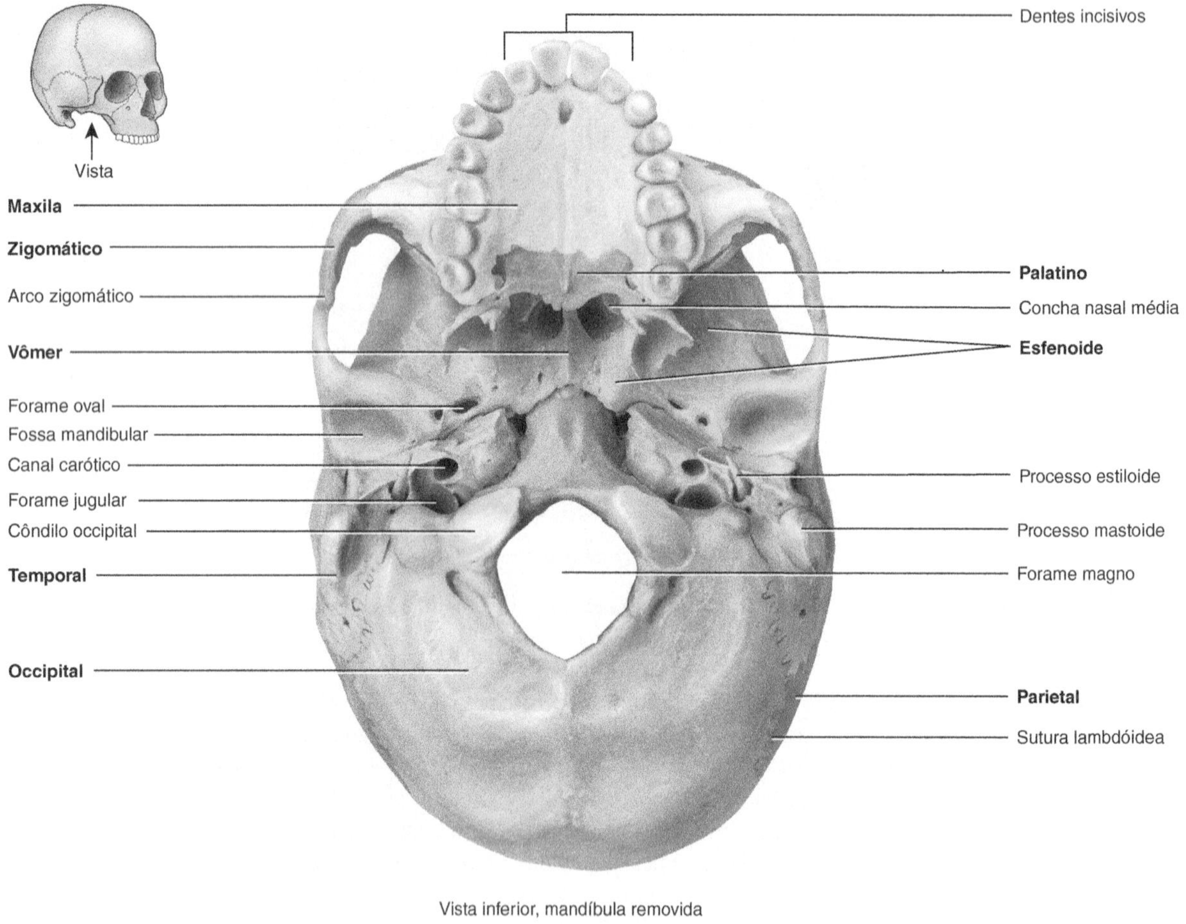

Qual é o maior forame no crânio?

Figura 6.8 Vista inferior do crânio.

O occipital forma a maior porção das partes posterior e inferior do crânio.

O ***occipital*** forma a parte posterior e a maior parte da base do crânio (Figs. 6.7b, c e 6.8). O *forame magno*, o maior forame no crânio, atravessa o occipital (Figs. 6.8 e 6.9). No interior desse forame estão o bulbo do encéfalo, que se conecta à medula espinal, e as artérias vertebrais e espinais. Os *côndilos occipitais* são dois processos ovais, um de cada lado do forame magno (Fig. 6.8), que se articulam (conectam) com a primeira vértebra cervical.

O ***esfenoide*** (em forma de cunha) se situa na parte média da base do crânio (Figs. 6.7, 6.8 e 6.9). Esse osso é chamado de pilar da parte inferior (assoalho) do crânio, porque se articula com todos os outros ossos do crânio, mantendo-os juntos. A forma do esfenoide se assemelha à de um morcego com as asas estendidas. A porção cúbica central do osso esfenoide contém os *seios esfenoidais*, que drenam para a cavidade nasal (ver Figs. 6.7c e 6.11). Na

CONTINUA

QUADRO 6.1 Ossos do crânio (neurocrânio) *(Figs. 6.7-6.10)* CONTINUAÇÃO

face superior do esfenoide há uma depressão denominada ***fossa hipofisial***, que contém a hipófise. Dois nervos atravessam os forames no esfenoide: o nervo mandibular pelo *forame oval* e o nervo óptico pelo *canal óptico*.

O ***etmoide*** é um osso esponjoso em aparência e está localizado na porção anterior da parte inferior (assoalho) do crânio, entre as órbitas (Fig. 6.10). Forma parte da porção anterior da parte inferior (assoalho) do crânio, a parede medial das órbitas, as porções superiores do *septo nasal* (uma divisória que divide a cavidade nasal em lados direito e esquerdo), e a maior parte das paredes laterais da cavidade nasal. O etmoide contém 3 a 18 espaços aéreos, ou "células", que lhe dão a aparência semelhante à de uma peneira. O conjunto das células etmoidais forma os *seios etmoidais* (Fig. 6.10b). A *lâmina perpendicular* forma a porção superior do septo nasal. A *lâmina cribriforme* forma a parte superior (teto) da cavidade nasal (Fig. 6.10), contendo os *forames da lâmina cribriforme*, orifícios pelos quais passam as fibras do nervo olfatório (ver Fig. 6.9). Projetando-se para cima, a partir da lâmina cribriforme, encontra-se um processo triangular, denominado *crista etmoidal*, que serve como ponto de fixação para as membranas (meninges) que recobrem o encéfalo (Fig. 6.10).

Além disso, o etmoide tem dois ossos espiralados finos, em ambos os lados do septo nasal. São chamados

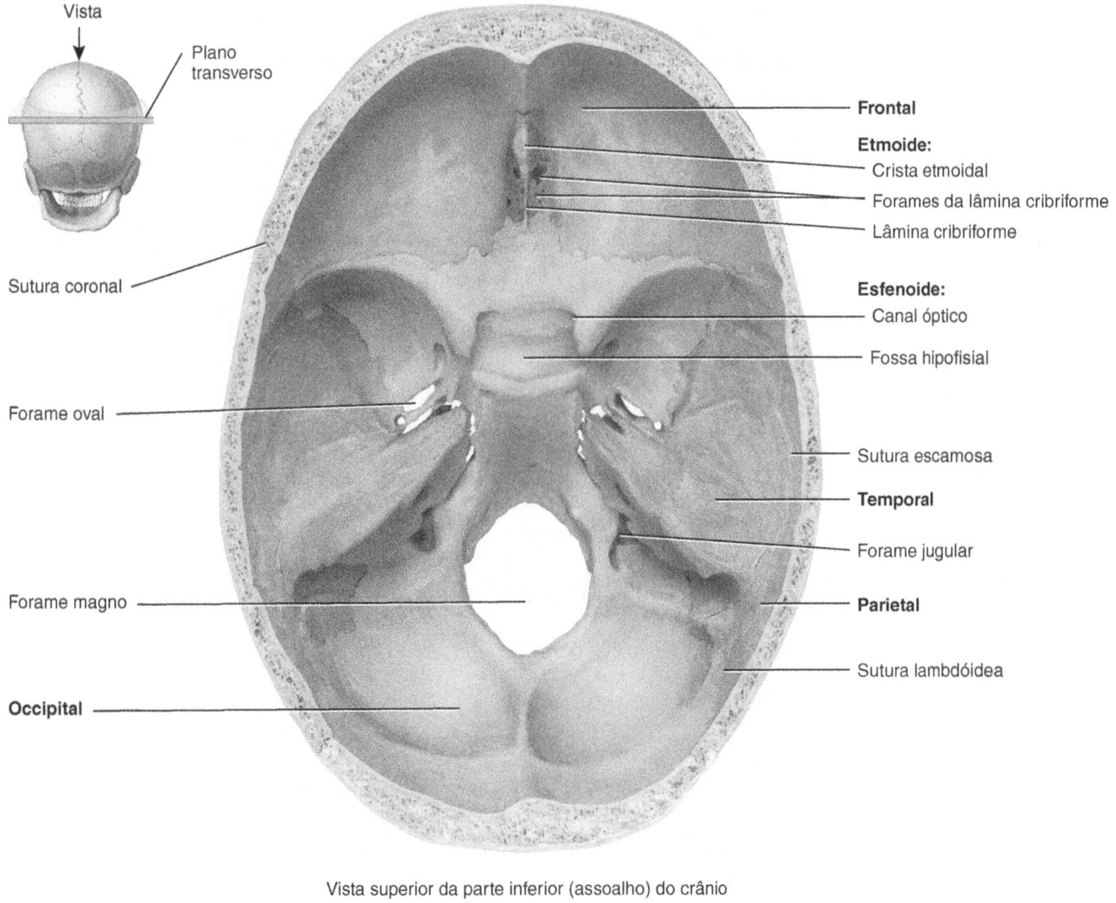

Vista superior da parte inferior (assoalho) do crânio

Começando na crista etmoidal do etmoide e prosseguindo em sentido horário, quais são os nomes dos ossos que se articulam com o esfenoide?

Figura 6.9 **Esfenoide.**

O esfenoide é denominado o pilar da parte inferior (assoalho) do crânio, porque se articula com todos os outros ossos do crânio, mantendo-os unidos.

CONTINUA

QUADRO 6.1 Ossos do crânio (neurocrânio) *(Figs. 6.7-6.10)* CONTINUAÇÃO

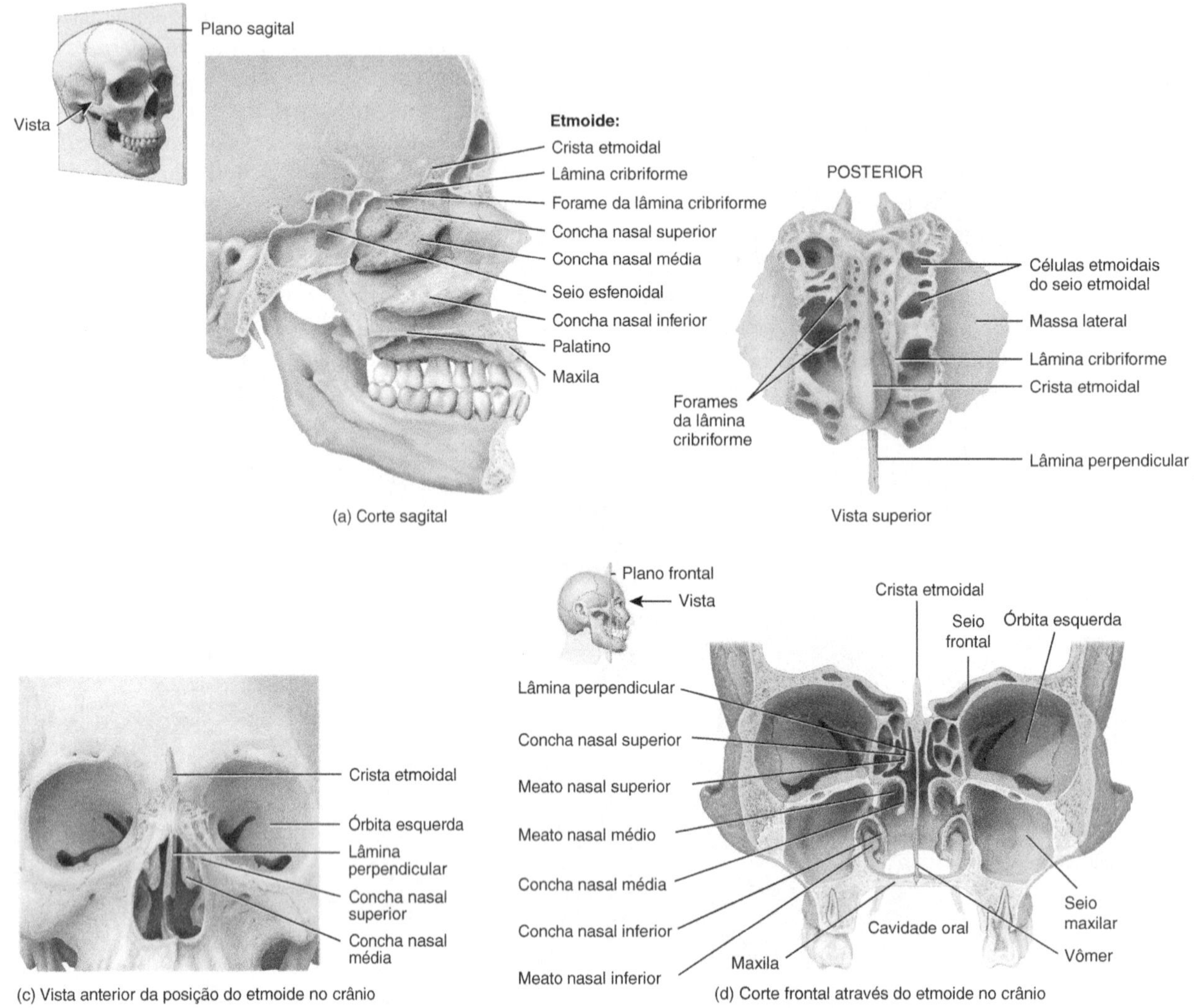

(a) Corte sagital

Vista superior

(c) Vista anterior da posição do etmoide no crânio

(d) Corte frontal através do etmoide no crânio

Que parte do etmoide forma a parte superior do septo nasal?

Figura 6.10 **Etmoide.**

O etmoide é a principal estrutura de suporte da cavidade nasal.

de *conchas nasais superior* e *média*. O terceiro par de conchas, as conchas nasais inferiores, são ossos separados (estudadas a seguir). As conchas aumentam muito a área de superfície da túnica vascular e da túnica mucosa na cavidade nasal, que aquece e umedece o ar inspirado antes que passe para os pulmões. As conchas também fazem o ar inalado formar um turbilhão, e o resultado é que muitas partículas inaladas ficam presas no muco que reveste a cavidade nasal. Essa ação das conchas ajuda a purificar o ar inalado antes que passe para o restante das vias respiratórias. As conchas nasais superiores estão próximas dos forames da lâmina cribriforme, na qual os receptores sensoriais para o olfato (cheiro) terminam na túnica mucosa da concha nasal superior. Desse modo, aumentam a área de superfície para a sensação do olfato.

TESTE SUA COMPREENSÃO

Por que o esfenoide é referido como o pilar da parte inferior (assoalho) do crânio?

QUADRO 6.2 Ossos da face (viscerocrânio)

OBJETIVO

- Descrever as características estruturais de cada osso da face.

Além de formar a estrutura facial, os ossos da face protegem e fornecem sustentação para as entradas dos sistemas digestório e respiratório. Os ossos faciais também fornecem fixação para alguns músculos que participam da produção de várias expressões faciais.

O formato da face muda significativamente durante os primeiros dois anos após o nascimento. O encéfalo e os ossos do crânio se expandem, os dentes se formam e irrompem (emergem), e os seios paranasais aumentam de tamanho. O crescimento da face cessa em torno dos 16 anos de idade.

Os ***ossos nasais*** pareados formam parte do dorso do nariz (ver Fig. 6.7a). O restante do tecido de sustentação do nariz consiste em cartilagem.

As ***maxilas*** pareadas se unem para formar a parte óssea superior da boca e se articulam com todos os ossos da face, exceto a mandíbula (ver Fig. 6.7a, b). Cada maxila contém um *seio maxilar*, que se abre na cavidade nasal (ver Fig. 6.11). O *processo alveolar* da maxila é um arco que contém os *alvéolos* (soquetes) para os dentes maxilares superiores. A maxila forma os três quartos anteriores do *palato duro*, que forma a parte superior (teto) da boca.

Os dois ***palatinos***, em forma de L, são fundidos e formam a parte posterior do palato duro, uma porção da parte inferior (assoalho) e a parede lateral da cavidade nasal e uma pequena parte das paredes inferiores das órbitas (ver Fig. 6.8). Na fissura palatina, os palatinos também podem ser fundidos incompletamente.

A ***mandíbula*** é o maior e mais resistente osso da face (ver Fig. 6.7b). É o único osso móvel do crânio. Lembre-se do estudo do temporal, no qual a mandíbula possui um *processo condilar*. Esse processo se articula com a fossa mandibular do temporal para formar a ATM. A mandíbula, como a maxila, possui um *processo alveolar*, contendo os *alvéolos* (soquetes) para os dentes mandibulares (inferiores) (ver Fig. 6.7c). O *forame mentual* (ment- = queixo) é um orifício na mandíbula, usado pelos dentistas para alcançar o nervo mentual, durante a injeção de anestésicos (ver Fig. 6.7a).

Os dois ***zigomáticos***, comumente chamados de ossos malares, formam as proeminências das bochechas e parte das paredes lateral e inferior (assoalho) de cada órbita (ver Fig. 6.7a). Os zigomáticos se articulam com o frontal, a maxila, o esfenoide e os temporais.

CORRELAÇÕES CLÍNICAS | Síndrome da articulação temporomandibular

Um problema associado à ATM é a **síndrome da articulação temporomandibular (ATM)**. É caracterizada por dor crônica em torno da orelha, sensibilidade nos músculos da mandíbula, ruído em estalido ou clique durante a abertura ou o fechamento da boca, abertura limitada ou anormal da boca, cefaleia, sensibilidade dentária e desgaste anormal dos dentes. A síndrome da ATM é provocada pelo alinhamento inadequado dos dentes, rangido ou cerramento dos dentes, traumatismo craniano e cervical ou artrite. Os tratamentos incluem aplicação de calor úmido ou gelo, limitação da dieta a alimentos macios, administração de atenuadores da dor como o ácido acetilsalicílico, reeducação muscular, uso de placas de mordida para reduzir a compressão e o rangido dos dentes (especialmente quando usadas à noite), ajuste ou remodelagem dos dentes (tratamento ortodôntico) e cirurgia. •

Os ***lacrimais*** pares, os menores ossos da face, são finos e se assemelham aproximadamente a uma unha em tamanho e forma. Os lacrimais são visualizados nas vistas anterior e lateral do crânio na Figura 6.7a, b.

As duas ***conchas nasais inferiores*** são ossos espiralados que se projetam na cavidade nasal, inferiormente às conchas nasais superior e média do etmoide (ver Figs. 6.7a, c e 6.10). Possuem a mesma função das outras conchas nasais: filtrar o ar antes que passe para o interior dos pulmões.

O ***vômer*** (arado) é um osso aproximadamente triangular, na parte inferior (assoalho) da cavidade nasal que se articula inferiormente com as maxilas e com os palatinos, ao longo da linha mediana do crânio. O vômer, claramente visualizado na vista anterior do crânio, na Figura 6.7a, e na vista inferior, na Figura 6.8, é um dos componentes do septo nasal. O septo nasal é formado pelo vômer, pela cartilagem do septo nasal e pela lâmina perpendicular do etmoide (ver Fig. 6.7a). A margem anterior do vômer se articula com a cartilagem do septo nasal (cartilagem hialina) para formar a parte mais anterior do septo. A margem superior do vômer se articula com a lâmina perpendicular do etmoide para formar o restante do septo nasal.

TESTE SUA COMPREENSÃO

Qual é o maior e mais resistente osso da face?

CORRELAÇÕES CLÍNICAS | Fenda labial e fenda palatina

Normalmente, os maxilares direito e esquerdo se unem entre a 10ª e a 12ª semanas do desenvolvimento fetal. Quando isso não acontece, o resultado é um tipo de **fenda palatina**. A condição também pode compreender a fusão incompleta das lâminas horizontais dos palatinos (ver Fig. 6.8). Outra forma dessa condição, chamada **fenda labial**, inclui uma fenda no lábio superior. A fenda labial e a fenda palatina frequentemente ocorrem juntas. Dependendo da extensão e posição da fenda, a fala e a deglutição podem ser afetadas. Cirurgiões faciais e orais recomendam o fechamento da fenda labial durante as primeiras semanas após o nascimento, com excelentes resultados cirúrgicos. O reparo da fenda palatina, normalmente, é realizado entre 12 e 18 meses de idade, de preferência antes que a criança comece falar. Terapia com um fonoaudiólogo pode ser necessária, porque o palato é importante na pronúncia das consoantes, e tratamento ortodôntico pode ser necessário para alinhar os dentes. Novamente, os resultados são, em geral, excelentes. Suplementação com ácido fólico (uma das vitaminas B) durante a gravidez diminui a incidência da fenda palatina e da fenda labial. •

Características exclusivas do crânio

Agora que você está familiarizado com os nomes dos ossos do crânio, daremos uma olhada mais de perto nas três características exclusivas do crânio: as suturas, os seios paranasais e os fontículos.

Suturas

Uma ***sutura*** é uma articulação imóvel, na maioria dos casos, em um adulto, que mantém os ossos do crânio unidos. Das muitas suturas que são encontradas no crânio, identificaremos apenas quatro suturas proeminentes (ver Fig. 6.7):

1. A ***sutura coronal*** une o frontal e os dois parietais.
2. A ***sutura sagital*** une os dois parietais.
3. A ***sutura lambdóidea*** (assim nomeada porque sua forma assemelha-se à da letra grega lambda, Λ) une os parietais ao occipital.
4. A ***sutura escamosa*** une os parietais aos temporais.

Seios paranasais

Cavidades pares, os ***seios paranasais*** estão localizados em determinados ossos do crânio, próximos da cavidade nasal (Fig. 6.11). Os seios paranasais são revestidos por túnicas mucosas que são contínuas com o revestimento da cavidade nasal. Os ossos do crânio que contêm seios paranasais são o frontal (*seio frontal*), o esfenoide (*seio esfenoidal*), o etmoide (*seios etmoidais*) e as maxilas (*seios maxilares*). Além de produzir muco, os seios paranasais atuam como câmaras de ressonância (eco), produzindo os sons exclusivos de cada uma de nossas vozes na fala e no canto, e aliviam o peso do crânio.

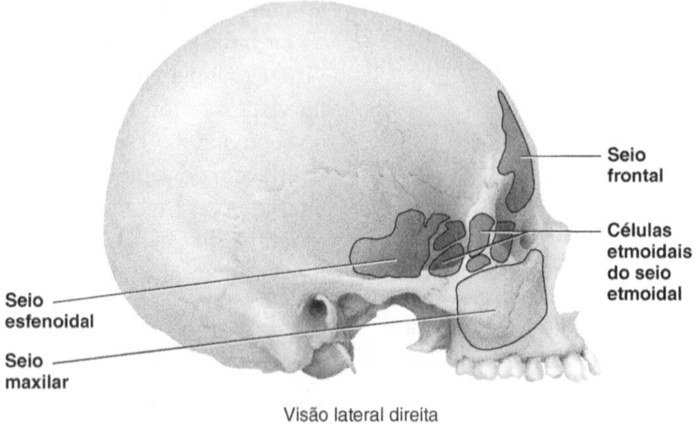

Quais são as duas principais funções dos seios paranasais?

Figura 6.11 Seios paranasais.

Os seios paranasais são espaços revestidos por túnica mucosa, no frontal, no esfenoide, no etmoide e nas maxilas, que se comunicam com a cavidade nasal.

CORRELAÇÕES CLÍNICAS | Sinusite

Sinusite é uma inflamação da túnica mucosa de um ou mais seios paranasais. Pode ser provocada por infecção microbiana (vírus, bactérias ou fungos), reações alérgicas, pólipos nasais ou um septo nasal gravemente desviado. Se uma inflamação ou obstrução bloqueia a drenagem do muco para a cavidade nasal, a pressão líquida se acumula nos seios paranasais, e uma cefaleia sinusal pode se desenvolver. Outros sinais e sintomas podem incluir congestão nasal, incapacidade de sentir cheiro, febre e tosse. As opções de tratamento incluem *sprays* ou gotas descongestionantes, descongestionantes orais, corticosteroides nasais, antibióticos, analgésicos para aliviar a dor, compressas aquecidas e cirurgia. •

Fontículos

Lembre-se de que o esqueleto de um embrião recém-formado consiste em cartilagem ou lâminas membranáceas de mesênquima dispostas como membranas em forma de ossos. Gradualmente, ocorre a ossificação – o osso substitui a cartilagem ou o mesênquima. Espaços preenchidos com mesênquima, chamados de ***fontículos*** ou "moleiras", são encontrados entre os ossos do crânio ao nascimento. Incluem o fontículo anterior, o fontículo posterior, os fontículos anterolaterais e os fontículos posterolaterais. Essas áreas do mesênquima não ossificado serão finalmente substituídas por osso, a partir de ossificação intramembranácea, e se tornarão suturas. Funcionalmente, os fontículos possibilitam que o crânio do feto seja comprimido quando passa pelo canal do parto e permitem o crescimento rápido do cérebro durante a infância. Vários fontículos são mostrados e descritos na Tabela 6.3.

Hioide

O ***hioide*** é um componente especial do esqueleto axial, pois não se articula nem se conecta a nenhum outro osso. Em vez disso, está suspenso nos processos estiloides dos temporais por ligamentos e músculos. O hioide está localizado no pescoço, entre a mandíbula e a laringe (ver Fig. 6.7c). Suporta a língua e fornece locais de fixação para alguns músculos da língua e para músculos do pescoço e da faringe. O hioide, assim como a cartilagem da laringe e da traqueia, é fraturado com frequência durante o estrangulamento. Como resultado, essas estruturas são cuidadosamente examinadas em uma necropsia, quando há suspeita de estrangulamento.

TESTE SUA COMPREENSÃO

15. **Descreva as características gerais do crânio.**
16. **Defina sutura, forame, septo nasal, seio paranasal e fontículo.**

TABELA 6.3

Fontículos

FONTÍCULO	LOCALIZAÇÃO	DESCRIÇÃO
Anterior	Entre os dois parietais e o frontal	Com o formato aproximado de um losango, é o maior dos fontículos; em geral se fecha entre 18 e 24 meses após o nascimento
Posterior	Entre os dois parietais e o occipital	Com o formato de um losango, é consideravelmente menor do que o fontículo anterior; em geral se fecha em torno de 2 meses após o nascimento

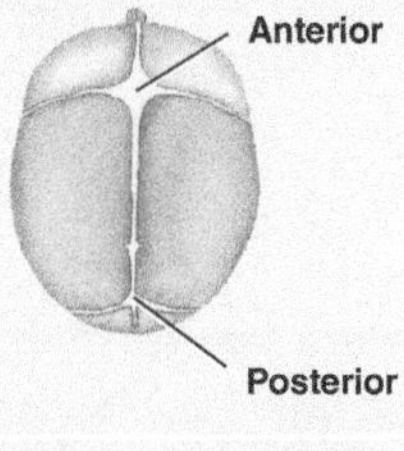

FONTÍCULO	LOCALIZAÇÃO	DESCRIÇÃO
Anterolateral	Um em cada lado do crânio, entre o frontal, o parietal, o temporal e o esfenoide	Pequeno e com formato irregular; normalmente se fecha em torno de três meses após o nascimento
Posterolateral	Um em cada lado do crânio, entre o parietal, o occipital e o temporal.	Formato irregular; começa a se fechar um ou dois meses após o nascimento, mas o fechamento, geralmente, não está completo até o 12º mês

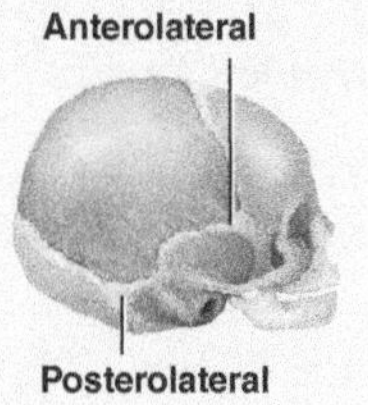

6.8 Coluna vertebral

OBJETIVO

- **Identificar** as regiões e as curvaturas normais da coluna vertebral e **descrever** suas características estruturais e funcionais.

A ***coluna vertebral***, também chamada de *espinha* ou *coluna espinal*, é composta por uma série de ossos chamados ***vértebras***. A coluna vertebral funciona como uma haste flexível e resistente que gira e se move para a frente, para trás e para os lados. Ela envolve e protege a medula espinal, sustenta a cabeça e atua como ponto de fixação para as costelas, para o cíngulo do membro inferior e para os músculos do dorso.

Regiões da coluna vertebral

O número total de vértebras durante o início do desenvolvimento é 33. Depois, várias vértebras nas regiões sacral e coccígea se fundem. Como resultado, a coluna vertebral adulta contém 26 vértebras (Fig. 6.12). Estas são distribuídas como se segue:

- 7 ***vértebras cervicais*** na região cervical.
- 12 ***vértebras torácicas*** posteriores à cavidade torácica.
- 5 ***vértebras lombares***, que suportam a parte inferior do dorso.
- 1 ***sacro***, que consiste em cinco *vértebras sacrais* fundidas.

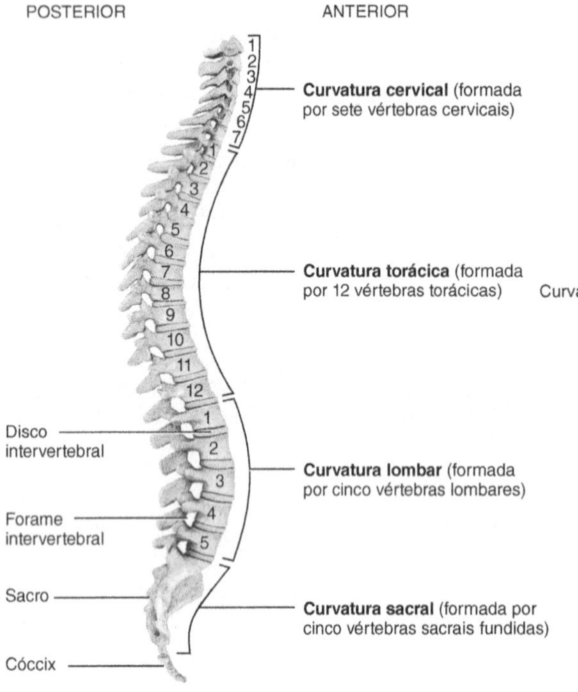

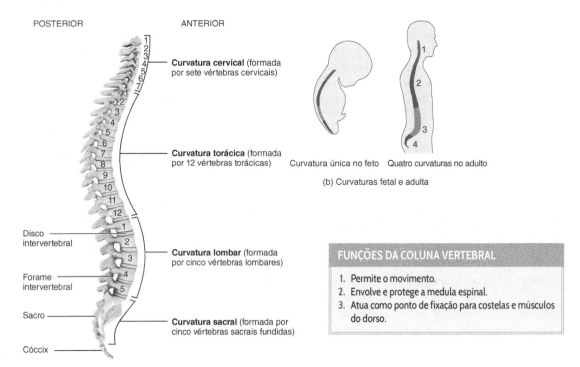

(a) Vista lateral direita, mostrando as quatro curvaturas normais

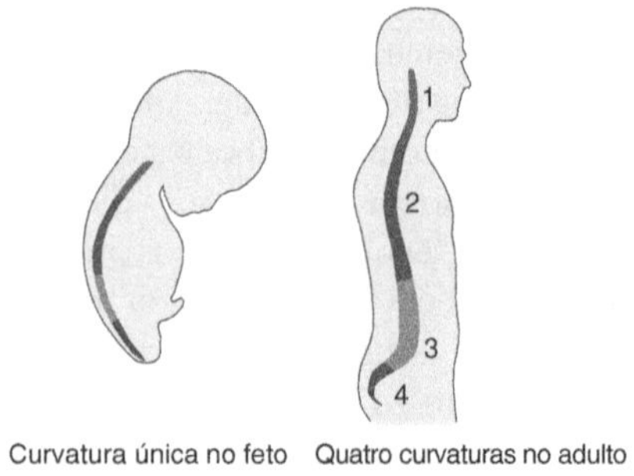

(b) Curvaturas fetal e adulta

FUNÇÕES DA COLUNA VERTEBRAL

1. Permite o movimento.
2. Envolve e protege a medula espinal.
3. Atua como ponto de fixação para costelas e músculos do dorso.

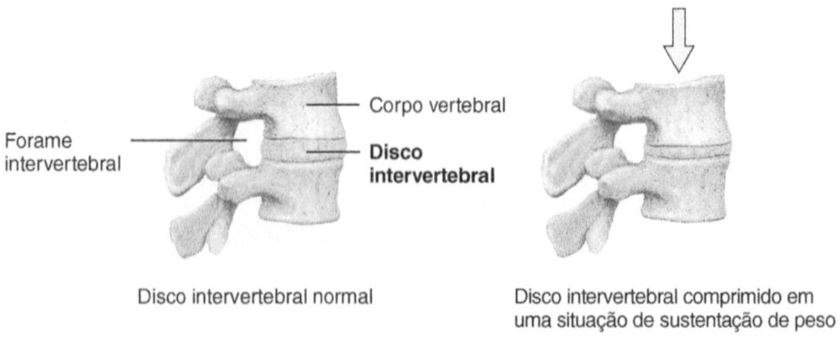

(c) Disco intervertebral

Quais curvaturas são côncavas (em relação à frente do corpo)?

Figura 6.12 Coluna vertebral.

A coluna vertebral adulta contém normalmente 26 vértebras.

- **1 *cóccix*** (porque sua forma se assemelha ao bico de um cuco), que geralmente consiste em quatro *vértebras coccígeas* fundidas.

As vértebras cervicais, torácicas e lombares são bastante móveis, mas o sacro e o cóccix são menos móveis. Entre as vértebras adjacentes, da segunda vértebra cervical até o sacro, encontram-se os discos ***intervertebrais***. Cada disco possui um anel externo de fibrocartilagem e um interior macio, pulposo e altamente elástico. Os discos formam articulações resistentes, permitem vários movimentos da coluna vertebral e absorvem o choque vertical.

Curvaturas normais da coluna vertebral

Quando vista de lado, a coluna vertebral mostra quatro leves curvaturas, chamadas de ***curvaturas normais*** (Fig. 6.12). Em relação à frente do corpo, as ***curvaturas cervical*** e ***lombar*** são convexas (abauladas), e as ***curvaturas torácica*** e ***sacral*** são côncavas (escavadas). As curvaturas da coluna vertebral aumentam sua resistência, auxiliam a manter o equilíbrio na posição ereta, absorvem choques durante a caminhada e a corrida, e ajudam a proteger as vértebras contra fraturas.

No feto, existe uma única curvatura côncava em toda a extensão da coluna vertebral (Fig. 6.12b). Aproximadamente no terceiro mês após o nascimento, quando o recém-nascido começa a manter sua cabeça ereta, a curvatura cervical se desenvolve. Mais tarde, quando a criança senta, levanta e anda, a curvatura lombar se desenvolve.

Vértebras

As vértebras nas diferentes regiões da coluna espinal variam em tamanho, forma e detalhe, mas são suficientemente semelhantes para que estudemos a estrutura e as funções de uma vértebra típica (Fig. 6.14).

- O ***corpo vertebral*** é a parte frontal discoidal espessa; é a parte de sustentação de peso da vértebra.
- O ***arco vertebral*** se estende posteriormente a partir do corpo da vértebra. É formado por dois processos curtos e espessos, os *pedículos do arco vertebral*, que se projetam posteriormente a partir do corpo, para se unirem às lâminas. As *lâminas* do arco vertebral são partes planas do arco e terminam em uma projeção acentuada, fina e simples, chamada *processo espinhoso*. O orifício entre o arco e o corpo vertebral contém a medula espinal e é conhecido como *forame vertebral*. Em conjunto, os forames vertebrais de todas as vértebras formam o *canal vertebral*. Quando as vértebras estão empilhadas, existe uma abertura entre as vértebras adjacentes em ambos os lados da coluna. Cada abertura, chamada de *forame intervertebral*, permite a passagem de um único nervo espinal.
- Sete ***processos*** se originam do arco vertebral. No ponto em que a lâmina e o pedículo se unem, um *processo transverso* se estende lateralmente em cada lado. Um *processo espinhoso* único (espinha) se projeta a partir da junção das lâminas. Esses três processos atuam como pontos de fixação para os músculos. Os quatro processos restantes formam articulações com outras vértebras acima ou abaixo. Os dois *processos articulares superiores* de uma vértebra se articulam com a vértebra imediatamente acima. Os dois *processos articulares inferiores* de uma vértebra se articulam com a vértebra imediatamente abaixo. As superfícies articulares lisas dos processos articulares são chamadas de *faces*, que são recobertas por cartilagem hialina.

As vértebras em cada região são numeradas em sequência, de cima para baixo. Os Quadros 6.3 a 6.6 fornecem detalhes a respeito das vértebras nas diferentes regiões da coluna vertebral.

TESTE SUA COMPREENSÃO

17. **Quais são as funções da coluna vertebral?**
18. **Quais são as principais características distintivas dos ossos das várias regiões da coluna vertebral?**

QUADRO 6.3 Vértebras cervicais *(Fig. 6.13)*

OBJETIVO

- Identificar a localização e as características superficiais das vértebras cervicais.

As sete ***vértebras cervicais*** são referidas como C1 até C7 (Fig. 6.13). Os processos espinhosos da segunda à sexta vértebras cervicais frequentemente são *bífidos*, ou divididos em duas partes (Fig. 6.13c). Todas as vértebras cervicais têm três forames: um forame vertebral e dois forames transversários. Cada processo transverso cervical contém um *forame transversário*, pelo qual passam vasos sanguíneos e nervos.

As duas primeiras vértebras cervicais diferem consideravelmente das outras. A primeira vértebra cervical (C1), o ***atlas***, suporta a cabeça; ela é assim chamada em homenagem ao mitológico Atlas, que suportava o mundo sobre seus ombros. O atlas não possui corpo nem processo espinhoso. A superfície superior contém as *faces articulares superiores*, que se articulam com o occipital do crânio. Essa articulação permite a você assentir com a cabeça para indicar "sim". A superfície inferior contém as *faces articulares inferiores*, que se articulam com a segunda vértebra cervical.

CONTINUA

QUADRO 6.3 Vértebras cervicais *(Figs. 6.13)* CONTINUAÇÃO

A segunda vértebra cervical (C2), o ***áxis***, possui um corpo e um processo espinhoso. Um processo em forma de dente, chamado de *dente do áxis*, se projeta através do forame vertebral do atlas. O dente constitui um pivô no qual o atlas e a cabeça se movem, como no movimento da cabeça de um lado a outro, indicando "não".

A terceira até a sexta vértebras cervicais (C3 a C6), representadas pela vértebra na Figura 6.13c, correspondem ao padrão estrutural de uma vértebra cervical típica descrita anteriormente. A sétima vértebra cervical (C7), chamada de *vértebra proeminente*, é um pouco diferente. É marcada por um único e grande processo espinhoso que é visto e palpado na base do pescoço.

TESTE SUA COMPREENSÃO

Como o atlas e o áxis são diferentes das outras vértebras cervicais?

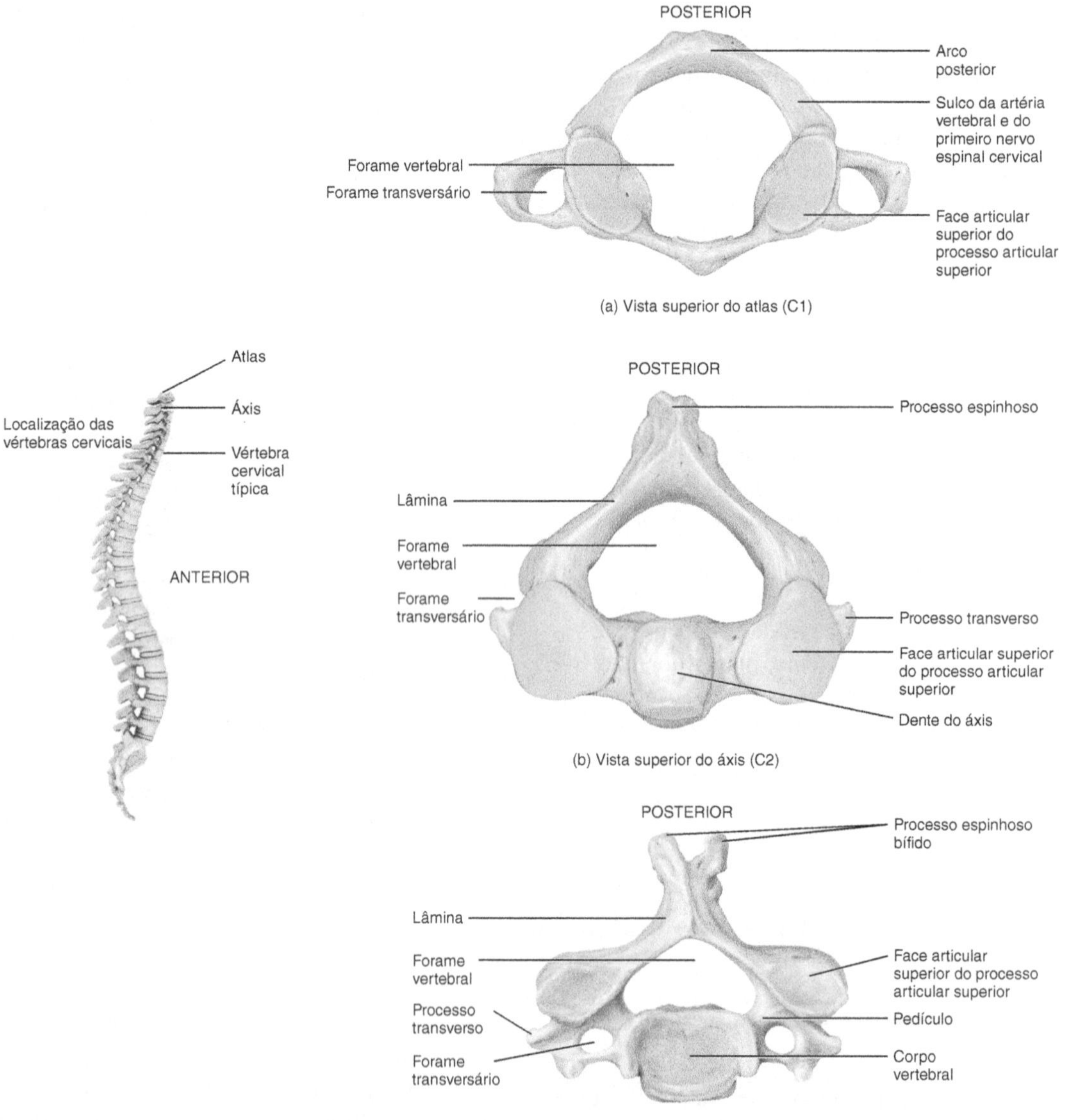

(a) Vista superior do atlas (C1)

(b) Vista superior do áxis (C2)

(c) Vista superior da vértebra cervical

Quais ossos permitem o movimento da cabeça indicando "não"?

Figura 6.13 Vértebras cervicais.

As vértebras cervicais são encontradas na região cervical.

QUADRO 6.4 Vértebras torácicas *(Fig. 6.14)*

OBJETIVO

- Identificar a localização e as características superficiais das vértebras torácicas.

As ***vértebras torácicas*** (T1 a T12) são consideravelmente maiores e mais resistentes do que as vértebras cervicais. As características distintivas das vértebras torácicas são suas fóveas, para articulação com as costelas (ver Fig. 6.14). Os movimentos da região torácica são limitados pela fixação das costelas ao esterno.

TESTE SUA COMPREENSÃO

Descreva as características distintivas das vértebras torácicas.

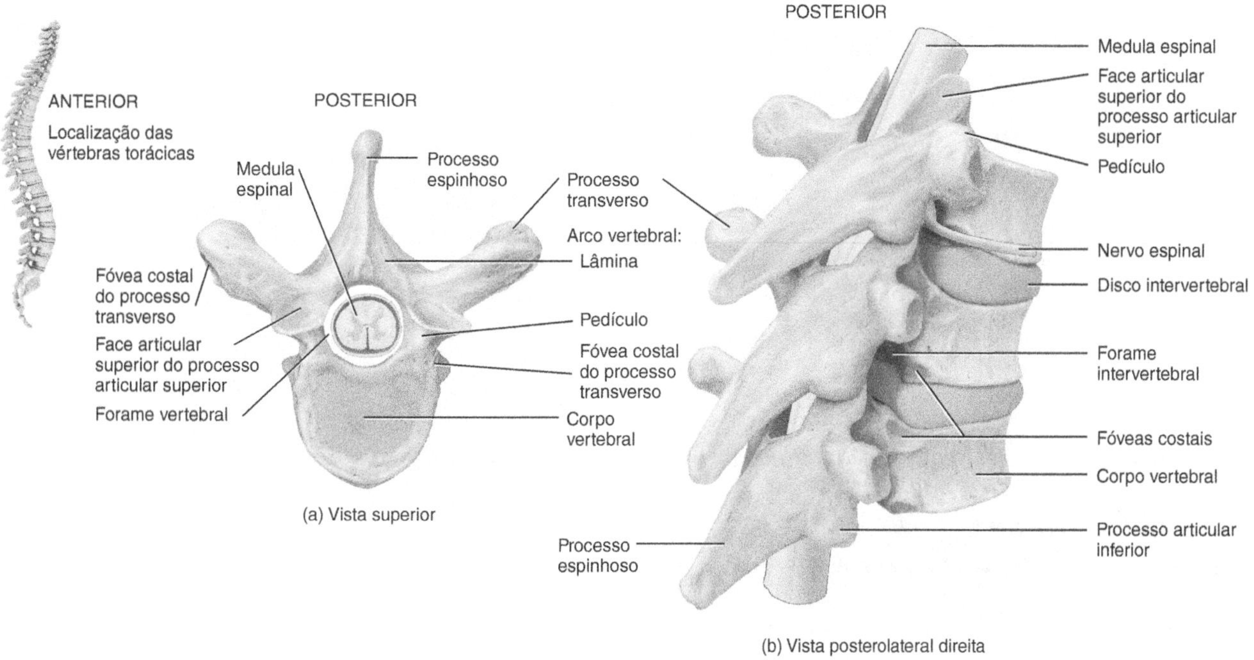

Quais são as funções dos forames vertebrais e intervertebrais?

Figura 6.14 Estrutura de uma vértebra, conforme ilustrado por uma vértebra torácica. (Observe as fóveas para as costelas, que as outras vértebras não apresentam.) Em (b), apenas um nervo espinal foi incluído e estendido para além do forame intervertebral, para maior clareza.

Uma vértebra consiste em um corpo vertebral, um arco vertebral e vários processos.

QUADRO 6.5 Vértebras lombares *(Fig. 6.15)*

OBJETIVO

- Identificar a localização e as características superficiais das vértebras lombares.

As ***vértebras lombares*** (L1 a L5) são os maiores e mais resistentes ossos não fundidos da coluna vertebral (Fig. 6.15). Suas várias projeções são curtas e espessas, e os processos espinhosos são bem adaptados para a fixação dos grandes músculos do dorso.

TESTE SUA COMPREENSÃO

Quais são as características distintivas das vértebras lombares?

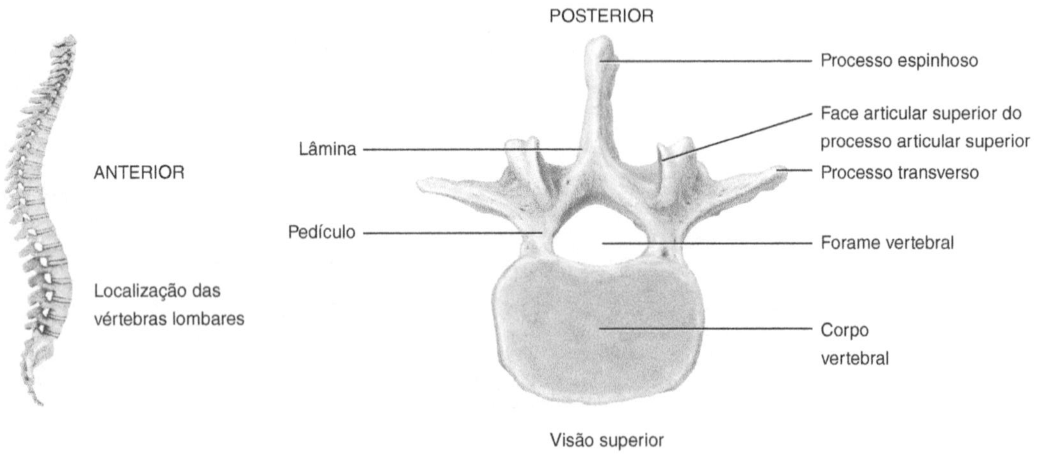

Por que as vértebras lombares são as maiores e as mais resistentes da coluna vertebral?

Figura 6.15 **Vértebras lombares.**

As vértebras lombares são encontradas na parte inferior do dorso.

QUADRO 6.6 Vértebras sacrais e coccígeas *(Fig. 6.16)*

OBJETIVO

- Identificar a localização e as características superficiais das vértebras sacrais e coccígeas.

O ***sacro*** é um osso triangular formado pela fusão das cinco vértebras sacrais, indicadas na Figura 6.16 como S1 a S5. A fusão das vértebras sacrais começa entre 16 e 18 anos de idade e geralmente está completa em torno dos 30 anos. O sacro atua como uma fundação sólida para o cíngulo do membro inferior. Está posicionado posteriormente à cavidade pélvica, na qual suas faces laterais se unem aos dois ossos do quadril.

Os lados anterior e posterior do sacro contêm quatro pares de *forames sacrais*. Nervos e vasos sanguíneos passam pelos forames. O *canal sacral* é a continuação do canal vertebral. A entrada inferior do canal é chamada de *hiato sacral*. A margem anterossuperior do sacro possui uma projeção, chamada *promontório da base do sacro*, usada como um ponto de referência para medir a pelve antes do parto.

CORRELAÇÕES CLÍNICAS | Anestesia caudal

Os agentes anestésicos que atuam sobre os nervos sacrais e coccígeos são, algumas vezes, injetados pelo hiato sacral, um procedimento chamado de **anestesia caudal**. O procedimento é usado, mais frequentemente, para aliviar a dor durante o trabalho de parto e fornecer anestesia para a área perineal. Como o local de injeção é inferior à parte mais inferior da medula espinal, existe pequeno risco de danificar a medula. •

O ***cóccix***, como o sacro, tem formato triangular e é formado pela fusão de quatro vértebras coccígeas. Estas estão indicadas na Figura 6.16 como Co1 a Co4. A parte superior do cóccix se articula com o sacro.

TESTE SUA COMPREENSÃO

Quantas vértebras se fundem para formar o sacro e o cóccix?

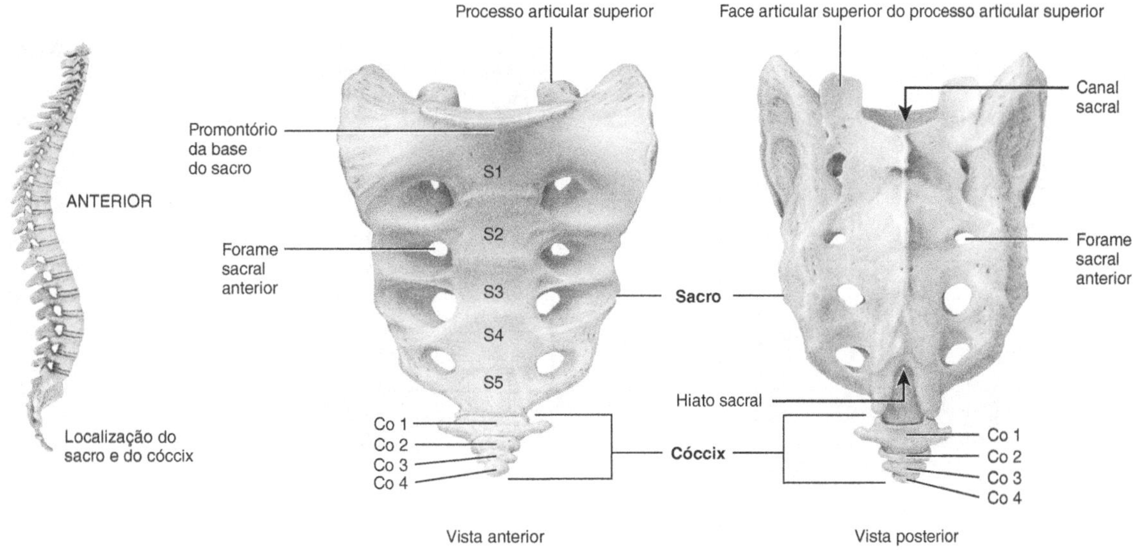

Qual é a função dos forames sacrais?

Figura 6.16 Sacro e cóccix.

O sacro é formado pela união de cinco vértebras sacrais, e o cóccix, em geral, pela união de quatro vértebras coccígeas.

6.9 Tórax

OBJETIVO

- Identificar os ossos do tórax e suas principais características.

O termo ***tórax*** se refere a todo o peito. A parte esquelética do tórax, a ***caixa torácica***, é uma caixa óssea formada pelo esterno, pelas cartilagens costais, pelas costelas e pelos corpos das vértebras torácicas (Fig. 6.17). A caixa torácica envolve e protege os órgãos na cavidade torácica e na parte superior da cavidade abdominal. Além disso, fornece suporte aos ossos dos cíngulos dos membros superiores e aos membros superiores.

Esterno

O ***esterno*** é um osso estreito plano, localizado no centro da parede torácica anterior, consistindo em três partes que geralmente se fundem em torno dos 25 anos de idade (Fig. 6.17). A parte superior é o *manúbrio* do esterno; a parte média e maior é o *corpo* do esterno; e a parte inferior e menor é o *processo xifoide*.

O manúbrio se articula com as clavículas, com a primeira costela e com parte da segunda costela. O corpo do esterno se articula direta ou indiretamente com parte da segunda costela e com a terceira até a décima costelas. O processo xifoide consiste em cartilagem hialina durante a lactância e a infância, e não se ossifica completamente até em torno dos 40 anos. Não possui costelas ligadas a ele, mas fornece fixações para alguns músculos abdominais. Se as mãos de um socorrista estiverem incorretamente posicionadas durante a reanimação cardiopulmonar (RCP), existe o risco de fraturar o processo xifoide, deslocando-o em direção aos órgãos internos.

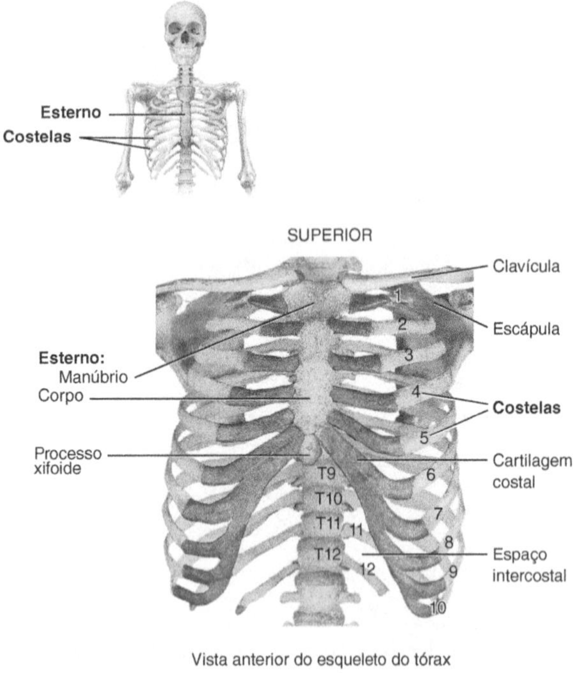

Quais costelas são verdadeiras? Quais são denominadas costelas falsas? Quais são conhecidas como costelas flutuantes?

Figura 6.17 Esqueleto do tórax.

Os ossos do tórax envolvem e protegem os órgãos na cavidade torácica e na parte superior da cavidade abdominal.

Costelas

Doze pares de ***costelas*** compõem os lados da cavidade torácica (Fig. 6.17). As costelas aumentam em comprimento da primeira à sétima costela, depois diminuem em comprimento até a décima segunda costela. Cada costela se articula posteriormente com a sua vértebra torácica correspondente.

Do primeiro até o sétimo par de costelas, todos têm uma fixação anterior direta com o esterno por meio de uma faixa de cartilagem hialina, chamada *cartilagem costal*. Essas costelas são chamadas de *costelas verdadeiras*. Os cinco pares de costelas restantes são denominados *costelas falsas*, porque suas cartilagens costais se fixam indiretamente ou não se fixam ao esterno. As cartilagens do oitavo, nono e décimo pares de costelas se fixam umas às outras e, em seguida, às cartilagens do sétimo par de costelas. A décima primeira e a décima segunda costelas falsas são também conhecidas como *costelas flutuantes*, porque a cartilagem costal de suas extremidades anteriores não se fixa ao esterno de modo algum. As costelas flutuantes se fixam apenas posteriormente às vértebras torácicas. Os espaços entre as costelas, chamados *espaços intercostais*, são ocupados por músculos, vasos sanguíneos e nervos intercostais.

CORRELAÇÕES CLÍNICAS | Fraturas das costelas

Fraturas das costelas são as lesões torácicas mais comuns; resultam geralmente de golpes diretos, na maioria das vezes a partir de um impacto contra o volante do carro, quedas e lesões por compressão do tórax. Em alguns casos, as costelas fraturadas podem perfurar o coração, os grandes vasos do coração, os pulmões, a traqueia, os brônquios, o esôfago, o baço, o fígado e os rins. Fraturas das costelas geralmente são muito dolorosas. Fraturas das costelas não são mais enfaixadas com ataduras, em razão da pneumonia que resultaria da falta de ventilação pulmonar adequada. •

TESTE SUA COMPREENSÃO

19. Quais são as funções dos ossos do tórax?
20. Quais são as partes do esterno?

6.10 Cíngulo do membro superior

OBJETIVO

- Identificar os ossos do cíngulo do membro superior e suas principais características.

Os ***cíngulos dos membros superiores*** fixam os ossos dos membros superiores ao esqueleto axial (Fig. 6.18). Cada cíngulo do membro superior, direito e esquerdo, consiste em dois ossos: clavícula e escápula. A clavícula, o componente anterior, se articula com o esterno, e a escápula, o componente posterior, se articula com a clavícula e o úmero. Os cíngulos dos membros superiores não se articulam com a coluna vertebral. As articulações dos cín-

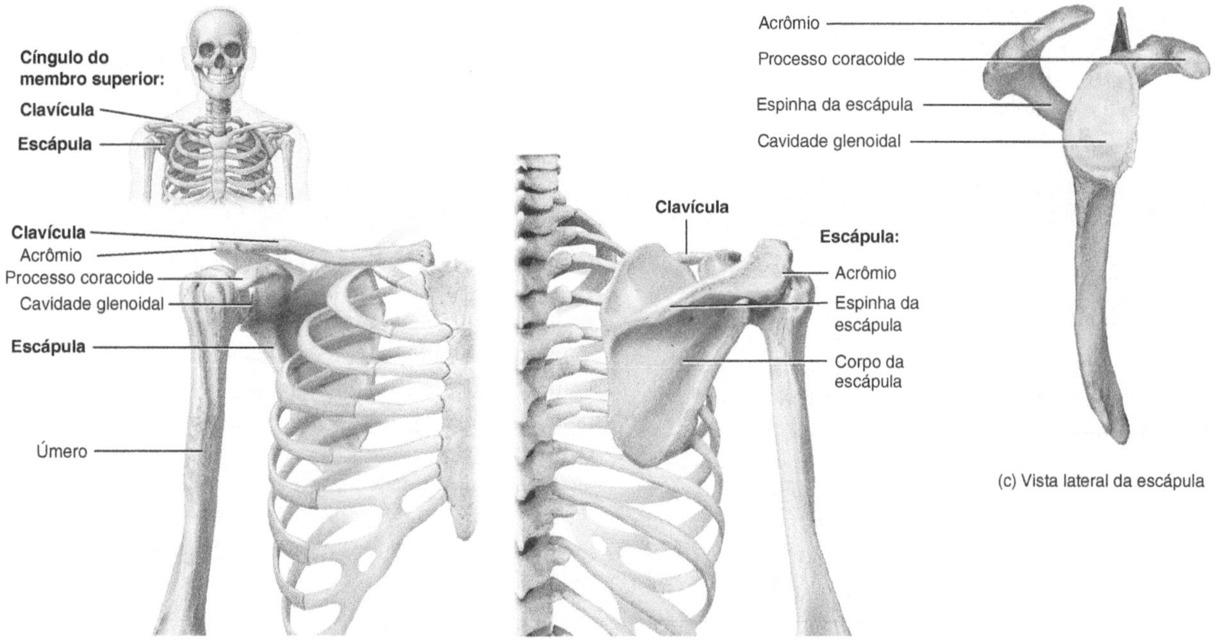

(a) Vista anterior (b) Vista posterior (c) Vista lateral da escápula

Quais ossos compõem o cíngulo do membro superior?

Figura 6.18 Cíngulo do membro superior direito.

O cíngulo do membro superior fixa os ossos do membro superior ao esqueleto axial.

gulos dos membros superiores são livremente móveis e, desse modo, permitem movimentos em muitas direções.

Clavícula

Cada ***clavícula*** é um osso em forma de S, delgado e longo, posicionado horizontalmente acima da primeira costela. A extremidade medial da clavícula se articula com o esterno, e a extremidade lateral, com o acrômio da escápula (Fig. 6.18). Em virtude de sua posição, a clavícula transfere força mecânica do membro superior para o tronco.

CORRELAÇÕES CLÍNICAS | Fratura da clavícula

Se a força mecânica transmitida à clavícula é excessiva, como em uma queda sobre o braço estendido, pode ocorrer uma **fratura da clavícula**. Uma fratura da clavícula também pode resultar de uma pancada na parte superior da porção anterior do tórax, por exemplo, como resultado de impacto após um acidente de carro. Na realidade, a clavícula é um dos ossos que mais frequentemente sofrem fratura no corpo. A compressão da clavícula como resultado de acidentes de carro com o uso de cinto de segurança de três pontos frequentemente provoca lesão ao plexo braquial (a rede de nervos que entram no membro superior), que se situa entre a clavícula e a segunda costela. Uma fratura da clavícula é normalmente tratada com uma tipoia normal para evitar que o braço se mova para fora. •

Escápula

Cada ***escápula*** é um osso triangular plano grande, situado na parte posterior do tórax (Fig. 6.18). Uma crista proeminente, a *espinha da escápula*, cruza diagonalmente a face posterior do *corpo* triangular e achatado da escápula. A extremidade lateral da espinha, o *acrômio*, é facilmente percebido como o ponto elevado do ombro e local de articulação com a clavícula. Inferiormente ao acrômio, está uma depressão chamada *cavidade glenoidal*. Essa cavidade se articula com a cabeça do úmero (osso do braço) para formar a articulação do ombro. Está presente também na escápula uma projeção chamada *processo coracoide*, na qual os músculos se fixam.

TESTE SUA COMPREENSÃO

21. Quais ossos compõem o cíngulo do membro superior? Qual é a função do cíngulo do membro superior?

6.11 Membro superior

OBJETIVO

- Identificar os ossos do membro superior e seus principais pontos de referência.

Cada ***membro superior*** possui 30 ossos: um úmero no braço; a ulna e o rádio no antebraço; e oito ossos carpais (ossos do pulso), cinco ossos metacarpais (ossos da palma) e 14 falanges (ossos dos dedos) na mão (ver Fig. 6.6). Os Quadros 6.7 a 6.9 descrevem os ossos do membro superior com mais detalhes.

TESTE SUA COMPREENSÃO

22. De proximal para distal, quais ossos formam o membro superior?

QUADRO 6.7 Úmero *(Fig. 6.19)*

OBJETIVO

- Identificar a localização e os pontos de referência superficiais do úmero.

O ***úmero***, ou *osso do braço*, é o maior e mais longo osso do membro superior (Fig. 6.19). No ombro, se articula com a escápula, e, no cotovelo, se articula com a ulna e o rádio. A extremidade proximal do úmero consiste na *cabeça*, que se articula com a cavidade glenoidal da escápula. Além disso, possui um *colo anatômico*, o antigo local da lâmina epifisial (crescimento), que é um sulco imediatamente distal à cabeça. O *colo cirúrgico* está abaixo do colo anatômico e é assim nomeado porque nesse local, frequentemente, ocorrem fraturas. O *corpo* do úmero contém uma área rugosa em forma de V, chamada *tuberosidade para o músculo deltoide*, na qual o músculo deltoide se fixa. Na extremidade distal do úmero, o *capítulo* do úmero, é uma protuberância arredondada que se articula com a cabeça do rádio. A *fossa radial* é uma depressão que recebe a cabeça do rádio, quando o antebraço é fletido (flexionado). A *tróclea* do úmero é uma superfície em forma de carretel que se articula com a ulna. A *fossa coronóidea* é uma depressão que recebe parte da ulna, quando o antebraço está fletido. A *fossa do olécrano* é uma depressão, na parte posterior do osso, que recebe o olécrano da ulna, quando o antebraço está estendido (esticado).

TESTE SUA COMPREENSÃO

Identifique as diferenças entre os colos anatômico e cirúrgico do úmero.

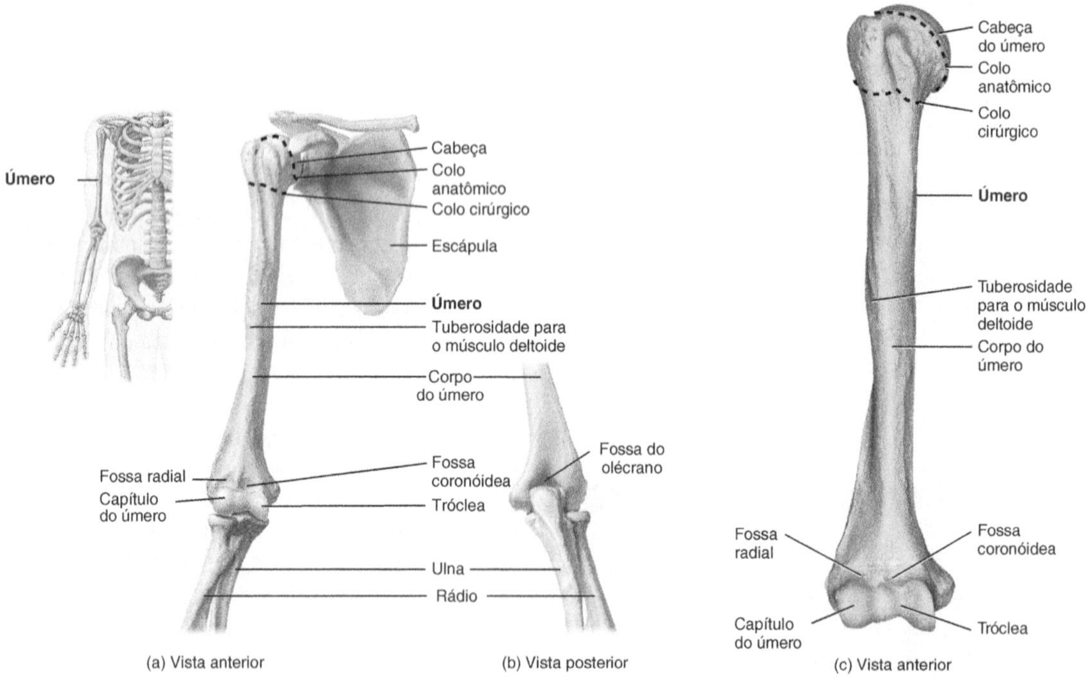

Com qual parte da escápula o úmero se articula?

Figura 6.19 Úmero direito, em relação à escápula, à ulna e ao rádio.

O úmero é o maior e mais longo osso do membro superior.

QUADRO 6.8 Ulna e rádio *(Fig. 6.20)*

OBJETIVO

- **Identificar** a localização e os pontos de referência superficiais da ulna e do rádio.

A ***ulna*** está na face medial (no lado do dedo mínimo) do antebraço e é mais longa do que o rádio (Fig. 6.20). Na extremidade proximal da ulna, está o *olécrano*, que forma a proeminência do cotovelo. O *processo coronoide*, em conjunto com o olécrano, recebe a tróclea do úmero. Esta também se encaixa na *incisura troclear*, uma grande área curva entre o olécrano e o processo coronoide. A *incisura radial* da ulna é uma depressão para a cabeça do rádio. O *processo estiloide* está na extremidade distal da ulna.

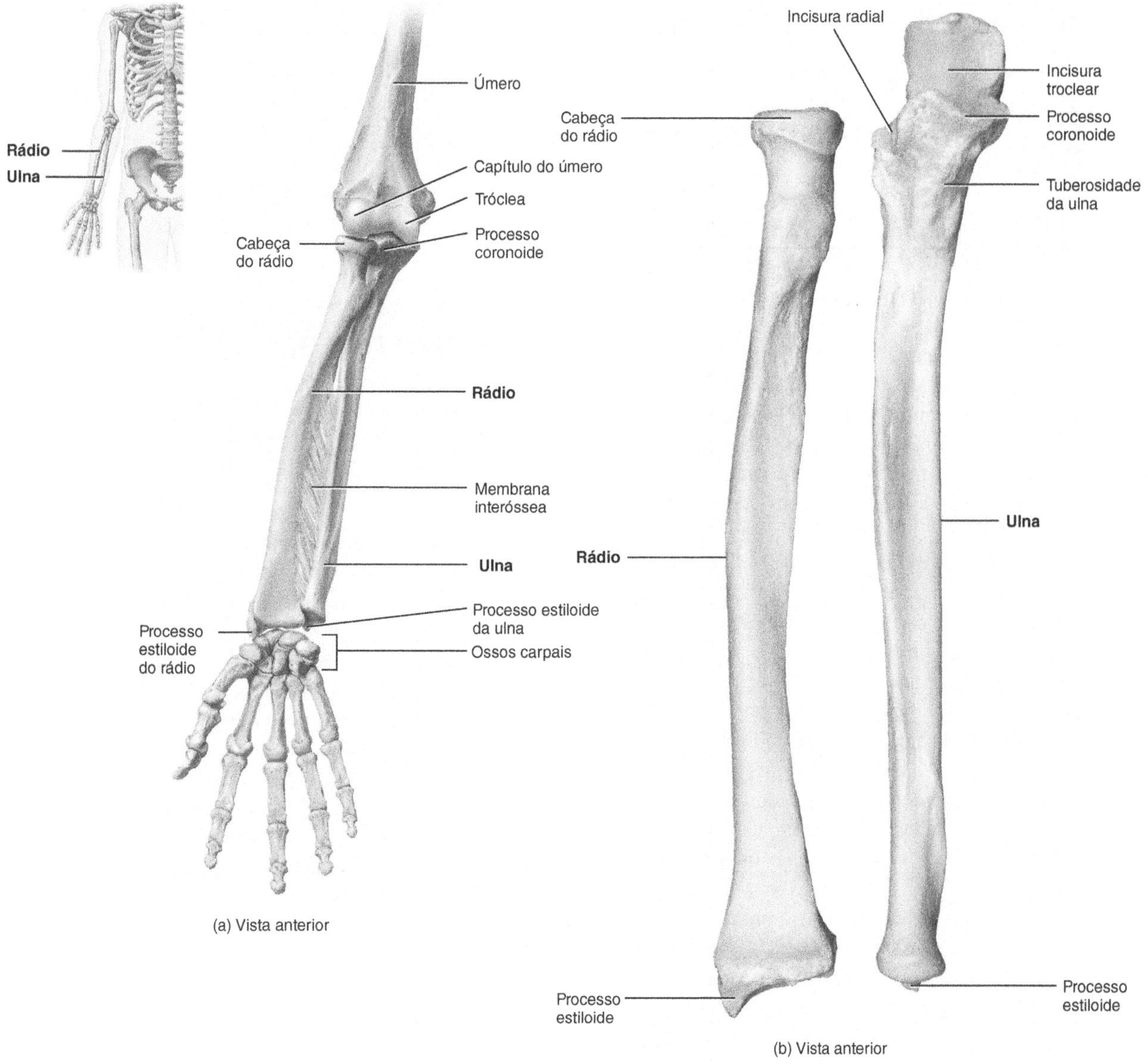

Qual parte da ulna é chamada de cotovelo?

Figura 6.20 Ulna e rádio direitos, em relação ao úmero e aos ossos carpais.

No antebraço, a ulna, mais longa, encontra-se na parte medial, e o rádio, na parte lateral.

CONTINUA

QUADRO 6.8 Ulna e rádio *(Figs. 6.20)* CONTINUAÇÃO

O ***rádio*** está localizado na face lateral (no lado do polegar) do antebraço. A extremidade proximal do rádio possui uma *cabeça* discoidal que se articula com o capítulo do úmero e a incisura radial da ulna. Possui uma área rugosa e elevada, chamada de *tuberosidade do rádio,* que fornece um ponto de fixação para o músculo bíceps braquial. A extremidade distal do rádio se articula com três ossos carpais do carpo. Além disso, na terminação distal, encontra-se o *processo estiloide* do rádio. A fratura da extremidade distal do rádio é a fratura mais comum em adultos com mais de 50 anos, geralmente ocorrendo durante uma queda.

TESTE SUA COMPREENSÃO
Qual estrutura atua como ponto de fixação para o músculo bíceps braquial?

QUADRO 6.9 Carpais, metacarpais e falanges *(Fig. 6.21)*

OBJETIVO

- Identificar a localização e os pontos de referência superficiais dos ossos da mão.

O ***carpo*** (*pulso*) é a região proximal da mão e contém oito pequenos ossos, os ***carpais***, interligados por ligamentos (Fig. 6.21). Os ossos carpais estão dispostos em duas fileiras transversais, com quatro ossos em cada fileira, e são nomeados de acordo com sua forma. Na posição anatômica, os carpais na fileira superior, da posição lateral para a medial, são ***escafoide***, ***semilunar***, ***piramidal*** e ***pisiforme***. Em aproximadamente 70% das fraturas do carpo, apenas o escafoide é fraturado, em decorrência da força transmitida através dele para o rádio. Os carpais na fileira inferior, da posição lateral para a medial, são ***trapézio***, ***trapezoide***, ***capitato*** (o maior osso carpal, cuja projeção arredondada, a cabeça, se articula com o semilunar) e ***hamato*** (assim chamado em virtude de uma grande projeção em forma de gancho na sua face anterior). Juntos, a cavidade formada pelo pisiforme e pelo hamato (no lado ulnar), e pelo esfenoide e pelo trapézio (no lado radial), constitui um espaço chamado ***túnel do carpo***, por onde passam os tendões flexores longos dos dedos e do polegar e o nervo mediano.

O ***metacarpo*** (*palma*) é a região intermediária da mão e contém cinco ossos chamados ***metacarpais***. Cada osso metacarpal consiste em uma *base* proximal, um *corpo* intermediário e uma *cabeça* distal. Os ossos metacarpais são numerados de I a V (ou de 1 a 5), começando com o osso lateral no polegar. As cabeças dos ossos metacarpais são comumente chamadas de "nós dos dedos" e são facilmente visíveis em um punho cerrado.

CORRELAÇÕES CLÍNICAS | Síndrome do túnel do carpo

O estreitamento do túnel do carpo dá origem a uma condição chamada **síndrome do túnel do carpo**, na qual o nervo mediano é comprimido. A compressão do nervo provoca dor, adormecimento, formigamento e fraqueza muscular na mão. •

As ***falanges*** formam a região distal da mão e são os ossos dos dedos, totalizando 14 em cada mão. Como os ossos metacarpais, as falanges são numeradas de I a V (ou de 1 a 5), começando com o polegar. Um único osso de um dedo da mão ou do pé é denominado *falange*. Como os ossos metacarpais, cada falange consiste em uma *base* proximal, um *corpo* intermediário e uma *cabeça* distal. Existem duas falanges (proximal e distal) no polegar e três falanges (proximal, média e distal) em cada um dos outros quatro dedos. Em ordem, a partir do polegar, esses outros quatro dedos são comumente referidos como indicador, dedo médio, dedo anular e dedo mínimo (Fig. 6.21).

TESTE SUA COMPREENSÃO
Qual se encontra mais distal, a base ou a cabeça dos ossos carpais?

CONTINUA

QUADRO 6.9 Carpais, metacarpais e falanges *(Fig. 6.21)* CONTINUAÇÃO

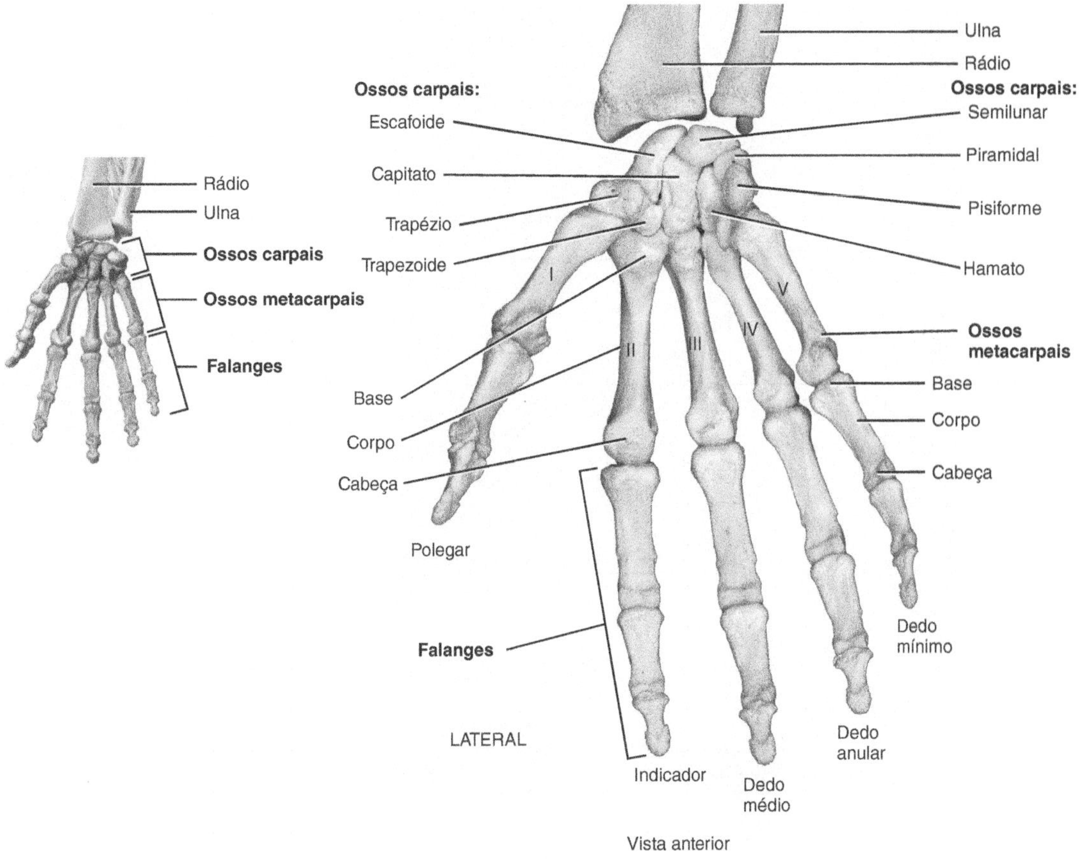

Qual parte de quais ossos é geralmente chamada de "nós dos dedos"?

Figura 6.21 Carpo (pulso) e mão direitos, em relação à ulna e ao rádio.

O esqueleto da mão consiste em ossos carpais, ossos metacarpais e falanges.

6.12 Cíngulo do membro inferior

OBJETIVO

- Identificar os ossos do cíngulo do membro inferior e seus principais pontos de referência superficiais.

O ***cíngulo do membro inferior*** consiste nos dois ***ossos do quadril***, também chamados de *ossos coxais* ou *pélvicos* (Fig. 6.22). O cíngulo do membro inferior proporciona uma sustentação estável e consistente para a coluna vertebral, protege as vísceras pélvicas e une os membros inferiores ao esqueleto axial. Os ossos do quadril se unem um ao outro, anteriormente, em uma articulação chamada ***sínfise púbica***; posteriormente, se unem ao sacro na articulação sacroilíaca.

Em conjunto com o sacro e o cóccix, os dois ossos do quadril do cíngulo do membro inferior formam uma estrutura caliciforme, chamada ***pelve óssea***. Por sua vez, a pelve óssea é dividida em partes superior e inferior por um limite chamado ***margem da abertura superior da pelve*** (margem pélvica) (Fig. 6.22). A parte da pelve acima da margem pélvica é chamada ***pelve maior*** (*falsa*). A pelve maior é, na realidade, parte do abdome e não contém órgãos pélvicos, exceto a bexiga urinária, quando ela está cheia, e o útero, durante a gravidez. A parte da pelve acima da margem pélvica é chamada ***pelve menor*** (*verdadeira*). A pelve menor envolve a cavidade pélvica (ver Fig. 1.9). A abertura superior da pelve menor é chamada de ***abertura superior da pelve***, e a abertura inferior da pelve menor é chamada ***abertura inferior da pelve***. O ***eixo da pelve*** é uma linha curva imaginária que atravessa a pelve menor, unindo os pontos centrais dos planos das aberturas superior e inferior da pelve. Durante o parto, o eixo da pelve é a trajetória seguida pela cabeça do bebê, à medida que ela desce pela pelve.

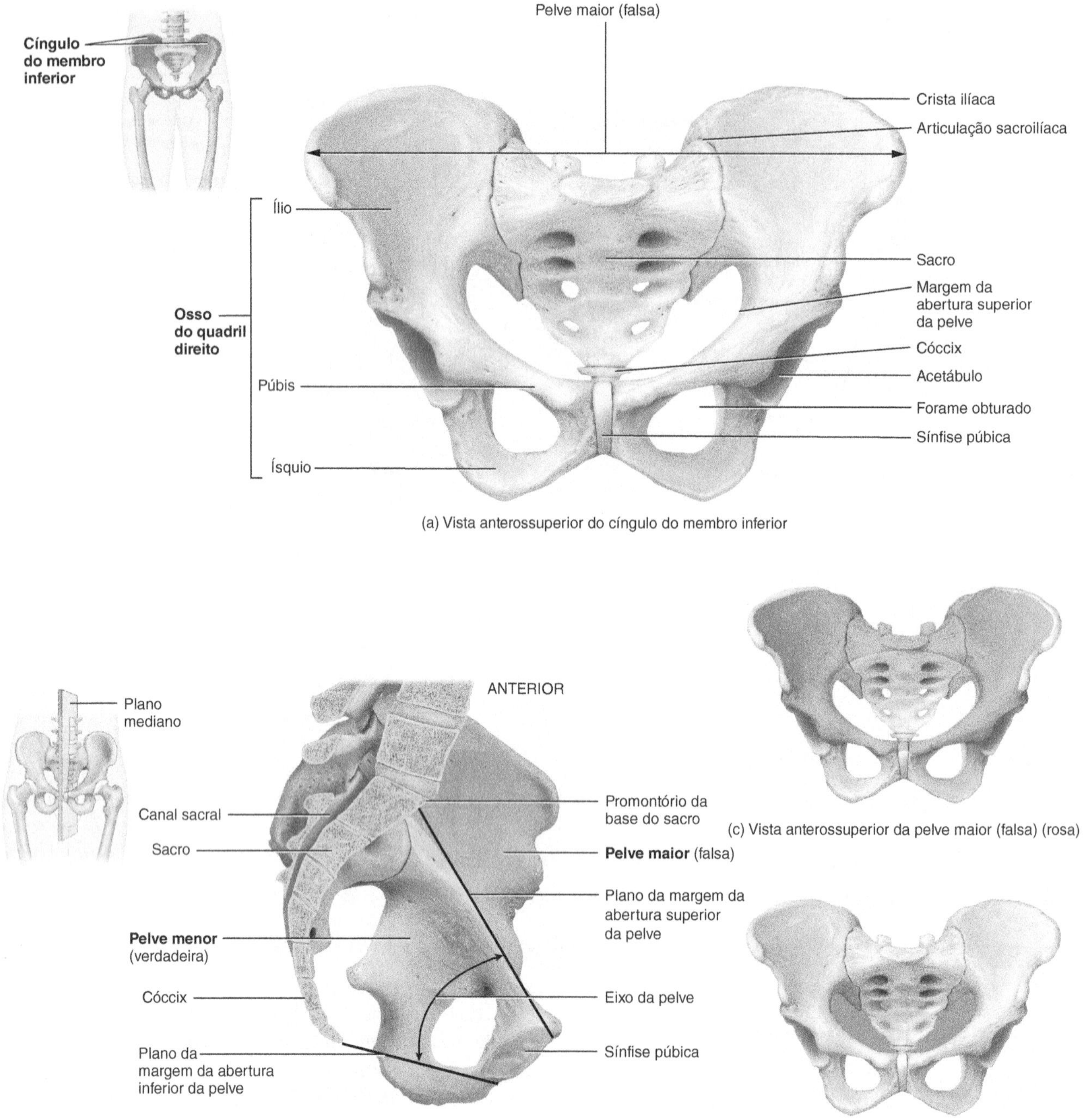

(a) Vista anterossuperior do cíngulo do membro inferior

(b) Corte mediano indicando as localizações das pelves menor e maior

(c) Vista anterossuperior da pelve maior (falsa) (rosa)

(d) Vista anterossuperior da pelve menor (verdadeira) (azul)

Qual parte da pelve circunda os órgãos pélvicos na cavidade pélvica?

Figura 6.22 Cíngulo do membro inferior feminino.

Os ossos do quadril são unidos anteriormente na sínfise púbica e posteriormente no sacro.

CORRELAÇÕES CLÍNICAS | Pelvimetria

Pelvimetria é a medida do tamanho das aberturas superior e inferior da pelve do canal do parto, que pode ser realizada por ultrassonografia ou exame físico. A medida da cavidade pélvica em mulheres grávidas é importante, porque o feto deve passar pela abertura mais estreita da pelve ao nascer. Uma cesariana é geralmente planejada se for constatado que a cavidade pélvica é muito pequena para permitir a passagem do bebê. •

Cada um dos dois ossos do quadril de um recém-nascido é composto por três partes: o ílio, o púbis e o ísquio (Fig. 6.23). O ***ílio*** é a maior das três subdivisões do osso do quadril. Sua margem superior é a *crista ilíaca*. Na face inferior está a *incisura isquiática maior*, pela qual passa o nervo isquiático, o nervo mais longo do corpo. O ***ísquio*** é a parte inferoposterior do osso do quadril. O ***púbis*** é a parte inferoanterior do osso do quadril. Por volta dos 23 anos de idade, os três ossos separados já estão fundidos em um só. A fossa profunda (depressão) na qual os três ossos se encontram é o *acetábulo,* o encaixe para a cabeça do fêmur. O ísquio se une ao púbis e, em conjunto, eles circundam o *forame obturado*, o maior forame do esqueleto.

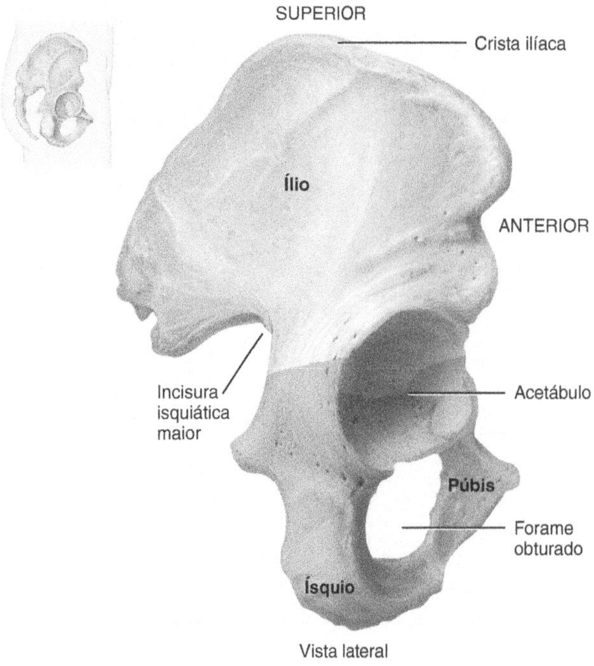

Que osso se ajusta no encaixe formado pelo acetábulo?

Figura 6.23 Osso direito do quadril. As linhas de fusão do ílio, do ísquio e do púbis nem sempre são visíveis em um osso do quadril adulto.

Os dois ossos do quadril formam o cíngulo do membro inferior, que une os membros inferiores ao esqueleto axial e suporta a coluna vertebral e as vísceras.

TESTE SUA COMPREENSÃO

23. Quais ossos compõem o cíngulo do membro inferior? Qual é a função do cíngulo do membro inferior?

6.13 Membro inferior

OBJETIVO

- Listar os componentes esqueléticos do membro inferior e seus principais pontos de referência superficiais.

Cada ***membro inferior*** é composto por 30 ossos: o fêmur na coxa; a patela (rótula, no passado); a tíbia e a fíbula na perna (a parte do membro inferior entre o joelho e o tarso); e sete ossos tarsais (ossos do tarso), cinco ossos metatarsais e 14 falanges (dedos) no pé (ver Fig. 6.6). Os Quadros 6.10 a 6.12 descrevem os ossos do membro inferior com mais detalhes.

TESTE SUA COMPREENSÃO

24. Quais ossos formam o membro inferior, de proximal para distal?
25. Quais são as funções dos arcos do pé?

QUADRO 6.10 Fêmur e patela *(Fig. 6.24)*

OBJETIVO

- Identificar a localização e as características superficiais do fêmur e da patela.

FÊMUR

O ***fêmur*** (*osso da coxa*) é o osso mais resistente, pesado e longo do corpo (Fig. 6.24). Sua extremidade proximal se articula com o osso do quadril, e sua extremidade distal se articula com a tíbia e a patela. O corpo do fêmur se inclina medialmente, e, como resultado, as articulações do joelho ficam mais próximas da linha mediana do corpo. A inclinação é maior em mulheres, porque a pelve feminina é mais larga.

A *cabeça* do fêmur se articula com o acetábulo do osso do quadril, para formar a *articulação do quadril.* O *colo* do fêmur é uma região constrita, abaixo da cabeça. Uma fratura bastante comum no idoso ocorre no colo do fêmur, que se torna tão fraco que não consegue sustentar o peso do corpo. Embora, na realidade, seja o fêmur que

CONTINUA

QUADRO 6.10 Fêmur e patela *(Fig. 6.24)* CONTINUAÇÃO

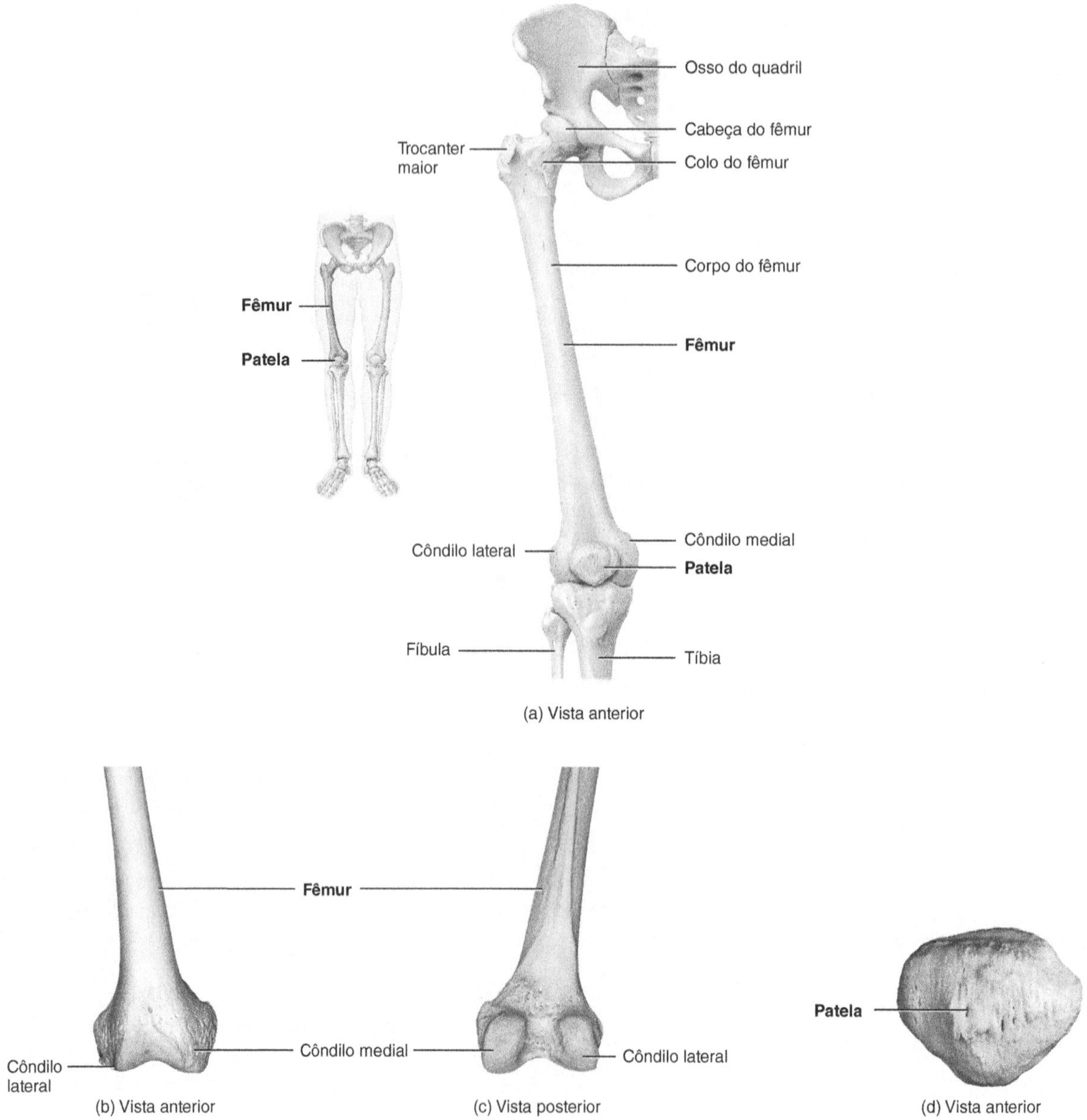

A extremidade distal do fêmur se articula com quais ossos?

Figura 6.24 Fêmur direito em relação ao osso do quadril, à patela, à tíbia e à fíbula.

A cabeça do fêmur se articula com o acetábulo do osso do quadril para formar a articulação do quadril.

CONTINUA

QUADRO 6.10 Fêmur e patela *(Fig. 6.24)* CONTINUAÇÃO

sofra fratura, essa condição é comumente conhecida como fratura do quadril. O *trocanter maior* é uma projeção palpada e visualizada anteriormente à concavidade no lado do quadril. É o local em que alguns músculos da coxa e da região glútea se fixam e atua como um ponto de referência para as injeções intramusculares na coxa.

A extremidade distal do fêmur se expande no *côndilo medial* e no *côndilo lateral*, projeções que se articulam com a tíbia. A *face patelar* está localizada na face anterior do fêmur, entre os côndilos.

PATELA

A ***patela*** ou, no passado, *rótula*, é um osso triangular pequeno na frente da articulação entre o fêmur e a tíbia, comumente conhecida como a articulação do joelho (Fig. 6.24). A patela se desenvolve no tendão do músculo quadríceps femoral. Suas funções são aumentar a ação de alavanca do tendão, manter a posição do tendão quando o joelho é fletido e proteger a articulação do joelho. Durante a flexão e a extensão normais do joelho, a patela se movimenta (desliza) para cima e para baixo no sulco entre os dois côndilos femorais.

CORRELAÇÕES CLÍNICAS | Síndrome do estresse patelofemoral

A **síndrome do estresse patelofemoral** ("joelho do corredor") é um dos problemas mais comuns que os corredores experimentam. Durante a flexão e a extensão normais do joelho, a patela se move (desliza) superior e inferiormente no sulco entre os côndilos femorais. Na síndrome do estresse patelofemoral, o deslizamento normal não ocorre; em vez disso, a patela se move lateral, superior e inferiormente, e o aumento da pressão na articulação provoca dor ou hipersensibilidade em torno da patela ou sob ela. A dor normalmente ocorre após a pessoa ter se sentado por algum tempo, especialmente após o exercício. A dor é agravada ao se agachar ou descer escadas. Uma causa do joelho do corredor é a prática constante de caminhada, corrida ou passeio a passos rápidos no mesmo lado da rua. Como as ruas possuem uma inclinação nas laterais, o joelho que está mais próximo ao centro da rua suporta estresses mecânicos maiores, pois não é completamente estendido durante o passo largo. Outros fatores predisponentes incluem corrida em ladeiras, corrida de longas distâncias e uma deformidade anatômica chamada joelho valgo. •

TESTE SUA COMPREENSÃO

Qual é a importância clínica do trocanter maior?

QUADRO 6.11 Tíbia e fíbula *(Fig. 6.25)*

OBJETIVO

- Identificar a localização e as características superficiais da tíbia e da fíbula.

A ***tíbia***, ou "*osso da canela*", é o maior osso medial de sustentação de peso da perna (Fig. 6.25). A tíbia se articula, em sua extremidade proximal, com o fêmur e a fíbula e, em sua extremidade distal, com a fíbula e o tálus do tarso. A extremidade proximal da tíbia se expande em um *côndilo lateral* e em um *côndilo medial*, projeções que se articulam com os côndilos do fêmur para formar a *articulação do joelho*. A *tuberosidade da tíbia* se encontra na face anterior, abaixo dos côndilos, e é um ponto de fixação para o ligamento da patela. A face medial da extremidade distal da tíbia forma o *maléolo medial*, que se articula com o tálus do tarso e forma a proeminência que é palpada na face medial do tarso.

A ***fíbula*** é paralela e lateral à tíbia (Fig. 6.25), sendo consideravelmente menor. A *cabeça* da fíbula se articula com o côndilo lateral da tíbia abaixo da articulação do joelho. A extremidade distal possui uma proeminência chamada *maléolo lateral*, que se articula com o tálus do tarso. O maléolo lateral forma a proeminência na face lateral do tarso. Como mostrado na Fig. 6.25, a fíbula também se articula com a tíbia na *incisura fibular*.

CORRELAÇÕES CLÍNICAS | Síndrome do estresse tibial medial

Síndrome do estresse tibial medial é o nome dado à sensibilidade dolorosa ou dor ao longo da tíbia. Provocada provavelmente pela inflamação do periósteo, desencadeada pela tração repetida da fixação dos músculos e tendões, é com frequência o resultado de caminhada ou corrida por aclives e declives. •

TESTE SUA COMPREENSÃO

Quais estruturas formam as proeminências lateral e medial do tarso?

CONTINUA

QUADRO 6.11 Tíbia e fíbula *(Fig. 6.25)* CONTINUAÇÃO

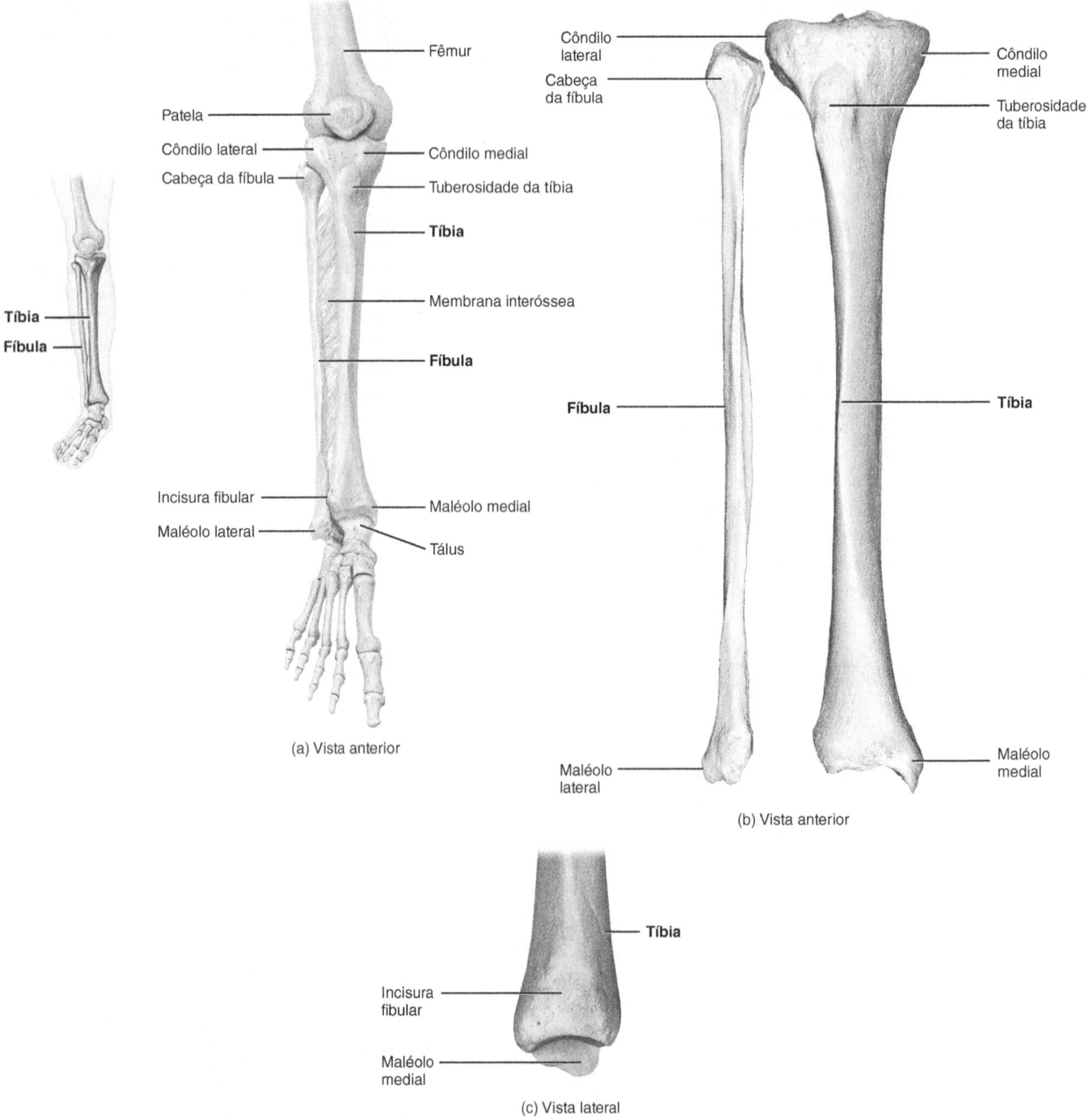

Qual osso da perna suporta o peso do corpo?

Figura 6.25 **Tíbia e fíbula direitas, em relação ao fêmur, à patela e ao tálus.**

A tíbia se articula proximalmente com o fêmur e a fíbula, e distalmente com a fíbula e o tálus; a fíbula se articula proximalmente com a tíbia, abaixo da articulação do joelho, e distalmente com o tálus.

QUADRO 6.12 Ossos tarsais, metatarsais e falanges *(Figs. 6.26 e 6.27)*

OBJETIVO

- Identificar a localização e as características superficiais dos ossos do pé.

O ***tarso*** é a região proximal do pé e contém sete ossos, os ***ossos tarsais***, interligados por ligamentos (Fig. 6.26). Desses ossos, o ***tálus*** (osso do tarso) e o ***calcâneo*** (osso do calcanhar) estão localizados na parte posterior do pé. A parte anterior do tarso contém o ***cuboide***, o ***navicular*** e três ***ossos cuneiformes***, chamados *medial*, *intermédio* e *lateral*. O tálus é o único osso do pé que se articula com a fíbula e a tíbia. Articula-se medialmente com o maléolo medial da tíbia e, lateralmente, com o maléolo lateral da fíbula. Durante a marcha, o tálus inicialmente suporta todo o peso do corpo. Aproximadamente metade do peso é, em seguida, transmitida ao calcâneo. O peso restante é transmitido a outros ossos tarsais. O calcâneo é o mais resistente e maior dos ossos tarsais.

O ***metatarso*** forma a região intermediária do pé e consiste em cinco ossos chamados ***metatarsais.*** Os ossos são numerados de I a V (ou 1 a 5) da posição medial para a lateral. Como os ossos metacarpais da palma, cada osso metatarsal consiste em uma *base* proximal, um *corpo* intermediário e uma *cabeça* distal. O primeiro osso metatarsal, que está conectado ao hálux, é mais espesso do que os outros, porque suporta mais peso.

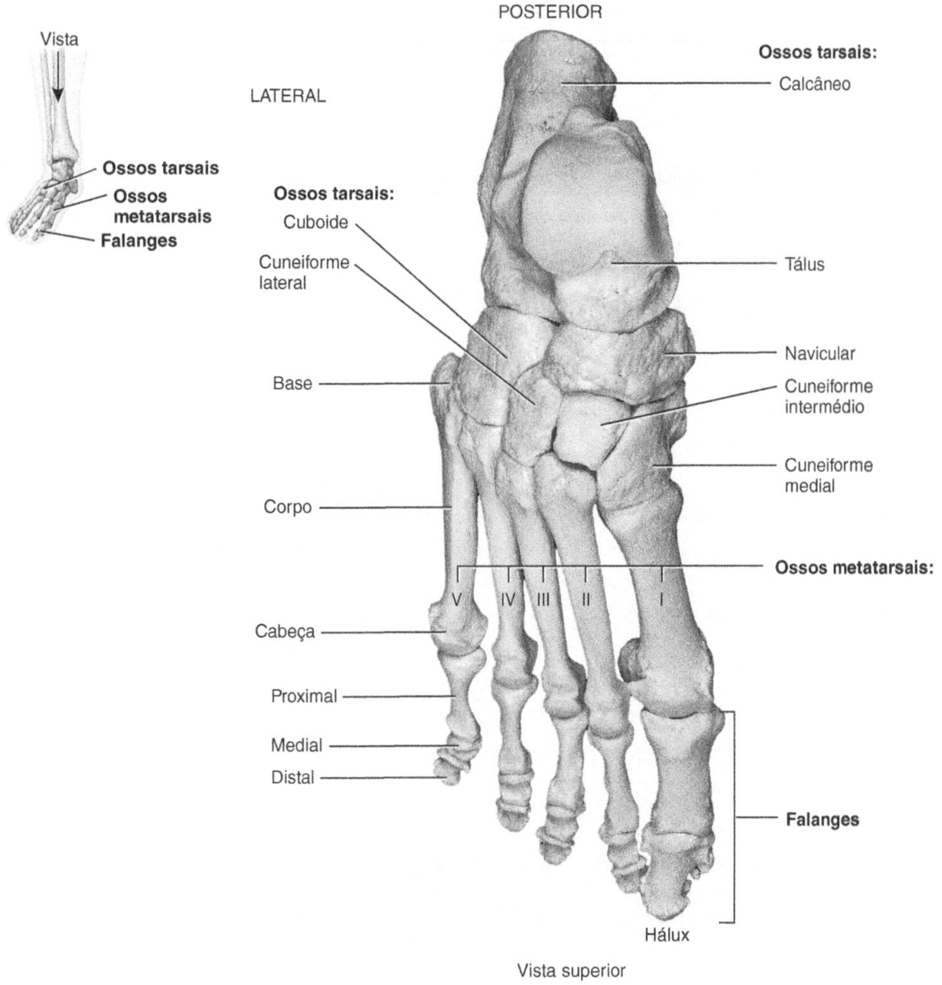

Qual osso do tarso se articula com a tíbia e a fíbula?

Figura 6.26 Pé direito.

O esqueleto do pé consiste nos ossos tarsais, ossos metatarsais e falanges.

CONTINUA

QUADRO 6.11 Ossos tarsais, metatarsais e falanges *(Figs. 6.26 e 6.27)* CONTINUAÇÃO

As ***falanges*** compreendem a região distal do pé e se assemelham àquelas da mão, tanto em número quanto em disposição. Cada uma consiste também de uma base proximal, um corpo intermediário e uma cabeça distal. O hálux possui duas falanges pesadas e grandes – a proximal e a distal. Os outros quatro dedos do pé possuem, cada um, três falanges – proximal, média e distal.

Os ossos do pé estão dispostos em dois ***arcos*** (Fig. 6.27). Esses arcos permitem ao pé suportar o peso do corpo, proporcionam uma distribuição ideal do peso do corpo sobre os tecidos duros e moles do pé e fornecem ação de alavanca durante a marcha. Os arcos não são rígidos – cedem à medida que o peso é aplicado e retornam à posição quando o peso é retirado, ajudando, assim, na absorção de choques. O *arco longitudinal* do pé se estende da parte anterior do pé para a posterior e possui duas partes, medial e lateral. O *arco transverso* do pé é formado pelo navicular, três cuneiformes e as bases dos cinco ossos metatarsais.

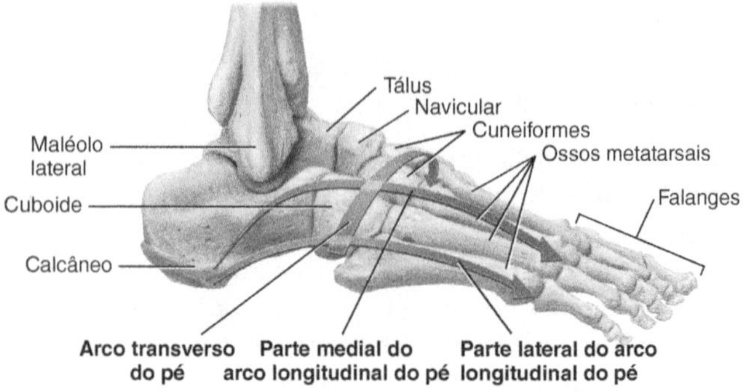

Qual aspecto estrutural dos arcos permite que absorvam choques?

Figura 6.27 **Arcos do pé direito.**

Os arcos ajudam o pé a suportar e distribuir o peso do corpo e fornecem a força de alavanca durante a marcha.

CORRELAÇÕES CLÍNICAS | Pé chato

Os ossos que compõem os arcos do pé são mantidos em posição por ligamentos e tendões. Se esses ligamentos e tendões enfraquecem, a altura do arco longitudinal medial pode diminuir. O **resultado é o pé chato/plano**, cujas causas incluem peso excessivo, anormalidades posturais, tecidos de sustentação enfraquecidos e predisposição genética. Arcos caídos podem levar à inflamação da fáscia da planta (plantar) do pé (fasceíte plantar), tendinite do tendão do calcâneo, síndrome do estresse tibial medial, fraturas por estresse, joanetes e calos. Um arco de suporte feito sob medida frequentemente é prescrito para tratar o pé chato/plano. •

TESTE SUA COMPREENSÃO

Quais são os nomes dos sete ossos do tarso?

6.14 Comparação dos esqueletos masculino e feminino

OBJETIVO

- Identificar as principais diferenças estruturais entre os esqueletos masculino e feminino.

Os ossos de um homem geralmente são maiores e mais pesados do que os de uma mulher. As extremidades articulares são mais espessas em relação aos corpos dos ossos. Além disso, como determinados músculos dos homens são maiores do que os das mulheres, os pontos de fixação muscular – tuberosidades, linhas e cristas – são maiores no esqueleto masculino.

Muitas diferenças estruturais significativas entre os esqueletos dos homens e das mulheres estão relacionadas à gravidez e ao parto. Como a pelve feminina é mais larga e rasa do que a masculina, existe mais espaço na pelve menor da mulher, especialmente nas aberturas superior e inferior da pelve, que acomodam a passagem da cabeça do feto no nascimento. Várias diferenças significativas entre as pelves masculina e feminina são mostradas na Tabela 6.4.

TESTE SUA COMPREENSÃO

26. Quais características do esqueleto feminino diferem das do esqueleto masculino para permitir a gravidez e o parto?

TABELA 6.4

Comparação das pelves masculina e feminina

PONTO DE COMPARAÇÃO	MULHER	HOMEM
Estrutura geral	Leve e fina	Pesada e espessa
Pelve maior (falsa)	Rasa	Profunda
Abertura superior da pelve	Maior e mais oval	Menor e cordiforme
Acetábulo	Pequeno e voltado anteriormente	Grande e voltado lateralmente
Forame obturado	Oval	Arredondado
Arco púbico	Ângulo > 90°	Ângulo < 90°

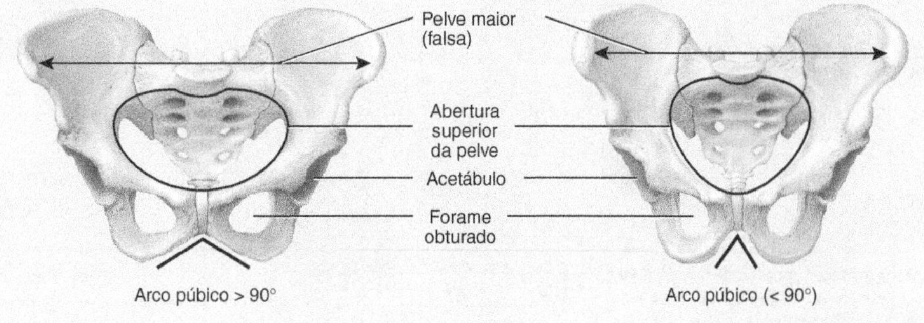

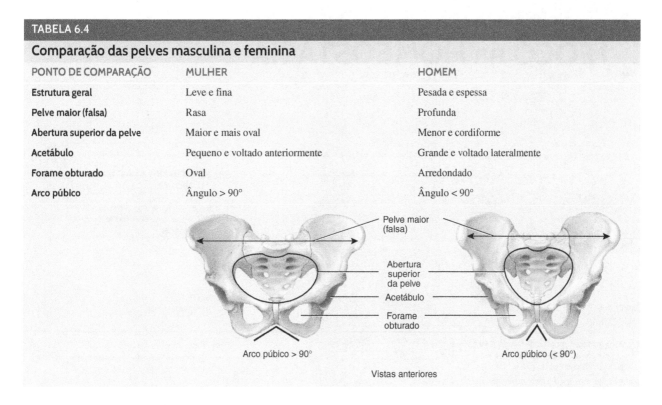

Vistas anteriores

6.15 Envelhecimento e sistema esquelético

OBJETIVO

- Descrever os efeitos do envelhecimento sobre o sistema esquelético.

Do nascimento à adolescência, mais osso é produzido do que perdido durante a remodelação óssea. Em adultos jovens, as taxas de produção e perda ósseas são quase as mesmas. À medida que os níveis de hormônios sexuais diminuem durante a meia-idade, especialmente nas mulheres após a menopausa, ocorre uma redução da massa óssea, porque a decomposição óssea ultrapassa a formação óssea. Para começar, como os ossos das mulheres, em geral, são menores do que os dos homens, a perda de massa óssea na velhice normalmente provoca problemas maiores nas mulheres. Esses fatores contribuem para uma maior incidência de osteoporose nas mulheres.

O envelhecimento apresenta dois efeitos principais sobre o sistema esquelético: os ossos se tornam mais friáveis e perdem massa. A fragilidade óssea resulta de uma diminuição na taxa de síntese proteica e na produção do hGH, o que diminui a produção de fibras colágenas, que dão ao osso sua resistência e flexibilidade. Como resultado, os minerais inorgânicos constituem gradualmente uma porção maior da matriz extracelular óssea. A perda de massa óssea resulta da desmineralização e, em geral, começa após os 30 anos nas mulheres; intensifica-se muito em torno dos 45 anos, à medida que os níveis de estrogênios diminuem; e continua até que mais de 30% do cálcio dos ossos seja perdido, por volta dos 70 anos de idade. Assim que a perda óssea nas mulheres começa, aproximadamente 8% da massa óssea é perdida a cada 10 anos. Nos homens, a perda de cálcio do osso normalmente não se inicia antes dos 60 anos de idade, e aproximadamente 3% da massa óssea é perdida a cada 10 anos. A perda de cálcio dos ossos é um dos problemas da osteoporose (descrita na seção Distúrbios Comuns). A perda de massa óssea também leva à deformidade óssea, dor, rigidez, alguma redução da estatura e perda dos dentes.

TESTE SUA COMPREENSÃO

27. Como o envelhecimento afeta a composição do osso e a massa óssea?

• • •

Para compreender as várias maneiras com que o sistema esquelético contribui para a homeostasia dos outros sistemas corporais, examine Foco na Homeostasia: O Sistema Esquelético. A seguir, no Capítulo 7, veremos como as articulações mantêm o esqueleto unido e permitem que participe nos movimentos.

FOCO na HOMEOSTASIA

TEGUMENTO COMUM

- Os ossos fornecem suporte consistente aos músculos e à pele sobrejacentes

SISTEMA MUSCULAR

- Os ossos fornecem pontos de fixação para os músculos e força de alavanca para que esses produzam movimentos do corpo
- A contração do músculo esquelético requer íons cálcio

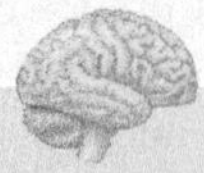

SISTEMA NERVOSO

- O crânio e as vértebras protegem o encéfalo e a medula espinal
- Nível sanguíneo normal de cálcio é necessário para o funcionamento adequado dos neurônios e da neuróglia

SISTEMA ENDÓCRINO

- Os ossos armazenam e liberam cálcio, necessário durante a exocitose das vesículas preenchidas com hormônio e para as ações normais de muitos hormônios

SISTEMA CIRCULATÓRIO

- A medula óssea vermelha realiza a hemopoese (formação de célula sanguínea)
- O batimento rítmico do coração requer íons cálcio

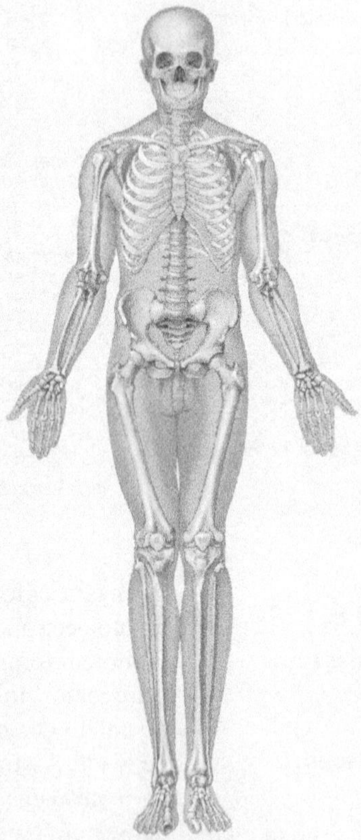

CONTRIBUIÇÕES DO SISTEMA ESQUELÉTICO PARA TODOS OS SISTEMAS DO CORPO

- Os ossos fornecem suporte e proteção para os órgãos internos
- Os ossos armazenam e liberam cálcio, que é necessário para o funcionamento adequado da maioria dos tecidos do corpo

SISTEMA LINFÁTICO E IMUNIDADE

- A medula óssea vermelha produz leucócitos que atuam nas respostas imunológicas

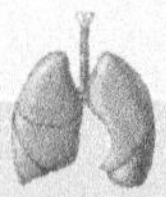

SISTEMA RESPIRATÓRIO

- O esqueleto axial do tórax protege os pulmões
- Os movimentos das costelas auxiliam na respiração
- Alguns músculos usados na respiração se fixam aos ossos por meio de tendões

SISTEMA DIGESTÓRIO

- Os dentes mastigam o alimento
- A caixa torácica protege o esôfago, o estômago e o fígado
- A pelve protege parte dos intestinos

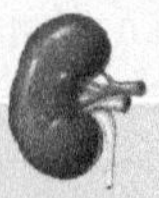

SISTEMA URINÁRIO

- As costelas protegem parcialmente os rins
- A pelve protege a bexiga urinária e a uretra

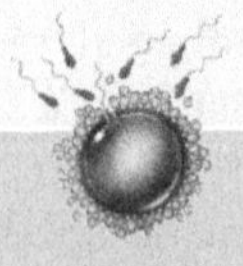

SISTEMAS GENITAIS

- A pelve protege os ovários, as tubas uterinas e o útero nas mulheres
- A pelve protege parte do ducto deferente e as glândulas acessórias nos homens
- Os ossos são uma fonte importante do cálcio necessário para a síntese do leite durante a lactação

DISTÚRBIOS COMUNS

Osteoporose

Osteoporose, literalmente uma condição de porosidade óssea, acomete 10 milhões de pessoas ao ano nos Estados Unidos (Fig. 6.28). Além disso, 18 milhões de pessoas têm baixa massa óssea (*osteopenia*), o que as coloca em risco para osteoporose. O problema básico é que a reabsorção óssea (decomposição) ultrapassa a deposição (formação) óssea. Em grande parte, isso se deve à depleção de cálcio do corpo – mais cálcio é perdido na urina, nas fezes e no suor do que é absorvido da alimentação. A massa óssea torna-se tão empobrecida que os ossos se quebram, com frequência espontaneamente, sob os estresses mecânicos da vida diária. Por exemplo, uma fratura de quadril pode resultar de simplesmente sentar-se mais rápido. Nos Estados Unidos, a osteoporose resulta em mais de um milhão e meio de fraturas por ano, principalmente de quadris, carpos e vértebras. A osteoporose afeta todo o sistema esquelético. Além das fraturas, a osteoporose provoca encolhimento das vértebras, perda de estatura, dorso recurvado e dor óssea.

A osteoporose afeta basicamente as pessoas da meia-idade e idosas, 80% das quais são mulheres. As mulheres mais velhas sofrem de osteoporose com mais frequência do que os homens por duas razões: (1) os ossos das mulheres são menos maciços do que os dos homens, e (2) a produção de estrogênios nas mulheres diminui consideravelmente na menopausa, ao passo que a produção do principal andrógeno, a testosterona, diminui de forma gradual e apenas levemente nos homens mais velhos. Estrogênios e testosterona estimulam a atividade do osteoblasto e a síntese de matriz extracelular óssea. Além do sexo, os fatores de risco para o desenvolvimento de osteoporose incluem história familiar da doença, ancestralidade europeia ou asiática, biotipo (pessoas magras ou pequenas), estilo de vida sedentário, tabagismo, alimentação deficiente em cálcio e vitamina D, mais de dois drinques por dia e uso de determinados medicamentos.

A osteoporose é diagnosticada analisando-se a história familiar e pela densitometria óssea (exame de *densidade mineral óssea, DMO*). Realizado como uma radiografia, o teste mede a densidade óssea, além de ser usado para confirmar um diagnóstico de osteoporose, determinar a taxa de perda óssea e monitorar os efeitos do tratamento. Existe também uma ferramenta relativamente nova chamada *FRAX*® que incorpora os fatores de risco, além da DMO, para estimar precisamente o risco de fratura. Os pacientes preenchem uma enquete *online* sobre fatores de risco, como idade, sexo, altura, peso, etnicidade, história de fratura anterior, história familiar de fratura do quadril, uso de glicocorticoides (por exemplo, cortisona), tabagismo, ingestão de álcool e artrite reumatoide. O FRAX®, usando os dados, fornece uma estimativa sobre a probabilidade de a pessoa sofrer uma fratura do quadril ou de outro osso vital na coluna vertebral, no ombro ou no antebraço decorrente de osteoporose nos próximos 10 anos.

As opções de tratamento da osteoporose são variadas. Com relação à nutrição, uma alimentação rica em cálcio é importante para reduzir o risco de fraturas. A vitamina D é necessária para o corpo utilizar o cálcio. Em termos de exercício, demonstrou-se que a prática regular de exercícios de levantamento de peso mantém e aumenta a massa óssea. Esses exercícios incluem caminhada, corrida, subida de escadas, jogo de tênis e dança. Os exercícios de resistência, assim como o levantamento de pesos, aumentam a resistência óssea e a massa muscular.

Os medicamentos usados para tratar a osteoporose geralmente são de dois tipos: (1) **fármacos antirreabsortivos** diminuem a progressão da perda óssea, e (2) **fármacos formadores de osso** promovem o aumento da massa óssea. Entre os fármacos antirreabsortivos estão (1) *bisfosfonatos*, que inibem os osteoclastos (Fosamax®, Actonel®, Boniva® e CT); (2) *moduladores seletivos dos receptores estrogênicos*, que imitam os efeitos de estrogênios sem os efeitos colaterais indesejados (Raloxifeno®, Evista®); e (3) terapia de reposição de estrogênio (TRE), que repõe estrogênios perdidos durante e após a menopausa (Premarin®), e terapia de reposição hormonal (TRH), que repõe estrogênios e progesterona perdidos durante e após a menopausa (Prempro®). A TRE ajuda a manter e aumentar a massa óssea após a menopausa. As mulheres em TRE apresentam discreto aumento no risco de acidente vascular encefálico e coágulos sanguíneos. A TRH também ajuda a manter e aumentar a massa óssea após a menopausa. Mulheres em TRH apresentam um aumento no risco de cardiopatia, câncer de mama, acidente vascular encefálico, coágulos sanguíneos e demência.

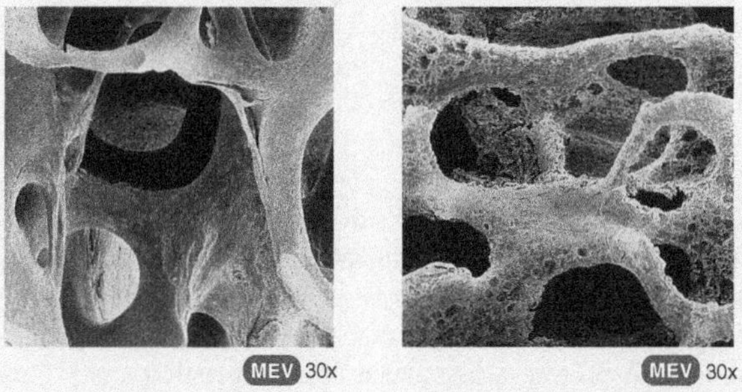

(a) Osso normal (b) Osso com osteoporose

Se você quisesse desenvolver um fármaco para atenuar os efeitos da osteoporose, você procuraria uma substância química que inibisse a atividade dos osteoblastos ou a dos osteoclastos?

Figura 6.28 Comparação do tecido ósseo esponjoso (a) de um adulto jovem normal e (b) de uma pessoa com osteoporose. Observe as trabéculas enfraquecidas em (b). O tecido ósseo compacto é afetado do mesmo modo pela osteoporose.

Na osteoporose, a reabsorção óssea supera a formação óssea; assim, a massa óssea diminui.

Entre os fármacos formadores de osso está o PTH, que estimula a produção de osso novo pelos osteoblastos (Fortes®). Outros medicamentos estão em desenvolvimento.

Raquitismo e osteomalacia

Raquitismo e ***osteomalacia*** são duas formas da mesma doença que resultam da calcificação inadequada da matriz óssea extracelular, normalmente provocada pela deficiência de vitamina D. Raquitismo é uma doença da infância na qual os ossos em crescimento se tornam "moles" ou emborrachados e são facilmente deformados. Como o osso novo formado nas lâminas epifisiais não ossifica, são comuns as pernas arqueadas e as deformidades do crânio, da caixa torácica e da pelve. A osteomalacia é a versão adulta do raquitismo, algumas vezes chamada de *raquitismo adulto*. O osso novo formado durante a remodelação não calcifica, e a pessoa experimenta graus variados de dor e sensibilidade nos ossos, especialmente no quadril e nas pernas. Fraturas ósseas resultantes de pequenos traumatismos também ocorrem. A prevenção e o tratamento para o raquitismo e a osteomalacia consistem na administração de doses adequadas de vitamina D.

Desvio do septo nasal

Um ***desvio de septo nasal*** acontece quando o septo não corre ao longo da linha mediana da cavidade nasal: o septo se *desvia* (curva) para um lado. Um golpe no nariz facilmente danifica ou fratura esse delicado septo de osso, deslocando e danificando a cartilagem. Frequentemente, quando uma fratura de septo nasal se cura, os ossos e a cartilagem se desviam para um lado ou outro. Esse desvio de septo bloqueia o fluxo de ar no lado constrito do nariz, tornando difícil a respiração por aquela metade da cavidade nasal. O desvio geralmente ocorre na junção do vômer com a cartilagem do septo nasal. Os desvios de septo também podem ocorrer em decorrência de anormalidade no desenvolvimento. Se o desvio é grave, pode bloquear inteiramente a passagem nasal. Mesmo um bloqueio parcial pode levar a uma infecção. Se a inflamação ocorre, pode provocar congestão nasal, bloqueio das aberturas dos seios paranasais, sinusite crônica, cefaleia e sangramentos nasais. Essa condição em geral é corrigida ou melhorada cirurgicamente.

Hérnia de disco

Se os ligamentos dos discos vertebrais tornam-se lesados ou enfraquecidos, a pressão resultante pode ser grande o suficiente para romper a fibrocartilagem circundante. Quando isso ocorre, o material interno pode herniar (protrair). Essa condição é chamada de ***hérnia de disco*** e ocorre mais frequentemente na região lombar, porque essa parte da coluna vertebral suporta grande parte do peso do corpo e é a região de maior curvatura.

Espinha bífida

A ***espinha bífida*** é uma deformidade congênita da coluna vertebral, em que as lâminas não se unem na linha mediana. Em casos graves, a protrusão das membranas (meninges) em torno da medula espinal ou a própria medula espinal pode produzir paralisia parcial ou completa, perda parcial ou completa do controle da bexiga urinária e ausência de reflexos. Como o aumento no risco de espinha bífida está associado a um nível baixo de ácido fólico (uma das vitaminas B) no início da gestação, todas as mulheres com possibilidade de engravidar são encorajadas a tomar suplementos de ácido fólico.

Fratura do quadril

Embora qualquer região do cíngulo do membro inferior possa sofrer fratura, o termo ***fratura do quadril*** se aplica mais geralmente à fratura nos ossos associados à articulação do quadril – cabeça, colo ou regiões trocantéricas do fêmur, ou ossos que formam o acetábulo. Nos Estados Unidos, 300 mil a 500 mil pessoas fraturam o quadril a cada ano. A incidência de fraturas do quadril está aumentando, em parte, em decorrência da maior expectativa de vida. A diminuição da massa óssea em virtude da osteoporose e o aumento na tendência a quedas predispõem as pessoas mais velhas a fraturas do quadril.

As fraturas do quadril frequentemente requerem tratamento cirúrgico, cujo objetivo é reparar e estabilizar a fratura, aumentar a mobilidade e diminuir a dor. Algumas vezes, o reparo é realizado por meio do uso de pinos cirúrgicos, parafusos, pregos e placas para segurar a cabeça do fêmur. Em fraturas graves do quadril, a cabeça do fêmur ou o acetábulo do osso do quadril pode ser substituído por próteses (dispositivos artificiais). O procedimento de substituição da cabeça do fêmur ou do acetábulo é a *hemiartroplastia*. A substituição da cabeça do fêmur e do acetábulo é a *artroplastia total do quadril*. A prótese acetabular é feita de plástico, e a prótese femoral, de metal; ambas são projetadas para suportar um alto grau de estresse. As próteses são fixadas às porções saudáveis do osso com cimento acrílico e parafusos.

TERMINOLOGIA E CONDIÇÕES MÉDICAS

Escoliose Curvatura lateral da coluna vertebral, geralmente na região torácica. Pode ser resultado de malformação congênita das vértebras (presente no nascimento), dor ciática crônica, paralisia dos músculos em um dos lados da coluna vertebral, má postura ou uma perna mais curta do que a outra.

Hipercifose Curvatura torácica excessiva da coluna vertebral. No idoso, a degeneração dos discos intervertebrais leva à cifose; pode também ser provocada por osteoporose, raquitismo e por má postura também chamada de *corcunda*.

Hiperlordose Curvatura lombar excessiva da coluna vertebral. Pode resultar do aumento de peso no abdome, como na gravidez ou na obesidade extrema; má postura; raquitismo; ou tuberculose da coluna vertebral.

Joanete Deformidade do hálux que normalmente é provocada pelo uso de calçados muito apertados. A condição produz inflamação das bolsas sinoviais (sacos preenchidos por líquido nas articulações), esporões ósseos e calos.

Lesão em chicotada (lesão por flexão-extensão) Lesão na região cervical decorrente de uma grave hiperextensão (inclinação para trás) da cabeça, seguida por uma hiperflexão acentuada (inclinação para frente) da cabeça, geralmente associada com uma colisão na traseira do automóvel. Os sintomas estão relacionados à distensão e ao rompimento de ligamentos e músculos, fraturas vertebrais e discos intervertebrais herniados.

Osteoartrite Degeneração da cartilagem articular, de tal forma que as extremidades ósseas se tocam; o atrito resultante de osso contra osso piora a condição. Geralmente está associada aos idosos.

Osteomielite Infecção do osso caracterizada por febre alta, sudorese, calafrios, dor, náusea, formação de pus, edema e calor sobre o osso afetado e sobre os músculos sobrejacentes rígidos. As bactérias, geralmente *Staphylococcus aureus*, frequentemente são a causa da osteomielite. As bactérias podem atingir o osso a partir do lado externo do corpo (por meio de fraturas abertas, feridas penetrantes ou procedimentos cirúrgicos ortopédicos); a partir de outros locais de infecção no corpo (abscesso no dente, infecções de queimaduras, infecções do trato urinário ou infecções das vias respiratórias superiores) por via sanguínea; e de infecções dos tecidos moles adjacentes (como ocorre no diabetes melito).

Osteopenia Redução da massa óssea decorrente de diminuição na taxa de síntese óssea a um nível insuficiente para compensar a reabsorção óssea normal; qualquer diminuição na massa óssea abaixo do normal. Um exemplo é a osteoporose.

Pé em garra Condição em que a parte medial do arco longitudinal do pé está anormalmente elevada. É frequentemente provocada por deformidades musculares, como as que podem resultar do diabetes.

Quiroprática Disciplina holística da saúde que prioriza os nervos os músculos e os ossos. ***Quiroprático*** é um profissional da saúde que lida com o diagnóstico, o tratamento e a prevenção dos distúrbios mecânicos do sistema musculosquelético e dos efeitos desses distúrbios no sistema nervoso e na saúde em geral. O tratamento inclui o uso das mãos para aplicação de força específica para ajustar articulações do corpo (ajuste manual), especialmente a coluna vertebral. Quiropráticos também podem usar massagem, termoterapia, ultrassom, estímulo elétrico e acupuntura; eles muitas vezes fornecem informações sobre alimentação, exercício, alterações no estilo de vida e administração do estresse. Quiropráticos não prescrevem fármacos ou realizam cirurgias.

Sarcoma osteogênico Câncer ósseo que basicamente afeta osteoblastos e ocorre mais frequentemente nos adolescentes durante o estirão de crescimento; os locais mais comuns são as metáfises do fêmur (osso da coxa), da tíbia e do úmero (osso do braço). As metástases ocorrem mais frequentemente nos pulmões; o tratamento consiste em quimioterapia com múltiplos fármacos e remoção do crescimento maligno ou amputação do membro.

REVISÃO DO CAPÍTULO

6.1 Funções do osso e do sistema esquelético

1. O sistema esquelético consiste em todos os ossos fixados às articulações e na cartilagem entre as articulações.
2. As funções do sistema esquelético incluem suporte, proteção, movimento, homeostasia mineral, alojamento do tecido hemopoético e armazenamento de energia.

6.2 Tipos de ossos

1. Com base na forma, os ossos são classificados como longos, curtos, planos ou irregulares.

6.3 Estrutura do osso

1. Partes de um osso longo incluem **diáfise** (corpo), **epífises** (extremidades), **metáfises**, **cartilagem articular**, **periósteo**, **cavidade medular** e **endósteo**. A diáfise é recoberta por periósteo.
2. O tecido ósseo consiste em células amplamente separadas, circundadas por grandes quantidades de matriz extracelular. Os quatro tipos principais de células são as **células osteoprogenitoras**, os **osteoblastos** (células formadoras de osso), os **osteócitos** (mantenedores da atividade diária do osso) e os **osteoclastos** (células destruidoras do osso). A matriz extracelular contém fibras colágenas (orgânicas) e sais minerais, que consistem basicamente em fosfato de cálcio (inorgânico).
3. O **tecido ósseo compacto** consiste em **ósteons** (sistemas de Havers) com pouco espaço entre eles. O osso compacto compõe a maior parte do tecido ósseo da diáfise. Funcionalmente, o osso compacto protege os órgãos internos e sustenta os tecidos moles e resiste ao estresse.
4. O **tecido ósseo esponjoso** consiste em **trabéculas** circundando muitos espaços preenchidos por medula óssea vermelha. Forma a maior parte da estrutura dos ossos curtos, planos e irregulares, e as epífises dos ossos longos. Funcionalmente, o osso esponjoso armazena a medula óssea vermelha e proporciona alguma sustentação.

6.4 Formação do osso

1. O osso se forma por um processo chamado **ossificação**. A formação óssea em um embrião ou feto ocorre por ossificação intramembranácea e endocondral, que inclui a substituição de tecido conectivo preexistente por osso.
2. A **ossificação intramembranácea** ocorre no mesênquima disposto em camadas semelhantes a lâminas que lembram membranas.
3. A **ossificação endocondral** ocorre na **cartilagem hialina** derivada do mesênquima. O **centro de ossificação primária** de um osso longo está na diáfise. A cartilagem se degenera, deixando cavidades que se fundem para formar a cavidade medular (medula). Os osteoblastos depositam osso. A seguir, a ossificação ocorre nas epífises, nas quais o osso substitui a cartilagem, exceto na cartilagem articular e na **lâmina epifisial**.
4. Em decorrência da atividade da lâmina epifisial, a diáfise de um osso aumenta em comprimento.
5. O osso cresce em diâmetro como resultado da adição de tecido ósseo novo em torno da face externa do osso.
6. O osso velho é constantemente decomposto pelos osteoclastos, enquanto o osso novo é formado pelos osteoblastos. Esse processo é chamado **remodelação óssea**.
7. Uma **fratura** é qualquer ruptura em um osso. O reparo da fratura inclui a remodelação óssea.
8. O crescimento normal do osso depende de minerais (cálcio, fosfatos, magnésio), vitaminas (A, C, D) e hormônios (hormônio do crescimento humano, fatores de crescimento semelhantes à insulina, insulina, hormônios tireoidianos, hormônios sexuais e paratormônio).
9. Os ossos armazenam e liberam cálcio e fosfato, controlados principalmente pelo **paratormônio (PTH)**. O PTH eleva o nível de cálcio no sangue. A calcitonina (CT) reduz o nível de cálcio no sangue.

6.5 Exercício e tecido ósseo

1. O estresse mecânico aumenta a resistência óssea pelo aumento da deposição de sais minerais e pela produção de fibras colágenas.
2. A remoção do estresse mecânico enfraquece o osso, por meio da **desmineralização** e da redução das fibras colágenas.
3. A Tabela 6.1 resume os fatores que influenciam o metabolismo ósseo.

6.6 Divisões do sistema esquelético

1. O **esqueleto axial** consiste em ossos dispostos ao longo do eixo longitudinal do corpo. As partes do esqueleto axial são crânio, hioide, ossículos da audição, coluna vertebral, esterno e costelas.
2. O **esqueleto apendicular** consiste em ossos dos cíngulos dos membros superiores e inferiores. As partes do esqueleto apendicular são cíngulos dos membros superiores, ossos dos membros superiores, cíngulo do membro inferior e ossos dos membros inferiores.

6.7 Crânio e hioide

1. O **crânio** é formado pelos ossos do crânio e da face.
2. Os oito **ossos do crânio** incluem frontal (1), parietal (2), temporal (2), occipital (1), esfenoide (1) e etmoide (1) (Quadro 6.1).
3. Os 14 **ossos da face** são nasal (2), maxila (2), zigomático (2), mandíbula (1), lacrimal (2), palatino (2), concha nasal inferior (2) e vômer (1) (Quadro 6.2).
4. **Suturas** são articulações fixas entre os ossos do crânio. Exemplos são as suturas coronal, sagital, lambdóidea e escamosa.
5. **Seios paranasais** são cavidades nos ossos do crânio que se comunicam com a cavidade nasal. São revestidos por túnicas mucosas. Os seios paranasais produzem muco, atuam como câmaras de ressonância e aliviam o peso do crânio. Os ossos do crânio que contêm seios paranasais são frontal, esfenoide, etmoide e maxilas.
6. Fontículos são espaços preenchidos por mesênquima entre os ossos do crânio de fetos e lactentes. Os principais fontículos são o anterior, o posterior, os anterolaterais e os posterolaterais.
7. O **hioide**, um osso em forma de U que não se articula com qualquer outro osso, sustenta a língua e fornece fixação para alguns de seus músculos, assim como para alguns músculos do pescoço.

6.8 Coluna vertebral

1. Os ossos da **coluna vertebral** de um adulto são **vértebras cervicais** (7), **vértebras torácicas** (12), **vértebras lombares** (5), **sacro** (5, fundidas) e **cóccix** (4, fundidas) (Quadros 6.3-6.6).
2. A coluna vertebral contém **curvaturas normais** que dão resistência, sustentação e equilíbrio.
3. As vértebras são similares em estrutura, cada uma consistindo em **corpo**, **arco vertebral** e sete **processos**. As vértebras nas diferentes regiões da coluna variam em tamanho, formato e detalhes.

6.9 Tórax

1. O **tórax** consiste em **esterno**, **costelas**, cartilagens costais e vértebras torácicas. As costelas são classificadas como verdadeiras (pares 1 a 7) e falsas (pares 8 a 12).
2. A **caixa torácica** protege os órgãos vitais na área do tórax.

6.10 Cíngulo do membro superior

1. Cada **cíngulo do membro superior** consiste em uma clavícula e uma escápula.
2. Cada cíngulo fixa um membro superior ao tronco.

6.11 Membro superior

1. Há 30 ossos em cada **membro superior**.
2. Os ossos do membro superior incluem **úmero**, **ulna**, **rádio**, **ossos carpais**, **ossos metacarpais** e **falanges** (Quadros 6.7-6.9).

6.12 Cíngulo do membro inferior

1. O **cíngulo do membro inferior** consiste nos dois **ossos do quadril**.
2. Fixa os membros inferiores ao tronco, no sacro.
3. Cada osso do quadril consiste na fusão de três componentes: **ílio**, **púbis** e **ísquio**.

6.13 Membro inferior

1. Há 30 ossos em cada **membro inferior**.
2. Os ossos do membro inferior incluem **fêmur**, **patela**, **tíbia**, **fíbula**, **tarsais**, **metatarsais** e **falanges** (Quadros 6.10-6.12).
3. Os ossos do pé estão dispostos em dois **arcos**, o arco longitudinal e o arco transverso, para fornecer suporte e força de alavanca.

6.14 Comparação dos esqueletos masculino e feminino

1. Os ossos masculinos são geralmente maiores e mais pesados do que os femininos e possuem características anatômicas mais proeminentes para fixação muscular.
2. A pelve feminina é adaptada para a gravidez e para o parto. As diferenças na estrutura pélvica estão listadas na Tabela 6.4.

6.15 Envelhecimento e o sistema esquelético

1. O principal efeito do envelhecimento é a perda de cálcio dos ossos, que pode resultar em osteoporose.
2. Outro efeito do envelhecimento é uma diminuição na produção de proteínas da matriz extracelular (principalmente as fibras colágenas), o que torna os ossos mais frágeis e, portanto, mais suscetíveis à fratura.

APLICAÇÕES DO PENSAMENTO CRÍTICO

1. J.R. estava andando de motocicleta sobre uma ponte, quando colidiu com uma gaivota míope. No desastre resultante, J.R. esmagou a perna esquerda, fraturando ambos os ossos da perna; rompeu a extremidade distal pontiaguda do osso lateral do antebraço; e quebrou o osso mais lateral e proximal do carpo (pulso). Nomeie os ossos que J.R. quebrou.
2. Você está começando uma aula de anatomia forense. O instrutor dá a você e a seu parceiro de laboratório dois conjuntos completos de ossos de seres humanos adultos. Sua tarefa é determinar qual conjunto de ossos é o de um homem e qual é o de uma mulher. Quais características você usará para determinar o sexo dos esqueletos?
3. Vovó Olga é uma mulher muito pequena e encurvada, com um grande senso de humor. Sua citação de filme favorita é de *O Mágico de Oz*, quando a bruxa malvada diz: "Estou derretendo". "Esta sou eu", gargalha vovó Olga, "derretendo, ficando menor a cada ano". O que está acontecendo com ela?
4. Durante um jogo de vôlei, Cátia saltou, girou, cortou, marcou o ponto e gritou! Não conseguia colocar peso na perna esquerda. A radiografia revelou uma fratura da parte proximal da tíbia. Em termos leigos, qual é a localização da fratura de Cátia? Quais são as necessidades corporais para a cicatrização óssea?

RESPOSTAS ÀS QUESTÕES DAS FIGURAS

6.1 A cartilagem articular reduz o atrito nas articulações; a medula óssea vermelha produz células sanguíneas; e o endósteo reveste a cavidade medular.

6.2 Como os canais centrais se constituem na principal fonte de suprimento sanguíneo dos osteócitos, o bloqueio levaria-os à morte.

6.3 Os ossos planos do crânio, a mandíbula e parte da clavícula desenvolvem ossificação intramembranácea.

6.4 As linhas epifisiais são indicações das zonas de crescimento que pararam de funcionar.

6.5 Batimento cardíaco, respiração, funcionamento das células nervosas, funcionamento das enzimas e coagulação do sangue são todos processos que dependem de níveis adequados de cálcio.

6.6 Esqueleto axial: crânio e coluna vertebral. Esqueleto apendicular: clavícula, cíngulo do membro superior, úmero, cíngulo do membro inferior e fêmur.

6.7 Os ossos do crânio são frontal, parietais, occipital, esfenoide, etmoide e temporais.

6.8 O forame magno é o maior forame no crânio.

6.9 Crista etmoidal do etmoide, frontal, parietal, temporal, occipital, temporal, parietal, frontal e crista etmoidal do etmoide se articulam com o esfenoide no sentido horário.

6.10 A lâmina perpendicular do etmoide forma a parte superior do septo nasal.

6.11 Os seios paranasais produzem muco e atuam como câmaras de ressonância para a vocalização.

6.12 As curvaturas torácica e sacral são côncavas.

6.13 O atlas e o áxis permitem o movimento da cabeça indicando "não".

6.14 Os forames vertebrais envolvem a medula espinal, e os forames intervertebrais fornecem espaços para os nervos espinais deixarem a coluna vertebral.

6.15 As vértebras lombares suportam mais peso do que as vértebras torácicas e cervicais.

6.16 Os forames sacrais são passagens para nervos e vasos sanguíneos.

6.17 As costelas verdadeiras são os pares de 1 a 7; as costelas falsas são os pares de 8 a 12; e as costelas flutuantes são os pares 11 e 12.

6.18 O cíngulo do membro superior consiste em uma clavícula e uma escápula.

6.19 A cavidade glenoidal da escápula se articula com o úmero.

6.20 A parte do cotovelo da ulna é o olécrano.

6.21 Os "nós dos dedos" são as cabeças dos ossos metacarpais.

6.22 A pelve menor circunda os órgãos pélvicos na cavidade pélvica.

6.23 O fêmur se encaixa no acetábulo.

6.24 A extremidade distal do fêmur se articula com a tíbia e a patela.

6.25 A tíbia é o osso da perna que suporta o peso do corpo.

6.26 O tálus se articula com a tíbia e a fíbula.

6.27 Os arcos dos pés não são rígidos, cedendo quando o peso é aplicado e retornando à posição quando o peso é removido, para permitir-lhes absorver o choque da caminhada e da corrida.

6.28 Um fármaco que inibe a atividade dos osteoclastos pode diminuir os efeitos da osteoporose.

CAPÍTULO 7

ARTICULAÇÕES

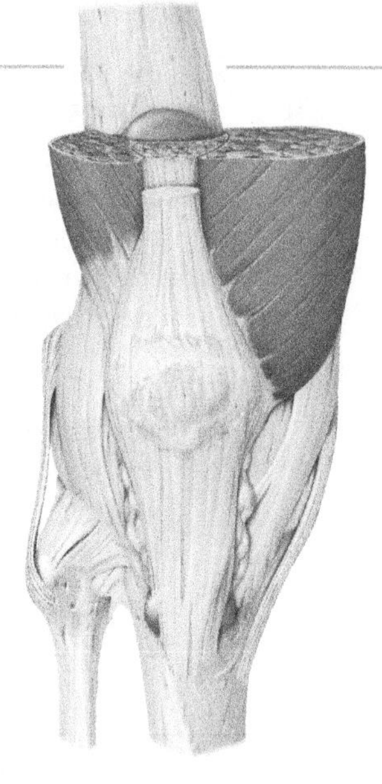

Os ossos são muito rígidos para serem curvados sem que sofram lesão. Felizmente, tecidos conectivos flexíveis formam articulações que mantêm os ossos unidos enquanto, na maioria dos casos, permitem algum grau de movimento. A flexibilidade e o movimento das articulações contribuem para a homeostasia. Se você, alguma vez, já sofreu lesão nessas áreas, sabe como é difícil caminhar com o joelho engessado ou girar uma maçaneta de porta com uma tala no dedo. Uma ***articulação*** (também chamada de *juntura*) é um ponto de contato entre ossos, entre cartilagem e ossos, ou entre dentes e ossos. Quando dizemos que um osso se articula com outro, significa que os dois ossos formam uma articulação. *Artrologia* é o estudo científico das articulações. Muitas articulações do corpo permitem movimento. O estudo do movimento do corpo humano é chamado *cinesiologia*.

OLHANDO PARA TRÁS PARA AVANÇAR...

Fibras colágenas (Seção 4.3)
Tecido conectivo regular denso modelado (Seção 4.3)
Cartilagem (Seção 4.3)
Membranas sinoviais (Seção 4.4)
Divisões do sistema esquelético (Seção 6.6)

7.1 Classificação das articulações

OBJETIVOS

- Descrever como a estrutura de uma articulação determina sua função.
- Descrever as classes estruturais e funcionais das articulações.

A estrutura de uma articulação determina a sua combinação de resistência e flexibilidade. Em uma extremidade do espectro estão articulações que não permitem movimento algum e são, portanto, muito resistentes, mas inflexíveis. Em contrapartida, outras articulações permitem movimento razoavelmente livre e são, portanto, flexíveis, mas não tão resistentes. Em geral, quanto mais ajustado o encaixe no ponto de contato, mais resistente é a articulação. Em articulações firmemente encaixadas, o movimento é obviamente mais restrito. Quanto mais frouxo o ajuste, maior o movimento. Entretanto, articulações frouxamente ajustadas são propensas ao deslocamento dos ossos articulantes de suas posições normais (luxação). O movimento nas articulações é determinado também (1) pela forma dos ossos que se articulam, (2) pela flexibilidade (tensão ou tônus) dos ligamentos que mantêm os ossos unidos e (3) pela tensão dos músculos e tendões associados. A flexibilidade da articulação também pode ser afetada pelos hormônios. Por exemplo, ao se aproximar o final da gravidez, um hormônio chamado relaxina aumenta a flexibilidade da fibrocartilagem da sínfise púbica e afrouxa os ligamentos entre o sacro e o osso do quadril. Essas modificações aumentam a abertura inferior da pelve, o que auxilia no parto do bebê.

As articulações são classificadas estruturalmente, com base em suas características anatômicas, e funcionalmente, com base no tipo de movimento que permitem.

A classificação estrutural das articulações é feita com base em dois critérios: (1) a presença ou a ausência de um espaço entre os ossos que se articulam, chamado cavidade articular, e (2) o tipo de tecido conectivo que mantém os ossos juntos. Estruturalmente, as articulações são classificadas conforme um dos seguintes tipos:

- ***Articulações fibrosas.*** Não existe cavidade articular, e os ossos são unidos por tecido conectivo denso não modelado, rico em fibras colágenas.
- ***Articulações cartilagíneas.*** Não existe cavidade articular, e os ossos são unidos por cartilagem.
- **Articulações sinoviais.** Os ossos que formam a articulação possuem uma cavidade articular. Eles são unidos pelo tecido conectivo denso não modelado de uma cápsula articular e, frequentemente, por ligamentos acessórios.

A classificação funcional das articulações se relaciona ao grau de movimento que permitem. Funcionalmente, as articulações são classificadas conforme um dos seguintes tipos:

- ***Sinartrose.*** Uma articulação fixa.
- ***Anfiartrose.*** Uma articulação pouco móvel.
- ***Diartrose.*** Uma articulação livremente móvel. Todas as diartroses são articulações sinoviais. Possuem uma variedade de formas e permitem vários tipos diferentes de movimentos.

As seções seguintes apresentam as articulações do corpo de acordo com sua classificação estrutural. À medida que examinarmos a estrutura de cada tipo de articulação, também descreveremos suas funções.

TESTE SUA COMPREENSÃO

1. Quais fatores determinam o movimento nas articulações?
2. Como as articulações são classificadas com base na estrutura e na função?

7.2 Articulações fibrosas

OBJETIVO

- Descrever a estrutura e as funções dos três tipos de articulações fibrosas.

Articulações fibrosas permitem pouco ou nenhum movimento. Os três tipos de articulações fibrosas são (1) sindesmoses, (2) suturas e (3) membranas interósseas (Fig. 7.1).

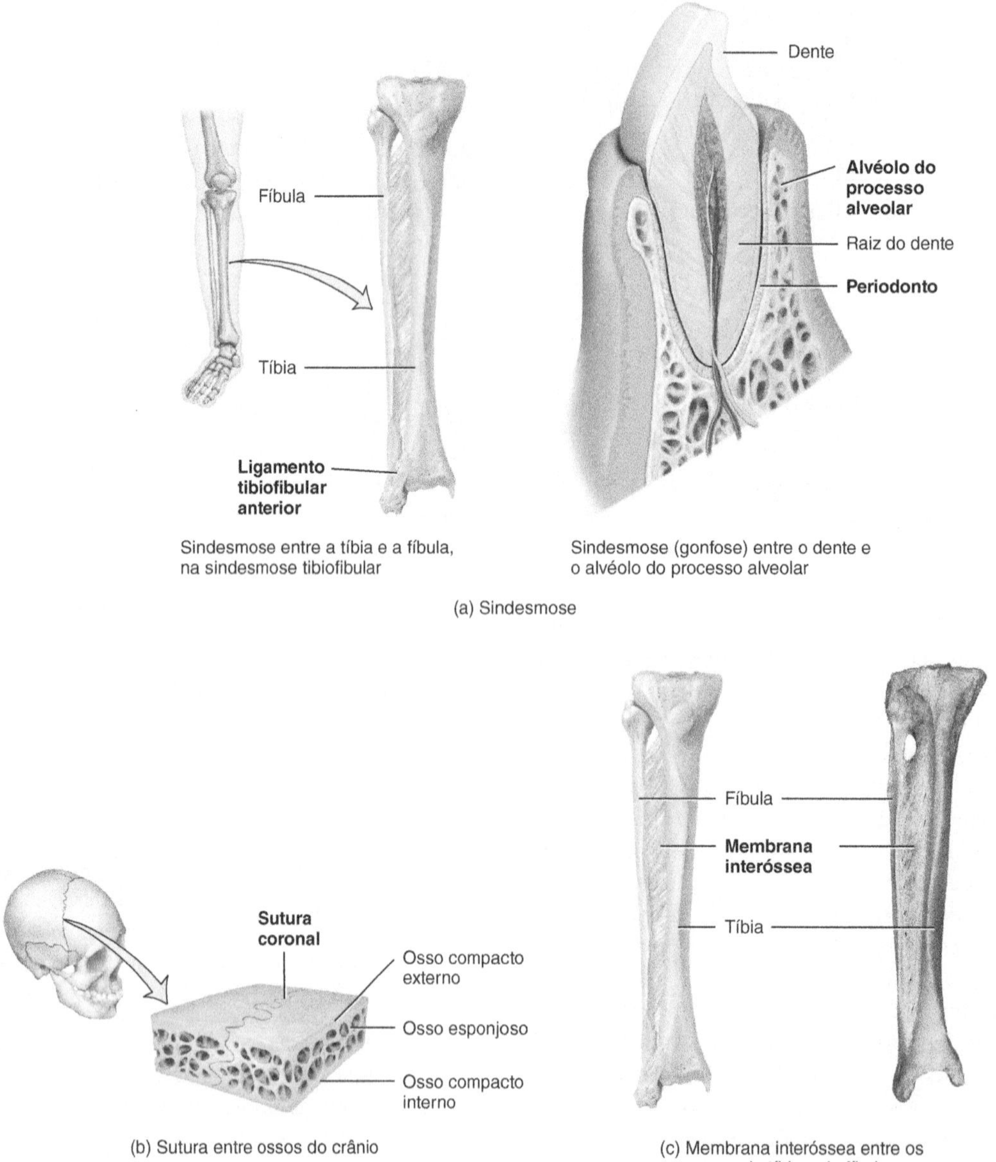

Sindesmose entre a tíbia e a fíbula, na sindesmose tibiofibular

Sindesmose (gonfose) entre o dente e o alvéolo do processo alveolar

(a) Sindesmose

(b) Sutura entre ossos do crânio

(c) Membrana interóssea entre os corpos da tíbia e da fíbula

Funcionalmente, por que as suturas em um crânio adulto são classificadas como sinartroses, e as sindesmoses são classificadas como anfiartroses?

Figura 7.1 Articulações fibrosas.

Em uma articulação fibrosa, os ossos são unidos por tecido conectivo denso não modelado.

1. Uma ***sindesmose*** é uma articulação fibrosa na qual está presente tecido conectivo denso não modelado entre as faces articulares. O tecido conectivo denso não modelado é normalmente disposto como um feixe (ligamento), e a articulação permite movimento limitado. Um exemplo de uma sindesmose é a sindesmose tibiofibular, entre a tíbia e a fíbula, na qual o ligamento tibiofibular anterior conecta a tíbia e a fíbula (Fig. 7.1a, esquerda). A sindesmose permite pouco movimento; portanto, é classificada como anfiartrose. Outro exemplo de uma sindesmose é chamado ***gonfose*** ou *sindesmose dentoalveolar*, na qual uma cavilha coniforme se ajusta a um alvéolo. Os únicos exemplos de gonfoses no corpo humano são as articulações entre as raízes dos dentes e seus alvéolos, nas maxilas e na mandíbula (Fig. 7.1a, direita). O tecido conectivo denso não modelado entre um dente e seu alvéolo é o fino periodonto. Uma gonfose não permite movimento; portanto, é classificada como sinartrose. Inflamação e degeneração das gengivas, do periodonto e do osso é chamada de *doença periodontal*.
2. Uma ***sutura*** é uma articulação fibrosa composta de uma camada de tecido conectivo denso não modelado, mais fino do que em uma sindesmose. As suturas unem os ossos do crânio. Um exemplo é a sutura coronal entre os frontais e o parietal (Fig. 7.1b). As margens interligadas irregulares das suturas conferem resistência adicional e diminuem a chance de fratura. Uma sutura é classificada como uma anfiartrose (pouco móvel) em lactentes e crianças e como uma sinartrose (fixa) em indivíduos mais velhos.
3. A categoria final da articulação fibrosa é a ***membrana interóssea***, uma lâmina substancial de tecido conectivo denso não modelado que une ossos longos vizinhos e permite pouco movimento (anfiartrose). Existem duas membranas interósseas no corpo humano. Uma ocorre entre o rádio e a ulna, no antebraço (ver Fig. 6.20), e a outra entre a tíbia e a fíbula, na perna (Fig. 7.1c).

TESTE SUA COMPREENSÃO

3. **Quais articulações fibrosas são sinartroses? Quais são anfiartroses?**

7.3 Articulações cartilagíneas

OBJETIVO

- Descrever **a estrutura e as funções dos dois tipos de articulações cartilagíneas.**

Como uma articulação fibrosa, uma ***articulação cartilagínea*** permite pouco ou nenhum movimento. Aqui, os ossos articulantes são firmemente conectados por fibrocartilagem ou cartilagem hialina. Os dois tipos de articulações cartilagíneas são as sincondroses e as sínfises (Fig. 7.2).

1. Uma ***sincondrose*** é uma articulação cartilagínea na qual o material de conexão é a cartilagem hialina. Um exemplo de uma sincondrose é a lâmina epifisial (de crescimento) que conecta a epífise e a diáfise de um osso em crescimento (Fig. 7.2a). Funcionalmente, uma sincondrose é uma sinartrose, uma articulação fixa. Quando o alongamento do osso cessa, o osso substitui a cartilagem hialina.
2. Uma sínfise é uma articulação cartilagínea, na qual as extremidades dos ossos articulantes são recobertas com cartilagem hialina, mas os ossos são conectados por um disco plano largo de fibrocartilagem. A sínfise púbica, entre as faces anteriores dos ossos do quadril, é um exemplo de uma sínfise (Fig. 7.2b). Esse tipo de articulação também é encontrado nas articulações intervertebrais, entre os corpos das vértebras. Funcionalmente, a sínfise é uma anfiartrose, uma articulação pouco móvel.

TESTE SUA COMPREENSÃO

4. **Quais articulações cartilagíneas são sinartroses? Quais são anfiartroses?**

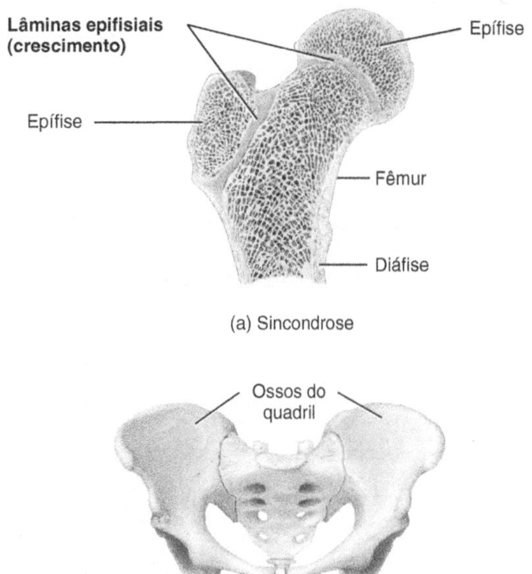

(a) Sincondrose

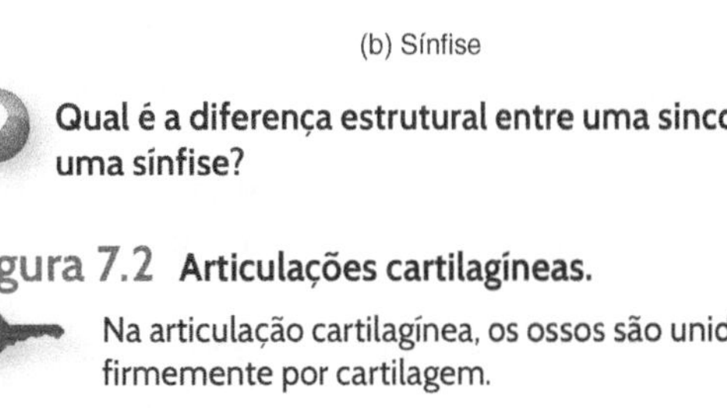

(b) Sínfise

Qual é a diferença estrutural entre uma sincondrose e uma sínfise?

Figura 7.2 Articulações cartilagíneas.

Na articulação cartilagínea, os ossos são unidos firmemente por cartilagem.

7.4 Articulações sinoviais

OBJETIVOS

- Explicar a função de cada componente de uma articulação sinovial.
- Descrever a estrutura das articulações sinoviais

Estrutura das articulações sinoviais

As ***articulações sinoviais*** possuem determinadas características que as distinguem de outras articulações. A característica singular de uma articulação sinovial é a presença de um espaço chamado ***cavidade articular***, entre os ossos articulantes (Fig. 7.3). A cavidade articular permite que uma articulação se mova livremente. Por essa razão, todas as articulações sinoviais são classificadas funcionalmente como diartroses. Os ossos em uma articulação sinovial são recobertos por ***cartilagem articular***, que é cartilagem hialina. A cartilagem articular reduz o atrito entre os ossos na articulação durante o movimento e ajuda a absorver choques.

Uma ***cápsula articular*** semelhante a um manguito envolve uma articulação sinovial, circunda a cavidade articular e une os ossos articulantes. A cápsula articular é composta por duas camadas: uma membrana fibrosa externa e uma membrana sinovial interna (Fig. 7.3). A camada externa, a ***membrana fibrosa***, normalmente consiste em tecido conectivo denso não modelado (principalmente fibras colágenas), que se fixa ao periósteo dos ossos articulantes. As fibras de algumas membranas fibrosas estão dispostas em feixes paralelos, que são muito bem adaptados para resistir às tensões. Esses feixes de fibras são chamados ***ligamentos*** e constituem um dos principais fatores mecânicos que mantêm os ossos unidos em uma articulação sinovial. A camada interna da cápsula articular, a ***membrana sinovial***, é composta por tecido conectivo areolar com fibras elásticas. Em muitas articulações sinoviais, a membrana sinovial inclui acúmulos de tecido adiposo, chamados ***corpos adiposos articulares*** (ver Fig. 7.11c).

Uma pessoa com "***hipermobilidade***" não possui articulações extras. Indivíduos com hipermobilidade têm maior flexibilidade nas cápsulas articulares e nos ligamentos; o aumento resultante na amplitude de movimento permite entreter os amigos com atividades como tocar os polegares nos pulsos e colocar tornozelos ou cotovelos atrás do pescoço. Infelizmente, essas articulações flexíveis são estruturalmente menos estáveis e mais facilmente deslocadas.

A membrana sinovial secreta ***sinóvia***, que forma uma película fina sobre as superfícies internas da cápsula articular. Esse líquido amarelo-pálido transparente e viscoso foi assim denominado por sua semelhança, em aparência e consistência, com a clara de ovo crua (albumina), e consiste em ácido hialurônico. Suas várias funções incluem a redução do atrito pela lubrificação da articulação, e o fornecimento de nutrientes e a remoção dos resíduos metabólicos dos condrócitos, no interior da cartilagem articular. Quando uma articulação sinovial fica imobilizada por algum tempo, a sinóvia fica bastante viscosa (coloidal), mas, conforme o movimento articular aumenta, o

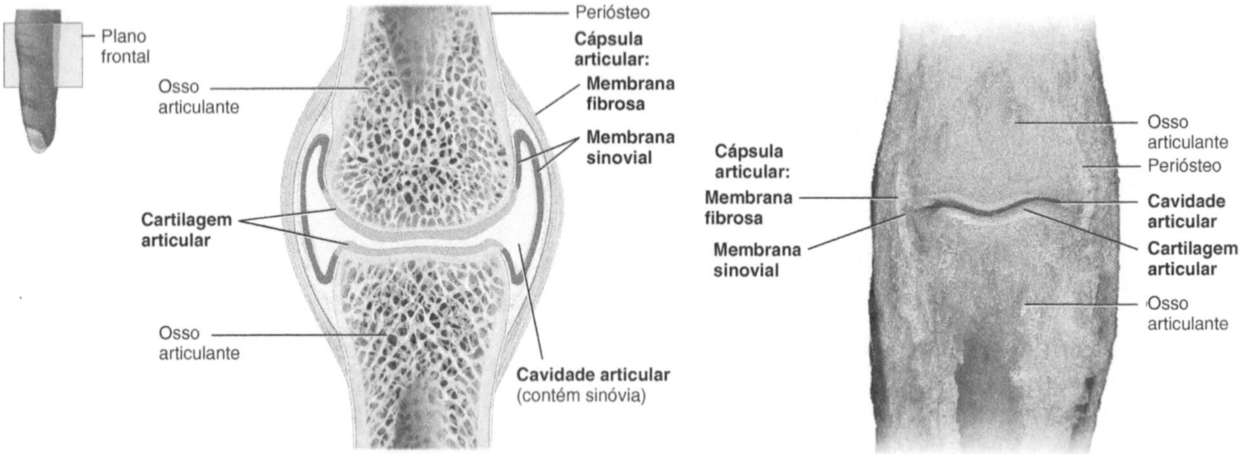

Qual é a classificação funcional das articulações sinoviais?

Figura 7.3 Estrutura de uma articulação sinovial comum. Observe as duas camadas da cápsula articular: a membrana fibrosa e a membrana sinovial. A sinóvia lubrifica a cavidade articular, que está localizada entre a membrana sinovial e a cartilagem articular.

A característica distintiva de uma articulação sinovial é a cavidade articular entre os ossos articulantes.

líquido se torna menos viscoso. Um dos benefícios de um aquecimento antes do exercício é o estímulo da produção e da secreção de sinóvia. Maior quantidade de sinóvia significa menos estresse na articulação durante o exercício.

Estamos familiarizados com os estalos ouvidos quando determinadas articulações se movem, ou com estalidos que surgem quando as pessoas ***estalam os nós dos dedos***. De acordo com uma teoria, quando a cavidade articular expande, a pressão da sinóvia diminui, criando um vácuo parcial. A sucção extrai dióxido de carbono e oxigênio para fora dos vasos sanguíneos da membrana sinovial, formando bolhas na sinóvia. Quando as bolhas estouram, como quando os dedos são fletidos (curvados), ouvem-se estalidos ou estampidos.

Muitas articulações sinoviais também contêm ***ligamentos acessórios***, que se situam fora e dentro da cápsula articular. Exemplos de ligamentos acessórios fora da cápsula articular são os ligamentos colaterais fibular (lateral) e tibial (medial) da articulação do joelho (ver Fig. 7.11e). Exemplos de ligamentos acessórios dentro da cápsula articular são os ligamentos cruzados anterior e posterior da articulação do joelho (ver Fig. 7.11e).

Dentro de algumas articulações sinoviais, como a do joelho, existem coxins de fibrocartilagem que se situam entre as faces articulares dos ossos e estão fixados à cápsula fibrosa. Esses coxins são chamados de ***discos articulares*** ou *meniscos*. A Figura 7.11e-f retrata os meniscos lateral e medial da articulação do joelho. Ao modificar a forma das faces articulares dos ossos articulantes, os discos articulares permitem que dois ossos de formas diferentes se encaixem mais firmemente. Os discos articulares também ajudam a manter a estabilidade da articulação e a direcionar o fluxo de sinóvia para as áreas de maior atrito.

CORRELAÇÕES CLÍNICAS | Cartilagem rompida e artroscopia

A ruptura dos discos (meniscos) articulares no joelho, comumente chamada de **cartilagem rompida**, ocorre com frequência entre os atletas. Essa cartilagem danificada começa a se deteriorar e pode precipitar a artrite, a menos que seja removida cirurgicamente (*meniscectomia*). O reparo cirúrgico da cartilagem rompida é necessário por causa da natureza avascular da cartilagem. Esse procedimento pode ser auxiliado pela artroscopia, o exame visual do interior de uma articulação, normalmente o joelho, com um artroscópio, um instrumento óptico iluminado, com a espessura de um lápis fino. A artroscopia é usada para determinar a natureza e a extensão do dano, após uma lesão do joelho, e para monitorar a progressão da doença e os efeitos da terapia. Além disso, a inserção de instrumentos cirúrgicos pelo artroscópio ou outras incisões permite ao médico remover cartilagem rompida e reparar ligamentos cruzados danificados no joelho; remodelar cartilagem malformada; obter amostras de tecidos para análise; e realizar cirurgia em outras articulações, como ombro, cotovelo, tornozelo e carpo (pulso). •

Os vários movimentos do corpo criam atrito entre as partes móveis. Estruturas saculiformes, chamadas ***bolsas***, estão estrategicamente situadas para reduzir o atrito em algumas articulações sinoviais, como as articulações do ombro e do joelho (ver Fig. 7.11 c). As bolsas não são estritamente parte das articulações sinoviais, mas lembram cápsulas articulares, porque suas paredes consistem em tecido conectivo revestido por uma membrana sinovial. Além disso, são preenchidas com um líquido semelhante à sinóvia. As bolsas sinoviais estão localizadas entre a pele e o osso, em locais nos quais a pele entra em atrito com o osso. Além disso, as bolsas são também encontradas entre tendões e ossos, entre músculos e ossos, e entre ligamentos e ossos. Os sacos cheios de líquido das bolsas amortecem o movimento dessas partes do corpo entre si.

CORRELAÇÕES CLÍNICAS | Bursite

Uma inflamação crônica ou aguda de uma bolsa, por exemplo, no ombro ou no joelho, é chamada **bursite**. A condição pode ser provocada por trauma, infecção crônica ou aguda (incluindo sífilis e tuberculose) ou artrite reumatoide (descrita na seção Distúrbios Comuns). O esforço excessivo repetido de uma articulação, com frequência, resulta em bursite, com inflamação local e acúmulo de líquido. Os sintomas e sinais incluem dor, inchaço, sensibilidade e movimento limitado. O tratamento pode incluir agentes anti-inflamatórios orais e injeções de esteroides semelhantes ao cortisol. •

TESTE SUA COMPREENSÃO

5. Como a estrutura das articulações sinoviais as classifica como diartroses?
6. Quais são as funções da cartilagem articular, da cápsula articular, da sinóvia, dos discos articulares e das bolsas?

7.5 Tipos de movimentos nas articulações sinoviais

OBJETIVO

- Descrever os tipos de movimentos que ocorrem nas articulações sinoviais.

Anatomistas, fisioterapeutas e cinesiologistas usam uma terminologia própria para designar os tipos específicos de movimentos que ocorrem em uma articulação sinovial. Esses termos precisos indicam a forma de movimentação, a direção do movimento ou a relação de uma parte do corpo com outra durante o movimento. O termo ***amplitude de movimento*** (***ROM***, do inglês *range of motion*) se refere à amplitude, mensurada em graus, em um círculo, pela qual os ossos de uma articulação são movimentados. Os movimentos nas articulações sinoviais são agrupados em quatro categorias principais: (1) deslizamento, (2) movimentos angulares, (3) rotação e (4) movimentos especiais. A última categoria inclui movimentos que ocorrem somente em determinadas articulações.

Deslizamento

Deslizamento é um movimento simples, no qual faces relativamente planas do osso se movem para a frente e para trás, e de um lado para o outro, reciprocamente (Fig. 7.4). Isso é ilustrado entre a clavícula e o acrômio da escápula, colocando o membro superior ao lado do corpo, elevando-o acima da cabeça e abaixando-o novamente. Os movimentos de deslizamento são limitados em amplitude, em virtude da estrutura de ajuste frouxo da cápsula articular e dos ligamentos e ossos associados.

Movimentos angulares

Nos ***movimentos angulares***, há aumento ou diminuição no ângulo entre os ossos articulantes. Os principais movimentos angulares são flexão, extensão, hiperextensão, abdução, adução e circundução, que são descritos com relação ao corpo na posição anatômica. Na ***flexão***, ocorre uma diminuição no ângulo entre os ossos articulantes; na ***extensão***, há um aumento no ângulo entre os ossos articulantes, frequentemente para recolocar uma parte do corpo na posição anatômica, após uma flexão. A flexão e a extensão, em geral, ocorrem ao longo do plano sagital (Fig. 7.5). Exemplos de flexão incluem a inclinação da cabeça em direção ao peito (Fig. 7.5a); o movimento

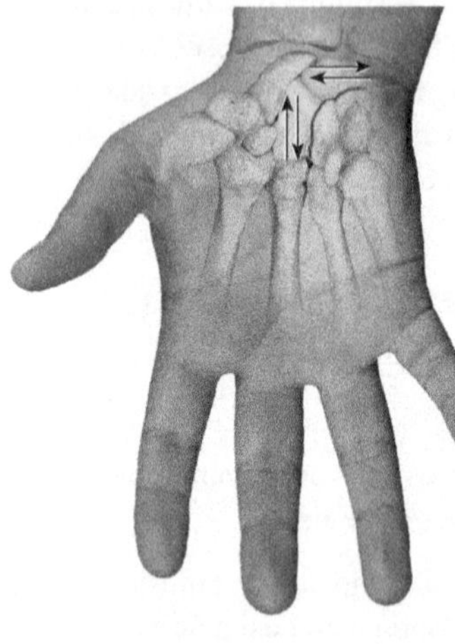

Deslizamento entre intercapais (setas)

Cite dois exemplos de articulações que permitem movimentos de deslizamento?

Figura 7.4 Movimentos especiais nas articulações sinoviais.

Movimentos de deslizamento consistem em movimentos látero-laterais e ântero-posterior.

do úmero para a frente, na articulação do ombro, como no balanço dos braços durante o caminhar (Fig. 7.5b); o movimento do antebraço em direção ao braço (Fig. 7.5c); o movimento da palma da mão em direção ao antebraço (Fig. 7.4d); o movimento do fêmur para a frente, como no caminhar (Fig. 7.5e); e o movimento de flexionar o joelho (Fig. 7.5f). A extensão é simplesmente o inverso desses movimentos.

A continuação da extensão além da posição anatômica é chamada de ***hiperextensão***. Exemplos de hiperextensão incluem inclinação da cabeça para trás, como quando olhamos para as estrelas (Fig. 7.5a); movimento do úmero para trás, como na oscilação dos braços para trás durante a marcha (Fig. 7.5b); movimento da palma para trás na articulação radiocarpal, como na preparação para o arremesso no basquetebol (Fig. 7.5d); e movimento do fêmur para trás, como na marcha (Fig. 7.5e). A hiperextensão de outras articulações, como cotovelo, interfalângicas (dedos das mãos e dos pés) e joelhos, é geralmente impedida pela disposição dos ligamentos e dos ossos.

Abdução ou *desvio radial* é o movimento de um osso para longe da linha mediana, e ***adução*** ou *desvio ulnar* é o movimento de um osso em direção à linha mediana. Abdução e adução geralmente ocorrem ao longo do plano frontal. Exemplos de abdução incluem o movimento lateral do úmero para cima (Fig. 7.6a); o movimento lateral da palma da mão para longe do corpo (Fig. 7.6b); e o movimento lateral do fêmur para longe do corpo (Fig. 7.6c). O movimento na direção oposta (medialmente), em cada caso, produz adução (Fig. 7.6a-c).

Circundução é o movimento da extremidade distal de uma parte do corpo em um círculo (Fig. 7.7). Não é, em si, um movimento isolado; pelo contrário, é uma sequência contínua de flexão, abdução, extensão e adução. Portanto, a circundução não ocorre ao longo de um plano de movimento separado. Exemplos de articulações que permitem a circundução incluem o úmero na articulação do ombro (fazendo um círculo com o seu braço) e o fêmur na articulação do quadril (fazendo um círculo com a sua perna). A circundução é mais limitada no quadril, em virtude da maior tensão nos ligamentos e músculos e da profundidade do acetábulo na articulação do quadril.

Rotação

Na ***rotação***, um osso gira em torno do seu próprio eixo longitudinal. Um exemplo é virar a cabeça de um lado para o outro, como nos movimentos querendo dizer "não" (Fig. 7.8a). Nos membros, a rotação é definida em relação à linha mediana. Se a face anterior de um osso do membro é girada em direção à linha mediana, o movimento é chamado *rotação medial* (*interna*). Você consegue girar medialmente o úmero na articulação do ombro, como se se-

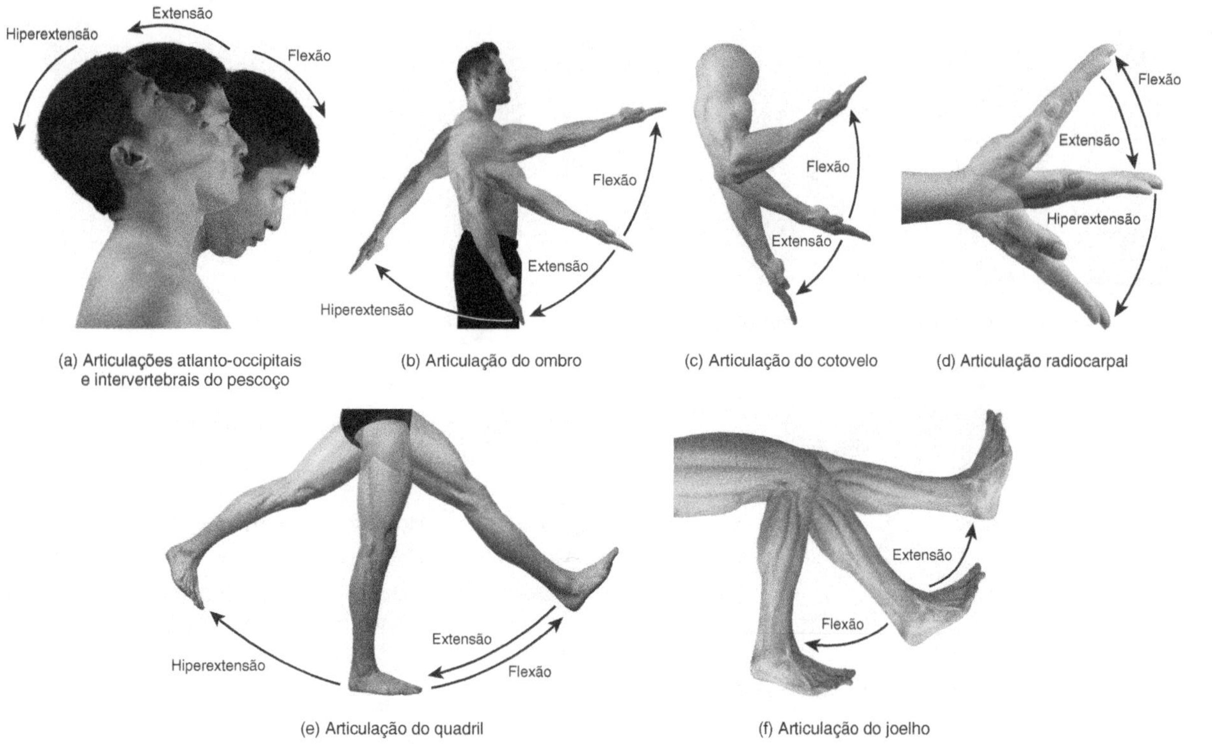

O que impede a hiperextensão em algumas articulações sinoviais?

Figura 7.5 Movimentos angulares nas articulações sinoviais: flexão, extensão e hiperextensão.

Nos movimentos angulares, há aumento ou diminuição no ângulo entre os ossos articulantes.

gue: comece na posição anatômica, flexione o cotovelo e, em seguida, leve a palma em direção ao tórax (Fig. 7.8b). Se a face anterior do osso de um membro é girada para longe da linha mediana, o movimento é chamado *rotação lateral* (*externa*) (ver Fig. 7.8b).

Movimentos especiais

Os ***movimentos especiais***, que ocorrem somente em determinadas articulações, incluem elevação, depressão, protração, retração, inversão, eversão, dorsiflexão, flexão plantar, supinação e pronação (Fig. 7.9).

- ***Elevação*** é o movimento para cima de uma parte do corpo, como fechar a boca para elevar a mandíbula (Fig. 7.9a) ou encolher os ombros para elevar a escápula.
- ***Depressão*** é o movimento para baixo de uma parte do corpo, como abrir a boca para abaixar a mandíbula (Fig. 7.9b) ou retornar os ombros encolhidos para a posição anatômica para abaixar a escápula.
- ***Protração*** é o movimento de uma parte do corpo para a frente. Podemos protrair a mandíbula projetando-a para fora (Fig. 7.9c) ou protrair as clavículas, cruzando os braços.
- ***Retração*** é o movimento de uma parte protraída do corpo de volta para a posição anatômica (Fig. 7.9d).
- ***Inversão*** é o movimento das plantas dos pés medialmente, de modo que uma se volte para a outra (Fig. 7.9e).
- ***Eversão*** é o movimento das plantas dos pés lateralmente, de modo que uma se volte para longe da outra (Fig. 7.9f).
- ***Dorsiflexão*** é a flexão do pé na direção do dorso (face superior), como quando ficamos de pé sobre os calcanhares (Fig. 7.9g).
- ***Flexão plantar*** inclui a flexão do pé na direção da face plantar (Fig. 7.9g), como quando ficamos de pé nas pontas dos dedos.
- ***Supinação*** é o movimento do antebraço, de modo que a palma da mão fique virada para a frente (Fig. 7.9h). A supinação das palmas das mãos é uma das características definidoras da posição anatômica (ver Fig. 1.5).

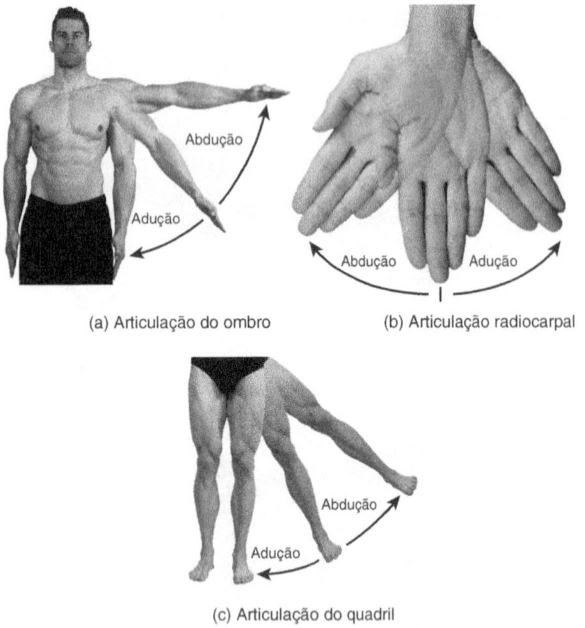

Um meio para lembrar o que a adução significa é o uso da frase "adicionando seu membro ao seu tronco". Por que esse é um artifício eficaz de aprendizagem?

Figura 7.6 Movimentos angulares nas articulações sinoviais: abdução e adução.

Abdução e adução geralmente ocorrem ao longo do plano frontal.

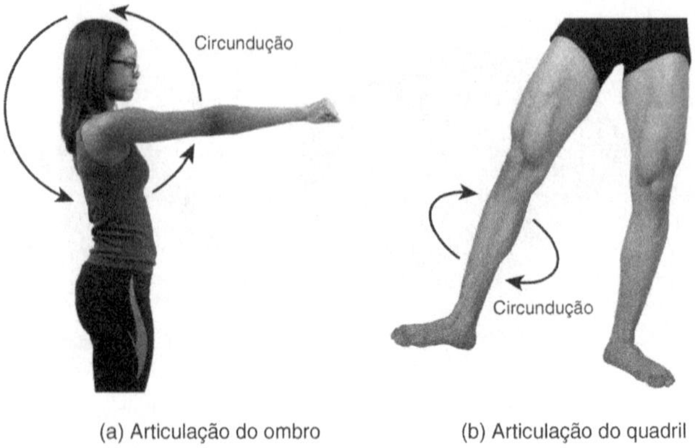

Liste duas articulações nas quais ocorre a circundução.

Figura 7.7 Movimentos angulares nas articulações sinoviais: circundução.

A circundução é o movimento da extremidade distal de uma parte do corpo, em um círculo.

- ***Pronação*** é o movimento do antebraço, de modo que a palma da mão fique virada para trás (Fig. 7.9h).
- ***Oposição*** é o movimento do polegar na articulação carpometacarpal (entre o osso trapézio e o osso metacarpal do polegar), no qual o polegar se move de um lado a outro da palma da mão para tocar as pontas dos dedos do mesmo lado da mão (Fig. 7.9i). Esse é o movimento digital distintivo que confere aos seres humanos e a outros primatas a capacidade de apreender e manipular os objetos com precisão.

TESTE SUA COMPREENSÃO

7. Defina cada um dos movimentos nas articulações sinoviais já descritos e exemplifique cada um deles.

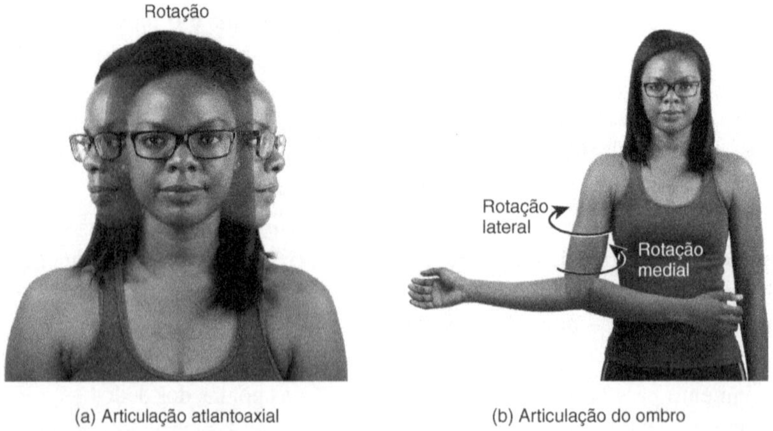

Como se diferem as rotações medial e lateral?

Figura 7.8 Rotação nas articulações sinoviais.

Na rotação, um osso gira em torno do seu próprio eixo longitudinal.

7.6 Tipos de articulações sinoviais

OBJETIVO

- Descrever os seis subtipos de articulações sinoviais.

Embora todas as articulações sinoviais possuam uma estrutura similar, as formas de suas faces variam, possibilitando vários tipos de movimento. Assim, as articulações sinoviais são divididas em seis subtipos: plana, gínglimo, trocóidea, elipsóidea, selar e esferóidea (Fig. 7.10).

1. As superfícies articulares dos ossos em uma ***articulação plana*** são achatadas ou levemente encurvadas (Fig. 7.10a). Articulações planas permitem, basicamente, movimentos látero-laterais e deslizamento para a frente para trás entre as faces planas dos ossos, que também podem girar umas contra as outras. Muitas articulações planas são *biaxiais*, porque permitem movimento em torno de dois eixos. Um *eixo* é uma linha reta em torno da qual se movimenta um osso em rotação. Se articulações planas também girarem, além de deslizarem, são consideradas *triaxiais* (*multiaxiais*), permitindo o movimento em três eixos. Alguns exemplos de articulações planas são as articulações intercarpais (entre os ossos carpais no carpo [pulso]), as intertarsais (entre os ossos tarsais no tarso [tornozelo]), a esternoclavicular (entre o esterno e a clavícula) e a acromioclavicular (entre o acrômio da escápula e a clavícula).
2. Nos ***gínglimos***, a face convexa de um osso se encaixa na face côncava de outro osso (Fig. 7.10b). Como o nome indica, gínglimos produzem um movimento angular de abertura e fechamento, semelhante àquele de uma porta articulada. Os gínglimos permitem somente flexão e extensão; eles são *monoaxiais* (*uniaxiais*), ou seja, permitem movimento em torno de um único eixo. Exemplos de gínglimos são as articulações do joelho, do cotovelo, talocrural e interfalângicas (entre as falanges dos dedos das mãos e dos pés).
3. Nas ***articulações trocóideas***, a face arredondada ou pontiaguda de um osso se articula com um anel formado parcialmente por outro osso e parcialmente por um ligamento (Fig. 7.10c). Uma articulação trocóidea é *monoaxial*, porque permite rotação somente em torno do seu próprio eixo longitudinal. Exemplos de articulações trocóideas são a articulação atlantoaxial, na qual o atlas gira em torno do áxis e permite virarmos a cabeça de um lado para o outro, como nos movimentos indicando "não", e as articulações radiulnares, que nos permitem mover as palmas das mãos para a frente e para trás.
4. Nas ***articulações elipsóideas***, a projeção oval convexa de um osso se encaixa na depressão oval côncava de outro osso (Fig. 7.9d). Uma articulação elipsóidea é *biaxial*, porque o movimento que permite

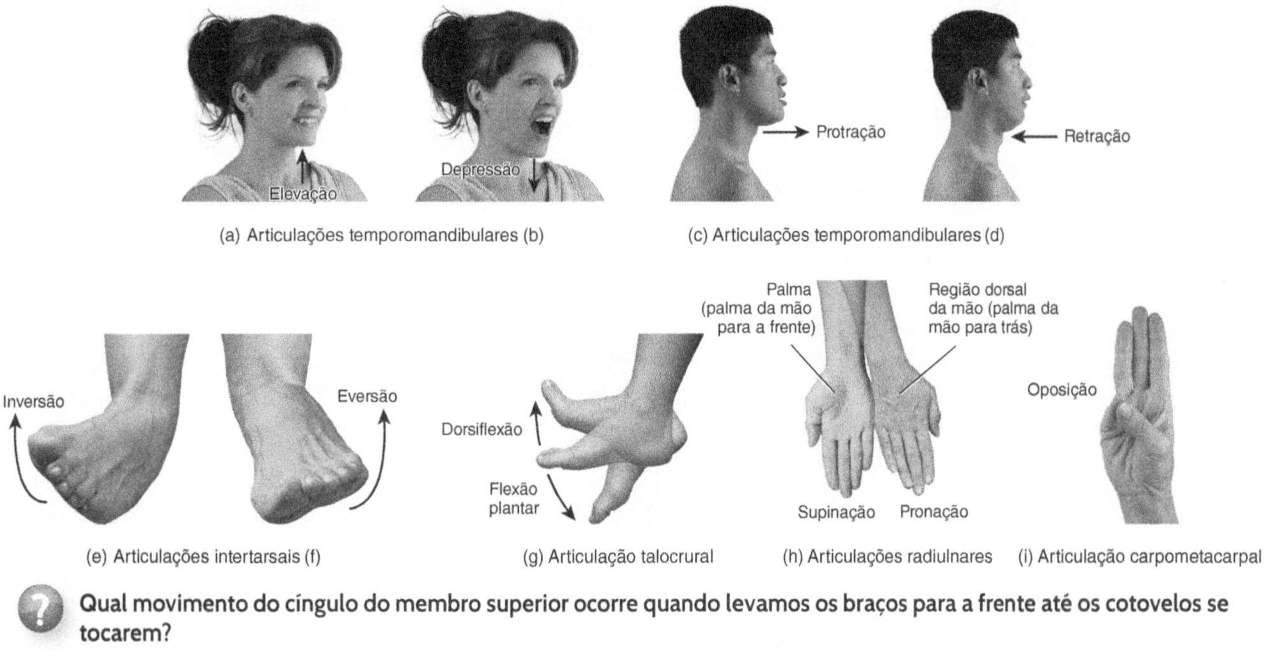

Qual movimento do cíngulo do membro superior ocorre quando levamos os braços para a frente até os cotovelos se tocarem?

Figura 7.9 **Movimentos especiais nas articulações sinoviais.**

Os movimentos especiais ocorrem somente em determinadas articulações sinoviais.

é em torno de dois eixos (flexão-extensão e abdução-adução), mais circundução limitada (lembre-se de que circundução não é um movimento isolado). Exemplos são a articulação radiocarpal (pulso) e as articulações metacarpofalângicas (entre os ossos metacarpais e as falanges) dos dedos indicador ao mínimo.

5. Nas ***articulações selares***, a face articular de um osso tem o formato de uma sela, e a face articular do outro osso se encaixa na sela, como um cavaleiro sentado sobre um cavalo (Fig. 7.10e). Os movimentos em uma articulação selar são os mesmos daqueles de uma articulação elipsóidea: *biaxial* (flexão-extensão e abdução-adução), mais circundução limitada. Um exemplo de articulação selar é a articulação carpometacarpal, entre o osso trapézio do carpo e o osso metacarpal do polegar.
6. Nas ***articulações esferóideas***, a face esférica de um osso se encaixa na depressão caliciforme de outro osso (Fig. 7.10f). As articulações esferóideas são *triaxiais* (*multiaxiais*), ou seja, permitem movimentos em torno de três eixos (flexão-extensão, abdução-adução e rotação); os únicos exemplos no corpo humano são as articulações do ombro e do quadril.

Para dar a você uma ideia da complexidade de uma articulação sinovial, examinaremos, no Quadro 7.1, algumas das características estruturais da articulação do joelho, um gínglimo modificado, que é a maior e mais complexa articulação do corpo.

TESTE SUA COMPREENSÃO

8. Em qual local do corpo encontramos cada subtipo de articulação sinovial?

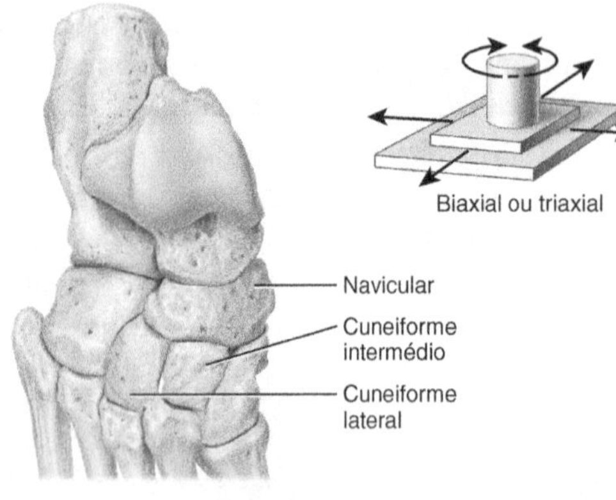

(a) **Articulação plana** entre o navicular e os cuneiformes intermédio e lateral do tarso, no pé

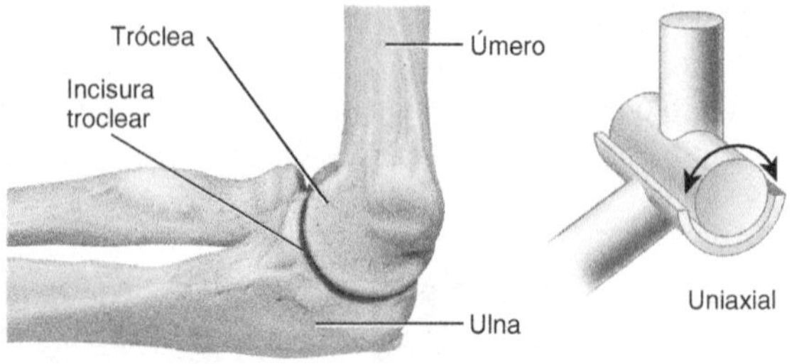

(b) **Gínglimo** o entre a tróclea do úmero e a incisura troclear da ulna, no cotovelo

Quais articulações permitem a maior ROM?

Figura 7.10 Tipos de articulações sinoviais. Para cada tipo, é mostrado um desenho da articulação real e um diagrama simplificado. (*Continua*)

As articulações sinoviais são classificadas com base nas formas das faces do osso articulante.

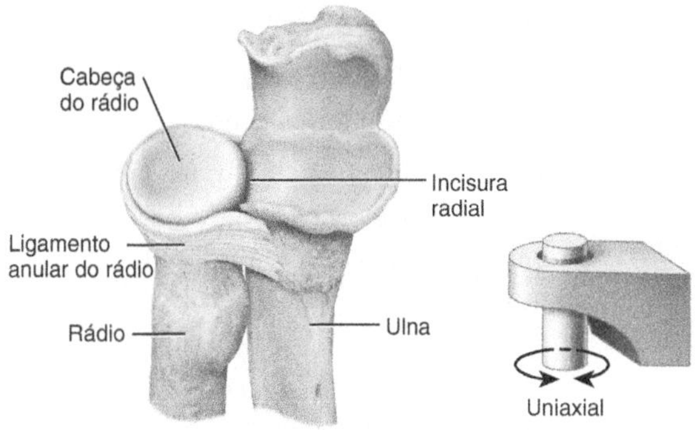

(c) **Articulação trocóidea** entre a cabeça do rádio e a incisura radial da ulna

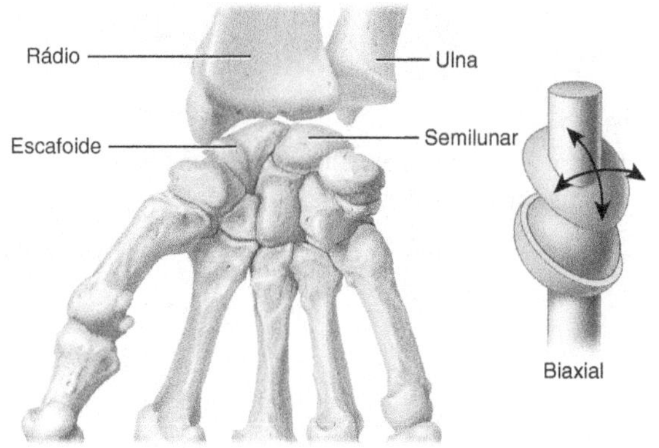

(d) **Articulação elipsóidea** entre o rádio e o escafoide e o semilunar do carpo (pulso)

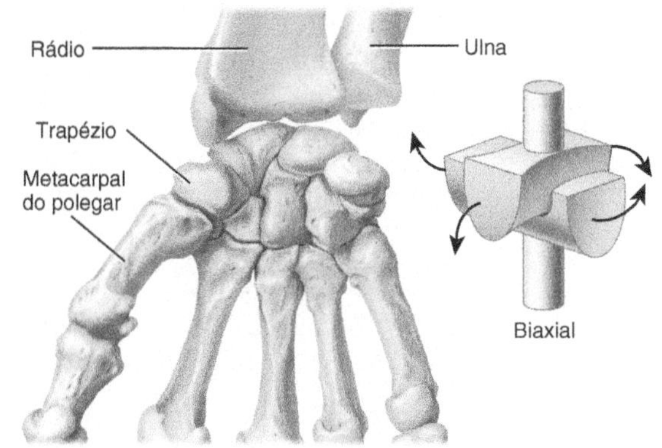

(e) **Articulação selar** entre o trapézio do carpo (pulso) e o osso metacarpal do polegar

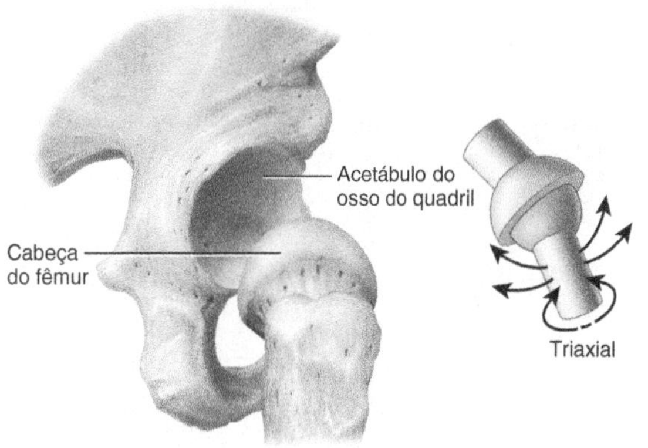

(f) **Articulação esferóidea** entre a cabeça do fêmur e o acetábulo do osso do quadril

Figura 7.10 **(*Continuação*) Tipos de articulações sinoviais.** Para cada tipo, é mostrado um desenho da articulação real e um diagrama simplificado.

QUADRO 7.1 Articulação do joelho *(Figs. 7.11 e 7.12)*

OBJETIVO

- Descrever as principais estruturas e funções da articulação do joelho.

Entre as principais estruturas da articulação do joelho estão as seguintes (Fig. 7.11).

- A ***cápsula articular*** é reforçada por tendões musculares que circundam a articulação.
- O ***ligamento da patela*** se estende da patela até a tíbia e reforça a face anterior da articulação.
- O ***ligamento poplíteo oblíquo*** reforça a face posterior da articulação.

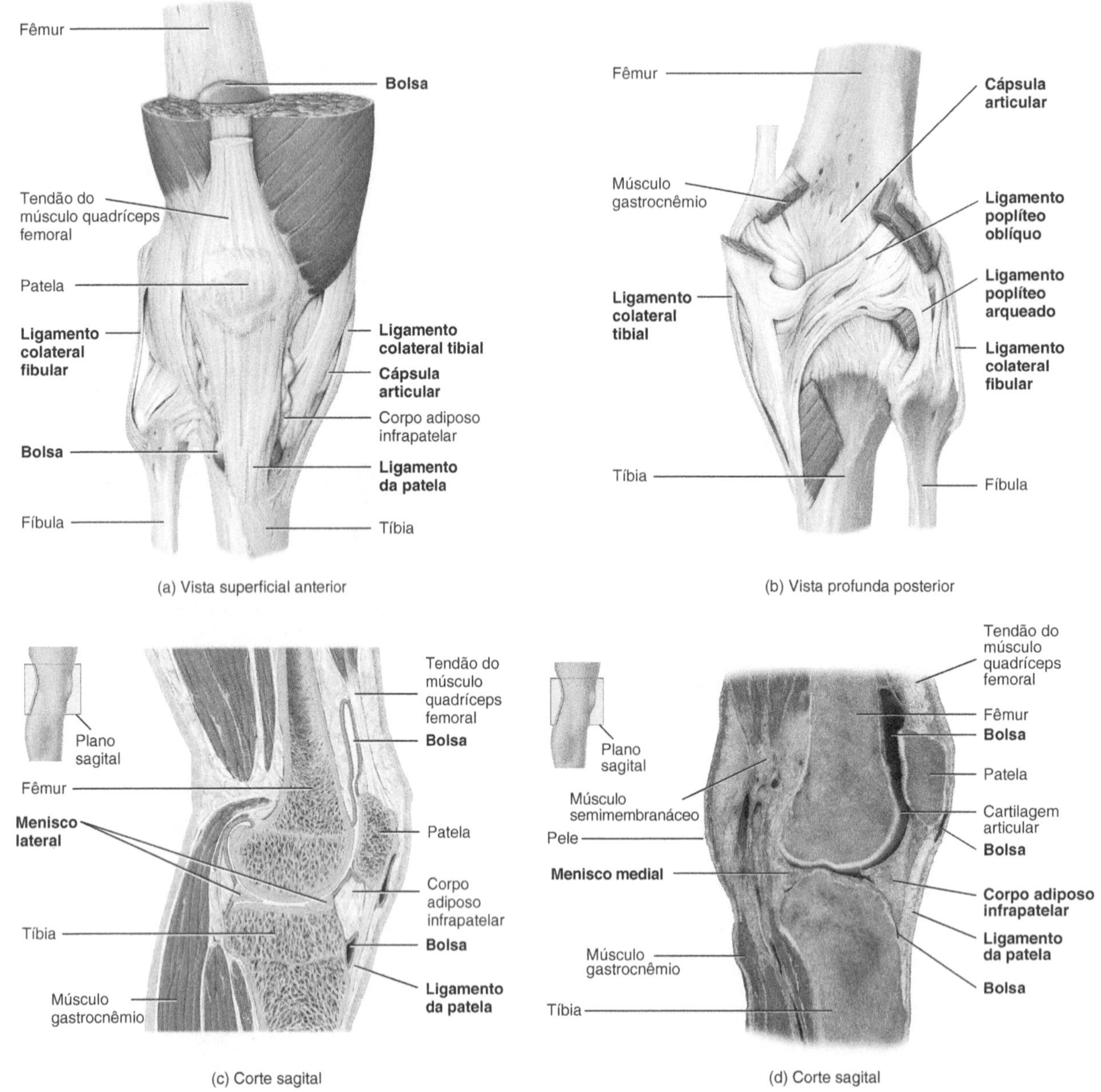

Quais estruturas são danificadas na lesão do joelho chamada cartilagem rompida?

Figura 7.11 Estrutura da articulação do joelho direito. *(Continua)*

A articulação do joelho é a maior e mais complexa articulação do corpo.

CONTINUA

QUADRO 7.1 Articulação do joelho *(Figs. 7.11 e 7.12)* CONTINUAÇÃO

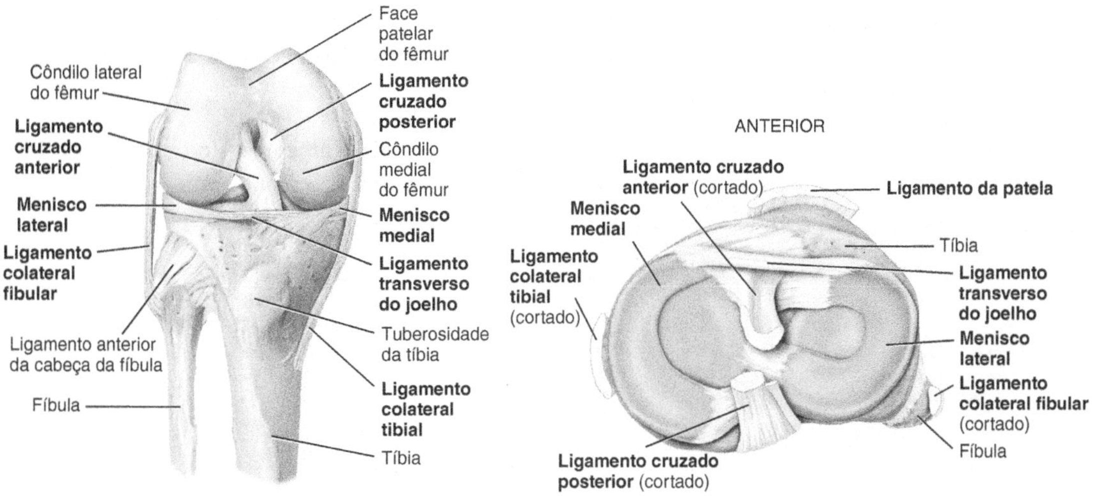

(e) Vista profunda anterior

(f) Vista superior dos meniscos

Figura 7.11 **(*Continuação*) Estrutura da articulação do joelho direito.**

- O ***ligamento poplíteo arqueado*** reforça a parte lateral inferior da face posterior da articulação.
- O ***ligamento colateral tibial*** reforça a face medial da articulação.
- O ***ligamento colateral fibular*** reforça a face lateral da articulação.
- O ***ligamento cruzado anterior*** (***LCA***) se estende posterolateralmente da tíbia até o fêmur. O LCA limita a hiperextensão do joelho e impede o deslizamento anterior da tíbia sobre o fêmur. O LCA é estirado ou rompido em aproximadamente 70% de todas as lesões graves do joelho.
- O ***ligamento cruzado posterior*** (***LCP***) se estende anteromedialmente da tíbia até o fêmur. O LCP impede o deslizamento posterior da tíbia sobre o fêmur.
- Os ***meniscos***, discos de fibrocartilagem entre os côndilos tibiais e femorais, ajudam a compensar as formas irregulares dos ossos articulantes e a circular a sinóvia. Os dois meniscos da articulação do joelho são o ***menisco medial***, uma peça semicircular de fibrocartilagem, na parte medial do joelho, e o ***menisco lateral***, uma peça aproximadamente circular de fibrocartilagem, na parte lateral do joelho. Os meniscos estão conectados um ao outro pelo ***ligamento transverso do joelho***.
- As ***bolsas***, estruturas saculiformes preenchidas com líquido, ajudam a reduzir o atrito.

As articulações que foram gravemente danificadas por doenças, como artrite, ou por lesões podem ser reparadas cirurgicamente por articulações artificiais, em um procedimento referido como ***artroplastia***. Embora a maioria das articulações no corpo seja submetida à artroplastia, as mais comumente substituídas são as dos quadris, dos joelhos e dos ombros. Durante o procedimento, as extremidades dos ossos danificados são removidas, e componentes de metal, cerâmica ou plástico são fixados no lugar. Os objetivos da artroplastia são aliviar a dor e aumentar a amplitude do movimento.

As ***substituições da articulação do joelho*** são, na verdade, uma restauração da cartilagem, e podem ser parciais ou totais. Na ***substituição total da articulação do joelho***, a cartilagem danificada é removida da extremidade distal do fêmur, da extremidade proximal da tíbia e da face posterior da patela (se a face posterior da patela não estiver muito danificada, pode ser deixada intacta) (Fig. 7.12). O fêmur é remodelado e equipado com um componente femoral de metal, cimentado no local. A tíbia é remodelada e equipada com um componente tibial plástico, que é cimentado no local. Se a face posterior da patela estiver muito danificada, é substituída por um componente patelar plástico.

Em uma ***substituição parcial da articulação do joelho***, somente um lado da articulação do joelho é substituída. Assim que a cartilagem danificada é removida da extremidade distal do fêmur, este é remodelado, e um componente femoral de metal é cimentado no lugar. Em seguida, a cartilagem danificada da extremidade proximal da tíbia é removida, junto com o menisco. A tíbia é remodelada e equipada com um componente tibial plástico, que é cimentado no lugar.

CONTINUA

QUADRO 7.1 A articulação do joelho *(Figs. 7.11 e 7.12)* CONTINUAÇÃO

Os pesquisadores estão continuamente buscando melhorar a resistência do cimento e imaginar formas para estimular o crescimento ósseo em torno da área implantada. As complicações potenciais da artroplastia incluem infecção, coágulos sanguíneos, enfraquecimento ou deslocamento dos componentes de substituição e lesão nervosa.

Com o aumento da sensibilidade dos detectores de metal em aeroportos e outras áreas públicas, é possível que as substituições articulares de metal possam ativá-los.

TESTE SUA COMPREENSÃO

Quais ligamentos reforçam a face posterior da articulação do joelho?

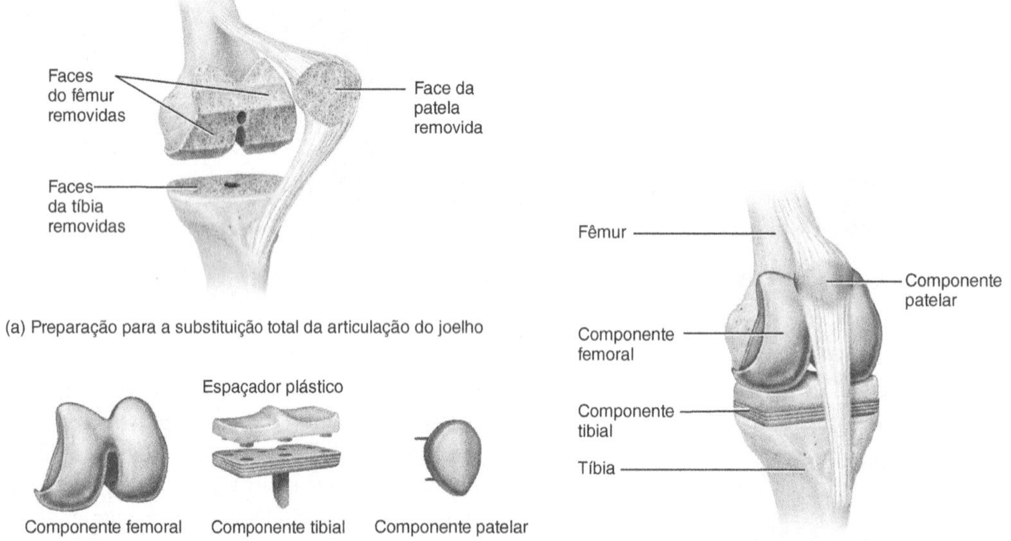

(a) Preparação para a substituição total da articulação do joelho

(b) Componentes da articulação artificial do joelho antes da implantação

(c) Componentes implantados de uma substituição total da articulação do joelho

Quais são os objetivos da artroplastia?

Figura 7.12 **Substituição total da articulação do joelho.**

Na substituição total da articulação do joelho, a cartilagem danificada é removida do fêmur, da tíbia e da patela, e substituída por componentes artificiais.

7.7 Envelhecimento e articulações

OBJETIVO

- Explicar **os efeitos do envelhecimento sobre as articulações.**

O envelhecimento geralmente resulta na redução da produção de sinóvia nas articulações. Além disso, a cartilagem articular se torna mais fina com a idade, e os ligamentos diminuem e perdem parte de sua flexibilidade. Os efeitos do envelhecimento sobre as articulações são influenciados por fatores genéticos e por uso e desgaste, e variam consideravelmente de uma pessoa para outra. Embora as alterações degenerativas nas articulações possam começar a partir dos 20 anos de idade, a maioria das alterações ocorre muito mais tarde. Por volta dos 80 anos, quase todos desenvolvem algum tipo de degeneração nos joelhos, cotovelos, quadris e ombros. É também comum indivíduos idosos desenvolverem alterações degenerativas na coluna vertebral, resultando em postura arqueada e pressão sobre as raízes nervosas. Um tipo de artrite, chamada osteoartrite, está pelo menos parcialmente relacionada à idade. Quase todos com idade acima de 70 anos apresentam indícios de algumas alterações osteoartríticas. (Para ler mais sobre osteoartrite, veja a seção Distúrbios Comuns.) Alongamento e exercícios aeróbios que tentam manter uma ROM completa são úteis para minimizar os efeitos do envelhecimento; eles ajudam a manter o funcionamento eficaz de ligamentos, tendões, músculos, sinóvia e cartilagem articular.

TESTE SUA COMPREENSÃO

9. Quais articulações mostram indícios de degeneração em quase todos os indivíduos, conforme o envelhecimento progride?

• • •

Agora que você tem uma compreensão básica dos ossos e das articulações, examinaremos a estrutura e as funções do tecido muscular e dos músculos. Desse modo, você entenderá como os ossos, as articulações e os músculos trabalham em conjunto para produzir os vários movimentos.

DISTÚRBIOS COMUNS

Lesões articulares comuns

A ***lesão do manguito rotador*** é uma distensão ou ruptura nos músculos do manguito rotador (ver Fig. 8.19) e é uma lesão comum entre arremessadores de beisebol e jogadores de voleibol, tenistas, nadadores e violinistas, em decorrência dos movimentos do ombro, que incluem circundução vigorosa. Ocorre também como resultado de desgaste pelo uso, envelhecimento, trauma, postura inadequada, levantamento incorreto de pesos e movimentos repetitivos em determinadas ocupações, como colocar itens em uma prateleira acima da cabeça. Com mais frequência, há uma ruptura do tendão do músculo supraespinal do manguito rotador. Esse tendão está especialmente predisposto ao desgaste pelo uso, em razão de sua localização entre a cabeça do úmero e o acrômio da escápula, que comprime o tendão durante os movimentos do ombro. Postura inadequada e mecânica corporal deficiente também aumentam a compressão do tendão do músculo supraespinal.

Um ***deslocamento do ombro*** (***ombro separado***) é uma lesão da articulação acromioclavicular, a articulação formada pelo acrômio da escápula e a extremidade acromial da clavícula. Acontece mais frequentemente por trauma violento, como pode acontecer em uma queda quando o ombro se choca contra o solo.

O ***cotovelo de tenista*** se refere, mais comumente, à dor no epicôndilo lateral do úmero ou próximo dele, geralmente provocada por um golpe com o dorso da mão (*backhand*) inadequadamente executado. Os músculos extensores sofrem luxação ou entorse, resultando em dor. ***Epicondilite do jogador de beisebol da liga juvenil*** é uma inflamação do epicôndilo medial e normalmente se desenvolve em razão de um cronograma intenso de arremessos ou lançamento de muitas bolas curvas, em especial em pessoas mais jovens. Nessa lesão, o cotovelo pode se alargar, fragmentar ou separar.

Uma ***luxação da cabeça do rádio*** é a luxação mais comum do membro superior em crianças. Nessa lesão, a cabeça do rádio desliza ou rompe o ligamento que forma um colar ao redor da cabeça do rádio na articulação radioulnar proximal. A luxação tende a ocorrer quando um forte puxão é aplicado ao antebraço, enquanto está estendido e supinado, por exemplo, quando se balança uma criança com os braços esticados.

A articulação do joelho é a articulação mais vulnerável à lesão, porque é uma articulação móvel, que sustenta peso, e sua estabilidade depende quase inteiramente de seus ligamentos e músculos associados. Além disso, não existe correspondência dos ossos articulantes. Uma ***tumefação no joelho*** pode ocorrer imediatamente ou horas após uma lesão. A tumefação inicial é decorrente do extravasamento de sangue dos vasos sanguíneos danificados adjacentes às áreas que envolvem ruptura do LCA, dano às membranas sinoviais, laceração dos meniscos, fraturas ou entorse do ligamento colateral. A tumefação tardia é consequência da produção excessiva de sinóvia, uma condição comumente referida como "água no joelho". Um tipo comum de lesão do joelho, no futebol americano, é o ***rompimento dos ligamentos colaterais tibiais***, frequentemente associado à laceração do LCA e do menisco medial (cartilagem rompida). Em geral, um forte golpe na região lateral do joelho, enquanto o pé está fixo no solo, provoca a lesão. Uma ***luxação do joelho*** se refere ao deslocamento da tíbia em relação ao fêmur. O tipo mais comum é a luxação anterior, resultante da hiperextensão do joelho. Uma consequência frequente da luxação do joelho é a lesão da artéria poplítea.

Reumatismo e artrite

Reumatismo é qualquer distúrbio doloroso das estruturas de sustentação do corpo – ossos, ligamentos, tendões ou músculos – que não é provocado por infecção ou lesão. ***Artrite*** é uma forma de reumatismo na qual as articulações estão intumescidas, enrijecidas e dolorosas. Afeta aproximadamente 45 milhões de pessoas nos Estados Unidos e é a principal causa de incapacidade física entre adultos acima de 65 anos de idade.

Artrite reumatoide (***AR***) é uma doença autoimune na qual o sistema imunológico ataca os tecidos do próprio corpo – nesses casos, suas cartilagens e revestimentos articulares. A manifestação primária da AR é a inflamação da membrana sinovial. A AR é caracterizada pela inflamação da articulação, que causa rubor, calor, inchaço, dor e perda de função.

Osteoartrite é uma doença articular degenerativa na qual a cartilagem epifisial é gradualmente perdida. Resulta de uma combinação de envelhecimento, irritação das articulações, fraqueza muscular, desgaste e abrasão. Comumente conhecida como artrite degenerativa, a osteoartrite é o tipo mais comum de artrite. A principal distinção entre osteoartrite e AR é que a osteoartrite compromete primeiro as grandes articulações (joelhos, quadris), e a AR afeta primeiro as articulações menores, como aquelas dos dedos da mão. Um tratamento relativamente novo para a osteoartrite de algumas articulações é chamado de *viscossuplementação*, na qual ácido hialurônico é injetado na articulação para fornecer lubrificação. Os resultados em geral são tão bons quanto aqueles incluindo o uso de corticosteroides.

Luxação e entorse

Uma ***luxação*** é uma inclinação ou torção forçada de uma articulação que estira ou rompe seus ligamentos, mas não desloca os ossos. Ocorre quando os ligamentos são forçados além de sua capacidade normal. As luxações graves podem ser tão dolorosas que não é possível mover a articulação. Ocorre tumefação considerável, resultante das substâncias químicas liberadas pelas células danificadas e da hemorragia dos vasos sanguíneos rompidos. A parte lateral da articulação talocrural é mais frequentemente luxada; o carpo (pulso) é outra área frequentemente luxada. Uma ***entorse*** é o estiramento ou a laceração parcial de um tendão ou músculo. Ocorre frequentemente quando um músculo se contrai súbita e vigorosamente – como, por exemplo, os músculos da perna de velocistas quando arrancam de uma posição agachada nos blocos de partida.

Inicialmente, luxações devem ser tratadas com ***PRICE***: proteção, repouso, insensibilização, compressão e elevação. O tratamento PRICE pode ser usado em entorses musculares, inflamação articular, suspeitas de fratura e contusões. Os cinco componentes do tratamento PRICE são como se segue:

- ***Proteção*** significa proteger a lesão contra dano posterior; por exemplo, interromper a atividade, usar compressa e proteção, e usar tala, tipoia ou muletas, se necessário.
- ***Repouso*** é o descanso da área lesada para evitar dano futuro aos tecidos, como evitar exercício ou outras atividades que provocam dor ou tumefação à área lesada. Repouso é necessário para restabelecimento. Exercitar-se antes da cura de uma lesão pode aumentar a probabilidade de nova lesão.
- ***Insensibilização (ice)*** da área lesada com gelo deve ser feita o mais rápido possível. A aplicação de gelo diminui o fluxo sanguíneo para a área, reduz a tumefação e alivia a dor. Para o gelo atuar de maneira eficiente, deve-se aplicar durante 20 minutos, descansar 40 minutos e aplicar novamente durante 20 minutos, e assim por diante.
- ***Compressão*** por enfaixamento ou atadura ajuda a reduzir a tumefação. É preciso tomar cuidado para comprimir apenas a área lesada, sem bloquear o fluxo de sangue.
- ***Elevação*** da área lesada acima do nível do coração, quando possível, reduz o potencial de tumefação.

TERMINOLOGIA E CONDIÇÕES MÉDICAS

Artralgia Dor em uma articulação.

Bursectomia Remoção de uma bolsa sinovial.

Condrite Inflamação da cartilagem.

Deslocamento ou *luxação* Deslocamento de um osso de uma articulação com laceração de ligamentos, tendões e cápsulas articulares. Um deslocamento parcial ou incompleto é chamado de *subluxação*.

Sinovite Inflamação de uma membrana sinovial em uma articulação.

REVISÃO DO CAPÍTULO

7.1 Classificação das articulações

1. Uma **articulação** (juntura) é um ponto de contato entre dois ossos, entre cartilagem e osso, ou entre dentes e osso.
2. A estrutura de uma articulação determina a sua combinação de resistência e flexibilidade.
3. A classificação estrutural é baseada na presença ou ausência de uma cavidade articular e no tipo de tecido de conexão. Estruturalmente, as articulações são classificadas como **fibrosa**, **cartilagínea** ou **sinovial**.
4. A classificação funcional das articulações é baseada no grau de movimento permitido. Uma articulação pode ser uma **sinartrose** (fixa), uma **anfiartrose** (levemente móvel) ou uma **diartrose** (livremente móvel).

7.2 Articulações fibrosas

1. Nas **articulações fibrosas**, não existe cavidade articular, e os ossos são unidos por tecido conectivo denso não modelado.
2. Uma articulação fibrosa pode ser uma **sindesmose** ligeiramente móvel (como a articulação distal entre a tíbia e a fíbula, e uma gonfose fixa, como a raiz de um dente no alvéolo da mandíbula ou maxila), uma **sutura** fixa ou ligeiramente móvel (encontrada entre os ossos do crânio), ou uma **membrana interóssea** ligeiramente móvel (encontrada entre o rádio e a ulna, e entre a tíbia e a fíbula).

7.3 Articulações cartilagíneas

1. Nas articulações cartilagíneas, não existe cavidade articular, e os ossos são unidos por **cartilagem**.
2. Essas articulações incluem **sincondroses** fixas, unidas por cartilagem hialina (lâminas epifisiais), e **sínfises** levemente móveis, unidas por fibrocartilagem (sínfise púbica).

7.4 Articulações sinoviais

1. Uma **articulação sinovial** contém uma **cavidade articular**. Todas as articulações sinoviais são diartroses.
2. Outras características de uma articulação sinovial são a presença de cartilagem articular e de uma **cápsula articular**, constituída por uma **membrana fibrosa** e uma **membrana sinovial**.
3. A membrana sinovial secreta **sinóvia**, que forma uma película viscosa fina sobre as faces internas da cápsula articular.
4. Muitas articulações sinoviais também contêm **ligamentos acessórios** e **discos articulares**.
5. As **bolsas** sinoviais são estruturas saculares, semelhantes em estrutura às cápsulas articulares, que reduzem o atrito nas articulações, como nas articulações do ombro e do joelho.

7.5 Tipos de movimentos nas articulações sinoviais

1. Em um movimento de **deslizamento**, as faces quase planas dos ossos se movem para a frente e para trás e látero-lateralmente.
2. Nos **movimentos angulares**, há uma alteração no ângulo entre os ossos. Exemplos são **flexão-extensão**, **hiperextensão**, **abdução-adução** e **circundução**.
3. Na **rotação**, um osso se move ao redor do seu próprio eixo longitudinal.
4. Os **movimentos especiais** ocorrem em articulações sinoviais específicas no corpo. Exemplos são os seguintes: **elevação-depressão**, **protração-retração**, **inversão-eversão**, **dorsiflexão-flexão plantar** e **supinação-pronação**.

7.6 Tipos de articulações sinoviais

1. Os tipos de articulações sinoviais são plana, gínglimo, trocóidea, elipsóidea, selar e esferóidea.
2. Nas **articulações planas**, as faces articulantes são achatadas, e os ossos deslizam para a frente e para trás e látero-lateralmente (muitas são biaxiais); além disso, permitem rotação (triaxiais). Exemplos de articulações planas são as articulações entre os ossos carpais e aquelas entre os ossos tarsais.
3. Em um **gínglimo**, a face convexa de um osso se encaixa na face côncava de outro osso, e o movimento é angular, em torno de um eixo (monoaxial). Exemplos são as articulações do cotovelo, do joelho (um gínglimo modificado) e talocrural.
4. Em uma **articulação trocóidea**, uma face arredondada ou pontiaguda de um osso se encaixa em um anel formado por outro osso e por um ligamento, e o movimento é rotacional (monoaxial); exemplos são as articulações atlantoaxial e radiulnar.
5. Em uma **articulação elipsóidea**, uma projeção oval de um osso se encaixa em uma cavidade oval de outro osso, e o movimento é angular, em torno de dois eixos (biaxial); exemplos incluem a articulação do carpo (pulso) e as articulações metacarpofalângicas dos dedos indicador ao mínimo.
6. Em uma **articulação selar**, a face articular de um osso tem o formato semelhante ao de uma sela, e o outro osso se encaixa na "sela" como um cavaleiro sentado; o movimento é angular, em torno de três eixos (triaxial). Um exemplo é a articulação carpometacarpal entre o trapézio e o metacarpal do polegar.
7. Em uma **articulação esferóidea**, a face esférica de um osso se ajusta na depressão caliciforme de outro osso; o movimento é em torno de três eixos (triaxial). Exemplos incluem as articulações do ombro e do quadril.
8. A articulação do joelho é uma diartrose que ilustra a complexidade desse tipo de articulação. Contém uma cápsula articular, vários ligamentos dentro e fora da articulação, **meniscos** e bolsas. **Artroplastia** se refere à reposição cirúrgica de articulações naturais gravemente danificadas por articulações artificiais.

7.7 Envelhecimento e as articulações

1. Com o envelhecimento, ocorre diminuição na sinóvia, adelgaçamento da cartilagem articular e diminuição da flexibilidade dos ligamentos.
2. A maioria dos indivíduos experimenta alguma degeneração nos joelhos, cotovelos, quadris e ombros, em consequência do processo de envelhecimento.

APLICAÇÕES DO PENSAMENTO CRÍTICO

1. Após o seu segundo exame de Anatomia e Fisiologia, você caiu sobre um joelho, inclinou a cabeça para trás, elevou um braço acima da cabeça, cerrou o punho, bombeou o braço para cima e para baixo e gritou "Sim!". Utilize os termos apropriados para descrever os movimentos realizados pelas várias articulações.
2. O quadril da sua tia Rosa a tem incomodado há anos, e agora ela mal consegue caminhar. O médico indicou uma substituição do quadril. "É uma daquelas articulações sinônimas", explicou tia Rosa. Qual tipo de articulação é a articulação do quadril? Quais tipos de movimentos pode realizar?
3. Lembra-se de Cátia, a jogadora de voleibol do Capítulo 6? O gesso finalmente foi retirado hoje. O ortopedista testou a ROM do joelho e declarou que o LCA parecia estar intacto. O que é o LCA? Como o LCA contribui para a estabilidade da articulação do joelho?
4. Vovó está com boa saúde, mas teve mais dificuldade para caminhar no ano passado. Ela não se queixa, mas simplesmente afirma: "É a maldição de se estar com 82! Eu só preciso comprar pernas novas!". Por que motivo você suspeita que ela esteja tendo dificuldade para caminhar? "Pernas novas" é uma opção?

RESPOSTAS ÀS QUESTÕES DAS FIGURAS

7.1 As suturas em um crânio adulto são sinartroses, porque são fixas; sindesmoses são classificadas como anfiartroses, porque são levemente móveis.

7.2 Cartilagem hialina une uma sincondrose, e fibrocartilagem une uma sínfise.

7.3 As articulações sinoviais são diartroses, articulações livremente móveis.

7.4 Movimentos de deslizamento ocorrem nas articulações intercarpais e intertarsais.

7.5 A disposição dos ligamentos e dos ossos impede a hiperextensão em algumas articulações sinoviais.

7.6 Quando você aduz seu braço ou sua perna, você os traz para mais perto da linha mediana do corpo; desse modo, você os "adiciona" ao tronco.

7.7 A circundução ocorre na articulação do ombro e na articulação do quadril.

7.8 A face anterior de um osso ou membro gira na direção da linha mediana na rotação medial, e para longe da linha mediana na rotação lateral.

7.9 Levar os braços para a frente até os cotovelos se tocarem é um exemplo de protração.

7.10 Articulações esferóideas permitem a maior amplitude de movimento.

7.11 Nas lesões de cartilagem rompida no joelho, os meniscos são danificados.

7.12 Os objetivos da artroplastia são aliviar a dor e aumentar a amplitude do movimento.

CAPÍTULO 8

SISTEMA MUSCULAR

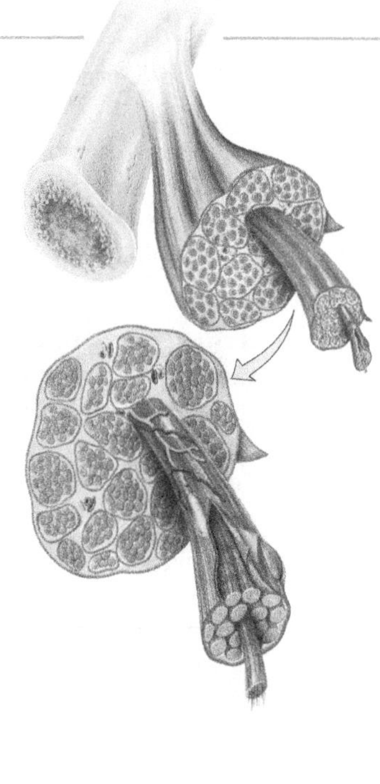

Movimentos, como jogar uma bola, andar de bicicleta e caminhar, requerem uma interação entre ossos e músculos. Para compreender como os músculos produzem diferentes movimentos, você aprenderá onde os músculos se fixam nos ossos individuais e os tipos de articulações acionadas pelos músculos em contração. Ossos, músculos e articulações formam, em conjunto, um sistema integrado, chamado *sistema musculosquelético*. O estudo científico dos músculos é conhecido como *miologia*. O ramo da ciência médica relacionado com a prevenção ou a correção dos distúrbios do sistema musculosquelético é chamado *ortopedia*.

OLHANDO PARA TRÁS PARA AVANÇAR...

Tecido muscular (Seção 4.5)
Trifosfato de adenosina (Seção 2.2)
Divisões do sistema esquelético (Seção 6.6)
Articulações (Seção 7.1)
Tipos de movimentos nas articulações sinoviais (Seção 7.5)

8.1 Visão geral do tecido muscular

OBJETIVO

- Descrever os tipos de tecido muscular e suas funções.

Tipos de tecido muscular

Dependendo do percentual de gordura corporal, do sexo e do programa de exercícios, o tecido muscular constitui aproximadamente 40 a 50% do peso corporal total e é composto por células muito especializadas. Lembre-se, do Capítulo 4, de que os três tipos de tecido muscular são o esquelético, o cardíaco e o liso. Como seu nome indica, a maior parte do ***tecido muscular esquelético*** está fixada aos ossos e move partes do esqueleto. Ele é ***estriado***; isto é, tem *estrias*, ou faixas proteicas claras e escuras alternadas, que são visíveis ao microscópio (ver Fig. 8.2). Como o músculo esquelético é estimulado a se contrair e relaxar por controle consciente, é ***voluntário***. Em virtude da presença de um pequeno número de células que sofre divisão celular, o músculo esquelético possui uma capacidade limitada de regeneração.

O ***tecido muscular cardíaco***, encontrado somente no coração, forma a maior parte da parede cardíaca. O coração bombeia sangue por meio dos vasos sanguíneos para todas as partes do corpo. Assim como o tecido muscular esquelético, o tecido muscular cardíaco é ***estriado***. No entanto, diferentemente do tecido muscular esquelético, é ***involuntário***: suas contrações não estão sujeitas ao controle consciente. O músculo cardíaco se regenera em determinadas condições. Por exemplo, em resposta ao dano às células cardíacas, parece que as células-tronco migram do sangue para o coração, e se desenvolvem em células musculares cardíacas funcionais para reparar o dano.

O ***tecido muscular liso*** está localizado nas paredes das estruturas ocas internas, como vasos sanguíneos, vias respiratórias, estômago e intestinos. Participa dos processos internos, como digestão e regulação da pressão sanguínea. O músculo liso é ***não estriado*** (sem estrias) e ***involuntário*** (não submetido a controle consciente). Apesar de o tecido muscular liso possuir capacidade considerável de regeneração quando comparado a outros tecidos musculares, essa capacidade é limitada quando comparado a outros tipos de tecidos, como, por exemplo, o tecido epitelial.

Funções do tecido muscular

Por meio de contração prolongada ou contração alternada e relaxamento, o tecido muscular possui quatro funções básicas: produção dos movimentos do corpo, estabilização das posições corporais, armazenamento e movimentação de substâncias dentro do corpo e geração de calor.

1. **Produção dos movimentos do corpo.** Os movimentos corporais, como caminhar, correr, escrever ou balançar a cabeça, dependem do funcionamento integrado de músculos esqueléticos, ossos e articulações.
2. **Estabilização das posições do corpo.** As contrações do músculo esquelético estabilizam articulações e ajudam a manter as posições do corpo,

como ficar de pé ou sentar. Os músculos posturais se contraem continuamente quando uma pessoa está desperta; por exemplo, as contrações prolongadas dos músculos do pescoço mantêm a cabeça ereta.

3. **Armazenamento e movimentação das substâncias dentro do corpo.** O armazenamento é realizado por contrações prolongadas de camadas circulares de músculo liso, chamadas *esfíncteres*, que impedem a saída do conteúdo de um órgão oco. O armazenamento temporário de alimento no estômago ou de urina na bexiga urinária é possível porque esfíncteres do músculo liso fecham as saídas desses órgãos. As contrações do músculo cardíaco bombeiam sangue pelos vasos sanguíneos do corpo. A contração e o relaxamento do músculo liso, nas paredes dos vasos sanguíneos, ajudam a ajustar o diâmetro dos vasos sanguíneos e, portanto, regulam o fluxo de sangue. As contrações do músculo liso também movem alimento e outras substâncias pelo trato gastrintestinal, empurram os gametas (espermatozoides e ovócitos) pelos sistemas genitais e impulsionam a urina pelo sistema urinário. As contrações do músculo esquelético ajudam o retorno de sangue, nas veias, para o coração.
4. **Geração de calor.** Quando o tecido muscular se contrai, gera calor. Muito do calor liberado pelos músculos é usado para manter a temperatura normal do corpo. As contrações involuntárias do músculo esquelético, conhecidas como calafrios, ajudam a aquecer o corpo, aumentando muito a intensidade da geração de calor.

TESTE SUA COMPREENSÃO

1. Quais características distinguem os três tipos de tecido muscular?
2. Quais são as funções gerais do tecido muscular?

8.2 Tecido muscular esquelético

OBJETIVOS

- Explicar as relações dos componentes do tecido conectivo, dos vasos sanguíneos e dos nervos com os músculos esqueléticos.
- Descrever a histologia de uma fibra muscular esquelética.

Cada ***músculo esquelético*** é um órgão separado, composto por centenas a milhares de células chamadas ***fibras musculares***, em razão de suas formas alongadas. Tecidos conectivos envolvem as fibras musculares e os músculos inteiros, e os vasos sanguíneos e os nervos penetram nos músculos (Fig. 8.1).

Componentes de tecido conectivo

O tecido conectivo envolve e protege o tecido muscular. A ***tela subcutânea*** ou *hipoderme*, que separa o músculo da pele, é composta por tecido conectivo areolar e tecido adiposo. Fornece uma via para nervos, vasos sanguíneos e vasos linfáticos entrarem e saírem dos músculos. O tecido adiposo da tela subcutânea armazena a maioria dos triglicerídeos do corpo, atua como uma camada isolante que reduz a perda de calor, e protege os músculos do trauma físico. ***Fáscia*** é uma bainha densa ou uma faixa larga de tecido conectivo denso não moderado, revestindo a parede do corpo e os membros, que sustenta e envolve músculos e outros órgãos do corpo. A fáscia permite o movimento livre dos músculos; transporta nervos, vasos sanguíneos e vasos linfáticos; e preenche os espaços entre os músculos.

Três camadas de tecido conectivo se estendem a partir da fáscia, para proteger e fortalecer o músculo esquelético (Fig. 8.1). O ***epimísio*** envolve todo o músculo. O ***perimísio*** envolve feixes de 10 a 100 ou mais fibras musculares no interior do músculo, chamadas ***fascículos***. Finalmente, o ***endomísio*** envolve cada fibra muscular individual. O epimísio, o perimísio e o endomísio se estendem além do músculo como um ***tendão*** – um cordão de tecido conectivo denso modelado, composto por feixes paralelos de fibras colágenas. Sua função é fixar um músculo a um osso. Um exemplo é o tendão do calcâneo (Aquiles) do músculo gastrocnêmio (ver Fig. 8.24a).

Inervação e suprimento sanguíneo

Os músculos esqueléticos são bem servidos de nervos e vasos sanguíneos (Fig. 8.1), ambos diretamente relacionados com contração, a principal característica do músculo. A contração muscular também requer uma boa quantidade de trifosfato de adenosina (ATP) e, portanto, grandes quantidades de nutrientes e oxigênio para a síntese de ATP. Além disso, os produtos residuais dessas reações produtoras de ATP precisam ser eliminados. Assim, a ação muscular prolongada depende de um rico suprimento sanguíneo para fornecer nutrientes e oxigênio e para remover resíduos.

Geralmente, uma artéria e uma ou duas veias acompanham cada nervo que penetra em um músculo esquelético. Dentro do endomísio, vasos sanguíneos microscópicos, chamados de vasos capilares, estão distribuídos de modo que cada fibra muscular está em contato próximo com um ou mais vasos capilares. Cada fibra muscular esquelética também faz contato com a porção terminal de um neurônio.

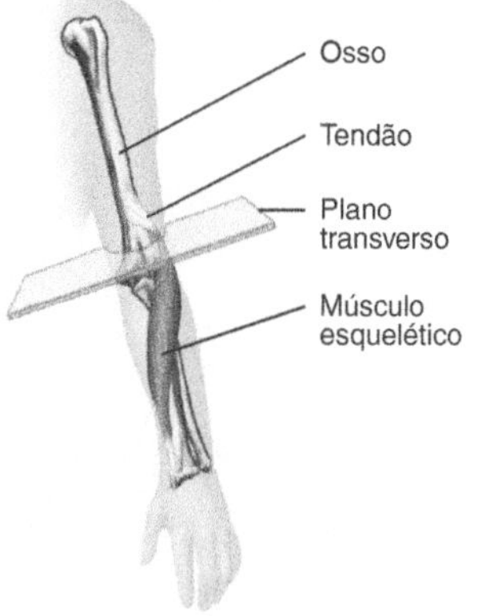

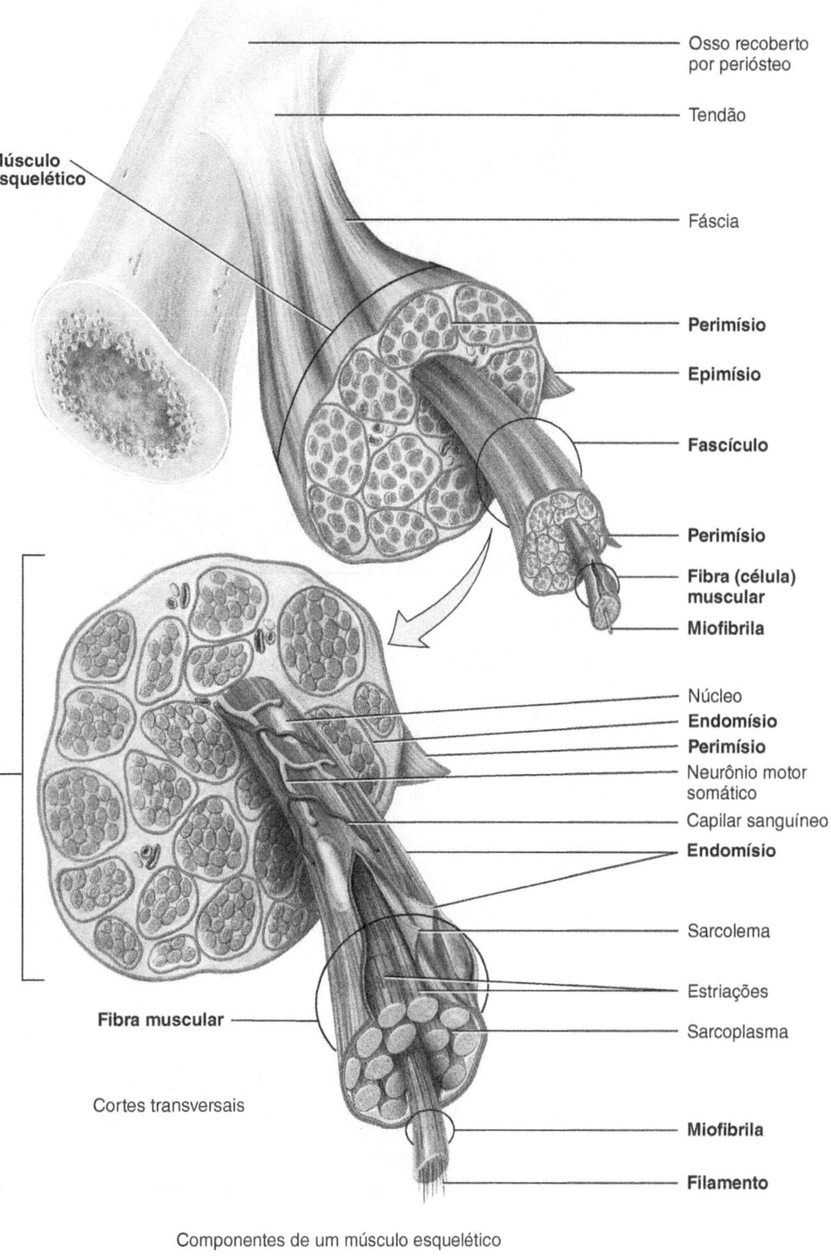

Componentes de um músculo esquelético

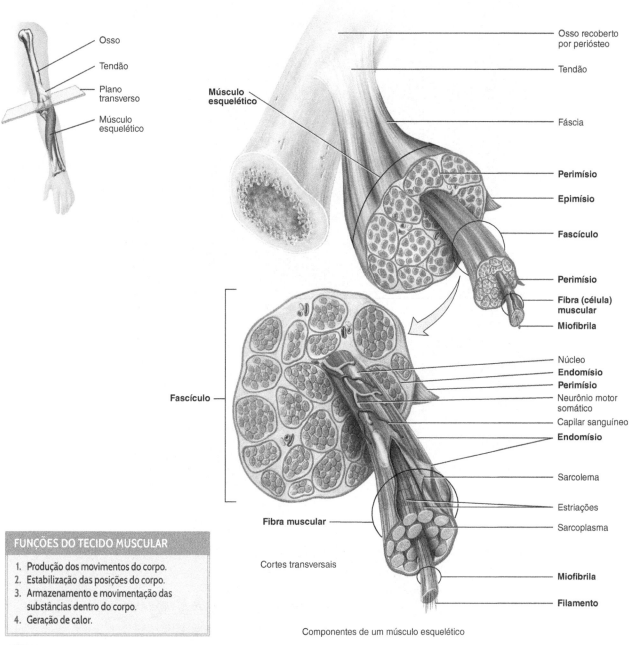

FUNÇÕES DO TECIDO MUSCULAR

1. Produção dos movimentos do corpo.
2. Estabilização das posições do corpo.
3. Armazenamento e movimentação das substâncias dentro do corpo.
4. Geração de calor.

Começando com o tecido conectivo que envolve uma fibra (célula) muscular individual e trabalhando em direção ao exterior, liste as camadas de tecido conectivo em ordem.

Figura 8.1 **Organização do músculo esquelético e seus revestimentos de tecido conectivo.**

Um músculo esquelético consiste em fibras (células) musculares individuais agrupadas em fascículos e envolvidas por três camadas de tecido conectivo.

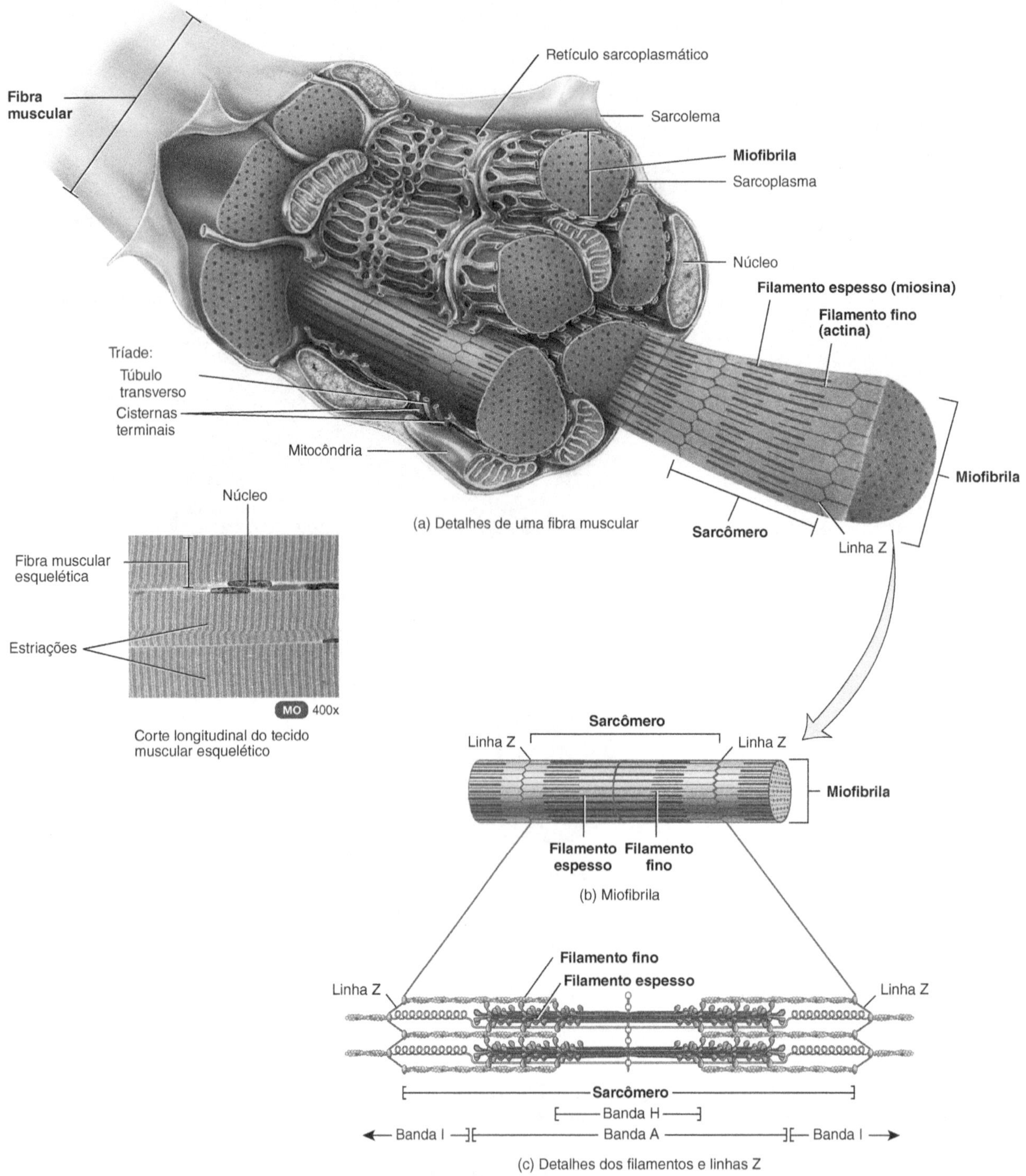

Quais filamentos fazem parte da banda A e da banda I?

Figura 8.2 **Organização do músculo esquelético, do nível macroscópico ao molecular.**

A organização estrutural de um músculo esquelético, do nível macroscópico ao microscópico, é como se segue: músculo esquelético, fascículo (feixe de fibras musculares), fibra muscular, miofibrila e filamentos fino e espesso.

Histologia

O exame microscópico de um músculo esquelético revela que ele consiste em milhares de células circulares alongadas, chamadas de ***fibras musculares***, dispostas paralelas umas às outras (Fig. 8.2a). Cada fibra muscular é revestida por uma membrana plasmática, chamada ***sarcolema***. ***Túbulos transversos*** (túbulos T) formam um túnel, desde a superfície em direção ao centro de cada fibra muscular. Núcleos múltiplos se situam na periferia da fibra abaixo do sarcolema. O citoplasma da fibra muscular, chamado ***sarcoplasma***, contém muitas mitocôndrias que produzem grande quantidade de ATP durante a contração muscular. Estendendo-se por todo o sarcoplasma, está o ***retículo sarcoplasmático***, uma rede de túbulos envolvidos por membrana e preenchidos por líquido (similares ao retículo endoplasmático liso), que armazena íons cálcio requeridos para a contração muscular. Presentes também no sarcoplasma encontram-se numerosas moléculas de ***mioglobina***, um pigmento avermelhado semelhante à hemoglobina no sangue. Além da cor característica que empresta ao músculo esquelético, a mioglobina armazena oxigênio até que seja exigido pela mitocôndria para gerar ATP.

Estendendo-se ao longo de todo o comprimento da fibra muscular, estão estruturas cilíndricas, chamadas ***miofibrilas***. Cada miofibrila, por sua vez, consiste em dois tipos de filamentos proteicos, chamados de ***filamentos finos*** e ***filamentos espessos*** (Fig. 8.2b), que não se estendem por todo o comprimento de uma fibra muscular. Os filamentos se sobrepõem em padrões específicos e formam compartimentos, chamados ***sarcômeros***, as unidades funcionais básicas das fibras musculares estriadas (Fig. 8.2b, c). Os sarcômeros estão separados um do outro por zonas em zigue-zague de material proteico denso, chamadas de ***linhas Z***. Dentro de cada sarcômero, uma área escura, chamada ***banda A***, se estende por todo o comprimento dos filamentos espessos. No centro de cada banda A, está uma ***banda H*** estreita, que contém somente os filamentos espessos. Em ambas as extremidades da banda A, filamentos finos e espessos se sobrepõem. Uma área de coloração mais clara em cada lado da banda A, chamada ***banda I***, contém o resto dos filamentos finos, mas sem filamentos espessos. Cada banda I se estende para dentro de dois sarcômeros, dividida ao meio por uma linha Z (ver Fig. 8.2c). A alternância de bandas A, mais escuras, e bandas I, mais claras, dá à fibra muscular sua aparência estriada.

Os filamentos espessos são compostos da proteína ***miosina***, que tem a forma de dois tacos de golfe entrelaçados (Fig. 8.3a). As *caudas da miosina* (cabos dos tacos de golfe) estão dispostas paralelas umas às outras, formando o corpo do filamento espesso. As cabeças dos tacos de golfe se projetam para fora, a partir da superfície do corpo. Essas cabeças salientes são referidas como *cabeças de miosina*.

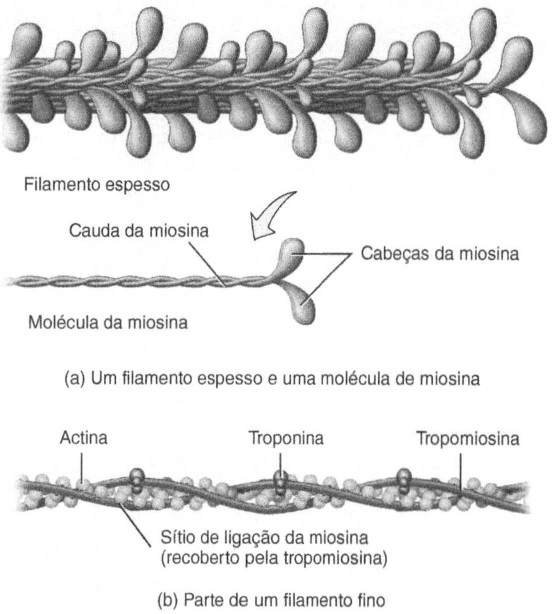

Quais proteínas estão presentes na banda A e na banda I?

Figura 8.3 Estrutura detalhada dos filamentos. (a) Aproximadamente 300 moléculas de miosina compõem um filamento espesso. Todas as caudas da miosina apontam em direção ao centro do sarcômero. (b) Os filamentos finos contêm actina, troponina e tropomiosina.

As miofibrilas contêm filamentos espessos e finos.

Os filamentos finos são ancorados nas linhas Z. Seu principal componente é a proteína ***actina***. Moléculas individuais de actina se unem para formar um filamento de actina, torcido em forma de hélice (Fig. 8.3b). Cada molécula de actina contém um sítio de ligação de miosina, no qual uma cabeça da miosina se fixa. Os filamentos finos contêm duas outras proteínas, ***tropomiosina*** e ***troponina***. Em um músculo relaxado, a miosina está impedida de se ligar à actina, porque os filamentos de tropomiosina recobrem os sítios de ligação de miosina na actina. Os filamentos de tropomiosina, por sua vez, são mantidos no lugar pelas moléculas de troponina. Você logo aprenderá que, quando íons cálcio (Ca^{2+}) se ligam à troponina, esta sofre uma alteração na forma; essa alteração move a tropomiosina para longe dos sítios de ligação de miosina na actina, e a contração muscular, subsequentemente, começa quando a miosina se liga à actina.

CORRELAÇÕES CLÍNICAS | Atrofia e hipertrofia muscular

Atrofia muscular é a redução dos músculos. As fibras musculares individuais diminuem em tamanho, em função da perda progressiva de miofibrilas. A atrofia que ocorre se os músculos não são usados é denominada *atrofia por desuso*. Indivíduos acamados e pessoas engessadas experimentam atrofia por desuso, porque o número de impulsos nervosos para o músculo inativo é consideravelmente reduzido. Se a inervação para um músculo é interrompida ou cortada, o músculo sofre *atrofia por desnervação*. Em um período de aproximadamente 6 meses a 2 anos, o músculo estará com um quarto do seu tamanho original, e as fibras musculares serão substituídas por tecido conectivo fibroso. A transição para tecido conectivo, quando completada, não pode ser revertida.

Hipertrofia muscular é um aumento no diâmetro da fibra muscular, em virtude da produção de mais miofibrilas, mitocôndrias, retículo sarcoplasmático e outras estruturas citoplasmáticas. A hipertrofia resulta de atividade muscular repetitiva muito intensa, como o treinamento de resistência. Como os músculos hipertrofiados contêm mais miofibrilas, são capazes de contrações muito mais vigorosas. •

TESTE SUA COMPREENSÃO

3. Quais tipos de revestimentos de tecido conectivo estão associados ao músculo esquelético?
4. Por que um rico suprimento sanguíneo é importante para a contração muscular?
5. O que é um sarcômero? O que ele contém?

8.3 Contração e relaxamento do músculo esquelético

OBJETIVOS

- Explicar como as fibras musculares esqueléticas se contraem e relaxam.

Junção neuromuscular

Antes da contração de um músculo esquelético, este precisa ser estimulado por um sinal elétrico chamado ***potencial de ação (PA) muscular***, transmitido por seu neurônio, chamado ***neurônio motor***. Um único neurônio motor juntamente com todas as fibras musculares que estimula são chamados ***unidade motora***. A estimulação de um neurônio motor provoca a contração de todas as fibras musculares nessa unidade motora ao mesmo tempo. Músculos que controlam movimentos precisos limitados, como os músculos que movem os olhos, possuem de 10 a 20 fibras musculares por unidade motora. Músculos do corpo responsáveis por movimentos vigorosos amplos, como o bíceps braquial no braço e o gastrocnêmio na perna, possuem pelo menos de 2.000 a 3.000 fibras musculares em algumas unidades motoras.

Quando o *axônio* (processo longo) de um neurônio motor entra em um músculo esquelético, se divide em ramificações chamadas *terminais axônicos*, que se aproximam do sarcolema de uma fibra muscular – mas não o tocam (Fig. 8.4a, b). As extremidades dos axônios terminais se alargam em dilatações conhecidas como ***botões terminais sinápticos***, que contêm *vesículas sinápticas* preenchidas com um *neurotransmissor químico*. A região do sarcolema, próximo do terminal axônico, é chamada ***placa motora terminal***. O espaço entre o botão terminal sináptico e a placa motora terminal é a ***fenda sináptica***. A sinapse formada entre os botões terminais sinápticos dos axônios terminais de um neurônio motor e a placa motora terminal de uma fibra muscular é conhecida como ***junção neuromuscular (JNM)***. Os botões terminais sinápticos formam a parte *neural* da JNM, ao passo que a placa motora terminal forma a parte *muscular* da JNM. Na JNM, um neurônio motor excita uma fibra muscular esquelética da seguinte forma (Fig. 8.4c):

1. **Liberação de acetilcolina**. A chegada do impulso nervoso aos botões terminais sinápticos desencadeia a liberação de ***acetilcolina (ACh)***. A ACh, em seguida, se difunde pela fenda sináptica entre o neurônio motor e a placa motora terminal.
2. **Ativação dos receptores de ACh**. A ligação da ACh ao seu receptor, na placa motora terminal, abre canais de cátions, especialmente íons sódio (Na^+), permitindo o influxo desses íons.
3. **Geração do PA muscular**. O influxo de Na^+ (ao longo do seu gradiente de concentração) gera um PA muscular. O PA muscular, em seguida, segue ao longo do sarcolema e pelos túbulos T. Cada impulso nervoso normalmente produz um PA. Se outro impulso nervoso libera mais ACh, então os passos (2) e (3) se repetem. Ver Seção 9.3 para detalhes da geração do impulso nervoso.
4. **Degradação da ACh**. O efeito da ACh é momentâneo, porque o neurotransmissor é rapidamente degradado na fenda sináptica por uma enzima chamada ***acetilcolinesterase (AChE)***.

Mecanismo dos filamentos deslizantes

Durante a contração muscular, as cabeças de miosina dos filamentos espessos tracionam os filamentos finos, provocando o deslizamento na direção do centro de um sarcômero (Fig. 8.5a, b). À medida que os filamentos finos deslizam, as bandas I e as bandas H se tornam mais estrei-

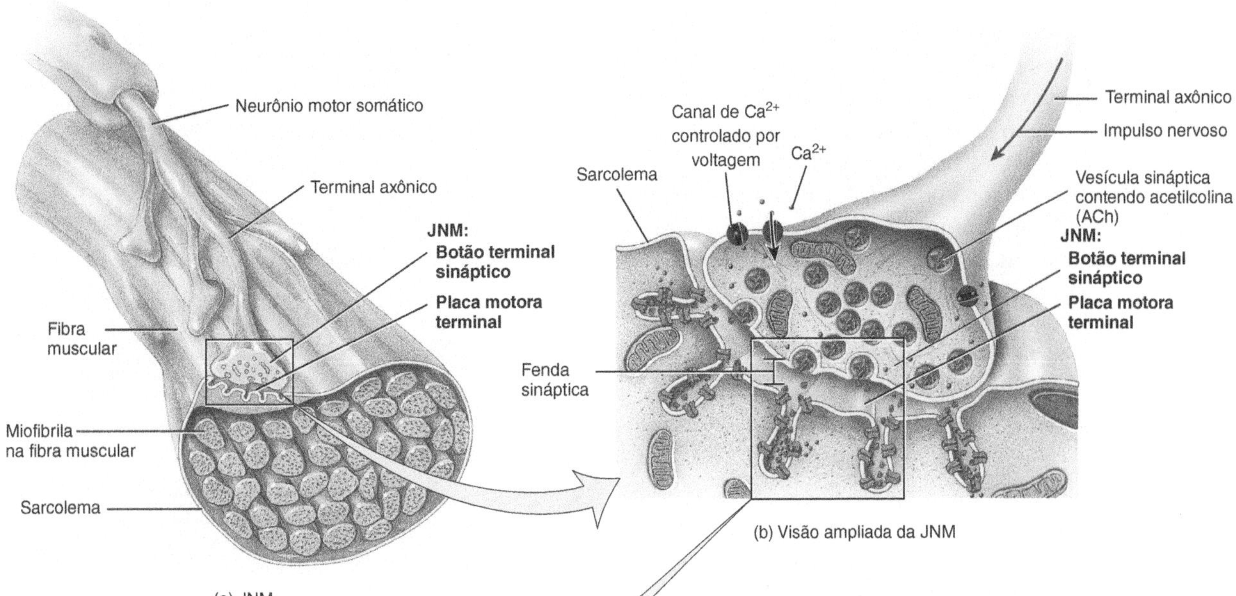

(a) JNM

(b) Visão ampliada da JNM

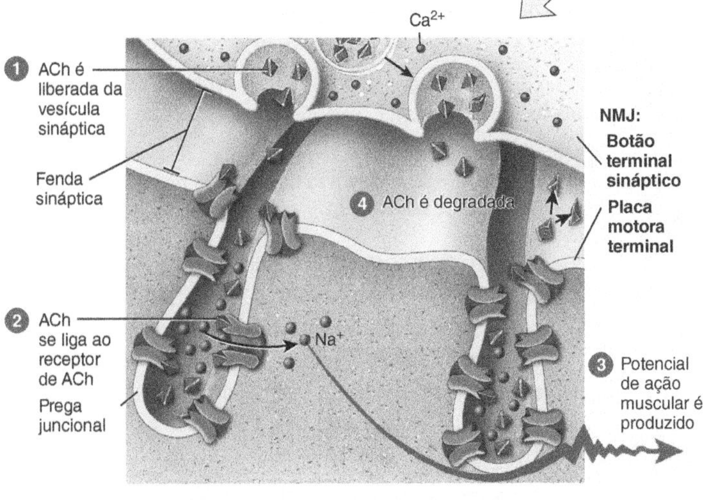

(c) Ligação da ACh aos receptores de ACh na placa motora terminal

CORRELAÇÕES CLÍNICAS | Funcionamento da JNM

O funcionamento da JNM é alterado por várias toxinas e fármacos. A toxina botulínica, produzida pela bactéria *Clostridium botulinum*, bloqueia a liberação de ACh. Como resultado, a contração muscular não ocorre. As bactérias proliferam em alimentos enlatados inadequadamente, e sua toxina é uma das substâncias químicas mais letais conhecidas. Uma minúscula quantidade provoca a morte por paralisia do diafragma, o principal músculo que promove a respiração. Todavia, também é a primeira toxina bacteriana a ser usada como um medicamento (Botox®). Injeções de Botox nos músculos afetados ajudam pacientes com *estrabismo* (olhos cruzados) ou *blefarospasmo* (fechamento incontrolável). Além disso, é usada como um tratamento estético para relaxar os músculos que provocam rugas faciais e para aliviar dor lombar crônica decorrente de espasmos musculares na região lombar. •

O que é a placa motora terminal?

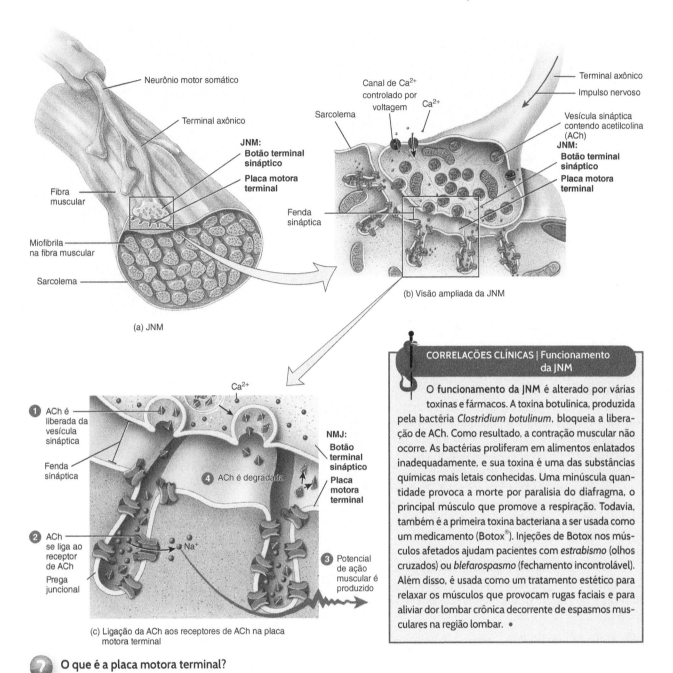

Figure 8.4 **Junção neuromuscular (JNM).**

Uma JNM inclui o terminal axônico de um neurônio motor mais a placa motora terminal de uma fibra muscular.

tas (Fig. 8.5b) e, finalmente, desaparecem por completo quando o músculo se contrai ao máximo (Fig. 8.5c).

Os filamentos finos deslizam além dos filamentos espessos, porque as cabeças de miosina se movem como os remos de um barco, tracionando as moléculas de actina dos filamentos finos. Embora o sarcômero encurte, em razão da crescente sobreposição dos filamentos finos e espessos, os comprimentos dos filamentos finos e espessos não se alteram. O deslizamento dos filamentos e o encurtamento do sarcômero, por sua vez, provocam o encurtamento das fibras musculares. Esse processo, o ***mecanismo dos filamentos deslizantes*** da contração muscular, ocorre somente quando o nível de Ca^{2+} é alto o suficiente e a ATP está disponível, por razões que você verá em breve.

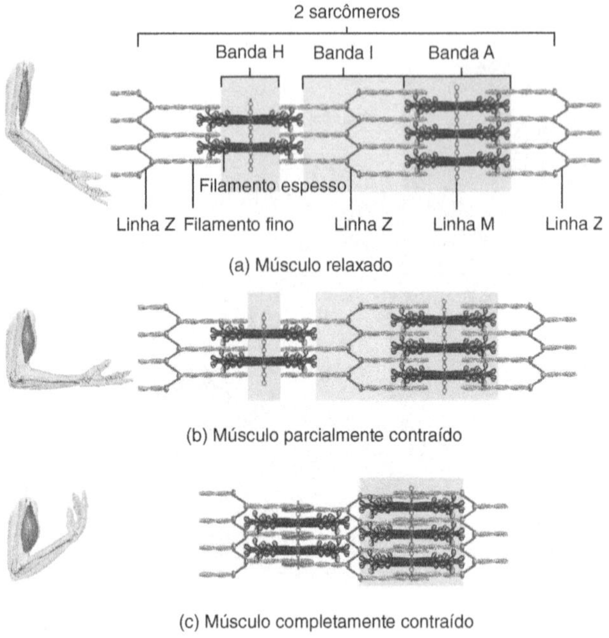

O que acontece às bandas I quando o músculo se contrai? Os comprimentos dos filamentos finos e espessos se alteram durante a contração?

Figura 8.5 Mecanismo dos filamentos deslizantes da contração muscular.

Durante a contração muscular, os filamentos finos se movem para dentro, em direção à banda H.

Fisiologia da contração

O Ca^{2+} e a energia, na forma de ATP, são necessários para a contração muscular. Quando uma fibra muscular está relaxada (não contraída), existe uma baixa concentração de Ca^{2+} no sarcoplasma, porque a membrana do retículo sarcoplasmático contém bombas de transporte ativo de Ca^{2+}, que continuamente transportam Ca^{2+} do sarcoplasma para o retículo sarcoplasmático (ver Fig. 8.7 7). Contudo, quando um PA muscular se propaga ao longo do sarcolema e no interior do sistema de túbulos transversos, os canais de liberação de Ca^{2+} se abrem (ver Fig. 8.7 4), permitindo que Ca^{2+} escape para o sarcoplasma. O Ca^{2+} se liga às moléculas de troponina, nos filamentos finos, provocando alteração na sua forma. Essa alteração na forma da troponina move a tropomiosina para longe dos sítios de ligação de miosina na actina (ver Fig. 8.7 5).

Assim que ocorre a exposição dos sítios de ligação de miosina, o ***ciclo de contração*** – a sequência repetitiva de eventos que fazem os filamentos deslizarem – começa, como mostrado na Figura 8.6:

1. **Hidrólise do ATP**. As cabeças de miosina contêm ATPase, uma enzima que hidrolisa ATP em difosfato de adenosina (ADP) e em um grupo fosfato (P). Essa reação de clivagem transfere energia para a cabeça de miosina, embora o ADP e o P permaneçam ligados a ela.
2. **Formação das pontes cruzadas**. As cabeças de miosina energizadas se fixam aos sítios de ligação de miosina na actina e liberam os grupos fosfato. Quando as cabeças de miosina se fixam à actina, durante a contração, são referidas como ***pontes cruzadas***.
3. **Movimento de tensão**. Após a formação das pontes cruzadas, ocorre o ***movimento de tensão***. Durante o movimento de tensão, as pontes cruzadas mudam sua conformação e liberam o ADP. A força produzida pela mudança conformacional de centenas de pontes cruzadas desliza o filamento fino sobre o filamento espesso, em direção ao centro do sarcômero.
4. **Ligação e separação do ATP**. Ao final do movimento de tensão, as pontes cruzadas permanecem firmemente fixadas à actina. Quando se ligam a outra molécula de ATP, as cabeças de miosina se soltam da actina.

Quando a miosina ATPase, novamente, hidrolisa o ATP, a cabeça de miosina está reorientada e energizada, pronta para se combinar com outro sítio de ligação de miosina mais adiante ao longo do filamento fino. O ciclo de contração se repete enquanto ATP e Ca^{2+} estão disponíveis no sarcoplasma. A todo instante, algumas das cabeças de miosina estão fixadas à actina, formando **pontes cruzadas** e gerando força, e outras cabeças estão separadas da actina e prontas para se ligarem novamente. Durante a contração máxima, o sarcômero encurta até a metade do seu comprimento em repouso.

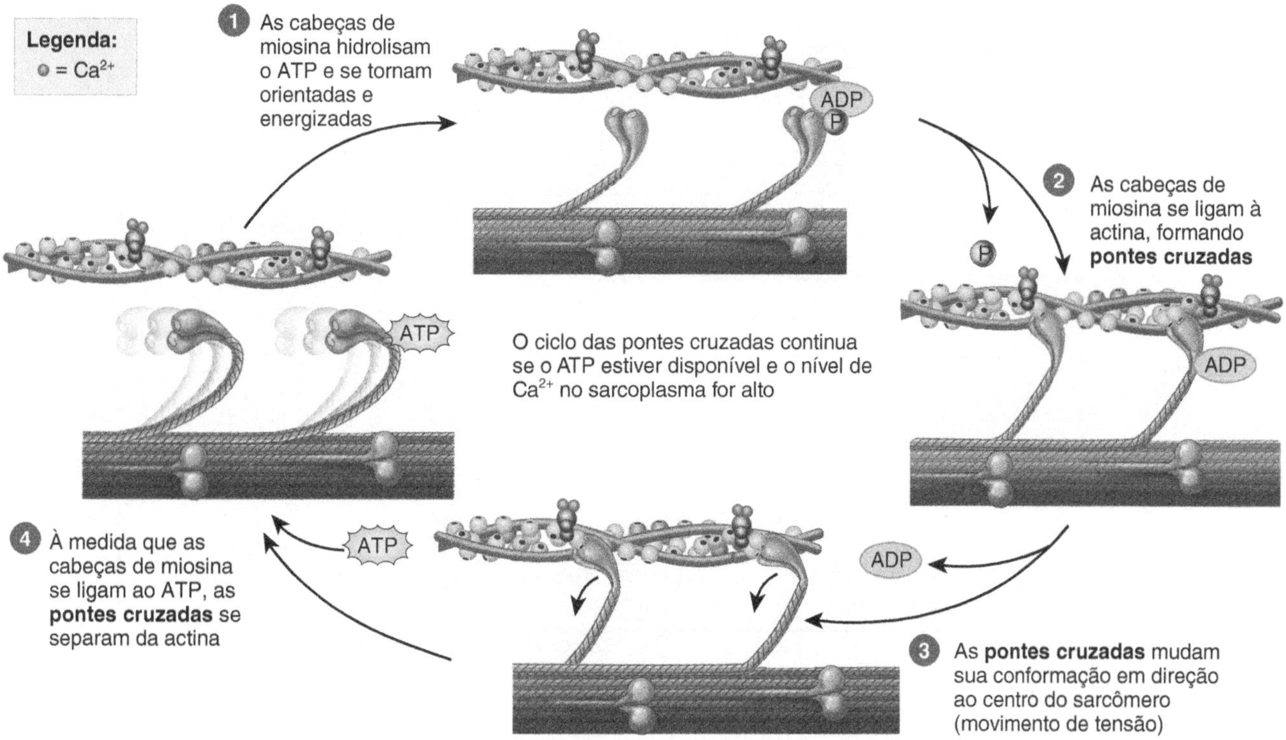

O que faz as pontes transversas se separarem da actina?

Figura 8.6 **O ciclo das pontes cruzadas.** Os sarcômeros se encurtam por meio de ciclos repetidos, nos quais as cabeças de miosina (pontes cruzadas) se fixam à actina, mudam sua conformação e se separam.

Durante o movimento de tensão da contração, as **pontes cruzadas** mudam sua conformação e movem os filamentos finos sobre os filamentos espessos, em direção ao centro do sarcômero.

CORRELAÇÕES CLÍNICAS | *Rigor mortis*

Após a morte, as membranas celulares se tornam permeáveis; íons cálcio vazam do retículo sarcoplasmático para o citosol, permitindo que as cabeças de miosina se fixem à actina. No entanto, a síntese de ATP cessa pouco depois que a respiração para, de modo que as **pontes cruzadas** não podem se separar da actina. A condição resultante, na qual os músculos estão em estado de rigidez (não podem se contrair ou esticar), é chamada ***rigor mortis*** (rigidez cadavérica). O *rigor mortis* começa de 3 a 4 horas após a morte e dura aproximadamente 24 horas; então, desaparece, à medida que as enzimas digestivas dos lisossomos digerem as **pontes cruzadas**. •

Relaxamento

Duas alterações permitem que uma fibra muscular relaxe após a contração. Primeiro, o neurotransmissor ACh é rapidamente degradado pela enzima AChE. Quando o PA nervoso cessa, a liberação de ACh também cessa, e a AChE degrada rapidamente a ACh já presente na fenda sináptica. Isso finaliza a geração dos potenciais de ação musculares, e os canais de liberação de Ca^{2+} na membrana do retículo sarcoplasmático se fecham.

Segundo, o Ca^{2+} é rapidamente transportado do sarcoplasma para o retículo sarcoplasmático. À medida que o nível de Ca^{2+} no sarcoplasma cai, a tropomiosina desliza de volta sobre os sítios de ligação de miosina na actina. Uma vez que os sítios de ligação de miosina estejam recobertos, os filamentos finos deslizam de volta para suas posições relaxadas. A Figura 8.7 resume os eventos da contração e do relaxamento em uma fibra muscular.

Tônus muscular

Até mesmo quando um músculo não está se contraindo, um pequeno número de suas unidades motoras é involuntariamente ativado para produzir uma contração contínua de suas fibras musculares. Esse processo resulta no ***tônus muscular***. Para manter o tônus muscular, pequenos grupos de unidades motoras são ativados e inativados alternadamente em um padrão de mudança contínuo. O tônus muscular mantém os músculos esqueléticos firmes, mas isso não resulta em uma contração intensa o bastante para produzir movimento. Por exemplo, o tônus dos músculos no dorso do pescoço mantém a cabeça na posição normal, impedindo sua queda para a frente, sobre o tórax. Lembre-

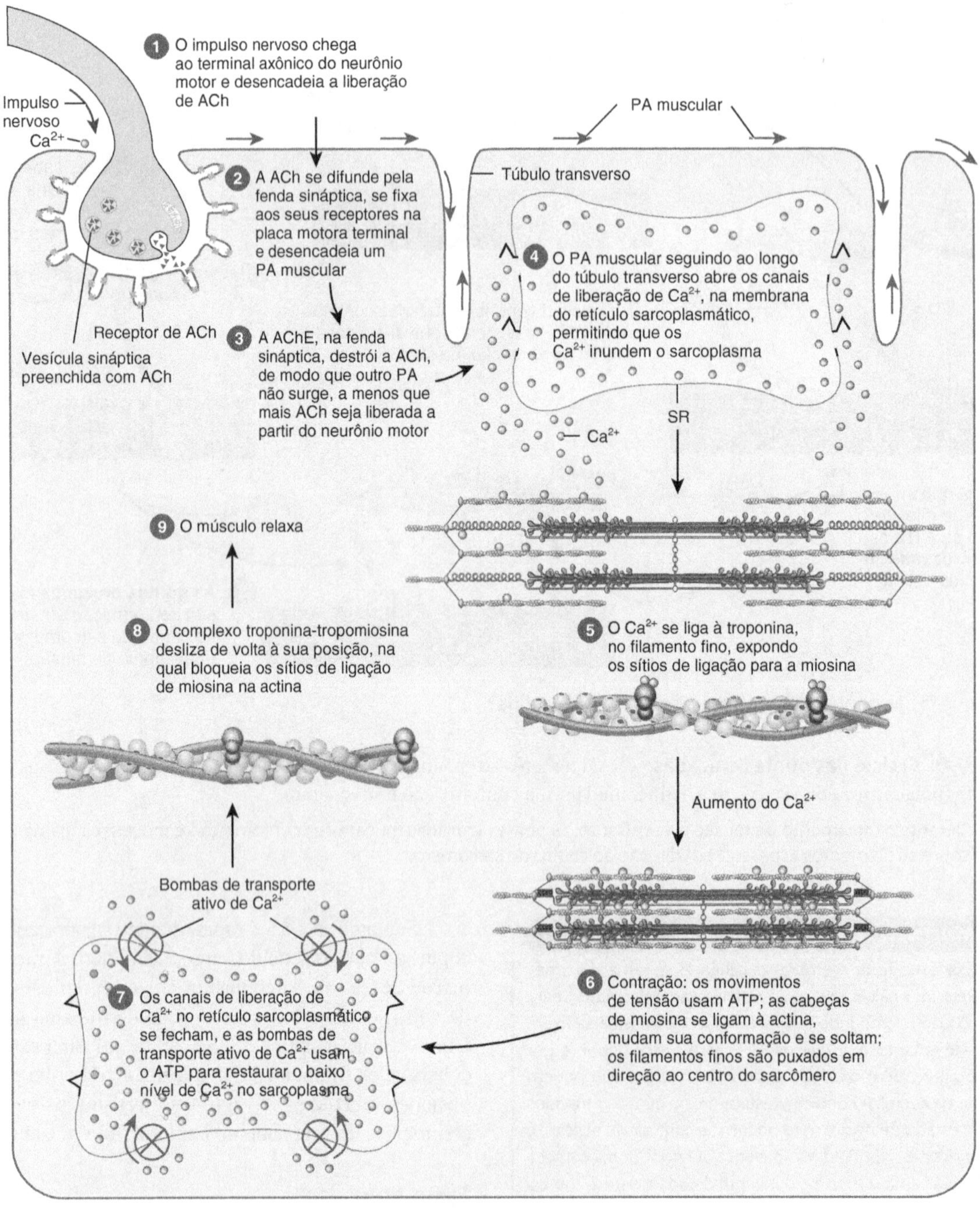

Os movimentos de força ocorrem durante quais etapas numeradas nesta figura?

Figura 8.7 **Resumo dos eventos da contração e do relaxamento em uma fibra muscular esquelética.**

A ACh liberada na JNM desencadeia um potencial de ação (PA) muscular, que leva à contração muscular.

-se de que o músculo esquelético se contrai somente após ser ativado pela ACh liberada pelos impulsos nervosos em seus neurônios motores. Portanto, o tônus muscular é estabelecido pelos neurônios do encéfalo e da medula espinal que excitam os neurônios motores do músculo. Quando os neurônios motores de um músculo esquelético são danificados ou seccionados, o músculo se torna ***flácido***, um estado de debilidade em que o tônus muscular é perdido.

TESTE SUA COMPREENSÃO

6. Explique como um músculo esquelético se contrai e relaxa.
7. Qual é a importância da JNM?

8.4 Metabolismo do tecido muscular esquelético

OBJETIVOS

- Descrever as fontes de ATP e oxigênio para a contração muscular.
- Definir fadiga muscular e listar suas possíveis causas.

Energia para a contração

Diferentemente da maioria das células do corpo, as fibras musculares esqueléticas se alternam com frequência entre inatividade virtual, quando estão relaxadas e usando somente uma modesta quantidade de ATP, e atividade intensa, quando estão contraindo e usando ATP em ritmo acelerado. Contudo, o ATP presente nas fibras musculares é suficiente para acionar contrações por somente poucos segundos. Se o exercício vigoroso continuar, ATP adicional precisa ser sintetizado. As fibras musculares possuem três fontes para produção de ATP: 1) fosfato de creatina, (2) respiração celular anaeróbia e (3) respiração celular aeróbia.

Enquanto estão em repouso, as fibras musculares produzem mais ATP do que precisam. Parte do excesso de ATP é usada para formar ***fosfato de creatina***, uma molécula rica em energia, exclusiva das fibras musculares (Fig. 8.8a). Um dos grupos fosfato de alta energia do ATP é transferido para a creatina, formando fosfato de creatina e ADP. A ***creatina*** é uma molécula pequena, semelhante a um aminoácido, sintetizada no fígado, nos rins e no pâncreas e derivada de determinados alimentos (leite, carne vermelha, peixe) e, em seguida, transportada para as fibras musculares.

Enquanto o músculo está se contraindo, o grupo fosfato de alta energia é transferido do fosfato de creatina de volta para o ADP, formando rapidamente novas moléculas de ATP. Juntos, fosfato de creatina e ATP fornecem energia suficiente para os músculos se contraírem maximamente por aproximadamente 15 segundos. Essa energia é suficiente para curtas explosões de atividade intensa, por exemplo, uma corrida de 100 metros rasos.

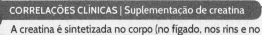

CORRELAÇÕES CLÍNICAS | Suplementação de creatina

A creatina é sintetizada no corpo (no fígado, nos rins e no pâncreas) e derivada de alimentos como leite, carne vermelha e alguns peixes. Os adultos necessitam sintetizar e ingerir um total de aproximadamente 2 gramas de creatina diariamente, para compensar a perda urinária de creatinina, o produto da degradação da creatina. Alguns estudos demonstraram melhora do desempenho durante movimentos intensos, como na corrida de curta distância. Outros estudos, no entanto, não encontraram um efeito de otimização da suplementação de creatina. Além disso, a ingestão extra de creatina diminui a síntese de creatina própria do corpo, e não se sabe se a síntese natural se restabelece após um longo período do uso da suplementação de creatina. Além disso, a suplementação de creatina provoca desidratação e disfunção renal. Mais pesquisas são necessárias para determinar a segurança em longo prazo e o valor da suplementação de creatina. •

Quando a atividade muscular continua além da marca de 15 segundos, o suprimento de fosfato de creatina é esgotado. A próxima fonte de ATP é a *glicólise*, uma série de reações no citosol que produz duas moléculas de ATP pela degradação de uma molécula de glicose em ácido pirúvico. A glicose passa facilmente do sangue para as fibras musculares em contração e também é produzida nas fibras musculares pela degradação do glicogênio (Fig. 8.8b). Quando os níveis de oxigênio estão baixos, como resultado da atividade muscular vigorosa, a maior parte do ácido pirúvico é convertida em ácido lático, um processo chamado ***respiração celular anaeróbia***, porque ocorre sem uso de oxigênio. A respiração celular anaeróbia fornece energia suficiente para aproximadamente 2 minutos de atividade muscular máxima. Em conjunto, a conversão de fosfato de creatina e a glicólise fornecem ATP suficiente para executar uma corrida de 400 metros.

A atividade muscular que dura mais de meio minuto depende cada vez mais da ***respiração celular aeróbia***, uma série de reações que usa oxigênio e que produz ATP nas mitocôndrias. As fibras musculares possuem duas fontes de oxigênio: (1) o oxigênio que se difunde para dentro delas, a partir do sangue, e (2) o oxigênio liberado pela mioglobina, no sarcoplasma. A ***mioglobina*** é uma proteína de ligação do oxigênio, encontrada somente em fibras musculares. A proteína se liga ao oxigênio quando ele é abundante, liberando-o quando é escasso. Se houver oxigênio suficiente, o ácido pirúvico entra nas mitocôndrias, nas quais é completamente oxidado, em reações que geram ATP, dióxido de carbono, água e calor (Fig. 8.8c). Em comparação com a respiração celular anaeróbia, a respiração celular aeróbia rende muito mais ATP: aproxima-

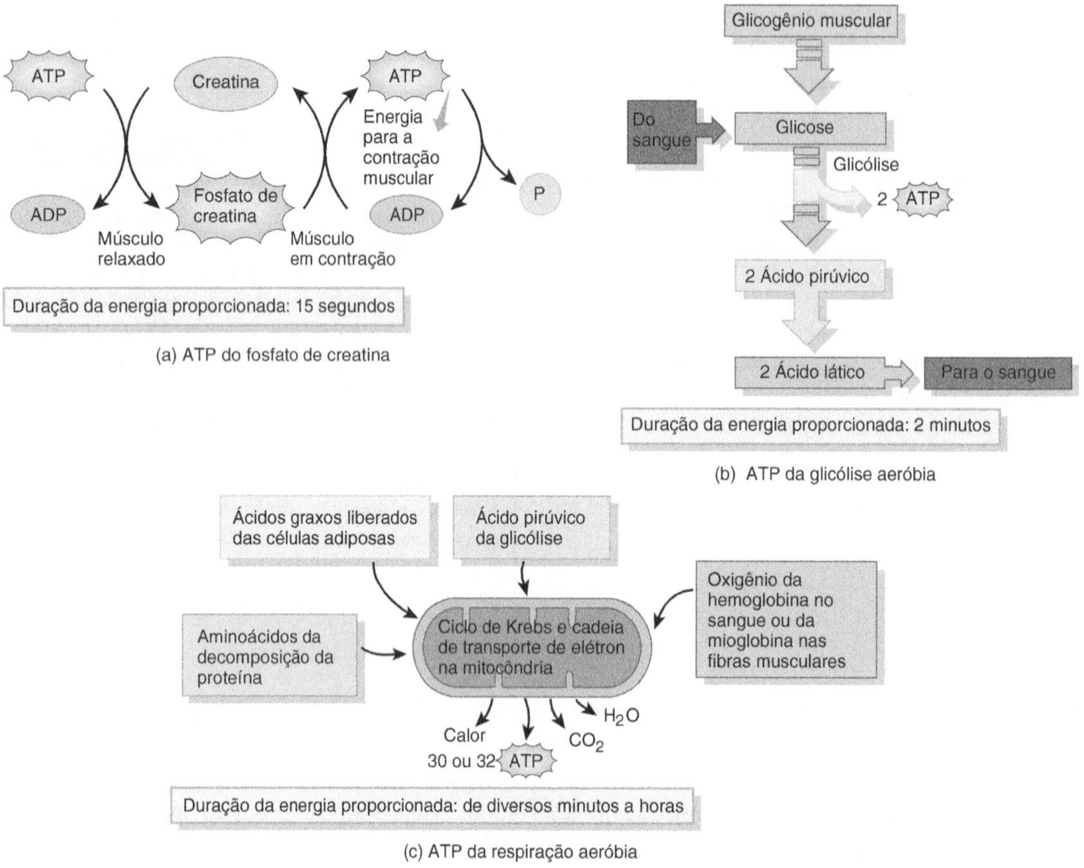

Em qual local, dentro de uma fibra muscular esquelética, estão ocorrendo os eventos mostrados aqui?

Figura 8.8 **Produção de ATP para a contração muscular.** (a) O fosfato de creatina, formado a partir do ATP enquanto o músculo está relaxado, transfere um grupo fosfato de alta energia para o ADP, formando ATP durante a contração muscular. (b) A quebra do glicogênio muscular em glicose e a produção de ácido pirúvico a partir da glicose, via glicólise, produz ATP e ácido lático. Como nenhum oxigênio é necessário, essa é uma via anaeróbia. (c) No interior das mitocôndrias, ácido pirúvico, ácidos graxos e aminoácidos são usados para produzir ATP via respiração celular aeróbia, um conjunto de reações que usa oxigênio.

Durante um evento prolongado, como uma corrida de maratona, a maior parte do ATP é produzida aerobiamente.

damente 32 moléculas de ATP a partir de cada molécula de glicose. Nas atividades que duram de diversos minutos a uma hora ou mais, a respiração aeróbia fornece quase todo o ATP necessário.

Fadiga muscular

A incapacidade de um músculo para contração vigorosa após atividade prolongada é chamada ***fadiga muscular***. Um fator importante na fadiga muscular é a redução na liberação de íons cálcio, a partir do retículo sarcoplasmático, resultando em um declínio do nível de Ca^{2+} no sarcoplasma. Outros fatores que contribuem para a fadiga muscular incluem depleção de fosfato de creatina, oxigênio insuficiente, depleção de glicogênio e outros nutrientes, acúmulo de ácido lático e de ADP, e falha dos impulsos nervosos do neurônio motor para liberar ACh suficiente.

Consumo de oxigênio após atividade física

Durante períodos prolongados de contração muscular, aumentos na respiração e no fluxo sanguíneo melhoram a liberação de oxigênio para o tecido muscular. Após a interrupção da contração muscular, a respiração forçada continua por determinado período de tempo, e o consumo de oxigênio permanece acima do nível de repouso. O termo ***débito de oxigênio*** se refere ao acréscimo de oxigênio além e acima do consumo de oxigênio em repouso, que é captado pelo corpo após atividade física. Esse oxigênio extra é usado para "restituir" ou restaurar as condições metabólicas ao nível de repouso de três maneiras: (1) converter ácido lático em reservas de glicogênio no fígado, (2) ressintetizar fosfato de creatina e ATP, e (3) substituir o oxigênio removido da mioglobina.

As alterações metabólicas que ocorrem *durante a atividade física*, entretanto, explicam apenas uma parcela do oxigênio extra, usado *após a atividade*. Somente uma pequena quantidade de ressíntese de glicogênio ocorre a partir do ácido lático. Em vez disso, as reservas de glicogênio são reabastecidas muito mais tarde, a partir dos carboidratos da alimentação. Muito do ácido lático que permanece após a atividade física é reconvertido em ácido pirúvico e usado para a produção de ATP, via respiração celular aeróbia. Alterações contínuas após a atividade física também estimulam o uso de oxigênio. Primeiro, o aumento da temperatura corporal após atividade extenuante aumenta o ritmo das reações químicas por todo o corpo. Reações mais rápidas usam ATP mais rapidamente, e mais oxigênio é necessário para produzir ATP. Segundo, o coração e os músculos usados na respiração ainda estão trabalhando com mais intensidade do que estavam quando em repouso e, portanto, consomem mais ATP. Terceiro, os processos de reparo de tecidos estão ocorrendo em ritmo acelerado. Por essas razões, a ***captação de oxigênio de recuperação*** é uma expressão mais adequada do que *débito de oxigênio* para designar o aumento no uso de oxigênio após a atividade física.

TESTE SUA COMPREENSÃO

8. Quais são as fontes de ATP para as fibras musculares?
9. Quais fatores contribuem para a fadiga muscular?
10. Por que a expressão *captação de oxigênio de recuperação* é mais precisa do que *débito de oxigênio*?

8.5 Controle da tensão muscular

OBJETIVOS

- Explicar as três fases de uma contração de abalo.
- Descrever como a frequência de estimulação e o recrutamento de unidade motora afetam a tensão muscular.
- Comparar os três tipos de fibras musculares esqueléticas.

A contração que resulta de um único PA muscular, chamada contração de abalo muscular, possui força significativamente menor do que a força máxima ou a tensão que a fibra é capaz de produzir. A tensão total que uma *única* fibra muscular é capaz de produzir depende principalmente da frequência com que os impulsos nervosos chegam na JNM. O número de impulsos por segundo é a *frequência de estimulação*. Ao considerar a contração de um músculo inteiro, a tensão total que produz depende do número de fibras musculares que se contraem em sintonia.

Contração de abalo

Uma ***contração de abalo*** é uma contração de curta duração de todas as fibras musculares em uma unidade motora, em resposta a um único PA em seu neurônio motor. A Figura 8.9 mostra um registro de uma contração muscular, chamado ***miograma***. Observe que ocorre um pequeno atraso, chamado *período latente*, entre a aplicação do estímulo (tempo zero no gráfico) e o começo da contração. Durante o período latente, o PA muscular varre todo o sarcolema, e íons cálcio são liberados do retículo sarcoplasmático. Durante a segunda fase, o *período de contração* (traçado ascendente), movimentos de força repetitivos estão ocorrendo, gerando tensão ou força de contração. Na terceira fase, o *período de relaxamento* (traçado descendente), os movimentos de força cessam porque o nível de Ca^{2+} no sarcoplasma está diminuindo para o nível de repouso. (Lembre que os íons cálcio são transportados ativamente de volta para o retículo sarcoplasmático.)

Frequência de estimulação

Se um segundo estímulo chegar antes do relaxamento completo de que uma fibra muscular, a segunda contração será mais forte do que a primeira, porque a segunda contração começa quando a fibra está em um nível mais alto de tensão (Fig. 8.10a, b). Este fenômeno, no qual os estímulos chegam um após o outro, antes que uma fibra muscular tenha relaxado completamente e causando contrações maiores, é chamado de ***somação temporal***. Quando uma fibra muscular esquelética é estimulada a um ritmo de 20 a 30 vezes por segundo, só consegue relaxar parcialmente entre os estímulos. O resultado é uma contração contínua, mas oscilante, chamada ***tétano incompleto*** (*não fundido*) (Fig. 8.10c). Quando uma fibra muscular esquelética é estimulada a uma frequência maior, de 80 a 100 vezes por segundo, não relaxa de modo algum. O resulta-

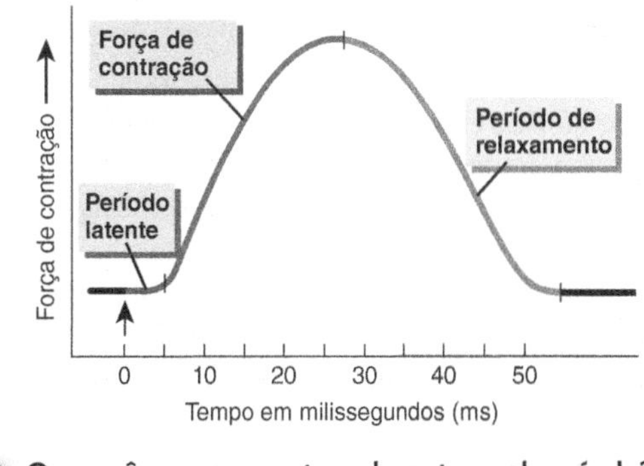

Os sarcômeros encurtam durante qual período?

Figura 8.9 Miograma de uma contração de abalo.
A seta indica o momento em que o estímulo ocorreu.

Miograma é um registro de uma contração muscular.

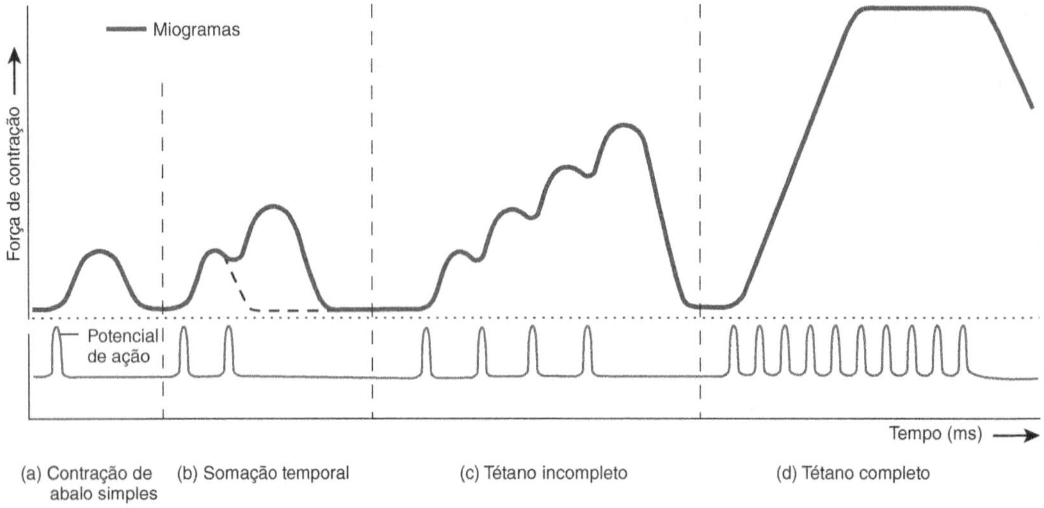

Qual frequência de estimulação é necessária para produzir tétano completo?

Figura 8.10 **Miogramas que mostram os efeitos de diferentes frequências de estimulação.** (a) Contração de abalo simples. (b) Quando um segundo estímulo ocorre antes que o músculo tenha relaxado, ocorre a somação temporal, e a segunda contração é mais forte que a primeira. (A linha tracejada indica a força de contração esperada em uma contração de abalo simples). (c) No tétano incompleto, a curva parece entalhada, em razão do relaxamento parcial do músculo entre os estímulos. (d) No tétano completo, a força de contração é constante e prolongada.

Em virtude da somação temporal, a tensão produzida durante uma contração contínua é maior do que durante uma contração de abalo simples.

do é ***tétano completo*** (*fundido*), uma contração contínua na qual contrações rápidas individuais não são detectadas (Fig. 8.10d).

Recrutamento de unidade motora

O processo no qual o número de unidades motoras em contração aumenta é chamado ***recrutamento de unidade motora***. Normalmente, os diversos neurônios motores para um músculo disparam de forma *assíncrona* (em momentos diferentes): enquanto algumas unidades motoras estão se contraindo, outras estão relaxadas. Esse padrão de atividade da unidade motora retarda a fadiga muscular, permitindo que unidades motoras se contraiam alternadamente para aliviarem umas às outras, de modo que a contração seja mantida por longos períodos.

O recrutamento é um fator responsável pela produção de movimentos uniformes, em vez de uma série de movimentos bruscos. Os movimentos precisos são produzidos por meio de pequenas alterações na contração muscular. Normalmente, os músculos que produzem movimentos precisos são compostos por unidades motoras pequenas. Dessa forma, quando uma unidade motora é recrutada ou desativada, apenas alterações pequenas ocorrem na tensão muscular. Por outro lado, unidades motoras grandes são ativadas em locais nos quais grandes quantidades de tensão são necessárias e a precisão é menos importante.

Tipos de fibras musculares esqueléticas

Os músculos esqueléticos contêm três tipos de fibras musculares, que estão presentes, em proporções variáveis, em diferentes músculos do corpo. Os tipos de fibras são (1) fibras oxidativas lentas, (2) fibras oxidativas-glicolíticas rápidas e (3) fibras glicolíticas rápidas.

As ***fibras oxidativas lentas*** (***OL***) ou *fibras vermelhas* parecem vermelho-escuras porque contêm uma grande quantidade de mioglobina. Como possuem muitas mitocôndrias grandes, as fibras OL geram ATP principalmente por respiração aeróbia, razão pela qual são chamadas de fibras oxidativas. Essas fibras são consideradas "lentas", pois o ciclo de contração avança a uma velocidade mais lenta do que nas fibras "rápidas". As fibras OL são muito resistentes à fadiga e capazes de contrações prolongadas e contínuas.

Fibras oxidativo-glicolíticas rápidas (OGR) são comumente as maiores. Como as fibras OL, contêm uma grande quantidade de mioglobina e, assim, têm aparência vermelho-escura. As fibras OG geram ATP considerável por respiração celular aeróbia, o que lhes confere uma resistência moderadamente alta à fadiga. Como seu conteúdo de glicogênio é alto, também geram ATP por glicólise anaeróbia. Essas fibras são "rápidas", porque se contraem e relaxam mais rapidamente que as fibras OL.

Fibras glicolíticas rápidas (GR) ou *fibras brancas* possuem um conteúdo de mioglobina baixo e poucas mitocôndrias. As fibras GR contêm grande quantidade de glicogênio e geram ATP principalmente por glicólise anaeróbia. São usadas para movimentos intensos de curta duração, mas se fadigam rapidamente. Os programas de treinamento de força que colocam uma pessoa em atividades que requerem grande força por curtos períodos produzem aumentos no tamanho, na força e no conteúdo de glicogênio das fibras GR.

A maioria dos músculos esqueléticos é uma mistura de todos os três tipos de fibras musculares esqueléticas, das quais aproximadamente metade é de fibras OL. As proporções variam um pouco, dependendo da atividade do músculo, do programa de treinamento e de fatores genéticos. Por exemplo, os músculos posturais continuamente ativos do pescoço, do dorso e das pernas possuem uma alta proporção de fibras OL. Os músculos dos ombros e braços, em contraste, não são constantemente ativos, mas são usados breve e intermitentemente para produzir grande quantidade de tensão, como no levantamento e no arremesso. Esses músculos possuem uma alta proporção de fibras GR. Os músculos da perna, que não apenas sustentam o corpo, mas são também usados para caminhada e corrida, possuem grande número de fibras OL e OGR.

Mesmo que a maioria dos músculos esqueléticos seja uma mistura de todos os três tipos de fibras musculares esqueléticas, as fibras musculares esqueléticas de uma dada unidade motora são todas do mesmo tipo. As diferentes unidades motoras em um músculo são recrutadas em uma ordem específica, dependendo da necessidade. Por exemplo, se contrações fracas são suficientes para realizar uma tarefa, somente unidades motoras OL são ativadas. Se mais força é necessária, as unidades motoras de fibras OGR também são recrutadas. Finalmente, se força máxima é exigida, as unidades motoras de fibras GR também são acionadas.

TESTE SUA COMPREENSÃO

11. **Defina os seguintes termos:** ***miograma, contração de abalo, somação temporal, tétano incompleto*** **e** ***tétano completo.***
12. **Por que o recrutamento de unidade motora é importante?**
13. **Quais características distinguem os três tipos de fibras musculares esqueléticas?**

8.6 Exercício e tecido muscular esquelético

OBJETIVO

- Descrever **os efeitos do exercício sobre o tecido muscular esquelético.**

A proporção relativa de fibras GR e fibras OL, em cada músculo, é determinada geneticamente e ajuda a explicar as diferenças individuais no desempenho físico. Por exemplo, pessoas com uma proporção mais alta de fibras GR frequentemente se sobressaem em atividades que exigem períodos de atividade intensa, como levantamento de pesos ou corridas de curta distância. As pessoas com percentuais maiores de fibras OL são melhores em atividades que requerem resistência, como a corrida de longa distância.

O número total de fibras musculares esqueléticas geralmente não aumenta; porém, de certa forma, as características daquelas presentes mudam. Vários tipos de exercícios induzem alterações nas fibras em um músculo esquelético. Os exercícios de resistência (aeróbios), como a corrida ou a natação, provocam a transformação gradual de algumas fibras GR em fibras OGR. As fibras musculares transformadas mostram pequenos aumentos em diâmetro, número de mitocôndrias, suprimento sanguíneo e resistência. Os exercícios de resistência também resultam em alterações cardiovasculares e respiratórias, fazendo os músculos esqueléticos receberem melhor oferta de oxigênio e nutrientes, mas não aumentam significativamente a massa muscular. Em contrapartida, exercícios que requerem grande intensidade, por curtos períodos, produzem um aumento no tamanho e na força das fibras GR. O aumento no tamanho é decorrente do aumento da síntese dos filamentos espessos e finos. O resultado global é o alargamento muscular (hipertrofia), como demonstrado pelos músculos protuberantes dos fisiculturistas.

TESTE SUA COMPREENSÃO

14. **Explique como as características das fibras musculares esqueléticas podem mudar com a atividade física.**

8.7 Tecido muscular cardíaco

OBJETIVO

- Descrever **a estrutura e a função do tecido muscular cardíaco.**

A maior parte do coração consiste em tecido muscular cardíaco. Como o músculo esquelético, o músculo cardíaco também é *estriado*, mas sua ação é *involuntária*: seus ciclos alternados de contração e relaxamento não são controlados conscientemente. As fibras musculares cardíacas frequentemente são ramificadas; são menores em comprimento e maiores em diâmetro do que as fibras musculares esqueléticas, e possuem um único núcleo, centralmente localizado (ver Fig. 15.2b). As fibras musculares cardíacas se interconectam umas com as outras por meio de espessamentos transversos irregulares do sarcolema, chamados ***discos intercalados***. Os discos intercalados mantêm as fibras unidas e contêm *junções comunicantes*, que permitem aos PAs musculares se propagarem rapidamente de uma fibra cardíaca para outra. O tecido muscular cardíaco possui um endomísio e um perimísio, mas não um epimísio.

A principal diferença entre o músculo esquelético e o músculo cardíaco é a fonte de estimulação. Vimos que o tecido muscular esquelético se contrai somente quando estimulado pela ACh, liberada por um impulso nervoso em um neurônio motor. Em contrapartida, o coração bate porque algumas das fibras musculares cardíacas atuam como um marca-passo para iniciar cada contração cardíaca. O ritmo intrínseco das contrações cardíacas é chamado ***autorritmicidade***. Vários hormônios e neurotransmissores aumentam ou diminuem a frequência cardíaca, acelerando ou desacelerando o marca-passo do coração.

Sob condições normais de repouso, o tecido muscular cardíaco se contrai e relaxa, em média, aproximadamente 75 vezes por minuto. Assim, o tecido muscular cardíaco necessita de uma oferta constante de oxigênio e de nutrientes. As mitocôndrias nas fibras musculares cardíacas são maiores e mais numerosas do que nas fibras musculares esqueléticas e produzem a maior parte do ATP necessário via respiração celular aeróbia. Além disso, as fibras musculares cardíacas usam ácido lático, liberado pelas fibras musculares esqueléticas durante o exercício, para fabricar ATP.

TESTE SUA COMPREENSÃO

15. **Quais são as principais diferenças estruturais e funcionais entre o tecido muscular cardíaco e o esquelético?**

8.8 Tecido muscular liso

OBJETIVO

- Descrever **a estrutura e a função do tecido muscular liso.**

O tecido muscular liso é encontrado em muitos órgãos internos e nos vasos sanguíneos. Como o músculo cardíaco, o músculo liso é *involuntário*. Fibras musculares lisas são consideravelmente menores, em comprimento e em diâmetro, do que as fibras musculares esqueléticas e são afiladas em ambas as extremidades. No interior de cada fibra se encontra um núcleo oval e simples, localizado centralmente (Fig. 8.11). Além dos filamentos espessos e finos, as fibras musculares lisas também contêm ***filamentos intermediários***. Como os diversos filamentos não possuem um padrão regular de sobreposição, as fibras musculares lisas não apresentam bandas claras e escuras alternantes e, portanto, parecem *não estriadas*, ou lisas.

Nas fibras musculares lisas, os filamentos finos se ligam a estruturas chamadas ***corpos densos***, que são funcionalmente similares às linhas Z nas fibras musculares estriadas. Alguns corpos densos estão dispersos por todo o sarcoplasma; outros estão ligados ao sarcolema. Feixes de filamentos intermediários também se ligam aos corpos densos e se estendem de um corpo denso a outro. Durante

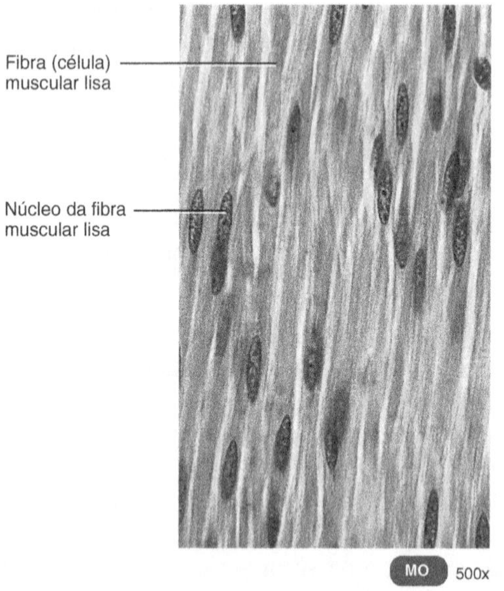

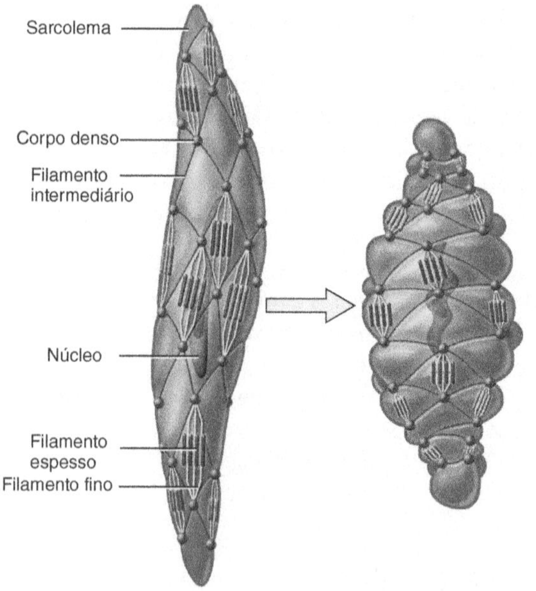

Qual tipo de músculo liso é encontrado nas paredes dos órgãos ocos?

Figura 8.11 Histologia do tecido muscular liso. Uma fibra muscular lisa é mostrada no estado relaxado (esquerda) e no estado contraído (direita).

O músculo liso não tem estriações - parece "liso" - porque os filamentos espessos e finos, e os filamentos intermediários, estão dispostos irregularmente.

a contração, o mecanismo dos filamentos deslizantes, incluindo os filamentos espessos e finos, gera tensão que é transmitida aos filamentos intermediários. Estes, por sua vez, tracionam os corpos densos ligados ao sarcolema, provocando um encurtamento longitudinal da fibra muscular.

Existem dois tipos de tecido muscular liso: visceral e multiunitário. O tipo mais comum é o ***tecido muscular visceral*** (*unitário*). É encontrado nas lâminas que se enrolam para formar parte das paredes das pequenas artérias e veias e das vísceras ocas, como estômago, intestinos, útero e bexiga urinária. No tecido muscular visceral, as fibras são firmemente unidas, em uma rede contínua. Assim como o músculo cardíaco, o músculo liso visceral é autorrítmico. Como as fibras se conectam umas às outras por meio de junções comunicantes, os PAs musculares se espalham por toda a rede. Quando um neurotransmissor, um hormônio ou um sinal autorrítmico estimula uma fibra, o PA muscular se propaga para as fibras vizinhas, que, em seguida, se contraem em uníssono, como uma única unidade.

O segundo tipo de tecido muscular liso, o ***tecido muscular liso multiunitário***, consiste em fibras individuais, cada uma com suas próprias terminações nervosas motoras. Diferentemente da estimulação de uma única fibra muscular visceral, que provoca a contração de muitas fibras adjacentes, a estimulação de uma única fibra muscular lisa multiunitária provoca a contração somente dessa fibra. O tecido muscular liso multiunitário é encontrado na parede das grandes artérias; nas grandes vias respiratórias para os pulmões; nos músculos eretores do pelo, ligados aos folículos pilosos; e nos músculos intrínsecos do bulbo do olho.

Comparada com a contração em uma fibra muscular esquelética, a contração em uma fibra muscular lisa começa mais lentamente e dura muito mais tempo. Íons cálcio entram nas fibras musculares lisas lentamente e também se movem para fora da fibra muscular quando a excitação diminui, atrasando o relaxamento. A presença prolongada de Ca^{2+} no citosol fornece o ***tônus do músculo liso***, um estado de contração parcial contínua. O tecido muscular liso, portanto, mantém um tônus de longo prazo, que é importante nas paredes dos vasos sanguíneos e nas paredes dos órgãos que mantêm pressão sobre seus conteúdos. Finalmente, o músculo liso se encurta e se alonga em maior grau do que outros tipos de músculos. A extensibilidade permite ao músculo liso, na parede de órgãos ocos, como útero, estômago, intestinos e bexiga urinária, se expandir à medida que seus conteúdos aumentam, enquanto ainda retém a capacidade de contração.

A maioria das fibras musculares lisas se contrai ou relaxa em resposta a impulsos nervosos provenientes da divisão autônoma do sistema nervoso (involuntário). Além disso, muitas fibras musculares lisas se contraem ou relaxam em resposta ao estiramento, a hormônios ou a fatores locais, como alterações de pH, níveis de oxigênio e dióxido de carbono, temperatura e concentrações de íons. Por exemplo, o hormônio epinefrina, liberado pela medula da glândula suprarrenal, provoca relaxamento do músculo liso nas vias respiratórias e nas paredes de alguns vasos sanguíneos.

A Tabela 8.1 apresenta um resumo das principais características dos três tipos de tecido muscular.

TESTE SUA COMPREENSÃO

16. Qual a diferença entre os músculos lisos multiunitário e visceral?
17. Quais são as principais diferenças estruturais e funcionais entre os tecidos musculares liso e esquelético?

8.9 Envelhecimento e tecido muscular

OBJETIVO

- Explicar os efeitos do envelhecimento sobre o músculo esquelético.

Os seres humanos sofrem uma perda lenta e progressiva da massa muscular esquelética, que é substituída largamente por tecido conectivo fibroso e tecido adiposo, iniciando por volta dos 30 anos de idade. Em parte, esse declínio é decorrente da diminuição dos níveis de atividade física. A perda de massa muscular é acompanhada pela diminuição da força máxima, por uma maior lentidão dos reflexos musculares e por uma perda da flexibilidade. Em alguns músculos, pode ocorrer uma perda seletiva de fibras musculares de um determinado tipo. Com o envelhecimento, o número relativo de fibras OL parece aumentar. Isso é decorrente da atrofia dos outros tipos de fibras ou de sua conversão em fibras OL. Ainda permanece incerto se esse é um efeito do próprio envelhecimento ou se reflete basicamente a atividade física mais limitada de pessoas idosas. Todavia, as atividades aeróbias e os programas de treinamento de força são eficientes no idoso e retardam ou até revertem o declínio associado à idade no desempenho muscular.

TESTE SUA COMPREENSÃO

18. Por que a força muscular diminui com o envelhecimento?

8.10 Como os músculos esqueléticos produzem movimentos

OBJETIVO

- Descrever como os músculos esqueléticos cooperam para produzir movimento.

Agora que você tem uma compreensão básica da estrutura e das funções do tecido muscular, examinaremos como os

TABELA 8.1

Resumo das principais características do tecido muscular

CARACTERÍSTICAS	MÚSCULO ESQUELÉTICO	MÚSCULO CARDÍACO	MÚSCULO LISO
Aspecto e características da célula	Fibra cilíndrica longa, com muitos núcleos localizados perifericamente; estriado; não ramificado	Fibra cilíndrica ramificada, em geral com um núcleo localizado centralmente; discos intercalados unindo as fibras vizinhas; estriado	Fibra mais espessa no centro, afilada nas extremidades, com um núcleo localizado centralmente; não estriado
		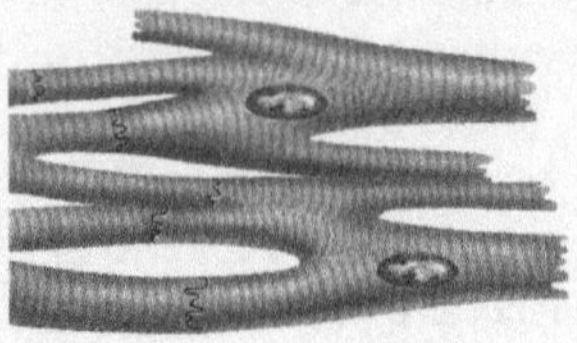	
Localização	Primariamente fixado aos ossos por tendões	Coração	Paredes de vísceras ocas, vias respiratórias, vasos sanguíneos, íris e corpo ciliar do olho, músculo eretor do pelo dos folículos pilosos
Sarcômeros	Sim	Sim	Não
Túbulos transversos	Sim, alinhados com cada junção da banda A-I	Sim, alinhados com cada linha Z	Não
Velocidade de contração	Rápida	Moderada	Lenta
Controle nervoso	Voluntário	Involuntário	Involuntário
Capacidade de regeneração	Limitada	Limitada	Considerável, comparada com outros tecidos musculares, mas limitada, comparada com tecidos como o epitélio

músculos esqueléticos cooperam para produzir os vários movimentos corporais.

Origem e inserção

Com base na descrição do tecido muscular, definimos um ***músculo esquelético*** como um órgão composto por vários tipos de tecidos. Estes incluem tecido muscular esquelético, tecido vascular (vasos sanguíneos e sangue), tecido nervoso (neurônios motores) e vários tipos de tecidos conectivos.

Os músculos esqueléticos não estão fixados diretamente aos ossos; eles produzem movimentos tracionando tendões que, por sua vez, tracionam os ossos. A maioria dos músculos esqueléticos cruza pelo menos uma articulação e está fixado aos ossos articulantes que formam a articulação (Fig. 8.12). Quando o músculo se contrai, traciona um osso em direção ao outro. Os dois ossos não se movem da mesma forma. Um deles é mantido quase em sua posição original; a fixação de um músculo (por meio de um tendão) ao osso estacionário é chamada ***origem***. A outra extremidade do músculo é fixada ao osso móvel, por meio de um tendão, em um ponto chamado ***inserção***. A parte carnosa do músculo entre os tendões de origem e de inserção é chamada ***ventre***. Uma boa analogia é uma mola de porta. A parte da mola fixada à porta representa a inserção; a parte fixada ao batente é a origem; e as espirais da mola são o ventre.

CORRELAÇÕES CLÍNICAS | Tenossinovite

Tenossinovite é uma inflamação dos tendões, das bainhas tendíneas e das membranas sinoviais envolvendo determinadas articulações. Os tendões mais frequentemente afetados estão nos carpos (pulsos), ombros, cotovelos (resultando no *cotovelo de tenista*), articulações dos dedos (resultando no *dedo em gatilho*), tarsos (tornozelos) e pés. As bainhas afetadas, algumas vezes, se tornam visivelmente inchadas, em virtude do acúmulo de líquido. Sensibilidade e dor estão frequentemente associadas ao movimento da parte do corpo. A condição, com frequência, é decorrente de trauma, esforço ou exercício excessivo. A tenossinovite do dorso do pé pode ser provocada por cadarços amarrados demasiadamente apertados. Os ginastas são propensos a desenvolver a condição, como resultado de hiperextensão máxima, repetitiva e crônica, nos carpos (pulsos). Outros movimentos repetitivos incluídos em atividades como digitação, cortes de cabelo, carpintaria e trabalho em linha de montagem também resultam em tenossinovite. •

Ações em grupo

A maioria dos movimentos ocorre porque vários músculos esqueléticos estão atuando em grupos, em vez de individualmente. Além disso, a maioria dos músculos esqueléticos está disposta em pares opostos nas articulações, isto é, flexores-extensores, abdutores-adutores, e

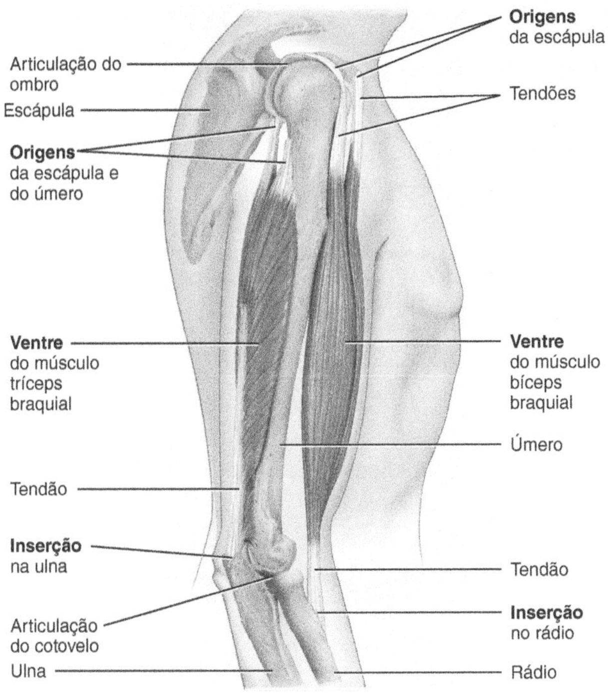

Qual músculo produz a ação desejada?

Figura 8.12 Relação dos músculos esqueléticos com os ossos. Os músculos esqueléticos produzem movimentos tracionando os tendões fixados aos ossos.

Nos membros, a origem de um músculo é proximal, e a inserção é distal.

assim por diante. Um músculo que provoca uma ação desejada é referido como *agente motor* ou ***agonista*** (líder). Frequentemente, outro músculo, chamado ***antagonista*** (opositor), relaxa enquanto o agonista se contrai. O antagonista possui um efeito oposto àquele do agonista; isto é, o antagonista se alonga e cede ao movimento do agonista. Quando curvamos (flexionamos) a articulação do cotovelo, o músculo bíceps braquial é o agonista. Enquanto o bíceps braquial está se contraindo, o músculo tríceps braquial, o antagonista, está relaxando (ver Fig. 8.20). Não assuma, entretanto, que o bíceps braquial é sempre o agonista e o tríceps braquial sempre o antagonista. Por exemplo, quando alongamos (estendemos) a articulação do cotovelo, o tríceps braquial atua como agonista, e o bíceps braquial funciona como antagonista. Se o agonista e o antagonista contraíssem juntos, com força igual, não haveria movimento.

A maioria dos movimentos também inclui músculos, chamados ***sinergistas***, que ajudam o agonista a funcionar de maneira mais eficiente, reduzindo movimentos desnecessários. Alguns músculos em um grupo também atuam como ***fixadores***, estabilizando a origem do agonista, de modo que o agonista atue de maneira mais eficiente. Em diferentes condições e dependendo do movimento, muitos músculos atuam por várias vezes como agonistas, antagonistas, sinergistas e fixadores.

TESTE SUA COMPREENSÃO

19. Diferencie entre a origem e a inserção de um músculo esquelético.
20. A maioria dos movimentos do corpo ocorre porque vários músculos esqueléticos atuam em grupos, em vez de individualmente. Explique o porquê.

8.11 Principais músculos esqueléticos

OBJETIVOS

- Listar e descrever como os músculos esqueléticos são nomeados.
- Descrever a localização dos músculos esqueléticos em várias regiões do corpo e identificar as suas funções.

Os nomes da maioria dos quase 700 músculos esqueléticos são baseados em características específicas. Aprender os termos usados para indicar as características específicas ajuda a lembrar os nomes dos músculos (Tab. 8.2).

Os Quadros 8.1 a 8.13 listam os principais músculos esqueléticos do corpo com suas origens, inserções e ações. (De forma alguma foram incluídos todos os músculos do corpo.) Para cada quadro, uma seção de visão geral fornece orientações sobre os músculos e suas funções ou características especiais. Para facilitar o aprendizado dos nomes dos músculos esqueléticos e a compreensão de como são nomeados, fornecemos os radicais das palavras que indicam como os músculos são nomeados (consulte também a Tab. 8.2). Assim que dominar a nomenclatura dos músculos, suas ações terão mais significado e serão mais fáceis de lembrar.

Os músculos são divididos em grupos, de acordo com a parte do corpo sobre a qual atuam. A Figura 8.13 mostra as vistas anterior e posterior do sistema muscular. À medida que estudamos os grupos de músculos nos quadros seguintes, consulte a Figura 8.13 para ver como cada grupo está relacionado com todos os outros.

• • •

Para compreender as várias maneiras pelas quais o sistema muscular contribui para a homeostasia dos outros sistemas do corpo, examine o Foco na Homeostasia: O Sistema Muscular, no final do capítulo, após os quadros. A seguir, no Capítulo 9, veremos como o sistema nervoso está organizado, como os neurônios geram impulsos nervosos que ativam os tecidos musculares, bem como outros neurônios, e como funcionam as sinapses.

TABELA 8.2

Características usadas para nomear os músculos esqueléticos

NOME	SIGNIFICADO	EXEMPLO	FIGURA
Direção: Orientação das fibras musculares em relação à linha mediana do corpo			
Reto	Paralelo à linha mediana	Reto do abdome	8.16b
Transverso	Perpendicular à linha mediana	Transverso do abdome	8.16b
Oblíquo	Diagonal à linha mediana	Oblíquo externo do abdome	8.16a
Tamanho: Tamanho relativo do músculo			
Máximo	O maior	Glúteo máximo	8.23b
Mínimo	O menor	Glúteo mínimo	8.23b
Longo	Longo	Adutor longo	8.23a
Latíssimo	O mais largo	Latíssimo do dorso	8.13b
Longuíssimo	O mais longo	Músculos longuíssimos	8.22
Magno	Grande/importante	Adutor magno	8.23b
Maior	Maior	Peitoral maior	8.13a
Menor	Menor	Peitoral menor	8.19a
Vasto	Grande/volumoso	Vasto lateral	8.23a
Forma: Forma relativa do músculo			
Deltoide	Triangular	Deltoide	8.13b
Trapézio	Trapezoide	Trapézio	8.13b
Serrátil	Serrilhado	Serrátil anterior	8.18a
Romboide	Losângico	Romboide maior	8.19b
Orbicular	Circular	Orbicular do olho	8.14
Pectíneo	Pectiniforme	Pectíneo	8.23a
Piriforme	Formato de pera	Piriforme	8.23d
Platisma	Plano	Platisma	8.13a
Quadrado	Quadrado	Quadrado do lombo	8.17b
Grácil	Fino	Grácil	8.23a
Ação: Principal ação do músculo			
Flexor	Diminui o ângulo da articulação	Flexor radial do carpo	8.21a
Extensor	Aumenta o ângulo da articulação	Extensor ulnar do carpo	8.21b
Abdutor	Afasta o osso da linha mediana	Abdutor longo do polegar	8.13b
Adutor	Aproxima o osso da linha mediana	Adutor longo	8.23a
Levantador	Produz movimento para cima	Levantador da escápula	8.18
Abaixador	Produz movimento para baixo	Abaixador do lábio inferior	8.14
Supinador	Vira a palma da mão anteriormente	Supinador	
Pronador	Vira a palma da mão posteriormente	Pronador redondo	8.21a
Esfíncter	Diminui o tamanho de uma abertura	Esfíncter externo do ânus	19.14b
Tensor	Enrijece uma parte do corpo	Tensor da fáscia lata	8.23a
Número de origens: Número de tendões de origem			
Bíceps	Duas origens	Bíceps braquial	8.20a
Tríceps	Três origens	Tríceps braquial	8.20b
Quadríceps	Quatro origens	Quadríceps femoral	8.23a
Localização: Estrutura próxima à qual um músculo é encontrado			
	Exemplo: Temporal, um músculo próximo ao osso temporal (Fig. 8.14).		
Origem e inserção: Locais nos quais o músculo se origina e se insere			
	Exemplo: Braquiorradial, originando-se no úmero e inserindo-se no rádio (Fig. 8.21a).		

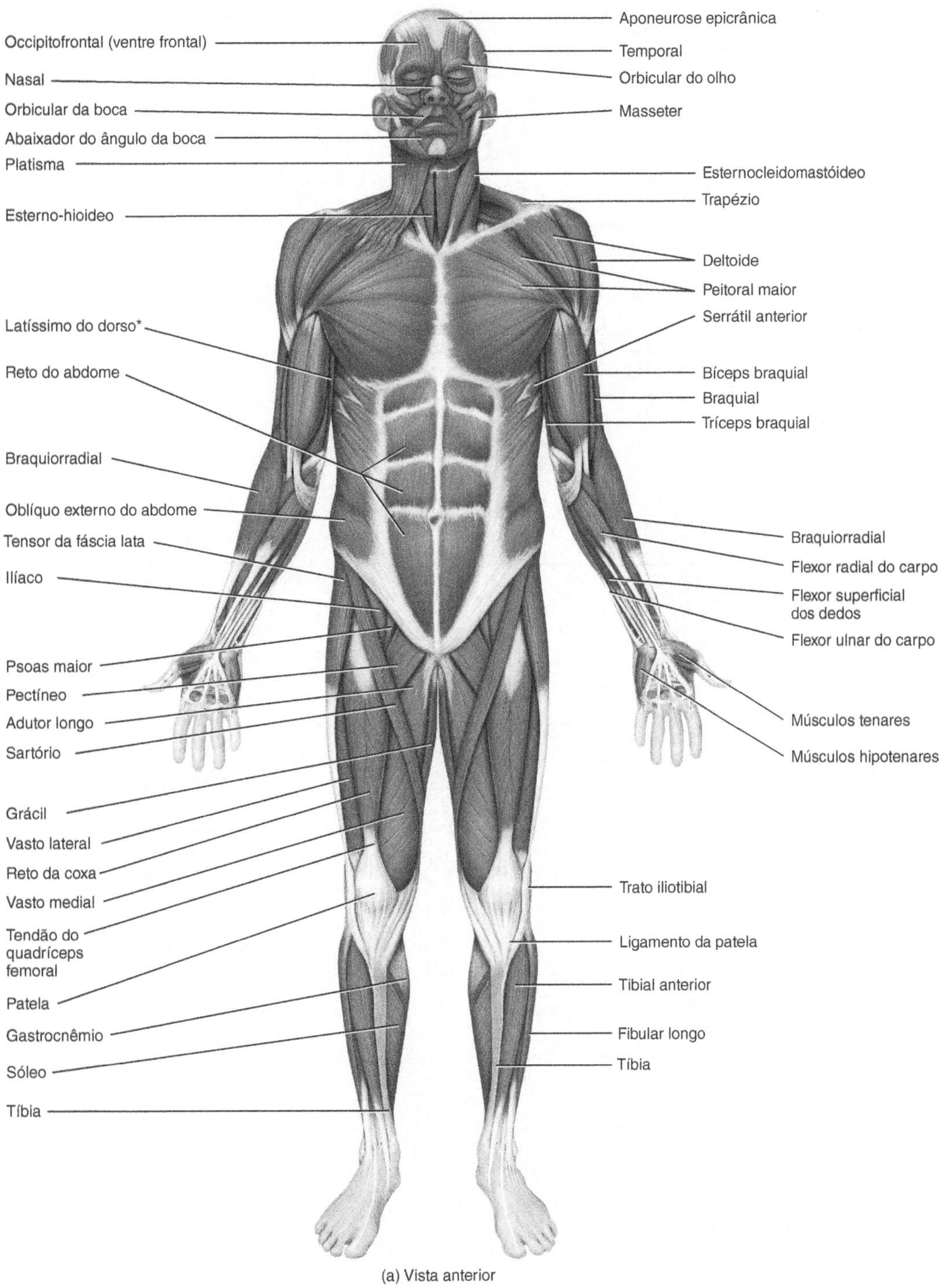

(a) Vista anterior

Cite um exemplo de um músculo denominado pelas seguintes características: direção das fibras, forma, ação, tamanho, origem e inserção, localização e número de origens.

Figura 8.13 Principais músculos esqueléticos superficiais. *(Continua)*

A maioria dos movimentos requer a contração de vários músculos esqueléticos, atuando em grupos, em vez de individualmente.

*N. de R.T. Este músculo também é comumente denominado grande dorsal.

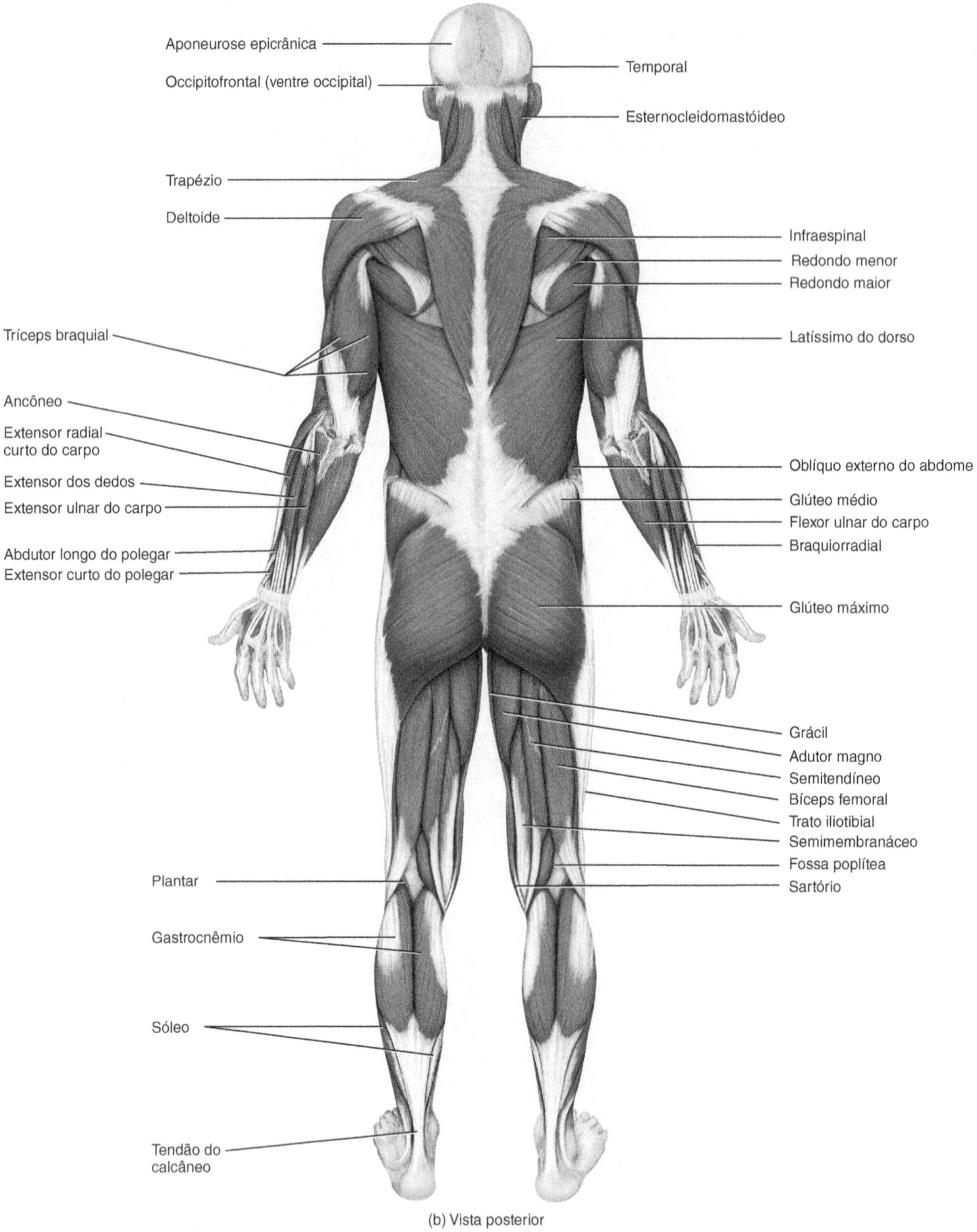

Figura 8.13 (*Continuação*) **Principais músculos esqueléticos superficiais.**

QUADRO 8.1 Músculos da cabeça que produzem expressões faciais *(Fig. 8.14)*

OBJETIVO

- Descrever **a origem, a inserção e a ação dos músculos da cabeça que produzem expressões faciais.**

Visão geral: Os músculos da expressão facial fornecem aos seres humanos a capacidade de expressar uma ampla variedade de emoções, incluindo desprazer, surpresa, medo e felicidade. Os músculos se encontram na tela subcutânea. Como regra, suas origens estão na fáscia ou nos ossos do crânio, com inserções na pele. Em razão disso, os músculos da expressão facial movem a pele, em vez de uma articulação, quando contraem.

CORRELAÇÕES CLÍNICAS | Ácidos graxos na saúde e na doença

A paralisia de Bell, também conhecida como **paralisia facial**, é uma paralisia unilateral dos músculos da expressão facial, como resultado de dano ou doença do nervo facial (VII). Embora a causa seja desconhecida, admite-se hipoteticamente, uma relação entre o vírus herpes simplex e a inflamação do nervo facial. Em casos graves, a paralisia provoca o descaimento de todo o lado da face, e a pessoa não consegue enrugar a testa, fechar o olho ou franzir os lábios no lado afetado. Além disso, ocorrem salivação e dificuldade de deglutição. Dos pacientes, 80% se recuperam completamente dentro de poucas semanas a poucos meses. Para os outros, a paralisia é permanente. Os sinais da paralisia de Bell imitam aqueles de um acidente vascular encefálico. •

Relação dos músculos com os movimentos: Organize os músculos deste quadro em dois grupos: (1) aqueles que atuam na boca e (2) aqueles que atuam nos olhos.

TESTE SUA COMPREENSÃO

Quais músculos você usaria para demonstrar surpresa, expressar tristeza, mostrar seus dentes superiores, franzir seus lábios, semicerrar os olhos e encher um balão?

MÚSCULO	ORIGEM	INSERÇÃO	AÇÃO
Occipitofrontal			
Ventre frontal	Aponeurose epicrânica (tendão plano que se fixa aos ventres frontal e occipital)	Pele superior à órbita	Traciona o couro cabeludo para a frente (como para franzir o cenho), eleva as sobrancelhas e enruga a pele da fronte horizontalmente (como em uma expressão de surpresa)
Ventre occipital	Occipital e temporal	Aponeurose epicrânica	Traciona o couro cabeludo para trás
Orbicular da boca	Fibras musculares circundando a abertura da boca	Pele no canto da boca	Fecha e protrai os lábios (como no beijo), comprime os lábios contra os dentes e dá forma aos lábios durante a fala
Zigomático maior	Zigomático	Pele no ângulo da boca e M. orbicular da boca	Traciona o ângulo da boca para cima e para fora (como no sorriso ou na gargalhada)
Bucinador	Maxila e mandíbula	M. orbicular da boca	Pressiona as bochechas contra os dentes e os lábios (como para assobiar, soprar e sugar); traciona o canto da boca lateralmente; auxilia na mastigação, mantendo o alimento entre os dentes (e não entre os dentes e as bochechas)
Platisma	Fáscia sobre os músculos deltoide e peitoral maior	Mandíbula, músculos em torno do ângulo da boca e pele da parte inferior da face	Puxa a parte externa do lábio inferior para baixo e para trás (como na carranca) e abaixa a mandíbula
Orbicular do olho	Parede medial da órbita	Área circular em torno da órbita	Fecha o olho

CONTINUA

QUADRO 8.1 Músculos da cabeça que produzem expressões faciais *(Fig. 8.14)* CONTINUAÇÃO

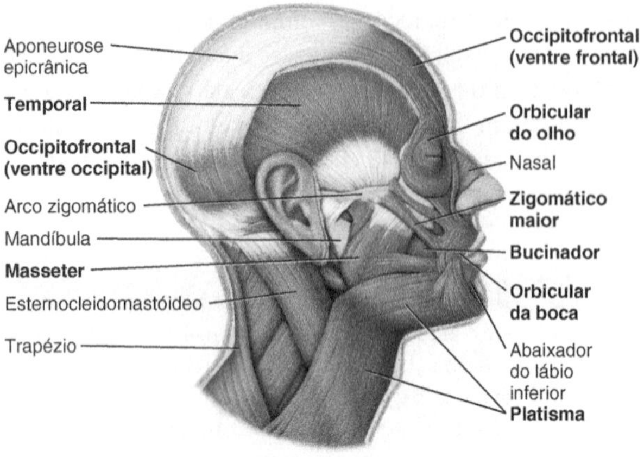

(a) Vista superficial lateral direita

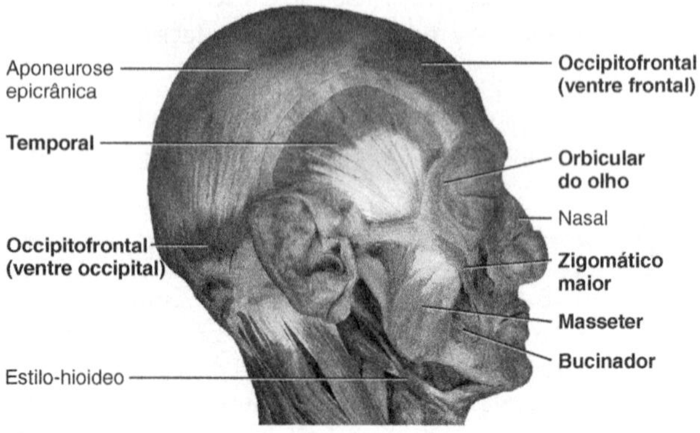

(b) Vista lateral direita

Quais músculos da expressão facial produzem o sorriso, a carranca e o fechamento parcial dos olhos?

Figura 8.14 **Músculos da cabeça que produzem expressões faciais.** Nesta e nas figuras subsequentes no capítulo, os músculos indicados em negrito são aqueles especificamente referidos no quadro correspondente ou em outro quadro deste capítulo.

Quando se contraem, os músculos da expressão facial movem a pele, e não uma articulação.

QUADRO 8.2 Músculos que movem a mandíbula e auxiliam a mastigação e a fala *(Ver Fig. 8.14)*

OBJETIVO

- Descrever **a origem, a inserção e a ação dos principais músculos da mastigação.**

Visão geral: Os músculos que movem a mandíbula também são conhecidos como músculos da mastigação, porque são atuantes na mordida e na mastigação. Esses músculos também auxiliam na fala.

Relação dos músculos com os movimentos: Organize os músculos, neste quadro e no anterior, de acordo com as ações sobre a mandíbula: (1) elevação, (2) abaixamento e (3) retração. O mesmo músculo pode ser mencionado mais de uma vez.

TESTE SUA COMPREENSÃO

O que aconteceria se você perdesse o tônus nos músculos masseter e temporal?

MÚSCULO	ORIGEM	INSERÇÃO	AÇÃO
Masseter (ver Fig. 8.14)	Maxila e arco zigomático	Mandíbula	Eleva a mandíbula, como ao fechar a boca
Temporal (ver Fig. 8.14)	Osso temporal	Mandíbula	Eleva e retrai (traciona para trás) a mandíbula

QUADRO 8.3 Músculos que movem os bulbos dos olhos (músculos extrínsecos) e as pálpebras superiores *(Fig. 8.15)*

OBJETIVO

- Descrever **a origem, a inserção e a ação dos músculos extrínsecos dos bulbos dos olhos.**

Visão geral: Dois tipos de músculos estão associados ao bulbo do olho: os extrínsecos e os intrínsecos. Os *músculos extrínsecos* se originam fora do bulbo do olho e estão inseridos na externa da esclera. Movem os bulbos dos olhos em várias direções. Os *músculos intrínsecos* se originam e se inserem inteiramente dentro do bulbo do olho. Movem estruturas nos bulbos dos olhos, como a íris e a lente.

Os movimentos dos bulbos dos olhos são controlados por três pares de músculos extrínsecos: (1) retos superior e inferior, (2) retos lateral e medial e (3) oblíquos superior e inferior. Dois pares de músculos retos movem o bulbo do olho na direção indicada pelos seus respectivos nomes: superior, inferior, lateral e medial. Um par de músculos, os músculos oblíquos – superior e inferior –, giram o bulbo do olho sobre seu eixo. Os músculos extrínsecos dos bulbos dos olhos estão entre os músculos esqueléticos de mais rápida contração e mais precisamente controlados do corpo. O músculo levantador da pálpebra superior levanta a pálpebra superior (abre os olhos).

Relação dos músculos com os movimentos: Organize os músculos, neste quadro, de acordo com as suas ações nos bulbos dos olhos: (1) elevação, (2) abaixamento, (3) abdução, (4) adução, (5) rotação medial e (6) rotação lateral. O mesmo músculo pode ser mencionado mais de uma vez.

CORRELAÇÕES CLÍNICAS | Estrabismo

Estrabismo é uma condição na qual os dois bulbos dos olhos não estão adequadamente alinhados. Isso é hereditário ou decorrente de traumatismos ao nascimento, fixações deficientes dos músculos, problemas com o centro de controle do encéfalo ou doenças localizadas. O estrabismo é constante ou intermitente. No estrabismo, cada olho envia uma imagem para uma área diferente do cérebro; como o cérebro geralmente ignora as mensagens enviadas por um dos olhos, o olho ignorado se torna mais fraco; consequentemente, se desenvolve o "olho preguiçoso" ou ambliopia. O **estrabismo externo** ocorre quando uma lesão no nervo oculomotor (III) faz o bulbo do olho se mover lateralmente quando em repouso, e provoca incapacidade de mover o bulbo do olho medial e inferiormente. Uma lesão no nervo abducente (VI) resulta em **estrabismo interno**, uma condição na qual o bulbo do olho, quando em repouso, se move medialmente, mas não lateralmente. •

TESTE SUA COMPREENSÃO

Quais músculos se contraem e relaxam em cada olho, quando você olha fixamente para a sua esquerda sem mover a cabeça?

MÚSCULO	ORIGEM	INSERÇÃO	AÇÃO
Reto superior	Anel tendíneo comum fixado à órbita ao redor do canal óptico	Parte superior e central do bulbo do olho	Move o bulbo do olho para cima (elevação) e medialmente (adução) e o gira medialmente
Reto inferior	O mesmo que acima	Parte inferior e central do bulbo do olho	Move o bulbo do olho para baixo (abaixamento) e medialmente (adução) e o gira lateralmente
Reto lateral	O mesmo que acima	Lado lateral do bulbo do olho	Move o bulbo do olho lateralmente (abdução)
Reto medial	O mesmo que acima	Lado medial do bulbo do olho	Move o bulbo do olho medialmente (adução)
Oblíquo superior	O mesmo que acima	O bulbo do olho entre os músculos retos lateral e superior; move-se por meio de um anel de tecido fibrocartilagíneo chamado tróclea	Move o bulbo do olho para baixo (abaixamento) e lateralmente (abdução) e o gira medialmente
Oblíquo inferior	Maxila	Bulbo do olho entre os músculos retos inferior e lateral	Move o bulbo do olho para cima (elevação) e lateralmente (abdução) e o gira lateralmente
Levantador da pálpebra superior	Parede superior da órbita	Pele da pálpebra superior	Eleva a pálpebra superior (abre o olho)

CONTINUA

QUADRO 8.3 Músculos que movem os bulbos dos olhos (músculos extrínsecos) e as pálpebras superiores *(Fig. 8.15)* CONTINUAÇÃO

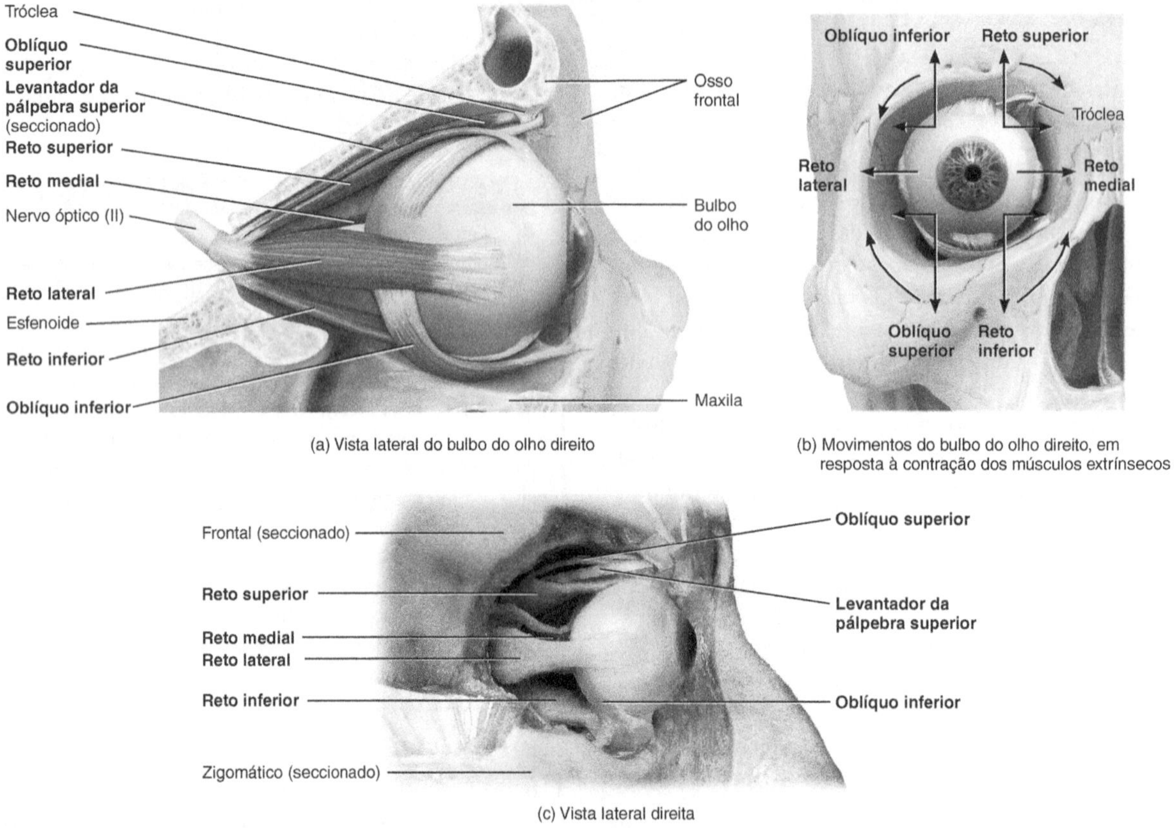

Qual músculo passa através da tróclea?

Figura 8.15 Músculos que movem os bulbos dos olhos (músculos extrínsecos) e as pálpebras superiores.

Os músculos extrínsecos do bulbo do olho estão entre os músculos esqueléticos de contração mais rápida e mais precisamente controlada no corpo.

QUADRO 8.4 Músculos do abdome que protegem os órgãos abdominais e movem a coluna vertebral *(Fig. 8.16)*

OBJETIVO

- Descrever **a origem, a inserção e a ação dos músculos do abdome que protegem os órgãos abdominais e movem a coluna vertebral.**

Visão geral: As paredes anterior e lateral do abdome são compostas por pele, fáscia e quatro pares de músculos: reto do abdome, oblíquo externo do abdome, oblíquo interno do abdome e transverso do abdome.

A face anterior do músculo reto do abdome é interrompida normalmente por três faixas fibrosas transversas de tecido, chamadas *intersecções tendíneas*. Pessoas musculosas podem apresentar intersecções facilmente visíveis, como resultado de exercícios e hipertrofia (aumento) subsequente do músculo, mas não intersecções tendíneas. Fisiculturistas dão prioridade para o desenvolvimento do efeito de *"seis músculos"* bem-definidos do abdome. Um percentual pequeno da população possui uma variante das intersecções e é capaz de desenvolver *"oito músculos"* bem-definidos.

Relação dos músculos com os movimentos: Organize os músculos, neste quadro, de acordo com as seguintes ações na coluna vertebral: (1) flexão, (2) flexão lateral, (3) extensão e (4) rotação. O mesmo músculo pode ser mencionado mais de uma vez.

CONTINUA

QUADRO 8.4 Músculos do abdome que protegem os órgãos abdominais e movem a coluna vertebral *(Fig. 8.16)* CONTINUAÇÃO

CORRELAÇÕES CLÍNICAS | Hérnia

A **hérnia** é a protrusão de um órgão por uma estrutura que normalmente o envolve, criando uma protuberância que é vista ou sentida através da superfície da pele. A região inguinal é uma área fraca na parede abdominal. Frequentemente, é o local de uma **hérnia inguinal**, a ruptura ou separação de uma parte da área inguinal da parede abdominal, resultando na protrusão de uma parte do intestino delgado. A hérnia é muito mais comum em homens do que em mulheres, porque os canais inguinais nos homens são maiores, para acomodar o funículo espermático e o nervo ilioinguinal. O tratamento das hérnias, mais frequentemente, inclui cirurgia. O órgão que se protrai é "recolocado" na cavidade abdominal, e o defeito nos músculos abdominais é reparado. Além disso, uma malha é muitas vezes aplicada, para reforçar a área de fraqueza. •

TESTE SUA COMPREENSÃO

Quais músculos você contrai quando "encolhe a barriga", comprimindo assim a sua parede abdominal anterior?

MÚSCULO	ORIGEM	INSERÇÃO	AÇÃO
Reto do abdome	Púbis e sínfise púbica	Cartilagem da 5ª à 7ª costelas e processo xifoide do esterno	Flete a coluna vertebral e comprime o abdome para auxiliar na defecação, na micção, na expiração forçada e no parto
Oblíquo externo	Costelas 5-12	Ílio e linha alba (uma faixa de tecido conectivo resistente que se estende do processo xifoide do esterno até a sínfise púbica)	Contração de ambos os músculos oblíquos externos comprime o abdome e flete a coluna vertebral; a contração somente de um lado curva e gira a coluna vertebral lateralmente
Oblíquo interno	Ílio, ligamento inguinal e aponeurose toracolombar	Cartilagem das costelas 7-10 e linha alba	A contração de ambos os músculos oblíquos internos comprime o abdome e flete a coluna vertebral; a contração somente de um lado curva e gira a coluna vertebral lateralmente
Transverso do abdome	Ílio, ligamento inguinal, fáscia lombar e cartilagens das costelas 5-10	Processo xifoide do esterno, linha alba e púbis	Comprime o abdome

CONTINUA

QUADRO 8.4 Músculos do abdome que protegem os órgãos abdominais e movem a coluna vertebral *(Fig. 8.16)* CONTINUAÇÃO

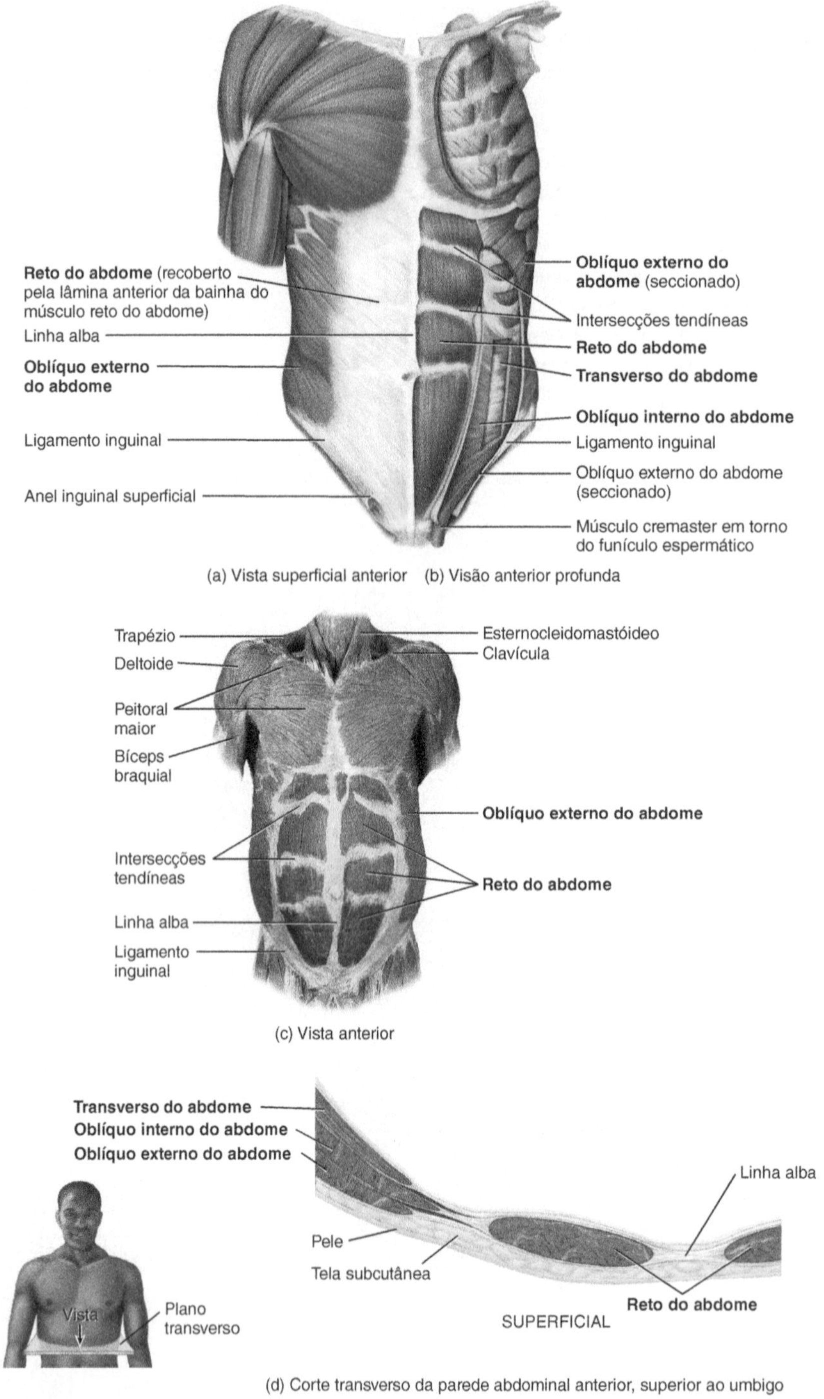

Qual músculo abdominal auxilia na micção?

Figura 8.16 Músculos do abdome que protegem os órgãos abdominais e movem a coluna vertebral. São mostrados aqui os músculos de um homem.

O ligamento inguinal separa a coxa da parede corporal.

QUADRO 8.5 Músculos do tórax que auxiliam na respiração *(Fig. 8.17)*

OBJETIVO

- Descrever **a origem, a inserção e a ação dos músculos do tórax que auxiliam na respiração.**

Visão geral: Os músculos do tórax alteram o tamanho da cavidade torácica, de modo que a respiração ocorra. A inspiração (inalação) ocorre quando a cavidade torácica aumenta de tamanho, e a expiração (exalação) ocorre quando a cavidade torácica diminui de tamanho.

O ***diafragma***, cupuliforme, é o músculo mais importante na promoção da respiração. Os ***músculos intercostais externos*** são superficiais e localizados entre as costelas. Os ***músculos intercostais internos***, também entre as costelas, são profundos aos músculos intercostais externos e formam ângulos retos com eles.

Relação dos músculos com os movimentos: Organize os músculos, neste quadro, de acordo com as seguintes ações relacionadas com o tamanho do tórax: (1) aumento na dimensão vertical, (2) aumento nas dimensões lateral e anteroposterior e (3) diminuição nas dimensões lateral e anteroposterior.

TESTE SUA COMPREENSÃO

Quais situações exigiriam respiração forçada?

MÚSCULO	ORIGEM	INSERÇÃO	AÇÃO
Diafragma	Processo xifoide do esterno, cartilagens costais das seis costelas inferiores, vértebras lombares e seus discos intervertebrais	Centro tendíneo (aponeurose resistente próxima do centro do diafragma)	A contração do diafragma provoca seu achatamento e aumenta a dimensão vertical (de cima para baixo) da cavidade torácica, resultando na inspiração; o relaxamento do diafragma provoca seu movimento para cima e diminui a dimensão vertical da cavidade torácica, resultando na expiração
Intercostais externos	Margem inferior da costela superior	Margem superior da costela inferior	A contração eleva as costelas e aumenta as dimensões anteroposterior (da frente para trás) e lateral (de lado a lado) da cavidade torácica, resultando na inspiração; o relaxamento abaixa as costelas e diminui as dimensões anteroposterior e lateral da cavidade torácica, resultando na expiração
Intercostais internos	Margem superior da costela inferior	Margem inferior da costela superior	A contração puxa as costelas adjacentes em conjunto, favorecendo a diminuição das dimensões anteroposterior e lateral da cavidade torácica, durante a expiração forçada

CONTINUA

QUADRO 8.5 Músculos do tórax que auxiliam na respiração *(Fig. 8.17)* CONTINUAÇÃO

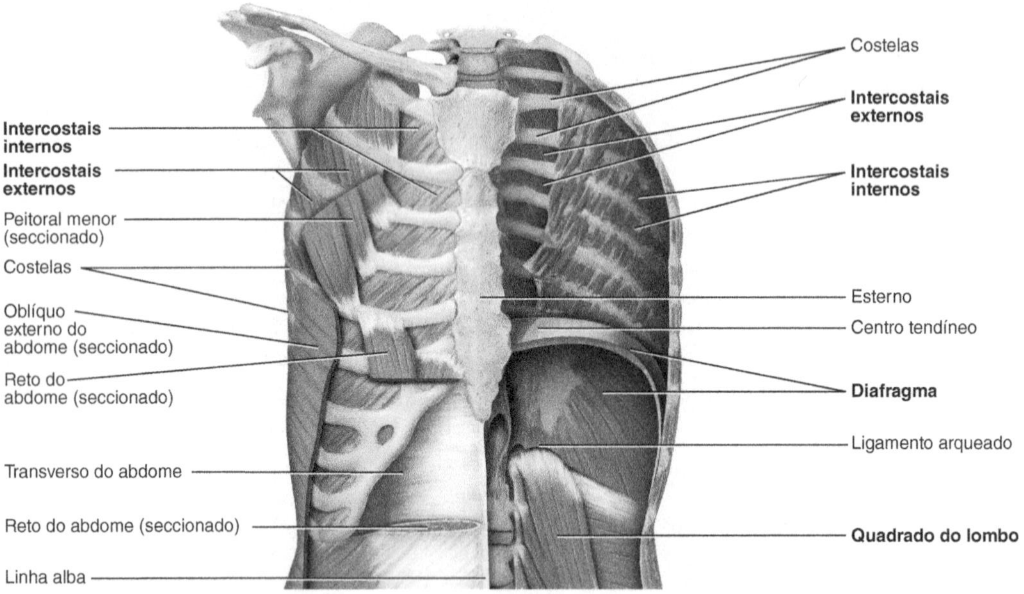

(a) Vista anterior superficial (b) Vista anterior profunda

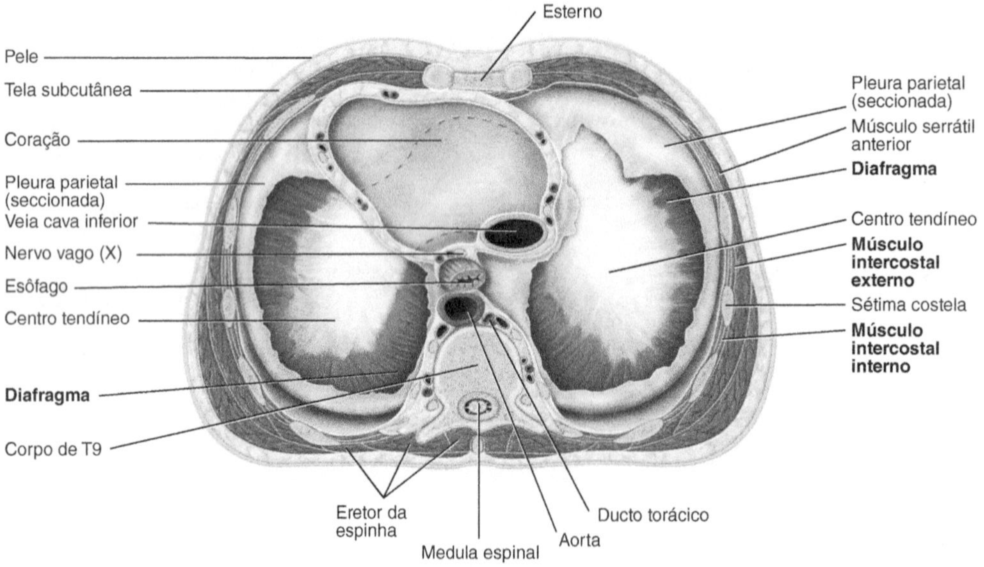

(c) Vista superior do diafragma

Quais músculos se contraem durante uma inspiração normal calma?

Figura 8.17 Músculos do tórax que auxiliam na respiração.

Os músculos utilizados na respiração alteram o tamanho da cavidade torácica.

QUADRO 8.6 Músculos do tórax que movem o cíngulo dos membros superiores *(Fig. 8.18)*

OBJETIVO

- Descrever **a origem, a inserção e a ação dos músculos que movem o cíngulo do membro superior.**

Visão geral: Os músculos que movem o cíngulo do membro superior (clavícula e escápula) se originam no esqueleto axial e se inserem na clavícula ou na escápula. A principal ação dos músculos é manter a escápula no lugar, de modo que consiga atuar como um ponto de origem estável para a maioria dos músculos que movem o úmero (osso do braço).

Relação dos músculos com os movimentos: Organize os músculos, neste quadro, de acordo com as seguintes ações relacionadas com a escápula: (1) abaixamento, (2) elevação, (3) movimento lateral e para a frente e (4) movimento medial e para trás. O mesmo músculo pode ser mencionado mais de uma vez.

TESTE SUA COMPREENSÃO

Qual músculo, neste quadro, não somente move o cíngulo do membro superior, mas também auxilia na inspiração forçada?

MÚSCULO	ORIGEM	INSERÇÃO	AÇÃO
Peitoral menor	Costelas 2-5, 3-5, ou 2-4	Escápula	Abduz e gira a escápula inferiormente (movimento da cavidade glenoidal para baixo); eleva a terceira até a quinta costelas durante a inspiração forçada, quando a escápula está fixa
Serrátil anterior	Oito ou nove costelas superiores	Escápula	Abduz e gira a escápula superiormente (movimento da cavidade glenoidal para cima); eleva as costelas quando a escápula está fixa; conhecido como "músculo do boxeador", porque é importante nos movimentos horizontais do braço, como socar e empurrar
Trapézio (ver também Fig. 8.13b)	Occipital e processos espinhosos de C7-T12	Clavícula e escápula	As fibras superiores elevam a escápula; as fibras médias aduzem a escápula; as fibras inferiores abaixam e giram a escápula superiormente; as fibras superiores e inferiores, em conjunto, giram a escápula superiormente; estabiliza a escápula
Levantador da escápula	Processos transversos de C1-C4	Escápula	Eleva e gira a escápula inferiormente
Romboide maior (ver Fig. 8.19b)	Processos espinhosos de T2-T5	Escápula	Eleva e aduz a escápula e a gira inferiormente; estabiliza a escápula

CONTINUA

QUADRO 8.6 Músculos do tórax que movem o cíngulo dos membros superiores *(Fig. 8.18)*
CONTINUAÇÃO

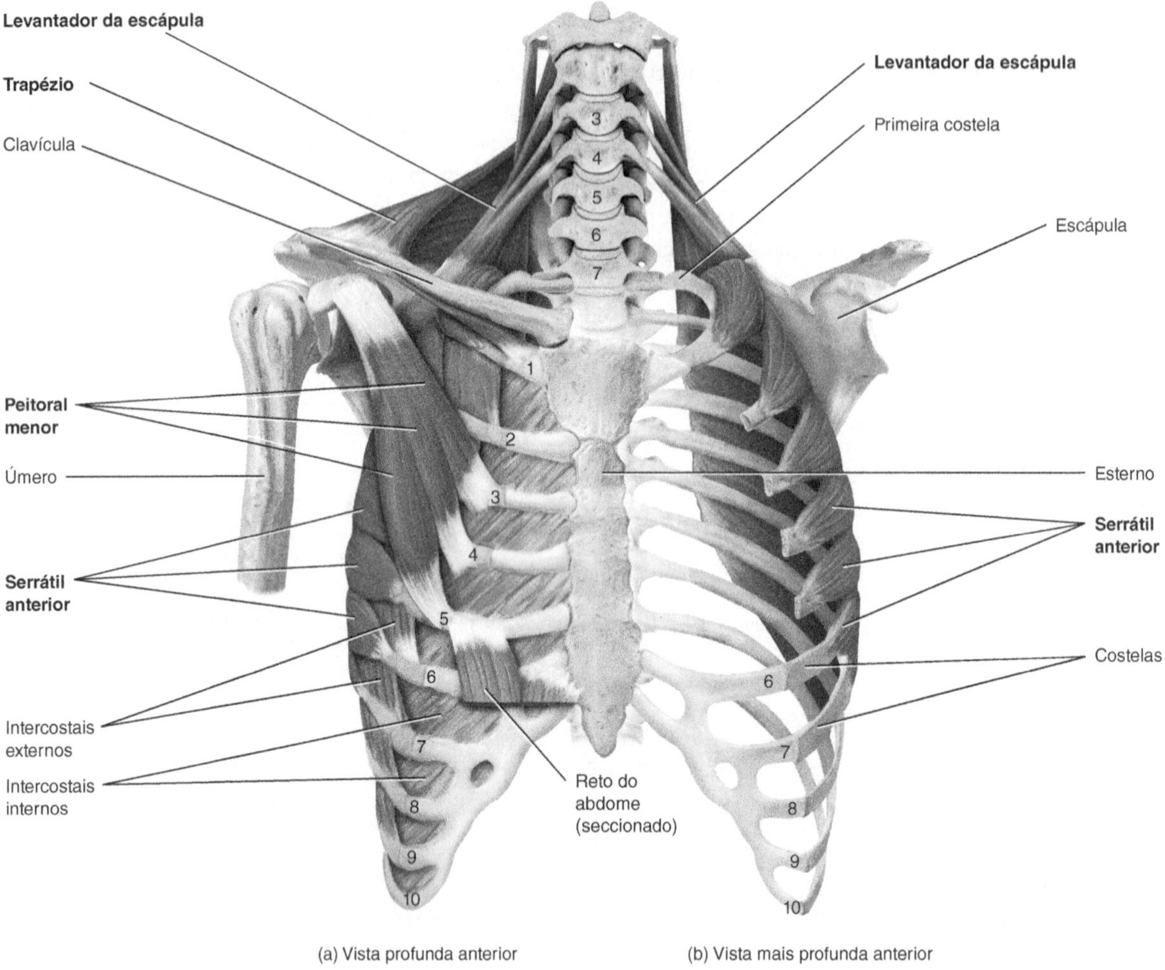

Quais músculos se originam nas costelas? E nas vértebras?

Figura 8.18 **Músculos do tórax que movem o cíngulo do membro superior.**

Os músculos que movem o cíngulo do membro superior se originam no esqueleto axial e se inserem na clavícula ou na escápula.

QUADRO 8.7 Músculos do tórax e do ombro que movem o úmero *(Fig. 8.19)*

OBJETIVO

- Descrever a origem, a inserção e a ação dos músculos que movem o úmero.

Visão geral: Dos nove músculos que cruzam a articulação do ombro, somente dois deles (peitoral maior e latíssimo do dorso) não se originam na escápula.

A força e a estabilidade da articulação do ombro são fornecidas por quatro músculos profundos do ombro e seus tendões: subescapular, supraespinal, infraespinal e redondo menor. Estes músculos unem a escápula ao úmero. Os tendões dos músculos estão dispostos em um círculo quase completo ao redor da articulação, como um punho em uma manga de camisa. Esse arranjo é chamado ***manguito rotador***.

Relação dos músculos com os movimentos: Organize os músculos, neste quadro, de acordo com as seguintes ações relacionadas com o úmero, na articulação do ombro: (1) flexão, (2) extensão, (3) abdução, (4) adução, (5) rotação medial e (6) rotação lateral. O mesmo músculo pode ser mencionado mais de uma vez.

CORRELAÇÕES CLÍNICAS | Síndrome do impacto

Uma das causas mais comuns de dor e disfunção no ombro em atletas é conhecida como **síndrome do impacto**. O movimento repetitivo do braço acima da cabeça, que é comum no beisebol, em esportes com raquete por cima da cabeça, levantamento de pesos acima da cabeça, cortada no voleibol e natação, coloca esses atletas em risco para o desenvolvimento da síndrome. Além disso, pode ser provocada por um golpe direto ou uma lesão por estiramento. O pinçamento contínuo do tendão supraespinal, como resultado de movimentos sobre a cabeça, provoca inflamação, que resulta em dor. Se o movimento é contínuo, apesar da dor, o tendão pode se degenerar próximo de sua fixação no úmero e, pode, finalmente, se separar do osso (lesão do manguito rotador). O tratamento consiste em descansar os tendões lesados, fortalecer o ombro por meio de exercício, terapia com massagem e, se a lesão for especialmente grave, cirurgia. •

TESTE SUA COMPREENSÃO

O que é o manguito rotador?

MÚSCULO	ORIGEM	INSERÇÃO	AÇÃO
Peitoral maior (ver também Fig. 8.13a)	Clavícula, esterno, cartilagens das costelas 2-6 ou 1-7	Úmero	Aduz e gira medialmente o braço na articulação do ombro; flexiona e estende o braço na articulação do ombro
Latíssimo do dorso (ver também Fig. 8.13b)	Processos espinhosos de T7-L5, sacro e ílio, costelas 9-12	Úmero	Estende, aduz e gira medialmente o braço na articulação do ombro; traciona o braço para baixo e para trás
Deltoide (ver também Fig. 8.13a, b)	Clavícula e escápula	Úmero	Abduz, flexiona, estende e gira o braço na articulação do ombro
Subescapular	Escápula	Úmero	Gira medialmente o braço na articulação do ombro
Supraespinal	Escápula	Úmero	Auxilia o deltoide na abdução do braço na articulação do ombro
Infraespinal (ver também Fig. 8.13b)	Escápula	Úmero	Gira lateralmente o braço na articulação do ombro
Redondo maior	Escápula	Úmero	Estende o braço na articulação do ombro; auxilia na adução e na rotação medial do braço na articulação do ombro
Redondo menor	Escápula	Úmero	Gira lateralmente e estende o braço na articulação do ombro
Coracobraquial	Escápula	Úmero	Flexiona e aduz o braço na articulação do ombro

CONTINUA

QUADRO 8.7 Músculos do tórax e do ombro que movem o úmero *(Fig. 8.19)* CONTINUAÇÃO

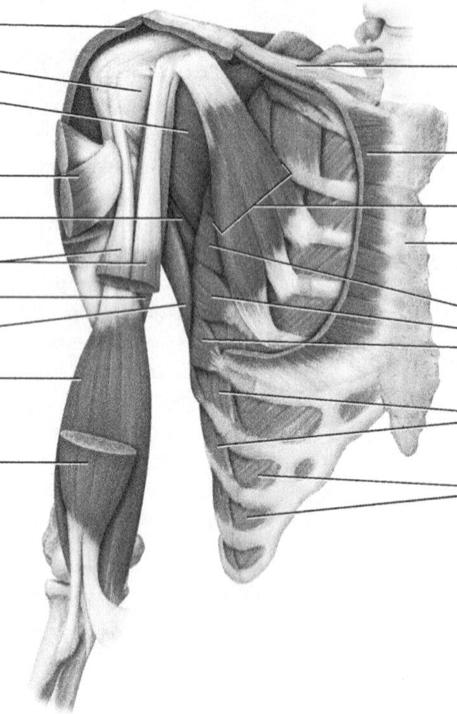

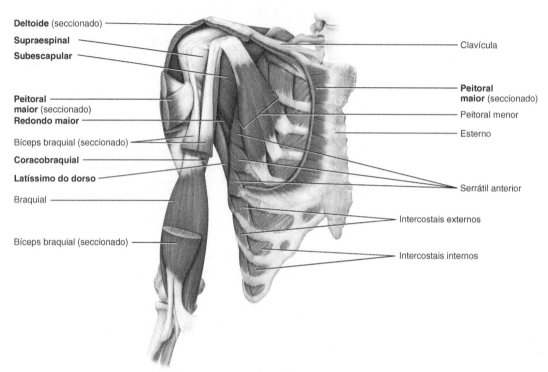

(a) Vista profunda anterior (o músculo peitoral maior intacto é mostrado na Fig. 8.16a)

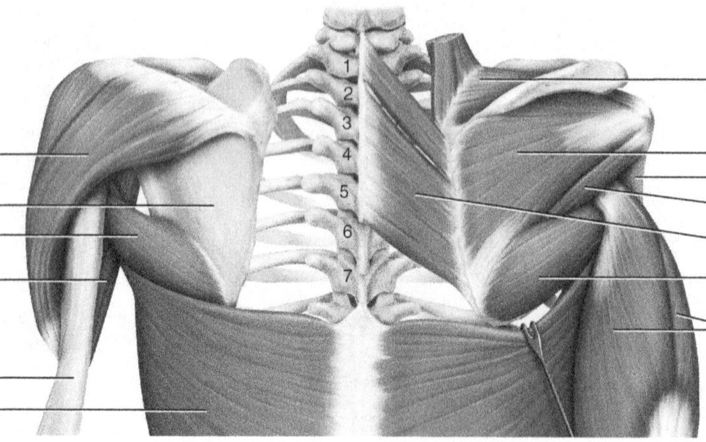

(b) Vista posterior (c) Vista posterior

Dos nove músculos que cruzam a articulação do ombro, quais são os dois músculos que não se originam na escápula?

Figura 8.19 Músculos do tórax e do ombro que movem o úmero. *(Continua)*

A força e a estabilidade da articulação do ombro são fornecidas pelos tendões dos músculos que formam o manguito rotador.

CONTINUA

QUADRO 8.7 Músculos do tórax e do ombro que movem o úmero *(Fig. 8.19)* CONTINUAÇÃO

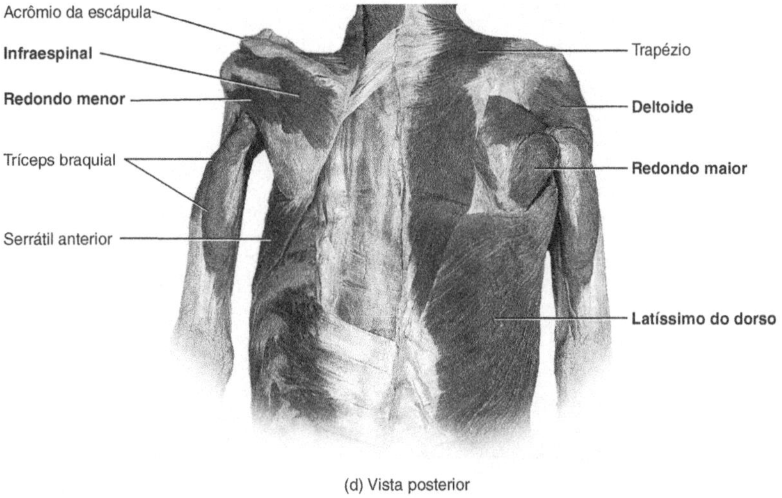

Figura 8.19 **(*Continuação*) Músculos do tórax e do ombro que movem o úmero.**

QUADRO 8.8 Músculos do braço que movem o rádio e a ulna *(Fig. 8.20)*

OBJETIVO

- Descrever **a origem, a inserção e a ação dos músculos que movem o rádio e a ulna.**

Visão geral: A maioria dos músculos que move o rádio e a ulna (ossos do antebraço) provoca a flexão e a extensão da articulação do cotovelo, que é um gínglimo (articulação em dobradiça). Os músculos bíceps braquial, braquial e braquiorradial são flexores da articulação do cotovelo; o tríceps braquial é um extensor. Outros músculos que movem o rádio e a ulna estão relacionados com a supinação e a pronação. Nos membros, os músculos esqueléticos funcionalmente relacionados e seus vasos sanguíneos e nervos associados estão agrupados pela fáscia profunda em regiões chamadas ***compartimentos***. Portanto, no braço, os músculos bíceps braquial, braquial e coracobraquial constituem o ***compartimento anterior*** (*flexor*); o músculo tríceps braquial forma o ***compartimento posterior*** (*extensor*).

Relação dos músculos com os movimentos: Organize os músculos, neste quadro, de acordo com as seguintes ações: (1) flexão e extensão da articulação do cotovelo; (2) supinação e pronação do antebraço; e (3) flexão e extensão do úmero. O mesmo músculo pode ser mencionado mais de uma vez.

TESTE SUA COMPREENSÃO

Quais músculos estão nos compartimentos anterior e posterior do braço?

CORRELAÇÕES CLÍNICAS | Síndrome do compartimento

Em um distúrbio chamado **síndrome do compartimento**, um pouco de pressão interna ou externa comprime as estruturas no interior de um compartimento, resultando em vasos sanguíneos danificados e na subsequente redução da irrigação sanguínea (isquemia) para as estruturas no interior do compartimento. Sintomas incluem dor, queimação, pressão, pele pálida e paralisia. Causas comuns de síndrome do compartimento incluem lesões penetrantes e por esmagamento, contusão (dano à tela subcutânea, sem ferir a pele), distensão muscular (hiperextensão de um músculo) ou um gesso colocado inadequadamente. O aumento de pressão no compartimento apresenta consequências graves, como hemorragia, lesão tecidual e edema (acúmulo de líquido intersticial). Como as fáscias profundas (revestimentos de tecido conectivo) que envolvem os compartimentos são muito resistentes, o acúmulo de sangue e líquido intersticial não vazam, e o aumento de pressão literalmente estrangula o fluxo sanguíneo e priva músculos e nervos circunvizinhos de oxigênio. Uma opção de tratamento é a **fasciotomia**, um procedimento cirúrgico no qual a fáscia do músculo é cortada para aliviar a pressão. Sem intervenção, nervos sofrem dano, e músculos desenvolvem tecido cicatricial que resulta em encurtamento permanente dos músculos, uma condição chamada *contratura*. Se não for tratada, os tecidos podem necrosar, e o membro pode não ser mais capaz de funcionar. Quando a síndrome atinge esse estágio, amputação pode ser a única opção de tratamento. •

CONTINUA

QUADRO 8.8 Músculos do braço que movem o rádio e a ulna *(Fig. 8.20)* CONTINUAÇÃO

MÚSCULO	ORIGEM	INSERÇÃO	AÇÃO
Bíceps braquial	Escápula	Rádio	Flete e supina o antebraço na articulação do cotovelo; flete o braço na articulação do ombro
Braquial	Úmero	Ulna	Flete o antebraço na articulação do cotovelo
Braquiorradial (ver Fig. 8.21a)	Úmero	Rádio	Flete o antebraço na articulação do cotovelo
Tríceps braquial	Escápula e úmero	Ulna	Estende o antebraço na articulação do cotovelo; estende o braço na articulação do ombro
Supinador (não ilustrado)	Úmero e ulna	Rádio	Supina o antebraço
Pronador redondo (ver Fig. 8.21a)	Úmero e ulna	Rádio	Prona o antebraço

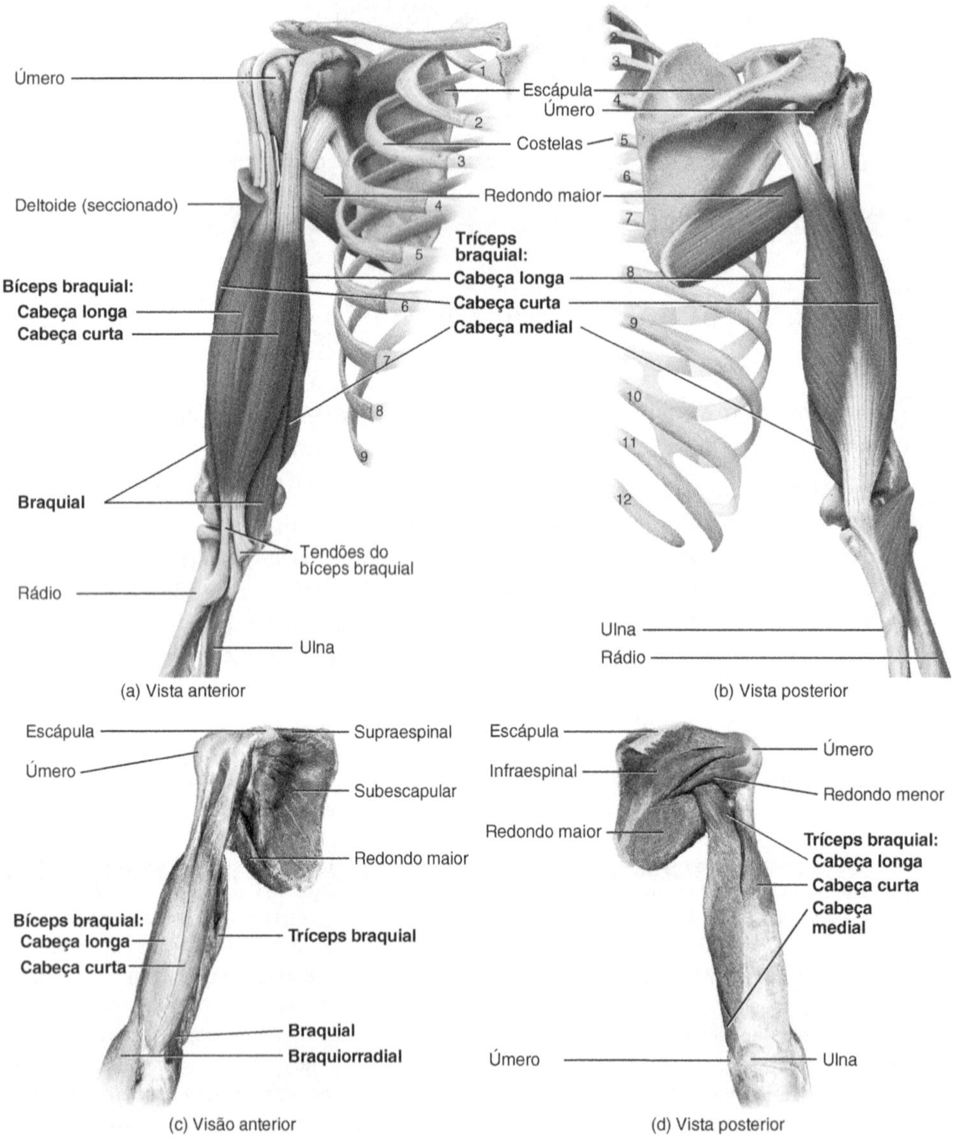

O que é um compartimento?

Figura 8.20 Músculos do braço que movem o rádio e a ulna.

Os músculos anteriores do braço fletem o antebraço, mas os músculos posteriores do braço estendem o antebraço.

QUADRO 8.9 Músculos do antebraço que movem o carpo, a mão e os dedos da mão *(Fig. 8.21)*

OBJETIVO

- Descrever **a origem, a inserção e a ação dos músculos que movem o carpo (pulso), a mão e os dedos da mão.**

Visão geral: Os músculos do antebraço que movem o carpo, a mão e os dedos da mão são muitos e variados. Seus nomes, na sua maioria, dão alguma indicação de sua origem, inserção ou ação. Com base na localização e na função, os músculos são divididos em dois compartimentos. Os ***músculos do compartimento anterior*** (*flexor*) do antebraço se originam no úmero e, normalmente, se inserem nos ossos carpais, metacarpais e falanges. Os ventres desses músculos formam o volume da parte proximal do antebraço. Os ***músculos do compartimento posterior*** (*extensor*) do antebraço se originam no úmero e se inserem nos ossos metacarpais e nas falanges.

Os tendões dos músculos do antebraço que se fixam no carpo ou continuam até a mão, juntamente com vasos sanguíneos e nervos, são mantidos próximos aos ossos pela fáscia. Os tendões são também envolvidos por bainhas tendíneas. No carpo, a fáscia profunda é espessada em faixas fibrosas, chamadas ***retináculos***. O ***retináculo dos músculos flexores*** está localizado sobre a face palmar dos ossos carpais. Por ele passam os tendões dos músculos flexores longos dos dedos e do carpo e o nervo mediano. O ***retináculo dos músculos extensores*** está localizado sobre a face dorsal dos ossos carpais. Por ele passam os tendões dos músculos extensores do carpo e dos dedos.

Relação dos músculos com os movimentos: Organize os músculos, neste quadro, de acordo com as seguintes ações: (1) flexão, extensão, abdução e adução da articulação radiocarpal e (2) flexão e extensão das falanges. O mesmo músculo pode ser mencionado mais de uma vez.

TESTE SUA COMPREENSÃO

Quais músculos e ações do carpo, da mão e dos dedos são usados quando se escreve?

CORRELAÇÕES CLÍNICAS | Síndrome do túnel do carpo

O túnel do carpo é uma passagem estreita formada anteriormente pelo retináculo dos músculos flexores e posteriormente pelos ossos carpais. Por esse túnel passam o nervo mediano, a estrutura mais superficial, e os tendões dos músculos flexores longos dos dedos (Fig. 8.21d). As estruturas no interior do túnel do carpo, especialmente o nervo mediano, são vulneráveis à compressão, e a condição resultante é chamada **síndrome do túnel do carpo**. A compressão do nervo mediano leva a alterações sensitivas sobre a parte lateral da mão e fraqueza muscular na eminência tenar. Isso resulta em dor, dormência e formigamento dos dedos. A condição pode ser provocada por inflamação das bainhas tendíneas digitais, retenção de líquido, exercício excessivo, infecção, trauma e/ou atividades repetitivas que incluam flexão do carpo, como digitar, cortar cabelo e tocar piano. O tratamento pode incluir o uso de fármacos anti-inflamatórios não esteroides (como ibuprofeno ou ácido acetilsalicílico), uso de tala no carpo, injeções de corticosteroides ou cirurgia para cortar o retináculo dos músculos flexores e liberar a pressão exercida no nervo mediano. •

CONTINUA

QUADRO 8.9 Músculos do antebraço que movem o carpo, a mão e os dedos da mão *(Fig. 8.21)* CONTINUAÇÃO

MÚSCULO	ORIGEM	INSERÇÃO	AÇÃO
Compartimento anterior (flexor)			
Flexor radial do carpo	Úmero	Segundo e terceiro metacarpais	Flexiona e abduz a mão na articulação radiocarpal
Flexor ulnar do carpo	Úmero e ulna	Pisiforme, hamato e quinto metacarpal	Flexiona e aduz a mão na articulação radiocarpal
Palmar longo	Úmero	Aponeurose palmar (fáscia no centro da palma da mão)	Flexiona fracamente a mão na articulação radiocarpal
Flexor superficial dos dedos	Úmero, ulna e rádio	Falanges médias de cada dedo*	Flexiona a mão na articulação radiocarpal; flexiona as falanges do segundo ao quinto dedos
Flexor profundo dos dedos (Não ilustrado)	Ulna	Bases das falanges distais do segundo ao quinto dedos	Flexiona a mão na articulação radiocarpal; flexiona as falanges do segundo ao quinto dedos
Compartimento posterior (extensor)			
Extensor radial longo do carpo	Úmero	Segundo metacarpal	Estende e abduz a mão na articulação radiocarpal
Extensor ulnar do carpo	Úmero e ulna	Quinto metacarpal	Estende e aduz a mão na articulação radiocarpal
Extensor dos dedos	Úmero	Falanges II–V de cada dedo da mão	Estende a mão na articulação radiocarpal; estende as falanges do segundo ao quinto dedos

*Lembrete: O polegar é o primeiro dedo da mão e possui duas falanges: proximal e distal. Os dedos restantes são numerados de II a V (2 a 5), e cada um deles possui três falanges: proximal, média e distal.

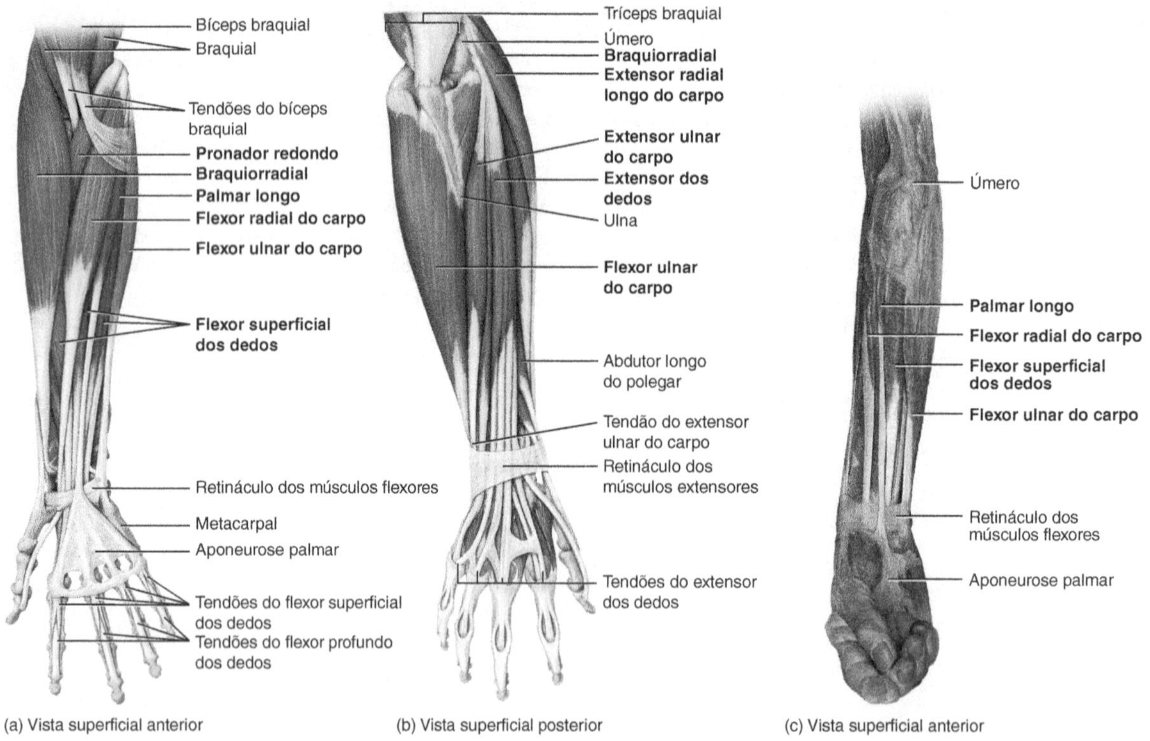

Qual nervo está associado ao retináculo dos músculos flexores?

Figura 8.21 Músculos do antebraço que movem o carpo, a mão e os dedos da mão. *(Continua)*

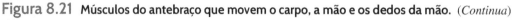

Os músculos do compartimento anterior atuam como flexores, e os músculos do compartimento posterior atuam como extensores.

CONTINUA

QUADRO 8.9 Músculos do antebraço que movem o carpo, a mão e os dedos da mão *(Fig. 8.21)* CONTINUAÇÃO

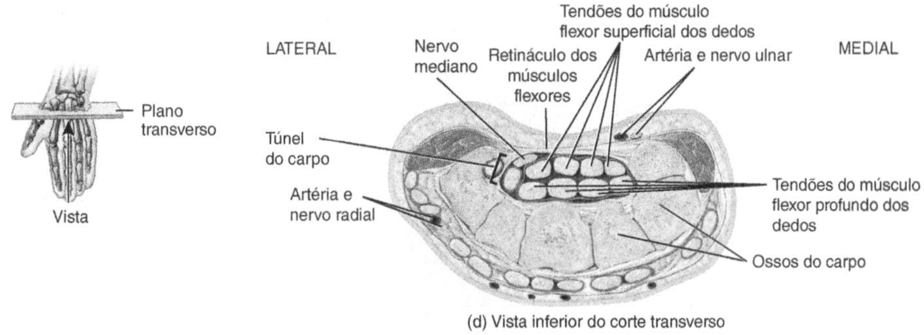

(d) Vista inferior do corte transverso

Figura 8.21 (*Continuação*) **Músculos do antebraço que movem o carpo, a mão e os dedos da mão.**

QUADRO 8.10 Músculos do pescoço e do dorso que movem a coluna vertebral *(Fig. 8.22)*

OBJETIVO

- Descrever a origem, a inserção e a ação dos músculos que movem a coluna vertebral.

Visão geral: Os ***músculos eretores da espinha*** formam a maior massa muscular do dorso, criando uma protuberância proeminente em ambos os lados da coluna vertebral. Essa massa muscular consiste em três grupos de músculos sobrepostos: ***grupo iliocostal***, ***grupo longuíssimo*** e ***grupo espinal***. Outros músculos que movem a coluna vertebral incluem ***esternocleidomastóideo***, ***quadrado do lombo***, ***reto do abdome*** (ver Quadro 8.4), ***psoas maior*** (ver Quadro 8.11) e ***ilíaco*** (ver Quadro 8.11).

Relação dos músculos com os movimentos: Organize os músculos, neste quadro, de acordo com as seguintes ações sobre a coluna vertebral: (1) flexão e (2) extensão.

TESTE SUA COMPREENSÃO

Quais grupos de músculos compõem o músculo eretor da espinha?

CORRELAÇÕES CLÍNICAS | Lesões no dorso e levantamento de peso

A flexão completa na cintura, como ao tocar os dedos dos pés, estende excessivamente os músculos eretores da espinha, e músculos que são estendidos excessivamente não se contraem com eficiência. Endireitar-se a partir de tal posição, portanto, é iniciado pelos músculos do jarrete, na região posterior da coxa, e pelos músculos glúteos máximos, das nádegas. Os músculos eretores da espinha participam à medida que o grau de flexão diminui. O levantamento de peso de forma inadequada, entretanto, distende os músculos eretores da espinha. O resultado são espasmos musculares dolorosos, laceração de tendões e ligamentos da parte inferior do dorso e ruptura dos discos intervertebrais. Os músculos lombares são adaptados para manutenção da postura, e não para o levantamento de pesos. É por isso que é importante fletir a articulação do joelho e usar os poderosos músculos extensores das coxas e nádegas durante o levantamento de um objeto pesado. •

MÚSCULO	ORIGEM	INSERÇÃO	AÇÃO
Eretor da espinha (grupo iliocostal, grupo longuíssimo e grupo espinal)	Todas as costelas, mais as vértebras cervicais, torácicas e lombares	Occipital, temporal, costelas e vértebras	Estende a cabeça; estende e flexiona lateralmente a coluna vertebral
Esternocleidomastóideo (ver Fig. 8.13b)	Esterno e clavícula	Temporal	As contrações de ambos os músculos fletem a parte cervical da coluna vertebral e estendem a cabeça; a contração de um músculo gira a cabeça para o lado oposto do músculo em contração
Quadrado do lombo (ver Fig. 8.17b)	Ílio	Décima segunda costela e vertebras L1-L4	A contração de ambos os músculos estende a parte lombar da coluna vertebral; a contração de um músculo flete a parte lombar da coluna vertebral

CONTINUA

QUADRO 8.10 Músculos do pescoço e do dorso que movem a coluna vertebral *(Fig. 8.22)* CONTINUAÇÃO

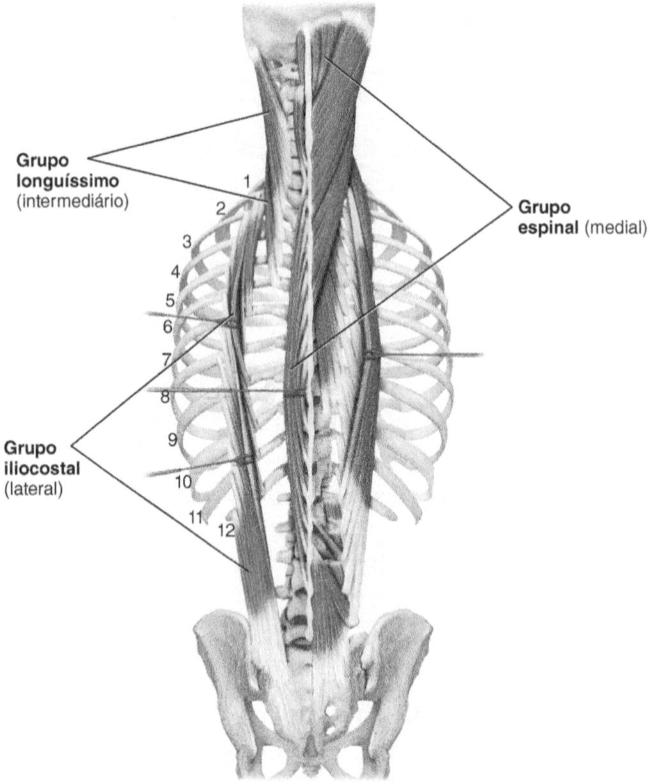

Vista posterior dos músculos eretores da espinha

Quais músculos constituem o músculo eretor da espinha?

Figura 8.22 **Músculos do pescoço e do dorso que movem a coluna vertebral.**

Os músculos eretores da espinha estendem a coluna vertebral.

QUADRO 8.11 Músculos da região glútea que movem o fêmur *(Fig. 8.23)*

OBJETIVO

- Descrever **a origem, a inserção e a ação dos músculos que movem o fêmur.**

Visão geral: Os músculos dos membros inferiores são maiores e mais fortes do que aqueles dos membros superiores, para proporcionar estabilidade, locomoção e manutenção da postura. Além disso, os músculos dos membros inferiores frequentemente cruzam duas articulações e atuam igualmente em ambas. A maioria dos músculos que atua no fêmur se origina no cíngulo do membro inferior (quadril) e se insere no fêmur. Os músculos anteriores são o psoas maior e o ilíaco, referidos em conjunto como músculo ***iliopsoas***. Os músculos restantes (exceto o pectíneo, os adutores e o tensor da fáscia lata) são músculos posteriores. Tecnicamente, o pectíneo e os adutores são componentes do compartimento medial da coxa, mas estão incluídos neste quadro porque atuam na coxa. O músculo tensor da fáscia lata está situado lateralmente. A ***fáscia lata*** é uma fáscia profunda da coxa que envolve toda essa parte do corpo. É bem desenvolvida lateralmente, onde, junto com os tendões dos músculos glúteo máximo e tensor da fáscia lata, forma uma estrutura chamada ***trato iliotibial***. O trato se insere no côndilo lateral da tíbia.

Relação dos músculos com os movimentos: Organize os músculos, neste quadro, de acordo com as seguintes ações sobre a coxa na articulação do quadril: (1) flexão, (2) extensão, (3) abdução, (4) adução, (5) rotação medial e (6) rotação lateral. O mesmo músculo pode ser mencionado mais de uma vez.

CORRELAÇÕES CLÍNICAS | Distensão da virilha

Os principais músculos da face interna da coxa atuam para mover as pernas medialmente. Esse grupo muscular é importante em atividades como corrida de velocidade, corrida de barreiras e equitação. Uma ruptura ou laceração de um ou mais desses músculos provoca uma **distensão da virilha.** As distensões da virilha ocorrem mais frequentemente durante uma corrida de velocidade, uma torção ou um chute em um objeto sólido e talvez estacionário. Os sinais e sintomas de distensão da virilha podem ser súbitos ou não vir à tona até o dia seguinte à lesão, e incluem dor aguda na região inguinal, inchaço, contusão ou incapacidade de contrair os músculos. Como para a maioria das lesões musculares por esforço, o tratamento inclui a terapia PRICE, que compreende proteção, repouso, insensibilização (*ice*), compressão e elevação. Após proteger a parte lesada para evitar lesão futura, deve-se aplicar gelo imediatamente, e a parte lesada deve ser elevada e descansada. Uma bandagem elástica deve ser aplicada, se possível, para comprimir o tecido lesado. •

TESTE SUA COMPREENSÃO

O que forma o trato iliotibial?

MÚSCULO	ORIGEM	INSERÇÃO	AÇÃO
Psoas maior	Vértebras lombares	Fêmur	Flete e gira lateralmente a coxa na articulação do quadril; flete a coluna vertebral
Ilíaco	Ílio	Fêmur, com o psoas maior	Flete e gira lateralmente a coxa na articulação do quadril; flete a coluna vertebral
Glúteo máximo (ver também Fig. 8.13b)	Ílio, sacro, cóccix e aponeurose toracolombar	Trato iliotibial da fáscia lata e fêmur	Estende e gira lateralmente a coxa na articulação do quadril; ajuda a travar a articulação do joelho em extensão
Glúteo médio (ver também Fig. 8.13b)	Ílio	Fêmur	Abduz e gira medialmente a coxa na articulação do quadril
Tensor da fáscia lata	Ílio	Tíbia por meio do trato iliotibial	Flete e aduz a coxa na articulação do quadril
Adutor longo	Púbis e sínfise púbica	Fêmur	Aduz, gira e flete a coxa na articulação do quadril
Adutor magno	Púbis e ísquio	Fêmur	Aduz, flete, gira e estende a coxa (a parte anterior flete, a parte posterior estende) na articulação do quadril
Piriforme	Sacro	Fêmur	Gira lateralmente e aduz a coxa na articulação do quadril
Pectíneo	Púbis	Fêmur	Flete e aduz a coxa na articulação do quadril

CONTINUA

QUADRO 8.11 Músculos da região glútea que movem o fêmur *(Fig. 8.23)* CONTINUAÇÃO

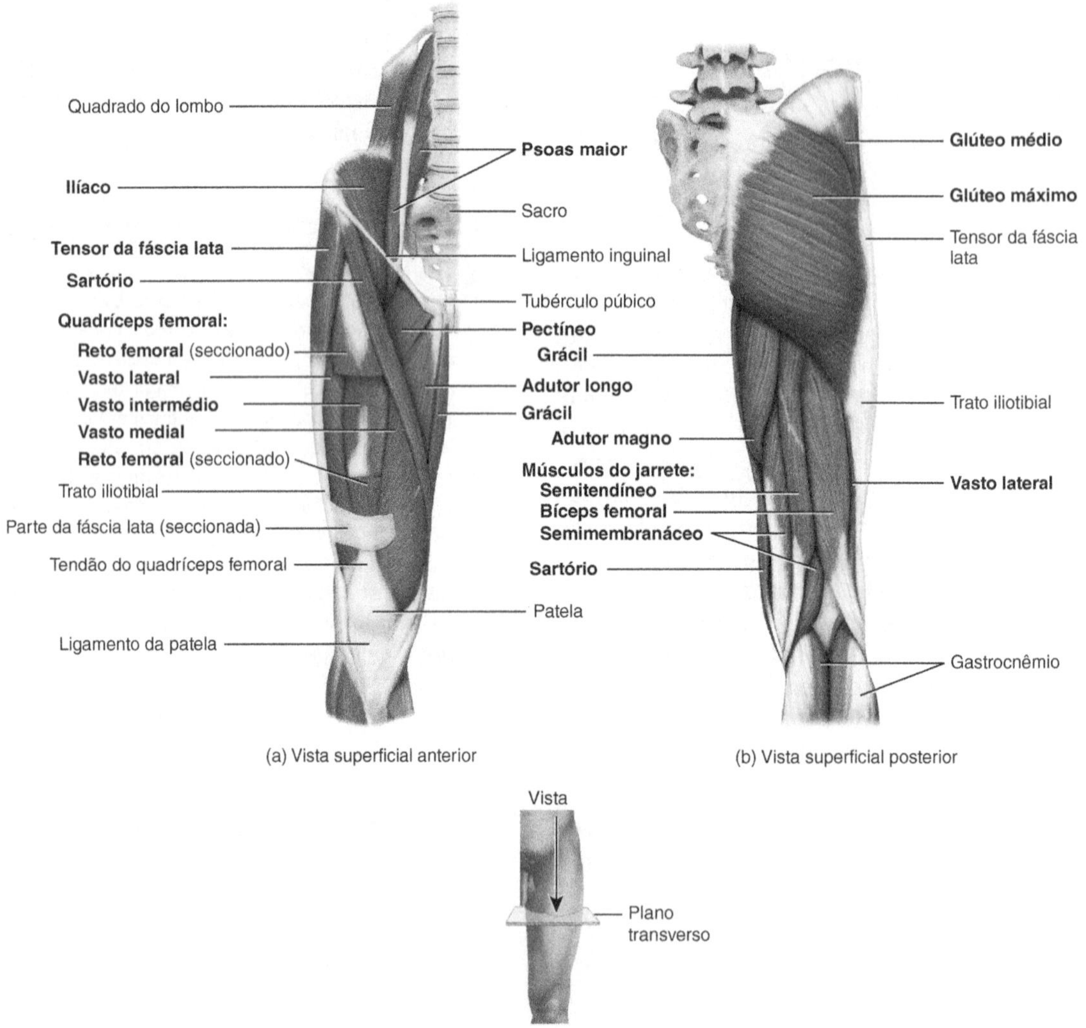

Quais músculos fazem parte do quadríceps femoral? E dos músculos do jarrete?

Figura 8.23 Músculos da região glútea que movem o fêmur e músculos da coxa que movem o fêmur, a tíbia e a fíbula. *(Continua)*

A maioria dos músculos que move o fêmur se origina no cíngulo do membro inferior (quadril) e se insere no fêmur.

CONTINUA

QUADRO 8.11 Músculos da região glútea que movem o fêmur *(Fig. 8.23)* CONTINUAÇÃO

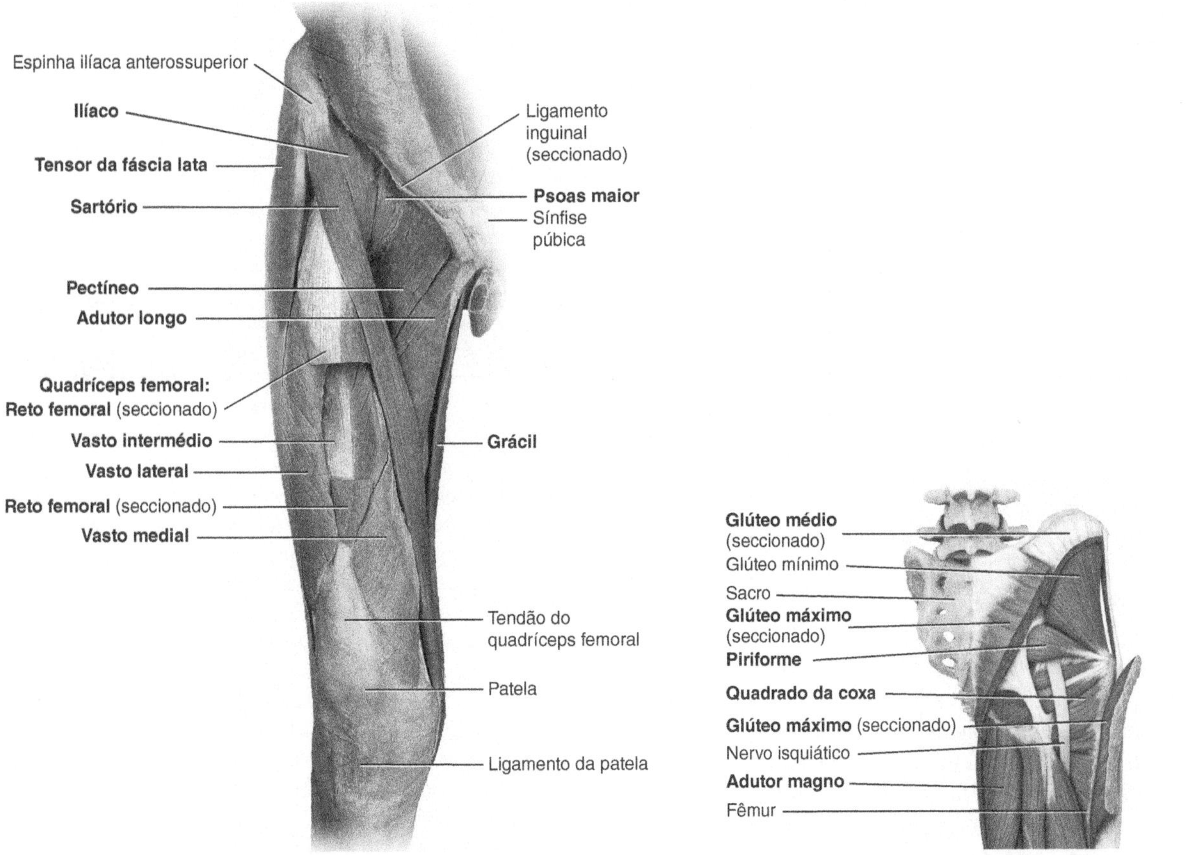

(c) Vista superficial anterior

(d) Vista superficial e profunda posteriores

Figura 8.23 (Continuação) Músculos da região glútea que movem o fêmur e músculos da coxa que movem o fêmur, a tíbia e a fíbula.

QUADRO 8.12 Músculos da coxa que movem o fêmur, a tíbia e a fíbula *(ver Fig. 8.23)*

OBJETIVO

- Descrever **a origem, a inserção e a ação dos músculos que movem o fêmur, a tíbia e a fíbula.**

Visão geral: Os músculos que movem o fêmur (osso da coxa), a tíbia e a fíbula (ossos da perna) se originam no quadril e na coxa e estão separados em compartimentos pela fáscia. O ***compartimento medial*** (*adutor*) é assim denominado porque seus músculos aduzem a coxa. Os músculos adutor magno, adutor longo e pectíneo, componentes do compartimento medial, estão incluídos no Quadro 8.11, porque atuam no fêmur. O grácil, o outro músculo no compartimento medial, não apenas aduz a coxa, mas também flete a perna. Por esta razão, está incluído neste quadro.

O ***compartimento anterior*** (*extensor*) da coxa é assim designado porque seus músculos atuam para estender a perna na articulação do joelho, e alguns também para fletir a coxa na articulação do quadril. É composto pelos músculos quadríceps femoral e sartório. O músculo quadríceps femoral é o maior músculo do corpo; contudo, possui quatro partes distintas, em geral descritas como quatro músculos individuais (reto femoral, vasto lateral, vasto medial e vasto intermédio). O tendão comum para os quatro músculos é o ***tendão do músculo quadríceps***, que se fixa na patela. O tendão continua abaixo da patela como o ***ligamento da patela*** e se fixa na tuberosidade da tíbia. O músculo sartório é o músculo mais longo do corpo, estendendo-se do ílio do osso do quadril ao lado medial da tíbia. Move a coxa e a perna.

O ***compartimento posterior*** (*flexor*) é assim denominado porque seus músculos fletem a perna (mas, também, estendem a coxa). Estão incluídos os músculos do jarrete (bíceps femoral, semitendíneo e semimembranáceo), assim denominados porque seus tendões são longos e semelhantes a cordões na área poplítea.

Relação dos músculos com os movimentos: Organize os músculos, neste quadro, de acordo com as seguintes ações relacionadas com a coxa, na articulação do quadril: (1) abdução, (2) adução, (3) rotação lateral, (4) flexão e (5) extensão; e de acordo com as seguintes ações relacionadas com a perna: (1) flexão e (2) extensão. O mesmo músculo pode ser mencionado mais de uma vez.

CORRELAÇÕES CLÍNICAS | Contratura dos músculos do jarrete e cãibra ou rigidez muscular

Uma distensão ou dilaceração parcial da parte proximal dos músculos do jarrete é referida como **contratura dos músculos do jarrete** ou *distensões do jarrete*. São lesões esportivas comuns em indivíduos que participam de corridas muito intensas e/ou precisam realizar arrancadas e paradas rápidas. Algumas vezes, o esforço muscular violento necessário para realizar uma proeza dilacera uma parte das origens tendíneas dos músculos do jarrete do túber isquiático, especialmente o bíceps femoral. Isso geralmente é acompanhado por uma contusão, a dilaceração de algumas das fibras musculares e a ruptura de vasos sanguíneos, produzindo hematoma (coleção de sangue) e dor aguda. O treinamento adequado com um bom equilíbrio entre o quadríceps femoral e os músculos do jarrete e exercícios de alongamento antes da corrida ou da competição são importantes para evitar essa lesão.

A expressão norte-americana ***charley horse*** é uma gíria e um nome popular para um espasmo ou rigidez muscular, decorrente da laceração dos músculos, seguida por sangramento na área. É uma lesão esportiva comum, em virtude de trauma ou atividade excessiva e, frequentemente, ocorre nos músculos quadríceps femorais, em especial entre jogadores de futebol. •

TESTE SUA COMPREENSÃO

Quais tendões musculares formam as margens medial e lateral da fossa poplítea?

CONTINUA

QUADRO 8.12 Músculos da coxa que movem o fêmur, a tíbia e a fíbula *(ver Fig. 8.23)* CONTINUAÇÃO

MÚSCULO	ORIGEM	INSERÇÃO	AÇÃO
Compartimento medial (adutor)			
Adutor magno	Ver Quadro 8.11		
Adutor longo	Ver Quadro 8.11		
Pectíneo	Ver Quadro 8.11		
Grácil	Púbis	Tíbia	Aduz e gira a coxa medial e lateralmente na articulação do quadril; flete a perna na articulação do joelho
Compartimento anterior (extensor)			
Quadríceps femoral			
Reto femoral	Ílio	Patela via tendão do quadríceps e, em seguida, na tuberosidade da tíbia, via ligamento da patela	Todas as quatro cabeças estendem a perna na articulação do joelho; sozinho, o músculo reto femoral também flete a coxa na articulação do quadril
Vasto lateral	Fêmur		
Vasto medial	Fêmur		
Vasto intermédio	Fêmur		
Sartório	Ílio	Tíbia	Flete levemente a perna na articulação do joelho; flete, abduz e gira lateralmente a coxa na articulação do quadril, cruzando assim a perna
Compartimento posterior (flexor)			
Músculos do jarrete			
Bíceps femoral	Ísquio e fêmur	Fíbula e tíbia	Flete a perna na articulação do joelho; estende a coxa na articulação do quadril
Semitendíneo	Ísquio	Tíbia	Flete a perna na articulação do joelho; estende a coxa na articulação do quadril
Semimembranáceo	Ísquio	Tíbia	Flete a perna na articulação do joelho; estende a coxa na articulação do quadril

QUADRO 8.13 Músculos da perna que movem o pé e os dedos do pé *(Fig. 8.24)*

OBJETIVO

- Descrever **a origem, a inserção e a ação dos músculos que movem o pé e os dedos do pé.**

Visão geral: Os músculos que movem o pé e os dedos do pé estão localizados na perna. Os músculos da perna, como aqueles da coxa, estão divididos em três compartimentos pela fáscia. O ***compartimento anterior*** consiste em músculos que fazem a dorsiflexão do pé. Em uma situação semelhante àquela no carpo (pulso), os tendões dos músculos do compartimento anterior são mantidos firmemente unidos aos ossos do tarso (tornozelo) por espessamentos da fáscia profunda, chamados de ***retináculo superior dos músculos extensores*** e ***retináculo inferior dos músculos extensores***. O ***compartimento lateral*** con-

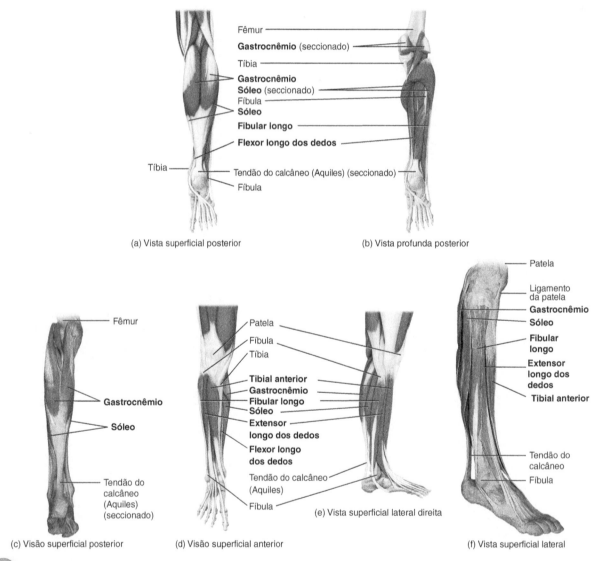

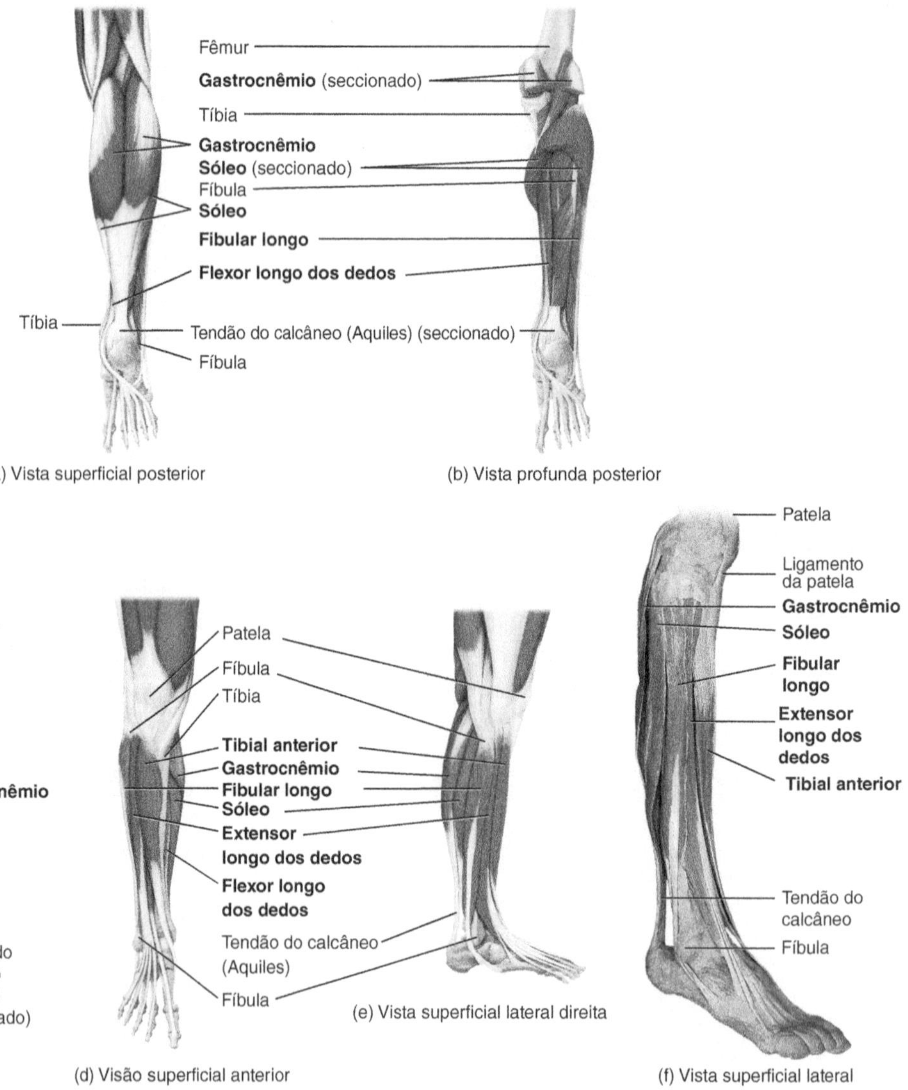

Qual músculo é primariamente afetado na síndrome do compartimento tibial anterior?

Figura 8.24 Músculos da perna que movem o pé e os dedos do pé.

Os músculos superficiais do compartimento posterior da perna compartilham um tendão de inserção comum, o tendão do calcâneo (Aquiles), que se insere no calcâneo do tarso.

CONTINUA

QUADRO 8.13 Músculos da perna que movem o pé e os dedos do pé *(Fig. 8.24)* CONTINUAÇÃO

têm músculos que fazem flexão plantar e a eversão do pé. O ***compartimento posterior*** consiste em músculos superficiais e profundos. Os músculos superficiais (gastrocnêmio e sóleo) compartilham um tendão de inserção comum, o tendão do calcâneo (Aquiles), que é o tendão mais forte do corpo.

Relação dos músculos com os movimentos: Organize os músculos, neste quadro, de acordo com as seguintes ações relacionadas com o pé: (1) dorsiflexão, (2) flexão plantar, (3) inversão e (4) eversão; e de acordo com as seguintes ações nos dedos do pé: (1) flexão e (2) extensão. O mesmo músculo pode ser mencionado mais de uma vez.

TESTE SUA COMPREENSÃO

Qual é a função dos retináculos superior e inferior dos músculos extensores?

CORRELAÇÕES CLÍNICAS | Síndrome do compartimento tibial anterior

A **síndrome do compartimento tibial anterior**, ou simplesmente "tíbia dolorosa", se refere à dor ou sensibilidade dolorosa ao longo dos dois terços distais mediais da tíbia. Pode ser provocada por tendinite do músculo tibial anterior ou dos músculos flexores longos dos dedos do pé, inflamação do periósteo em torno da tíbia ou fraturas por estresse da tíbia. A tendinite em geral ocorre quando corredores precariamente condicionados correm sobre superfícies duras ou inclinadas, com tênis inadequados ou a partir de caminhadas e corridas subindo e descendo morros. A condição também pode ocorrer como resultado de atividade rigorosa das pernas, após um período de relativa inatividade. Os músculos do compartimento anterior (principalmente o tibial anterior) são fortalecidos para se contrapor aos músculos mais fortes do compartimento posterior. •

MÚSCULO	ORIGEM	INSERÇÃO	AÇÃO
Compartimento anterior			
Tibial anterior	Tíbia	Primeiro metatarsal e cuneiforme medial	Realiza a dorsiflexão e inverte (supina) o pé
Extensor longo dos dedos	Tíbia e fíbula	Falanges média e distal de cada dedo (exceto o hálux)	Realiza a dorsiflexão e everte o pé; estende os dedos do pé
Compartimento lateral			
Fibular longo	Fíbula e tíbia	Primeiro metatarsal e cuneiforme medial	Realiza a flexão plantar e everte (prona) o pé
Compartimento posterior			
Gastrocnêmio	Fêmur	Calcâneo por intermédio do tendão do calcâneo (Aquiles)	Realiza a flexão plantar do pé; flete a perna na articulação do joelho
Sóleo	Fíbula e tíbia	Calcâneo via tendão do calcâneo	Realiza a flexão plantar do pé
Tibial posterior	Tíbia e fíbula	Segundo a quinto metatarsais, navicular, todos os três cuneiformes e o cuboide	Realiza a flexão plantar e a inversão do pé
Flexor longo dos dedos	Tíbia	Falange distal de cada dedo (exceto o hálux)	Realiza a flexão plantar do pé; flexiona os dedos do pé

FOCO na HOMEOSTASIA

TEGUMENTO COMUM

- Tração dos músculos esqueléticos nas fixações da pele da face provoca as expressões faciais
- O exercício muscular aumenta o fluxo sanguíneo da pele

SISTEMA ESQUELÉTICO

- O músculo esquelético provoca o movimento de partes do corpo, tracionando as fixações dos ossos
- O músculo esquelético fornece estabilidade para ossos e articulações

SISTEMA NERVOSO

- Músculos liso, cardíaco e esquelético executam comandos para o sistema nervoso
- Calafrio (contração involuntária dos músculos esqueléticos, regulada pelo encéfalo) gera calor para elevar a temperatura do corpo

SISTEMA ENDÓCRINO

- Atividade regular dos músculos esqueléticos (exercício) melhora a ação e os mecanismos de sinalização de alguns hormônios, como a insulina
- Os músculos protegem algumas glândulas endócrinas

SISTEMA CIRCULATÓRIO

- O músculo cardíaco potencializa a ação de bombeamento do coração
- A contração e o relaxamento do músculo liso, nas paredes dos vasos sanguíneos, ajudam a ajustar a quantidade de sangue fluindo pelos diversos tecidos do corpo
- A contração dos músculos esqueléticos, nas pernas, auxilia no retorno do sangue para o coração
- Exercício regular provoca hipertrofia (aumento) cardíaca e aumenta a eficiência de bombeamento do coração
- Ácido lático produzido pelos músculos esqueléticos ativos pode ser usado, pelo coração, para produção de ATP

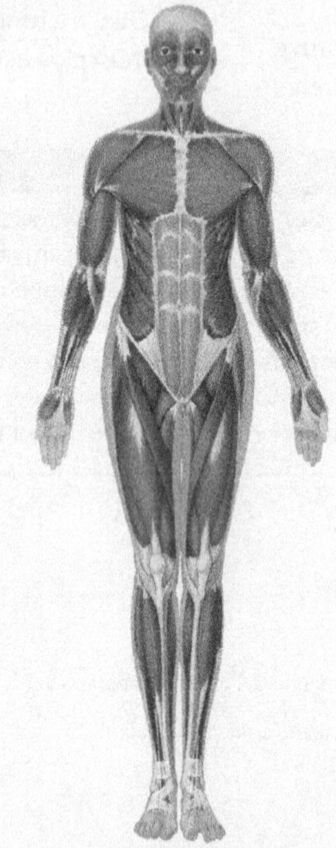

CONTRIBUIÇÕES DO SISTEMA MUSCULAR PARA TODOS OS SISTEMAS DO CORPO

- Produz movimentos do corpo
- Estabiliza posições do corpo
- Movimenta substâncias no interior do corpo
- Produz calor que ajuda a manter a temperatura do corpo normal

SISTEMA LINFÁTICO E IMUNIDADE

- Os músculos esqueléticos protegem alguns linfonodos e vasos linfáticos e promovem o fluxo de linfa dentro dos vasos linfáticos
- O exercício pode aumentar ou diminuir algumas respostas imunológicas

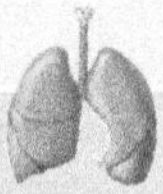

SISTEMA RESPIRATÓRIO

- Os músculos esqueléticos que participam da respiração fazem o fluxo de ar entrar e sair dos pulmões
- Fibras musculares lisas ajustam o tamanho das vias respiratórias
- Vibrações nos músculos esqueléticos da laringe controlam o fluxo de ar além das pregas vocais, regulando a produção de voz
- Tossir e espirrar, em decorrência das contrações do músculo esquelético, ajuda a limpar as vias respiratórias
- Exercício regular melhora a eficiência da respiração

SISTEMA DIGESTÓRIO

- Os músculos esqueléticos protegem e suportam os órgãos na cavidade abdominal
- Contração e relaxamento alternados dos músculos esqueléticos potencializam a mastigação e iniciam a deglutição
- Os músculos esfíncteres lisos controlam o volume dos órgãos do trato gastrintestinal
- Músculos lisos nas paredes do trato gastrintestinal misturam e movimentam seus conteúdos pelo trato

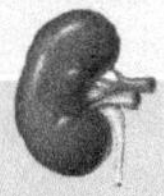

SISTEMA URINÁRIO

- Os músculos esfíncteres lisos e esqueléticos e o músculo liso na parede da bexiga urinária controlam se a urina será armazenada na bexiga urinária ou expelida (micção)

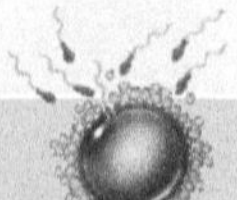

SISTEMAS GENITAIS

- Contrações dos músculos esqueléticos e lisos ejetam o sêmen
- Contrações do músculo liso impulsionam o ovócito ao longo da tuba uterina, ajudam a regular o fluxo de sangue menstrual proveniente do útero e forçam o bebê a sair do útero durante o parto
- Durante a relação sexual, contrações do músculo esquelético estão associadas com orgasmo e sensações de prazer em ambos os sexos

DISTÚRBIOS COMUNS

A função do músculo esquelético pode ser anormal em decorrência de doença ou lesão de qualquer um dos componentes de uma unidade motora: neurônios motores somáticos, JNMs ou fibras musculares. O termo ***doença neuromuscular*** engloba problemas nos três componentes; o termo ***miopatia*** significa uma doença ou distúrbio do próprio tecido muscular esquelético.

Miastenia grave

Miastenia grave é uma doença autoimune que provoca dano progressivo crônico da JNM. Em pessoas com miastenia grave, o sistema imunológico produz inadequadamente anticorpos que se ligam a alguns receptores de ACh e os bloqueiam, diminuindo assim o número de receptores funcionais de ACh nas placas motoras terminais dos músculos esqueléticos (ver Fig. 8.4). Como 75% dos pacientes com miastenia grave têm hiperplasia ou tumores do timo, é possível que anormalidades tímicas provoquem o distúrbio. À medida que a doença progride, mais receptores de ACh são perdidos. Assim, os músculos se tornam cada vez mais fracos, se cansam mais facilmente e, por fim, podem cessar de funcionar.

A miastenia grave ocorre em aproximadamente 1 em 10 mil pessoas e é mais comum em mulheres, que normalmente estão entre 20 e 40 anos de idade quando a doença começa, do que em homens, que geralmente estão entre 50 e 60 anos de idade no início da doença. Os músculos da face e do pescoço são os mais frequentemente afetados. Os sintomas iniciais incluem fraqueza dos músculos do bulbo do olho, que pode produzir visão dupla, e dificuldade na deglutição. Posteriormente, a pessoa tem dificuldade de mastigação e fala. Por fim, os músculos dos membros podem se tornar afetados. A morte pode resultar de paralisia dos músculos respiratórios, mas, em geral, o distúrbio não progride para esse estágio.

Distrofia muscular

O termo ***distrofia muscular*** se refere a um grupo de doenças hereditárias degenerativas dos músculos, que provocam a degeneração progressiva das fibras musculares esqueléticas. A forma mais comum de distrofia muscular é a *distrofia muscular de Duchenne* (*DMD*). Como o gene mutante está no cromossomo X, que é apenas um nos homens, a DMD acomete quase exclusivamente os meninos. (A herança ligada ao sexo está descrita no Capítulo 24.) Em todo o mundo, aproximadamente 1 em cada 3.500 bebês masculinos – 21 mil no total – nasce com DMD a cada ano. O distúrbio geralmente se torna aparente entre 2 e 5 anos de idade, quando os pais notam que a criança cai com frequência e tem dificuldade para correr, saltar e pular. Por volta dos 12 anos, a maioria dos meninos com DMD é incapaz de caminhar. A falência respiratória ou cardíaca geralmente provoca a morte entre 20 e 30 anos de idade.

Na DMD, o gene que codifica a proteína distrofina está alterado, e pouca ou nenhuma distrofina está presente (a distrofina fornece reforço estrutural para o sarcolema da fibra muscular esquelética). Sem o efeito de reforço da distrofina, o sarcolema facilmente se rompe durante a contração muscular. Como suas membranas plasmáticas estão danificadas, as fibras musculares lentamente se rompem e morrem.

Fibromialgia

A ***fibromialgia*** é um distúrbio reumático não articular doloroso que, em geral, aparece entre 25 e 50 anos de idade. Estima-se que 3 milhões de pessoas nos Estados Unidos sofram de fibromialgia,* que é 15 vezes mais comum em mulheres do que em homens. O distúrbio acomete os componentes de tecido conectivo fibroso dos músculos, tendões e ligamentos. Um sinal marcante é a dor que resulta de pressão suave em "pontos sensíveis". Mesmo sem pressão, há dor, sensibilidade e rigidez de músculos, tendões e tecidos moles circundantes. Além da dor muscular, os indivíduos com fibromialgia relatam fadiga intensa, sono insatisfatório, cefaleias, depressão e incapacidade para desempenhar atividades diárias. O tratamento inclui terapia, medicação para dor e doses baixas de um antidepressivo para ajudar a melhorar o sono.

Contrações anormais do músculo esquelético

Um tipo de contração muscular anormal é o ***espasmo***, uma contração involuntária súbita de um único músculo em um grande grupo de músculos. Uma contração espasmódica dolorosa é conhecida como uma ***cãibra***. Um ***tique*** é uma contração de abalo espasmódica realizada involuntariamente por músculos que, em geral, estão sujeitos ao controle voluntário. A contração de abalo das pálpebras e dos músculos da face são exemplos de tiques. ***Tremor*** é uma contração despropositada involuntária rítmica, que produz um estremecimento ou um movimento de abalo. ***Fasciculação*** é uma contração involuntária breve de uma unidade motora inteira, visível sob a pele; ocorre irregularmente e não está associada a movimentos do músculo afetado. As fasciculações podem ser observadas na esclerose múltipla (ver o Capítulo 9, seção Distúrbios Comuns) ou na esclerose lateral amiotrófica (doença de Lou Gehrig). ***Fibrilação*** é uma contração espontânea de uma única fibra muscular, não visível sob a pele, mas registrada pela eletromiografia. As fibrilações podem sinalizar a destruição de neurônios motores.

Lesões da prática de corrida

Muitos indivíduos que praticam *jogging* ou corrida sofrem algum tipo de ***lesão relacionada à prática de corrida***. Embora essas lesões possam ser pequenas, algumas são bastante graves. Lesões pequenas não tratadas ou inapropriadamente tratadas podem tornar-se crônicas. Entre corredores, os locais comuns de lesão incluem tarso (tornozelo), joelho, tendão do calcâneo (Aquiles), quadril, virilha, pé e dorso. Destes, o joelho é, com frequência, a área mais gravemente lesada.

*N. de R.T. De acordo com a Sociedade de Reumatologia, no Brasil, a fibromialgia acomete cerca de 2 a 2% da população.

As lesões da prática de corrida estão frequentemente relacionadas com técnicas defeituosas de treinamento. Isso pode incluir rotinas de aquecimento inadequadas ou insuficientes, corrida em excesso ou corrida logo após uma lesão. Ou pode incluir corrida prolongada sobre superfícies duras e/ou irregulares. Os tênis mal fabricados ou desgastados também contribuem para a lesão, assim como qualquer problema biomecânico (como um arco plantar caído) agravado pela corrida.

A maioria das lesões esportivas devem ser tratadas inicialmente com a terapia PRICE, que significa proteção, repouso, insensibilização (*ice*), compressão e elevação. Após proteger a parte lesada para evitar danos futuros, deve-se aplicar gelo imediatamente, e a parte lesada deve ser elevada e protegida. Em seguida, aplica-se uma bandagem elástica, se possível, para comprimir o tecido lesado. Continua-se usando PRICE por 2 a 3 dias, e deve-se resistir à tentação para aplicar calor, o que pode piorar o inchaço. Tratamento consecutivo pode incluir massagens de gelo e calor úmido, alternadas, para melhorar o fluxo sanguíneo na área lesada. Algumas vezes, é útil ingerir fármacos anti-inflamatórios não esteroides ou aplicar injeções locais de corticosteroides. Durante o período de recuperação, é importante manter-se ativo, usando um programa de condicionamento físico alternativo que não piore a lesão original. Essa atividade deveria ser determinada na consulta com um médico. Finalmente, é necessário exercício cuidadoso para reabilitar a área lesada propriamente dita. Massagem terapêutica também pode ser usada para evitar ou tratar muitas lesões esportivas.

Efeitos dos esteroides anabolizantes

O uso de ***esteroides anabolizantes*** por atletas recebeu atenção generalizada. Esses hormônios esteroides, similares à testosterona, são ingeridos para aumentar o tamanho e a força muscular. As grandes doses necessárias para produzir um efeito, no entanto, apresentam efeitos deletérios, algumas vezes até mesmo efeitos colaterais devastadores, incluindo câncer de fígado, dano renal, aumento do risco de doença cardíaca, crescimento atrofiado, amplas alterações de humor e aumento da irritabilidade e da agressividade. Adicionalmente, as mulheres que tomam esteroides anabolizantes podem experimentar atrofia das mamas e do útero, irregularidades menstruais, esterilidade, crescimento dos pelos faciais e engrossamento da voz. Os homens podem experimentar diminuição da secreção de testosterona, atrofia dos testículos e calvície.

TERMINOLOGIA E CONDIÇÕES MÉDICAS

Distensão muscular Dilaceração de um músculo em razão de impacto violento, acompanhada por sangramento e dor intensa. Conhecida também como *charley horse* ou espasmo muscular. Ocorre frequentemente nos esportes de contato e afeta principalmente o músculo quadríceps femoral, na face anterior da coxa.

Eletromiografia (EMG) Registro e estudo das alterações elétricas que ocorrem no tecido muscular.

Hipertonia Aumento do tônus muscular, caracterizado por aumento da rigidez muscular e, algumas vezes, associado a uma alteração nos reflexos normais.

Hipotonia Redução ou perda do tônus muscular.

Mialgia Dor nos músculos ou associada.

Mioma Tumor que consiste de tecido muscular.

Miomalácia Amolecimento patológico do tecido muscular.

Miosite Inflamação das fibras (células) musculares.

Miotonia Aumento na excitabilidade e na contratilidade musculares, com redução da força de relaxamento; espasmo tônico do músculo.

REVISÃO DO CAPÍTULO

8.1 Visão geral do tecido muscular

1. Os três tipos de tecido muscular são o músculo esquelético, o cardíaco e o liso.
2. O **tecido muscular esquelético** está principalmente fixado aos ossos. É **estriado** e **voluntário**.
3. O **tecido muscular cardíaco** forma a maior parte da parede do coração. É estriado e **involuntário**.
4. O **tecido muscular liso** está localizado nas vísceras. É **não estriado** (liso) e involuntário.
5. Por meio de contração e relaxamento, o tecido muscular realiza quatro funções principais: produção de movimentos do corpo, estabilização de posições do corpo, movimentação de substâncias dentro do corpo e produção de calor.

8.2 Tecido muscular esquelético

1. Os revestimentos de tecido conectivo associados ao músculo esquelético incluem **epimísio**, recobrindo um músculo inteiro, **perimísio**, recobrindo os **fascículos musculares**, e **endomísio**, recobrindo as **fibras musculares individuais**. Os **tendões** são extensões do tecido conectivo além das fibras musculares, que fixam o músculo ao osso.
2. Os músculos esqueléticos são bem supridos com nervos e vasos sanguíneos, que fornecem nutrientes e oxigênio para a contração.

3. O músculo esquelético consiste em fibras (células) musculares recobertas por um **sarcolema** que apresenta extensões semelhantes a túneis, os **túbulos transversos**. As fibras contêm **sarcoplasma**, núcleos múltiplos, muitas mitocôndrias, **mioglobina** e **retículo sarcoplasmático**.
4. Cada fibra também contém **miofibrilas**, que consistem em **filamentos finos** e **espessos**. Os filamentos estão organizados em unidades funcionais chamadas **sarcômeros**.
5. Filamentos espessos consistem em **miosina**; filamentos finos são compostos por **actina**, **tropomiosina** e **troponina**.

8.3 Contração e relaxamento do músculo esquelético

1. A contração muscular ocorre quando as cabeças de miosina se fixam aos filamentos finos e "deslizam" ao longo desses filamentos em ambas as extremidades de um sarcômero, tracionando progressivamente os filamentos finos em direção ao centro de um sarcômero. À medida que os filamentos finos deslizam para dentro, as **linhas Z** se aproximam, e o sarcômero encurta.
2. Na **junção neuromuscular (JNM)** ocorre a sinapse entre um **neurônio motor** e uma fibra muscular esquelética. A JNM inclui os terminais axônicos e os **botões sinápticos terminais** de um neurônio motor mais a **placa motora terminal** adjacente do sarcolema da fibra muscular.
3. Um neurônio motor e todas as fibras musculares que ele estimula formam uma **unidade motora**. Uma única unidade motora pode ser formada por poucas (10) ou muitas (3 mil) fibras musculares.
4. Quando um impulso nervoso atinge os botões terminais sinápticos de um neurônio motor somático, desencadeia a liberação de **acetilcolina (ACh)** a partir das vesículas sinápticas. A ACh se difunde pela fenda sináptica e se liga aos receptores de ACh, iniciando um potencial de ação (PA) muscular. A **acetilcolinesterase**, em seguida, destrói rapidamente a ACh.
5. O **mecanismo dos filamentos deslizantes** da contração muscular é o deslizamento dos filamentos e o encurtamento dos sarcômeros que provocam o encurtamento das fibras musculares.
6. Um aumento no nível de Ca^{2+} no sarcoplasma, provocado pelo PA muscular, inicia o ciclo das pontes cruzadas; uma diminuição no nível de Ca^{2+} termina o ciclo das pontes cruzadas.
7. O **ciclo das pontes cruzadas** é a sequência repetitiva de eventos que provoca o deslizamento dos filamentos: (1) a ATPase da miosina cliva o ATP e se torna energizada; (2) a cabeça de miosina se liga à actina, formando uma **ponte cruzada**; (3) a ponte cruzada gera tensão quando muda sua conformação em direção ao centro do sarcômero (**movimento de tensão**); e (4) a ligação de ATP à miosina separa a miosina da actina. A cabeça de miosina cliva o ATP novamente, retorna à posição original e se liga a um novo sítio na actina à medida que o ciclo continua.
8. As bombas de transporte ativo de Ca^{2+} removem Ca^{2+} continuamente do sarcoplasma para o retículo sarcoplasmático. Quando o nível de Ca^{2+} no sarcoplasma diminui, a tropomiosina desliza de volta e recobre os sítios de ligação de miosina, e a fibra muscular relaxa.
9. A ativação involuntária contínua de um pequeno número de unidades motoras produz o **tônus muscular**, essencial para a manutenção da postura.

8.4 Metabolismo do tecido muscular esquelético

1. As fibras musculares possuem três fontes para produção de ATP: fosfato de creatina, respiração celular anaeróbia e respiração celular aeróbia.
2. A transferência de um grupo fosfato de alta energia do **fosfato de creatina** para o ADP forma novas moléculas de ATP. Juntos, fosfato de creatina e ATP fornecem energia suficiente para os músculos se contraírem ao máximo por aproximadamente 15 segundos.
3. A glicose é convertida em ácido pirúvico nas reações da glicólise, que rende duas moléculas de ATP sem uso de oxigênio. Essas reações, referidas como **glicólise anaeróbia**, fornecem ATP suficiente para aproximadamente 2 minutos de atividade muscular máxima.
4. A atividade muscular que dura mais que meio minuto depende da **respiração celular aeróbia**, reações mitocondriais que necessitam de oxigênio para produzir ATP. A respiração celular aeróbia rende aproximadamente 32 moléculas de ATP a partir de cada molécula de glicose.
5. A incapacidade de um músculo de se contrair vigorosamente após atividade prolongada é a **fadiga muscular**.
6. O uso elevado de oxigênio após o exercício é chamado **captação de oxigênio de recuperação** (ou débito de oxigênio).

8.5 Controle da tensão muscular

1. Uma **contração de abalo** é uma contração rápida de todas as fibras musculares em uma unidade motora, em resposta a um único PA.
2. Um registro de uma contração é chamado **miograma**. Consiste em um período latente, um período de contração e um período de relaxamento.
3. A **somação temporal** é o aumento da força de uma contração, que ocorre quando um segundo estímulo chega antes que o músculo tenha se relaxado completamente após um estímulo anterior.
4. Estímulos repetidos produzem **tétano incompleto** (não fundido), uma contração muscular prolongada com relaxamento parcial entre os estímulos; estímulos repetidos mais rapidamente produzem **tétano completo** (fundido), uma contração prolongada sem relaxamento parcial entre os estímulos.

5. **Recrutamento de unidade motora** é o processo de aumento do número de unidades motoras ativas.
6. Com base em sua estrutura e função, as fibras musculares esqueléticas são classificadas como **fibras oxidativas lentas (OL)**, **oxidativo-glicolíticas rápidas (OGR)** e **glicolíticas rápidas (GR)**.
7. A maioria dos músculos esqueléticos contém uma mistura de todos os três tipos de fibra; suas proporções variam com a ação comum do músculo.
8. As unidades motoras de um músculo são recrutadas na seguinte ordem: primeiro, fibras OL; em seguida, fibras OGR; e, finalmente, fibras GR.

8.6 Exercício e tecido muscular esquelético

1. Vários tipos de exercícios induzem alterações nas fibras em um músculo esquelético. Os exercícios de resistência (aeróbios) provocam uma transformação gradual de algumas fibras GR em fibras OGR.
2. Os exercícios que exigem grande força por curtos períodos produzem um aumento no tamanho e na força das fibras GR. O aumento no tamanho é decorrente do aumento da síntese dos filamentos espessos e finos.

8.7 Tecido muscular cardíaco

1. O tecido muscular cardíaco, que é estriado e involuntário, é encontrado somente no coração.
2. Cada fibra muscular cardíaca, em geral, contém um único núcleo localizado centralmente e apresenta ramificações.
3. As fibras musculares cardíacas estão conectadas por meio de **discos intercalados**, que mantêm as fibras musculares unidas e permitem aos PAs musculares se propagarem rapidamente de uma fibra muscular cardíaca para outra.
4. O tecido muscular cardíaco se contrai quando estimulado por suas próprias fibras autorrítmicas. Em razão de sua atividade rítmica contínua (**autorritmicidade**), o músculo cardíaco depende muito da respiração celular aeróbia para gerar ATP.

8.8 Tecido muscular liso

1. O tecido muscular liso é não estriado e involuntário.
2. Além dos filamentos finos e espessos, as fibras musculares lisas contêm **filamentos intermediários** e **corpos densos**.
3. O **músculo liso visceral** (unitário) é encontrado nas paredes das vísceras ocas e de pequenos vasos sanguíneos. Muitas fibras viscerais formam uma rede que se contrai em uníssono.
4. O **músculo liso multiunitário** é encontrado nos grandes vasos sanguíneos, nas grandes vias respiratórias para os pulmões, nos músculos eretores do pelo e no olho. As fibras se contraem independentemente, e não em uníssono.
5. A duração da contração e do relaxamento é maior no músculo liso do que no músculo esquelético. O **tônus muscular do músculo liso** é um estado de contração parcial contínua do tecido do músculo liso.
6. As fibras musculares lisas se distendem consideravelmente e ainda retêm a capacidade de contração.
7. As fibras musculares lisas se contraem em resposta a impulsos nervosos, estiramento, hormônios e fatores locais.
8. As características dos três tipos de tecido muscular estão resumidas na Tabela 8.1.

8.9 Envelhecimento e o tecido muscular

1. Por volta dos 30 anos de idade, passa a ocorrer uma perda lenta e progressiva de músculo esquelético, substituído por tecido conectivo fibroso e gordura.
2. O envelhecimento também resulta em diminuição da força muscular, reflexos musculares mais lentos e perda da flexibilidade.

8.10 Como os músculos esqueléticos produzem movimentos

1. Os **músculos esqueléticos** produzem movimentos tracionando os tendões fixados nos ossos.
2. A fixação no osso estacionário é a **origem**. A fixação no osso móvel é a **inserção**.
3. O **agonista** (agente motor) produz a ação desejada. O **antagonista** produz uma ação oposta. O **sinergista** auxilia o agonista, reduzindo movimentos desnecessários. O **fixador** estabiliza a origem do agonista, de modo que possa atuar com mais eficiência.

8.11 Principais músculos esqueléticos

1. Os principais músculos esqueléticos do corpo são agrupados de acordo com a região, como mostrado nos Quadros 8.1 a 8.13.
2. Ao estudar os grupos musculares, consulte a Figura 8.13 para ver como cada grupo está relacionado a todos os outros.
3. Os nomes da maioria dos músculos esqueléticos indicam características específicas.
4. As principais características descritivas são direção das fibras, localização, tamanho, número de origens, forma, origem e inserção, e ação (ver Tab. 8.2).

APLICAÇÕES DO PENSAMENTO CRÍTICO

1. O jornal noticiou vários casos de intoxicação por botulismo após um jantar beneficente de arrecadação de fundos para a clínica local. A causa pareceu ser a salada de três tipos de grãos "temperada" com a bactéria *Clostridium botulinum*. Qual seria o resultado da intoxicação por botulismo sobre a função muscular?
2. O sobrinho de Alice estava dando gargalhadas. Ela o estava divertindo, colocando o próprio polegar nos lábios franzidos, levantando as sobrancelhas, sacudindo o braço para cima e para baixo e inflando e desinflando as suas bochechas. Nomeie os músculos que Alice estava usando para manobrar sua face.
3. Quando o gesso finalmente foi retirado, depois de seis longas semanas, Cátia pensou que estava tudo pronto para voltar ao time de voleibol, mas agora a coxa esquerda tem apenas metade do tamanho da coxa direita. Explique o que aconteceu à coxa de Cátia e o que é necessário fazer para retornar aos jogos.
4. Enquanto assistia às provas olímpicas de atletismo na televisão, sua irmã perguntou-lhe por que os velocistas têm músculos tão grandes na perna comparados aos dos corredores de maratonas. Como você poderia explicar essa observação?

RESPOSTAS ÀS QUESTÕES DAS FIGURAS

8.1 Na ordem, de dentro para fora, as camadas de tecido conectivo são endomísio, perimísio e epimísio.

8.2 A banda A é composta por filamentos espessos em seu centro e por filamentos espessos e finos sobrepostos em cada extremidade; a banda I é composta por filamentos finos.

8.3 Banda A: miosina, actina, troponina e tropomiosina. Banda I: actina, troponina e tropomiosina.

8.4 A placa motora terminal é a região do sarcolema próxima ao terminal axônico.

8.5 As bandas I desaparecem. Os comprimentos dos filamentos espessos e finos não se alteram.

8.6 A ligação do ATP às cabeças de miosina as separa da actina.

8.7 O movimento de tensão ocorre durante o passo 6.

8.8 Glicólise, a troca de fosfato entre o fosfato de creatina e o ADP e a degradação de glicogênio, ocorre no citosol. Oxidação do ácido pirúvico, aminoácidos e ácidos graxos (respiração celular aeróbia) ocorrem nas mitocôndrias.

8.9 Os sarcômeros encurtam durante o período de contração.

8.10 O tétano completo ocorre quando a frequência de estimulação atinge de 80 a 100 estímulos por segundo.

8.11 As paredes dos órgãos ocos contêm músculo liso visceral (unitário).

8.12 O agonista ou agente motor produz a ação desejada.

8.13 São respostas possíveis (existem outras respostas corretas): direção das fibras – oblíquo esterno do abdome; forma – deltoide; ação – extensor dos dedos; tamanho – glúteo máximo; origem e inserção – esternocleidomastóideo; localização – tibial anterior; número de origens – bíceps braquial.

8.14 Sorriso – zigomático maior; carranca – platisma; olhos semicerrados – orbicular do olho.

8.15 O oblíquo superior passa através da tróclea.

8.16 O reto do abdome ajuda na micção.

8.17 O diafragma e os intercostais externos se contraem durante a inspiração tranquila normal.

8.18 O peitoral menor e o serrátil anterior têm origens nas costelas; o trapézio, o levantador da escápula e o romboide maior têm origens nas vértebras.

8.19 O peitoral maior e o latíssimo do dorso são músculos que cruzam a articulação do ombro, mas não se originam na escápula.

8.20 Um compartimento é um grupo de músculos esqueléticos funcionalmente relacionados, em um membro, juntamente com seus vasos sanguíneos e nervos.

8.21 O nervo mediano está associado ao retináculo dos músculos flexores.

8.22 Os músculos iliocostal, longuíssimo e espinal constituem o músculo eretor da espinha.

8.23 Quadríceps femoral – reto da coxa, vasto lateral, vasto medial e vasto intermédio; músculos do jarrete – bíceps femoral, semitendíneo e semimembranáceo.

8.24 A síndrome do compartimento tibial anterior afeta o tibial anterior.

CAPÍTULO 9

TECIDO NERVOSO

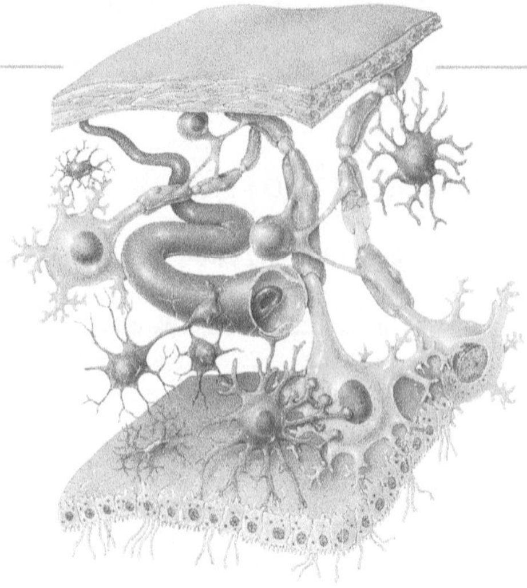

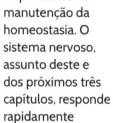

Em conjunto, todos os tecidos nervosos do corpo constituem o **sistema nervoso**. Entre os 11 sistemas corporais, o sistema nervoso e o sistema endócrino são os que desempenham as funções mais importantes na manutenção da homeostasia. O sistema nervoso, assunto deste e dos próximos três capítulos, responde rapidamente para ajudar no ajuste dos processos corporais por meio de impulsos nervosos. O sistema endócrino em geral atua mais lentamente e exerce sua influência na homeostasia por meio da liberação de hormônios que o sangue distribui para as células de todo o corpo. Além de ajudar a manter a homeostasia, o sistema nervoso é responsável por nossas percepções, comportamentos e memórias. Além disso, inicia todos os movimentos voluntários. O ramo da ciência médica que lida com o funcionamento normal e com os distúrbios do sistema nervoso é chamado de ***neurologia***.

OLHANDO PARA TRÁS PARA AVANÇAR...

Canais iônicos (Seção 3.3)
Bomba de sódio-potássio (Seção 3.3)
Tecido nervoso (Seção 4.6)
Terminações nervosas sensoriais e receptores sensoriais na pele (Seção 5.1)
Liberação de acetilcolina na junção neuromuscular (Seção 8.3)

9.1 Visão geral do sistema nervoso

OBJETIVOS

- Descrever a organização do sistema nervoso.
- Explicar as três funções básicas do sistema nervoso.

Organização do sistema nervoso

O sistema nervoso é uma rede intrincada de bilhões de neurônios e ainda mais a neuróglia. Este sistema está organizado em duas subdivisões principais: parte central do sistema nervoso e parte periférica do sistema nervoso.

Parte central do sistema nervoso

A ***parte central do sistema nervoso*** (SNC*) consiste no encéfalo e na medula espinal (Fig. 9.4). O ***encéfalo*** é a parte do SNC que está localizada no crânio. A ***medula espinal*** se conecta ao encéfalo e é circundada pelos ossos da coluna vertebral. O SNC processa inúmeras espécies diferentes de informações sensoriais aferentes. É, também, a fonte de pensamentos, emoções e memórias. A maioria dos impulsos nervosos que estimula os músculos a se contraírem e as glândulas a secretarem se origina no SNC.

Parte periférica do sistema nervoso

A ***parte periférica do sistema nervoso*** (***SNP***) inclui todo o tecido nervoso fora do SNC (Fig. 9.1a). Componentes do SNP incluem nervos, gânglios, plexos entéricos e receptores sensoriais. Um ***nervo*** é um feixe de centenas a milhares de axônios associado a tecido conectivo e vasos sanguíneos, que se encontram fora do encéfalo e da medula espinal. Doze pares de ***nervos cranianos*** emergem a partir da base do encéfalo, e 31 pares de ***nervos espinais*** emergem da medula espinal. Cada nervo segue uma via definida e inerva uma região específica do corpo. ***Gânglios*** são pequenas massas de tecido nervoso, consistindo primariamente de corpos celulares de neurônios localizados fora do encéfalo e da medula. Os gânglios estão intimamente relacionados aos nervos cranianos e espinais. ***Plexos entéricos*** são extensas redes de neurônios localizadas nas paredes dos órgãos do trato gastrintestinal (GI). Os neurônios desses plexos ajudam a regular o sistema digestório. O termo ***receptor sensorial*** se refere a uma estrutura do sistema nervoso que monitora alterações no ambiente externo ou interno. Exemplos de receptores sensoriais incluem os receptores de toque na

*N. de R.T. Parte central do sistema nervoso é a nomenclatura oficial, estabelecida pela Sociedade Brasileira de Anatomia na Nova Terminologia Anatômica, publicada em 2001. No entanto, por tratar-se de sigla de uso corrente, optamos por utilizar SNC (parte central do sistema nervoso/sistema nervoso central) ao longo do livro. O mesmo critério será utilizado para a utilização das siglas SNA (divisão autônoma do sistema nervoso/sistema nervoso autônomo), SNP (parte periférica do sistema nervoso/sistema nervoso periférico), SNS (parte somática do sistema nervoso/sistema nervoso somático), e SNE (parte entérica do sistema nervoso/sistema nervoso entérico).

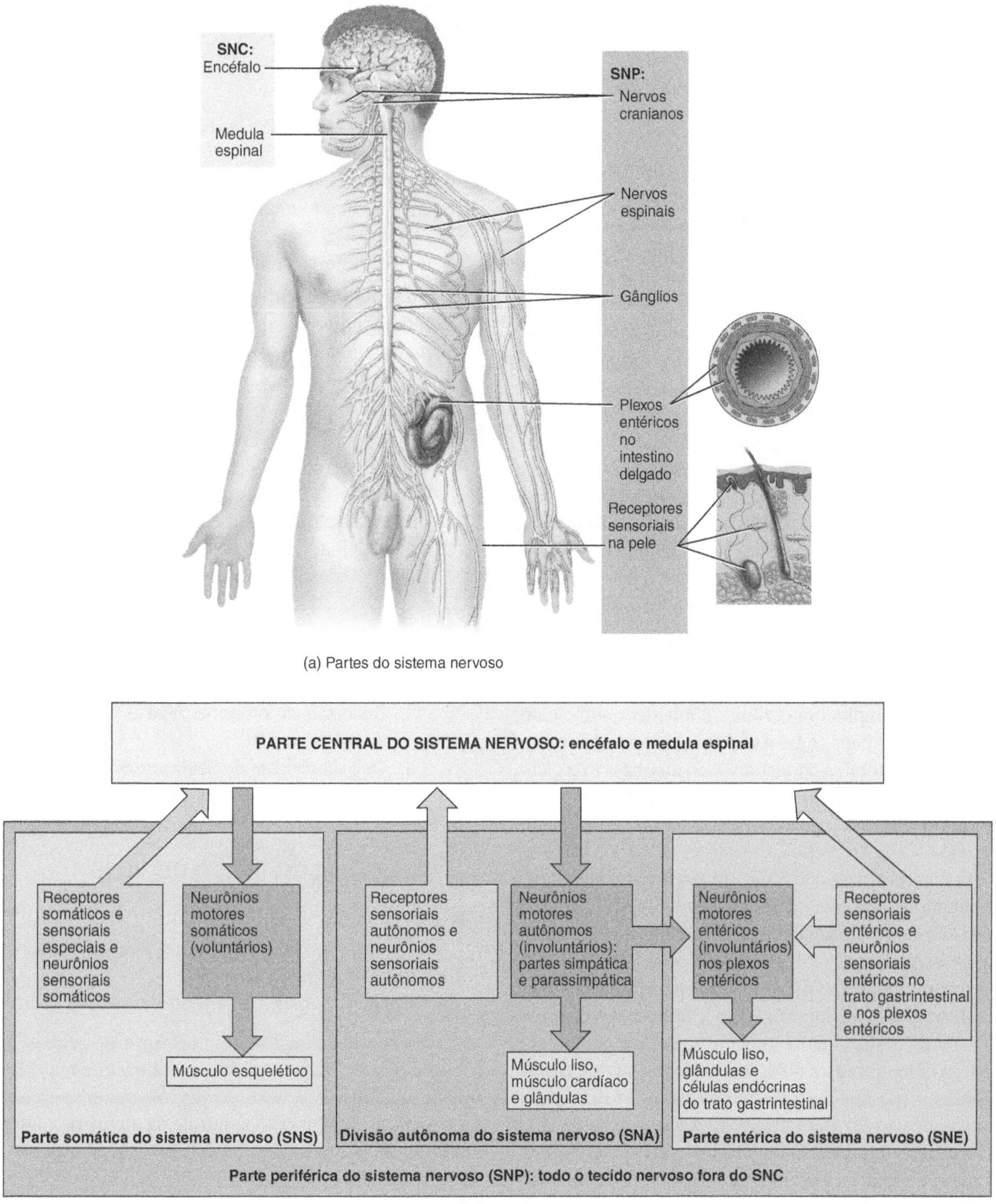

Qual é o número total de nervos cranianos e espinais, em seu corpo?

Figura 9.1 Organização do sistema nervoso. (a) Subdivisões do sistema nervoso. (b) Organograma do sistema nervoso: as caixas azuis representam os componentes sensoriais da parte periférica do sistema nervoso (SNP), as caixas vermelhas representam os componentes motores do SNP, e as caixas verdes representam os efetores (músculos e glândulas).

O sistema nervoso inclui o encéfalo, nervos cranianos, medula espinal, nervos espinais, gânglios, plexos entéricos e receptores sensoriais.

pele, os fotorreceptores no olho e os receptores olfativos no nariz.

A parte periférica do sistema nervoso é dividida em ***parte somática do sistema nervoso (SNS)***, ***divisão autônoma do sistema nervoso (SNA)***, e uma ***parte entérica do sistema nervoso (SNE)*** (Fig. 9.1b). O SNS consiste em (1) neurônios sensoriais que conduzem a informação para o SNC, proveniente dos receptores somáticos na cabeça, parede do corpo e membros, e proveniente dos receptores para os sentidos especiais da visão, audição, paladar e olfato, e também em (2) neurônios motores que conduzem os impulsos do SNC apenas para os *músculos esqueléticos*. Como essas respostas motoras são controladas conscientemente, a ação dessa parte do SNP é *voluntária*.

O SNA consiste em (1) neurônios sensoriais que transmitem a informação para o SNC, proveniente dos receptores sensoriais autônomos, localizados principalmente nos órgãos viscerais, como estômago e pulmões, e em (2) neurônios motores que conduzem impulsos nervosos do SNC para o *músculo liso, músculo cardíaco* e *glândulas*. Como suas respostas motoras não estão normalmente sujeitas ao controle consciente, a ação do SNA é *involuntária*. A porção motora do SNA consiste em dois ramos: a ***parte simpática*** e a ***parte parassimpática***. Com algumas poucas exceções, os efetores recebem nervos de ambas as partes, e, geralmente, as duas partes têm ações opostas. Por exemplo, os neurônios simpáticos aumentam a frequência cardíaca, e os neurônios parassimpáticos a diminuem. Em geral, a parte simpática auxilia o exercício de apoio ou as ações de emergência, as assim chamadas respostas de "luta ou fuga", e a parte parassimpática cuida das atividades de "repouso e digestão".

O funcionamento do SNE, o "cérebro do intestino", é involuntário. Outrora considerado parte do SNA, o SNE consiste em aproximadamente 100 milhões de neurônios nos plexos entéricos, que se estendem pela maior parte do comprimento do trato GI. Muitos dos neurônios dos plexos entéricos atuam, até certo ponto, independentemente do SNA e do SNC, embora também se comuniquem com o SNC, via neurônios simpáticos e parassimpáticos. Os neurônios sensoriais do SNE monitorizam as mudanças químicas dentro do trato GI, bem como o grau de distensão de suas paredes. Os neurônios entéricos motores governam a contração do músculo liso do trato GI para propelir o alimento pelo trato GI; as secreções de órgãos do trato GI, como a secreção ácida do estômago; e a atividade das células endócrinas do trato GI, que secretam hormônios.

Funções do sistema nervoso

O sistema nervoso exerce um conjunto complexo de tarefas, como sentir os diversos odores, produzir a fala e lembrar eventos passados; além disso, fornece sinais que controlam os movimentos corporais e regulam o funcionamento dos órgãos internos. Essas diversas atividades são agrupadas em três funções básicas: sensorial, integradora e motora.

1. ***Função sensorial***. Os receptores sensoriais *detectam* estímulos internos, como um aumento na acidez sanguínea, e estímulos externos, como um pingo de chuva batendo em seu braço. Essa informação sensorial é levada até o encéfalo e medula espinal, por meio dos nervos cranianos e espinais.
2. ***Função integrativa***. O sistema nervoso *integra* (processa) a informação sensorial, analisando e armazenando algumas delas e tomando decisões para as respostas apropriadas – uma atividade chamada ***integração***.
3. ***Função motora***. Assim que a informação sensorial é integrada, o sistema nervoso pode provocar uma resposta motora adequada, ativando os ***efetores*** (músculos e glândulas) por meio dos nervos cranianos e espinais. A estimulação dos efetores provoca contração dos músculos e secreção das glândulas.

TESTE SUA COMPREENSÃO

1. Qual é a função de um receptor sensorial? E de um efetor?
2. Quais são os componentes e as funções do SNS, do SNA e do SNE?
3. Que subdivisões do SNP controlam as ações voluntárias? E as ações involuntárias?

9.2 Histologia do tecido nervoso

OBJETIVOS

- Diferenciar as características histológicas e funcionais dos neurônios e da neuróglia.
- Distinguir a substância cinzenta da substância branca.

O tecido nervoso consiste em dois tipos de células: neurônios e neuróglia. Os neurônios produzem a maioria das funções exclusivas do sistema nervoso, como percepção, pensamentos, lembranças, controle da atividade muscular e regulação das secreções glandulares. A neuróglia sustenta, alimenta e protege os neurônios; além disso, mantém a homeostasia no líquido intersticial.

Neurônios

Como as células musculares, os ***neurônios*** (*células nervosas*) possuem ***excitabilidade elétrica***, a capacidade de responder a estímulos e convertê-los em um potencial de ação. Um ***estímulo*** é qualquer mudança no ambiente forte o suficiente para iniciar um potencial de ação. Um ***potencial de ação*** ou *impulso nervoso* é um sinal elétrico que se propaga (viaja) ao longo da superfície da membrana de um neurônio ou de uma fibra muscular.

Partes de um neurônio

A maioria dos neurônios possui três partes: (1) um corpo celular, (2) dendritos e (3) um axônio (Fig. 9.2). O ***corpo celular***, ou *soma*, contém um núcleo circundado por citoplasma que inclui organelas típicas, como retículo endoplasmático rugoso, lisossomos, mitocôndrias e um complexo de Golgi. A maioria das moléculas celulares necessárias para o funcionamento do neurônio é sintetizada no corpo celular.

Dois tipos de processos (extensões) emergem do corpo celular de muitos neurônios: múltiplos dendritos e um único axônio. O corpo celular e os ***dendritos*** são as partes receptoras ou de entrada dos neurônios. Geralmente, os dendritos são curtos, afunilados e altamente ramificados, formando um conjunto de processos arboriformes que emerge do corpo celular. O segundo tipo de processo, o ***axônio***, conduz os impulsos nervosos em direção a outro neurônio, a uma célula muscular ou a uma célula glandular. Um axônio é uma projeção cilíndrica longa, que frequentemente se une ao corpo celular em uma elevação coniforme, chamada de *proeminência axônica (cone de implantação)*. Os impulsos nervosos em geral surgem na proeminência axônica e, em seguida, seguem ao longo do axônio. Alguns axônios possuem ramos laterais chamados *colaterais axônicos*. O axônio e os ramos colaterais axônicos terminam se dividindo em muitos processos finos chamados *terminais axônicos*.

O local em que dois neurônios ou um neurônio e uma célula efetora se comunicam é denominado ***sinapse***. As extremidades da maioria dos terminais axônicos se expandem em direção aos *botões terminais sinápticos*. Estas estruturas bulbosas contêm *vesículas sinápticas*, sacos minúsculos que armazenam produtos químicos chamados ***neurotransmissores***. As moléculas neurotransmissoras liberadas das vesículas sinápticas são os meios de comunicação em uma sinapse.

Classificação dos neurônios

As características estruturais e funcionais são usadas para classificar os vários neurônios no corpo.

CLASSIFICAÇÃO ESTRUTURAL. Estruturalmente, os neurônios são classificados de acordo com o número de processos que se estendem a partir do corpo celular (Fig. 9.3).

- ***Neurônios multipolares*** geralmente têm vários dendritos e um axônio (Fig. 9.3a). A maioria dos neurônios encontrados no encéfalo e na medula espinal é desse tipo.
- ***Neurônios bipolares*** têm um dendrito principal e um axônio (Fig. 9.3b). São encontrados na retina, na orelha interna e na área olfatória do encéfalo.
- ***Neurônios unipolares*** têm dendritos e um axônio que se fundem para formar um processo contínuo que emerge do corpo celular (Fig. 9.3c). Esses neurônios começam no embrião como neurônios bipolares. Durante o desenvolvimento, os dendritos e o axônio se fundem e se tornam um processo único. Os dendritos da maioria dos neurônios unipolares funcionam como ***receptores sensoriais*** que detectam um estímulo sensorial, como toque, pressão, dor ou estímulos térmicos. Os impulsos nervosos em um neurônio unipolar se originam na junção dos dendritos com o axônio. Em seguida, os impulsos se propagam em direção aos botões terminais sinápticos. Os corpos celulares da maioria dos neurônios unipolares estão localizados nos gânglios dos nervos espinais e cranianos.

CLASSIFICAÇÃO FUNCIONAL. Funcionalmente, os neurônios são classificados de acordo com a direção na qual o impulso nervoso (potencial de ação) é conduzido através do SNC.

- ***Neurônios sensoriais*** ou *aferentes* contêm receptores sensoriais em suas extremidades distais (dendritos) ou estão localizados logo após receptores sensoriais, que são células separadas. Assim que um estímulo apropriado ativa um receptor sensorial, o neurônio sensorial desencadeia um potencial de ação no seu axônio, e esse é transmitido *para* o SNC pelos nervos cranianos ou espinais. A maioria dos neurônios sensoriais tem estrutura unipolar.
- ***Neurônios motores*** ou *eferentes* transmitem potenciais de ação *para longe* do SNC, para ***efetores*** (músculos e glândulas) na periferia (SNP) via nervos cranianos e espinais. A maioria dos neurônios motores tem estrutura multipolar.
- ***Interneurônios*** ou ***neurônios** de associação* estão localizados dentro do SNC, entre os neurônios sensoriais e motores. Os interneurônios integram (processam) informações sensoriais aferentes dos neurônios sensoriais e, em seguida, provocam uma resposta motora pela ativação dos neurônios motores apropriados. A maioria dos interneurônios tem estrutura multipolar.

Neuróglia

A ***neuróglia*** ou *glia* perfaz aproximadamente metade do volume do SNC. Seu nome deriva da ideia dos primeiros histologistas de que elas eram a "cola" que mantinha

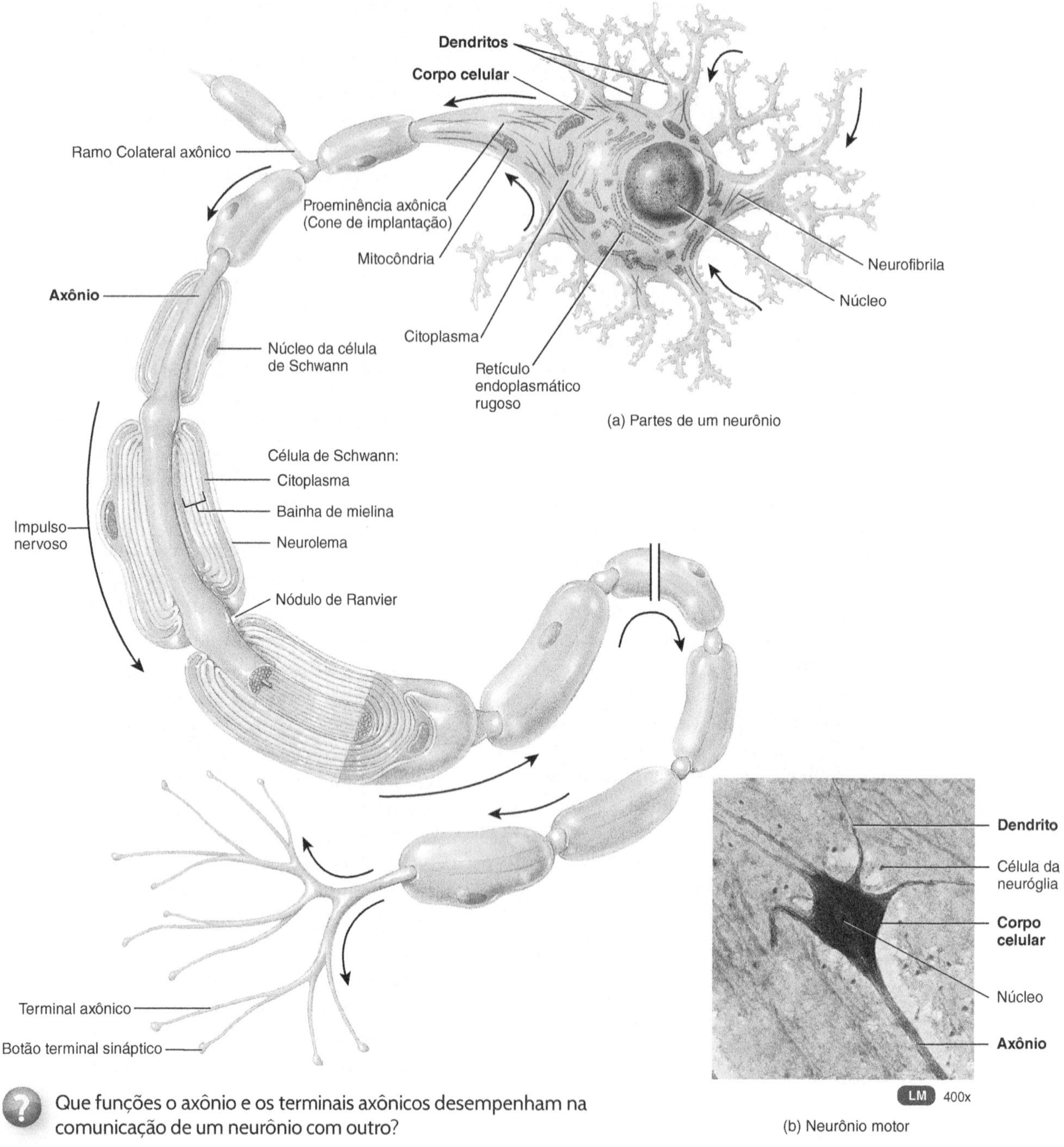

Que funções o axônio e os terminais axônicos desempenham na comunicação de um neurônio com outro?

Figura 9.2 Estrutura de um neurônio multipolar típico. Um neurônio multipolar tem vários dendritos e um axônio. As setas indicam a direção do fluxo de informações: dendritos → corpo da célula → axônio → terminais axônicos → botões terminais sinápticos.

As partes básicas de um neurônio são vários dendritos, um corpo celular e um axônio único.

coeso o tecido nervoso. Agora, sabemos que as células da neuróglia não são meramente espectadoras passivas, mas, em vez disso, participam de forma ativa das atividades do sistema nervoso. Geralmente, as células da neuróglia são menores do que os neurônios e são de 5 a 25 vezes mais numerosas. Em contraste com os neurônios, as células da glia não geram ou conduzem impulsos nervosos, e se multiplicam e se dividem no sistema nervoso maduro. Em casos de lesão ou doença, a neuróglia se multiplica para preencher os espaços anteriormente

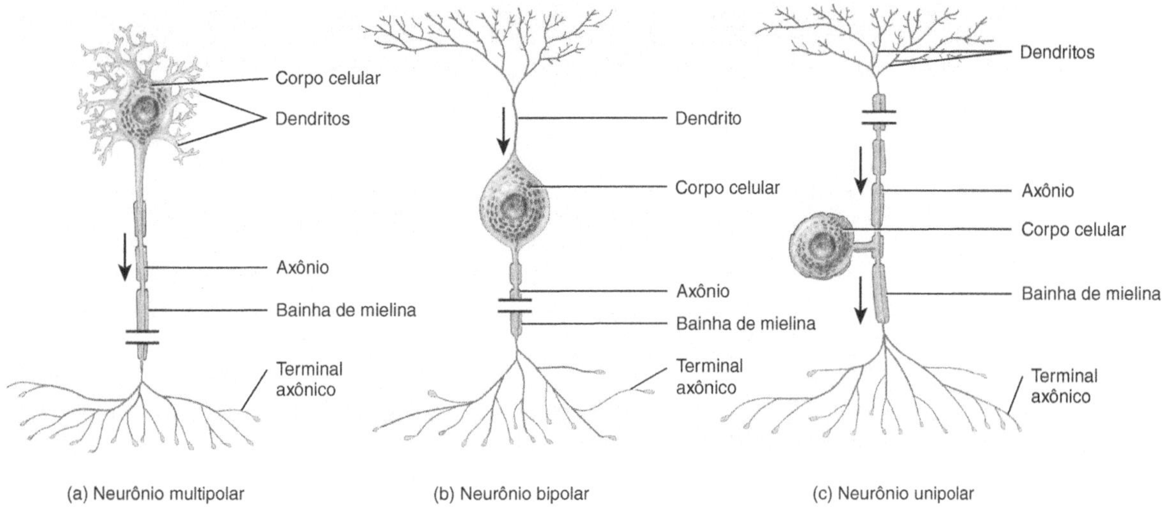

Que tipo de neurônio mostrado nesta figura é o mais abundante no SNC?

Figura 9.3 **Classificação estrutural dos neurônios.** As interrupções indicam que os axônios são mais longos do que o mostrado.

Um neurônio multipolar tem muitos processos se estendendo a partir do corpo celular, um neurônio bipolar tem dois, e um neurônio unipolar tem um.

ocupados pelos neurônios. Os tumores encefálicos derivados da glia, chamados de ***gliomas***, tendem a ser extremamente malignos e a crescer rapidamente. Dos seis tipos de neuróglia, quatro – astrócitos, oligodendrócitos, células microgliais e células ependimárias – são encontrados somente no SNC. Os dois tipos restantes – células de Schwann e células satélites – estão presentes no SNP. A Tabela 9.1 mostra a aparência da neuróglia e lista suas funções.

Mielinização

Os axônios da maioria dos neurônios estão envoltos por uma ***bainha de mielina***, um revestimento de muitas camadas composto de lipídeos e proteínas (ver Fig. 9.2). Assim como um isolamento recobrindo um fio elétrico, a bainha de mielina isola o axônio de um neurônio e aumenta a velocidade de condução do impulso nervoso. Lembre-se de que, as células de Schwann no SNP e os oligodendrócitos no SNC produzem as bainhas de mielina enrolando-se em torno de si mesmas e em torno dos axônios. Finalmente, até 100 camadas recobrem o axônio, do mesmo modo que múltiplas camadas de papel recobrem o papelão em um rolo de papel higiênico. Lacunas na bainha de mielina, chamadas ***nódulos de Ranvier***, aparecem em intervalos ao longo do axônio (ver Fig. 9.2). Os axônios com bainha de mielina são chamados ***mielínicos***, e aqueles sem a bainha são chamados ***amielínicos***.

A quantidade de mielina aumenta desde o nascimento até a maturidade, e sua presença intensifica ainda mais a velocidade de condução do impulso nervoso. Na época em que um bebê começa a falar, a maior parte das bainhas de mielina está parcialmente formada, mas a mielinização continua até a adolescência. As respostas de um recém-nascido a um estímulo não são tão rápidas nem coordenadas como aquelas de uma criança mais velha ou de um adulto, em parte, porque a mielinização ainda está em progresso durante a lactância. Determinadas doenças, como a esclerose múltipla (ver Distúrbios Comuns ao final deste capítulo) e a doença de Tay-Sachs (ver Capítulo 3), destroem as bainhas de mielina.

Coleções de tecido nervoso

Os componentes do tecido nervoso estão agrupados de várias maneiras. Os corpos celulares neuronais estão frequentemente agrupados em aglomerados. Os axônios dos neurônios estão geralmente agrupados em feixes. Além disso, regiões difusas de tecido nervoso estão agrupadas em substância cinzenta ou em substância branca.

Aglomerados de corpos celulares neuronais

Gânglio se refere a um grupo de corpos celulares neuronais localizado no SNP. Como mencionado antes, os gânglios estão intimamente associados aos nervos cranianos e espinais. Em contrapartida, um ***núcleo*** é um grupo de corpos celulares neuronais localizados no SNC.

TABELA 9.1

Neuróglia na parte central do sistema nervoso (SNC) e na parte periférica do sistema nervoso (SNP)

TIPO DE CÉLULA NEUROGLIAL	FUNÇÕES
SNC	
Astrócitos	Sustentam os neurônios; protegem os neurônios contra substâncias prejudiciais; ajudam a manter as propriedades químicas do ambiente para a geração dos impulsos nervosos; auxiliam o crescimento e a migração dos neurônios durante o desenvolvimento do encéfalo; desempenham uma função no aprendizado e na memória; ajudam a formar a barreira hematencefálica
Células microgliais	Protegem as células do SNC contra doenças, ingerindo e digerindo microrganismos invasores; migram para as áreas de tecido nervoso lesado, no qual limpam restos de células mortas
Oligodendrócitos	Produzem e mantêm a bainha de mielina em torno de vários axônios adjacentes de neurônios do SNC
Células ependimárias	Revestem os ventrículos do encéfalo (cavidades preenchidas com líquido cerebrospinal) e o canal central da medula espinal; formam o líquido cerebrospinal e auxiliam em sua circulação
SNP	
Células de Schwann	Produzem e mantêm a bainha de mielina em torno de um único axônio de um neurônio do SNP; participam da regeneração dos axônios do SNP
Células satélites	Sustentam os neurônios nos gânglios do SNP e regulam a troca de materiais entre os neurônios e o líquido intersticial

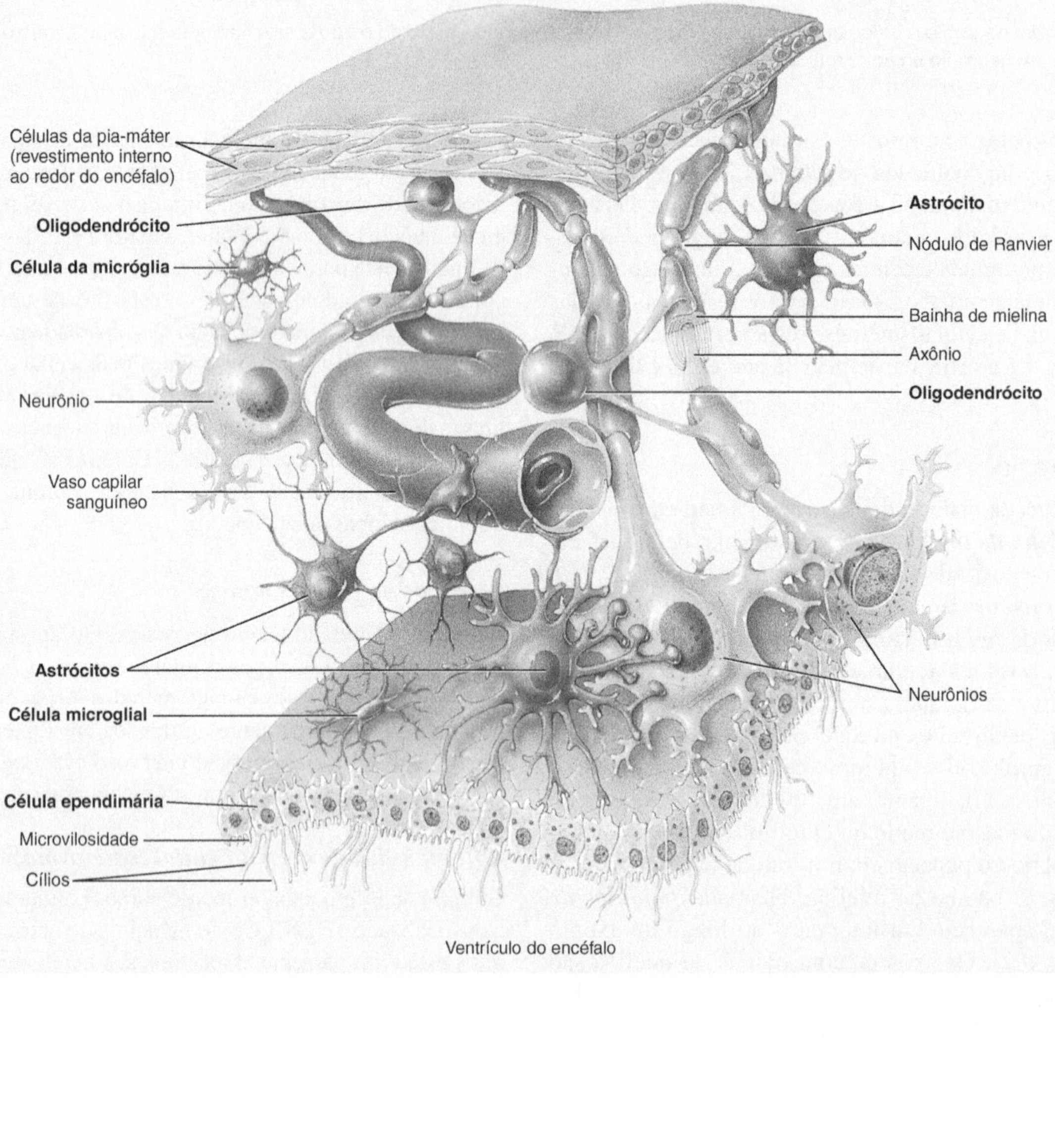

Feixes de axônios

Nervo é um feixe de axônios localizado no SNP. Os nervos cranianos conectam o encéfalo à periferia; os nervos espinais conectam a medula espinal à periferia. Um ***trato*** é um feixe de axônios localizado no *SNC*. Os tratos interconectam neurônios na medula espinal e no encéfalo.

Substâncias branca e cinzenta

Em um segmento do encéfalo ou da medula espinal dissecado recentemente, algumas regiões parecem brancas e brilhantes, enquanto outras parecem cinzentas. A ***substância branca*** é basicamente composta de axônios mielínicos. A coloração esbranquiçada da mielina confere à substância branca o seu nome. A ***substância cinzenta*** do sistema nervoso contém corpos celulares neuronais, dendritos, axônios amielínicos, terminais axônicos e neuróglia. Parece mais acinzentada do que branca, porque as organelas celulares conferem uma coloração cinzenta, e existe pouca ou nenhuma mielina nessas áreas. Os vasos sanguíneos estão presentes tanto na substância branca quanto na cinzenta. Na medula espinal, a substância branca externa envolve um núcleo interno de substância cinzenta que, dependendo de sua imaginação, tem o formato de uma borboleta ou de uma letra H em corte transversal (ver Fig. 10.1). No encéfalo, uma fina camada de substância cinzenta (córtex) recobre a superfície das maiores porções do encéfalo: cérebro e cerebelo (ver Figs. 10.10 e 10.11).

CORRELAÇÕES CLÍNICAS | Regeneração do neurônio

Os neurônios humanos possuem uma capacidade muito limitada de regeneração, a capacidade de se autorreplicar ou autorreparar. No SNP, axônios e dendritos podem sofrer reparo se o corpo celular estiver intacto e se as células de Schwann forem funcionais. As células de Schwann, em ambos os lados de um local lesado, se multiplicam por mitose, crescem umas em direção às outras e podem formar um **tubo de regeneração** ao longo da área lesada. O tubo guia a regeneração do axônio desde a área proximal, por meio da área lesada, até a área distal previamente ocupada pelo axônio original. A regeneração é lenta, em parte, porque muitos materiais necessários devem ser transportados a partir dos seus locais de síntese no corpo celular, por diversos centímetros abaixo do axônio para a região de crescimento. Novos axônios não crescem se o espaço vier a ser preenchido com tecido cicatricial. No SNC, um axônio cortado geralmente não é reparado, mesmo quando o corpo celular permanece intacto. A inibição da regeneração neuronal no encéfalo e na medula espinal parece ser o resultado de dois fatores: (1) influências inibitórias da neuróglia, particularmente dos oligodendrócitos, e (2) ausência de estimulantes do crescimento que estavam presentes durante o desenvolvimento fetal. •

TESTE SUA COMPREENSÃO

4. Dê exemplos das classificações estrutural e funcional dos neurônios.
5. O que é a bainha de mielina e por que é importante?

9.3 Potenciais de ação

OBJETIVO

- Descrever como um impulso nervoso é gerado e conduzido.

Os neurônios se comunicam uns com os outros por meio de potenciais de ação (impulsos nervosos). Lembre-se, do Capítulo 8, de que a fibra muscular (célula) se contrai em reposta a um potencial de ação. A geração de potenciais de ação nas células musculares e nos neurônios depende de duas características básicas da membrana plasmática: a existência de um potencial de membrana em repouso e a presença de tipos específicos de canais iônicos. Células do corpo exibem um ***potencial de membrana***, uma diferença na quantidade de carga elétrica no lado interno da membrana comparado ao lado externo. O potencial de membrana é como a voltagem armazenada em uma bateria. Uma célula que tem um potencial de membrana é denominada ***polarizada***. Quando as células musculares e os neurônios estão "em repouso" (não conduzindo potenciais de ação), a voltagem pela membrana plasmática é chamada de ***potencial de membrana em repouso***.

Se conectarmos os terminais positivo e negativo de uma bateria com um pedaço de metal; uma *corrente elétrica* transportada por elétrons flui da bateria. Nos tecidos vivos, o fluxo de íons (em vez de elétrons) constitui as correntes elétricas. Os principais locais nos quais os íons podem fluir pela membrana são os poros dos vários tipos de canais iônicos.

Canais iônicos

Quando estão abertos, os canais iônicos permitem que íons específicos se propaguem pela membrana plasmática, de onde os íons estão mais concentrados para onde estão menos concentrados. De forma semelhante, os íons carregados positivamente se movem em direção à área carregada negativamente, e íons negativamente carregados se movem em direção à área positivamente carregada. À medida que os íons se propagam pela membrana plasmática para igualar diferenças na carga ou na concentração, o resultado é um fluxo de corrente que altera o potencial de membrana.

Canais iônicos se abrem e se fecham em virtude da presença de "comportas". A comporta é uma parte da proteína do canal capaz de fechar ou de se mover para abrir o poro do canal (ver Fig. 3.5). Dois tipos de canais iônicos nos neurônios e fibras musculares são canais de vazamento e canais controlados por voltagem. As comportas dos ***canais de vazamento**** se alternam aleatoriamente entre as posições aberta e fechada (Fig. 9.4a). Como as membranas plasmáticas em geral têm muito mais canais de vazamento de íons potássio (K^+) do que de íons sódio (Na^+), a permeabilidade da membrana para o K^+ é muito maior do que a permeabilidade para o Na^+. Os ***canais controlados por voltagem*** se abrem em resposta a uma alteração no potencial de membrana (voltagem) (Fig. 9.4b). Os canais controlados por voltagem participam da geração e da condução dos potenciais de ação.

Potencial de membrana em repouso

Em um neurônio em repouso, a superfície externa da membrana plasmática tem carga positiva, e a superfície interna, carga negativa. A separação das cargas elétricas positiva e negativa é uma forma de energia potencial, que pode ser medida em volts. Por exemplo, duas baterias de 1,5 volt ligam um leitor de CD portátil. As voltagens produzidas pelas células são em geral muito mais baixas e são medidas em milivolts (1 milivolt [1 mV] = 1/1.000 volt). Nos neurônios, o potencial de membrana em repouso é aproximadamente –70 mV. O sinal negativo indica que o interior da membrana é negativo em relação ao exterior.

O potencial de membrana em repouso se origina da distribuição desigual de vários íons no citosol e no líquido extracelular (Fig. 9.5). O líquido extracelular é rico em íons sódio (Na^+) e em íons cloreto (Cl^-). No interior das células, os principais íons carregados positivamente no citosol são íons potássio (K^+), e os dois íons dominantes carregados negativamente são os fosfatos ligados às moléculas orgânicas (como os três fosfatos no ATP [trifosfato de adenosina]) e os aminoácidos nas proteínas. Como a concentração de K^+ é mais alta no citosol, e como as membranas plasmáticas têm muitos canais de vazamento de K^+, esses íons se difundem a favor de seus gradientes de concentração, para onde sua concentração é mais baixa – fora das células, no líquido extracelular.

*N. de R.T. Canais de vazamento são canais proteicos altamente seletivos e permanentemente abertos. (Yeagle, Philipe L. The Membranes of Cells, 2nd ed., Academic Press, San Diego, 1993.)

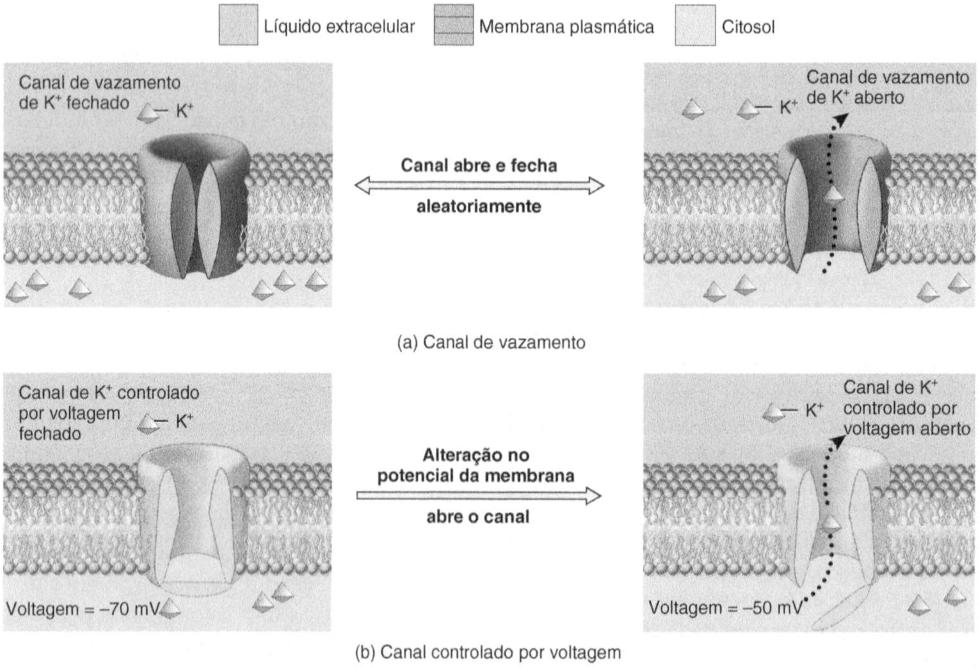

O que faz um canal controlado por voltagem se abrir?

Figura 9.4 Canais iônicos na membrana plasmática.

Os sinais elétricos produzidos por neurônios e fibras musculares dependem de canais iônicos, tais como canais de vazamento e canais controlados por voltagem.

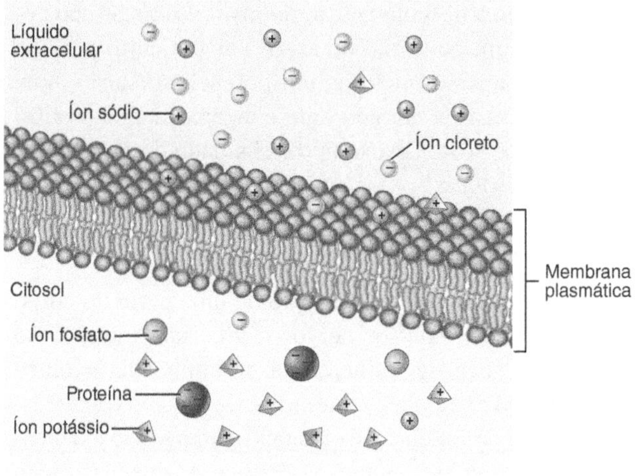

Qual é o valor padrão do potencial de membrana em repouso de um neurônio?

Figura 9.5 **Distribuição de íons que produz o potencial de membrana em repouso.**

O potencial de membrana em repouso é decorrente de um pequeno acúmulo de íons carregados negativamente, principalmente fosfatos orgânicos (PO_4^{3-}) e proteínas, no citosol no interior da membrana, e a um acúmulo igual de íons carregados positivamente, principalmente íons sódio (Na^+), no líquido intersticial no exterior da membrana.

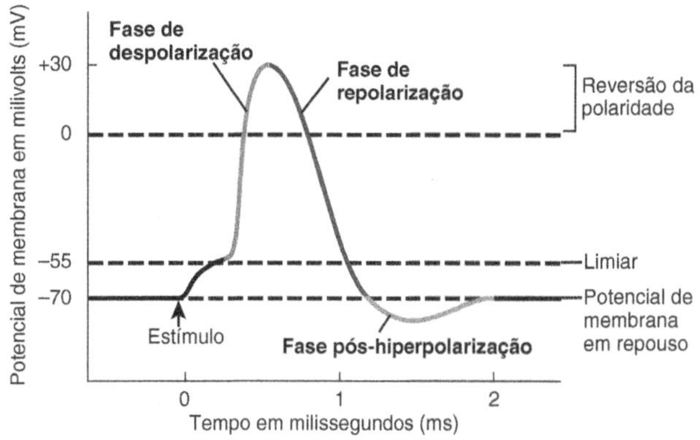

Que canais estão abertos durante a despolarização? E durante a repolarização?

Figura 9.6 **Potencial de ação (PA).** Quando um estímulo despolariza a membrana até o limiar, um potencial de ação é gerado.

Um potencial de ação consiste nas fases de despolarização e repolarização.

À medida que mais e mais íons potássio positivos saem, o interior da membrana celular se torna cada vez mais negativo, e o exterior, cada vez mais positivo. Outro fator que contribui para a negatividade interna: a maioria dos íons carregados negativamente dentro da célula não está livre para sair. Não seguem o K^+ para fora da célula, porque estão ligados a grandes proteínas ou a outras grandes moléculas.

A permeabilidade da membrana ao Na^+ em repouso é muito baixa, porque existem poucos canais de vazamento para o sódio. No entanto, os íons sódio, na realidade, se difundem lentamente para o interior da célula, diminuindo seus gradientes de concentração. Deixada sem verificação, essa difusão de Na^+ para o interior da célula finalmente destruiria o potencial de membrana em repouso. O pequeno vazamento interno de Na^+ e, vazamento externo, de K^+ são compensados pelas bombas de sódio-potássio (ver Fig. 3.9). Essas bombas ajudam a manter o potencial de membrana em repouso, bombeando Na^+ para fora da célula. Ao mesmo tempo, as bombas de sódio-potássio trazem o K^+ para dentro.

Geração de potenciais de ação

Um ***potencial de ação*** ou impulso nervoso é uma sequência de eventos ocorrendo rapidamente, que diminui e inverte o potencial de membrana e, em seguida, finalmente o restaura ao estado de repouso. Se um estímulo provoca a despolarização da membrana a um nível crítico, chamado ***limiar*** (em geral, em torno de −55 mV), em seguida, surge um potencial de ação (Fig. 9.6). Um potencial de ação tem duas fases principais: uma fase despolarizante (despolarização) e uma fase repolarizante (repolarização).

Durante a ***fase de despolarização***, o potencial de membrana negativo se torna menos negativo, atinge zero e, em seguida, se torna positivo. Assim, durante a ***fase de repolarização***, a polarização da membrana é restaurada ao seu estado de repouso de −70 mV. Após a fase de repolarização, pode haver uma fase ***pós-hiperpolarização***, também chamada de *hiperpolarização*, durante a qual o potencial de membrana se torna temporariamente mais negativo do que o nível de repouso. Nos neurônios, as fases de despolarização e repolarização de um potencial de ação duram aproximadamente 1 milissegundo (ms) (1/1.000 segundo).

Durante um potencial de ação, a despolarização até o limiar abre rapidamente dois tipos de canais iônicos controlados por voltagem. Nos neurônios, esses canais estão presentes principalmente na membrana plasmática do axônio e dos terminais axônicos. Em primeiro lugar, o limiar de despolarização abre os canais de Na^+ controlados por voltagem. Quando esses canais se abrem, íons sódio fluem para dentro da célula, provocando a fase de despolarização. O influxo de Na^+ faz com que o potencial de membrana passe para 0 mV e, finalmente, atinja +30 mV (Fig. 9.6). Em segundo lugar, o limiar de despolarização também abre canais de K^+ controlados por voltagem. Estes se abrem mais lentamente, assim, a abertura ocorre aproximadamente ao mesmo tempo em que os canais de Na^+ controlados por voltagem estão se fechando. Quando os canais de K^+ se abrem, íons potássio fluem para fora da célula, produzindo a fase de repolarização.

Enquanto os canais de K^+ controlados por voltagem estão abertos, o efluxo de K^+ pode ser grande o suficiente para provocar uma fase pós-hiperpolarização do potencial de ação (Fig. 9.6). Durante a hiperpolarização, o potencial de membrana se torna ainda *mais negativo* do que o nível de repouso. Finalmente, quando os canais de K^+ se fecham, o potencial de membrana retorna ao nível de repouso de −70 mV.

Os potencias de ação se originam de acordo com o ***princípio do tudo ou nada***. Quando um estímulo é forte o suficiente para provocar a despolarização até o limiar, os canais de Na^+ e K^+ controlados por voltagem se abrem, e ocorre um potencial de ação. Um estímulo muito mais forte não consegue provocar um potencial de ação maior, porque o tamanho de um potencial de ação é sempre o mesmo. Um estímulo fraco que não consegue provocar uma despolarização no nível do limiar não desencadeia um potencial de ação. Por um curto período de tempo, após o início de um potencial de ação, uma fibra muscular ou um neurônio é incapaz de gerar outro potencial de ação. Esse tempo é chamado de *período refratário absoluto.**

Condução dos impulsos nervosos

Para comunicarem a informação de uma parte do corpo para outra, os impulsos nervosos precisam transitar do local de origem, geralmente na proeminência axônica ao longo do axônio até os terminais axônicos (Fig. 9.7). Esse modo de condução é chamado ***propagação*** e depende de uma retroalimentação positiva. A despolarização até o limiar na proeminência axônica abre os canais de

*N. de R.T. Um estímulo mais forte do que o normal é capaz de gerar outro potencial de ação quando a célula já encontra-se quase totalmente repolarizada. Esse período é chamado de período refratário relativo.

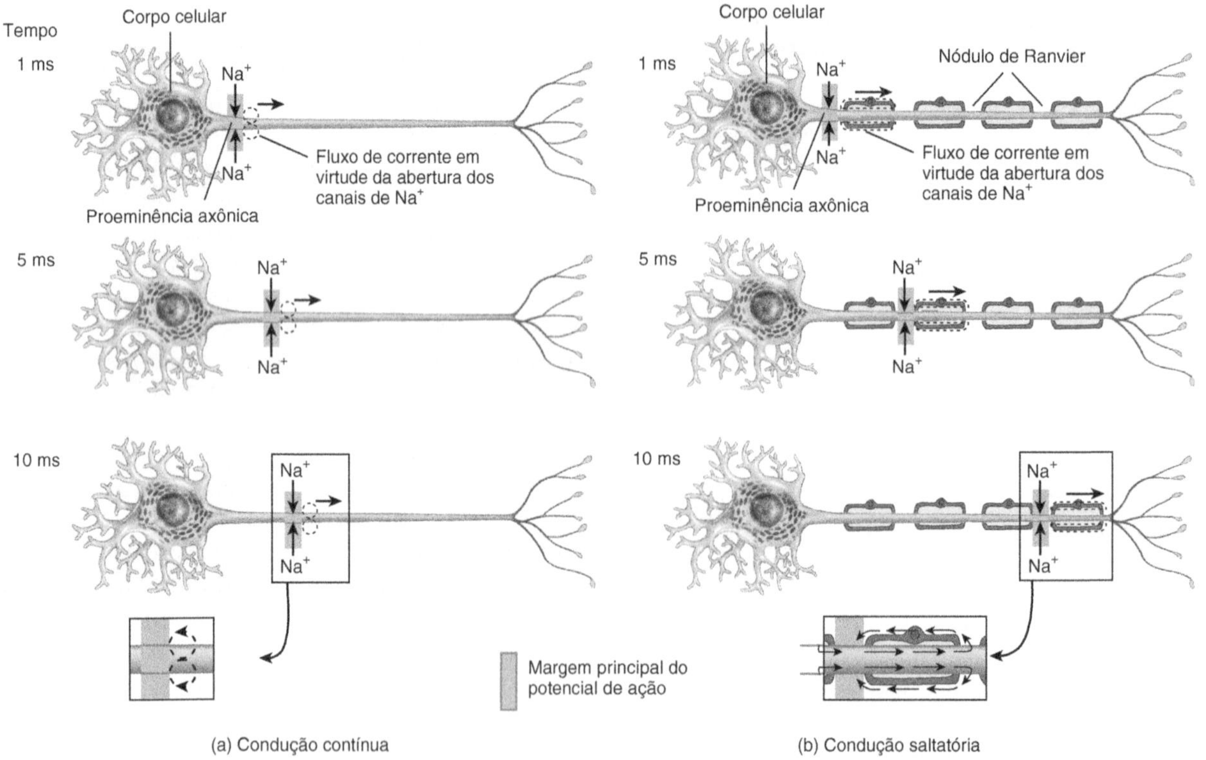

Que fatores influenciam a velocidade de condução do impulso nervoso?

Figura 9.7 Condução de um impulso nervoso após sua geração na proeminência axônica. As linhas pontilhadas indicam o fluxo da corrente iônica. (a) Na condução contínua, ao longo de um axônio amielínico, as correntes iônicas fluem por meio de cada segmento adjacente da membrana plasmática. (b) Na condução saltatória, ao longo de um axônio mielínico, o impulso nervoso no primeiro nódulo, gera correntes iônicas no citosol e no líquido intersticial que abrem os canais de Na^+ controlados por voltagem no segundo nódulo, e assim por diante, em cada nódulo subsequente.

Axônios amielínicos exibem condução contínua; axônios mielínicos exibem condução saltatória.

Na^+ controlados por voltagem. O influxo resultante de Na^+ despolariza a membrana adjacente até o limiar, o que abre cada vez mais canais de Na^+ controlados por voltagem, um efeito de retroalimentação positiva. Portanto, um impulso nervoso se autoconduz ao longo da membrana plasmática do axônio. Essa situação é semelhante a empurrar a primeira peça de um dominó em uma longa fileira: quando o empurrão na primeira peça de dominó é forte o suficiente, cai sobre a segunda peça e, finalmente, a fileira inteira cai.

O tipo de condução de potencial de ação que ocorre nos axônios amielínicos (e nas fibras musculares) é chamado ***condução contínua***. Neste caso, cada segmento adjacente da membrana plasmática se despolariza até o limiar e gera um potencial de ação que despolariza o trecho seguinte da membrana (Fig. 9.7a). Observe que o impulso percorreu uma distância relativamente curta após 10 milissegundos (10 ms).

Nos axônios mielínicos, a condução é um pouco diferente. Os canais de Na^+ e K^+ controlados por voltagem estão localizados principalmente nos nódulos de Ranvier, as lacunas na bainha de mielina.

Quando um impulso nervoso é conduzido ao longo de um axônio mielínico, a corrente transportada pelo Na^+ e K^+ flui pelo líquido intersticial envolvendo a bainha de mielina e pelo citosol de um nódulo até o seguinte (Fig. 9.7b). O impulso nervoso no primeiro nódulo gera correntes iônicas que abrem os canais de Na^+ controlados por voltagem no segundo nódulo, desencadeando ali um impulso nervoso. Em seguida, o impulso nervoso do segundo nódulo gera uma corrente iônica que abre os canais de Na^+ controlados por voltagem no terceiro nódulo e, assim, sucessivamente. Cada nódulo se despolariza e, em seguia, se repolariza. Observe que o impulso percorreu uma distância maior ao longo do axônio mielínico, na Figura 9.7b, no mesmo intervalo de tempo. Como a corrente flui pela membrana somente nos nódulos, o impulso parece saltar de um nódulo para outro, à medida que cada área nodal se despolariza até o limiar. Esse tipo de condução de impulso é chamado de ***condução saltatória***.

O diâmetro do axônio e a presença ou ausência de uma bainha de mielina são os fatores mais importantes na determinação da velocidade de condução do impulso nervoso. Os axônios com diâmetros grandes conduzem impulsos mais rapidamente do que aqueles com diâmetros pequenos. Além disso, os axônios mielínicos conduzem impulsos mais rapidamente do que os amielínicos. Os axônios com diâmetros grandes são todos mielínicos e, portanto, capazes de condução saltatória. Os axônios com diâmetros menores são amielínicos, assim, sua condução é contínua. Os axônios conduzem impulsos em velocidades mais altas quando aquecidos e em velocidades mais baixas quando resfriados. A dor resultante de lesão tecidual, como a provocada por uma queimadura leve, é reduzida pela aplicação de gelo, porque o resfriamento retarda a condução nervosa ao longo dos axônios dos neurônios sensíveis à dor.

CORRELAÇÕES CLÍNICAS | Anestésicos locais

Anestésicos locais são fármacos que bloqueiam a dor. Exemplos incluem a procaína (Novocaína®) e a lidocaína, que podem ser usadas para produzir anestesia na pele, durante a sutura de um corte, na boca, durante um procedimento dentário ou na parte inferior do corpo, durante o parto. Esses fármacos agem bloqueando a abertura dos canais de Na^+ controlados por voltagem. Impulsos nervosos não atravessam a região bloqueada, portanto, sinais de dor não chegam até o SNC. •

TESTE SUA COMPREENSÃO

6. Quais os significados dos termos *potencial de membrana em repouso, despolarização, repolarização, impulso nervoso* e *período refratário*?
7. Como a condução saltatória difere da condução contínua?

9.4 Transmissão sináptica

OBJETIVO

- Explicar os eventos da transmissão sináptica química e os tipos de neurotransmissores utilizados.

Agora que você sabe como surgem os potenciais de ação e como são conduzidos ao longo do axônio de um neurônio individual, exploraremos como os neurônios se comunicam uns com os outros. Nas sinapses, os neurônios se comunicam com outros neurônios ou com os efetores por uma série de eventos conhecida como ***transmissão sináptica***. No Capítulo 8, examinamos os eventos que ocorrem na junção neuromuscular, a sinapse entre um neurônio motor somático e uma fibra muscular esquelética (ver Fig. 8.4). Sinapses entre neurônios funcionam de maneira similar. O neurônio que envia o sinal é chamado ***neurônio pré-sináptico***, e o neurônio que recebe a mensagem é chamado ***neurônio pós-sináptico***. Embora os neurônios pré-sináptico e pós-sináptico estejam em estreita proximidade em uma sinapse, suas membranas plasmáticas não se tocam. Estão separadas pela ***fenda sináptica***, um espaço minúsculo preenchido com líquido intersticial.

Existem dois tipos de sinapses: elétrica e química. Em uma ***sinapse elétrica***, impulsos nervosos são conduzidos diretamente entre as membranas plasmáticas de neurônios adjacentes pelas junções comunicantes. Essas estruturas semelhantes a túneis se ligam às células adjacentes e permitem que os íons fluam por elas (e assim conduzem impulsos nervosos). Junções comunicantes são encontradas no músculo liso visceral, músculo cardíaco e no encéfalo. Duas vantagens das sinapses elétricas são

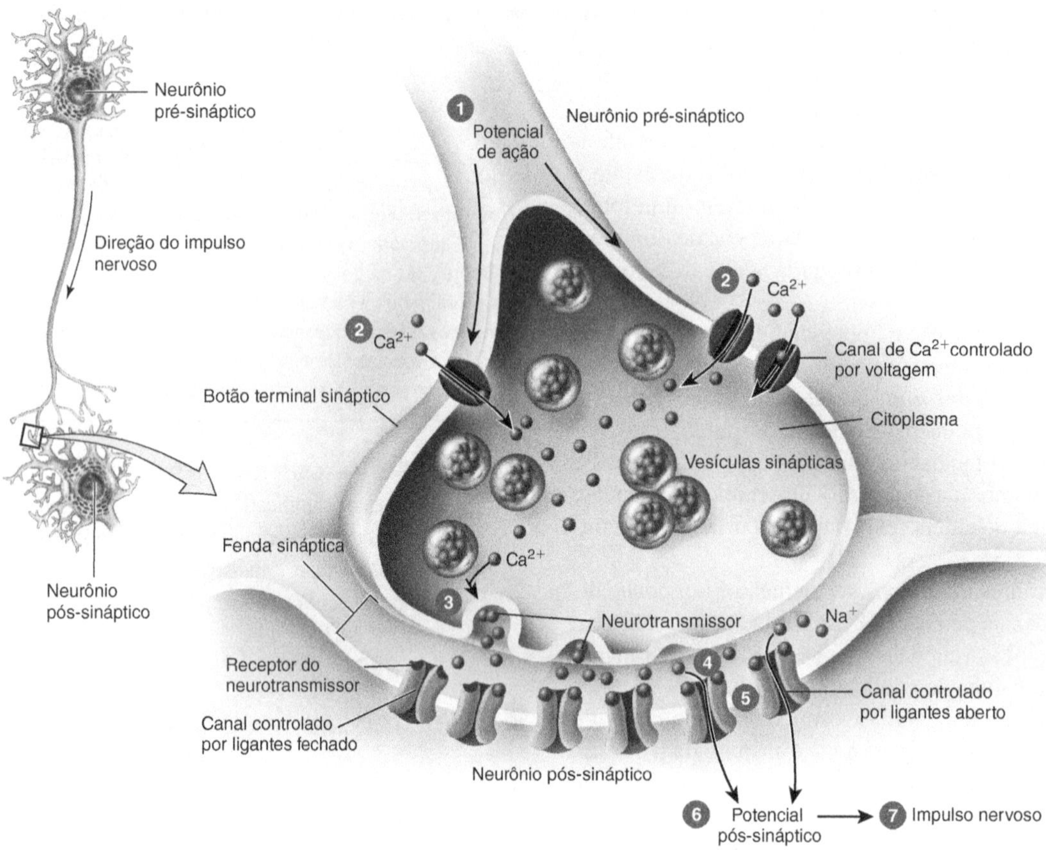

Por que as sinapses elétricas transmitem um sinal nas duas direções, mas sinapses químicas transmitem sinal em apenas uma direção?

Figura 9.8 **Transmissão de sinal em uma sinapse química.**

Em uma sinapse química, um neurônio pré-sináptico converte um sinal elétrico (potencial de ação) em um sinal químico (liberação do neurotransmissor). O neurônio pós-sináptico, em seguida, converte de volta o sinal químico em um sinal elétrico (potencial de ação).

condução e coordenação rápidas. No que diz respeito às junções comunicantes, neurônios e células musculares produzem impulsos nervosos em uníssono. Isso é muito importante no músculo cardíaco e no músculo liso, nos quais há necessidade de contrações coordenadas.

A maioria das sinapses são ***sinapses químicas***. Neste tipo de sinapse, um impulso nervoso em um neurônio pré-sináptico provoca a liberação de moléculas de neurotransmissores na fenda sináptica. Os neurotransmissores, por sua vez, produzem um impulso nervoso no neurônio pós-sináptico. Agora consideraremos os eventos que ocorrem em uma sinapse química.

Eventos em uma sinapse química

Como impulsos nervosos não são conduzidos pela fenda sináptica, uma forma indireta alternativa de comunicação ocorre por meio desse espaço. Uma sinapse química típica atua como se segue (Fig. 9.8):

1. Um impulso nervoso chega ao botão terminal sináptico de um axônio pré-sináptico.
2. A fase de despolarização do impulso nervoso abre os *canais de Ca^{2+} controlados por voltagem*, presentes na membrana dos botões terminais sinápticos. Como os íons cálcio estão mais concentrados no líquido intersticial, o Ca^{2+} flui para o botão terminal sináptico pelos canais abertos.
3. Um aumento na concentração de Ca^{2+} dentro do botão terminal sináptico de um axônio pré-sináptico desencadeia a exocitose de algumas vesículas sinápticas, que liberam milhares de moléculas do neurotransmissor na fenda sináptica.

4 As moléculas do neurotransmissor se difundem pela fenda sináptica e se ligam aos ***receptores do neurotransmissor*** na membrana plasmática do neurônio pós-sináptico.

5 A ligação das moléculas dos neurotransmissores abre os canais iônicos, permitindo que determinados íons fluam pela membrana.

6 À medida que os íons fluem por meio dos canais abertos, a voltagem pela membrana se altera. Dependendo dos íons que fluem pelos canais, a mudança da voltagem pode ser uma despolarização ou uma hiperpolarização.

7 Se a despolarização ocorre no neurônio pós-sináptico e atinge o limiar, ocorre o desencadeamento de um ou mais potenciais de ação.

Nas sinapses químicas, ocorre apenas a *transferência unilateral de informação* – de um neurônio pré-sináptico para um neurônio pós-sináptico ou para um efetor, como uma fibra muscular ou uma célula glandular. Por exemplo, a transmissão sináptica em uma junção neuromuscular (JNM) procede de um neurônio motor somático para uma fibra muscular esquelética (mas não na direção oposta). Somente os botões terminais sinápticos dos neurônios pré-sináptico liberam neurotransmissores, e apenas a membrana do neurônio pós-sináptico possui as proteínas receptoras corretas para reconhecer e se ligar àquele neurotransmissor. Como resultado, os impulsos nervosos se movem ao longo de suas vias em uma única direção.

Quando um neurônio pós-sináptico se despolariza, o efeito é excitatório: se o limiar for atingido, ocorrem um ou mais impulsos nervosos. Em contraste, a hiperpolarização tem um efeito inibitório sobre o neurônio pós-sináptico: à medida que o potencial de membrana se afasta mais do limiar, os impulsos nervosos têm menos probabilidade de ocorrer. Um neurônio comum no SNC recebe influxos provenientes de 1.000 a 10.000 sinapses. Alguns desses influxos são excitatórios, outros inibitórios. A soma dos efeitos excitatórios e inibitórios, a qualquer momento, determina se um ou mais impulsos ocorrerão no neurônio pós-sináptico.

Um neurotransmissor afeta o neurônio pós-sináptico, a fibra muscular ou a célula glandular enquanto permanece ligado ao receptor. Assim, a remoção do neurotransmissor é essencial para o funcionamento normal da sinapse. O neurotransmissor é removido de três maneiras. (1) Algumas moléculas do neurotransmissor liberado se difundem para fora da fenda sináptica. Assim que a molécula do neurotransmissor estiver fora do alcance dos seus receptores, não pode mais exercer seu efeito. (2) Alguns neurotransmissores são destruídos por enzimas. (3) Muitos neurotransmissores são ativamente transportados de volta para dentro do neurônio que os liberou (recaptação). Outros são transportados para a neuróglia vizinha (captação).

CORRELAÇÕES CLÍNICAS | Inibidor seletivo da recaptação de serotonina

Diversos fármacos de importância terapêutica bloqueiam seletivamente a recaptação de neurotransmissores específicos. Por exemplo, a fluoxetina (Prozac®) é um **inibidor seletivo da recaptação de serotonina (ISRS)**. Ao bloquear a recaptação de serotonina, o Prozac prolonga a atividade desse neurotransmissor nas sinapses presentes no encéfalo. Os ISRSs proporcionam alívio para aqueles que estão sofrendo de algumas formas de depressão. •

Neurotransmissores

Aproximadamente 100 substâncias são neurotransmissores reconhecidos ou presumidos. A maioria dos neurotransmissores é sintetizada e armazenada em vesículas sinápticas nos botões terminais sinápticos, próximas ao seu local de liberação. Um dos neurotransmissores mais bem estudado é a ***acetilcolina*** (***ACh***), liberada por muitos neurônios do SNP e por alguns neurônios do SNC. A ACh é um neurotransmissor excitatório em algumas sinapses, como a junção neuromuscular. É também um neurotransmissor inibitório em outras sinapses. Por exemplo, neurônios parassimpáticos diminuem a frequência cardíaca, liberando ACh em sinapses inibitórias.

Diversos aminoácidos são neurotransmissores no SNC. ***Glutamato*** e ***aspartato*** têm poderosos efeitos excitatórios. Dois outros aminoácidos, o ***ácido gama-aminobutírico*** (**GABA**) e a ***glicina***, são neurotransmissores inibitórios importantes. Fármacos contra a ansiedade, como o diazepam, intensificam a ação do GABA.

Alguns neurotransmissores são aminoácidos modificados. Estes incluem norepinefrina, dopamina e serotonina. A ***norepinefrina*** desempenha funções na excitação (acordar do sono profundo), no sonho e na regulação do humor. Os neurônios encefálicos que contêm o neurotransmissor ***dopamina*** estão ativos durante as respostas emocionais, comportamentos aditivos e experiências prazerosas. Além disso, os neurônios liberadores de dopamina ajudam a regular o tônus da musculatura esquelética e alguns aspectos do movimento decorrentes da contração dos músculos esqueléticos. Uma forma de esquizofrenia é consequência do acúmulo do excesso de dopamina. Acredita-se que a ***serotonina*** participe na percepção sensorial, regulação da temperatura, controle do humor, apetite e início do sono.

Os neurotransmissores que consistem em aminoácidos unidos por ligações peptídicas são chamados ***neuropeptídios***. As ***endorfinas*** são neuropeptídios que atuam como analgésicos naturais do corpo. A acupuntura produz analgesia (perda da sensação dolorosa), aumentando a liberação de endorfinas. Esses neuropeptídeos também são associados à melhora da memória e do aprendizado e à sensação de prazer e euforia.

Uma importante e recente adesão às listas de neurotransmissores reconhecidos é o gás simples ***óxido nítrico*** (***NO***), diferente de todos os outros neurotransmissores previamente conhecidos, porque não é antecipadamente sintetizado e armazenado nas vesículas sinápticas. Ao contrário, é formado com base na demanda, se difunde para fora das células que o produzem e para dentro das células vizinhas, e age imediatamente. Algumas pesquisas demonstram que o NO exerce uma função importante no aprendizado e na memória.

O ***monóxido de carbono*** (***CO***), como o NO, não é produzido com antecedência ou armazenado nas vesículas sinápticas. Além disso, é formado de acordo com a necessidade e se difunde para fora das células que o produzem para as células adjacentes. O CO é um neurotransmissor excitatório produzido no encéfalo e em resposta a algumas funções neuromusculares e neuroglandulares. O CO possivelmente protege contra o excesso de atividade neuronal e provavelmente está relacionado com dilatação dos vasos sanguíneos, memória, olfato, visão, termorregulação, liberação de insulina e atividade anti-inflamatória.

CORRELAÇÕES CLÍNICAS | Modificando os efeitos dos neurotransmissores

Substâncias naturalmente presentes no corpo, assim como drogas e toxinas, **modificam os efeitos dos neurotransmissores** de diversas maneiras. A cocaína produz euforia – sensações intensamente prazerosas – bloqueando a recaptação da dopamina. Essa ação permite que a dopamina permaneça mais tempo nas fendas sinápticas, produzindo estimulação excessiva de determinadas regiões encefálicas. O isoproterenol (Isuprel®) é utilizado para dilatar as vias respiratórias durante uma crise asmática, porque se liga e ativa os receptores da norepinefrina. A Zyprexa®, um fármaco prescrito para a esquizofrenia, é eficaz porque se liga e bloqueia os receptores da serotonina e da dopamina. •

TESTE SUA COMPREENSÃO

8. Como sinapses elétricas e químicas diferem entre si?
9. Como os neurotransmissores são removidos após serem liberados das vesículas sinápticas?

DISTÚRBIOS COMUNS

Esclerose múltipla

Esclerose múltipla (***EM***) é uma doença que provoca destruição progressiva das bainhas de mielina dos neurônios no SNC. Essa doença atinge aproximadamente 2 milhões de pessoas no mundo e afeta duas vezes mais mulheres do que homens. O nome da condição descreve a patologia anatômica: em *múltiplas* regiões, as bainhas de mielina se deterioram em *escleroses*, que são cicatrizes ou placas endurecidas. A destruição das bainhas de mielina diminui e, em seguida, produz curtos-circuitos na condução dos impulsos nervosos.

A forma mais comum dessa condição é a EM recidivante-remitente, que geralmente aparece no início da idade adulta. Os primeiros sintomas podem incluir sensação de peso ou fraqueza nos músculos, sensações anormais ou visão dupla. Um surto é seguido por um período de remissão, durante o qual os sintomas desaparecem temporariamente. Um surto é seguido por outro ao longo dos anos. O resultado é a perda progressiva da função, intercalada com períodos de remissão, durante os quais os sintomas diminuem.

A EM é uma doença autoimune – o próprio sistema imunológico do corpo lidera o ataque. Embora o fator desencadeante da EM seja desconhecido, tanto a suscetibilidade genética quanto a exposição a algum fator ambiental (talvez o herpes-vírus) parecem contribuir. Muitos pacientes com EM recidivante-remitente são tratados com injeções de β-interferona. Esse tratamento alonga o período entre as recidivas, diminui sua gravidade e, em alguns casos, diminui a formação de novas lesões. Infelizmente, nem todos os pacientes com EM toleram a β-interferona, e a terapia se torna menos eficiente à medida que a doença progride.

Epilepsia

A ***epilepsia*** é um transtorno caracterizado por ataques curtos, recorrentes e periódicos de disfunção motora, sensorial ou psicológica, embora quase nunca afete a inteligência. Os ataques, chamados de *crises epiléticas*, afligem aproximadamente 1% da população mundial, e são iniciados por descargas elétricas sincrônicas anormais de milhões de neurônios no encéfalo. Como resultado, luzes, ruído ou odores podem ser sentidos mesmo quando os olhos, orelhas e nariz não foram estimulados. Além disso, os músculos esqueléticos de uma pessoa tendo uma convulsão podem se contrair involuntariamente. As *convulsões parciais* começam em uma pequena área, chamada *foco*, em um dos lados do encéfalo e produzem sintomas mais leves; as *convulsões generalizadas* incluem áreas maiores em ambos os lados do encéfalo e perda da consciência.

A epilepsia possui inúmeras causas, incluindo dano encefálico ao nascimento (a causa mais comum); distúrbios metabólicos, como glicose ou oxigênio insuficientes no sangue; infecções; toxinas; pressão sanguínea baixa; lesões encefálicas; e tumores e abscessos no encéfalo. Contudo, a maioria das crises epiléticas não tem uma causa demonstrável.

As crises epiléticas frequentemente são eliminadas ou aliviadas por fármacos antiepiléticos, como fenitoína, carbamazepina e valproato de sódio. Um dispositivo implantável, que estimula o nervo vago (X), também produz resultados significativos na redução das convulsões em pacientes cuja epilepsia não é bem controlada pelos fármacos.

TERMINOLOGIA E CONDIÇÕES MÉDICAS

Desmielinização Perda ou destruição das bainhas de mielina em torno dos axônios do SNC ou SNP.

Neuroblastoma Tumor maligno que consiste em células nervosas imaturas (neuroblastos); ocorre mais comumente no abdome e com maior frequência nas glândulas suprarrenais. Embora raro, é o tumor mais comum em crianças.

Neuropatia Qualquer distúrbio que afete o sistema nervoso, mas, especificamente, um distúrbio de um nervo craniano ou espinal. Um exemplo é a *neuropatia facial* (paralisia de Bell), um transtorno do nervo facial (VII).

Raiva Doença fatal provocada por um vírus que atinge o SNC por meio de transporte axonal rápido. Geralmente é transmitida pela mordida de um cão infectado ou outro animal carnívoro. Os sintomas são excitação, agressividade e loucura, seguidos de paralisia e morte.

Síndrome de Guillain-Barré (SGB) Transtorno desmielinizante em que os macrófagos removem a mielina dos axônios do SNP. É uma causa comum de paralisia súbita e pode resultar da resposta do sistema imune a uma infecção bacteriana. A maioria dos pacientes se recupera completa ou parcialmente, mas aproximadamente 15% deles permanecem paralisados.

REVISÃO DO CAPÍTULO

9.1 Organização do sistema nervoso

1. A **parte central do sistema nervoso** (SNC) consiste no **encéfalo** e **medula espinal**. A **parte periférica do sistema nervoso** (SNP) consiste em todo o tecido nervoso fora do SNC.
2. Os componentes do SNP incluem a parte somática do **sistema nervoso (SNS)**, a **divisão autônoma do sistema nervoso** (SNA) e a parte entérica do **sistema nervoso (SNE)**.
3. O SNS consiste em neurônios sensoriais que conduzem os impulsos dos receptores somáticos e dos sentidos especiais para o SNC e de neurônios motores do SNC para os músculos esqueléticos.
4. O SNA contém neurônios sensoriais dos órgãos viscerais e neurônios motores que conduzem impulsos do SNC para o tecido muscular liso, tecido muscular cardíaco e glândulas.
5. O SNE consiste em neurônios nos plexos entéricos no trato gastrintestinal que funcionam mais ou menos independentemente do SNA e do SNC. O SNE monitoriza as alterações sensoriais e controla o funcionamento do trato gastrintestinal.
6. As três funções básicas do sistema nervoso são detectar os estímulos (função sensorial); analisar, integrar e armazenar a informação sensorial (função integrativa); e responder às decisões de integração (função motora).

9.2 Histologia do tecido nervoso

1. O tecido nervoso consiste em dois tipos de células: neurônios e neuróglia. Os neurônios são células especializadas na condução do impulso nervoso e fornecem a maioria das funções exclusivas do sistema nervoso, como percepção, pensamentos, lembranças, controle da atividade muscular e regulação das secreções glandulares. A neuróglia sustenta, alimenta e protege os neurônios e mantém a homeostasia do líquido intersticial que banha os neurônios.
2. A maioria dos **neurônios** tem três partes. Os **dendritos** são a principal região receptora de informações. A integração ocorre no **corpo celular**. A parte eferente é normalmente um **axônio** único, que conduz os impulsos nervosos na direção de outro neurônio, de uma fibra muscular ou de uma célula glandular.
3. Com base em sua estrutura, os neurônios são classificados em **multipolares**, **bipolares** ou **unipolares**.

4. Os neurônios são funcionalmente classificados como **neurônios sensoriais** (aferentes), **neurônios motores** (eferentes) e **interneurônios**. Os neurônios sensoriais transportam informação sensorial para dentro do SNC. Os neurônios motores transportam informação para fora do SNC até os **efetores** (músculos e glândulas). Os interneurônios estão localizados dentro do SNC, entre os neurônios sensoriais e os motores.
5. A **neuróglia** sustenta, alimenta e protege os neurônios, e mantém o líquido intersticial que banha os neurônios. A neuróglia no SNC inclui **astrócitos**, **oligodendrócitos**, **células microgliais** e **células ependimárias**. A neuróglia no SNP inclui **células de Schwann** e **células satélites**.
6. Dois tipos de neuróglia produzem **bainha de mielina**: os oligodendrócitos mielinizam axônios no SNC, e as células de Schwann mielinizam axônios no SNP.
7. A **substância branca** consiste em agregados de axônios mielínicos; a **substância cinzenta** contém corpos celulares, dendritos e terminais axônicos de neurônios, axônios amielínicos e neuróglia.
8. Na medula espinal, a substância cinzenta forma um núcleo interno em forma de H, envolto pela substância branca. No encéfalo, uma fina camada superficial de substância cinzenta recobre o cérebro e o cerebelo.

9.3 Potenciais de ação

1. Os neurônios se comunicam uns com os outros, usando potenciais de ação, também chamados de impulsos nervosos.
2. A geração de potenciais de ação depende da existência de um **potencial de membrana** e da presença de **canais de Na^+ e K^+ controlados por voltagem**.
3. Um valor normal para o **potencial de membrana em repouso** (diferença na carga elétrica pela membrana plasmática) é −70 mV. Uma célula que exibe um potencial de membrana está **polarizada**.
4. O potencial de membrana em repouso se origina em consequência da distribuição desigual de íons em ambos os lados da membrana e a uma permeabilidade maior da membrana ao K^+ do que ao Na^+. O nível de K^+ é maior dentro da célula, e o nível de Na^+, fora da célula, uma situação que é mantida pelas bombas de sódio-potássio.
5. Durante um **potencial de ação**, os canais de Na^+ e K^+ controlados por voltagem se abrem em sequência. A abertura dos canais de Na^+ controlados por voltagem resulta na **despolarização**, a perda e depois a reversão da polarização da membrana (de −70 mV para +30 mV). Após, a abertura dos canais de K^+ controlados por voltagem permite a **repolarização**, restauração do potencial de membrana aos níveis de repouso.
6. De acordo com o **princípio do tudo ou nada**, se um estímulo é forte o suficiente para gerar um potencial de ação, o impulso gerado é de um tamanho constante.
7. Durante o período refratário, não é gerado outro potencial de ação.
8. A condução do impulso nervoso que ocorre em um processo passo a passo ao longo de um axônio amielínico é chamada **condução contínua**. Na **condução saltatória**, um impulso nervoso "salta" de um nódulo de Ranvier para o próximo ao longo de um axônio mielínico.
9. Axônios com diâmetros maiores conduzem impulsos mais rapidamente do que aqueles com diâmetros menores; axônios mielínicos conduzem impulsos mais rapidamente do que os amielínicos.

9.4 Transmissão sináptica

1. Os neurônios se comunicam com outros neurônios e com os efetores nas sinapses, em uma série de eventos conhecida como **transmissão sináptica**.
2. Em uma sinapse, um neurotransmissor é liberado de um **neurônio pré-sináptico** dentro da fenda sináptica e, em seguida, se liga aos receptores na membrana plasmática do **neurônio pós-sináptico**.
3. Um neurotransmissor excitatório despolariza a membrana do neurônio pós-sináptico, traz o potencial de membrana para perto do limiar e aumenta as chances de surgimento de um ou mais potencias de ação. Um neurotransmissor inibitório hiperpolariza a membrana do neurônio pós-sináptico, inibindo, desse modo, a geração do potencial de ação.
4. O neurotransmissor é removido de três maneiras: difusão, destruição enzimática e recaptação pelos neurônios ou pela neuróglia.
5. Neurotransmissores importantes incluem **acetilcolina**, **glutamato**, **aspartato**, **ácido gama-aminobutírico (GABA)**, **glicina**, **norepinefrina**, **dopamina**, **serotonina**, **neuropeptídeos** (incluindo **endorfinas**), **óxido nítrico** e **monóxido de carbono**.

APLICAÇÕES DO PENSAMENTO CRÍTICO

1. A campainha do despertador acordou Rodrigo. Ele espreguiçou, bocejou e começou a salivar ao sentir o aroma do café recém-preparado. Liste as partes do sistema nervoso que estão envolvidas em cada uma dessas atividades.
2. Antes de uma cirurgia, Marta recebeu um fármaco semelhante ao curare que "paralisou" temporariamente os músculos, para que pudesse ser intubada com mais facilidade e não se movimentasse durante a cirurgia. Qual é o neurotransmissor participante e como você imagina que esse fármaco impede a contração do músculo esquelético?
3. Sara realmente anseia pela ótima sensação que sente após uma longa e agradável corrida no fim de semana. Ao terminar a corrida, nem mesmo sente dor em seus pés machucados. Sara leu, em uma revista, que alguma espécie de substância química encefálica natural era responsável pela "agradável sensação do corredor" que sente. Existem tais substâncias químicas no encéfalo de Sara?
4. O pediatra estava tentando orientar os recentes e ansiosos pais de um bebê de 6 meses de idade. "Não, não se preocupem por ele não andar ainda. A mielinização do sistema nervoso do bebê ainda não terminou." Explique o que o pediatra quis dizer ao afirmar isso.

RESPOSTAS ÀS QUESTÕES DAS FIGURAS

9.1 O número total de nervos cranianos e espinais em seu corpo é $(12 \times 2) + (31 \times 2) = 86$.

9.2 O axônio conduz os impulsos nervosos e transmite a mensagem para outro neurônio ou célula efetora por meio da liberação de um neurotransmissor em seu terminal axônico.

9.3 A maioria dos neurônios no SNC é de neurônios multipolares.

9.4 Uma alteração no potencial de membrana provoca a abertura do canal controlado por voltagem.

9.5 Um valor normal para o potencial de membrana em repouso em um neurônio é -70 mV.

9.6 Os canais de Na^+ controlado por voltagem são abertos durante a fase de despolarização, e os canais de K^+ controlado por voltagem são abertos durante a fase de repolarização de um potencial de ação.

9.7 O diâmetro de um axônio, a presença ou ausência de uma bainha de mielina, e a temperatura influenciam a velocidade da condução do impulso nervoso.

9.8 Em sinapses elétricas (junções comunicantes), os íons podem fluir igualmente em ambas as direções; assim, qualquer neurônio pode ser o neurônio pré-sináptico. Em uma sinapse química, um neurônio pré-sináptico libera o neurotransmissor, e o neurônio pós-sináptico tem receptores que se ligam a essa substância química. Assim, o sinal prossegue em apenas uma direção.

CAPÍTULO 10

PARTE CENTRAL DO SISTEMA NERVOSO, NERVOS ESPINAIS E NERVOS CRANIANOS

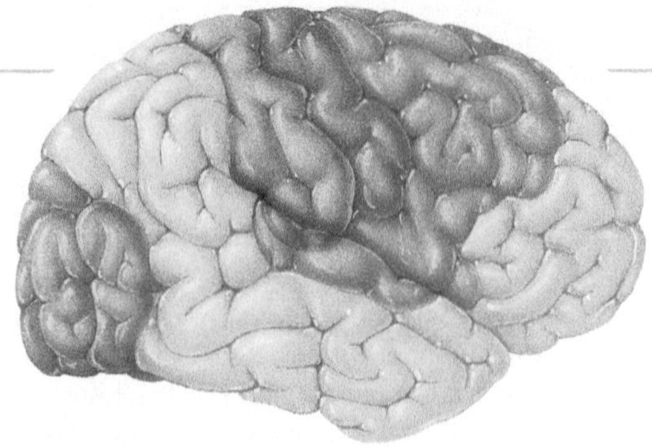

Agora que você entende como o sistema nervoso funciona no nível celular, neste capítulo exploraremos a estrutura e as funções da **parte central do sistema nervoso (SNC)**, que consiste no encéfalo e na medula espinal. Também examinaremos os nervos espinais e os nervos cranianos, que constituem a **parte periférica do sistema nervoso (SNP)** (ver Fig. 9.1).

A medula espinal e seus nervos espinais associados contêm vias neurais que controlam algumas de suas reações mais rápidas relacionadas às alterações ambientais. Se você pega algo quente, os músculos de preensão podem relaxar, e você solta o objeto quente mesmo antes de você conscientemente perceber dor ou calor extremos. Esse é um exemplo de reflexo da medula espinal - uma resposta automática rápida a determinados tipos de estímulos envolvendo neurônios apenas nos nervos espinais e na medula espinal. A substância branca da medula espinal contém uma dúzia de vias sensoriais e motoras principais, que atuam como "rodovias", ao longo das quais sinais sensoriais viajam até o encéfalo, e sinais motores viajam do encéfalo até os músculos esqueléticos e outros efetores. Lembre-se de que a medula espinal é contínua com o encéfalo e, que, juntos, eles formam o SNC.

O encéfalo é o centro de controle para o registro de sensações, correlacionando-as entre si e com a informação armazenada, tomando decisões e agindo. Além disso, é o centro para o intelecto, as emoções, o comportamento e a memória. Porém, o encéfalo ainda abrange um domínio maior: direciona nosso comportamento em relação aos outros. Os pensamentos e as ações de uma pessoa podem influenciar e moldar a vida de muitas outras, com ideias empolgantes, talento artístico deslumbrante ou retórica hipnotizante.

OLHANDO PARA TRÁS PARA AVANÇAR...

Crânio e hioide (Seção 6.7)
Coluna vertebral (Seção 6.8)
Estruturas do sistema nervoso (Seção 9.1)
Estrutura de um neurônio (Seção 9.2)
Substâncias branca e cinzenta (Seção 9.2)

10.1 Estrutura da medula espinal

OBJETIVOS

- Explicar como a medula espinal é protegida.
- Descrever a estrutura da medula espinal.

Proteção e revestimentos: canal vertebral e meninges

A medula espinal está localizada dentro do canal vertebral da coluna vertebral. Como a parede do canal vertebral é essencialmente um anel ósseo, a medula está bem protegida. Os ligamentos vertebrais, as meninges e líquido cerebrospinal (LCS) fornecem proteção adicional.

As ***meninges*** são três camadas de revestimento de tecido conectivo, que se estendem em torno da medula espinal e do encéfalo. As meninges que protegem a medula espinal, chamadas meninges espinais (Fig. 10.1), são contínuas às que protegem o encéfalo, chamadas meninges encefálicas (ver Fig. 10.7). A mais externa das três camadas das meninges é chamada de ***dura-máter*** (mãe resistente). Seu tecido conectivo denso não modelado e resistente ajuda a proteger as estruturas delicadas do SNC. O tubo da dura-máter espinal estende-se até a segunda vértebra sacral, bem além da medula espinal, que termina aproximadamente no nível da segunda vértebra lombar. A medula espinal também é protegida por um coxim de gordura e pelo tecido conectivo localizado

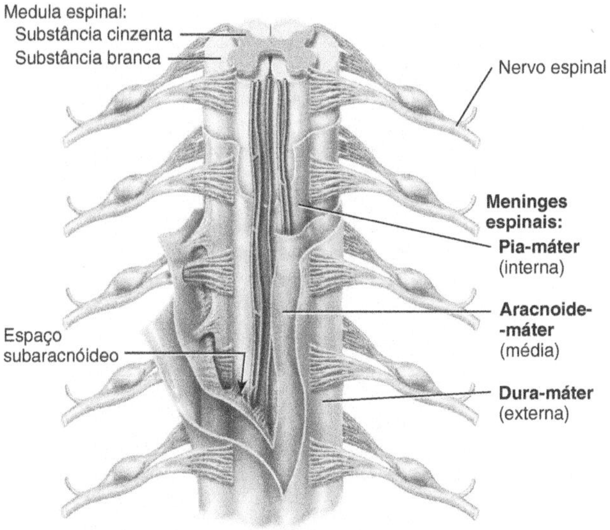

Vista anterior e corte transversal através da medula espinal

O líquido cerebrospinal circula em qual espaço meníngeo?

Figura 10.1 Meninges espinais.

Meninges são revestimentos de tecido conectivo que envolvem o encéfalo e a medula espinal.

no *espaço epidural*, um espaço entre a dura-máter e a coluna vertebral.

A camada média das meninges é chamada de *aracnoide-máter* (aracn - = aranha; oide = semelhante a) em virtude do arranjo de suas fibras elásticas e colágenas, que lembra uma teia de aranha. A camada mais interna, a *pia-máter* (pia = delicada), é uma camada transparente de fibras elásticas e colágenas que se adere à superfície da medula espinal e do encéfalo. Ela contém numerosos vasos sanguíneos. Entre a aracnoide-máter e a pia-máter está o *espaço subaracnóideo*, pelo qual circula o LCS.

Anatomia macroscópica da medula espinal

O comprimento da *medula espinal* do adulto varia de 42 a 45 cm. Ela se estende da parte mais inferior do encéfalo, o bulbo, até a margem superior da segunda vértebra lombar na coluna vertebral (Fig. 10.2). Como a medula espinal é mais curta do que a coluna vertebral, os nervos que surgem das regiões lombar, sacral e coccígea deixam a coluna vertebral em nível diferente dos que saem da medula. As raízes desses nervos espinais angulam para baixo no canal vertebral como tufos de cabelos soltos. Eles são apropriadamente chamados de *cauda equina*. A medula espinal possui duas intumescências conspícuas: A *intumescência cervical* contém nervos que inervam os membros superiores, e a *intumescência lombossacral* contém nervos que inervam os membros inferiores.

CORRELAÇÕES CLÍNICAS | Punção lombar

Em uma punção lombar (punção espinal), um anestésico local é administrado, e uma agulha longa é inserida no espaço subaracnóideo. Em um adulto, uma punção lombar é normalmente realizada entre a terceira e a quarta ou entre a quarta e a quinta vértebras lombares. Como essa região é inferior à porção mais baixa da medula espinal, isso fornece um acesso relativamente seguro. O procedimento é utilizado para retirar LCS com propósito diagnóstico; para introduzir antibióticos, meios de contraste para mielografia ou anestésicos; para administrar quimioterápicos; para medir a pressão do LCS; e/ou para avaliar os efeitos do tratamento para doenças como a meningite. •

Dois sulcos, a *fissura mediana anterior* (*ventral*) profunda e o *sulco mediano posterior* (*dorsal*) superficial, dividem a medula espinal em metades direita e esquerda (Fig. 10.3). Na medula espinal, a substância branca circunda uma massa de substância cinzenta em forma de H, localizada centralmente. No centro da substância cinzenta está o *canal central* da medula espinal, um espaço pequeno que se estende no comprimento da medula espinal e contém LCS.

Os *nervos espinais* são as vias de comunicação entre a medula espinal e as regiões específicas do corpo. A medula espinal parece ser segmentada, porque 31 pares de nervos espinais emergem dela em intervalos regulares (Fig. 10.2). Dois feixes de axônios, chamados *raízes*, conectam cada nervo espinal a um segmento da medula espinal (Fig. 10.3). A *raiz posterior* do nervo espinal contém apenas axônios sensoriais, que conduzem impulsos nervosos dos receptores sensoriais na pele, nos músculos e nos órgãos internos, para o SNC. Cada raiz posterior tem uma dilatação, o *gânglio sensitivo de nervo espinal*, que contém os corpos celulares de neurônios sensoriais. A *raiz anterior* do nervo espinal contém axônios dos neurônios motores, que conduzem os impulsos nervosos do SNC aos efetores (músculos e glândulas).

Estrutura interna da medula espinal

A substância cinzenta da medula espinal contém corpos celulares dos neurônios, dendritos, axônios amielínicos, terminais axônicos e neuróglia. Em cada lado da medula espinal, a substância cinzenta é subdividida em regiões chamadas de *cornos*, nomeados em relação a sua localização em anterior, lateral e posterior (Fig. 10.3). Os *cornos posteriores* (*dorsais*) *da substância cinzenta* contêm corpos celulares e axônios de interneurônios,

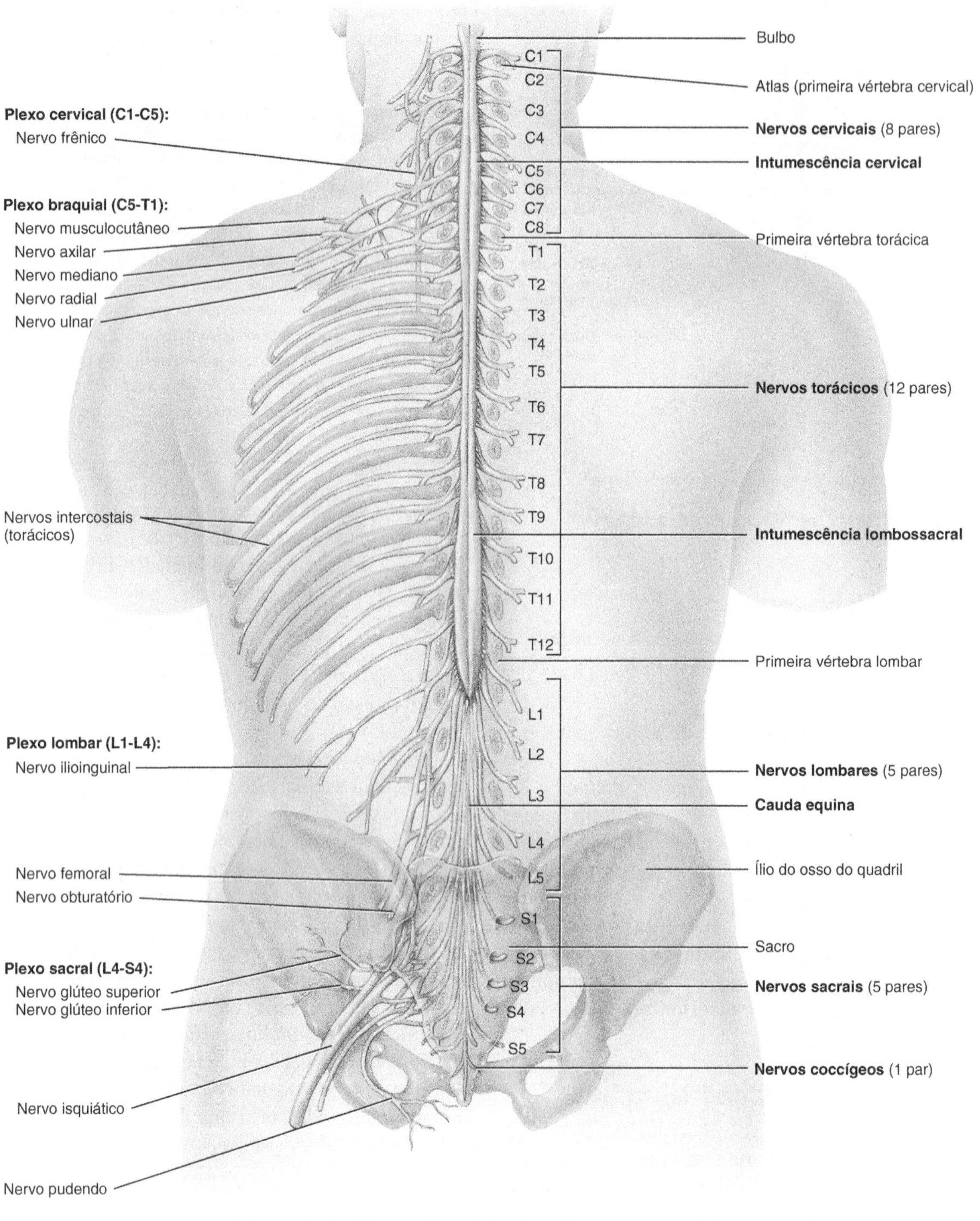

Visão posterior de toda a medula espinal e de porções dos nervos espinais

Os nervos espinais formam o SNC ou o SNP?

Figura 10.2 **Medula espinal e nervos espinais.** Os nervos selecionados estão indicados no lado esquerdo da figura. Em conjunto, os plexos lombar e sacral são chamados de plexo lombossacral.

A medula espinal estende-se da base do crânio até a margem superior da segunda vértebra lombar.

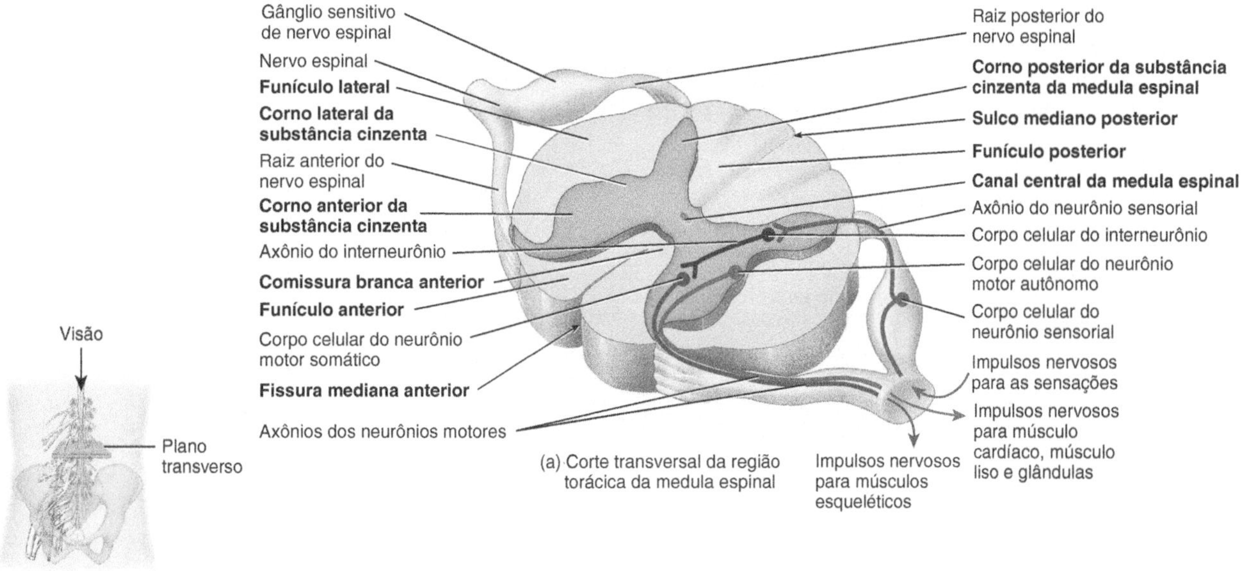

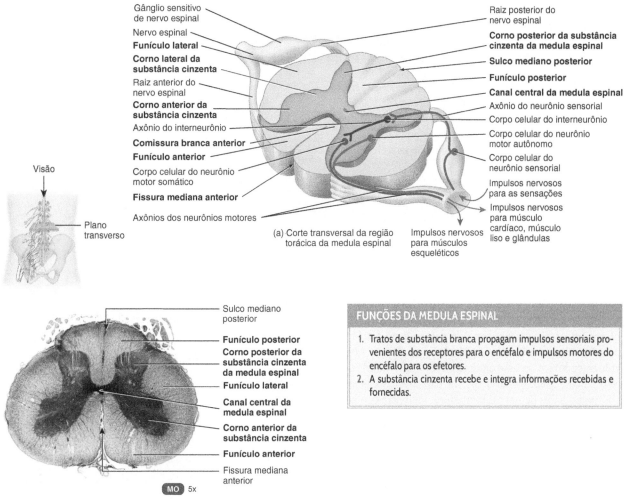

(a) Corte transversal da região torácica da medula espinal

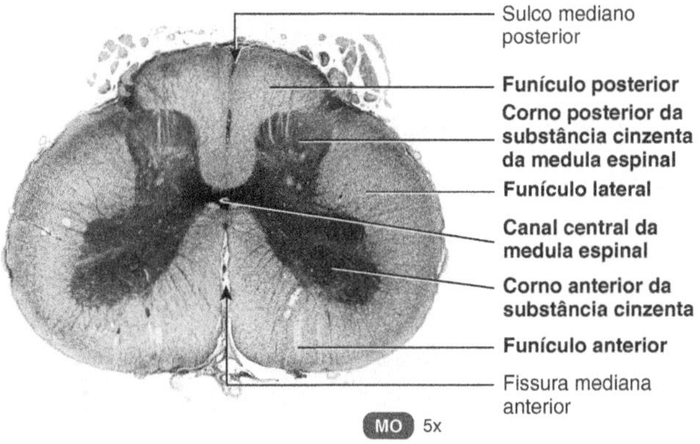

(b) Corte transversal da região torácica da medula espinal

FUNÇÕES DA MEDULA ESPINAL

1. Tratos de substância branca propagam impulsos sensoriais provenientes dos receptores para o encéfalo e impulsos motores do encéfalo para os efetores.
2. A substância cinzenta recebe e integra informações recebidas e fornecidas.

Qual é a diferença entre um corno e um funículo na medula espinal?

Figura 10.3 Estrutura interna da medula espinal. Os funículos de substância branca circundam a substância cinzenta.

A medula espinal conduz impulsos nervosos ao longo dos tratos e atua como um centro integrador dos reflexos espinais.

bem como axônios de neurônios sensoriais. Lembre que os corpos celulares de neurônios sensoriais estão localizados no gânglio sensitivo de nervo espinal. Os ***cornos anteriores*** (*ventrais*) ***da substância cinzenta*** contêm corpos celulares de neurônios motores somáticos, que fornecem impulsos nervosos para contração dos músculos esqueléticos. Entre os cornos anteriores e posteriores da substância cinzenta estão os ***cornos laterais da substância cinzenta***, que estão presentes somente nos segmentos torácicos e lombares superiores da medula espinal. Os cornos laterais da substância cinzenta contêm corpos celulares dos neurônios motores autônomos que regulam a atividade do músculo cardíaco, do músculo liso e das glândulas.

A substância branca da medula espinal consiste principalmente de axônios mielínicos de neurônios e está organizada em regiões chamadas de ***funículos*** anterior, lateral e posterior. Cada funículo contém um ou mais ***tratos***, que são feixes distintos de axônios que têm origem ou destino comum e transportam informações semelhantes. Os ***tratos sensoriais*** (*ascendentes*) consistem em axônios que conduzem impulsos nervosos em direção ao encéfalo. Os tratos que consistem de axônios que conduzem os impulsos para baixo na medula espinal são chamados de ***tratos motores*** (*descendentes*). Os tratos sensoriais e motores da medula espinal são contínuos aos tratos sensoriais e motores do encéfalo. Frequentemente, o nome de um trato indica sua posição na substância branca, onde começa e termina, e a direção da condução do impulso nervoso. Por exemplo, o trato corticospinal anterior está localizado no funículo *anterior*, começa no *córtex cerebral* (uma região do encéfalo) e termina na *medula espinal* (ver Fig. 10.15).

TESTE RÁPIDO

1. Como a medula espinal é protegida?
2. Quais regiões do corpo são inervadas pelos nervos das intumescências cervical e lombossacral?
3. Faça a distinção entre um corno e um funículo na medula espinal.

10.2 Nervos espinais

OBJETIVO

- Descrever a composição, os revestimentos e a distribuição dos nervos espinais.

Os nervos espinais e os nervos que deles se ramificam são componentes do SNP. Eles conectam o SNC aos receptores sensoriais, aos músculos e às glândulas em todas as partes do corpo. Os 31 pares de nervos espinais são nomeados e numerados de acordo com a região e o nível da coluna vertebral do qual emergem (ver Fig. 10.2). Existem oito pares de nervos cervicais, 12 pares de nervos torácicos, cinco pares de nervos lombares, cinco pares de nervos sacrais e um par de nervos coccígeos. O primeiro par de nervos cervicais emerge acima do atlas. Todos os outros nervos espinais deixam a coluna vertebral e passam pelos ***forames intervertebrais***, as aberturas entre as vértebras.

Como ressaltado anteriormente, um nervo espinal típico tem duas conexões com a medula: a raiz posterior e a raiz anterior (ver Fig. 10.3). As raízes posterior e anterior se unem para formar um nervo espinal no forame intervertebral. Como a raiz posterior do nervo espinal contém axônios sensoriais e a raiz anterior contém axônios motores, um nervo espinal é classificado como um ***nervo misto***. A raiz posterior contém um gânglio sensitivo de nervo espinal, no qual os corpos celulares dos neurônios sensoriais estão localizados.

Revestimentos do nervo espinal

Cada nervo espinal (e cada nervo craniano) contém camadas de revestimentos protetores de tecido conectivo (Fig. 10.4). Axônios individuais, sejam mielinizados ou amielínicos, são envolvidos pelo ***endoneuro***. Grupos de axônios com seus endoneuros ficam dispostos em feixes, chamados ***fascículos***, cada um deles envolto no ***perineuro***. O revestimento superficial recobrindo todo o nervo é o ***epineuro***. A dura-máter das meninges espinais se funde com o epineuro, quando o nervo espinal passa pelo forame intervertebral. Note a presença de muitos vasos sanguíneos que nutrem os nervos, no interior do perineuro e do epineuro.

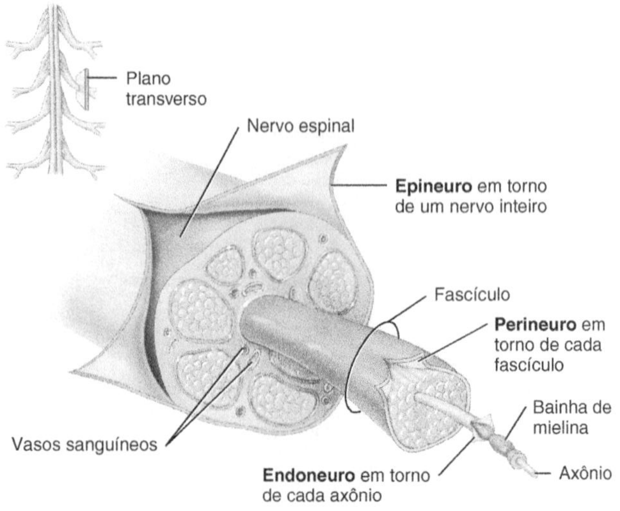

Corte transversal mostrando os revestimentos de um nervo espinal

Por que todos os nervos espinais são classificados como nervos mistos?

Figura 10.4 Composição e revestimento de tecido conectivo de um nervo espinal.

Três camadas de envoltórios de tecido conectivo protegem os axônios: o endoneuro envolve os axônios individualmente, o perineuro envolve os feixes de axônios, e o epineuro envolve um nervo inteiro.

Distribuição dos nervos espinais

Plexos

Logo após passar por seu forame intervertebral, o nervo espinal divide-se em vários ramos. Muitos dos ramos dos nervos espinais não se estendem diretamente até as estruturas do corpo que suprem. Ao contrário, formam redes em cada lado do corpo, unindo-se aos axônios dos nervos adjacentes. Essa rede é chamada ***plexo***. Emergindo dos plexos, há nervos com nomes que são frequentemente descritivos das regiões gerais que suprem ou do curso que tomam. Cada um dos nervos, por sua vez, pode ter diversos ramos nomeados de acordo com as estruturas específicas que suprem.

Os principais plexos são o plexo cervical, o plexo braquial, o plexo lombar e o plexo sacral (ver Fig. 10.2). O ***plexo cervical*** supre a pele e os músculos da região posterior da cabeça, o pescoço, a parte superior dos ombros e o diafragma. Os nervos frênicos, que estimulam a contração do diafragma, se originam no plexo cervical. Uma lesão na medula espinal acima da origem dos nervos frênicos pode causar insuficiência respiratória. O ***plexo braquial*** constitui o suprimento nervoso para os membros superiores e vários músculos do pescoço e do ombro. Entre os nervos que se originam no plexo braquial estão os nervos musculocutâneo, axilar, mediano, radial e ulnar.

O ***plexo lombar*** supre a parede abdominal, os órgãos genitais externos e parte dos membros inferiores. Originando-se desse plexo estão os nervos ilioinguinal, femoral e obturatório. O ***plexo sacral*** supre a região glútea, o períneo e os membros inferiores. Entre os nervos que surgem desse plexo estão os nervos glúteos, isquiático e pudendo. O nervo isquiático é o mais longo do corpo.

Nervos intercostais

Os nervos espinais de T2 a T11 não formam plexos. Eles são conhecidos como **nervos intercostais** e se estendem diretamente até as estruturas que suprem, incluindo os músculos entre as costelas, os músculos abdominais e a pele do tórax e do dorso (ver Fig. 10.2).

TESTE RÁPIDO

4. Como os nervos espinais se conectam à medula espinal?
5. Quais regiões do corpo são supridas pelos plexos e quais são inervadas pelos nervos intercostais?

10.3 Funções da medula espinal

OBJETIVOS

- Descrever as funções da medula espinal.
- Descrever os componentes de um arco reflexo.

A substância branca e a substância cinzenta da medula espinal têm duas funções principais na manutenção da homeostasia. (1) A substância branca da medula espinal consiste em tratos que servem como rodovias para a condução do impulso nervoso. Ao longo dessas rodovias, os impulsos sensoriais viajam em direção ao encéfalo, e os impulsos motores viajam do encéfalo em direção aos músculos esqueléticos e a outros tecidos efetores. A rota que os impulsos nervosos seguem, a partir de um neurônio em uma parte do corpo para outros neurônios em qualquer outra parte do corpo, é chamada de ***via***. Após descrever as funções das várias regiões do encéfalo, iremos descrever algumas importantes vias que conectam a medula espinal e o encéfalo (ver Figs. 10.14 e 10.15). (2) A substância cinzenta da medula espinal recebe e integra a informação que chega e que sai e é um sítio de integração dos reflexos. Um ***reflexo*** é uma sequência rápida e involuntária de ações, que ocorre em resposta a um estímulo específico. Alguns reflexos são inatos, como o de retirar sua mão de uma superfície quente antes mesmo de você sentir que ela está quente (***reflexo de retirada***). Outros reflexos são aprendidos ou adquiridos, como os muitos reflexos que você aprende enquanto adquire as habilidades para dirigir um veículo. Quando a integração acontece na substância cinzenta da medula espinal, o reflexo é um ***reflexo espinal***. Em contrapartida, se a integração ocorrer no tronco encefálico em vez de na medula espinal, o reflexo é um ***reflexo craniano***. Um exemplo são os movimentos de acompanhamento dos seus olhos conforme você lê esta frase.

A via percorrida pelos impulsos nervosos que produzem um reflexo é conhecida como ***arco reflexo***. Usando o ***reflexo patelar*** como exemplo, os componentes básicos de um arco reflexo são os seguintes (Fig. 10.5):

1. **Receptor sensorial.** A extremidade distal de um neurônio sensorial (ou, algumas vezes, uma célula receptora separada) atua como ***receptor sensorial***. Receptores sensoriais respondem a um tipo específico de estímulo, gerando um ou mais impulsos nervosos. No reflexo patelar, os receptores sensoriais, conhecidos como *fusos musculares*, detectam um leve alongamento do músculo quadríceps femoral (parte anterior da coxa), quando o ligamento da patela é percutido levemente com um martelo de reflexo.
2. **Neurônio sensorial.** Os impulsos nervosos propagam-se de um receptor sensorial ao longo do axônio de um ***neurônio sensorial*** para os seus terminais axônicos, localizados na substância cinzenta do SNC. As ramificações axônicas do neurônio sensorial também retransmitem impulsos nervosos para o encéfalo, permitindo a consciência de que o reflexo ocorreu.
3. **Centro integrador.** Uma ou mais regiões da substância cinzenta no SNC atuam como ***centro integrador***. No tipo mais simples de reflexo, como o reflexo patelar, o centro integrador é uma única sinapse entre um neurônio sensorial e um neurônio motor. Em outros tipos de reflexos, o centro integrador inclui um ou mais interneurônios.
4. **Neurônio motor.** Os impulsos desencadeados pelo centro integrador passam da medula espinal (ou do tronco encefálico, no caso de um reflexo craniano), ao longo de um ***neurônio motor***, para a parte do corpo que responderá. No reflexo patelar, o axônio do neurônio motor se estende até o músculo quadríceps femoral.
5. **Efetor.** A parte do corpo que responde ao impulso nervoso motor, como um músculo ou uma glândula, é o ***efetor***. Sua ação é um reflexo. Se o efetor for um músculo esquelético, o reflexo é um ***reflexo somático***. Se o efetor for um músculo liso, um músculo cardíaco ou uma glândula, o reflexo é um ***reflexo autônomo*** (*visceral*). Por exemplo, os atos de deglutir, urinar e defecar envolvem reflexos autônomos. O reflexo patelar é um reflexo somático, porque o seu efetor é o músculo quadríceps femoral, que se contrai e, então, alivia o alongamento que iniciou o reflexo. Em resumo, o reflexo patelar causa a exten-

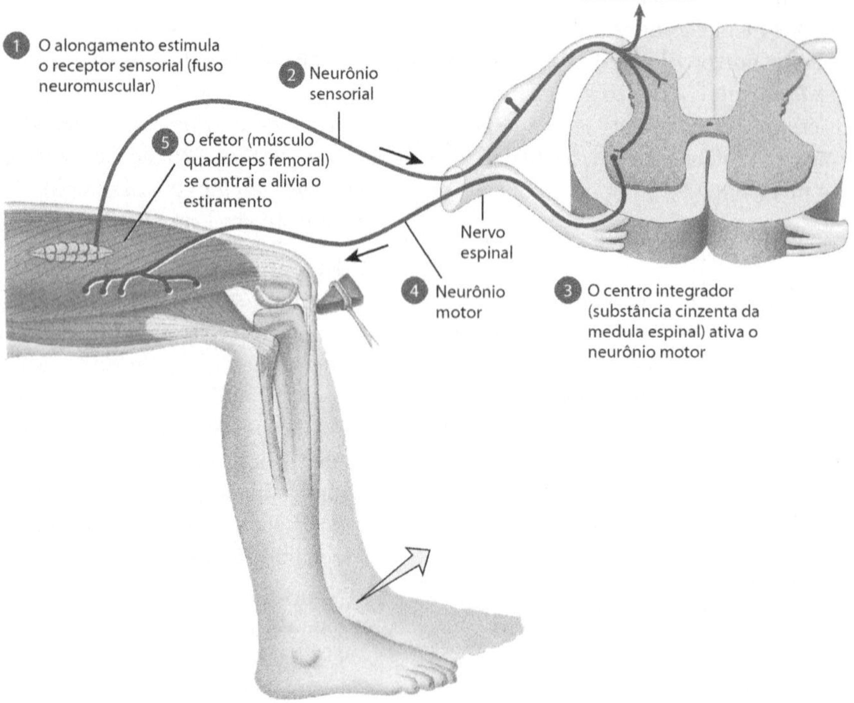

Que raiz de um nervo espinal contém axônios de neurônios sensoriais? Que raiz contém axônios de neurônios motores?

Figura 10.5 **Reflexo patelar, mostrando os componentes gerais de um arco reflexo.** As setas mostram a direção da condução do impulso nervoso.

Um reflexo é uma sequência rápida e involuntária de ações, que ocorre em resposta a um estímulo específico.

são do joelho, por contração do músculo quadríceps femoral, em resposta à percussão leve no ligamento patelar.

CORRELAÇÕES CLÍNICAS | Reflexos e diagnóstico

Lesão ou doença em qualquer ponto ao longo do arco reflexo provoca a ausência ou a anormalidade do reflexo. Por exemplo, a **ausência do reflexo patelar** pode indicar lesão dos neurônios motores ou sensoriais, ou lesão da medula espinal, na região lombar. Os reflexos somáticos geralmente são testados de forma simples, percutindo-se levemente ou passando a mão sobre a superfície corpórea. A maioria dos reflexos autônomos, em contrapartida, não é ferramenta diagnóstica prática, porque é difícil estimular os receptores viscerais, que são profundos, no interior do corpo. Uma exceção é o reflexo pupilar luminoso, em que as pupilas de ambos os olhos diminuem em diâmetro quando cada olho é exposto à luz. Como o arco reflexo inclui sinapses nas partes inferiores do encéfalo, a **ausência de um reflexo pupilar luminoso normal** pode indicar lesão ou dano encefálico. •

TESTE RÁPIDO

6. Qual é o significado dos tratos da substância branca na medula espinal?
7. Em que se assemelham e diferem os reflexos somáticos e os autônomos?

10.4 Encéfalo

OBJETIVOS

- Examinar como o encéfalo é protegido e suprido com sangue.
- Nomear as principais partes do encéfalo e explicar a função de cada parte.
- Descrever três vias sensoriais somáticas e motoras somáticas.

A seguir, consideraremos as principais partes do encéfalo, como o encéfalo é protegido e como se relaciona com a medula espinal e com os nervos cranianos.

Partes principais e revestimentos protetores

O ***encéfalo*** é um dos maiores órgãos do corpo, consistindo de aproximadamente 85 bilhões de neurônios e 10-50 trilhões de neuróglias, com uma massa em torno de 1.300 g. Em média, cada neurônio forma 1.000 sinapses com outros neurônios. Portanto, o número total de sinapses em cada encéfalo humano, quase um quatrilhão (10^{15}), é maior do que o número de estrelas na galáxia.

As quatro principais partes do encéfalo são o tronco encefálico, o diencéfalo, o cerebelo e o telencéfalo (Fig. 10.6). O ***tronco encefálico*** é contínuo à medula espinal e consiste em bulbo, ponte e mesencéfalo. Acima do tronco encefálico encontra-se o ***diencéfalo***, consistindo na sua maior parte por tálamo, hipotálamo e glândula pineal. Apoiado sobre o diencéfalo e o tronco encefálico e formando a maior massa do encéfalo está o ***telencéfalo***. A superfície do telencéfalo é composta de uma fina camada de substância cinzenta, o córtex cerebral, abaixo da qual se encontra a substância branca do cérebro. Posteriormente ao tronco encefálico encontra-se o ***cerebelo***.

Como você aprendeu anteriormente neste capítulo, o encéfalo é protegido pelo crânio e pelas meninges encefálicas. As ***meninges encefálicas*** têm o mesmo nome das meninges espinais: a mais externa, ***dura-máter***; a média, ***aracnoide-máter***; e a mais interna, ***pia-máter*** (Fig. 10.7).

Suprimento sanguíneo encefálico e barreira hematencefálica

Embora o encéfalo constitua somente cerca de 2% do peso corporal total, requer aproximadamente 20% do suprimento de oxigênio do corpo. Se o fluxo sanguíneo para o encéfalo for interrompido, mesmo que brevemente, pode resultar em inconsciência. Os neurônios encefálicos, quando são totalmente privados de oxigênio por quatro minutos ou mais, podem sofrer lesões permanentes. O suprimento sanguíneo encefálico também contém glicose, a principal fonte de energia para as células encefálicas. Como o encéfalo praticamente não armazena glicose, o suprimento de glicose também deve ser contínuo. Se o sangue que está entrando no encéfalo tiver um baixo nível de glicose, confusão mental, vertigem, tontura, convulsões e perda da consciência podem ocorrer.

A existência de uma ***barreira hematencefálica*** (***BHE***) protege as células encefálicas contra substâncias perigosas e patógenas, impedindo a passagem de muitas substâncias do sangue para dentro do tecido encefálico. Essa barreira consiste basicamente em capilares sanguíneos muito firmemente selados (vasos sanguíneos microscópicos) no encéfalo, auxiliados pelos astrócitos. Contudo, substâncias lipossolúveis, como oxigênio, dióxido de carbono, álcool e a maioria dos agentes anestésicos, atravessam facilmente a BHE. O dano à BHE é provocado por trauma, por toxinas e por inflamação.

Líquido cerebrospinal

A medula espinal e o encéfalo são adicionalmente protegidos contra dano físico e químico pelo ***líquido cerebrospinal*** (***LCS***). O LCS é um líquido incolor e transparente que transporta oxigênio, glicose e outras substâncias químicas do sangue para os neurônios e para a neuróglia e remove resíduos e substâncias tóxicas produzidas pelas células encefálicas e da medula espinal. O LCS circula por meio do espaço subaracnóideo (entre a aracnoide-máter e a pia-máter), em volta do encéfalo e da medula espinal, e por meio de cavidades no encéfalo conhecidas como ***ventrículos***. Existem quatro ventrículos: dois ***ventrículos laterais***, um ***terceiro ventrículo*** e um ***quarto ventrículo*** (Fig. 10.7). Aberturas os conectam um ao outro, com o canal central da medula espinal e com o espaço subaracnóideo.

Os locais de produção do LCS são os ***plexos corióideos*** (que significa "semelhante à membrana"), que são redes especializadas de vasos capilares (vasos sanguíneos microscópicos) nas paredes dos ventrículos (Fig. 10.7). Cobrindo os capilares do plexo corióideo estão células ependimárias, que formam o LCS a partir do plasma sanguíneo, por filtração e secreção. Do quarto ventrículo, o LCS flui para dentro do canal central da medula espinal e para o espaço subaracnóideo em torno da superfície do encéfalo e da medula espinal. O LCS é gradualmente reabsorvido pelo sangue por meio das ***granulações aracnóideas***, que são projeções digitiformes da aracnoide-máter. O LCS drena basicamente para uma veia chamada ***seio sagital superior*** (Fig. 10.7). Normalmente, o volume de LCS permanece constante, entre 80 e 150 mL, porque é reabsorvido tão rapidamente quanto é formado.

CORRELAÇÕES CLÍNICAS | Hidrocefalia

As anormalidades no encéfalo – tumores, inflamação ou malformação do desenvolvimento – interferem na drenagem do LCS dos ventrículos para o espaço subaracnóideo. Quando o excesso de LCS se acumula nos ventrículos, a pressão do LCS aumenta. A elevação da pressão do LCS provoca uma condição chamada **hidrocefalia**. Em um bebê cujos fontículos ainda não se fecharam, a cabeça cresce de volume em virtude do aumento da pressão. Se a condição persistir, o acúmulo de líquido comprime e danifica o delicado tecido nervoso. A hidrocefalia é aliviada drenando-se o excesso de LCS. Um neurocirurgião pode implantar um sistema de drenagem, chamado derivação, no ventrículo lateral para desviar LCS para a veia cava superior ou para a cavidade abdominal, onde é absorvido pelo sangue. Em adultos, a hidrocefalia pode ocorrer após trauma na cabeça, meningite ou hemorragia subaracnóidea. Essa condição se torna rapidamente uma ameaça à vida e requer intervenção imediata; como os ossos do crânio de um adulto já estão fundidos, o dano ao tecido nervoso ocorre rapidamente. •

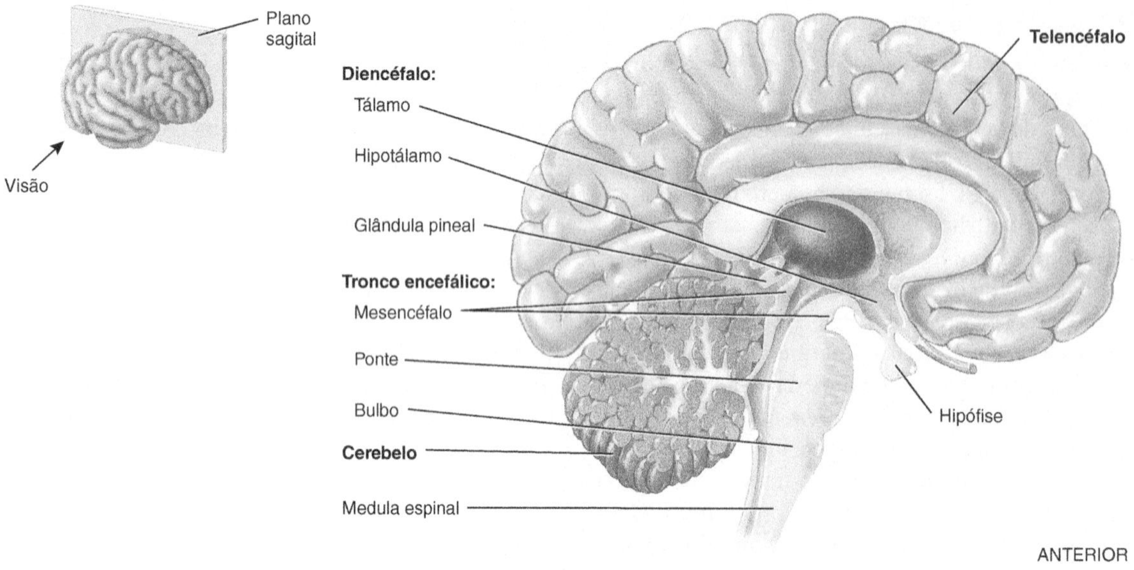

(a) Visão medial do corte sagital

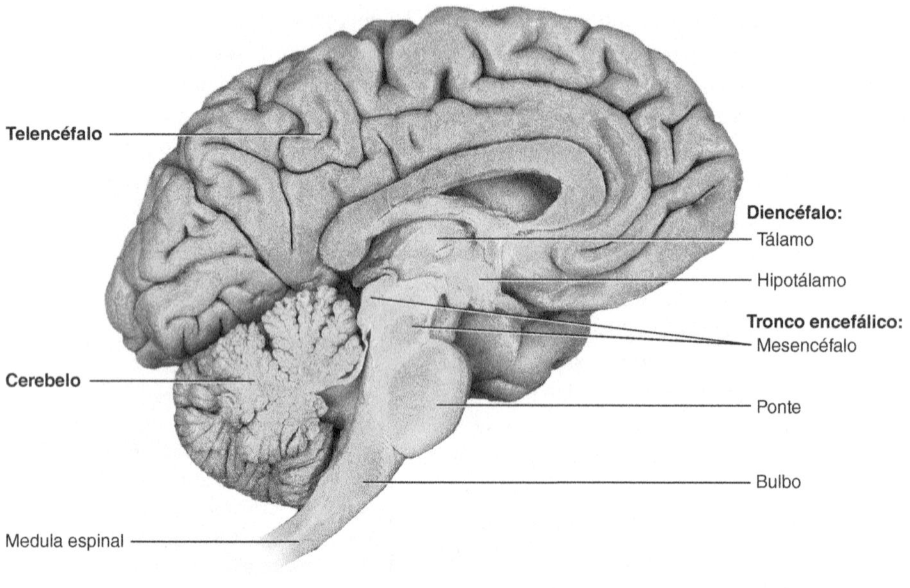

(b) Visão medial do corte sagital

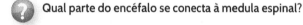

Qual parte do encéfalo se conecta à medula espinal?

Figura 10.6 **Encéfalo.** A hipófise é discutida em conjunto com as glândulas endócrinas no Capítulo 13.

As quatro principais partes do encéfalo são o tronco encefálico, o cerebelo, o diencéfalo e o telencéfalo.

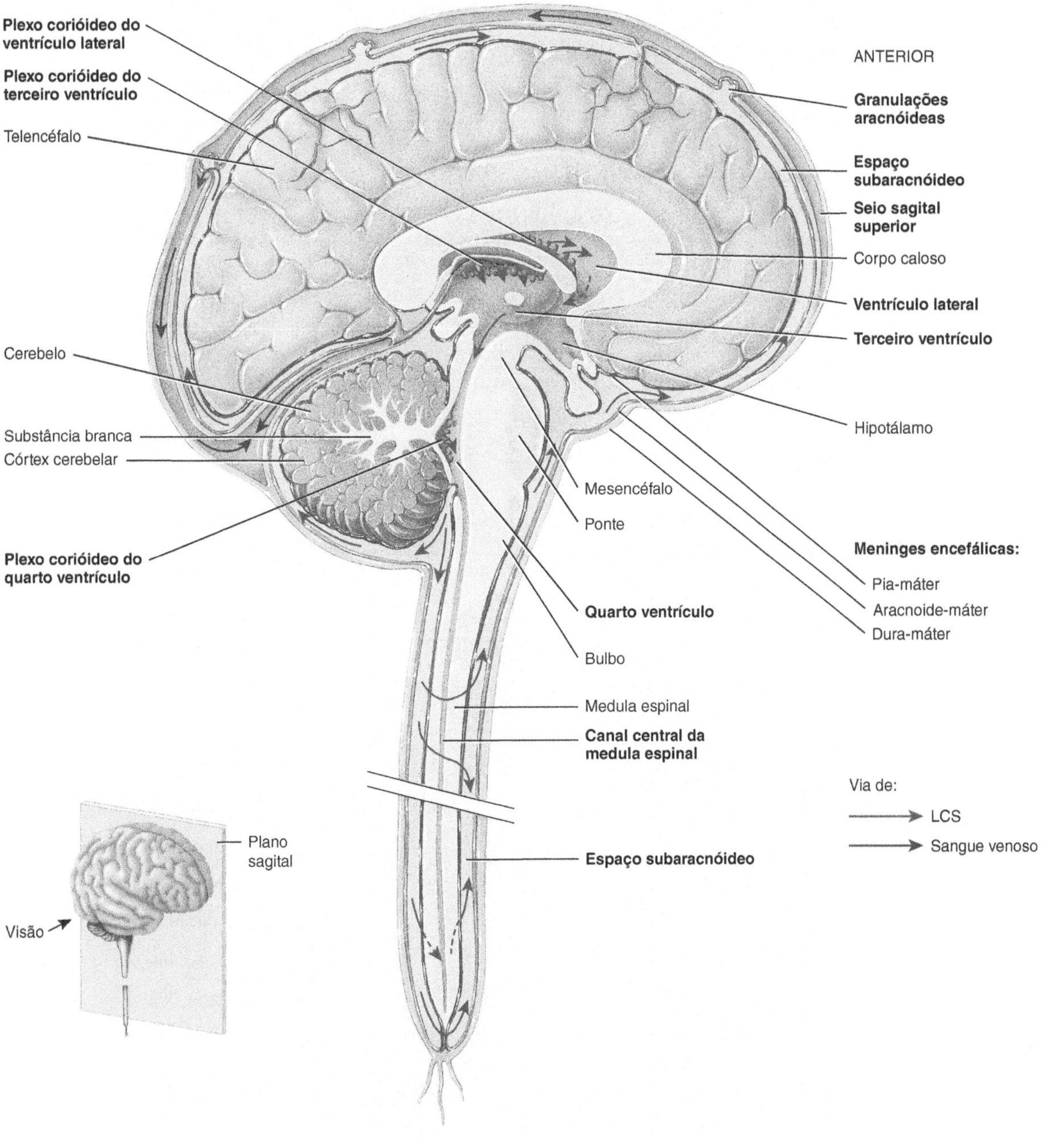

Corte sagital do encéfalo e da medula espinal

Onde o LCS é formado e absorvido?

Figura 10.7 Meninges e ventrículos do encéfalo.

O LCS protege o encéfalo e a medula espinal e distribui nutrientes do sangue para o encéfalo e para a medula espinal; o LCS também remove resíduos do encéfalo e da medula espinal para o sangue.

Tronco encefálico

O tronco encefálico é a parte do encéfalo entre a medula espinal e o diencéfalo. Ele consiste em três regiões: (1) bulbo, (2) ponte e (3) mesencéfalo. Estendendo-se pelo tronco encefálico está a formação reticular, uma região onde a substância branca e a substância cinzenta estão misturadas.

Bulbo

O ***bulbo*** é uma continuação da medula espinal (ver Fig. 10.6). Ele forma a parte inferior do tronco encefálico (Fig. 10.8). Dentro da substância branca do bulbo estão todos os tratos sensoriais (ascendentes) e motores (descendentes) que se estendem entre a medula espinal e outras partes do encéfalo.

O bulbo também contém diversos ***núcleos***, que são massas de substância cinzenta onde os neurônios formam sinapses uns com os outros. Os dois principais núcleos são o ***centro cardiovascular***, que regula a frequência e a força dos batimentos cardíacos e o diâmetro dos vasos sanguíneos (ver Fig. 15.9), e a ***área de ritmicidade bulbar***, que regula o ritmo básico da respiração (ver Fig. 18.12). Os núcleos associados às sensações de toque, pressão, vibração e propriocepção consciente (consciência da posição das partes do corpo) estão localizados na parte posterior

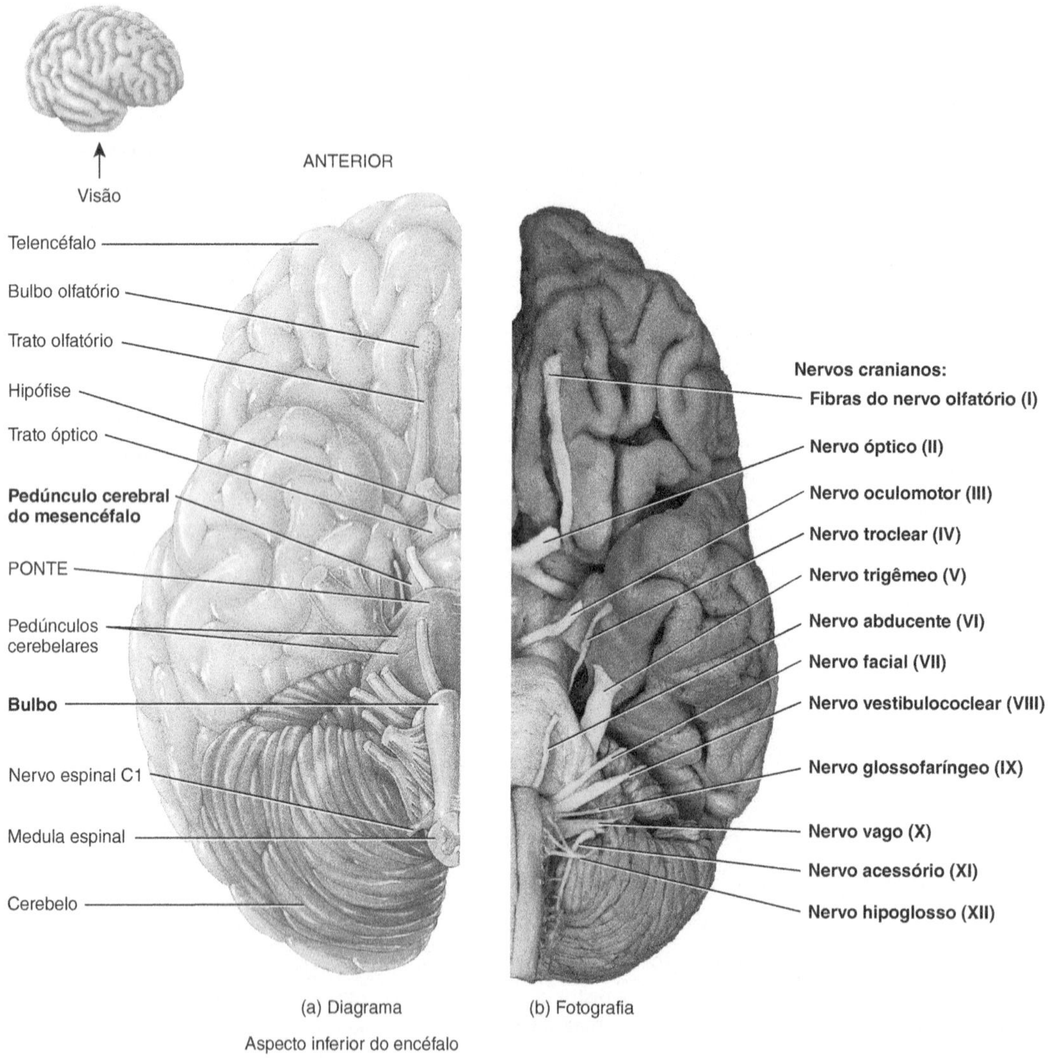

Qual parte do tronco encefálico contém os pedúnculos cerebrais?

Figura 10.8 **Face inferior do encéfalo, mostrando o tronco encefálico e os nervos cranianos.**

O tronco encefálico consiste em bulbo, ponte e mesencéfalo.

do bulbo. Muitos axônios sensoriais ascendentes formam sinapses nesses núcleos (ver Fig. 10.14a). Outros núcleos no bulbo controlam os reflexos da deglutição, do vômito, da tosse, dos soluços e dos espirros. Finalmente, o bulbo contém núcleos associados aos cinco pares de nervos cranianos (Fig. 10.8): nervo vestibulococlear (VIII), nervo glossofaríngeo (IX), nervo vago (X), nervo acessório (XI) (parte craniana) e nervo hipoglosso (XII).

CORRELAÇÕES CLÍNICAS | Lesão do bulbo

Consideradas as muitas atividades vitais controladas pelo bulbo, não é surpresa que um forte golpe no dorso da cabeça ou na parte superior do pescoço seja fatal. O dano à **área respiratória rítmica** é especialmente grave e leva à morte com rapidez. Os sintomas de lesão não fatal ao bulbo podem incluir paralisia e perda da sensibilidade do lado oposto do corpo e irregularidades na respiração ou no ritmo cardíaco. •

Ponte

A ***ponte*** está acima do bulbo e anterior ao cerebelo (Figs. 10.6, 10.7 e 10.8). Como o bulbo, a ponte consiste em núcleos e tratos. Como o seu nome implica, a ponte conecta partes do encéfalo umas com as outras. Essas conexões são feixes de axônios. Alguns axônios da ponte conectam os lados direito e esquerdo do cerebelo. Outros são partes dos tratos sensoriais ascendentes e dos tratos motores descendentes. Vários núcleos, na ponte, são os locais onde os sinais para os movimentos involuntários, que se originam no córtex cerebral, são retransmitidos para o cerebelo. Outro núcleo na ponte é a ***área pneumotáxica*** (ver Fig. 18.12), que, junto com a área respiratória rítmica, ajuda a controlar a respiração. A ponte também contém núcleos associados com os quatro pares de nervos cranianos seguintes (Fig. 10.8): o nervo trigêmeo (V), o nervo abducente (VI), o nervo facial (VII) e o nervo vestibulococlear (VIII).

Mesencéfalo

O ***mesencéfalo*** conecta a ponte ao diencéfalo (Figs. 10.6, 10.7 e 10.8). A parte anterior do mesencéfalo consiste em um par de grandes tratos chamados ***pedúnculos cerebrais*** (Fig. 10.9). Eles contêm axônios de neurônios motores que conduzem os impulsos nervosos do telencéfalo para a medula espinal, o bulbo e a ponte.

Núcleos do mesencéfalo incluem a ***substância negra***, que é grande e com pigmentação intensamente escura. A perda desses neurônios está associada à doença de Parkinson (ver seção Distúrbios Comuns). Além disso, estão presentes os ***núcleos rubros*** direito e esquerdo, que parecem avermelhados em função do rico suprimento sanguíneo e de um pigmento contendo ferro presente nos

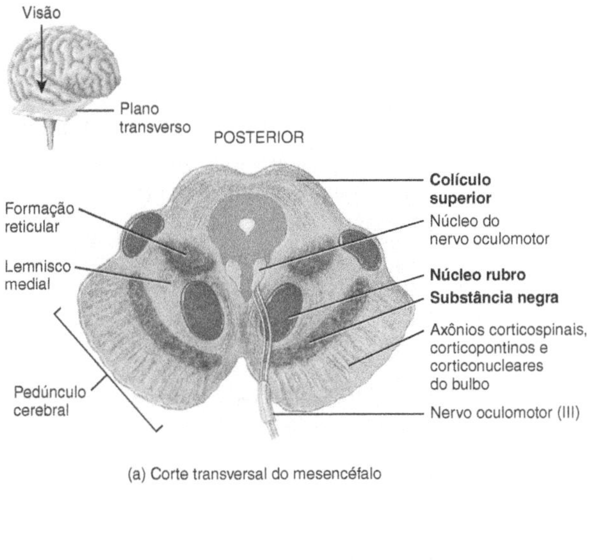

(a) Corte transversal do mesencéfalo

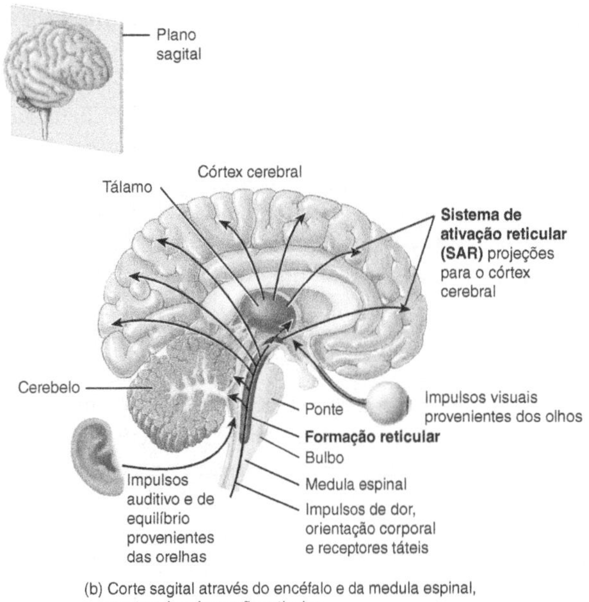

(b) Corte sagital através do encéfalo e da medula espinal, mostrando a formação reticular

Quais funções são desempenhadas pelos colículos superiores?

Figura 10.9 Mesencéfalo.

O mesencéfalo conecta a ponte ao diencéfalo.

seus corpos celulares neuronais. Os axônios do cerebelo e do córtex cerebral formam sinapses nos núcleos rubros, cuja função, junto com o cerebelo, é coordenar os movimentos musculares. Outros núcleos, no mesencéfalo, estão associados a dois pares de nervos cranianos (ver Fig. 10.8): o nervo oculomotor (III) e o nervo troclear (IV).

O mesencéfalo também contém núcleos que aparecem como quatro protuberâncias arredondadas na superfície posterior. As duas protuberâncias superiores são os ***colículos superiores*** (Fig. 10.9a). Vários arcos reflexos passam pelos colículos superiores: os movimentos de acompanhamento e perscrutação dos olhos e os reflexos que governam os movimentos da cabeça e do pescoço em resposta aos estímulos visuais. Os dois ***colículos inferiores*** são parte da via auditiva, retransmitindo impulsos dos receptores da audição na orelha para o tálamo. Além disso, são centros reflexos para o reflexo de sobressalto, movimentos súbitos da cabeça e do corpo que ocorrem quando você é surpreendido por um ruído muito alto.

Formação reticular

Adicionalmente aos bem definidos núcleos já descritos, muito do tronco encefálico consiste em pequenos aglomerados de corpos celulares neuronais (substância cinzenta) misturados com pequenos feixes de axônios mielínicos (substância branca). Essa região é conhecida como **formação reticular** (ret- = rede), devido a sua semelhança com um arranjo em forma de rede das substâncias branca e cinzenta. Os neurônios dentro da formação reticular têm funções ascendentes (sensoriais) e funções descendentes (motoras).

A parte ascendente da formação reticular é chamada de ***sistema ativador reticular*** (***SAR***), que consiste em axônios sensoriais que se projetam para o córtex cerebral (Fig. 10.9b). Quando o SAR é estimulado, muitos impulsos nervosos ascendem para amplas áreas do córtex cerebral. O resultado é a ***consciência***, um estado de vigília em que o indivíduo está completamente alerta, consciente e orientado, parcialmente como resultado de uma retroalimentação entre o córtex cerebral e o sistema ativador reticular. O SAR ajuda a manter a consciência e está ativo durante o despertar do sono. A inativação do SAR produz ***sono***, um estado de inconsciência parcial do qual o indivíduo pode ser despertado. A principal função descendente da formação reticular é ajudar a regular o tônus muscular, que é o leve grau de contração dos músculos normais em repouso.

TESTE RÁPIDO

8. Qual é a importância da BHE?
9. Quais estruturas são locais de produção do LCS e onde estão localizadas?
10. Onde estão localizados o bulbo, a ponte e o mesencéfalo em relação um ao outro?
11. Quais funções são governadas pelos núcleos do tronco encefálico?
12. Quais são as duas funções importantes da formação reticular?

Diencéfalo

As principais regiões do diencéfalo incluem o tálamo, o hipotálamo e a glândula pineal (ver Fig. 10.6).

Tálamo

O ***tálamo*** consiste em massas ovais pares de substância cinzenta, organizadas em núcleos, com tratos intercalados de substância branca (Fig. 10.10). O tálamo é a principal estação de retransmissão para muitos impulsos sensoriais que alcançam o córtex cerebral, provenientes da medula espinal e do tronco encefálico. Além disso, o tálamo contribui para as funções motoras, transmitindo informações do cerebelo e dos núcleos da base para áreas motoras do córtex cerebral. O tálamo também retransmite impulsos nervosos entre áreas diferentes do telencéfalo e desempenha uma função na manutenção da consciência.

Hipotálamo

O ***hipotálamo*** é a pequena porção do diencéfalo que se situa abaixo do tálamo e acima da hipófise (ver Figs. 10.6 e 10.10). Embora seja de tamanho pequeno, o hipotálamo controla muitas atividades corporais importantes, a maioria delas relacionada à homeostasia. As funções principais do hipotálamo são as seguintes:

1. **Controle da divisão autônoma do sistema nervoso (SNA).** O hipotálamo controla e integra as atividades do SNA, que regula a contração dos músculos liso e cardíaco e as secreções de muitas glândulas. Por meio do SNA, o hipotálamo ajuda a regular atividades como a frequência cardíaca, o movimento do alimento dentro do trato gastrintestinal e a contração da bexiga urinária.
2. **Controle da hipófise e produção de hormônios.** O hipotálamo controla a liberação de vários hormônios da hipófise e, assim, atua como uma conexão primária entre o sistema nervoso e as glândulas endócrinas. O hipotálamo também produz dois hormônios (hormônio antidiurético e ocitocina) que são armazenados na hipófise antes de serem liberados.
3. **Regulação dos padrões emocionais e comportamentais.** Juntamente com o sistema límbico (descrito em breve), o hipotálamo regula os sentimentos de raiva, agressividade, dor e prazer, além dos padrões comportamentais relacionados à excitação sexual.

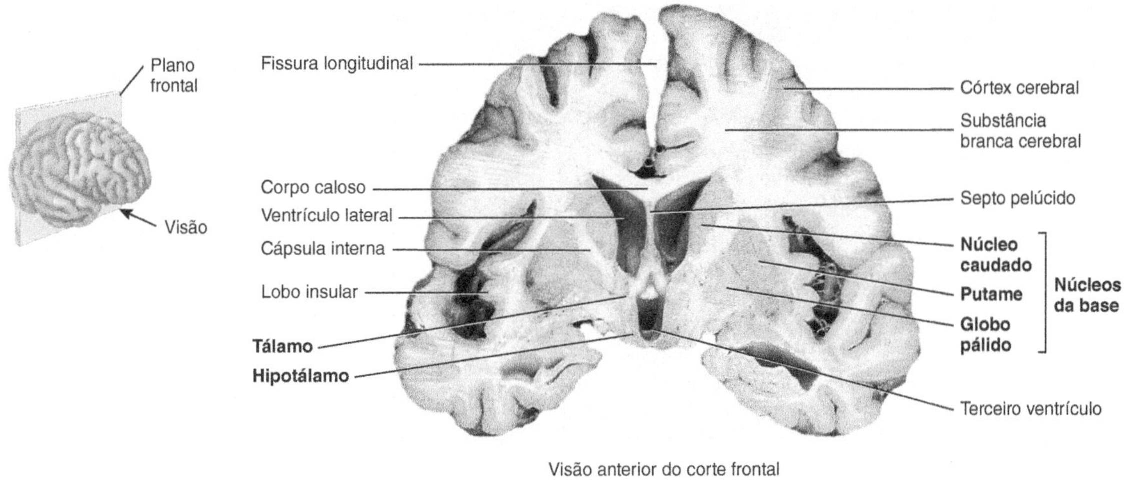

Em qual parte principal do encéfalo estão localizados os núcleos da base e por qual tipo de tecido eles são compostos?

Figura 10.10 **Diencéfalo: tálamo e hipotálamo.** Também são mostrados os núcleos da base – o núcleo caudado, o putame e o globo pálido.

O tálamo é a principal estação de retransmissão para os impulsos sensoriais que alcançam o córtex cerebral a partir de outras partes do encéfalo e da medula espinal.

4. **Regulação da ingestão de alimentos e de líquidos.** O hipotálamo regula a ingestão de alimento. Ele contém um ***centro de alimentação***, que promove a ingestão, e um ***centro de saciedade***, que provoca a sensação de satisfação do apetite e a interrupção da ingestão. O hipotálamo também contém um ***centro da sede***. Quando determinadas células no hipotálamo são estimuladas pelo aumento da pressão osmótica do líquido intersticial, provocam a sensação de sede. A ingestão de água, pelo ato de beber, restaura a pressão osmótica ao normal, removendo a estimulação e aliviando a sede.
5. **Controle da temperatura corporal.** Se a temperatura do sangue que flui pelo hipotálamo estiver acima da normal, ele orienta o SNA a estimular atividades que promovem a perda de calor. Contudo, se a temperatura do sangue estiver abaixo da normal, o hipotálamo gera impulsos que promovem a produção de calor e sua retenção.
6. **Regulação dos ritmos circadianos e dos estados de consciência.** O hipotálamo estabelece padrões de vigília e sono que ocorrem em um ritmo circadiano (diário).

Glândula pineal

A ***glândula pineal*** tem o tamanho aproximado de uma ervilha e se projeta da linha mediana posterior do terceiro ventrículo (ver Fig. 10.6a). Como a glândula pineal secreta o hormônio *melatonina*, faz parte das glândulas endócrinas. A melatonina promove a sonolência e contribui para o estabelecimento do relógio biológico do corpo.

Cerebelo

O ***cerebelo*** consiste em dois ***hemisférios do cérebro***, localizados posteriormente ao bulbo e à ponte e abaixo do telencéfalo (ver Fig. 10.6). A superfície do cerebelo, chamada de ***córtex cerebelar***, consiste em substância cinzenta. Abaixo do córtex está a ***substância branca*** (*árvore da vida*) que se assemelha aos ramos de uma árvore (ver Fig. 10.7). Profundamente, dentro da substância branca, encontram-se massas de substância cinzenta, os ***núcleos do cerebelo***. O cerebelo se liga ao tronco encefálico por feixes de axônios, chamados ***pedúnculos cerebelares*** (ver Fig. 10.8).

O cerebelo compara os movimentos pretendidos, programados pelo córtex cerebral, com os que estão realmente acontecendo. Constantemente recebe impulsos sensoriais de músculos, tendões, articulações, receptores do equilíbrio e receptores visuais. O cerebelo ajuda a suavizar e a coordenar as sequências complexas de contrações do músculo esquelético. Regula a postura e o equilíbrio e é essencial para todas as atividades motoras finas, desde apanhar uma bola de beisebol até dançar.

CORRELAÇÕES CLÍNICAS | Ataxia

Dano ao cerebelo por trauma ou doença desorganiza a coordenação muscular, uma condição chamada **ataxia**. Pessoas com ataxia, quando estão de olhos vendados, não conseguem tocar o ápice do nariz com o dedo, porque não conseguem coordenar o movimento com o seu senso de localização da parte do corpo. Outro sinal de ataxia é um padrão de fala alterado, em razão da descoordenação dos músculos da fala. A lesão cerebelar também pode resultar em marcha cambaleante ou movimentos anormais de marcha. Pessoas que consomem muita bebida alcoólica apresentam sinais de ataxia, porque o álcool inibe a atividade do cerebelo. Bebida alcoólica em demasia também reprime a área de ritmicidade bulbar e pode resultar em morte. •

Telencéfalo

O telencéfalo consiste em córtex cerebral (uma margem externa de substância cinzenta), em uma região interna de substância branca cerebral e em núcleos profundos de substância cinzenta dentro da substância branca (Fig. 10.10). O telencéfalo nos proporciona a capacidade para ler, escrever, falar, fazer cálculos, compor músicas, lembrar-se do passado, planejar o futuro e criar. Durante o desenvolvimento embrionário, quando há um rápido aumento no tamanho do telencéfalo, a substância cinzenta do córtex cerebral amplia-se muito mais rápido do que a substância branca subjacente. Como resultado, o córtex cerebral enrola-se e dobra-se sobre ele mesmo para que possa caber dentro da cavidade do crânio. As pregas são chamada de ***giros*** (Fig. 10.11); os sulcos profundos entre as pregas são as ***fissuras***; e as fendas alongadas e rasas são denominadas ***sulcos***. A ***fissura longitudinal*** do cérebro separa o telencéfalo em metades direita e esquerda, chamadas de ***hemisférios cerebrais***. Os hemisférios estão conectados internamente pelo ***corpo caloso***, uma faixa larga de substância branca contendo axônios que se estendem entre os hemisférios (ver Fig. 10.10).

Cada hemisfério cerebral tem quatro lobos que são nomeados de acordo com os ossos que os recobrem: ***lobo frontal***, ***lobo parietal***, ***lobo temporal*** e ***lobo occipital*** (Fig. 10.11). O ***sulco central*** separa os lobos frontal e parietal. Um giro importante, o ***giro pré-central***, está localizado imediatamente anterior ao sulco central. O giro pré-central contém a área motora primária do córtex cerebral. O ***giro pós-central***, localizado imediatamente posterior ao sulco central, contém a área somatossensorial primária do córtex cerebral, que será discutida em breve. Uma quinta parte do telencéfalo, o ***lobo insular***, não é vista na superfície do encéfalo, porque se situa dentro do sulco cerebral lateral, profundamente aos lobos parietal, frontal e temporal (ver Fig. 10.10).

A ***substância branca cerebral*** consiste em axônios mielínicos e amielínicos, que transmitem impulsos entre os giros em um mesmo hemisfério cerebral; dos giros de um hemisfério cerebral para os giros correspondentes ao hemisfério cerebral oposto, via corpo caloso; e do telencéfalo para outras partes do encéfalo e da medula espinal.

Profundamente, no interior de cada hemisfério cerebral, estão três núcleos (massas de substância cinzenta), coletivamente denominados ***núcleos da base*** (ver Fig. 10.10). São o *globo pálido, o putame e o núcleo caudado.* A principal função dos núcleos da base é ajudar a iniciar e terminar movimentos. Além disso, eles ajudam a regular o tônus muscular necessário aos movimentos corporais específicos e a controlar as contrações subconscientes dos músculos esqueléticos, como o balanço automático dos braços durante o caminhar.

CORRELAÇÕES CLÍNICAS | Lesão aos núcleos da base

Lesão dos núcleos da base resulta em tremor incontrolável, rigidez muscular e movimentos musculares involuntários. Interrupções dos movimentos também são marcas da doença de Parkinson (ver seção Distúrbios Comuns). Nessa doença, os neurônios que se estendem da substância negra ao putame e ao núcleo caudado se degeneram, provocando as interrupções. •

Sistema límbico

Circundando a parte superior do tronco encefálico e do corpo caloso, há um anel de estruturas na margem interna do telencéfalo e no assoalho (parte inferior) do diencéfalo, que constitui o ***sistema límbico*** (Fig. 10.12). O sistema límbico é, algumas vezes, chamado de "encéfalo emocional", porque desempenha uma função primária em uma série de emoções, incluindo dor, prazer, docilidade, afeto e raiva. Embora o comportamento seja uma função de todo o sistema nervoso, o sistema límbico controla a maioria dos seus aspectos involuntários relacionados à sobrevivência. Experimentos em animais demonstram que ele exerce uma função essencial no controle do padrão global de comportamento. Juntamente com partes do telencéfalo, o sistema límbico também atua na memória; lesão ao sistema límbico provoca comprometimento da memória.

Áreas funcionais do córtex cerebral

Os tipos específicos de sinais sensoriais, motores e integradores são processados em determinadas regiões do córtex cerebral. Geralmente, ***áreas sensoriais*** recebem informação sensorial e estão envolvidas na ***percepção***, a consciência de uma sensação; ***áreas motoras*** iniciam movimentos; e ***áreas de associação*** ocupam-se de funções integradoras mais complexas, como memória, emoções, raciocínio, vontade, julgamento, traços de personalidade e inteligência.

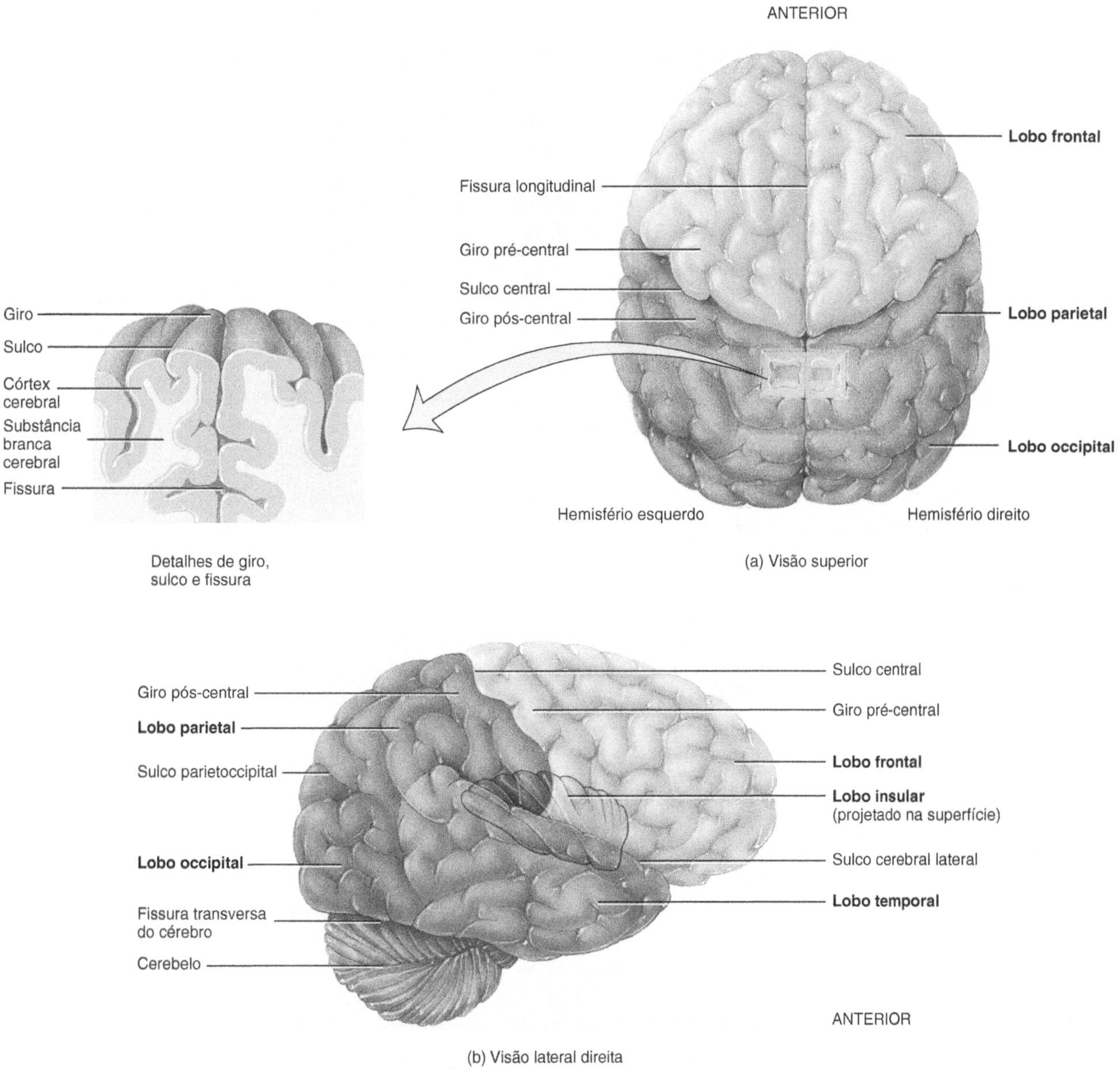

Que estrutura separa os hemisférios cerebrais direito e esquerdo?

Figura 10.11 **Telencéfalo.** A inserção em (a) indica as diferenças entre giro, sulco e fissura. Como o lobo insular não é visto externamente, foi projetado na superfície em (b).

O telencéfalo nos proporciona a capacidade para ler, escrever, falar, fazer cálculos, compor música, lembrar do passado, planejar o futuro e criar.

Áreas Sensoriais A informação sensorial para o córtex cerebral flui basicamente para a metade posterior dos hemisférios cerebrais e para regiões posteriores aos sulcos centrais. No córtex cerebral, as áreas sensoriais primárias recebem informações sensoriais que foram retransmitidas dos receptores sensoriais periféricos por meio das regiões mais inferiores do encéfalo.

A ***área somatossensorial primária*** é posterior ao sulco central de cada hemisfério cerebral, no giro pós-central do lobo parietal (Fig. 10.13). Recebe impulsos nervosos para tato, propriocepção (posição muscular e articular), dor, prurido, cócegas e temperatura, e está envolvida na percepção dessas sensações. A área somatossensorial primária permite que você identifique o local de

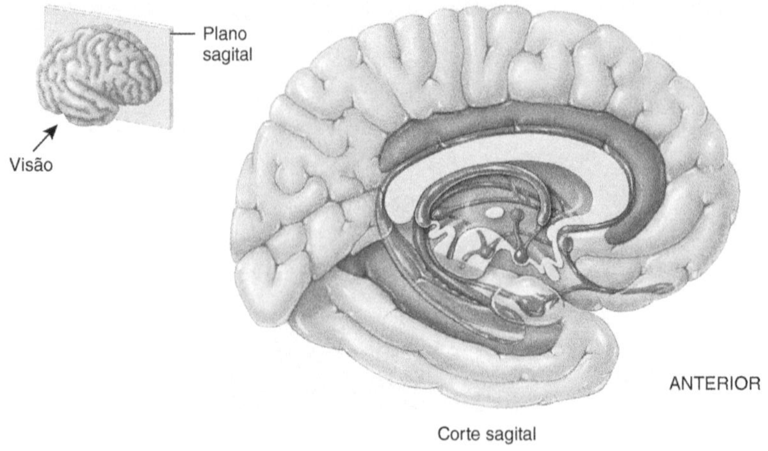

Onde, no encéfalo, está localizado o sistema límbico?

Figura 10.12 **O sistema límbico.** Os componentes do sistema límbico estão sombreados de verde.

O sistema límbico governa aspectos emocionais do comportamento.

origem dessas sensações, para que você saiba exatamente em que parte do corpo acertar o mosquito, por exemplo. A ***área visual primária***, localizada no lobo occipital, recebe informação visual e está envolvida na percepção visual. A ***área auditiva primária***, localizada no lobo temporal, recebe informação sonora e está envolvida na percepção auditiva. A ***área gustatória primária***, localizada na base do giro pós-central, recebe impulsos gustatórios e está envolvida na percepção gustatória. A ***área olfatória primária***, localizada no aspecto medial do lobo temporal (e, portanto, não visível na Fig. 10.13), recebe impulsos para o olfato e está envolvida na percepção olfatória.

Áreas Motoras A informação motora do córtex cerebral flui principalmente da parte anterior de cada hemisfério. Entre as áreas motoras mais importantes estão a área

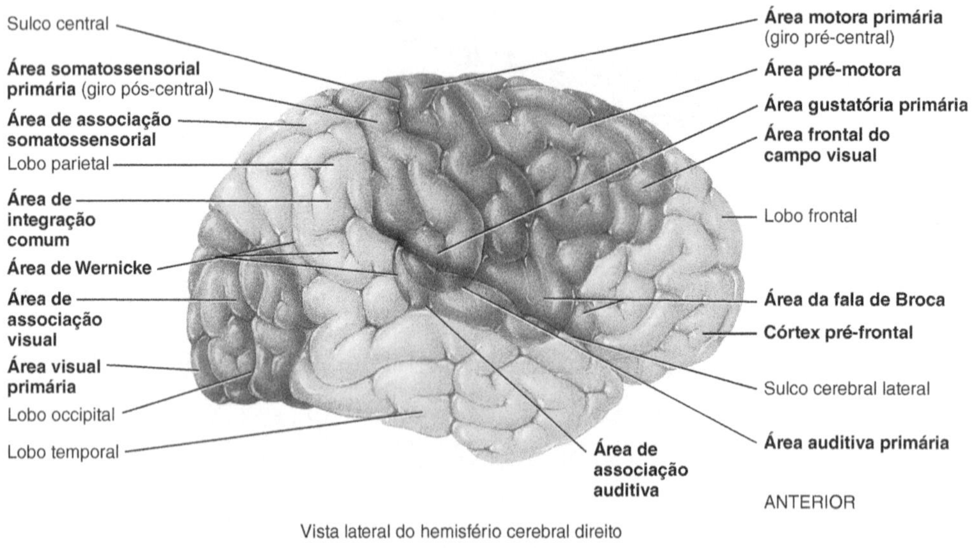

Qual parte do telencéfalo localiza exatamente onde ocorrem as sensações somáticas?

Figura 10.13 **Áreas funcionais do telencéfalo.** A área da fala de Broca e a área de Wernicke estão no hemisfério cerebral esquerdo, na maioria das pessoas; são mostradas aqui para indicar suas localizações relativas.

Áreas específicas do córtex cerebral processam sinais sensoriais, motores e de integração.

motora primária e a área da fala de Broca (Fig. 10.13). A ***área motora primária*** está localizada no giro pré-central do lobo frontal, em cada hemisfério. Cada região na área motora primária controla as contrações voluntárias de músculos específicos no lado oposto do corpo. A ***área da fala de Broca*** está localizada no lobo frontal, próximo ao sulco lateral do cérebro. A fala e a compreensão da linguagem são atividades complexas que envolvem diversas áreas sensoriais, associativas e motoras do córtex. Em 97% da população, essas áreas da linguagem estão localizadas no hemisfério *esquerdo*. Conexões neurais entre a área da fala de Broca, a área pré-motora e a área motora primária ativam os músculos necessários para a fala e os músculos da respiração.

ÁREAS DE ASSOCIAÇÃO As áreas de associação do telencéfalo consistem em grandes áreas dos lobos occipital, parietal e temporal, e do lobo frontal anterior às áreas motoras. Tratos conectam as áreas de associação umas às outras. A ***área de associação somatossensorial***, posterior à área somatossensorial primária, integra e interpreta sensações somáticas, como a forma e a textura exatas de um objeto. Outra função da área de associação somatossensorial é o armazenamento de memórias de experiências sensoriais do passado, permitindo a comparação de sensações atuais com experiências prévias. Por exemplo, a área de associação somatossensorial permite o reconhecimento de objetos, como um lápis e um clipe de papel, simplesmente pelo toque. A ***área de associação visual***, localizada no lobo occipital, relaciona as experiências visuais do presente e do passado e é essencial para o reconhecimento e avaliação do que é visto. A ***área de associação auditiva***, localizada abaixo da área auditiva primária, no córtex temporal, permite o reconhecimento de um som específico, como a fala, a música ou o ruído.

A ***área de Wernicke***, uma ampla região nos lobos temporal e parietal *esquerdos*, interpreta o significado da fala pelo reconhecimento das palavras faladas. Está ativa quando traduzimos palavras em pensamentos. As regiões, no hemisfério *direito*, que correspondem às áreas de Broca e de Wernicke no hemisfério esquerdo também contribuem para a comunicação verbal, acrescentando conteúdo emocional, por exemplo, raiva ou alegria, às palavras faladas. A ***área de integração comum*** recebe e interpreta impulsos nervosos das áreas de associação somatossensorial, visual e auditiva, da área gustatória primária, da área olfatória primária, do tálamo e das partes do tronco encefálico. A ***área pré-motora***, imediatamente anterior à área motora primária, gera impulsos nervosos que provocam a contração de um grupo específico em uma sequência específica, por exemplo, ao escrever uma palavra. A ***área frontal do campo visual***, no córtex frontal, controla os movimentos voluntários de exploração dos olhos, como os que ocorrem enquanto você lê esta frase. ***O córtex pré-frontal***, na parte anterior do lobo frontal, está relacionado com formação da personalidade, intelecto, capacidades de aprendizagem complexas, lembrança de informações, iniciativa, julgamento, previsão, raciocínio, consciência, intuição, humor, planejamento para o futuro e desenvolvimento de ideias abstratas. Uma pessoa com lesão bilateral dos córtices pré-frontais normalmente se torna grosseira, sem consideração, incapaz de aceitar conselhos, mal-humorada, desatenta, menos criativa, incapaz de planejar o futuro e incapaz de antecipar as consequências de palavras ou de comportamentos precipitados ou imprudentes.

Vias sensoriais motoras e somáticas

A informação sensorial somática do corpo sobe para a área somatossensorial primária por meio de duas vias sensoriais somáticas principais: (1) a via coluna posterior-lemnisco medial e (2) a via anterolateral (espinotalâmica). Em compensação, os impulsos nervosos que provocam contração dos músculos esqueléticos descem ao longo de muitas vias, que se originam principalmente na área motora primária do cérebro e no tronco encefálico.

CORRELAÇÕES CLÍNICAS | Afasia

Lesão às áreas da linguagem do córtex cerebral resulta em **afasia**, uma incapacidade de usar ou compreender palavras. Lesão na área da fala de Broca resulta em afasia motora, uma incapacidade para formar palavras apropriadamente. As pessoas com afasia motora sabem o que desejam dizer, mas não podem pronunciar as palavras de forma adequada. A lesão na área de Wernicke, na área de integração comum ou na área de associação auditiva resulta em afasia sensorial, caracterizada pelo defeito na compreensão das palavras faladas ou escritas. Uma pessoa que experimenta esse tipo de afasia pode produzir sequências de palavras que não têm significado ("salada de palavras"). Por exemplo, alguém com afasia sensorial pode dizer, "Eu toquei carro varanda jantar luz rio lápis." •

As ***vias sensoriais somáticas*** retransmitem a informação dos receptores sensoriais somáticos para a área somatossensorial primária, no córtex cerebral. As vias consistem em milhares de conjuntos de três neurônios (Fig. 10.14). Os impulsos nervosos para toque, pressão, vibração e propriocepção consciente (consciência da posição de partes do corpo) sobem para o córtex cerebral pela ***via coluna posterior-lemnisco medial*** (Fig. 10.14a). O nome da via vem dos nomes dos dois tratos de substância branca que transmitem os impulsos: a coluna posterior da medula espinal e o lemnisco medial do tronco encefálico. A ***via anterolateral*** ou *espinotalâmica* começa como um trato de substância branca, conhecido como ***trato espinotalâmico*** (Fig. 10.14b). Esse trato retransmite impulsos de dor, temperatura, prurido e cócegas.

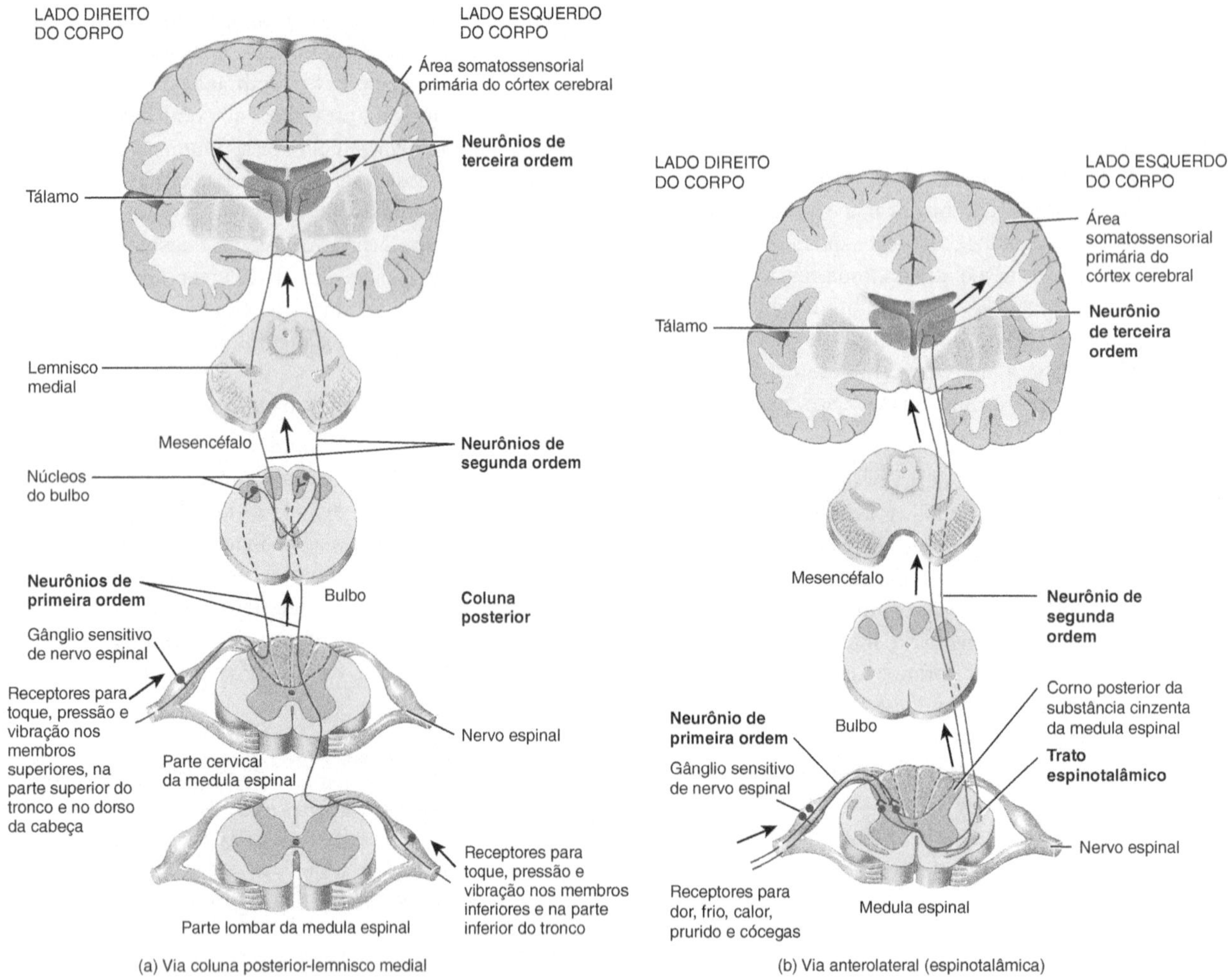

Quais sensações somáticas são perdidas em decorrência de lesão dos tratos espinotalâmicos?

Figura 10.14 Vias sensoriais somáticas. Os círculos representam os corpos celulares e os dendritos, as linhas representam os axônios, e as forquilhas (em forma de Y) representam os terminais axônicos. As setas indicam a direção da condução do impulso nervoso. (a) Na via coluna posterior-lemnisco medial, o primeiro neurônio na via sobe para o bulbo, via coluna posterior (substância branca localizada no lado posterior da medula espinal). No bulbo, faz sinapse com o neurônio de segunda ordem, que, em seguida, se estende por meio do lemnisco medial até o tálamo, no lado oposto. O neurônio de terceira ordem se estende do tálamo até o córtex cerebral. (b) Na via anterolateral, o neurônio de primeira ordem faz sinapse com o neurônio de segunda ordem na substância cinzenta da medula espinal. O neurônio de segunda ordem se estende até o tálamo, no lado oposto, e o neurônio de terceira ordem se estende do tálamo até o córtex cerebral.

Os impulsos nervosos para as sensações somáticas são conduzidos para a área somatossensorial primária (giro pós-central) do córtex cerebral.

Os neurônios no encéfalo e na medula espinal coordenam todos os movimentos voluntários e involuntários do corpo. Finalmente, todas as ***vias motoras somáticas*** que controlam o movimento convergem para neurônios conhecidos como ***neurônios motores inferiores***. Os axônios dos neurônios motores inferiores se estendem até o tronco encefálico para estimular os músculos esqueléticos na cabeça e até a medula espinal para estimular os músculos esqueléticos nos membros e no tronco.

Neurônios motores inferiores recebem sinais dos ***neurônios motores superiores*** (Fig. 10.15). Os neurônios motores superiores são essenciais para a execução de movimentos voluntários do corpo. Os dois principais tratos que conduzem impulsos nervosos dos neurônios motores superiores no córtex cerebral são o ***trato corticospinal lateral*** e o ***trato corticospinal anterior***. Observe que os axônios dos neurônios motores superiores de um hemisfério cerebral atravessam para o lado oposto e fazem sinapse

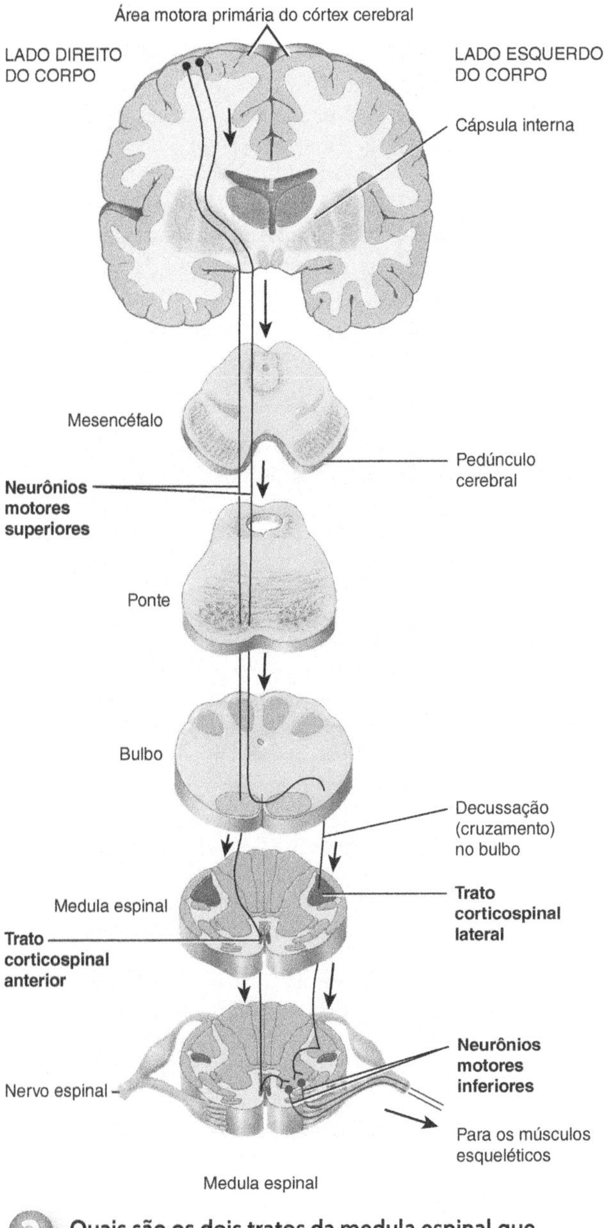

Quais são os dois tratos da medula espinal que conduzem impulsos ao longo dos axônios dos neurônios motores superiores?

Figura 10.15 Vias motoras somáticas. São mostradas aqui as duas principais vias diretas, por meio das quais os sinais iniciados na área motora primária em um hemisfério controlam os músculos esqueléticos no lado oposto do corpo. Os círculos representam os corpos celulares e os dendritos, as linhas representam os axônios, e as forquilhas (em forma de Y) representam os terminais axônicos.

Os neurônios motores inferiores estimulam a produção de movimentos pelos músculos esqueléticos.

com os neurônios motores inferiores no outro lado da medula espinal (Fig. 10.15).

CORRELAÇÕES CLÍNICAS | Paralisia flácida e espástica

Lesão ou doença dos neurônios motores *inferiores* produz **paralisia flácida** no mesmo lado do corpo: os músculos perdem o controle voluntário e os reflexos, o tônus muscular é diminuído ou perdido, e o músculo permanece flácido (mole). Lesão ou doença dos neurônios motores *superiores*, no córtex cerebral, remove as influências inibidoras de alguns desses neurônios, o que provoca **paralisia espástica** dos músculos no lado oposto do corpo. Nessa condição, ocorre aumento do tônus muscular, os reflexos são exagerados, e aparecem reflexos patológicos. •

Lateralização hemisférica

Embora o encéfalo seja bastante simétrico, existem diferenças anatômicas sutis entre os dois hemisférios. Além disso, também são de algum modo funcionalmente diferentes, com cada hemisfério se especializando em determinadas funções. Essa assimetria funcional é chamada de ***lateralização hemisférica***.

Como você percebeu, o hemisfério esquerdo recebe sinais sensoriais do lado direito do corpo e o controla, ao passo que o hemisfério direito recebe sinais sensoriais do lado esquerdo do corpo e o controla. Além disso, o hemisfério esquerdo é mais importante para a linguagem falada e escrita, para as habilidades científicas e numéricas, para a capacidade de usar e entender a linguagem dos sinais e o raciocínio na maioria das pessoas. Os pacientes com lesão no hemisfério esquerdo, por exemplo, frequentemente têm dificuldade para falar. O hemisfério direito é mais importante para a percepção musical e artística, para a percepção espacial e de padrões, para o reconhecimento fisionômico e o conteúdo emocional da linguagem e para geração de imagens mentais de visão, som, toque, gosto e olfato.

Memória

Sem memória, repetiríamos os erros e seríamos incapazes de aprender. Da mesma forma, não seríamos capazes de repetir os nossos sucessos ou realizações, exceto por acaso. ***Memória*** é o processo pelo qual a informação adquirida por meio do aprendizado é armazenada e recuperada. Para que uma experiência se torne parte da memória, deve produzir alterações estruturais e funcionais no encéfalo. As partes do encéfalo conhecidas pelo envolvimento com a memória incluem as áreas de associação dos lobos frontal, parietal, occipital e temporal, partes do sistema límbico e o diencéfalo. Memórias para habilidades motoras, como sacar uma bola de tênis, são armazenadas nos núcleos da base e no cerebelo, assim como no córtex cerebral.

Eletrencefalograma

Em qualquer instante, os neurônios encefálicos estão gerando milhares de impulsos nervosos. Em conjunto, esses sinais elétricos são chamados de ***ondas cerebrais***. As ondas cerebrais geradas pelos neurônios próximos à superfície do encéfalo, principalmente os neurônios do córtex cerebral, são detectadas por eletrodos de metal colocados sobre a fronte e no escalpo. Um registro dessas ondas é chamado ***eletrencefalograma*** (***EEG***). Os EEGs são úteis para estudar as funções encefálicas normais, como as alterações que ocorrem durante o sono. Os neurologistas também os utilizam para diagnóstico de uma variedade de distúrbios encefálicos, como epilepsia, tumores, anormalidades metabólicas, locais de trauma e doenças degenerativas.

A Tabela 10.1 resume as principais partes do encéfalo e suas funções.

TESTE RÁPIDO

13. Por que o hipotálamo é considerado parte tanto do sistema nervoso quanto das glândulas endócrinas?
14. Quais são as funções do cerebelo e dos núcleos da base?

TABELA 10.1

Resumo das funções das principais partes do encéfalo

PARTE	FUNÇÃO	PARTE	FUNÇÃO
Tronco encefálico 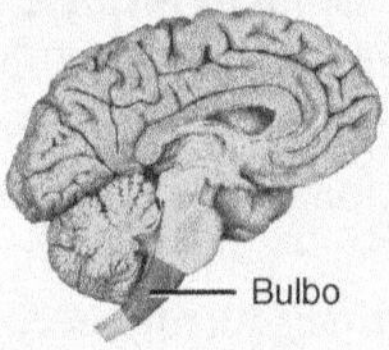 Bulbo	***Bulbo:*** Contém tratos sensoriais (ascendentes) e tratos motores (descendentes). A formação reticular (também na ponte, no mesencéfalo e no diencéfalo) atua na consciência e na estimulação. O centro cardiovascular regula o batimento cardíaco e o diâmetro do vaso sanguíneo, e a área de ritmicidade bulbar, junto com a área pneumotáxica, na ponte, ajuda a regular a respiração. Outros centros coordenam deglutição, vômito, tosse, espirro e soluço. Contém núcleos de origem para os nervos cranianos VIII, IX, X, XI e XII	**Diencéfalo** 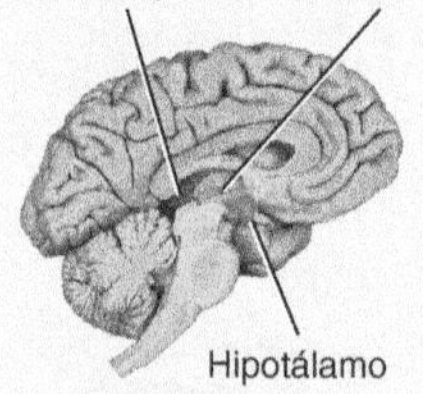 Glândula pineal Tálamo Hipotálamo	***Tálamo:*** Retransmite quase todos os influxos sensoriais para o córtex cerebral. Contribui para as funções motoras, transmitindo informações do cerebelo e dos núcleos da base para as áreas motoras do córtex cerebral. Além disso, exerce uma função na manutenção da consciência ***Hipotálamo:*** Controla e integra as atividades da divisão autônoma do sistema nervoso e da hipófise. Regula os padrões emocionais e comportamentais e os ritmos circadianos. Controla a temperatura corporal e regula o comportamento alimentar e de ingestão de líquidos. Ajuda a manter o estado de vigília e estabelece padrões de sono ***Glândula pineal:*** Secreta o hormônio melatonina
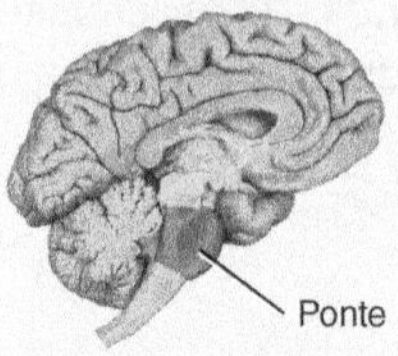 Ponte	***Ponte:*** Contém tratos sensoriais e tratos motores. A área pneumotáxica, junto com a área de ritmicidade bulbar, na medula, ajuda a regular a respiração. Contém núcleos de origem para os nervos cranianos V, VI, VII e VIII	**Cerebelo** 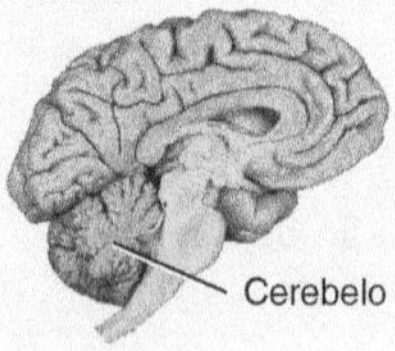 Cerebelo	***Cerebelo:*** Suaviza e coordena as contrações dos músculos esqueléticos. Regula a postura e o equilíbrio. Pode exercer uma função na cognição e no processamento da linguagem
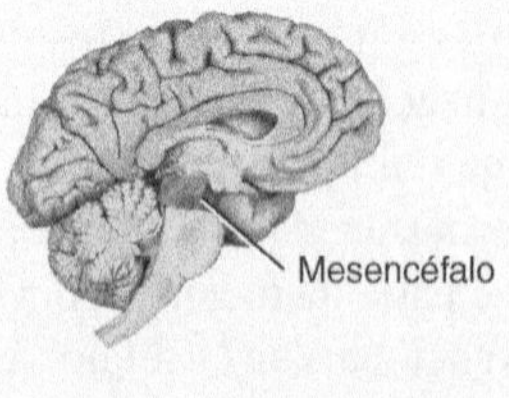 Mesencéfalo	***Mesencéfalo:*** Contém tratos sensoriais e tratos motores. O colículo superior coordena os movimentos da cabeça, dos olhos e do tronco em resposta a estímulos visuais. O colículo inferior coordena os movimentos da cabeça, dos olhos e do tronco em resposta a estímulos auditivos. A substância negra e o núcleo rubro contribuem para o controle do movimento. Contém núcleos de origem dos nervos cranianos III e IV	**Telencéfalo** 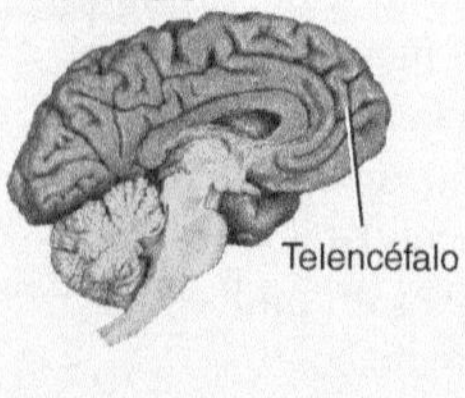 Telencéfalo	***Telencéfalo*** As áreas sensoriais do córtex cerebral estão envolvidas na percepção da informação sensorial; as áreas motoras controlam a execução de movimentos voluntários; e as áreas de associação ocupam-se de funções integrativas mais complexas, como memória, traços de personalidade e inteligência. Os núcleos da base ajudam a iniciar e terminar movimentos, a suprimir movimentos indesejados e a regular o tônus muscular. O sistema límbico promove uma variação de emoções, incluindo prazer, dor, docilidade, afeição, medo e raiva

15. Em que local estão localizadas a área somatossensorial primária e a área motora primária no encéfalo? Quais são as suas funções?
16. Quais áreas do córtex cerebral são necessárias para as habilidades normais de linguagem?
17. Compare e diferencie a via coluna dorsal-lemnisco medial e a via espinotalâmica.

10.5 Nervos cranianos

OBJETIVO

- Identificar os 12 pares de nervos cranianos pelo nome e pelo número, e fornecer as funções de cada um.

Os 12 pares de ***nervos cranianos***, como os nervos espinais, são componentes do SNP. Os nervos cranianos são designados por algarismos romanos e nomes (ver Fig. 10.8). Os algarismos romanos indicam a ordem (de anterior para posterior) em que os nervos emergem do encéfalo. Os nomes indicam a distribuição ou a função.

Os nervos cranianos emergem do nariz (nervo craniano I), dos olhos (nervo craniano II), da orelha interna (nervo craniano VIII), do tronco encefálico (nervos cranianos III-XII) e da medula espinal (nervo craniano XI). Três nervos cranianos (I, II e VIII) contêm apenas axônios de neurônios sensoriais e, por isso, são chamados de *nervos sensoriais*. Cinco nervos cranianos (III, IV, VI, XI e XII) contêm somente axônios de neurônios motores à medida que deixam o tronco encefálico e são chamados de *nervos motores*. Os outros quatro nervos cranianos (V, VII, IX e X) são *nervos mistos*, porque contêm axônios tanto de neurônios sensoriais quanto de neurônios motores. Os corpos celulares dos neurônios sensoriais estão localizados nos gânglios fora do encéfalo. Os corpos celulares dos neurônios motores estão nos núcleos dentro do encéfalo. Os nervos cranianos III, VII, IX e X incluem axônios motores somáticos e autônomos. Os axônios somáticos inervam os músculos esqueléticos; os axônios autônomos, componentes da parte parassimpática, inervam glândulas, músculo liso e músculo cardíaco.

A Tabela 10.2 lista os nervos cranianos, juntamente com seus componentes (sensorial, motor ou misto) e suas funções.

TABELA 10.2

Resumo dos nervos cranianos (ver também Figura 10.8)

NÚMERO	NOME	COMPONENTES	FUNÇÃO
I	**Nervo olfatório**	***Sensorial:*** Axônios do revestimento do nariz	Olfato
II	**Nervo óptico**	***Sensorial:*** Axônios provenientes da retina	Visão
III	**Nervo oculomotor**	***Motor:*** Axônios de neurônios motores somáticos que estimulam os músculos da pálpebra superior e os quatro músculos que movem o bulbo do olho (reto superior, reto medial, reto inferior e oblíquo inferior) mais axônios de neurônios parassimpáticos que passam para dois conjuntos de músculos lisos – o músculo ciliar do bulbo do olho e o músculo esfíncter da pupila	Movimento da pálpebra superior e do bulbo do olho; alteração da forma da lente para a visão de perto e constrição da pupila
IV	**Nervo troclear**	***Motor:*** Axônios de neurônios motores somáticos que estimulam os músculos oblíquos superiores	Movimento do bulbo do olho
V	**Nervo trigêmeo**	***Parte sensorial:*** Consiste em três ramos: o *nervo oftálmico* contém axônios da pele do escalpo e da fronte; o *nervo maxilar* contém axônios da pálpebra inferior, do nariz, dos dentes superiores, do lábio superior e da faringe; e o *nervo mandibular* contém axônios da língua, dos dentes inferiores e da parte inferior da face	Sensações de tato, dor, temperatura e sensibilidade muscular (propriocepção)
		Parte motora: Axônios de neurônios motores somáticos que estimulam os músculos usados na mastigação	Mastigação
VI	**Nervo abducente**	***Motor:*** Axônios de neurônios motores somáticos que estimulam os músculos retos laterais	Movimento do bulbo do olho
VII	**Nervo facial**	***Parte sensorial:*** Axônios dos botões gustatórios na língua e axônios dos proprioceptores nos músculos da face e do escalpo	Sensações gustatórias; sensibilidade muscular (propriocepção); sensações de tato, dor e temperatura

(CONTINUA)

TABELA 10.2 (CONTINUAÇÃO)

Resumo dos nervos cranianos (ver também Figura 10.8)

NÚMERO	NOME	COMPONENTES	FUNÇÃO
		Parte motora: Axônios de neurônios motores somáticos que estimulam os músculos da face, do escalpo e do pescoço, mais axônios parassimpáticos que estimulam as glândulas lacrimais e salivares	Expressões faciais; secreção de lágrimas e saliva
VIII	Nervo vestibulococlear	***Ramo vestibular, sensorial:*** Axônios dos canais semicirculares, sáculo e utrículo (órgãos do equilíbrio)	Equilíbrio
		Ramo coclear, sensorial: Axônios do órgão espiral (órgão da audição)	Audição
IX	Nervo glossofaríngeo	***Parte sensorial:*** Axônios dos botões gustatórios e de receptores sensoriais somáticos em parte da língua, de proprioceptores em alguns músculos da deglutição, e de receptores de estiramento no seio carótico e quimiorreceptores no glomo carótico	Sensações gustatórias e somáticas (tato, dor e temperatura) da língua; sensibilidade muscular (propriocepção) em alguns músculos da deglutição; monitoração da pressão sanguínea; monitoração do oxigênio e do dióxido de carbono no sangue para regulação da respiração
		Parte motora: Axônios de neurônios motores somáticos que estimulam músculos da deglutição da faringe, mais axônios parassimpáticos que estimulam uma glândula salivar	Deglutição, fala, secreção salivar
X	Nervo vago	***Parte sensorial:*** Axônios dos botões gustatórios na faringe (garganta) e epiglote; proprioceptores nos músculos do pescoço e da faringe, dos receptores de estiramento e quimiorreceptores no seio e glomo carótico, de quimiorreceptores no glomo para-aórtico e de receptores de neurônios sensoriais viscerais na maioria dos órgãos das cavidades torácica e abdominal	Sensações gustatórias e somáticas (tato, dor e temperatura) da faringe e da epiglote; monitoração da pressão sanguínea; monitoração do oxigênio e do dióxido de carbono no sangue para regulação da respiração; sensações dos órgãos viscerais no tórax e no abdome
		Parte motora: Axônios de neurônios motores somáticos que estimulam músculos esqueléticos da faringe e do pescoço, mais axônios parassimpáticos que suprem o músculo liso nas vias respiratórias, no esôfago, no estômago, no intestino delgado, na maior parte do intestino grosso e na vesícula biliar, no músculo cardíaco e nas glândulas do trato gastrintestinal	Deglutição, tosse e produção de voz; contração e relaxamento do músculo liso em órgãos do trato gastrintestinal; diminuição da frequência cardíaca; secreção de líquidos digestivos
XI	Nervo acessório	***Motor:*** Axônios de neurônios motores somáticos que estimulam os músculos esternocleidomastoideo e trapézio da garganta e do pescoço	Movimentos da cabeça e dos ombros
XII	Nervo hipoglosso	***Motor:*** Axônios de neurônios motores somáticos que estimulam os músculos usados na mastigação	Movimento da língua durante a fala e a deglutição

TESTE RÁPIDO

18. Qual é a diferença entre um nervo craniano misto e um nervo craniano sensorial?

10.6 Envelhecimento e sistema nervoso

OBJETIVO

- Descrever os efeitos do envelhecimento sobre o sistema nervoso.

O encéfalo cresce rapidamente durante os primeiros anos de vida. O crescimento se deve, principalmente, a um aumento no tamanho dos neurônios já presentes, à proliferação e ao crescimento da neuróglia, ao desenvolvimento dos ramos dendríticos e dos contatos sinápticos e à mielinização contínua dos axônios. Do início da idade adulta em diante, a massa do encéfalo diminui. Por volta dos 80 anos de idade, o encéfalo pesa aproximadamente 7% menos do que no adulto jovem. Embora o número de neurônios presentes não diminua muito, o número de contatos sinápticos diminui. Associada à diminuição da massa encefálica, ocorre uma redução na capacidade de o encéfalo enviar e receber impulsos nervosos. Como resultado, o processamento da informação diminui. A velocidade de condução diminui, os movimentos voluntários tornam-se mais lentos, e a latência dos reflexos aumenta.

TESTE RÁPIDO

19. Como a massa encefálica está relacionada à idade?

DISTÚRBIOS COMUNS

Lesão da medula espinal

A maioria das lesões da medula espinal é decorrente de traumatismos, como resultado de acidentes automobilísticos, quedas, esportes de contato, mergulhos ou atos de violência. Os efeitos das lesões dependem da extensão do traumatismo direto à medula espinal ou da compressão da medula por vértebras fraturadas ou deslocadas ou por coágulos sanguíneos. Embora qualquer segmento da medula espinal possa estar envolvido, os locais mais comuns de lesão estão nas regiões cervical, torácica inferior e lombar superior. Dependendo da localização e da extensão da lesão, pode ocorrer paralisia. ***Monoplegia*** é a paralisia de *apenas um membro*. ***Diplegia*** é a paralisia da mesma parte em *ambos* os lados do corpo. Normalmente afeta os membros inferiores mais gravemente do que os membros superiores. ***Paraplegia*** é a paralisia de *ambos os membros inferiores*. ***Hemiplegia*** é a paralisia do membro superior, tronco e membro inferior em *um* lado do corpo, e ***quadriplegia*** é a paralisia de *todos os quatro membros*.

Herpes-zóster

Herpes-zóster é uma infecção aguda do SNP provocada pelo herpes-zóster, o vírus que também provoca a varicela. Após a pessoa se recuperar da varicela, o vírus refugia-se em um gânglio sensitivo de nervo espinal. Se o vírus for reativado, pode deixar o gânglio e viajar pelos axônios sensoriais até a pele. O resultado é dor, descoloração da pele e uma linha característica de bolhas na pele. A linha de bolhas marca a distribuição de um nervo sensitivo específico pertencente ao gânglio sensitivo de nervo espinal infectado.

Esclerose lateral amiotrófica

Esclerose lateral amiotrófica (ELA) é uma doença degenerativa progressiva que ataca áreas motoras do córtex cerebral, axônios dos neurônios motores superiores e corpos celulares de neurônios motores inferiores. A ELA é comumente conhecida como *doença de Lou Gehrig*, em homenagem ao jogador de beisebol do *New York Yankees* que morreu com a doença aos 37 anos de idade, em 1941. A ELA provoca atrofia e fraqueza muscular progressiva. Normalmente se inicia em seções da medula espinal que atuam nas mãos e nos braços, mas rapidamente se espalha para comprometer todo o corpo e a face, sem afetar o intelecto e as sensações. Em geral, a morte ocorre em 2 a 5 anos. A ELA pode ser provocada pelo acúmulo na fenda sináptica do neurotransmissor glutamato, liberado pelos neurônios motores. O excesso de glutamato provoca disfunção e, finalmente, morte dos neurônios motores. O fármaco riluzol, que é usado no tratamento da ELA, reduz a lesão dos neurônios motores diminuindo a liberação de glutamato. Outros fatores implicados no desenvolvimento da ELA incluem lesão dos neurônios motores por radicais livres, respostas autoimunes, infecção viral, deficiência do fator de crescimento do nervo, apoptose (morte celular programada), toxinas ambientais e traumatismo.

Acidente vascular encefálico

O distúrbio encefálico mais comum é o ***acidente vascular encefálico (AVE)***, também chamado de *apoplexia* ou *derrame*. Os AVEs afetam 500 mil pessoas por ano nos Estados Unidos e representam a terceira causa de morte, atrás de ataques cardíacos e câncer.* Um AVE é caracterizado pelo início abrupto de sintomas persistentes, como paralisia ou perda da sensibilidade, que decorre de destruição do tecido encefálico. As causas comuns de AVE são hemorragia de um vaso sanguíneo na pia-máter ou no encéfalo, coágulos sanguíneos e formação de placas ateroscleróticas contendo colesterol que bloqueiam o fluxo sanguíneo encefálico. Os fatores de risco implicados nos AVEs são elevação da pressão sanguínea, aumento do colesterol no sangue, doenças cardíacas, estreitamento das artérias carótidas, ataques isquêmicos transitórios (discutidos a seguir), diabetes, tabagismo, obesidade e ingestão excessiva de álcool.

Ataque isquêmico transitório

Um ***ataque isquêmico transitório (AIT)*** é uma disfunção cerebral temporária provocada pela redução do fluxo sanguíneo para parte do encéfalo. Sintomas incluem tontura, fraqueza, entorpecimento ou paralisia em um membro ou em um lado do corpo; decaimento de um lado da face; cefaleia; fala arrastada ou dificuldade para compreender a fala; e perda parcial da visão ou visão dupla. Algumas vezes náuseas e vômitos também podem ocorrer. O início dos sintomas é súbito e alcança a intensidade máxima quase imediatamente. Um AIT, em geral, persiste por 5 a 10 minutos e apenas raramente dura 24 horas, e não deixa déficits neurológicos persistentes. As causas dos AITs incluem coágulos sanguíneos, aterosclerose e certos distúrbios sanguíneos.

Poliomielite

Poliomielite, ou simplesmente *pólio*, é provocada por um vírus chamado *poliovírus*. O início da doença é marcado por febre, cefaleia intensa, nuca e dorso rígidos, dor muscular profunda e fraqueza, e perda de determinados reflexos somáticos. Na sua forma mais grave, o vírus produz paralisia destruindo os corpos celulares de neurônios motores, especificamente aqueles nos cornos anteriores da substância cinzenta da medula espinal e nos núcleos dos nervos cranianos. A poliomielite provoca morte decorrente de insuficiência respiratória ou cardíaca, se o vírus invadir neurônios nos centros vitais que controlam a respiração e as funções cardíacas no tronco encefálico. Embora as vacinas contra a poliomielite tenham, praticamente, erradicado a pólio, surtos de poliomielite continuam pelo mundo. Em virtude de viagens internacionais, a poliomielite pode facilmente ser reintroduzida nos países, se as pessoas não forem vacinadas apropriadamente.

Várias décadas após sofrer um ataque grave de poliomielite, seguido de sua recuperação, algumas pessoas desenvolvem uma condição chamada ***síndrome pós-poliomielite***. Esse distúr-

*N. de R.T. Aproximadamente 68 mil mortes por AVE são registradas no Brasil anualmente, sendo a primeira causa de morte e incapacidade no país (www.brasil.gov.br/saúde).

bio neurológico é caracterizado por fraqueza muscular progressiva, fadiga extrema, perda de função e dor, especialmente nos músculos e nas articulações. A síndrome pós-poliomielite parece envolver uma degeneração lenta dos neurônios motores que inervam as fibras musculares. Fatores desencadeantes parecem ser uma queda, um pequeno acidente, cirurgia ou repouso prolongado no leito. Causas possíveis incluem uso excessivo dos neurônios motores remanescentes além do tempo necessário, neurônios motores menores por causa da infecção inicial pelo vírus, reativação de vírus da pólio adormecidos, respostas imunologicamente mediadas, deficiências hormonais e toxinas ambientais. O tratamento consiste em exercícios de fortalecimento muscular, administração de fármacos para aumentar a ação da acetilcolina na estimulação da contração muscular e administração de fatores de crescimento do nervo e do músculo.

Doença de Parkinson

Doença de Parkinson (***DP***) é um distúrbio progressivo do SNC que, em geral, afeta pessoas em torno dos 60 anos de idade. Neurônios que se estendem da substância negra até o putame e o núcleo caudado, onde liberam o neurotransmissor dopamina, se degeneram na DP. A causa da DP é desconhecida, mas substâncias químicas ambientais tóxicas, como pesticidas, herbicidas e monóxido de carbono, são agentes contribuintes suspeitos. Somente 5% dos pacientes com DP têm história familiar da doença.

Nos pacientes com DP, as contrações involuntárias dos músculos esqueléticos frequentemente interferem no movimento voluntário. Por exemplo, os músculos do membro superior podem se contrair e relaxar alternadamente, levando as mãos a se agitarem. Essa agitação, chamada de ***tremor***, é o sintoma mais comum da DP. Além disso, o tônus muscular pode aumentar muito, provocando rigidez da parte do corpo comprometida. A rigidez dos músculos faciais deixa a face com uma aparência de máscara. A expressão é caracterizada por olhos arregalados, olhar sem piscar e uma boca levemente aberta com baba descontrolada.

O desempenho motor também fica prejudicado pela ***bradicinesia***, lentidão de movimentos. Atividades como barbear-se, cortar alimentos, abotoar uma camisa tomam mais tempo e tornam-se cada vez mais difíceis à medida que a doença progride. Os movimentos musculares também exibem ***hipocinesia***, diminuição da amplitude de movimentos. Por exemplo, as palavras são escritas em tamanho menor, as letras são malformadas e, finalmente, a caligrafia torna-se ilegível. Frequentemente, o caminhar está prejudicado; os passos tornam-se mais curtos e embaralhados, e o balanço dos braços diminui. Até mesmo a fala pode ser afetada.

Doença de Alzheimer

Doença de Alzheimer (***DA***) é uma demência senil incapacitante, com perda de raciocínio e da capacidade de cuidar de si mesmo, que afeta aproximadamente 11% da população acima de 65 anos de idade. Nos Estados Unidos, a DA afeta aproximadamente 4 milhões de pessoas e ceifa mais de 100 mil vidas por ano. A causa da maioria dos casos de DA ainda é desconhecida, mas as evidências mostram que é decorrente de uma combinação de fatores genéticos, fatores ambientais ou do estilo de vida e o processo de envelhecimento. Mutações em três diferentes genes (que codificam as proteínas pré-senilina-1, pré-senilina-2 e precursora da amiloide) conduzem às formas de início precoce da DA nas famílias afetadas, mas são responsáveis por menos de 1% de todos os casos. Um fator de risco ambiental para o desenvolvimento da DA é uma história de lesão cerebral. Uma demência semelhante ocorre nos boxeadores, provavelmente provocada por impactos repetidos na cabeça.

Os indivíduos com DA inicialmente apresentam problemas para lembrar eventos recentes. Tornam-se confusos e mais esquecidos, repetindo com frequência perguntas ou se perdendo durante o trajeto para locais anteriormente conhecidos. A desorientação aumenta; as memórias de eventos passados desaparecem; e podem ocorrer episódios de paranoia, alucinações ou alterações violentas de humor. À medida que a mente continua a se deteriorar, os pacientes com DA perdem sua capacidade para ler, escrever, falar, comer ou caminhar. Na necropsia, encéfalos de vítimas da DA apresentam três anormalidades estruturais distintas: (1) perda dos neurônios que liberam acetilcolina de uma região encefálica chamada de núcleo basilar, localizada abaixo do globo pálido; (2) placas beta-amiloides, aglomerados de proteínas anormais depositados fora dos neurônios; e (3) emaranhados neurofibrilares, feixes anormais de filamentos proteicos dentro dos neurônios, nas regiões encefálicas afetadas. Uma pessoa com DA geralmente morre de alguma complicação que afeta pacientes confinados ao leito, como a pneumonia.

TERMINOLOGIA E CONDIÇÕES MÉDICAS

Analgesia Alívio da dor.

Anestesia Perda de sensação.

Bloqueio nervoso Perda da sensibilidade, decorrente da injeção de um anestésico local; um exemplo é a anestesia local odontológica.

Ciática Tipo de neurite caracterizado por dor intensa ao longo do trajeto do nervo isquiático ou de seus ramos; pode ser provocada por um disco intervertebral deslocado, lesão pélvica, osteoartrite da coluna vertebral ou pressão do útero em expansão durante a gravidez.

Demência Perda geral permanente ou progressiva das capacidades intelectuais, incluindo prejuízo da memória, do julgamento e do pensamento abstrato, e alterações na personalidade.

Encefalite Inflamação aguda do encéfalo, provocada por um ataque direto de diversos vírus ou por uma reação alérgica a qualquer um dos muitos vírus que são normalmente inofensivos para o SNC. Se o vírus também afetar a medula espinal, a condição é chamada ***encefalomielite***.

Meningite Inflamação das meninges.

Neuralgia Ataque de dor ao longo de toda a extensão ou ramo de um nervo sensitivo periférico.

Neurite Inflamação de um ou de diversos nervos, resultante da irritação provocada por fraturas ósseas, contusões ou lesões penetrantes. Causas adicionais incluem infecções, deficiência vitamínica (geralmente de tiamina) e venenos, como monóxido de carbono, tetracloreto de carbono, metais pesados e algumas drogas.

Síndrome de Reye Ocorre após uma infecção viral, especificamente varicela ou influenza, mais frequentemente em crianças ou adolescentes que tomaram ácido acetilsalicílico; é caracterizada por vômitos e disfunção cerebral (desorientação, letargia e alterações de personalidade) que pode progredir para coma e morte.

REVISÃO DO CAPÍTULO

10.1 Estrutura da medula espinal

1. A medula espinal é protegida pela coluna vertebral, pelas **meninges** e pelo LCS. As meninges são três camadas de revestimento de tecido conectivo da medula espinal e do encéfalo: **dura-máter**, **aracnoide-máter** e **pia-máter**.
2. A remoção do LCS do **espaço subaracnóideo** é chamada **punção lombar**. O procedimento é utilizado para remover LCS e introduzir antibióticos, anestésicos e quimioterapia.
3. A **medula espinal** se estende da parte mais inferior do encéfalo, o bulbo, até a margem superior da segunda vértebra lombar, na coluna vertebral. Contém as **intumescências cervical** e **lombossacral**, que atuam como pontos de origem dos nervos para os membros.
4. As raízes dos nervos que se originam nas regiões lombar, sacral e coccígea da medula são chamadas de **cauda equina**. Os **nervos espinais** estão conectados à medula espinal por meio de uma **raiz posterior** e uma **raiz anterior**.
5. Todos os nervos espinais são nervos mistos, contendo axônios sensoriais e motores.
6. A substância cinzenta na medula espinal é dividida em cornos, e a substância branca é dividida em funículos. Partes da medula espinal observadas no corte transversal são o canal central da medula espinal; os **cornos anterior, posterior** e **lateral da substância cinzenta**; os **funículos** anterior, posterior e lateral; e os tratos **sensoriais (ascendentes)** e **motores (descendentes)**.

10.2 Nervos espinais

1. Os 31 pares de nervos espinais são nomeados e numerados de acordo com a região e o nível da medula espinal dos quais emergem.
2. Existem oito pares de nervos cervicais, 12 pares de nervos torácicos, cinco pares de nervos lombares, cinco pares de nervos sacrais e um par de nervos coccígeos.
3. Os ramos dos nervos espinais, exceto de T2 a T11, formam redes de nervos chamadas **plexos**. Os nervos de T2 a T11 não formam plexos e são chamados **nervos intercostais**.
4. Os principais plexos são o **cervical**, o **braquial**, o **lombar** e o **sacral**.

10.3 Funções da medula espinal

1. A substância branca e a substância cinzenta da medula espinal têm duas funções principais na manutenção da homeostasia. A substância branca atua como via principal para a condução dos impulsos nervosos. A substância cinzenta recebe e integra a informação que chega e que sai e é o local de integração dos reflexos.
2. Um **reflexo** é uma sequência rápida e involuntária de ações que ocorre em resposta a um estímulo específico. Os componentes básicos de um **arco reflexo** são **receptor**, **neurônio sensorial**, **centro de integração**, **neurônio motor** e **efetor**.

10.4 Encéfalo

1. As principais partes do **encéfalo** são **tronco encefálico**, **diencéfalo**, **cerebelo** e **telencéfalo** (ver Tab. 10.1). O encéfalo é bem suprido com oxigênio e nutrientes. Qualquer interrupção do suprimento de oxigênio para o encéfalo debilita, danifica permanentemente ou mata as células encefálicas. A deficiência de glicose pode produzir tonturas, convulsões e inconsciência.
2. A **barreira hematencefálica** (**BHE**) limita a passagem de determinados materiais do sangue para o encéfalo. O encéfalo também é protegido pelos ossos do crânio, pelas meninges e pelo LCS. As **meninges encefálicas** são contínuas com as meninges espinais e são denominadas **dura-máter**, **aracnoide-máter** e **pia-máter**. O **LCS** é formado nos **plexos corióideos** e circula continuamente por meio do espaço subaracnóideo, **ventrículos** e canal central. O LCS protege, atuando como um absorvente de choques; entrega nutrientes do sangue; e remove resíduos.

3. O tronco encefálico consiste em **bulbo, ponte** e **mesencéfalo,** juntamente com agrupamentos de corpos celulares neuronais chamados de **formação reticular**. O bulbo é contínuo com a parte superior da medula espinal e contém regiões para regular a frequência cardíaca, o diâmetro dos vasos sanguíneos, a respiração, a deglutição, a tosse, o vômito, o espirro e o soluço. Os nervos cranianos de VIII a XII se originam no bulbo. A ponte liga uma parte do encéfalo a outra; retransmite os impulsos para os movimentos esqueléticos voluntários do córtex cerebral para o cerebelo; e contém duas regiões que controlam a respiração. Os nervos cranianos de V a VII e parte do VIII se originam na ponte. O mesencéfalo, localizado entre a ponte e o diencéfalo, conduz impulsos motores do telencéfalo para o cerebelo e para a medula espinal, envia impulsos sensoriais da medula espinal para o tálamo, e intermedia os reflexos visuais e auditivos. Além disso, contém **núcleos** associados com os nervos cranianos III e IV. A formação reticular é um arranjo semelhante a uma rede de substância cinzenta e branca, se estendendo por todo o tronco encefálico, que alerta o córtex cerebral para os sinais sensoriais que estão chegando e ajuda a regular o tônus muscular.
4. O diencéfalo consiste em **tálamo**, **hipotálamo** e **glândula pineal**. O tálamo contém núcleos que atuam como estações de retransmissão para impulsos sensoriais para o córtex cerebral, e contribui para as funções motoras, transmitindo informações do cerebelo e dos núcleos da base para áreas motoras do córtex cerebral. O hipotálamo, localizado abaixo do tálamo, controla o SNA, secreta hormônios, funciona em períodos de raiva e agressividade, governa a temperatura corporal, regula a ingestão de alimento e líquido e estabelece os ritmos circadianos. A glândula pineal secreta melatonina, que está envolvida no estabelecimento do relógio biológico do corpo.
5. O cerebelo, que ocupa as faces inferior e posterior da cavidade do crânio, se fixa ao tronco encefálico por meio dos **pedúnculos cerebelares**. Coordena os movimentos e ajuda a manter normais o tônus muscular, a postura e o equilíbrio.
6. O telencéfalo é a maior parte do encéfalo. Seu córtex contém **giros** (circunvoluções), **fissuras** e **sulcos**. Os lobos cerebrais são **frontal**, **parietal**, **temporal** e **occipital**. A **substância branca do cérebro** encontra-se profunda ao córtex cerebral e consiste em axônios mielínicos e amielínicos que se estendem para outras regiões do SNC. Os **núcleos da base** são diversos grupos de núcleos, em cada hemisfério cerebral, que ajudam a controlar os movimentos automáticos dos músculos esqueléticos, além de regular o tônus muscular.
7. O **sistema límbico**, que envolve a parte superior do tronco encefálico e o **corpo caloso**, atua nos aspectos emocionais do comportamento e memória.
8. As **áreas sensoriais** do córtex cerebral recebem e interpretam as informações sensoriais. As **áreas motoras** governam os movimentos musculares. As **áreas de associação** se ocupam dos processos emocionais e intelectuais. As **vias sensoriais somáticas** dos receptores para o córtex cerebral envolvem conjuntos de três neurônios. A **via coluna dorsal-lemnisco medial** retransmite impulsos nervosos de tato, pressão, vibração e propriocepção consciente. A **via espinotalâmica** retransmite impulsos de dor, temperatura, prurido e cócegas. Todas as **vias motoras somáticas** que controlam o movimento convergem para os **neurônios motores inferiores**. Sinais para os neurônios motores inferiores vêm de interneurônios locais, **neurônios motores superiores**, neurônios dos núcleos da base e neurônios cerebelares.
9. Existem diferenças anatômicas sutis entre os dois hemisférios cerebrais, e cada um tem algumas funções exclusivas. Essa assimetria funcional é chamada **lateralização hemisférica**. **Memória**, a capacidade para armazenar e lembrar pensamentos, envolve mudanças persistentes no encéfalo. Ondas cerebrais geradas pelo córtex cerebral são registradas como um **EEG**, que pode ser utilizado para diagnosticar epilepsia, infecções e tumores.

10.5 Nervos cranianos

1. Os 12 pares de **nervos cranianos** emergem do encéfalo.
2. Como os nervos espinais, os nervos cranianos são componentes do SNP. Ver Tabela 10.2 para nomes, componentes e funções de cada um dos nervos cranianos.

10.6 Envelhecimento e o sistema nervoso

1. O encéfalo cresce rapidamente durante os primeiros anos de vida.
2. Os efeitos relacionados com idade envolvem a perda de massa encefálica e a redução da capacidade para enviar impulsos nervosos.

APLICAÇÕES DO PENSAMENTO CRÍTICO

1. Após alguns poucos dias de uso de suas novas muletas, os braços e as mãos de Cátia estavam com formigamentos e entorpecidos. O fisioterapeuta disse que ela tinha um caso de "paralisia da muleta", provocada pelo uso inapropriado. Cátia apoiou suas axilas nas muletas enquanto mancava. O que causou o entorpecimento nos braços e mãos?
2. Poucos dias após um pequeno acidente de carro, Joana sofreu problemas na visão e está sentindo pressão no dorso da cabeça. Após uma série de procedimentos diagnósticos, o médico informa que ela precisa imediatamente "drenar a água do cérebro". Explique para Joana o que o cirurgião planeja fazer e por que ela tem "água no cérebro."

3. Uma parente idosa sofreu um AVE e agora tem dificuldade com o movimento do membro superior direito. Além disso, está trabalhando com um terapeuta em razão de alguns problemas na fala. Quais áreas do cérebro foram lesadas pelo AVE?

4. Lynn acendeu a luz quando ouviu o marido gritar. Kyle estava saltando sobre o pé esquerdo, enquanto segurava o pé direito com a mão. Um prego projetava-se da parte de baixo do seu pé. Explique a reação de Kyle ao pisar no prego.

RESPOSTAS ÀS QUESTÕES DAS FIGURAS

10.1 O LCS circula no espaço subaracnóideo.

10.2 Os nervos espinais são componentes do SNP.

10.3 Um corno é uma área de substância cinzenta, e um funículo é uma região de substância branca na medula espinal.

10.4 Todos os nervos espinais são mistos (têm componentes sensoriais e motores), porque a raiz posterior contendo axônios sensoriais e a raiz anterior contendo axônios motores se unem para formar o nervo espinal.

10.5 Axônios dos neurônios sensoriais são parte da raiz posterior, e axônios dos neurônios motores são parte da raiz anterior.

10.6 O bulbo do tronco encefálico se liga à medula espinal.

10.7 O LCS é formado nos plexos corióideos e reabsorvido pelas granulações aracnóideas para o sangue, no seio sagital superior.

10.8 O mesencéfalo contém os pedúnculos cerebrais.

10.9 Os colículos superiores governam os movimentos dos olhos para acompanhar imagens em movimento e explorar imagens estacionárias e são responsáveis pelos reflexos que governam os movimentos dos olhos, da cabeça e do pescoço em resposta aos estímulos visuais.

10.10 Os núcleos da base estão localizados no telencéfalo e são compostos por substância cinzenta.

10.11 A fissura longitudinal do cérebro separa os hemisférios cerebrais direito e esquerdo.

10.12 O sistema límbico está localizado na margem interna do telencéfalo e no assoalho (parte inferior) do diencéfalo.

10.13 A área somatossensorial primária localiza as sensações somáticas.

10.14 Lesão dos tratos espinotalâmicos produz perda das sensações de dor, de temperatura, de prurido e de cócegas.

10.15 Na medula espinal, os tratos corticospinais lateral e anterior conduzem impulsos ao longo dos axônios de neurônios motores superiores.

CAPÍTULO 11

DIVISÃO AUTÔNOMA DO SISTEMA NERVOSO

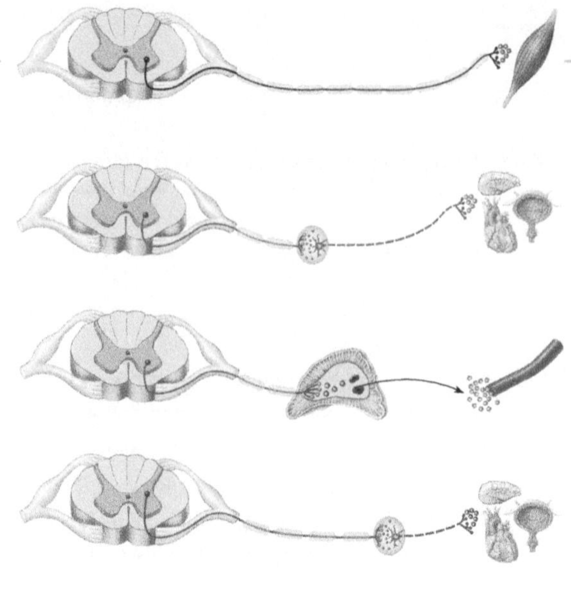

É final de semestre, você estudou ativamente para a prova final de Anatomia e Fisiologia e, agora, é a hora da prova. Quando você entra na sala lotada e senta, percebe a tensão na sala à medida que outros estudantes conversam nervosamente sobre os detalhes de última hora que consideram importante saber para a prova. Subitamente, você sente o coração disparar com ansiedade – ou é preocupação? Percebe que a boca se torna um pouco seca e começa a suar frio. Além disso, percebe que a respiração está um pouco mais acelerada e mais profunda. Enquanto espera o professor entregar a prova, esses sintomas tornam-se cada vez acentuados. Finalmente a prova chega à sua carteira. Assim que você, vagarosamente, folheia a prova para examinar as questões, reconhece que consegue respondê-las com segurança. Que alívio! Os sintomas começam a desaparecer assim que você se concentra na transferência de conhecimento do encéfalo para o papel. A maioria dos efeitos que acabamos de descrever está sob o controle da **divisão autônoma do sistema nervoso (SNA)**, parte do sistema nervoso que regula o músculo liso, o músculo cardíaco e determinadas glândulas. Lembre-se de que, juntas, o SNA e a parte somática do sistema nervoso formam a parte periférica do sistema nervoso (SNP) (ver Fig. 9.1). O SNA era originalmente denominada *autônoma*, porque se acreditava que funcionasse independentemente. Embora o SNA normalmente atue sem controle consciente do córtex cerebral, é regulada por outras regiões do encéfalo, basicamente pelo hipotálamo e pelo tronco encefálico. Neste capítulo, comparamos as características funcionais e estruturais do SNA com aquelas da parte somática do sistema nervoso. Em seguida, estudamos a anatomia da parte motora do SNA e comparamos a organização e as ações de seus dois principais ramos, as partes simpática e parassimpática.

OLHANDO PARA TRÁS PARA AVANÇAR...

Estruturas do sistema nervoso (Seção 9.1)

Componentes sensoriais e motores do SNA e seus efetores (Seção 9.1)

11.1 Comparação entre a parte somática e a divisão autônoma do sistema nervoso

OBJETIVO

- Comparar **as principais estruturas e funções entre a parte somática e a divisão autônoma do sistema nervoso.**

Como aprendemos no Capítulo 10, a parte somática do sistema nervoso inclui os neurônios motores e sensoriais. Os neurônios sensoriais conduzem sinais dos receptores para os sentidos especiais (visão, audição, paladar, olfato e equilíbrio, descritos no Capítulo 12) e dos receptores para os sentidos somáticos (sensações dolorosa, térmica, tátil e proprioceptiva). Todos esses sentidos normalmente são percebidos conscientemente. Por sua vez, os neurônios motores somáticos inervam o músculo esquelético – o tecido efetor da parte somática do sistema nervoso – e produz tanto movimentos conscientes quanto voluntários. Quando um neurônio motor somático estimula um músculo esquelético, o músculo se contrai. Se os neurônios motores interrompem o estímulo muscular, o resultado é um músculo flácido paralisado, sem tônus muscular. Além disso, embora não estejamos geralmente conscientes da respiração, os músculos que geram os movimentos respiratórios são músculos esqueléticos controlados pelos neurônios motores somáticos. Se neurônios motores respiratórios se tornam inativos, a respiração para.

O principal sinal para o SNA se origina dos ***neurônios sensoriais autônomos***. Esses neurônios estão associados com receptores sensoriais que monitoram condições internas, como o nível sanguíneo de CO_2 ou o grau de estiramento das paredes dos órgãos internos ou dos vasos sanguíneos. Quando as vísceras estão funcionando de modo apropriado, esses sinais sensoriais geralmente não são percebidos de forma consciente.

Os ***neurônios motores autônomos*** regulam atividades nos tecidos efetores, que são os músculos cardíaco e liso e as glândulas, tanto por estimulação quanto por inibição. Ao contrário do músculo esquelético, esses tecidos funcionam até certo ponto, mesmo se o suprimento nervoso estiver comprometido. Por exemplo, o coração continua a bater quando é removido para transplante. Alterações no diâmetro das pupilas, na dilatação e constrição dos vasos sanguíneos e no ajuste da frequência e intensidade dos batimentos cardíacos são exemplos de respostas motoras autônomas. Como a maioria das respostas autônomas não é alterada ou suprimida conscientemente em qualquer grau significativo, é a base para os testes poligráficos ("detector de mentira"). Todavia, praticantes de ioga ou de outras técnicas de meditação e aqueles que empregam métodos de *biofeeedback* podem aprender a modular atividades do SNA. Podem, por exemplo, ser capazes de diminuir voluntariamente a frequência cardíaca ou a pressão sanguínea.

Lembre-se do Capítulo 8, no qual o axônio de um único neurônio motor somático mielinizado se estende desde a parte central do sistema nervoso (SNC) até as fibras musculares esqueléticas em sua unidade motora (Fig. 11.1a). Em comparação, a maioria das vias motoras autônomas consiste em *dois* neurônios (Fig. 11.1b). O primeiro

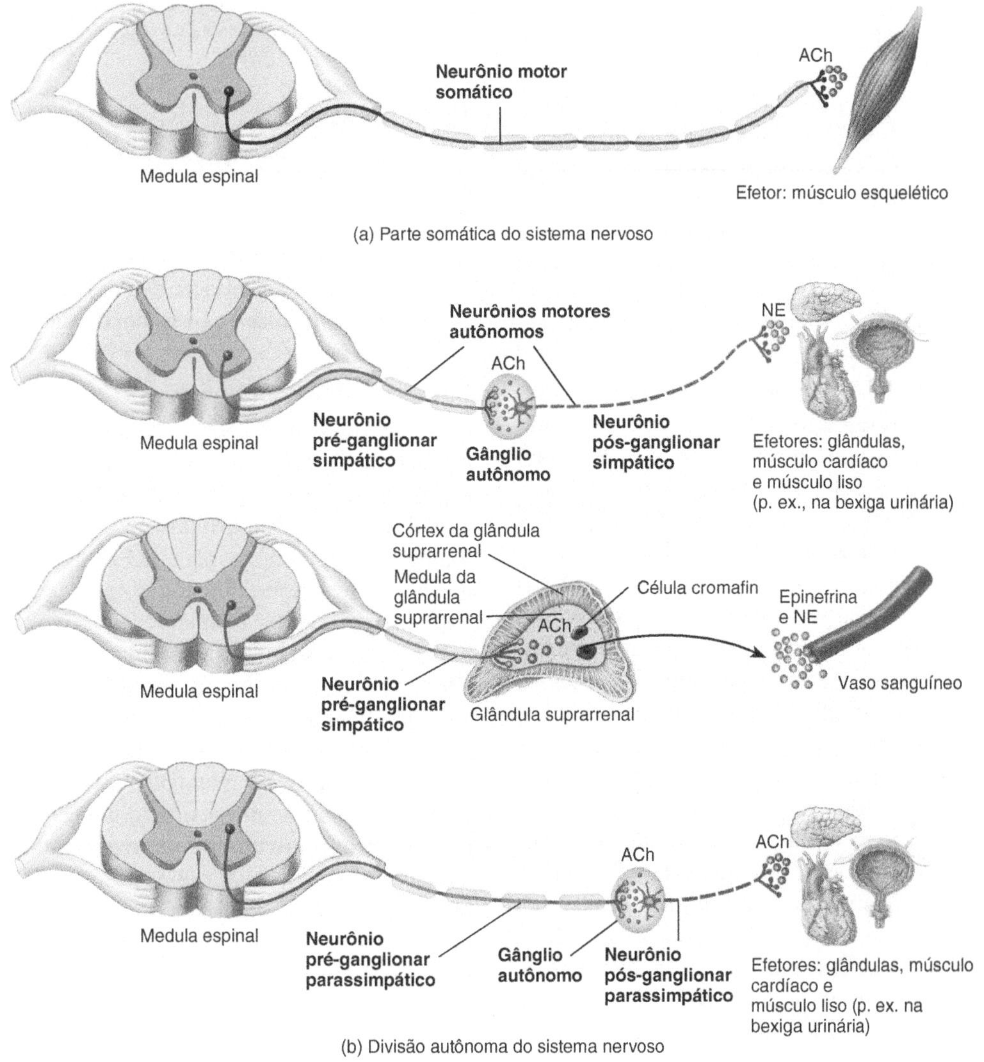

O que significa "inervação dupla"?

Figura 11.1 Comparação das vias dos neurônios motores somáticos e autônomos para os seus tecidos efetores.

A estimulação pelos neurônios motores autônomos tanto excita quanto inibe o músculo liso, o músculo cardíaco e as glândulas. A estimulação pelos neurônios motores somáticos sempre causa a contração do músculo esquelético.

TABELA 11.1

Comparação entre a divisão autônoma e a parte somática do sistema nervoso

PROPRIEDADE	PARTE SOMÁTICA DO SISTEMA NERVOSO	DIVISÃO AUTÔNOMA DO SISTEMA NERVOSO
Efetores	Músculos esqueléticos	Músculo cardíaco, músculo liso e glândulas
Tipo de controle	Principalmente voluntário	Principalmente involuntário
Via nervosa	Um neurônio motor estende-se do SNC e faz sinapse diretamente com uma fibra muscular esquelética	Um neurônio motor estende-se do SNC e faz sinapse com outro neurônio motor em um gânglio; o segundo neurônio motor faz sinapse com um efetor autônomo
Neurotransmissor	Acetilcolina	Acetilcolina ou norepinefrina
Ação do neurotransmissor sobre o efetor	Sempre excitatória (causando contração do músculo esquelético)	Pode ser excitatória (causando contração do músculo liso, frequência cardíaca aumentada, força de contração do coração aumentada ou secreção aumentada das glândulas) ou inibitória (causando relaxamento do músculo liso, frequência cardíaca diminuída ou secreção diminuída das glândulas)

neurônio tem seu corpo celular no SNC; seu axônio mielinizado se estende no SNC, como parte de um nervo craniano ou espinal, até um ***gânglio autônomo***. (Lembre-se de que um *gânglio* é uma coleção de corpos celulares neuronais no SNP.) O corpo celular do segundo neurônio está também naquele gânglio autônomo; seu axônio amielínico se estende diretamente do gânglio até o efetor (músculo liso, músculo cardíaco ou glândula). Alternativamente, em algumas vias autônomas, o primeiro neurônio motor se estende até as medulas da glândula suprarrenal (partes internas das glândulas suprarrenais), e não até um gânglio autônomo. Além disso, todos os neurônios motores somáticos liberam apenas acetilcolina (ACh, do inglês *acetylcholine*) como neurotransmissor, mas neurônios motores autônomos liberam ACh ou norepinefrina (NE).

A parte do SNA que retransmite os sinais (motora) possui duas divisões: a ***parte simpática*** e a ***parte parassimpática***. A maioria dos órgãos possui **inervação dupla**, isto é, recebe impulsos dos neurônios simpáticos e parassimpáticos. Em geral, os impulsos nervosos provenientes de uma parte do SNA estimulam o órgão para aumentar sua atividade (excitação), e impulsos provenientes da outra parte diminuem a atividade do órgão (inibição). Por exemplo, um aumento na frequência dos impulsos nervosos provenientes da parte simpática aumenta a frequência cardíaca, ao passo que um aumento na frequência dos impulsos nervosos provenientes da parte parassimpática diminui a frequência cardíaca. A Tabela 11.1 resume as semelhanças e as diferenças entre a divisão autônoma e a parte somática do sistema nervoso.

TESTE RÁPIDO

1. Por que a divisão autônoma do sistema nervoso é assim chamada?
2. Quais são os principais componentes de transmissão e recepção da divisão autônoma do sistema nervoso?

11.2 Estrutura da divisão autônoma do sistema nervoso

OBJETIVOS

- Identificar as características estruturais do SNA.
- Comparar a organização das vias autônomas nas partes simpática e parassimpática.

Componentes anatômicos

O primeiro dos dois neurônios motores em qualquer via motora autônoma é chamado de ***neurônio pré-ganglionar*** (Fig. 11.1b). Seu corpo celular está no encéfalo ou na medula espinal, e seu axônio deixa o SNC como parte de um nervo espinal ou craniano. O axônio de um neurônio pré-ganglionar normalmente se estende até um gânglio autônomo, no qual faz sinapses com um ***neurônio pós-ganglionar***, o segundo neurônio na via motora autônoma (Fig. 11.1b). Observe que o neurônio pós-ganglionar se situa totalmente fora do SNC. Seu corpo celular e seus dendritos estão localizados em um gânglio autônomo, no qual forma sinapses com um ou mais axônios pré-ganglionares. O axônio de um neurônio pós-ganglionar termina em um efetor (músculo liso, músculo cardíaco ou glândula). Portanto, neurônios pré-ganglionares conduzem impulsos nervosos do SNC para os gânglios autônomos, e os neurônios pós-ganglionares retransmitem os impulsos dos gânglios autônomos para os efetores.

Organização da parte simpática

A parte simpática do SNA também é chamada de *parte toracolombar*, porque os impulsos nervosos simpáticos se originam dos segmentos torácicos e lombares da medula espinal (Fig. 11.2). Os neurônios pré-ganglionares simpáticos têm seus corpos celulares nos 12 segmentos torácicos e nos dois ou três primeiros segmentos lombares da

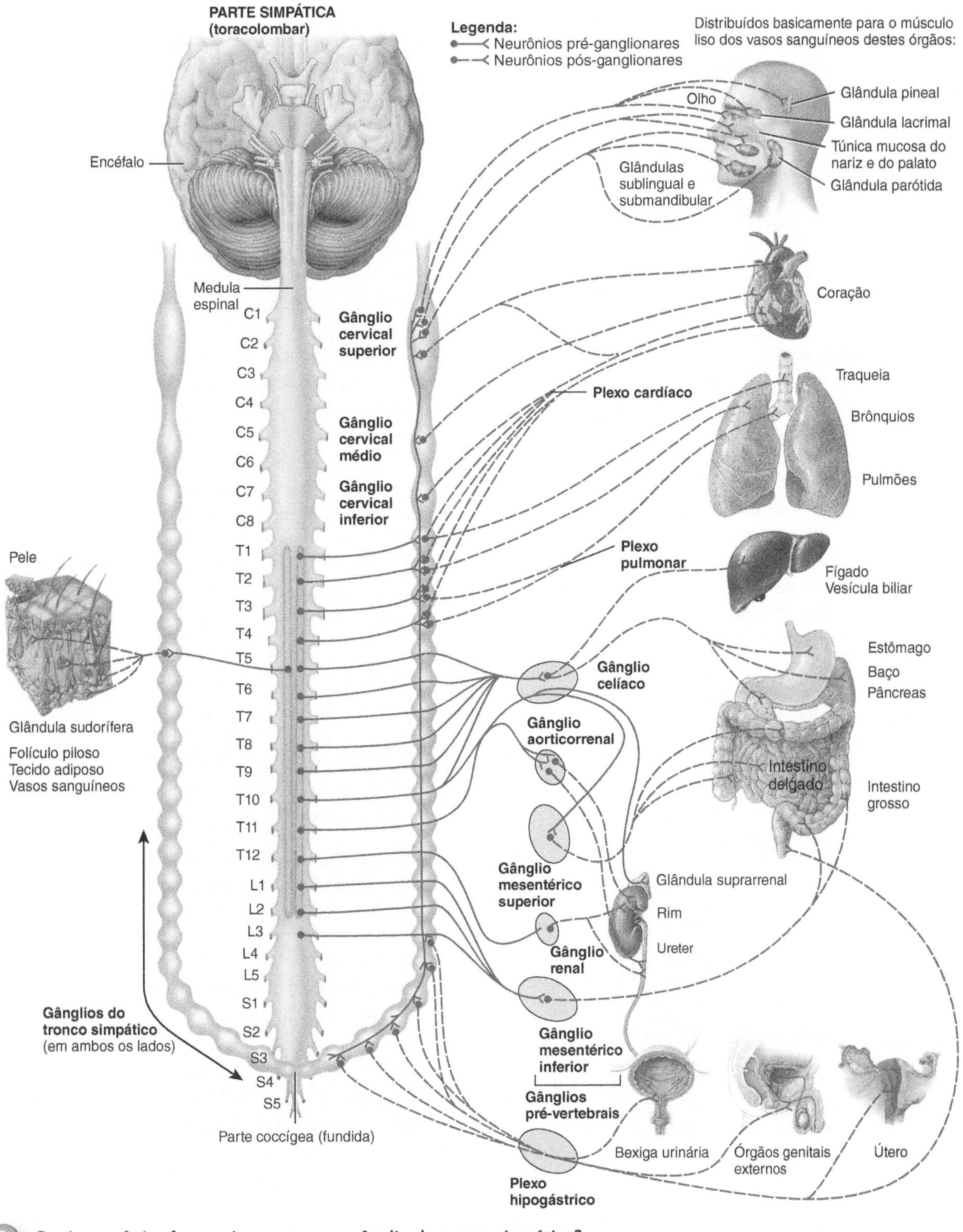

Quais neurônios fazem sinapse em um gânglio do tronco simpático?

Figura 11.2 Estrutura da parte simpática da divisão autônoma do sistema nervoso. Embora algumas estruturas inervadas estejam diagramadas somente em um lado do corpo, a parte simpática, na verdade, inerva tecidos e órgãos em ambos os lados.

Os corpos celulares dos neurônios pré-ganglionares simpáticos estão localizados na substância cinzenta dos 12 segmentos torácicos e nos dois ou três primeiros segmentos lombares da medula espinal.

medula espinal. Os axônios pré-ganglionares emergem da medula espinal por meio da raiz anterior de um nervo espinal, juntamente com os axônios dos neurônios motores somáticos. Após deixarem a medula espinal, os axônios pré-ganglionares simpáticos se estendem até um gânglio simpático.

Nos gânglios simpáticos, os neurônios pré-ganglionares simpáticos fazem sinapse com os neurônios pós-ganglionares. Como os gânglios do tronco simpático estão próximos da medula espinal, a maioria dos axônios pré-ganglionares simpáticos é curta. Os ***gânglios do tronco simpático*** se situam em duas fileiras verticais, uma de cada lado da coluna vertebral (Fig. 11.2). A maioria dos axônios pós-ganglionares que emerge dos gânglios do tronco simpático supre órgãos acima do diafragma. Outros gânglios simpáticos, os ***gânglios pré-vertebrais***, se situam anteriores à coluna vertebral e próximos das grandes artérias abdominais. Esses incluem os *gânglios celíaco, aorticorrenal, mesentérico superior, renal e mesentérico inferior.* Em geral, os axônios pós-ganglionares que emergem dos gânglios pré-vertebrais inervam os órgãos abaixo do diafragma. No tórax, no abdome e na pelve, os axônios dos neurônios simpáticos e parassimpáticos formam redes emaranhadas, chamadas ***plexos autônomos***, muitas das quais se situam ao longo das artérias principais.

Uma vez que o axônio de um neurônio pré-ganglionar da parte simpática entra em um gânglio do tronco simpático, pode seguir um destes quatro caminhos:

1. Pode fazer sinapse com os neurônios pós-ganglionares no primeiro gânglio do tronco simpático que encontrar.
2. Pode subir ou descer para um gânglio superior ou inferior do tronco simpático, antes de fazer sinapse com os neurônios pós-ganglionares.
3. Pode continuar, sem fazer sinapse, por meio do gânglio do tronco simpático para terminar em um gânglio pré-vertebral e fazer sinapse com os neurônios pós-ganglionares presentes.
4. Pode se estender e terminar na medula da glândula suprarrenal.

Um único axônio pré-ganglionar simpático tem muitos ramos e pode fazer sinapse com 20 ou mais neurônios pós-ganglionares. Desse modo, os impulsos nervosos que se originam em um único neurônio pré-ganglionar podem ativar muitos neurônios pós-ganglionares diferentes, que, por sua vez, fazem sinapse com vários efetores autônomos. Esse padrão ajuda a explicar o motivo pelo qual as respostas simpáticas afetam órgãos por todo o corpo quase simultaneamente.

A maioria dos axônios pós-ganglionares que deixa os gânglios do tronco simpático cervical atua na cabeça. Eles são distribuídos para as glândulas sudoríferas, para os músculos lisos dos olhos, para os vasos sanguíneos da face, para a túnica mucosa do nariz e para as glândulas salivares. Uns poucos axônios pós-ganglionares dos gânglios do tronco simpático cervical suprem o coração. Na região torácica, axônios pós-ganglionares do tronco simpático atuam no coração, nos pulmões e nos brônquios. Alguns axônios dos níveis torácicos também suprem as glândulas sudoríferas, os vasos sanguíneos e os músculos lisos dos folículos pilosos na pele. No abdome, axônios dos neurônios pós-ganglionares que deixam os gânglios pré-vertebrais seguem o curso de várias artérias até os efetores autônomos abdominais e pélvicos.

A parte simpática do SNA também inclui parte das glândulas suprarrenais (Fig. 11.2). A parte interna da glândula suprarrenal, a ***medula da glândula suprarrenal***, se desenvolve a partir do mesmo tecido embrionário que os gânglios simpáticos, e suas células são similares aos neurônios pós-ganglionares simpáticos. No entanto, em vez de se estenderem para outro órgão, essas células liberam hormônios no sangue. Com a estimulação pelos neurônios pré-ganglionares simpáticos, as células da medula da glândula suprarrenal liberam uma mistura de hormônios – aproximadamente 80% de ***epinefrina*** e 20% de ***norepinefrina***. Esses hormônios circulam por todo o corpo e intensificam as respostas obtidas pelos neurônios pós-ganglionares simpáticos.

CORRELAÇÕES CLÍNICAS | Síndrome de Horner

Na síndrome de Horner, a estimulação simpática de um lado da face é perdida em virtude de uma mutação hereditária, de uma lesão ou de uma doença que afeta o estímulo simpático por meio do gânglio cervical superior. Os sinais ocorrem na cabeça, no lado afetado, e incluem queda da pálpebra superior, pupila contraída e ausência de transpiração. •

Organização da parte parassimpática

A parte parassimpática (Fig. 11.3) também é chamada de *parte craniossacral* porque os impulsos nervosos parassimpáticos se originam de núcleos de nervos cranianos e de segmentos sacrais da medula espinal. Os corpos celulares dos neurônios pré-ganglionares parassimpáticos estão localizados nos núcleos de quatro nervos cranianos (III, VII, IX e X), no tronco encefálico e no segundo até o quarto segmentos sacrais da medula espinal (S2, S3 e S4) (Fig. 11.3). Os axônios pré-ganglionares parassimpáticos emergem do SNC como parte de um nervo craniano ou como parte da raiz anterior de um nervo espinal. Axônios do nervo vago (X) transportam aproximadamente 80% do total dos impulsos parassimpáticos. No tórax, axônios do nervo vago se estendem até os gânglios no coração e nas vias respiratórias dos pulmões. No abdome, axônios

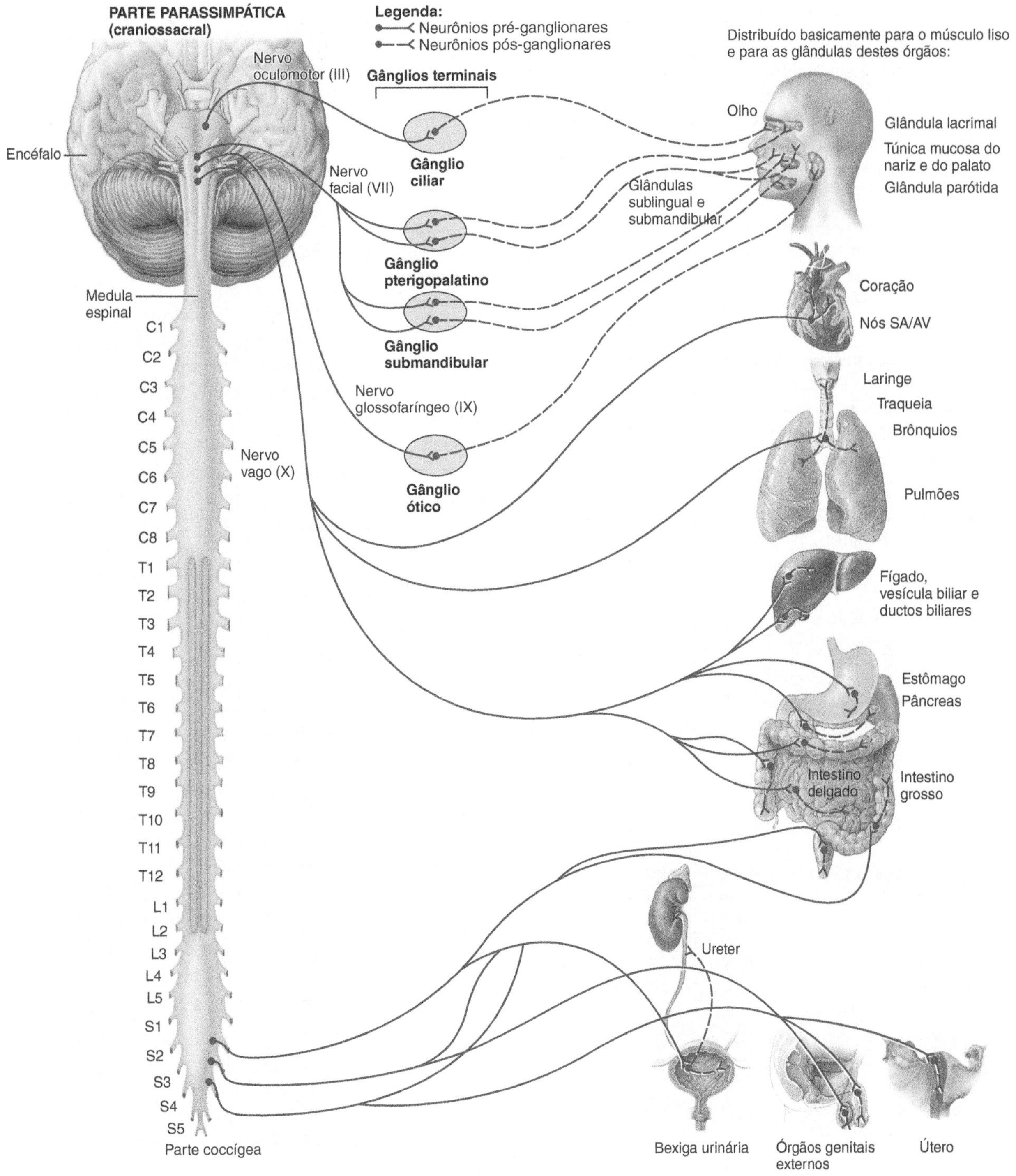

Qual parte, simpática ou parassimpática, tem axônios pré-ganglionares mais longos? (Dica: Compare as Figs. 11.2 e 11.3.)

Figura 11.3 **Estrutura da parte parassimpática da divisão autônoma do sistema nervoso.** Embora algumas estruturas inervadas estejam diagramadas em um lado do corpo, a parte parassimpática, na verdade, inerva órgãos em ambos os lados.

Os corpos celulares dos neurônios pré-ganglionares parassimpáticos estão localizados em núcleos do tronco encefálico e na substância cinzenta do segundo até o quarto segmentos sacrais da medula espinal.

do nervo vago se estendem até os gânglios no fígado, no estômago, no pâncreas, no intestino delgado e em parte do intestino grosso. Os axônios pré-ganglionares parassimpáticos deixam a parte sacral da medula espinal nas raízes anteriores do segundo ao quarto nervos sacrais. Os axônios, em seguida, se estendem até os gânglios nas paredes do colo, ureteres, bexiga urinária e órgãos genitais femininos internos.

Axônios pré-ganglionares da parte parassimpática fazem sinapse com os neurônios pós-ganglionares nos ***gânglios terminais***, que estão localizados próximos ou no interior da parede do órgão inervado. Os gânglios terminais, na cabeça, recebem axônios pré-ganglionares dos nervos cranianos oculomotor (III), facial (VII) ou glossofaríngeo (IX) e suprem estruturas na cabeça (Fig. 11.3). Axônios no nervo vago (X) se estendem para muitos gânglios terminais no tórax e no abdome. Como os axônios dos neurônios pré-ganglionares parassimpáticos se estendem do tronco encefálico ou da parte sacral da medula espinal até um gânglio terminal em um órgão inervado, são mais longos do que a maioria dos axônios dos neurônios pré-ganglionares simpáticos (compare as Figs. 11.2 e 11.3).

Em comparação com os axônios pré-ganglionares, a maioria dos axônios pós-ganglionares parassimpáticos é muito curta, porque os gânglios terminais se situam nas paredes dos seus efetores autônomos. No gânglio, o neurônio pré-ganglionar geralmente faz sinapse com somente quatro ou cinco neurônios pós-ganglionares, os quais suprem o mesmo efetor. Desse modo, as respostas parassimpáticas estão localizadas em um único efetor.

CORRELAÇÕES CLÍNICAS | Megacolo

Um megacolo é um colo do intestino anormalmente grande. No megacolo congênito, os nervos parassimpáticos para o segmento distal do colo do intestino não se desenvolvem adequadamente. A perda da função motora no segmento provoca dilatação maciça da parte proximal do colo do intestino normal. A condição resulta em constipação extrema, distensão abdominal e, ocasionalmente, vômitos. A remoção cirúrgica do segmento afetado do colo do intestino corrige o distúrbio. •

TESTE RÁPIDO

3. Descreva as localizações dos gânglios do tronco simpático, pré-vertebrais e terminais. Que tipos de neurônios autônomos fazem sinapse em cada tipo de gânglio?
4. Como a parte simpática produz efeitos simultâneos por todo o corpo, quando os efeitos parassimpáticos estão, normalmente, localizados em órgãos específicos?

11.3 Funções da divisão autônoma do sistema nervoso

OBJETIVO

- Descrever as funções das partes simpática e parassimpática da divisão autônoma do sistema nervoso.

Neurotransmissores da divisão autônoma do sistema nervoso

Como aprendemos no Capítulo 9, neurotransmissores são substâncias químicas liberadas pelos neurônios nas sinapses. Os neurônios autônomos liberam os neurotransmissores nas sinapses entre os neurônios (dos pré-ganglionares para os pós-ganglionares) e nas sinapses com os efetores autônomos (músculo liso, músculo cardíaco e glândulas). Alguns neurônios do SNA liberam acetilcolina (ACh), enquanto outros liberam norepinefrina (NE).

Os neurônios do SNA que liberam ACh incluem (1) todos os neurônios pré-ganglionares simpáticos e parassimpáticos, (2) todos os neurônios pós-ganglionares parassimpáticos e (3) uns poucos neurônios pós-ganglionares simpáticos. Como a ACh é rapidamente inativada pela enzima *acetilcolinesterase* (AChE), os efeitos parassimpáticos são de curta duração e localizados.

A maioria dos neurônios pós-ganglionares simpáticos libera o neurotransmissor *norepinefrina* (NE). Como a NE é inativada muito mais lentamente do que a ACh, e como a medula da glândula suprarrenal também libera epinefrina e NE na corrente sanguínea, os efeitos da ativação da parte simpática são mais duradouros e mais difusos do que aqueles da parte parassimpática. Por exemplo, o seu coração continua acelerado por vários minutos após um descuido próximo a um cruzamento movimentado, em razão dos efeitos de longa duração da parte simpática.

Atividades da divisão autônoma do sistema nervoso

Como observado anteriormente, a maioria dos órgãos do corpo recebe instruções de ambas as partes do SNA, que normalmente trabalham em oposição uma à outra. O equilíbrio entre a atividade simpática e a parassimpática ou "tônus" é regulado pelo hipotálamo. Em geral, o hipotálamo aumenta o tônus simpático, ao mesmo tempo em que diminui o tônus parassimpático e vice-versa. Algumas poucas estruturas recebem apenas inervação simpática – as glândulas sudoríferas; os músculos eretores do pelo, ligados aos folículos pilosos na pele; os rins; o baço; a maioria dos vasos sanguíneos; e a medula da glândula suprarrenal (ver Fig. 11.2). Nessas estruturas não existe oposição da parte parassimpática. Contudo, um aumento no tônus simpático tem um determinado efeito, e uma diminuição no tônus simpático produz o efeito oposto.

Atividades simpáticas

Durante o estresse físico ou emocional, o tônus simpático alto favorece as funções do corpo que sustentam a atividade física vigorosa e a rápida produção de trifosfato de adenosina (ATP). Ao mesmo tempo, a parte simpática reduz as funções corporais que favorecem o armazenamento de energia. Além do esforço físico, uma variedade de emoções – como medo, constrangimento ou raiva – estimula a parte simpática. A visualização das alterações corporais que ocorrem durante as "situações E" (exercício, emergência, excitação, embaraço), ajudará você a lembrar da maioria das respostas simpáticas. A ativação da parte simpática e a liberação de hormônios pela medula da glândula suprarrenal resultam em uma série de respostas fisiológicas, coletivamente chamadas de ***resposta de luta ou fuga***, na qual ocorrem os seguintes eventos:

1. As pupilas dos olhos se dilatam.
2. A frequência cardíaca, a força de contração do coração e a pressão sanguínea aumentam.
3. As vias respiratórias se dilatam, permitindo o movimento mais rápido do ar para dentro e para fora dos pulmões.
4. Os vasos sanguíneos que suprem órgãos não essenciais, como os rins e o trato gastrintestinal, se contraem, o que reduz o fluxo de sangue por esses tecidos. O resultado é uma lentidão na formação da urina e nas atividades digestivas, que não são essenciais durante o exercício.
5. Os vasos sanguíneos que suprem os órgãos envolvidos no exercício ou na luta contra o perigo – músculos esqueléticos, músculo cardíaco, fígado e tecido adiposo – se dilatam, permitindo maior fluxo de sangue por esses tecidos.
6. As células do fígado decompõem o glicogênio em glicose, e as células adiposas decompõem os triglicerídeos em ácidos graxos e glicerol, fornecendo moléculas que podem ser usadas pelas células do corpo para a produção de ATP.
7. A liberação de glicose pelo fígado aumenta o nível sanguíneo de glicose.
8. Os processos que não são essenciais para atender a situação estressante são inibidos. Por exemplo, os movimentos musculares do trato gastrintestinal e as secreções digestivas diminuem ou mesmo cessam.

Atividades parassimpáticas

Ao contrário das atividades de luta ou fuga da parte simpática, a parte parassimpática realça as atividades de ***repouso e digestão***. As respostas parassimpáticas sustentam as funções do corpo que conservam e restauram a energia corporal durante os momentos de repouso e recuperação. Nos intervalos calmos, entre os períodos de exercício, os impulsos parassimpáticos para as glândulas do sistema digestório e para o músculo liso do trato gastrintestinal predominam sobre os impulsos simpáticos. Isso permite que alimentos fornecedores de energia sejam digeridos e absorvidos. Ao mesmo tempo, as respostas parassimpáticas reduzem as funções corporais que sustentam as atividades físicas.

O acrônimo SLUDD é útil para lembrar as cinco respostas parassimpáticas. Ele representa a salivação (S), o lacrimejamento (L), a micção (Urina), a digestão (D) e a defecação (D). Basicamente, a parte parassimpática estimula todas essas atividades. Além do aumento das respostas SLUDD, outras respostas parassimpáticas importantes são as "três diminuições": diminuição da frequência cardíaca, diminuição do diâmetro das vias respiratórias e diminuição do diâmetro das pupilas.

A Tabela 11.2 lista as respostas das glândulas, do músculo cardíaco e do músculo liso à estimulação pelas partes simpática e parassimpática do SNA.

CORRELAÇÕES CLÍNICAS | Disautonomia

Disautonomia é um distúrbio hereditário no qual o SNA funciona de forma anormal. Os sintomas e sinais incluem redução das secreções da glândula lacrimal, controle vasomotor deficiente, descoordenação motora, erupção cutânea, ausência de sensação dolorosa, dificuldade na deglutição, diminuição das respostas reflexas, vômitos excessivos e instabilidade emocional. •

TESTE RÁPIDO

5. Cite alguns exemplos dos efeitos opostos das partes simpática e parassimpática do SNA.
6. O que acontece durante a resposta de luta ou fuga?
7. Por que a parte parassimpática do SNA é considerada a parte de repouso e digestão?

• • •

Agora que estudamos a estrutura e a função do sistema nervoso, veremos, no Capítulo 12, como as informações sensoriais são retransmitidas para o sistema nervoso e como o sistema nervoso responde a elas.

TABELA 11.2

Funções da divisão autônoma do sistema nervoso

EFETOR	EFEITO DA ESTIMULAÇÃO SIMPÁTICA	EFEITO DA ESTIMULAÇÃO PARASSIMPÁTICA
Glândulas		
Sudorífera	Aumento na transpiração	Sem efeito conhecido
Lacrimal	Leve secreção de lágrimas	Secreção de lágrimas
Medula da glândula suprarrenal	Secreção de epinefrina e norepinefrina	Sem efeito conhecido
Pâncreas	Inibição da secreção de enzimas digestivas e insulina (hormônio que abaixa o nível sanguíneo de glicose); secreção de glucagon (hormônio que eleva o nível sanguíneo de glicose)	Secreção de enzimas digestivas e insulina
Neuro-hipófise	Secreção de hormônio antidiurético (ADH)	Sem efeito conhecido
Fígado*	Decomposição de glicogênio em glicose, síntese de nova glicose e liberação de glicose no sangue; diminuição da secreção de bile	Promoção da síntese de glicogênio; aumento da secreção de bile
Tecido adiposo*	Decomposição de triglicerídeos e liberação de ácidos graxos no sangue	Sem efeito conhecido
Músculo cardíaco		
Coração	Aumento na frequência cardíaca e aumento na força de contração atrial e ventricular	Diminuição na frequência cardíaca e redução da força de contração atrial
Músculo liso		
Íris, fibras radiais	Dilatação da pupila	Sem efeito conhecido
Íris, fibras circulares	Sem efeito conhecido	Constrição da pupila
Músculo ciliar do olho	Relaxamento para ajustar a forma da lente para visão distante	Contração para ajustar a forma da lente para visão de perto
Vesícula biliar e ductos	Armazenamento de bile na vesícula biliar	Liberação de bile no intestino delgado
Estômago e intestinos	Diminuição da motilidade (movimento); contração dos esfíncteres	Aumento da motilidade; relaxamento dos esfíncteres
Pulmões (músculo liso dos brônquios)	Ampliação das vias respiratórias (broncodilatação)	Estreitamento das vias respiratórias (broncoconstrição)
Bexiga urinária	Relaxamento da parede muscular; contração do esfíncter interno	Contração da parede muscular; relaxamento do esfíncter interno
Baço	Contração e descarga do sangue armazenado na circulação geral	Sem efeito conhecido
Folículos pilosos, músculo eretor do pelo	Contração que resulta em ereção dos pelos, produzindo "pele arrepiada"	Sem efeito conhecido
Útero	Inibição da contração em mulheres não grávidas; estímulo da contração em mulheres grávidas	Efeito mínimo
Órgãos genitais	Em homens, ejaculação do sêmen	Vasodilatação; ereção do clitóris (mulheres) e do pênis (homens)
Glândulas salivares (arteríolas)	Diminuição da secreção de saliva	Estímulo da secreção de saliva
Glândulas gástricas e glândulas intestinais (arteríolas)	Inibição da secreção	Promoção da secreção
Rim (arteríolas)	Diminuição da produção de urina	Sem efeito conhecido
Músculo esquelético (arteríolas)	Vasodilatação na maioria, o que aumenta o fluxo sanguíneo	Sem efeito conhecido
Coração (arteríolas coronárias)	Vasodilatação na maioria, o que aumenta o fluxo sanguíneo	Constrição leve, o que diminui o fluxo sanguíneo

*Listados com as glândulas porque liberam substâncias no sangue.

DISTÚRBIOS COMUNS

Disreflexia autônoma

Disreflexia autônoma é uma resposta exagerada da parte simpática do SNA, ocorrendo em aproximadamente 85% dos indivíduos com lesão na medula espinal no nível de T6 ou acima. A condição ocorre em decorrência da interrupção do controle de neurônios do SNA pelos centros superiores. Quando determinados impulsos sensoriais, como aqueles que resultam da distensão de uma bexiga urinária cheia, são incapazes de subir até a medula espinal, ocorre estimulação intensa dos nervos simpáticos abaixo do nível da lesão. Entre os efeitos do aumento da atividade simpática, está uma vasoconstrição grave que eleva a pressão sanguínea. Em resposta, o centro cardiovascular no bulbo (1) aumenta o estímulo parassimpático via nervo vago, o que diminui a frequência cardíaca, e (2) diminui o estímulo simpático, provocando dilatação dos vasos sanguíneos acima do nível da lesão.

A disreflexia autônoma é caracterizada por cefaleia latejante, aumento intenso da pressão sanguínea (hipertensão), pele ruborizada e quente, com sudorese profusa acima do nível da lesão, pele pálida, fria e seca abaixo do nível da lesão, e ansiedade. É uma condição de emergência que requer intervenção imediata. Se não for tratada, a disreflexia autônoma provoca convulsões, acidente vascular encefálico ou infarto.

Fenômeno de Raynaud

No **fenômeno de Raynaud**, os dedos das mãos e dos pés se tornam isquêmicos (falta de sangue) após exposição ao frio ou quadro de estresse emocional. A condição resulta da estimulação simpática excessiva do músculo liso nas arteríolas dos dedos das mãos e dos pés. Quando as arteríolas contraem em resposta ao estímulo simpático, o fluxo sanguíneo é drasticamente diminuído. Os sinais são coloridos – vermelhos, brancos e azuis. Os dedos das mãos e dos pés podem parecer brancos em virtude do bloqueio do fluxo sanguíneo ou podem parecer azuis (cianóticos) em razão do sangue desoxigenado nos capilares. Com o reaquecimento após a exposição ao frio, as arteríolas se dilatam, fazendo com que os dedos das mãos e dos pés pareçam vermelhos. O distúrbio é mais comum em mulheres jovens e ocorre com mais frequência em climas frios.

REVISÃO DO CAPÍTULO

11.1 Comparação entre a parte somática e a divisão autônoma do sistema nervoso

1. A parte do sistema nervoso que regula o músculo liso, o músculo cardíaco e determinadas glândulas é a **divisão autônoma do sistema nervoso (SNA)**. O SNA, em geral, opera sem o controle consciente do córtex cerebral, mas outras regiões encefálicas, principalmente o hipotálamo e o tronco cerebral, a regulam.
2. Os axônios dos neurônios motores somáticos se estendem do SNC e fazem sinapse diretamente com um efetor (músculo esquelético). As vias motoras autônomas consistem em dois neurônios motores. O axônio do primeiro neurônio motor se estende do SNC e faz sinapse em um **gânglio autônomo** com o segundo neurônio motor; o segundo neurônio motor faz sinapse com um efetor (músculo liso, músculo cardíaco ou uma glândula).
3. A parte do SNA que retransmite os sinais tem dois ramos principais: a **parte simpática** e a **parte parassimpática**. A maioria dos órgãos do corpo recebe **inervação dupla**; geralmente uma parte do SNA provoca excitação, e a outra, inibição.
4. Os neurônios motores somáticos liberam ACh, e os neurônios motores autônomos liberam ACh ou NE.
5. Os efetores da parte somática do sistema nervoso são os músculos esqueléticos; os efetores do SNA incluem o músculo cardíaco, o músculo liso e as glândulas.
6. A Tabela 11.1 compara a divisão autônoma com a parte somática do sistema nervoso.

11.2 Estrutura da divisão autônoma do sistema nervoso

1. A parte simpática do SNA também é chamada de parte toracolombar, porque os impulsos nervosos simpáticos se originam dos segmentos torácicos e lombares da medula espinal. Os corpos celulares dos **neurônios pré-ganglionares** simpáticos estão nos 12 segmentos torácicos e nos dois primeiros segmentos lombares da medula espinal.
2. Os gânglios simpáticos são classificados como **gânglios do tronco simpático** (laterais à coluna vertebral) ou **gânglios pré-vertebrais** (anteriores à coluna vertebral).
3. Um único axônio pré-ganglionar simpático pode fazer sinapse com 20 ou mais neurônios pós-ganglionares. As respostas simpáticas afetam órgãos em todas as partes do corpo quase simultaneamente.
4. A parte parassimpática também é chamada de parte craniossacral, porque os impulsos nervosos parassimpáticos se originam nos núcleos dos nervos cranianos e dos segmentos sacrais da medula espinal. Os corpos celulares dos neurônios pré-ganglionares parassimpáticos estão localizados nos núcleos dos nervos cranianos III, VII, IX e X, no tronco encefálico, e em três segmentos sacrais da medula espinal (S2, S3 e S4).

5. Os gânglios parassimpáticos são chamados **gânglios terminais** e estão localizados próximos ou no interior dos efetores autônomos. Os gânglios terminais parassimpáticos estão juntos ou nas paredes de seus efetores autônomos, assim, a maioria dos axônios pós-ganglionares parassimpáticos é muito curta. No gânglio, o neurônio pré-ganglionar geralmente faz sinapse com somente quatro ou cinco neurônios pós-ganglionares, os quais suprem o mesmo efetor. Desse modo, as respostas parassimpáticas são localizadas em um único efetor.

11.3 Funções da divisão autônoma do sistema nervoso

1. Alguns neurônios do SNA liberam ACh, e outros liberam NE; o resultado é excitação em alguns casos e inibição em outros.
2. Os neurônios do SNA que liberam ACh incluem (1) todos os neurônios pré-ganglionares simpáticos e parassimpáticos, (2) todos os neurônios pós-ganglionares parassimpáticos e (3) uns poucos neurônios pós-ganglionares simpáticos.
3. A maioria dos neurônios pós-ganglionares simpáticos libera o neurotransmissor NE. Os efeitos da NE são mais duradouros e mais difusos do que aqueles da ACh.
4. A ativação da parte simpática provoca respostas difusas e é referida como uma **resposta de luta ou fuga**. A ativação da parte parassimpática produz respostas mais restritas que, em geral, estão relacionadas às atividades de **repouso e digestão**.
5. A Tabela 11.2 resume as principais funções das partes simpática e parassimpática do SNA.

APLICAÇÕES DO PENSAMENTO CRÍTICO

1. É véspera de Natal, e você acaba de comer um enorme peru na ceia, com todos os acompanhamentos. Agora você vai assistir a um grande jogo na TV. Qual parte do sistema nervoso estará manipulando as atividades do seu corpo após o jantar? Dê exemplos de alguns órgãos e os efeitos sobre as suas funções.
2. É a sua vez de ministrar uma apresentação oral em sala de aula. Você começa a suar, o coração bate forte, está com a boca tão seca que mal pode falar. Você percebe os efeitos prolongados sobre o seu corpo mesmo depois de ter voltado para sua cadeira. Descreva que tipo de reação está ocorrendo em seu corpo.
3. Taylor estava assistindo a um filme de terror assustador, tarde da noite, quando ouviu uma porta bater e um miado de gato. Os pelos de seus braços se eriçaram, e ela fica toda arrepiada. Trace o caminho seguido pelos impulsos do SNC até os braços dela.
4. No romance *O Guia do Mochileiro das Galáxias*, o personagem Zaphod Beeblebrox tem duas cabeças e, portanto, dois encéfalos. É isso o que se entende por inervação dupla? Explique.

RESPOSTAS ÀS QUESTÕES DAS FIGURAS

11.1 Inervação dupla significa que um órgão recebe impulsos de ambas as partes, simpática e parassimpática, do SNA.

11.2 Nos gânglios do tronco simpático, os axônios pré-ganglionares simpáticos formam sinapses com os corpos celulares e os dendritos de neurônios pós-ganglionares simpáticos.

11.3 A maioria dos axônios pré-ganglionares parassimpáticos é mais longa do que a maioria dos axônios pré-ganglionares simpáticos, porque os gânglios parassimpáticos estão localizados nas paredes dos órgãos viscerais, enquanto a maioria dos gânglios simpáticos está próxima da medula espinal, no tronco simpático.

CAPÍTULO 12

SENTIDOS SOMÁTICOS E SENTIDOS ESPECIAIS

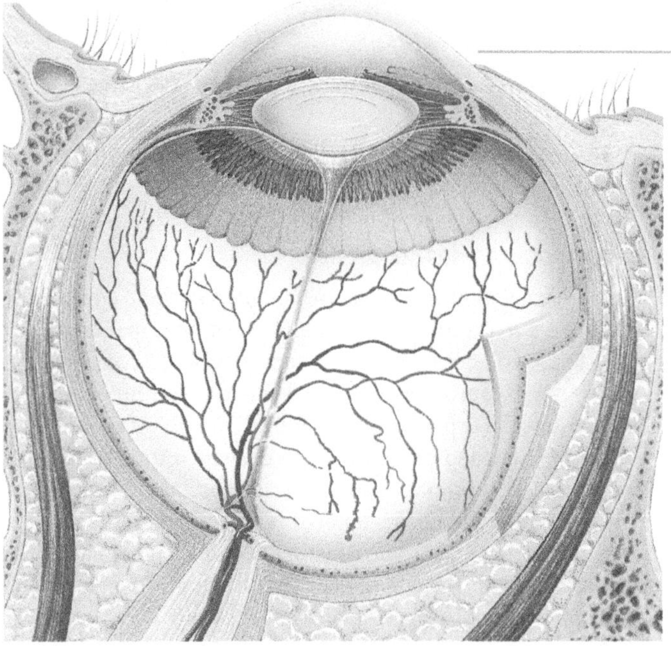

Imagine uma viagem de acampamento para uma bela costa rochosa embalando um trecho de areia da praia. À medida que você desperta de sua noite de sono na areia, lentamente estica as articulações enrijecidas e cautelosamente sai do saco de dormir para cumprimentar o ar fresco da manhã. Você esfrega o sono dos olhos e vê o nevoeiro rolando distante das cristas brancas das rápidas ondas. Você caminha em direção ao oceano e respira profundamente, sente o cheiro salgado da maré, e sente os grãos individuais de areia entre os dedos que se mexem. De repente, começa a esfregar os braços expostos de forma vigorosa, à medida que o ar fresco envia um frio pelo corpo ainda sonolento. Você vê e ouve gaivotas ruidosas que deslizam suspensas no ar, e ouve um barco distante soar a buzina. À medida que caminha em direção à água, na qual os sons produzidos tocam sua melodia contra as rochas, olha de relance para as piscinas naturais deixadas para trás pelas ondas que recuam, e percebe uma disposição colorida de vida entre as marés - estrelas do mar, mexilhões, anêmonas e caranguejos correndo. Curvando-se para dar uma olhada, seu rosto é espirrado por uma onda que se aproxima, dando-lhe o sabor do mar salgado. Você pensa por um minuto sobre a beleza que *sentiu* nos últimos minutos. Sua mente é inundada com o que *viu*, *sentiu*, *cheirou*, *ouviu* e *provou*.

OLHANDO PARA TRÁS PARA AVANÇAR...

Terminações nervosas sensoriais e receptores sensoriais na pele (Seção 5.1)
Vias sensoriais somáticas (Seção 10.4)

12.1 Visão geral das sensações

OBJETIVO

- **Definir** uma sensação e **descrever** as condições necessárias para que a sensação ocorra.

A maioria de nós tem consciência da informação sensorial oriunda das estruturas associadas ao olfato, gustação, visão, audição e equilíbrio. Estes cinco sentidos são conhecidos como ***sentidos especiais***. Os outros sentidos são chamados de ***sentidos gerais*** e incluem os sentidos somáticos e viscerais. Os ***sentidos somáticos*** incluem as sensações táteis (tato, pressão e vibração), térmicas (calor e frio), dolorosas e proprioceptivas (sentido de posição da articulação e do músculo e movimentos dos membros e cabeça). Os ***sentidos viscerais*** fornecem informação sobre as condições dos órgãos internos.

Definição de sensação

Sensação é a percepção consciente ou subconsciente de mudanças no meio ambiente externo ou interno. Para que uma sensação aconteça, quatro condições devem existir:

1. Deve ocorrer um *estímulo*, ou mudança no ambiente, capaz de ativar determinados neurônios sensoriais. O estímulo que ativa um receptor sensorial pode estar na forma de luz, calor, pressão, energia mecânica ou energia química.
2. Um *receptor sensorial* deve converter o estímulo em um sinal elétrico, que finalmente produz um ou mais impulsos nervosos, se for grande o suficiente.
3. Os impulsos nervosos devem ser *conduzidos* ao longo de uma via nervosa, do receptor sensorial para o encéfalo.

4. Uma região do encéfalo deve receber e *integrar* os impulsos nervosos em uma sensação.

Características das sensações

Como você aprendeu no Capítulo 10, ***percepção*** é a consciência e a interpretação de sensações e é principalmente uma função do córtex cerebral. Você parece ver com seus olhos, ouvir com suas orelhas e sentir dor em uma parte lesada do seu corpo. Isso é porque os impulsos nervosos sensoriais de cada parte do corpo chegam a uma região específica do córtex cerebral que interpreta a sensação como proveniente dos receptores sensoriais estimulados. Um determinado neurônio sensorial conduz a informação para apenas um tipo de sensação. Os neurônios que retransmitem impulsos para o tato, por exemplo, não conduzem impulsos para a dor. A especialização dos neurônios sensoriais capacita os impulsos nervosos dos olhos a serem percebidos como visão, e aqueles da orelha a serem percebidos como sons.

Uma característica da maioria dos receptores sensoriais é a ***adaptação***, uma diminuição na força de uma sensação durante um estímulo prolongado. A adaptação é provocada em parte por uma diminuição da responsividade dos receptores sensoriais. Como resultado da adaptação, a percepção de uma sensação pode enfraquecer ou desaparecer, mesmo que o estímulo persista. Por exemplo, quando você inicia um banho quente, a água pode parecer muito quente, mas logo a sensação diminui para um calor confortável, mesmo que o estímulo (a alta temperatura da água) não mude. Os receptores variam na velocidade com que se adaptam. ***Receptores de adaptação rápida*** se adaptam muito rapidamente. São especializados em sinalizar *mudanças* em um estímulo. Os receptores associados à pressão, tato e olfato se adaptam rapidamente. Em contrapartida, os ***receptores de adaptação lenta*** se adaptam lentamente e continuam a provocar os impulsos nervosos enquanto o estímulo persiste. Os receptores que se adaptam lentamente monitoram os estímulos associados à dor, posição do corpo e composição química do sangue.

Tipos de receptores sensoriais

As características estruturais e funcionais dos receptores sensoriais podem ser utilizadas para agrupá-los em diferentes classes (Tab. 12.1).

1. **Terminações nervosas livres.** Estruturalmente, os receptores sensoriais mais simples são as *terminações nervosas livres*, dendritos sem revestimento e sem quaisquer especializações estruturais nas extremidades, que sejam observadas ao microscópio óptico (Fig. 12.1). Os receptores para dor, temperatura, cócegas, prurido e algumas sensações de tato são terminações nervosas livres.
2. **Terminações nervosas encapsuladas.** Os receptores para outras sensações somáticas e viscerais, como sensações para um pouco de tato, pressão e vibração, têm *terminações nervosas encapsuladas*. Seus dendritos são envoltos por uma cápsula de tecido conectivo, com uma estrutura microscópica distintiva.

TABELA 12.1

Classificação dos receptores sensoriais

BASE DE CLASSIFICAÇÃO	DESCRIÇÃO
Estrutura	
Terminações nervosas livres	Dendritos sem revestimento associados com dor, sensação térmica, prurido, cócegas e algumas sensações de tato
Terminações nervosas encapsuladas	Dendritos envolvidos por uma cápsula de tecido conectivo para pressão, vibração e algumas sensações de tato
Células separadas	Célula receptora que faz sinapse com o neurônio de primeira ordem; localizada na retina (fotorreceptores), ouvido interno (células ciliadas) e calículos gustatórios da língua (células receptoras gustatórias)
Função	
Mecanorreceptores	Detectam a pressão mecânica; fornecem sensações de tato, pressão, vibração, propriocepção, audição e equilíbrio; também monitoram o estiramento dos vasos sanguíneos e órgãos internos
Termorreceptores	Detectam alterações na temperatura
Nociceptores	Respondem a estímulos dolorosos resultantes de dano físico ou químico ao tecido
Fotorreceptores	Detectam a luz que atinge a retina
Quimiorreceptores	Detectam substâncias químicas na boca (sabor), nariz (cheiro) e líquidos corporais
Osmorreceptores	Percebem a pressão osmótica dos líquidos corporais

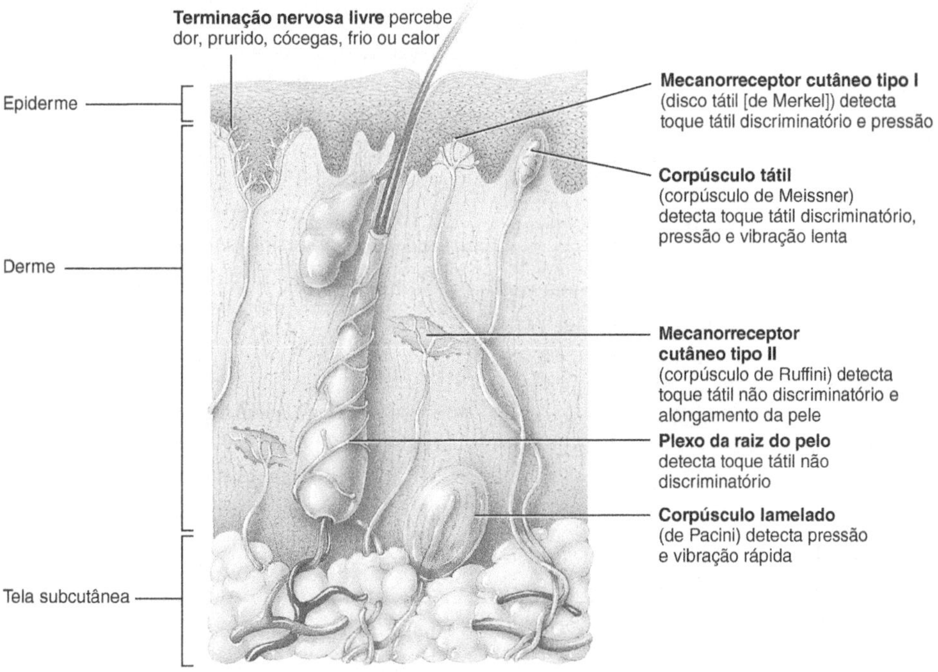

Quais receptores são especialmente abundantes nas extremidades dos dedos, palmas das mãos e plantas dos pés?

Figura 12.1 **Estrutura e localização dos receptores sensoriais na pele, tela subcutânea e túnicas mucosas.**

As sensações somáticas de tato, pressão, vibração, calor, frio e dor se originam de receptores sensoriais na pele, tela subcutânea e túnicas mucosas.

3. **Células separadas.** Entretanto, outros receptores sensoriais consistem em *células separadas* especializadas que fazem sinapse com os neurônios sensoriais, por exemplo, as células ciliadas no ouvido interno.

Outra forma de agrupar os receptores sensoriais é funcionalmente, de acordo com o tipo de estímulo que detectam. A maioria dos estímulos está na forma de energia mecânica, como as ondas sonoras ou as mudanças de pressão; energia eletromagnética, como a luz ou o calor; ou de energia química, como em uma molécula de glicose.

- *Mecanorreceptores* são sensíveis a estímulos mecânicos, como deformação, estiramento ou dobramento das células. Os mecanorreceptores fornecem sensações de tato, pressão, vibração, propriocepção, audição e equilíbrio. Além disso, monitorizam o estiramento dos vasos sanguíneos e órgãos internos.
- *Termorreceptores* detectam alterações na temperatura.
- *Nociceptores* respondem aos estímulos dolorosos, resultantes de dano físico ou químico ao tecido.
- *Fotorreceptores* detectam a luz que atinge a retina do olho.
- *Quimiorreceptores* detectam substâncias químicas na boca (sabor), no nariz (cheiro) e nos líquidos corporais.
- *Osmorreceptores* detectam a pressão osmótica dos líquidos corporais.

TESTE SUA COMPREENSÃO

1. Quais sentidos são os "sentidos especiais"?
2. Como uma sensação difere de uma percepção?

12.2 Sentidos somáticos

OBJETIVOS

- **Descrever** a localização e a função dos receptores para as sensações táteis, térmicas e dolorosas.
- **Identificar** os receptores para a propriocepção e descrever suas funções.

As sensações somáticas se originam da estimulação de receptores sensoriais na pele, túnicas mucosas, músculos, tendões e articulações. Os receptores sensoriais são irregularmente distribuídos. Algumas partes da superfície do corpo são densamente povoadas com receptores, e outras, contêm somente alguns. As áreas com o maior número de receptores sensoriais são o ápice da língua, os lábios e as extremidades dos dedos.

Sensações táteis

As ***sensações táteis*** incluem tato, pressão, vibração, prurido e cócegas. Embora percebamos as diferenças entre essas sensações, se originam pela ativação de alguns dos mesmos tipos de receptores. Vários tipos de mecanorreceptores encapsulados detectam as sensações de tato, pressão e vibração. Outras sensações táteis, como sensação de cócegas e prurido, são detectadas por terminações nervosas livres. Receptores táteis na pele ou na tela subcutânea incluem corpúsculos táteis, plexos da raiz do pelo, mecanorreceptores cutâneos tipos I e II, corpúsculos lamelados e terminações nervosas livres (ver Fig. 12.1).

Tato

As sensações de tato geralmente resultam da estimulação de receptores táteis na pele ou na tela subcutânea. Existem dois tipos de receptores de tato de adaptação rápida. ***Corpúsculos táteis*** *(corpúsculos de Meissner)* são receptores sensíveis ao toque localizados nas papilas dérmicas da pele sem pelos. Cada corpúsculo é uma massa oval de dendritos envolvida por uma cápsula de tecido conectivo. São abundantes nas extremidades dos dedos, mãos, pálpebras, ápice da língua, lábios, papilas mamárias, plantas dos pés, clitóris e glande do pênis. Os plexos das raízes pilosas são encontrados na pele com pelos; consistem em terminações nervosas livres enroladas em torno dos folículos pilosos. Os ***plexos das raízes pilosas*** detectam movimentos na superfície da pele que perturbam os pelos. Por exemplo, um inseto pousando sobre o pelo provoca movimento do corpo do pelo, que estimula as terminações livres.

Existem, também, dois tipos de receptores táteis de adaptação lenta. ***Mecanorreceptores cutâneos tipo I***, também conhecidos como *discos táteis (discos de Merkel)*, são terminações nervosas livres achatadas discoides, que fazem contato com as ***células epiteliais táteis*** *(células de Merkel)* do estrato basal (ver Fig. 5.2). Esses receptores táteis são abundantes nas extremidades dos dedos, mãos, lábios e órgãos genitais externos. ***Mecanorreceptores cutâneos tipo II*** *(corpúsculos de Ruffini) são receptores* encapsulados, alongados, localizados profundamente na derme, e em ligamentos e tendões. Presentes nas mãos e abundantes nas plantas dos pés, são mais sensíveis ao estiramento que ocorre quando os dedos ou os membros são movidos.

Pressão

Pressão é uma sensação contínua experimentada sobre uma área maior do que a do tato, ocorrendo com a deformação dos tecidos mais profundos. Receptores que contribuem para as sensações de pressão incluem corpúsculos táteis, mecanorreceptores cutâneos tipo I e corpúsculos lamelados. O ***corpúsculo lamelado*** *(de Pacin)* é uma grande estrutura oval composta por uma cápsula de tecido conectivo multilaminado que envolve um dendrito. Assim como os corpúsculos táteis, os corpúsculos lamelados se adaptam rapidamente. São bem distribuídos no corpo: na derme e tela subcutânea; nos tecidos subjacentes às túnicas mucosas e serosas; em torno das articulações, dos tendões e dos músculos; no periósteo; e nas glândulas mamárias, nos órgãos genitais externos e em determinadas vísceras, como o pâncreas e a bexiga urinária.

Vibração

As sensações de ***vibração*** resultam de sinais sensoriais, repetidos rapidamente a partir dos receptores táteis. Os receptores para as sensações de vibração são os corpúsculos táteis e os corpúsculos lamelados. Os corpúsculos táteis detectam vibrações de frequência mais baixa, e os corpúsculos lamelados, vibrações de frequência mais alta.

Prurido e cócegas

A sensação de ***prurido*** resulta da estimulação de terminações nervosas livres por determinadas substâncias químicas, como a bradicinina, frequentemente, em virtude de uma resposta inflamatória local. Acredita-se que terminações nervosas livres medeiem a sensação de ***cócegas***. Essa intrigante sensação se origina apenas quando alguém o toca, mas não quando você toca a si mesmo. A solução desse enigma parece residir nos impulsos conduzidos para dentro e pra fora do cerebelo, quando movemos os dedos e nos tocamos, o que não ocorre quando outra pessoa faz cócegas em você.

CORRELAÇÕES CLÍNICAS | Sensação do membro fantasma

Pacientes que tiveram um membro amputado ainda podem experimentar sensações como prurido, pressão, formigamento ou dor, como se o membro ainda estivesse ali. Esse fenômeno é chamado de **sensação do membro fantasma**. Uma explicação para as sensações do membro fantasma é a de que o córtex cerebral interpreta os impulsos provenientes das porções proximais de neurônios sensoriais, que previamente transportavam impulsos do membro como vindos do membro não existente (fantasma). Outra explicação para as sensações do membro fantasma é que neurônios no encéfalo, que antes recebiam impulsos sensoriais do membro perdido, ainda estão ativos, dando origem a falsas percepções sensoriais. •

Sensações térmicas

Termorreceptores são terminações nervosas livres. Duas ***sensações térmicas*** distintas – frio e calor – são mediadas por receptores diferentes. Os receptores de frio, localizados na epiderme, são estimulados em temperaturas entre 10 e 40 °C. Os *receptores de calor* estão localizados na derme e são mais ativos em temperaturas entre 32 e 48 °C. Os receptores para calor e frio se adaptam rapidamente no início do estímulo, mas continuam a gerar impulsos nervosos mais lentamente durante uma estimulação prolongada. Temperaturas abaixo de 10 °C e acima de 48 °C estimulam principalmente os nociceptores, e não os termorreceptores, produzindo sensações dolorosas.

Sensações de dor

Os receptores sensoriais para dor, chamados ***nociceptores***, são terminações nervosas livres (ver Fig. 12.1). Os nociceptores são encontrados em praticamente todos os tecidos do corpo, exceto no encéfalo, e respondem a vários tipos de estímulos. A estimulação excessiva dos receptores sensoriais, o estiramento excessivo de uma estrutura, as contrações musculares prolongadas, o fluxo sanguíneo inadequado para um órgão ou a presença de determinadas substâncias químicas produzem a sensação de dor. A dor pode persistir mesmo após a remoção do estímulo produtor, porque as substâncias químicas que provocam dor permanecem, e porque os nociceptores exibem pouquíssima adaptação.

Existem dois tipos de dor: rápida e lenta. A percepção da ***dor rápida*** ocorre muito rapidamente, em geral dentro de 0,1 segundo após a aplicação do estímulo. Esse tipo de dor é conhecido como dor aguda, dor cortante ou ferroada. A dor sentida após uma picada de agulha ou um corte de faca na pele são exemplos de dor rápida. A dor rápida não é sentida nos tecidos mais profundos do corpo. A percepção da ***dor lenta*** começa 1 segundo ou mais após o estímulo ser aplicado, aumentando gradualmente em intensidade por um período de vários segundos ou minutos. Esse tipo de dor, que pode ser excruciante, é também referido como dor crônica, ardente, contínua ou latejante. A dor lenta ocorre na pele e tecidos mais profundos ou órgãos internos. Um exemplo é a dor associada com a dor de dente.

A dor rápida é localizada precisamente na área estimulada. Por exemplo, se alguém o fincar com um alfinete, você saberá exatamente que parte do seu corpo foi estimulada. A dor somática lenta é bem localizada, porém mais difusa (inclui grandes áreas); em geral, parece vir de uma área maior da pele. Em muitas instâncias da dor visceral, a dor é sentida na pele, ou logo profundamente à pele, que recobre o órgão estimulado ou em uma área superficial distante do órgão estimulado. Esse fenômeno é chamado de ***dor referida*** (Fig. 12.2). Em geral, o órgão visceral afetado e a área na qual a dor é referida são servidos pelo mesmo segmento da medula espinal. Por exemplo, os neurônios sensoriais do coração, da pele sobre o coração e da pele ao longo da face medial do braço esquerdo entram nos segmentos T1 a T5 da medula espinal. Assim, a dor de um ataque cardíaco normalmente é sentida na pele sobre o coração e ao longo do braço esquerdo.

CORRELAÇÕES CLÍNICAS | Analgesia

Algumas sensações dolorosas ocorrem desproporcionalmente a um dano menor ou persistem cronicamente, sem qualquer razão óbvia. Em tais casos, é necessária analgesia ou alívio da dor. Analgésicos, como ácido acetilsalicílico e o ibuprofeno, bloqueiam a formação de algumas substâncias químicas que estimulam os nociceptores. Anestésicos locais, como a procaína, fornecem alívio da dor, em curto prazo, bloqueando a condução dos impulsos nervosos. A morfina e outros fármacos opiáceos alteram a qualidade da percepção da dor no encéfalo; a dor ainda é sentida, mas não é mais percebida como tão desagradável. •

Sensações proprioceptivas

Sensações proprioceptivas nos permitem saber onde a cabeça e os membros estão localizados e como estão se movendo, mesmo se não estamos olhando para eles, de modo que podemos caminhar, digitar ou nos vestir sem usar os olhos. ***Cinestesia*** é a percepção dos movimentos do corpo. As sensações proprioceptivas se originam nos receptores denominados ***proprioceptores***. Os proprioceptores estão localizados nos músculos esqueléticos (fusos musculares), nos tendões (órgãos tendíneos), nas articulações sinoviais e em torno delas (receptores cinestésicos articulares), e na orelha interna (células ciliadas). Aqueles proprioceptores engastados nos músculos, tendões e articulações sinoviais nos informam o grau de contração dos músculos, a quantidade de tensão nos tendões e as posições das articulações. As células ciliadas da orelha interna monitorizam a orientação da cabeça em relação ao solo e a posição da cabeça durante os movimentos. Sensações proprioceptivas também nos permitem estimar o peso dos objetos e determinar o esforço muscular necessário para executar uma tarefa. Por exemplo, quando erguemos um objeto, percebemos rapidamente o seu peso e, em seguida, exercemos a quantidade correta de esforço necessário para levantá-lo.

Os impulsos nervosos para a propriocepção consciente passam ao longo dos tratos sensoriais, na medula espinal e no tronco encefálico, e são retransmitidos para a área somatossensorial primária (giro pós-central) no lobo parietal do córtex cerebral (ver Fig. 10.13). Os impulsos proprioceptivos também passam para o cerebelo, no qual contribuem para a função do cerebelo na coordenação dos movimentos especializados. Como os proprioceptores se adaptam lentamente e apenas levemente, o encéfalo recebe, de modo contínuo, impulsos nervosos relacionados

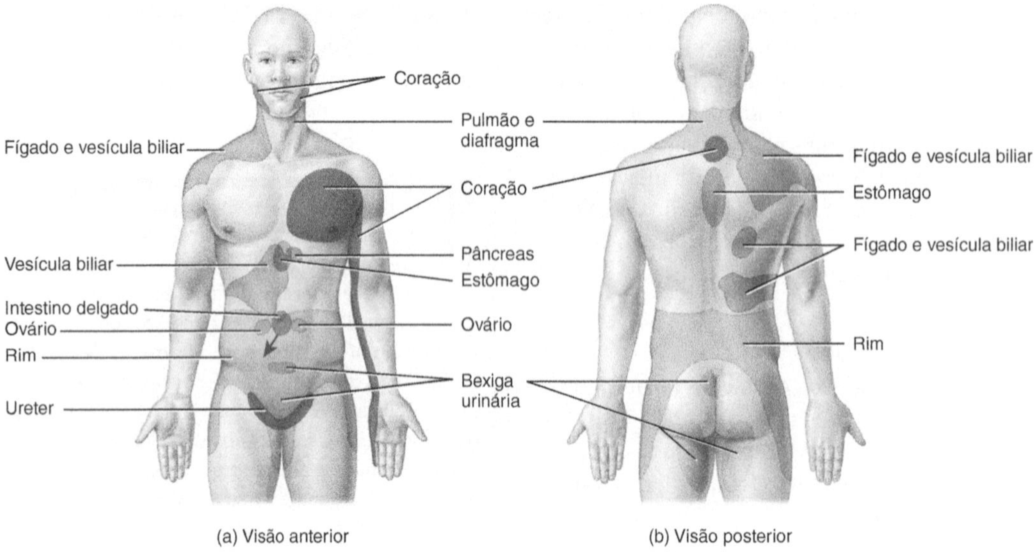

Qual órgão visceral possui a maior área para a dor referida?

Figura 12.2 **Distribuição da dor referida.** As partes coloridas dos diagramas indicam áreas da pele às quais a dor visceral é referida.

Os nociceptores estão presentes em quase todos os tecidos do corpo.

à posição das diferentes partes do corpo e faz os ajustes para assegurar a coordenação.

TESTE SUA COMPREENSÃO

3. Por que é benéfico para o seu bem-estar que os nociceptores e os proprioceptores exibam adaptação muito pequena?
4. Que receptores sensoriais somáticos detectam as sensações de tato?
5. O que é dor referida, e como é útil para o diagnóstico dos distúrbios internos?

12.3 Sentidos especiais

OBJETIVO

- Definir os sentidos especiais.

Receptores para os sentidos especiais – olfato, gustação, visão, audição e equilíbrio – estão alojados em órgãos sensoriais complexos, como os olhos e as orelhas. Como os sentidos gerais, os sentidos especiais nos permitem detectar mudanças em nosso ambiente. ***Oftalmologia*** é a ciência que lida com o olho e seus distúrbios. Os outros sentidos especiais são, em grande parte, a preocupação da ***otorrinolaringologia***, a ciência que lida com orelhas, nariz e garganta e seus distúrbios.

12.4 Olfação: sentido do olfato

OBJETIVO

- Descrever os receptores olfatórios e a via olfatória para o encéfalo.

O nariz contém de 10 a 100 milhões de receptores para o sentido do olfato ou ***olfação***. Como alguns impulsos nervosos para olfato e gustação se propagam até o sistema límbico, determinados odores e sabores evocam fortes respostas emocionais ou um afluxo de memórias.

Estrutura do epitélio olfatório

O epitélio olfatório ocupa a porção superior da cavidade nasal (Fig. 12.3a) e consiste em três tipos de células: células receptoras olfatórias, células de sustentação e células basais (Fig. 12.3b). As ***células receptoras olfatórias*** são os neurônios de primeira ordem da via olfatória. Cada célula receptora olfatória é um neurônio bipolar, com um dendrito em forma de botão exposto e um axônio projetado que se estende pela lâmina cribriforme, que termina no bulbo olfatório. Estendendo-se desde o dendrito de uma célula receptora olfatória, estão vários ***cílios olfatórios*** não móveis, que são os locais nos quais as respostas olfatórias são geradas. Dentro das membranas plasmáticas

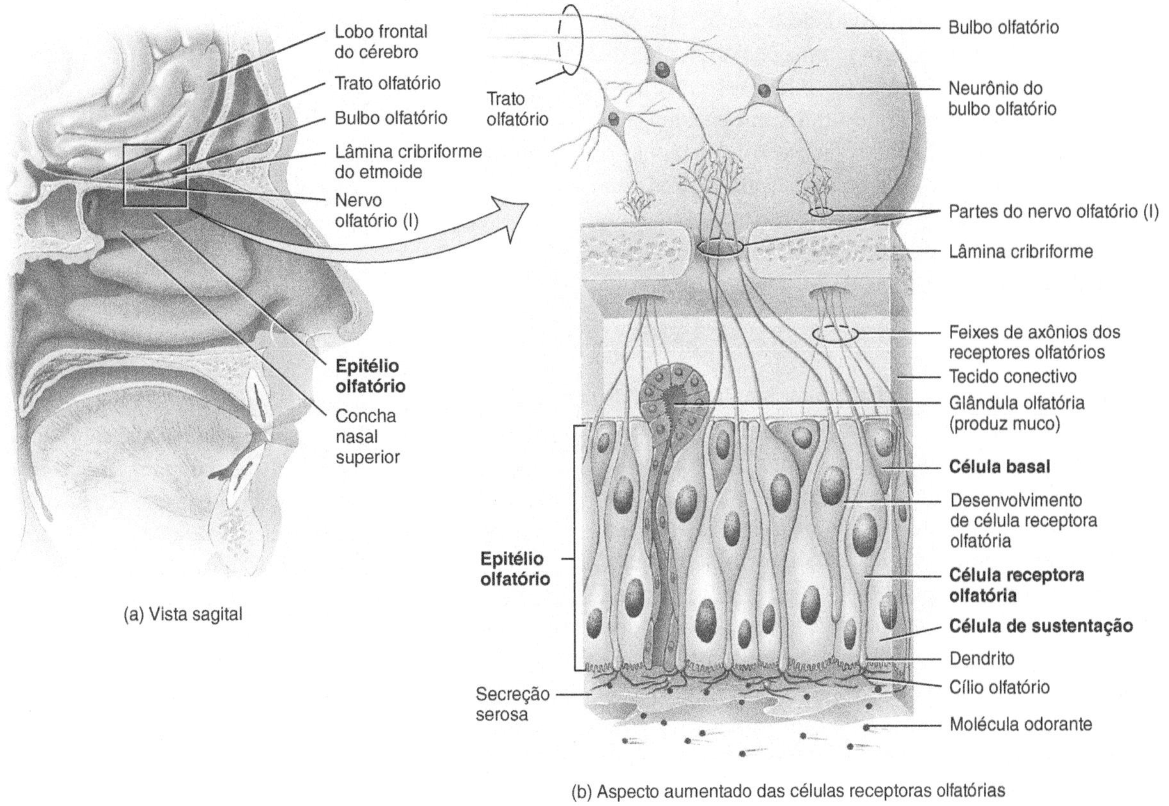

Qual é a função das células basais?

Figura 12.3 Epitélio olfatório e células receptoras olfatórias. (a) Localização do epitélio olfatório na cavidade nasal. (b) Anatomia das células receptoras olfatórias, cujos axônios se estendem pela lâmina cribriforme até o bulbo olfatório.

O epitélio olfatório consiste em células receptoras olfatórias, células de sustentação e células basais.

dos cílios olfatórios estão os ***receptores olfatórios***, que detectam produtos químicos inalados. Os produtos químicos que têm um odor que se liga e estimula os receptores olfatórios nos cílios olfatórios são chamados ***odorantes.*** As células receptoras olfatórias respondem à estimulação química de uma molécula aromática por meio da produção de uma resposta olfatória.

Células de sustentação são células epiteliais colunares da túnica mucosa que reveste o nariz. Fornecem sustentação física, nutrição e isolamento elétrico para os receptores olfatórios e ajudam a desintoxicar as substâncias químicas que entram em contato com o epitélio olfatório. As ***células basais*** são células-tronco localizadas entre as bases das células de sustentação. Sofrem continuamente divisão celular para produzir novas células receptoras olfatórias, que vivem por apenas um mês ou mais antes de serem substituídas. Esse processo é notável, considerando que as células receptoras olfatórias são neurônios e, como já aprendemos neurônios maduros geralmente não são substituídos.

Dentro do tecido conectivo que suporta o epitélio olfatório estão as ***glândulas olfatórias***, que produzem o muco transportado para a superfície do epitélio por meio dos ductos. A secreção umedece a superfície do epitélio olfatório e serve como um solvente para odorantes inalados.

Estimulação dos receptores olfatórios

Muitas tentativas são feitas para distinguir e classificar as sensações "primárias" do olfato. Evidências genéticas, atualmente, demonstram a existência de centenas de odores primários. A nossa capacidade de reconhecer aproximadamente 10 mil odores diferentes depende, provavelmente, dos padrões de atividade no encéfalo, que surgem da ativação de muitas combinações diferentes de receptores olfatórios. Os receptores olfatórios reagem às moléculas odorantes, produzindo um sinal elétrico que desencadeia um ou mais impulsos nervosos. A adaptação (sensibilidade decrescente) aos odores ocorre rapidamente. Os receptores olfatórios se adaptam, por volta de 50% no primeiro segundo, ou pouco mais, após a estimulação, porém, muito lentamente depois disso.

Via olfatória

Em cada lado do nariz, aproximadamente 40 feixes de axônios amielínicos mais finos das células receptoras olfatórias se estendem por aproximadamente 20 forames na lâmina cribriforme do etmoide (Fig. 12.3b). Esses feixes de axônios, coletivamente, formam os ***nervos olfatórios*** (*I*) direito e esquerdo. Os nervos olfatórios terminam no encéfalo, em massas pareadas de substância cinzenta, chamadas ***bulbos olfatórios***, localizadas abaixo dos lobos frontais do cérebro. Dentro dos bulbos olfatórios, os terminais axônicos das células receptoras olfatórias – os neurônios de primeira ordem – formam sinapses com os dendritos e corpos celulares dos neurônios de segunda ordem na via olfatória.

Os axônios dos neurônios que se estendem desde o bulbo olfatório, formam o ***trato olfatório***. Alguns axônios do trato olfatório se projetam em direção à área olfatória primária, no lobo temporal do córtex cerebral (ver Fig. 10.13), no qual começa a percepção consciente do odor. Outros axônios do trato olfatório se projetam em direção ao sistema límbico e hipotálamo; estas conexões são responsáveis pelas nossas respostas emocionais e memórias despertadas por odores. Exemplos incluem excitação sexual ao sentirmos um determinado perfume ou náusea ao sentirmos o cheiro de um alimento que certa vez nos fez passar muito mal.

CORRELAÇÕES CLÍNICAS | Hiposmia

Hiposmia, uma capacidade reduzida ao odor, afeta metade das pessoas acima de 65 anos e 75% daqueles acima dos 80 anos. Com o envelhecimento, o sentido do olfato se deteriora. A hiposmia também é provocada por alterações neurológicas, como uma lesão cerebral, doença de Alzheimer ou doença de Parkinson; determinadas substâncias, como anti-histamínicos, analgésicos ou esteroides; e pelos efeitos danosos do tabagismo. •

TESTE SUA COMPREENSÃO

6. Quais funções são executadas pelos três tipos de células do epitélio olfatório?
7. Defina os seguintes termos: *nervo olfatório*, *bulbo olfatório* e *trato olfatório*.

12.5 Gustação: sentido do paladar

OBJETIVO

- Descrever os receptores gustatórios e a via gustativa para o encéfalo.

Paladar ou ***gustação*** é muito mais simples do que a olfação, porque somente cinco sabores primários são distinguidos: *ácido*, *doce*, *amargo*, *salgado* e *umami*. O sabor *umami* é descrito como "carnudo" ou "saboroso". Todos os outros sabores, como do chocolate, pimenta e café, são combinações dos cinco sabores primários, além de sensações olfatórias e táteis (tato) acompanhantes. Odores do alimento passam para cima, da boca para a cavidade nasal, na qual estimulam os receptores olfatórios. Como a olfação é muito mais sensível do que a gustação, uma dada concentração de uma substância alimentar pode estimular o sistema olfatório milhares de vezes mais fortemente do que estimularia o sistema gustatório. Quando temos um resfriado ou alergias e não conseguimos saborear o alimento, é principalmente a olfação que está bloqueada, não a gustação.

Estrutura dos calículos gustatórios

Os receptores para a sensação do paladar estão localizados nos ***calículos gustatórios*** (Fig. 12.4). A maioria dos quase 10 mil calículos gustatórios de um jovem estão na língua, mas alguns também são encontrados no teto da boca, faringe (garganta) e epiglote (lâmina de cartilagem sobre a laringe). O número de calículos gustatórios diminui com a idade. Os calículos gustatórios são encontrados em elevações da língua, chamadas ***papilas***, que fornecem uma textura rugosa à superfície superior da língua (Fig. 12.4a, b). As *papilas circunvaladas* formam uma fileira em V invertido, no dorso da língua. As *papilas fungiformes* são elevações, em forma de cogumelo, dispersas por toda a superfície da língua. Além disso, toda a superfície da língua tem *papilas filiformes*, que contêm receptores táteis, mas não calículos gustatórios.

Cada ***calículo gustatório*** é um corpo oval que consiste em três tipos de células epiteliais: células de sustentação, células receptoras gustatórias e células basais (ver Fig. 12.4c). As ***células de sustentação*** contêm microvilosidades e circundam aproximadamente 50 ***células receptoras gustatórias*** em cada calículo gustatório. As ***microvilosidades gustativas*** (cílios gustativos) se projetam a partir de cada célula receptora gustatória em direção à superfície por meio do ***poro gustatório***, uma abertura no calículo gustatório. As ***células basais***, células-tronco encontradas na periferia do calículo gustatório, próxi-

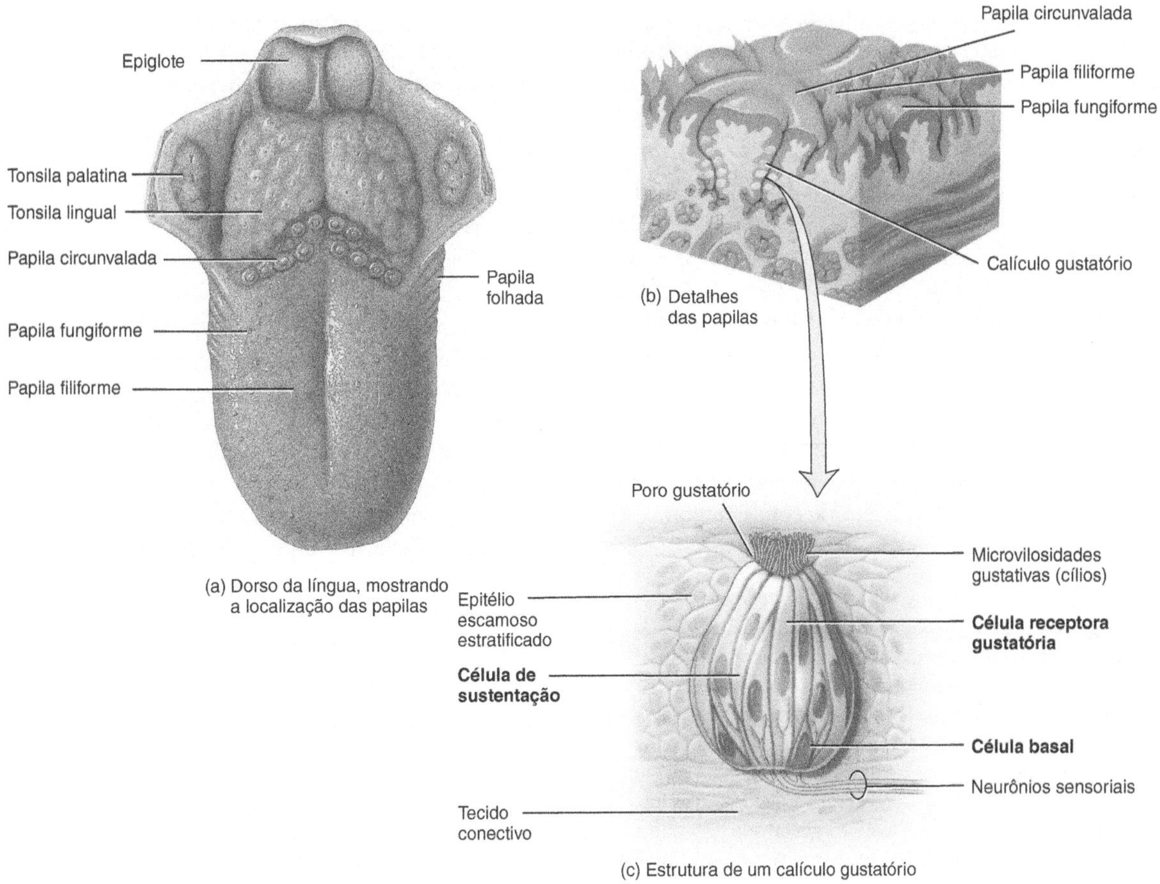

Em ordem, da língua ao encéfalo, quais estruturas formam a via gustatória?

Figura 12.4 A relação dos receptores gustatórios nos calículos gustatórios com as papilas linguais.

As células receptoras gustatórias (paladar) estão localizadas nos calículos gustatórios.

mo da camada de tecido conectivo, produzem células de sustentação, que, em seguida, se transformam em células receptoras gustatórias. Cada célula receptora gustatória tem uma vida útil de aproximadamente 10 dias. É por isso que os receptores gustatórios, localizados na língua, não demoram muito tempo para se recuperar da queimadura produzida por um copo de café ou chocolate muito quente. Na sua base, as células receptoras gustatórias fazem sinapse com dendritos dos neurônios de primeira ordem, que formam a primeira parte da via gustatória. Os dendritos de cada neurônio de primeira ordem se ramificam profusamente e fazem contato com muitas células receptoras gustatórias em diversos calículos gustatórios.

Estimulação dos receptores gustatórios

Substâncias químicas que estimulam as células receptoras gustatórias são conhecidas como *estimulantes gustativos*. Uma vez que um *estimulante gustativo* se dissolve na saliva, entra nos poros gustatórios e faz contato com a membrana plasmática dos cílios gustativos. O resultado é um sinal elétrico que estimula a liberação de moléculas neurotransmissoras da célula receptora gustatória. Os impulsos nervosos são desencadeados quando essas moléculas neurotransmissoras se ligam aos seus receptores nos dendritos do neurônio sensorial de primeira ordem. Os dendritos se ramificam profusamente e fazem contato com muitos receptores gustatórios em diversos calículos gustatórios. As células receptoras gustatórias individuais podem responder a mais de um dos cinco sabores primários. A adaptação completa (perda da sensibilidade) para um sabor específico ocorre em 1 a 5 minutos de estimulação contínua.

Se os *estimulantes gustativos* provocam a liberação do neurotransmissor de muitas células receptoras gustatórias, por que os alimentos têm sabores diferentes? Considera-se que a resposta a essa questão esteja nos padrões de impulsos nervosos nos grupos de neurônios gustatórios de primeira ordem, que fazem sinapse com as células receptoras gustatórias. Os diferentes sabores se originam da ativação de diferentes grupos de neurônios gustatórios. Além disso, embora cada célula receptora gustatória individual responda a mais de um dos cinco sabores primários, pode responder mais intensamente a alguns *estimulantes gustativos* do que a outros.

Via gustativa

Três nervos cranianos contêm os axônios dos neurônios gustatórios de primeira ordem que inervam os calículos gustatórios. O nervo facial (VII) e o nervo glossofaríngeo (IX) inervam a língua; o nervo vago (X) inerva a garganta e a epiglote. A partir dos calículos gustatórios, impulsos se propagam ao longo desses nervos cranianos para o bulbo. Do bulbo, alguns axônios que conduzem os sinais gustatórios, se projetam em direção ao sistema límbico e hipotálamo, enquanto outros se projetam em direção ao tálamo. Os sinais gustatórios que se projetam do tálamo para a área *gustatória primária*, no lobo parietal do córtex cerebral (ver Fig. 10.13), dão origem à percepção consciente da gustação.

CORRELAÇÕES CLÍNICAS | Aversão gustatória

Provavelmente, em virtude das projeções gustatórias para o hipotálamo e sistema límbico, exista uma forte ligação entre paladar e emoções agradáveis e desagradáveis. Alimentos doces evocam reações de prazer, enquanto os amargos provocam expressões de desgosto, mesmo em recém-nascidos. Esse fenômeno é a base para a **aversão gustatória**, em que as pessoas e os animais rapidamente aprendem a evitar um alimento se este perturba o sistema digestório. Como tratamentos com fármacos e radiação utilizados para combater o câncer com frequência provocam náuseas e transtorno gastrintestinal, independentemente do tipo de alimentos consumidos, os pacientes com câncer podem perder o apetite porque desenvolvem aversões gustatórias pela maioria dos alimentos. •

TESTE SUA COMPREENSÃO

8. Como as células receptoras olfatórias e as células receptoras gustatórias diferem em estrutura e função?
9. Compare as vias olfatória e gustatória.

12.6 Visão

OBJETIVOS

- Descrever as estruturas oculares acessórias, as túnicas do bulbo do olho, a lente, o interior do bulbo do olho, a formação da imagem e a visão binocular.
- Descrever os receptores para a visão e a via óptica para o encéfalo.

Visão, o ato de enxergar, é extremamente importante para a sobrevivência humana. Mais da metade dos receptores sensoriais no corpo humano está localizado nos olhos, e uma grande parte do córtex cerebral é dedicada ao processamento da informação visual. Nesta seção do capítulo, examinaremos as estruturas oculares acessórias, o bulbo do olho, a formação das imagens visuais, a fisiologia da visão e a via visual, do olho para o encéfalo.

Estruturas oculares acessórias

As ***estruturas oculares acessórias*** são os supercílios (sobrancelhas), os cílios, as pálpebras, os músculos extrínsecos que movem os bulbos dos olhos e o aparelho lacrimal (produtor da lágrima). Os ***supercílios*** e os ***cílios*** ajudam a proteger os olhos de objetos estranhos, da transpiração e dos raios solares diretos (Fig. 12.5). As ***pálpebras*** superiores e inferiores resguardam os olhos durante o sono, protegem os olhos da luz excessiva e de objetos estranhos, e espalham secreções lubrificantes sobre os bulbos dos olhos (ao piscar). Seis músculos extrínsecos do bulbo do olho cooperam para mover cada bulbo do olho para a direita, para a esquerda, para cima, para baixo e diagonalmente: *reto superior*, *reto inferior*, *reto lateral*, *reto medial*, *oblíquo superior* e *oblíquo inferior*. Neurônios no tronco encefálico e no cerebelo coordenam e sincronizam os movimentos dos bulbos dos olhos.

O ***aparelho lacrimal*** é um grupo de glândulas, ductos, canais e sacos que produzem e drenam o ***líquido lacrimal*** ou *lágrimas* (Fig. 12.5). As ***glândulas lacrimais*** direita e esquerda têm, cada uma, aproximadamente o tamanho e a forma de uma amêndoa e produzem lágrimas. As lágrimas são distribuídas pelos ***dúctulos excretores*** sobre a superfície do bulbo do olho. As lágrimas, em seguida, passam para o nariz por dentro de dois condutos chamados ***canalículos lacrimais*** e, em seguida, dentro do ***ducto lacrimonasal***, permitindo que as lágrimas sejam drenadas para a cavidade nasal, na qual se misturam com muco.

As lágrimas são uma solução aquosa contendo sais, um pouco de muco e uma enzima bactericida chamada ***lisozima***. As lágrimas limpam, lubrificam e umedecem a porção do bulbo do olho exposta ao ar, para impedir o ressecamento. Normalmente, as lágrimas são eliminadas pela evaporação ou pela passagem para a cavidade nasal, tão rapidamente quanto são produzidas. Se, contudo, uma substância irritante entrar em contato com o olho, as glândulas lacrimais são estimuladas a aumentar a secreção, e as lágrimas se acumulam. Esse mecanismo protetor dilui e lava a substância irritante. Somente os seres humanos expressam emoções, como felicidade e tristeza, por meio do ***choro***. Em resposta à estimulação parassimpática, as glândulas lacrimais produzem lágrimas em excesso, que podem transbordar pelas margens das pálpebras e até mesmo encher a cavidade nasal com líquido. É assim que o choro produz a coriza nasal.

Túnicas do bulbo do olho

O ***bulbo do olho*** adulto mede aproximadamente 2,5 cm de diâmetro e é dividido em três camadas: túnica fibrosa, túnica vascular e retina (Fig. 12.6).

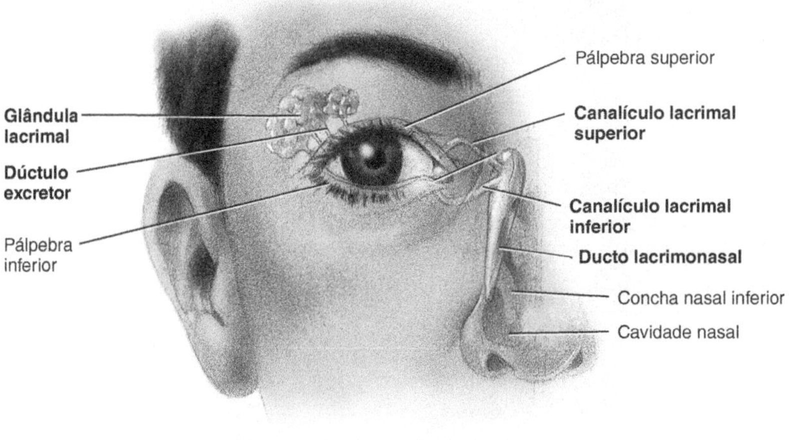

FLUXO DAS LÁGRIMAS

Glândula lacrimal secreta lágrimas nos

↓

Dúctulos excretores, que distribuem lágrimas sobre a superfície do bulbo do olho

↓

Canalículos lacrimais superior ou inferior drenam as lágrimas para o

↓

Ducto nasolacrimal, que drena as lágrimas para a

↓

Cavidade nasal

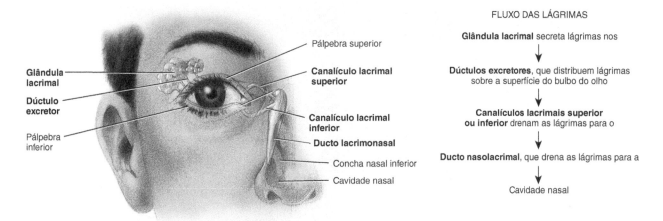

Vista anterior do aparelho lacrimal

Quais são as funções das lágrimas?

Figura 12.5 **Estruturas oculares acessórias.**

As estruturas oculares acessórias são os supercílios, os cílios, as pálpebras, os músculos extrínsecos do bulbo do olho e o aparelho lacrimal.

Túnica fibrosa

A ***túnica fibrosa*** é o revestimento superficial do bulbo do olho, e consiste anteriormente na córnea e posteriormente na esclera. A ***córnea*** é uma cobertura fibrosa transparente que recobre a íris colorida. Como ela é curva, a córnea ajuda a focalizar os raios de luz na retina. A ***esclera***, o "branco" do olho, é uma cobertura de tecido conectivo denso que recobre todo o bulbo do olho, exceto a córnea. A esclera dá forma ao bulbo do olho, torna-o mais rígido e protege suas partes internas. Uma camada epitelial chamada ***túnica conjuntiva*** recobre a esclera, mas não a córnea, e reveste a superfície interna das pálpebras.

Túnica vascular

A ***túnica vascular*** é a camada média do bulbo do olho e é composta pela coroide, corpo ciliar e íris. A ***coroide*** é uma membrana fina que reveste a maior parte da superfície interna da esclera. Contém muitos vasos sanguíneos que ajudam a nutrir a retina. A coroide também contém melanócitos que produzem o pigmento melanina, que dá a essa camada sua aparência castanho-escura. A melanina na coroide absorve os raios de luz difusos, o que impede a reflexão e a difusão da luz no interior do bulbo do olho. Como resultado, a imagem projetada na retina pela córnea e pela lente permanece nítida e clara.

Na parte anterior do olho, a coroide se torna o ***corpo ciliar***. O corpo ciliar consiste nos *processos ciliares*, pregas na superfície interna do corpo ciliar, cujos capilares secretam um líquido chamado humor aquoso; e *músculo ciliar*, um músculo liso que altera a forma da lente para a visão dos objetos próximos ou à distância. A ***lente***, uma estrutura transparente que focaliza os raios de luz na retina, é constituída por muitas camadas de fibras de proteínas elásticas. As *fibras zonulares* fixam a lente ao músculo ciliar e mantêm a lente em posição.

A íris é a parte colorida do bulbo do olho. Inclui as fibras musculares lisas circulares (músculo esfíncter da pupila) e radiais (músculo dilatador da pupila). O orifício no centro da íris, através do qual a luz entra no bulbo do olho, é a ***pupila***. O músculo liso da íris regula a quantidade de luz que passa através da lente. Quando o olho é estimulado por uma luz brilhante, a parte parassimpática da divisão autônoma do sistema nervoso (SNA) provoca a contração do músculo esfíncter da pupila, que diminui o tamanho da pupila (constrição). Quando o olho precisa se ajustar à luz fraca, a parte simpática do SNA provoca a contração do músculo dilatador da pupila, o que aumenta o tamanho da pupila (dilatação) (Fig. 12.7).

CORRELAÇÕES CLÍNICAS | Oftalmoscópio

Usando um **oftalmoscópio**, um observador olha através da pupila e vê uma imagem ampliada da retina e dos vasos sanguíneos que a atravessam. A superfície da retina é o único local do corpo no qual os vasos sanguíneos são visualizados diretamente e examinados quanto a alterações patológicas, como as que ocorrem na hipertensão e no diabetes melito. •

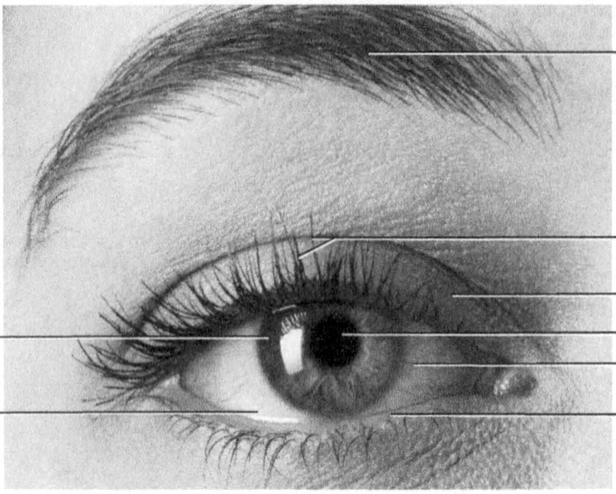

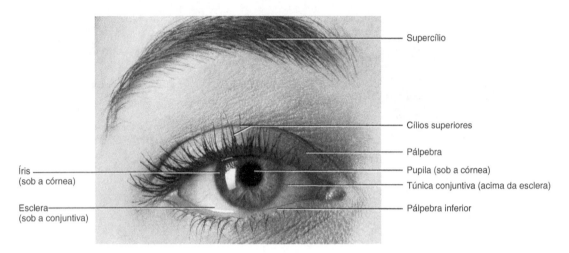

(a) Vista anterior do bulbo do olho direito

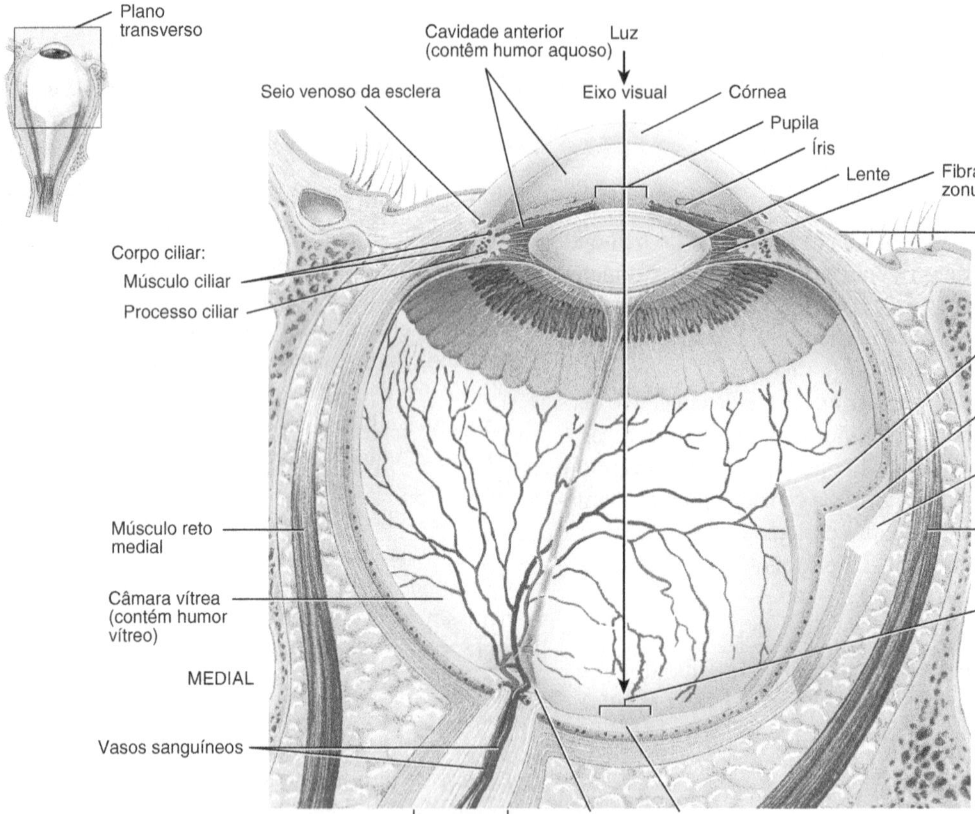

(b) Vista superior do corte transverso do bulbo do olho direito

Quais são os componentes das túnicas fibrosa e vascular?

Figura 12.6 Estrutura do bulbo do olho.

A parede do bulbo do olho consiste em três camadas: a túnica fibrosa, a túnica vascular e a retina.

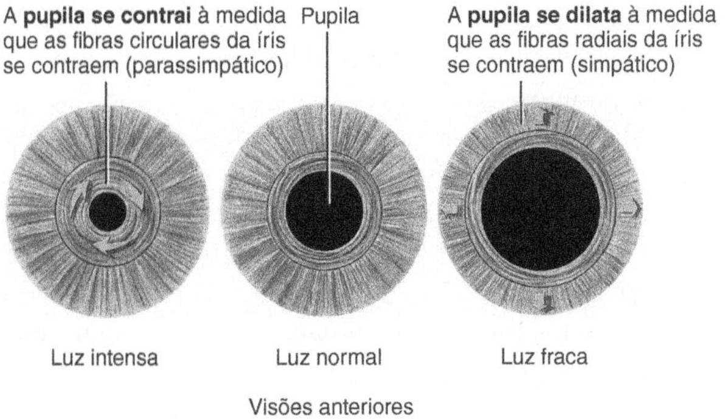

Qual parte do SNA provoca constrição da pupila? Qual parte provoca dilatação da pupila?

Figura 12.7 Respostas da pupila à variação da claridade.

A contração do músculo esfíncter da pupila provoca a constrição da pupila; a contração do músculo dilatador da pupila provoca a dilatação da pupila.

Retina

A terceira e mais interna das túnicas do bulbo do olho, a ***retina***, reveste os três quartos posteriores do bulbo do olho e é o início da via visual (Fig. 12.8). Possui duas camadas: o estrato nervoso e o estrato pigmentoso. O *estrato nervoso* é uma excrescência multilaminada do encéfalo. Três camadas distintas de neurônios da retina – a ***camada de células fotorreceptoras***, a ***camada de células bipolares*** e a ***camada de células ganglionares*** – são separadas por duas zonas, as camadas sinápticas externa e interna, nas quais ocorrem os contatos sinápticos. A luz passa através das camadas de células ganglionares e bipolares e por ambas as camadas sinápticas, antes de chegar à camada fotorreceptora.

O *estrato pigmentoso* da retina é uma lâmina de células epiteliais contendo melanina, localizada entre a coroide e o estrato nervoso da retina. A melanina no estrato pigmentoso da retina, como na coroide, também ajuda a absorver os raios de luz difusos.

Fotorreceptores são células especializadas que iniciam o processo pelo qual os raios de luz são, finalmente, convertidos em impulsos nervosos. Existem dois tipos de fotorreceptores: os bastonetes e os cones. Os ***bastonetes*** nos permitem enxergar tonalidades de cinza com pouca luz, como à luz do luar. A luz mais intensa estimula os ***cones***, dando origem à visão em cores com grande acuidade visual. Três tipos de cones estão presentes na retina: (1) *cones azuis*, sensíveis à luz azul; (2) *cones verdes*, sensíveis à luz verde; e (3) *cones vermelhos*, sensíveis à luz vermelha. A visão em cores resulta da estimulação de várias combinações desses três tipos de cones. Da mesma forma que um artista obtém quase qualquer cor misturando-as

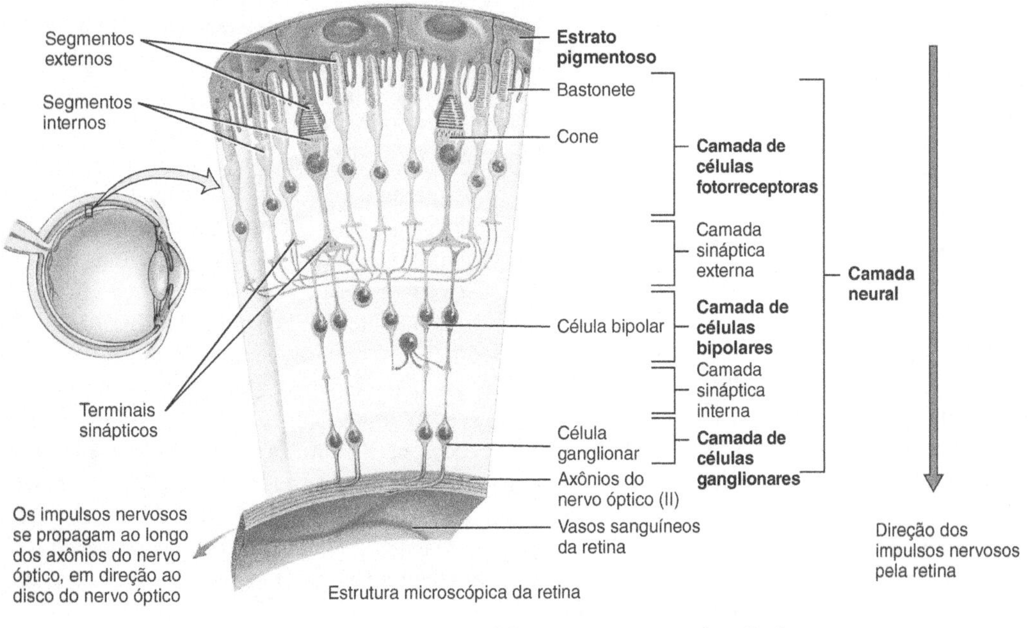

Quais são os dois tipos de fotorreceptores e como se diferenciam nas suas funções?

Figura 12.8 Estrutura microscópica da retina. A seta azul descendente, à direita, indica a direção dos sinais passando através do estrato nervoso da retina. Finalmente, impulsos nervosos se originam nas células ganglionares e se propagam ao longo dos seus axônios, que compõem o nervo óptico (II).

Na retina, os sinais visuais passam dos fotorreceptores para as células bipolares e, em seguida, para as células ganglionares.

sobre uma paleta, os cones codificam diferentes cores por estimulação diferencial. Existem aproximadamente 6 milhões de cones e 120 milhões de bastonetes. Os cones estão mais densamente concentrados na ***fóvea***, uma pequena depressão no centro da ***mácula lútea*** ou *mancha amarela*, exatamente no centro da retina. A fóvea é a área de maior acuidade visual ou *resolução* (nitidez da visão), em razão de sua alta concentração de cones. A principal razão pela qual movemos a cabeça e os olhos enquanto olhamos para alguma coisa, como nas palavras desta frase, é a de colocar as imagens de interesse na fóvea central. Os bastonetes estão ausentes da fóvea central e da mácula lútea e são abundantes na periferia da retina.

Dos fotorreceptores, a informação flui pela camada sináptica externa até as células bipolares e, em seguida, pela camada sináptica interna, até as células ganglionares. Entre 6 e 600 bastonetes fazem sinapse com uma única célula bipolar na camada sináptica externa; um cone geralmente faz sinapse com apenas uma célula bipolar. A convergência de muitos bastonetes para apenas uma única célula bipolar, aumenta a sensibilidade à luz dos bastonetes da visão, mas borra ligeiramente a imagem que é percebida. A visão dos cones, embora menos sensível, tem maior acuidade, em virtude das sinapses individuais entre os cones e suas células bipolares. Os axônios das células ganglionares se estendem posteriormente até uma pequena área da retina chamada ***disco do nervo óptico*** (*ponto* cego), do qual todos saem como nervo óptico (II) (ver Fig. 12.6). Como o disco do nervo óptico não contém cones nem bastonetes, não conseguimos enxergar uma imagem que incida sobre o ponto cego. Normalmente, não temos consciência do ponto cego, mas conseguimos facilmente demonstrar sua presença. Cubra seu olho esquerdo e olhe diretamente para o cruzamento próximo ao topo da coluna seguinte. Em seguida, aumente e diminua a distância entre o livro e o olho. Em algum ponto o quadrado desaparece, porque sua imagem cai no ponto cego.

Interior do bulbo do olho

A lente divide o interior do bulbo do olho em duas cavidades, a "câmara anterior" e a câmara posterior. A ***"câmara anterior"*** se situa anteriormente à lente e é preenchida com ***humor aquoso***, um líquido aquoso semelhante ao líquido cerebrospinal. Os vasos capilares sanguíneos dos processos ciliares secretam humor aquoso na "cavidade anterior".

Em seguida, drena para o ***seio venoso da esclera*** (*canal de Schlemm*), uma abertura na qual a esclera e a córnea se encontram, e torna a entrar no sangue. O humor aquoso auxilia a manter a forma do bulbo do olho e nutre a lente e a córnea, que não possuem vasos sanguíneos. Em geral, o humor aquoso é completamente substituído a cada 90 minutos.

Atrás da lente se encontra a segunda e maior cavidade do bulbo do olho, a ***câmara posterior***, que contém uma substância gelatinosa transparente, chamada ***humor vítreo***, que se forma durante a vida embrionária e não é substituído depois disso. Essa substância ajuda a impedir o colapso do bulbo do olho e mantém a retina no mesmo nível da coroide.

A pressão no olho, chamada ***pressão intraocular***, é produzida principalmente pelo humor aquoso, com uma contribuição menor do humor vítreo. A pressão intraocular mantém a forma do bulbo do olho e mantém a retina suavemente pressionada contra a coroide, de modo que a retina seja bem nutrida e forme imagens claras. A pressão intraocular normal (em torno de 16 mmHg) é mantida pelo equilíbrio entre a produção e a drenagem do humor aquoso.

A Tabela 12.2 resume as estruturas do bulbo do olho.

Formação da imagem e visão binocular

Em alguns aspectos, o olho é como uma câmera: seus elementos ópticos focalizam a imagem de algum objeto sobre um "filme" sensível à luz – a retina –, enquanto garante a correta quantidade de luz, faz a "exposição" apropriada. Para compreender como o olho forma imagens nítidas de objetos na retina, devemos examinar três processos: (1) a refração ou desvio da luz pela lente e córnea, (2) a mudança na forma da lente e (3) a constrição ou estreitamento da pupila.

Refração dos raios de luz

Quando os raios de luz, passando por uma substância transparente (como o ar), atingem uma segunda substância transparente com uma densidade diferente (como a água), se curvam na junção entre as duas substâncias. Essa curvatura é chamada de ***refração*** (Fig. 12.9a). Aproximadamente 75% da refração total da luz ocorrem na córnea. Em seguida, a lente refrata mais os raios de luz, de modo que incidem em foco preciso sobre a retina.

As imagens focalizadas na retina são invertidas (de cabeça para baixo) (Fig. 12.9b, c). Além disso, sofrem reversão direita-esquerda; isto é, a luz do lado direito de um objeto atinge o lado esquerdo da retina, e vice-versa. A razão para o mundo não parecer invertido é que o encéfalo "aprende", muito cedo na vida, a coordenar as imagens visuais com as orientações dos objetos. O encéfalo armazena as imagens invertidas que adquirimos quando, pela primeira vez, tentamos alcançar e tocar os objetos,

TABELA 12.2

Resumo das estruturas do bulbo do olho e suas funções

ESTRUTURA	FUNÇÃO
Túnica fibrosa 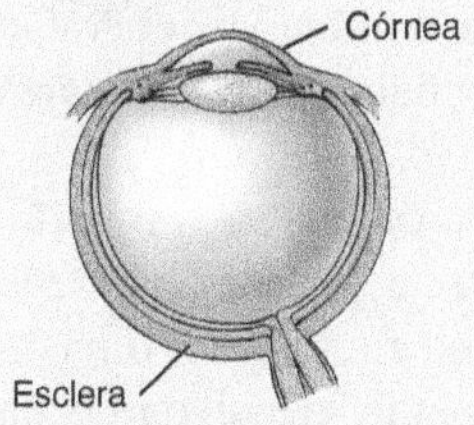	**Córnea:** Recebe e refrata (curva) a luz **Esclera:** Dá forma e protege as partes internas
Túnica vascular 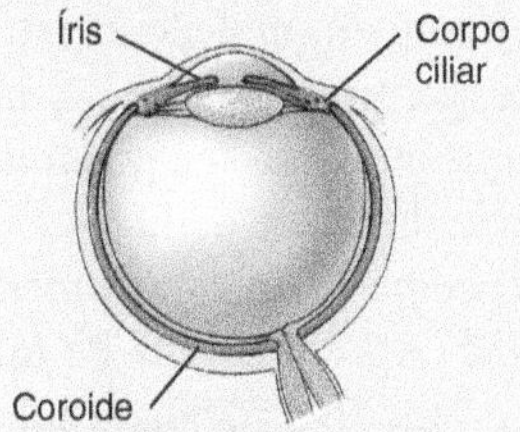	**Íris:** Regula a quantidade de luz que entra no bulbo do olho **Corpo ciliar:** Secreta humor aquoso e altera a forma da lente para visão de perto e de longe (acomodação) **Coroide:** Fornece suprimento sanguíneo e absorve a luz difusa
Retina 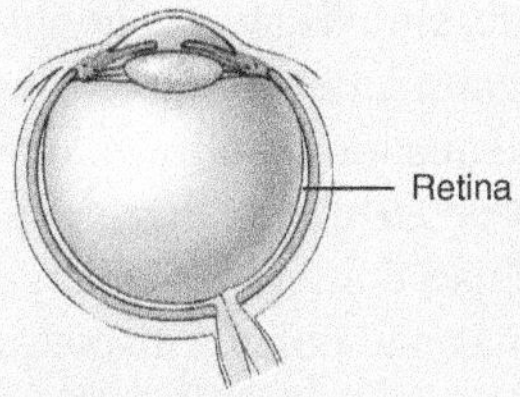	Recebe a luz e a converte em impulsos nervosos; fornece informações para o cérebro via axônios de células ganglionares, que formam o nervo óptico (II)
Lente 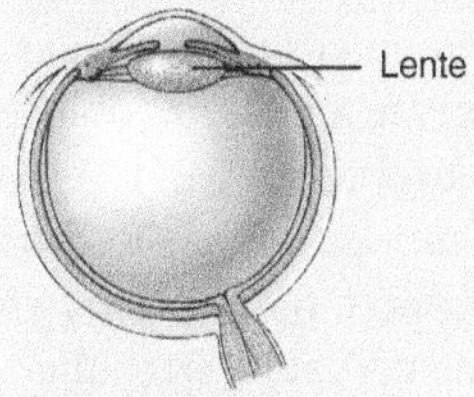	Refrata a luz
Câmara anterior 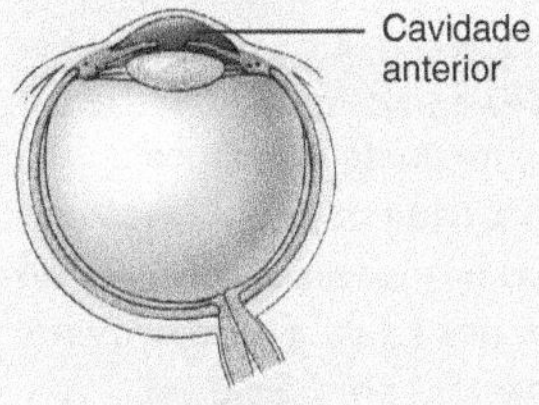	Contém humor aquoso, que ajuda a manter a forma do bulbo do olho e fornece oxigênio e nutrientes para a lente e a córnea
Câmera posterior 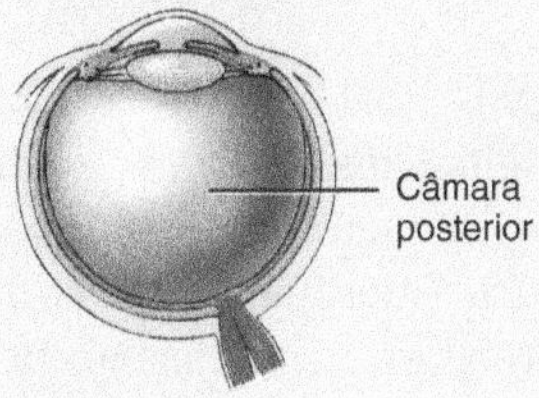	Contém o humor vítreo, que ajuda a manter a forma do bulbo do olho e mantém a retina presa à coroide

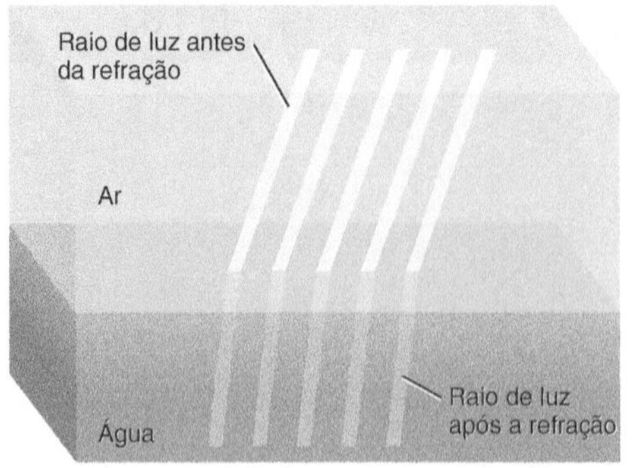

(a) Refração dos raios de luz

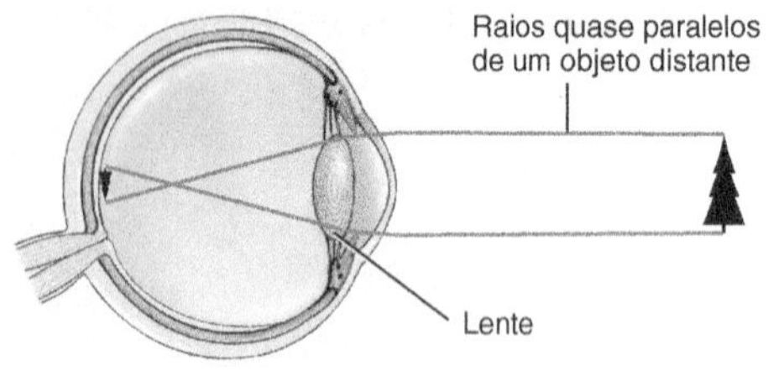

(b) Visão de um objeto distante

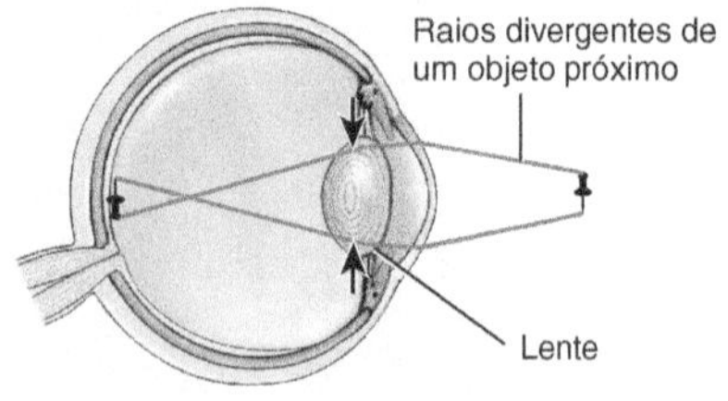

(c) Acomodação

Quais mudanças ocorrem durante a acomodação?

Figura 12.9 Refração dos raios de luz e acomodação.

Refração é a curvatura dos raios de luz.

e interpreta aquelas imagens visuais como sendo corretamente orientadas no espaço.

Quando um objeto está a mais de 6 metros de distância do observador, os raios de luz refletidos pelo objeto são quase paralelos, e as curvaturas da córnea e da lente focalizam exatamente a imagem na retina (Fig. 12.9b). Contudo, os raios de luz de objetos mais próximos do que 6 metros são mais divergentes do que paralelos (Fig. 12.9c). Os raios precisam ser mais refratados para que sejam focalizados na retina. Essa refração adicional é acompanhada por mudanças na forma da lente.

Acomodação

Uma superfície que se curva para fora, como a superfície de uma bola, é chamada *convexa*. A superfície convexa de uma lente refrata os raios de luz aferentes em direção uns aos outros, de modo que finalmente se cruzem. A lente do olho é convexa em suas superfícies anterior e posterior, e sua capacidade para refratar a luz aumenta à medida que sua curvatura se torna maior. Quando o olho está focalizando um objeto próximo, a lente se torna mais convexa e refrata mais os raios de luz. Esse aumento na curvatura da lente para a visão de perto é chamado ***acomodação*** (Fig. 12.9c).

Quando observamos objetos distantes, o músculo ciliar do corpo ciliar está relaxado, e a lente está razoavelmente plana, porque é distendida em todas as direções pelas fibras zonulares tensas. Quando visualizamos um objeto próximo, o músculo ciliar se contrai, tracionando o processo ciliar e a coroide para frente em direção à lente. Essa ação libera a tensão na lente, permitindo que se torne mais esférica (mais convexa), o que aumenta seu poder de foco e provoca maior convergência dos raios de luz.

O olho normal, conhecido como ***olho emetrópico***, consegue refratar suficientemente os raios de luz de um objeto a 6 metros de distância, de modo a focalizar uma imagem clara na retina (Fig. 12.10a). Muitas pessoas, contudo, não têm essa capacidade, em virtude de anormalidades de refração. Entre essas anormalidades está a ***miopia***, ou "*vista curta*", que ocorre quando o bulbo do olho é muito extenso em relação ao poder de focalização da córnea e da lente. Indivíduos míopes conseguem enxergar objetos próximos claramente, mas não objetos distantes. Na ***hiperopia***, ou "*vista longa*", também conhecida como ***hipermetropia***, o comprimento do bulbo do olho é menor em relação ao poder de focalização da córnea e da lente. Indivíduos hipermetropes conseguem enxergar objetos distantes claramente, mas não objetos próximos. A Figura 12.10b-e ilustra essas condições e mostra como são corrigidas. Outra anormalidade da refração é o ***astigmatismo***, no qual a córnea ou a lente tem uma curvatura irregular.

CORRELAÇÕES CLÍNICAS | Presbiopia

Com o envelhecimento, a lente perde um pouco de sua elasticidade, assim, sua capacidade de acomodação diminui. Em torno dos 40 anos de idade, pessoas que não usavam óculos começam a precisar deles para a visão de perto, como na leitura. Esta condição é chamada ***presbiopia***. •

Constrição da pupila

Constrição da pupila é um estreitamento do diâmetro do orifício pelo qual a luz entra no olho, em virtude da contração das fibras circulares da íris (músculo esfíncter da pupila). Esse reflexo autônomo ocorre simultaneamente com a acomodação e impede que os raios de luz entrem no olho pela periferia da lente. Raios de luz que entrassem pela periferia da lente não seriam focalizados na retina e

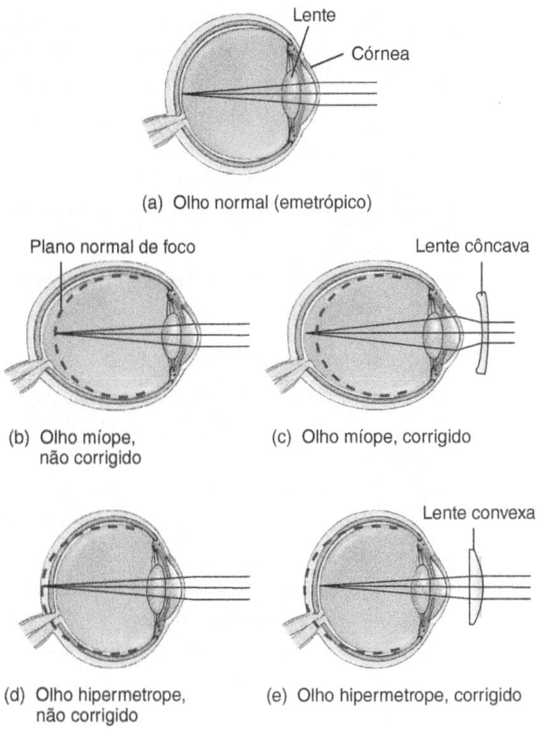

O que é presbiopia?

Figura 12.10 Refração normal e anormal no bulbo do olho. (a) No olho normal (emetrópico), os raios de luz de um objeto são suficientemente curvados pela córnea e pela lente para focalizar na fóvea. (b) No olho míope, a imagem é focalizada na frente da retina. (c) A correção da miopia é feita pelo uso de uma lente côncava, que diverge os raios de luz aferentes, de forma que tenham que passar mais longe pelo bulbo do olho. (d) No olho hipermetrope, a imagem é focalizada atrás da retina. (e) A correção da hipermetropia é feita pelo uso de lente convexa, que promove a convergência dos raios de luz aferentes.

Na miopia não corrigida, objetos distantes não conseguem ser vistos claramente; na hipermetropia não corrigida, objetos próximos não conseguem ser vistos claramente.

resultariam em visão embaçada. A pupila, como observado anteriormente, também se constringe na luz intensa para limitar a quantidade de luz que atinge a retina.

Convergência

Nos seres humanos, ambos os olhos focalizam somente um conjunto de objetos, uma característica chamada ***visão binocular***. Essa característica do nosso sistema visual permite a percepção de profundidade e a avaliação da natureza tridimensional dos objetos. Quando olhamos diretamente adiante, para um objeto distante, os raios de luz incidentes são dirigidos diretamente para as pupilas de ambos os olhos e são refratados para pontos comparáveis nas duas retinas. À medida que nos movemos para mais perto do objeto, nossos olhos precisam se deslocar medialmente, se os raios de luz do objeto incidirem sobre pontos comparáveis em ambas as retinas. ***Convergência*** é o nome para esse movimento automático dos dois bulbos dos olhos em direção à linha mediana, provocado pela ação coordenada dos músculos extrínsecos do bulbo do olho. Quanto mais próximo o objeto, maior a convergência necessária para manter a visão binocular.

Estimulação dos fotorreceptores

Após a formação de uma imagem na retina por refração, acomodação, constrição da pupila e convergência, os raios de luz precisam ser convertidos em sinais neurais. A fase inicial nesse processo é a absorção dos raios de luz pelos bastonetes e cones da retina. Para compreender como a absorção ocorre, é necessário entender a função dos fotopigmentos.

Um ***fotopigmento*** (*pigmento visual*) é uma substância que consegue absorver a luz e sofrer uma mudança em sua estrutura. O fotopigmento nos bastonetes é chamado ***rodopsina*** e é composto por uma proteína denominada *opsina* e um derivado da vitamina A, chamado *retinal*. Qualquer quantidade de luz em uma sala escurecida provoca a decomposição de algumas moléculas de rodopsina em opsina e retinal, que iniciam uma série de alterações químicas nos bastonetes. Quando o nível de luz é fraco, a opsina e o retinal se recombinam em rodopsina, tão rápido quanto a rodopsina é decomposta. Contudo, os bastonetes em geral não são funcionais à luz do dia, porque a rodopsina é decomposta mais rapidamente do que pode ser reformada. Depois de sair da luz solar intensa e entrar em uma sala escura, demora aproximadamente 40 minutos antes que os bastonetes funcionem em sua capacidade máxima.

CORRELAÇÕES CLÍNICAS | Daltonismo e cegueira noturna

A perda completa da visão dos cones faz a pessoa se tornar legalmente cega. Em contrapartida, uma pessoa que perde a visão dos bastonetes tem dificuldade, principalmente, de enxergar na luz fraca e, assim, não deve dirigir à noite. A deficiência prolongada de vitamina A e a quantidade inferior à normal resultante de rodopsina podem provocar **cegueira noturna**, uma incapacidade de enxergar bem sob baixos níveis de luminosidade. Considera-se **daltônico** um indivíduo com ausência ou deficiência de um dos três tipos de cones da retina, que não consegue distinguir algumas cores de outras. No tipo mais comum, o daltonismo para *vermelho e verde*, os cones vermelhos ou os cones verdes estão ausentes. Assim, a pessoa não consegue distinguir entre o vermelho e o verde. A hereditariedade do daltonismo é ilustrada na Figura 24.13. •

Os cones funcionam na luz intensa e proporcionam visão em cores. Como nos bastonetes, a absorção dos raios de luz provoca a degradação das moléculas dos fotopigmentos. Os fotopigmentos dos cones também contêm retinal, mas há três tipos de proteínas opsinas diferentes – uma em cada um dos três tipos de cones. Os fotopigmentos dos cones se recombinam muito mais rapidamente do que os fotopigmentos dos bastonetes.

Via visual

Após estimulação pela luz, bastonetes e cones desencadeiam sinais elétricos nas células bipolares. As células bipolares transmitem tanto sinais excitatórios quanto inibitórios para as células ganglionares. As células ganglionares se tornam despolarizadas e geram impulsos nervosos. Os axônios das células ganglionares deixam o bulbo do olho como ***nervo óptico*** (***II***) (Fig. 12.11, **1**) e se estendem posteriormente até o ***quiasma óptico***; Fig. 12.11, 2). No quiasma óptico, aproximadamente metade dos axônios de cada olho cruza para o lado oposto do encéfalo. Após passarem o quiasma óptico, os axônios, agora, parte do ***trato óptico*** (Fig. 12.11, **3**), terminam no tálamo. Aqui, fazem sinapse com neurônios, cujos axônios se projetam para as áreas visuais primárias, nos lobos occipitais do córtex cerebral (ver Fig. 12.11, **4**; ver também Fig. 10.13).

Em virtude do cruzamento no quiasma óptico, o lado direito do encéfalo recebe sinais de ambos os olhos para interpretação das sensações visuais do lado esquerdo de um objeto, e o lado esquerdo do encéfalo recebe sinais de ambos os olhos para a interpretação das sensações visuais do lado direito de um objeto.

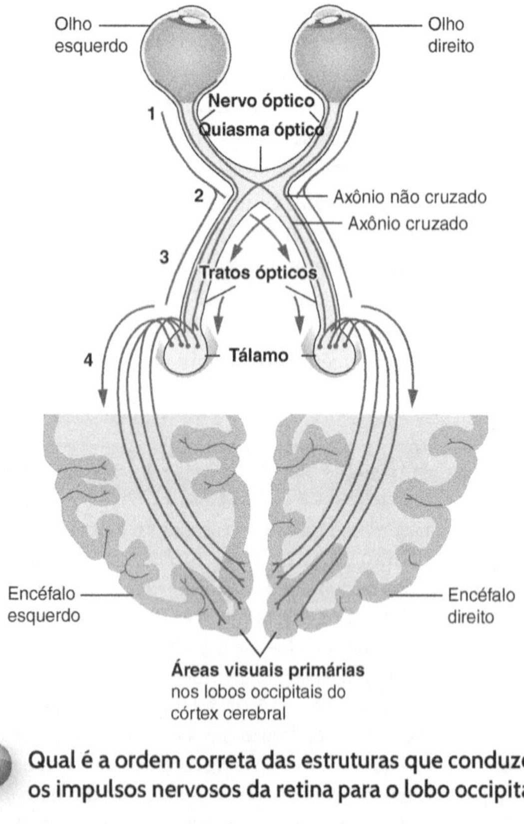

Qual é a ordem correta das estruturas que conduzem os impulsos nervosos da retina para o lobo occipital?

Figura 12.11 Via visual.

No quiasma óptico, metade dos axônios das células ganglionares da retina de cada olho cruza para o lado oposto do encéfalo.

TESTE SUA COMPREENSÃO

10. Liste e descreva as estruturas acessórias do olho.
11. Descreva as camadas do bulbo do olho e suas funções.
12. Como uma imagem é formada na retina?
13. Como a forma da lente se altera durante a acomodação?
14. Como os fotopigmentos respondem à luz?
15. Por qual via os impulsos nervosos desencadeados por um objeto, na metade esquerda do campo visual do olho esquerdo, alcançam a área visual primária do córtex cerebral?

12.7 Audição e equilíbrio

OBJETIVOS

- Distinguir as estruturas da orelha externa, média e interna.
- Descrever os receptores para a audição e o equilíbrio e delinear suas vias para o cérebro.

A orelha é uma estrutura maravilhosamente sensitiva. Seus receptores sensoriais convertem as vibrações sonoras em sinais elétricos 1 mil vezes mais rápido do que os fotorreceptores conseguem responder à luz. Além dos receptores para as ondas sonoras, a orelha também tem receptores para o equilíbrio.

Estrutura da orelha

A orelha é dividida em três regiões principais: (1) a orelha externa, que capta as ondas sonoras, transportando-as para canais dentro da orelha; (2) a orelha média, que transmite as vibrações sonoras para a janela do vestíbulo; e (3) a orelha interna, que abriga os receptores para a audição e o equilíbrio.

Orelha externa

A ***Orelha externa*** capta as ondas sonoras, transmitindo-as para o interior da orelha (Fig. 12.12). Consiste na orelha, meato acústico externo e membrana timpânica. A ***orelha***, a parte que podemos ver, é um retalho de cartilagem elás-

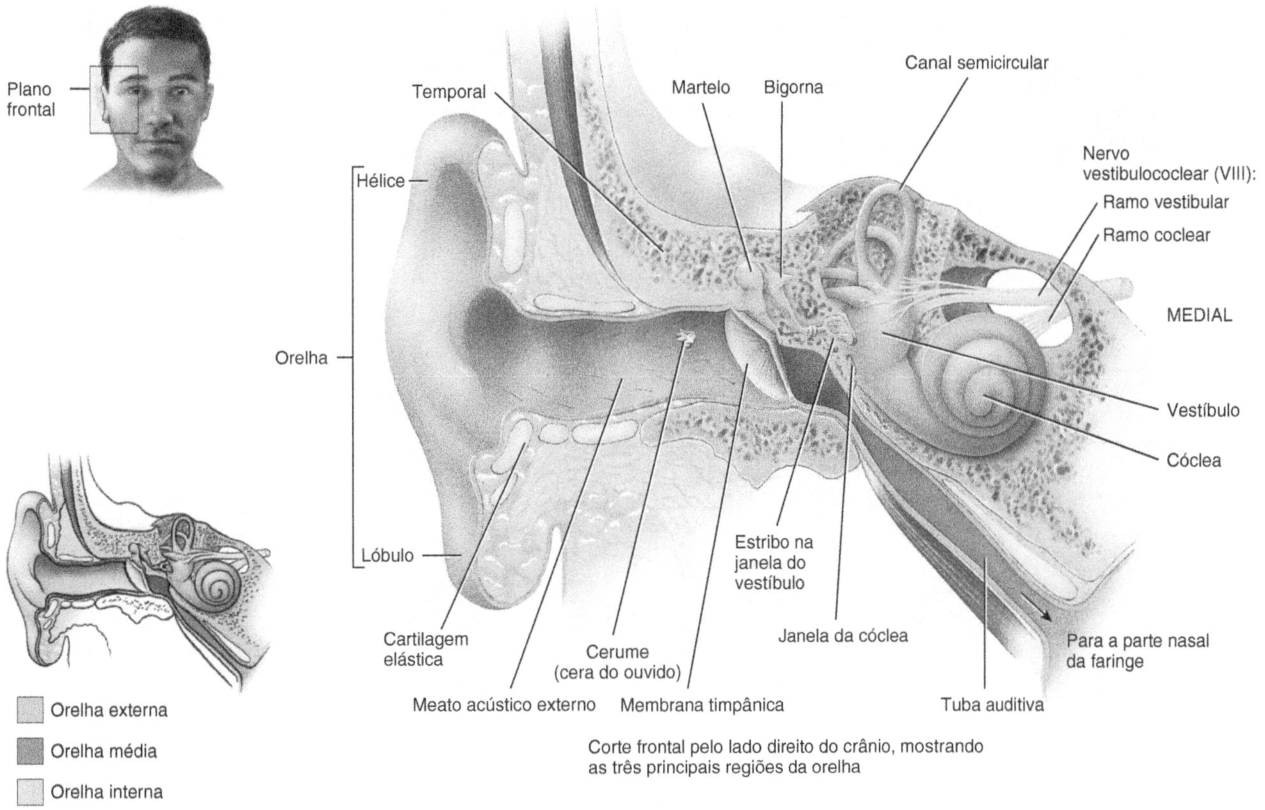

Onde estão localizados os receptores para a audição e equilíbrio?

Figura 12.12 **Estrutura da orelha.**

A orelha tem três regiões principais: a orelha externa, a orelha média e a orelha interna (veja legenda abaixo).

tica recoberta por pele, com o formato semelhante à extremidade expandida de um trompete. Desempenha uma pequena função na captação de ondas sonoras e no seu direcionamento para o **meato acústico externo**, um tubo curvo que se estende a partir da orelha e direciona as ondas sonoras para a membrana timpânica. O canal contém alguns pelos e ***glândulas ceruminosas***, que secretam ***cerume*** (cera do ouvido). Os pelos e o cerume ajudam a evitar a entrada de objetos estranhos na orelha. A *membrana timpânica* é uma divisão semitransparente fina, entre o meato acústico externo e a orelha média. As ondas sonoras fazem a membrana timpânica vibrar. Uma laceração da membrana timpânica, em consequência de trauma ou infecção, é chamada ***membrana timpânica perfurada***.

Orelha média

A ***orelha média*** é uma pequena cavidade, cheia de ar, entre a membrana timpânica e a orelha interna (Fig. 12.12). Uma abertura na parede anterior da orelha média conduz diretamente à ***tuba auditiva***, comumente conhecida como *trompa de Eustáquio*, que conecta a orelha com a parte superior da faringe. Quando a tuba auditiva está aberta, a pressão do ar se iguala em ambos os lados da membrana timpânica. Caso contrário, mudanças abruptas na pressão do ar, em um lado da membrana timpânica, poderiam provocar sua ruptura. Durante a deglutição e o bocejo, a tuba se abre; isso explica por que o bocejo ajuda a equilibrar as alterações de pressão que ocorrem durante o voo.

Estendendo-se da orelha média e fixados a ela por meio de ligamentos, estão três minúsculos ossos, chamados ***ossículos da audição***, nomeados de acordo com seu formato: ***martelo***, ***bigorna*** e ***estribo*** (Fig. 12.12). Músculos esqueléticos igualmente minúsculos controlam a quantidade de movimento desses ossos para evitar danos por ruídos excessivamente altos. O estribo se ajusta a uma pequena abertura na divisão óssea fina, entre as orelhas média e interna, chamada ***janela do vestíbulo*** (janela oval), na qual começa a orelha interna.

Orelha interna

A ***orelha interna*** é dividida em labirinto ósseo externo e labirinto membranáceo interno (Fig. 12.13). O ***labirinto ósseo*** é uma série de cavidades no temporal, incluindo a cóclea, o vestíbulo e os canais semicirculares. A cóclea é o

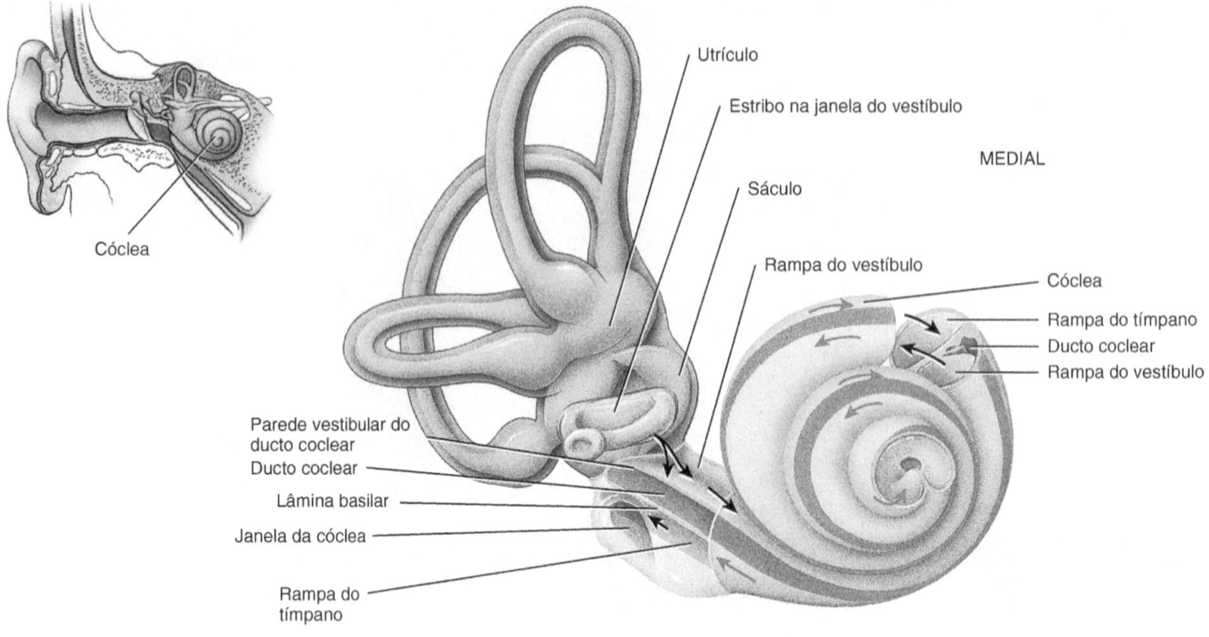

(a) Cortes através da cóclea

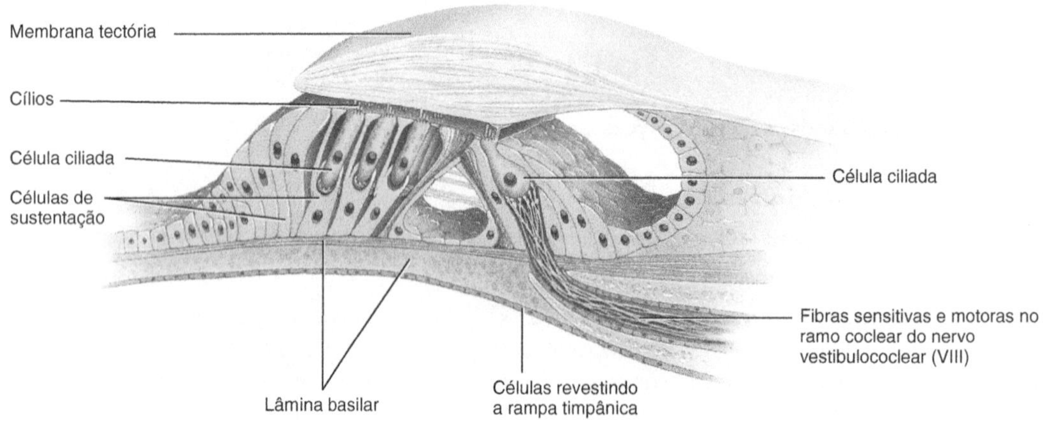

(b) Aumento do órgão espiral (órgão de Corti)

Quais estruturas separam a orelha externa da orelha média? E a orelha média da orelha interna?

Figura 12.13 **Detalhes da orelha interna direita.** (a) Relação entre a rampa do tímpano, ducto coclear e rampa do vestíbulo. As setas indicam a transmissão das ondas sonoras. (b) Detalhes do órgão espiral (órgão de Corti).

Os três canais na cóclea são a rampa do vestíbulo, a rampa do tímpano e o ducto coclear.

órgão do sentido para a audição, e o vestíbulo e os canais semicirculares são os órgãos do sentido para o equilíbrio. O labirinto ósseo contém um líquido chamado *perilinfa*. Este líquido envolve o ***labirinto membranáceo*** interno, uma série de sacos e tubos com a mesma forma geral do labirinto ósseo. O labirinto membranáceo contém um líquido chamado *endolinfa*.

O ***vestíbulo*** é a parte média oval do labirinto ósseo. O labirinto membranáceo, no vestíbulo, consiste em dois sacos chamados ***utrículo*** e ***sáculo***. Atrás do vestíbulo, se encontram os três ***canais semicirculares*** ósseos. Os canais semicirculares anterior e posterior são verticais, e o canal lateral é horizontal. Uma das extremidades de cada canal se alarga em uma intumescência chamada ***ampola***.

As porções do labirinto membranáceo que se encontram no interior dos canais semicirculares ósseos são chamadas ***ductos semicirculares***, que se comunicam com o utrículo do vestíbulo.

Um corte transverso através da ***cóclea***, um canal ósseo espiral que lembra a concha de um caracol, mostra que é dividida em três canais: o ducto coclear, a rampa do vestíbulo e a rampa do tímpano. O ***ducto coclear*** é uma continuação do labirinto membranáceo da cóclea; é preenchido com endolinfa. O canal acima do ducto coclear é a ***rampa do vestíbulo***, que inicia na janela do vestíbulo. O canal abaixo do ducto coclear é a ***rampa do tímpano***, que termina na ***janela da cóclea*** (janela redonda – uma abertura recoberta por membrana diretamente abaixo da janela do vestíbulo). Tanto a rampa do vestíbulo quanto a rampa do tímpano são partes do labirinto ósseo da cóclea e são preenchidos com perilinfa. A rampa do vestíbulo e a rampa do tímpano são completamente separadas, exceto por uma abertura no ápice da cóclea. A ***parede vestibular do ducto coclear*** separa o ducto coclear da rampa do vestíbulo e a ***lâmina basilar do ducto coclear*** separa o ducto coclear da rampa do tímpano.

Repousando sobre a lâmina basilar está o órgão espiral (órgão de Corti), o órgão da audição (Fig. 12.13b). O órgão espiral consiste em ***células de sustentação*** e ***células ciliadas***. As células ciliadas, receptores das sensações auditivas, têm longas projeções nas suas extremidades livres, que se estendem até a endolinfa do ducto coclear. As células ciliadas formam sinapses com neurônios sensoriais e motores no ramo coclear do nervo vestibulococlear (VIII). A ***membrana tectória***, uma membrana gelatinosa flexível, recobre as células ciliadas.

Fisiologia da audição

Os eventos implicados na estimulação das células ciliadas pelas ondas sonoras são os seguintes (Fig. 12.14):

1. A orelha direciona as ondas sonoras para o interior do meato acústico externo.
2. As ondas sonoras, que atingem a membrana timpânica, fazem-na vibrar. A distância e a velocidade dos seus movimentos dependem da intensidade e da frequência das ondas sonoras. Os sons mais intensos (mais ruidosos) produzem maiores vibrações.

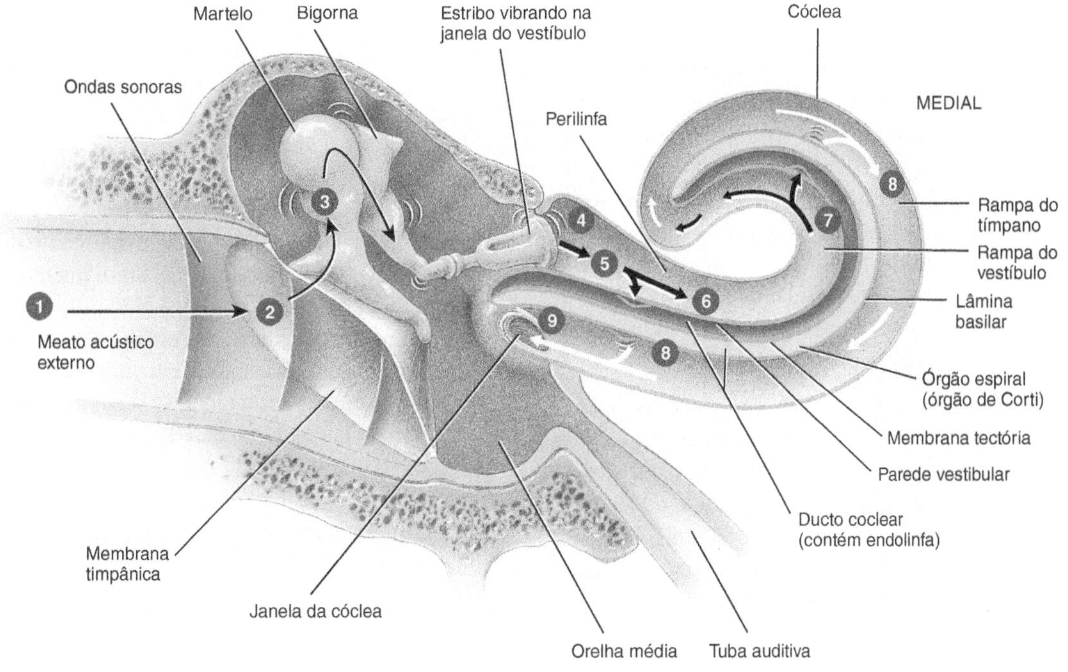

Qual é a função das células ciliadas?

Figura 12.14 Fisiologia da audição mostrada na orelha direita. Os números correspondem aos eventos listados no texto. A cóclea foi desenrolada para permitir uma visualização mais fácil da transmissão das ondas sonoras e sua subsequente distorção da parede vestibular e da lâmina basilar do ducto coclear.

As ondas sonoras se originam de objetos em vibração.

A membrana timpânica vibra lentamente em resposta aos sons de baixa frequência (graves) e rapidamente em resposta a sons de alta frequência (agudos).

3 A área central da membrana timpânica se conecta com o martelo, que também começa a vibrar. A vibração é transmitida do martelo para a bigorna e, em seguida, para o estribo.

4 À medida que o estribo se move para a frente e para trás, empurra a janela do vestíbulo para dentro e para fora.

5 O movimento da janela do vestíbulo produz ondas de pressão hidrostática na perilinfa da cóclea. À medida que a janela do vestíbulo se curva para dentro, empurra a perilinfa da rampa do vestíbulo.

6 As ondas de pressão hidrostática são transmitidas da rampa do vestíbulo para a rampa do tímpano e, finalmente, para a membrana que recobre a janela da cóclea, provocando sua curvatura para fora, na orelha média (ver 9 na figura).

7 À medida que as ondas de pressão deformam as paredes da rampa do vestíbulo e do tímpano, também empurram a parede vestibular do ducto coclear para a frente e para trás, criando ondas de pressão na endolinfa, dentro do ducto coclear.

8 As ondas de pressão na endolinfa provocam a vibração da lâmina basilar do ducto coclear, o que move as células ciliadas do órgão espiral contra a membrana tectória. A curvatura dos seus cílios estimula as células ciliadas a liberar moléculas do neurotransmissor nas sinapses com os neurônios sensoriais, que fazem parte do nervo vestibulococlear (VIII) (ver Fig. 12.13b). Em seguida, os neurônios sensoriais geram impulsos nervosos que se conduzem ao longo do nervo vestibulococlear (VIII).

As ondas sonoras de frequências variadas provocam a vibração mais intensa de determinadas regiões da lâmina basilar do que de outras. Cada segmento da lâmina basilar é "sintonizado" para uma intensidade específica. Como a membrana é mais estreita e mais rígida na base da cóclea (mais próximo da janela do vestíbulo), os sons de alta frequência (agudos) induzem vibrações máximas nessa região. Em direção ao ápice da cóclea, a lâmina basilar é mais extensa e flexível; os sons de baixa frequência (graves) provocam vibração máxima da lâmina basilar nesse ponto. A sonoridade é determinada pela intensidade das ondas sonoras. Ondas sonoras de alta intensidade provocam maiores vibrações da lâmina basilar, que determina uma frequência mais alta de impulsos nervosos que atingem o encéfalo. Sons mais altos também podem estimular um maior número de células ciliadas.

CORRELAÇÕES CLÍNICAS | Emissões otoacústicas

Além de sua função na detecção de sons, a cóclea tem a surpreendente capacidade de *produzir* sons, que são chamados **emissões otoacústicas**. Esses sons se originam de vibrações das próprias células ciliadas, provocadas, em parte, por sinais provenientes dos neurônios motores que fazem sinapse com as células ciliadas. Um microfone sensível posicionado próximo à membrana timpânica consegue captar esses sons de volume muito baixo. A detecção das emissões otoacústicas é uma maneira rápida, de baixo custo e não invasiva para rastrear recém-nascidos com deficiências auditivas. Nos bebês surdos, emissões otoacústicas não são produzidas ou tem tamanho muito reduzido. •

Via auditiva

Os neurônios sensoriais no ramo coclear de cada nervo vestibulococlear (VIII) terminam no bulbo, no mesmo lado do encéfalo. Do bulbo, os axônios sobem para o mesencéfalo, em seguida, para o tálamo e, finalmente, para a área auditiva primária, no lobo temporal (ver Fig. 10.13). Como muitos axônios auditivos cruzam para o lado oposto, as áreas auditivas primárias direita e esquerda recebem impulsos nervosos de ambas as orelhas.

Fisiologia do equilíbrio

Aprendemos sobre a anatomia das estruturas da orelha interna para o equilíbrio, na seção anterior. Nesta seção, abordaremos a fisiologia do equilíbrio ou como somos capazes de nos mantermos de pé após tropeçamos nos sapatos do colega de quarto. Há dois tipos de ***equilíbrio***. Um tipo, chamado de ***equilíbrio estático***, se refere à manutenção da posição do corpo (principalmente da cabeça) em relação à força de gravidade. Os movimentos do corpo que estimulam os receptores para o equilíbrio estático incluem inclinação da cabeça e aceleração ou desaceleração *lineares*, como quando estamos em um elevador ou em um carro que acelera ou desacelera. O segundo tipo, o ***equilíbrio dinâmico***, é a manutenção da posição do corpo (principalmente da cabeça) em resposta à aceleração ou desaceleração *rotacional*. Coletivamente, os órgãos receptores do equilíbrio, que incluem o sáculo, o utrículo e os ductos semicirculares, são chamados de ***aparelho vestibular***.

Equilíbrio estático

As paredes do utrículo e do sáculo contêm uma pequena região espessada, chamada ***mácula*** – que não deve ser confundida com a mácula lútea do olho. As duas máculas, que são perpendiculares uma à outra, são os órgãos receptores para o equilíbrio estático. As máculas fornecem informação sensorial sobre a posição da cabeça no espaço e ajudam na manutenção adequada da postura e do equilíbrio. As máculas também contribuem para alguns aspectos do equilíbrio dinâmico, detectando a aceleração e a desaceleração lineares.

As máculas consistem em dois tipos de células: ***células ciliadas***, que são os receptores sensoriais, e ***células de sustentação*** (Fig. 12.15). Células ciliadas possuem em sua superfície entre 40 e 80 ***estereocílios*** (que, na realidade, são microvilosidades) de altura graduada, mais um ***cinocílio***, um cílio convencional que se estende além do estereocílio mais longo. Coletivamente, os estereocílios e o cinocílio são chamados de ***feixe piloso***. Espalhadas entre as células ciliadas estão as células de sustentação colunares, que provavelmente secretam a camada de glicoproteína gelatinosa espessa, chamada ***membrana dos estatocônios***, que repousa sobre as células ciliadas. Uma camada de cristais densos de carbonato de cálcio, chamada ***estatocônios***, se estende sobre toda a superfície da membrana dos estatocônios. Se inclinarmos a cabeça para frente, a gravidade traciona a membrana (e os estatocônios), deslizando sobre as células ciliadas na direção da inclinação. Isso estimula as células ciliadas e desencadeia impulsos nervosos que são conduzidos ao longo do ***ramo vestibular*** do nervo vestibulococlear (VIII) (ver Fig. 12.12).

Equilíbrio dinâmico

Os três ductos semicirculares membranáceos estão posicionados em ângulo reto, uns em relação aos outros, em três planos (ver Fig. 12.13a). Esse posicionamento permite a detecção da aceleração ou desaceleração rotacionais. A porção dilatada de cada ducto, a ***ampola***, contém uma pequena elevação, chamada ***crista*** (Fig. 12.16). Cada crista

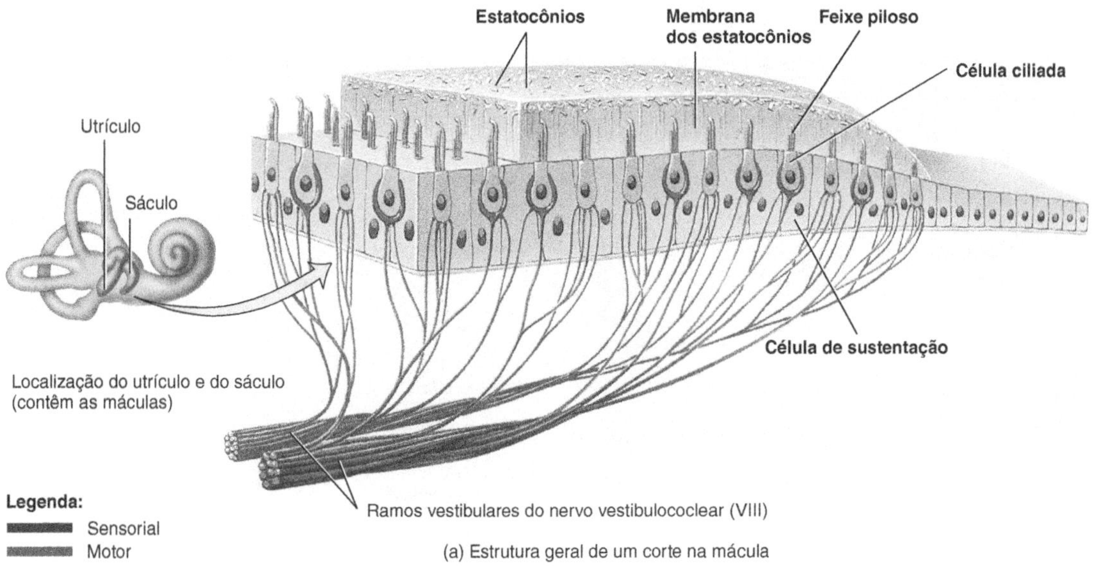

(a) Estrutura geral de um corte na mácula

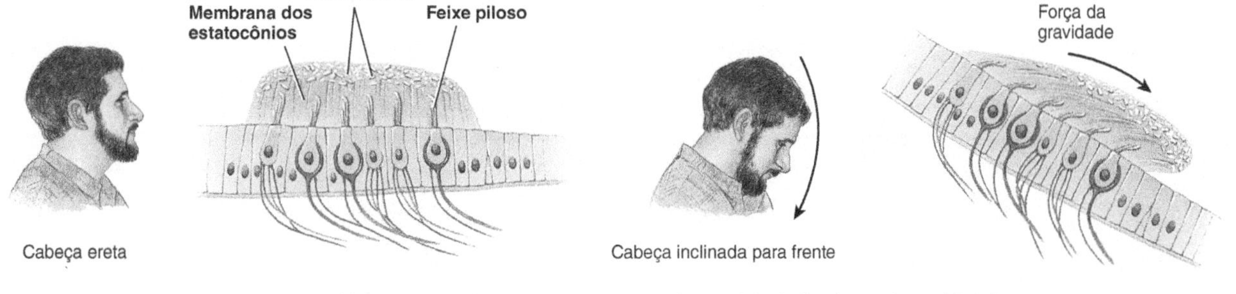

(b) Posição da mácula com a cabeça ereta (esquerda) e inclinada para frente (direita)

Qual é a função das máculas?

Figura 12.15 Localização e estrutura dos receptores nas máculas da orelha direita. Ambos os neurônios, sensoriais (em azul) e motores (em vermelho), fazem sinapses com as células ciliadas.

Os movimentos da membrana dos estatocônios estimulam as células ciliadas.

contém um grupo de ***células ciliadas*** e ***células de sustentação***. Recobrindo a crista, está uma massa de material gelatinoso, chamada ***cúpula***. Quando movimentamos a cabeça, os ductos semicirculares e as células ciliadas conectadas se movem concomitantemente. Contudo, a endolinfa dentro dos ductos semicirculares não está vinculada e se atrasa em função de sua inércia. À medida que as células ciliadas em movimento arrastam a endolinfa estacionária, os cílios se curvam. A curvatura dos cílios produz sinais elétricos nas células ciliadas. Por sua vez, esses sinais desencadeiam impulsos nervosos nos neurônios sensoriais, que são parte do ramo vestibular do nervo vestibulococlear (VIII).

Vias do equilíbrio

A maioria dos axônios do ramo vestibular do nervo vestibulococlear (VIII) entra no tronco encefálico e depois se estende até o bulbo ou cerebelo, no qual faz sinapse com os neurônios seguintes, nas vias do equilíbrio. Do bulbo, alguns axônios conduzem os impulsos nervosos ao longo dos nervos cranianos que controlam os movimentos dos olhos e os movimentos do pescoço e da cabeça. Outros axônios formam um trato na medula espinal que conduz impulsos para a regulação do tônus muscular, em resposta aos movimentos da cabeça. Várias vias entre o bulbo, o cerebelo e o telencéfalo permitem ao cerebelo desempenhar uma função

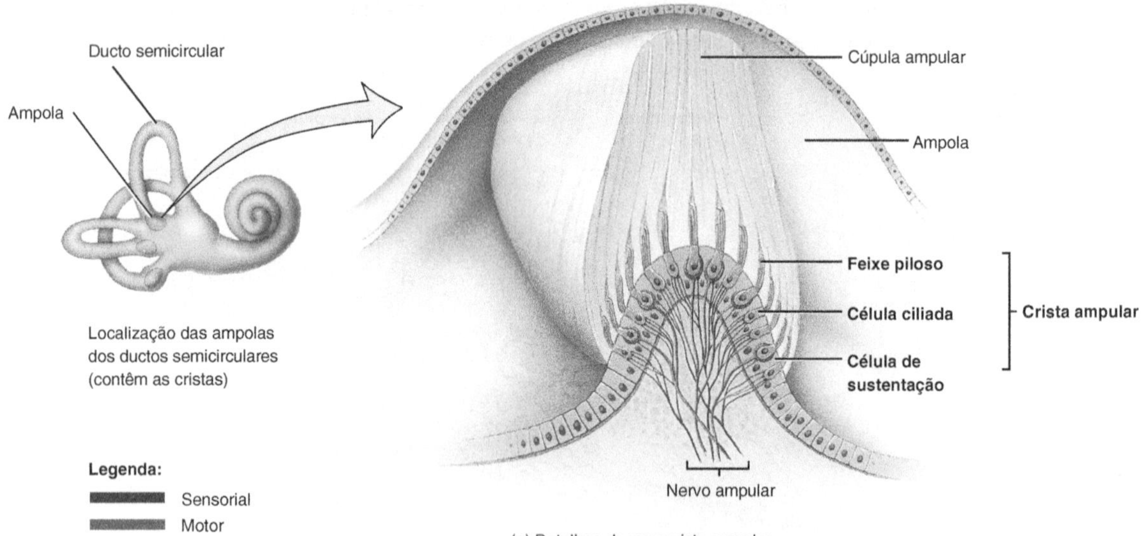

(a) Detalhes de uma crista ampular

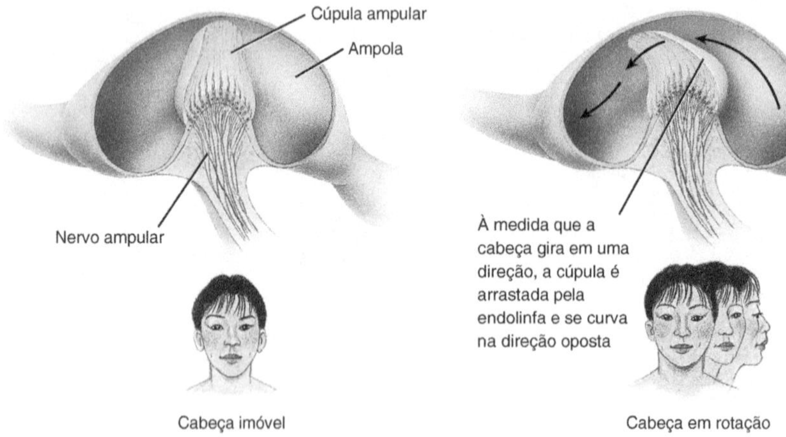

(b) Posição da cúpula com a cabeça imóvel (esquerda) e quando a cabeça gira (direita)

Os ductos semicirculares estão associados a qual tipo de equilíbrio?

Figura 12.16 **Localização e estrutura dos ductos semicirculares membranáceos da orelha direita.** Ambos os neurônios, sensoriais (em azul) e motores (em vermelho), fazem sinapses com as células ciliadas. Os nervos ampulares são ramos do nervo vestibular do nervo vestibulococlear (VIII).

As posições dos ductos semicirculares membranáceos permitem a detecção de movimentos rotacionais.

TABELA 12.3

Resumo das estruturas da orelha relacionadas à audição e ao equilíbrio

REGIÕES DA ORELHA E ESTRUTURAS-CHAVE	FUNÇÕES
Orelha externa 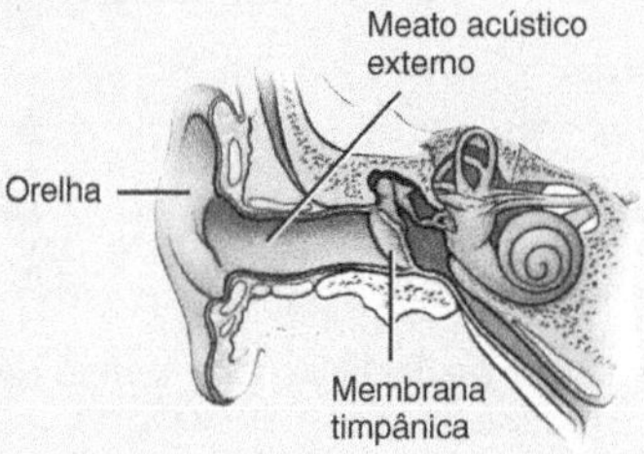	Orelha: Capta ondas sonoras Meato acústico externo: Direciona as ondas sonoras para a membrana timpânica Membrana timpânica: Ondas sonoras fazem essa membrana vibrar, que, por sua vez, faz o martelo vibrar
Orelha média 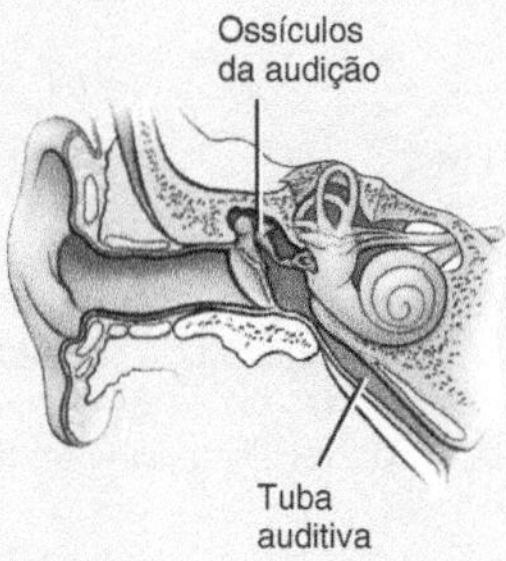	Ossículos da audição: Transmitem e amplificam as vibrações da membrana timpânica para a janela do vestíbulo Tuba auditiva: Iguala a pressão do ar em ambos os lados da membrana timpânica
Orelha interna 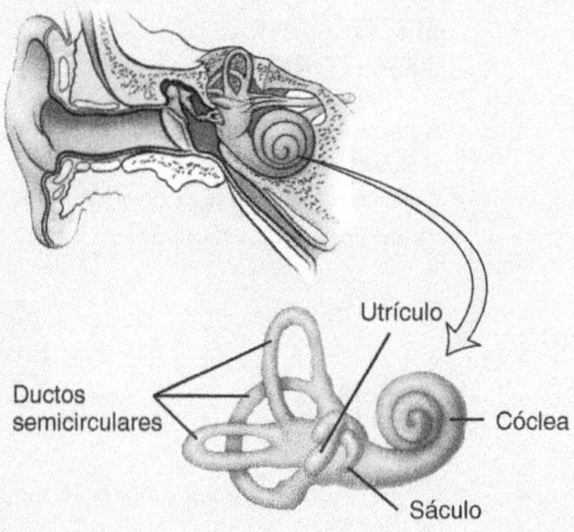	Cóclea: Contém uma série de líquidos, canais e membranas que transmitem as vibrações ao órgão espiral (órgão de Corti), o órgão da audição; células ciliadas, no órgão espiral, disparam impulsos nervosos no ramo coclear do nervo vestibulococlear (VIII) Aparelho vestibular: Inclui os ductos semicirculares, o utrículo e o sáculo, que geram impulsos nervosos que se propagam ao longo do ramo vestibular do nervo vestibulococlear (VIII) Ductos semicirculares: Contêm cristas ampulares, locais das células ciliadas para o equilíbrio dinâmico Utrículo: Contém a mácula, local das células ciliadas para o equilíbrio estático Sáculo: Contém a mácula, local das células ciliadas para o equilíbrio estático

essencial na manutenção do equilíbrio. Em resposta, à recepção contínua de informações sensoriais provenientes do utrículo e sáculo, o cerebelo faz ajustes nos sinais que partem do córtex motor em direção a músculos esqueléticos específicos, para manter o equilíbrio.

A Tabela 12.3 resume as estruturas da orelha relacionadas à audição e ao equilíbrio.

TESTE SUA COMPREENSÃO

16. **Descreva os componentes das orelhas externa, média e interna.**
17. **Explique os eventos implicados na estimulação das células ciliadas.**
18. **Qual é a via para os impulsos auditivos, da cóclea para o córtex cerebral?**
19. **Compare a função das máculas na manutenção do equilíbrio estático com a função das cristas ampulares na manutenção do equilíbrio dinâmico.**

• • •

Agora que a nossa exploração do sistema nervoso e das sensações está completa, você pode compreender as muitas maneiras pelas quais o sistema nervoso contribui para a homeostasia dos outros sistemas corporais, examinando Foco na Homeostasia: O Sistema Nervoso. A seguir, no Capítulo 13, veremos como os hormônios liberados pelo sistema endócrino, também ajudam a manter a homeostasia de muitos processos corporais.

FOCO na HOMEOSTASIA

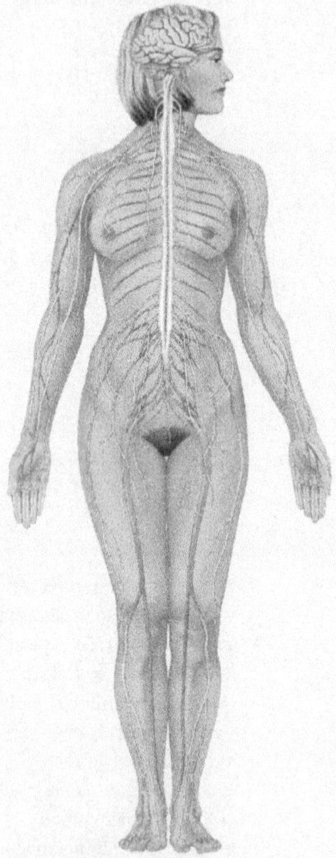

CONTRIBUIÇÕES DO SISTEMA NERVOSO PARA TODOS OS SISTEMAS DO CORPO

- Junto com os hormônios provenientes do sistema endócrino, os impulsos nervosos proporcionam comunicação e regulação da maioria dos tecidos corporais

TEGUMENTO COMUM

- Os nervos simpáticos do SNA controlam a contração dos músculos lisos vinculados aos folículos pilosos e a secreção da perspiração das glândulas sudoríferas

SISTEMA ESQUELÉTICO

- Os receptores da dor no tecido ósseo alertam sobre trauma ou lesão óssea

SISTEMA MUSCULAR

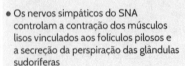

- Os neurônios motores somáticos recebem instruções das áreas motoras do encéfalo e estimulam a contração dos músculos esqueléticos para realizar os movimentos corporais
- Os núcleos da base e a formação reticular regulam o nível do tônus muscular
- O cerebelo coordena os movimentos especializados

SISTEMA ENDÓCRINO

- O hipotálamo regula a secreção de hormônios da adeno-hipófise e da neuro-hipófise
- O SNA regula a secreção de hormônios da medula da glândula suprarrenal e do pâncreas

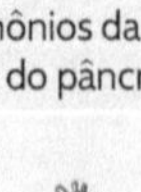

SISTEMA CIRCULATÓRIO

- O centro cardiovascular, no bulbo, fornece impulsos nervosos para o SNA que governam a frequência cardíaca e a força do batimento cardíaco
- Os impulsos nervosos do SNA também regulam a pressão sanguínea e o fluxo sanguíneo pelos vasos sanguíneos

SISTEMA LINFÁTICO E IMUNIDADE

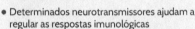

- Determinados neurotransmissores ajudam a regular as respostas imunológicas
- A atividade no sistema nervoso pode aumentar ou diminuir as respostas imunes

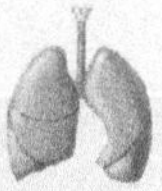

SISTEMA RESPIRATÓRIO

- As áreas respiratórias no tronco encefálico controlam a frequência e a profundidade respiratórias
- O SNA ajuda a regular o diâmetro das vias respiratórias

SISTEMA DIGESTÓRIO

- A parte entérica do SNA ajuda a regular a digestão
- A parte parassimpática do SNA estimula muitos processos digestivos

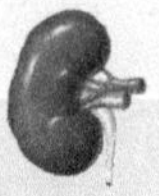

SISTEMA URINÁRIO

- O SNA ajuda a regular o fluxo de sangue para os rins, de forma a influenciar a velocidade de formação da urina
- Os centros cerebrais e medulares governam o esvaziamento da bexiga

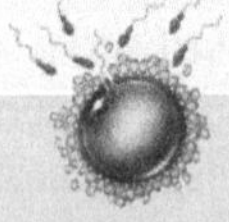

SISTEMAS GENITAIS

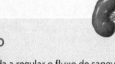

- O hipotálamo e o sistema límbico governam uma variedade de comportamentos sexuais
- O SNA provoca ereção do pênis e do clitóris, e a ejaculação do sêmen nos homens
- O hipotálamo regula a liberação de hormônios na adeno-hipófise, que controlam as gônadas (ovários e testículos)
- Os impulsos nervosos disparados pelos estímulos táteis, provenientes da sucção pelo bebê, provocam a liberação de ocitocina e a ejeção do leite nas mães em período de amamentação

DISTÚRBIOS COMUNS

Catarata

Uma causa comum de cegueira é a perda da transparência da lente, conhecida como ***catarata***. A lente se torna opaca (menos transparente) em consequência das alterações na estrutura das suas proteínas. Catarata frequentemente ocorre com o envelhecimento, mas também pode ser provocada por lesão, exposição excessiva aos raios ultravioleta, determinados fármacos (como o uso prolongado de esteroides) ou complicações de outras doenças (p. ex., diabetes). Os fumantes também apresentam um risco maior para desenvolver catarata. Felizmente, em geral, a visão pode ser restaurada por remoção cirúrgica da lente velha e implantação de uma lente artificial.

Glaucoma

No ***glaucoma***, a causa mais comum de cegueira nos Estados Unidos, um acúmulo de humor aquoso no interior da câmara anterior do bulbo do olho provoca uma pressão intraocular anormalmente elevada. A pressão persistente resulta em uma progressão do comprometimento visual moderado à destruição irreversível da retina, lesão do nervo óptico e cegueira. Como o glaucoma é indolor e como o outro olho compensa amplamente essa perda de visão, uma pessoa pode experimentar dano considerável da retina e perda de visão, antes que a condição seja diagnosticada.

Algumas pessoas têm outra forma de glaucoma, chamada de ***glaucoma normotenso (de baixa pressão)***. Nesta condição, ocorre lesão ao nervo óptico com correspondente perda de visão, mesmo com pressão intraocular normal. Embora a causa seja desconhecida, parece estar relacionada com um nervo óptico frágil, vasoespasmo dos vasos sanguíneos em torno do nervo óptico, e isquemia decorrente de estreitamento ou de obstrução dos vasos sanguíneos em torno do nervo óptico. A incidência de glaucoma normotenso é mais elevada entre japoneses e coreanos e entre mulheres.

Surdez

Surdez é a perda auditiva significativa ou total. A *surdez neurossensorial* é provocada por disfunção das células ciliadas na cóclea ou por lesão do nervo coclear do nervo vestibulococlear. Esse tipo de surdez pode ser provocado por aterosclerose, que reduz o suprimento sanguíneo para as orelhas; exposição repetida a ruídos altos, que destrói as células ciliadas do órgão espiral; ou por determinados fármacos, como o acetilsalicílico e a estreptomicina. A *surdez de condução* é provocada por comprometimento dos mecanismos das orelhas externa e média, responsáveis pela transmissão dos sons para a cóclea. Pode ser provocada por otosclerose, a deposição de osso novo em volta da janela do vestíbulo; cerume impactado; lesão da membrana timpânica; ou envelhecimento, que frequentemente resulta no espessamento da membrana timpânica e em rigidez das articulações dos ossículos da audição.

Doença de Ménière

A ***doença de Ménière*** resulta de um aumento na quantidade de endolinfa, que dilata o labirinto membranáceo. Entre os sintomas estão perda auditiva flutuante (provocada pela distorção da lâmina basilar da cóclea) e o zumbido ou tinido intenso (campainha). A vertigem (uma sensação de rotação ou rodopio) é característica da doença de Ménière. A destruição quase total da audição pode ocorrer em um período de anos.

Otite média

A ***otite média*** é uma infecção da orelha média, provocada basicamente por bactérias e associada com infecções do nariz e da faringe. Os sintomas incluem dor, mal-estar (desconforto ou inquietação), febre e uma membrana timpânica avermelhada e abaulada para fora, que pode se romper, a menos que receba pronto tratamento (isso pode incluir a drenagem de pus da orelha média). A passagem das bactérias da parte nasal da faringe para o interior da tuba auditiva é a causa básica de todas as infecções da orelha média. Crianças são mais suscetíveis do que os adultos às infecções da orelha média, porque as suas tubas auditivas são quase horizontais, o que diminui a drenagem.

TERMINOLOGIA E CONDIÇÕES MÉDICAS

Anosmia Ausência total do sentido do olfato.

Barotrauma Lesão ou dor, afetando principalmente a orelha média, como resultado de alterações de pressão. Ocorre quando a pressão externa da membrana timpânica é maior do que a interna, por exemplo, quando viajamos de avião ou mergulhamos. Engolir ou tapar o nariz e expirar com a boca fechada costuma abrir as tubas auditivas, permitindo que o ar entre na orelha média, equalizando a pressão.

Conjuntivite (olho vermelho) Inflamação da túnica conjuntiva; quando é provocada por bactérias, como pneumococos, estafilococos ou *Haemophilus influenzae*, é muito contagiosa e mais comum em crianças. Além disso, pode ser provocada por irritantes, como poeira, fumaça ou poluentes no ar, e nesses casos não é contagiosa.

Degeneração macular relacionada à idade (DMRI) Degeneração da mácula lútea da retina em pessoas com 50 anos de idade ou mais.

Descolamento de retina Descolamento do estrato nervoso da retina do epitélio pigmentado, decorrente de trauma, doença ou degeneração relacionada à idade. O resultado é visão distorcida e cegueira.

Escotoma Área de visão reduzida ou ausente no campo visual.

Estrabismo Desequilíbrio nos músculos extrínsecos do bulbo do olho que provoca desalinhamento de um olho, de modo que sua linha de visão não é paralela àquela do outro olho (olhos cruzados), e ambos os olhos não apontam para o mesmo objeto ao mesmo tempo; a condição produz um olhar vesgo.

Implante coclear Dispositivo que traduz sons em sinais elétricos que são interpretados pelo encéfalo. É especialmente útil para pessoas com surdez provocada por lesão às células ciliadas na cóclea.

LASIK (ceratomileuse *in situ laser-assistida*) Cirurgia com *laser* que corrige a curvatura da córnea para condições como miopia, hipermetropia e astigmatismo.

Nistagmo Movimento involuntário rápido dos bulbos dos olhos, possivelmente provocado por uma doença do SNC. É associado a condições que provocam vertigem.

Otalgia Dor de ouvido.

Retinoblastoma Tumor que se origina das células imaturas da retina; responde por 2% dos cânceres infantis.

Retinopatia diabética Doença degenerativa da retina decorrente do diabetes melito, na qual os vasos sanguíneos na retina são danificados, ou novos vasos crescem e interferem com a visão.

Tinido Zumbido, rugido ou estalido nas orelhas.

Tracoma Forma grave de conjuntivite e a maior causa isolada de cegueira no mundo. É causado pela bactéria *Chlamydia trachomatis*. A doença produz crescimento excessivo do tecido subconjuntival e invasão de vasos sanguíneos na córnea, que progride até que toda a córnea fique opaca, provocando cegueira.

Transplante de córnea Procedimento no qual uma córnea defeituosa é removida, e uma córnea doada de diâmetro semelhante é fixada no lugar. É a operação de transplante mais comum e mais bem-sucedida. Como a córnea é avascular, anticorpos no sangue que podem provocar rejeição, **não entram** no tecido transplantado, e a rejeição raramente ocorre. A escassez de dadores de córneas foi parcialmente resolvida pelo desenvolvimento de córneas artificiais feitas de plástico.

Vertigem Sensação de rotação ou de movimento em que o mundo parece girar ou a pessoa parece girar no espaço.

REVISÃO DO CAPÍTULO

12.1 Visão geral das sensações

1. **Sensação** é a percepção consciente ou subconsciente de estímulos internos e externos.
2. As duas classes de sentidos são (1) os **sentidos gerais**, que incluem os **sentidos somáticos** e os **sentidos viscerais**, e (2) os **sentidos especiais**, que incluem olfato, gustação, visão, audição e equilíbrio.
3. As condições para uma sensação ocorrer são a recepção de um estímulo por um receptor sensorial, a conversão do estímulo em um ou mais impulsos nervosos, a condução dos impulsos para o encéfalo e a integração dos impulsos por uma região do encéfalo.
4. Os impulsos sensitivos de cada parte do corpo chegam a regiões específicas do córtex cerebral.
5. **Adaptação** é uma diminuição na sensação durante um estímulo prolongado. Alguns receptores se adaptam rapidamente; outros são de adaptação lenta.
6. Os receptores são classificados estruturalmente, por suas características microscópicas, como terminações nervosas livres, terminações nervosas encapsuladas ou células individuais. Funcionalmente, os receptores são classificados pelo tipo de estímulo que detectam, como mecanorreceptores, termorreceptores, nociceptores, fotorreceptores, osmorreceptores e quimiorreceptores.

12.2 Sentidos somáticos

1. Sensações somáticas incluem sensações **táteis** (**tato**, **pressão**, **vibração**, **prurido** e **cócegas**), **sensações térmicas** (calor e frio), sensações de dor e **sensações proprioceptivas** (sentido de posição articular e muscular e de movimentos dos membros). Os receptores para essas sensações estão localizados na pele, túnicas mucosas, músculos, tendões e articulações.
2. Receptores para o tato incluem **corpúsculos táteis**, **plexos da raiz do pelo** e **mecanorreceptores cutâneos tipos I** e **II**. Os receptores para pressão e vibração são os **corpúsculos lamelados**. As sensações de cócegas e de prurido resultam da estimulação de terminações nervosas livres.
3. Os **termorreceptores**, terminações nervosas livres na epiderme e na derme, se adaptam à estimulação contínua.
4. Os **nociceptores** são terminações nervosas livres localizadas em quase todos os tecidos do corpo; proporcionam sensações de dor.
5. Os **proprioceptores** nos informam o grau de contração dos músculos, a quantidade de tensão presente nos tendões, as posições das articulações e a orientação da cabeça.

12.3 Sentidos especiais

1. Os sentidos especiais incluem olfato, visão, paladar, audição e equilíbrio.
2. Como os sentidos gerais, os sentidos especiais nos permitem detectar alterações no ambiente.

12.4 Olfação: sentido do olfato

1. O epitélio olfatório, na porção superior da cavidade nasal, contém **células receptoras olfatórias**, células de sustentação e células **basais**.
2. Os receptores olfatórios individuais respondem a centenas de diferentes moléculas odorantes, produzindo um sinal elétrico que desencadeia um ou mais impulsos nervosos. A adaptação (sensibilidade decrescente) aos odores ocorre rapidamente.
3. Os axônios dos receptores olfatórios formam os **nervos olfatórios (I)**, que conduzem impulsos nervosos para os **bulbos olfatórios**. Daí, a condução dos impulsos se faz via **trato olfatório** até o sistema límbico, hipotálamo e córtex cerebral (lobo temporal).

12.5 Gustação: sentido do paladar

1. Os receptores para a **gustação**, as **células receptoras gustatórias**, estão localizados nos **calículos gustatórios**.
2. Para serem degustadas, as substâncias precisam ser dissolvidas na saliva.
3. Os cinco sabores primários são salgado, doce, ácido, amargo e umami.
4. Células receptoras gustatórias provocam impulsos nos seguintes nervos cranianos: facial (VII), glossofaríngeo (IX) e vago (X). Os impulsos da gustação são conduzidos para o bulbo, sistema límbico, hipotálamo, tálamo e área gustatória primária, no lobo parietal do córtex cerebral.

12.6 Visão

1. As **estruturas oculares acessórias** incluem os **supercílios**, **cílios**, **pálpebras**, **aparelho lacrimal** (que produz e drena as lágrimas) e músculos extrínsecos do bulbo do olho (que movem os olhos).
2. O bulbo do olho tem três camadas: (a) **túnica fibrosa** (**esclera** e **córnea**), (b) **túnica vascular** (**coroide**, **corpo ciliar** e **íris**), e (c) **retina**.
3. A retina consiste em um estrato nervoso (**camada de células fotorreceptoras**, **camada de células bipolares** e **camada de células ganglionares**), e em um estrato pigmentoso (uma bainha de células epiteliais contendo melanina).
4. A **câmara anterior** do bulbo do olho contém **humor aquoso**; a **câmara posterior** contém o **humor vítreo**.
5. A formação de imagem na retina inclui a **refração** dos raios de luz pela córnea e lente, que focaliza uma imagem invertida sobre a fóvea da retina.
6. Para a visão de objetos próximos, a lente aumenta sua curvatura (**acomodação**), e a pupila se contrai para impedir que os raios de luz entrem no olho pela periferia da lente.
7. A refração inadequada pode resultar de **miopia** (vista curta), **hipermetropia** (vista longa) ou **astigmatismo** (curvatura irregular da córnea ou lente).
8. O movimento dos bulbos dos olhos em direção ao nariz para visualizar um objeto é chamado de **convergência**.
9. A primeira etapa na visão é a absorção dos raios de luz pelos **fotopigmentos** dos **bastonetes** e dos **cones** (fotorreceptores). A estimulação dos bastonetes e dos cones ativa, em seguida, as células bipolares, que, por sua vez, ativam as células ganglionares.
10. Os impulsos nervosos se originam nas células ganglionares e são conduzidos ao longo do **nervo óptico (II)**, pelo **quiasma óptico** e **trato óptico** até o tálamo. Do tálamo, os impulsos se estendem até a área visual primária no lobo occipital do córtex cerebral.

12.7 Audição e equilíbrio

1. A **orelha externa** consiste na **orelha**, **meato acústico externo** e **membrana timpânica**.
2. A **orelha média** é composta da **tuba auditiva** (de Eustáquio), **ossículos auditivos** e **janela oval**.
3. A **orelha interna** consiste no **labirinto ósseo** e no **labirinto membranáceo**. A **orelha interna** contém o órgão espiral (órgão de Corti), o órgão da audição.
4. As ondas sonoras entram no meato acústico externo, atingem a lâmina basilar, passam pelos ossículos da audição, atingem a janela do vestíbulo, produzem ondas de pressão na perilinfa, atingem a parede vestibular do ducto coclear e a rampa do tímpano, aumentam a pressão na endolinfa, vibram a parede timpânica do ducto coclear e estimulam as células ciliadas no órgão espiral.
5. As células ciliadas liberam moléculas neurotransmissoras que iniciam os impulsos nervosos nos neurônios sensoriais.
6. Os neurônios sensoriais, no nervo coclear do nervo vestibulococlear, terminam no bulbo. Os sinais auditivos então passam para o mesencéfalo, tálamo e lobos temporais.
7. O **equilíbrio estático** é a orientação do corpo em relação à força de gravidade. As máculas do utrículo e do sáculo são os órgãos do sentido do equilíbrio estático.
8. O **equilíbrio dinâmico** é a manutenção da posição corporal em resposta à aceleração e à desaceleração rotacionais.
9. A maioria dos axônios do **ramo vestibular** do nervo vestibulococlear (VIII) entra no tronco encefálico e termina no bulbo e na ponte; outros axônios se estendem até o cerebelo.

APLICAÇÕES DO PENSAMENTO CRÍTICO

1. Evelyn está preparando o bebê de 6 meses para dormir. Ela lhe dá um banho quente, seca, veste e faz cócegas rápidas para que ele dê um sorriso. À medida que o deita em seu berço, lhe dá um leve beijo nos lábios e acaricia seus braços até que ele cochile. Quais foram os receptores do bebê que foram ativados pelas ações da mãe?
2. Carlos trabalha no turno da noite e, às vezes, adormece na aula de Anatomia. Qual é o efeito nas estruturas da orelha interna, quando a cabeça cai para trás, à medida que ele afunda na cadeira?
3. Um procedimento médico usado para melhorar a acuidade visual inclui a excisão de uma camada fina da córnea. Como esse procedimento melhora a visão?
4. O optometrista pingou gotas nos olhos de Laura durante o exame de vista. Quando Laura se olhou no espelho, depois do exame, as pupilas estavam muito grandes e os olhos sensíveis à luz intensa. Como as gotas produziram esses efeitos nos olhos dela?

RESPOSTAS ÀS QUESTÕES DAS FIGURAS

12.1 Os corpúsculos táteis (de Meissner) são abundantes nas extremidades dos dedos, palmas das mãos e plantas dos pés.

12.2 Os rins têm a área mais ampla para dor referida.

12.3 As células basais sofrem divisão celular para produzir novos receptores olfatórios.

12.4 A via gustatória: células receptoras gustatórias – nervos cranianos VII, IX e X – bulbo – tálamo –- área gustatória primária no lobo parietal do córtex cerebral.

12.5 As lágrimas limpam, lubrificam e umedecem o bulbo do olho.

12.6 A túnica fibrosa do bulbo consiste na córnea e na esclera; a túnica vascular consiste na coroide, no corpo ciliar e na íris.

12.7 A parte parassimpática do SNA provoca constrição da pupila; a parte simpática provoca dilatação da pupila.

12.8 Os dois tipos de fotorreceptores são os bastonetes e os cones. Bastonetes proporcionam visão em preto e branco na luz fraca; cones proporcionam alta acuidade visual e visão das cores na luz intensa.

12.9 Durante a acomodação, o músculo ciliar se contrai, as fibras zonulares se afrouxam, e a lente torna-se mais esférica (convexa) e refrata mais a luz.

12.10 Presbiopia é a perda de elasticidade na lente, que ocorre com o envelhecimento.

12.11 Estruturas que transportam impulsos visuais da retina para o lobo occipital: axônios de células ganglionares – nervo óptico (II) – quiasma – trato óptico – **tálamo** – área visual primária no lobo occipital do córtex cerebral.

12.12 Os receptores para a audição e equilíbrio estão localizados na orelha interna: cóclea (audição) e ductos semicirculares (utrículo e sáculo [equilíbrio]).

12.13 A membrana timpânica separa a orelha externa da orelha média. As janelas do vestíbulo e da cóclea separam a orelha média da orelha interna.

12.14 As células ciliadas convertem uma força mecânica (estímulo) em um sinal elétrico (despolarização e repolarização da membrana da célula ciliada).

12.15 As máculas são os receptores para o equilíbrio estático.

12.16 Os ductos semicirculares membranáceos atuam no equilíbrio dinâmico.

CAPÍTULO 13

SISTEMA ENDÓCRINO

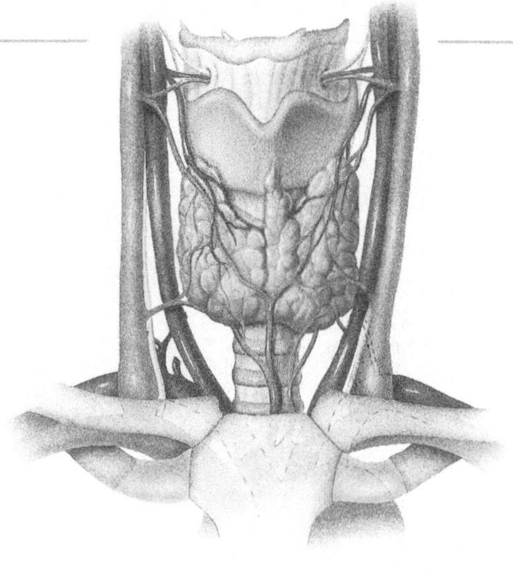

À medida que amadurecem, meninos e meninas desenvolvem diferenças marcantes na aparência física e no comportamento. Nas meninas, estrogênios (hormônios sexuais femininos) promovem o acúmulo de tecido adiposo nos seios e nos quadris, esculpindo uma forma feminina. Nos meninos, a testosterona (hormônio sexual masculino) aumenta as cordas vocais, produzindo uma voz de baixa frequência, e começa a ajudar na construção da massa muscular. Essas mudanças são exemplos da poderosa influência dos *hormônios*, secreções das glândulas endócrinas. Em menor escala, mas igualmente de grande impacto, os hormônios ajudam a manter a homeostasia diariamente. Regulam a atividade do músculo liso, do músculo cardíaco e de algumas glândulas; alteram o metabolismo; estimulam o crescimento e o desenvolvimento; influenciam nos processos reprodutivos; e participam dos ritmos circadianos (diários) estabelecidos pelo hipotálamo.

OLHANDO PARA TRÁS PARA AVANÇAR...

Esteroides (Seção 2.2)

A membrana plasmática (Seção 3.2)

Neurônios (Seção 9.2)

Sistemas de retroalimentação negativa e positiva (Seção 1.4)

13.1 Introdução

OBJETIVO

- Listar os componentes do sistema endócrino.

O ***sistema endócrino*** consiste em diversas glândulas endócrinas, além das muitas células secretoras de hormônios presentes nos órgãos que têm outras funções que não somente a secreção de hormônios (Fig. 13.1). Ao contrário do sistema nervoso, que controla as atividades do corpo por meio da liberação de neurotransmissores nas sinapses, o sistema endócrino libera hormônios no líquido intersticial (líquido que circunda as células) e, a seguir, na corrente sanguínea. O sangue circulante, em seguida, distribui os hormônios para praticamente todas as células do corpo, e as células que reconhecerem um hormônio específico responderão. O sistema nervoso e o sistema endócrino frequentemente trabalham em conjunto. Por exemplo, determinadas partes do sistema nervoso estimulam ou inibem a liberação de hormônios pelo sistema endócrino. Em geral, o sistema endócrino atua mais lentamente do que o sistema nervoso, que com frequência produz efeito numa fração de segundo. Além disso, os efeitos dos hormônios prolongam-se até que sejam removidos do sangue. O fígado inativa alguns hormônios, e os rins excretam outros na urina.

A Tabela 13.1 compara as características dos sistemas nervoso e endócrino.

Como você aprendeu no Capítulo 4, dois tipos de glândulas estão presentes no corpo: as glândulas exócrinas e as glândulas endócrinas. As *glândulas exócrinas* secretam seus produtos nos *ductos* que transportam as secreções para uma cavidade do corpo, para o lúmen de um órgão ou para a superfície externa do corpo. As glândulas sudoríferas são um exemplo de glândulas exócrinas. As células das *glândulas endócrinas*, pelo contrário, secretam os seus produtos (hormônios) no *líquido intersticial*, o líquido que envolve as células dos tecidos. Em seguida, os hormônios se difundem para os vasos capilares sanguíneos e são levados pelo sangue para todo o corpo.

As glândulas endócrinas incluem a hipófise, a glândula tireoide, as glândulas paratireoides, as glândulas suprarrenais e a glândula pineal (Fig. 13.1). Além disso, muitos órgãos e tecidos não são exclusivamente classificados como glândulas endócrinas, mas contêm células que secretam hormônios. Esses incluem o hipotálamo, o timo, o pâncreas, os ovários, os testículos, os rins, o estômago, o fígado, o intestino delgado, a pele, o coração, o tecido adiposo e a placenta. ***Endocrinologia*** é a especialidade médica e científica que estuda as secreções hormonais, o diagnóstico e o tratamento dos distúrbios do sistema endócrino.

TESTE SUA COMPREENSÃO

1. Por que órgãos como rins, estômago, coração e pele são considerados parte do sistema endócrino?

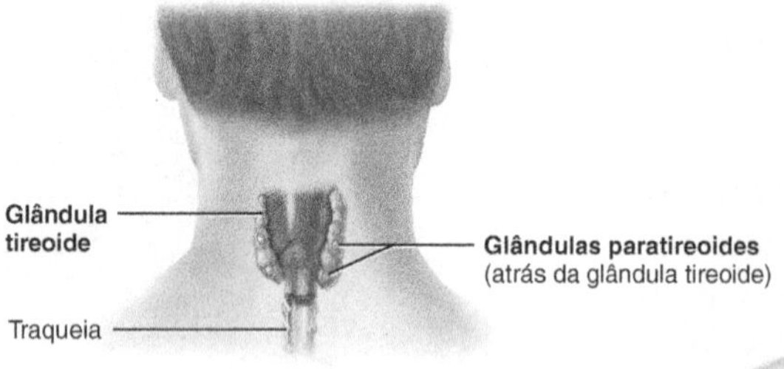

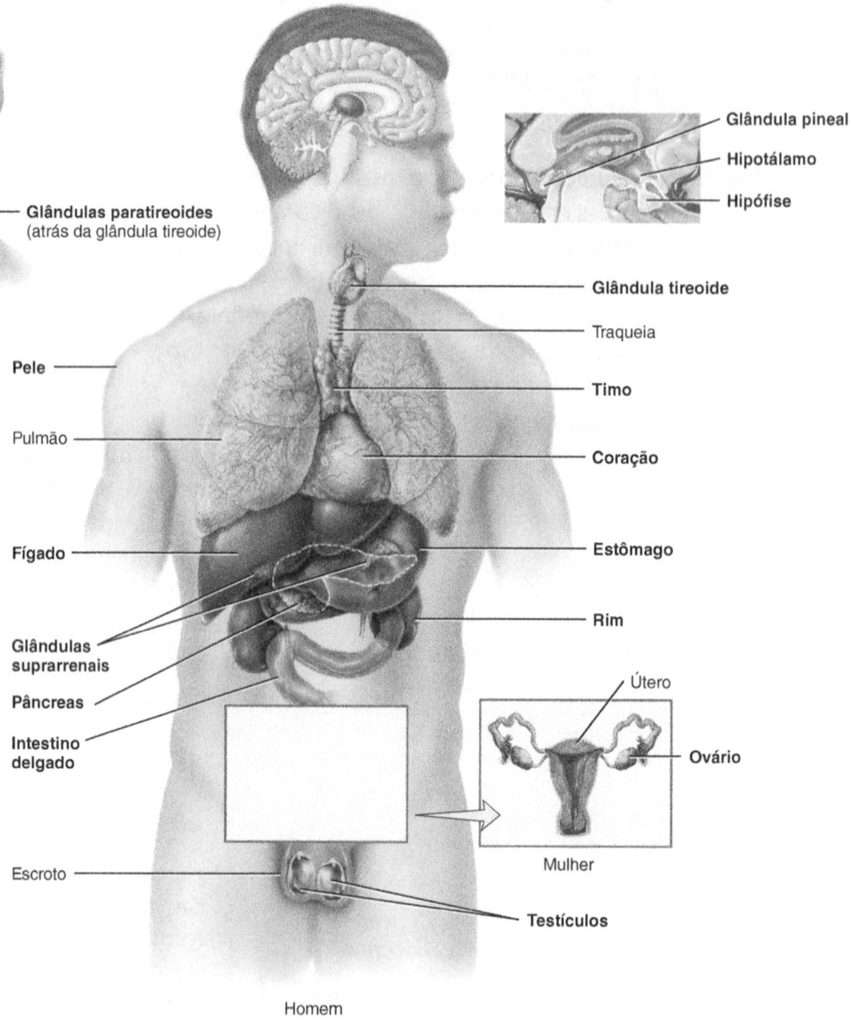

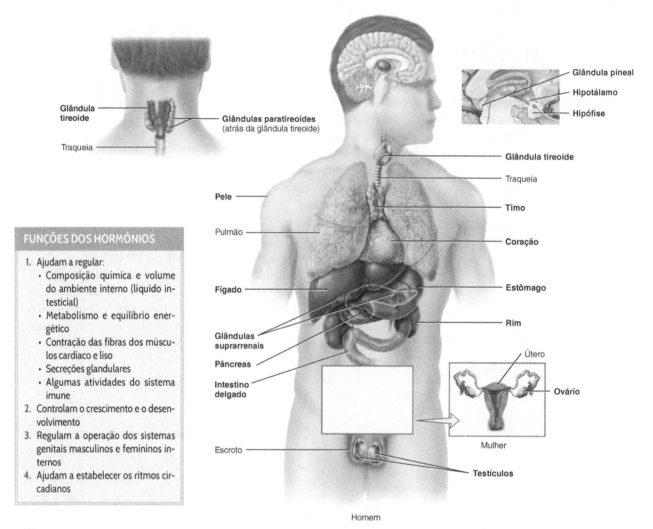

FUNÇÕES DOS HORMÔNIOS

1. Ajudam a regular:
   - Composição química e volume do ambiente interno (líquido intesticial)
   - Metabolismo e equilíbrio energético
   - Contração das fibras dos músculos cardíaco e liso
   - Secreções glandulares
   - Algumas atividades do sistema imune
2. Controlam o crescimento e o desenvolvimento
3. Regulam a operação dos sistemas genitais masculinos e femininos internos
4. Ajudam a estabelecer os ritmos circadianos

Qual é a diferença básica entre as glândulas endócrinas e as glândulas exócrinas?

Figura 13.1 **Localização das glândulas endócrinas e de outros órgãos que contêm células endócrinas.** Algumas estruturas próximas são mostradas para orientação (traqueia, pulmões, escroto e útero).

Glândulas endócrinas secretam hormônios que o sangue circulante leva para os tecidos-alvo.

TABELA 13.1

Comparação do controle exercido pelos sistemas endócrino e nervoso

CARACTERÍSTICAS	SISTEMA NERVOSO	SISTEMA ENDÓCRINO
Moléculas mediadoras	Neurotransmissores liberados localmente em resposta aos impulsos nervosos	Hormônios levados até os tecidos de todo o corpo pelo sangue
Local de ação	Próximo do local de liberação, em uma sinapse; liga-se aos receptores na membrana pós-sináptica	Longe do local de liberação (geralmente); liga-se aos receptores nas células-alvo
Tipos de células-alvo	Células musculares (músculos liso, cardíaco e esquelético), células glandulares e outros neurônios	Células por todo o corpo
Tempo de início da ação	Normalmente dentro de milissegundos	De segundos a horas ou dias
Duração da ação	Geralmente mais curta (milissegundos)	Geralmente mais longa (de segundos a dias)

13.2 Ação dos hormônios

OBJETIVOS

- Definir **células-alvo** e descrever **a função dos receptores hormonais.**
- Descrever **os dois mecanismos gerais de ação dos hormônios.**

As células-alvo e os receptores hormonais

Embora um dado hormônio viaje por todo o corpo no sangue, afeta apenas **células-alvo** específicas. Hormônios como os neurotransmissores influenciam suas células-alvo por meio de ligações químicas a ***receptores*** proteicos específicos. Apenas as células-alvo para um dado hormônio possuem receptores que ligam e reconhecem aquele hormônio. Por exemplo, o hormônio tireoestimulante (TSH, do inglês *thyroid-stimulating hormone*) se liga aos receptores nas células da glândula tireoide, mas não se liga às células do ovário, porque as células do ovário não contêm receptores de TSH. Geralmente, uma célula-alvo tem de 2.000 a 100.000 receptores para um hormônio específico.

CORRELAÇÕES CLÍNICAS | Bloqueio dos receptores hormonais

O fármaco **RU486 (mifepristona)** é usado para induzir um aborto. Ele se liga aos receptores da progesterona (hormônio sexual feminino) e impede que esta exerça seus efeitos normais. Quando o RU486 é administrado em uma mulher grávida, as condições necessárias para o desenvolvimento embrionário são perdidas, e o embrião é expelido junto com o revestimento do útero. Esse exemplo ilustra um importante princípio: se um hormônio é impedido de interagir com seus receptores, é incapaz de realizar suas funções normais. •

Química dos hormônios

Quimicamente, alguns hormônios são solúveis em lipídeos (gorduras) e outros são solúveis em água. Os hormônios lipossolúveis incluem os hormônios esteroides, os hormônios tireoidianos e o óxido nítrico. Os ***hormônios esteroides*** são derivados do colesterol. Os dois ***hormônios tireoidianos*** (T3 e T4) são formados anexando átomos de iodo ao aminoácido tirosina. O ***óxido nítrico*** (NO, do inglês *nitric oxide*) funciona tanto como hormônio quanto como neurotransmissor.

A maioria dos hormônios hidrossolúveis é derivada dos aminoácidos. Por exemplo, o aminoácido tirosina é modificado para formar os hormônios epinefrina e norepinefrina (que são, também, neurotransmissores). Outros hormônios hidrossolúveis consistem em cadeias curtas de aminoácidos, (hormônios peptídicos), como o hormônio antidiurético (ADH, do inglês *antidiuretic hormone*) e a ocitocina, ou em cadeias longas de aminoácidos (hormônios proteicos), como, por exemplo, a insulina e o hormônio do crescimento humano (hGH, do inglês *human growth hormone*).

Mecanismos de ação hormonal

A resposta de um hormônio depende tanto do hormônio quanto da célula-alvo. Várias células-alvo respondem diferentemente ao mesmo hormônio. A insulina, por exemplo, estimula a síntese de glicogênio nas células hepáticas, mas não estimula a síntese de triglicerídeos nas células adiposas. Para exercer um efeito, um hormônio precisa, primeiro, "anunciar sua chegada" a uma célula-alvo, ligando-se aos seus receptores. Os receptores de hormônios lipossolúveis estão localizados no interior das células-alvo, e os receptores de hormônios hidrossolúveis fazem parte da membrana plasmática das células-alvo.

Ação dos hormônios lipossolúveis

Hormônios lipossolúveis são transportados no sangue, pela fixação às *proteínas de transporte*. Essas proteínas transformam os hormônios lipossolúveis, no sangue, temporariamente em hidrossolúveis, aumentando, assim, sua solubilidade no sangue. Os hormônios lipossolúveis difundem-se por meio da bicamada lipídica da membrana plasmática e se ligam aos seus receptores no interior das células-alvo. Exercem seus efeitos do seguinte modo (Fig. 13.2):

1. Um hormônio lipossolúvel se desprende de sua proteína de transporte na corrente sanguínea. Depois, o hormônio livre se difunde a partir do sangue para o líquido intersticial e, através da membrana plasmática, para o interior da célula.
2. O hormônio se liga aos receptores no interior da célula e os ativa. A ativação do complexo hormônio-receptor altera a expressão gênica: ela liga (ativa) ou desliga (inativa) genes específicos.
3. À medida que o DNA é transcrito, novos RNA mensageiros (RNAm) são formados, deixam o núcleo e entram no citosol. Lá, orientam a síntese de uma nova proteína, frequentemente uma enzima, nos ribossomos.
4. As novas proteínas alteram a atividade celular e provocam as respostas típicas para aquele hormônio específico.

Ação dos hormônios hidrossolúveis

Como a maioria dos hormônios derivados de aminoácidos não é lipossolúvel, não se difunde por meio da bicamada lipídica da membrana plasmática. Em vez disso, os hormônios hidrossolúveis se ligam aos receptores que sobressaem da superfície da célula-alvo. Quando um hormônio

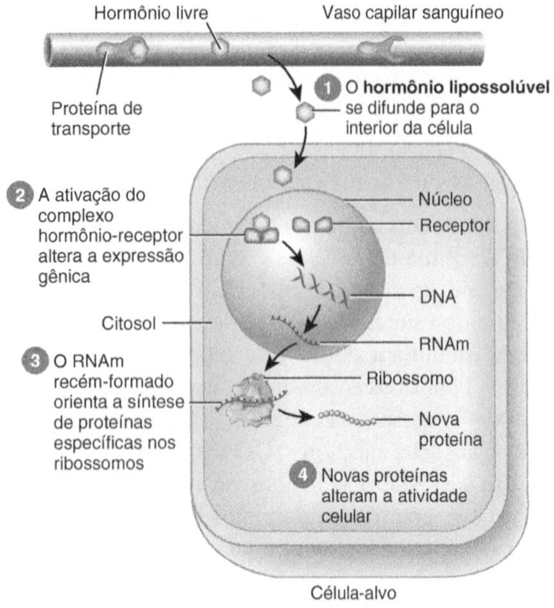

Que tipos de moléculas são sintetizados depois que os hormônios lipossolúveis se ligam a seus receptores?

Figura 13.2 **Mecanismo de ação dos hormônios lipossolúveis.**

Os hormônios lipossolúveis se ligam aos seus receptores no interior das células-alvo.

hidrossolúvel se liga a seu receptor na superfície externa da membrana plasmática, atua como ***primeiro mensageiro***. O primeiro mensageiro (o hormônio) provoca, então, a produção de um ***segundo mensageiro*** no interior da célula, na qual ocorrem respostas específicas estimuladas pelo hormônio. Um segundo mensageiro comum é o ***monofosfato de adenosisa cíclico (AMPc)***, sintetizado a partir do trifosfato de adenosina (ATP).

Os hormônios hidrossolúveis exercem seus efeitos do seguinte modo (Fig. 13.3):

1. Um hormônio hidrossolúvel (o primeiro mensageiro) se difunde a partir do sangue e se liga ao seu receptor, na membrana plasmática da célula-alvo.
2. Como resultado dessa ligação, inicia-se uma reação no interior da célula, que converte ATP em AMPc.
3. O AMPc (o segundo mensageiro) provoca a ativação de várias proteínas (como as enzimas).
4. As proteínas ativadas provocam reações que produzem respostas fisiológicas.
5. Após um breve período, o AMPc é inativado. Assim, a resposta celular é desativada, a menos que novas moléculas de hormônio continuem a se ligar aos seus receptores na membrana plasmática.

Controle das secreções hormonais

A liberação da maioria dos hormônios ocorre em surtos curtos, com pouca ou nenhuma secreção entre os surtos. Quando estimulada, uma glândula endócrina libera seu hormônio em surtos mais frequentes, aumentando a concentração desse hormônio no sangue. Na ausência de estímulo, o nível sanguíneo do hormônio diminui à medida que o hormônio é inativado ou excretado. A regulação da secreção normalmente impede a superprodução ou a subprodução de qualquer hormônio.

A secreção hormonal é regulada por (1) sinais provenientes do sistema nervoso, (2) alterações químicas no sangue e (3) outros hormônios. Por exemplo, os impulsos nervosos para a medula da glândula suprarrenal regulam a liberação de epinefrina e norepinefrina; o nível sanguíneo de Ca^{2+} no sangue regula a secreção do paratormônio; e um hormônio da adeno-hipófise (o hormônio adrenocorticotrófico [ACTH, do inglês *adrenocorticotropic hormone*]) estimula a liberação de cortisol pelo córtex da glândula suprarrenal. O ACTH é um exemplo de hormônio trófico. ***Hormônios tróficos***, ou *tropinas*, são hormônios que atuam em outras glândulas endócrinas ou tecidos para regular a secreção de outro hormônio.

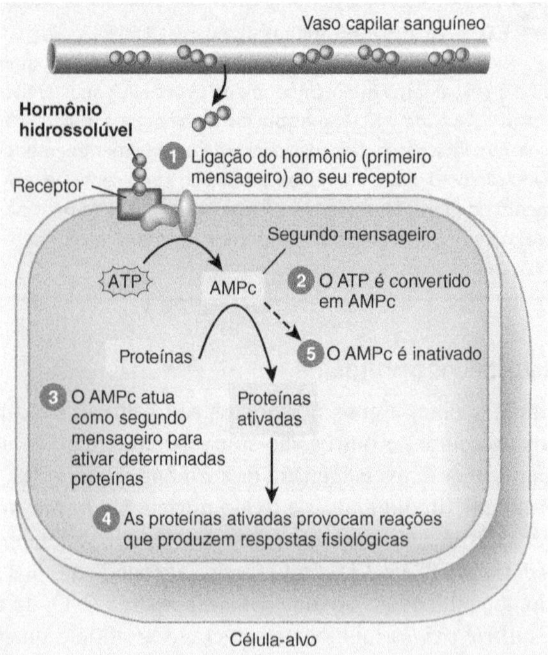

Por que o AMPc é chamado de "segundo mensageiro"?

Figura 13.3 **Mecanismo de ação dos hormônios hidrossolúveis.**

Os hormônios hidrossolúveis se ligam aos receptores incorporados na membrana plasmática das células-alvo.

A maioria dos sistemas reguladores hormonais atua via retroalimentação negativa, mas uns poucos atuam via retroalimentação positiva. Por exemplo, durante o parto, o hormônio ocitocina estimula as contrações do útero, e estas, por sua vez, estimulam a liberação de mais ocitocina, um efeito de retroalimentação positiva (ver Fig. 1.4).

TESTE SUA COMPREENSÃO

2. Por que os receptores de células-alvo são importantes?
3. Quimicamente, que tipos de moléculas são os hormônios?
4. Quais são os modos gerais em que os níveis de hormônio no sangue são regulados?

13.3 Hipotálamo e hipófise

OBJETIVOS

- Descrever as localizações do hipotálamo e da hipófise e a relação entre eles.
- Descrever as funções de cada hormônio secretado pela hipófise.

Durante muitos anos, a **hipófise** foi considerada a glândula endócrina "mestra", porque secreta vários hormônios que controlam outras glândulas endócrinas. Sabemos, agora, que a própria hipófise possui um mestre – o ***hipotálamo***. Essa pequena região do encéfalo é a principal conexão entre os sistemas nervoso e endócrino. As células do hipotálamo sintetizam, pelo menos, nove hormônios, e a hipófise secreta sete. Em conjunto, esses hormônios desempenham funções importantes na regulação de praticamente todos os aspectos do crescimento, do desenvolvimento, do metabolismo e da homeostasia.

A hipófise é do tamanho de uma pequena uva e tem dois lobos: um maior, ***adeno-hipófise*** ou *lobo anterior*, e um menor, ***neuro-hipófise*** ou *lobo posterior* (Fig. 13.4). Ambos os lobos da hipófise repousam no interior da *fossa hipofisial*, uma depressão cupuliforme no esfenoide (ver Fig. 6.9). Uma estrutura funicular, o ***infundíbulo***, fixa a hipófise ao hipotálamo. No interior do infundíbulo, vasos sanguíneos denominados ***veias porta-hipofisárias*** conectam os vasos capilares do hipotálamo a vasos capilares da adeno-hipófise. Os axônios dos neurônios hipotalâmicos, chamados de ***células neurossecretoras***, terminam próximos aos vasos capilares do hipotálamo (Fig. 13.4), por onde liberam vários hormônios.

Hormônios da adeno-hipófise

A adeno-hipófise sintetiza e secreta hormônios que regulam um amplo espectro de atividades corporais, do crescimento à reprodução. A secreção dos hormônios da adeno-hipófise é estimulada pelos ***hormônios liberadores*** e suprimida pelos ***hormônios inibidores***, ambos produzidos pelas células neurossecretoras do hipotálamo. As veias porta-hipofisárias distribuem os hormônios hipotalâmicos liberadores e inibidores, a partir do hipotálamo para a adeno-hipófise (Fig. 13.4). Essa via direta permite aos hormônios liberadores e inibidores agirem rapidamente nas células da adeno-hipófise, antes da diluição e da destruição dos hormônios na circulação geral.

Hormônio do crescimento humano e fatores de crescimento semelhantes à insulina

O ***hormônio do crescimento humano*** (***hGH***) é o hormônio mais abundante da adeno-hipófise. A principal função do hGH é promover a síntese e a secreção de pequenos hormônios proteicos chamados ***fatores de crescimento semelhantes à insulina*** (***IGFs***, do inglês *insulinlike growth factors*) ou *somatomedinas*. Os IGFs são assim chamados porque algumas de suas ações são similares às da insulina. Em resposta ao hGH, células hepáticas, músculos esqueléticos, cartilagem, ossos e outros tecidos secretam IGFs, que podem entrar na corrente sanguínea ou agir localmente. Os IGFs estimulam a síntese de proteína, ajudam a manter as massas muscular e óssea, e promovem a cicatrização de lesões e o reparo tecidual. Além disso, intensificam a decomposição de triglicerídeos (gorduras), que liberam ácidos graxos no sangue, e a decomposição de glicogênio do fígado, que libera glicose no sangue. As células por todo o corpo usam glicose e ácidos graxos liberados para a produção de ATP.

A adeno-hipófise libera hGH em surtos que ocorrem a cada poucas horas, especialmente durante o sono. Dois hormônios hipotalâmicos controlam a secreção de hGH: o *hormônio liberador do hormônio do crescimento* (*GHRH*, do inglês *growth hormone-releasing hormone*) promove a secreção do hGH, e o *hormônio inibidor do hormônio do crescimento* (*GHIH*, do inglês *growth hormone-inhibiting hormone*) o suprime. O nível de glicose no sangue é o principal regulador da secreção de GHRH e GHIH. O baixo nível de glicose no sangue (hipoglicemia) estimula o hipotálamo a secretar GHRH. Por meio de retroalimentação negativa, um aumento na concentração de glicose no sangue acima do nível normal (hiperglicemia) inibe a liberação de GHRH. Por outro lado, a hiperglicemia estimula o hipotálamo a secretar GHIH, e a hipoglicemia inibe a liberação de GHIH.

Hormônio tireoestimulante

O ***hormônio tireoestimulante*** (***TSH***) estimula a síntese e a secreção de hormônios tireoidianos pela glândula tireoide. O *hormônio liberador de tireotrofina* (*TRH*, do inglês *thyreotropin-releasing hormone*) do hipotálamo controla a secreção de TSH. A liberação de TRH, por sua vez, depende dos níveis de hormônios tireoidianos no sangue, que inibem a secreção de TRH por meio da retroalimentação negativa. Não existe hormônio inibidor da tireotrofina.

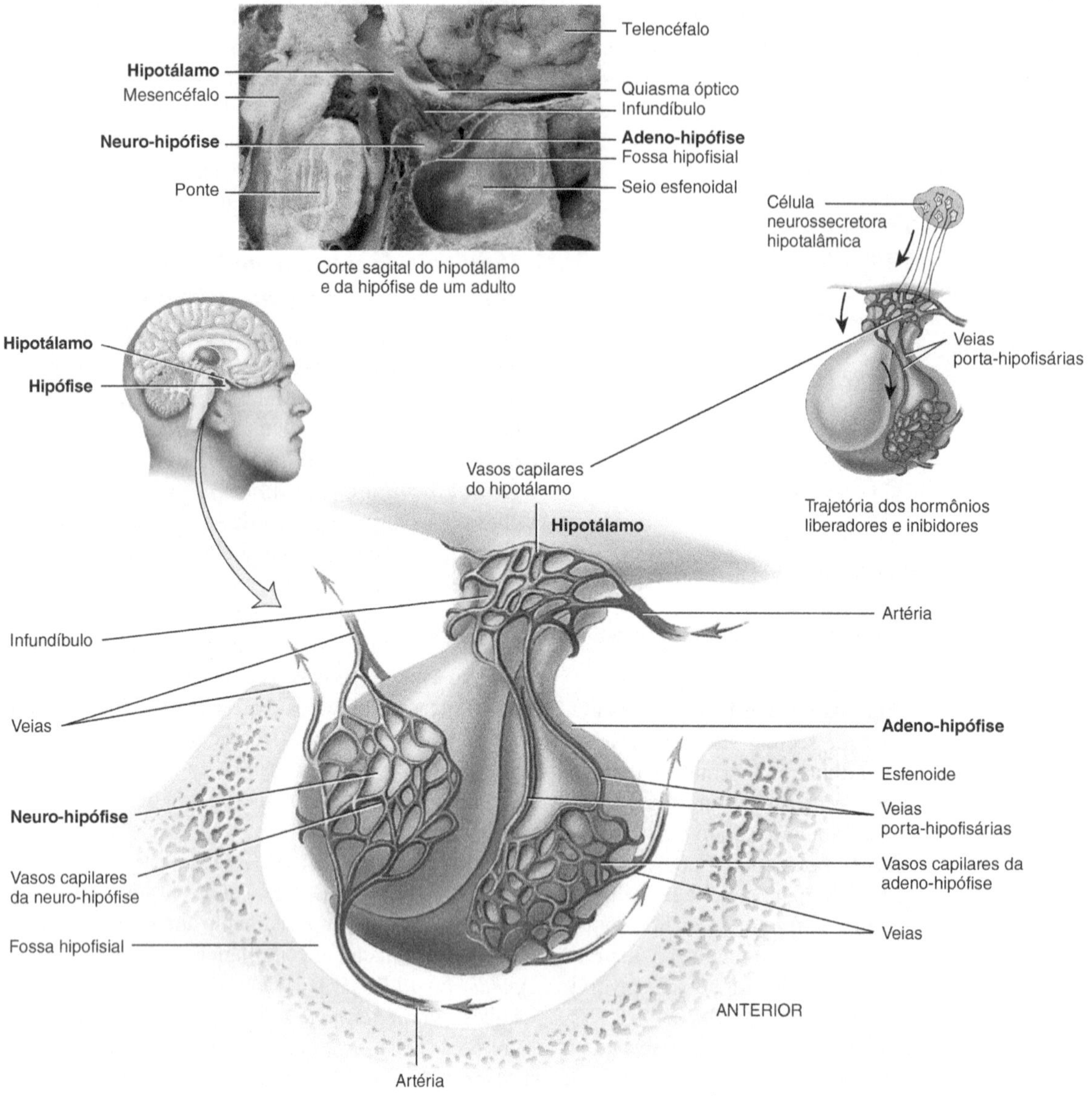

Qual lobo da hipófise não sintetiza os hormônios que libera? Onde são produzidos os seus hormônios?

Figura 13.4 **A hipófise e seu suprimento sanguíneo.** Conforme mostrado no detalhe, à direita, os hormônios liberadores e inibidores sintetizados pelas células neurossecretoras hipotalâmicas se difundem para os vasos capilares do hipotálamo e são transportados pelas veias porta-hipofisárias até a adeno-hipófise.

Os hormônios hipotalâmicos liberadores e inibidores são um elo importante entre os sistemas nervoso e endócrino.

Hormônio folículo-estimulante e hormônio luteinizante

Nas mulheres, os ovários são os alvos para o ***hormônio folículo-estimulante*** (***FSH***, do inglês *follicle-stimulating hormone*) e o ***hormônio luteinizante*** (***LH***, do inglês *luteinizing hormone*). A cada mês, o FSH inicia o desenvolvimento de diversos folículos ováricos, e o LH desencadeia a ovulação (descrita na Seção 23.3). Após a ovulação, o LH estimula a formação do corpo lúteo no ovário e a secreção de progesterona (outro hormônio sexual feminino) pelo corpo lúteo. O FSH e o LH também estimulam as células foliculares a secretarem estrogênios. Nos homens, o FSH estimula a produção de espermatozoides nos testículos, e o LH estimula a secreção de testosterona pelos testículos. O *hormônio libera-*

dor de gonadotrofina (*GnRH*, do inglês *gonadotropin-releasing hormone*) proveniente do hipotálamo estimula a liberação de FSH e LH. A liberação de GnRH, FSH e LH é suprimida pelos estrogênios, nas mulheres, e pela testosterona, nos homens, por meio de um sistema de retroalimentação negativa. Não existe nenhum hormônio inibidor da gonadotrofina.

Prolactina

A ***prolactina*** (***PRL***), juntamente com outros hormônios, inicia e mantém a produção de leite pelas glândulas mamárias. A ejeção de leite pelas glândulas mamárias depende do hormônio ocitocina, que é liberado pela neuro-hipófise. A função da PRL nos homens é desconhecida, mas a hipersecreção de PRL provoca disfunção erétil (impotência, a incapacidade de ereção do pênis). Nas mulheres, o *hormônio inibidor da prolactina* (*PIH*, do inglês *prolactin-inhibiting hormone*) suprime a liberação de PRL na maior parte do tempo. A cada mês, logo antes da menstruação começar, a secreção do PIH diminui, e o nível de PRL no sangue aumenta, mas não o suficiente para estimular a produção de leite. Quando o ciclo menstrual começa outra vez, o PIH é novamente secretado, e o nível de PRL cai. Durante a gestação, níveis muito elevados de estrogênios promovem a secreção do *hormônio liberador de prolactina* (PRH, do inglês *prolactina-releasing hormone*) que, por sua vez, estimula a liberação de PRL.

Hormônio adrenocorticotrófico

O ***hormônio adrenocorticotrófico*** (***ACTH***) ou *corticotrofina* controla a produção e a secreção de hormônios denominados glicocorticoides pelo córtex (porção externa) das glândulas suprarrenais. O hormônio liberador de corticotrofina (CRH, do inglês *corticotropin-releasing hormone*) do hipotálamo estimula a secreção de ACTH. Os estímulos relacionados ao estresse, como a baixa glicose sanguínea ou o traumatismo físico, e a interleucina-1, uma substância produzida pelos macrófagos, também estimulam a liberação de ACTH. Os glicocorticoides provocam inibição, por retroalimentação negativa, das liberações tanto de CRH quanto de ACTH.

Hormônio melanócito-estimulante

Existe pouco hormônio melanócito-estimulante (MSH, do inglês *melanocyte-stimulating hormone*) circulante nos seres humanos. Embora uma quantidade excessiva de MSH provoque escurecimento da pele, a função dos níveis normais de MSH é desconhecida. A presença de receptores de MSH no encéfalo indica que ele possa influenciar a atividade encefálica. O excesso de CRH estimula a liberação de MSH, ao passo que a dopamina inibe a liberação de MSH.

Hormônios da neuro-hipófise

A ***neuro-hipófise*** contém os axônios e terminais axônicos de mais de 10.000 células neurossecretoras, cujos corpos celulares estão no hipotálamo (Fig. 13.5). Embora a neuro-hipófise não *sintetize* hormônios, ela *armazena* e *libera* dois hormônios. No hipotálamo, o hormônio ***ocitocina*** e o ***hormônio antidiurético*** (***ADH***, do inglês *antidiuretic hormone*) são sintetizados e embalados nas vesículas secretoras, no interior dos corpos celulares de células neurossecretoras diferentes. Depois, as vesículas movem para baixo pelos axônios até os terminais axônicos, na neuro-hipófise. Os impulsos nervosos que chegam aos terminais axônicos desencadeiam a liberação desses hormônios nos vasos capilares da neuro-hipófise.

Ocitocina

Durante e após o parto, a ocitocina tem dois órgãos-alvo: o útero e as mamas da mãe. Durante o parto, a ocitocina intensifica a contração das células musculares lisas na parede do útero; após o parto, estimula a ejeção ("descida") do leite pelas glândulas mamárias em resposta aos estímulos mecânicos proporcionados pela sucção do bebê. Em conjunto, a produção e a ejeção de leite constituem a *lactação*. A função da ocitocina nos homens e nas mulheres não grávidas não é clara. Experimentos com animais têm mostrado ações no encéfalo que promovem o comportamento de cuidados paternos com a prole jovem. A ocitocina também pode ser parcialmente responsável pelas sensações de prazer sexual durante e após a relação sexual.

CORRELAÇÕES CLÍNICAS | Ocitocina sintética

Anos antes da descoberta da ocitocina, as parteiras normalmente deixavam o primeiro gêmeo nascido mamar para acelerar o nascimento do segundo bebê. Atualmente, sabemos por que essa prática é útil – ela estimula a liberação de ocitocina. Mesmo após um parto único, a amamentação promove a expulsão da placenta (após o nascimento) e ajuda na redução do útero. A ocitocina sintética (Pitocin®) frequentemente é administrada para induzir o trabalho de parto ou para aumentar o tônus uterino e controlar a hemorragia logo após o parto. •

Hormônio antidiurético

Um ***antidiurético*** é uma substância que diminui a produção de urina. O ***hormônio antidiurético*** (***ADH***) provoca maior retenção de água pelos rins, diminuindo assim o volume de urina. Na ausência de ADH, o débito urinário aumenta mais de 10 vezes, de 1 a 2 litros normais por dia para aproximadamente 20 litros por dia. O ADH também reduz a perda de água por meio da sudorese e provoca a constrição das arteríolas. Outro nome desse hormônio,

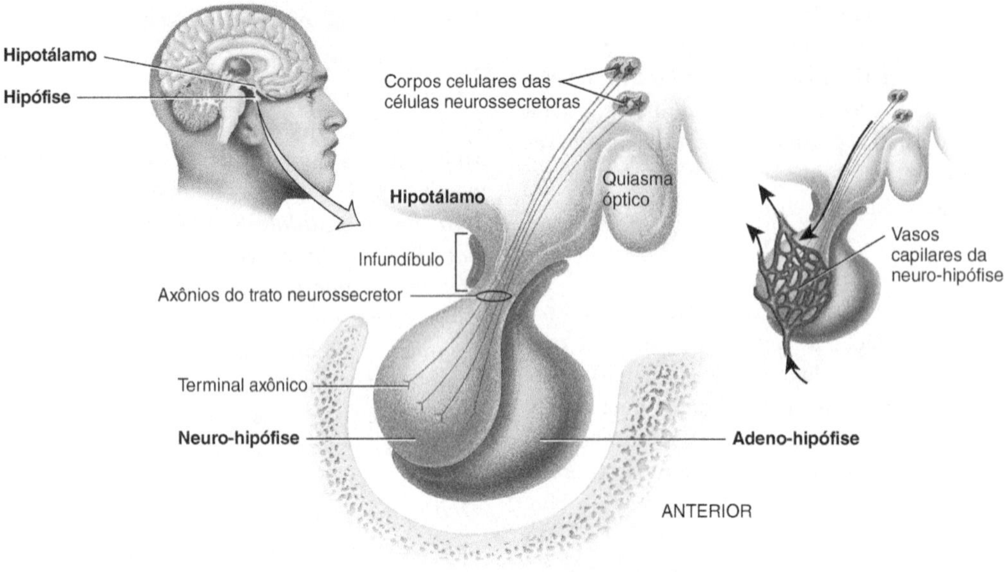

Onde estão localizadas as células-alvo da ocitocina?

Figura 13.5 **Células neurossecretoras do hipotálamo sintetizam ocitocina e hormônio antidiurético.** Seus axônios se estendem do hipotálamo até a neuro-hipófise. Impulsos nervosos desencadeiam a liberação dos hormônios das vesículas dos terminais axônicos na neuro-hipófise.

A ocitocina e o hormônio antidiurético são sintetizados no hipotálamo e liberados nos vasos capilares da neuro-hipófise.

vasopressina, reflete seu efeito no aumento da pressão sanguínea.

A quantidade de ADH secretada varia de acordo com a pressão osmótica sanguínea e o volume sanguíneo. A pressão osmótica sanguínea é proporcional à concentração de solutos no plasma sanguíneo. Quando a água do corpo é perdida mais rapidamente do que é ingerida, em uma condição denominada *desidratação*, o volume de sangue cai, e a pressão osmótica sanguínea aumenta.

1. A pressão osmótica sanguínea elevada – decorrente de desidratação ou de uma queda do volume de sangue por causa de hemorragia, diarreia ou transpiração excessiva – estimula os ***osmorreceptores***, neurônios no hipotálamo que monitoram a pressão osmótica sanguínea (Fig. 13.6a).
2. Os osmorreceptores ativam as células neurossecretoras hipotalâmicas, que sintetizam e liberam o ADH.
3. Quando as células neurossecretoras recebem o influxo excitatório dos osmorreceptores, geram impulsos nervosos que provocam a liberação de ADH pela neuro-hipófise. O ADH, em seguida, se difunde para os vasos capilares sanguíneos da neuro-hipófise.
4. O sangue transporta o ADH para três alvos: rins, glândulas sudoríferas e músculo liso nas paredes dos vasos sanguíneos. Os rins respondem retendo mais água, o que diminui o débito de urina. A atividade secretora das glândulas sudoríferas diminui, o que reduz a taxa de perda de água pela transpiração através da pele. O músculo liso nas paredes das arteríolas (pequenas artérias) se contrai em resposta aos níveis elevados de ADH, o que constringe (estreita) o lúmen desses vasos sanguíneos e aumenta a pressão sanguínea.
5. A diminuição na pressão osmótica sanguínea ou o aumento do volume de sangue decorrente da ingestão excessiva de água inibe os osmorreceptores (Fig. 13.6b).
6. A inibição dos osmorreceptores reduz ou interrompe a secreção de ADH. Os rins, então, retêm menos água, formando um volume maior de urina; a atividade secretora das glândulas sudoríferas aumenta; e as arteríolas se dilatam. O volume de sangue e a pressão osmótica dos líquidos corporais retornam ao normal.

A secreção de ADH também é alterada por outros meios. Dor, estresse, trauma, ansiedade, acetilcolina, nicotina e substâncias como morfina, tranquilizantes e al-

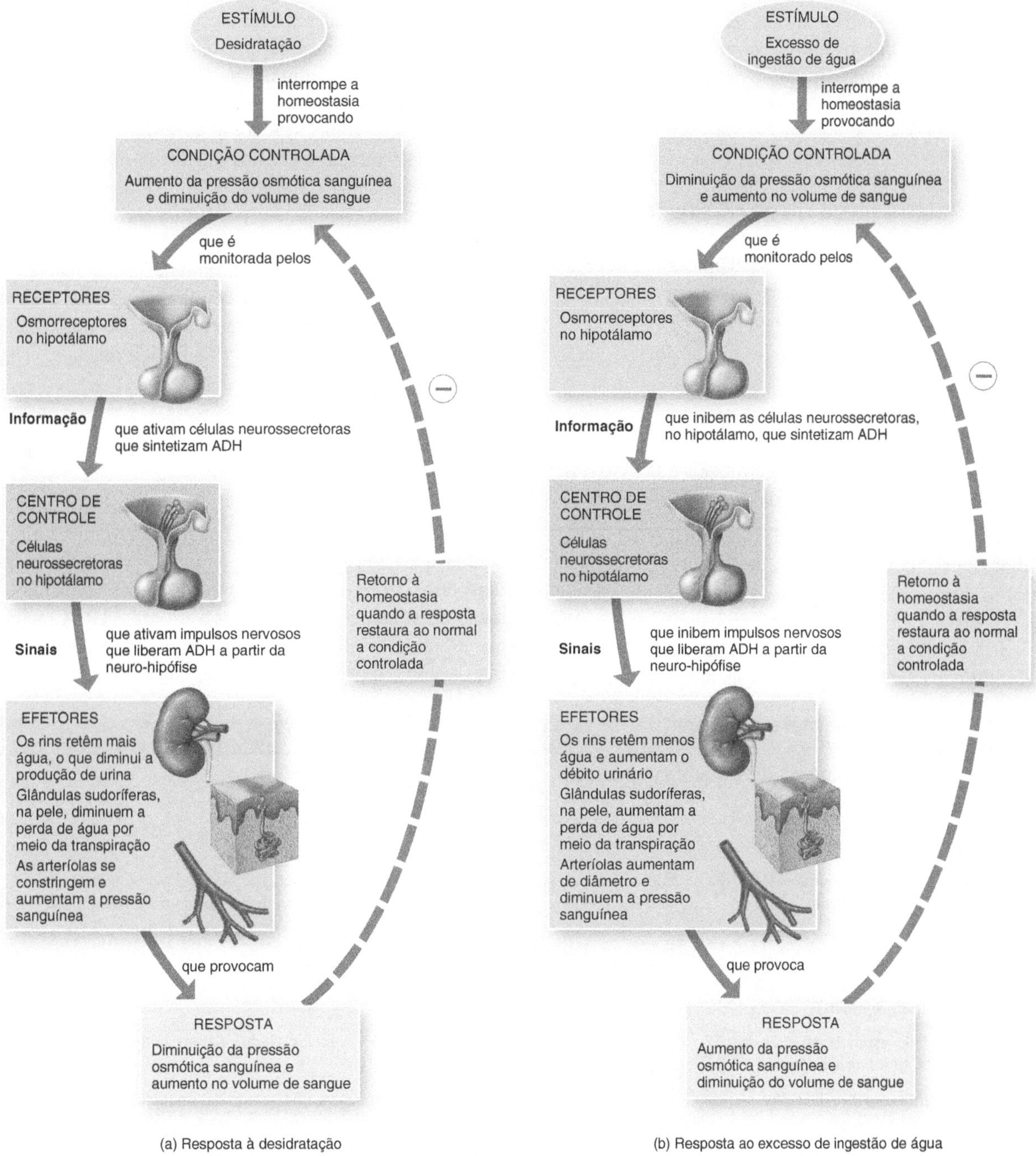

Que efeito teria sobre a pressão osmótica sanguínea a ingestão de um grande copo de água, e como o nível de ADH se alteraria em seu sangue?

Figura 13.6 Regulação da secreção e ações do hormônio antidiurético.

O ADH atua na retenção de água pelo corpo e no aumento da pressão sanguínea.

guns anestésicos estimulam a secreção de ADH. O álcool inibe a secreção de ADH e, assim, aumenta o débito urinário. A desidratação resultante pode causar tanto sede quanto cefaleia, sintomas típicos de uma ressaca.

A Tabela 13.2 lista os hormônios hipofisários e resume as suas ações.

TESTE SUA COMPREENSÃO

5. Em que contexto a hipófise é, na realidade, duas glândulas?
6. Como os hormônios hipotalâmicos liberadores e inibidores influenciam as secreções dos hormônios da adeno-hipófise?

13.4 Glândula tireoide

OBJETIVO

- Descrever a localização, os hormônios e as funções da glândula tireoide.

A ***glândula tireoide***, em forma de borboleta, está localizada logo abaixo da laringe (caixa de voz). É composta pelos lobos direito e esquerdo, um em cada lado da traqueia (Fig. 13.7a).

Sacos esféricos microscópicos, chamados ***folículos da glândula tireoide*** (Fig. 13.7b), constituem a maior parte da glândula tireoide. A parede de cada folículo da tireoide consiste basicamente em células chamadas ***células foliculares***, que produzem dois hormônios: ***tiroxina***, também chamada T_4, porque contém quatro átomos de iodo, e ***tri-iodotironina*** (T_3), que contém três átomos de iodo. T_3 e T_4 também são conhecidos como ***hormônios tireoidianos***. A cavidade central de cada folículo da tireoide contém hormônios tireoidianos armazenados. À medida que T_4 circula no sangue e entra nas células por todo o corpo, a maior parte é convertida em T_3 pela remoção de um átomo de iodo. T_3 é a forma mais potente dos hormônios tireoidianos.

Um menor número de células, chamadas ***células parafoliculares***, se situa entre os folículos (Fig. 13.7b). Essas células produzem o hormônio calcitonina.

Ações dos hormônios tireoidianos

Uma vez que a maioria das células do corpo tem receptores para os hormônios tireoidianos, T_3 e T_4 exercem seus efeitos por todo o corpo. Os hormônios tireoidianos aumentam a *taxa metabólica basal* (*TMB*), que é a taxa de consumo de oxigênio em condições-padrão ou basais (desperto, em repouso e em jejum). A TMB aumenta em razão do aumento da síntese e do uso de ATP. À medida que as células utilizam mais oxigênio para produzir ATP, mais calor é desprendido, e a temperatura corporal au-

TABELA 13.2

Resumo dos hormônios da hipófise e suas ações

HORMÔNIO	AÇÕES
Hormônios da adeno-hipófise	
Hormônio do crescimento humano (hGH, do inglês *human growth hormone*)	Estimula fígado, músculo, cartilagem, osso e outros tecidos para sintetizar e secretar fatores de crescimento semelhantes à insulina (IGFs); IGFs promovem crescimento das células do corpo, síntese proteica, reparo tecidual, decomposição de triglicerídeos e elevação dos níveis de glicose no sangue
Hormônio tireoestimulante (TSH, do inglês *thyroid-stimulating hormone*)	Estimula a síntese e a secreção dos hormônios tireoidianos pela glândula tireoide
Hormônio folículo-estimulante (FSH, do inglês *follicle-stimulating hormone*)	Nas mulheres, inicia o desenvolvimento dos ovócitos e induz a secreção de estrogênios pelos ovários
Hormônio luteinizante (LH, do inglês *luteinizing hormone*)	Nas mulheres, estimula a secreção de estrogênios e progesterona, a ovulação e a formação do corpo lúteo
Prolactina (PRL, do inglês *prolactin*)	Nas mulheres, estimula a produção de leite pelas glândulas mamárias
Hormônio adrenocorticotrófico (ACTH, do inglês *adrenocorticotropic hormone*), também conhecido como corticotrofina	Estimula a secreção de glicocorticoides (principalmente cortisol) pelo córtex da glândula suprarrenal
Hormônio melanócito-estimulante (MSH, do inglês *melanocyte-stimulating hormone*)	A função exata nos seres humanos é desconhecida, mas provavelmente influencia a atividade encefálica; quando presente em excesso, provoca o escurecimento da pele
Hormônios da neuro-hipófise	
Ocitocina	Estimula a contração das células do músculo liso do útero durante o parto; estimula a ejeção de leite pelas glândulas mamárias
Hormônio antidiurético (ADH, do inglês *antidiuretic hormone*), também conhecido como vasopressina	Conserva a água do corpo, diminuindo o débito urinário; diminui a perda de água por meio da transpiração; eleva a pressão sanguínea contraindo (estreitando) as arteríolas

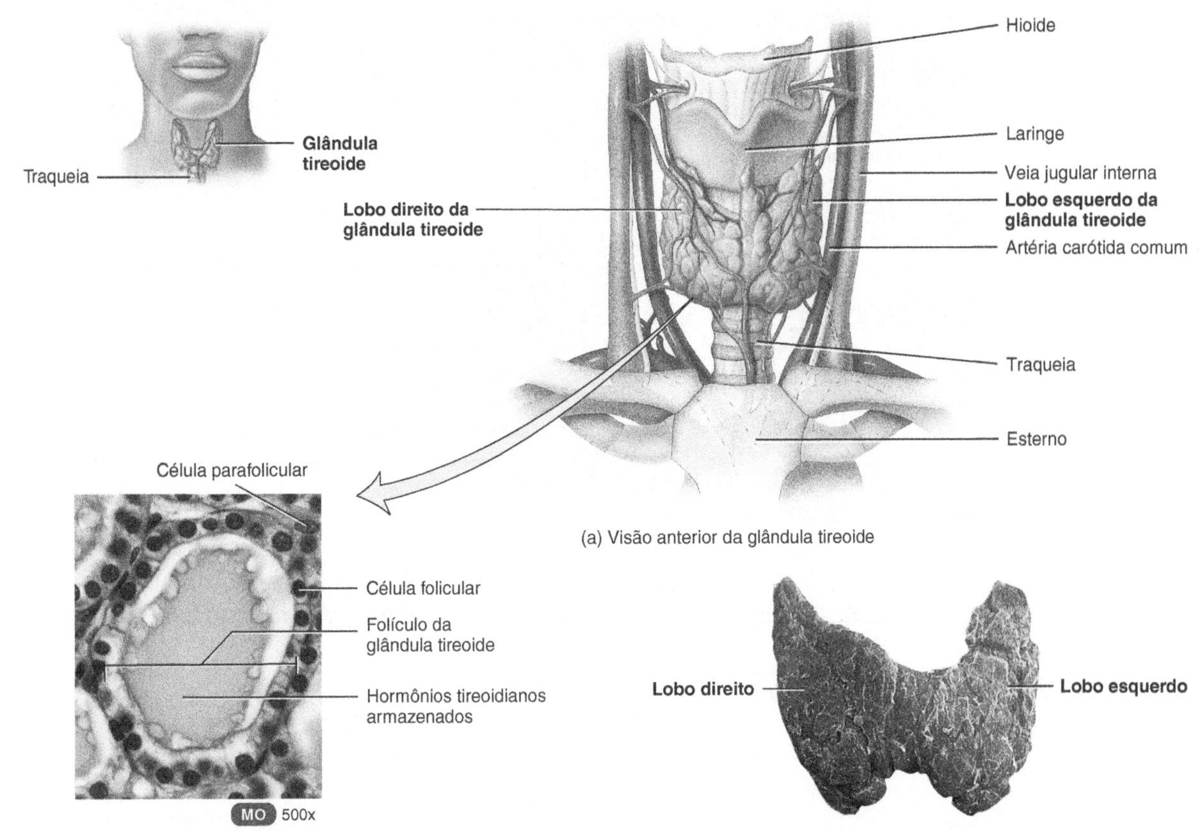

(a) Visão anterior da glândula tireoide

(b) Folículos da glândula tireoide

(c) Visão anterior da glândula tireoide

Quais células secretam T_3 e T_4? Quais células secretam calcitonina?

Figura 13.7 **Localização e histologia da glândula tireoide.**

Os hormônios tireoidianos regulam (1) o uso do oxigênio e a taxa metabólica basal, (2) o metabolismo celular e (3) o crescimento e o desenvolvimento.

menta. Dessa forma, os hormônios tireoidianos desempenham uma função importante na manutenção da temperatura normal do corpo. Os hormônios tireoidianos também estimulam a síntese de proteínas, aumentam o uso de glicose e ácidos graxos para a produção de ATP, aumentam a degradação de triglicerídeos e intensificam a excreção do colesterol, reduzindo, assim, o nível de colesterol no sangue. Juntamente com o hGH e a insulina, os hormônios tireoidianos estimulam o crescimento corporal, especificamente o crescimento dos sistemas nervoso e esquelético.

CORRELAÇÕES CLÍNICAS | Hipertireoidismo

A secreção excessiva dos hormônios tireoidianos é conhecida como **hipertireoidismo.** Os sinais e sintomas do hipertireoidismo incluem aumento da frequência cardíaca e batimentos cardíacos mais fortes, aumentos na pressão sanguínea e na ansiedade. •

Controle da secreção dos hormônios tireoidianos

O TRH do hipotálamo e o TSH da adeno-hipófise estimulam a síntese e a liberação dos hormônios tireoidianos, como mostrado na Figura 13.8:

1. Baixo nível sanguíneo de hormônios tireoidianos ou baixa taxa metabólica estimulam o hipotálamo a secretar TRH.
2. O TRH é transportado para a adeno-hipófise, na qual estimula a secreção do TSH.
3. O TSH estimula a atividade das células foliculares da tireoide, incluindo a síntese e a secreção de hormônios tireoidianos e o crescimento das células foliculares.
4. As células foliculares da tireoide liberam hormônios tireoidianos no sangue até que a taxa metabólica volte ao normal.
5. Um nível elevado de hormônios tireoidianos inibe a liberação de TRH e TSH (retroalimentação negativa).

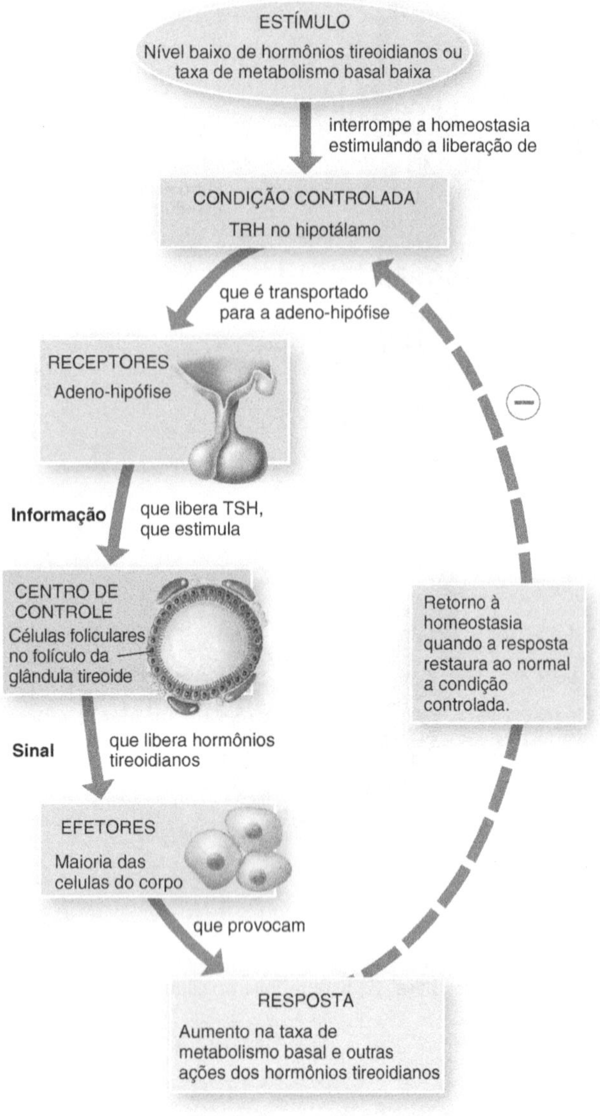

Qual é o efeito dos hormônios tireoidianos na taxa de metabolismo?

Figura 13.8 Regulação e secreção dos hormônios tireoidianos.

O TSH promove a liberação dos hormônios tireoidianos.

Condições que aumentam a demanda de ATP – ambiente frio, nível baixo de glicose no sangue, grande altitude e gravidez – também aumentam a secreção dos hormônios tireoidianos.

Calcitonina

O hormônio produzido pelas células parafoliculares da glândula tireoide é a ***calcitonina*** (***CT***). A CT diminui o nível de cálcio do sangue inibindo a ação dos osteoclastos, as células que destroem o osso. A secreção de CT é controlada por um sistema de retroalimentação negativa (ver Fig. 13.10). A importância da CT na fisiologia normal não é clara, pois está presente em excesso ou completamente ausente sem provocar sintomas clínicos.

CORRELAÇÕES CLÍNICAS | Miacalcin®

Miacalcin®, um extrato de calcitonina do salmão, é um tratamento eficaz contra a osteoporose, um distúrbio em que o ritmo de decomposição óssea excede o ritmo de reconstrução. Inibe a decomposição desse tecido e acelera a captação de cálcio e fosfatos. •

TESTE SUA COMPREENSÃO

7. Como é regulada a secreção de T_3 e T_4?
8. Quais são as ações dos hormônios tireoidianos e da CT?

13.5 Glândulas paratireoides

OBJETIVO

- Descrever a localização, os hormônios e as funções das glândulas paratireoides.

As ***glândulas paratireoides*** são pequenas massas arredondadas de tecido glandular que estão parcialmente engastadas na face posterior da glândula tireoide (Fig. 13.9). Geralmente, uma glândula paratireoide superior e uma inferior estão engastadas em cada lobo da tireoide. No interior das glândulas paratireoides estão células secretoras, chamadas ***células principais***, que liberam o ***paratormônio*** (***PTH***).

PTH é o principal regulador dos níveis de íons cálcio (Ca^{2+}), magnésio (Mg^{2+}) e fosfato (HPO_4^{2-}) no sangue. O PTH aumenta o número e a atividade dos osteoclastos, que decompõem a matriz extracelular óssea e liberam o Ca^{2+} e o HPO_4^{2-} no sangue. O PTH também produz três alterações nos rins. Primeiro, desacelera a taxa em que o Ca^{2+} e o Mg^{2+} são perdidos do sangue para a urina. Segundo, aumenta a perda de HPO_4^{2-} do sangue para a urina. Uma vez que mais HPO_4^{2-} é perdido na urina do que é ganho dos ossos, o PTH diminui o nível sanguíneo de HPO_4^{2-} e aumenta os níveis sanguíneos de Ca^{2+} e Mg^{2+}. Terceiro, o PTH promove a formação nos rins do hormônio ***calcitriol***, a forma ativa da vitamina D. O calcitriol atua no trato gastrintestinal para aumentar a taxa de absorção de Ca^{2+}, Mg^{2+} e HPO_4^{2-} dos alimentos para o sangue.

O nível de cálcio no sangue controla diretamente a secreção de CT e de PTH, por meio de retroalimentação

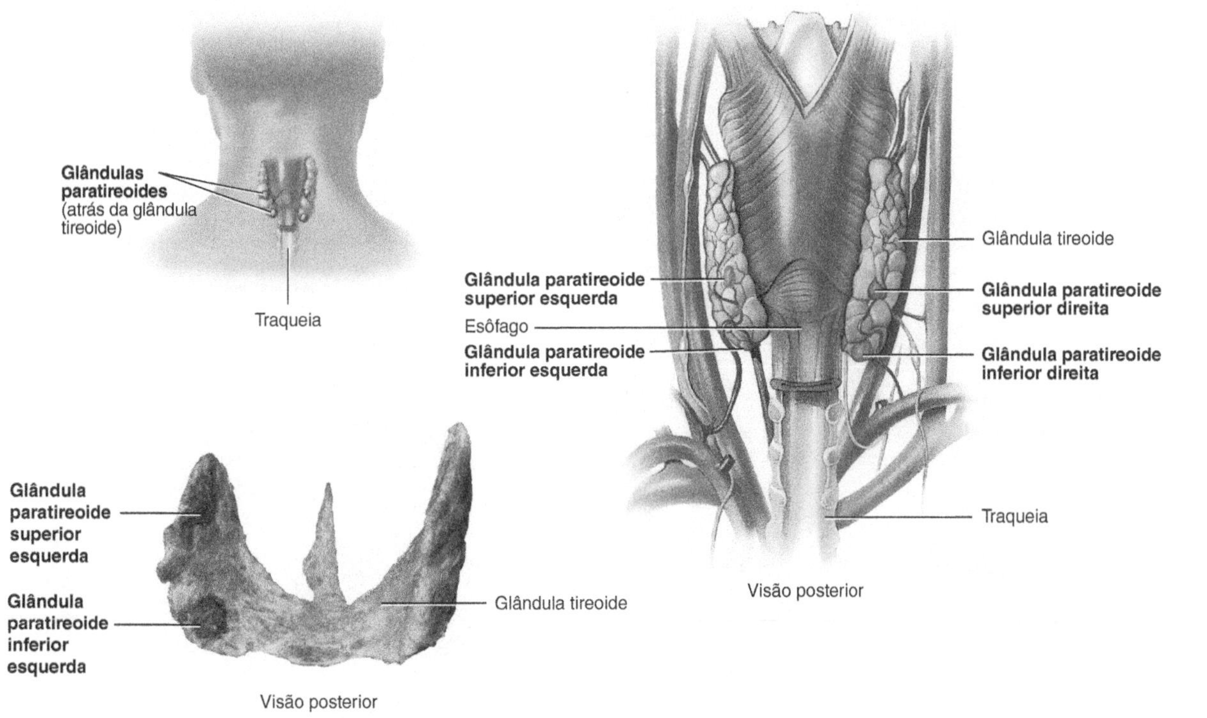

Que efeito o PTH exerce sobre os osteoclastos?

Figura 13.9 Localização das glândulas paratireoides.

As quatro glândulas paratireoides estão engastadas na face posterior da glândula tireoide.

negativa, e esses dois hormônios têm efeitos opostos sobre o nível sanguíneo de Ca^{2+} (Fig. 13.10).

1. Um nível de Ca^{2+} no sangue acima do normal estimula as células parafoliculares da glândula tireoide a liberarem mais CT.
2. A CT inibe a atividade dos osteoclastos, diminuindo o nível sanguíneo de Ca^{2+}.
3. Um nível de Ca^{2+} no sangue abaixo do normal estimula as células principais da glândula paratireoide a liberarem mais PTH.
4. O PTH aumenta o número e a atividade dos osteoclastos, que decompõem o osso e liberam Ca^{2+} no sangue. O PTH também desacelera a perda de Ca^{2+} por meio da urina. Ambas as ações do PTH aumentam o nível de Ca^{2+} no sangue.
5. O PTH também estimula os rins a liberarem calcitriol, a forma ativa da vitamina D.
6. O calcitriol estimula o aumento da absorção de Ca^{2+} dos alimentos no trato gastrintestinal, que ajuda a aumentar o nível de Ca^{2+} no sangue.

TESTE SUA COMPREENSÃO

9. Como é regulada a secreção de PTH?
10. Em que sentido as ações do PTH e do calcitriol são semelhantes? Como são diferentes?

13.6 Ilhotas pancreáticas

OBJETIVO

- Descrever a localização, os hormônios e as funções das ilhotas pancreáticas.

O ***pâncreas*** é um órgão achatado, localizado na curva do duodeno, a primeira parte do intestino delgado (Fig. 13.11a, b). Possui tanto funções endócrinas, discutidas neste capítulo, quanto exócrinas, discutidas na Seção 19.6. A parte endócrina do pâncreas consiste em agrupamentos de células chamados ***ilhotas pancreáticas*** *(ilhotas de Langerhans)*. Algumas células das ilhotas, as ***células α***, secretam o hormônio ***glucagon***, e outras células das ilhotas, as ***células β***, secretam ***insulina***. As ilhotas também contêm vasos capilares sanguíneos abundantes e

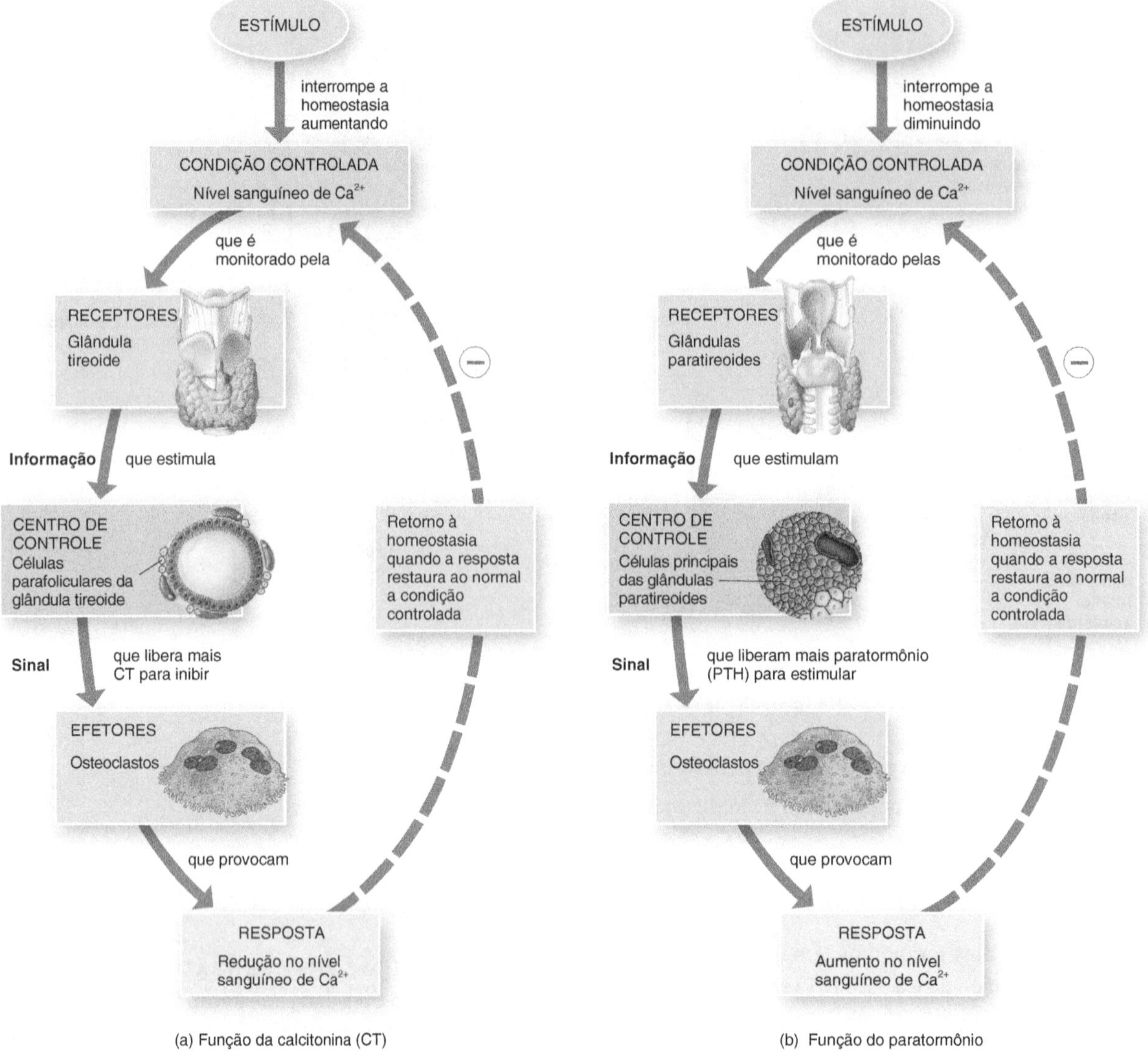

336 Corpo humano: fundamentos de anatomia e fisiologia

(a) Função da calcitonina (CT)

(b) Função do paratormônio

Quais são os tecidos-alvo primários para o PTH, a CT e o calcitriol?

Figura 13.10 As funções de (a) calcitonina e (b) paratormônio na homeostasia do nível de cálcio no sangue.

O PTH e a CT têm efeitos opostos sobre o nível de Ca^{2+} no sangue.

são envoltas por células que formam a parte exócrina do pâncreas (Fig. 13.11c, d).

Ações do glucagon e da insulina

A principal ação do glucagon é aumentar o nível de glicose no sangue quando ele cai abaixo do normal, a fim de abastecer os neurônios com glicose para a produção de ATP. A insulina, ao contrário, ajuda a glicose a se mover para o interior das células, especialmente as fibras musculares, o que diminui o nível de glicose no sangue. O nível de glicose no sangue controla a secreção do glucagon e da insulina, por meio de retroalimentação negativa. A Figura 13.12 mostra as condições que estimulam a secreção de hormônios pelas ilhotas pancreáticas, os modos como o glucagon e a insulina produzem os seus efeitos sobre o nível de glicose no sangue e o controle por retroalimentação negativa da secreção hormonal:

1. Nível baixo de glicose no sangue (hipoglicemia) estimula a secreção de glucagon pelas células α-pancreáticas (Fig. 13.12a).

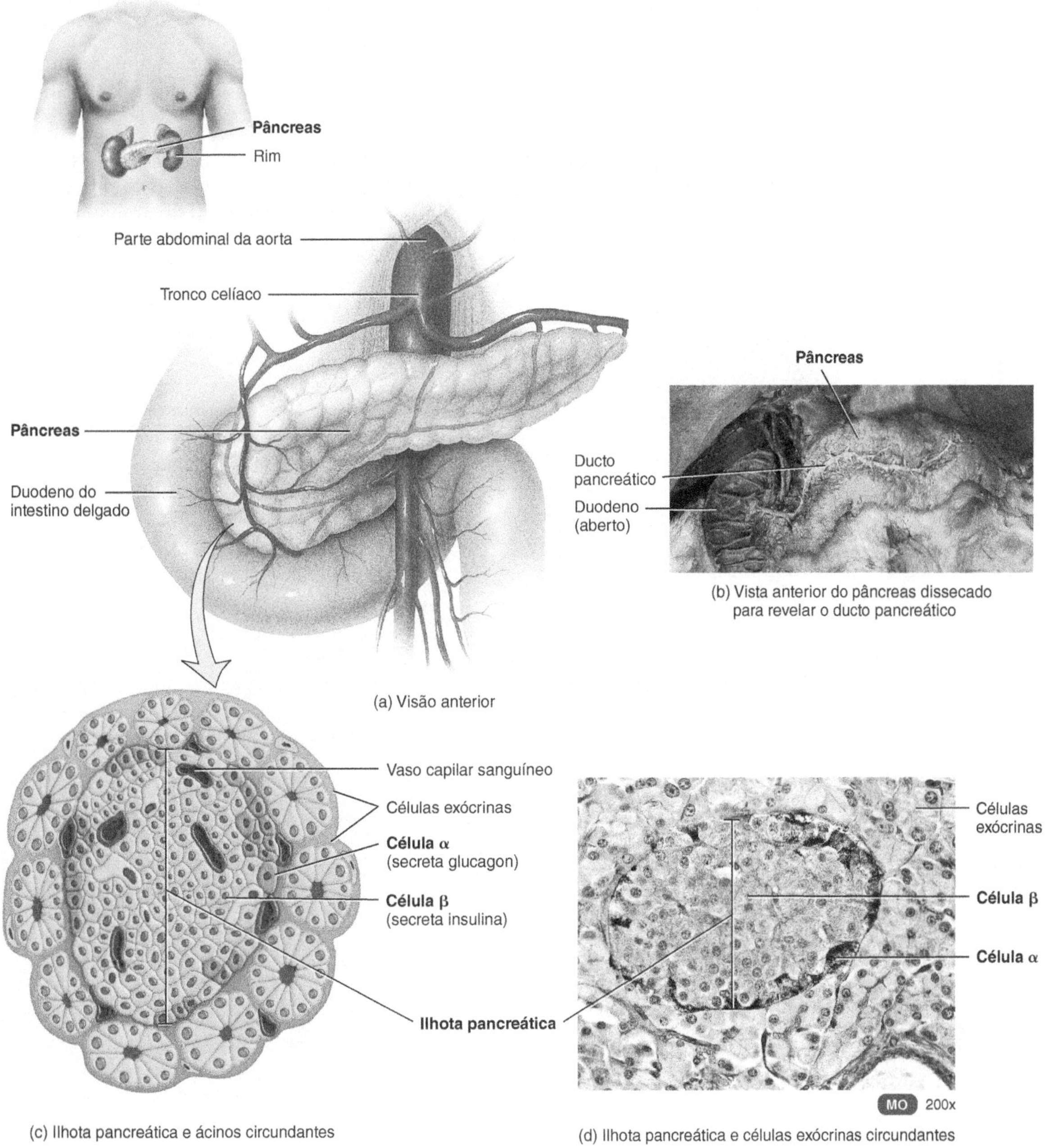

O pâncreas é uma glândula exócrina ou endócrina?

Figura 13.11 Localização e histologia do pâncreas.

Os hormônios liberados pelas ilhotas pancreáticas regulam o nível de glicose no sangue.

2. O glucagon atua nas células hepáticas para promover a decomposição do glicogênio em glicose e a formação de glicose a partir de ácido lático e de determinados aminoácidos.
3. Como resultado, o fígado libera glicose no sangue mais rapidamente, e o nível sanguíneo de glicose aumenta.
4. Se a glicose no sangue continua a subir, o nível elevado de glicose no sangue (hiperglicemia) inibe a liberação de glucagon pelas células α (retroalimentação negativa).
5. Nível elevado de glicose no sangue estimula a secreção de insulina pelas células β-pancreáticas (Fig. 13.12b).
6. A insulina atua em várias células do corpo para promover a difusão facilitada de glicose para o interior das células, especialmente as fibras musculares esqueléticas; para acelerar a síntese de glicogênio a partir

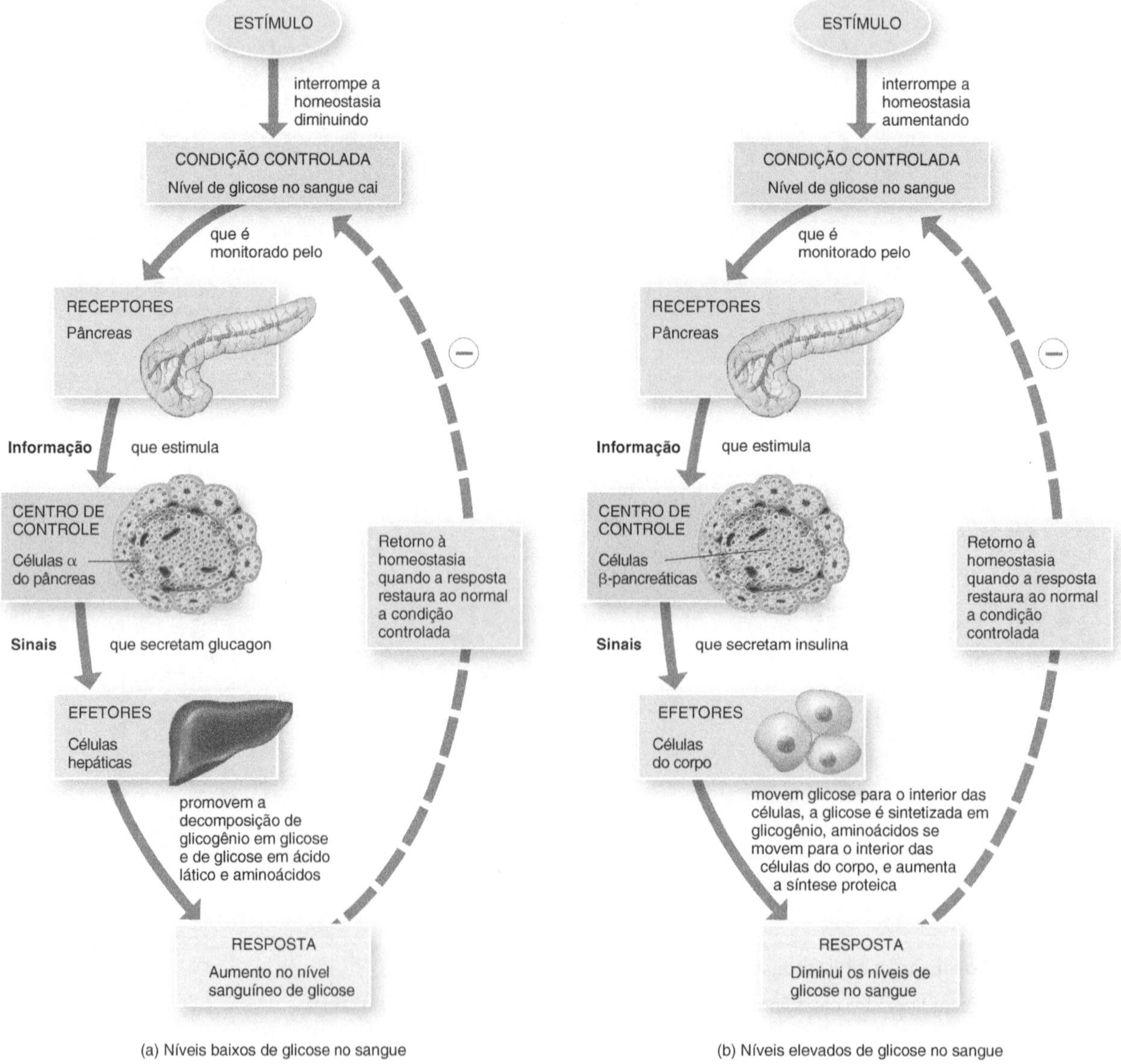

Por que o glucagon, às vezes, é chamado de hormônio "anti-insulina"?

Figura 13.12 Regulação do nível de glicose no sangue pelos sistemas de retroalimentação negativa que envolvem o glucagon e a insulina.

O nível baixo de glicose no sangue estimula a secreção de glucagon, ao passo que o nível elevado de glicose no sangue estimula a secreção de insulina.

da glicose; para aumentar a captação de aminoácidos pelas células; e para aumentar a síntese de proteínas.

7. Como resultado, o nível de glicose no sangue cai.
8. Se o nível de glicose do sangue cai abaixo do normal, o nível baixo de glicose no sangue inibe a liberação de insulina pelas células β (retroalimentação negativa).

Além de afetar o metabolismo da glicose, a insulina promove a captação de aminoácidos pelas células do corpo e aumenta a síntese de proteínas e de ácidos graxos no interior das células. Portanto, a insulina é um hormônio importante quando os tecidos estão se desenvolvendo, crescendo ou sendo reparados.

A liberação de insulina e de glucagon é também regulada pela divisão autônoma do sistema nervoso (SNA). A parte parassimpática do SNA estimula a secreção de insulina, por exemplo, durante a digestão e a absorção de uma refeição. A parte simpática do SNA, ao contrário, estimula a secreção de glucagon, como acontece durante o exercício.

TESTE SUA COMPREENSÃO

11. Quais são as funções da insulina?
12. Como são controlados os níveis sanguíneos de glucagon e de insulina?

13.7 Glândulas suprarrenais

OBJETIVO

- Descrever a localização, os hormônios e as funções das glândulas suprarrenais.

Existem duas **glândulas suprarrenais**, cada uma delas situada superior a cada rim (Fig. 13.13). Cada glândula suprarrenal tem regiões que produzem diferentes hormônios: o **córtex da glândula suprarrenal** externo, que constitui 85% da glândula, e a **medula da glândula suprarrenal** interna.

Hormônios do córtex da glândula suprarrenal

O córtex da glândula suprarrenal consiste em três zonas, cada uma das quais sintetiza e secreta hormônios esteroides diferentes. A zona externa (zona glomerulosa) libera hormônios chamados de mineralocorticoides, porque afetam a homeostasia mineral. A zona média (zona fasciculada) libera hormônios chamados glicocorticoides, porque afetam a homeostasia da glicose. A zona interna (zona reticulada) libera **andrógenos** (hormônios esteroides que têm efeitos masculinizantes).

Mineralocorticoides

A ***aldosterona*** é o principal ***mineralocorticoide***. Regula a homeostasia de dois íons minerais, isto é, os íons sódio (Na^+) e os íons potássio (K^+). A aldosterona aumenta a reabsorção no sangue de Na^+ do fluido que se tornará a urina, e estimula a secreção de K^+ no fluido que se tornará a urina. Além disso, ajuda no ajuste da pressão e do volume sanguíneos e promove a excreção de H^+ na urina. Essa remoção de ácidos do corpo ajuda a evitar a acidose (pH do sangue abaixo de 7,35).

A secreção de aldosterona ocorre como parte da ***via renina-angiotensina-aldosterona*** (Fig. 13.14). As condições que iniciam essa via incluem desidratação, deficiência de Na^+ ou hemorragia, que diminuem o volume de sangue e a pressão sanguínea. A pressão sanguínea baixa estimula a secreção da enzima ***renina*** pelos rins, promovendo uma reação no sangue que forma ***angiotensina I***. Quando o sangue flui pelos pulmões, outra enzima, chamada ***enzima conversora de angiotensina*** (***ECA***), converte a angiotensina I no hormônio ***angiotensina II***. A angiotensina II estimula o córtex da glândula suprarrenal a secretar aldosterona. A aldosterona, por sua vez, atua nos rins para promover o retorno de Na^+ e de água para o sangue. Quanto mais água retorna para o sangue (e menos é perdida pela urina), maior é o aumento do volume sanguíneo, elevando a pressão sanguínea para o normal.

Glicocorticoides

O ***glicorticoide*** mais abundante é o ***cortisol***. O cortisol e outros glicocorticoides têm as seguintes ações:

- **Decomposição proteica.** Os glicocorticoides aumentam a taxa de decomposição proteica, principalmente nas fibras musculares, e, portanto, aumentam a liberação de aminoácidos na corrente sanguínea. Os aminoácidos podem ser usados pelas células do corpo para a síntese de novas proteínas ou para a produção de ATP.
- **Formação de glicose.** Sob a estimulação dos glicocorticoides, as células hepáticas podem converter determinados aminoácidos ou o ácido lático em glicose, que os neurônios e outras células usam para a produção de ATP.
- **Decomposição de triglicerídeos.** Os glicocorticoides estimulam a decomposição de triglicerídeos no tecido adiposo. Desse modo, os ácidos graxos liberados no sangue são usados para a produção de ATP por muitas células do corpo.
- **Efeitos anti-inflamatórios.** Embora inflamação e resposta imune sejam mecanismos de defesa importantes, quando essas respostas se tornam exageradas durante uma situação estressante, o corpo pode experimentar muita dor. Os glicocorticoides inibem os leucócitos que participam das respostas inflamatórias. São frequentemente usados no tratamento de distúrbios inflamatórios crônicos, como a artrite reumatoide. Infelizmente, os glicocorticoides também retardam o reparo dos tecidos, o que desacelera a cicatrização.

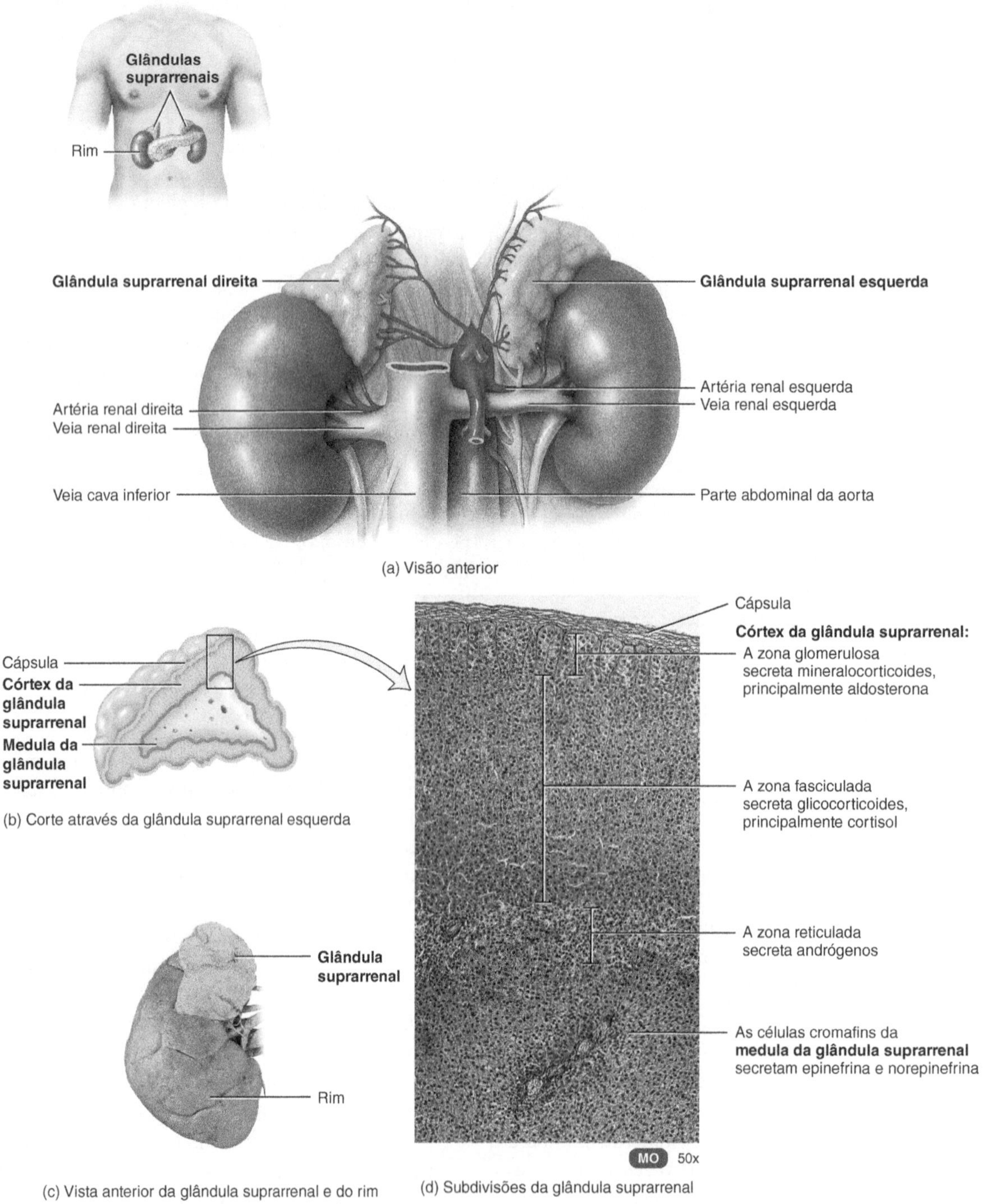

(a) Visão anterior

(b) Corte através da glândula suprarrenal esquerda

(c) Vista anterior da glândula suprarrenal e do rim

(d) Subdivisões da glândula suprarrenal

Quais hormônios são secretados pelas três zonas do córtex da glândula suprarrenal?

Figura 13.13 Localização e histologia das glândulas suprarrenais.

O córtex da glândula suprarrenal secreta hormônios esteroides, e a medula da glândula suprarrenal secreta epinefrina e norepinefrina.

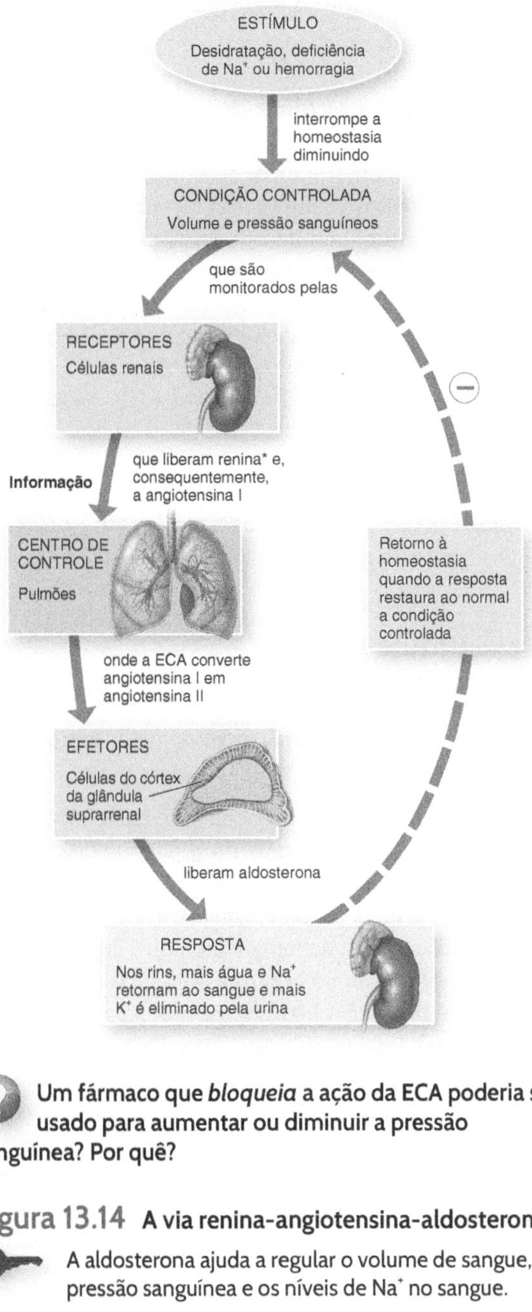

Um fármaco que *bloqueia* a ação da ECA poderia ser usado para aumentar ou diminuir a pressão sanguínea? Por quê?

Figura 13.14 A via renina-angiotensina-aldosterona.

A aldosterona ajuda a regular o volume de sangue, a pressão sanguínea e os níveis de Na^+ no sangue.

*N. de R.T. A renina é uma enzima sintetizada e secretada pelas células justaglomerulares em situação de baixa perfusão renal, que cataliza a conversão de angiotensiogênio em angiotensina I.

- **Depressão das respostas imunes.** Doses elevadas de glicocorticoides deprimem as respostas imunológicas. Por essa razão, os glicocorticoides são prescritos para os receptores de transplantes de órgãos, a fim de diminuir o risco de rejeição dos tecidos pelo sistema imunológico.

O controle da secreção de cortisol (e de outros glicocorticoides) ocorre por meio de retroalimentação negativa. Um nível baixo de cortisol no sangue estimula as células neurossecretoras do hipotálamo a secretar o *CRH*. As veias porta-hipofisárias transportam o CRH até a adeno-hipófise, onde ele estimula a liberação de *ACTH*. O ACTH, por sua vez, estimula as células do córtex da glândula suprarrenal a secretarem cortisol. À medida que o nível de cortisol aumenta, exerce inibição por retroalimentação negativa tanto na adeno-hipófise, para diminuir a liberação de ACTH, quanto no hipotálamo, para reduzir a liberação de CRH.

Andrógenos

Tanto nas mulheres quanto nos homens, o córtex da glândula suprarrenal secreta pequenas quantidades de andrógenos fracos. Após a puberdade, nos homens, os andrógenos são liberados em muito maior quantidade pelos testículos. Assim, a quantidade de andrógenos secretada pela glândula suprarrenal em homens é geralmente tão baixa que seus efeitos são insignificantes. Nas mulheres, entretanto, os andrógenos suprarrenais desempenham funções importantes: contribuem para a libido (impulso sexual) e são convertidos em estrogênios (esteroides sexuais feminizantes) por outros tecidos do corpo. Após a menopausa, quando a secreção ovariana de estrogênio cessa, todos os estrogênios femininos se originam da conversão de andrógenos suprarrenais. Os andrógenos suprarrenais também estimulam o crescimento dos pelos axilares e púbicos em meninos e meninas, e contribuem para o pico de crescimento pré-puberal. Embora o controle da secreção do andrógeno suprarrenal não esteja totalmente compreendido, o principal hormônio que estimula sua secreção é o ACTH.

CORRELAÇÕES CLÍNICAS | Hiperplasia congênita da suprarrenal

A hiperplasia congênita da suprarrenal (HCS) é um grupo de distúrbios genéticos em que uma ou mais enzimas necessárias para a produção de cortisol ou de aldosterona, ou de ambos, estão ausentes. Como o nível de cortisol é baixo, a secreção de ACTH pela adeno-hipófise é alta, em razão da falta de inibição por retroalimentação negativa. O ACTH, por sua vez, estimula o crescimento e a atividade secretora do córtex da glândula suprarrenal. Como resultado, ambas as glândulas suprarrenais se tornam aumentadas. Entretanto, determinadas fases que levam à síntese de cortisol são bloqueadas. Assim, as moléculas precursoras se acumulam, e algumas delas são andrógenos fracos que são convertidos em testosterona. O resultado é o virilismo, ou masculinização. Na mulher, as características viris incluem crescimento de barba, desenvolvimento de uma voz muito mais grave, distribuição masculina dos pelos corporais, crescimento do clitóris de modo que se assemelhe a um pênis, atrofia das mamas e aumento da musculatura que produz um físico masculinizado. Nos homens, o virilismo provoca as mesmas características que nas mulheres, além do desenvolvimento acelerado dos órgãos sexuais masculinos e a surgimento de desejos sexuais. •

Hormônios da medula da glândula suprarrenal

A região mais interna de cada glândula suprarrenal, a medula da glândula suprarrenal, consiste em células pós-ganglionares simpáticas do SNA que são especializadas em secretar hormônios. Os dois principais hormônios da medula da glândula suprarrenal são a ***epinefrina*** e a ***norepinefrina***, também chamados, respectivamente, de adrenalina e noradrenalina.

Em situações estressantes e durante o exercício, impulsos provenientes do hipotálamo estimulam os neurônios pré-ganglionares simpáticos que, por sua vez, estimulam as células da medula da glândula suprarrenal a secretar epinefrina e norepinefrina. Esses dois hormônios aumentam consideravelmente a resposta de luta ou fuga (ver Seção 13.11). Pelo aumento da frequência cardíaca e da força de contração, a epinefrina e a norepinefrina aumentam a potência de bombeamento do coração, o que aumenta a pressão sanguínea. Além disso, aumentam o fluxo sanguíneo para coração, fígado, músculos esqueléticos e tecido adiposo; dilatam as vias respiratórias para os pulmões; e aumentam os níveis de glicose e de ácidos graxos no sangue. Assim como os glicocorticoides do córtex da glândula suprarrenal, a epinefrina e a norepinefrina também ajudam o corpo a resistir ao estresse intenso (luta ou fuga).

TESTE SUA COMPREENSÃO

13. Como se pode comparar o córtex da glândula suprarrenal e a medula da glândula suprarrenal em relação à sua localização e histologia?
14. Como é regulada a secreção dos hormônios do córtex da glândula suprarrenal?

13.8 Ovários e testículos

OBJETIVO

- Descrever a localização, os hormônios e as funções dos ovários e dos testículos.

As ***gônadas*** são os órgãos que produzem os gametas – espermatozoides em homens e ovócitos em mulheres. As gônadas femininas, os ***ovários***, são corpos ovais pares localizados na cavidade pélvica. Produzem os hormônios sexuais femininos **estrogênios** e **progesterona**. Juntamente com o FSH e o LH provenientes da adeno-hipófise, os hormônios sexuais femininos regulam o ciclo menstrual, mantêm a gravidez e preparam as glândulas mamárias para a lactação. Além disso, ajudam a estabelecer e a manter a forma do corpo feminino.

Os ovários também produzem ***inibina***, um hormônio proteico que inibe a secreção do FSH. Durante a gravidez, os ovários e a placenta produzem um hormônio peptídico chamado ***relaxina***, que aumenta a flexibilidade da sínfise púbica durante a gestação e ajuda a dilatar o colo do útero durante o trabalho de parto e o parto. Essas ações aumentam o canal do parto, o que ajuda a facilitar a passagem do bebê.

As gônadas masculinas, os ***testículos***, são glândulas ovais que se situam no escroto. Produzem ***testosterona***, o principal andrógeno ou hormônio sexual masculino. A testosterona regula a produção de espermatozoides e estimula o desenvolvimento e a manutenção das características masculinas, como o crescimento de barba e o tom mais grave da voz. Os testículos também produzem inibina, que inibe a secreção de FSH. A estrutura detalhada dos ovários e dos testículos e as funções específicas dos hormônios sexuais serão discutidas no Capítulo 23.

TESTE SUA COMPREENSÃO

15. Por que os ovários e os testículos são incluídos entre as glândulas endócrinas?

13.9 Glândula pineal

OBJETIVO

- Descrever a localização, o hormônio e as funções da glândula pineal.

A ***glândula pineal*** é uma pequena glândula endócrina fixada na parede superior do terceiro ventrículo do encéfalo, na linha mediana (ver Figs. 13.1 e 10.6). Um hormônio secretado pela glândula pineal é a ***melatonina***, que contribui para o estabelecimento do relógio biológico do corpo. Mais melatonina é liberada no escuro e durante o sono; menos melatonina é liberada à luz forte do sol. Nos animais que se reproduzem durante estações específicas, a melatonina inibe as funções reprodutivas. Entretanto, ainda não está claro se a melatonina influencia a função reprodutiva humana. Os níveis de melatonina são mais altos em crianças e declinam com a idade, mas não existem indícios de que as variações na secreção de melatonina estejam correlacionadas com o início da puberdade e da maturidade sexual.

CORRELAÇÕES CLÍNICAS | Transtorno afetivo sazonal

O transtorno afetivo sazonal (TAS) é um tipo de depressão que afeta algumas pessoas durante os meses de inverno, quando a duração dos dias é menor. Considera-se que seja decorrente, em parte, à superprodução de melatonina. A fototerapia – exposição repetida à luz artificial – proporciona alívio. •

TESTE SUA COMPREENSÃO

16. Qual é a relação entre a secreção de melatonina e o sono?

13.10 Outros hormônios

OBJETIVO

- Listar os hormônios secretados pelas células em tecidos e órgãos diferentes das glândulas endócrinas e descrever suas funções.

Hormônios provenientes de outros tecidos e órgãos endócrinos

Células em órgãos diferentes daqueles geralmente classificados como glândulas endócrinas têm uma função endócrina e secretam hormônios. A Tabela 13.3 proporciona uma visão geral desses órgãos e tecidos e seus hormônios e ações.

Prostaglandinas e leucotrienos

Duas famílias de moléculas derivadas dos ácidos graxos, as ***prostaglandinas*** (***PGs***) e os ***leucotrienos*** (***LTs***), atuam localmente como hormônios na maioria dos tecidos do corpo. Praticamente todas as células do corpo, exceto as hemácias, liberam esses hormônios locais em resposta a estímulos mecânicos e químicos. Como as PGs e os LTs atuam próximos aos seus sítios de liberação, aparecem somente em quantidades mínimas no sangue.

Os LTs estimulam o movimento dos leucócitos e mediam a inflamação. As PGs alteram a contração do músculo liso, as secreções glandulares, o fluxo sanguíneo, os processos reprodutivos, a função plaquetária, a respiração, a transmissão de impulsos nervosos, o metabolismo das gorduras e a resposta imunológica. As PGs também exercem funções na inflamação, promovendo a febre e intensificando a dor.

CORRELAÇÕES CLÍNICAS | Anti-inflamatórios não esteroides

Ácido acetilsalicílico e medicamentos relacionados aos anti-inflamatórios não esteroides (AINEs), como o ibuprofeno (Advil®, Motrin®), inibem uma enzima essencial na síntese da PG sem afetar a síntese dos LTs. São usados para tratar uma ampla variedade de distúrbios inflamatórios, desde a artrite reumatoide ao cotovelo de tenista. •

TESTE SUA COMPREENSÃO

17. Que hormônios são secretados pelo trato gastrintestinal, pela placenta, pelos rins, pela pele, pelo tecido adiposo e pelo coração?
18. Quais são algumas das funções das PGs e dos LTs?

TABELA 13.3

Resumo dos hormônios produzidos por outros órgãos e tecidos que contêm células endócrinas

FONTE E HORMÔNIO	AÇÕES
Timo	
Timosina	Promove a maturação das células T (um tipo de glóbulo branco que destrói microrganismos e substâncias estranhas) e pode retardar o processo de envelhecimento (discutido no Cap. 17)
Trato gastrintestinal	
Gastrina	Promove a secreção de suco gástrico e aumenta os movimentos do estômago (discutido no Cap. 19)
Peptídeo insulinotrófico dependente de glicose (GIP, do inglês *Glucose-dependent insulinotropic peptide*)	Estimula a liberação de insulina pelas células β-pancreáticas (discutido no Cap. 19)
Secretina	Estimula a secreção de suco pancreático e bile (discutido no Cap. 19)
Colecistocinina (CCK, do inglês *Cholecystokinin*)	Estimula a secreção de suco pancreático, regula a liberação de bile a partir da vesícula biliar e produz uma sensação de plenitude após a alimentação (discutido no Cap. 19)
Rim	
Eritropoietina (EPO)	Aumenta a taxa de produção de hemácias (discutido no Cap. 14)
Coração	
Peptídeo natriurético atrial (PNA)	Diminui a pressão sanguínea (discutido no Cap. 16)
Tecido adiposo	
Leptina	Suprime o apetite e pode aumentar a atividade do FSH e do LH (discutido no Cap. 20)
Placenta	
Gonodatrofina coriônica humana (hCG, do inglês *Human chorionic gonadotropin*)	Estimula o ovário a continuar a produção de estrogênio e progesterona durante a gravidez (discutido no Cap. 24)

13.11 A resposta ao estresse

OBJETIVO

- Descrever **como o corpo responde ao estresse.**

É impossível remover todo o estresse da nossa vida diária. Qualquer estímulo que produz uma resposta ao estresse é chamado ***estressor***. Um estressor pode ser qualquer perturbação – calor ou frio, venenos ambientais, toxinas emitidas por bactérias, sangramento volumoso de um ferimento ou cirurgia ou uma reação emocional forte. Os estressores podem ser agradáveis ou desagradáveis e variam entre as pessoas, ou mesmo na mesma pessoa em diferentes momentos. Quando mecanismos homeostáticos são bem-sucedidos em neutralizar o estresse, o ambiente interno permanece dentro dos limites fisiológicos normais. Se o estresse for extremo, incomum ou de longa duração, provoca uma ***resposta ao estresse***, uma sequência de alterações corporais que passam por três estágios: (1) uma resposta inicial de luta ou fuga, (2) uma reação mais lenta de resistência e, finalmente, (3) a exaustão.

A ***resposta de luta ou fuga***, iniciada por impulsos nervosos provenientes do hipotálamo para a parte simpática do SNA, incluindo a medula da glândula suprarrenal, rapidamente mobiliza os recursos do corpo para a atividade física imediata. Ela leva grandes quantidades de glicose e oxigênio para os órgãos que são mais ativos para afastar o perigo: o encéfalo, que deve se tornar muito alerta; os músculos esqueléticos, que podem ter de repelir um atacante ou fugir; e o coração, que deve funcionar vigorosamente para bombear sangue suficiente para o encéfalo e para os músculos. Entretanto, a diminuição do fluxo sanguíneo para os rins promove a liberação da renina, que põe em movimento a via renina-aldosterona (ver Fig. 13.14). A aldosterona faz os rins reterem Na^+, o que acarreta retenção de água e aumento na pressão sanguínea. A retenção de água também ajuda a preservar o volume dos líquidos corporais em casos de sangramento grave.

O segundo estágio da resposta ao estresse é a ***reação de resistência***. Ao contrário da resposta de luta ou fuga de curta duração, que é iniciada por impulsos nervosos provenientes do hipotálamo, a reação de resistência é iniciada, em grande parte, por hormônios liberadores hipotalâmicos e é uma resposta de longa duração. Os hormônios envolvidos são o CRH, o GHRH e o TRH.

O CRH estimula a adeno-hipófise a secretar ACTH, que, por sua vez, estimula o córtex da glândula suprarrenal a liberar mais cortisol. O cortisol, então, estimula a liberação de glicose pelas células hepáticas, a decomposição de triglicerídeos em ácidos graxos e o catabolismo das proteínas em aminoácidos. Os tecidos de todo o corpo usam a glicose, os ácidos graxos e os aminoácidos resultantes para produzir ATP ou para reparar células danificadas. O cortisol também reduz a inflamação. Um segundo hormônio liberador hipotalâmico, o GHRH, provoca a secreção do hGH pela adeno-hipófise. Atuando via IGFs, o hGH estimula a decomposição de triglicerídeos e glicogênio. Um terceiro hormônio liberador hipotalâmico, o TRH, estimula a adeno-hipófise a secretar o TSH. O TSH promove a secreção de hormônios tireoidianos, que estimulam o aumento do uso de glicose para a produção de ATP. As ações combinadas do hGH e do TSH suprem, assim, o ATP adicional para as células metabolicamente ativas.

O estágio de resistência ajuda o corpo a continuar combatendo o estressor muito após a dissipação da resposta de luta ou fuga. Geralmente, é bem-sucedido em nossa percepção de um episódio estressante, e nossos corpos retornam, então, ao normal. Ocasionalmente, entretanto, o estágio de resistência deixa de combater o estressor: os recursos do corpo podem, finalmente, se tornarem tão exauridos que não conseguem sustentar o estágio de resistência, e então ocorre a ***exaustão***. A exposição prolongada a níveis elevados de cortisol e de outros hormônios envolvidos na reação de resistência provoca desgaste dos músculos, supressão do sistema imunológico, ulceração do trato gastrintestinal e falência das células β-pancreáticas. Além disso, podem ocorrer alterações patológicas, porque as reações de resistência persistem após a remoção do estressor.

Embora a função exata do estresse nas doenças humanas não seja conhecida, está claro que o estresse inibe temporariamente determinados componentes do sistema imunológico. Os distúrbios relacionados ao estresse incluem gastrite, colite ulcerativa, síndrome do intestino irritável, hipertensão, asma, artrite reumatoide, enxaquecas, ansiedade e depressão. Pessoas sujeitas à influência do estresse também correm risco maior de desenvolver uma doença crônica ou morrer prematuramente.

CORRELAÇÕES CLÍNICAS | Transtorno de estresse pós-traumático

O transtorno de estresse pós-traumático (TEPT) pode se desenvolver em alguém que tenha experimentado, testemunhado ou aprendido sobre um evento físico ou psicologicamente angustiante. As causas imediatas do TEPT parecem ser os estressores específicos associados aos eventos. Entre os estressores estão terrorismo, situação de ser tomado como refém, aprisionamento, acidentes graves, tortura, abuso sexual ou físico, crimes violentos e desastres naturais. Nos Estados Unidos, o TEPT afeta 10% das mulheres e 5% dos homens. Os sintomas do TEPT incluem reviver o evento durante pesadelos ou retrospectos; perda de interesse e falta de motivação; baixa concentração; irritabilidade e insônia. •

TESTE SUA COMPREENSÃO

19. Qual é a função do hipotálamo durante o estresse?
20. Como estão relacionados o estresse e a imunidade?

13.12 Envelhecimento e sistema endócrino

OBJETIVO

- Descrever os efeitos do envelhecimento no sistema endócrino.

Embora algumas glândulas endócrinas encolham à medida que nos tornamos mais velhos, seu desempenho pode ou não ser comprometido. A produção do hormônio do crescimento humano pela adeno-hipófise diminui, o que é uma das causas da atrofia muscular à medida que o envelhecimento prossegue. A glândula tireoide frequentemente diminui o débito de hormônios tireoidianos com a idade, provocando decréscimo na taxa metabólica, aumento na gordura corporal e hipotireoidismo, o que é observado com maior frequência em pessoas mais velhas. Uma vez que há menos retroalimentação negativa (níveis menores de hormônios tireoidianos), o nível do hormônio tireoestimulante aumenta com a idade.

Com o envelhecimento, o nível de PTH no sangue aumenta, talvez em virtude da ingestão inadequada de cálcio. Em um estudo com mulheres idosas que tomaram 2.400 mg/dia de suplemento de cálcio, os níveis de PTH no sangue estavam tão baixos quanto os de mulheres mais jovens. Tanto os níveis de calcitriol quanto os de CT são mais baixos em pessoas idosas. Em conjunto, o aumento no PTH e a queda na CT intensificam a diminuição da massa óssea relacionada à idade, levando à osteoporose e ao aumento no risco de fraturas.

Com o avanço da idade, as glândulas suprarrenais contêm cada vez mais tecido fibroso e produzem menos cortisol e aldosterona. Entretanto, a produção de epinefrina e norepinefrina permanece normal. O pâncreas libera insulina mais lentamente com a idade, e a sensibilidade dos receptores para a glicose diminui. Como resultado, os níveis de glicose no sangue em pessoas mais velhas aumentam mais rapidamente e retornam ao normal mais lentamente do que em indivíduos mais jovens.

O timo é maior na infância. Após a puberdade, seu tamanho começa a decrescer, e o tecido tímico é substituído por tecido conectivo areolar e adiposo. Em adultos mais velhos, o timo já atrofiou significativamente. Entretanto, ainda produz novas células T para as respostas imunológicas.

Os ovários diminuem de tamanho com a idade, e já não respondem às gonadotrofinas. A redução do débito de estrogênios resultante leva a condições como osteoporose, elevação do colesterol sanguíneo e aterosclerose. Os níveis de FSH e LH são altos em decorrência da menor inibição por retroalimentação negativa pelos estrogênios. Apesar de a produção de testosterona pelos testículos diminuir com a idade, geralmente os efeitos não são aparentes até a idade bem avançada, e muitos homens idosos ainda produzem espermatozoides ativos em números normais.

TESTE SUA COMPREENSÃO

21. Que hormônio está relacionado com a atrofia muscular que ocorre com o envelhecimento?

• • •

Para compreender as diversas formas pelas quais as glândulas endócrinas contribuem para a homeostasia de outros sistemas do corpo, examine Foco na Homeostasia: O Sistema Endócrino. A seguir, no Capítulo 14, começaremos a explorar o sistema circulatório, iniciando com uma descrição da composição e das funções do sangue.

FOCO na HOMEOSTASIA

TEGUMENTO COMUM

- Os andrógenos estimulam o crescimento dos pelos axilares e púbicos e a ativação das glândulas sebáceas
- O excesso de hormônio melanócito-estimulante (MSH) provoca escurecimento da pele

SISTEMA ESQUELÉTICO

- O hormônio do crescimento humano (hGH) e os fatores de crescimento semelhantes à insulina (IGFs) estimulam o crescimento ósseo
- Os estrogênios provocam a oclusão das lâminas epifisiais no fim da puberdade e ajudam a manter a massa óssea em adultos
- O paratormônio (PTH) e a calcitonina (CT) regulam os níveis de cálcio e outros minerais na matriz óssea e no sangue
- Os hormônios tireoidianos são necessários para o desenvolvimento e crescimento normais do esqueleto

SISTEMA MUSCULAR

- A epinefrina e a norepinefrina ajudam a aumentar o fluxo sanguíneo para o músculo em exercício
- O PTH mantém ajustado o nível de Ca^{2+} necessário para a contração muscular
- O glucagon, a insulina e outros hormônios regulam o metabolismo nas fibras musculares
- O hGH, os IGFs e os hormônios tireoidianos ajudam a manter a massa muscular

SISTEMA NERVOSO

- Diversos hormônios, especialmente os hormônios tireoidianos, a insulina e o hGH influenciam o crescimento e o desenvolvimento do sistema nervoso
- O PTH mantém ajustado o nível de Ca^{2+}, necessário para geração e a condução de impulsos nervosos

SISTEMA CIRCULATÓRIO

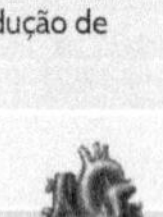

- A eritropoietina (EPO) promove a formação de glóbulos vermelhos
- A aldosterona e o hormônio antidiurético (ADH) aumentam o volume sanguíneo
- A epinefrina e a norepinefrina aumentam a frequência cardíaca e a força de contração
- Diversos hormônios elevam a pressão sanguínea durante os exercícios e em outras situações de estresse

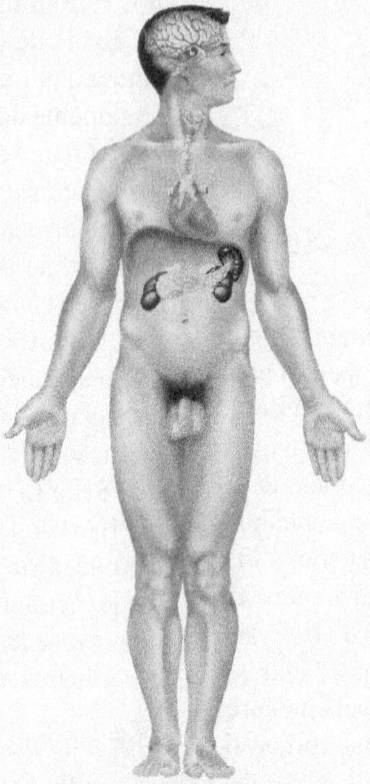

CONTRIBUIÇÃO DO SISTEMA ENDÓCRINO

PARA TODOS OS SISTEMAS DO CORPO

- Juntamente com o sistema nervoso, hormônios locais e circulantes do sistema endócrino regulam a atividade e o crescimento das células-alvo por todo o corpo
- Diversos hormônios regulam o metabolismo, a captação de glicose e as moléculas usadas para produção de ATP pelas células do corpo

SISTEMA LINFÁTICO e IMUNIDADE

- Os glicocorticoides, como o cortisol, deprimem a inflamação e as respostas imunológicas
- Hormônios tímicos promovem o amadurecimento das células T (um tipo de célula sanguínea branca)

SISTEMA RESPITATÓRIO

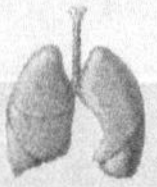

- A epinefrina e a norepinefrina dilatam (ampliam) as vias respiratórias durante o exercício e outras situações de estresse
- A EPO regula a quantidade de oxigênio transportada pelo sangue, por meio do ajuste do número de glóbulos vermelhos

SISTEMA DIGESTÓRIO

- A epinefrina e a norepinefrina deprimem a atividade do sistema digestório
- A gastrina, a colecistocinina, a secretina e os peptídeos insulinotróficos dependentes de glicose (GIPs, do inglês *glucose-dependent insulinotropic peptide*) ajudam a regular a digestão
- O calcitriol promove a absorção do cálcio da dieta
- A leptina suprime o apetite

SISTEMA URINÁRIO

- O ADH, a aldosterona e o peptídeo natriurético atrial (PNA) ajustam a taxa de perda de água e íons na urina, regulando, dessa forma, o volume sanguíneo e os níveis de íons no sangue

SISTEMAS GENITAIS

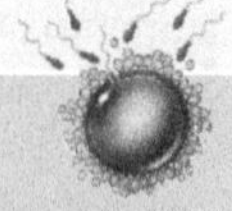

- Os hormônios hipotalâmicos liberadores e inibidores, o hormônio folículo-estimulante (FSH) e o hormônio luteinizante (LH) regulam o desenvolvimento, o crescimento e as secreções das gônadas (ovários e testículos)
- Os estrogênios e a testosterona contribuem para o desenvolvimento dos ovócitos e dos espermatozoides e estimulam o desenvolvimento das características sexuais
- A prolactina (PRL) promove a síntese de leite nas glândulas mamárias
- A ocitocina provoca a contração do útero e a ejeção de leite pelas glândulas mamárias

DISTÚRBIOS COMUNS

Os distúrbios do sistema endócrino frequentemente envolvem ***hipossecreção***, liberação inadequada de um hormônio, ou ***hipersecreção***, liberação excessiva de um hormônio. Em outros casos, o problema é decorrente de receptores hormonais defeituosos ou de um número inadequado de receptores.

Distúrbios da hipófise

Vários distúrbios da adeno-hipófise envolvem o hGH. A hipossecreção de hGH durante os anos de crescimento retarda o desenvolvimento ósseo, e as lâminas epifisiais consolidam-se antes que a altura normal seja alcançada. Essa condição é chamada de ***nanismo hipofisário***. Outros órgãos do corpo também deixam de crescer, e as proporções corporais são semelhantes às infantis. Um anão possui uma cabeça e um torso de tamanho normal, mas membros pequenos. Um indivíduo com *nanismo hipofisário* tem cabeça, torso e membros proporcionais.

A hipersecreção de hGH durante a infância resulta em ***gigantismo***, um aumento anormal no comprimento dos ossos longos. A pessoa cresce e fica muito alta, mas as proporções corporais são aproximadamente normais. A Figura 13.15a mostra gêmeos idênticos; um irmão desenvolveu gigantismo decorrente de um tumor hipofisário. A secreção em excesso do hGH durante a vida adulta é chamada ***acromegalia***. Embora o hGH não possa produzir um maior alongamento dos ossos longos, porque as lâminas epifisiais já estão consolidadas, os ossos das mãos, dos pés, da face e a mandíbula se espessam, e outros tecidos aumentam (Fig. 13.15b).

A anormalidade mais comum da neuro-hipófise é o ***diabetes insípido***. Essa doença é decorrente de defeitos nos receptores do ADH ou da incapacidade de secretar ADH. Geralmente, a doença é provocada por um tumor encefálico, um traumatismo craniano ou uma cirurgia encefálica que causa danos à neuro-hipófise ou ao hipotálamo. Um sinal comum é a excreção de grandes volumes de urina, com desidratação e sede resultantes. Uma vez que muita água é perdida na urina, uma pessoa com diabetes insípido pode morrer de desidratação se for privada de água por apenas um dia, aproximadamente.

Distúrbios da glândula tireoide

Os distúrbios da glândula tireoide afetam todos os principais sistemas corporais e estão entre os transtornos endócrinos mais comuns. O ***hipotireoidismo congênito***, hipossecreção de hormônios tireoidianos, que está presente no nascimento tem consequências devastadoras se não for tratado imediatamente. Anteriormente denominada *cretinismo*, essa condição provoca retardo mental grave. No nascimento, o bebê é, em geral, normal porque os hormônios tireoidianos lipossolúveis maternos cruzaram a placenta durante a gestação e permitiram o desenvolvimento normal. A maioria dos estados exige a testagem de todos os recém-nascidos para assegurar a função adequada da tireoide. Se existir hipotireoidismo congênito, o tratamento oral com hormônio tireoidiano deve ser iniciado logo após o nascimento e continuado por toda a vida.

O hipotireoidismo durante a idade adulta produz ***mixedema***, que ocorre aproximadamente cinco vezes mais frequen-

(a) Um homem de 22 anos com gigantismo hipofisário, mostrado ao lado de seu irmão gêmeo idêntico

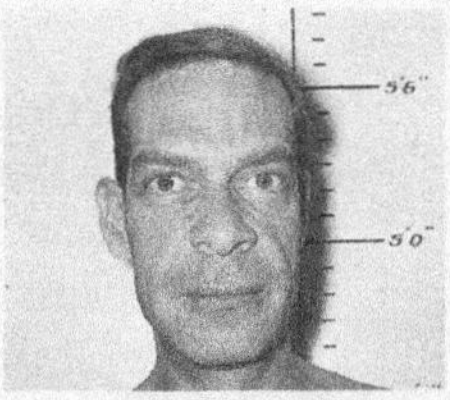

(b) Acromegalia (excesso de hGH durante a idade adulta)

(c) Bócio (aumento da glândula tireoide)

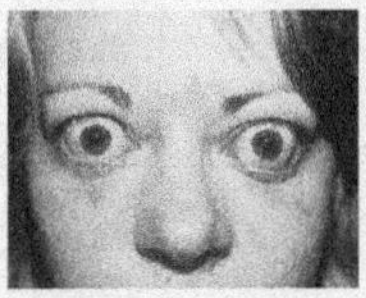

(d) Exoftalmia (excesso de hormônios tireoidianos, como na doença de Graves)

(e) Síndrome de Cushing (excesso de glicocorticoides)

Qual dos distúrbios mostrados aqui é decorrente de anticorpos que mimetizam a ação do TSH?

Figura 13.15 Fotografias de pessoas com vários distúrbios endócrinos.

Os distúrbios do sistema endócrino frequentemente envolvem hipossecreção ou hipersecreção de vários hormônios.

temente nas mulheres do que nos homens. Uma característica marcante desse distúrbio é o edema (acúmulo de líquido intersticial) que provoca intumescimento dos tecidos faciais, dando o aspecto de inchaço. Uma pessoa com mixedema apresenta frequência cardíaca lenta, baixa temperatura corporal, sensibilidade ao frio, pele e cabelos secos, fraqueza muscular, letargia geral e tendência para ganhar peso facilmente.

A forma mais comum de hipertireoidismo é a ***doença de Graves***, que também ocorre mais frequentemente nas mulheres do que nos homens, em geral antes dos 40 anos de idade. A doença de Graves é uma doença autoimune, na qual a pessoa produz anticorpos que mimetizam a ação do TSH. Os anticorpos estimulam continuamente a glândula tireoide a crescer e a produzir hormônios tireoidianos. Desse modo, a glândula tireoide pode aumentar de 2 a 3 vezes o seu tamanho normal, uma condição chamada ***bócio*** (Fig. 13.15c). O bócio também ocorre em outras doenças da tireoide e se a ingestão de iodo na alimentação for inadequada. Os pacientes portadores de doença de Graves frequentemente têm um edema peculiar atrás dos olhos, chamado *exoftalmia*, que provoca a protrusão dos olhos (Fig. 13.15d).

Distúrbios da glândula paratireoide

O ***hipoparatireoidismo*** – insuficiência do PTH – leva a uma deficiência de Ca^{2+}, que provoca a despolarização de neurônios e fibras musculares e à produção espontânea de potenciais de ação. Isso provoca contrações rápidas, espasmos e ***tetania*** (contração prolongada) do músculo esquelético. A principal causa do hipoparatireoidismo é o dano acidental às glândulas paratireoides ou ao seu suprimento sanguíneo durante a cirurgia para remover a glândula tireoide.

Distúrbios da glândula suprarrenal

A hipersecreção de cortisol pelo córtex da glândula suprarrenal produz a ***síndrome de Cushing***. A condição é caracterizada pela decomposição das proteínas dos músculos e pela redistribuição da gordura corporal, resultando em braços e pernas finos, acompanhados por uma "face de lua" arredondada (Fig. 13.15e), "corcova de búfalo" no dorso e abdome pendular (pendurado). O nível elevado de cortisol provoca hiperglicemia, osteoporose, fraqueza, hipertensão, aumento de suscetibilidade à infecção, diminuição da resistência ao estresse e oscilações do humor.

A hipossecreção de glicocorticoides e aldosterona provoca a ***doença de Addison***. Os sintomas incluem letargia mental, anorexia, náuseas e vômitos, perda de peso, hipoglicemia e fraqueza muscular. A perda de aldosterona leva a aumento de K^+ e diminuição de Na^+ no sangue, pressão sanguínea baixa, desidratação, diminuição do débito cardíaco, arritmias cardíacas e até parada cardíaca. A pele pode ter uma aparência "bronzeada" que frequentemente é confundida com o bronzeado do sol – tal como foi visto no caso do presidente norte-americano John F. Kennedy, cuja doença de Addison era conhecida apenas por alguns enquanto ele estava vivo.

Normalmente, tumores benignos da medula da glândula suprarrenal, chamados ***feocromocitomas***, provocam secreção excessiva de epinefrina e norepinefrina. O resultado é uma versão prolongada da resposta de luta ou fuga: frequência cardíaca rápida, cefaleia, pressão sanguínea alta, níveis elevados de glicose no sangue e na urina, TMB elevada, face ruborizada, nervosismo, sudorese e motilidade gastrintestinal diminuída.

Distúrbios das ilhotas pancreáticas

O distúrbio endócrino mais comum é o ***diabetes melito***, provocado pela incapacidade de produzir ou de utilizar a insulina. O diabetes melito é a quarta maior causa de morte por doença nos Estados Unidos,* basicamente em função do dano provocado ao sistema circulatório. Como a insulina está indisponível para auxiliar o movimento de glicose para o interior das células, o nível de glicose no sangue é alto, e a glicose é "extravasada" na urina (glicosúria). As características do diabetes melito são as três "polis"; *poliúria*, produção excessiva de urina decorrente da incapacidade de reabsorção de água pelos rins; *polidipsia*, sede excessiva; e *polifagia*, ingestão alimentar excessiva.

Tanto os fatores genéticos quanto os ambientais contribuem para o início dos dois tipos de diabetes melito – tipo 1 e tipo 2 –, mas os mecanismos exatos ainda são desconhecidos. No ***diabetes melito tipo 1***, o nível de insulina é baixo porque o sistema imunológico do indivíduo destrói as células β-pancreáticas. Mais comumente, o diabetes melito tipo 1 se desenvolve em pessoas com menos de 20 anos, embora persista por toda a vida. Na época do aparecimento dos sintomas, 80-90% das células β das ilhotas já foram destruídas.

Como a insulina não está presente para ajudar a entrada da glicose nas células corporais, a maioria das células utiliza ácidos graxos para produzir ATP. As reservas de triglicerídeos no tecido adiposo são decompostas em ácidos graxos e glicerol. Os subprodutos dos ácidos graxos decompostos – ácidos orgânicos chamados de cetonas ou corpos cetônicos – se acumulam. O acúmulo de cetonas provoca a diminuição do pH do sangue, uma condição conhecida como ***cetoacidose***. A menos que seja tratada rapidamente, a cetoacidose pode causar morte.

O ***diabetes melito tipo 2*** é muito mais comum do que o tipo 1. Ocorre mais frequentemente em pessoas que estão acima dos 35 anos e com sobrepeso. Os níveis elevados de glicose no sangue frequentemente podem ser controlados por dieta, exercício e perda de peso. Algumas vezes, um fármaco antidiabético como a *gliburida* é usado para estimular a secreção de insulina pelas células β-pacreáticas. Embora alguns pacientes com diabetes tipo 2 precisem de insulina, muitos têm quantidades suficientes (ou mesmo um excesso) de insulina no sangue. Para essas pessoas, o diabetes surge não por falta de insulina, mas porque as células-alvo se tornam menos sensíveis a ela.

O ***hiperinsulinismo*** ocorre, mais frequentemente, quando um diabético injeta insulina em excesso. O principal sintoma é a ***hipoglicemia***, diminuição do nível sanguíneo de glicose, que ocorre porque o excesso de insulina estimula em demasia a captação de glicose pelas células corporais. Quando a glicose sanguínea diminui, os neurônios são privados do suprimento constante de glicose de que precisam para funcionar de modo eficaz. A hipoglicemia grave leva a desorientação mental, convulsões, perda da consciência e choque, e é denominada ***choque insulínico***. A morte pode ocorrer rapidamente, a menos que a glicose sanguínea seja restaurada aos níveis normais.

---

*N. de R.T. Em 2013, o número de mortes causadas pelo diabetes no Brasil foi de aproximadamente 125.000.

TERMINOLOGIA E CONDIÇÕES MÉDICAS

Adenoma virilizante Tumor da glândula suprarrenal que libera andrógenos em excesso, provocando virilização (masculinização) nas mulheres. Ocasionalmente, as células tumorais da suprarrenal liberam estrogênios até o ponto em que um paciente do sexo masculino desenvolve ginecomastia. Esse tumor é chamado ***adenoma feminizante***.

Crise tireóidea (tempestade tireóidea) Trata-se de um estado grave de hipertireoidismo que é fatal. É caracterizada por temperatura corporal elevada, frequência cardíaca rápida, pressão sanguínea elevada, sintomas gastrintestinais (dor abdominal, vômitos, diarreia), agitação, tremores, confusão, convulsões e possivelmente coma.

Ginecomastia Desenvolvimento excessivo das glândulas mamárias nos homens. Algumas vezes, um tumor da glândula suprarrenal pode secretar quantidades suficientes de estrogênio para provocar a condição.

Hirsutismo Presença de excesso de pelos faciais e corporais, em um padrão masculino, especialmente em mulheres; pode ser decorrente do excesso de produção de andrógenos, provocado por tumores ou por algumas substâncias.

REVISÃO DO CAPÍTULO

13.1 Introdução

1. O sistema nervoso controla a homeostasia por meio da liberação de neurotransmissores; o sistema endócrino utiliza hormônios. O sistema nervoso provoca a contração dos músculos e a secreção das glândulas; as glândulas endócrinas afetam praticamente todos os tecidos do corpo. A Tabela 13.1 compara as características dos sistemas nervoso e endócrino.
2. As glândulas exócrinas (sudoríferas, sebáceas, mucosas, digestórias) secretam seus produtos por meio de ductos no interior das cavidades do corpo ou nas superfícies do corpo.
3. O **sistema endócrino** consiste em glândulas endócrinas e em vários órgãos que contêm tecidos endócrinos.

13.2 Ação dos hormônios

1. As glândulas endócrinas secretam hormônios no líquido intersticial. Depois, os hormônios se difundem para o sangue.
2. Os hormônios afetam apenas **células-alvo** específicas que possuem os **receptores** específicos para se ligarem a um determinado hormônio.
3. Quimicamente, os hormônios são lipossolúveis (**esteroides**, **hormônios tireoidianos** e **óxido nítrico**) ou hidrossolúveis (aminoácidos modificados, peptídeos e proteínas).
4. Os hormônios lipossolúveis afetam a função celular alterando a expressão gênica.
5. Os hormônios hidrossolúveis alteram a função celular ativando os receptores da membrana plasmática, que provocam a produção de um **segundo mensageiro** que ativa várias proteínas no interior da célula.
6. A secreção hormonal é controlada por sinais provenientes do sistema nervoso, mudanças químicas no sangue e outros hormônios.

13.3 Hipotálamo e hipófise

1. A **hipófise** está engastada no **hipotálamo** e consiste em dois lobos: a **adeno-hipófise** e a **neuro-hipófise**. Os hormônios da hipófise são controlados pelos hormônios liberadores e inibidores produzidos pelo hipotálamo. As **veias porta-hipofisárias** transportam os hormônios hipotalâmicos **liberadores** e **inibidores** do hipotálamo para a adeno-hipófise.
2. A adeno-hipófise consiste em celulas que produzem **hormônio do crescimento humano (hGH)**, **prolactina (PRL)**, **hormônio tireoestimulante (TSH)**, **hormônio folículo-estimulante (FSH)**, **hormônio luteinizante (LH)**, **hormônio adrenocorticotrófico (ACTH)** e **hormônio melanócito-estimulante (MSH)**.
3. O hGH estimula o crescimento do corpo por meio de **fatores de crescimento semelhantes à insulina (IGFs)** e é controlado pelo hormônio liberador do hormônio do crescimento (GHRH) e pelo hormônio inibidor do hormônio do crescimento (GHIH).
4. O TSH regula as atividades da glândula tireoide e é controlado pelo hormônio liberador de tireotrofina (TRH).
5. O FSH e o LH regulam as atividades das gônadas – ovários e testículos – e são controlados pelo hormônio liberador de gonadotrofina (GnRH).
6. A PRL ajuda a estimular a produção de leite. O hormônio inibidor de prolactina (PIH) suprime a liberação de PRL. O hormônio liberador de prolactina (PRH) estimula o aumento do nível de PRL durante a gravidez.
7. O ACTH regula as atividades do córtex da glândula suprarrenal e é controlado pelo hormônio liberador de corticotrofina (CRH).
8. A neuro-hipófise contém terminais axônicos de células neurossecretoras, cujos corpos celulares estão no hipotálamo. Os hormônios sintetizados no hipotálamo e liberados na neuro-hipófise incluem a **ocitocina**, que estimula a contração do útero e a ejeção do leite pelas mamas, e o **hormônio antidiurético (ADH)**, que estimula a reabsorção de água pelos rins e a constrição das arteríolas.
9. A secreção de ocitocina é estimulada pela distensão uterina e pela sucção durante a amamentação; a secreção de ADH é controlada pela pressão osmótica do sangue e pelo volume sanguíneo.
10. A Tabela 13.2 resume os hormônios da adeno-hipófise e da neuro-hipófise.

13.4 Glândula tireoide

1. A **glândula tireoide,** localizada abaixo da laringe, consiste em **folículos da glândula tireoide** compostos de **células foliculares** que secretam os hormônios tireoidianos **tiroxina (T_4)** e **tri-iodotironina (T_3)** e as **células parafoliculares** que secretam calcitonina (CT).
2. Os hormônios tireoidianos regulam o uso e a taxa metabólica do oxigênio, o metabolismo celular, o crescimento e o desenvolvimento. Sua secreção é controlada pelo TRH proveniente do hipotálamo e pelo TSH da adeno-hipófise.
3. A **CT** diminui o nível de cálcio no sangue; sua secreção é controlada pelo nível de cálcio no sangue.

13.5 Glândulas paratireoides

1. As **glândulas paratireoides** estão engastadas na face posterior da tireoide.
2. O **paratormônio (PTH)** regula a homeostasia do cálcio, do magnésio e do fosfato, aumentando os níveis de cálcio e magnésio no sangue e diminuindo o nível de fosfato no sangue. A secreção de PTH é controlada pelo nível de cálcio no sangue.

13.6 Ilhotas pancreáticas

1. O **pâncreas** se situa na curvatura do duodeno. Desempenha funções endócrina e exócrina.
2. A porção endócrina consiste em **ilhotas pancreáticas** ou *ilhotas de Langerhans*, que são compostas por células α e β.
3. As **células α** secretam **glucagon,** e as **células β** secretam **insulina**.
4. O glucagon aumenta o nível de glicose no sangue, e a insulina diminui o nível de glicose no sangue. A secreção de ambos os hormônios é controlada pelo nível de glicose no sangue.

13.7 Glândulas suprarrenais

1. As **glândulas suprarrenais** estão localizadas acima dos rins. Consistem em um **córtex suprarrenal**, externo, e uma **medula suprarrenal**, interna.
2. A glândula suprarrenal é dividida em três zonas: a zona glomerulosa (externa) do córtex da glândula suprarrenal secreta mineralocorticoides, a zona fasciculada (média) secreta glicocorticoides e a zona reticular (interna) secreta andrógenos suprarrenais.
3. Os **mineralocorticoides** (principalmente a aldosterona) aumentam a reabsorção de sódio e água e diminuem a reabsorção de potássio. Sua secreção é controlada pela **via renina-angiotensina-aldosterona**.
4. Os **glicocorticoides** (principalmente o **cortisol**) promovem o metabolismo normal, ajudam a resistir ao estresse e diminuem a inflamação. Sua secreção é controlada pelo ACTH.
5. Os andrógenos secretados pelo córtex da glândula suprarrenal estimulam o crescimento dos pelos axilares e púbicos, auxiliam o pico de crescimento pré-puberal e contribuem para a libido.
6. A medula da glândula suprarrenal secreta **epinefrina** e **norepinefrina**, que são liberadas sob estresse.

13.8 Ovários e testículos

1. Os **ovários** estão localizados na cavidade pélvica e produzem **estrogênios**, **progesterona** e **inibina**. Esses hormônios sexuais regulam o ciclo menstrual, mantêm a gravidez e preparam as glândulas mamárias para a lactação. Além disso, ajudam a estabelecer e a manter a forma do corpo feminino.
2. Os **testículos** se situam dentro do escroto e produzem **testosterona** e inibina. A testosterona regula a produção de espermatozoides e estimula o desenvolvimento e a manutenção das características masculinas, como o crescimento de barba e o tom mais grave da voz.

13.9 Glândula pineal

1. A **glândula pineal**, engastada na parede superior do terceiro ventrículo do encéfalo, secreta **melatonina**, que contribui para estabelecer o relógio biológico do corpo.

13.10 Outros hormônios

1. Outros tecidos do corpo, além daqueles normalmente classificados como glândulas endócrinas, contêm tecido endócrino e secretam hormônios. Esses tecidos incluem o timo, o trato gastrintestinal, a placenta, os rins, a pele e o coração. (Ver Tab. 13.3.)
2. As **prostaglandinas (PGs)** e os **leucotrienos (LTs)** atuam localmente na maioria dos tecidos do corpo.

13.11 A resposta ao estresse

1. **Estressores** incluem operações cirúrgicas, venenos, infecções, febre e fortes respostas emocionais.
2. Se o estresse for extremo, desencadeia a **resposta ao estresse**, que ocorre em três estágios: a resposta de luta ou fuga, a reação de resistência e a exaustão.
3. A **resposta de luta ou fuga** é iniciada por impulsos nervosos provenientes do hipotálamo para a parte simpática do SNA e para a medula da glândula suprarrenal. Essa resposta aumenta rapidamente a circulação e promove a produção de ATP.
4. A **reação de resistência** é iniciada pelos hormônios liberadores secretados pelo hipotálamo. As reações de resistência duram mais tempo e aceleram as reações de decomposição, fornecendo ATP para combater o estresse.
5. A **exaustão** resulta do esgotamento dos recursos do corpo durante o estágio da reação de resistência.
6. O estresse pode desencadear determinadas doenças pela inibição do sistema imune.

13.12 Envelhecimento e o sistema endócrino

1. Embora algumas glândulas endócrinas encolham à medida que nos tornamos mais velhos, o seu desempenho pode ou não ser comprometido.
2. A produção de hormônio do crescimento humano (hGH), hormônios tireoidianos, cortisol, aldosterona e estrogênios diminui com o avanço da idade.
3. Com o envelhecimento, os níveis sanguíneos de TSH, LH, FSH e PTH aumentam.
4. O pâncreas libera insulina mais lentamente com a idade, e a sensibilidade dos receptores para a glicose diminui.
5. Após a puberdade, o tamanho do timo começa a diminuir, e o tecido do timo é substituído por tecidos conectivos areolar e adiposo.

APLICAÇÕES DO PENSAMENTO CRÍTICO

1. Patrick foi diagnosticado com diabetes melito quando fez 8 anos de idade. A tia, com 65 anos de idade, também foi diagnosticada com diabetes. Patrick está tendo dificuldade para compreender porque ele precisa tomar injeções, enquanto a tia controla o açúcar no sangue com regime alimentar e medicamento oral. Por que o tratamento da tia é diferente do dele?
2. Embora seja razoavelmente ativo fisicamente, João, 65 anos de idade, percebeu que seus músculos não são mais tão grandes quanto eram na juventude. Ouviu dizer que existe uma "pílula hormonal especial" que ajuda a reconstruir os músculos. Cite uma causa da perda muscular e qual o hormônio estaria na medicação.
3. Melatonina foi indicada como possível auxiliar para problemas de sono decorrentes do *jet lag* (defasagem) e dos horários rotativos de trabalho (turnos de trabalho). Pode estar também implicado no transtorno afetivo sazonal (TAS/SAD). Explique como a melatonina pode afetar o sono.
4. Bernardo está em prova de ciclismo de 80 km em um dia quente de verão. Ele está respirando poeira no final do grupo, está suando copiosamente e, agora, perdeu a garrafa de água. Bernardo não está em um bom momento. Como os hormônios responderão à diminuição da ingestão de água e ao estresse da situação?

RESPOSTAS ÀS QUESTÕES DAS FIGURAS

13.1 As secreções das glândulas endócrinas se difundem no líquido intersticial e depois no sangue; as secreções exócrinas fluem para o interior dos ductos que levam às cavidades do corpo ou à superfície do corpo.

13.2 As moléculas de RNA são sintetizadas quando os genes são expressos (transcritos), e depois o RNAm codifica a síntese de moléculas proteicas.

13.3 Ele traz a mensagem do primeiro mensageiro, o hormônio hidrossolúvel, para o interior da célula.

13.4 A neuro-hipófise libera os hormônios sintetizados no hipotálamo.

13.5 As células-alvo da ocitocina estão no útero e nas glândulas mamárias.

13.6 A absorção de um grande copo de água nos intestinos diminuiria a pressão osmótica (concentração de solutos) do plasma sanguíneo, interrompendo a secreção de ADH e diminuindo o nível de ADH no sangue.

13.7 As células foliculares secretam T_3 e T_4; as células parafoliculares secretam CT.

13.8 Os hormônios tireoidianos aumentam a taxa metabólica.

13.9 O PTH aumenta o número e a atividade dos osteoclastos.

13.10 Os tecidos-alvo para o PTH são os ossos e os rins; o tecido-alvo para a CT é o osso; o tecido-alvo para o calcitriol é o trato gastrintestinal.

13.11 O pâncreas é tanto uma glândula endócrina quanto uma glândula exócrina.

13.12 O glucagon é considerado um hormônio "anti-insulínico" porque produz vários efeitos opostos aos da insulina.

13.13 A zona glomerulosa (externa) do córtex da glândula suprarrenal secreta mineralocorticoides, a zona fasciculada (média) secreta glicocorticoides, e a zona reticular (interna) secreta andrógenos suprarrenais.

13.14 Como os fármacos que bloqueiam a ECA reduzem a pressão sanguínea, são usados para tratar a pressão sanguínea alta ou hipertensão.

13.15 Anticorpos que mimetizam a ação do TSH são produzidos na doença de Graves.

C A P Í T U L O 1 4

SISTEMA CIRCULATÓRIO: SANGUE

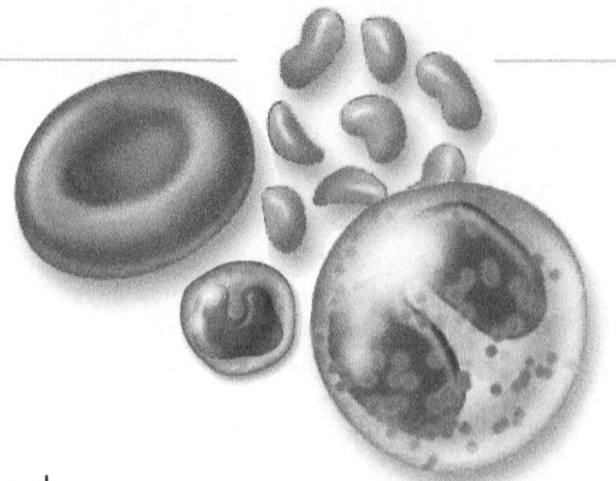

O *sistema circulatório* consiste em três componentes inter-relacionados: sangue, coração e vasos sanguíneos. O foco deste capítulo é o sangue; os dois capítulos seguintes examinarão o coração e os vasos sanguíneos.

Do ponto de vista funcional, o sistema circulatório transporta substâncias para dentro e para fora das células do corpo. Para executar suas funções, o sangue deve circular por todo o corpo. O coração atua como uma bomba para a circulação sanguínea, e os vasos sanguíneos conduzem o sangue do coração para as células do corpo, e das células do corpo de volta para o coração.

O ramo da ciência relacionado com o estudo do sangue, dos tecidos formadores do sangue e dos distúrbios associados é a ***hematologia***.

OLHANDO PARA TRÁS PARA AVANÇAR...

Tecido sanguíneo (Seção 4.3)
Sistema de retroalimentação positiva (Seção 1.4)
Fagocitose (Seção 3.3)

14.1 Funções do sangue

OBJETIVOS

- Listar e descrever as funções do sangue.

O ***sangue*** é um tecido conectivo líquido que consiste em células envolvidas por matriz extracelular. O sangue tem três funções gerais: transporte, regulação e proteção.

1. **Transporte.** O sangue transporta oxigênio dos pulmões para as células de todo o corpo e dióxido de carbono (um produto residual da respiração celular; ver Capítulo 20) das células para os pulmões. Além disso, transporta nutrientes do trato gastrintestinal para as células do corpo, calor e resíduos para longe das células e hormônios das glândulas endócrinas para outras células do corpo.
2. **Regulação.** O sangue ajuda a regular o pH dos líquidos corporais. As propriedades de absorção de calor e de refrigeração da água contida no plasma sanguíneo (ver Seção 2.2) e sua taxa variável de fluxo pela pele ajudam a ajustar a temperatura corporal. A pressão osmótica do sangue também influencia o conteúdo de água das células.
3. **Proteção**. O sangue coagula (se torna semelhante a um gel) em resposta a uma lesão, formando uma proteção contra a perda excessiva pelo sistema circulatório. Além disso, os leucócitos protegem contra as doenças, realizando a fagocitose e produzindo proteínas chamadas anticorpos. O sangue contém proteínas adicionais, chamadas interferonas e complemento, que também ajudam a proteger contra as doenças.

TESTE SUA COMPREENSÃO

1. Enumere as várias substâncias transportadas pelo sangue.
2. De que modo o sangue é protetor?

14.2 Componentes do sangue total

OBJETIVO

- Estudar a formação, os componentes e as funções do sangue total.

O sangue é mais denso e viscoso (grosso) do que a água. A temperatura do sangue é de aproximadamente 38 °C. Seu pH é levemente alcalino, variando entre 7,35 e 7,45. O sangue constitui em torno de 8% do peso corporal total. O volume sanguíneo é de 5 a 6 litros em um homem adulto de tamanho médio, e de 4 a 5 litros em uma mulher adulta de tamanho médio. A diferença no volume é decorrente das diferenças no tamanho do corpo.

O sangue total é composto por duas porções: (1) o ***plasma sanguíneo***, um líquido que contém substâncias dissolvidas, e (2) os ***elementos figurados***, que são as células e os fragmentos celulares. Se uma amostra de sangue for centrifugada (rotação de alta velocidade) em um pequeno tubo de ensaio, as células (que são mais densas) irão se depositar no fundo do tubo, e o plasma sanguíneo, mais leve (menos denso), formará uma camada na parte superior do tubo (Fig. 14.1a). O sangue é constituído por aproxi-

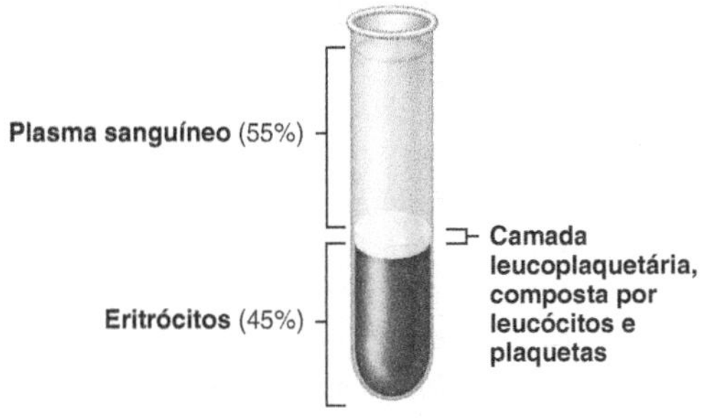

(a) Aparência do sangue centrifugado

FUNÇÕES DO SANGUE

1. Transporta oxigênio, dióxido de carbono, nutrientes, hormônios, calor e resíduos.
2. Regula o pH, a temperatura corporal e o conteúdo hídrico das células.
3. Protege contra a perda sanguínea pela coagulação e contra as doenças por meio dos leucócitos fagocitários e proteínas, como anticorpos, interferonas e complemento.

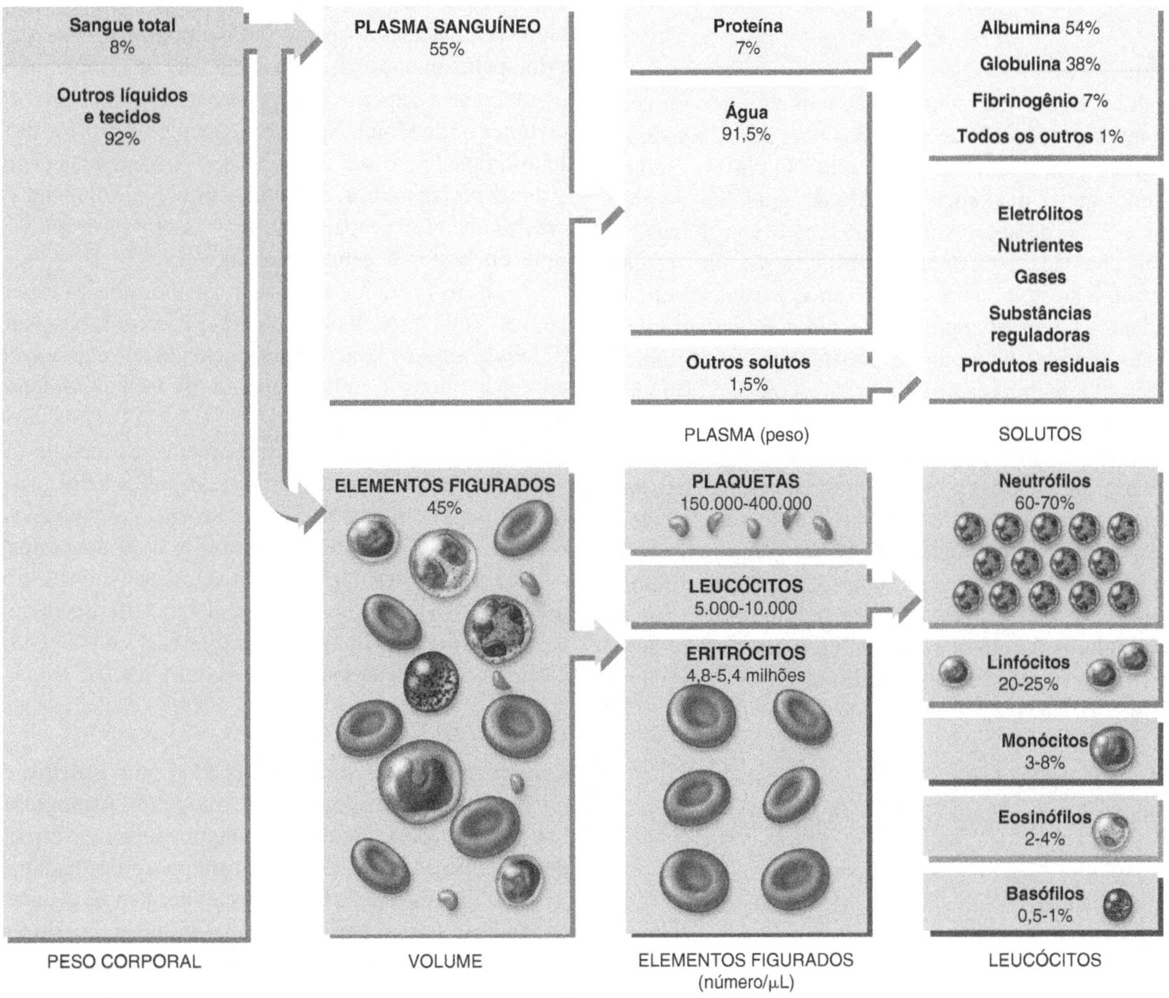

(b) Componentes do sangue

Quais são os elementos figurados mais numerosos do sangue?

Figura 14.1 **Componentes do sangue em um adulto normal.**

O sangue é um tecido conectivo que consiste em plasma sanguíneo (líquido) mais elementos figurados: eritrócitos, leucócitos e plaquetas.

madamente 45% de elementos figurados e 55% de plasma. Normalmente, mais de 99% dos elementos figurados são constituídos por eritrócitos (células sanguíneas vermelhas). O percentual do volume de sangue total ocupado pelos eritrócitos é denominado ***hematócrito***. Os leucócitos (células sanguíneas brancas), descorados e pálidos, e as plaquetas ocupam menos de 1% do volume de sangue total. Juntos formam uma camada muito fina chamada *camada leucoplaquetária*, entre os eritrócitos compactados e o plasma sanguíneo, no sangue centrifugado. A Figura 14.1b mostra a composição do plasma sanguíneo e as quantidades dos vários tipos de elementos figurados no sangue.

Plasma sanguíneo

Quando os elementos figurados são removidos do sangue, permanece um líquido de cor palha denominado ***plasma sanguíneo*** (ou simplesmente *plasma*). O plasma é composto por aproximadamente 91,5% de água, 7% de proteínas e 1,5% de solutos não proteicos. As proteínas no sangue, chamadas *proteínas plasmáticas*, são sintetizadas principalmente pelo fígado. As proteínas plasmáticas mais abundantes são as ***albuminas***, que representam em torno de 54% de todas as proteínas plasmáticas. Entre outras funções, as albuminas ajudam a manter a pressão osmótica adequada do sangue, que é um fator importante na troca de líquidos pelas paredes dos vasos capilares. As ***globulinas***, que compõem 38% das proteínas plasmáticas, incluem ***anticorpos***, proteínas de defesa produzidas durante determinadas respostas imunológicas. O ***fibrinogênio*** representa aproximadamente 7% das proteínas plasmáticas e é uma proteína essencial na formação dos coágulos sanguíneos. Outros solutos do plasma incluem eletrólitos, nutrientes, gases, substâncias reguladoras como as enzimas e os hormônios, vitaminas e produtos residuais.

Elementos figurados

Os ***elementos figurados*** do sangue são os seguintes (ver Fig. 14.2):

I. Eritrócitos

II. Leucócitos

- **A.** Leucócitos granulares (contêm grânulos visíveis ao microscópio óptico após coloração)
  - **1.** Neutrófilos
  - **2.** Eosinófilos
  - **3.** Basófilos
- **B.** Leucócitos agranulares (não contêm grânulos visíveis ao microscópio óptico após coloração)
  - **1.** Linfócitos T e B e células destruidoras naturais
  - **2.** Monócitos

III. Plaquetas

Formação das células sanguíneas

O processo pelo qual os elementos figurados do sangue se desenvolvem é denominado ***hemopoese***, também chamado de *hematopoiese*. Antes do nascimento, a hemopoese ocorre primeiro no saco vitelino do embrião e, mais tarde, no fígado, no baço, no timo e nos linfonodos do feto. Nos últimos três meses antes do nascimento, a medula óssea vermelha se torna o local primário de hemopoese e continua como fonte de células sanguíneas após o nascimento e durante toda a vida.

A ***medula óssea vermelha*** é um tecido conectivo muito vascularizado, localizado nos espaços microscópicos entre as trabéculas do tecido ósseo esponjoso. É encontrada principalmente nos ossos do esqueleto axial, nos cíngulos dos membros superior e inferior e nas epífises proximais do úmero e do fêmur. Aproximadamente 0,05-0,1% das células da medula óssea vermelha são chamadas de ***células-tronco pluripotentes***. As células-tronco pluripotentes são células que têm a capacidade de se desenvolver em vários tipos diferentes de células (ver Fig. 14.2a).

Em resposta à estimulação por hormônios específicos, as células-tronco pluripotentes geram dois outros tipos de células-tronco, que têm a capacidade de se desenvolver em menos tipos de células: as ***células-tronco mieloides*** e as ***células-tronco linfoides*** (Fig. 14.2a). As células-tronco mieloides iniciam seu desenvolvimento na medula óssea vermelha e se diferenciam em vários tipos de células, a partir dos quais se desenvolvem os eritrócitos, as plaquetas, os eosinófilos, os basófilos, os neutrófilos e os monócitos. As células-tronco linfoides iniciam seu desenvolvimento na medula óssea vermelha, mas completam o desenvolvimento nos tecidos linfáticos. Elas se diferenciam em células a partir das quais se desenvolvem os linfócitos T e B.

Eritrócitos

Células sanguíneas vermelhas (***CSVs***) ou ***eritrócitos*** contêm a proteína transportadora de oxigênio, ***hemoglobina***, um pigmento que confere ao sangue sua cor avermelhada. A hemoglobina também transporta aproximadamente 23% do dióxido de carbono no sangue. Um homem adulto saudável possui em torno de 5,4 milhões de eritrócitos por microlitro (μL) de sangue, e uma mulher adulta saudável possui perto de 4,8 milhões. (Uma gota de sangue tem quase 50 μL.) Mais uma vez, essa diferença reflete as diferenças no tamanho do corpo. Para manter os números normais de eritrócitos, células maduras novas devem entrar na circulação na surpreendente taxa de, pelo menos, 2 milhões por segundo, um ritmo que equilibra a taxa igualmente elevada de destruição dos eritrócitos. Os eritrócitos são discos bicôncavos (côncavos em ambos os lados) medindo aproximadamente 8 μm* de diâmetro. Eritrócitos maduros não possuem núcleo e outras organelas, e não reproduzem

*1 μm = 1/10.000 de 1 centímetro (cm), ou 1/1.000 de 1 milímetro (mm).

ou exercem atividades metabólicas abrangentes. Contudo, todo seu espaço interno está disponível para o transporte de oxigênio e dióxido de carbono. Essencialmente, os eritrócitos consistem em uma membrana plasmática de permeabilidade seletiva, citosol e hemoglobina.

Como um disco bicôncavo tem uma área de superfície muito maior em relação ao volume (comparada a uma esfera ou a um cubo), essa forma fornece uma grande área de superfície para difusão de moléculas de gás dentro e fora de um eritrócito.

Ciclo vital dos eritrócitos

Os eritrócitos vivem apenas aproximadamente 120 dias, em razão do desgaste das suas membranas plasmáticas à medida que se comprimem nos vasos capilares. Os eritrócitos desgastados são removidos da circulação sanguínea da seguinte maneira (Fig. 14.3):

1. Os macrófagos no baço, no fígado e na medula óssea vermelha fagocitam os eritrócitos desgastados e rompidos, separando as porções heme e globina da hemoglobina.
2. A proteína globina é decomposta em aminoácidos, que são reutilizados pelas células corporais para sintetizar outras proteínas.
3. O ferro removido da porção heme se associa com a proteína plasmática ***transferrina***, que atua como um transportador.
4. O complexo ferro-transferrina é, em seguida, transportado para a medula óssea vermelha, na qual as células precursoras de eritrócitos utilizam o complexo na síntese de hemoglobina. O ferro é necessário para a porção heme da molécula de hemoglobina, e os aminoácidos são necessários para a

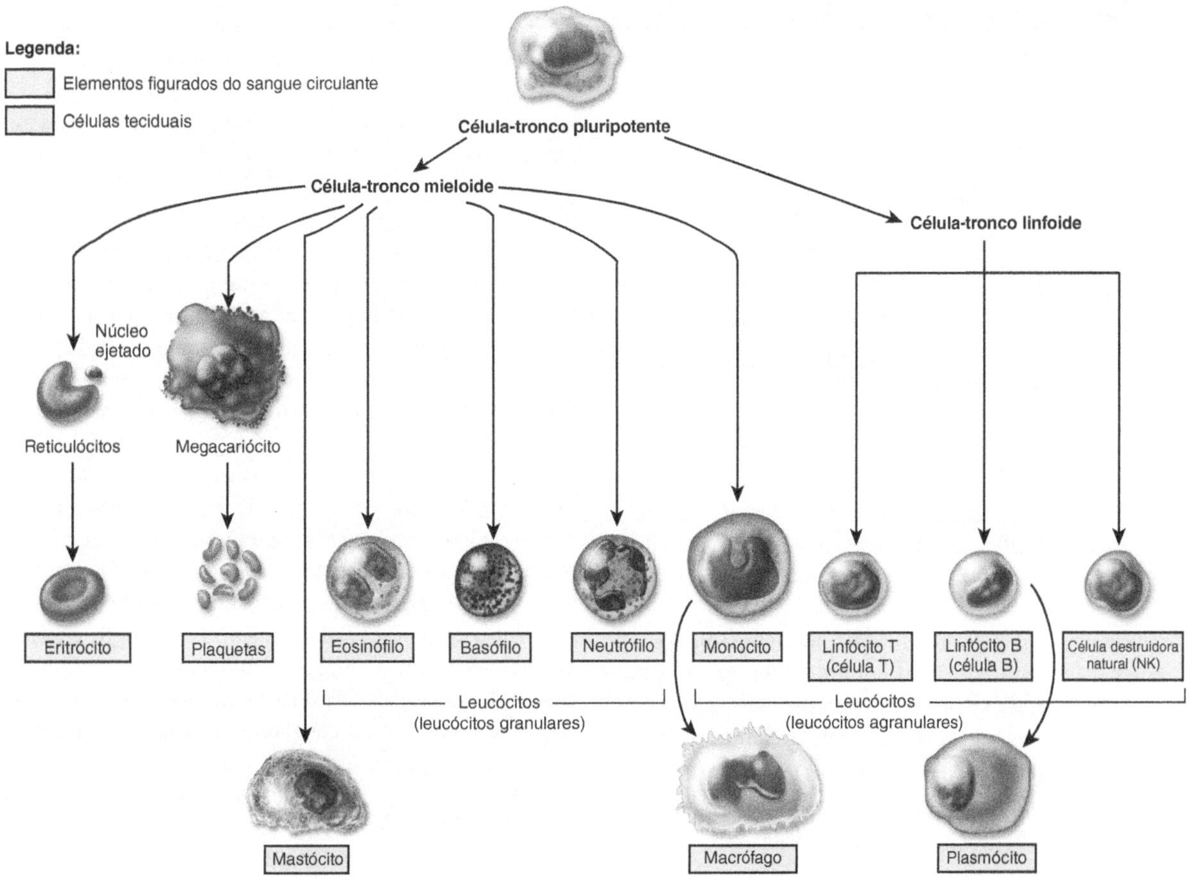

(a) Origem das células sanguíneas a partir das células-tronco pluripotentes

Que percentual do peso corporal o sangue representa?

Figura 14.2 Origem, desenvolvimento e estrutura das células sanguíneas. Algumas gerações de umas poucas linhas celulares foram omitidas. (*Continua*)

A produção de células sanguíneas, chamada de hemopoese, ocorre na medula óssea vermelha após o nascimento.

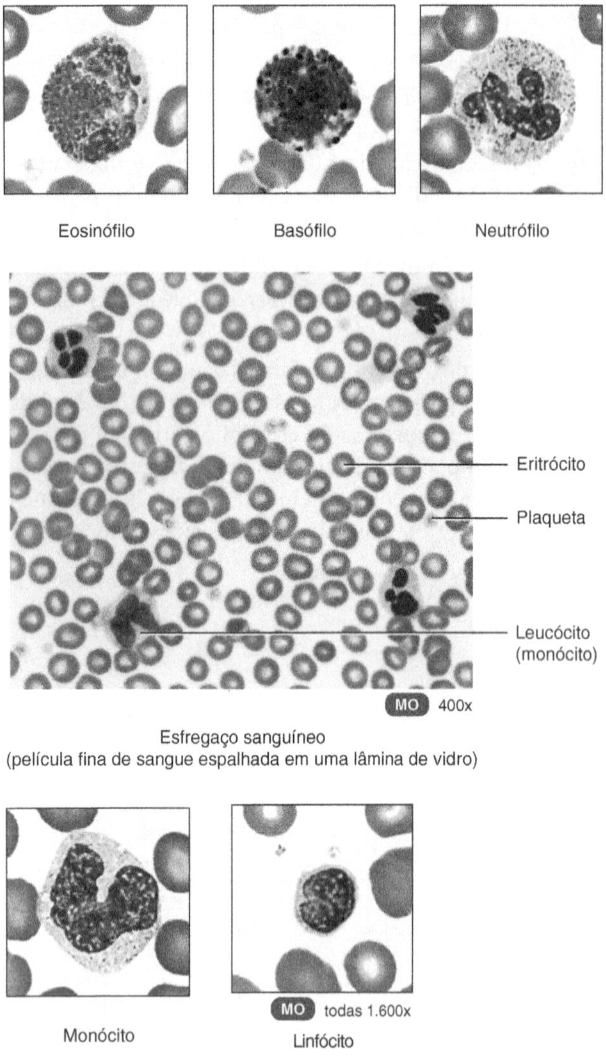

(b) Fotomicrografias

Figura 14.2 **(*Continuação*) Origem, desenvolvimento e estrutura das células sanguíneas.** Algumas gerações de umas poucas linhas celulares foram omitidas.

porção globina. A vitamina B_{12} também é necessária para a síntese de hemoglobina. (O revestimento do estômago deve produzir uma proteína, chamada *fator intrínseco*, para a absorção da vitamina B_{12} da dieta, do trato gastrintestinal para o sangue.)

5. A eritropoiese na medula óssea vermelha resulta na produção de eritrócitos, que entram na circulação.

6. Quando o ferro é removido do heme, a porção não ferrosa do heme é convertida em ***biliverdina***, um pigmento verde, e depois em ***bilirrubina***, um pigmento amarelo-alaranjado. A bilirrubina entra no sangue e é transportada para o fígado. No interior do fígado, a bilirrubina é secretada pelas células hepáticas para a bile, que passa para o intestino delgado e, depois, para o intestino grosso.

7. No intestino grosso, as bactérias convertem bilirrubina em ***urobilinogênio***. Parte do urobilinogênio é absorvida de volta para o sangue, convertida em um pigmento amarelo chamado ***urobilina*** e excretada na urina. A maior parte do urobilinogênio é eliminada nas fezes, sob a forma de um pigmento marrom chamado ***estercobilina***, que dá às fezes sua cor característica.

Como os íons ferro livres se ligam a moléculas presentes nas células do sangue e as danificam, a transferrina age como uma "proteína-escolta" protetora, durante o transporte de íons ferro. Como resultado, o plasma praticamente não contém o ferro livre.

Produção de Eritrócitos A formação das células sanguíneas, em geral, é chamada de hemopoese, ao passo que a formação somente de eritrócitos é denominada ***eritropoiese***. Próximo ao fim da *eritropoiese*, um precursor dos eritrócitos ejeta seu núcleo e se torna um ***reticulócito*** (ver Fig. 14.2a). A perda do núcleo provoca a depressão do centro da célula, produzindo a forma bicôncava distintiva dos eritrócitos. Os reticulócitos, que são constituídos por aproximadamente 34% de hemoglobina e retêm algumas mitocôndrias, ribossomos e retículo endoplasmático, passam da medula óssea vermelha para a corrente sanguínea. Os reticulócitos geralmente se desenvolvem em eritrócitos maduros dentro de 1 a 2 dias após sua libertação da medula óssea.

Normalmente, a eritropoiese e a destruição dos eritrócitos ocorrem no mesmo ritmo. Se a capacidade de transporte de oxigênio do sangue diminui porque a eritropoiese não se mantém de acordo com a destruição dos eritrócitos, o estímulo para a produção de eritrócitos aumenta (Fig.14.4). A condição controlada nesse sistema específico de retroalimentação negativa é a quantidade de oxigênio fornecida aos rins (e, assim, aos tecidos corporais em geral). ***Hipóxia***, uma deficiência de oxigênio, estimula o aumento da liberação de ***eritropoietina*** (***EPO***), um hormônio produzido, principalmente, pelos rins. A EPO circula por meio do sangue para a medula óssea vermelha, na qual estimula a eritropoiese. Quanto maior o número de eritrócitos no sangue, maior a entrega de oxigênio aos tecidos (Fig. 14.4).* Uma pessoa com hipóxia prolongada pode desenvolver uma condição potencialmente fatal, chamada ***cianose***, caracterizada por uma coloração roxo-azulada na pele, mais facilmente vista nas unhas e nas túnicas mucosas. A entrega de oxigênio pode diminuir em decorrência de ***anemia*** (um número de eritrócitos inferior ao normal ou uma quantidade reduzida de hemoglobina) ou de problemas circulatórios que reduzem o fluxo sanguíneo aos tecidos.

*N. de R.T. A entrega de oxigênio também depende da diferença da pressão parcial do oxigênio entre o sangue e o tecido, do tamanho da área para difusão, da espessura da membrana respiratória, da velocidade do fluxo sanguíneo, da temperatura, da concentração dos níveis de hidrogênio e de dióxido de carbono.

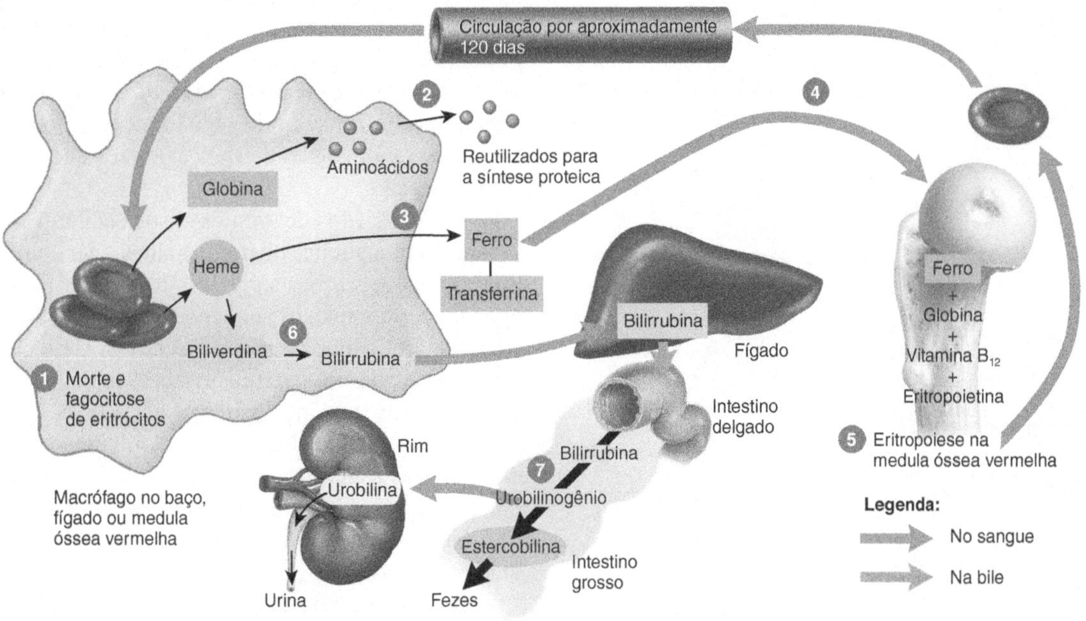

Que substância é responsável pela coloração marrom das fezes?

Figura 14.3 **Formação e destruição de eritrócitos e reciclagem dos componentes da hemoglobina.**

A taxa de formação de eritrócitos pela medula óssea vermelha é igual a sua taxa de destruição pelos macrófagos.

CORRELAÇÕES CLÍNICAS | Policitemia induzida

A entrega de oxigênio aos músculos é um fator limitante no funcionamento muscular. Como resultado, um aumento da capacidade do sangue de transportar oxigênio melhora o desempenho atlético, especialmente em eventos de resistência. Como os eritrócitos são o principal veículo de transporte de oxigênio, os atletas tentam de várias maneiras aumentar sua contagem de eritrócitos, provocando **policitemia induzida**, para aumentar seu nível competitivo. Os atletas melhoram sua produção de eritrócitos por meio da injeção de α-eritropoietina, uma forma sintética da EPO usada para tratar anemia, estimulando a medula óssea vermelha. Práticas que aumentam o número de eritrócitos são perigosas, porque elevam a viscosidade do sangue, aumentando a resistência ao fluxo sanguíneo e a dificuldade para o coração bombeá-lo. O aumento na viscosidade também contribui para a elevação da pressão sanguínea e para o aumento no risco de acidentes vasculares cerebrais. Durante os anos 1980, pelo menos 15 ciclistas profissionais morreram de ataque cardíaco ou acidente vascular encefálico relacionados ao uso suspeito de α-eritropoietina. Embora o Comitê Olímpico Internacional tenha banido seu uso, a fiscalização sobre os profissionais é difícil, pois a substância é idêntica à EPO de ocorrência natural. •

Um teste que mede a taxa de eritropoiese é chamado de contagem de reticulócitos. Este e vários outros testes relacionados aos eritrócitos são explicados na Tabela 14.1.

Leucócitos

ESTRUTURA E TIPOS DE LEUCÓCITOS Diferentemente das CSVs (eritrócitos), as ***células sanguíneas brancas*** ou ***leucócitos*** têm núcleos e um complemento completo de outras organelas, mas não contêm hemoglobina. Os leucócitos são classificados em granulares ou agranulares, dependendo de conterem ou não grânulos (vesículas) citoplasmáticos preenchidos por substâncias químicas, que se tornam visíveis mediante coloração, quando visualizados ao microscópio óptico (ver Fig. 14.2b). Os *leucócitos granulares* incluem ***neutrófilos***, ***eosinófilos e basófilos***. Os *leucócitos agranulares* incluem ***linfócitos*** e ***monócitos***. (Ver Tab. 14.2 para o tamanho e as características microscópicas dos leucócitos.)

FUNÇÕES DOS LEUCÓCITOS A pele e as túnicas mucosas do corpo são continuamente expostas a micróbios (organismos microscópicos), como as bactérias, algumas das quais são capazes de invadir os tecidos mais profundos e provocar doenças. Uma vez que micróbios entram no

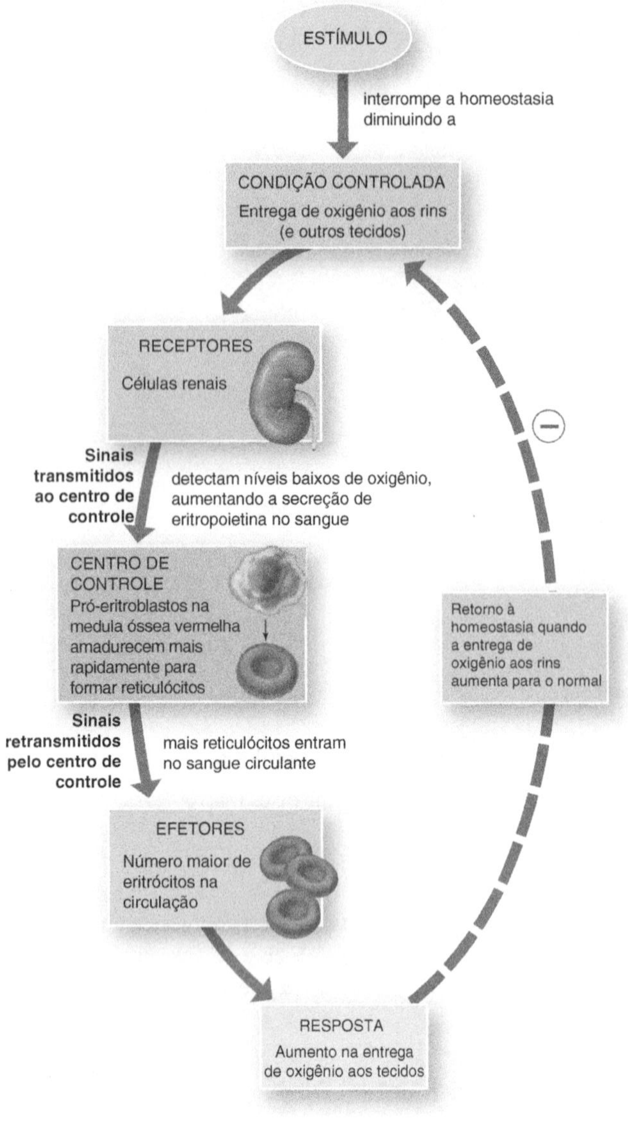

Qual é o termo usado para a deficiência celular de oxigênio?

Figura 14.4 Regulação por retroalimentação negativa da eritropoiese (formação de eritrócitos).

O principal estímulo para a eritropoiese é a hipóxia, uma redução na capacidade do sangue de transportar oxigênio.

corpo, alguns leucócitos os combatem por meio de ***fagocitose***, enquanto outros produzem anticorpos. Os neutrófilos respondem primeiro à invasão bacteriana, exercendo a fagocitose e liberando enzimas como as lisozimas, que destroem determinadas bactérias. Os monócitos levam mais tempo para atingir o local da infecção do que os neutrófilos, mas finalmente chegam em maior número. Monócitos que migram para tecidos infectados se desenvolvem em células chamadas ***macrófagos nômades***, que fagocitam muito mais micróbios do que os neutrófilos. Além disso, limpam os detritos celulares que se seguem a uma infecção.

Os eosinófilos deixam os vasos capilares e entram no líquido intersticial, liberam enzimas que combatem a inflamação em reações alérgicas. Os eosinófilos também fagocitam os complexos antígeno-anticorpo e são eficazes contra determinados vermes parasitários. Uma contagem elevada de eosinófilos frequentemente indica uma condição alérgica ou uma infecção parasitária.

Os basófilos também estão envolvidos nas reações inflamatórias e alérgicas. Deixam os vasos capilares, entram nos tecidos e liberam heparina, histamina e serotonina. Essas substâncias intensificam a reação inflamatória e estão envolvidas em reações alérgicas.

Três tipos de linfócitos – células B, células T e células destruidoras naturais (NK, do inglês *natural killer*) – são os principais combatentes nas respostas imunológicas, descritas em detalhes no Capítulo 17. As células B se desenvolvem em ***plasmócitos***, os quais produzem anticorpos que ajudam a destruir bactérias e a inativar suas toxinas. As células T atacam vírus, fungos, células transplantadas, células cancerosas e algumas bactérias. As células NK atacam uma ampla variedade de micróbios infecciosos e determinadas células tumorais de aparecimento espontâneo.

Os leucócitos e outras células corporais nucleadas têm proteínas chamadas ***antígenos do complexo de histocompatibilidade principal*** (***MHC***, do inglês *major histocompatibility*), que se projetam de suas membranas plasmáticas para o líquido intersticial. Esses "marcadores de identidade celular" são únicos para cada pessoa (exceto em gêmeos idênticos). Embora os eritrócitos (que não possuem núcleo) possuam antígenos de grupos sanguíneos, faltam-lhes os antígenos MHC. Um transplante de tecido incompatível é rejeitado pelo receptor em decorrência, em parte, das diferenças entre os antígenos MHC do doador e do receptor. Os antígenos MHC são usados para tipar tecidos, identificar doadores e receptores compatíveis e, assim, reduzir a probabilidade de uma rejeição do tecido.

CICLO DE VIDA OS LEUCÓCITOS Os eritrócitos superam os leucócitos na proporção de 700 para 1. Normalmente, existem cerca de 5.000 a 10.000 leucócitos por μL de sangue. As bactérias têm acesso contínuo ao corpo, pela boca, pelo nariz e pelos poros da pele. Além disso, muitas células, em especial aquelas do tecido epitelial, envelhecem e morrem diariamente, e seus restos precisam ser removidos. Contudo, um leucócito fagocita apenas uma de-

TABELA 14.1

Obtenção de amostras de sangue e exames laboratoriais comuns envolvendo o sangue

I. Obtenção de amostras de sangue

A. Venipuntura. Este procedimento, mais frequentemente usado, envolve a retirada de sangue de uma veia usando uma agulha e uma seringa estéreis. (As veias são utilizadas, em vez das artérias, porque estão mais próximas à pele, são mais acessíveis e contêm sangue a uma pressão muito menor.) Uma veia comumente usada é a veia intermédia do cotovelo, na parte anterior do cotovelo (Fig. 16.14b). Um torniquete é aplicado ao redor do braço, o que interrompe o fluxo sanguíneo e provoca a dilatação das veias abaixo do torniquete.

B. Punção digital. Usando uma agulha estéril ou uma lanceta, uma ou duas gotas de sangue capilar são retiradas de um dedo, do lóbulo da orelha ou do calcanhar.

C. Punção arterial. A amostra é mais frequentemente coletada da artéria radial, no carpo, ou da artéria femoral, na coxa (ver Fig. 16.9).

II. Testes nas amostras de sangue

A. Contagem de reticulócitos (indica a taxa de eritropoiese)

Valor normal: 0,5 a 1,5%

Valores anormais: Uma contagem elevada de reticulócitos pode indicar a presença de sangramento ou hemólise (ruptura de eritrócitos), ou pode ser a resposta terapêutica em alguém que tem deficiência de ferro. Uma contagem baixa de reticulócitos, na presença de anemia, pode indicar uma disfunção da medula óssea vermelha, decorrente de deficiência nutricional, anemia perniciosa ou leucemia.

B. Hematócrito (o percentual de eritrócitos no sangue). Um hematócrito de 40 significa que 40% do volume sanguíneo é composto por eritrócitos.

Valores normais:

Mulheres: 38 a 46 (média 42)
Homens: 40 a 54 (média 47)

Valores anormais: O teste é usado para o diagnóstico de anemia, policitemia (um aumento no percentual de eritrócitos acima de 55) e estados anormais de hidratação. A anemia pode variar de leve (hematócrito de 35) a grave (hematócrito menor do que 15). Os atletas frequentemente têm um hematócrito maior do que a média, e o hematócrito médio de pessoas que vivem em grandes altitudes é maior do que o de pessoas que vivem ao nível do mar.

C. Contagem diferencial de leucócitos (o percentual de cada tipo de leucócito em uma amostra de 100 leucócitos).

Valores normais:

Tipo de Leucócito	Percentual
Neutrófilos	60 a 70%
Eosinófilos	2 a 4 %
Basófilos	0,5 a 1%
Linfócitos	20 a 25%
Monócitos	3 a 8%

Valores anormais: Uma contagem elevada de neutrófilos pode resultar de infecções bacterianas, queimaduras, estresse ou inflamação; uma contagem baixa de neutrófilos pode ser provocada por radiações, determinadas drogas, deficiência de vitamina B_{12} ou lúpus eritematoso sistêmico (LES) (ver Cap. 4, seção Distúrbios Comuns). Uma contagem elevada de eosinófilos pode indicar reações alérgicas, infecções parasitárias, doença autoimune ou insuficiência suprarrenal; uma contagem baixa de eosinófilos pode ser provocada por determinadas drogas, estresse ou reações alérgicas agudas. Os basófilos podem estar elevados em alguns tipos de respostas alérgicas, leucemias, cânceres e hipotireoidismo; diminuições nos basófilos podem ocorrer durante gestação, ovulação, estresse e hipotireoidismo. Contagens elevadas de linfócitos podem indicar infecções virais, doenças imunológicas e algumas leucemias; contagens baixas de linfócitos podem ocorrer como resultado de uma doença grave prolongada, níveis elevados de esteroides e imunossupressão. Uma contagem elevada de monócitos pode resultar de determinadas infecções virais ou fúngicas, tuberculose (TB), algumas leucemias e doenças crônicas; níveis baixos de monócitos podem ocorrer na supressão da medula óssea e em níveis elevados de esteroides.

D. Hemograma completo (fornece informação sobre os elementos figurados no sangue).*

Valores normais:

Contagem de eritrócitos	Aproximadamente 5,4 milhões por µL nos homens Aproximadamente 4,8 milhões por µL nas mulheres
Hemoglobina	14-18 g/dL em homens adultos 12-16 g/dL em mulheres adultas
Hematócrito	Ver **B**
Contagem de leucócitos	5.000-10.000 por µL
Contagem diferencial de leucócitos	Ver **C**
Contagem de plaquetas	150.000-400.000 µL

Valores anormais: Aumentos na contagem de eritrócito, hemoglobina e hematócrito ocorrem em policitemia, doença cardíaca congênita e hipóxia; diminuição na contagem de eritrócito, hemoglobina e hematócrito ocorrem na hemorragia e em determinados tipos de anemia. Aumento nas contagens de leucócitos pode indicar infecções crônicas ou agudas, traumatismo, leucemia ou estresse (ver também **C**). Diminuição nas contagens de leucócitos pode indicar anemia e infecções virais (ver também **C**). Contagens elevadas de plaquetas podem indicar câncer, traumatismo ou cirrose. Contagens baixas de plaquetas podem indicar anemia, condições alérgicas ou hemorragia.

* Não foram incluídos todos os componentes do hemograma completo.

terminada quantidade de material, antes que interfira com suas próprias atividades metabólicas. Portanto, o ciclo de vida da maioria dos leucócitos é de somente poucos dias. Durante um período de infecção, muitos leucócitos vivem somente poucas horas. Entretanto, algumas células B e T permanecem no corpo durante anos.

A ***leucocitose***, um aumento no número dos leucócitos, é uma resposta protetora normal contra estresse, como micróbios invasores, exercício extenuante, anestesia e cirurgia. A leucocitose geralmente indica uma inflamação ou uma infecção. Como cada tipo de leucócito desempenha uma função diferente, determinar o percentual de cada tipo, no sangue, auxilia no diagnóstico da condição. Esse teste, chamado de ***contagem diferencial de leucócitos***, mede o número de cada tipo de leucócito presente em uma amostra de 100 leucócitos (Tab. 14.1). Um nível anormalmente baixo de leucócitos (abaixo de 5.000 células/µL), chamado ***leucopenia***, nunca é benéfico; pode ser provocado por exposição à radiação, choque e certos agentes quimioterápicos.

PRODUÇÃO DE LEUCÓCITOS Os leucócitos se desenvolvem na medula óssea vermelha. Como mostrado na Figura 14.2a, os monócitos e os leucócitos granulares se desenvolvem de uma célula-tronco mieloide. As células T e B e as células NK se desenvolvem de uma célula-tronco linfoide.

Plaquetas

As células-tronco pluripotentes também se diferenciam em células que produzem plaquetas (Fig. 14.2a). Algumas células-tronco mieloides se desenvolvem em células chamadas *megacarioblastos*, que, por sua vez, se desenvolvem em *megacariócitos*, células enormes que se dividem em 2.000 a 3.000 fragmentos na medula óssea vermelha e depois entram na corrente sanguínea. Cada fragmento, envelopado por uma parte da membrana celular do megacariócito, é uma ***plaqueta***. Entre 150.000 e 400.000 plaquetas estão presentes em cada µL de sangue. As plaquetas têm formato discoide, diâmetro entre 2 e 4 µm e apresentam inúmeras vesículas, mas nenhum núcleo. Quando os vasos sanguíneos são danificados, as plaquetas ajudam a parar a perda sanguínea, formando um tampão plaquetário. Suas vesículas também contêm substâncias químicas que promovem o coágulo sanguíneo (ambos os processos serão descritos em seguida). Após seu curto ciclo de vida, de 5 a 9 dias, as plaquetas são removidas por macrófagos no baço e no fígado.

A Tabela 14.2 apresenta um resumo dos elementos figurados do sangue.

CORRELAÇÕES CLÍNICAS | Transplante de medula óssea

Um **transplante de medula óssea** é a substituição de uma medula óssea cancerosa ou anormal por uma medula óssea saudável, a fim de estabelecer uma contagem normal de células sanguíneas. A medula óssea vermelha defeituosa é destruída por doses elevadas de quimioterapia e radiação total do corpo, pouco antes da realização do transplante. Esses tratamentos matam as células cancerosas e destroem o sistema imunológico do paciente, com a finalidade de diminuir a probabilidade de rejeição do transplante. A medula óssea de um doador é geralmente aspirada do osso do quadril com uma seringa, sob anestesia geral, e, em seguida, é injetada na veia do receptor, de forma muito semelhante a uma transfusão sanguínea. A medula injetada migra para as cavidades de medula óssea vermelha do receptor, e as células-tronco na medula se multiplicam. Se tudo correr bem, a medula óssea vermelha do receptor é inteiramente substituída por células não cancerosas saudáveis.

Os transplantes de medula óssea são usados para tratar anemia aplásica, determinados tipos de leucemias, doença de imunodeficiência combinada grave, doença de Hodgkin, linfoma não Hodgkin, mieloma múltiplo, talassemias, anemia falciforme, câncer de mama, câncer de ovário, câncer de testículo e anemia hemolítica. Contudo, existem algumas desvantagens. Visto que os leucócitos do receptor foram completamente destruídos pela quimioterapia e pela radiação, o paciente fica extremamente vulnerável a infecções (leva aproximadamente 2 a 3 semanas para a medula óssea vermelha transplantada produzir leucócitos suficientes para proteção contra infecções). Além disso, a medula óssea vermelha transplantada pode produzir linfócitos T, que atacam os tecidos do receptor. Outra desvantagem é que os pacientes transplantados deverão tomar substâncias imunossupressoras durante toda a vida. Como essas substâncias reduzem o nível de atividade do sistema imunológico, aumentam o risco de infecção. •

TESTE SUA COMPREENSÃO

3. Resuma brevemente o processo de hemopoese.
4. O que é a eritropoiese? Como a eritropoiese afeta o hematócrito? Que fatores aceleram ou desaceleram a eritropoiese?
5. Que funções desempenham os neutrófilos, os eosinófilos, os basófilos, os monócitos, as células B, as células T e as células NK?
6. Qual é a diferença entre leucocitose e leucopenia? O que é uma contagem diferencial de leucócitos?

14.3 Hemostasia

OBJETIVO

- Descrever os vários mecanismos que evitam a perda de sangue.

TABELA 14.2

Resumo dos elementos figurados do sangue

NOME E APARÊNCIA	NÚMERO	CARACTERÍSTICAS*	FUNÇÕES
Glóbulos vermelhos ou **eritrócitos** 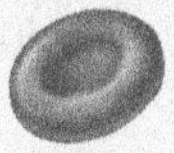	4,8 milhões/µL em mulheres; 5,4 milhões/µL em homens	7-8 µm de diâmetro, discos bicôncavos, sem núcleos; vivem aproximadamente 120 dias	Contêm hemoglobina, que transporta a maior parte do oxigênio e parte do dióxido de carbono no sangue
Leucócitos ou ***glóbulos brancos***	5.000-1.000/µL	A maioria vive de poucas horas a alguns dias**	Combatem patógenos e outras substâncias estranhas que entram no corpo
Leucócitos granulares			
Neutrófilos 	60-70% de todos os leucócitos	10-12 µm de diâmetro; o núcleo tem de 2-5 lobos conectados por fitas delgadas de cromatina; o citoplasma tem grânulos diminutos, de cor lilás-pálido	Fagocitose; destruição de bactérias com lisozimas, defensinas e oxidantes fortes, como ânion superóxido, peróxido de hidrogênio e ânion hipoclorito
Eosinófilos 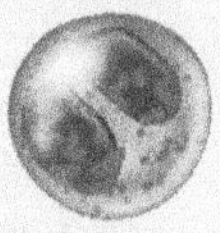	2-4% de todos os leucócitos	10-12 µm de diâmetro; o núcleo geralmente tem 2 lobos conectados por uma fita espessa de cromatina; grandes grânulos de cor vermelho-alaranjada preenchem o citoplasma	Combatem os efeitos da histamina nas reações alérgicas, fagocitam os complexos antígeno-anticorpo e destroem certos vermes parasitários
Basófilos 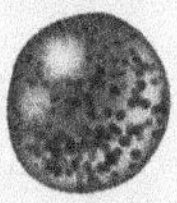	0,5-1% de todos os leucócitos	8- 10 µm de diâmetro; o núcleo tem 2 lobos; grandes grânulos citoplasmáticos aparecem em roxo-azulado escuro	Liberam heparina, histamina e serotonina nas reações alérgicas, que intensificam a resposta inflamatória em geral
Leucócitos agranulares			
Linfócitos (células T, células B e células NK) 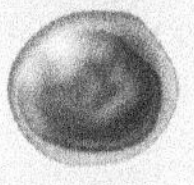	20-25% de todos os leucócitos	Os pequenos linfócitos têm 6-9 µm de diâmetro; os grandes linfócitos têm 10-14 µm; o núcleo é esférico ou levemente indentado; o citoplasma forma um anel azul-celeste em torno do núcleo; quanto maior a célula, mais visível é o citoplasma	São mediadores das respostas imunológicas, incluindo as reações antígeno-anticorpo. As células B transformam-se em plasmócitos, que secretam anticorpos. As células T atacam vírus invasores, células cancerosas e células de tecidos transplantados. As células NK atacam uma ampla variedade de micróbios infecciosos e certas células tumorais de aparecimento espontâneo
Monócitos 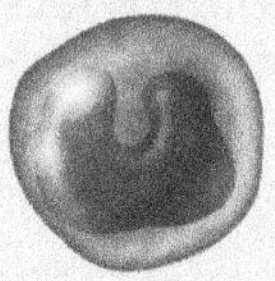	3-8% de todos os leucócitos	12-20 µm de diâmetro; núcleo em forma de rim ou ferradura; o citoplasma é azul-acinzentado e tem uma aparência espumosa	Fagocitose (após sua transformação em macrófagos fixos ou nômades)
Plaquetas 	150.000-400.000/µL	Fragmentos celulares com 2-4 µm de diâmetro, que vivem durante 5-9 dias; contêm muitas vesículas, mas nenhum núcleo	Formam o tampão plaquetário na hemostasia; liberam substâncias químicas que promovem a vasoconstrição e a coagulação sanguínea

*As cores são aquelas vistas quando se usa a coloração de Wright.

**Alguns linfócitos, chamados de células T e B de memória, podem viver por muitos anos, uma vez que estejam estabelecidos.

A ***hemostasia*** é uma sequência de respostas que cessa o sangramento quando os vasos sanguíneos são danificados. (Esteja certo de não confundir as palavras *hemostasia* e *homeostasia*). A resposta hemostática deve ser rápida, localizada na região do dano e cuidadosamente controlada. Três mecanismos reduzem a perda de sangue dos vasos sanguíneos: (1) o espasmo vascular, (2) a formação do tampão plaquetário e (3) a coagulação do sangue. Quando bem-sucedida, a hemostasia impede a ***hemorragia***, a perda de uma grande quantidade de sangue pelos vasos. A hemostasia impede as hemorragias de pequenos vasos sanguíneos, mas a hemorragia extensa de vasos maiores, geralmente, requer intervenção médica.

Espasmo vascular

Quando um vaso sanguíneo é danificado, o músculo liso de sua parede se contrai imediatamente, uma resposta chamada de ***espasmo vascular***. O espasmo vascular reduz a perda sanguínea durante vários minutos a várias horas, tempo durante o qual outros mecanismos hemostáticos começam a operar. O espasmo é provavelmente provocado por dano ao músculo liso e por reflexos iniciados pelos receptores de dor. À medida que as plaquetas se acumulam no local da lesão, liberam substâncias químicas que intensificam a vasoconstrição (estreitamento de um vaso sanguíneo), mantendo, desse modo, o espasmo vascular.

Formação do tampão plaquetário

Quando as plaquetas entram em contato com partes de um vaso sanguíneo danificado, suas características mudam de forma drástica e rapidamente se reúnem para formar um ***tampão plaquetário***, que ajuda a preencher a falha na parede do vaso lesionado. A formação do tampão plaquetário ocorre da maneira descrita a seguir.

Inicialmente, as plaquetas entram em contato com as partes do vaso sanguíneo danificado, como as fibras colágenas, e se fixam a elas. Em seguida, interagem umas com as outras e começam a liberar substâncias químicas. As substâncias químicas ativam as plaquetas próximas e mantêm o espasmo vascular, que diminui o fluxo sanguíneo pelo vaso danificado. A liberação de substâncias químicas plaquetárias torna adesivas outras plaquetas na área, e a adesão das plaquetas recém-recrutadas e ativadas provoca a adesão das plaquetas originalmente ativadas. Finalmente, um grande número de plaquetas forma um tampão plaquetário, que interrompe por completo a perda sanguínea se o orifício no vaso sanguíneo for suficientemente pequeno.

Coagulação

Normalmente, o sangue permanece em sua forma líquida enquanto estiver no interior dos vasos sanguíneos. Todavia, se for retirado do corpo, se espessa e forma um gel. Finalmente, o gel se separa do líquido. O líquido amarelado, chamado ***soro***, é simplesmente o plasma sem as proteínas da coagulação. O gel é chamado de ***coágulo sanguíneo*** (ou simplesmente *coágulo*) e consiste em uma rede de fibras proteicas insolúveis, chamada ***fibrina***, na qual os elementos figurados do sangue são aprisionados (ver Fig. 14.5).

O processo de formação de coágulo, chamado de ***coagulação***, é uma série de reações químicas que culmina na formação da rede de fibrina. Se o sangue coagular muito facilmente, o resultado é uma ***trombose***, que é a coagulação em um vaso intacto. Se demorar muito para coagular, ocorre hemorragia.

A coagulação é um processo complexo, no qual várias substâncias químicas conhecidas como ***fatores de coagulação*** se ativam mutuamente. Os fatores de coagulação incluem os íons cálcio (Ca^{2+}), várias enzimas que são produzidas pelas células hepáticas e liberadas no sangue e várias moléculas associadas às plaquetas ou liberadas por tecidos danificados. Muitos fatores de coagulação são identificados por numerais romanos. A coagulação ocorre em três estágios (Fig. 14.5):

1. A ***protrombinase*** é formada.
2. A protrombinase converte a ***protrombina*** (uma proteína plasmática formada pelo fígado com a ajuda da vitamina K) na enzima ***trombina***.
3. A trombina converte o ***fibrinogênio*** solúvel (outra proteína plasmática produzida pelo fígado) em fibrina insolúvel. A fibrina forma os filamentos do coágulo. (Tabaco contém substâncias que interferem com a formação de fibrina.)

A protrombinase é formada de duas maneiras: pela via extrínseca ou pela via intrínseca da coagulação sanguínea (Fig. 14.5). A ***via extrínseca*** da coagulação sanguínea ocorre rapidamente, em questão de segundos. É assim denominada porque as células do tecido danificado liberam uma proteína tecidual chamada de ***fator tecidual*** (***FT***) no sangue, a partir do lado externo dos (extrínseco aos) vasos sanguíneos (Fig. 14.5a). Após várias reações adicionais que necessitam de Ca^{2+} e vários fatores de coagulação, o FT é finalmente convertido em protrombinase. Isso completa a via extrínseca.

A ***via intrínseca*** da coagulação sanguínea (Fig. 14.5b) é mais complexa do que a via extrínseca e ocorre de modo mais lento, geralmente exigindo vários minutos. A via intrínseca é assim denominada porque seus ativadores estão em contato direto com o sangue ou contidos no próprio (intrínsecos ao) sangue. Se as células endoteliais que revestem os vasos sanguíneos se tornarem rugosas ou danificadas, o sangue entra em contato com as fibras colágenas do tecido conectivo adjacente. Esse contato ativa

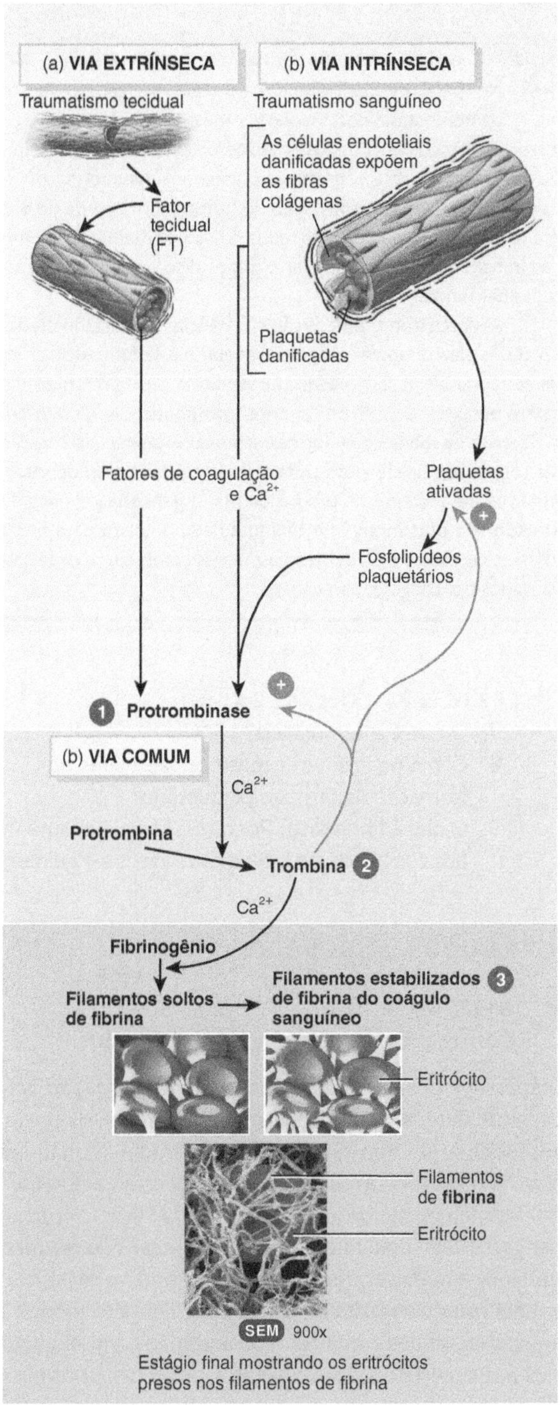

Qual é o resultado do primeiro estágio da coagulação?

Figura 14.5 **Coagulação sanguínea.**

Durante a coagulação sanguínea, os fatores de coagulação ativam uns aos outros, resultando em uma cascata de reações que incluem ciclos de retroalimentação positiva (setas verdes).

os fatores de coagulação. Além disso, o traumatismo às células endoteliais ativa as plaquetas, provocando a liberação de fosfolipídeos que também ativam determinados fatores de coagulação. Após várias reações adicionais que necessitam de Ca^{2+} e de diversos fatores de coagulação, a protrombinase é formada. Uma vez formada, a trombina ativa mais plaquetas, resultando na liberação de mais fosfolipídeos paquetários, um exemplo de um ciclo de retroalimentação positiva. Tanto a via extrínseca quanto a intrínseca são ativadas ao mesmo tempo, desde que o dano ao vaso sanguíneo e ao tecido circundante ocorram simultaneamente.

A formação do coágulo ocorre localmente; não se estende além do local do ferimento para dentro da circulação geral. Uma razão para isso é que a fibrina tem a capacidade de absorver e inativar até aproximadamente 90% da trombina formada a partir da protrombina. Isso ajuda a impedir a disseminação da trombina no sangue e, assim, inibe a coagulação, exceto no local do ferimento.

Retração do coágulo e reparo do vaso sanguíneo

Uma vez formado, o coágulo tampona a área rompida do vaso sanguíneo e, assim, interrompe a perda de sangue. A ***retração do coágulo*** é a consolidação ou o retesamento do coágulo de fibrina. Os filamentos de fibrina fixados à superfície danificada do vaso sanguíneo se contraem gradualmente, à medida que as plaquetas os tracionam. Quando o coágulo se retrai, aproxima as margens do vaso danificado, diminuindo o risco de dano adicional. O reparo permanente do vaso sanguíneo, então, ocorre. Com o passar do tempo, os fibroblastos formam tecido conectivo na área rompida, e novas células endoteliais reparam o revestimento do vaso.

Mecanismos de controle hemostático

Muitas vezes ao dia, pequenos coágulos começam a se formar, com frequência em um local de maior rugosidade no interior de um vaso sanguíneo. Normalmente, pequenos coágulos sanguíneos inapropriados se dissolvem em um processo chamado ***fibrinólise***. Quando um coágulo é formado, uma enzima plasmática inativa, chamada ***plasminogênio***, é incorporada ao coágulo. Tanto os tecidos corporais quanto o sangue contêm substâncias que ativam o plasminogênio, transformando-o em ***plasmina***, uma enzima plasmática ativa. Uma vez formada, a plasmina dissolve o coágulo, digerindo os filamentos de fibrina. A plasmina também dissolve coágulos nos locais de dano, após a reparação da lesão. Entre as substâncias que ativam o plasminogênio estão a trombina e o ativador do plasminogênio tecidual (tPA, do inglês *tissue plasminogen activator*), normalmente encontrado em muitos tecidos do corpo e liberado no sangue após uma lesão vascular.

CORRELAÇÕES CLÍNICAS | Anticoagulantes

Pacientes com grande risco de formação de coágulos sanguíneos podem receber **anticoagulantes**, substância que retarda, suprime ou evita a coagulação sanguínea. Os exemplos são a heparina e o varfarina. A *heparina*, um anticoagulante produzido pelos mastócitos e basófilos, inibe a conversão da protrombina em trombina, consequentemente impedindo a formação do coágulo sanguíneo. A heparina extraída de tecidos animais é frequentemente usada para impedir a coagulação durante a hemodiálise e após uma cirurgia cardíaca aberta. O *Coumadin®* (*varfarina sódica*) age como um antagonista da vitamina K e, assim, bloqueia a síntese de vários fatores de coagulação. Para evitar a coagulação do sangue doado, os bancos de sangue e os laboratórios frequentemente acrescentam uma substância que remove o Ca^{2+}, por exemplo, o citrato fosfato dextrose (CPD). •

Coagulação intravascular (nos vasos sanguíneos)

Apesar da fibrinólise e da ação dos anticoagulantes, algumas vezes se formam coágulos sanguíneos no interior dos vasos. As superfícies endoteliais de um vaso sanguíneo podem se tornar rugosas, como resultado de *aterosclerose* (acúmulo de substâncias gordurosas nas paredes das artérias), trauma ou infecção. Essas condições também fazem com que as plaquetas sejam atraídas às áreas rugosas, mais aderentes. Os coágulos também podem se formar nos vasos sanguíneos, quando o sangue flui muito lentamente, permitindo que os fatores de coagulação se acumulem em concentrações suficientemente elevadas para iniciar um coágulo.

A coagulação em um vaso sanguíneo intacto é chamada ***trombose***. O próprio coágulo, chamado de ***trombo***, pode se dissolver espontaneamente. Entretanto, se permanecer intacto, pode se deslocar e ser levado pelo sangue. Um coágulo, bolha de ar, gordura de ossos fraturados ou um pedaço de fragmento transportado pela corrente sanguínea é chamado de ***êmbolo***. Visto que os êmbolos se formam frequentemente em veias, nas quais o fluxo sanguíneo é mais lento, o local mais comum para os êmbolos se alojarem são os pulmões, uma condição chamada de ***embolia pulmonar***. Êmbolos maciços nos pulmões podem resultar em insuficiência ventricular direita e morte em poucos minutos ou horas. Um êmbolo que se desprende de uma parede arterial pode se alojar em uma artéria derivada de menor diâmetro. Se bloquear o fluxo sanguíneo para o encéfalo, rins ou coração, provoca acidente vascular encefálico, insuficiência renal ou ataque cardíaco, respectivamente.

CORRELAÇÕES CLÍNICAS | Ácido acetilsalicílico e agentes trombolíticos

Nos pacientes com doença cardíaca e vascular, os eventos da hemostasia podem ocorrer mesmo sem lesão externa a um vaso sanguíneo. Em doses baixas, o ácido acetilsalicílico inibe a vasoconstrição e a agregação plaquetária. Além disso, diminui a probabilidade de formação de trombo. Em virtude desses efeitos, o ácido acetilsalicílico reduz o risco de ataques isquêmicos transitórios, derrames, infarto miocárdico e obstrução de artérias periféricas.

Agentes trombolíticos são substâncias químicas injetadas no corpo para dissolver coágulos sanguíneos já formados, a fim de restaurar a circulação. Eles ativam direta ou indiretamente o plasminogênio. O primeiro agente trombolítico, aprovado em 1982, para dissolver coágulos nas artérias coronárias do coração foi a **estreptoquinase**, produzida pelas bactérias estreptocócicas. Atualmente, uma versão produzida por engenharia genética do **ativador do plasminogênio tecidual** (**tPA**) é usada para tratar infartos cardíacos e acidentes vasculares cerebrais (apoplexias) causados por coágulos sanguíneos. •

TESTE SUA COMPREENSÃO

7. O que é a hemostasia?
8. Como ocorrem os espasmos vasculares e a formação do tampão plaquetário?
9. O que é fibrinólise? Por que o sangue raramente fica coagulado no interior dos vasos sanguíneos?

14.4 Grupos e tipos sanguíneos

OBJETIVO

- Descrever os grupos sanguíneos ABO e Rh.

A superfície dos eritrócitos contém uma variedade geneticamente determinada de ***antígenos***, compostos por glicolipídeos e glicoproteínas. Esses antígenos, chamados ***aglutinogênios***, ocorrem em combinações características. Com base na presença ou na ausência de vários antígenos, o sangue é classificado em diferentes ***grupos sanguíneos***. Dentro de um dado grupo sanguíneo, podem existir dois ou mais ***tipos sanguíneos*** diferentes. Há pelo menos 24 grupos sanguíneos e mais de 100 antígenos que são detectados nas superfícies dos eritrócitos. Aqui discutiremos os dois principais grupos sanguíneos: ABO e Rh.

Grupo sanguíneo ABO

O ***grupo sanguíneo ABO*** baseia-se em dois antígenos, chamados ***A*** e ***B*** (Fig. 14.6). Pessoas cujos eritrócitos apresentam apenas o antígeno A têm sangue do tipo A; aquelas que têm apenas o antígeno B são do tipo B. Os indivíduos que têm ambos os antígenos, A e B, são do tipo AB; e aqueles que não têm antígeno A ou B são do tipo O. Em aproximadamente 80% da população, os antígenos

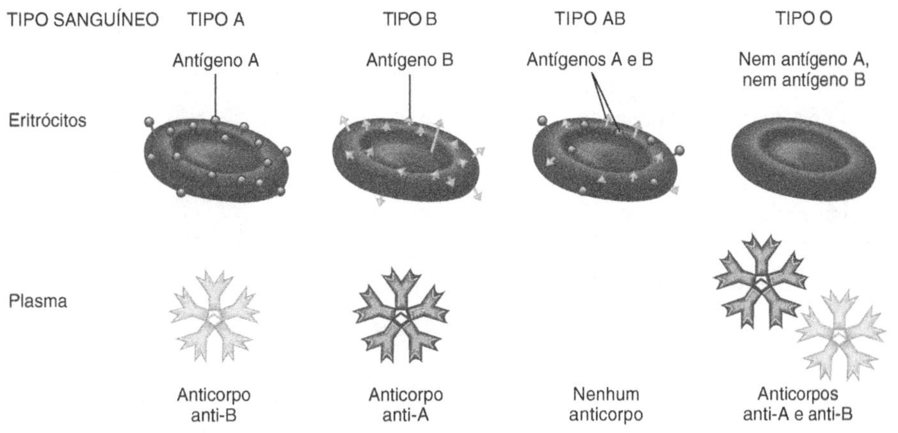

Quais anticorpos são encontrados no sangue do tipo O?

Figura 14.6 **Antígenos e anticorpos envolvidos no sistema do grupo sanguíneo ABO.**

Seu plasma não contém anticorpos que poderiam reagir com os antígenos em seus eritrócitos.

solúveis do grupo ABO aparecem na saliva e em outros líquidos corporais, caso em que o tipo sanguíneo é identificado em uma amostra de saliva. A incidência dos tipos sanguíneos do grupo ABO varia entre os diferentes grupos populacionais, como indicado na Tabela 14.3.

Além dos antígenos nos eritrócitos, o plasma sanguíneo geralmente contém ***anticorpos*** ou ***aglutininas*** que reagem com os antígenos A e B, se ambos estiverem misturados. Estes são o anticorpo anti-A, que reage com o antígeno A, e o anticorpo anti-B, que reage com o antígeno B. Os anticorpos presentes em cada um dos quatro tipos sanguíneos ABO também são apresentados na Figura 14.6. Não temos anticorpos que reajam com nossos próprios antígenos, mas com certeza temos anticorpos para quaisquer antígenos que não estejam presentes em nossos eritrócitos. Por exemplo, se você tem o tipo sanguíneo A, significa que tem antígenos A na superfície dos seus eritrócitos, mas anticorpos anti-B no seu plasma sanguíneo.

TABELA 14.3

Tipos sanguíneos nos Estados Unidos (% da população)

	TIPO SANGUÍNEO				
POPULAÇÃO	O	A	B	AB	RH⁻
Euro-americana	45	40	11	4	85
Afro-americana	49	27	20	4	95
Coreana	32	28	30	10	100
Japonesa	31	38	21	10	100
Chinesa	42	27	25	6	100
Nativa americana	79	16	4	1	100

Se você tivesse anticorpos anti-A no seu plasma sanguíneo, eles atacariam seus próprios eritrócitos.

Grupo sanguíneo Rh

O ***grupo sanguíneo Rh*** é assim denominado porque o antígeno Rh, chamado de ***fator Rh***, foi encontrado primeiro no sangue do macaco do gênero *Rhesus*. Pessoas cujos eritrócitos possuem o antígeno Rh são designadas Rh^+ (Rh positivas); aquelas nas quais falta o antígeno Rh são designadas Rh^- (Rh negativas). Os percentuais de indivíduos Rh^+ e Rh^- em várias populações são mostradas na Tabela 14.3. Em circunstâncias normais, o plasma não contém anticorpos anti-Rh. Entretanto, se uma pessoa Rh^- recebe uma transfusão de sangue Rh^+, o sistema imunológico começa a produzir anticorpos anti-Rh que se mantêm no sangue.

Transfusões

Apesar das diferenças entre os antígenos dos eritrócitos, o sangue é o tecido humano mais facilmente compartilhado, salvando muitos milhares de vidas a cada ano, por meio de transfusões. Uma ***transfusão*** é a transferência de sangue total ou de componentes sanguíneos (somente eritrócitos ou somente plasma) para a corrente sanguínea. Mais frequentemente, uma transfusão é realizada para aliviar uma anemia ou quando o volume sanguíneo está baixo, por exemplo, após uma hemorragia grave.

Em uma transfusão sanguínea incompatível, os anticorpos no plasma do receptor se ligam aos antígenos nos eritrócitos doados. Quando esses complexos antígeno-anticorpo se formam, provocam hemólise e liberam hemoglobina no plasma. Considere o que acontece se uma pessoa com sangue do tipo A recebe uma transfusão de sangue do tipo B.

Nessa situação, ocorrem duas coisas. Primeiro, os anticorpos anti-B do plasma do receptor se ligam aos antígenos B dos eritrócitos do doador, provocando hemólise. Segundo, os anticorpos anti-A do plasma do doador se ligam aos antígenos A nos eritrócitos do receptor. A segunda reação geralmente não é grave, porque os anticorpos anti-A do doador ficam tão diluídos no plasma do receptor que não provocam uma hemólise significativa dos eritrócitos do receptor.

Pessoas com sangue do tipo AB não possuem anticorpos anti-A nem anti-B em seu plasma. Às vezes, são chamadas de "receptores universais", pois, teoricamente, podem receber sangue de doadores de todos os quatro tipos sanguíneos do grupo ABO. Pessoas com sangue do tipo O não têm antígeno A nem B em seus eritrócitos e, às vezes, são chamadas de "doadores universais". Teoricamente, como não existem antígenos em seus eritrócitos para serem atacados pelos anticorpos, doam sangue para todos os quatro tipos sanguíneos do grupo ABO. Pessoas com sangue tipo O, necessitando de sangue, podem receber apenas sangue tipo O, porque possuem anticorpos para os antígenos A e B em seu plasma. Na prática, o uso das expressões *receptor universal* e *doador universal* é errôneo e perigoso. O sangue contém outros antígenos e anticorpos, além daqueles associados ao sistema ABO, que provocam problemas nas transfusões. Assim, o sangue sempre deve ser cuidadosamente combinado antes da transfusão.

A seguir, um resumo das interações do grupo sanguíneo ABO:

Tipo sanguíneo	A	B	AB	O
Tipos sanguíneos de doadores compatíveis (sem hemólise)	A, O	B, O	A, B, AB, O	O
Tipos sanguíneos de doadores incompatíveis (hemólise)	B, AB	A, AB	–	A, B, AB

Tipagem e reação cruzada do sangue para transfusão

Para evitar incompatibilidades dos tipos sanguíneos, os técnicos de laboratório classificam o sangue do paciente e, em seguida, realizam a reação cruzada com o sangue do potencial doador ou testam a presença de anticorpos. No procedimento para tipagem sanguínea ABO, gotas únicas de sangue são misturadas a diferentes *antissoros*, soluções que contêm anticorpos (Fig. 14.7). Uma gota de sangue é misturada com soro anti-A, contendo anticorpos anti-A, que aglutinam eritrócitos com antígenos A. Outra gota é misturada com soro anti-B, contendo anticorpos anti-B, que aglutinam eritrócitos com antígenos B. Caso os eritrócitos se aglutinem apenas quando misturados com soro anti-A, o sangue é tipo A. Se os eritrócitos se aglutinarem apenas quando misturados com soro anti-B, o sangue é tipo B.

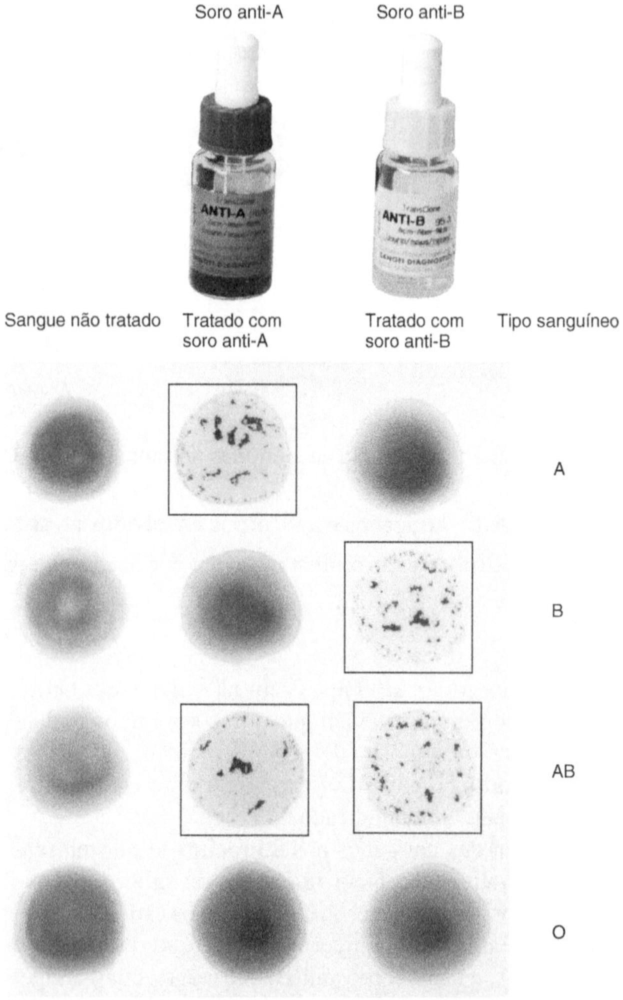

Que tipo sanguíneo é referido como "doador universal"?

Figura 14.7 Tipagem sanguínea ABO. As áreas destacadas acima mostram aglutinação dos eritrócitos.

No procedimento para a tipagem do grupo sanguíneo ABO, o sangue é misturado com soro anti-A e soro anti-B.

O sangue é tipo AB se as duas gotas se aglutinarem; se não houver aglutinação de nenhuma gota, o sangue é tipo O.

TESTE SUA COMPREENSÃO

10. Qual é a base para a diferenciação dos vários grupos sanguíneos?
11. Que precauções devem ser tomadas antes de se realizar uma transfusão sanguínea?

• • •

A seguir, focaremos o coração, o segundo componente principal do sistema circulatório.

DISTÚRBIOS COMUNS

Anemia

Anemia é uma condição na qual a capacidade de transporte de oxigênio pelo sangue é reduzida. Existem muitos tipos de anemia; todos são caracterizados pela redução no número de eritrócitos ou pela redução na quantidade de hemoglobina no sangue. A pessoa se sente fatigada e intolerante ao frio, ambos sintomas relacionados à falta de oxigênio necessário para a produção de trifosfato de adenosina (ATP) e calor. Além disso, a pele parece pálida, em virtude do baixo conteúdo de hemoglobina, que tem cor vermelha, circulando nos vasos sanguíneos cutâneos. Entre os tipos mais importantes de anemia estão os seguintes:

- *Anemia ferropriva*, o tipo de anemia mais prevalente, é provocada por absorção inadequada, perda excessiva ou ingestão insuficiente de ferro. Mulheres correm maior risco de anemia ferropriva, em função da perda sanguínea menstrual que ocorre mensalmente.
- *Anemia perniciosa* é provocada pela hemopoese insuficiente, resultante da incapacidade do estômago de produzir o fator intrínseco (necessário para a absorção da vitamina B_{12} na dieta).
- *Anemia hemorrágica* é decorrente da perda excessiva de eritrócitos por sangramentos resultantes de ferimentos grandes, úlceras estomacais ou, especialmente, menstruação abundante.
- Na *anemia hemolítica*, as membranas plasmáticas dos eritrócitos se rompem prematuramente. Essa condição pode resultar de defeitos hereditários ou de agentes externos, como parasitas, toxinas ou anticorpos provenientes de transfusão com sangue incompatível.
- *Talassemia* é um grupo de anemias hemolíticas hereditárias em que ocorre uma anormalidade em uma ou mais das quatro cadeias polipeptídicas da molécula da hemoglobina. A talassemia ocorre principalmente nas populações dos países muito próximos ao mar Mediterrâneo.
- A *anemia aplásica* resulta da destruição da medula óssea vermelha, provocada por toxinas, radiação gama e determinados medicamentos que inibem as enzimas necessárias para a hemopoese.

A anemia também pode ser provocada pela quimioterapia para tratamento do câncer. Uma EPO sintética é dada a esses pacientes, para aumentar a capacidade de transporte de oxigênio pelo sangue.

Anemia falciforme

Os eritrócitos de uma pessoa com anemia falciforme (AF) contêm hemoglobina S (Hb-S), um tipo de hemoglobina anormal. Quando a Hb-S transfere o oxigênio para o líquido intersticial, formam-se estruturas longas e rígidas, em forma de bastão, que curvam o eritrócito, dando-lhe a forma de uma foice. As células falciformes se rompem facilmente. Embora a perda de eritrócitos estimule a eritropoiese, ela não acompanha o ritmo da hemólise. Pessoas com anemia falciforme sempre apresentam algum grau de anemia e icterícia branda, e muitas sentem dores articulares ou ósseas, falta de ar, frequência cardíaca acelerada, dor abdominal, febre e fadiga como resultado do dano tecidual provocado pela prolongada recuperação da captação de oxigênio (débito de oxigênio). Qualquer atividade que reduza a quantidade de oxigênio no sangue, como um exercício muito vigoroso, pode produzir uma crise de anemia de células falciformes (agravamento da anemia, dor no abdome e nos ossos longos dos membros, febre e falta de ar).

Doença hemolítica do recém-nascido

Doença hemolítica do recém-nascido (***DHRN***) é um problema resultante da incompatibilidade do Rh entre a mãe e o feto. Normalmente, nenhum contato direto ocorre entre o sangue materno e o sangue fetal enquanto a mulher está grávida. Contudo, se uma pequena quantidade de sangue Rh^+ vazar do feto, através da placenta, para a corrente sanguínea de uma mãe Rh^-, o corpo começa a produzir anticorpos anti-Rh. Em razão da maior possibilidade de ocorrer transferência de sangue fetal durante o parto, o filho primogênito normalmente não é afetado. Todavia, se a mãe engravidar novamente, seus anticorpos anti-Rh, produzidos após o parto do primeiro bebê, atravessam a placenta e entram na circulação sanguínea do feto. Se o feto for Rh^-, não haverá problema, pois o sangue Rh^- não tem o antígeno Rh. Entretanto, se o feto for Rh^+, é provável que ocorra *hemólise* (ruptura de eritrócitos) potencialmente fatal no sangue fetal. Em contrapartida, a incompatibilidade do ABO entre uma mãe e o feto raramente causa problemas, pois os anticorpos anti-A e anti-B não cruzam a placenta.

Evita-se a DHRN administrando-se a todas as mulheres Rh^- uma injeção de anticorpos anti-Rh chamada gamaglobulina anti-Rh, logo após cada parto ou aborto. Esses anticorpos destroem quaisquer antígenos Rh presentes, de modo que a mãe não produz seus próprios anticorpos contra eles. No caso de uma mãe Rh^+, não há complicações, pois ela não produz anticorpos anti-Rh.

Leucemia

O termo ***leucemia*** se refere a um grupo de cânceres da medula óssea vermelha em que leucócitos anormais se multiplicam descontroladamente. O acúmulo de leucócitos cancerosos na medula óssea vermelha interfere na produção de eritrócitos, leucócitos e plaquetas. Como resultado, a capacidade do sangue de transportar oxigênio é reduzida, o indivíduo fica mais suscetível a infecções, e a coagulação sanguínea é anormal. Na maioria das leucemias, os leucócitos cancerosos se espalham para linfonodos, fígado e baço, fazendo com que aumentem de tamanho. Todas as leucemias produzem os sintomas característicos da anemia (fadiga, intolerância ao frio e palidez cutânea). Além disso, também podem ocorrer perda de peso, febre, sudorese noturna, sangramento excessivo e infecções recorrentes.

TERMINOLOGIA E CONDIÇÕES MÉDICAS

Banco de sangue Unidade que colhe e armazena um suprimento de sangue para uso futuro pelo doador ou por outras pessoas. Como os bancos de sangue, atualmente, assumiram funções adicionais e diversas (trabalho de referência em imuno-hematologia, educação médica continuada, armazenamento de ossos e tecidos e consultas clínicas), são mais apropriadamente referidos como *centros de medicina transfusional*.

Cianose Descoloração levemente azulada a roxo-escura da pele, mais facilmente vista nos leitos das unhas e nas túnicas mucosas, em razão de um aumento na quantidade de hemoglobina reduzida (hemoglobina não combinada com o oxigênio) no sangue sistêmico.

Flebotomista Técnico especializado na coleta de sangue.

Hemocromatose Distúrbio do metabolismo do ferro, caracterizado por depósitos excessivos de ferro nos tecidos (especialmente fígado, coração, hipófise, gônadas e pâncreas), que resulta em mudança na cor da pele (parece bronzeada), cirrose, diabetes melito e anomalias ósseas e articulares.

Hemodiluição normovolêmica aguda Remoção do sangue imediatamente antes de uma cirurgia e sua substituição por uma solução sem células para manter o volume de sangue suficiente para uma circulação adequada. No final da cirurgia, assim que o sangramento é controlado, o sangue colhido é devolvido ao corpo.

Hemofilia Deficiência hereditária da coagulação, na qual o sangramento pode ocorrer espontaneamente ou após um pequeno trauma.

Hemorragia Perda de uma grande quantidade de sangue; pode ser interna (dos vasos sanguíneos para os tecidos) ou externa (dos vasos sanguíneos diretamente para a superfície do corpo).

Icterícia Descoloração amarelada anormal das escleras dos bulbos dos olhos, da pele e das túnicas mucosas, em razão do excesso de bilirrubina (pigmento amarelo-alaranjado) no sangue, que é produzido quando o pigmento heme é decomposto nos eritrócitos senis.

Policitemia Aumento anormal no número de eritrócitos, no qual o hematócrito está acima de 55%, limite superior do valor normal.

Sangue total Sangue que contém todos os elementos figurados, plasma e solutos plasmáticos em concentrações naturais.

Septicemia Acúmulo de toxinas ou bactérias causadoras de doenças no sangue. Também chamada de envenenamento do sangue.

Transfusão pré-operatória autóloga Doação do sangue do próprio paciente na preparação para a cirurgia; é feita até seis semanas antes da cirurgia eletiva. É também chamada de ***pré-doação***.

Trombocitopenia Contagem plaquetária muito baixa, que resulta em uma tendência para sangramento a partir dos capilares.

REVISÃO DO CAPÍTULO

14.1 Funções do sangue

1. O sangue transporta oxigênio, dióxido de carbono, nutrientes, resíduos e hormônios.
2. Ajuda a regular o pH, a temperatura corporal e o conteúdo hídrico das células.
3. Evita a perda sanguínea por meio da coagulação e combate micróbios e toxinas por meio da ação de leucócitos fagocitários ou proteínas plasmáticas especializadas.

14.2 Componentes do sangue total

1. As características físicas do sangue incluem viscosidade maior que a da água, uma temperatura de 38°C e um pH entre 7,35 e 7,45. O sangue constitui aproximadamente 8% do peso corporal no adulto, e consiste em 55% de plasma e 45% de elementos figurados.
2. Os **elementos figurados** incluem eritrócitos, leucócitos e plaquetas. **Hematócrito** é o percentual de eritrócitos no sangue total.
3. **Plasma** contém 91,5% de água, 7% de proteínas e 1,5% de solutos, além das proteínas. Os principais solutos incluem proteínas (**albuminas, globulinas, fibrinogênio**), nutrientes, hormônios, gases respiratórios, eletrólitos e resíduos.
4. **Hemopoese**, formação de células sanguíneas a partir de **células-tronco pluripotentes**, ocorre na **medula óssea vermelha**.
5. **Eritrócitos** são discos bicôncavos, sem núcleo, contendo hemoglobina. A função da hemoglobina nos eritrócitos é o transporte de oxigênio. Os eritrócitos vivem aproximadamente 120 dias. Um homem saudável tem cerca de 5,4 milhões de eritrócitos/μL de sangue. Uma mulher saudável tem cerca de 4,8 milhões/μL. Após a fagocitose dos eritrócitos senis pelos macrófagos, a hemoglobina é reciclada.
6. A formação de eritrócitos, chamada **eritropoiese**, ocorre na medula óssea vermelha adulta. É estimulada pela **hipóxia**, que estimula a liberação de **eritropoietina** pelos rins. A contagem de reticulócitos é um teste diagnóstico que indica a velocidade da eritropoiese.
7. **Leucócitos** são células nucleadas. Os dois tipos principais são os leucócitos granulares (**neutrófilos, eosinófilos, basófilos**) e leucócitos agranulares (**linfócitos** e **monócitos**). A função geral dos leucócitos é combater a inflamação e a infecção. Os neutrófilos e os **macrófagos** (que se desenvolvem a partir de monócitos) o fazem por meio de **fagocitose**.

8. Eosinófilos combatem a inflamação em reações alérgicas, fagocitam os complexos antígeno-anticorpo e combatem vermes parasitários; basófilos liberam heparina, histamina e serotonina em reações alérgicas, que intensificam a resposta inflamatória.
9. Células B (linfócitos) são eficazes contra bactérias e outras toxinas. Células T (linfócitos) são eficazes contra vírus, fungos e células cancerosas. As células NK atacam micróbios e células tumorais.
10. Os leucócitos geralmente vivem apenas umas poucas horas ou uns poucos dias. O sangue normal contém de 5.000 a 10.000 leucócitos/µL.
11. **Plaquetas** são fragmentos celulares discoides, sem núcleo, que se formam a partir dos megacariócitos e participam da hemostasia, formando um tampão plaquetário. O sangue normal contém de 150.000 a 400.000 plaquetas/µL.

14.3 Hemostasia

1. **Hemostasia**, a interrupção do sangramento, envolve espasmo vascular, formação do tampão plaquetário e coagulação sanguínea. No **espasmo vascular**, o músculo liso da parede do vaso sanguíneo se contrai. A formação do **tampão plaquetário** é a agregação de plaquetas para parar o sangramento. Um **coágulo** é uma rede de fibras de proteína insolúvel (**fibrina**) em que elementos figurados do sangue estão aprisionados. As substâncias químicas envolvidas na coagulação são conhecidas como fatores de coagulação.
2. Coagulação depende de uma série de reações que podem ser divididas em três estágios: formação de **protrombinase**, pela **via extrínseca** ou pela **via intrínseca**; conversão de **protrombina** em **trombina**; e conversão de **fibrinogênio** solúvel em fibrina insolúvel.
3. A coagulação normal envolve **retração do coágulo** (contração) e **fibrinólise** (dissolução do coágulo).
4. Os anticoagulantes (a heparina, por exemplo) evitam a coagulação.
5. A coagulação em um vaso sanguíneo intacto é chamada de **trombose**. Um **trombo** que se move de seu local de origem é chamado de **êmbolo**.

14.4 Grupos e tipos sanguíneos

1. No sistema ABO, os **antígenos** sobre os eritrócitos, chamados de **A** e **B**, determinam o tipo sanguíneo. O plasma contém anticorpos denominados **anticorpos anti-A** e **anti-B**.
2. No sistema Rh, indivíduos cujos eritrócitos têm antígenos Rh (o **fator Rh**) são classificados como Rh^+. Aqueles que não têm o antígeno são Rh^-.

APLICAÇÕES DO PENSAMENTO CRÍTICO

1. A atresia biliar é uma condição na qual os ductos que transportam a bile para fora do fígado não funcionam corretamente. O branco dos olhos de um bebê com essa doença tem cor amarela. Qual é o nome dessa cor amarela e qual é sua causa?
2. Durante o trabalho como estagiário em um laboratório médico, foi-lhe atribuída a tarefa de determinar o tipo sanguíneo ABO de três indivíduos. Você misturou antissoros com o sangue, tendo os seguintes resultados:

   Pessoa 1: o sangue aglutina com soros anti-A, mas não com soros anti-B.
   Pessoa 2: o sangue aglutina com soros anti-A e anti-B.
   Pessoa 3: o sangue não aglutina com soros anti-A ou anti-B.

   Qual o tipo sanguíneo de cada indivíduo?
3. A enfermeira da escola suspirou: "Eu simplesmente não consigo me acostumar com o esmalte de unhas azul que as crianças estão usando. Continuo achando que é um problema médico". Que tipo de problema pode resultar em unhas azuis? Como pode ocorrer?
4. Normalmente, ocorre um número muito pequeno de células-tronco pluripotentes no sangue. Se essas células pudessem ser isoladas e multiplicadas em número suficiente, que produtos de utilidade médica poderiam originar?

RESPOSTAS ÀS QUESTÕES DAS FIGURAS

14.1 Eritrócitos são os mais numerosos elementos figurados do sangue.

14.2 O sangue perfaz até 8% do peso corporal.

14.3 Estercobilina é responsável pela coloração marrom das fezes.

14.4 Hipóxia significa uma deficiência de oxigênio celular.

14.5 Protrombinase é formada durante o primeiro estágio da coagulação.

14.6 O sangue do tipo O tem anticorpos anti-A e anti-B.

14.7 Pessoas com sangue tipo O são chamadas de "doadoras universais".

CAPÍTULO 15

SISTEMA CIRCULATÓRIO: CORAÇÃO

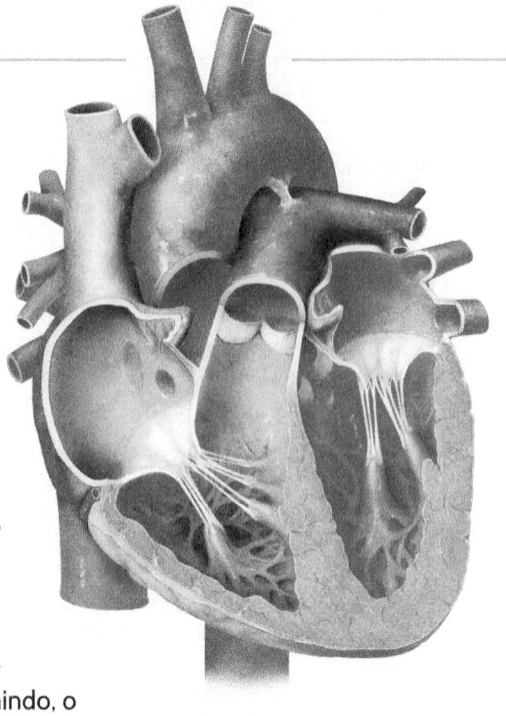

No último capítulo, examinamos a composição e as funções do sangue. Para alcançar as células do corpo e trocar materiais com elas, o sangue deve ser constantemente bombeado pelo coração ao longo dos vasos sanguíneos do corpo. O coração bate aproximadamente 100.000 vezes todos os dias, o que soma em torno de 35 milhões de batimentos ao ano. O lado esquerdo do coração bombeia sangue por aproximadamente 100.000 km de vasos sanguíneos. O lado direito do coração bombeia sangue pelos pulmões, permitindo que o sangue capte oxigênio e se livre de dióxido de carbono. Mesmo quando estamos dormindo, o coração bombeia, a cada minuto, 30 vezes o seu próprio peso, o que equivale a aproximadamente 5 litros de sangue para os pulmões e o mesmo volume para o restante do corpo. Nessa frequência, o coração bombeia mais de 14.000 litros de sangue em um dia, ou 10 milhões de litros em um ano. Porém, não passamos todo o tempo dormindo, e o coração bombeia mais vigorosamente quando estamos em atividade. Portanto, o volume real de sangue que o coração bombeia em um único dia é muito maior.

O estudo científico do coração normal e das doenças associadas é a ***cardiologia***. Este capítulo explora a estrutura e as propriedades exclusivas que permitem um bombeamento vitalício, sem descanso.

OLHANDO PARA TRÁS PARA AVANÇAR...

Funções do sangue (Seção 14.1)
Membranas (Seção 4.4)
Tecido muscular (Seção 4.5)
Tecido muscular cardíaco (Seção 8.7)
Potenciais de ação (Seção 9.3)
Radicais livres (Seção 2.1)
Neurotransmissores do SNA (Seção 11.3)

15.1 Estrutura e organização do coração

OBJETIVOS

- Identificar a localização do coração, e a estrutura e as funções do pericárdio.
- Descrever as camadas da parede e as câmaras do coração.
- Identificar os principais vasos sanguíneos que entram e saem do coração.
- Explicar a estrutura e as funções das valvas do coração.

Localização e revestimentos do coração

O ***coração*** está localizado entre os dois pulmões, na cavidade torácica, com aproximadamente dois terços de sua massa situando-se à esquerda da linha mediana do corpo (Fig. 15.1). O seu coração tem aproximadamente o tamanho do seu punho fechado. A extremidade pontiaguda, o *ápice* do coração, é formada pela ponta do ventrículo esquerdo, uma câmara inferior do coração, e repousa sobre o diafragma. A *base* do coração se situa oposta ao ápice e é formada pelos átrios (câmaras superiores do coração), principalmente pelo átrio esquerdo, no qual as quatro veias pulmonares se abrem, e pela porção do átrio direito que recebe as veias cavas superior e inferior (ver Fig. 15.3b).

A membrana que envolve e protege o coração e o mantém no lugar é o ***pericárdio***, que consiste em duas partes: o pericárdio fibroso e o pericárdio seroso (ver Fig. 15.2). O ***pericárdio fibroso***, externo, é um tecido conectivo denso não modelado, resistente e inelástico, que impede a distensão excessiva do coração, fornece proteção e ancora o coração em seu lugar.

O ***pericárdio seroso***, interno, é uma membrana delgada e mais delicada, que forma uma dupla camada em torno do coração. A ***lâmina parietal*** externa, do pericárdio seroso é fundida com o pericárdio fibroso, e a ***lâmina visceral*** interna do pericárdio seroso, também chamada de ***epicárdio***, adere firmemente à superfície do coração. En-

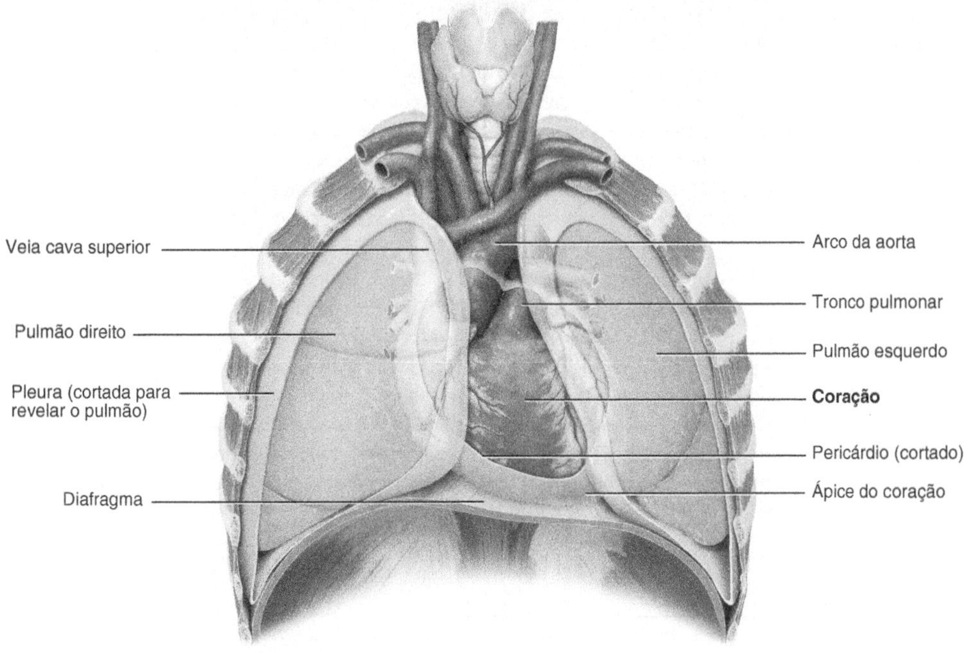

(a) Vista anterior do coração na cavidade torácica

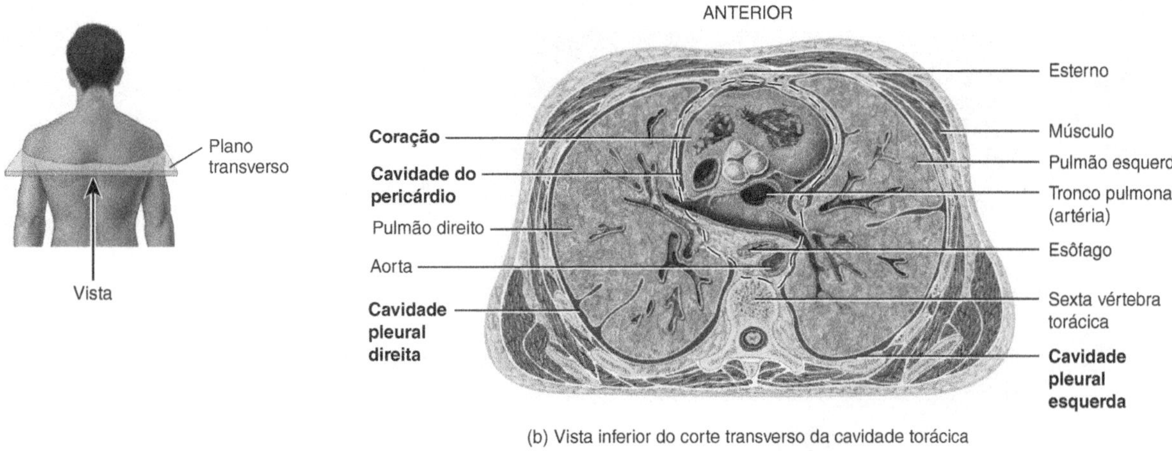

(b) Vista inferior do corte transverso da cavidade torácica mostrando o coração no mediastino

O que forma a base do coração?

Figura 15.1 Posição do coração e das estruturas associadas, no mediastino. Nesta e nas ilustrações subsequentes, os vasos que transportam sangue oxigenado estão coloridos na cor vermelha; os vasos que transportam sangue desoxigenado estão coloridos na cor azul. Os limites do mediastino são indicados por uma linha tracejada.

O coração está localizado entre os pulmões, com aproximadamente dois terços de sua massa à esquerda da linha mediana.

CORRELAÇÕES CLÍNICAS | Reanimação cardiopulmonar

Reanimação cardiopulmonar (RCP) se refere a um procedimento de emergência para estabelecer um batimento cardíaco e uma frequência respiratória normais. A RCP padrão utiliza uma combinação de compressão cardíaca com ventilação artificial dos pulmões via respiração boca a boca; por muitos anos, essa combinação era o único método de RCP. No entanto, recentemente, a RCP somente com compressão torácica tornou-se o método preferido.

Como o coração situa-se entre duas estruturas rígidas – a coluna vertebral e o esterno –, a pressão externa aplicada sobre o tórax (compressão) é usada para forçar o sangue a sair do coração e entrar na circulação. Em uma situação na qual RCP se faz necessária, após ligar para a emergência (190), a RCP somente com compressão torácica deve ser aplicada. No procedimento, as compressões devem ser aplicadas com vigor e constância, a uma velocidade de 100 por minuto e uma profundidade de 5 cm nos adultos. Esse procedimento deve ser contínuo até a chegada de profissionais médicos treinados ou até que um desfibrilador automático externo esteja disponível. A RCP padrão é ainda recomendada para recém-nascidos e crianças, bem como para qualquer pessoa cujo suprimento de oxigênio seja reduzido, como, por exemplo, nas vítimas de quase afogamento, overdose de drogas ou intoxicação por monóxido de carbono.

Estima-se que a RCP somente com compressão torácica salve aproximadamente 20% mais vidas do que o método padrão. Além do mais, a RCP somente com compressões torácicas aumenta a taxa de sobrevida de 18 para 34%, comparado com o método tradicional ou nenhum método. É também mais fácil para a central de emergência dar instruções limitadas à RCP somente com compressões torácicas para expectadores não médicos assustados. Finalmente, como o medo popular de contrair doenças contagiosas, como HIV, hepatite e tuberculose, continua a aumentar, os expectadores têm muito mais probabilidade de realizar a RCP somente com compressões torácicas do que um tratamento com o método padrão. •

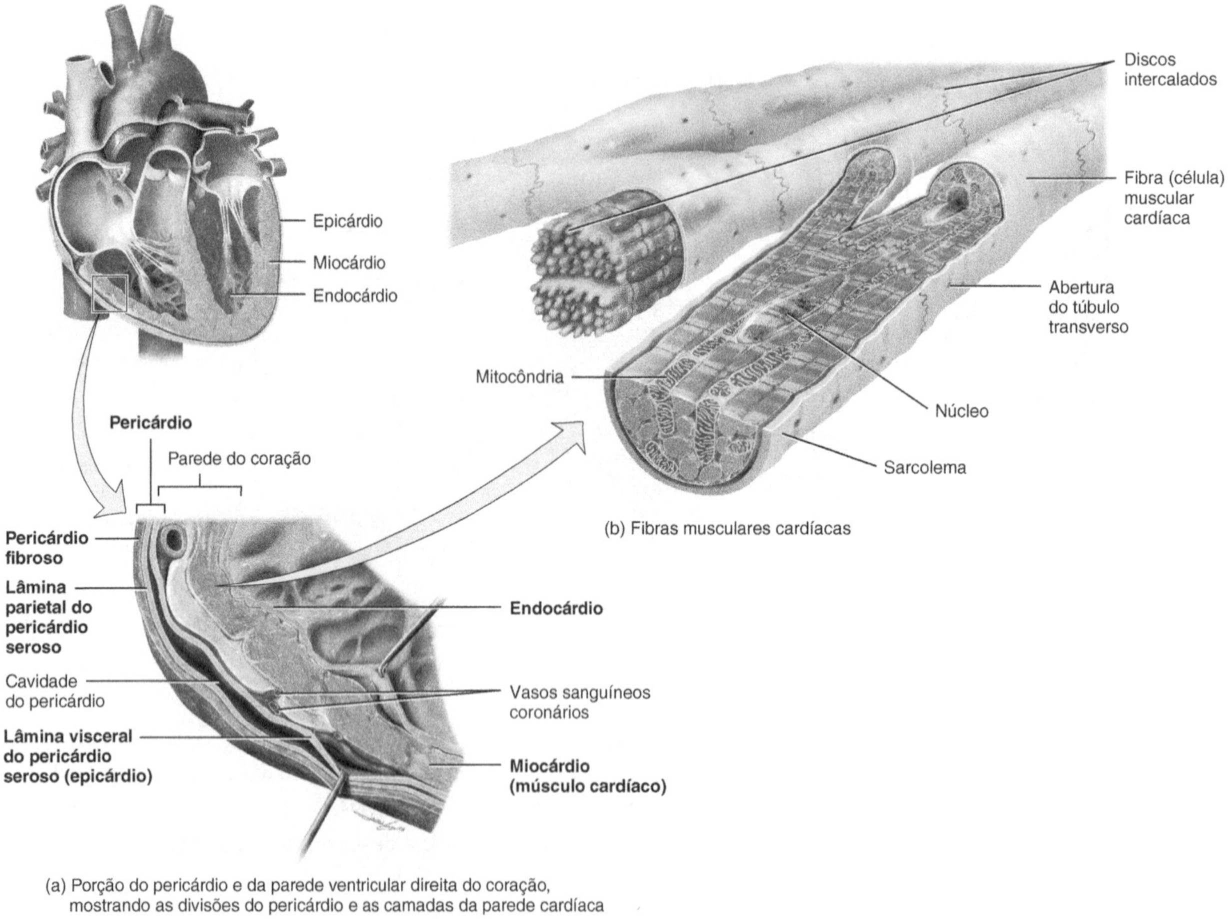

(a) Porção do pericárdio e da parede ventricular direita do coração, mostrando as divisões do pericárdio e as camadas da parede cardíaca

Qual lâmina faz parte tanto do pericárdio quanto da parede do coração?

Figura 15.2 Pericárdio e parede do coração.

O pericárdio é um saco que envolve e protege o coração.

tre as lâminas parietal e visceral do pericárdio seroso existe uma película fina de líquido. Esse líquido, conhecido como ***líquido pericárdico***, reduz o atrito entre as lâminas enquanto o coração se move. A ***cavidade do pericárdio*** é o espaço que contém o líquido pericárdico. A inflamação do pericárdio é chamada de ***pericardite***.

Parede do coração

A parede do coração (Fig. 15.2a) é composta por três camadas: o epicárdio (camada externa), o miocárdio (camada média) e o endocárdio (camada interna). O ***epicárdio***, também conhecido como a lâmina visceral do pericárdio seroso, é a lâmina externa, fina e transparente da parede. É composto por mesotélio e tecido conectivo.

O ***miocárdio*** consiste em tecido muscular cardíaco que constitui a massa principal do coração. Esse tecido é encontrado somente no coração e possui estrutura e função especializadas. O miocárdio é responsável pela ação de bombeamento do coração. As fibras (células) musculares cardíacas são estriadas, involuntárias e ramificadas, e o tecido está disposto em feixes entrelaçados de fibras (Fig. 15.2b).

As fibras musculares cardíacas formam duas redes distintas – uma atrial e uma ventricular. Cada fibra muscular cardíaca se conecta a outras fibras da rede por meio de espessamentos do sarcolema (membrana plasmática), chamados de ***discos intercalados***. No interior dos discos existem ***junções comunicantes*** que permitem aos potenciais de ação se propagarem de uma fibra muscular cardíaca até a próxima. Os discos intercalados também unem as fibras musculares cardíacas umas às outras, de modo que elas não se separem. Cada rede se contrai como uma unidade funcional, assim os átrios se contraem separadamente dos ventrículos. Em resposta a um único potencial de ação, as fibras musculares cardíacas desenvolvem uma contração prolongada, 10 a 15 vezes mais duradoura do que em uma contração observada nas fibras musculares esqueléticas. Além disso, o período refratário de uma fibra cardíaca dura mais do que a própria contração. Dessa maneira, outra contração do músculo cardíaco não se inicia até que o relaxamento esteja em andamento. Por essa razão, a tetania (contração contínua) não ocorre no tecido muscular cardíaco.

O ***endocárdio*** é uma camada fina de epitélio simples escamoso que reveste o interior do miocárdio e recobre as valvas do coração e as cordas tendíneas ligadas às valvas. É contínuo com o epitélio que reveste os grandes vasos sanguíneos.

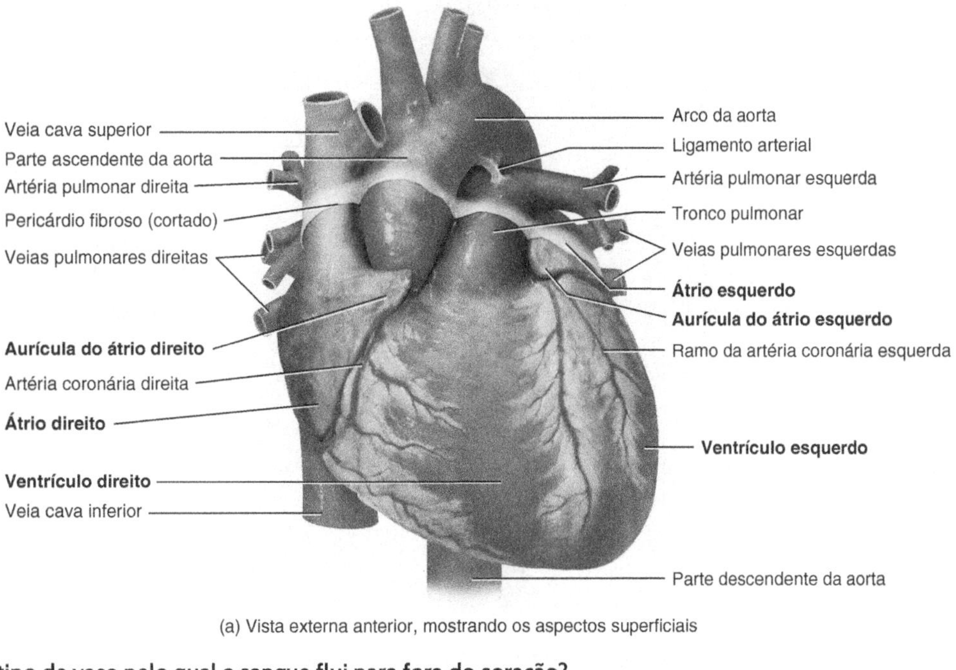

(a) Vista externa anterior, mostrando os aspectos superficiais

Qual o tipo de vaso pelo qual o sangue flui para fora do coração?

Figura 15.3 Estrutura do coração. *(Continua)*

As quatro câmaras do coração são os dois átrios superiores e os dois ventrículos inferiores.

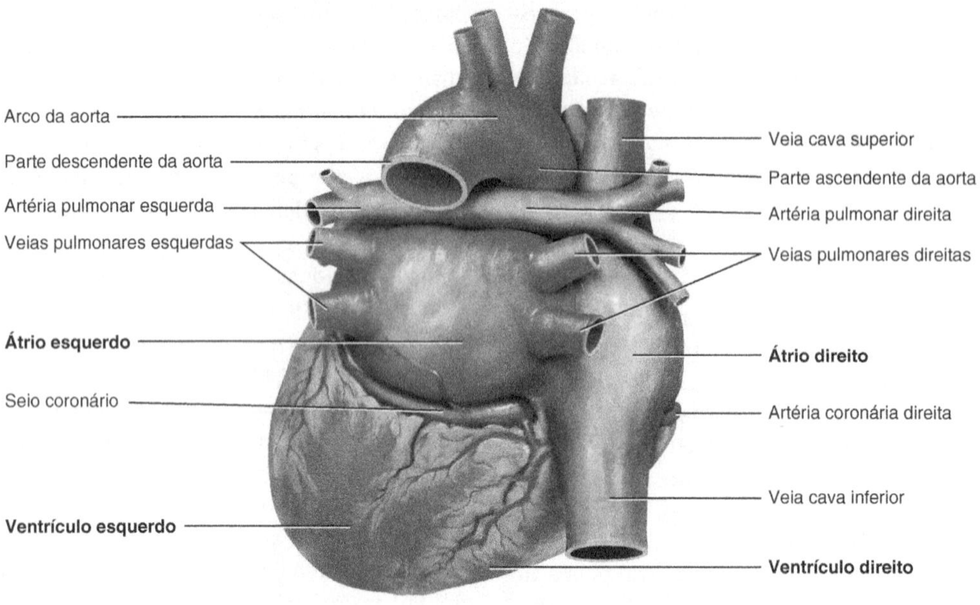

(b) Vista externa posterior, mostrando os aspectos superficiais

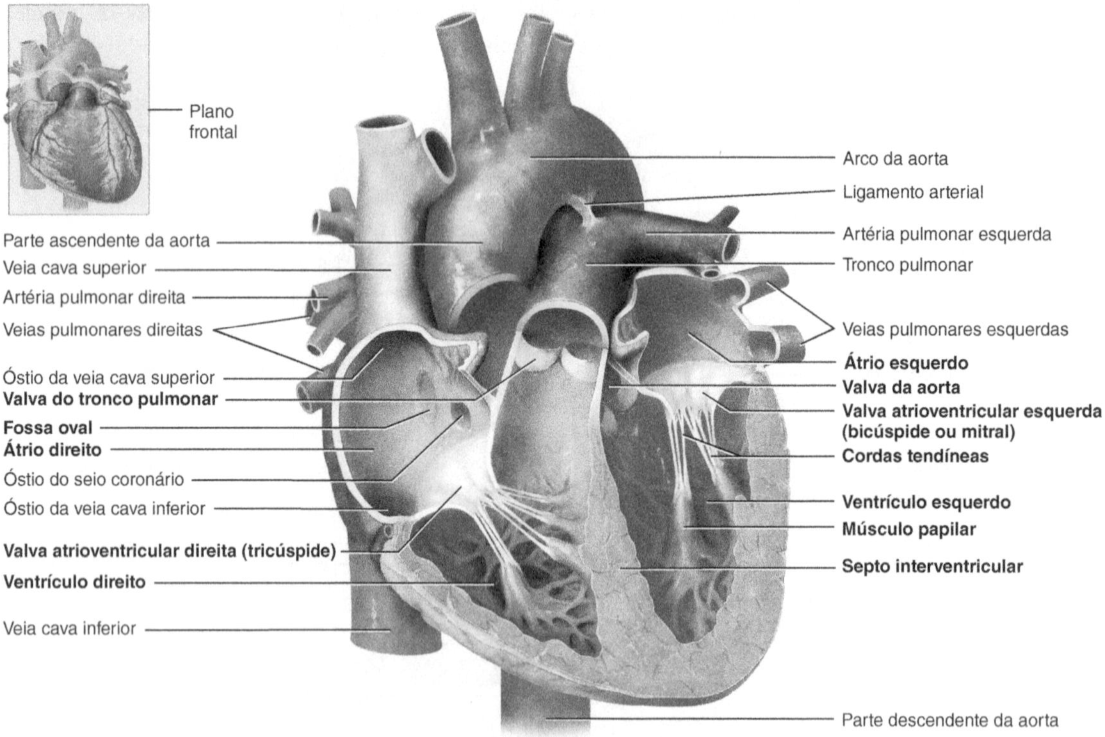

(c) Vista anterior do corte frontal, mostrando a anatomia interna

Figura 15.3 (*Continuação*) **Estrutura do coração.**

Câmaras do coração

O coração contém quatro câmaras (Fig. 15.3). As duas câmaras superiores são os ***átrios***, e as duas câmaras inferiores são os ***ventrículos***. Entre os átrios direito e esquerdo existe uma parede divisória delgada, chamada ***septo interatrial***; uma característica proeminente desse septo é uma depressão oval, chamada ***fossa oval***. É um remanescente do ***forame oval***, uma abertura no coração fetal que direciona o sangue do átrio direito para o átrio esquerdo, a fim de desviá-lo dos pulmões não funcionantes do feto. O forame oval normalmente se fecha logo após o nascimento. O ***septo interventricular*** separa o ventrículo direito do ventrículo esquerdo (ver Fig. 15.3c). Na face anterior de cada átrio, existe uma estrutura enrugada, saculiforme, chamada ***aurícula*** (auri- = orelha), assim denominada pela sua semelhança com uma orelha de cachorro. Cada aurícula aumenta ligeiramente a capacidade de um átrio, de modo que consiga armazenar um maior volume de sangue.

A espessura do miocárdio das câmaras varia de acordo com a quantidade de trabalho que cada câmara tem de realizar. As paredes dos átrios são finas comparadas às dos ventrículos, porque os átrios necessitam apenas de tecido muscular cardíaco suficiente para entregar o sangue aos ventrículos (Fig. 15.3c). O ventrículo direito bombeia sangue apenas para os pulmões (circulação pulmonar); o ventrículo esquerdo bombeia sangue para todas as partes do corpo (circulação sistêmica). O ventrículo esquerdo precisa trabalhar mais arduamente que o ventrículo direito para manter a mesma taxa de fluxo sanguíneo; assim, a parede muscular do ventrículo esquerdo é consideravelmente mais espessa que a parede do ventrículo direito, para superar a maior pressão.

Grandes vasos do coração

O átrio direito recebe ***sangue desoxigenado*** (sangue pobre em oxigênio que forneceu parte de seu oxigênio às células) por meio de três ***veias***, vasos sanguíneos que retornam o sangue ao coração. A ***veia cava superior*** traz sangue basicamente das partes do corpo acima do coração; a ***veia cava inferior*** traz sangue, na sua maior parte, dos segmentos do corpo abaixo do coração; e o ***seio coronário*** drena o sangue proveniente da maioria dos vasos que irrigam a parede do coração (Fig. 15.3b, c). O átrio direito, em seguida, entrega o sangue desoxigenado ao ventrículo direito, que o bombeia para o ***tronco pulmonar***. O tronco pulmonar se divide nas ***artérias pulmonares direita*** e ***esquerda***, e cada uma transporta o sangue ao pulmão correspondente. ***Artérias*** são vasos sanguíneos que conduzem o sangue para longe do coração. Nos pulmões, o sangue desoxigenado descarrega dióxido de carbono e capta o oxigênio. Esse ***sangue oxigenado*** (sangue rico em oxigênio, que é captado à medida que o sangue flui pelos pulmões) em seguida entra no átrio esquerdo por meio de quatro ***veias pulmonares***. Em seguida, o sangue entra no ventrículo esquerdo, que bombeia o sangue para a ***parte ascendente da aorta***. Daqui, o sangue oxigenado é transportado para todas as partes do corpo.

Entre o tronco pulmonar e o arco da aorta existe uma estrutura chamada ***ligamento arterial***. É o remanescente do ***ducto arterial***, um vaso sanguíneo da circulação fetal que permite o desvio da maior parte do sangue dos pulmões fetais não funcionais (ver Seção 16.3).

Valvas do coração

À medida que cada câmara cardíaca se contrai, um volume sanguíneo é ejetado para dentro do ventrículo ou para fora do coração dentro de uma artéria. Para impedir o refluxo do sangue, o coração tem quatro ***valvas***, compostas por tecido conectivo denso recoberto por endotélio. Essas valvas se abrem e fecham em resposta às mudanças de pressão, quando o coração se contrai e relaxa.

Como seu nome indica, as ***valvas atrioventriculares*** (***AV***) ficam entre os átrios e os ventrículos (Fig. 15.3c). A valva atrioventricular direita, situada entre o átrio direito e o ventrículo direito, é também chamada de ***valva tricúspide***, porque consiste em três válvulas (cúspides). As extremidades pontiagudas das válvulas se projetam para dentro do ventrículo. Cordões tendinosos, chamados ***cordas tendíneas***, conectam as extremidades pontiagudas aos ***músculos papilares***, projeções musculares cardíacas localizadas na face interna dos ventrículos. As cordas tendíneas impedem que as válvulas das valvas sejam empurradas para dentro dos átrios, quando os ventrículos se contraem, e estão alinhadas para permitir que as válvulas fechem firmemente as valvas.

A valva AV esquerda, situada entre o átrio esquerdo e o ventrículo esquerdo, é também chamada de ***valva bicúspide*** ou *mitral*. Ela tem duas válvulas que trabalham da mesma maneira que as válvulas da valva AV direita. Para o sangue passar de um átrio para um ventrículo, uma valva AV deve se abrir.

A abertura e o fechamento das valvas são decorrentes das diferenças de pressão de um lado para o outro das valvas. Quando o sangue se move de um átrio para um ventrículo, a valva se abre, os músculos papilares relaxam, e as cordas tendíneas afrouxam (Fig. 15.4a). Quando um ventrículo se contrai, a pressão do sangue ventricular impulsiona as válvulas para cima até que suas bordas se encontrem e fechem o óstio (Fig. 15.4b). Ao mesmo tempo, a contração dos músculos papilares e a tensão nas cordas tendíneas ajudam a impedir que as válvulas se movam para cima, para dentro do átrio.

Próximo à origem do tronco pulmonar e da aorta, encontram-se as ***válvulas semilunares***, chamadas ***valva do tronco pulmonar*** e ***valva da aorta***, que impedem o

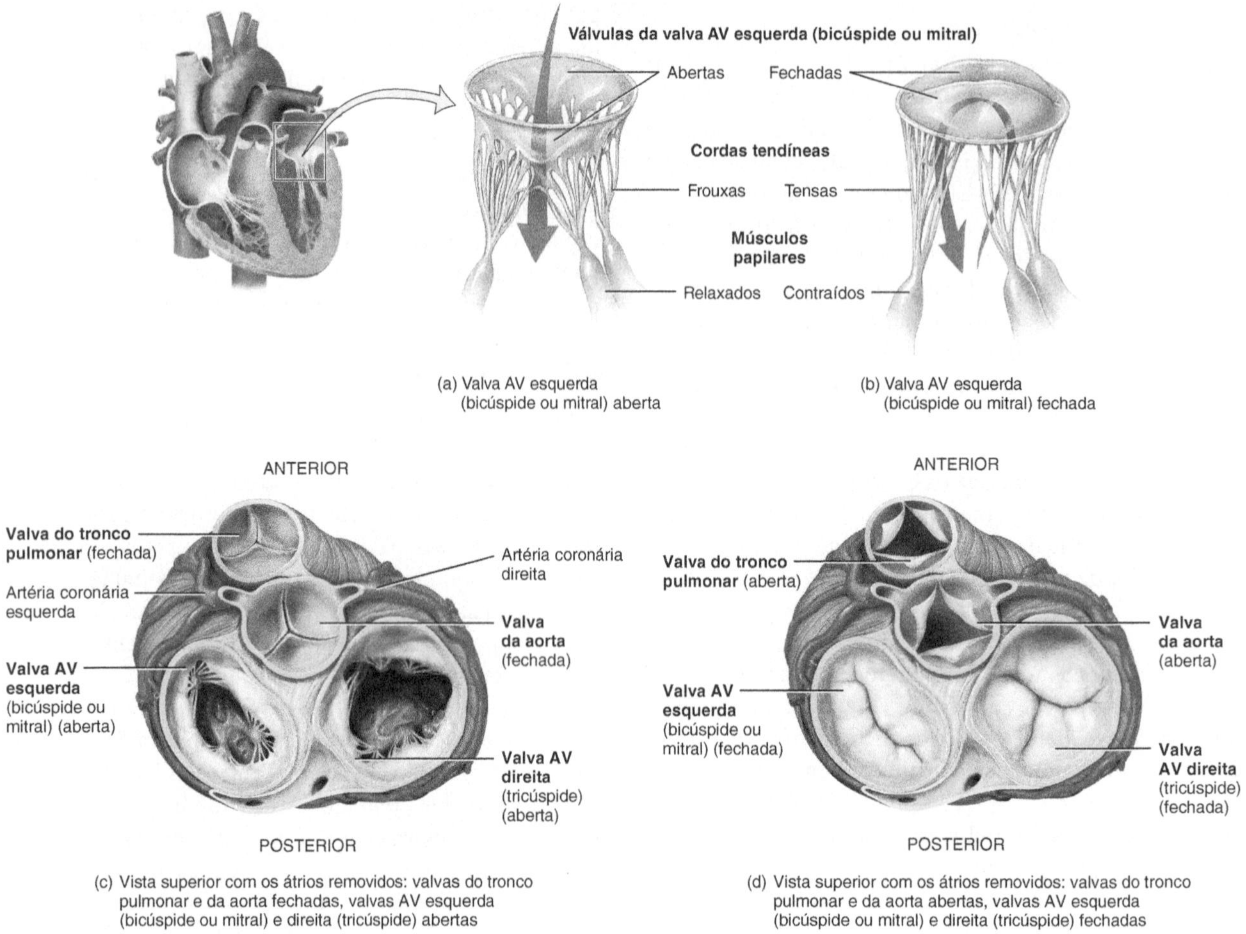

Qual é a função das valvas do coração?

Figura 15.4 Valvas do coração. As valvas atrioventriculares (AV) esquerda (bicúspide ou mitral) e direita (tricúspide) funcionam de maneira semelhante. As valvas do tronco pulmonar e da aorta são válvulas semilunares.

As valvas do coração se abrem e fecham em resposta às mudanças de pressão, quando o coração se contrai e relaxa.

refluxo do sangue para o coração (ver Fig. 15.3c). A valva do tronco pulmonar se situa no óstio, no qual o tronco pulmonar deixa o ventrículo direito. A valva da aorta está situada no óstio, entre o ventrículo esquerdo e a aorta. Cada valva consiste em três válvulas semilunares que se fixam à parede da artéria. Assim como as valvas AV, as válvulas semilunares permitem que o sangue flua em apenas uma direção – nesse caso, dos ventrículos para as artérias.

Quando os ventrículos se contraem, a pressão aumenta em seu interior. As válvulas semilunares se abrem quando a pressão nos ventrículos excede a pressão nas artérias, permitindo a ejeção do sangue dos ventrículos para o tronco pulmonar e a aorta (ver Fig. 15.4d). Quando os ventrículos relaxam, o sangue começa a fluir de volta para o coração. Esse refluxo sanguíneo preenche as válvulas das valvas, que então fecham firmemente as válvulas semilunares (ver Fig. 15.4c).

TESTE SUA COMPREENSÃO

1. Identifique a localização do coração.
2. Descreva as camadas do pericárdio e da parede cardíaca.
3. Como os átrios e os ventrículos diferem em estrutura e função?
4. Quais vasos sanguíneos entram e saem do coração transportando sangue oxigenado? Quais transportam sangue desoxigenado?
5. Na sequência correta, que câmaras e valvas do coração e vasos sanguíneos uma gota de sangue encontraria a partir do momento em que sai do átrio direito até alcançar a aorta?

CORRELAÇÕES CLÍNICAS | Distúrbios das valvas cardíacas

Quando as valvas cardíacas operam normalmente, elas se abrem e se fecham completamente nos momentos apropriados. Um estreitamento da abertura de uma valva do coração que restringe o fluxo de sangue é conhecido como **estenose**; uma falha no fechamento completo de uma valva do coração é denominada **insuficiência** ou *incompetência*. Na **estenose da valva AV esquerda (estenose mitral)**, a formação de uma cicatriz ou um defeito congênito provoca o estreitamento da valva AV esquerda. Uma causa de **insuficiência da valva AV esquerda (insuficiência mitral)**, em que há refluxo de sangue do ventrículo esquerdo para o átrio esquerdo, é o **prolapso da valva AV esquerda** (valva mitral) (PVM). No PVM, uma ou ambas as válvulas da valva AV esquerda se protraem para dentro do átrio esquerdo, durante a contração ventricular. O PVM é um dos distúrbios valvares mais comuns, afetando mais de 30% da população. É mais prevalente nas mulheres do que nos homens e nem sempre representa uma ameaça grave. Na **estenose aórtica**, a valva da aorta está estreitada, e na **insuficiência aórtica**, há refluxo de sangue da aorta para o ventrículo esquerdo.

Se não há possibilidade de reparo cirúrgico de uma valva do coração, esta deve ser substituída. Valvas de tecido (biológicas) podem ser fornecidas por doadores humanos ou por suínos; algumas vezes, valvas mecânicas (artificiais), feitas de plástico ou metal, são usadas. A valva da aorta é a valva cardíaca mais comumente substituída. •

15.2 Fluxo sanguíneo e irrigação do coração

OBJETIVOS

- Explicar como o sangue flui pelo coração.
- Descrever a importância clínica do suprimento sanguíneo do coração.

Fluxo sanguíneo pelo coração

O sangue flui pelo coração a partir de áreas de alta pressão sanguínea para áreas de baixa pressão sanguínea. À medida que as paredes dos átrios se contraem, a pressão do sangue em seu interior aumenta. Esse aumento na pressão sanguínea força as valvas AV a se abrirem, permitindo que o sangue atrial flua através das valvas AV para dentro dos ventrículos.

Depois que os átrios finalizaram a contração, as paredes dos ventrículos se contraem, aumentando a pressão sanguínea ventricular e impulsionando o sangue pelas válvulas semilunares para dentro do tronco pulmonar e da aorta. Ao mesmo tempo, o formato das válvulas das valvas AV propicia que sejam impulsionadas a se fechar, impedindo o refluxo do sangue ventricular para o átrio. A Figura 15.5 resume o fluxo sanguíneo pelo coração.

Suprimento sanguíneo do coração

A parede do coração, como qualquer outro tecido, tem seus próprios vasos sanguíneos. O fluxo de sangue pelos numerosos vasos no miocárdio é chamado de ***circulação coronária*** (*cardíaca*). Os principais vasos coronários são as ***artérias coronárias direita*** e ***esquerda***, que se originam como ramos da parte ascendente da aorta (ver Fig. 15.3a). Cada artéria se ramifica várias vezes para fornecer oxigênio e nutrientes para todo o músculo cardíaco. A maior parte do sangue desoxigenado, que transporta dióxido de carbono e resíduos, é coletada por uma grande veia na face posterior do coração, o ***seio coronário*** (ver Fig. 15.3b), que se esvazia no átrio direito.

A maioria das partes do corpo recebe sangue dos ramos de mais de uma artéria, e, onde duas ou mais artérias suprem a mesma região, elas geralmente se conectam. Essas conexões são chamadas de ***anastomoses*** e fornecem rotas alternativas para o sangue chegar a um órgão ou tecido específico do corpo. O miocárdio contém várias anastomoses que conectam ramos de uma determinada artéria coronária ou se estendem entre os ramos de diferentes artérias coronárias. As anastomoses fornecem desvios para o sangue arterial, caso ocorra obstrução de uma via principal. Assim, o músculo cardíaco pode receber oxigênio suficiente, mesmo se uma de suas artérias coronárias estiver parcialmente bloqueada.

CORRELAÇÕES CLÍNICAS | Reperfusão e radicais livres

Quando o bloqueio de uma artéria coronária priva de oxigênio o músculo cardíaco, a **reperfusão** (restabelecimento do fluxo sanguíneo) também pode danificar o tecido posteriormente. Esse efeito surpreendente é decorrente da formação de **radicais livres de oxigênio**, a partir da reintrodução de oxigênio. Os radicais livres são moléculas que têm um elétron desemparelhado. Essas moléculas são instáveis e altamente reativas, provocando reações em cadeia que levam a dano e morte celulares. Para combater os efeitos dos radicais livres de oxigênio, as células corporais produzem enzimas que convertem os radicais livres em substâncias menos reativas. Além disso, alguns nutrientes, como a vitamina E, a vitamina C, o betacaroteno, o zinco e o selênio, são antioxidantes que removem os radicais livres de oxigênio. Fármacos para diminuir os danos da reperfusão após um ataque cardíaco ou um derrame estão, atualmente, em desenvolvimento. •

TESTE SUA COMPREENSÃO

6. Descreva a principal força que leva o sangue a fluir pelo coração.
7. Por que o sangue que flui pelas câmaras no coração não pode fornecer oxigênio suficiente nem remover dióxido de carbono adequadamente do miocárdio?

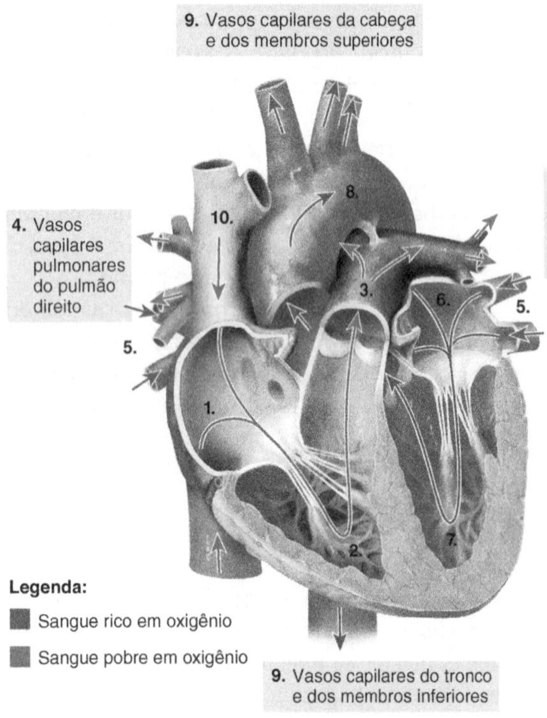

(a) Rota do fluxo sanguíneo pelo coração

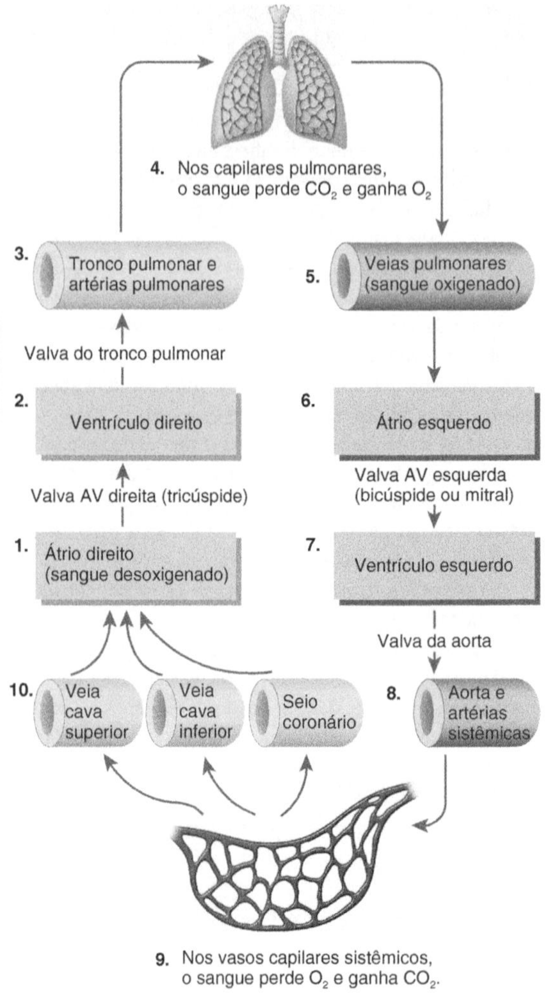

(b) Rota do fluxo sanguíneo nas circulações pulmonar e sistêmica

Quais veias entregam sangue desoxigenado para o átrio direito?

Figura 15.5 **Fluxo sanguíneo pelo coração.**

As artérias coronárias direita e esquerda distribuem o sangue para o coração; as veias coronárias drenam o sangue do coração para o seio coronário.

15.3 Complexo estimulante do coração

OBJETIVO

- Explicar como cada batimento cardíaco é iniciado e mantido.

Aproximadamente 1% das fibras musculares cardíacas são diferentes de todas as outras, porque geram potenciais de ação repetidas vezes e o fazem em um padrão rítmico. Elas continuam estimulando o coração a bater, mesmo depois de sua remoção do organismo – por exemplo, para ser transplantado em outra pessoa – e de todos os seus nervos serem cortados. Os nervos regulam a frequência cardíaca, mas não a determinam. Essas células têm duas funções importantes: agem como um ***marca-passo natural***, estabelecendo o ritmo para todo o coração, e formam o ***complexo estimulante do coração***, a rota para os potenciais de ação por todo o músculo cardíaco. O complexo estimulante do coração assegura que as câmaras do coração sejam estimuladas a se contraírem de forma coordenada, o que faz do coração uma bomba eficiente. Os potenciais de ação cardíacos passam pelos seguintes componentes do complexo estimulante do coração (Fig. 15.6).

1. Normalmente, a excitação cardíaca começa no ***nó sinoatrial*** (***SA***), localizado na parede do átrio direito,

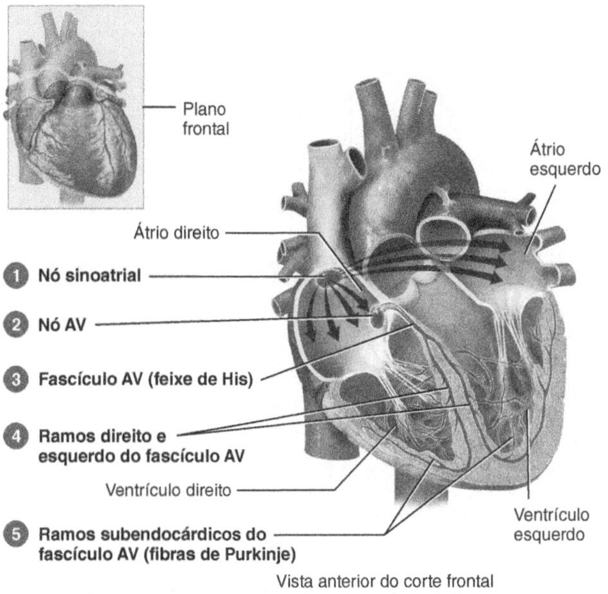

Qual é o componente do complexo estimulante do coração que fornece a única rota para a condução dos potenciais de ação entre os átrios e os ventrículos?

Figura 15.6 Complexo estimulante do coração.
O nó sinoatrial (SA), localizado na parede do átrio direito, é o marca-passo do coração, iniciando os potenciais de ação cardíaca que provocam a contração das câmaras do coração. As setas indicam o fluxo dos potenciais de ação pelos átrios.

O complexo estimulante do coração garante que as câmaras do coração se contraiam de maneira coordenada.

logo abaixo do óstio da veia cava superior. Um potencial de ação surge espontaneamente no nó SA e, em seguida, é conduzido por ambos os átrios pelas junções comunicantes nos discos intercalados das fibras atriais (Fig. 15.2b). Seguindo o potencial de ação, os dois átrios terminam a contração ao mesmo tempo.

2 Propagando-se ao longo das fibras musculares atriais, o potencial de ação também atinge o ***nó AV***, localizado no septo interatrial, imediatamente anterior ao óstio do seio coronariano. No nó AV, o potencial de ação desacelera consideravelmente, proporcionando tempo para os átrios esvaziarem seu sangue dentro dos ventrículos.

3 Do nó AV, o potencial de ação entra no ***fascículo AV*** (também conhecido como ***feixe de His***), localizado no septo interventricular. O fascículo AV é o único local no qual os potenciais de ação são conduzidos dos átrios para os ventrículos.

4 Após propagação ao longo do fascículo AV, o potencial de ação entra em ambos os ***ramos direito*** e ***esquerdo do fascículo AV***, que seguem ao longo do septo interventricular em direção ao ápice do coração.

5 Finalmente, os ***ramos subendocárdicos*** do fascículo AV (***fibras de Purkinje***), com grande diâmetro, rapidamente conduzem o potencial de ação, primeiramente, para o ápice dos ventrículos e, em seguida, para cima, para o restante do miocárdio ventricular. Assim, uma fração de segundo depois de os átrios se contraírem, os ventrículos entram em contração.

O nó SA inicia potenciais de ação aproximadamente 100 vezes por minuto, mais rapidamente do que qualquer outra região do complexo estimulante do coração. Portanto, o nó SA estabelece o ritmo para a contração do coração – é seu marca-passo natural. Vários hormônios e neurotransmissores aceleram ou desaceleram o ritmo do coração, por meio das fibras do nó SA. Em uma pessoa em repouso, por exemplo, a acetilcolina (ACh) liberada pela parte parassimpática da divisão autônoma do sistema nervoso (SNA) normalmente desacelera o ritmo do nó SA para aproximadamente 75 potenciais de ação por minuto, provocando 75 batimentos cardíacos por minuto. Se o nó SA for comprometido ou danificado, as fibras mais lentas do nó AV se tornam o marca-passo. Com a estimulação pelo nó AV, entretanto, a frequência cardíaca é mais lenta, de apenas 40 a 60 batimentos por minuto. Se a atividade de ambos os nós for suprimida, os batimentos cardíacos ainda podem ser mantidos pelo fascículo AV, por um ramo do fascículo ou por ramos subendocárdicos do fascículo AV (fibras de Purkinje). Essas fibras geram potenciais de ação muito lentamente, aproximadamente 20 a 35 vezes por minuto. Nessa frequência cardíaca baixa, o fluxo sanguíneo para o encéfalo é inadequado.

CORRELAÇÕES CLÍNICAS | Marca-passo artificial

Quando a frequência cardíaca está muito baixa, o ritmo cardíaco normal é restabelecido e mantido com a implementação cirúrgica de um **marca-passo artificial**, um dispositivo que envia pequenas cargas elétricas para estimular a contração do coração. Um marca-passo consiste em uma bateria e um gerador de impulsos, normalmente implantado sob a pele, logo abaixo da clavícula. O marca-passo é conectado a um ou dois cabos eletrocardiográficos flexíveis (derivações), que são passados pela veia cava superior e, depois, introduzidos no interior do átrio direito e do ventrículo direito. Muitos dos marca-passos mais novos, chamados de *marca-passos ajustados para atividades*, aceleram automaticamente a frequência cardíaca durante o exercício. •

TESTE SUA COMPREENSÃO

8. Descreva a rota de um potencial de ação pelo complexo estimulante do coração.

15.4 Eletrocardiograma

OBJETIVO

- Descrever o significado e o valor diagnóstico de um eletrocardiograma.

A condução de potenciais de ação pelo coração gera correntes elétricas que são captadas por eletrodos localizados na pele. Um registro das mudanças elétricas que acompanham os batimentos cardíacos é chamado de ***eletrocardiograma***, cuja abreviação é ***ECG*** ou ***EKG***.

Três ondas claramente reconhecíveis acompanham cada batimento cardíaco. A primeira, chamada de ***onda P***, é uma pequena deflexão ascendente no ECG (Fig. 15.7), que representa a despolarização atrial, a fase despolarizante do potencial de ação cardíaco quando se propaga do nó SA em ambos os átrios. A despolarização provoca a contração. Portanto, uma fração de segundo após o início da onda P, os átrios se contraem. Em seguida ocorre o ***complexo QRS***, começa como uma deflexão descendente (Q), continua como uma onda grande, ascendente e triangular (R) e termina como uma onda descendente (S). O complexo QRS representa o início da despolarização ventricular, quando o potencial de ação cardíaca se propaga pelos ventrículos. Logo após o início do complexo QRS, os ventrículos começam a se contrair. A terceira onda é a ***onda T***, uma deflexão ascendente cupuliforme, que indica a repolarização ventricular e ocorre logo antes do início do relaxamento dos ventrículos. A repolarização dos átrios geralmente não é evidente em um ECG, porque é mascarada pelo grande complexo QRS.*

Variações no tamanho e na duração das ondas de um ECG são úteis no diagnóstico de ritmos cardíacos e padrões de condução anormais, e no acompanhamento do curso da recuperação de um ataque cardíaco. Um ECG também revela a presença de um feto vivo.

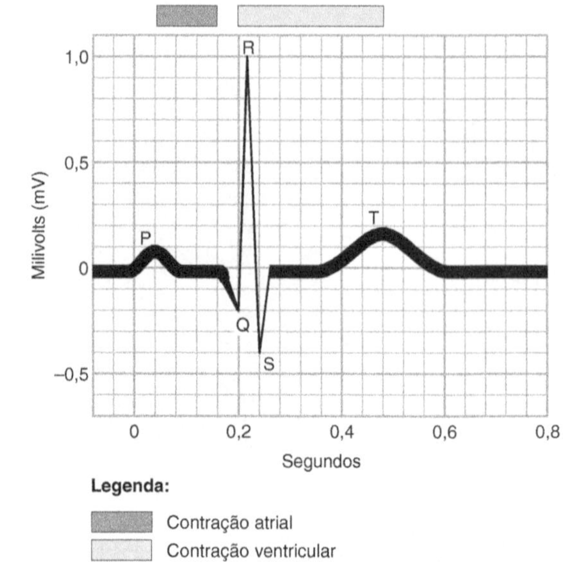

Que evento ocorre em resposta à despolarização atrial?

Figura 15.7 Eletrocardiograma (ECG) normal de um único batimento cardíaco. Onda P, despolarização atrial; complexo QRS, despolarização ventricular; onda T, repolarização ventricular.

Um ECG é um registro da atividade elétrica que inicia cada batimento cardíaco.

TESTE SUA COMPREENSÃO

9. Qual é o significado da onda P, do complexo QRS e da onda T?

15.5 O ciclo cardíaco

OBJETIVO

- Descrever as fases do ciclo cardíaco.

Um único ***ciclo cardíaco*** inclui todos os eventos associados a um batimento cardíaco. Em um ciclo cardíaco normal, os dois átrios se contraem enquanto os dois ventrículos relaxam; a seguir, enquanto os dois ventrículos se contraem, os dois átrios relaxam. O termo ***sístole*** (contração) se refere à fase de contração; ***diástole*** (dilatação ou expansão) se refere à fase de relaxamento. Um ciclo cardíaco consiste em sístole e diástole de ambos os átrios, mais sístole e diástole de ambos os ventrículos.

Para os objetivos de nossa discussão, dividiremos o ciclo cardíaco em três fases (Fig. 15.8):

1. ***Período de relaxamento.*** O período de relaxamento começa no fim de um ciclo cardíaco, quando os ventrículos começam a relaxar e todas as quatro câmaras estão em diástole. A repolarização das fibras musculares dos ventrículos (onda T no ECG) inicia o relaxamento. À medida que os ventrículos relaxam, a pressão em seu interior diminui. Quando a pressão ventricular diminui abaixo da pressão atrial, as valvas AV se abrem, e começa o enchimento ventricular. Aproximadamente 75% do enchimento ventricular ocorre após a abertura das valvas AV e antes da contração dos átrios.**
2. ***Sístole atrial.*** Um potencial de ação proveniente do nó SA provoca a despolarização atrial, marcada pela onda P no ECG. A sístole atrial segue-se à onda P, que marca o término do período de relaxamento. À medida que os átrios se contraem, forçam os últimos 25% de sangue para os ventrículos.** No final da sístole

*N. de R.T. Em geral, o eletrocardiograma é realizado com 12 derivações. A presença e o formato das ondas eletrocardiográficas variam entre essas derivações.

**N. de R.T. Valores de referência para indivíduos em repouso.

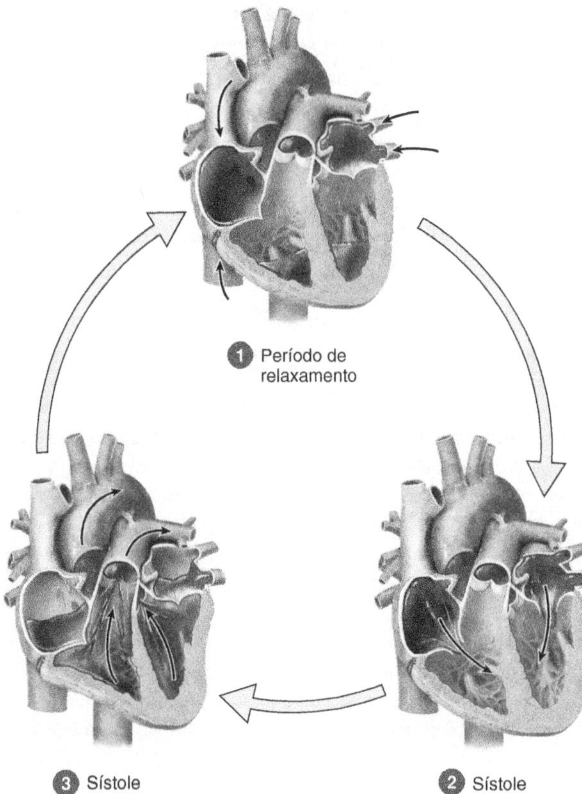

Qual é o termo usado para a fase de contração do ciclo cardíaco? E para a fase de relaxamento?

Figura 15.8 **Ciclo cardíaco.**

O ciclo cardíaco é composto por todos os eventos associados a um batimento cardíaco.

atrial, cada ventrículo contém aproximadamente 130 mL de sangue. As valvas AV ainda estão abertas, e as válvulas semilunares ainda estão fechadas.

3 ***Sístole ventricular***. O complexo QRS, no ECG, indica a despolarização ventricular, que leva à contração dos ventrículos. A contração ventricular impulsiona o sangue contra as valvas AV, forçando-as a se fecharem. À medida que a contração ventricular continua, a pressão no interior das câmaras aumenta rapidamente. Quando a pressão no ventrículo esquerdo supera a pressão aórtica, e a pressão no ventrículo direito eleva-se acima da pressão no tronco pulmonar, ambas as válvulas semilunares se abrem, e começa a ejeção de sangue do coração. A ejeção continua até que os ventrículos comecem a relaxar. Em repouso, o volume de sangue ejetado de cada ventrículo, durante a sístole ventricular, é de aproximadamente 70 mL. Quando os ventrículos começam a relaxar, a pressão ventricular diminui, as válvulas semilunares se fecham, e um novo período de relaxamento se inicia.

Em repouso, cada ciclo cardíaco dura em torno de 0,8 segundo. Em um ciclo completo, o primeiro 0,4 segundo do ciclo corresponde ao período de relaxamento, quando todas as quatro câmaras estão em diástole. Em seguida, os átrios entram em sístole durante 0,1 segundo, e em diástole durante o próximo 0,7 segundo. Após a sístole atrial, os ventrículos entram em sístole durante 0,3 segundo e em diástole durante 0,5 segundo. Quando o coração bate mais rápido, durante o exercício físico, por exemplo, o período de relaxamento é mais curto.

Bulhas cardíacas

O som do batimento cardíaco se origina basicamente da turbulência no fluxo sanguíneo, criada pelo fechamento das valvas, e não da contração do músculo cardíaco. O primeiro som, ***lubb***, é um som longo e crescente das válvulas AV se fechando, logo após o início da sístole ventricular. O segundo som, ***dupp***, um som curto e agudo, é das válvulas semilunares se fechando, ao final da sístole ventricular. Há uma pausa durante o período de relaxamento. Assim, o ciclo cardíaco é ouvido como: lubb-dupp, pausa; lubb-dupp, pausa; lubb-dupp, pausa.

CORRELAÇÕES CLÍNICAS | Sopros cardíacos

As bulhas cardíacas fornecem informação valiosa sobre a operação mecânica do coração. Um **sopro cardíaco** é um som anormal que consiste em um ruído de estalido, jorro ou gorgolejo, escutado antes, entre ou após as bulhas cardíacas normais, ou que pode mascarar as bulhas cardíacas normais. Os sopros cardíacos, nas crianças, são extremamente comuns, e em geral não representam um problema de saúde. Esses tipos de sopros cardíacos com frequência diminuem ou desaparecem com o crescimento da criança. Embora alguns sopros em adultos sejam inocentes, na maioria das vezes um sopro indica um distúrbio de valva. •

TESTE SUA COMPREENSÃO

10. Explique os eventos que ocorrem durante cada uma das três fases do ciclo cardíaco.
11. O que provoca os sons do coração?

15.6 Débito cardíaco

OBJETIVOS

- Definir débito cardíaco, explicar como é calculado e descrever como é regulado.

O volume de sangue ejetado por minuto, do ventrículo esquerdo para a aorta, é chamado de ***débito cardíaco*** (***DC***). (Observe que a mesma quantidade de sangue também é ejetada do ventrículo direito para o tronco pulmonar.) O débito cardíaco é determinado (1) pelo ***volume sistólico* (*VS*)**, a quantidade de sangue ejetada pelo ventrículo esquerdo, durante cada batimento (contração), e (2) pela ***frequência cardíaca* (*FC*)**, o número de batimentos cardíacos por minuto. No adulto em repouso, o VS médio é de 70 mL, e a FC é de aproximadamente 75 batimentos por minuto. Portanto, o DC médio no adulto em repouso é:

Débito cardíaco = Volume sistólico x frequência cardíaca
= 70 mL/batimento × 75 batimentos/min
= 5.250 mL/min ou 5,25 litros/min

Os fatores que aumentam o VS ou a FC, como o exercício, aumentam o DC.

Regulação do volume sistólico

Embora um pouco de sangue seja sempre deixado nos ventrículos no fim de sua contração, um coração saudável bombeia para fora o sangue que entrou em suas câmaras durante a diástole prévia. Quanto mais sangue retornar ao coração durante a diástole, mais sangue será ejetado durante a próxima sístole. Três fatores regulam o VS e asseguram que os ventrículos direito e esquerdo bombeiem volumes iguais de sangue:

1. **O grau de distensão do coração antes da contração.** Dentro de determinados limites, quanto mais o coração é distendido à medida que enche durante a diástole, maior será a força de contração durante a sístole, uma relação conhecida como a ***lei de Frank-Starling para o coração.*** A situação é um pouco parecida com o estiramento de um elástico: quanto mais você estica o coração, maior a força de contração. Em outras palavras, dentro dos limites fisiológicos, o coração bombeia todo o sangue que recebe. Se a parte esquerda do coração bombear um pouco mais de sangue do que a parte direita, um volume maior de sangue retorna ao ventrículo direito. No próximo batimento, o ventrículo direito se contrairá com mais força, e os dois lados estarão novamente em equilíbrio.
2. **A força de contração de cada fibra muscular ventricular.** Mesmo em um grau constante de distensão, o coração se contrai com mais ou menos força quando certas substâncias estão presentes. A estimulação da parte simpática do SNA, hormônios como a epinefrina (adrenalina) e a norepinefrina (noradrenalina), o aumento do nível de Ca^{2+} no líquido intersticial e medicamentos digitálicos aumentam a força de contração das fibras musculares cardíacas. Em contrapartida, a inibição da parte simpática do SNA, a anoxia, a acidose, alguns anestésicos e o aumento do nível de K^{+} no líquido extracelular diminuem a força de contração.
3. **A pressão necessária para ejetar o sangue dos ventrículos.** As válvulas semilunares se abrem, e a ejeção de sangue do coração se inicia, quando a pressão no ventrículo direito excede a pressão no tronco pulmonar e quando a pressão no ventrículo esquerdo excede a pressão na aorta. Quando a pressão necessária é mais alta do que a normal, as valvas se abrem mais tarde do que o normal, o VS diminui, e mais sangue permanece nos ventrículos ao fim da sístole.

CORRELAÇÕES CLÍNICAS | Insuficiência cardíaca congestiva

Na insuficiência cardíaca congestiva (ICC), o coração é uma bomba que está com defeito. Bombeia menos sangue e com menos eficiência, deixando mais sangue nos ventrículos ao fim de cada ciclo. O resultado é um ciclo de retroalimentação positiva: o bombeamento menos eficiente leva a uma capacidade ainda menor de bombeamento. Frequentemente, um lado do coração começa a falhar antes do outro. Se o ventrículo esquerdo falha primeiro, não consegue bombear para fora todo o sangue que recebe, e o sangue se acumula nos pulmões. O resultado é o *edema pulmonar*, acúmulo de líquido nos pulmões, que leva à sufocação. Se o ventrículo direito falhar primeiro, o sangue se acumula nos vasos sanguíneos sistêmicos. Nesse caso, o *edema periférico* resultante é geralmente mais evidente como um inchaço nos pés e nos tornozelos. As causas comuns de ICC são doença arterial coronariana (ver Distúrbios Comuns), hipertensão crônica, infartos do miocárdio e distúrbios das valvas. •

Regulação da frequência cardíaca

Os ajustes da FC são importantes para o controle no curto prazo do DC e da pressão sanguínea. Se fosse deixado à própria sorte, o nó SA estabeleceria uma FC constante de cerca 100 batimentos por minuto. Entretanto, os tecidos necessitam de volumes diferentes de fluxo sanguíneo, em diferentes condições. Durante o exercício, por exemplo, o DC aumenta para suprir os tecidos em atividade, com aumento nas quantidades de oxigênio e nutrientes. Os fatores mais importantes na regulação da FC são o SNA e os hormônios epinefrina e norepinefrina, liberados pelas glândulas suprarrenais.

Regulação autônoma da frequência cardíaca

A regulação do coração pelo sistema nervoso se origina no ***centro cardiovascular* (*CV*)**, no bulbo. Essa região do tronco encefálico recebe influxos provenientes de uma variedade de receptores sensitivos e de centros encefálicos superiores, como o sistema límbico e o córtex cerebral. O centro cardiovascular direciona respostas apropriadas, aumentando ou diminuindo a frequência de impulsos nervosos enviados para as partes simpática e parassimpática do SNA (Fig. 15.9).

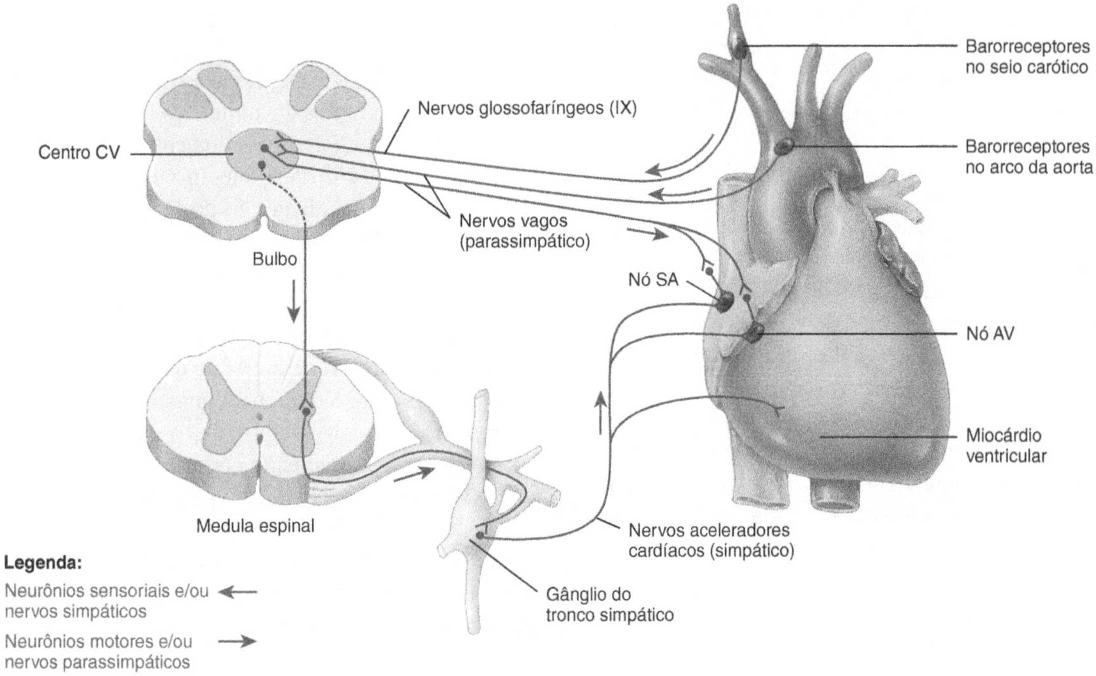

Que efeito tem a ACh, liberada pelos nervos parassimpáticos, sobre a FC?

Figura 15.9 Regulação da frequência cardíaca pela divisão autônoma do sistema nervoso.

O centro cardiovascular, no bulbo, controla os nervos simpáticos e parassimpáticos que inervam o coração.

Emergindo do centro CV, estão neurônios simpáticos que chegam ao coração pelos ***nervos aceleradores cardíacos*** que inervam o complexo estimulante do coração, os átrios e os ventrículos. A norepinefrina liberada pelos nervos aceleradores cardíacos aumenta a FC. Originando-se do centro CV, estão os neurônios parassimpáticos que chegam ao coração pelos ***nervos vagos (X)***. Esses neurônios parassimpáticos se estendem até o complexo estimulante do coração e os átrios. O neurotransmissor que liberam – a ACh – diminui a FC pela desaceleração da atividade de marca-passo do nó SA.

Vários tipos de receptores sensoriais fornecem informações para o centro CV. Por exemplo, os ***barorreceptores***, neurônios sensíveis a variações da pressão sanguínea, estão estrategicamente localizados no arco da aorta e nas artérias carótidas (artérias no pescoço que fornecem sangue ao encéfalo). Se houver um aumento na pressão sanguínea, os barorreceptores enviam impulsos nervosos ao longo dos neurônios sensoriais que fazem parte dos nervos glossofaríngeo (IX) e vago (X), para o centro CV (Fig. 15.9). O centro CV responde enviando mais impulsos nervosos ao longo dos neurônios parassimpáticos (motores), que também fazem parte do nervo vago (X), e diminuindo a estimulação do acelerador cardíaco. A diminuição resultante na FC diminui o DC e, por consequência, diminui a pressão sanguínea. Se a pressão sanguínea diminuir, os barorreceptores não estimulam o centro CV. Como resultado dessa ausência de estimulação, a FC aumenta, o DC aumenta, e a pressão sanguínea sobe para o nível normal. Os ***quimiorreceptores***, neurônios sensíveis a variações químicas no sangue, detectam alterações nos níveis sanguíneos de substâncias químicas, como O_2, CO_2 e H^+. Sua relação com o centro CV é considerada no Capítulo 16, com referência à pressão sanguínea (ver Seção 16.2).

Regulação química da frequência cardíaca

Determinadas substâncias químicas influenciam tanto a fisiologia básica do músculo cardíaco quanto a frequência de contração. As substâncias químicas com efeitos expressivos sobre o coração se encaixam em uma das duas categorias a seguir.

1. **Hormônios.** Epinefrina e norepinefrina (da medula da glândula suprarrenal) melhoram a eficácia do bombeamento do coração, aumentando tanto a FC quanto a força de contração. Exercício, estresse e excitação provocam a liberação de mais hormônios pela medula da glândula suprarrenal. Os hormônios tireoidianos também aumentam a frequência cardíaca. Um sinal de hipertireoidismo (níveis excessivos de hormônios tireoidianos) é a taquicardia (elevação da FC em repouso).

2. **Íons.** A elevação dos níveis sanguíneos de K^+ ou Na^+ diminui a FC e a força de contração. Um aumento moderado no nível de Ca^{2+} extracelular e intracelular aumenta a FC e a força de contração.

Outros fatores na regulação da frequência cardíaca

Idade, sexo, aptidão física e temperatura corporal também influenciam na FC em repouso. É provável que um bebê recém-nascido tenha uma FC em repouso acima de 120 batimentos por minuto; a frequência, em seguida, diminui durante toda a infância até a vida adulta, para o nível de 75 batimentos por minuto. Mulheres adultas, em geral, têm uma FC em repouso levemente mais alta que a dos homens adultos, embora o exercício regular tenda a diminuir a frequência em repouso em ambos os sexos. À medida que os adultos envelhecem, sua FC pode aumentar.

O aumento da temperatura corporal, como ocorre na febre ou no exercício extenuante, aumenta a FC, estimulando o nó SA a descarregar mais rapidamente. A diminuição da temperatura corporal reduz a FC e a força de contração. Durante o reparo cirúrgico de determinadas anormalidades cardíacas, é útil diminuir a FC do paciente, resfriando deliberadamente seu corpo.

TESTE SUA COMPREENSÃO

12. Descreva como o VS é regulado.
13. Como o SNA ajuda a regular a FC?

15.7 Exercício e coração

OBJETIVO

- Explicar a relação entre o exercício e o coração.

O condicionamento cardiovascular de uma pessoa é melhorado em qualquer idade com o exercício físico regular. Alguns tipos de exercícios são mais eficazes do que outros para melhorar a saúde do sistema circulatório. O ***exercício aeróbio***, qualquer atividade que trabalhe os grandes músculos do corpo durante pelo menos 20 minutos, eleva o DC e acelera a taxa metabólica. Três a cinco sessões desse tipo por semana são geralmente recomendadas para melhorar a saúde do sistema circulatório. A caminhada vigorosa, a corrida, o ciclismo, o esqui em campo aberto e a natação são exemplos de atividades aeróbias.

O exercício sistemático aumenta a demanda de oxigênio dos músculos. O atendimento a essa demanda depende principalmente da adequação do DC e do funcionamento apropriado do sistema respiratório. Após diversas semanas de treinamento, uma pessoa saudável aumenta seu DC máximo (a quantidade de sangue ejetada dos ventrículos nas suas respectivas artérias por minuto), aumentando, assim, a intensidade máxima de oferta de oxigênio para os tecidos. A oferta de oxigênio também aumenta, pois os músculos esqueléticos desenvolvem mais redes de vasos capilares, em resposta ao treinamento no longo prazo.

Durante uma atividade vigorosa, um atleta bem treinado alcança o dobro do DC de uma pessoa sedentária, em parte porque o treinamento provoca hipertrofia (aumento) do coração. Essa condição é chamada de ***cardiomegalia fisiológica***. Uma ***cardiomegalia patológica*** está relacionada a doenças significativas do coração. Embora o coração de um atleta bem treinado seja maior, o DC *em repouso* permanece semelhante ao de uma pessoa sem treino, pois o *VS* aumenta enquanto a FC diminui. A FC em repouso de um atleta bem treinado frequentemente é de apenas 40 a 60 batimentos por minuto (*bradicardia em repouso*). O exercício regular também ajuda a reduzir a pressão sanguínea, a ansiedade e a depressão; controla o peso; e aumenta a capacidade do corpo de dissolver coágulos sanguíneos.

TESTE SUA COMPREENSÃO

14. O que é exercício aeróbio? Por que os exercícios aeróbios são benéficos?

• • •

O coração é a bomba sanguínea do sistema circulatório, mas são os vasos sanguíneos que distribuem o sangue para todas as partes do corpo e coletam o sangue. No próximo capítulo, veremos como os vasos sanguíneos realizam essa tarefa.

DISTÚRBIOS COMUNS

Doença arterial coronariana

Doença arterial coronariana (DAC) é um problema médico grave que afeta aproximadamente 7 milhões de pessoas e provoca em torno de 750.000 mortes nos Estados Unidos a cada ano. A DAC é definida como os efeitos do acúmulo de placas ateroscleróticas (descritas em breve) nas artérias coronarianas, o que leva à redução do fluxo sanguíneo para o miocárdio. Alguns indivíduos não apresentam qualquer sinal ou sintoma, outros experimentam angina pectoris (dor no peito), e outros ainda sofrem um ataque cardíaco.

Pessoas que têm combinações de determinados fatores de risco são mais propensas a desenvolver DAC. Os *fatores de risco* (características, sintomas ou sinais que estão estatisticamente associados a uma maior probabilidade de desenvolver uma doença) incluem tabagismo, pressão sanguínea alta, diabetes, níveis elevados de colesterol, obesidade, personalidade "tipo A",* estilo de vida sedentário e história familiar de DAC. A maioria desses fatores é modificada por mudança na dieta e em outros hábitos ou é controlada por medicamentos. Entretanto, outros fatores de risco não são modificáveis – isto é, estão além do nosso controle –, incluindo predisposição genética (história familiar de DAC em uma idade precoce), idade e sexo. Por exemplo, um adulto do sexo masculino é mais propenso a desenvolver DAC do que uma mulher adulta; após os 70 anos de idade, os riscos são aproximadamente iguais para os sexos. O tabagismo é, sem dúvida, o principal fator de risco em todas as doenças associadas à DAC, praticamente dobrando o risco de morbidade e mortalidade.

Inúmeros outros fatores de risco (todos modificáveis) são identificados como preditores significativos de DAC. *Proteínas C reativas* (*PCRs*) são proteínas produzidas pelo fígado ou presentes no sangue em uma forma inativa, que são convertidas em uma forma ativa durante a inflamação. As PCRs podem desempenhar uma função direta no desenvolvimento da aterosclerose, por meio da promoção da captação de LDLs pelos macrófagos. A *lipoproteína (a)* é uma partícula semelhante à LDL que se liga às células endoteliais, aos macrófagos e às plaquetas, podendo promover a proliferação de fibras musculares lisas e inibir a dissolução dos coágulos sanguíneos. O *fibrinogênio* é uma glicoproteína que participa na coagulação sanguínea e pode ajudar a regular a proliferação celular, a vasoconstrição e a agregação plaquetária. A *homocisteína* é um aminoácido que pode induzir o dano aos vasos sanguíneos, pela promoção da agregação plaquetária e da proliferação das fibras musculares lisas.

Aterosclerose é uma doença progressiva, caracterizada pela formação de lesões, chamadas ***placas ateroscleróticas***, nas paredes das artérias de tamanho médio e grande (Fig. 15.10).

Para entender como as placas ateroscleróticas se desenvolvem, precisamos conhecer as moléculas produzidas pelo fígado e pelo intestino delgado chamadas ***lipoproteínas***. Essas partículas esféricas consistem em um núcleo interno de triglicerídeos e outros lipídeos, e em uma cápsula externa de proteínas, fosfolipídeos e colesterol. Duas lipoproteínas importantes são as ***lipoproteínas de baixa densidade*** ou ***LDLs*** (do inglês *low density lipoprotein*) e as ***lipoproteínas de alta densidade*** ou ***HDLs*** (do inglês *high density lipoprotein*). As LDLs transportam o colesterol do fígado para as células corporais, para ser usado no reparo da membrana celular e na produção de hormônios esteroides e sais biliares. Entretanto, quantidades excessivas de LDL promovem a aterosclerose, por isso o colesterol nessas partículas é conhecido como o "mau colesterol". As HDLs, em contrapartida, removem o excesso de colesterol das células corporais e transportam para o fígado para eliminação. Como as HDLs diminuem o nível de colesterol no sangue, o colesterol nas HDLs é conhecido como o "bom colesterol". Basicamente, queremos que nossa LDL seja baixa e que nossa HDL seja alta.

Recentemente, aprendemos que a inflamação, uma resposta defensiva do corpo ao dano tecidual, desempenha uma função fundamental no desenvolvimento das placas ateroscleróticas. Como resultado do dano, os vasos sanguíneos se dilatam e aumentam sua permeabilidade. A formação das placas ateroscleróticas se inicia quando o excesso de LDLs do sangue se acumula na parede arterial e sofre oxidação. Em resposta, as células endoteliais e musculares lisas da artéria secretam substâncias que atraem os monócitos do sangue e os convertem em macrófagos. Esses macrófagos realizam a ingestão de partículas de LDLs oxidadas, e se tornam tão cheios delas que ficam com uma aparência espumosa, quando observados ao microscópio (***células espumosas***). Juntamente com as células T (linfócitos T), as células espumosas formam uma ***camada gordurosa***, o início de uma placa aterosclerótica. Após a for-

*N. de R.T. A personalidade tipo A foi definida pelos cardiologistas Meyer Friedman e Ray Rosenman que relacionaram à maior propensão para cardiopatia isquêmica. Indivíduos com personalidade tipo A são mais propensas ao stress, ou seja, são mais impacientes, apressados, competitivos, ansiosos, perfeccionistas, que levam a vida em ritmo acelerado, e sentem-se culpados quando descansam ou relaxam (www.anpad.org.br/admin/pdf/EOR-B462.pdf).

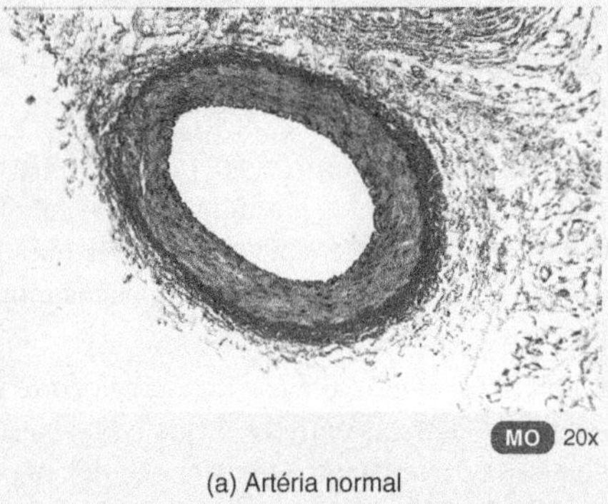

(a) Artéria normal

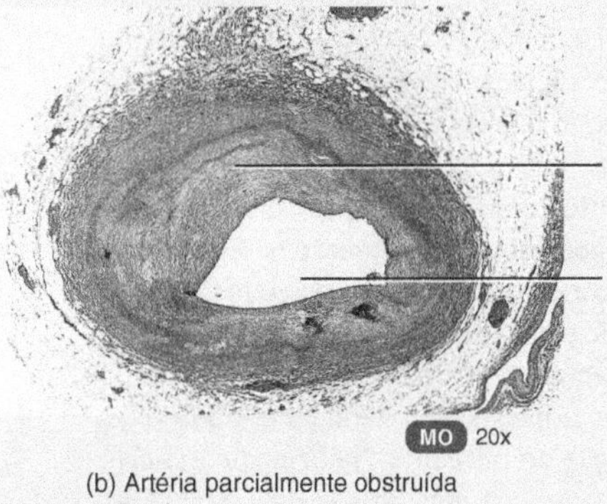

(b) Artéria parcialmente obstruída

Quais substâncias fazem parte de uma placa aterosclerótica?

Figura 15.10 Fotomicrografias de cortes transversos de (a) uma artéria normal e (b) uma artéria parcialmente obstruída pela placa aterosclerótica.

Aterosclerose é uma doença progressiva, provocada pela formação de placas ateroscleróticas.

mação da camada gordurosa, as células musculares lisas da artéria migram para a parte superior da placa aterosclerótica, formando uma cobertura e, desse modo, separam-na do sangue.

Como a maioria das placas ateroscleróticas se expande para longe da corrente sanguínea, em vez de para dentro dela, o sangue flui por uma artéria com relativa facilidade, muitas vezes por décadas. A maioria dos ataques cardíacos ocorre quando a cobertura das placas se rompe em resposta às substâncias químicas produzidas pelas células espumosas, provocando a formação de um coágulo. Se o coágulo em uma artéria coronária for grande o bastante, ele diminui significativamente ou cessa o fluxo sanguíneo, o que resulta em ataque cardíaco.

As opções de tratamento para a DAC incluem medicamentos (fármacos anti-hipertensivos, nitroglicerina, betabloqueadores e agentes que reduzem o colesterol e dissolvem os coágulos) e vários procedimentos cirúrgicos e não cirúrgicos destinados a aumentar a irrigação sanguínea para o coração.

Isquemia e infarto do miocárdio

A obstrução parcial do fluxo sanguíneo nas artérias coronárias pode causar ***isquemia miocárdica***, uma condição de redução do fluxo sanguíneo para o miocárdio. Geralmente, a isquemia provoca ***hipóxia*** (redução do suprimento de oxigênio), que pode enfraquecer as células sem matá-las. ***Angina pectoris***, que significa literalmente "peito estrangulado", é uma dor intensa que geralmente acompanha a isquemia miocárdica. Normalmente, os pacientes a descrevem como uma sensação de aperto ou compressão, como se o peito estivesse em um torno. A dor associada com a angina pectoris é frequentemente referida ao pescoço ou ao mento, ou desce pelo braço esquerdo até o cotovelo. A ***isquemia miocárdica silenciosa***, episódios isquêmicos sem dor, é particularmente perigosa, porque a pessoa não é previamente alertada sobre um ataque cardíaco iminente.

A obstrução completa do fluxo sanguíneo em uma artéria coronária pode resultar em um ***infarto do miocárdio*** (***IM***), comumente chamado de *ataque cardíaco*. *Infarto* significa a morte de uma área de tecido, decorrente da interrupção da irrigação sanguínea. Uma vez que o tecido cardíaco distal à obstrução morre e é substituído por tecido cicatricial não contrátil, o músculo cardíaco perde um pouco de sua força. Dependendo da extensão e da localização da área infartada (morta), um infarto pode, ao desencadear uma fibrilação ventricular, perturbar o complexo estimulante do coração e provocar morte súbita. O tratamento de um IM pode envolver a injeção de um agente trombolítico (que dissolve coágulo), como a estreptoquinase ou o ativador do plasminogênio tecidual (tPA, do inglês *tissue plasminogen activator*), mais heparina (um anticoagulante), ou a realização de uma angioplastia coronária ou outro tipo de cirurgia de revascularização do miocárdio. Felizmente, o músculo cardíaco permanece vivo em uma pessoa em repouso, se receber pelo menos 10-15% da sua irrigação sanguínea normal.

Defeitos congênitos

Um defeito que existe no nascimento (e geralmente antes dele) é um ***defeito congênito***. Entre os diversos defeitos congênitos que afetam o coração estão os seguintes:

- No ***ducto arterial patente*** (***DAP***), o ducto arterial (vaso sanguíneo temporário) entre a aorta e o tronco pulmonar, que normalmente se fecha logo após o nascimento, permanece aberto (ver Fig. 16.17). O fechamento do ducto arterial deixa um remanescente chamado ligamento arterial (ver Fig. 15.3a).
- O ***defeito do septo atrial*** (***DSA***) é provocado pelo fechamento incompleto do septo interatrial. O tipo mais comum envolve o forame oval, que normalmente se fecha logo após o nascimento (ver Fig. 16.17).
- O ***defeito do septo ventricular*** (***DSV***) é provocado pelo fechamento incompleto do septo interventricular.
- A ***estenose valvar*** é o estreitamento de uma das valvas associadas ao fluxo sanguíneo no coração.
- A ***tetralogia de Fallot*** é uma combinação de quatro defeitos: um defeito no septo interventricular; uma aorta que emerge de ambos os ventrículos, em vez de emergir apenas do ventrículo esquerdo; um estreitamento da valva do tronco pulmonar; e um aumento no ventrículo direito.

Alguns defeitos cardíacos congênitos estão sendo corrigidos cirurgicamente antes do nascimento, a fim de evitar complicações na época do parto ou logo após o nascimento.

Arritmias

O ritmo habitual de batimentos cardíacos, estabelecido pelo nó SA, é chamado de ***ritmo sinusal normal***. O termo ***arritmia*** ou ***disritmia*** se refere a um ritmo anormal resultante de um defeito no complexo estimulante do coração. O coração pode bater irregularmente, de forma muito acelerada ou muito lenta. Sintomas incluem dor torácica, falta de ar, tontura, vertigem e desmaio. As arritmias podem ser provocadas por fatores que estimulam o coração, como estresse, cafeína, álcool, nicotina, cocaína e determinadas substâncias que contenham cafeína ou outros estimulantes. As arritmias também podem ser provocadas por defeito congênito, DAC, IM, hipertensão, valvas cardíacas defeituosas, doença reumática cardíaca, hipertireoidismo e deficiência de potássio.

A seguir, alguns tipos de arritmias:

- ***Taquicardia supraventricular*** (***TSV***) é uma FC rápida (160 a 200 batimentos por minuto), mas regular, que se origina nos átrios. Os episódios começam e terminam subitamente e podem durar desde poucos minutos a várias horas.
- ***Bloqueio cardíaco*** é uma arritmia que ocorre quando as trajetórias elétricas entre os átrios e os ventrículos são bloqueadas, retardando a transmissão dos impulsos nervosos. O local mais comum de bloqueio é o nó AV, uma condição chamada de *bloqueio atrioventricular* (*AV*).
- ***Contração atrial prematura*** (***CAP***) é um batimento cardíaco que ocorre mais cedo do que o esperado e interrompe brevemente o ritmo cardíaco normal. Com frequência provoca uma sensação de batimento cardíaco ausente, seguido por batimento cardíaco mais forte. As

CAPs se originam no miocárdio atrial e são comuns em indivíduos saudáveis.

- ***Flutter atrial*** consiste em contrações atriais regulares e rápidas (240 a 360 batimentos por minuto), acompanhadas de um bloqueio AV em que alguns dos impulsos nervosos do nó SA não são conduzidos pelo nó AV.
- ***Fibrilação atrial*** é uma arritmia comum, que afeta basicamente idosos, na qual a contração das fibras atriais é assíncrona (não tem sincronia), de modo que o bombeamento atrial cessa completamente. Os átrios podem bater de 300 a 600 vezes por minuto. Os ventrículos também podem acelerar, resultando em um rápido batimento cardíaco (acima de 160 batimentos por minuto).
- ***Contração ventricular prematura*** (***CVP***) é outra forma de arritmia, que surge quando um *foco ectópico*, uma região do coração diferente do complexo estimulante do coração, torna-se mais excitável que o normal e faz um ocasional potencial de ação anormal ocorrer. À medida que uma onda de despolarização se propaga do foco ectópico, provoca uma ***contração (batimento) ventricular prematura***. A contração ocorre mais cedo na diástole, anterior ao momento em que o nó SA está normalmente programado para descarregar seu potencial de ação. As contrações ventriculares prematuras podem ser relativamente benignas e podem ser provocadas por estresse emocional, ingestão excessiva de estimulantes como cafeína, álcool ou nicotina e falta de sono. Em outros casos, os batimentos prematuros podem refletir uma doença subjacente.
- ***Taquicardia ventricular*** (***TV***) é uma arritmia que se origina nos ventrículos, caracterizada por quatro ou mais contrações ventriculares prematuras, que faz os ventrículos baterem muito rapidamente (pelo menos 120 batimentos por minuto). A TV é quase sempre associada a doença cardíaca ou a um IM recente e pode evoluir para uma arritmia muito grave chamada fibrilação ventricular (descrita a seguir). Uma TV prolongada é perigosa porque os ventrículos não se enchem corretamente e, por consequência, não bombeiam sangue suficiente. O resultado pode ser pressão sanguínea baixa e insuficiência cardíaca.
- ***Fibrilação ventricular*** (***FV***) é a mais letal das arritmias, na qual as contrações das fibras ventriculares são completamente assíncronas, de modo que os ventrículos tremem em vez de se contraírem de maneira coordenada. Como resultado, o bombeamento ventricular cessa, a ejeção de sangue cessa, e ocorrem falência cardíaca e morte, a menos que haja intervenção médica imediata. A FV provoca inconsciência em poucos segundos; se não for tratada, ocorrem convulsões, e um dano cerebral irreversível pode ocorrer após cinco minutos. A morte ocorre rapidamente. O tratamento envolve a RCP e a desfribrilação. Na ***desfibrilação***, também chamada de ***cardioversão***, uma forte e breve corrente elétrica é aplicada ao coração e com frequência interrompe a FV. O choque elétrico é gerado por um aparelho chamado ***desfibrilador*** e aplicado por meio de dois grandes eletrodos em forma de pá, pressionados contra a pele do tórax.

TERMINOLOGIA E CONDIÇÕES MÉDICAS

Angiocardiografia Exame radiológico do coração e dos grandes vasos, após a injeção de um corante radiopaco na corrente sanguínea.

Assistolia Ausência de contração do miocárdio.

Cardiomegalia Aumento do coração.

Cateterismo cardíaco Procedimento utilizado para visualizar as artérias coronárias, as câmaras, as valvas e os grandes vasos do coração. Também pode ser usado para medir a pressão no coração e nos vasos sanguíneos; para avaliar o DC; e, ainda, para medir o fluxo de sangue pelo coração e pelos vasos sanguíneos, o conteúdo de oxigênio no sangue e o estado das valvas cardíacas e do complexo estimulante do coração. O procedimento básico envolve a introdução do cateter em uma veia periférica (para cateterismo da parte direita do coração) ou artéria periférica (para cateterismo da parte esquerda do coração) e sua condução sob fluoroscopia (observação por radioagrafia).

Cor pulmonale (CP) Hipertrofia do ventrículo direito, decorrente de hipertensão (pressão sanguínea elevada) na circulação pulmonar.

Endocardite Inflamação do endocárdio que, normalmente, compromete as valvas do coração. A maioria dos casos é provocada por bactérias (endocardite bacteriana).

Febre reumática Doença inflamatória sistêmica aguda que geralmente ocorre após uma infecção estreptocócica da garganta. As bactérias desencadeiam uma resposta imunológica, na qual os anticorpos produzidos para destruir as bactérias atacam e inflamam os tecidos conectivos nas articulações, valvas cardíacas e outros órgãos. Embora a febre reumática possa enfraquecer toda a parede do coração, mais frequentemente danifica as valvas AV esquerda (bicúspide ou mitral) e da aorta.

Miocardite Inflamação do miocárdio que normalmente ocorre como uma complicação decorrente de infecção viral, febre reumática ou exposição a radiação ou a determinadas substâncias químicas ou medicamentos.

Morte súbita cardíaca Cessação inesperada da circulação e da respiração, decorrente de uma doença cardíaca subjacente, como isquemia, IM ou distúrbio no ritmo cardíaco.

Palpitação Excitação do coração ou ritmo ou frequência anormais do coração.

Parada cardíaca Termo clínico que significa cessação de batimentos cardíacos efetivos. O coração pode estar completamente parado ou em FV.

Reabilitação cardíaca Programa supervisionado de exercício progressivo, apoio psicológico, educação e treinamento para capacitar um paciente a reassumir as atividades normais, logo em seguida a um IM.

Reanimação cardiopulmonar (RCP) Estabelecimento artificial da circulação e respiração normais ou quase normais. O ***ABC*** da reanimação cardiopulmonar inclui ***via respiratória*** (*airway*), ***respiração*** (*breathing*) e ***circulação*** (*circulation*), significando que o socorrista deve estabelecer uma via respiratória permeável, proporcionar ventilação artificial se a respiração cessar e restabelecer a circulação se houver ação cardíaca inadequada.*

Taquicardia paroxística Período de batimentos cardíacos rápidos, que começa e termina repentinamente.

*N. de R.T. A sigla ABC já é bem conhecida pelos socorristas. No entanto, a ordem cronológica sugerida atualmente é: circulação (*circulation*), via respiratória (*airway*) e respiração (*breathing*).

REVISÃO DO CAPÍTULO

15.1 Estrutura e organização do coração

1. O **coração** está situado entre os pulmões, com aproximadamente dois terços de sua massa à esquerda da linha mediana.
2. O **pericárdio** consiste em uma camada fibrosa externa (**pericárdio fibroso**) e no **pericárdio seroso**, interno. O pericárdio seroso é composto por uma **lâmina parietal** e uma **lâmina visceral**. Entre as lâminas parietal e visceral do pericárdio seroso encontra-se a **cavidade do pericárdio**, um espaço preenchido com **líquido pericárdico**, que reduz o atrito entre as duas lâminas.
3. A parede do coração possui três camadas: **epicárdio**, **miocárdio** e **endocárdio**.
4. As câmaras incluem dois **átrios** superiores e dois **ventrículos** inferiores.
5. O sangue flui pelo coração, a partir das **veias cavas superior** e **inferior** e do **seio coronário** para o átrio direito; pelo ventrículo direito e pelo **tronco pulmonar** para os pulmões.
6. Dos pulmões, o sangue flui pelas **veias pulmonares** para o átrio esquerdo; pelo ventrículo esquerdo e para fora pela aorta.
7. Quatro valvas impedem o refluxo de sangue para o coração. As **valvas atrioventriculares (AV)**, entre os átrios e os respectivos ventrículos, são a **valva AV direita** (*tricúspide*), no lado direito do coração, e a **valva AV esquerda** (*bicúspide ou mitral*), no lado esquerdo. As valvas AV, as **cordas tendíneas** e seus **músculos papilares** impedem o sangue de refluir para os átrios. Cada uma das duas artérias que deixam o coração tem uma **válvula semilunar**.

15.2 Fluxo sanguíneo e irrigação do coração

1. O sangue flui pelo coração das áreas de alta pressão para as áreas de menor pressão. A pressão está relacionada ao tamanho e ao volume de uma câmara.
2. A circulação do sangue pelo coração é controlada pela abertura e pelo fechamento das valvas e pela contração e pelo relaxamento do miocárdio.
3. A **circulação coronária** entrega sangue oxigenado para o miocárdio e remove dióxido de carbono.
4. O sangue desoxigenado retorna ao átrio direito, via **seio coronário**.

15.3 Complexo estimulante do coração

1. O **complexo estimulante do coração** consiste em tecido muscular cardíaco especializado, que gera e distribui os potenciais de ação.
2. Os componentes desse sistema são o **nó sinoatrial (SA) (marca-passo natural)**, o **nó atrioventricular (AV)**, o **fascículo AV (feixe de His)**, os **ramos direito** e **esquerdo do fascículo AV** e os **ramos subendocárdicos do fascículo AV (fibras de Purkinje)**.

15.4 Eletrocardiograma

1. O registro das mudanças elétricas durante cada ciclo cardíaco é referido como **eletrocardiograma (ECG)**.
2. O ECG normal consiste em uma **onda P** (despolarização atrial), no **complexo QRS** (início da despolarização ventricular) e na **onda T** (repolarização ventricular).
3. O ECG é utilizado para diagnosticar ritmos cardíacos e padrões de condução anormais.

15.5 O ciclo cardíaco

1. Um **ciclo cardíaco** consiste em **sístole** (contração) e **diástole** (relaxamento) das câmaras cardíacas.
2. As fases do ciclo cardíaco são (a) **período de relaxamento**, (b) **sístole atrial** e (c) **sístole ventricular**.
3. Um ciclo cardíaco completo demora 0,8 segundo em uma frequência cardíaca (FC) média de 75 batimentos por minuto.
4. A primeira bulha cardíaca (**lubb**) representa o fechamento das valvas AV. A segunda bulha (**dupp**) representa o fechamento das válvulas semilunares.

15.6 Débito cardíaco

1. O **débito cardíaco (DC)** é a quantidade de sangue ejetada pelo ventrículo esquerdo para a aorta, a cada minuto: DC = volume sistólico x batimentos por minuto.
2. **Volume sistólico (VS)** é a quantidade de sangue ejetada pelo ventrículo durante a sístole ventricular. Está relacionado ao grau de distensão do coração antes da contração, à força de contração e à quantidade de pressão necessária para ejetar sangue dos ventrículos.
3. O controle nervoso do sistema circulatório se origina no **centro cardiovascular (CV)**, localizado no bulbo. Os impulsos simpáticos aumentam a FC e a força de contração; os impulsos parassimpáticos diminuem a FC.
4. A FC é influenciada por hormônios (epinefrina, norepinefrina, hormônios tireoidianos), íons (Na^+, K^+, Ca^{2+}), idade, sexo, condição física e temperatura corporal.

15.7 Exercício e o coração

1. Exercícios contínuos aumentam a demanda de oxigênio pelos músculos.
2. Entre os benefícios do **exercício aeróbio** estão o aumento do DC máximo, a diminuição da pressão arterial, o controle do peso e o aumento da capacidade de dissolver os coágulos.

APLICAÇÕES DO PENSAMENTO CRÍTICO

1. Seu tio teve um marca-passo artificial inserido após o último ataque por problemas cardíacos. Qual é a função de um marca-passo? Que estrutura cardíaca o marca-passo substitui?
2. Nikos estava atravessando uma autoestrada de quatro pistas, quando repentinamente um carro apareceu. Quando terminou de atravessar a rodovia, sentiu o coração acelerado. Trace a rota do sinal do encéfalo até o coração.
3. Jean-Claude, um membro da equipe de esqui em campo aberto da faculdade, se ofereceu voluntariamente para ter a função cardíaca avaliada pela classe de fisiologia do exercício. A frequência de pulso em repouso foi de 40 batimentos por minuto. Assumindo que tenha um débito cardíaco (DC) médio, determine o volume sistólico (VS) de Jean-Claude. A seguir, ele pedalou uma bicicleta ergométrica até que a frequência cardíaca (FC) subiu a 60 batimentos por minuto. Assumindo que o VS permaneceu constante, calcule o DC de Jean-Claude durante esse exercício moderado.
4. Janete lhe chamou muito ansiosa, porque o marido disse que seus níveis de HDL estavam altos e os níveis de LDL estavam baixos. Ela sabe que essas medidas sanguíneas têm algo a ver com a "saúde do coração" e com os níveis de colesterol. Janete deve se preocupar com os níveis de HDL e LDL do marido?

RESPOSTAS ÀS QUESTÕES DAS FIGURAS

15.1 A base do coração consiste basicamente no átrio esquerdo.

15.2 A lâmina visceral do pericárdio (epicárdio) seroso também faz parte da parede cardíaca.

15.3 O sangue sai do coração pelas artérias.

15.4 As valvas cardíacas impedem o refluxo do sangue.

15.5 As veias cavas superior e inferior e o seio coronário entregam sangue desoxigenado ao átrio direito.

15.6 A única conexão elétrica entre os átrios e os ventrículos é o fascículo AV.

15.7 A despolarização atrial provoca contração dos átrios.

15.8 A fase de contração é chamada sístole; a fase de relaxamento é chamada diástole.

15.9 A ACh diminui a FC.

15.10 Substâncias gordurosas, colesterol e fibras musculares lisas compõem as placas ateroscleróticas.

CAPÍTULO 16

SISTEMA CIRCULATÓRIO: VASOS SANGUÍNEOS E CIRCULAÇÃO

O sistema circulatório contribui para a homeostasia dos outros sistemas corporais, transportando e distribuindo o sangue por todo o corpo para levar substâncias, como oxigênio, nutrientes e hormônios, e remover resíduos. Esse transporte é feito pelos vasos sanguíneos, que formam rotas circulatórias fechadas para o sangue fluir do coração aos órgãos do corpo e voltar ao coração. Nos Capítulos 14 e 15, discutimos a composição e as funções do sangue, bem como a estrutura e a função do coração. Neste capítulo, examinaremos a estrutura e as funções dos diferentes tipos de vasos sanguíneos que levam o sangue para o coração e a partir dele, para as demais partes do corpo, juntamente com os fatores que contribuem para o fluxo sanguíneo e a regulação da pressão sanguínea.

OLHANDO PARA TRÁS PARA AVANÇAR...

Difusão (Seção 3.3)
Bulbo (Seção 10.4)
Hormônio antidiurético (Seção 13.3)
Mineralocorticoides (Seção 13.7)
Grandes vasos do coração (Seção 15.1)

16.1 Estrutura e função dos vasos sanguíneos

OBJETIVOS

- Comparar a estrutura e a função dos diferentes tipos de vasos sanguíneos.
- Descrever como as substâncias entram e saem do sangue nos vasos capilares.
- Explicar como o sangue venoso retorna ao coração.

Existem cinco tipos de vasos sanguíneos: artérias, arteríolas, vasos capilares, vênulas e veias (Fig. 16.1). ***Artérias*** transportam o sangue *do coração* para os tecidos do corpo. Duas grandes artérias – a aorta e o tronco pulmonar – emergem do coração e se ramificam em artérias de médio calibre, irrigando várias regiões do corpo. Essas artérias de médio calibre se dividem em pequenas artérias, que, por sua vez, se dividem em artérias ainda menores, chamadas ***arteríolas***. As arteríolas no interior de um tecido ou órgão se ramificam em numerosos vasos microscópicos, chamados ***capilares sanguíneos*** ou, simplesmente, ***capilares***. Grupos de capilares, no interior de um tecido, se reúnem para formar pequenas veias, denominadas ***vênulas***. Estas, por sua vez, se unem para formar vasos progressivamente maiores chamados veias. ***Veias*** são os vasos sanguíneos que levam o sangue dos tecidos *de volta ao coração*.

Em qualquer momento, as veias e as vênulas sistêmicas contêm aproximadamente 64% do volume total de sangue no sistema; as artérias e arteríolas sistêmicas, em torno de 13%; os vasos capilares sistêmicos, por volta de 7%; os vasos sanguíneos pulmonares, quase 9%; e as câmaras cardíacas, aproximadamente 7%. Como as veias contêm tanto sangue, algumas delas funcionam como ***reservatórios sanguíneos***. Os principais reservatórios sanguíneos são as veias dos órgãos abdominais (em especial o fígado e o baço) e a pele. O sangue é desviado rapidamente de seus reservatórios para outras partes do corpo, por exemplo, para os músculos esqueléticos, a fim de sustentar o aumento da atividade muscular.

Artérias e arteríolas

As paredes das artérias têm três túnicas de tecidos que envolvem um espaço oco, o ***lúmen***, pelo qual o sangue flui (Fig. 16.1a). A túnica íntima é composta por ***endotélio***, um tipo de epitélio escamoso simples; uma membrana basal; e um tecido elástico, chamado lâmina elástica interna. A túnica média consiste em músculo liso e tecido elástico. A túnica externa é composta principalmente por fibras elásticas e colágenas.

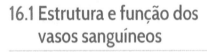

As fibras simpáticas da divisão autônoma do sistema nervoso (SNA) inervam o músculo liso vascular. Um aumento na estimulação simpática provoca, normalmente, a

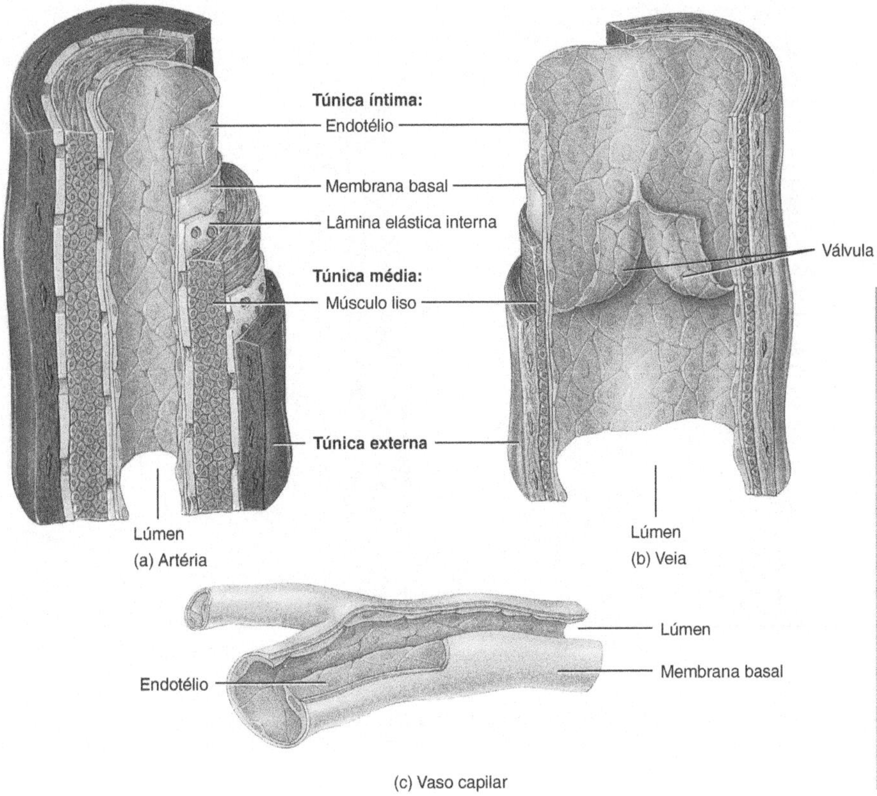

FUNÇÕES DOS VASOS SANGUÍNEOS

1. Os vasos sanguíneos formam um sistema tubular fechado que transporta o sangue do coração (em artérias), levando-o para os tecidos do corpo (em arteríolas, vasos capilares e vênulas), e o retorna ao coração (em veias).
2. A troca de substâncias entre o sangue e as células teciduais do corpo ocorre à medida que o sangue flui pelos vasos capilares.
3. Nutrientes e oxigênio se difundem do sangue, pelo líquido intersticial, para as células teciduais. Subprodutos, incluindo dióxido de carbono, se difundem das células teciduais, pelo líquido intersticial, para o sangue.

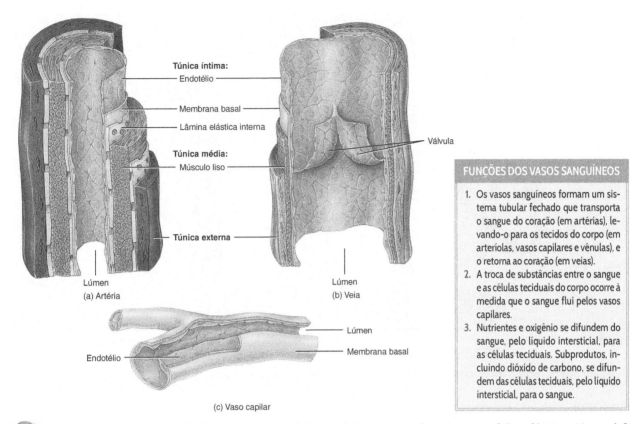

Você esperaria que uma artéria femoral ou uma veia femoral tivesse a parede mais espessa? E um lúmen mais amplo?

Figura 16.1 **Estrutura comparativa dos vasos sanguíneos.** O tamanho relativo do vaso capilar em (c) está aumentado para enfatizá-lo. Observe a válvula dentro da veia.

As artérias transportam o sangue do coração para os tecidos. As veias transportam o sangue dos tecidos para o coração.

contração do músculo liso, comprimindo a parede do vaso e estreitando o lúmen. Essa diminuição do diâmetro do lúmen de um vaso sanguíneo é chamada ***vasoconstrição***. Em contrapartida, quando a estimulação simpática diminui ou na presença de determinadas substâncias (como o óxido nítrico e o ácido lático), as fibras musculares lisas relaxam. O aumento resultante do diâmetro do lúmen é chamado ***vasodilatação***. Além disso, quando uma artéria ou arteríola está danificada, seu músculo liso se contrai, produzindo espasmo vascular. Esse espasmo vascular limita o fluxo sanguíneo pelo vaso danificado e ajuda a reduzir a perda sanguínea se o vaso for pequeno.

As artérias de maior diâmetro contêm uma maior proporção de fibras elásticas em sua túnica média, e suas paredes são relativamente delgadas, em proporção ao seu diâmetro total. Essas artérias são chamadas de ***artérias elásticas***, e ajudam a impulsionar o sangue para a frente, enquanto os ventrículos estão relaxando.

À medida que o sangue é ejetado pelo coração nas artérias elásticas, as paredes de grande elasticidade se distendem, acomodando a onda de sangue que chega. Em seguida, enquanto os ventrículos relaxam, as fibras elásticas das paredes arteriais se retraem, forçando o sangue para a frente pelas artérias menores. Exemplos incluem a aorta e o tronco braquiocefálico, as artérias carótida comum, subclávia, vertebral, pulmonar e ilíaca comum. Por outro lado, as artérias de calibre médio contêm mais fibras de músculo liso e menos fibras elásticas do que as artérias elásticas. Essas artérias, chamadas de ***artérias musculares***, são capazes de maiores vasoconstrição e vasodilatação para regular a taxa de fluxo sanguíneo. Exemplos incluem as artérias braquial (do braço) e radial (do antebraço).

Uma ***arteríola*** é uma artéria muito pequena, quase microscópica, que fornece sangue para os vasos capilares. As arteríolas menores consistem em pouco mais do que uma camada de endotélio, recoberta por umas poucas fibras de músculo liso (ver Fig. 16.2a). Arteríolas têm uma função essencial na regulação do fluxo sanguíneo das artérias para os vasos capilares. Durante a vasoconstrição,

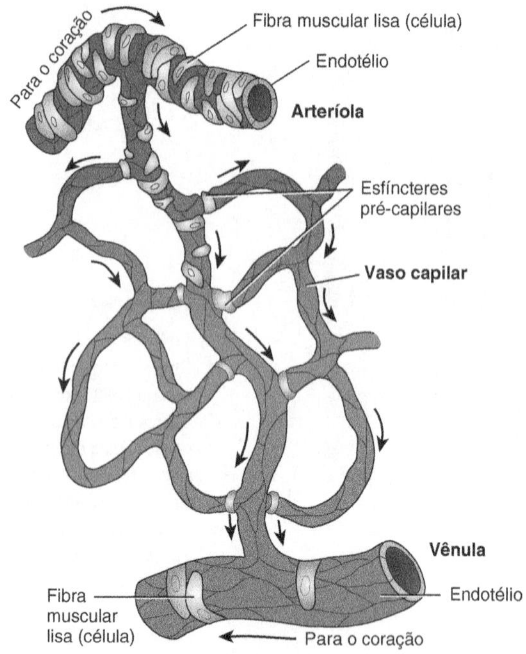

(a) Detalhes de uma rede capilar

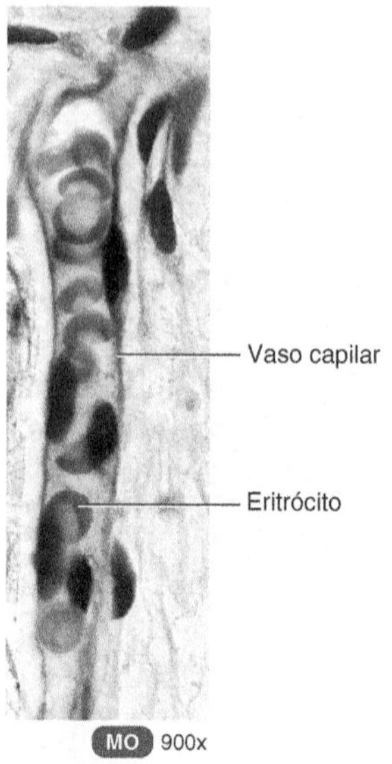

(b) Fotomicrografia mostrando os eritrócitos se comprimindo ao longo de um vaso capilar

Por que os tecidos metabolicamente ativos possuem redes capilares extensas?

Figura 16.2 Vasos capilares. Como os eritrócitos e os vasos capilares são quase do mesmo tamanho, os eritrócitos se espremem no interior dos vasos capilares em fila única.

As arteríolas regulam o fluxo sanguíneo para o interior dos vasos capilares, nos quais nutrientes, gases e resíduos são trocados entre o sangue e o líquido intersticial.

o fluxo sanguíneo das arteríolas para os vasos capilares é restrito; durante a vasodilatação, o fluxo aumenta significativamente. Uma alteração no diâmetro das arteríolas também altera significativamente a pressão sanguínea; a vasodilatação diminui e a vasoconstrição aumenta a pressão sanguínea.

Vasos capilares

Capilares são vasos microscópicos que conectam as arteríolas às vênulas (Fig. 16.1c). Os vasos capilares estão presentes em quase todas as células do corpo e são conhecidos como *vasos de troca*, porque permitem a troca de nutrientes e de resíduos entre as células do corpo e o sangue. O número de vasos capilares varia com a atividade metabólica do tecido que irrigam. Os tecidos corporais com grandes necessidades metabólicas, como músculos, fígado, rins e sistema nervoso, têm redes capilares extensas. Os tecidos com menos necessidades metabólicas, como tendões e ligamentos, contêm poucos vasos capilares. Uns poucos tecidos – todos os epitélios de cobertura e revestimento, nas córneas e lentes do bulbo dos olhos, e cartilagens – não contêm vasos capilares.

Estrutura dos vasos capilares

Um vaso capilar consiste em uma camada de endotélio envolto por uma membrana basal (Fig. 16.1c). Como as paredes dos vasos capilares são muito finas, muitas substâncias passam facilmente através delas para alcançar as células teciduais a partir do sangue ou para entrar no sangue a partir do líquido intersticial. As paredes de todos os outros vasos sanguíneos são muito espessas para permitir a troca de substâncias entre o sangue e o líquido intersticial. Dependendo do grau de proximidade da junção das células endoteliais, tipos diferentes de vasos capilares têm graus variados de permeabilidade.

Em algumas regiões, os vasos capilares conectam diretamente as arteríolas às vênulas; em outras, formam extensas redes ramificadas (Fig. 16.2). O sangue flui somente por uma pequena parte da rede capilar de um tecido quando as necessidades metabólicas são baixas. Mas, quando um tecido se torna ativo, toda a rede capilar se enche de sangue. O fluxo sanguíneo nos vasos capilares é regulado por fibras musculares lisas nas paredes das arteríolas e por ***esfíncteres pré-capilares***, anéis de músculo liso no ponto em que os vasos capilares se ramificam das arteríolas (Fig. 16.2a). Quando os esfíncteres pré-capilares relaxam, mais sangue flui para os vasos capilares conectados; quando esses esfíncteres se contraem, menos sangue flui pelos vasos capilares.

Trocas capilares

Em função do pequeno diâmetro dos vasos capilares, o sangue flui mais lentamente por eles do que pelos vasos sanguíneos maiores. O fluxo lento auxilia a missão primordial de todo o sistema circulatório: manter o fluxo de sangue pelos vasos capilares, de modo que as ***trocas capilares*** – o movimento de substâncias para dentro e para fora dos vasos capilares – possam ocorrer.

Pressão sanguínea capilar, a pressão do sangue contra as paredes dos vasos capilares, "move" o fluido para fora dos vasos, em direção ao líquido intersticial. Uma pressão oposta, chamada de ***pressão coloidosmótica sanguínea***, "puxa" o fluido para dentro dos vasos capilares. (Lembre-se do Capítulo 3: a pressão osmótica é a pressão de um líquido em virtude de sua concentração de soluto. Quanto maior a concentração de soluto, maior a pressão osmótica.) A maioria dos solutos está presente em concentrações quase iguais no sangue e no líquido intersticial. Entretanto, a presença de proteínas no plasma e a praticamente ausência delas no líquido intersticial dão ao sangue maior pressão osmótica. A pressão coloidosmótica do sangue decorre principalmente das proteínas plasmáticas.

A pressão sanguínea capilar é mais alta do que a pressão coloidosmótica do sangue, aproximadamente, pela primeira metade do comprimento de um vaso capilar típico. Desse modo, a água e os solutos fluem do capilar sanguíneo para o líquido intersticial circundante, um movimento chamado de ***filtração*** (Fig. 16.3). Uma vez que a pressão sanguínea capilar diminui progressivamente, à medida que o sangue flui ao longo do vaso capilar, quando está aproximadamente na metade do vaso capilar, cai abaixo da pressão coloidosmótica sanguínea. Em seguida, a água e os solutos se movem do líquido intersticial para dentro do vaso capilar, em um processo chamado de ***reabsorção***. Normalmente, aproximadamente 85% do líquido filtrado é reabsorvido. O excesso do líquido filtrado e algumas proteínas plasmáticas que escapam entram nos vasos capilares linfáticos e, posteriormente, retornam pelo sistema linfático ao sistema circulatório. Essa função é discutida em detalhe no Capítulo 17.

Alterações localizadas em cada rede capilar regulam a vasodilatação e a vasoconstrição. Quando vasodilatadores são liberados pelas células teciduais, provocam dilatação das arteríolas próximas e relaxamento dos esfíncteres pré-capilares. A seguir, o fluxo sanguíneo aumenta nas redes capilares, e a distribuição de oxigênio para os tecidos

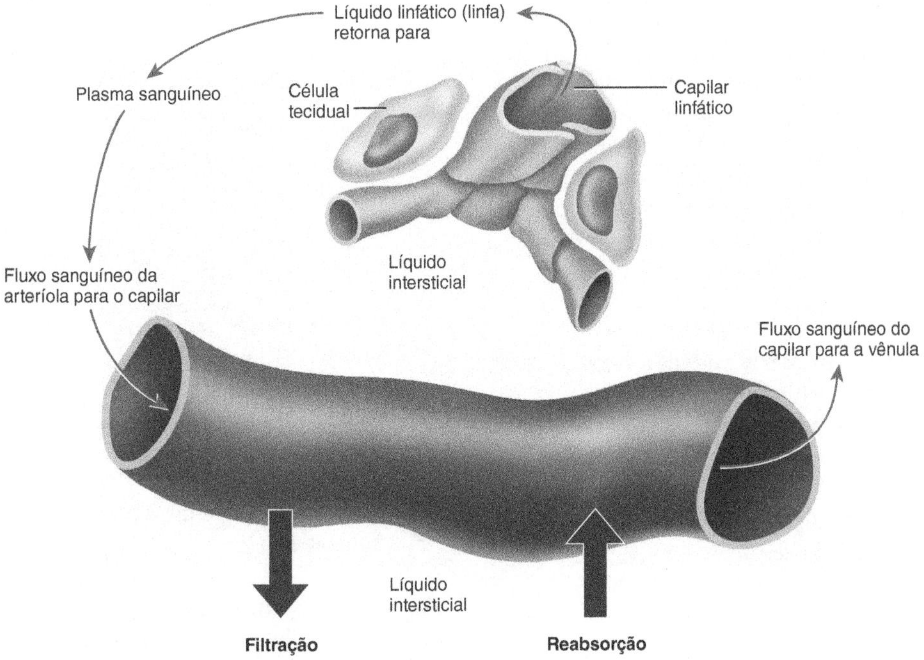

O que acontece ao excesso de líquidos filtrados e às proteínas que não são reabsorvidos?

Figura 16.3 Trocas capilares.

A pressão sanguínea capilar empurra os líquidos para fora dos capilares (filtração); a pressão coloidosmótica sanguínea move os líquidos para dentro dos capilares (reabsorção).

sobe. Vasoconstritores têm efeito oposto. A capacidade de um tecido de ajustar automaticamente o fluxo sanguíneo às demandas metabólicas é chamada de ***autorregulação***.

Vênulas e veias

Quando vários vasos capilares se unem, formam as vênulas. As vênulas recebem sangue dos vasos capilares e o drenam para as veias, que levam o sangue de volta ao coração.

Estrutura das vênulas e veias

Vênulas são estruturalmente semelhantes às arteríolas; as paredes são mais finas próximo às extremidades dos capilares e engrossam à medida que progridem em direção ao coração. As ***veias*** são estruturalmente semelhantes às artérias, mas as túnicas média e íntima são mais delgadas (ver Fig. 16.1b). A túnica externa das veias é a camada mais espessa. O lúmen de uma veia é mais amplo que o de uma artéria correspondente.

Em algumas veias, a túnica íntima se dobra para dentro, formando as ***válvulas*** que impedem o refluxo de sangue. Em pessoas com válvulas venosas fracas, a gravidade força o sangue de volta às veias pela válvula. Isso aumenta a pressão sanguínea venosa, que empurra as paredes da veia para fora. Após uma sobrecarga repetida, as paredes perdem sua elasticidade e se tornam esticadas e flácidas, uma condição chamada de ***veias varicosas***.

Quando o sangue deixa os capilares em direção às veias, perde uma grande quantidade de pressão. Isso é observado no sangue que jorra de um vaso cortado: o sangue de uma veia cortada flui vagarosa e uniformemente, ao passo que o sangue de uma artéria cortada jorra em rápidas golfadas. Quando é necessária uma amostra de sangue, geralmente é coletada de uma veia, porque nas veias a pressão é baixa, e muitas delas estão próximas à superfície da pele.

TESTE SUA COMPREENSÃO

1. Quais as diferenças entre artérias, vasos capilares e veias quanto à função?
2. Qual a diferença entre filtração e reabsorção?

16.2 O fluxo do sangue nos vasos sanguíneos

OBJETIVOS

- Definir a pressão sanguínea e descrever suas variações ao longo do sistema circulatório.
- Identificar os fatores que afetam a pressão sanguínea e a resistência vascular.
- Descrever como a pressão e o fluxo sanguíneos são regulados.

No Capítulo 15, vimos que o débito cardíaco (DC) depende do volume sistólico e da frequência cardíaca. Outros dois fatores que influem no DC e na quantidade de sangue que flui pelas rotas circulatórias específicas são a pressão sanguínea e a resistência vascular.

Pressão sanguínea

O sangue flui de regiões de pressão mais alta para regiões de pressão mais baixa; quanto maior a diferença de pressão, maior o fluxo sanguíneo. A contração dos ventrículos gera ***pressão sanguínea (PS)***, a pressão exercida pelo sangue na parede de um vaso sanguíneo. Essa pressão é registrada em milímetros de mercúrio e abreviada como mmHg. A PS é mais alta na aorta e nas grandes artérias sistêmicas, nas quais, em um adulto jovem em repouso, sobe para aproximadamente 110 mmHg durante a sístole (contração) e cai para em torno de 70 mmHg durante a diástole (relaxamento). A PS diminui progressivamente, à medida que a distância do ventrículo esquerdo aumenta (Fig. 16.4), para aproximadamente 35 mmHg, quando o sangue passa para os vasos capilares sistêmicos. Na extremidade venosa dos vasos capilares, a PS cai para aproximadamente 16 mmHg. A PS continua caindo quando o sangue entra nas vênulas sistêmicas e, em seguida, nas veias, atingindo 0 mmHg quando o sangue retorna ao átrio direito.

A PS depende em parte do volume total de sangue no sistema circulatório. O volume normal de sangue em

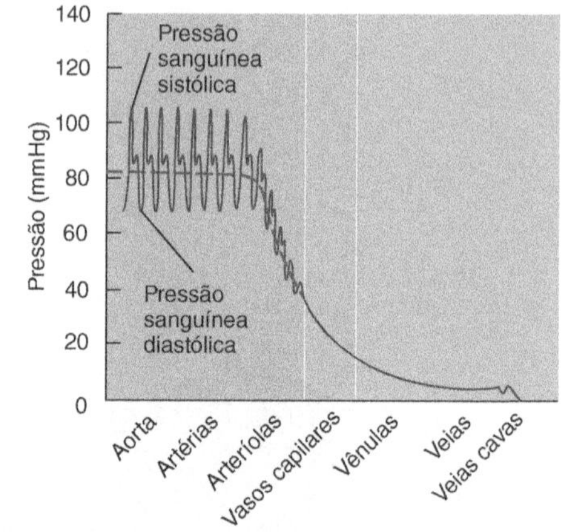

Qual é a relação entre a pressão sanguínea e o fluxo sanguíneo?

Figura 16.4 Alterações na pressão sanguínea à medida que o sangue flui pelo sistema circulatório. A linha tracejada (sob a curva em vermelho) é a pressão média na aorta, nas artérias e nas arteríolas.

A pressão sanguínea diminui progressivamente à medida que o sangue flui a partir das artérias sistêmicas e retorna para o átrio direito. A maior queda na pressão sanguínea ocorre nas arteríolas.

um adulto é em torno de 5 litros. Qualquer diminuição nesse volume, como, por exemplo, decorrente de uma hemorragia, diminui a quantidade de sangue que circula pelas artérias. Uma redução moderada é compensada pelos mecanismos homeostáticos que ajudam a manter a PS; mas, se essa diminuição no volume de sangue for maior do que 10% do volume sanguíneo total, a PS diminui, com consequências potencialmente letais. Por outro lado, qualquer coisa que aumente o volume sanguíneo, como a retenção de água no corpo, tende a aumentar a PS.

Resistência

Resistência vascular é a oposição ao fluxo sanguíneo decorrente do atrito entre o sangue e as paredes dos vasos sanguíneos. Um aumento na resistência vascular eleva a PS; uma diminuição da resistência vascular tem o efeito oposto. A resistência vascular depende dos três fatores seguintes:

1. **Tamanho do lúmen.** Quanto menor o lúmen de um vaso sanguíneo, maior sua resistência ao fluxo sanguíneo. A vasoconstrição estreita o lúmen, e a vasodilatação alarga. Normalmente, as flutuações momentâneas do fluxo sanguíneo para um dado tecido são decorrentes da vasoconstrição e da vasodilatação das arteríolas do tecido. Quando as arteríolas se dilatam, a resistência diminui, e a PS cai. Quando as arteríolas se contraem, a resistência aumenta, e a PS se eleva.
2. **Viscosidade sanguínea.** A viscosidade (espessamento) do sangue depende principalmente da proporção de eritrócitos em relação ao volume de plasma (fluido) e, em menor extensão, da concentração de proteínas no plasma. Quanto maior a viscosidade do sangue, maior será a resistência vascular. Qualquer condição que aumente a viscosidade sanguínea, como a desidratação ou a *policitemia* (número extraordinariamente alto de eritrócitos), aumenta a PS. Uma depleção das proteínas plasmáticas ou dos eritrócitos, como resultado de anemia ou de hemorragia, diminui a viscosidade e a pressão sanguíneas.
3. **Comprimento total do vaso sanguíneo.** A resistência ao fluxo sanguíneo aumenta quando o comprimento total de todos os vasos sanguíneos do corpo aumenta. Quanto mais longo o vaso sanguíneo, maior é o contato entre o sangue e a parede do vaso. Quanto maior esse contato, maior será o atrito. Estima-se que 650 km de vasos sanguíneos adicionais se desenvolvam para cada quilo extra de gordura, um motivo pelo qual os indivíduos com sobrepeso podem ter PS mais alta.

Retorno venoso

Retorno venoso se refere ao movimento do sangue dos capilares para as vênulas e veias e, em seguida, de volta para os átrios do coração. Como sabemos, a PS é gerada nos ventrículos do coração e diminui nas artérias e arteríolas, à medida que os vasos se afastam do coração. Na extremidade da arteríola de um vaso capilar, a pressão é de aproximadamente 35 mmHg; mas, assim que o sangue passa pelos vasos capilares e entra nas vênulas, a pressão diminui para aproximadamente 16 mmHg. A pressão continua a diminuir até aproximadamente 5,5 mmHg, nas grandes veias, situadas no abdome. A pressão nas veias cavas superior e inferior, quando o sangue entra no átrio direito, é próxima de 0 mmHg. Embora as valvas atrioventriculares direita e esquerda se movam para baixo durante a contração ventricular, tornando os átrios maiores, a mínima força de sucção criada é fraca. Além de tudo, a PS venosa baixa e a ação de sucção mínima não são suficientes para retornar efetivamente o sangue para o coração. Agregado a isso, está a gravidade: quando ficamos de pé, a pressão venosa nos membros inferiores mal é suficiente para superar a força da gravidade. O retorno venoso efetivo é acompanhado por duas bombas: a bomba respiratória e a bomba musculosquelética, ambas as quais são dependentes das válvulas unidirecionais presentes nas veias.

A ***bomba respiratória*** é um fator significativo no retorno venoso no interior da cavidade torácica, e se baseia na alternância de compressão e descompressão das veias. Durante a inspiração, o diafragma se move para baixo, provocando uma diminuição da pressão na cavidade torácica e um aumento da pressão na cavidade abdominal. Como resultado, as veias abdominais são comprimidas, e um maior volume de sangue se desloca das veias abdominais comprimidas para as veias torácicas descomprimidas e, em seguida, para o átrio direito. Quando as pressões se invertem, durante a expiração, as válvulas nas veias impedem o fluxo retrógrado de sangue das veias torácicas para as veias abdominais, nos membros inferiores.

A ***bomba musculosquelética*** é um fator importante na promoção do retorno venoso, especialmente nos membros, e atua como se segue (Fig. 16.5).

1. Enquanto estamos parados, tanto a válvula venosa mais próxima do coração quanto a mais distante na perna estão abertas, e o sangue flui para cima em direção ao coração.
2. A contração dos músculos da perna, como, por exemplo, quando caminhamos na ponta dos pés, andamos de bicicleta, nadamos ou corremos, comprime as veias. A compressão empurra o sangue pela válvula mais próxima do coração, uma ação chamada de *ordenha*. Ao mesmo tempo, a válvula mais distante do coração, no segmento não comprimido da veia,

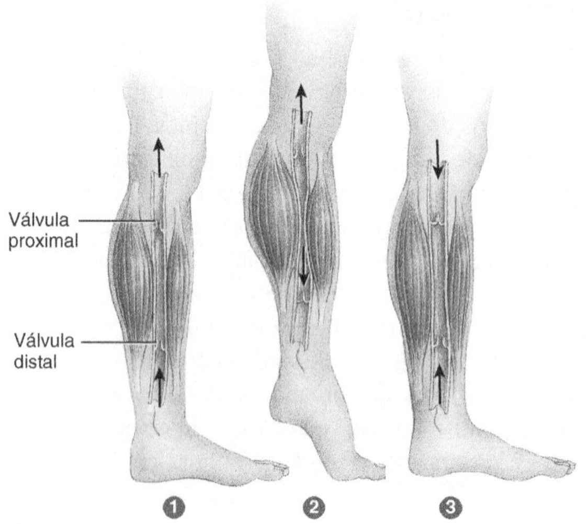

Quais mecanismos, além das contrações cardíacas, agem como bombas para impulsionar o retorno venoso?

Figura 16.5 Ação da bomba dos músculos esqueléticos no retorno sanguíneo ao coração.

A ordenha se refere às contrações dos músculos esqueléticos que direcionam o sangue venoso para o coração.

se fecha quando um pouco de sangue é empurrado contra ela. Pessoas imobilizadas em decorrência de uma lesão ou uma doença não apresentam essas contrações dos músculos da perna. Como resultado, o retorno venoso é mais lento, podendo levar ao desenvolvimento de problemas circulatórios, como, por exemplo, trombose venosa profunda (ver Terminologia e condições médicas no final deste capítulo).

3 Logo após o relaxamento muscular, a pressão diminui no segmento previamente comprimido da veia, o que provoca o fechamento da válvula mais próxima do coração. A válvula mais distante do coração agora se abre, porque a PS no pé é mais alta do que na perna, e a veia se enche com o sangue proveniente do pé.

O retorno venoso também é auxiliado pela venoconstrição. Em resposta a uma pressão venosa menor do que a normal, neurônios simpáticos liberam norepinefrina, provocando a contração do músculo liso nas paredes das veias. Como o diâmetro das veias diminui, a pressão interna aumenta, e isso força mais sangue para o interior do átrio.

Regulação da pressão e do fluxo sanguíneos

Vários sistemas interligados de retroalimentação negativa (*feedback* negativo) controlam a pressão e o fluxo sanguíneos, ajustando a frequência cardíaca, o volume sistólico, a resistência vascular e o volume sanguíneo. Alguns sistemas permitem ajustes rápidos para enfrentar mudanças súbitas, como a queda da PS no encéfalo, quando você se levanta; outros fornecem regulação no longo prazo. O corpo também pode necessitar de ajustes para a distribuição do fluxo sanguíneo. Durante o exercício, por exemplo, um percentual maior do fluxo sanguíneo é desviado para os músculos esqueléticos.

Função do centro cardiovascular

No Capítulo 15, observamos como o ***centro cardiovascular*** (***CV***), no bulbo, ajuda a regular a frequência cardíaca e o volume sistólico. O centro CV também controla os sistemas de retroalimentação negativa (*feedback* negativo) neural e hormonal que regulam a pressão e o fluxo sanguíneos para os tecidos específicos.

SINAIS TRANSMITIDOS AO CENTRO CARDIOVASCULAR
O centro CV recebe informações provenientes de áreas encefálicas superiores: córtex cerebral, sistema límbico e hipotálamo (Fig. 16.6). Por exemplo, mesmo antes de começarmos a correr, nossa frequência cardíaca pode aumentar em função dos impulsos nervosos transmitidos do sistema límbico para o centro CV. Se sua temperatura corporal aumenta durante uma corrida, o hipotálamo envia impulsos nervosos para o centro CV. A vasodilatação resultante dos vasos sanguíneos da pele permite que o calor seja dissipado, mais rapidamente, da superfície da pele.

O centro CV também recebe sinais provenientes de três tipos principais de receptores sensoriais: proprioceptores, barorreceptores e quimiorreceptores. *Proprioceptores* monitoram os movimentos das articulações e dos músculos, fornecem informações para o centro CV durante a atividade física – como, por exemplo, ao jogar tênis – e provocam o aumento rápido da frequência cardíaca no início do exercício.

Barorreceptores (receptores de pressão) estão localizados na aorta, nas artérias carótidas internas (artérias situadas no pescoço, que irrigam o encéfalo) e em outras grandes artérias no pescoço e no tórax. Enviam impulsos continuamente para o centro CV, ajudando a regular a PS. Se a PS cai, os barorreceptores se distendem menos e enviam impulsos nervosos em uma frequência mais lenta para o centro CV (Fig. 16.7). Em resposta, o centro CV diminui a estimulação parassimpática do coração, aumentando a estimulação simpática. Quando o coração bate com mais vigor e mais rápido e quando a resistência vascular aumenta, a PS se eleva até o nível normal.

Em contrapartida, quando um aumento na PS é detectado, os barorreceptores enviam impulsos em uma frequência rápida. O centro CV responde aumentando a estimulação parassimpática e diminuindo a simpática. As diminuições resultantes da frequência cardíaca e da força de contração reduzem o débito cardíaco, e a vasodilatação diminui a resistência vascular. As reduções do DC e da resistência vascular diminuem a PS.

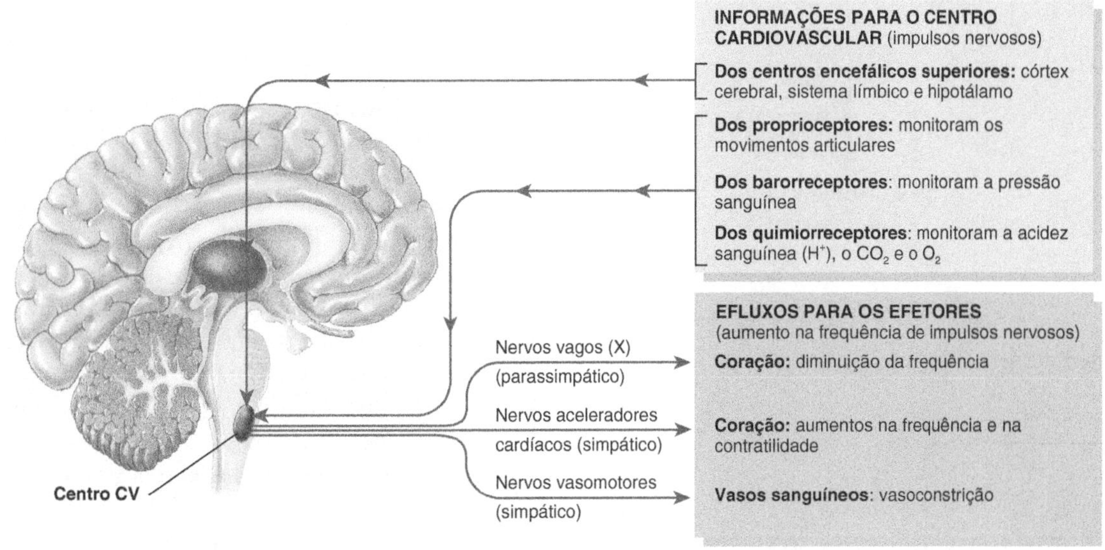

Como a vasoconstrição afeta a resistência vascular e o fluxo sanguíneo?

Figura 16.6 **O centro cardiovascular (CV).** Localizado no bulbo, o centro CV recebe informações de centros encefálicos superiores, proprioceptores, barorreceptores e quimiorreceptores. Fornece efluxos para as partes simpática e parassimpática da divisão autônoma do sistema nervoso.

O centro CV é a principal região do sistema nervoso para a regulação da frequência cardíaca, a força de contração do coração e a vasodilatação ou vasoconstrição dos vasos sanguíneos.

CORRELAÇÕES CLÍNICAS | Reflexos barorreceptores

Mover-se da posição deitada (prona) para a ereta diminui a pressão e o fluxo sanguíneos na cabeça e na parte superior do corpo. No entanto, essa queda de pressão é rapidamente contrabalançada pelos **reflexos barorreceptores.** Às vezes, esses reflexos operam mais lentamente do que o normal, especialmente nas pessoas idosas. Como consequência, a pessoa pode desmaiar em decorrência da redução no fluxo sanguíneo para o encéfalo, após levantar-se muito rapidamente. •

REFLEXOS QUIMIORRECEPTORES *Quimiorreceptores periféricos* (receptores químicos) que monitoram os níveis sanguíneos arteriais de O_2, CO_2 e H^+ estão localizados nos dois ***glomos caróticos*** encontrados nas artérias carótidas comuns, e nos ***glomos para-aórticos*** localizados no arco da aorta. *Hipóxia* (diminuição na disponibilidade de O_2), *acidose* (aumento na concentração de H^+) ou *hipercapnia* (excesso de CO_2) estimulam o envio de impulsos pelos quimiorreceptores para o centro CV. Em resposta, o centro CV aumenta a estimulação simpática das arteríolas e das veias, produzindo vasoconstrição e aumentando a PS.

SINAIS RETRANSMITIDOS PELO CENTRO CARDIOVASCULAR Sinais provenientes do centro CV fluem ao longo das fibras simpáticas e parassimpáticas do SNA (ver Fig. 16.6). Um aumento na estimulação simpática eleva a frequência cardíaca e a força de contração, ao passo que uma diminuição na estimulação simpática diminui a frequência cardíaca e a força de contração. A região vasomotora do centro CV também envia impulsos para as arteríolas espalhadas por todo o corpo. O resultado é um estado moderado de vasoconstrição, chamado de ***tônus vasomotor***, que estabelece o nível de repouso da resistência vascular. A estimulação simpática da maioria das veias resulta em movimento do sangue para fora dos reservatórios sanguíneos venosos, provocando aumento da PS.

Regulação hormonal da pressão e do fluxo sanguíneos

Vários hormônios ajudam a regular a pressão e o fluxo sanguíneos, alterando o DC, mudando a resistência vascular ou ajustando o volume sanguíneo total.

1. **Sistema renina-angiotensina-aldosterona (SRAA).** Quando o volume sanguíneo diminui ou o fluxo sanguíneo para os rins é reduzido, determinadas células renais secretam a enzima *renina* na corrente sanguínea (ver Fig. 13.14). Juntas, a renina e a enzima conversora de angiotensina (ECA) produzem o hormônio ativo *angiotensina II*, que eleva a PS por provocar vasoconstrição. A angiotensina II também estimula a secreção de *aldosterona*, que aumenta a reabsorção dos íons sódio (Na^+) e de água pelos rins. A reabsorção de água aumenta o volume de sangue total, elevando a PS.

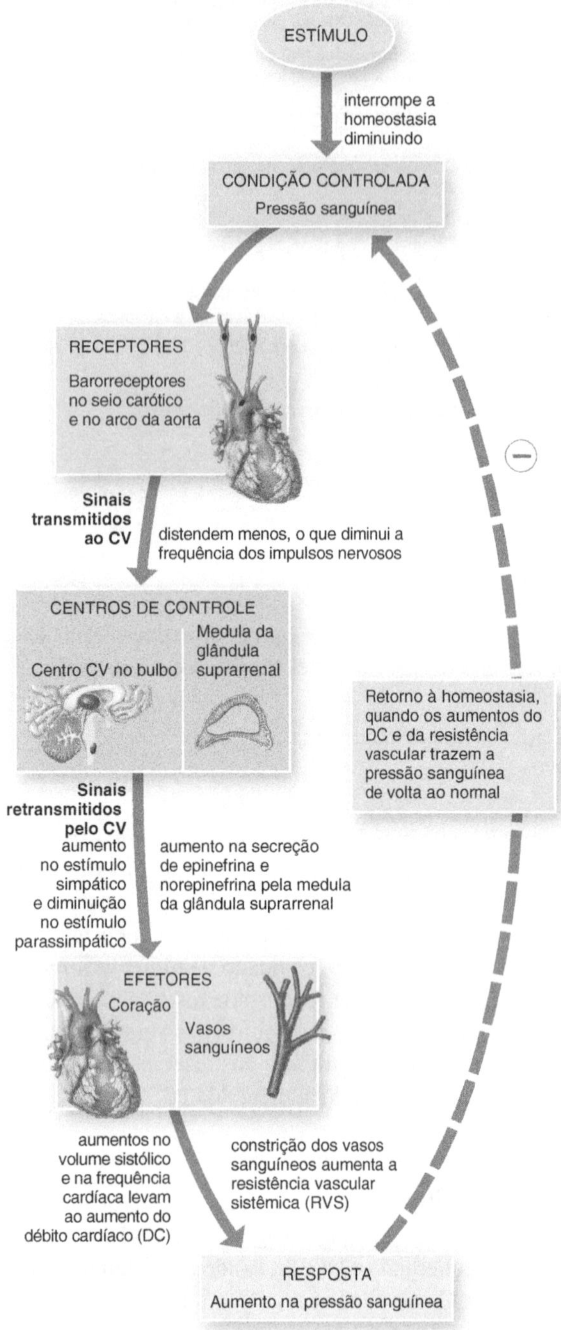

O circuito de retroalimentação negativa (*feedback* negativo) ocorre quando nos deitamos ou levantamos?

Figura 16.7 Regulação por retroalimentação negativa (*feedback* negativo) da pressão sanguínea via reflexos barorreceptores (barorreflexos).

O reflexo barorreceptor é um mecanismo neural para a regulação rápida da pressão sanguínea.

2. **Epinefrina e norepinefrina.** Em resposta ao estímulo simpático, a medula da glândula suprarrenal libera epinefrina e norepinefrina. Esses hormônios aumentam o DC, aumentando a frequência e a força das contrações cardíacas; além disso, provocam vasoconstrição das arteríolas e veias na pele e nos órgãos abdominais.
3. **Hormônio antidiurético (ADH, do inglês *anti-diuretic hormone*).** O ADH é produzido pelo hipotálamo e liberado pela neuro-hipófise em resposta à desidratação ou à diminuição do volume sanguíneo. Entre outras ações, o ADH provoca vasoconstrição, que aumenta a PS. Por essa razão, é chamado de *vasopressina*.
4. **Peptídeo natriurético atrial (PNA).** Liberado pelas células atriais do coração, o PNA diminui a PS provocando vasodilatação e promovendo a perda de sal e água pela urina, o que reduz o volume sanguíneo.

TESTE SUA COMPREENSÃO

3. Quais são os dois fatores que influenciam o DC?
4. Descreva como a PS diminui à medida que a distância do ventrículo esquerdo aumenta.
5. Quais fatores determinam a resistência vascular?
6. Quais fatores contribuem para o retorno sanguíneo ao coração?
7. Explique a função do centro CV, dos reflexos e dos hormônios na regulação da PS.

16.3 Vias circulatórias

OBJETIVO

- Comparar as principais rotas que o sangue percorre através de várias regiões do corpo.

Os vasos sanguíneos são organizados em ***vias circulatórias***, responsáveis por transportar o sangue por todo o corpo (Fig. 16.8). Como observado anteriormente, as duas vias circulatórias principais são a circulação sistêmica e a circulação pulmonar.

Circulação sistêmica

A ***circulação sistêmica*** inclui as artérias e as arteríolas responsáveis por transportar o sangue, contendo oxigênio e nutrientes, do ventrículo esquerdo para os vasos capilares sistêmicos de todo o corpo, mais as veias e vênulas que transportam sangue contendo dióxido de carbono e resíduos para o átrio direito. O sangue que deixa a aorta e circula pelas artérias sistêmicas possui coloração vermelho-vivo. À medida que se move em direção aos vasos capilares, perde um pouco de seu oxigênio e ganha dióxido de carbono; assim, o sangue nas veias sistêmicas adquire uma coloração vermelho-escura.

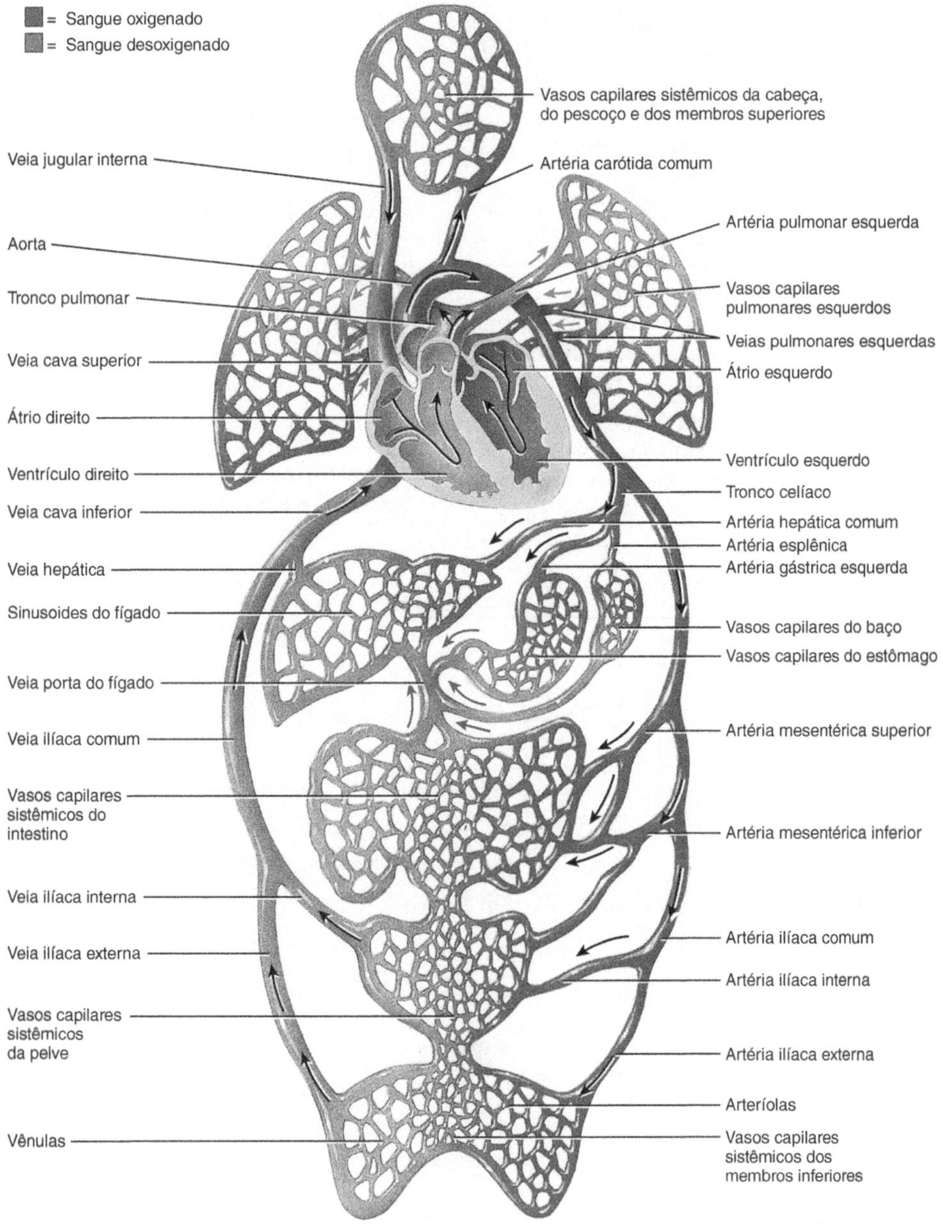

Quais são as duas principais vias circulatórias?

Figura 16.8 Esquema das vias circulatórias. As setas pretas longas indicam a circulação sistêmica (detalhada nas Quadros 16.1-16.7), as setas azuis curtas identificam a circulação pulmonar, e as setas vermelhas destacam a circulação porta-hepática (detalhada na Fig. 16.16). Consulte a Figura 15.5 para detalhes da circulação coronária e a Figura 16.17 para detalhes da circulação fetal.

Os vasos sanguíneos são organizados em vias que distribuem o sangue para os vários tecidos do corpo.

Todas as artérias sistêmicas derivam da ***aorta***, que emerge do ventrículo esquerdo do coração (ver Fig. 16.9). O sangue desoxigenado retorna ao coração pelas veias sistêmicas. Todas as veias da circulação sistêmica desembocam nas ***veias cavas superior*** e ***inferior*** ou no ***seio coronário***, que, por sua vez, desembocam no átrio direito. Os principais vasos sanguíneos da circulação sistêmica são descritos e ilustrados nos Quadros 16.1 a 16.7 e nas Figuras 16.9 a 16.15.

QUADRO 16.1 A aorta e seus ramos *(Fig. 16.9)*

OBJETIVO

- Identificar as quatro divisões principais da aorta e localizar os principais ramos arteriais originados de cada uma.

A ***aorta***, a maior artéria do corpo, tem diâmetro de 2 a 3 cm. As quatro principais divisões são a parte ascendente, o arco, a parte torácica e a parte abdominal. A ***parte ascendente da aorta*** emerge do ventrículo esquerdo, posterior ao tronco pulmonar, dando origem a dois ramos arteriais coronários que irrigam o miocárdio do coração. A seguir, arqueia-se para a esquerda, formando o ***arco da aorta***. Ramos do arco da aorta são descritos no Quadro 16.2. A parte da aorta entre o arco e o diafragma, ***parte torácica da aorta***, mede aproximadamente 20 cm de comprimento. A parte da aorta entre o diafragma e as artérias ilíacas comuns é a ***parte abdominal da aorta***. Os principais ramos da parte abdominal da aorta são o ***tronco celíaco*** e as ***artérias mesentéricas superior*** e ***inferior***. A parte abdominal da aorta se divide no nível da quarta vértebra lombar, nas ***artérias ilíacas comuns*** que levam o sangue para os membros inferiores.

TESTE SUA COMPREENSÃO

Quais são as regiões gerais que cada uma das quatro divisões principais da aorta irriga?

DIVISÃO E RAMOS	REGIÃO IRRIGADA
Parte ascendente da aorta	
Artérias coronárias direita e esquerda	Coração
Arco da aorta (ver Quadro 16.2)	
Tronco braquiocefálico	
Artéria carótida comum direita	Lado direito da cabeça e do pescoço
Artéria subclávia direita	Membro superior direito
Artéria carótida comum esquerda	Lado esquerdo da cabeça e do pescoço
Artéria subclávia esquerda	Membro superior esquerdo
Parte torácica da aorta	
Artérias bronquiais	Brônquios dos pulmões
Artérias esofágicas	Esôfago
Artérias intercostais posteriores	Músculos torácicos e intercostais
Artérias frênicas superiores	Faces posterior e superior do diafragma
Parte abdominal da aorta	
Artérias frênicas inferiores	Superfície inferior do diafragma
Tronco celíaco	
Artéria hepática comum	Fígado, estômago, duodeno e pâncreas
Artéria gástrica esquerda	Esôfago e estômago
Artéria esplênica	Baço, pâncreas e estômago
Artéria mesentérica superior	Intestino delgado, ceco, colos ascendente e transverso do intestino, pâncreas
Artérias suprarrenais	Glândulas suprarrenais
Artérias renais	Rins
Artérias gonadais	
Artérias testiculares	Testículos (homem)
Artérias ováricas	Ovários (mulher)
Artéria mesentérica inferior	Reto, colos transverso, descendente e sigmoide
Artérias ilíacas comuns	
Artérias ilíacas externas	Membros inferiores
Artérias ilíacas internas	Útero (mulher), próstata (homem), músculos glúteos e bexiga urinária

CONTINUA

QUADRO 16.1 A aorta e seus ramos *(Fig. 16.9)* CONTINUAÇÃO

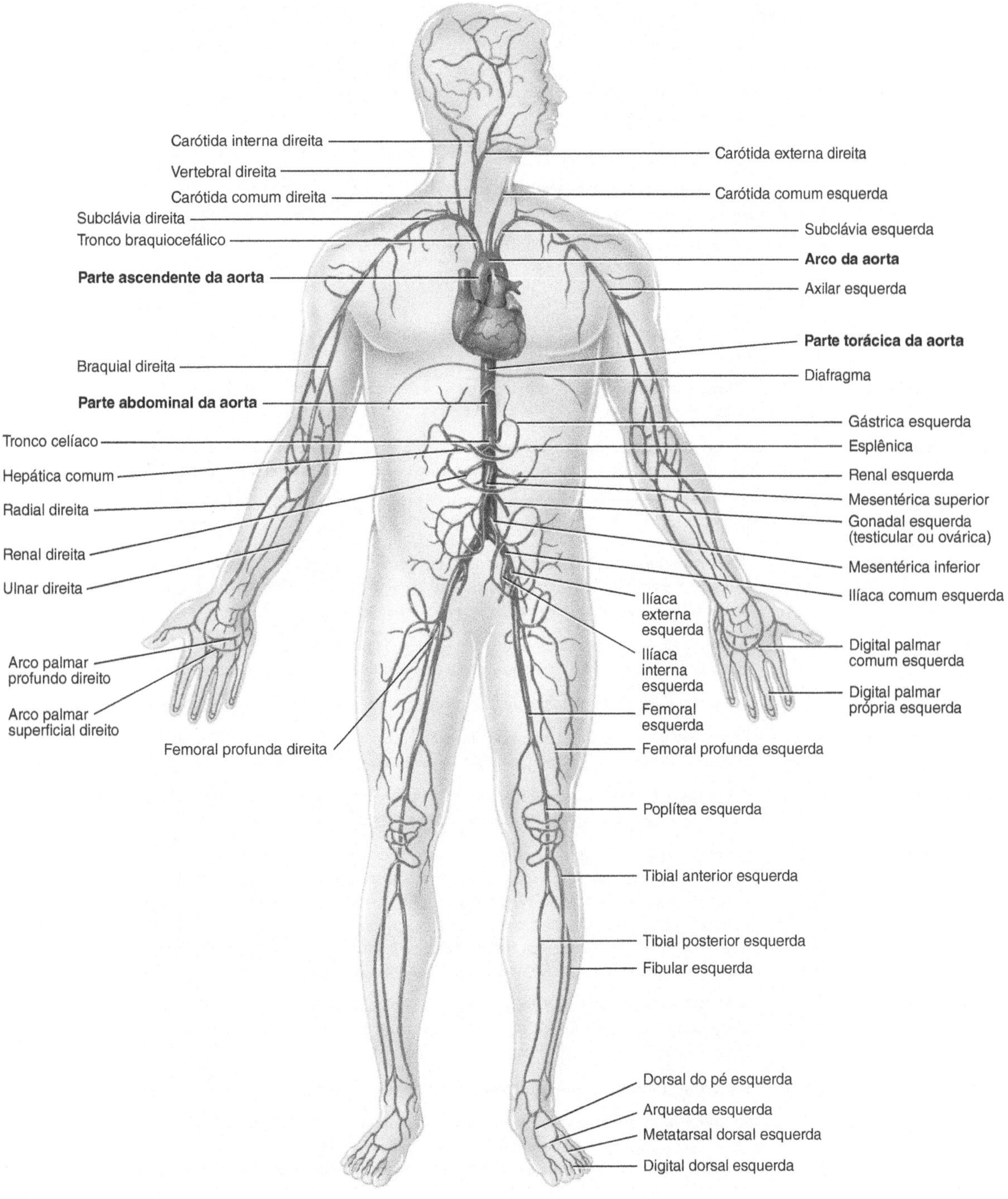

Visão geral anterior dos principais ramos da aorta

Quais são os nomes das quatro divisões da aorta pelas quais o sangue passa depois que é ejetado do coração?

Figura 16.9 **Aorta e seus ramos principais.**

Todas as artérias sistêmicas ramificam-se a partir da aorta.

QUADRO 16.2 O arco da aorta *(Fig. 16.10)*

OBJETIVO

- Identificar as três artérias que se ramificam do arco da aorta.

O ***arco da aorta***, a continuação da parte ascendente da aorta, mede de 4 a 5 cm de comprimento e possui três ramos. Na ordem em que emergem do arco da aorta, os três ramos são o tronco braquiocefálico, a artéria carótida comum esquerda e a artéria subclávia esquerda.

TESTE SUA COMPREENSÃO

Quais são as regiões gerais supridas pelas artérias que emergem do arco da aorta?

ARTÉRIA	DESCRIÇÃO E REGIÃO SUPRIDA
Tronco braquiocefálico	O ***tronco braquiocefálico*** se divide para formar a artéria subclávia direita e a artéria carótida comum direita (Fig. 16.10a)
Artéria subclávia direita	A ***artéria subclávia direita*** se estende do tronco braquiocefálico e, em seguida, passa para a axila. A distribuição geral dessa artéria é para o encéfalo e a medula espinal, o pescoço, o ombro e o tórax
Artéria axilar	A continuação da artéria subclávia direita na axila é chamada de ***artéria axilar***. Sua distribuição geral é para o ombro
Artéria braquial	A ***artéria braquial***, que fornece a principal irrigação sanguínea para o braço, é a continuação da artéria axilar para esse membro. Geralmente é usada para aferição da pressão sanguínea. Logo abaixo da dobra do cotovelo, a artéria braquial se divide nas artérias radial e ulnar
Artéria radial	A ***artéria radial*** é uma continuação direta da artéria braquial. Passa ao longo da face lateral (radial) do antebraço e, em seguida, chega ao carpo e à mão; é um local comum para a mensuração do pulso radial
Artéria ulnar	A ***artéria ulnar*** passa ao longo da face medial (ulnar) do antebraço e, em seguida, chega ao carpo e à mão
Arco palmar superficial	O ***arco palmar superficial*** é formado basicamente pela artéria ulnar, estendendo-se por toda a palma. Dá origem aos vasos sanguíneos que irrigam a palma e os dedos da mão
Arco palmar profundo	O ***arco palmar profundo*** é formado principalmente pela artéria radial. O arco se estende por toda a palma e dá origem aos vasos sanguíneos que irrigam a palma da mão
Artéria vertebral	Antes de passar para a axila, a artéria subclávia direita emite um ramo importante para o encéfalo, chamado de ***artéria vertebral direita*** (Fig. 16.10c). A artéria vertebral direita passa através dos forames vertebrais dos processos transversos das vértebras cervicais e entra no crânio pelo forame magno, para alcançar a face inferior do encéfalo, onde se une com a artéria vertebral esquerda, formando a ***artéria basilar***. Aqui, se une à artéria vertebral esquerda para formar a ***artéria basilar***. A artéria vertebral irriga a porção posterior do encéfalo. A artéria basilar irriga o cerebelo e a ponte do encéfalo, bem como a orelha interna
Artéria carótida comum direita	A ***artéria carótida comum direita*** começa na ramificação do tronco braquiocefálico e irriga estruturas localizadas na cabeça (Fig. 16.10c). Próximo à laringe (caixa de voz), se divide nas artérias carótidas interna e externa direitas
Artéria carótida externa	A ***artéria carótida externa*** irriga estruturas externas ao crânio
Artéria carótida interna	A ***artéria carótida interna*** irriga estruturas internas ao crânio, como o bulbo do olho, a orelha, a maior parte do cérebro e a hipófise. No interior do crânio, as artérias carótidas internas, juntamente com a artéria basilar, formam um conjunto de vasos sanguíneos na base do encéfalo, próximo à fossa hipofisial, chamado de ***círculo arterial do cérebro*** (*círculo de Willis*). Desse círculo (Fig. 16.10d), se originam as artérias que irrigam a maior parte do encéfalo. O círculo arterial do cérebro é formado pela união das ***artérias cerebrais anteriores*** (ramos das artérias carótidas internas) com as ***artérias cerebrais posteriores*** (ramos da artéria basilar). As artérias cerebrais posteriores são conectadas às artérias carótidas internas pelas ***artérias comunicantes posteriores***. As artérias cerebrais anteriores são conectadas pelas ***artérias comunicantes anteriores***. As ***artérias carótidas internas*** também são consideradas parte do círculo arterial do cérebro. As funções do círculo arterial do cérebro são uniformizar a pressão sanguínea no encéfalo e fornecer vias alternativas para o fluxo sanguíneo para o encéfalo, caso as artérias sejam danificadas
Artéria carótida comum esquerda	Divide-se basicamente nos mesmos ramos e com nomes semelhantes aos da artéria carótida comum direita
Artéria subclávia esquerda	Divide-se basicamente nos mesmos ramos e com nomes semelhantes aos da artéria subclávia direita

CONTINUA

QUADRO 16.2 O arco da aorta *(Fig. 16.10)* CONTINUAÇÃO

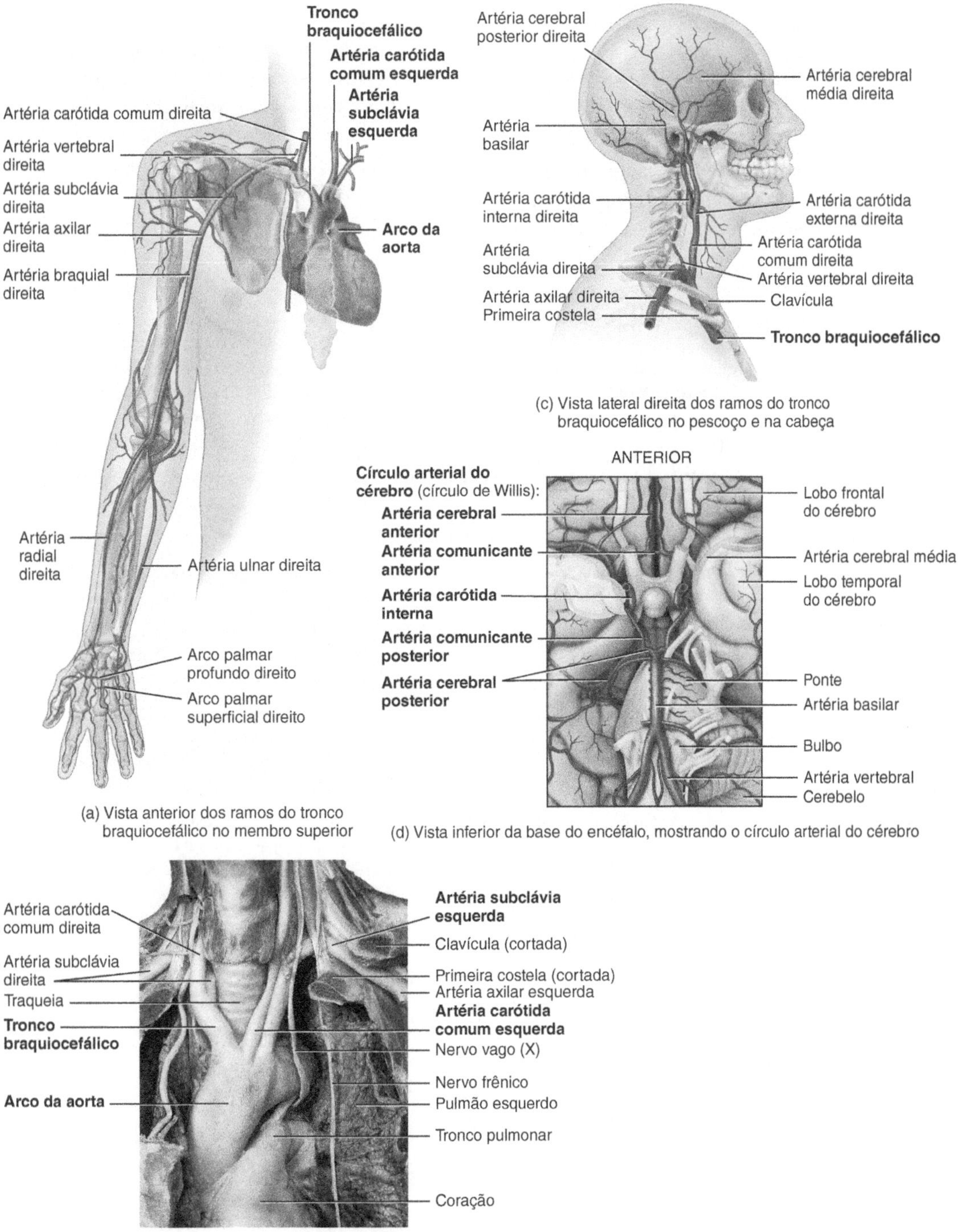

(a) Vista anterior dos ramos do tronco braquiocefálico no membro superior

(b) Vista anterior dos ramos do arco da aorta

(c) Vista lateral direita dos ramos do tronco braquiocefálico no pescoço e na cabeça

(d) Vista inferior da base do encéfalo, mostrando o círculo arterial do cérebro

Quais são os três principais ramos do arco da aorta, conforme a ordem de origem?

Figura 16.10 Arco da aorta e seus ramos.

O arco da aorta é a continuação da parte ascendente da aorta.

QUADRO 16.3 Artérias da pelve e dos membros inferiores *(Fig. 16.11)*

OBJETIVO

- Identificar os dois ramos principais das artérias ilíacas comuns.

A parte abdominal da aorta termina se dividindo nas ***artérias ilíacas comuns*** direita e esquerda. Estas, por sua vez, se dividem nas ***artérias ilíacas externas*** e ***internas***. Na sequência, as artérias ilíacas externas se tornam as ***artérias femorais*** nas coxas, as ***artérias poplíteas*** posteriores ao joelho e as ***artérias tibiais anteriores*** e ***posteriores*** nas pernas.

TESTE SUA COMPREENSÃO

Quais são as regiões gerais irrigadas pelas artérias ilíacas internas e externas?

ARTÉRIA	DESCRIÇÃO E REGIÃO IRRIGADA
Artérias ilíacas comuns	Aproximadamente no nível da quarta vértebra lombar, a parte abdominal da aorta se divide nas ***artérias ilíacas comuns*** direita e esquerda. Cada uma dá origem a dois ramos: as artérias ilíacas interna e ilíaca externa. A distribuição geral das artérias ilíacas comuns é para pelve, órgãos genitais externos e membros inferiores
Artérias ilíacas internas	As ***artérias ilíacas internas*** são as artérias básicas da pelve. Irrigam pelve, nádegas, órgãos genitais externos e coxa
Artérias ilíacas externas	As ***artérias ilíacas externas*** irrigam os membros inferiores
Artérias femorais	As ***artérias femorais***, continuações das artérias ilíacas externas, irrigam a parte inferior da parede abdominal, a virilha, os órgãos genitais externos e os músculos da coxa
Artérias poplíteas	As ***artérias poplíteas***, continuações das artérias femorais, irrigam os músculos e a pele da região posterior das pernas, os músculos da sura, a articulação do joelho, o fêmur, a patela e a fíbula
Artérias tibiais anteriores	As ***artérias tibiais anteriores***, que se ramificam das artérias poplíteas, irrigam a articulação do joelho, os músculos anteriores das pernas, a pele na região anterior das pernas e as articulações talocrurais. Nos tarsos (tornozelos), as artérias tibiais anteriores se tornam as ***artérias dorsais do pé***, que irrigam os músculos, a pele e as articulações nas faces dorsais dos pés. As artérias dorsais do pé emitem ramos que irrigam os pés e os dedos dos pés
Artérias tibiais posteriores	As ***artérias tibiais posteriores***, as continuações diretas das artérias poplíteas, se distribuem para os músculos, os ossos e as articulações da perna e do pé. Os principais ramos das artérias tibiais posteriores são as ***artérias fibulares***, que irrigam a perna e o tarso (tornozelo). A ramificação das artérias tibiais posteriores dá origem às artérias plantares medial e lateral. As ***artérias plantares mediais*** irrigam os músculos, a pele e os dedos dos pés. As ***artérias plantares laterais*** irrigam os pés e os dedos dos pés

CONTINUA

QUADRO 16.3 Artérias da pelve e dos membros inferiores *(Fig. 16.11)* CONTINUAÇÃO

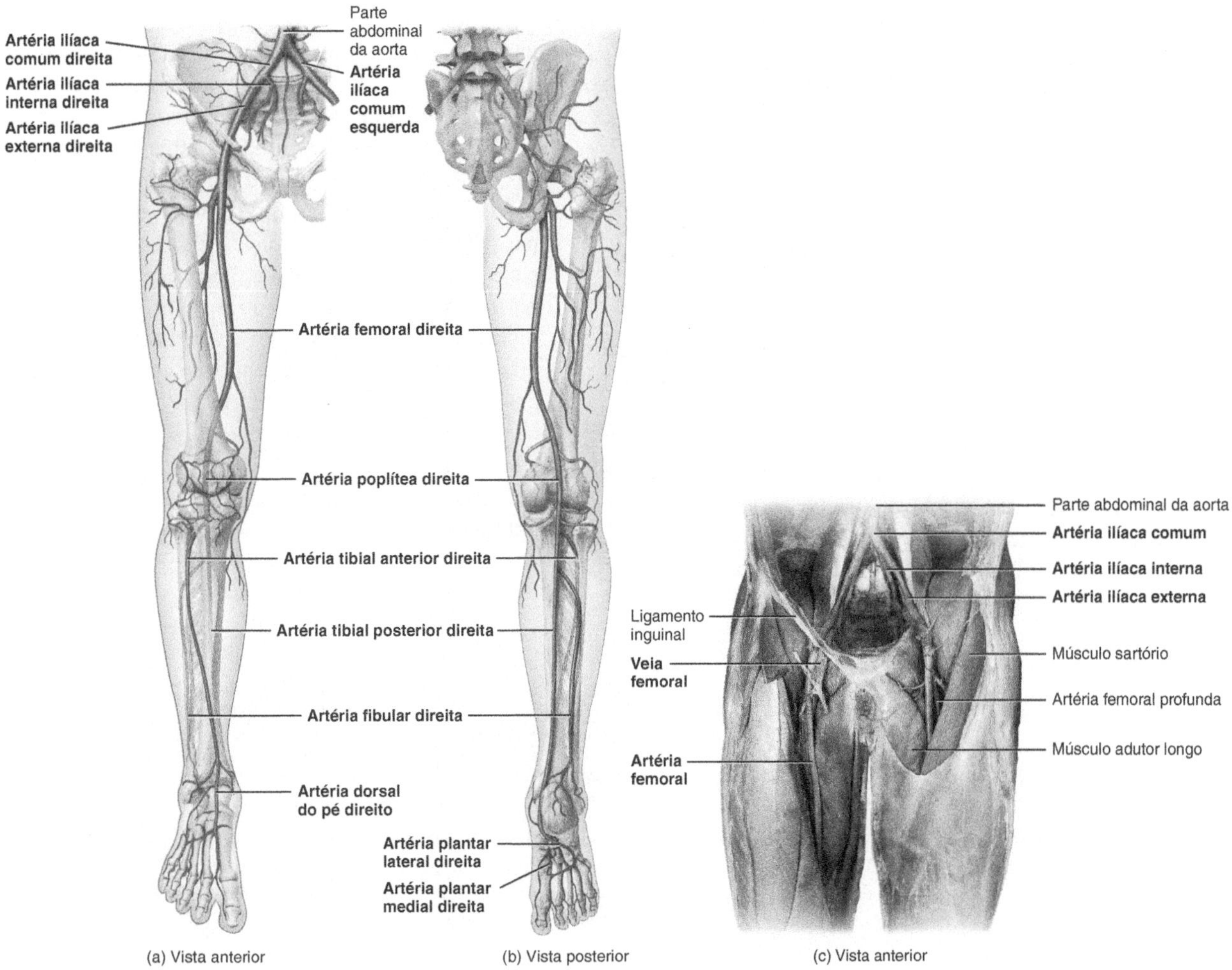

Em que ponto a parte abdominal da aorta se divide nas artérias ilíacas comuns?

Figura 16.11 Artérias da pelve e do membro inferior direito.

As artérias ilíacas internas transportam a maior parte da irrigação sanguínea para pelve, nádegas, órgãos genitais externos e coxas.

QUADRO 16.4 Veias da circulação sistêmica *(Fig. 16.12)*

OBJETIVO

- Identificar as três veias sistêmicas que retornam sangue desoxigenado para o coração.

Artérias distribuem sangue para várias partes do corpo, e veias drenam o sangue para longe dessas partes. Na maioria dos casos, as artérias são profundas. As veias podem ser ***superficiais*** (localizadas logo abaixo da pele) ou ***profundas***. As veias profundas geralmente têm um percurso paralelo ao das artérias e compartilham o mesmo nome. Como não existem grandes artérias superficiais, os nomes das veias superficiais não correspondem aos das artérias. As veias superficiais são clinicamente importantes como locais para coleta de sangue ou para aplicação de injeções. As artérias geralmente seguem vias definidas. As veias são mais difíceis de seguir, porque se conectam a redes irregulares, nas quais muitas veias menores se unem para formar uma veia maior. Embora somente uma artéria sistêmica, a aorta, transporte o sangue oxigenado que sai do coração (ventrículo esquerdo), três veias sistêmicas, o ***seio coronário***, a ***veia cava superior*** e a ***veia cava inferior***, transportam o sangue desoxigenado para o átrio direito do coração. O seio coronário recebe o sangue das veias cardíacas; a veia cava superior recebe sangue de outras veias superiores ao diafragma, exceto dos sáculos alveolares (alvéolos) dos pulmões; e a veia cava inferior recebe o sangue das veias inferiores ao diafragma.

TESTE SUA COMPREENSÃO

Quais são as diferenças básicas entre artérias e veias sistêmicas?

VEIA	DESCRIÇÃO E REGIÃO DRENADA
Seio coronário	O ***seio coronário*** é a principal veia do coração; recebe quase todo o sangue venoso do miocárdio e se abre no átrio direito, entre o óstio da veia cava inferior e a valva atrioventricular direita (tricúspide)
Veia cava superior (VCS)	A ***VCS*** lança seu sangue na parte superior do átrio direito. Começa com a união das veias braquiocefálicas direita e esquerda e entra no átrio direito. A VCS drena a cabeça, o pescoço, o tórax e os membros superiores
Veia cava inferior (VCI)	A ***VCI*** é a maior veia do corpo. Começa pela união das veias ilíacas comuns, passa pelo diafragma e entra na parte inferior do átrio direito. A VCI drena o abdome, a pelve e os membros inferiores. Durante os últimos meses de gestação, a VCI geralmente é comprimida pelo útero em expansão, produzindo edema nos tarsos (tornozelos) e nos pés, além de veias varicosas temporárias

CONTINUA

QUADRO 16.4 Veias da circulação sistêmica *(Fig. 16.12)* CONTINUAÇÃO

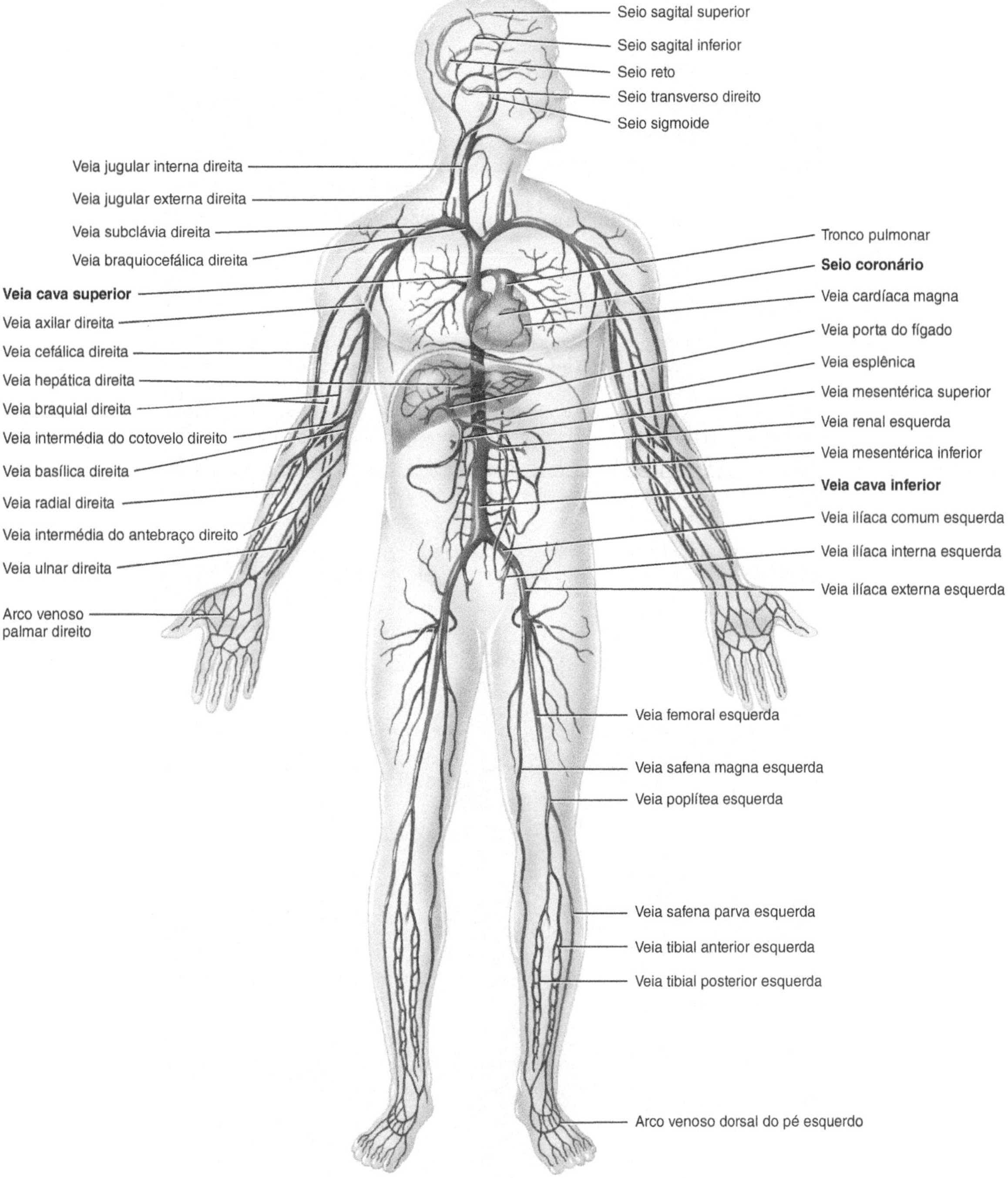

Vista geral anterior das principais veias

Quais regiões gerais do corpo são drenadas pelas veias cavas superior e inferior?

Figura 16.12 **Principais veias.**

O sangue desoxigenado retorna ao coração pelas veias cavas superior e inferior e pelo seio coronário.

QUADRO 16.5 Veias da cabeça e do pescoço *(Fig. 16.13)*

OBJETIVO

- Identificar as três principais veias que drenam o sangue da cabeça.

A maior parte da drenagem sanguínea da cabeça é realizada por três pares de veias: as ***veias jugulares internas***, as ***veias jugulares externas*** e as ***veias vertebrais***. No encéfalo, todas as veias drenam para os seios venosos da dura-máter e, em seguida, para as veias jugulares internas. Os ***seios da dura-máter*** são canais venosos revestidos por endotélio, situados entre as camadas da parte encefálica da dura-máter.

TESTE SUA COMPREENSÃO

Quais são as áreas gerais drenadas pelas veias jugulares interna e externa e pelas veias vertebrais?

VEIA	DESCRIÇÃO E REGIÃO DRENADA
Veias jugulares internas	Os seios da dura-máter (os vasos em azul-claro na Fig. 16.13) drenam o sangue dos ossos do crânio, das meninges e do encéfalo. As ***veias jugulares internas*** direita e esquerda passam inferiormente em cada lado do pescoço, laterais às artérias carótidas comum e interna. Em seguida, se unem às veias subclávias para formar as ***veias braquiocefálicas*** direita e esquerda. Daqui, o sangue flui para a veia cava superior. As estruturas gerais drenadas pelas veias jugulares internas são o encéfalo (por meio dos seios da dura-máter), a face e o pescoço
Veias jugulares externas	As ***veias jugulares externas*** direita e esquerda desembocam nas veias subclávias. As estruturas gerais drenadas pelas veias jugulares externas são aquelas externas ao crânio, como o couro cabeludo e as regiões superficiais e profundas da face
Veias vertebrais	As ***veias vertebrais*** direita e esquerda desembocam nas veias braquiocefálicas, no pescoço. Drenam as estruturas profundas do pescoço, como as vértebras cervicais, parte cervical da medula espinal e alguns músculos do pescoço

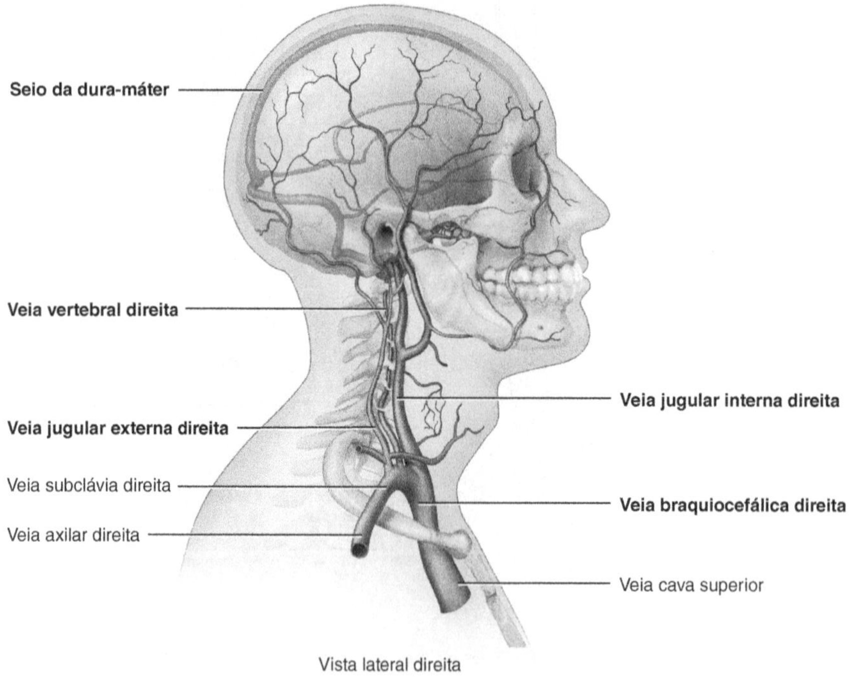

Para quais veias, no pescoço, todo o sangue venoso do encéfalo é drenado?

Figura 16.13 Principais veias da cabeça e do pescoço.

A drenagem sanguínea da cabeça é realizada pelas veias jugulares interna e externa e pelas veias vertebrais.

QUADRO 16.6 Veias dos membros superiores *(Fig. 16.14)*

OBJETIVO

- **Identificar as principais veias que drenam os membros superiores.**

O sangue dos membros superiores retorna ao coração pelas *veias superficiais* e *profundas*. Ambos os conjuntos venosos possuem válvulas, que são mais numerosas nas veias profundas.

As veias superficiais são maiores do que as veias profundas e retornam a maior parte do sangue proveniente dos membros superiores.

TESTE SUA COMPREENSÃO

Onde se originam as veias cefálicas, basílicas, intermédias do antebraço, radiais e ulnares?

VEIA	DESCRIÇÃO E REGIÃO DRENADA
Veias superficiais	
Veias cefálicas	As principais veias superficiais que drenam os membros superiores se originam na mão e transportam o sangue das veias superficiais menores para as veias axilares. As ***veias cefálicas*** começam na extremidade lateral das ***redes venosas dorsais da mão***, redes de veias localizadas no dorso das mãos (Fig. 16.14c), que drenam os dedos. As veias cefálicas drenam o sangue proveniente da face lateral dos membros superiores
Veias basílicas	As ***veias basílicas*** começam na extremidade medial das redes venosas dorsais das mãos (Fig. 16.14a) e drenam o sangue proveniente das faces mediais dos membros superiores. Anteriores ao cotovelo, as veias basílicas se conectam às veias cefálicas por meio das ***veias intermédias do cotovelo***, que drenam o antebraço. Se precisarmos puncionar uma veia para injeção, transfusão ou coleta de amostra sanguínea, a preferida é a veia intermédia do cotovelo. As veias basílicas continuam subindo até se unirem às veias braquiais. Quando as veias basílicas e braquiais se juntam na área axilar, formam as veias axilares
Veias intermédias do antebraço	As ***veias intermédias do antebraço*** começam nos ***arcos venosos palmares***, redes de veias nas palmas das mãos. Os plexos drenam os dedos das mãos. As veias intermédias do antebraço sobem pelos antebraços para se juntarem às veias basílicas ou às veias intermédias do cotovelo, ou, às vezes, a ambas. Elas drenam as palmas das mãos e os antebraços
Veias profundas	
Veias radiais	O par de ***veias radiais*** começa nos ***arcos venosos palmares profundos*** (Fig. 16.14b). Esses arcos drenam as palmas das mãos. As veias radiais drenam as faces laterais dos antebraços e seguem ao longo de cada artéria radial. Logo abaixo da articulação do cotovelo, as veias radiais se unem com as veias ulnares, para formar as veias braquiais
Veias ulnares (ulnar = pertinente à ulna)	O par de veias ulnares começa nos ***arcos venosos palmares superficiais***, que drenam as palmas e os dedos das mãos. As veias ulnares drenam a face medial dos antebraços, acompanham as artérias ulnares e se unem às veias radiais, para formar as veias braquiais
Veias braquiais	O par de ***veias braquiais*** acompanha as artérias braquiais. Drenam os antebraços, as articulações dos cotovelos e os braços. Unem-se às veias basílicas para formar as veias axilares
Veias axilares	As ***veias axilares*** sobem para se tornarem as veias subclávias. Drenam os braços, as axilas e a parte superior da parede torácica
Veias subclávias	As ***veias subclávias*** são continuações das veias axilares, que se unem às veias jugulares internas para formar as veias braquiocefálicas. Essas veias se unem, formando a veia cava superior. As veias subclávias drenam os braços, o pescoço e a parede torácica

CONTINUA

QUADRO 16.6 Veias dos membros superiores *(Fig. 16.14)* CONTINUAÇÃO

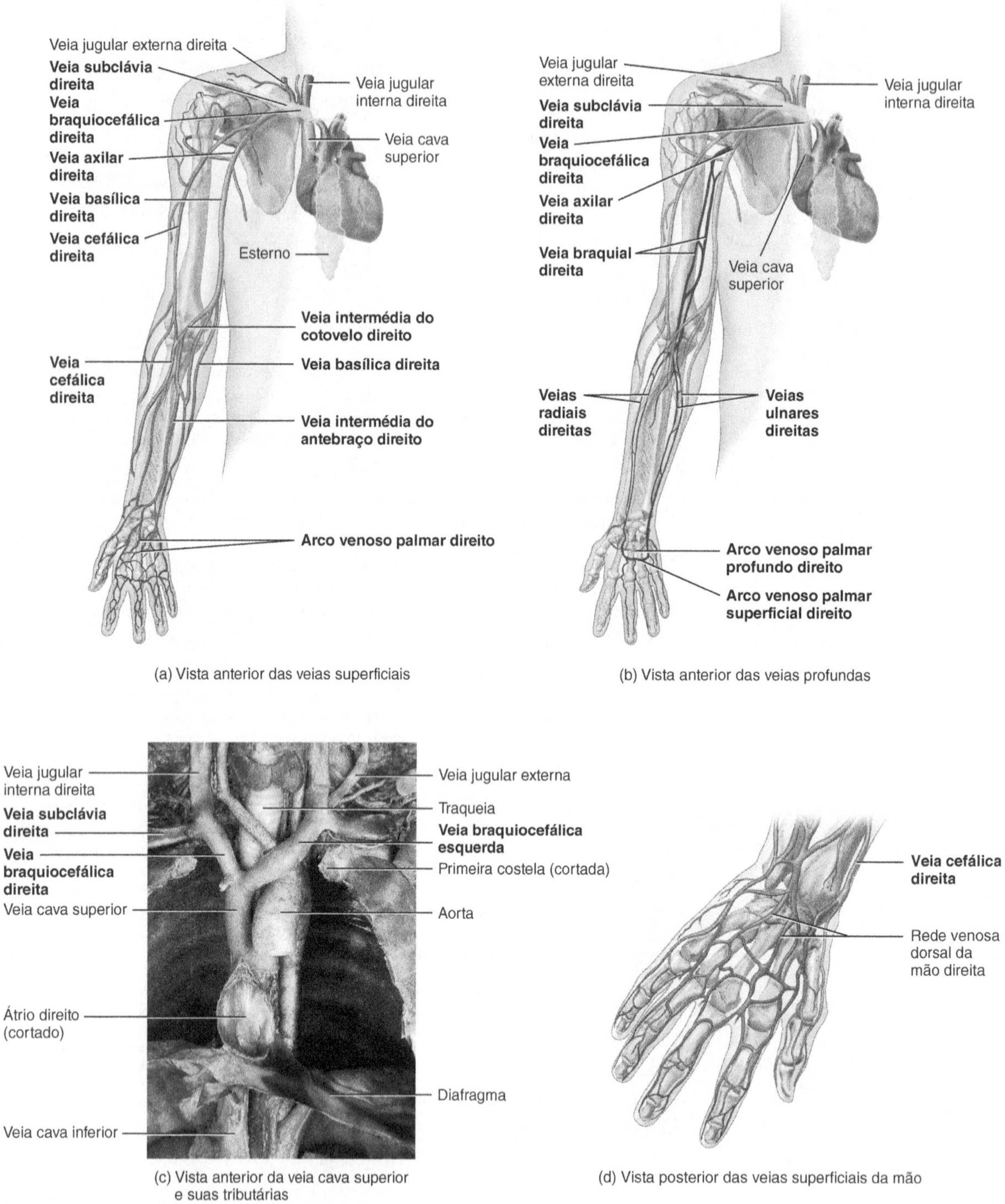

Uma amostra de sangue é frequentemente coletada em que veia do membro superior?

Figura 16.14 Principais veias do membro superior direito.

As veias profundas geralmente acompanham as artérias que têm nomes similares.

QUADRO 16.7 Veias dos membros inferiores *(Fig. 16.15)*

OBJETIVO

- Identificar as principais veias que drenam os membros inferiores.

Como nos membros superiores, o sangue dos membros inferiores é drenado, tanto por *veias superficiais* quanto por *veias profundas*. As veias superficiais frequentemente se ramificam entre si e com as veias profundas, ao longo de sua extensão. Todas as veias dos membros inferiores possuem válvulas, que são mais numerosas do que nas veias dos membros superiores.

TESTE SUA COMPREENSÃO

Por que as veias safenas magnas são clinicamente importantes?

VEIA	DESCRIÇÃO E REGIÃO DRENADA
Veias superficiais	
Veias safenas magnas	As ***veias safenas magnas***, as veias mais longas do corpo, começam na extremidade medial dos ***arcos venosos dorsais*** dos pés, redes de veias no dorso do pé que coletam o sangue proveniente dos dedos dos pés. As veias safenas magnas desembocam nas veias femorais e drenam principalmente a perna e a coxa, a virilha, os órgãos genitais externos e a parede abdominal. Ao longo de sua extensão, as veias safenas magnas possuem entre 10 e 20 válvulas, localizadas mais na perna do que na coxa. As veias safenas magnas são usadas com frequência para a administração prolongada de líquidos intravenosos. Isso é particularmente importante em crianças muito jovens e em pacientes de qualquer idade que estejam em choque e cujas veias estejam colapsadas. As veias safenas magnas também são usadas, com frequência, como fonte de enxertos vasculares, especialmente para a cirurgia de revascularização do miocárdio. Nesse procedimento, a veia é retirada e, em seguida, invertida, para que as válvulas não obstruam o fluxo sanguíneo
Veias safenas parvas	As ***veias safenas parvas*** começam na extremidade lateral dos arcos venosos dorsais dos pés. Desembocam nas veias poplíteas, atrás do joelho. Ao longo de sua extensão, as veias safenas parvas têm de 9 a 12 válvulas. Essas veias drenam os pés e as pernas
Veias profundas	
Veias tibiais posteriores	Os ***arcos venosos plantares profundos***, nas plantas dos pés, drenam os dedos dos pés e, basicamente, dão origem às ***veias tibiais posteriores*** pares. Essas veias acompanham as artérias tibiais posteriores ao longo da perna e drenam os pés e os músculos posteriores das pernas. Aproximadamente a dois terços do trajeto ascendente pela perna, as veias tibiais posteriores drenam o sangue proveniente das ***veias fibulares***, que irrigam os músculos laterais e posteriores da perna
Veias tibiais anteriores	O par de ***veias tibiais anteriores*** começa no arco venoso dorsal do pé e acompanha a artéria tibial anterior. Unem-se às veias tibiais posteriores para formar a veia poplítea. As veias tibiais anteriores drenam as articulações talocrural e do joelho, a articulação tibiofibular e a parte anterior da perna
Veias poplíteas	As ***veias poplíteas*** são formadas pela união das veias tibiais anterior e posterior. Drenam a pele, os músculos e os ossos da articulação do joelho
Veias femorais	As ***veias femorais*** acompanham as artérias femorais e são as continuações das veias poplíteas. Drenam os músculos das coxas, os fêmures, os órgãos genitais externos e os linfonodos superficiais. As veias femorais entram na cavidade pélvica, onde são conhecidas como ***veias ilíacas externas***. As ***veias ilíacas externas*** e ***internas*** se unem, formando as ***veias ilíacas comuns***, que também se unem, formando a veia cava inferior

CONTINUA

QUADRO 16.7 Veias dos membros inferiores *(Fig. 16.15)* CONTINUAÇÃO

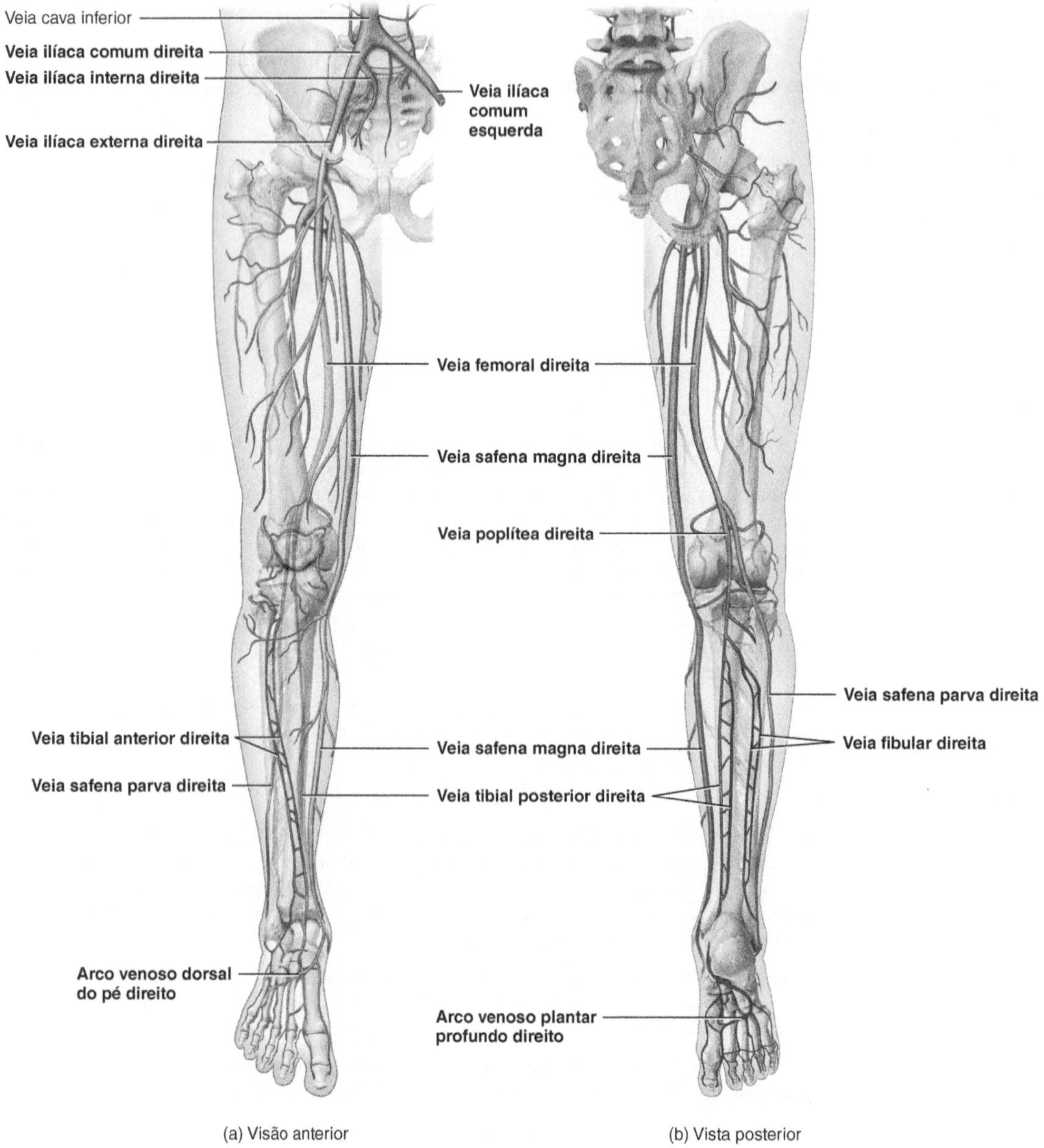

Quais são as veias superficiais dos membros inferiores?

Figura 16.15 **Principais veias da pelve e dos membros inferiores.**

Todas as veias dos membros inferiores têm válvulas.

Circulação pulmonar

Quando o sangue desoxigenado retorna ao coração pela via sistêmica, é bombeado do ventrículo direito para os pulmões. Nos pulmões, perde dióxido de carbono e capta oxigênio. Agora novamente vermelho-vivo, o sangue retorna para o átrio esquerdo do coração e é bombeado de novo para a circulação sistêmica. O fluxo de sangue desoxigenado do ventrículo direito até os alvéolos e o retorno do sangue oxigenado dos alvéolos até o átrio esquerdo é chamado de ***circulação pulmonar*** (ver Fig. 16.8). O ***tronco pulmonar*** emerge do ventrículo direito e, em seguida, se divide em dois ramos. A ***artéria pulmonar direita*** segue para o pulmão direito; a ***artéria pulmonar esquerda*** segue para o pulmão esquerdo. Após o nascimento, as artérias pulmonares são as únicas artérias que transportam sangue desoxigenado. Ao entrarem nos pulmões, os ramos se dividem e se subdividem, até que, finalmente, formam capilares ao redor dos alvéolos. O dióxido de carbono passa do sangue para os alvéolos e é expirado, ao passo que o oxigênio inspirado passa dos alvéolos para o sangue. Os capilares se unem, as vênulas e as veias se formam, e, finalmente, duas ***veias pulmonares*** de cada pulmão transportam o sangue oxigenado para o átrio esquerdo. (Após o nascimento, as veias pulmonares são as únicas veias que transportam sangue oxigenado.) As contrações do ventrículo esquerdo enviam o sangue para a circulação sistêmica.

Circulação porta hepática

Uma veia que transporta o sangue de uma rede capilar para outra é chamada de ***veia porta***. A veia porta do fígado, formada pela união das veias esplênica e mesentérica superior (Fig. 16.16), recebe o sangue dos vasos capilares dos órgãos do sistema digestório e distribui para estruturas semelhantes a capilares, no fígado, chamadas de sinusoides. Na ***circulação porta-hepática***, o sangue venoso dos órgãos gastrintestinais e do baço, rico em substâncias absorvidas do trato gastrintestinal, é levado à veia porta do fígado e entra no fígado. O fígado processa essas substâncias antes que passem para a circulação geral. Ao mesmo tempo, o fígado recebe sangue oxigenado da circulação sistêmica, por meio da artéria hepática. O sangue oxigenado se mistura com o sangue desoxigenado nos sinusoides. Por fim, todo o sangue sai dos sinusoides do fígado pelas veias hepáticas, que drenam para a veia cava inferior.

Circulação fetal

O sistema circulatório de um feto, chamado de ***circulação fetal***, existe apenas no feto e contém estruturas especiais que permitem ao feto em desenvolvimento trocar substâncias com a mãe (Fig. 16.17). Essa circulação difere da circulação pós-natal (após o nascimento), porque os pulmões, os rins e os órgãos gastrintestinais de um feto só começam a funcionar a partir do nascimento. O feto obtém O_2 e nutrientes do sangue materno e elimina CO_2 e resíduos também no sangue materno.

A troca de substâncias entre a circulação fetal e a materna ocorre por meio da ***placenta***, que se forma no interior do útero materno e se conecta ao umbigo do feto pelo ***cordão umbilical***. O sangue passa do feto para a placenta por meio de duas ***artérias umbilicais*** (Fig. 16.17a). Esses ramos das artérias ilíacas internas se encontram no interior do cordão umbilical. Na placenta, o sangue fetal capta O_2 e nutrientes e elimina CO_2 e resíduos. O sangue oxigenado retorna da placenta por uma única ***veia umbilical***. Essa veia sobe para o fígado do feto, onde se divide em dois ramos. Um pouco de sangue flui pelo ramo que se une à veia porta do fígado e entra no fígado, mas a maior parte do sangue flui pelo segundo ramo, o ***ducto venoso***, que drena para a veia cava inferior.

O sangue desoxigenado que retorna das regiões inferiores do corpo fetal se mistura com o sangue oxigenado, proveniente do ducto venoso, na veia cava inferior. Esse sangue misto, em seguida, entra no átrio direito. O sangue desoxigenado que retorna das regiões superiores do corpo do feto entra na veia cava superior e passa para o átrio direito.

A maior parte do sangue fetal não passa do ventrículo direito para os pulmões, como na circulação pós-natal, porque existe uma abertura, chamada de ***forame oval*** do coração, no septo entre os átrios direito e esquerdo. Aproximadamente um terço do sangue que entra no átrio direito passa por esse forame oval para o átrio esquerdo e se une à circulação sistêmica. O sangue que, na realidade, passa para o ventrículo direito é bombeado para o tronco pulmonar, mas pouco desse sangue chega aos pulmões não operacionais do feto. Em contrapartida, uma maior quantidade de sangue é enviada pelo ***ligamento arterial*** (ducto arterial), um vaso que conecta o tronco pulmonar com a aorta, de modo que a maior parte do sangue desvia dos pulmões fetais. O sangue contido na aorta é transportado para todos os tecidos fetais por meio da circulação sistêmica. Quando as artérias ilíacas comuns se ramificam nas artérias ilíacas externa e interna, parte do sangue flui para as artérias ilíacas internas, para as artérias umbilicais, e retorna à placenta, para outra troca de substâncias.

Após o nascimento, quando as funções pulmonares, renais e digestivas começam, as seguintes alterações vasculares ocorrem (Fig. 16.17b):

1. Quando o cordão umbilical é clampeado, o fluxo sanguíneo não passa mais pelas artérias umbilicais, que são preenchidas por tecido conectivo e cujas partes distais se transformam em cordões fibrosos, chamados ***pregas umbilicais mediais***.
2. A veia umbilical colapsa, mas persiste como o ***ligamento redondo do fígado***, uma estrutura que conecta o umbigo ao fígado.

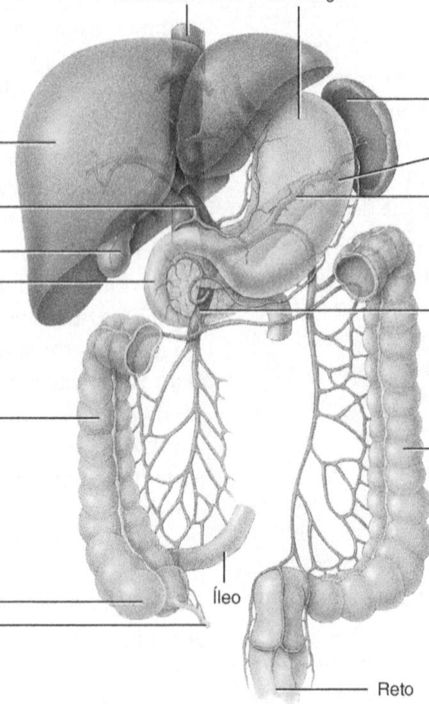

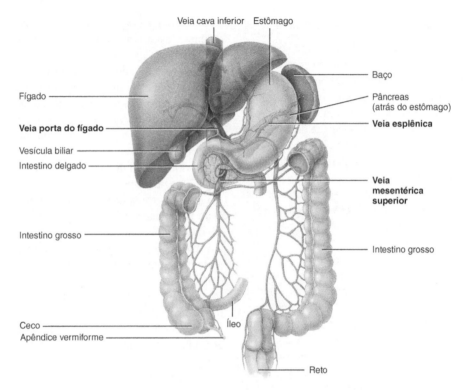

(a) Vista anterior das veias que drenam para a veia porta do fígado

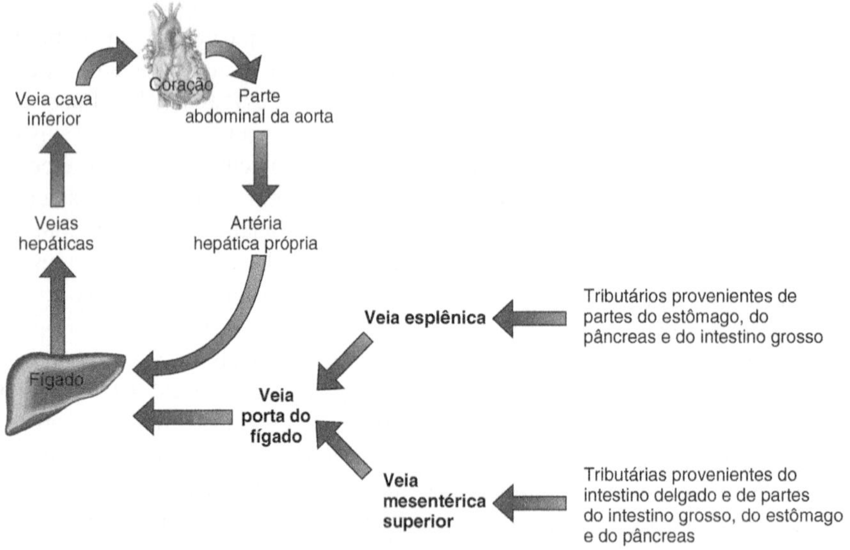

(b) Esquema dos principais vasos sanguíneos da circulação hepática e da irrigação arterial e drenagem venosa do fígado

Que veias transportam sangue para longe do fígado?

Figura 16.16 Circulação porta-hepática.

A circulação porta-hepática distribui o sangue venoso dos órgãos gastrintestinais e do baço para o fígado.

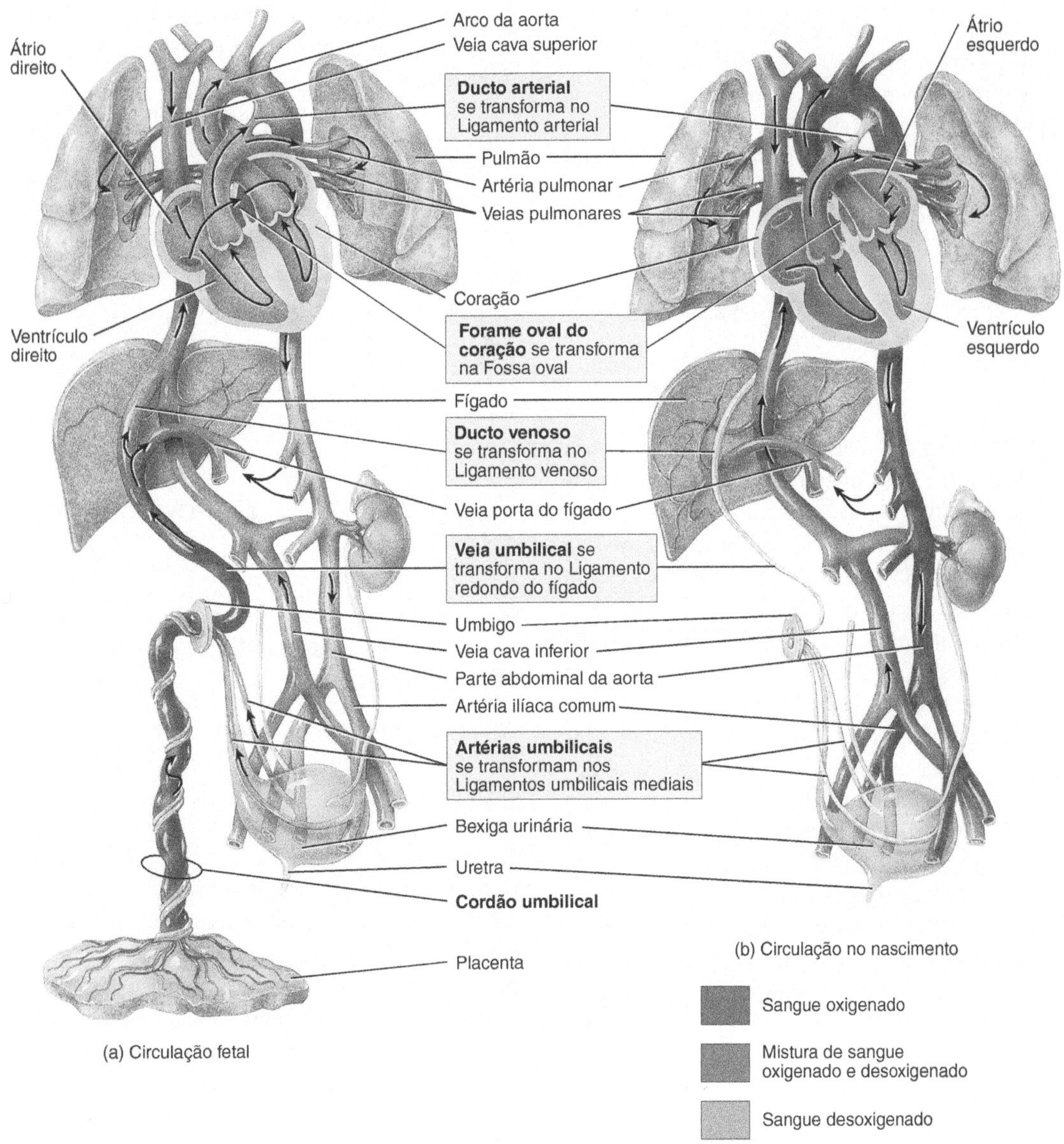

Que estrutura proporciona a troca de substâncias entre a mãe e o feto?

Figura 16.17 Circulação fetal e alterações no nascimento. Os retângulos amarelos entre as figuras (a) e (b) descrevem o destino de determinadas estruturas fetais, assim que a circulação pós-fetal é estabelecida.

Os pulmões e os órgãos gastrintestinais só começam a funcionar no nascimento.

3. O ducto venoso colapsa, mas persiste como o ***ligamento venoso***, um cordão fibroso situado na face inferior do fígado.
4. A placenta é eliminada como ***secundinas***.
5. O forame oval do coração normalmente se fecha logo após o parto, transformando-se na ***fossa oval***, uma depressão no septo interatrial. Quando o recém-nascido inspira pela primeira vez, os pulmões se expandem, e o fluxo sanguíneo para os pulmões aumenta. O retorno de sangue dos pulmões para o coração aumenta a pressão no átrio esquerdo. Isso fecha o forame oval, empurrando a válvula que guarnece esse orifício contra o septo interatrial. O fechamento permanente ocorre em aproximadamente um ano.
6. O ducto arterial se fecha por vasoconstrição, quase imediatamente após o parto, e se transforma no ***ligamento arterial***.

TESTE SUA COMPREENSÃO

8. Descreva resumidamente as principais funções das circulações sistêmica, pulmonar, porta-hepática e fetal.

16.4 Avaliação da circulação

OBJETIVO

- Explicar como o pulso e a pressão sanguínea são mensurados.

Pulso

A expansão alternada e o recuo elástico de uma artéria após cada contração e relaxamento do ventrículo esquerdo são chamados ***pulso***. O pulso é mais forte nas artérias mais próximas do coração. Torna-se mais fraco à medida que passa pelas arteríolas, e desaparece completamente nos vasos capilares. A artéria radial no carpo (pulso) é mais comumente usada para sentir o pulso arterial. Outros locais nos quais o pulso arterial pode ser sentido incluem a artéria braquial ao longo da borda medial do músculo bíceps braquial; a artéria carótida comum, próxima à laringe, que geralmente é monitorada durante uma reanimação cardiopulmonar; a artéria poplítea, atrás do joelho; e a artéria dorsal do pé, no dorso do pé.

A frequência de pulso normalmente é a mesma da frequência cardíaca, aproximadamente 75 batimentos por minuto em repouso. ***Taquicardia*** é a frequência rápida em repouso do coração ou do pulso acima de 100 batimentos/minuto. ***Bradicardia*** indica uma frequência lenta em repouso do coração ou do pulso abaixo de 50 batimentos/minuto.

Aferição da pressão sanguínea

Na prática clínica, o termo ***pressão sanguínea***, normalmente, se refere à pressão do sangue nas artérias gerada pelo ventrículo esquerdo, durante a sístole, e à pressão residual nas artérias quando o ventrículo está em diástole. Em geral, a PS é aferida na artéria braquial, no braço esquerdo (ver Fig. 16.10a). O dispositivo usado para aferir a PS é um ***esfigmomanômetro***. Quando a pressão do manguito é inflada acima da PS atingida durante a sístole, a artéria é comprimida, de modo que o fluxo de sangue cessa. O técnico posiciona o estetoscópio abaixo do manguito, na artéria braquial, e, em seguida, lentamente, desinfla o manguito. Quando o manguito é desinflado o suficiente para permitir que a artéria se abra, um jato de sangue passa, resultando no primeiro som ouvido ao estetoscópio. Esse som corresponde à ***pressão sanguínea sistólica*** (***PSS***) – a força com que o sangue é empurrado contra a parede arterial, durante a contração ventricular. À medida que o manguito continua a ser desinflado, os sons subitamente se tornam fracos. Esse nível, chamado de ***pressão sanguínea diastólica*** (***PSD***), representa a força exercida pelo sangue nas artérias durante o relaxamento ventricular.

A PS normal de um homem adulto jovem é de 120 mmHg, para sistólica, e 80 mmHg, para diastólica. A PS é registrada, por exemplo, como "110 por 70" e escrita como 110/70. Em mulheres adultas jovens, as pressões são de 8 a 10 mmHg mais baixas. As pessoas que se exercitam regularmente e estão em boas condições físicas podem ter PS ainda mais baixa.

TESTE SUA COMPREENSÃO

9. O que provoca o pulso?
10. Diferencie PSS e PSD.

16.5 Envelhecimento e sistema circulatório

OBJETIVO

- Descrever os efeitos do envelhecimento no sistema circulatório.

As alterações gerais no sistema circulatório associadas ao envelhecimento incluem aumento da rigidez da aorta, redução do tamanho das fibras do músculo cardíaco, perda progressiva da força muscular cardíaca, redução do DC, diminuição da frequência cardíaca máxima e aumento da PSS. A doença arterial coronariana (DAC) é a principal causa de doença cardíaca e morte em idosos norte-americanos. A insuficiência cardíaca congestiva (ICC), um conjunto de sintomas associados ao bombeamento deficiente do coração, também é prevalente em indivíduos idosos. As alterações dos vasos sanguíneos que irrigam o tecido encefálico – por exemplo, a aterosclerose – reduzem a nutrição para o encéfalo, resultando em disfunção ou morte das células encefálicas. Por volta dos 80 anos de idade, o fluxo sanguíneo para o encéfalo é 20% menor e para os rins é 50% menor do que na mesma pessoa aos 30 anos de idade.

TESTE SUA COMPREENSÃO

11. Quais são alguns dos sinais de que o sistema circulatório está envelhecendo?

• • •

Para perceber as inúmeras formas de contribuição do sistema circulatório para a homeostasia de outros sistemas do corpo, estude Foco na Homeostasia: O Sistema Circulatório. A seguir, no Capítulo 17, examinaremos a estrutura e a função do sistema linfático, entendendo como ocorre o retorno do excesso de líquido filtrado dos vasos capilares para o sistema circulatório. Além disso, veremos mais detalhadamente de que maneira alguns leucócitos atuam como defensores do corpo, executando as respostas imunes.

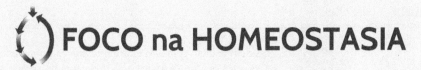

FOCO na HOMEOSTASIA

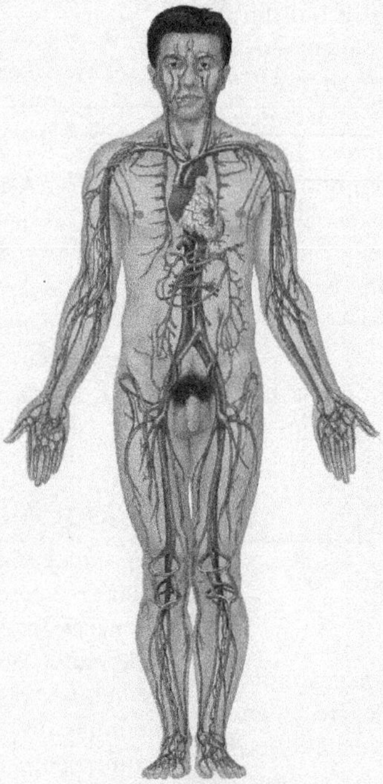

CONTRIBUIÇÕES DO SISTEMA CIRCULATÓRIO

PARA TODOS OS SISTEMAS DO CORPO

- O coração bombeia sangue pelos vasos sanguíneos para os tecidos do corpo, distribuindo oxigênio e nutrientes e removendo os resíduos por meio das trocas capilares
- O sangue circulante mantém os tecidos do corpo na temperatura adequada

TEGUMENTO COMUM

- O sangue leva os fatores de coagulação e os leucócitos que auxiliam na hemostasia quando a pele é danificada e contribuem para o seu reparo
- Alterações no fluxo sanguíneo cutâneo contribuem para a regulação da temperatura corporal, ajustando a quantidade de perda calórica pela pele
- O fluxo sanguíneo pode dar à pele uma coloração rosada

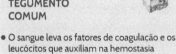

SISTEMA ESQUELÉTICO

- O sangue leva íons cálcio e fosfato que são necessários para a formação da matriz extracelular óssea
- O sangue transporta hormônios que controlam a formação e a decomposição da matriz extracelular óssea e eritropoietina que estimula a produção de eritrócitos pela medula óssea vermelha

SISTEMA MUSCULAR

- O sangue circulando pelos músculos em exercício remove calor e ácido lático

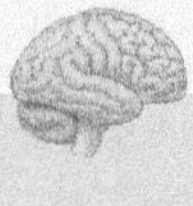

SISTEMA NERVOSO

- As células endoteliais que revestem os plexos corióideos dos ventrículos encefálicos ajudam a produzir o líquido cerebrospinal e contribuem para a barreira hematencefálica

SISTEMA ENDÓCRINO

- O sangue circulante distribui a maioria dos hormônios aos seus órgãos-alvo
- As células atriais secretam o peptídeo natriurético atrial

SISTEMA LINFÁTICO e IMUNIDADE

- O sangue circulante distribui linfócitos, anticorpos e macrófagos que desempenham as funções imunes
- A linfa provém do excesso de líquido intersticial, que é filtrado do plasma sanguíneo, em função da pressão sanguínea produzida pelo coração

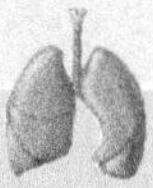

SISTEMA RESPIRATÓRIO

- O sangue circulante transporta oxigênio dos pulmões para os tecidos do corpo e dióxido de carbono para os pulmões para exalação

SISTEMA DIGESTÓRIO

- O sangue transporta os nutrientes e a água recém-absorvidos para o fígado
- O sangue distribui hormônios que auxiliam a digestão

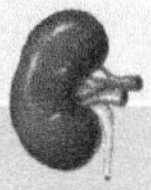

SISTEMA URINÁRIO

- O coração e os vasos sanguíneos distribuem 20% do débito cardíaco em repouso aos rins, nos quais o sangue é filtrado, as substâncias necessárias são reabsorvidas, e as desnecessárias são eliminadas como parte da urina, que é excretada

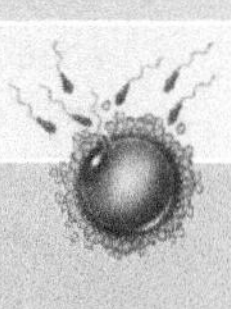

SISTEMAS GENITAIS

- A vasodilatação das arteríolas no pênis e no clitóris provoca ereção durante o ato sexual
- O sangue distribui hormônios que regulam as funções reprodutivas

DISTÚRBIOS COMUNS

Hipertensão

Aproximadamente 50 milhões de norte-americanos sofrem de ***hipertensão***, ou PS persistentemente alta.* É o distúrbio mais comum que afeta o coração e os vasos sanguíneos e a principal causa de insuficiência cardíaca, doença renal e acidente vascular encefálico. Em maio de 2003, o *Joint National Committee on Prevention Detection, Evaluation and Treatment of High Blood Pressure* publicou novas diretrizes para a hipertensão, pois estudos clínicos relacionaram o que já foi considerado uma leitura de pressão relativamente baixa a um aumento do risco para doenças cardiovasculares. As novas diretrizes são as seguintes:

Categoria	***Sistólica (mmHg)***	***Diastólica (mmHg)***
Normal	Menos de 120 *e*	Menos de 80
Pré-hipertensão	120-139 *ou*	80-89
Hipertensão estágio 1	140-159 *ou*	90-99
Hipertensão estágio 2	Mais do que 160 *ou*	Mais de 100

Usando as novas diretrizes, uma classificação normal foi previamente considerada ótima; atualmente, pré-hipertensão inclui muito mais indivíduos anteriormente classificados como caso normal ou normal-alto; hipertensão estágio 1 é a mesma das diretrizes anteriores; e hipertensão estágio 2, atualmente, engloba os estágios 2 e 3 das antigas categorias, uma vez que as opções de tratamento são as mesmas para esses estágios.

Embora diversos tipos de medicamentos possam reduzir o aumento da PS, as seguintes alterações no estilo de vida também são eficazes na administração da hipertensão:

- *Perda de peso*. Este é o melhor tratamento para a PS alta, sem incluir o uso de medicamentos. A perda, mesmo que de apenas poucos quilos, ajuda a diminuir a PS nos indivíduos hipertensos com sobrepeso.
- *Limitação do consumo de álcool*. Beber com moderação pode diminuir o risco de doença cardíaca coronariana, principalmente entre homens com mais de 45 anos de idade e mulheres com mais de 55. Essa moderação é definida como a ingestão de não mais do que 350 mL de cerveja ao dia para as mulheres e não mais do que 700 mL ao dia para os homens.
- *Exercícios*. Manter uma boa forma física por meio de atividades moderadas (como uma caminhada rápida) durante 30 a 45 minutos, várias vezes por semana, pode reduzir a PSS em aproximadamente 10 mmHg.
- *Redução da ingestão de sódio (sal)*. Aproximadamente metade das pessoas hipertensas é "sensível ao sal". Para essas, uma dieta com alto teor de sal parece estimular a hipertensão, ao passo que uma dieta com baixo teor diminui a PS.
- *Manutenção da ingestão alimentar recomendada de potássio, cálcio e magnésio*. Níveis mais elevados de potássio, cálcio e magnésio na alimentação estão associados a um risco menor de hipertensão.
- *Não fumar*. O tabagismo tem efeitos devastadores no coração e aumenta os efeitos prejudiciais da PS alta, promovendo a vasoconstrição.
- *Controle do estresse*. Várias técnicas de meditação e *biofeedback* ajudam algumas pessoas a reduzir a hipertensão. Esses métodos podem funcionar, diminuindo a liberação diária de epinefrina e norepinefrina pela medula da glândula suprarrenal.

*N. de R.T. A prevalência de hipertensão arterial autorreferida pela população adulta brasileira foi de 21,4% em 2013.

Choque

Choque é a incapacidade do sistema circulatório de distribuir O_2 e nutrientes em quantidades suficientes para atender às necessidades metabólicas celulares. As causas do choque são muitas e variadas, mas todas se caracterizam pelo fluxo sanguíneo inadequado para os tecidos corporais. As causas comuns de choque incluem perda de líquidos corporais, como ocorre em caso de hemorragia, desidratação, queimaduras, vômito excessivo, diarreia ou sudorese. Se o choque persistir, células e órgãos são danificados, e as células podem morrer, a menos que o tratamento adequado seja instituído imediatamente.

Embora os sintomas do choque variem com a gravidade da condição, são observados geralmente os seguintes: PSS inferior a 90 mmHg; frequência cardíaca rápida, em repouso, decorrente da estimulação simpática e do aumento dos níveis sanguíneos de epinefrina e norepinefrina; pulso rápido e fraco, em consequência da redução do DC e da frequência cardíaca rápida; pele fria e pálida, ocasionada pela vasoconstrição dos vasos sanguíneos da pele; sudorese, decorrente da estimulação simpática; redução da produção de urina e micção, em função do aumento nos níveis de aldosterona e do ADH; estado mental alterado, em virtude da redução do suprimento de oxigênio para o encéfalo; sede, em decorrência da perda de líquido extracelular; e náusea, provocada pelo comprometimento da circulação para os órgãos digestórios.

Aneurisma

Um ***aneurisma*** é um segmento fino e enfraquecido da parede de uma artéria ou de uma veia, que se projeta para fora, formando um saco, em forma de balão. Causas comuns são aterosclerose, sífilis, defeitos congênitos dos vasos sanguíneos e traumatismos. Se não for tratado, o aneurisma aumenta, e a parede do vaso sanguíneo se torna tão fina que acaba se rompendo. A consequência é uma grande hemorragia, juntamente com choque, dor forte, acidente vascular encefálico ou morte.

TERMINOLOGIA E CONDIÇÕES MÉDICAS

Angiogênese Formação de novos vasos sanguíneos.

Aortografia Exame radiológico da aorta e seus principais ramos, após a injeção de contraste.

Claudicação Dor, coxeadura ou manqueira provocados por uma deficiência circulatória nos vasos sanguíneos dos membros.

Flebite Inflamação de uma veia, frequentemente da perna. Essa condição é muitas vezes acompanhada de dor e vermelhidão da pele que cobre a veia inflamada. É habitualmente provocada por traumatismos ou infecções bacterianas.

Hipertensão do "jaleco branco" (do consultório) Uma síndrome induzida pelo estresse, encontrada em pacientes que apresentam hipertensão, quando examinadas por pessoas da área da saúde, mas que, de outra forma, apresentam pressão normal.

Hipotensão ortostática Uma diminuição excessiva da pressão sanguínea sistêmica, quando o indivíduo se levanta e fica de pé; é geralmente um sinal de doença. Pode ser provocada pela perda excessiva de líquidos, por determinados medicamentos e por fatores cardiovasculares ou neurogênicos. Também chamada de ***hipotensão postural***.

Hipotensão Pressão sanguínea baixa; termo mais comumente utilizado para descrever uma queda aguda da pressão sanguínea, como ocorre durante a perda excessiva de sangue.

Oclusão Fechamento ou obstrução do lúmen de uma estrutura como um vaso sanguíneo. Um exemplo é uma placa aterosclerótica em uma artéria.

Síncope Uma perda temporária da consciência, um desmaio. Uma causa é a irrigação sanguínea insuficiente para o encéfalo.

Tempo de circulação O tempo necessário para que uma gota de sangue passe do átrio direito para a circulação pulmonar, retorne ao átrio esquerdo, passe para circulação sistêmica, indo até o pé e retornando novamente para o átrio direito; normalmente por volta de um minuto, em uma pessoa em repouso.

Tromboflebite Inflamação de uma veia com formação de coágulo. A tromboflebite superficial ocorre nas veias abaixo da pele, especialmente na panturrilha.

Trombose venosa profunda (TVP) A presença de um trombo (coágulo sanguíneo) em uma veia profunda dos membros inferiores.

Ultrassonografia Doppler Técnica de imagem comumente usada para mensurar o fluxo sanguíneo. Um transdutor é colocado na pele, e uma imagem é exibida em um monitor que fornece a posição exata e a gravidade do bloqueio.

REVISÃO DO CAPÍTULO

16.1 Estrutura e função dos vasos sanguíneos

1. **Artérias** levam o sangue para longe do coração, cujas paredes consistem em três camadas. A estrutura da túnica média confere às artérias suas duas maiores propriedades: elasticidade e contratilidade.
2. **Arteríolas** são pequenas artérias que distribuem o sangue para os vasos capilares. Por meio de constrição e dilatação, as arteríolas desempenham uma função essencial na regulação do fluxo sanguíneo das artérias para os vasos capilares.
3. **Vasos capilares** são vasos sanguíneos microscópicos pelos quais as substâncias são trocadas entre o sangue e o líquido intersticial. Os **esfíncteres pré-capilares** regulam o fluxo sanguíneo pelos vasos capilares.
4. A **PS capilar** "empurra" o líquido para fora dos vasos capilares, para o líquido intersticial (**filtração**). A **pressão coloidosmótica sanguínea** "puxa" o fluido do líquido intersticial para os vasos capilares (**reabsorção**).
5. **Autorregulação** se refere aos ajustes locais do fluxo sanguíneo, em resposta às alterações físicas e químicas de um tecido.
6. **Vênulas** são pequenos vasos que emergem dos capilares e se unem para formar as veias, drenando o sangue dos capilares para as veias.
7. **Veias** consistem nas mesmas três camadas presentes nas paredes das artérias, mas têm menos tecido elástico e músculo liso. Contêm **válvulas** que impedem o refluxo de sangue. As válvulas venosas fracas podem levar à formação de **veias varicosas**.

16.2 O fluxo do sangue nos vasos sanguíneos

1. O fluxo sanguíneo é determinado pela pressão sanguínea e pela resistência vascular.
2. O sangue flui das regiões de maior pressão para as regiões de menor pressão. A **pressão sanguínea** é mais alta na aorta e nas grandes artérias sistêmicas; diminui progressivamente, à medida que a distância do ventrículo esquerdo aumenta. A PS no átrio direito é próxima a 0 mmHg.
3. Um aumento no volume de sangue eleva a PS, assim como uma diminuição no volume de sangue provoca sua diminuição.
4. **Resistência vascular** é a oposição ao fluxo sanguíneo, principalmente em consequência do atrito entre o sangue e as paredes dos vasos sanguíneos. A resistência vascular depende do tamanho do lúmen do vaso sanguíneo, da viscosidade sanguínea e do comprimento total do vaso sanguíneo.

5. A pressão e o fluxo sanguíneos são regulados por sistemas neurais e hormonais de retroalimentação negativa (*feedback* negativo) e por autorregulação.
6. O **centro CV**, no bulbo, ajuda a regular a frequência cardíaca, o volume sistólico e o tamanho do lúmen do vaso sanguíneo.
7. Os nervos vasomotores (simpáticos) controlam a vasoconstrição e a vasodilatação.
8. Barorreceptores (receptores sensíveis à pressão) enviam impulsos para o centro CV para regular a PS.
9. Quimiorreceptores periféricos (receptores sensíveis às concentrações de oxigênio, dióxido de carbono e íons hidrogênio) também enviam impulsos para o centro CV para regular a PS.
10. Os hormônios, como angiotensina II, aldosterona, epinefrina, norepinefrina e ADH aumentam a PS, enquanto o peptídeo natriurético atrial provoca sua redução.
11. **Retorno venoso**, o volume de sangue fluindo de volta para o coração pelas veias sistêmicas, ocorre, na sua maior parte, em virtude da respiração (a **bomba respiratória**) e das contrações dos músculos esqueléticos (a **bomba musculosquelética**).

16.3 Vias circulatórias

1. As duas maiores **vias circulatórias** são a circulação sistêmica e a circulação pulmonar.
2. A **circulação sistêmica** leva sangue oxigenado do ventrículo esquerdo, pela **aorta**, a todas as partes do corpo e retorna sangue desoxigenado para o átrio direito.
3. Os segmentos da aorta incluem a **parte ascendente da aorta,** o **arco da aorta**, a **parte torácica da aorta** e a **parte abdominal da aorta** (ver Quadro 16.1). Cada parte emite artérias que se ramificam para irrigar todo o corpo (ver Quadros 16.2 e 16.3).
4. O sangue desoxigenado retorna ao coração pelas veias sistêmicas (ver Quadro 16.4). Todas as veias da circulação sistêmica fluem para a **veia cava superior** e **inferior** ou para o **seio coronário**, que desembocam no átrio direito (ver Quadros 16.5-16.7).
5. A **circulação pulmonar** leva o sangue desoxigenado do ventrículo direito até os alvéolos, nos pulmões, e retorna o sangue oxigenado dos alvéolos para o átrio esquerdo, permitindo a oxigenação do sangue para a circulação sistêmica.
6. A **circulação porta-hepática** coleta o sangue desoxigenado das veias do trato gastrintestinal e do baço, direcionando-o para a veia porta do fígado. Essa rota permite ao fígado extrair e modificar nutrientes, além de fazer a desintoxicação de substâncias danosas do sangue. O fígado também recebe sangue oxigenado da artéria hepática.
7. A **circulação fetal** existe apenas no feto. Compreende a troca de substâncias entre o feto e a mãe via **placenta**. O feto extrai O_2 e nutrientes do sangue materno e elimina CO_2 e resíduos também no sangue materno. No nascimento, quando os sistemas pulmonare, digestivos e hepáticos começam a funcionar, as estruturas especiais da circulação fetal já não são mais necessárias.

16.4 Avaliação da circulação

1. **Pulso** é a alternância da expansão e o recuo elástico de uma artéria em cada batimento cardíaco. Pode ser sentido em qualquer artéria localizada próximo à superfície ou acima de um tecido duro.
2. Uma frequência de pulso normal é de aproximadamente 75 batimentos por minuto.
3. **Pressão sanguínea (PS)** é a pressão exercida pelo sangue sobre a parede de uma artéria, quando o ventrículo esquerdo está em sístole e depois em diástole. É aferida por meio de um **esfigmomanômetro**.
4. **Pressão sanguínea sistólica (PSS)** é a força do sangue registrada durante a contração ventricular. **Pressão sanguínea diastólica (PSD)** é a força do sangue registrada durante o relaxamento ventricular. A PS normal de um homem adulto jovem é de 120/80 mmHg.

16.5 Envelhecimento e o sistema circulatório

1. As alterações gerais associadas ao envelhecimento incluem redução da elasticidade dos vasos sanguíneos, do tamanho do músculo cardíaco e do débito cardíaco e aumento na PSS.
2. A incidência da doença arterial coronariana, insuficiência cardíaca congestiva e aterosclerose aumentam com a idade.

APLICAÇÕES DO PENSAMENTO CRÍTICO

1. O anestésico local injetado por um dentista, frequentemente, contém uma pequena quantidade de epinefrina. Que efeito a epinefrina teria sobre os vasos sanguíneos próximos ao local do trabalho dentário? Por que esse efeito seria desejado?
2. Neste capítulo, você leu sobre veias varicosas. Por que você não leu a respeito de artérias varicosas?
3. Chantil está esperando o primeiro filho e teve desejos por sorvete durante toda a gravidez. Foi à sua sorveteria favorita e pediu três bolas de sorvete de chocolate. Ao receber uma grande porção, Chantil acariciou vagarosamente seu abdome e declarou estar "comendo e respirando por dois". Como exatamente seu bebê que está para nascer se alimenta e respira?
4. Pedro passou 10 minutos afiando sua faca favorita antes de cortar o churrasco. Infelizmente, tirou uma fatia de seu dedo juntamente com a carne. A esposa enrolou rapidamente uma toalha sobre o corte, que jorrava muito sangue, e o levou para o pronto-socorro. Que tipo de vaso sanguíneo Pedro cortou, e como você sabe disso?

RESPOSTAS ÀS QUESTÕES DAS FIGURAS

16.1 A artéria femoral tem a parede mais espessa; a veia femoral tem o lúmen mais amplo.

16.2 Os tecidos metabolicamente ativos possuem mais vasos capilares, porque usam oxigênio e produzem resíduos mais rapidamente do que os tecidos inativos.

16.3 O excesso de líquido filtrado e as proteínas que escapam do plasma drenam para os vasos capilares linfáticos e retornam pelo sistema linfático para o sistema circulatório.

16.4 À medida que a PS aumenta, o fluxo sanguíneo também aumenta.

16.5 As bombas musculosquelética e respiratória ajudam a estimular o retorno venoso.

16.6 A vasoconstrição aumenta a resistência vascular, que diminui o fluxo sanguíneo pelos vasos sanguíneos constringidos.

16.7 Acontece quando você se levanta, pois a gravidade provoca um acúmulo de sangue nas veias das pernas, quando você está em pé, diminuindo a PS na parte superior do seu corpo.

16.8 As principais vias circulatórias são as circulações sistêmica e pulmonar.

16.9 As quatro divisões da aorta são a parte ascendente, o arco, a parte torácica e a parte abdominal da aorta.

16.10 Os ramos do arco da aorta são o tronco braquiocefálico, a artéria carótida comum esquerda e a artéria subclávia esquerda.

16.11 A parte abdominal da aorta se divide nas artérias ilíacas comuns, no nível da quarta vértebra lombar.

16.12 A veia cava superior drena as regiões localizadas acima do diafragma (exceto as veias cardíacas e os alvéolos, nos pulmões), e a veia cava inferior drena as regiões localizadas abaixo do diafragma.

16.13 Todo o sangue venoso, no encéfalo, drena nas veias jugulares internas.

16.14 A veia intermédia do cotovelo, frequentemente, é utilizada para a coleta de sangue.

16.15 As veias superficiais dos membros inferiores incluem o arco venoso dorsal do pé e as veias safenas magna e parva.

16.16 As veias hepáticas levam o sangue para longe do fígado.

16.17 A troca de substâncias entre a mãe e o feto ocorre pela placenta.

CAPÍTULO 17

SISTEMA LINFÁTICO E IMUNIDADE

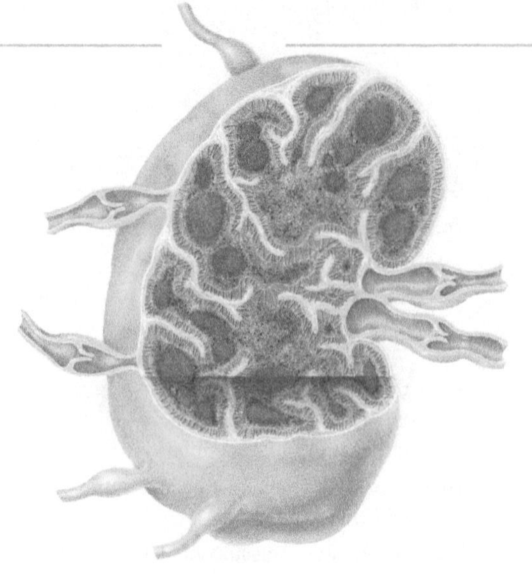

A manutenção da homeostasia no corpo exige um combate contínuo contra os agentes nocivos em nosso ambiente. Apesar da constante exposição a uma variedade de ***patógenos***, micróbios produtores de doenças, como as bactérias e os vírus, a maioria das pessoas continua saudável. A superfície do corpo também suporta cortes e pancadas, exposição aos raios ultravioleta da luz solar, toxinas químicas e queimaduras leves com um arsenal de defesas. Neste capítulo, exploraremos os mecanismos que fornecem as defesas contra os invasores e promovem o reparo dos tecidos corporais danificados.

Imunidade ou *resistência* é a capacidade de usar as defesas do corpo para precaver-se contra dano ou doenças. Os dois tipos de imunidade são (1) inata e (2) adaptativa. A ***imunidade inata*** (*inespecífica*) se refere às defesas que possuímos desde o nascimento. Estão sempre presentes e disponíveis, proporcionando respostas rápidas e nos protegendo contra as doenças. A imunidade inata não compreende o reconhecimento específico de um micróbio e age contra todos os patógenos da mesma forma. Entretanto, a imunidade inata não apresenta a característica de memória imunológica, ou seja, não consegue reconhecer um contato prévio com uma molécula estranha. Entre os componentes da imunidade inata estão a primeira linha de defesa (pele e túnicas mucosas) e a segunda linha de defesa (agentes antimicrobianos, células citotóxicas [destruidoras] naturais, fagócitos, resposta inflamatória e febre). As respostas da imunidade inata representam o sistema de alerta primário e são responsáveis por evitar que os micróbios tenham acesso ao nosso organismo, ajudando a eliminá-los.

Imunidade adaptativa (*específica*) se refere às defesas que abrangem o reconhecimento específico de um determinado micróbio, assim que consiga atravessar as defesas da imunidade inata. A imunidade adaptativa se baseia em uma resposta específica a um micróbio específico, ou seja, se adapta ou se ajusta para combater um micróbio específico. Ao contrário da imunidade inata, a imunidade adaptativa apresenta uma resposta mais lenta, mas tem como componente a memória imunológica. A imunidade adaptativa compreende linfócitos (um tipo de leucócito), chamados linfócitos T (células T) e linfócitos B (células B). O sistema do corpo responsável pela imunidade adaptativa (e por alguns aspectos da imunidade inata) é o ***sistema linfático*** (Fig. 17.1).

OLHANDO PARA TRÁS PARA AVANÇAR...

Veias (Seção 16.3)
Câncer (Capítulo 3, Distúrbios Comuns)
Epiderme (Seção 5.1)
Túnicas mucosas (Seção 4.4)
Fagocitose (Seção 3.3)

17.1 Sistema linfático

OBJETIVOS

- Descrever **os componentes e as principais funções do sistema linfático.**
- Descrever **a organização dos vasos linfáticos e a circulação da linfa.**
- Comparar **a estrutura e as funções dos órgãos e dos tecidos linfáticos primários e secundários.**

O sistema linfático consiste em linfa, vasos linfáticos, inúmeras estruturas e órgãos contendo tecido linfático e medula óssea vermelha (Fig. 17.1). O ***tecido linfático*** é uma forma especializada de tecido conectivo reticular (ver Tab. 4.3C) que contém grande número de linfócitos.

A maioria dos componentes do plasma sanguíneo é filtrada pelas paredes dos vasos capilares sanguíneos para formar o *líquido intersticial*, o fluido que envolve as células dos tecidos corporais. Após passar para os vasos linfáticos, o líquido intersticial é chamado de ***linfa***. Ambos os líquidos são quimicamente similares ao plasma sanguíneo. A principal diferença é que o líquido intersticial e a linfa contêm menos proteínas do que o plasma sanguíneo, porque a maioria das moléculas proteicas do plasma é demasiadamente grande para ser filtrada pelas paredes do

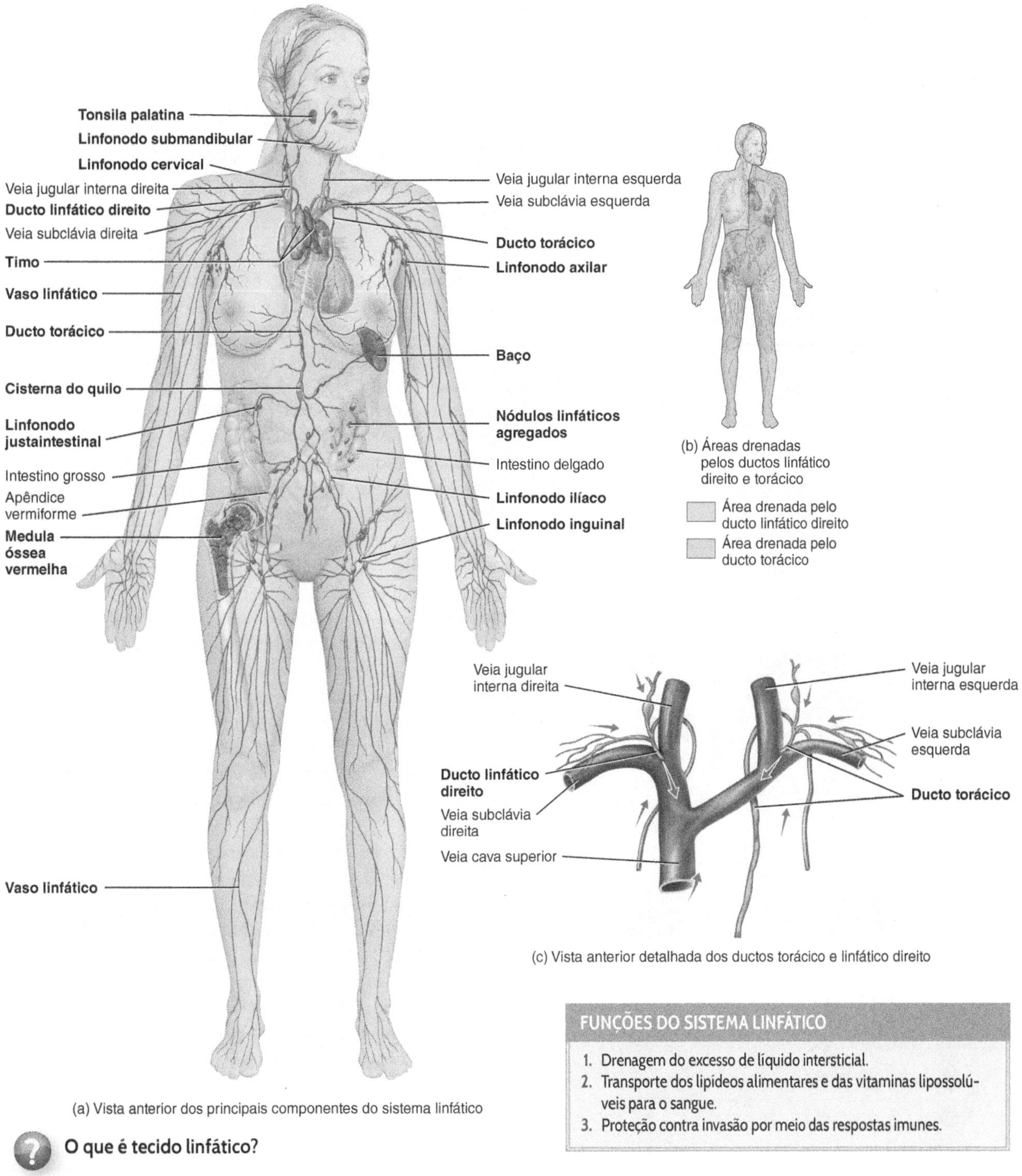

FUNÇÕES DO SISTEMA LINFÁTICO

1. Drenagem do excesso de líquido intersticial.
2. Transporte dos lipídeos alimentares e das vitaminas lipossolúveis para o sangue.
3. Proteção contra invasão por meio das respostas imunes.

O que é tecido linfático?

Figura 17.1 Componentes do sistema linfático.

O sistema linfático consiste em linfa, vasos linfáticos, tecidos linfáticos e medula óssea vermelha.

vaso capilar. Diariamente, aproximadamente 20 litros de líquido são filtrados do sangue para os espaços teciduais. Esse líquido deve retornar ao sistema circulatório, para manter o volume sanguíneo. Aproximadamente 17 litros do líquido filtrado, diariamente, da extremidade arterial dos vasos capilares sanguíneos retornam para o sangue diretamente por reabsorção na extremidade venosa dos vasos capilares. Os três litros diários remanescentes passam primeiramente para os vasos linfáticos e, em seguida, retornam ao sangue.

O sistema linfático tem três funções primárias:

1. **Drenagem do excesso de líquido intersticial.** Os vasos linfáticos drenam o excesso de líquido intersticial e as proteínas provenientes dos espaços teciduais, retornando-os ao sangue. Essa atividade ajuda a manter o balanço hídrico corporal e impede a depleção das proteínas plasmáticas vitais.

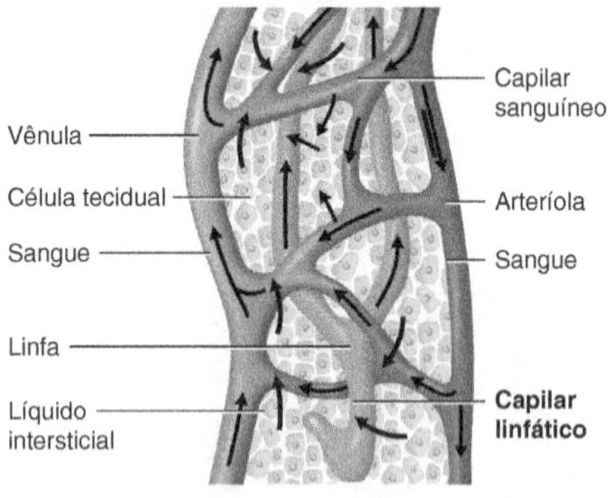

(a) Relação entre os capilares linfáticos e as células teciduais e capilares sanguíneos

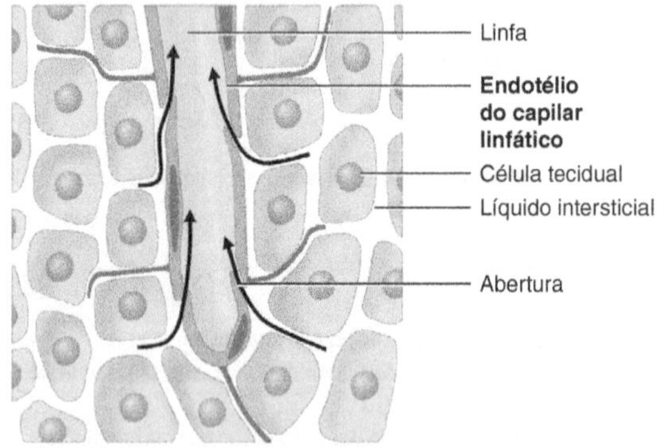

(b) Detalhes de um capilar linfático

Por que a linfa é mais parecida com o líquido intersticial do que com o plasma sanguíneo?

Figura 17.2 Capilares linfáticos.

Os capilares linfáticos são encontrados por todo o corpo, exceto na parte central do sistema nervoso, em partes do baço, na medula óssea e em tecidos avasculares.

2. **Transporte de lipídeos alimentares.** Os vasos linfáticos transportam os lipídeos e as vitaminas lipossolúveis (A, D, E e K) absorvidas pelo trato gastrintestinal até o sangue.
3. **Execução das respostas imunes.** O tecido linfático inicia respostas extremamente específicas direcionadas contra micróbios específicos ou células anormais.

Vasos linfáticos e circulação da linfa

Os vasos linfáticos começam como ***capilares linfáticos***. Esses minúsculos vasos apresentam uma extremidade fechada e se localizam nos espaços intercelulares (Fig. 17.2). Os capilares linfáticos são ligeiramente maiores que os vasos capilares sanguíneos e apresentam uma estrutura única que permite o fluxo do líquido intersticial para dentro, mas não para fora. As células endoteliais que constituem a parede de um capilar linfático não são ligadas pelas suas extremidades; na verdade, estas se sobrepõem (Fig. 17.2b). Quando a pressão é maior no líquido intersticial do que na linfa, as células se separam ligeiramente, como em uma porta vaivém unidirecional, e o líquido intersticial entra no capilar linfático. Quando a pressão é maior no interior do capilar linfático, as células se aderem mais firmemente, e a linfa não flui de volta para o líquido intersticial.

Ao contrário dos vasos capilares sanguíneos, que ligam dois vasos sanguíneos maiores, formando parte de um circuito, os capilares linfáticos começam nos tecidos e transportam a linfa aí formada, em direção a um vaso linfático maior. Assim como os vasos capilares sanguíneos convergem para formar as vênulas e as veias, os capilares linfáticos se unem para formar ***vasos linfáticos*** cada vez maiores (ver Fig. 17.1a). Os vasos linfáticos assemelham-se estruturalmente às veias, mas apresentam paredes mais finas e têm mais válvulas. Localizados ao longo dos vasos linfáticos, encontram-se os ***linfonodos***, massas de células B e T envolvidas por uma cápsula. A linfa circula pelos linfonodos.

Dos vasos linfáticos, a linfa passa finalmente para um dos dois canais principais: o ducto torácico ou o ducto linfático direito. O ***ducto torácico***, principal ducto coletor de linfa, drena a linfa do lado esquerdo da cabeça, do pescoço e do tórax, do membro superior esquerdo e do corpo inteiro abaixo das costelas. O ***ducto linfático direito*** drena a linfa do lado superior direito do corpo (ver Fig. 17.1b, c).

Por fim, o ducto torácico descarrega a linfa na junção das veias jugular interna esquerda e subclávia esquerda, ao passo que o ducto linfático direito o faz na junção das veias jugular interna direita e subclávia direita. Desse modo, a linfa drena de volta para o sangue (Fig. 17.3).

As mesmas duas bombas, que auxiliam o retorno do sangue venoso para o coração, mantêm o fluxo da linfa:

1. **Bomba respiratória.** O fluxo da linfa é mantido pelas variações de pressão que ocorrem durante a

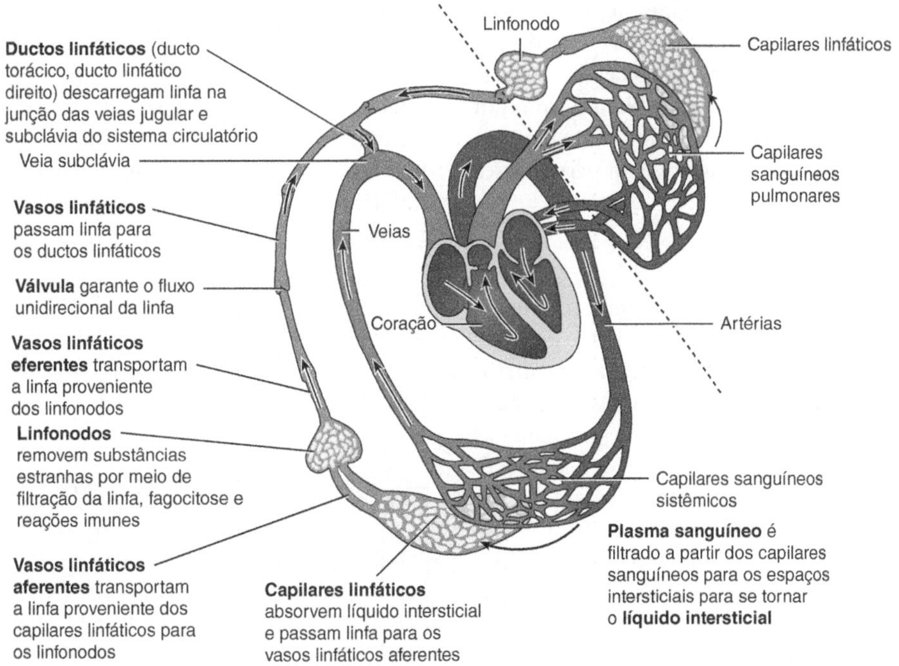

Quais vasos do sistema circulatório (artérias, veias ou capilares) produzem a linfa?

Figura 17.3 **Relação dos vasos linfáticos e linfonodos com o sistema circulatório.** As setas indicam a direção do fluxo da linfa ou do sangue.

A sequência do fluxo do fluido é a seguinte: capilares sanguíneos (plasma sanguíneo) → espaços intersticiais (líquido intersticial) → capilares linfáticos (linfa) → vasos linfáticos e linfonodos (linfa) → ductos linfáticos (linfa) → junção das veias jugulares e subclávias (plasma sanguíneo).

inspiração (na respiração). A linfa flui da região abdominal, onde a pressão é maior, em direção à região torácica, onde a pressão é menor. Quando as pressões se invertem, durante a expiração, as valvas impedem o refluxo da linfa.

2. **Bomba musculosquelética.** A ação de "ordenha" das contrações do músculo esquelético (ver Fig. 16.5) comprime os vasos linfáticos (assim como as veias) e força a linfa em direção às veias subclávias.

CORRELAÇÕES CLÍNICAS | Edema

Edema é um acúmulo excessivo de líquido intersticial nos espaços teciduais. Pode ser provocado por uma obstrução do sistema linfático, como, por exemplo, por um linfonodo infectado ou por um vaso linfático bloqueado. Edema também pode resultar de um aumento na pressão sanguínea capilar, que provoca a formação de líquido intersticial em excesso mais rapidamente do que consegue passar para os vasos linfáticos ou ser reabsorvido pelos capilares linfáticos. Outra causa é a ausência de contrações do músculo esquelético, como em indivíduos que estão paralisados. •

Órgãos e tecidos linfáticos

Os órgãos e os tecidos linfáticos, que estão amplamente distribuídos por todo o corpo, se classificam em dois grupos, com base em suas funções. ***Os órgãos e tecidos linfáticos primários***, locais em que as células-tronco se dividem e se desenvolvem em células B e T maduras, incluem a ***medula óssea vermelha*** (nos ossos planos e nas extremidades dos ossos longos de adultos) e o ***timo***. Os ***órgãos*** e os ***tecidos linfáticos secundários***, locais em que ocorre a maioria das respostas imunes, incluem os linfonodos, o baço e os nódulos linfáticos.

Timo

O timo é um órgão bilobado, com localização posterior ao externo, medial aos pulmões e superior ao coração (ver Fig. 17.1). Contém grande número de células T, bem como células dendríticas espalhadas (assim chamadas em decorrência de suas projeções longas e ramificadas), células epiteliais e macrófagos. Células T imaturas migram da medula óssea vermelha para o timo, no qual se multiplicam e começam a amadurecer. Apenas aproximadamente 2% das células T imaturas que chegam ao timo obtêm a "instrução" adequada para "graduar-se" como células T maduras. As células remanescentes morrem por apoptose (morte celular programada). Os macrófagos do timo ajudam a eliminar os restos das células mortas e moribundas. As células T maduras deixam o timo por via sanguínea e são transportadas para linfonodos, baço e outros tecidos linfáticos, nos quais povoam parte desses órgãos e tecidos.

Linfonodos

Localizados ao longo dos vasos linfáticos, há aproximadamente 600 ***linfonodos*** em forma de feijão. Estão espalhados por todo o corpo, em geral em grupos, tanto superficial quanto profundamente (ver Fig. 17.1). Os linfonodos estão densamente concentrados próximos das glândulas mamárias, nas axilas e na virilha. Cada linfonodo é recoberto por uma cápsula de tecido conectivo modelado (Fig. 17.4). Internamente, regiões diferentes de um linfonodo podem conter células B, que se desenvolvem em células plasmáticas ou plasmócitos, bem como células T, células dendríticas e macrófagos.

Linfonodos atuam como filtros. A linfa entra em um linfonodo por meio de um dos diversos *vasos linfáticos aferentes*. Válvulas direcionam o fluxo de linfa para esses vasos. À medida que a linfa flui pelo linfonodo, substâncias estranhas são capturadas por *fibras reticulares*, situadas nos espaços intercelulares. Os macrófagos destroem algumas dessas substâncias estranhas por fagocitose, e os linfócitos destroem outras por meio de uma variedade de respostas imunes. Uma vez que existem muitos vasos linfáticos aferentes levando linfa até um linfonodo, e apenas um ou dois vasos linfáticos eferentes, que levam a linfa para fora de um linfonodo, o fluxo lento da linfa no interior dos linfonodos permite tempo extra para que o linfonodo seja filtrado. Além disso, toda a linfa flui por meio de linfonodos múltiplos no seu trajeto pelos vasos linfáticos. Isso expõe a linfa a múltiplos eventos de filtração antes que retorne para o sangue. A linfa filtrada deixa a outra extremidade do linfonodo por meio de um ou dois *vasos linfáticos eferentes*. Os plasmócitos e as células T que se dividiram muitas vezes no interior de um linfonodo também saem e circulam para outras partes do corpo (Fig. 17.4).

CORRELAÇÕES CLÍNICAS | Metástase

Metástase, a propagação de uma doença de uma parte do corpo para outra, ocorre por meio dos vasos linfáticos. Todos os tumores malignos, consequentemente, sofrem metástase. As células cancerosas podem seguir no sangue ou na linfa e estabelecer novos tumores onde se alojarem. Quando a metástase ocorre por meio dos vasos linfáticos, os locais de tumores secundários conseguem ser previstos, de acordo com a direção do fluxo da linfa a partir do local do tumor primário. Os linfonodos cancerosos parecem aumentados, firmes, insensíveis e fixados às estruturas subjacentes. Diferentemente, a maioria dos linfonodos, que estão aumentados em virtude de uma infecção, são mais moles, mais sensíveis e móveis. •

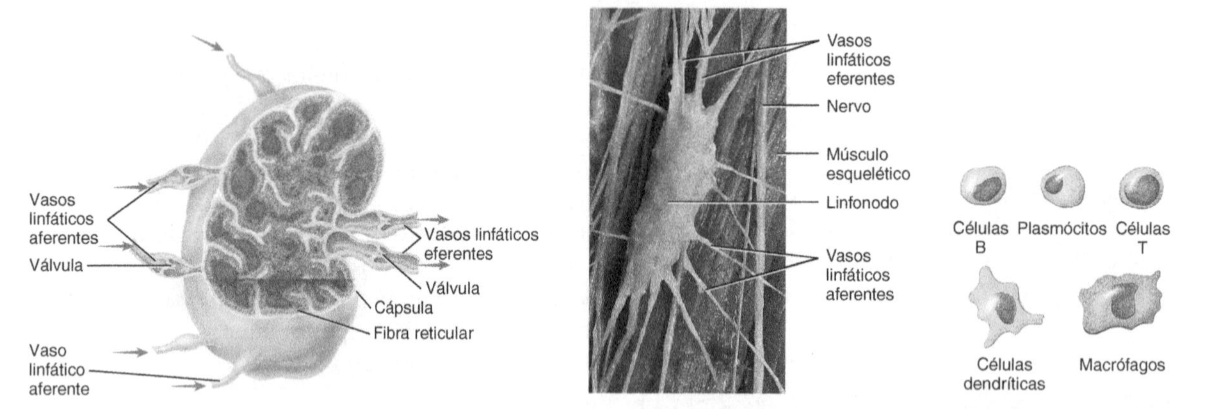

(a) Linfonodo cortado (b) Vista anterior de um linfonodo inguinal (c) Tipos de células em um linfonodo

O que acontece com as substâncias estranhas, presentes na linfa, quando entram em um linfonodo?

Figura 17.4 Estrutura de um linfonodo (parcialmente cortado). As setas verdes indicam a direção do fluxo linfático para dentro e para fora do linfonodo.

Os linfonodos estão presentes por todo o corpo, geralmente em grupos.

Baço

O ***baço*** é a maior massa individual de tecido linfático no corpo (ver Fig. 17.1). Localiza-se entre o estômago e o diafragma e é recoberto por uma cápsula de tecido conectivo modelado. O baço contém dois tipos de tecidos, chamados polpa branca e polpa vermelha. A ***polpa branca*** é tecido linfático, consistindo basicamente em linfócitos e macrófagos. A ***polpa vermelha*** consiste em *seios venosos* cheios de sangue e em cordões de *tecido esplênico*, constituídos por hemácias, macrófagos, linfócitos, plasmócitos e leucócitos granulares.

O fluxo de sangue para o baço pela artéria esplênica entra na polpa branca. No interior da polpa branca, as células B e T executam respostas imunes, enquanto os macrófagos destroem os patógenos por fagocitose. No interior da polpa vermelha, o baço desempenha três funções relacionadas às células sanguíneas: (1) remoção, pelos macrófagos, das células sanguíneas e das plaquetas desgastadas ou defeituosas; (2) armazenamento de plaquetas, talvez até um terço do suprimento corporal; e (3) produção de células sanguíneas (hematopoiese) durante a vida fetal.

CORRELAÇÕES CLÍNICAS | Esplenectomia

O baço é o órgão mais frequentemente danificado em casos de traumatismo abdominal. Uma ruptura do baço provoca hemorragia interna intensa e choque. Uma esplenectomia imediata, remoção cirúrgica do baço, é necessária para evitar o sangramento até a morte. Após a esplenectomia, outras estruturas, especialmente a medula óssea vermelha e o fígado, assumem as funções normalmente realizadas pelo baço. •

Nódulos linfáticos

Nódulos linfáticos são massas ovais de tecido linfático, não envolvidas por cápsula. São abundantes no tecido conectivo das túnicas mucosas que revestem os tratos gastrintestinal, urinário e genital e as vias respiratórias. Embora muitos nódulos linfáticos sejam pequenos e solitários, alguns ocorrem como grandes agregações em partes específicas do corpo. Entre estes últimos, estão as tonsilas, na região faríngea, e os nódulos linfáticos agregados (placas de Peyer), no íleo do intestino delgado (ver Fig. 17.1). Agregações de nódulos linfáticos também ocorrem no apêndice. As cinco ***tonsilas***, que formam um anel na junção da cavidade oral, cavidade nasal e faringe, estão estrategicamente posicionadas para participar das respostas imunes contra substâncias estranhas inaladas ou ingeridas. A ***tonsila faríngea*** ímpar, ou ***adenoide***, está engastada na parede posterior da parte superior da faringe (ver Fig. 18.2). As duas ***tonsilas palatinas*** se situam no dorso da boca, uma de cada lado; essas tonsilas são comumente removidas em uma tonsilectomia. O par de ***tonsilas linguais***, localizado na base da língua, também pode exigir remoção, durante a tonsilectomia.

TESTE SUA COMPREENSÃO

1. Quais são as semelhanças e as diferenças entre o líquido intersticial e a linfa?
2. Quais são as funções do timo e dos linfonodos na imunidade?
3. Descreva as funções do baço e das tonsilas.

17.2 Imunidade inata

OBJETIVO

- Descrever os vários componentes da imunidade inata.

A imunidade inata (inespecífica) inclui as barreiras químicas e físicas externas fornecidas pela pele e pelas túnicas mucosas. Inclui também várias defesas internas, como proteínas antimicrobianas, células destruidoras naturais (NK, do inglês *natural killer*) (citotóxica), fagócitos, inflamação e febre.

Primeira linha de defesa: pele e túnicas mucosas

A pele e as túnicas mucosas do corpo são a ***primeira linha de defesa*** contra patógenos. Essas estruturas fornecem barreiras tanto químicas quanto físicas, que desencorajam patógenos e substâncias estranhas de penetrar no corpo e provocar doenças.

Com suas muitas camadas de queratinócitos densamente compactados, a camada epitelial externa da pele – a ***epiderme*** – fornece uma barreira física poderosa contra a entrada de micróbios (ver Fig. 5.1). Além disso, a substituição periódica das células epidérmicas ajuda a remover os micróbios da superfície da pele. Bactérias raramente penetram em uma epiderme intacta e saudável. No entanto, caso a superfície seja rompida por cortes, queimaduras ou perfurações, patógenos conseguem penetrar na epiderme e invadir tecidos adjacentes ou circular no sangue para outras partes do corpo.

A camada epitelial das ***túnicas mucosas***, que reveste as cavidades do corpo, secreta um líquido chamado ***muco***, que lubrifica e umedece a face da cavidade. Como o muco é levemente viscoso, ele captura muitos micróbios e substâncias estranhas. A túnica mucosa do nariz tem ***pelos*** recobertos de muco que capturam e filtram os micróbios, a poeira e os poluentes do ar inalado. A túnica mucosa da parte superior do trato respiratório contém ***cílios***, projeções filiformes microscópicas na superfície das células epiteliais. A ação ondulante dos cílios impulsiona micróbios e poeira inalados, que ficaram presos no muco, para a faringe. A tosse e o espirro aceleram o movimento do muco e dos patógenos presos para fora do corpo. A deglutição do muco envia patógenos para o estômago, onde os sucos gástricos os destroem.

Outros fluidos produzidos pelos diversos órgãos também auxiliam a proteger as superfícies epiteliais da pele e das túnicas mucosas. O ***aparelho lacrimal***, dos olhos (ver Fig. 12.5), produz e drena para longe lágrimas, em resposta a irritantes. O piscamento espalha as lágrimas sobre a superfície do bulbo dos olhos, e a ação de lavagem constante das lágrimas ajuda a diluir micróbios, impedindo-os de se estabelecerem na superfície dos olhos. As lágrimas contêm ***lisozima***, uma enzima capaz de decompor as paredes celulares de determinadas bactérias. Além das lágrimas, a lisozima está presente na saliva, no suor, nas secreções nasais e nos líquidos teciduais. A ***saliva***, produzida pelas glândulas salivares, lava os micróbios da superfície dos dentes e da túnica mucosa da boca, da mesma forma que as lágrimas lavam os olhos. O fluxo de saliva reduz a colonização da boca pelos micróbios.

A limpeza da uretra pelo ***fluxo de urina*** retarda a colonização microbiana do sistema urinário. As ***secreções vaginais*** removem igualmente os micróbios do corpo das mulheres. ***Defecação*** e ***vômitos*** também eliminam micróbios. Por exemplo, em resposta a algumas toxinas microbianas, o músculo liso da parte inferior do trato gastrintestinal se contrai vigorosamente; a diarreia resultante rapidamente elimina muitos dos micróbios.

Determinadas substâncias químicas também contribuem para o alto grau de resistência da pele e das túnicas mucosas à invasão microbiana. As glândulas sebáceas da pele secretam uma substância oleosa chamada ***sebo***, que forma uma película protetora sobre a superfície da pele. Ácidos graxos insaturados, no sebo, inibem o crescimento de determinadas bactérias patogênicas e fungos. A acidez da pele (pH entre 3 e 5) é provocada, em parte, pela secreção de ácidos graxos e ácido lático. A ***transpiração*** ajuda a remover os micróbios da superfície da pele. O ***suco gástrico***, produzido pelas glândulas do estômago, é uma mistura de ácido clorídrico, enzimas e muco. A acidez forte do suco gástrico (pH entre 1,2 e 3) destrói muitas bactérias e a maioria das toxinas bacterianas. As secreções vaginais também são levemente ácidas, o que desestimula o crescimento bacteriano.

Segunda linha de defesa: defesas internas

Embora as barreiras da pele e das túnicas mucosas sejam muito eficazes na prevenção da invasão de patógenos, elas podem ser destruídas por danos ou atividades diárias, como escovar os dentes ou fazer a barba. Quaisquer patógenos que atravessem as barreiras superficiais encontram uma ***segunda linha de defesa***, que consiste em proteínas antimicrobianas internas, fagócitos, células NK, inflamação e febre.

Substâncias antimicrobianas

Vários fluidos corporais contêm quatro tipos principais de ***substâncias antimicrobianas***, que desfavorecem o crescimento microbiano:

1. Linfócitos, macrófagos e fibroblastos infectados com vírus produzem proteínas chamadas ***interferonas (IFNs)***. Após a liberação pelas células infectadas por vírus, as IFNs se difundem para as células adjacentes não infectadas, nas quais estimulam a síntese de proteínas que interferem na replicação viral. Os vírus provocam doenças somente se conseguirem se replicar no interior das células corporais.
2. Um grupo de proteínas normalmente inativas, no plasma sanguíneo e nas membranas plasmáticas, forma o ***sistema do complemento***. Quando ativadas, essas proteínas "complementam" ou intensificam determinadas reações imunes, alérgicas e inflamatórias. Um efeito das proteínas do complemento é criar orifícios na membrana plasmática do micróbio. Como resultado, o líquido extracelular penetra nos orifícios provocando o rompimento do micróbio, um processo chamado ***citólise***. Outro efeito do complemento é provocar *quimiotaxia*, a atração química dos fagócitos para o sítio afetado. Algumas proteínas do complemento provocam *opsonização*, um processo no qual as proteínas do complemento se ligam à superfície de um micróbio e permitem a fagocitose.
3. ***Proteínas de ligação do ferro*** inibem o crescimento de determinadas bactérias, reduzindo a quantidade de ferro disponível. Exemplos incluem a *transferrina* (encontrada no sangue e nos fluidos), a *lactoferrina* (encontrada no leite, na saliva e no muco), a *ferritina* (encontrada no fígado, no baço e na medula óssea vermelha) e a *hemoglobina* (encontrada nas hemácias).
4. ***Proteínas antimicrobianas (PAMs)*** são peptídeos de cadeia curta que possuem um amplo espectro de ação antimicrobiana. Exemplos de PAMs são *dermicidina* (produzida pelas glândulas sudoríferas), *defensinas* e *catelicidinas* (produzidas por neutrófilos, macrófagos e epitélios) e *trombocidina* (produzida pelas plaquetas). Além de destruir uma grande quantidade de micróbios, as PAMs são capazes de atrair as células dendríticas e os mastócitos, que também participam da resposta imune. Curiosamente, os micróbios expostos às PAMs parecem não desenvolver resistência, como ocorre, frequentemente, com os antibióticos.

Fagócitos e células NK

Quando os micróbios penetram na pele e nas túnicas mucosas ou escapam as substâncias antimicrobianas no sangue, a próxima linha de defesa não específica consiste em fagócitos e células NK.

Fagócitos são células especializadas que realizam ***fagocitose***, a ingestão de micróbios ou outras partículas como os fragmentos celulares. Os dois tipos principais de fagócitos são os neutrófilos e os macrófagos. Quando ocorre uma infecção, os neutrófilos e os monócitos migram para a área infectada. Durante essa migração, os monócitos aumentam de tamanho e se transformam em células fagocíticas ativas chamadas ***macrófagos*** (ver Fig. 14.2a). Alguns são *macrófagos nômades*, que migram para as áreas infectadas. Outros são *macrófagos fixos*, que permanecem em determinados locais, incluindo pele, tela subcutânea, fígado, pulmões, encéfalo, baço, linfonodos e medula óssea vermelha.

Aproximadamente 5 a 10% dos linfócitos presentes no sangue são ***células NK***, que têm a capacidade de destruir uma grande variedade de micróbios e determinadas células cancerosas. As células NK também estão presentes no baço, nos linfonodos e na medula óssea vermelha, e provocam a destruição celular por meio da liberação de proteínas que destroem a membrana das células-alvo.

Inflamação

Inflamação é uma resposta defensiva inespecífica do corpo ao dano tecidual. Como a inflamação é uma das defesas inatas do corpo, a resposta de um tecido a um corte é semelhante à resposta ao dano provocado por queimadura, radiação ou invasão de bactérias ou vírus. Os eventos da inflamação eliminam micróbios, toxinas ou material estranho no local do dano, impedem sua expansão para outros tecidos e preparam o local para o reparo do tecido. Desse modo, a inflamação ajuda a restabelecer a homeostasia tecidual. Os quatro sinais e sintomas da inflamação são eritema, dor, calor e edema. A inflamação também provoca a perda de função na área afetada, dependendo do local e da extensão do dano.

A inflamação apresenta os seguintes estágios:

1. Na região do tecido danificado, mastócitos do tecido conectivo e basófilos e plaquetas do plasma liberam *histamina*. Em resposta à histamina, ocorrem duas alterações imediatas nos vasos sanguíneos: *aumento da permeabilidade* e *da vasodilatação*, ou seja, aumento do diâmetro dos vasos sanguíneos (Fig. 17.5). O aumento da permeabilidade significa que as substâncias normalmente retidas no sangue podem sair dos vasos sanguíneos. A vasodilatação permite um maior fluxo de sangue para a área danificada e ajuda a remover as toxinas microbianas e as células mortas. O aumento da permeabilidade também permite que substâncias de defesa provenientes do sangue, como os anticorpos e as substâncias coagulantes, entrem na área danificada.

   A partir dos eventos que ocorrem durante a inflamação, é fácil compreender os sinais e sintomas. Calor e rubor resultam da grande quantidade de sangue que se acumula na área lesada. A área incha em decorrência do aumento de líquido intersticial que extravasa dos capilares (edema). A dor resulta de lesão aos neurônios por toxinas químicas liberadas pelos micróbios e do aumento da pressão provocado pelo edema.

2. O aumento da permeabilidade dos vasos capilares provoca um extravasamento de proteínas de coagulação para os tecidos. Fibrinogênio é convertido em uma rede espessa e insolúvel de filamentos de fibrina, que aprisiona os organismos invasores, evitando que se espalhem. O coágulo resultante isola os micróbios invasores e suas toxinas.

3. Logo após o início do processo inflamatório, os fagócitos são atraídos ao local do dano por quimiotaxia (Fig. 17.5). Perto da área danificada, os neutrófilos começam a se espremer pelas paredes do vaso sanguíneo, um processo denominado *emigração*. Nos estágios iniciais da infecção, há um predomínio de neutrófilos, mas eles morrem rapidamente junto com os micróbios que ingeriram. Em poucas horas, os monócitos chegam à área infectada. Uma vez nos tecidos, esses monócitos se transformam em macrófagos nômades, que engolfam o tecido danificado, os neutrófilos desgastados e os micróbios invasores.

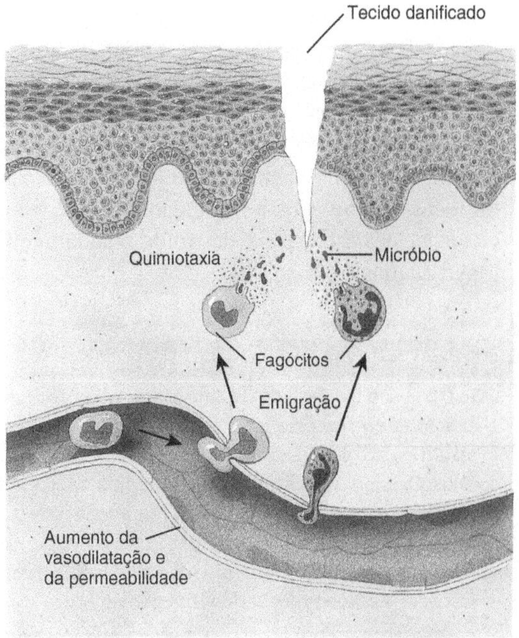

O que causa o rubor no local da inflamação?

Figura 17.5 Inflamação. Várias substâncias estimulam a vasodilatação, o aumento da permeabilidade dos vasos sanguíneos, a quimiotaxia, a emigração e a fagocitose.

Inflamação é uma resposta defensiva inespecífica do corpo ao dano tecidual.

4. Finalmente, os macrófagos também morrem. Em poucos dias, forma-se uma bolsa com fagócitos mortos e tecido danificado; essa coleção de células mortas e líquido é chamada ***pus***. Às vezes, o pus atinge a superfície corpórea ou drena para uma cavidade interna e se dispersa; em outras ocasiões, permanece no local mesmo após a resolução do quadro infeccioso. Neste caso, o pus é destruído gradualmente ao longo de dias e é absorvido.

CORRELAÇÕES CLÍNICAS | Abscessos e úlceras

Se o pus não for drenado de uma região inflamada, o resultado é um **abscesso** – um acúmulo excessivo de pus em um espaço confinado. Exemplos comuns são espinhas e furúnculos. Quando o tecido inflamado superficial se desprende da superfície de um órgão ou tecido, a ferida aberta resultante é chamada de **úlcera**. Pessoas com deficiência circulatória – por exemplo, diabéticos com aterosclerose avançada – são especialmente suscetíveis a úlceras nos tecidos das pernas. •

Febre

Febre é uma temperatura corporal anormalmente alta, que ocorre em função do reajuste do termostato hipotalâmico. Ocorre comumente durante a infecção e a inflamação. Muitas toxinas bacterianas elevam a temperatura corporal, às vezes desencadeando a liberação de substâncias provocadoras de febre, como a interleucina-1 dos macrófagos. A elevação da temperatura corporal intensifica os efeitos das interferonas, inibe o crescimento de alguns micróbios e acelera as reações do corpo que auxiliam o reparo.

A Tabela 17.1 resume os componentes das defesas inatas.

TESTE SUA COMPREENSÃO

4. Quais fatores físicos e químicos fornecem à pele e às túnicas mucosas proteção contra doenças?
5. Que defesas internas fornecem proteção contra os micróbios que penetram na pele e nas túnicas mucosas?
6. Quais são os principais sinais e sintomas da inflamação?

TABELA 17.1

Resumo das defesas inatas

COMPONENTES	FUNÇÕES
PRIMEIRA LINHA DE DEFESA: PELE E TÚNICAS MUCOSAS	
Fatores físicos	
Epiderme	Forma uma barreira física contra a entrada de micróbios
Túnicas mucosas	Inibem a entrada de muitos micróbios, mas não são tão eficazes quanto a pele intacta
Muco	Aprisiona os micróbios nos tratos respiratório e gastrintestinal
Pelos	Filtram os micróbios e a poeira no nariz
Cílios	Juntamente com o muco, aprisionam e removem micróbios e poeira das vias respiratórias superiores
Aparelho lacrimal	As lágrimas diluem e lavam as substâncias irritantes e os micróbios
Saliva	Lava os micróbios da superfície dos dentes e da túnica mucosa da boca
Urina	Lava os micróbios da uretra
Defecação e vômitos	Expelem os micróbios do corpo
Fatores químicos	
Sebo	Forma uma película ácida protetora sobre a superfície da pele, inibindo o crescimento de muitos micróbios
Lisozima	Substância antimicrobiana presente na transpiração, na lágrima, na saliva, na secreção nasal e nos líquidos teciduais
Suco gástrico	Destrói bactérias e a maioria das toxinas no estômago
Secreções vaginais	Apresenta ligeira acidez que desestimula o crescimento bacteriano
SEGUNDA LINHA DE DEFESA: DEFESAS INTERNAS	
Substâncias antimicrobianas	
Interferonas (IFNs)	Protegem as células hospedeiras não infectadas contra a infecção viral
Sistema do complemento	Provoca a citólise dos micróbios, promove a fagocitose e contribui para o desencadeamento do processo de inflamação
Proteínas de ligação de ferro	Inibem o crescimento de determinadas bactérias, reduzindo a quantidade de ferro disponível
Proteínas antimicrobianas (PAMs)	Possuem atividades antimicrobianas de amplo espectro e atraem células dendríticas e mastócitos
Células NK	Destroem células-alvo infectadas, por meio da liberação de grânulos contendo perforina e granzimas; fagócitos, em seguida, destroem os micróbios liberados
Fagócitos	Digerem partículas de substâncias estranhas
Inflamação	Confina e destrói os micróbios, iniciando o reparo dos tecidos
Febre	Intensifica os efeitos das interferonas, inibe o crescimento de alguns micróbios, acelera as reações do corpo que auxiliam no reparo

17.3 Imunidade adaptativa

OBJETIVOS

- Definir **imunidade adaptativa** e comparar-la com **imunidade inata.**
- Explicar **a relação entre um antígeno e um anticorpo.**
- Comparar **as funções da imunidade mediada por células (celular) e da imunidade mediada por anticorpos (humoral).**

Os diversos aspectos da imunidade inata possuem um elemento em comum: não são especificamente direcionados contra um determinado tipo de invasor. A imunidade adaptativa (específica) compreende a produção de tipos específicos de células ou de anticorpos para destruir um determinado antígeno. Um ***antígeno*** é qualquer substância – como micróbios, alimentos, fármacos, pólen ou tecido – que o sistema imunológico reconhece como estranha (não própria). O ramo da ciência que lida com as respostas do corpo aos antígenos é denominado ***imunologia***. O ***sistema imune*** inclui células e tecidos que executam respostas imunes. Normalmente, as células do sistema imune adaptativo de uma pessoa reconhecem e não atacam os próprios tecidos e substâncias químicas. Essa ausência de reação contra os próprios tecidos é chamada ***autotolerância***.

Maturação de células B e células T

A imunidade adaptativa inclui linfócitos chamados de células B e células T. Ambos os tipos de células se desenvolvem de órgãos linfáticos primários (medula óssea vermelha e timo), a partir de células-tronco da medula óssea vermelha (ver Fig. 14.2). As células B completam seu desenvolvimento na medula óssea vermelha. As células T evoluem de ***células pré-T*** que migram da medula óssea vermelha para o timo, onde se tornam maduras (Fig. 17.6). Antes que ***células T maduras*** deixem o timo ou ***células B maduras*** deixem a medula óssea vermelha, começam a produzir diversas proteínas diferentes, que são inseridas na membrana plasmática. Algumas dessas proteínas funcionam como ***receptores de antígenos*** – moléculas capazes de reconhecer antígenos específicos (Fig. 17.6). Existem dois tipos principais de células T maduras que deixam o timo: as **células T auxiliares** e as **células T citotóxicas** (Fig. 17.6). Como veremos posteriormente neste capítulo, esses dois tipos de células T apresentam funções distintas.

Tipos de imunidade adaptativa

Existem dois tipos de imunidade adaptativa: a imunidade mediada por células (celular) e a imunidade mediada por anticorpos (humoral). Ambos os tipos de imunidade adaptativa são desencadeados por antígenos. Na ***imunidade mediada por células***, células T citotóxicas atacam diretamente os antígenos invasores. Na ***imunidade mediada por anticorpos***, células B se transformam em plasmócitos, que sintetizam e secretam proteínas específicas chamadas ***anticorpos***. Um determinado anticorpo pode se ligar a um antígeno específico e inativá-lo. As células T auxiliares ajudam tanto a resposta imune mediada por células (celular) quanto a resposta imune mediada por anticorpos (humoral).

A imunidade celular é especificamente efetiva contra (1) patógenos intracelulares, que incluem vírus, bactérias e fungos intracelulares; (2) algumas células cancerosas; e (3) tecidos transplantados. Dessa forma, a imunidade celular sempre consiste em células atacando células. A imunidade humoral atua principalmente contra patógenos extracelulares, que incluem quaisquer vírus, bactérias e fungos presentes nos fluidos corporais extracelulares. A imunidade mediada por anticorpos também é chamada de *imunidade humoral* porque inclui anticorpos que se ligam a antígenos nos humores ou líquidos corporais (como o sangue e a linfa).

Na maioria dos casos, quando um antígeno específico inicialmente penetra no corpo, existe apenas um pequeno grupo de linfócitos com receptores de antígenos adequados para responder àquele antígeno; esse pequeno grupo de células inclui algumas células T auxiliares, células T citotóxicas e células B. Dependendo da localização, um determinado antígeno desencadeia ambos os tipos de respostas imunes adaptativas. Isso é decorrente do fato de que, quando um antígeno específico invade o organismo, geralmente há várias cópias desse antígeno distribuídas pelos tecidos e fluidos corporais. Algumas cópias do antígeno podem estar presentes dentro das células (o que provoca uma resposta imune celular mediada pelas células T citotóxicas), enquanto outras cópias do antígeno podem estar presentes no líquido extracelular (que desencadeia uma resposta imune humoral pelas células B). Sendo assim, as respostas imunes mediadas por células e por anticorpos frequentemente trabalham juntas para combater as numerosas cópias de um antígeno específico presente no corpo.

Seleção clonal: o princípio

Como acabamos de ver, quando um antígeno específico está presente no organismo, geralmente há múltiplas cópias dele distribuídas nos tecidos e nos fluidos corporais. Inicialmente, essas numerosas cópias de antígenos superam o pequeno grupo de células T auxiliares, células T citotóxicas e células B com os receptores de antígenos corretos, para responder àquele antígeno. Assim, uma vez que esses linfócitos encontram uma cópia de antígeno e recebem padrões de estímulos, inicia-se a seleção clonal. A ***seleção clonal*** é o processo pelo qual um linfócito se ***prolifera*** (divide) e se ***diferencia*** (forma células muito especializadas) em resposta a um antígeno específico. O resultado da seleção clonal é a formação de uma população de células idênticas, chamadas ***clones***, capazes de reconhecer o mesmo antígeno específico que o linfócito de origem (Fig. 17.6). Antes da primeira exposição a um determinado antígeno, apenas uns poucos linfócitos são capazes de reconhecê-lo; porém, após a seleção clonal, milhares de linfócitos se tornam capazes de responder àquele antígeno. A seleção clonal dos linfócitos ocorre nos órgãos e tecidos linfáticos secundários. A tumefação das tonsilas ou dos linfonodos cervicais, que observamos na última vez em que adoecemos, ocorreu provavelmente pela seleção clonal de linfócitos que participaram da resposta imune.

Um linfócito que sofre seleção clonal dá origem a dois tipos principais de células no clone: células efetoras e células de memória. Os milhares de ***células efetoras*** de um clone linfocitário desencadeiam respostas imunes que culminam na destruição ou na inativação do antígeno. As células efetoras incluem ***células T auxiliares ativas***, que são parte do clone de uma célula T auxiliar; ***células T citotóxicas ativas***, que são parte do clone de uma célula T citotóxica; e ***plasmócitos***, que são parte do clone de uma célula B. A maioria das célu-

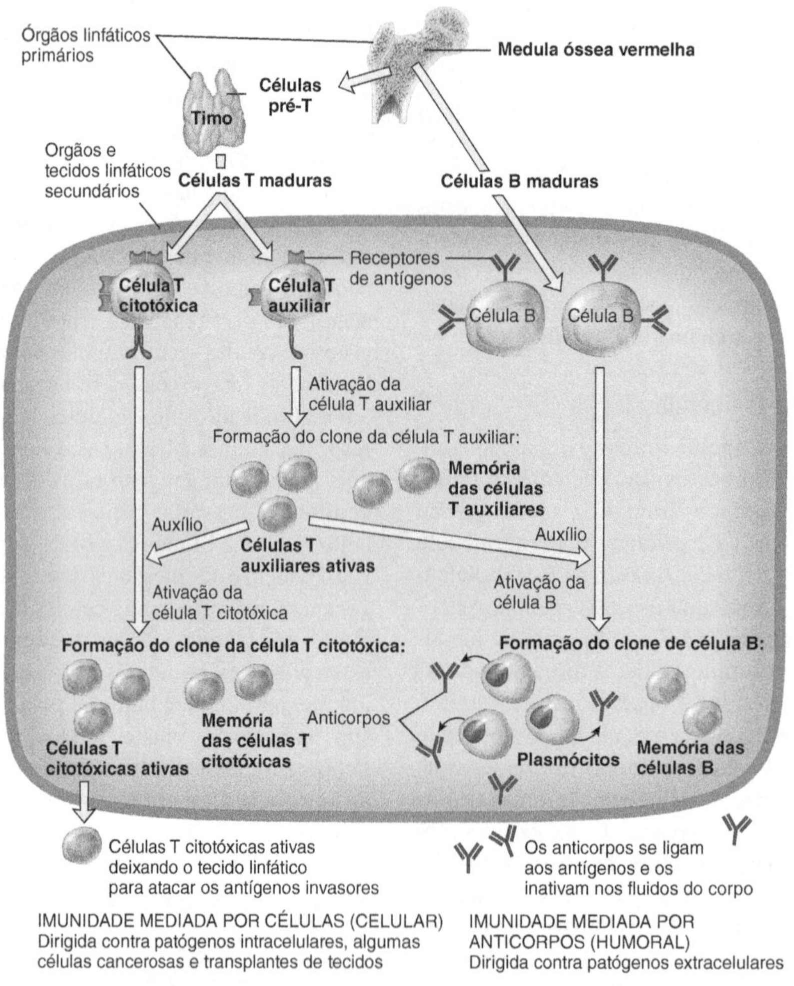

Quais tipos de células T participam tanto da resposta imune mediada por células quanto pela mediada por anticorpos?

Figura 17.6 Células pré-T e células B originadas das células-tronco da medula óssea vermelha. As células T e as células B se desenvolvem nos órgãos linfáticos primários (medula óssea vermelha e timo) e são ativadas nos órgãos e tecidos linfáticos secundários (linfonodos, baço e nódulos linfáticos). Uma vez ativados, cada tipo de linfócito forma um clone celular que reconhece um antígeno específico. Para simplificar, receptores de antígenos não são mostrados na membrana plasmática das células dos clones de linfócitos.

Os dois tipos de imunidade adaptativa são a imunidade mediada por células (celular) e a imunidade mediada por anticorpos (humoral).

las efetoras finalmente morre após a conclusão da resposta imune.

As ***células de memória*** não participam ativamente da resposta imune inicial contra o antígeno. Porém, se o mesmo antígeno penetra novamente no organismo, milhares de células de memória de um clone linfocitário encontram-se disponíveis para iniciar uma reação muito mais rápida do que aquela que ocorreu na primeira invasão. As células de memória respondem ao antígeno, se proliferando e se diferenciando em mais células de memória e efetoras. Consequentemente, a segunda resposta ao antígeno geralmente é tão rápida e tão vigorosa que o antígeno é destruído antes que ocorram sinais e sintomas da doença. As células de memória incluem ***células T auxiliares de memória***, que são parte do clone de uma célula T auxiliar; ***células T citotóxicas de memória***, que são parte do clone de uma célula T citotóxica; e ***células B de memória***, que são parte do clone de uma célula B. A maioria das células de memória não morre ao término de uma resposta imune. Ao contrário, apresenta uma duração de vida longa (geralmente duram décadas). As funções das células efetoras e de memória são descritas de forma mais detalhada posteriormente neste capítulo.

Antígenos e anticorpos

Um antígeno (que significa "gerador de anticorpo") induz o corpo a produzir anticorpos específicos e/ou células T específicas que reagem com ele. Micróbios inteiros, ou partes deles, podem atuar como antígenos. Componentes químicos das estruturas bacterianas, como flagelos, cápsulas e paredes celulares, são antigênicos, assim como também o são as toxinas bacterianas e as proteínas virais. Outros exemplos de antígenos incluem componentes químicos do pólen, clara de ovo, células sanguíneas incompatíveis, tecidos e órgãos transplantados. A imensa variedade de antígenos existente no ambiente fornece uma miríade de oportunidades para estimular as respostas imunes.

Na superfície da membrana plasmática da maioria das células do corpo encontram-se localizados os "autoantígenos" conhecidos como *proteínas do complexo de histocompatibilidade principal* (*MHC*, do inglês *major histocompatibility complex*). A menos que você tenha um gêmeo idêntico, suas proteínas MHC são únicas. Entre milhares e várias centenas de milhares de moléculas MHC marcam a superfície de cada uma das células do seu corpo, exceto os eritrócitos. As proteínas MHC constituem a razão pela qual os tecidos podem ser rejeitados quando são transplantados de uma pessoa para outra, mas sua função normal é ajudar as células T a reconhecerem que um antígeno é estranho, e não próprio. Esse reconhecimento é o primeiro passo importante em qualquer resposta imune adaptativa.

CORRELAÇÕES CLÍNICAS | Histocompatibilidade

O sucesso de um transplante de órgão ou tecido depende da **histocompatibilidade**, a compatibilidade tecidual entre o doador e o receptor. Quanto mais semelhantes os antígenos MHC, maior a histocompatibilidade e, desse modo, maior a probabilidade de que o transplante não seja rejeitado. Nos Estados Unidos, como no Brasil, um registro computadorizado nacional ajuda os médicos a selecionarem os receptores mais histocompatíveis e necessitados de transplante de órgãos, sempre que há doadores de órgãos disponíveis. •

Os antígenos induzem os plasmócitos a secretarem proteínas, conhecidas como ***anticorpos***. A maioria dos anticorpos contém quatro cadeias polipeptídicas (Fig. 17.7a). Nas duas extremidades das cadeias encontram-se ***regiões variáveis***, assim chamadas porque a sequência de aminoácidos varia para cada anticorpo diferente. As regiões variáveis são os ***sítios de ligação de antígeno***, partes de um anticorpo que se "ajustam" e se ligam a um antígeno particular, da mesma maneira que a chave da casa

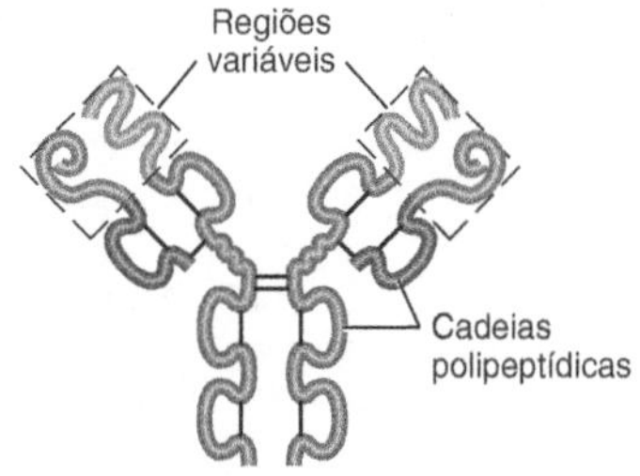

(a) Representação de uma molécula de anticorpo

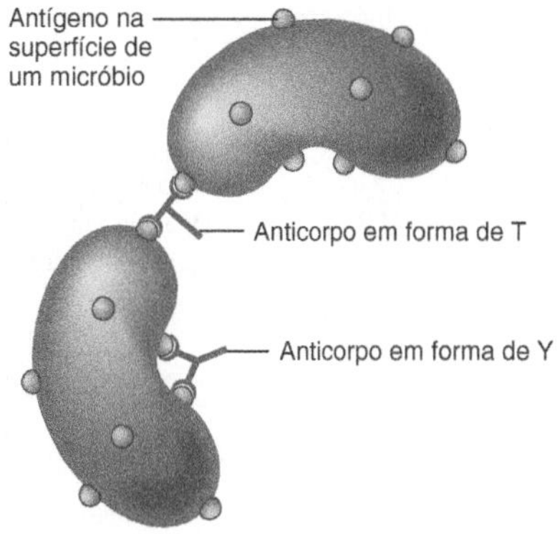

(b) Moléculas de anticorpo se ligando a antígenos

Qual é a função das regiões variáveis de um anticorpo?

Figura 17.7 Estrutura de um anticorpo e a relação entre um antígeno e um anticorpo.

Um antígeno estimula os plasmócitos a secretarem anticorpos específicos que se combinam com o antígeno.

adapta-se à sua fechadura. Como os "braços" do anticorpo se movem um pouco, um anticorpo assume a forma de T ou de Y. Essa flexibilidade aumenta a capacidade do anticorpo de se ligar a dois antígenos idênticos ao mesmo tempo – por exemplo, na superfície dos micróbios adjacentes (Fig. 17.7b).

Anticorpos pertencem a um grupo de proteínas plasmáticas denominadas globulinas e, por essa razão, os anticorpos são também conhecidos como ***imunoglobulinas***. As imunoglobulinas são divididas em cinco classes diferentes denominadas IgG, IgA, IgM, IgD e IgE. Cada classe apresenta uma estrutura química distinta e funções diferentes (Tab. 17.2). Como aparecem em primeiro lugar e têm vida relativamente curta, os anticorpos IgM indicam uma invasão recente. Em um paciente doente, um alto nível de IgM contra um patógeno específico ajuda a identificar a causa da doença. A resistência do feto e do recém-nascido às infecções se origina principalmente dos anticorpos maternos IgG que atravessam a placenta, antes do parto, e dos anticorpos IgA presentes no leite materno após o nascimento.

Processamento e apresentação de antígenos

Para que ocorra uma resposta imune adaptativa, as células B e T precisam reconhecer a presença de um antígeno estranho. Células B reconhecem e se ligam aos antígenos na linfa, no líquido intersticial ou no plasma sanguíneo; células T só reconhecem os fragmentos de antígenos que são processados e apresentados em uma determinada forma.

No ***processamento de antígenos***, as proteínas antigênicas são fragmentadas e combinadas com as moléculas MHC. Em seguida, o complexo antígeno/proteína MHC é inserido na membrana plasmática de uma célula do corpo. Essa inserção é chamada ***apresentação de antígeno***. Quando um fragmento antigênico vem de uma *proteína própria*, as células T ignoram os antígenos MHC. No en-

TABELA 17.2

Classes de imunoglobulinas

NOME E ESTRUTURA	CARACTERÍSTICAS E FUNÇÕES
IgG 	Aproximadamente 80% de todos os anticorpos no sangue; também encontrada na linfa e nos intestinos Protege contra bactérias e vírus intensificando a fagocitose, neutralizando toxinas e ativando o sistema do complemento É a única classe de anticorpos que atravessa a placenta da mãe para o feto, conferindo proteção imune considerável aos recém-nascidos
IgA 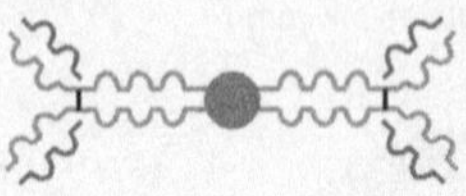	Aproximadamente 10-15% de todos os anticorpos presentes no sangue; encontrada basicamente no suor, nas lágrimas, na saliva, no muco, no leite materno e nas secreções gastrintestinais Os níveis diminuem durante o estresse, reduzindo a resistência à infecção Fornecem proteção localizada contra bactérias e vírus nas túnicas mucosas
IgM 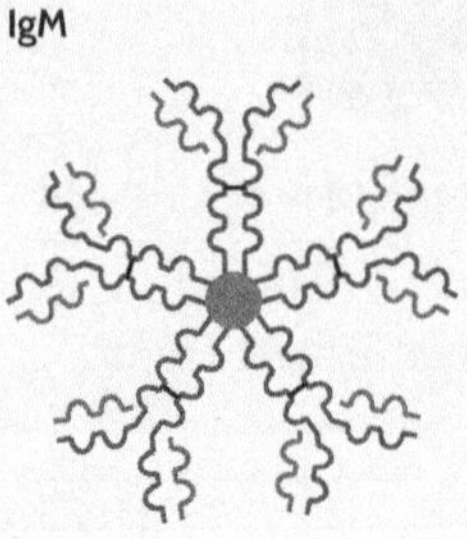	Aproximadamente 5-10% de todos os anticorpos presentes no sangue; também é encontrada na linfa Primeira classe de anticorpos a ser secretada pelos plasmócitos, após a exposição inicial a qualquer antígeno Ativa o sistema de complemento e provoca aglutinação e lise dos micróbios No plasma sanguíneo, anticorpos anti-A e anti-B dos grupos sanguíneos ABO, que se ligam aos antígenos A e B durante transfusões de sangue incompatíveis, também são anticorpos IgM (ver Fig. 14.6)
IgD 	Aproximadamente 0,2% de todos os anticorpos presentes no sangue; também encontrada na linfa e nas superfícies das células B como receptores de antígenos Participa na ativação das células B
IgE 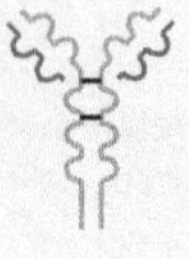	Menos de 0,1% de todos os antígenos presentes no corpo; também localizada nos mastócitos e basófilos Participa das reações alérgicas e de hipersensibilidade; protege contra vermes parasitas

tanto, se o fragmento vem de uma *proteína estranha*, as células T reconhecem o antígeno MHC como um invasor, e uma resposta imune adaptativa tem início.

Uma classe especial de células, denominadas ***células apresentadoras de antígeno*** (***APCs***, do inglês *antigen-presenting cells*), processa e apresenta os antígenos. As APCs incluem células dendríticas, macrófagos e células B. Estão estrategicamente localizadas em sítios nos quais os antígenos têm mais probabilidade de vencer as defesas inatas e invadir o organismo, como na epiderme e na derme (macrófagos intraepidérmicos são um tipo de célula dendrítica), na túnica mucosa do trato respiratório, gastrintestinal, urinário e genital, e nos linfonodos. Após o processamento e a apresentação do antígeno, as APCs migram dos tecidos, via vasos linfáticos, até os linfonodos.

As etapas do processamento e da apresentação dos antígenos por uma APC ocorrem da seguinte maneira (Fig. 17.8):

1. **Ingestão do antígeno.** APCs ingerem antígenos por fagocitose. Essa ingestão ocorre em praticamente qualquer local do corpo, no qual invasores, como, por exemplo, micróbios, penetraram as defesas não específicas.
2. **Digestão do antígeno em fragmentos.** No interior das APCs, enzimas digestivas fragmentam os antígenos em pequenos fragmentos peptídicos.
3. **Síntese das moléculas MHC.** Ao mesmo tempo, as APCs sintetizam moléculas MHC, armazenando-as em vesículas.
4. **Fusão das vesículas.** As vesículas contendo fragmentos antigênicos se fundem com as vesículas contendo moléculas MHC.
5. **Ligação dos fragmentos antigênicos com as moléculas MHC.** Após a fusão das duas vesículas, fragmentos antigênicos se ligam às moléculas MHC.
6. **Inserção dos antígenos MHC na membrana plasmática.** As vesículas contendo os antígenos MHC se rompem, e os complexos são inseridos na membrana plasmática.

Após o processamento de um antígeno, a APC migra para o tecido linfático para apresentar o antígeno às células T. No interior do tecido linfático, um pequeno número de células T, que possuem os receptores de antígeno corretos, reconhecem e se ligam ao fragmento antigênico do complexo MHC, disparando uma resposta imune mediada por células ou mediada por anticorpos.

Células T e imunidade mediada por células

A apresentação de um antígeno junto com as moléculas MHC, pelas APCs, informa às células T que há intrusos no corpo e que a ação de combate deve começar. Porém,

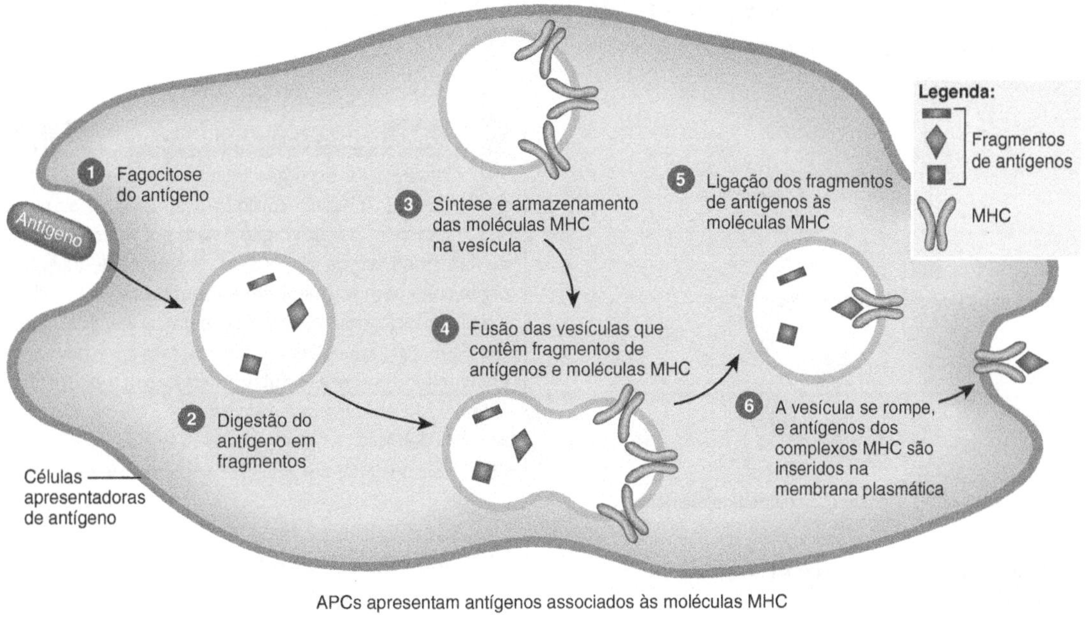

Quais tipos de células podem funcionar como APCs?

Figura 17.8 Processamento e apresentação de antígeno por uma célula apresentadora de antígeno (APC).

Uma APC migra para um tecido linfático, no qual "apresenta" um antígeno processado às células T com receptores que se ajustam ao fragmento daquele antígeno particular.

uma célula T somente é ativada se o seu receptor de antígeno se ligar ao antígeno estranho (reconhecimento do antígeno) e, ao mesmo tempo, receber um segundo sinal estimulador, um processo conhecido como ***coestimulação*** (Fig. 17.9). Um coestimulador comum é a ***interleucina-2*** (***IL-2***). A necessidade de dois sinais é um pouco semelhante ao que acontece ao dar a partida e dirigir um carro. Quando você insere a chave correta (antígeno) na ignição (receptor da célula T) e vira a chave, o carro é ligado (reconhecimento do antígeno específico), mas não pode avançar até que você movimente os mecanismos de embreagem e da caixa de marcha para o carro seguir (coestimulação). A necessidade da coestimulação provavelmente ajuda a impedir que as respostas imunes ocorram acidentalmente.

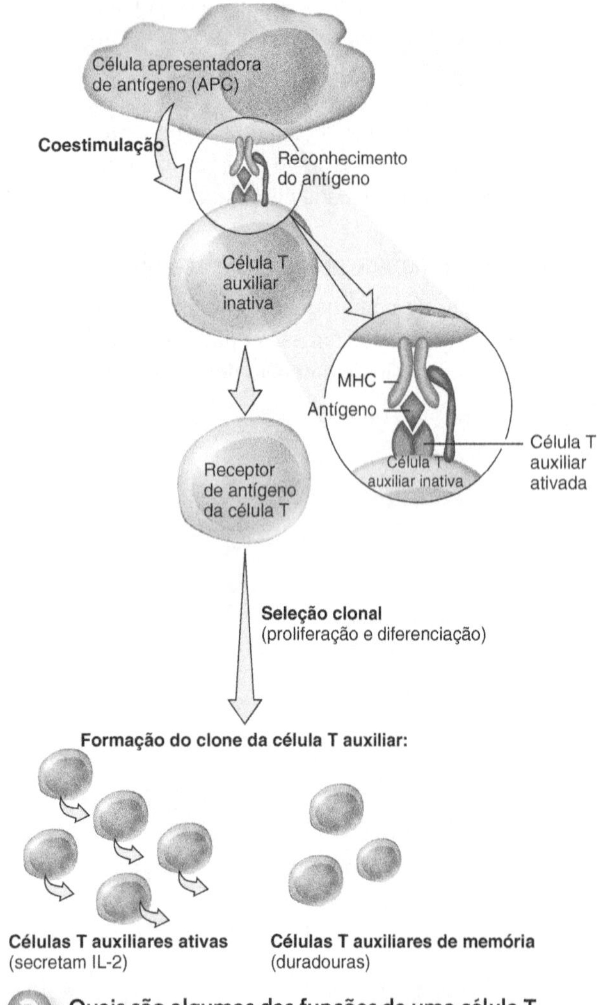

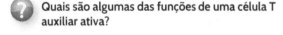

Quais são algumas das funções de uma célula T auxiliar ativa?

Figura 17.9 Ativação e seleção clonal das células T auxiliares.

Uma vez ativada, a célula T auxiliar forma um clone da célula T auxiliar ativa e uma célula T auxiliar de memória.

Uma vez ativada, a célula T é submetida à seleção clonal. Relembrando: seleção clonal é o processo pelo qual o linfócito se prolifera (se divide por várias vezes) e se diferencia (forma mais células muito especializadas) em resposta a um antígeno específico. O resultado da seleção clonal é a formação de um clone de células capazes de reconhecer o mesmo antígeno que o linfócito original (ver Fig. 17.6). Algumas células do clone de célula T se tornam células efetoras, enquanto outras se tornam células de memória. As células efetoras executam respostas imunes que culminam na *eliminação* do antígeno.

Como já aprendemos, existem dois tipos principais de células T maduras: células T auxiliares e células T citotóxicas. A ativação das *células T auxiliares* resulta na formação de um clone de células T auxiliares ativas e de memória (Fig. 17.9). As *células T auxiliares ativas* ajudam outras células do sistema imunológico adaptativo a combater os antígenos intrusos. Por exemplo, as células T auxiliares liberam a proteína IL-2, que atua como um coestimulador para o restante das células T auxiliares ou citotóxicas, e aumenta a proliferação e ativação das células B, T e NK. As *células T auxiliares de memória* de um clone das células T auxiliares não são células ativas. Entretanto, se o mesmo antígeno penetrar novamente no organismo, as células T auxiliares de memória são capazes de se proliferar e se diferenciar rapidamente em células T auxiliares ativas e mais células T auxiliares de memória.

CORRELAÇÕES CLÍNICAS | Transplante de órgãos

Transplante de órgão inclui a substituição de um órgão doente ou lesado, como coração, fígado, rins, pulmões ou pâncreas, por um órgão doado por outro indivíduo. A fim de reduzir o risco de rejeição, os receptores de transplantes de órgãos recebem fármacos imunossupressores. Um desses fármacos é a ciclosporina, derivada de um fungo, que inibe a secreção de IL-2 pelas células T auxiliares, mas apresenta apenas um efeito mínimo sobre as células B. Desse modo, o risco de rejeição é diminuído, ao mesmo tempo em que é mantida a resistência a algumas doenças. •

A ativação da *célula T citotóxica* resulta na formação de um clone da célula T citotóxica que consiste nas células T citotóxicas ativas e de memória (Fig. 17.10). *Células T citotóxicas ativas* atacam outras células infectadas com o antígeno. *Células T citotóxicas de memória* não atacam células infectadas. Ao contrário, são capazes de se proliferar e de se diferenciar rapidamente em mais células T citotóxicas ativas e de memória, se o mesmo antígeno invadir novamente o organismo.

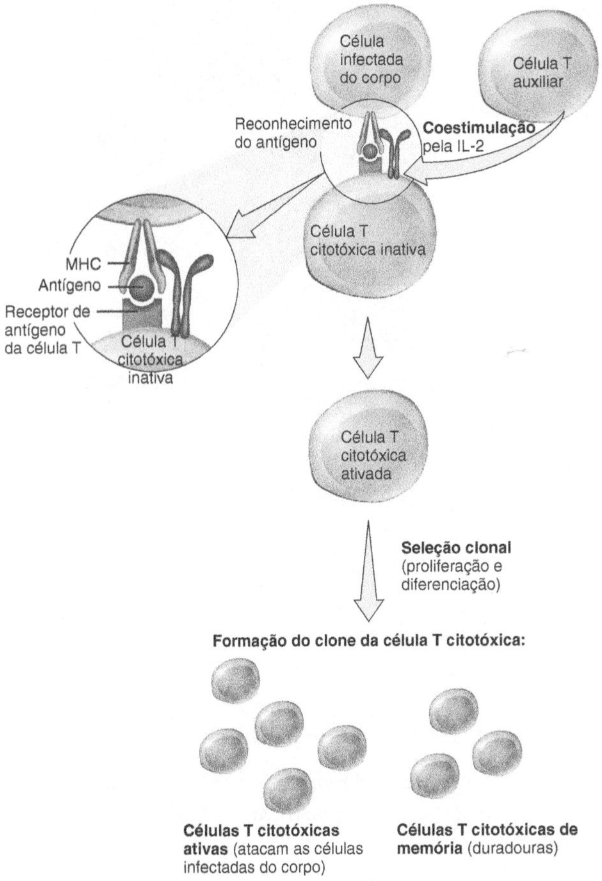

Qual é a função da célula T citotóxica de memória?

Figura 17.10 Ativação e seleção clonal da célula T citotóxica.

Uma vez ativada, a célula T citotóxica forma um clone da célula T citotóxica ativa e uma célula T citotóxica de memória.

Eliminação de invasores

As células T citotóxicas são soldados que avançam em direção à batalha contra antígenos invasores nas respostas imunes mediadas por células. O termo *citotóxica* reflete sua função: células assassinas. Deixam os órgãos linfáticos e tecidos secundários e migram para procurar e destruir células-alvo infectadas, células cancerosas e células transplantadas (Fig. 17.11). Células T citotóxicas reconhecem e se fixam às células-alvo. Em seguida, as células T citotóxicas empregam um "golpe letal" que mata as células-alvo.

Células T citotóxicas matam as células-alvo infectadas do corpo, de forma semelhante às células NK. A principal diferença é que as células T citotóxicas têm receptores específicos para micróbios específicos e, portanto, matam apenas as células-alvo infectadas do corpo com *um* tipo específico de micróbios; células NK são capazes de destruir uma grande variedade de células do corpo infectadas por micróbios. Células T citotóxicas apresentam dois mecanismos principais para destruir células-alvo infectadas:

1. Células T citotóxicas, usando receptores situados nas suas superfícies, reconhecem e se ligam às células-alvo infectadas que apresentam antígenos expostos em sua superfície. As células T citotóxicas, em seguida, liberam ***granzimas***, proteínas digestoras de enzimas que desencadeiam a apoptose, a fragmentação dos componentes celulares (Fig. 17.11a). Uma vez que a célula infectada é destruída, os micróbios liberados são mortos pelos fagócitos.
2. Alternativamente, as células T citotóxicas se ligam às células infectadas do corpo e liberam duas proteínas de seus grânulos: perforina e granulisina. A ***perforina*** se insere na membrana plasmática da célula-alvo e cria canais na membrana (Fig. 17.11b). Como resultado, líquido extracelular flui para o interior da célula-alvo, e ocorre a citólise (ruptura da célula). Outros grânulos na célula T citotóxica liberam ***granulisina***, que entra pelos canais de membrana e destrói os micróbios, criando orifícios em suas membranas. Células T citotóxicas também destroem as células-alvo liberando uma molécula tóxica chamada ***linfotoxina***, que ativa enzimas na célula-alvo. Essas enzimas provocam a fragmentação do DNA da célula-alvo e, consequentemente, sua morte. Além disso, as células T citotóxicas liberam γ-interferona, que atrai e ativa os fagócitos e o fator de inibição da migração de macrófagos, que evita a migração dos fagócitos do local de infecção. Após se desligar da célula-alvo, a célula T citotóxica procura e destrói outras células-alvo.

TESTE SUA COMPREENSÃO

7. Qual é a função normal das proteínas (autoantígenos) do MHC?
8. Como os antígenos chegam ao tecido linfático?
9. Como as APCs processam os antígenos?
10. Quais são as funções das células T auxiliares, citotóxicas e de memória?
11. Como as células T citotóxicas matam os seus alvos?

Células B e imunidade mediada por anticorpo

O corpo contém não somente milhões de diversas células T, mas também milhões de diversas células B diferentes, cada uma capaz de responder a um antígeno específico. Células T citotóxicas deixam os tecidos linfáticos para procurar e destruir um antígeno estranho, mas as células

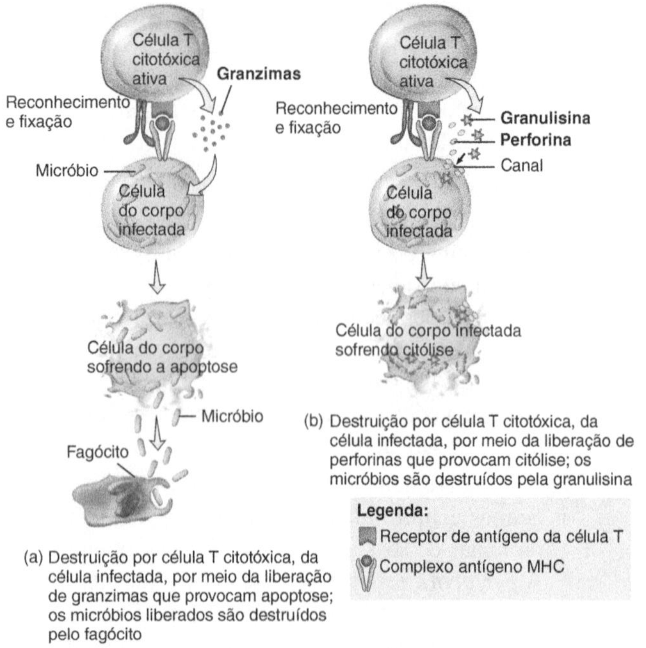

Além das células infectadas por micróbios, as células T citotóxicas atacam quais outros tipos de células?

Figura 17.11 Ação da célula T citotóxica. Após destruir com um "golpe letal", uma célula T citotóxica se separa e ataca outra célula-alvo que apresente o mesmo antígeno.

As células T citotóxicas matam os seus alvos diretamente, secretando granzimas, que provocam apoptose e perforina que provoca citólise das células-alvo infectadas.

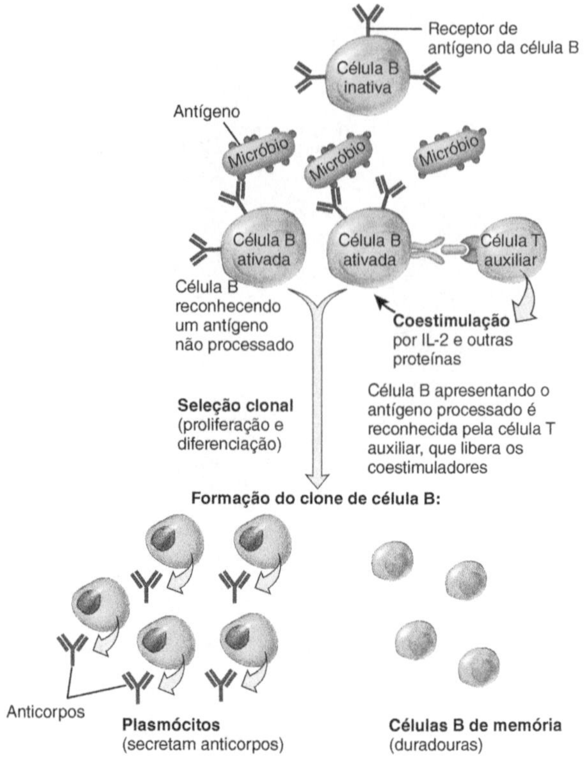

Quantos tipos diferentes de anticorpos serão secretados pelos plasmócitos do clone mostrado aqui?

Figura 17.12 Ativação e seleção clonal das células B. Plasmócitos são, na realidade, muito maiores do que as células B.

Os plasmócitos secretam anticorpos.

B permanecem no local em que estão. Na presença de um antígeno estranho, uma célula B específica presente em um linfonodo, baço ou tecido linfático associado à mucosa se torna ativada. Então, sofre seleção clonal, formando um clone de plasmócitos e células de memória. Os plasmócitos são as células efetoras de um clone de célula B; secretam anticorpos específicos que, por sua vez, circulam na linfa e no sangue para alcançar o local de invasão.

Durante a ativação de uma célula B, receptores de antígenos, na superfície celular de uma célula B, se ligam a um antígeno (Fig. 17.12). Receptores de antígenos da célula B são quimicamente semelhantes aos anticorpos que, posteriormente, são secretados pelos plasmócitos. Embora as células B respondam a um antígeno não processado presente na linfa ou no líquido intersticial, sua resposta é muito mais intensa quando processam o antígeno. O processamento de antígeno em uma célula B ocorre da seguinte forma: o antígeno é levado para o interior da célula B, decomposto em fragmentos e combinado com proteína MHC, e movido para a superfície da célula B. Células T auxiliares reconhecem a proteína do complexo antígeno MHC processada e disponibilizam a coestimulação necessária para a diferenciação e a divisão da célula B. A célula T auxiliar libera IL-2 e outras proteínas que atuam como coestimuladores para a ativação das células B.

Uma vez ativada, uma célula B sofre seleção clonal (Fig. 17.12). O resultado é a formação de um clone de células B que consiste em plasmócitos e células B de memória. Os *plasmócitos* secretam anticorpos. Alguns dias após a exposição a um antígeno, um plasmócito secreta centenas de milhões de anticorpos diariamente, por aproximadamente 4 a 5 dias, até sua morte. A maioria dos anticorpos viaja na linfa e no sangue, até o local da invasão. *Células B de memória* não secretam anticorpos. Em vez disso, se proliferam e se diferenciam rapidamente em mais plasmócitos e mais células B de memória, se o mesmo antígeno reaparecer em um momento futuro.

Embora as funções das cinco classes de anticorpos sejam um pouco diferentes, todas atacam os antígenos de várias maneiras:

1. **Neutralização do antígeno.** A ligação de um anticorpo ao seu antígeno neutraliza algumas toxinas bacterianas e impede a fixação de alguns vírus às células corporais.
2. **Imobilização das bactérias.** Alguns anticorpos provocam a perda de mobilidade das bactérias, o que limita sua disseminação para os tecidos adjacentes.
3. **Aglutinação do antígeno.** A ligação dos anticorpos aos antígenos pode conectar os patógenos uns aos outros, provocando sua *aglutinação*, isto é, a agregação de partículas. As células fagocitárias ingerem os micróbios aglutinados mais prontamente.
4. **Ativação do complemento.** Os complexos antígeno-anticorpo ativam as proteínas do complemento que, em seguida, trabalham para remover os micróbios por meio de opsonização e citólise.
5. **Intensificação da fagocitose.** Uma vez que os antígenos estejam ligados à região variável de um anticorpo, este atua como um "sinalizador" que atrai os fagócitos. Os anticorpos intensificam a atividade dos fagócitos, provocando aglutinação, ativando o complemento e recobrindo os micróbios, de modo que se tornem mais suscetíveis à fagocitose (opsonização).

A Tabela 17.3 resume as funções das células que participam das respostas imunes adaptativas.

CORRELAÇÕES CLÍNICAS | Anticorpos monoclonais

Uma resposta mediada por anticorpos normalmente produz grande quantidade de variados anticorpos que reconhecem diferentes partes de um antígeno ou diferentes antígenos de uma célula estranha. Em contrapartida, um **anticorpo monoclonal (AcM)** é um anticorpo puro, produzido por um único clone de células idênticas cultivadas em laboratório. Os usos clínicos dos AcMs incluem o diagnóstico de gravidez, alergias e doenças, como faringite estreptocócica, hepatite, raiva e algumas doenças sexualmente transmissíveis. Os AcMs também são usados para detectar câncer em um estágio precoce e para determinar a extensão de metástases. Além disso, podem ser úteis no preparo de vacinas para neutralizar a rejeição associada aos transplantes, tratar doenças autoimunes e, talvez, para o tratamento da Aids. •

Memória imunológica

A marca das respostas imunes adaptativas é a memória para antígenos específicos que desencadearam respostas imunes no passado. ***Memória imunológica*** é decorrente da presença de anticorpos de longa duração e linfócitos de vida muito longa que se originam durante a divisão e a diferenciação de células B e células T estimuladas por antígenos.

Respostas primária e secundária

As respostas imunes adaptativas, sejam mediadas por células ou por anticorpos, são muito mais rápidas e mais intensas após uma segunda ou subsequente exposição a um antígeno do que após a primeira exposição. Inicialmente, apenas poucas células têm os receptores de antígenos corretos para responderem, e a resposta imune pode levar vá-

TABELA 17.3

Resumo das funções celulares nas respostas imunes adaptativas

CÉLULA	FUNÇÕES
Célula apresentadora de antígeno (APC)	Processa e apresenta antígenos estranhos às células T. As APCs incluem macrófagos, células B e células dendríticas
Célula T auxiliar	Ajuda outras células do sistema imune no combate contra invasores, por meio da liberação da proteína IL-2, um coestimulador, que intensifica a ativação e a divisão das células T; outras proteínas atraem os fagócitos e intensificam a capacidade fagocítica dos macrófagos; além disso, estimula o desenvolvimento das células B em plasmócitos produtores de anticorpos e o desenvolvimento das células NK
Célula T citotóxica	Mata células-alvo hospedeiras, por meio da liberação de granzimas, que induzem a apoptose; perforina, que forma canais para provocar citólise; granulisina, que destrói os micróbios; linfotoxina, que destrói o DNA das células-alvo; γ-interferona, que atrai os macrófagos e aumenta a sua atividade fagocitária; e fator inibidor dos macrófagos, que impede a migração dos macrófagos do local da infecção
Célula T de memória	Permanece no tecido linfático e reconhece o antígeno invasor original, até anos após o primeiro encontro
Célula B	Diferencia-se em plasmócito produtor de anticorpos
Plasmócito	Descendente da célula B que produz e secreta os anticorpos
Célula B de memória	Permanece pronta para produzir uma resposta secundária mais rápida e mais intensa, se o mesmo antígeno entrar no corpo no futuro

rios dias para atingir a intensidade máxima. Uma vez que existem milhares de células de memória, após um contato inicial com um antígeno, quando o mesmo antígeno volta a aparecer, as células de memória se dividem e se diferenciam em células T auxiliares, células T citotóxicas ou plasmócitos dentro de poucas horas.

Uma estimativa da memória imunológica é a quantidade de anticorpos no plasma sanguíneo. Após um contato inicial com um antígeno, nenhum anticorpo está presente por diversos dias. Em seguida, os níveis de anticorpos sobem lentamente, primeiro de IgM, depois de IgG, seguindo-se um declínio gradual (Fig. 17.13). Essa é a ***resposta primária***. As células de memória podem viver durante décadas. Cada novo contato com o mesmo antígeno provoca a divisão rápida das células de memória. O nível de anticorpos, após contatos subsequentes, é muito maior do que durante a resposta primária e consiste principalmente em anticorpos IgG. Essa resposta acelerada e mais intensa é chamada de ***resposta secundária***. Anticorpos produzidos durante a resposta secundária são ainda mais eficazes do que aqueles produzidos durante a resposta primária. Assim, são mais bem-sucedidos na eliminação dos invasores.

As respostas primária e secundária ocorrem durante a infecção microbiana. Quando nos recuperamos de uma infecção sem utilizar fármacos antimicrobianos, em geral, é em virtude da resposta primária. Se o mesmo micróbio nos infectar mais tarde, a resposta secundária é tão imediata que os micróbios serão destruídos antes que apresentemos alguns sinais ou sintomas de infecção.

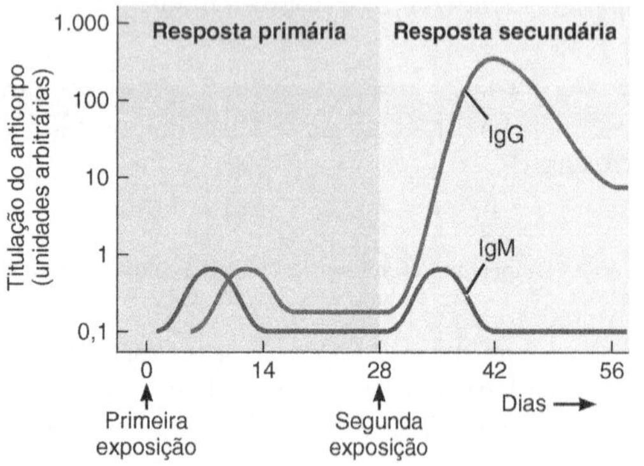

Qual tipo de anticorpo responde mais intensamente durante a resposta secundária?

Figura 17.13 Secreção de anticorpos. A resposta primária (após a primeira exposição) é mais fraca do que a resposta secundária (após a segunda ou a uma exposição subsequente) a um dado antígeno.

A memória imunológica é a base para o sucesso da imunização por vacinação.

Imunidade natural e artificialmente adquirida

A memória imunológica fornece a base para a imunização adquirida por vacinação contra determinadas doenças, como, por exemplo, a poliomielite. Quando recebemos a *vacina*, que pode conter micróbios inteiros enfraquecidos ou mortos, ou partes de micróbios, nossas células T e B são ativadas. Se encontrarmos subsequentemente o patógeno vivo, como um micróbio infeccioso, nosso organismo inicia uma resposta secundária. Entretanto, doses de reforço de alguns agentes imunizadores devem ser administradas periodicamente para manter a proteção adequada contra o patógeno. A Tabela 17.4 resume os vários tipos de contatos antigênicos que proporcionam imunidade adquirida natural e artificialmente.

TABELA 17.4

Tipos de imunidade adaptativa

TIPO	COMO É ADQUIRIDA
Imunidade ativa naturalmente adquirida	Após exposição a um micróbio, o reconhecimento do antígeno pelas células B e T e a coestimulação levam aos plasmócitos secretores de anticorpos, às células T citotóxicas e às células B e T de memória
Imunidade passiva naturalmente adquirida	Transferência de anticorpos IgG da mãe ao feto pela placenta, ou de anticorpos IgA da mãe ao bebê no leite materno durante a amamentação
Imunidade ativa artificialmente adquirida	Antígenos introduzidos durante uma vacinação estimulam as respostas imunes mediadas por células e por anticorpos, levando à produção de células de memória. Os antígenos são pré-tratados para serem imunogênicos, mas não patogênicos; isto é, desencadeiam uma resposta imune, mas não uma doença significativa
Imunidade passiva artificialmente adquirida	Injeção intravenosa de imunoglobulinas (anticorpos)

TESTE SUA COMPREENSÃO

12. Quais são as semelhanças entre as respostas imunes mediadas por células e por anticorpos? Como diferem?
13. Qual é a diferença entre a resposta secundária a um antígeno e a resposta primária?

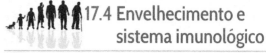

17.4 Envelhecimento e sistema imunológico

OBJETIVO

- Descrever os efeitos do envelhecimento sobre o sistema imunológico.

Com o avanço da idade, a maioria das pessoas se torna mais suscetível a todos os tipos de infecções e malignidades. A resposta às vacinas é diminuída, e o corpo tende a produzir mais autoanticorpos (anticorpos contra as moléculas do seu próprio corpo). Além disso, o sistema imunológico apresenta níveis reduzidos de função. Por exemplo, as células T se tornam menos responsivas aos antígenos, e menos células T respondem às infecções. Isso pode resultar da atrofia do timo relacionada à idade ou a produção diminuída de hormônios tímicos. Em decorrência do declínio da população de células T com a idade, as células B também se tornam menos responsivas. Consequentemente, os níveis de anticorpos não aumentam tão rapidamente em resposta a um antígeno, resultando no aumento da suscetibilidade a várias infecções. É por essa razão que os indivíduos idosos são estimulados a tomar vacinas contra influenza (gripe) anualmente.

TESTE SUA COMPREENSÃO

14. **Quais são as consequências da redução no número de células T e B com o avanço da idade?**

• • •

Para perceber as várias formas pelas quais o sistema linfático e a imunidade contribuem para a homeostasia de outros sistemas corporais, leia Foco na Homeostasia: O Sistema Linfático e Imunidade. A seguir, no Capítulo 18, exploraremos a estrutura e a função do sistema respiratório e veremos como o seu funcionamento é regulado pelo sistema nervoso. O mais importante é que o sistema respiratório proporciona a troca gasosa, recebendo oxigênio e eliminando dióxido de carbono. O sistema circulatório auxilia essa troca gasosa, transportando o sangue que contém esses gases entre os pulmões e as células teciduais.

FOCO na HOMEOSTASIA

TEGUMENTO COMUM

- Vasos linfáticos drenam o excesso de líquido intersticial e proteínas plasmáticas extravasadas da derme
- Células do sistema imune (macrófagos intraepidérmicos), na pele, ajudam a proteger a pele
- O tecido linfático também fornece anticorpos IgA no suor

SISTEMA ESQUELÉTICO

- Vasos linfáticos drenam o excesso de líquido intersticial e as proteínas plasmáticas extravasadas do tecido conectivo que envolve os ossos

SISTEMA MUSCULAR

- Vasos linfáticos drenam o excesso de líquido intersticial e as proteínas plasmáticas extravasadas dos músculos

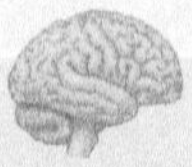

SISTEMA NERVOSO

- Células imunes ajudam a proteger o sistema nervoso contra patógenos, e o encéfalo ajuda a regular as respostas imunes
- Vasos linfáticos drenam o excesso de líquido intersticial e as proteínas plasmáticas extravasadas do sistema nervoso
- Neuropeptídeos funcionam como neurotransmissores

SISTEMA ENDÓCRINO

- O fluxo de linfa ajuda a distribuir alguns hormônios e citocinas
- Vasos linfáticos drenam o excesso de líquido intersticial e as proteínas plasmáticas extravasadas das glândulas endócrinas

SISTEMA CIRCULATÓRIO

- A linfa retorna o excesso de líquido filtrado dos capilares sanguíneos e as proteínas plasmáticas extravasadas para o sangue venoso
- Os macrófagos, no baço, destroem os eritrócitos senis e removem os detritos do sangue

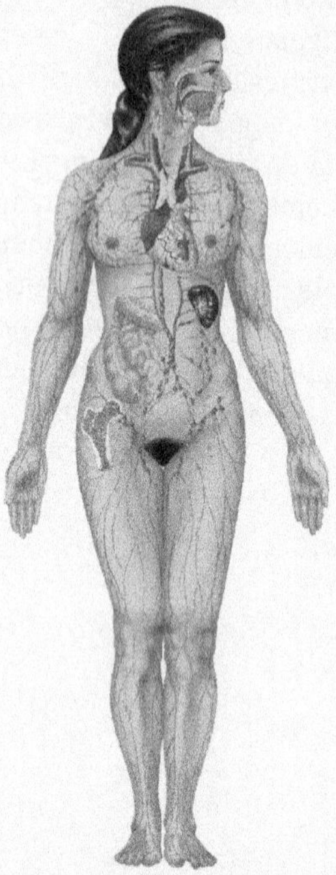

CONTRIBUIÇÃO DO SISTEMA LINFÁTICO E DA IMUNIDADE

PARA TODOS OS SISTEMAS DO CORPO

- Células B, células T e anticorpos protegem todos os sistemas do corpo contra o ataque de micróbios estranhos prejudiciais (patógenos), células estranhas e células cancerosas

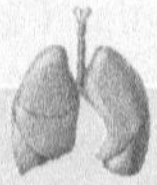

SISTEMA RESPIRATÓRIO

- Tonsilas, macrófagos alveolares e tecido linfático associado à mucosa (MALT, do inglês *mucosa-associated lymphatic tissue*) ajudam a proteger os pulmões contra os patógenos
- Vasos linfáticos drenam o excesso de líquido intersticial dos pulmões

SISTEMA DIGESTÓRIO

- As tonsilas e o MALT ajudam a defender contra toxinas e patógenos que penetram no corpo a partir do trato gastrintestinal
- O sistema digestório fornece anticorpos IgA na saliva e nas secreções gastrintestinais
- Vasos linfáticos captam os lipídeos alimentares e as vitaminas lipossolúveis absorvidos pelo intestino delgado, transportando-os para o sangue
- Vasos linfáticos drenam o excesso de líquido intersticial e as proteínas plasmáticas extravasadas dos órgãos do sistema digestório

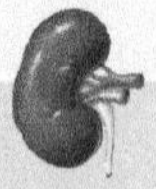

SISTEMA URINÁRIO

- Vasos linfáticos drenam o excesso de líquido intersticial e as proteínas plasmáticas extravasadas dos órgãos do sistema urinário
- MALT ajuda a defender contra toxinas e patógenos que penetram no corpo por meio da uretra

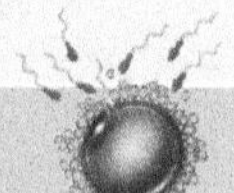

SISTEMAS GENITAIS

- Vasos linfáticos drenam o excesso de líquido intersticial e as proteínas plasmáticas extravasadas dos órgãos do sistema genital
- MALT ajuda a defender contra toxinas e patógenos que penetram no corpo por meio da vagina e do pênis
- Nas mulheres, os espermatozoides depositados na vagina não são atacados como invasores estranhos, por causa dos componentes do líquido seminal que inibem as respostas imunes
- Anticorpos IgG atravessam a placenta, a fim de proporcionar proteção ao feto em desenvolvimento
- Tecido linfático fornece anticorpos IgA no leite da mãe lactante

DISTÚRBIOS COMUNS

Aids: síndrome da imunodeficiência adquirida

A ***síndrome da imunodeficiência adquirida*** (***Aids***) é uma condição em que a pessoa passa por uma variedade reveladora de infecções, decorrentes da destruição progressiva das células do sistema imunológico pelo ***vírus da imunodeficiência humana*** (***HIV***). A AIDS representa o estágio final da infecção pelo HIV. Uma pessoa infectada pelo HIV pode permanecer assintomática durante muitos anos, mesmo enquanto o vírus está atacando ativamente o seu sistema imunológico. Nas duas décadas após o relato dos primeiros cinco casos, em 1981, 22 milhões de pessoas morreram de Aids. Em todo o mundo, cerca de 40 milhões de pessoas estão atualmente infectadas pelo HIV.

Transmissão do HIV

Como o HIV está presente no sangue e em alguns líquidos corporais, é transmitido (disseminado de uma pessoa para outra) com maior eficácia mediante práticas que incluem a troca de sangue ou líquidos corporais. O HIV é transmitido pelo sêmen ou pelo líquido vaginal durante relações sexuais desprotegidas (sem o uso de preservativos) anais, vaginais ou orais. O HIV também é transmitido por contato sanguíneo direto, como ocorre com os usuários de drogas intravenosas que compartilham agulhas hipodérmicas ou com os profissionais da área da saúde que podem ser feridos acidentalmente por agulhas hipodérmicas contaminadas. Além disso, o HIV pode ser transmitido de uma mãe infectada ao seu bebê, no parto ou durante a amamentação.

As chances de transmissão ou infecção pelo HIV durante relações vaginais ou anais são grandemente reduzidas – embora não eliminadas – pelo uso de preservativos de látex descartáveis. Os programas de saúde pública, com o objetivo de encorajar os usuários de drogas a não compartilharem agulhas, mostraram-se eficazes no controle do aumento de novas infecções pelo HIV nessa população. Além disso, a administração de determinados medicamentos às mulheres grávidas infectadas pelo HIV reduz consideravelmente o risco de transmissão do vírus aos bebês.

O HIV é um vírus muito frágil; não consegue sobreviver por muito tempo fora do corpo humano. O vírus não é transmitido por picadas de insetos. Uma pessoa não se torna infectada pelo contato físico casual com uma pessoa infectada, como abraçar ou compartilhar objetos de uso doméstico. O vírus é eliminado dos objetos de higiene pessoal e do equipamento médico por exposição ao calor (aproximadamente 57 °C, durante 10 minutos) ou limpeza com desinfetantes comuns, como água oxigenada (peróxido de hidrogênio), álcool isopropílico, água sanitária de uso doméstico (solução de hipoclorito de sódio) ou produtos germicidas (como Betadine® ou Hibiclens®). Máquinas lavadoras de pratos ou de roupas também matam o HIV.

HIV: estrutura e infecção

O HIV consiste em um núcleo interno de ácido ribonucleico (RNA) recoberto por uma capa de proteína (capsídeo) envolta por uma camada externa (envelope), constituído de uma bicamada lipídica penetrada por proteínas. No entanto, fora de uma célula hospedeira viva, um vírus é incapaz de replicação. No entanto fora de uma célula hospedeira viva, o seu RNA usa os recursos desta célula para fazer milhares de cópias do próprio vírus. Os novos vírus, por fim, deixam a célula infectada e, em seguida, infectam outras células.

O HIV danifica principalmente as células T auxiliares. Mais de 10 bilhões de cópias virais podem ser feitas a cada dia. Os vírus brotam tão rapidamente da membrana plasmática de uma célula infectada que a célula se rompe e morre. Na maioria das pessoas infectadas pelo HIV, as células T auxiliares são substituídas tão rapidamente quanto são destruídas. Após vários anos, no entanto, a capacidade do corpo para substituir as células T auxiliares é lentamente exaurida, e o número de células T auxiliares diminui gradualmente na circulação.

Sinais, sintomas e diagnóstico da infecção pelo HIV

Logo após a infecção pelo HIV, a maioria das pessoas experimenta uma breve doença semelhante a uma gripe. Os sinais e sintomas comuns são febre, fadiga, erupção, dor de cabeça, dor articular, dor de garganta e linfonodos inchados. Aproximadamente 50% das pessoas infectadas têm suores noturnos. A partir de 3 a 4 semanas após a infecção pelo HIV, os plasmócitos começam a secretar anticorpos contra o HIV. Esses anticorpos são detectáveis no plasma sanguíneo e constituem a base para alguns dos testes de triagem para HIV. Quando o resultado do teste é "HIV-positivo", geralmente significa que as pessoas têm anticorpos contra os antígenos HIV em sua corrente sanguínea.

Progressão para Aids

Após um período de 2 a 10 anos, o vírus destrói as células T auxiliares de maneira suficiente para que a maioria das pessoas infectadas pelo HIV comece a experimentar os sintomas da imunodeficiência. As pessoas infectadas pelo HIV geralmente apresentam linfonodos aumentados e experimentam fadiga persistente, perda de peso involuntária, suores noturnos, erupções cutâneas, diarreia e várias lesões na boca e nas gengivas. Além disso, o vírus pode começar a infectar os neurônios, no encéfalo, afetando a memória e produzindo distúrbios visuais.

Lentamente, à medida que o sistema imunológico entra em colapso, uma pessoa infectada pelo HIV se torna suscetível a uma imensidade de *infecções oportunistas*. Estas são doenças provocadas por microrganismos que normalmente estão controlados, mas que agora proliferam, em função do sistema imunológico defeituoso. A Aids é diagnosticada quando a contagem de células T auxiliares cai abaixo de 200 por microlitro (milímetro cúbico) de sangue ou quando surgem infecções oportunistas, o que ocorrer primeiro. Ao longo do tempo, as infecções oportunistas geralmente são a causa do óbito.

Tratamento da infecção pelo HIV

Mesmo hoje, a infecção pelo HIV ainda não é curada. As vacinas projetadas para bloquear novas infecções pelo HIV e reduzir a carga viral (o número de cópias do RNA do HIV em um microlitro de plasma sanguíneo) daqueles que já estão infectados estão em testes clínicos. Enquanto isso, três categorias de fármacos têm sido bem-sucedidas no prolongamento da vida de muitas pessoas infectadas pelo HIV:

1. ***Inibidores da transcriptase reversa*** interferem na ação da transcriptase reversa, a enzima que o vírus utiliza para converter o seu RNA em uma cópia de DNA. Entre os fármacos nessa categoria estão a zidovudina (ZDV, anteriormente chamada de AZT), a didanosina (ddI) e a estavudina (d4T). O Trizivir®, aprovado no ano 2000 para o tratamento da infecção pelo HIV, combina três inibidores da transcriptase reversa em um só comprimido.
2. ***Inibidores da integrase*** bloqueiam a enzima integrase, que insere uma copia do DNA do HIV no DNA da célula hospedeira. O medicamento raltegravir é um exemplo de um inibidor da integrase.
3. ***Inibidores da protease*** interferem na ação da protease, uma enzima viral que corta as proteínas em pedaços, para formar a capa das partículas de HIV recém-produzidas. Os fármacos nessa categoria incluem nelfinavir, saquinavir, ritonavir e indinavir.

O tratamento recomendado para pacientes infectados pelo HIV é *terapia antirretroviral altamente ativa* (*HAART*, do inglês *highly active antirretroviral therapy*), uma combinação de três ou mais medicações antirretrovirais, provenientes de pelo menos duas classes de inibidores que atuam de forma diferente. A maioria dos indivíduos infectados pelo HIV que recebeu a HAART experimentou uma redução drástica na carga viral e um aumento no número de células T auxiliares no sangue. Além de a HAART retardar a progressão da infecção do HIV para a Aids, muitas pessoas com Aids perceberam a remissão ou o desaparecimento das infecções oportunistas e um aparente retorno à saúde. Lamentavelmente, a HAART é muito dispendiosa (ultrapassando US$ 10.000 por ano), o esquema de dosagens é extenuante, e nem todos conseguem tolerar os efeitos colaterais tóxicos desses fármacos. Embora o HIV possa, praticamente, desaparecer do sangue com a quimioterapia (e, desse modo, um teste sanguíneo possa ser "HIV-negativo"), o vírus normalmente ainda se oculta em vários tecidos linfáticos. Nesses casos, a pessoa infectada ainda transmite o vírus para outra pessoa.

Reações alérgicas

Uma pessoa que é excessivamente reativa a uma substância tolerada pela maioria das pessoas é considerada **alérgica.** Sempre que ocorre uma reação alérgica, há algum dano para os tecidos. Os antígenos que induzem uma reação alérgica são denominados ***alérgenos***. Alérgenos comuns incluem determinados alimentos (leite, amendoim, crustáceos e ovos), antibióticos (penicilinas, tetraciclina), vacinas (coqueluche, febre tifoide), venenos (abelha, vespa, cobra), cosméticos, substâncias químicas em plantas como hera venenosa, pólens, poeira, fungos, corantes que contêm iodo usado em determinados procedimentos radiográficos e, até mesmo, micróbios.

Reações tipo I (anafiláticas) são as mais comuns e, normalmente, ocorrem dentro de poucos minutos após a pessoa que esteve previamente exposta ao alérgeno ser exposta novamente a ele. Em resposta a determinados alérgenos, algumas pessoas produzem anticorpos IgE, que se ligam à superfície dos mastócitos e basófilos. Na próxima vez em que o mesmo antígeno entrar no corpo, se ligará aos anticorpos IgE já presentes. Em resposta, os mastócitos e os basófilos liberam histamina, prostaglandinas e outras substâncias químicas. Em conjunto, essas substâncias químicas provocam vasodilatação, aumento da permeabilidade capilar, aumento da contração do músculo liso nas vias respiratórias dos pulmões e aumento da secreção de muco. Como resultado, uma pessoa pode experimentar respostas inflamatórias, dificuldade em respirar pelas vias respiratórias constringidas e corrimento nasal, pelo excesso de secreção de muco. No ***choque anafilático***, ou ***anafilaxia***, que pode ocorrer em um indivíduo suscetível que acaba de receber uma substância desencadeante ou foi picado por uma vespa, por exemplo, o chiado e a falta de ar, em virtude da constrição das vias respiratórias, geralmente são acompanhados de choque, por causa da vasodilatação e da perda de líquido do sangue. Injeção de epinefrina, para dilatar as vias respiratórias e fortalecer o batimento cardíaco, geralmente é eficaz nessa emergência potencialmente fatal.

Reações tipo II (citotóxicas) são provocadas por anticorpos direcionados contra antígenos nas células sanguíneas ou teciduais de uma pessoa. As reações tipo II, que podem ocorrer nas reações de transfusão de sangue incompatível, danificam as células provocando a lise.

Reações tipo III (imunocomplexos) incluem antígenos, anticorpos e o sistema do complemento. A glomerulonefrite e a artrite reumatoide (AR) se originam dessa maneira.

Reações tipo IV (mediada por células) ou ***reações de hipersensibilidade tardia*** aparecem, em geral, de 12 a 72 horas após a exposição a um alérgeno. As reações do tipo IV ocorrem quando os alérgenos são captados pelas APCs (como as células de Langerhans na pele) que migram para os linfonodos e apresentam esse alérgeno às células T que, em seguida, se dividem. Algumas dessas novas células T retornam ao local de entrada do alérgeno no corpo, onde produzem γ-interferona, que ativa os macrófagos, e fator de necrose tumoral, que estimula uma resposta inflamatória. Bactérias intracelulares, como a *Mycobacterium tuberculosis*, desencadeiam esse tipo de resposta imune mediada por células, assim como o fazem determinados haptenos, como a toxina da hera venenosa. O teste cutâneo para tuberculose também é uma reação de hipersensibilidade tardia.

Doenças autoimunes

Em uma ***doença autoimune***, ou ***autoimunidade***, o sistema imune não apresenta autotolerância e ataca os tecidos da própria pessoa. Doenças autoimunes normalmente se originam no início da idade adulta, e são comuns, afetando, aproximadamente, 5% dos adultos na América do Norte e na Europa. Mulheres sofrem doenças autoimunes mais frequentemente do que homens. Células B e T autorreativas normalmente são deletadas ou inativadas durante o processo de seleção negativa. Aparentemente, esse processo não é 100% eficiente. Sob a influência de desencadeadores ambientais desconhecidos e de determinados genes que tornam a pessoa mais suscetível, a autotolerância se rompe, levando à ativação de clones autorreativos de células T e B. Estas células, em seguida, geram respostas imunes mediadas por células ou por anticorpos contra os autoantígenos.

Uma variedade de mecanismos produz doenças autoimunes diferentes. Algumas incluem a produção de ***autoanticorpos***, anticorpos que se ligam a autoantígenos, ou o estimulam ou bloqueiam. Por exemplo, autoanticorpos que imitam o hormônio tireoestimulante (TSH, do inglês *thyroid-stimulating hormone*) estão presentes na doença de Graves e estimulam a secreção de hormônios tireoidianos (produzindo, dessa forma, o hipertireoidismo); autoanticorpos que se ligam a receptores de acetilcolina e os bloqueiam provocam a fraqueza muscular característica da miastenia grave. Outras doenças autoimunes incluem a ativação das células T citotóxicas que destroem determinadas células do corpo. Exemplos incluem o diabetes melito tipo 1, no qual as células T atacam as células-β pancreáticas produtoras de insulina, e a esclerose múltipla (EM), na qual as células T atacam as bainhas de mielina em torno dos axônios dos neurônios. Ativação inapropriada das células T auxiliares ou produção excessiva de γ-interferona também ocorre em determinadas doenças autoimunes. Outros distúrbios autoimunes incluem AR, lúpus eritematoso sistêmico (LES), febre reumática, anemias hemolítica e perniciosa, doença de Addison, tireoidite de Hashimoto e colite ulcerativa.

Terapias para diversas doenças autoimunes incluem remoção do timo (timectomia), injeções de fármacos imunossupressores da β-interferona e plasmaférese, na qual o plasma sanguíneo da pessoa é filtrado para remover anticorpos e complexos antígeno-anticorpo.

Mononucleose infecciosa

Mononucleose infecciosa ou "mono" é uma doença contagiosa provocada pelo *vírus Epstein-Barr* (*EBV*, do inglês *Epstein-Barr virus*). Ocorre principalmente em crianças e adultos jovens e, mais frequentemente, nas mulheres do que nos homens. O vírus entra no corpo comumente por meio de contato oral íntimo, como o beijo, o que justifica sua denominação de "doença do beijo". O EBV, em seguida, se reproduz nos tecidos linfáticos e se dissemina no sangue, no qual infecta e se multiplica nas células B, suas células hospedeiras primárias. Em decorrência dessa infecção, as células B se tornam aumentadas e anormais na aparência, de maneira a se assemelharem aos monócitos, daí a principal razão para o termo *mononucleose*. Além da contagem elevada de leucócitos, com um percentual anormalmente alto de linfócitos, os sinais e sintomas incluem fadiga, dor de cabeça, tontura, dor de garganta, linfonodos aumentados e sensíveis, e febre. Não há tratamento para a mononucleose infecciosa, mas a doença geralmente cumpre o seu curso em poucas semanas.

Linfomas

Linfomas são cânceres de órgãos linfáticos, especialmente dos linfonodos. A maioria não tem causa conhecida. Os dois tipos principais de linfoma são a doença de Hodgkin e o linfoma não Hodgkin.

Doença de Hodgkin (***DH***) é caracterizada pelo aumento indolor de um ou mais linfonodos, mais comumente no pescoço, no tórax e nas axilas. Se a doença já produziu metástases a partir desses locais, também ocorrem febres, suores noturnos, perda de peso e dor nos ossos. A DH afeta principalmente os indivíduos entre os 15 e os 35 anos de idade e aqueles que têm mais de 60 anos, sendo mais comum nos homens. Se for diagnosticada precocemente, a DH tem de 90 a 95% de probabilidade de cura.

Linfoma não Hodgkin (***LNH***), que é mais comum que a DH, ocorre em todos os grupos etários. O LNH pode começar do mesmo modo que a DH, mas também pode incluir baço aumentado, anemia e mal-estar geral. Até metade de todos os indivíduos com LNH são curados ou sobrevivem por um longo período. As opções terapêuticas tanto para DH quanto para LNH incluem radioterapia, quimioterapia e transplante de medula óssea vermelha.

Lúpus eritematoso sistêmico

Lúpus eritematoso sistêmico (***LES***), ou ***lúpus***, é uma doença autoimune crônica que afeta múltiplos sistemas do corpo. A maioria dos casos de LES ocorre em mulheres entre as idades de 15 e 25 anos, mais frequentemente em negras do que em brancas. Embora a causa do LES não seja conhecida, tanto a predisposição genética quanto os fatores ambientais contribuem. As mulheres têm probabilidade nove vezes maior do que os homens para sofrer de LES. O distúrbio muitas vezes ocorre em mulheres que mostram níveis extremamente baixos de andrógenos (hormônios sexuais masculinos).

Sinais e sintomas do LES incluem dor articular, febre baixa, fadiga, úlceras na boca, perda de peso, baço e linfonodos aumentados, fotossensibilidade, perda rápida de grandes quantidades de cabelo e, algumas vezes, uma erupção transversal no dorso do nariz e nas bochechas, chamada de "erupção em asa de borboleta". A natureza erosiva de algumas lesões de pele do LES é considerada similar ao dano causado pela mordida de um lobo – por isso, o termo *lúpus*. Dano renal ocorre quando os complexos antígeno-anticorpo se tornam aprisionados nos capilares dos rins, obstruindo, dessa maneira, a filtragem do sangue. A insuficiência renal é a causa mais comum de morte.

TERMINOLOGIA E CONDIÇÕES MÉDICAS

Adenite Linfonodos inflamados, sensíveis e aumentados resultantes de uma infecção.

Alotransplante Transplante entre indivíduos geneticamente diferentes da mesma espécie. Os transplantes de pele e as transfusões sanguíneas são alotransplantes.

Autotransplante Transplante em que o tecido da própria pessoa é transplantado para outra parte do corpo (como os transplantes de pele no tratamento de queimaduras ou em cirurgia plástica).

Enxerto Qualquer tecido ou órgão usado para transplante ou o transplante de tais estruturas.

Esplenomegalia Baço aumentado.

Gamaglobulina Suspensão de imunoglobulinas do sangue consistindo em anticorpos que reagem com um patógeno específico. É preparada por meio da injeção do patógeno em animais; remoção de sangue desses animais, depois que seus anticorpos foram produzidos; isolamento dos anticorpos e injeção desses anticorpos em um ser humano, para fornecer-lhe imunidade em curto prazo.

Hiperesplenismo Atividade esplênica anormal, decorrente do aumento do baço, associado com um aumento na velocidade de destruição das células sanguíneas normais.

Linfadenopatia Glândulas linfáticas sensíveis, algumas vezes aumentadas, como uma resposta à infecção; também chamada de ***glândulas intumescidas***.

Síndrome da fadiga crônica (SFC) Distúrbio mais comum em mulheres adultas jovens, caracterizado por (1) fadiga extrema que prejudica as atividades normais, durante pelo menos seis meses e (2) ausência de outras doenças conhecidas (câncer, infecções, abuso de drogas, toxicidade ou transtornos psiquiátricos) que possam produzir sintomas similares.

Tonsilectomia Remoção de uma tonsila.

Xenoenxerto Transplante entre animais de diferentes espécies. Xenoenxertos de tecido suíno (porco) ou bovino (vaca) podem ser usados em seres humanos, como uma bandagem fisiológica para queimaduras graves.

REVISÃO DO CAPÍTULO

Introdução

1. Apesar da exposição constante a uma variedade de **patógenos** (micróbios produtores de doenças, tais como bactérias e vírus), a maioria das pessoas permanece saudável.
2. **Imunidade** ou **resistência** é a capacidade de evitar dano ou doença. **Imunidade inata (inespecífica)** se refere às defesas que estão presentes ao nascer; estão sempre presentes e fornecem proteção imediata, porém geral, contra a invasão de um amplo espectro de patógenos. **Imunidade adaptativa (específica)** se refere às defesas que respondem a um invasor específico; inclui a ativação de linfócitos específicos que combatem um invasor específico.

17.1 Sistema linfático

1. O sistema corporal responsável pela imunidade adaptativa (e alguns aspectos da imunidade inata) é o **sistema linfático**, que consiste em linfa, vasos linfáticos, estruturas e órgãos que contêm **tecido linfático** e medula óssea vermelha.
2. Os componentes do plasma sanguíneo são filtrados pelas paredes dos capilares sanguíneos para formarem o líquido intersticial, que banha as células dos tecidos corporais. Após a passagem do líquido intersticial para os vasos linfáticos, é chamado de **linfa**. O líquido intersticial e a linfa são quimicamente semelhantes ao plasma sanguíneo.
3. O sistema linfático drena o excesso de líquido dos espaços teciduais e retorna as proteínas, que escaparam do sangue, para o sistema circulatório. Além disso, transporta lipídeos e vitaminas lipossolúveis do trato gastrintestinal para o sangue e protege o corpo contra invasões.
4. Vasos linfáticos começam como **capilares linfáticos**, nos espaços teciduais entre as células. Os capilares linfáticos se fundem para formar **vasos linfáticos** maiores que, finalmente, drenam para o **ducto torácico** ou para o **ducto linfático direito**. Localizados em intervalos ao longo dos vasos linfáticos, encontram-se os **linfonodos**, massas de células B e células T envolvidas por uma cápsula.
5. A passagem da linfa ocorre do líquido intersticial para os capilares linfáticos, daí para os vasos linfáticos e linfonodos, para o ducto torácico ou ducto linfático direito, e para a junção das veias jugular interna e subclávia. A linfa flui em virtude da "ação de ordenha" das contrações do músculo esquelético e às alterações de pressão que ocorrem durante a inspiração. As válvulas nos vasos linfáticos impedem o refluxo da linfa.
6. **Órgãos linfáticos primários** são locais nos quais as células-tronco se dividem e se desenvolvem em células B e células T maduras. Incluem a **medula óssea vermelha** (nos ossos planos e nas extremidades dos ossos longos de adultos) e o **timo**. As células-tronco da medula óssea vermelha dão origem a células B maduras e a células T imaturas, que migram para o timo, no qual amadurecem em células T funcionais.
7. **Órgãos** e **tecidos linfáticos secundários** são locais nos quais ocorre a maioria das respostas imunes. Incluem os linfonodos, o baço e os nódulos linfáticos.

8. Os linfonodos contêm células B, que se desenvolvem em plasmócitos, células T, células dendríticas e macrófagos. A linfa entra nos linfonodos pelos vasos linfáticos aferentes e sai pelos vasos linfáticos eferentes.
9. O **baço** é a maior massa individual de tecido linfático no corpo. É o local no qual as células B se desenvolvem em plasmócitos, e os macrófagos fagocitam as plaquetas e os eritrócitos desgastados.
10. Os **nódulos linfáticos** são concentrações ovais de tecido linfático que não são envolvidas por uma cápsula. Estão espalhados por todas as túnicas mucosas dos tratos gastrintestinal, respiratório, urinário e genital.

17.2 Imunidade inata

1. As defesas da imunidade inata incluem barreiras proporcionadas pela pele e pelas túnicas mucosas (**primeira linha de defesa**). Além disso, incluem diversas defesas internas (**segunda linha de defesa**): substâncias antimicrobianas internas (**interferonas, sistema do complemento, proteínas de ligação do ferro** e **proteínas antimicrobianas**), **fagócitos** (neutrófilos e **macrófagos**), **células NK** (que possuem a capacidade de matar uma ampla variedade de micróbios infecciosos e determinadas células tumorais), **inflamação** e **febre**.
2. A Tabela 17.1 resume os componentes da imunidade inata.

17.3 Imunidade adaptativa

1. Imunidade adaptativa (específica) inclui a produção de tipos específicos de células ou de anticorpos para destruir um determinado antígeno. Um **antígeno** é qualquer substância que o sistema imunológico adaptativo reconhece como estranha (não própria). Normalmente, as células do sistema imune de uma pessoa exibem **autotolerância**: reconhecem, e não atacam suas próprias células e tecidos.
2. As células B completam seu desenvolvimento na medula óssea vermelha, mas as células T maduras se desenvolvem no timo, a partir de células T imaturas que migram da medula óssea vermelha.
3. Há dois tipos de imunidade adaptativa: **imunidade mediada por células** e **imunidade mediada por anticorpos**. Na resposta imune mediada por células, as células T citotóxicas atacam diretamente os antígenos invasores; na resposta imune mediada por anticorpos, as células B se transformam em plasmócitos que secretam anticorpos.
4. **Seleção clonal** é o processo pelo qual um linfócito **prolifera** e se **diferencia** em resposta a um antígeno específico. O resultado da seleção clonal é a formação de um **clone** de células que reconhecem o mesmo antígeno específico, tanto quanto o linfócito original. Um linfócito que sofre seleção clonal dá origem a dois tipos principais de células no clone: células efetoras e células de memória.
5. **Células efetoras** do clone de um linfócito executam respostas imunes que, finalmente, resultam na destruição ou inativação do antígeno. Células efetoras incluem as **células T auxiliares ativas**, que são parte do clone de uma célula T auxiliar; **células T citotóxicas ativas**, que são parte do clone de uma célula T citotóxica; e **plasmócitos**, que são parte do clone de uma célula B.
6. **Células de memória** do clone de um linfócito não participam ativamente da resposta imune inicial. No entanto, se o antígeno reaparece no corpo, no futuro, as células de memória podem rapidamente responder ao antígeno, proliferando e diferenciando-se em mais células efetoras e mais células de memória. Células de memória incluem as **células T auxiliares de memória**, que são parte do clone de uma célula T auxiliar; **células T citotóxicas de memória**, que são parte do clone de uma célula T citotóxica; e **células B de memória**, que são parte do clone de uma célula B.
7. As proteínas do complexo de histocompatibilidade principal (MHC) são proteínas "autoantígenos" únicas para as células corporais de cada pessoa. Todas as células, exceto os eritrócitos, apresentam moléculas MHC. Antígenos induzem os plasmócitos a secretar **anticorpos**, proteínas que normalmente contêm quatro cadeias polipeptídicas. As **regiões variáveis** de um anticorpo são os **locais de ligação de antígeno**, nos quais o anticorpo se liga a um antígeno específico. Com base na composição química e na estrutura, os anticorpos também conhecidos como **imunoglobulinas** são agrupados em cinco classes, cada uma com funções específicas: IgG, IgA, IgM, IgD e IgE (ver Tab. 17.2). Funcionalmente, os anticorpos neutralizam os antígenos, imobilizam as bactérias, aglutinam antígenos, ativam o sistema do complemento e intensificam a fagocitose.
8. As **células apresentadoras de antígenos** (**APCs**) processam e apresentam os antígenos para ativar as células T, e secretam substâncias que estimulam a divisão das células B e T. Uma resposta imune mediada por células começa com a ativação de um pequeno número de células T pelo antígeno específico. Existem dois tipos principais de células T maduras que deixam o timo: as células T auxiliares e as células T citotóxicas. A ativação de uma célula T auxiliar resulta na formação de um clone de células T auxiliares ativas e células T auxiliares de memória. Células T auxiliares ativas secretam **IL-2**, que proporciona **coestimulação** para outras células T auxiliares, células T citotóxicas e células B. A ativação de uma célula T citotóxica resulta na formação de um clone de células T citotóxicas ativas e células T citotóxicas de memória. As células T citotóxicas ativas eliminam os invasores por meio da (1) liberação de **granzimas**, que provocam apoptose das células-alvo (os fagócitos, em seguida, matam os micróbios), e da (2) liberação de **perforina**, que provoca citólise, e de **granulisina**, que destrói os micróbios.
9. Uma resposta imune mediada por anticorpos começa com a ativação de uma célula B por um antígeno específico. As células B respondem a um antígeno não processado, mas a resposta é mais intensa quando processam o antígeno. IL-2 e outras citocinas secretadas pelas células T auxiliares fornecem a coestimulação para ativação das células B. Uma vez ativada, a célula B sofre seleção clonal, formando clones de plasmócitos e células de memória. Os plasmócitos são as células efetoras do clone de uma célula B; secretam anticorpos. A Tabela 17.3 resume as funções das células que participam das respostas imunes adaptativas.

10. A imunização contra determinados micróbios é possível porque as células B de memória e as células T de memória permanecem após uma **resposta primária** a um antígeno, fornecendo **memória imunológica**. A **resposta secundária** proporciona proteção, caso o mesmo micróbio entre no corpo novamente. A Tabela 17.4 resume os vários tipos de contatos antigênicos que proporcionam imunidade natural e artificialmente adquirida.

17.4 Envelhecimento e o sistema imunológico

1. Com o avanço da idade, os indivíduos se tornam mais suscetíveis a infecções e malignidades, respondem menos às vacinas e produzem mais autoanticorpos.
2. As respostas das células T também diminuem com a idade.

APLICAÇÕES DO PENSAMENTO CRÍTICO

1. Márcia encontrou um nódulo em sua mama direita, durante o autoexame mensal. Esse nódulo foi diagnosticado como canceroso. O cirurgião removeu o nódulo mamário, o tecido circundante e alguns linfonodos. Quais linfonodos foram provavelmente removidos e por quê?
2. Enquanto dirigia do trabalho para casa, Ricardo se envolveu em um acidente de carro. O médico do pronto-socorro o levou às pressas para a cirurgia para remover seu baço rompido. Qual é a função do baço de Ricardo e como seu corpo será afetado pela perda do baço?
3. João pisou em cima de um anzol enferrujado enquanto caminhava pela praia. A enfermeira do pronto-socorro removeu o anzol e aplicou um reforço antitetânico. Por quê?
4. Você aprendeu no Capítulo 16 que a córnea e a lente do bulbo do olho são completamente desprovidas de vasos capilares. Como esse fato está relacionado ao grande sucesso dos transplantes de córnea?

RESPOSTAS ÀS QUESTÕES DAS FIGURAS

17.1 O tecido linfático é um tecido conectivo reticular que contém um grande número de linfócitos.

17.2 A linfa é mais semelhante ao líquido intersticial, porque seu conteúdo proteico é baixo.

17.3 Os vasos capilares produzem a linfa.

17.4 As substâncias estranhas na linfa podem ser fagocitadas pelos macrófagos ou destruídas pelas células T ou pelos anticorpos produzidos pelos plasmócitos.

17.5 O rubor é provocado pelo aumento do fluxo sanguíneo, decorrente da vasodilatação.

17.6 Células T auxiliares participam das respostas imunes mediadas por células e por anticorpos.

17.7 As regiões variáveis de um anticorpo se ligam especificamente ao antígeno que desencadeou sua produção.

17.8 APCs incluem macrófagos, células B e células dendríticas.

17.9 Células T auxiliares ativas liberam a proteína IL-2, que atua como um coestimulador para as células T auxiliares em repouso ou para as células T citotóxicas, e aumenta a ativação e a proliferação de células T, células B e células NK.

17.10 Células T citotóxicas de memória rapidamente proliferam e se diferenciam em mais células T citotóxicas ativas e mais células T de memória, se o mesmo antígeno entrar no corpo em um momento futuro.

17.11 Células T citotóxicas também atacam algumas células tumorais e células de tecidos transplantados.

17.12 Desde que todos os plasmócitos nessa figura façam parte do mesmo clone, secretam apenas um tipo de anticorpo.

17.13 IgG é o anticorpo secretado em maior quantidade durante uma resposta secundária.

CAPÍTULO 18

SISTEMA RESPIRATÓRIO

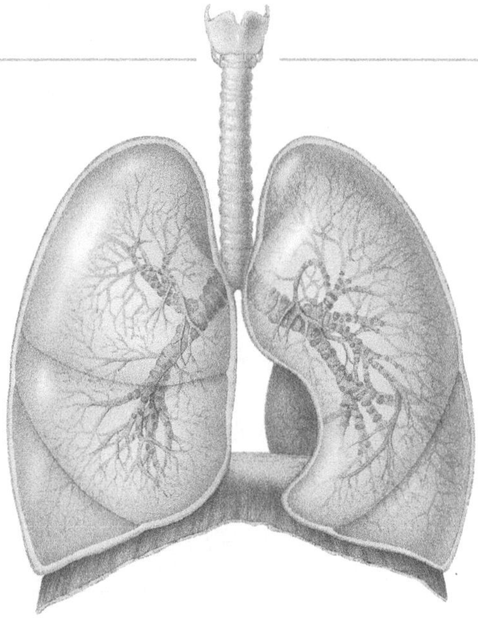

As células do corpo utilizam continuamente oxigênio (O_2) para as reações metabólicas que liberam energia a partir das moléculas de nutrientes e que produzem trifosfato de adenosina (ATP). Essas mesmas reações produzem dióxido de carbono (CO_2). Como uma quantidade excessiva de CO_2 produz acidez, que é tóxica para as células, o excesso de CO_2 precisa ser eliminado de forma rápida e eficiente. O ***sistema respiratório***, que inclui nariz, faringe (garganta), laringe (caixa de voz), traqueia, brônquios e pulmões (Fig. 18.1), garante as trocas gasosas, captação de O_2 e eliminação de CO_2. O sistema respiratório também ajuda a regular o pH sanguíneo; contém receptores para o sentido do olfato; filtra, aquece e umidifica o ar inspirado; produz sons; e livra o organismo de um pouco de água e calor no ar expirado.

OLHANDO PARA TRÁS PARA AVANÇAR...

Cartilagem (Seção 4.3)
Epitélio colunar ciliado pseudoestratificado (Seção 4.2)
Epitélio escamoso simples (Seção 4.2)
Músculos usados na respiração (Seção 8.11)
Difusão (Seção 3.3)
Íons (Seção 2.1)
Bulbo e ponte (Seção 10.4)

O ramo da medicina que lida com diagnóstico e o tratamento das doenças das orelhas, do nariz e da faringe (garganta) é chamado ***otorrinolaringologia***. ***Pneumologista*** é um especialista no diagnóstico e no tratamento das doenças pulmonares.

Todo o processo de troca de gases no corpo, denominado ***respiração***, ocorre em três etapas básicas:

1. ***Ventilação pulmonar*** ou *respiração* é o fluxo de ar para dentro e para fora dos pulmões.
2. ***Respiração externa*** é a troca de gases entre os espaços aéreos (alvéolos) pulmonares e o sangue nos capilares pulmonares. Nesse processo, o sangue capilar pulmonar ganha O_2 e perde CO_2.
3. ***Respiração interna*** é a troca de gases entre o sangue nos capilares sistêmicos e as células teciduais. O sangue perde O_2 e recebe CO_2. No interior das células, as reações metabólicas que consomem O_2 e liberam CO_2, durante a produção de ATP, são denominadas *respiração celular* (discutida no Cap. 20). Como vemos, dois sistemas cooperam para fornecer O_2 e eliminar CO_2: os sistemas circulatório e respiratório. As duas primeiras etapas são de responsabilidade do sistema respiratório, e a terceira etapa é uma função do sistema circulatório.

18.1 Órgãos do sistema respiratório

OBJETIVO

- Descrever a estrutura e as funções de nariz, faringe, laringe, traqueia, brônquios, bronquíolos e pulmões.

Estruturalmente, o sistema respiratório consiste em duas partes: a ***parte superior do sistema respiratório*** inclui nariz, cavidade nasal, faringe (garganta) e estruturas associadas; a ***parte inferior do sistema respiratório*** consiste em laringe (caixa de voz), traqueia (tubo de vento), brônquios e pulmões. *Funcionalmente*, o sistema respiratório também é dividido em duas partes:

- A ***parte condutora*** consiste em uma série de cavidades e tubos interligados, tanto fora quanto dentro dos pulmões – nariz, cavidade nasal, faringe, laringe, traqueia, brônquios, bronquíolos e bronquíolos terminais – que filtram, aquecem e umedecem o ar, conduzindo-o para dentro dos pulmões.
- A ***parte respiratória*** consiste em tecidos no interior dos pulmões nos quais ocorre a troca gasosa entre o ar e o sangue – bronquíolos respiratórios, ductos alveolares, sacos alveolares e alvéolos.

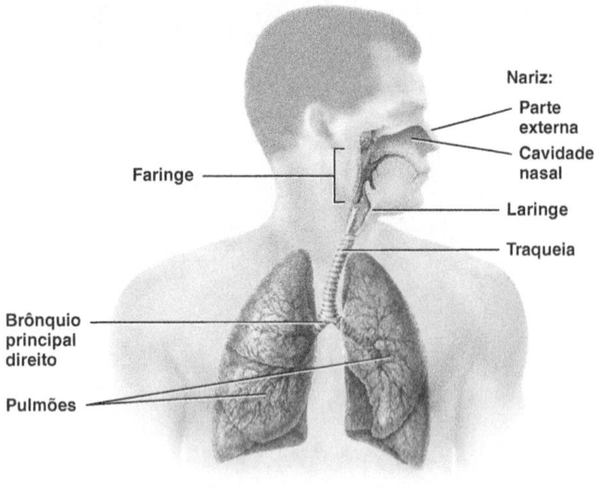

(a) Vista anterior mostrando os órgãos da respiração

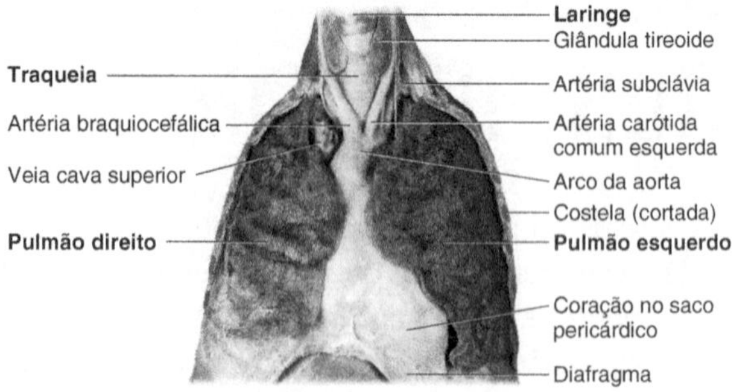

(b) Vista anterior dos pulmões e coração

FUNÇÕES DO SISTEMA RESPIRATÓRIO

1. Favorece a troca gasosa: captação de O_2 para distribuir às células do corpo e eliminação do CO_2 produzido.
2. Ajuda a regular o pH sanguíneo.
3. Contém receptores para a sensação do olfato, filtra o ar inspirado, produz sons e elimina pequenas quantidades de água e calor.

Que estruturas fazem parte da parte condutora do sistema respiratório?

Figura 18.1 **Órgãos do sistema respiratório.**

A parte superior do sistema respiratório inclui nariz, faringe e estruturas associadas. A parte inferior do sistema respiratório inclui laringe, traqueia, brônquios e pulmões.

Nariz

O ***nariz*** é um órgão especializado, na entrada para o sistema respiratório, que possui uma parte externa, visível, e uma parte interna, no interior do crânio, chamada cavidade nasal (Fig. 18.2). A ***parte externa*** consiste em osso e cartilagem recobertos com pele e revestidos com túnica mucosa. O nariz possui duas aberturas chamadas ***narinas***.

A ***cavidade nasal*** é um espaço amplo, abaixo do osso nasal e acima da cavidade oral. A cavidade se liga à faringe por meio de duas aberturas, chamadas ***cóanos***. Quatro seios paranasais (frontal, esfenoidal, maxilar e etmoidal) e os ductos lacrimonasais também se conectam à cavidade nasal. Uma divisão vertical, o ***septo nasal***, divide a cavidade nasal em lados direito e esquerdo. O septo consiste na lâmina perpendicular do etmoide, vômer e cartilagem (Fig. 6.7a).

CORRELAÇÕES CLÍNICAS | Rinoplastia

Rinoplastia, comumente chamada de "plástica no nariz", é um procedimento cirúrgico para alterar a forma da parte externa do nariz. Embora a rinoplastia seja realizada frequentemente por razões estéticas, às vezes é realizada para reparar uma fratura do nariz ou um desvio de septo nasal. Com anestesia, os instrumentos inseridos pelas narinas são usados para remodelar a cartilagem nasal e para fraturar e reposicionar os ossos nasais, a fim de alcançar a forma desejada. Um tamponamento interno e uma tala mantêm o nariz na posição desejada até a cicatrização. •

As estruturas internas do nariz são especializadas em três funções básicas: (1) filtrar, aquecer e umedecer o ar inspirado; (2) detectar estímulos olfatórios (odores); e (3) modificar as vibrações dos sons da fala. Quando o ar entra pelas narinas, passa por pelos grossos que capturam as partículas grandes de poeira. O ar, em seguida, passa por três ossos formados pelas ***conchas nasais*** superior, média e inferior, que se projetam da parede da cavidade nasal. Uma túnica mucosa reveste a cavidade nasal e as três conchas. À medida que o ar inspirado gira ao redor das conchas, é aquecido pelo sangue que circula nos capilares abundantes. Alguns indivíduos experimentam a perda da sensação de fluxo de ar e um sentimento de sufocação (síndrome do nariz vazio), como resultado dos procedimentos cirúrgicos que reduzem o tamanho das conchas nasais. Os receptores olfatórios se localizam na membrana que reveste as conchas nasais superiores e o septo adjacente. Essa região é chamada de ***epitélio olfatório***.

A cavidade nasal é revestida pelo epitélio colunar ciliado pseudoestratificado e por células caliciformes que revestem a cavidade nasal. O muco secretado pelas células caliciformes umedece o ar e aprisiona as partículas de poeira. Os cílios movem o muco carregado de poeira em direção à faringe (*mecanismo mucociliar de defesa*), na qual é deglutido ou cuspido, removendo, assim, as partículas do trato respiratório.

> **CORRELAÇÕES CLÍNICAS | Tabaco e cílios**
>
> As substâncias na fumaça do cigarro **inibem o movimento dos cílios.** Se os cílios ficam paralisados, apenas a tosse consegue remover os grumos de muco e de pó das vias respiratórias. É por isso que os fumantes tossem tanto e são mais propensos a infecções respiratórias. •

Faringe

A ***faringe***, ou *garganta*, é um tubo afunilado que começa nos cóanos e se estende para baixo no pescoço (Fig. 18.2). Localiza-se posteriormente às cavidades nasal e oral e anteriormente às vértebras cervicais (pescoço). Sua parede é composta por músculo esquelético e revestida com túnica mucosa. A faringe funciona como uma passagem para o ar e para o alimento, fornece uma câmara de ressonância para os sons da fala e aloja as tonsilas, que participam das respostas imunes a invasores estranhos.

A parte superior da faringe, chamada de ***parte nasal da faringe***, se conecta aos cóanos e tem dois óstios faríngeos que se comunicam com as tubas auditivas (de Eustáquio). A parede posterior contém a ***tonsila faríngea.*** A parte nasal da faringe troca ar com as cavidades nasais e recebe porções de muco e poeira. Os cílios do seu epitélio colunar ciliado pseudoestratificado movem essas porções de muco e de pó em direção à boca. A parte nasal da faringe também troca pequenas quantidades de ar com as tubas auditivas, para igualar a pressão do ar entre a orelha média e a atmosfera.

A porção média da faringe, chamada ***parte oral da faringe***, se abre na boca e na parte nasal da faringe. Dois pares de tonsilas, as ***tonsilas palatinas e linguais***, são encontrados na parte oral da faringe. A porção inferior da faringe, chamada ***parte laríngea da faringe***, se conecta com o esôfago (canal do alimento) e a laringe (caixa de voz). Dessa maneira, a parte oral da faringe e a parte laríngea

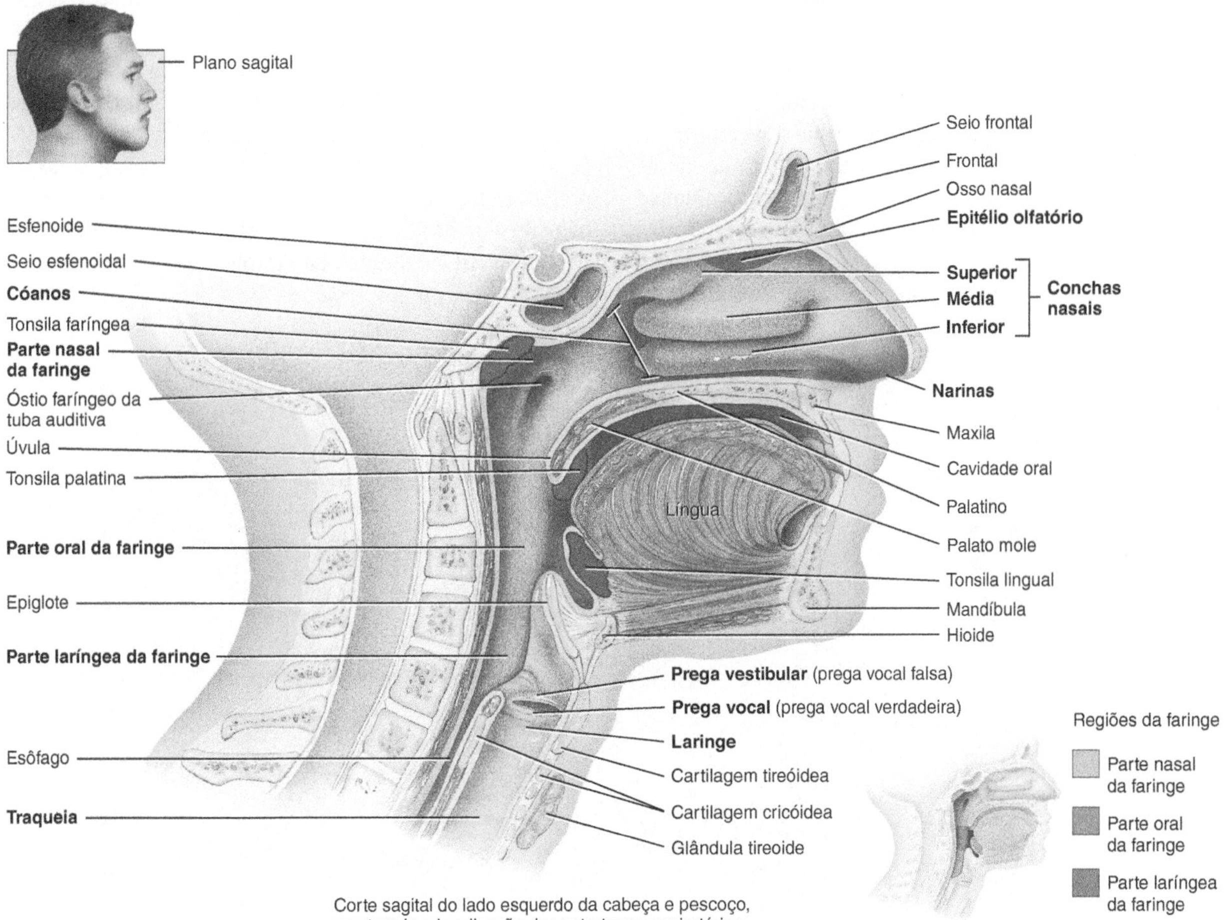

Corte sagital do lado esquerdo da cabeça e pescoço, mostrando a localização das estruturas respiratórias

Qual é o caminho seguido pelas moléculas de ar para e pelo nariz?

Figura 18.2 Órgãos respiratórios na cabeça e no pescoço.

À medida que o ar passa pelo nariz, é aquecido, filtrado e umedecido.

da faringe funcionam como vias, tanto de passagem de ar quanto de alimentos e líquidos.

Laringe

A ***laringe***, ou *caixa de voz*, é um tubo curto de cartilagem revestido por uma túnica mucosa, que conecta a faringe com a traqueia (Fig. 18.3). Situa-se na linha mediana do pescoço, anterior à quarta, à quinta e à sexta vértebras cervicais (C4 a C6).

A ***cartilagem tireóidea***, que consiste em cartilagem hialina, forma a parede anterior da laringe. Seu nome popular (pomo de Adão) reflete o fato de que é frequentemente maior nos homens do que nas mulheres, em função da influência dos hormônios sexuais masculinos durante a puberdade.

A ***epiglote*** é um pedaço foliado grande de cartilagem elástica, recoberta por epitélio (Fig. 18.2). O "pecíolo" da epiglote está preso à margem anterior da cartilagem tireóidea e ao hioide. A porção larga superior da epiglote não é fixa, sendo livre para se mover para cima e para baixo como uma porta de alçapão. Durante a deglutição, a faringe e a laringe são elevadas. A elevação alarga a faringe para receber alimentos ou líquidos; a elevação da faringe faz a epiglote se mover para baixo e formar uma tampa sobre a laringe, fechando-a. O fechamento da laringe, dessa forma, durante a deglutição, direciona líquidos e alimentos para o esôfago, conservando-os fora das vias respiratórias abaixo. Quando alguma coisa diferente do ar passa para a laringe, um reflexo de tosse tenta expelir o material.

A ***cartilagem cricóidea*** é um anel de cartilagem hialina que forma a parede inferior da laringe e está fixada ao primeiro anel de cartilagem da traqueia. As ***cartilagens aritenóideas*** pares, consistindo principalmente em cartilagem hialina, estão localizadas acima da cartilagem cricóidea. Fixam-se às pregas vocais e aos músculos da faringe e atuam na produção da voz. A cartilagem cricóidea é o ponto de referência para a realização de uma abertura para passagem de ar de emergência (uma traqueostomia; ver Correlação Clínica posteriormente nesta Seção).

Estruturas da produção de voz

A túnica mucosa da laringe forma dois pares de pregas: um par superior, chamado ***pregas vestibulares*** (*pregas vocais falsas*), e um par inferior, chamado ***pregas vocais*** (*pregas vocais verdadeiras*) (ver Fig. 18.2). As pregas vocais vestibulares mantêm a respiração sob pressão na cavidade torácica quando fazemos força para levantar um objeto pesado, como uma mochila cheia de livros escolares. Não produzem som.

As pregas vocais produzem som durante a fala e o canto. Contêm ligamentos elásticos estendidos entre pedaços de cartilagem rígida, como as cordas de um violão. Os músculos se inserem tanto na cartilagem quanto nas pregas vocais. Quando os músculos se contraem, tracionam fortemente os ligamentos elásticos, o que move as pregas vocais na direção da via respiratória. O ar empurrado contra as pregas vocais as faz vibrar e produzir ondas

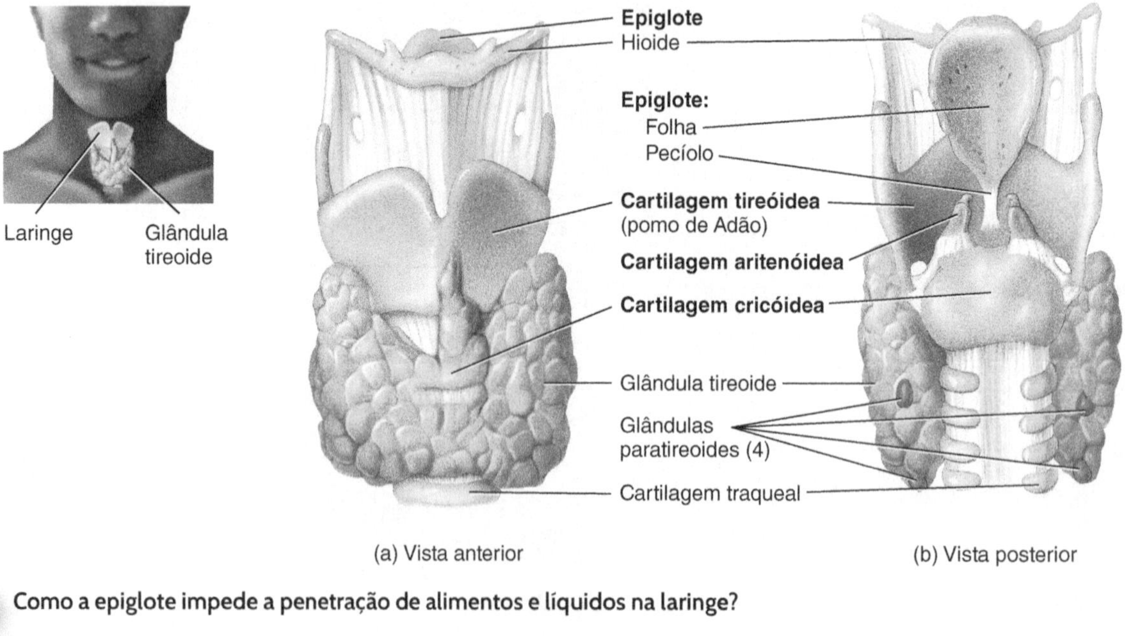

Como a epiglote impede a penetração de alimentos e líquidos na laringe?

Figura 18.3 Laringe.

A laringe é composta por cartilagem.

sonoras no ar na faringe, no nariz e na boca. Quanto maior a pressão do ar, mais alto o som.

O tom é controlado pela tensão das pregas vocais. Quando esticadas, vibram mais rapidamente, resultando em um tom mais alto. Os tons mais baixos são produzidos pela redução da tensão muscular. Em função da influência dos hormônios sexuais masculinos, as pregas vocais em geral são mais espessas e mais longas nos homens do que nas mulheres. Consequentemente, vibram mais lentamente, dando aos homens um tom mais grave do que às mulheres.

CORRELAÇÕES CLÍNICAS | Laringite e câncer de laringe

Laringite é uma inflamação da laringe, mais frequentemente provocada por uma infecção respiratória ou por agentes irritantes como a fumaça do cigarro. A inflamação das pregas vocais provoca rouquidão ou perda da voz por interferir na contração ou por causar edema a ponto de impedir que vibrem livremente. Muitos fumantes crônicos frequentemente adquirem uma rouquidão permanente em virtude da lesão provocada pela inflamação crônica. **Câncer de laringe** é encontrado quase exclusivamente em tabagistas. O quadro clínico é caracterizado por rouquidão, dor à deglutição ou dor irradiando para a orelha. O tratamento consiste em radioterapia e/ou cirurgia. •

TESTE SUA COMPREENSÃO

1. Que funções os sistemas respiratório e circulatório têm em comum?
2. Compare a estrutura e as funções das partes externa e interna do nariz.
3. Como a laringe funciona na respiração e na produção da voz?

Traqueia

A ***traqueia*** é uma passagem tubular para o ar, localizada anteriormente ao esôfago. Estende-se da laringe até a margem superior da quinta vértebra torácica (T5), na qual se divide em brônquios principais direito e esquerdo (Fig. 18.4).

A parede da traqueia é revestida internamente por túnica mucosa e é sustentada por cartilagem. A túnica mucosa é composta por epitélio colunar ciliado pseudoestratificado, consistindo em células colunares ciliadas, células caliciformes produtoras de muco e células basais (ver Tab. 4.1E), e fornece a mesma proteção contra a poeira que a túnica mucosa de revestimento da cavidade nasal e da laringe.

Os cílios na via respiratória superior movem o muco e as partículas aprisionadas *para baixo*, em direção à faringe, mas os cílios na via respiratória inferior movem o muco e

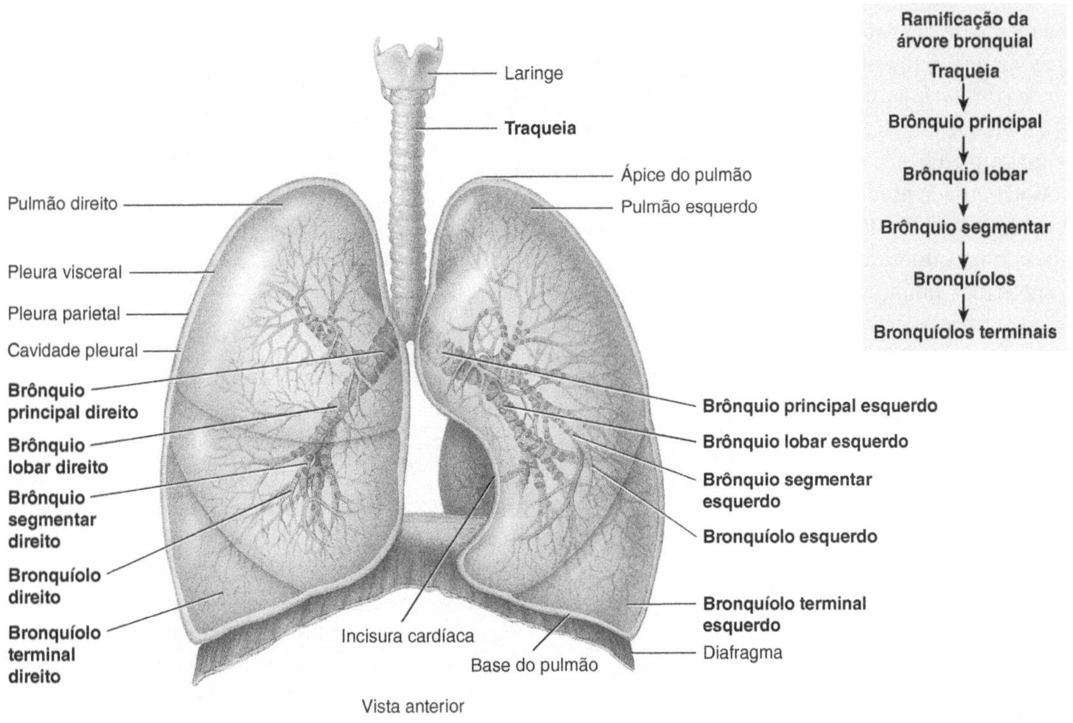

Quantos lobos e brônquios lobares estão presentes em cada pulmão?

Figura 18.4 **Ramificação das vias respiratórias da traqueia e lobos dos pulmões.**

A árvore bronquial consiste em vias respiratórias que começam na traqueia e terminam nos bronquíolos terminais.

as partículas aprisionadas *para cima*, em direção à faringe. A camada de cartilagem traqueal consiste em 16 a 20 anéis de cartilagem hialina em forma de C, empilhados um sobre o outro. A parte aberta de cada cartilagem em forma de C está voltada para o esôfago, permitindo que se expanda levemente em direção à traqueia, durante a deglutição. As partes sólidas das cartilagens em forma de C fornecem uma sustentação rígida, de modo que a parede traqueal não colapse para dentro, obstruindo a via respiratória. Os anéis de cartilagem podem ser palpados sob a pele, abaixo da laringe.

CORRELAÇÕES CLÍNICAS | Traqueotomia

Diversas condições podem bloquear o fluxo de ar, obstruindo a traqueia. Os anéis de cartilagem que sustentam a traqueia podem ser acidentalmente esmagados; a túnica mucosa pode se tornar tão inflamada e intumescida a ponto de obstruir a via respiratória; o excesso de muco secretado pelas túnicas inflamadas pode tamponar a via respiratória inferior; ou um objeto grande pode ser aspirado (inalado). Caso a obstrução ocorra acima do nível da laringe, uma **traqueotomia** pode ser realizada. Nesse procedimento, é feita uma incisão na traqueia, abaixo da cartilagem cricóidea, e um tubo traqueal é introduzido para criar uma via respiratória de emergência. •

Brônquios e bronquíolos

A traqueia se divide em ***brônquio principal direito*** (*primário*), que vai para o pulmão direito, e ***brônquio principal esquerdo*** (*primário*), que vai para o pulmão esquerdo (Fig. 18.4). Como a traqueia, os brônquios principais contêm anéis incompletos de cartilagem e são revestidos por epitélio colunar ciliado pseudoestratificado. Vasos sanguíneos pulmonares, vasos linfáticos e nervos entram e saem dos pulmões com os dois brônquios.

Ao entrar nos pulmões, os brônquios principais se dividem para formar os ***brônquios lobares*** (*secundários*), um para cada lobo do pulmão. (O pulmão direito tem três lobos; o pulmão esquerdo tem dois.) Os brônquios lobares continuam a se ramificar, formando brônquios ainda menores, chamados de ***brônquios segmentares*** (*terciários*), que se dividem muitas vezes, por fim originando os ***bronquíolos***. Os bronquíolos, por sua vez, se ramificam em tubos ainda menores, chamados de ***bronquíolos terminais***. Como as vias respiratórias se assemelham a uma árvore com vários galhos de cabeça para baixo, sua organização é conhecida como ***árvore bronquial***.

À medida que a ramificação se torna mais extensa na árvore bronquial, podem-se perceber diversas mudanças estruturais.

1. A túnica mucosa na árvore bronquial muda de epitélio colunar ciliado pseudoestratificado, nos brônquios principais, brônquios lobares e segmentares, para epitélio colunar ciliado simples, com algumas células caliciformes nos bronquíolos maiores, para epitélio cuboide simples não ciliado, na sua maioria, nos bronquíolos terminais. Lembre-se de que o epitélio ciliado da túnica respiratória remove partículas inspiradas de duas formas. Muco produzido pelas células caliciformes aprisionam as partículas, e os cílios movem o muco e as partículas aprisionadas para a faringe para remoção. Nas regiões em que o epitélio cuboide simples não ciliado está presente, partículas inspiradas são removidas pelos macrófagos.
2. Lâminas de cartilagem substituem os anéis incompletos de cartilagem, nos brônquios principais, e finalmente desaparecem nos bronquíolos distais.
3. À medida que a quantidade de cartilagem diminui, a quantidade de músculo liso aumenta. Músculo liso envolve o lúmen nas faixas espirais e ajuda a *manter a patência* (manter aberto). No entanto, como não há cartilagem de sustentação, os espasmos musculares fecham as vias respiratórias. Isso é o que acontece durante uma crise de asma, uma situação potencialmente fatal.

CORRELAÇÕES CLÍNICAS | Crise asmática

Durante uma **crise de asma**, o músculo liso bronquiolar entra em espasmo. Como não há cartilagem de sustentação, os espasmos fecham as vias respiratórias. O movimento do ar pelos bronquíolos contraídos torna a respiração mais difícil. A parte parassimpática da divisão autônoma do sistema nervoso (SNA) e os mediadores de reações alérgicas, como a histamina, também provocam estreitamento dos bronquíolos (broncoconstrição), em virtude da contração do músculo liso bronquiolar. •

Pulmões

Os ***pulmões*** são dois órgãos coniformes esponjosos, situados na cavidade torácica. São separados um do outro pelo coração e por outras estruturas do mediastino (ver Fig. 15.1). A ***pleura*** é uma túnica serosa bilaminada que envolve e protege cada pulmão (Fig. 18.4). A lâmina externa está fixada à parede da cavidade torácica e ao diafragma e é chamada de ***pleura parietal***. A lâmina interna, a ***pleura visceral***, se adere aos pulmões. Entre as pleuras visceral e parietal, há um espaço pequeno, a ***cavidade pleural***, que contém um líquido lubrificante secretado pelas túnicas. Esse líquido reduz o atrito entre as lâminas, permitindo que deslizem facilmente uma sobre a outra durante a respiração.

Os pulmões se estendem do diafragma até pouco acima das clavículas e estão justapostos às costelas. A porção inferior larga de cada pulmão é a ***base*** do pulmão, ao passo que a porção superior estreita é o ***ápice*** do pulmão

(Fig. 18.4). O pulmão esquerdo possui uma depressão, a ***incisura cardíaca***, na qual o coração está situado. Em virtude do espaço ocupado pelo coração, o pulmão esquerdo é aproximadamente 10% menor do que o direito.

Sulcos profundos, chamados fissuras, dividem cada pulmão em **lobos**. A *fissura oblíqua* divide o pulmão esquerdo em *lobos superior* e *inferior*. As *fissuras oblíqua* e *horizontal* dividem o pulmão direito em *lobos superior, médio* e *inferior* (Fig. 18.4). Cada lobo recebe seu próprio brônquio lobar.

Cada lobo do pulmão é dividido em segmentos menores, supridos pelos brônquios segmentares. Esses segmentos, por sua vez, são subdivididos em muitos compartimentos pequenos chamados ***lóbulos*** (Fig. 18.5). Cada lóbulo contém um vaso linfático, uma arteríola, uma vênula e um ramo de um bronquíolo terminal. Mais distalmente, os bronquíolos terminais se subdividem em ramos microscópicos chamados ***bronquíolos respiratórios***, que são revestidos por epitélio cuboide simples não ciliado. Os bronquíolos respiratórios, por sua vez, se subdividem em vários ***ductos alveolares***. Dois ou mais alvéolos que compartilham uma abertura em comum com o ducto alveolar são chamados ***sacos alveolares***. Cada lóbulo é envolvido em tecidos conectivos elásticos.

Alvéolos

Um ***alvéolo*** é uma projeção caliciforme de um saco alveolar. Muitos alvéolos e sacos alveolares circundam cada ducto alveolar. As paredes dos alvéolos consistem basicamente de *células alveolares tipo I* finas, que são células epiteliais escamosas (Fig. 18.6). São os principais sítios de troca gasosa. Espalhadas entre as células tipo I, estão as *células alveolares tipo II*, que secretam *líquido alveolar* que mantém a superfície entre as células e o ar umidificada. O líquido alveolar contém ***surfactante***, uma mistura de fosfolipídeos e lipoproteínas que reduz a tendência dos alvéolos sofrerem colapso. Também estão presentes *macrófagos alveolares*

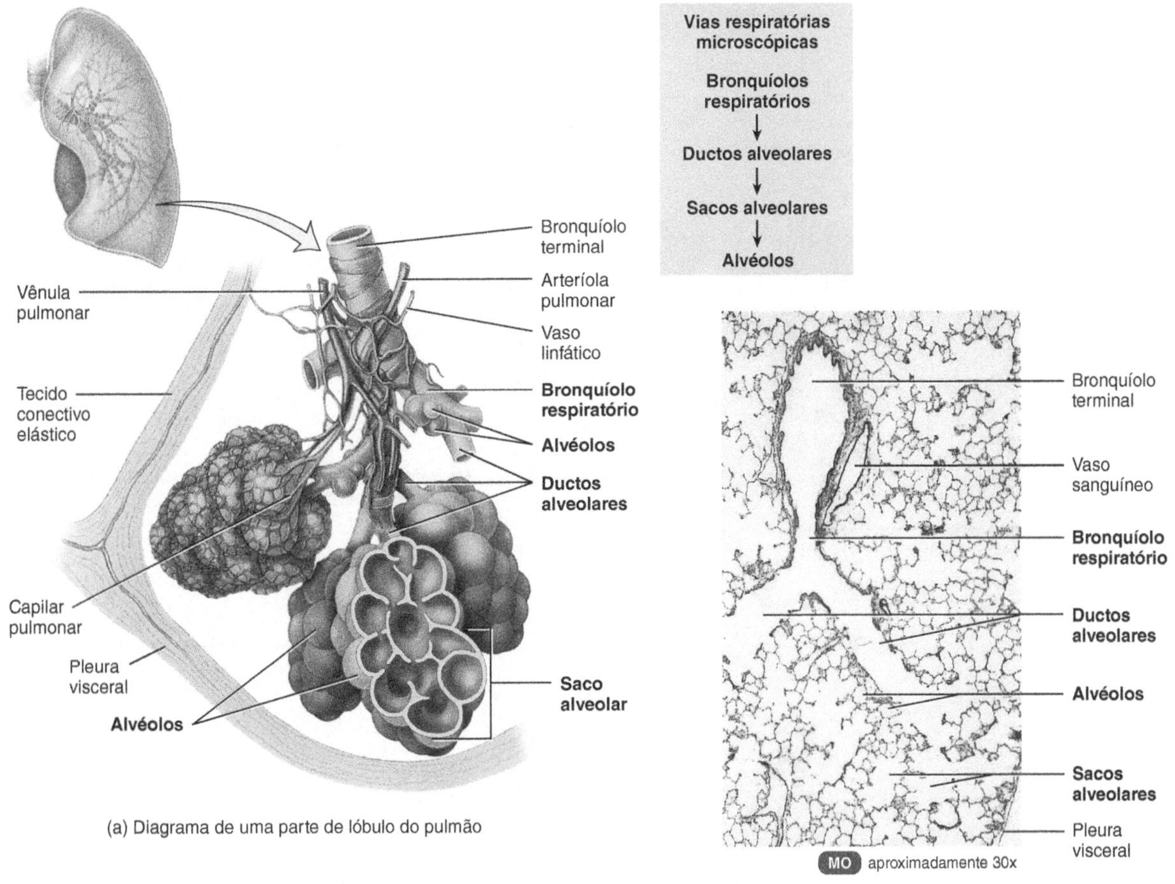

(a) Diagrama de uma parte de lóbulo do pulmão

(b) Lóbulo do pulmão

Quais são as partes principais do lóbulo de um pulmão?

Figura 18.5 Lóbulo do pulmão.

Os sacos alveolares são dois ou mais alvéolos que compartilham uma abertura comum para um ducto alveolar.

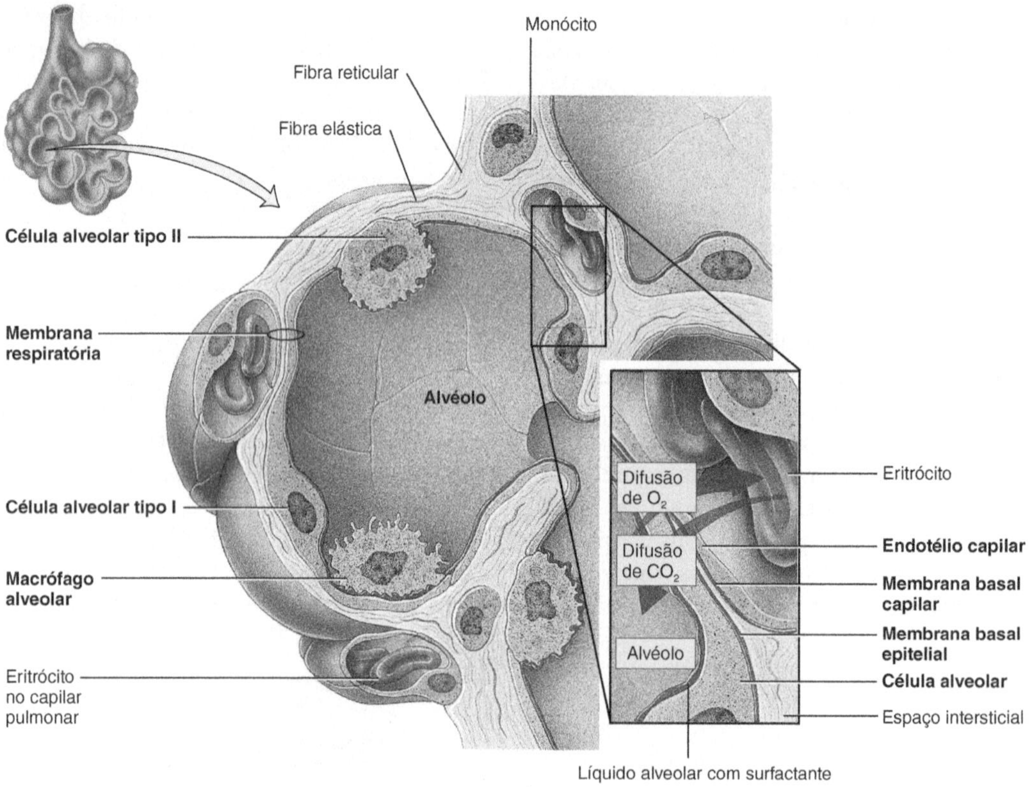

(a) Corte transversal de um alvéolo mostrando seus componentes celulares

(b) Detalhes da membrana respiratória

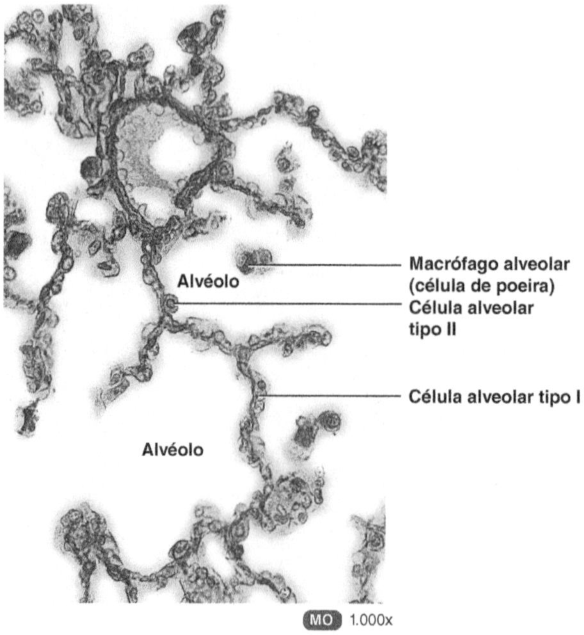

(c) Detalhes de diversos alvéolos

Que células secretam o líquido alveolar?

Figura 18.6 Estrutura de um alvéolo.

A troca de gases respiratórios ocorre por difusão através da membrana respiratória.

(*células de poeira*), fagócitos nômades que removem as pequenas partículas de poeira e outros detritos dos espaços alveolares. Subjacentes à camada de células alveolares estão uma membrana basal elástica e uma fina camada de tecido conectivo, contendo fibras elásticas e reticulares abundantes (discutidas em breve). Em torno dos alvéolos, a arteríola e a vênula pulmonares formam redes exuberantes de vasos capilares sanguíneos (ver Fig. 18.5a). Os milhões de alvéolos respondem pela textura esponjosa dos pulmões.

As trocas de O_2 e CO_2 entre os espaços aéreos nos pulmões e no sangue ocorrem por difusão por meio das paredes alveolar e capilar que formam, em conjunto, a ***membrana respiratória***. Essa membrana consiste nas seguintes camadas (Fig. 18.6b):

1. *Células alveolares tipo I*, que formam a parede de um alvéolo.
2. *Membrana basal epitelial* subjacente às células alveolares.
3. *Membrana basal capilar*, que frequentemente está fundida à membrana basal epitelial.
4. *Células endoteliais* da parede de um capilar.

Apesar de ter diversas camadas, a membrana respiratória mede apenas 0,5 μm de espessura. Essa espessura fina, muito menor do que a de uma folha de papel de seda, permite que O_2 e CO_2 se difundam rapidamente entre o sangue e os espaços aéreos alveolares. Além disso, os pulmões contêm aproximadamente 300 milhões de alvéolos. Fornecem uma superfície imensa para a troca de O_2 e CO_2 – em torno de 30 a 40 vezes maior do que a superfície da sua pele ou metade do tamanho de uma quadra de tênis!

TESTE SUA COMPREENSÃO

4. O que é a árvore bronquial? Descreva a sua estrutura.
5. Onde estão localizados os pulmões? Diferencie a pleura parietal da pleura visceral.
6. Nos pulmões, onde ocorre a troca de O_2 e CO_2?

18.2 Ventilação pulmonar

OBJETIVOS

- Explicar como ocorrem a inspiração e a expiração.
- Definir os vários volumes e capacidades pulmonares.

Na ventilação pulmonar, ou *respiração*, o fluxo de ar entre a atmosfera e os pulmões, ocorre em função das diferenças na pressão do ar. Inspiramos ou inalamos quando a pressão dentro dos pulmões é menor do que a pressão do ar atmosférico. Expiramos ou exalamos quando a pressão dentro dos pulmões é maior do que a pressão do ar atmosférico. A contração e o relaxamento dos músculos esqueléticos criam as mudanças de pressão do ar, possibilitando a respiração.

Músculos da inalação e da exalação

A aspiração do ar é chamada de ***inalação*** ou *inspiração*. Os músculos da inalação calma (não forçada) são o diafragma, um músculo esquelético cupuliforme que forma o assoalho da cavidade torácica, e os intercostais externos, que se estendem entre as costelas (Fig. 18.7). O diafragma se contrai quando recebe impulsos nervosos dos nervos frênicos. À medida que se contrai, desce e se achata, fazendo com que o volume dos pulmões contíguos se expanda. À medida que os intercostais externos se contraem, tracionam as costelas para cima e para fora; os pulmões contíguos seguem esse movimento, aumentando assim o volume pulmonar. A contração do diafragma é responsável por aproximadamente 75% do ar que entra nos pulmões durante a respiração calma. Gestação avançada, obesidade, roupas apertadas ou aumento no tamanho do estômago após a ingestão de uma grande refeição podem impedir o movimento de descida do diafragma e causar falta de ar.

Durante as inspirações profundas e forçadas, os músculos esternocleidomastóideos elevam o esterno, os músculos escalenos elevam as duas primeiras costelas, e os músculos peitorais menores elevam da terceira à quinta costelas. Quando as costelas e o esterno são elevados, o tamanho dos pulmões aumenta (Fig. 18.7b). Os movimentos das pleuras auxiliam na expansão pulmonar. As pleuras parietais e viscerais normalmente se aderem firmemente em razão da tensão superficial criada pelas suas superfícies contíguas umedecidas. Sempre que a cavidade torácica se expande, a pleura parietal, que reveste essa cavidade, a acompanha, e a pleura visceral e os pulmões são tracionados com ela.

A expulsão do ar, chamada de ***exalação*** ou *expiração*, começa quando o diafragma e os intercostais externos relaxam. A exalação ocorre em decorrência do *recuo elástico* dos pulmões, os quais têm uma tendência natural de retornar à posição original depois da distensão. Embora os alvéolos e as vias respiratórias recuem, não sofrem colapso completamente. Como o surfactante presente no líquido alveolar *reduz* o recuo elástico, a ausência do surfactante provoca dificuldade de respirar, aumentando a chance de colapso alveolar.

Como não há envolvimento das contrações musculares, a exalação calma, ao contrário da inalação calma, é um *processo passivo*.* A exalação só se torna *ativa* durante a respiração forçada, por exemplo, ao tocar um instrumento de sopro ou durante o exercício. Nesses momentos, os músculos da exalação – intercostais internos, oblíquo externo, oblíquo interno, transverso do abdome e reto do

*N. de R.T. Durante a expiração não forçada, os músculos diafragma e intercostais externos promovem contração excêntrica. Desta forma, em conjunto com o recuo elástico dos pulmões; retornam gradualmente às suas posições de origem.

abdome – se contraem para mover as costelas inferiores para baixo e comprimir as vísceras abdominais, forçando, dessa forma, o diafragma para cima (Fig. 18.7a).

Alterações de pressão durante a respiração

À medida que os pulmões se expandem, as moléculas de ar ocupam internamente um maior *volume*, o que leva a *pressão* interna do ar a diminuir. (Quando as moléculas gasosas são colocadas em um recipiente maior, exercem uma pressão menor sobre as paredes do recipiente; neste caso, as vias respiratórias e os alvéolos pulmonares.) Como a pressão do ar atmosférico é agora maior do que a ***pressão alveolar*** (a pressão do ar no interior dos pulmões), o ar se move para os pulmões. Ao contrário, quando o volume dos pulmões diminui, a pressão alveolar aumenta. (Quando as moléculas gasosas são comprimidas em um recipiente menor, exercem uma pressão maior sobre as paredes do recipiente.) O ar, em seguida, flui da área de maior pressão nos alvéolos para a área de menor pressão na atmosfera. A Figura 18.8 mostra a sequência das alterações de pressão durante a respiração calma.

1. Em repouso, pouco antes de uma inalação, a pressão do ar no interior dos pulmões é igual à da atmosfera, que é de aproximadamente 760 mmHg (milímetros de mercúrio) no nível do mar.
2. Quando o diafragma e os músculos intercostais externos contraem e o tamanho total da cavidade torácica aumenta, o volume dos pulmões aumenta, e a pressão alveolar diminui de 760 para 758 mmHg. Nesse momento, há uma diferença de pressão entre a atmosfera e os alvéolos, e o ar flui da atmosfera (pressão mais alta) para os pulmões (pressão mais baixa).
3. Quando o diafragma e os intercostais externos relaxam, o recuo elástico dos pulmões provoca diminuição do volume pulmonar, e a pressão alveolar aumenta de 758 para 762 mmHg.* O ar, então, flui da área de maior pressão nos alvéolos para a área de menor pressão na atmosfera.

Volumes e capacidades pulmonares

Em repouso, um adulto saudável respira aproximadamente 12 vezes por minuto, e cada inspiração e expiração movimenta em torno de 500 mL de ar para dentro e para fora dos pulmões. O volume de uma respiração é chamado de

*N. de R.T. Ver N. de R.T. da p. 457.

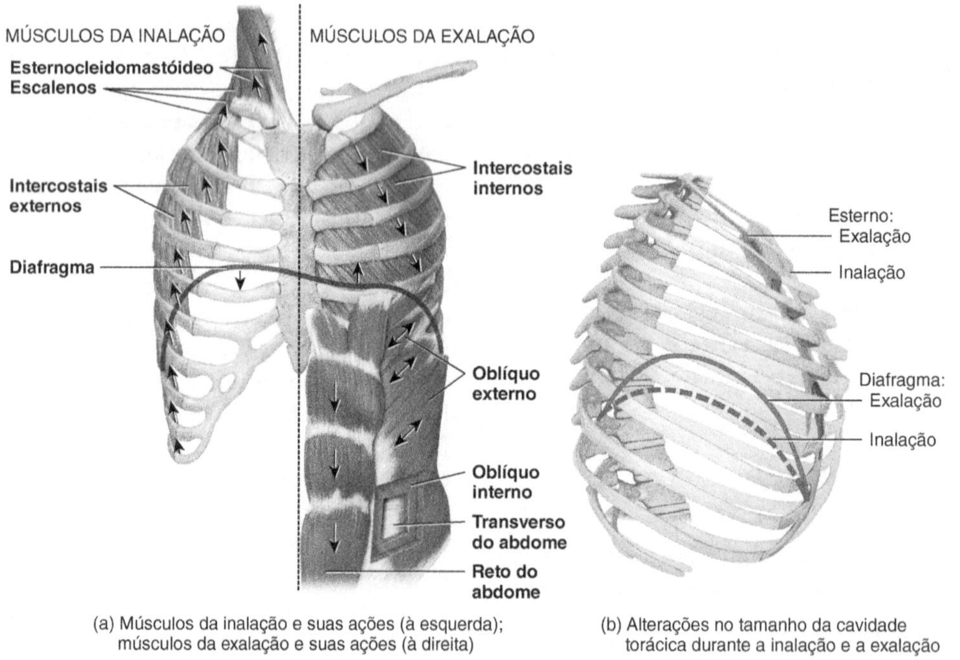

Quais são os principais músculos responsáveis pela sua respiração calma?

Figura 18.7 Músculos da inalação e exalação e suas ações. O músculo peitoral menor (não mostrado aqui) é ilustrado nas Figuras 8.17 e 8.18. Setas em (a) indicam a direção da contração do músculo.

Durante a inalação calma, o diafragma e os músculos intercostais externos se contraem, os pulmões se expandem, e o ar entra nos pulmões. Durante a exalação, o diafragma relaxa, e os pulmões se encolhem, forçando o ar para fora deles.

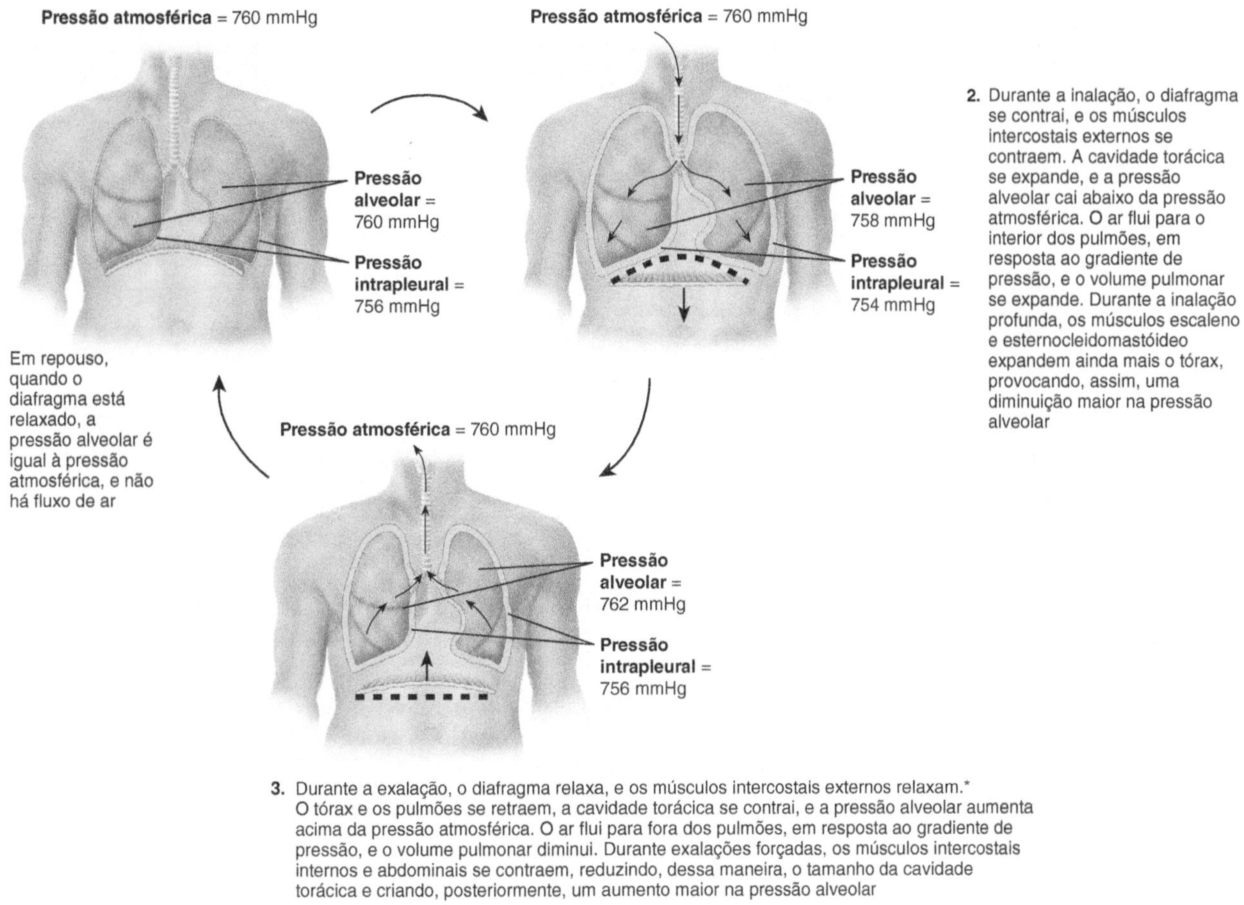

Como se altera a pressão alveolar durante a respiração normal calma?

Figura 18.8 Alterações na pressão durante a respiração.

O ar se move para dentro dos pulmões, quando a pressão alveolar é menor do que a pressão atmosférica, e para fora dos pulmões, quando a pressão alveolar é maior do que a pressão atmosférica.

volume de ar corrente. A ***ventilação-minuto*** (***VM***) – o volume total de ar inalado e exalado a cada minuto – é igual à frequência respiratória multiplicada pelo volume corrente.

$$\begin{aligned} VM &= 12 \text{ respirações/min} \times 500 \text{ mL/respiração} \\ &= 6.000 \text{ mL/min ou } 6 \text{ L/min} \end{aligned}$$

O volume de ar corrente varia consideravelmente de uma pessoa para outra, e na mesma pessoa, em diferentes momentos. Aproximadamente 70% do volume de ar corrente (350 mL) realmente alcança os bronquíolos respiratórios e os sacos alveolares, participando, assim, da troca gasosa. Os outros 30% (150 mL) não participam da troca gasosa, porque permanecem nas vias respiratórias condutoras do nariz, faringe, laringe, traqueia, brônquios, bronquíolos e bronquíolos terminais. Coletivamente, essas vias respiratórias condutoras são conhecidas como ***espaço morto anatômico***.

*N. de R.T. Ver N. de R.T. da p. 457.

O aparelho geralmente utilizado para mensurar a frequência respiratória e a quantidade de ar inalado e exalado durante a respiração é o ***espirômetro***. O registro produzido pelo espirômetro é chamado de ***espirograma***. A inalação é registrada como uma deflexão para cima, ao passo que a expiração é registrada como uma deflexão para baixo. (Fig. 18.9).

Ao respirarmos muito profundamente, inalamos muito mais do que 500 mL. Esse ar inalado adicional, chamado de ***volume de reserva inspiratório***, é em média de 3.100 mL no adulto normal do sexo masculino e 1.900 mL no do sexo feminino (Fig. 18.9). Conseguimos, até mesmo, inalar mais ar, se essa inalação for acompanhada de uma exalação forçada. Se inalarmos normalmente e, em seguida, exalarmos tão forçosamente quanto possível, deveremos ser capazes de expelir 1.200 mL de ar, além dos 500 mL do volume corrente. Esses 1.200 mL extra nos homens e 700 mL nas mulheres são chamados

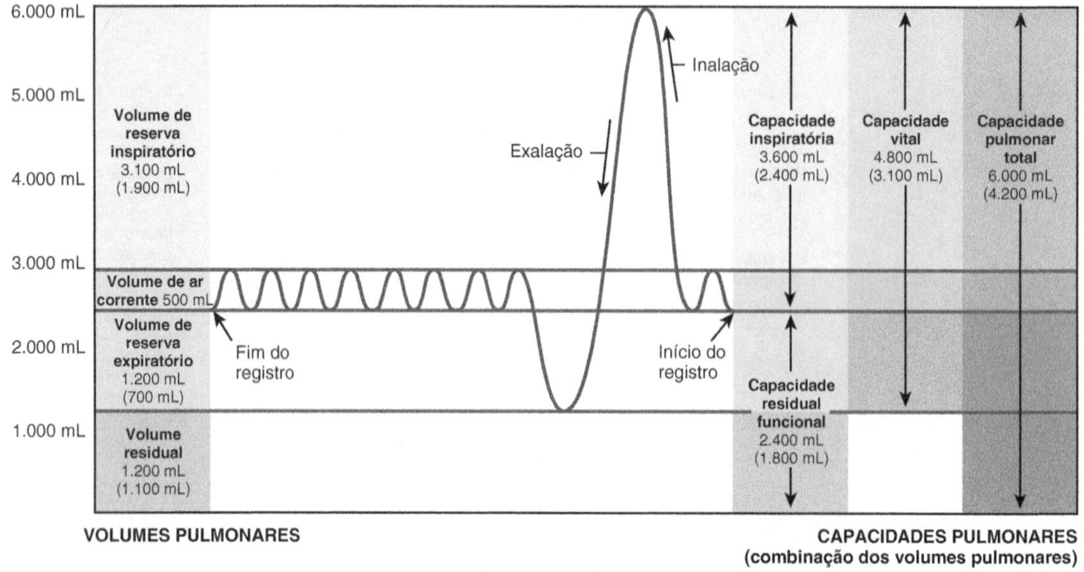

Inale o mais profundamente possível e então expire o máximo de ar que você puder. Que capacidade pulmonar você demonstrou?

Figura 18.9 **Espirograma mostrando os volumes e capacidades pulmonares em milímetros (mL).** Os valores médios para um adulto saudável masculino e um feminino são apresentados, com os valores para a mulher entre parênteses. Observe que o espirograma é lido da direita (início do registro) para a esquerda (fim do registro).

A frequência média da respiração em um adulto saudável é de aproximadamente 12 vezes por minuto.

de ***volume de reserva expiratório.*** Mesmo após a eliminação do volume de reserva expiratório, uma boa quantidade de ar permanece nos pulmões e nas vias respiratórias. Esse volume, chamado de ***volume residual***, é de aproximadamente 1.200 mL nos homens e 1.100 mL nas mulheres.

Capacidades pulmonares são combinações de *volumes* pulmonares específicos (Fig. 18.9). ***Capacidade inspiratória*** é a soma do volume corrente com o volume de reserva inspiratório (500 mL + 3.100 mL = 3.600 mL, nos homens, e 500 mL + 1.900 mL = 2.400 mL, nas mulheres). ***Capacidade residual funcional*** é a soma do volume residual com o volume de reserva expiratório (1.200 mL + 1.200 ml = 2.400 mL, nos homens, e 1.100 mL + 700 mL = 1.800 mL, nas mulheres). ***Capacidade vital*** é a soma do volume de reserva inspiratório, do volume corrente e do volume de reserva expiratório (4.800 mL, nos homens, e 3.100 mL, nas mulheres). Finalmente, ***capacidade pulmonar total*** é a soma da capacidade vital com o volume residual (4.800 mL + 1.200 mL = 6.000 mL, nos homens, e 3.100 mL + 1.100 mL = 4.200 mL, nas mulheres). Esses valores são típicos de adultos jovens. Os volumes e as capacidades pulmonares variam com a idade (menores nas pessoas mais velhas), o sexo (geralmente menores nas mulheres) e o tamanho corporal (menores nas pessoas mais baixas). Os volumes e as capacidades pulmonares fornecem informações sobre as condições respiratórias de um indivíduo, uma vez que geralmente se alteram na presença de doenças pulmonares.

Padrões de respiração e movimentos respiratórios modificados

O termo para o padrão normal de respiração calma é ***eupneia***. Eupneia consiste em respiração superficial, profunda ou uma combinação de ambas. Um padrão de respiração superficial (torácico), chamado de ***respiração costal***, consiste em um movimento torácico para cima e para fora, decorrente da contração dos músculos intercostais externos. Um padrão de respiração profundo (abdominal), chamado de ***respiração diafragmática***, consiste no movimento do abdome para fora, em virtude da contração e descida do diafragma.

A respiração também fornece aos seres humanos métodos para expressar emoções, como riso, suspiro e soluço. Além disso, o ar exalado é usado para expelir corpos estranhos das vias respiratórias inferiores, por meio de ações como espirro e tosse. Os movimentos respiratórios também são modificados e controlados durante a fala e o canto. Alguns desses movimentos modificados que expressam emoções ou limpam as vias respiratórias estão listados na Tabela 18.1. Todos esses movimentos são reflexos, mas alguns deles são iniciados voluntariamente.

TABELA 18.1

Movimentos respiratórios modificados

MOVIMENTO	DESCRIÇÃO
Tosse	Uma inalação prolongada e profunda, seguida por uma forte exalação, que repentinamente envia um jato de ar pelas vias respiratórias superiores; o estímulo para esse ato reflexo pode ser um corpo estranho alojado na laringe, traqueia ou epiglote
Espirro	Contração espasmódica dos músculos da expiração, que expelem forçadamente o ar pelo nariz e pela boca; o estímulo pode ser uma irritação da túnica mucosa do nariz
Suspiro	Uma inspiração prolongada e profunda, seguida imediatamente por uma expiração forçada, porém mais curta
Bocejo	Uma inalação profunda pela boca completamente aberta, produzindo uma depressão exagerada da mandíbula; pode ser estimulada por sonolência, fadiga ou pelo bocejo de outra pessoa, mas a causa exata é desconhecida
Soluço (decorrente de choro)	Uma série de inalações convulsivas, seguida por uma única exalação prolongada
Choro	Uma inalação seguida por muitas exalações curtas e convulsivas, durante as quais as pregas vocais vibram; acompanhada por expressões faciais características e lágrimas
Riso	Os mesmos movimentos básicos do choro, mas com ritmo e expressões faciais geralmente diferentes
Soluço	Contração espasmódica do diafragma, seguida pelo fechamento espasmódico da laringe, que produz um som agudo na inalação; o estímulo geralmente é a irritação das terminações dos nervos sensitivos do trato gastrintestinal

TESTE SUA COMPREENSÃO

7. **Compare o que acontece durante as respirações calma e forçada.**
8. **Qual a diferença básica entre volume pulmonar e capacidade pulmonar?**

18.3 Trocas de oxigênio e dióxido de carbono

OBJETIVO

- Descrever **as trocas de oxigênio e dióxido de carbono entre o ar alveolar e o sangue (respiração externa) e entre o sangue e as células do corpo (respiração interna).**

O ar é uma mistura de gases – nitrogênio, oxigênio, vapor de água, dióxido de carbono e outros – cada um dos quais contribui para a pressão total do ar. A pressão de um gás específico em uma mistura é chamada de ***pressão parcial***, e simbolizada como P_x, em que o índice X (subscrito) representa a fórmula química do gás. A pressão total do ar, a pressão atmosférica, é a soma de todas as pressões parciais.

$$P_{N_2}\ (597{,}4\ \text{mmHg}) + P_{O_2}\ (158{,}8\ \text{mmHg}) + P_{H_2O}\ (2{,}3\ \text{mmHg}) + P_{Ar}\ (0{,}7\ \text{mmHg}) + P_{CO_2}\ (0{,}3\ \text{mmHg}) + P_{\text{outros gases}}\ (0{,}5\ \text{mmHg}) = \text{Pressão atmosférica}\ (760\ \text{mmHg})$$

As pressões parciais são importantes porque cada gás se difunde de áreas nas quais a pressão parcial é mais alta, para áreas nas quais a pressão parcial é mais baixa no corpo.

Nos líquidos corporais, a capacidade de um gás permanecer na solução é maior quando sua pressão parcial é mais elevada e quando possui uma elevada solubilidade hídrica. Quanto maior a pressão parcial de um gás sobre um líquido e maior a sua solubilidade, mais o gás permanecerá na solução. Em comparação com o oxigênio, muito mais CO_2 é dissolvido no plasma sanguíneo, porque a solubilidade do CO_2 é 24 vezes maior do que aquela do O_2. Embora o ar que respiramos contenha, em sua maior parte, N_2, esse ar não possui qualquer efeito conhecido nas funções corporais e, no nível da pressão do mar, muito pouco dele se dissolve no plasma sanguíneo, porque sua solubilidade é muito baixa.

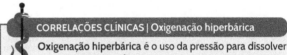

CORRELAÇÕES CLÍNICAS | Oxigenação hiperbárica

Oxigenação hiperbárica é o uso da pressão para dissolver mais O_2 no sangue. É uma técnica eficiente no tratamento de pacientes infectados por bactérias anaeróbias, como aquelas que provocam tétano e gangrena. (Bactérias anaeróbias não conseguem viver na presença de O_2 livre.) Uma pessoa submetida à oxigenação hiperbárica é colocada em uma câmara hiperbárica, contendo O_2 em uma pressão maior do que aquela da atmosfera (760 mmHg). À medida que os tecidos corporais absorvem O_2, as bactérias são destruídas. Câmaras hiperbáricas também podem ser usadas para o tratamento de determinados distúrbios do coração, intoxicação por monóxido de carbono, embolias gasosas, lesões por esmagamento, edema cerebral, determinadas infecções ósseas difíceis de tratar provocadas por bactérias anaeróbias, inalação de fumaça, quase afogamento, asfixia, insuficiências vasculares e queimaduras. •

Respiração externa: troca gasosa pulmonar

Respiração externa, também chamada de *troca gasosa pulmonar*, é a difusão de O_2 do ar nos alvéolos dos pulmões para o sangue nos capilares pulmonares, e a difusão do CO_2 na direção oposta (Fig. 18.10a). Respiração externa, nos pulmões, converte ***sangue desoxigenado*** (com pouco O_2), que vem do lado direito do coração, em ***sangue oxigenado*** (saturado com O_2), que retorna para o lado esquerdo do coração. À medida que o sangue flui

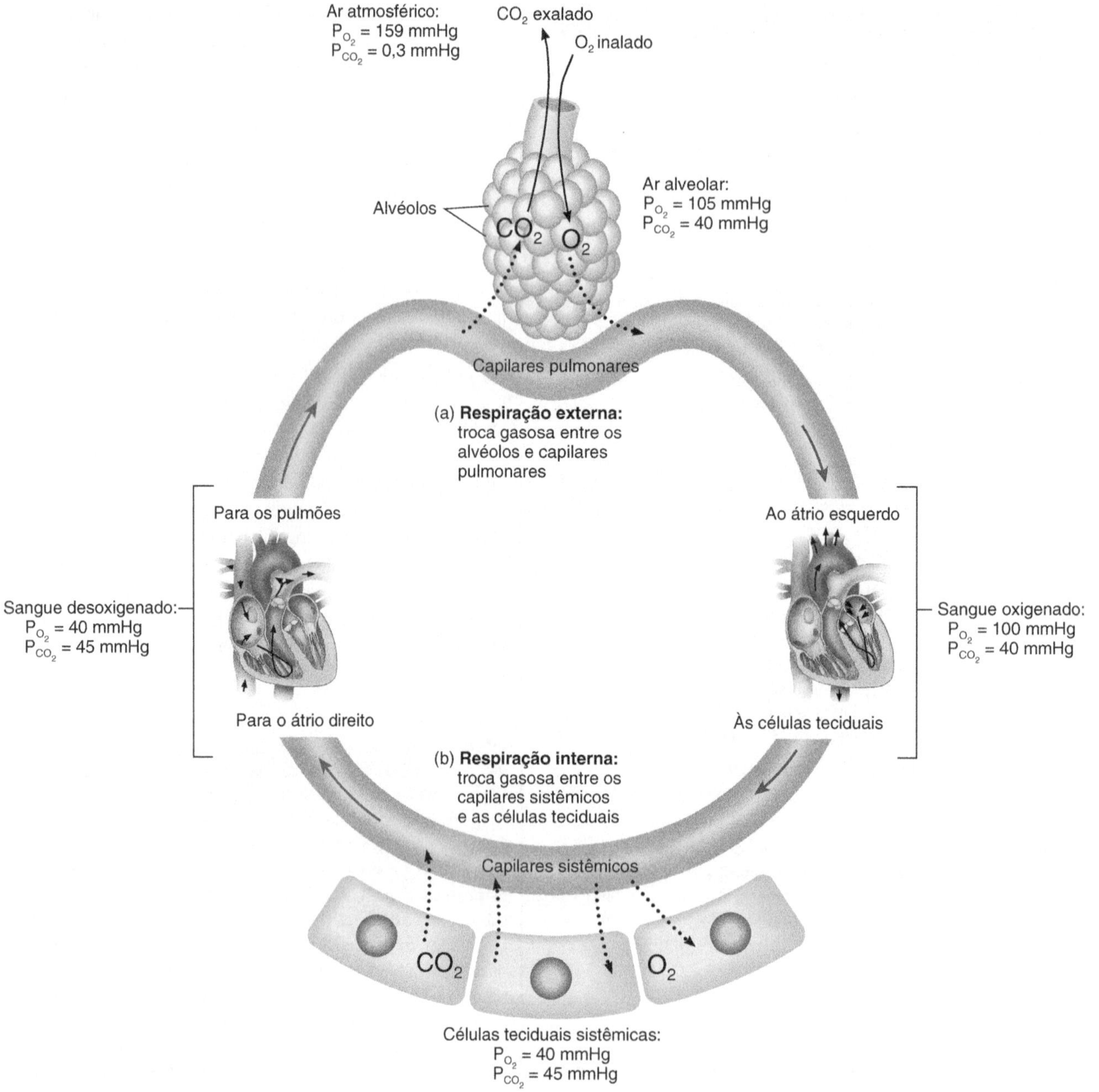

O que provoca a entrada de O_2 nos capilares pulmonares, a partir do ar alveolar, e a entrada nas células teciduais, a partir dos capilares sistêmicos?

Figura 18.10 **Alterações nas pressões parciais de oxigênio (O_2) e de dióxido de carbono (CO_2) em mmHg, durante as respirações externa e interna.**

Cada gás, em uma mistura, se difunde de uma área de pressão parcial maior daquele gás para uma área de pressão parcial menor do mesmo gás.

pelos capilares pulmonares, capta O_2 e libera CO_2 no ar alveolar. Embora esse processo seja comumente chamado de "troca" gasosa, cada gás se difunde *independentemente*, a partir de uma área na qual a pressão parcial é maior, para uma área na qual a pressão parcial é menor.* Um fator importante que afeta a taxa da respiração externa é a área de superfície total disponível para a troca gasosa. Qualquer distúrbio pulmonar que diminua a área de superfície funcional da membrana respiratória, por exemplo, o enfisema, diminuirá a taxa da troca gasosa.

O O_2 se difunde a partir do ar alveolar, no qual sua pressão parcial (P_{O_2}) é 105 mmHg, para o sangue nos capilares pulmonares, nos quais a P_{O_2} é em torno de 40 mmHg, em uma pessoa em repouso. Durante o exercício, a P_{O_2} do sangue que entra nos capilares pulmonares é ainda mais baixa, porque as fibras musculares em contração estão consumindo mais O_2. A difusão continua até que a P_{O_2} do sangue dos capilares pulmonares aumente para 105 mmHg, igualando a P_{O_2} do ar alveolar. O sangue que deixa os capilares pulmonares, próximo aos espaços aéreos alveolares, se mistura com um pequeno volume de sangue que flui pelas partes condutoras do sistema respiratório, na qual a troca gasosa não ocorre. Assim, a P_{O_2} do sangue nas veias pulmonares é de aproximadamente 100 mmHg, levemente menor que a P_{O_2} nos capilares pulmonares.

Enquanto o O_2 está se difundindo do ar alveolar para o sangue desoxigenado, o CO_2 está se difundindo na direção oposta. A P_{CO_2} do sangue desoxigenado é 45 mmHg, em uma pessoa em repouso; a P_{CO_2} do ar alveolar é 40 mmHg. Em razão dessa diferença na P_{CO_2}, o CO_2 se difunde a partir do sangue desoxigenado para os alvéolos, até que a P_{CO_2} do sangue diminua para 40 mmHg. A exalação mantém a P_{CO_2} alveolar em 40 mmHg. O sangue oxigenado que retorna para o lado esquerdo do coração, nas veias pulmonares, também tem uma P_{CO_2} de 40 mmHg.

CORRELAÇÕES CLÍNICAS | Mal das montanhas

À medida que uma pessoa sobe em altitude, a pressão atmosférica total diminui, com uma redução concomitante na P_{O_2}. A P_{O_2} diminui de 159 mmHg, no nível do mar, para 73 mmHg a 6.000 metros de altitude (aproximadamente 20.000 pés). A P_{O_2} alveolar diminui proporcionalmente, e menos oxigênio se difunde para o sangue. Os sintomas comuns da **náusea das alturas** – falta de ar, náuseas e tonturas – são decorrentes do baixo conteúdo de oxigênio no sangue. •

*N. de R.T. A pressão parcial arterial de O_2 e CO_2, determinantes para a difusão desses gases pela membrana respiratória, é influenciada pelos níveis de CO_2 tecidual e pela saturação da hemoglobina pelo oxigênio (para saber mais, ver Efeito Bohr e Efeito Haldane em West, JB. Fisiologia respiratória: princípios básicos. 9.ed. Porto Alegre: Artmed, 2013. p. 93, 96).

Respiração interna: troca gasosa sistêmica

O ventrículo esquerdo bombeia o sangue oxigenado para a aorta e, pelas artérias sistêmicas, para os capilares sistêmicos. A troca de O_2 e CO_2 entre os capilares sistêmicos e as células teciduais é chamada de ***respiração interna*** ou *troca gasosa sistêmica* (Fig.18.10b). À medida que o O_2 deixa a corrente sanguínea, o sangue oxigenado é convertido em sangue desoxigenado. Diferentemente da respiração externa, que ocorre apenas nos pulmões, a respiração interna ocorre nos tecidos do corpo inteiro.

A P_{O_2} do sangue bombeado para os capilares sistêmicos é maior (100 mmHg) do que a P_{O_2} nas células teciduais (aproximadamente 40 mmHg, em repouso), porque essas células utilizam constantemente o O_2 para produzir ATP. Em função dessa diferença de pressão, o O_2 se difunde dos capilares para as células teciduais, e a P_{O_2} sanguínea diminui. Ao mesmo tempo em que o O_2 se difunde dos capilares sistêmicos para as células teciduais, o CO_2 se difunde na direção oposta. Como as células teciduais estão constantemente produzindo CO_2, a P_{CO_2} das células (45 mmHg, em repouso) é maior do que a do sangue capilar sistêmico (40 mmHg). Como resultado, o CO_2 se difunde das células teciduais, pelo líquido intersticial, para os capilares sistêmicos, até que a P_{CO_2} do sangue aumente. O sangue desoxigenado retorna agora para o coração e é bombeado para os pulmões para outro ciclo de respiração externa.

TESTE SUA COMPREENSÃO

9. **Quais são as diferenças básicas entre respiração, respiração externa e respiração interna?**
10. **Em uma pessoa em repouso, qual é a diferença de pressão parcial que determina a difusão do oxigênio para o sangue dos vasos capilares pulmonares?**

18.4 Transporte de gases respiratórios

OBJETIVO

- Descrever **como o sangue transporta oxigênio e dióxido de carbono.**

O sangue transporta os gases entre os pulmões e os tecidos do corpo. Quando O_2 e CO_2 entram no sangue, ocorrem determinadas alterações físicas e químicas que auxiliam no transporte e na troca de gases.

Transporte de oxigênio

O O_2 não se dissolve facilmente na água; portanto, apenas 1,5% do O_2 sanguíneo se encontra dissolvido no plasma, que é, em grande parte, aquoso. Aproximadamente 98,5% do O_2 sanguíneo está ligado à hemoglobina nos eritrócitos (Fig. 18.11).

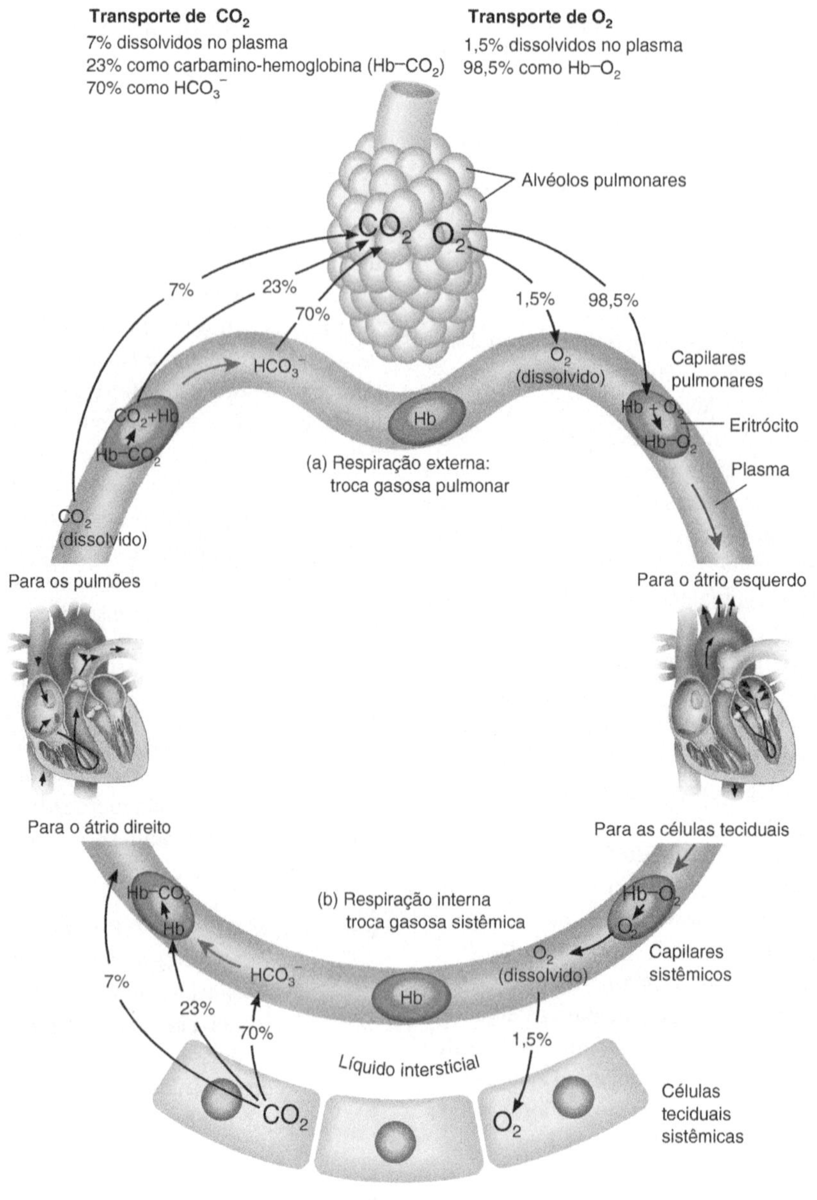

Que percentual de oxigênio é transportado no sangue pela hemoglobina?

Figura 18.11 Transporte de oxigênio e dióxido de carbono no sangue.

A maior parte do O_2 é transportada pela hemoglobina como oxi-hemoglobina (Hb-O_2), dentro dos eritrócitos; a maior parte do CO_2 é transportada no plasma sanguíneo como íons bicarbonato (HCO_3^-).

A parte heme da hemoglobina contém quatro átomos de ferro, sendo cada um deles capaz de se ligar a uma molécula de O_2. O_2 e ***desoxi-hemoglobina*** (Hb) se ligam em uma reação facilmente reversível para formar ***oxi-hemoglobina*** (Hb–O_2):

$$\underset{\text{Desoxi-hemoglobina}}{\text{Hb}} + \underset{\text{Oxigênio}}{O_2} \underset{\text{Dissociação de } O_2}{\overset{\text{Ligação de } O_2}{\rightleftharpoons}} \underset{\text{Oxi-hemoglobina}}{\text{Hb–}O_2}$$

Quando a P_{O_2} sanguínea é alta, a hemoglobina se liga a grandes quantidades de O_2 e é *completamente saturada*; isto é, cada átomo de ferro disponível se liga a uma molécula de O_2. Quando a P_{O_2} sanguínea é baixa, a hemoglobina libera O_2. Consequentemente, nos capilares sistêmicos, nos quais a P_{O_2} é mais baixa, a hemoglobina libera O_2, que então pode se difundir do plasma sanguíneo para o líquido intersticial e células teciduais (Fig. 18.11b).

Além da P_{O_2}, diversos outros fatores influenciam na quantidade de O_2 liberada pela hemoglobina:

- **Dióxido de carbono.** À medida que a P_{CO_2} aumenta em algum tecido, a hemoglobina libera O_2 mais rapidamente. Assim, a hemoglobina libera mais O_2 quando o sangue flui pelos tecidos ativos que estão produzindo mais CO_2, como o tecido muscular durante o exercício.

- **Acidez.** Em um meio ácido, a hemoglobina libera O_2 mais rapidamente. Durante o exercício, os músculos produzem ácido lático, que estimula a liberação de O_2 a partir da hemoglobina.
- **Temperatura.** Dentro de limites, à medida que a temperatura aumenta, a quantidade de O_2 liberada pela hemoglobina também aumenta. Os tecidos ativos produzem mais calor, que eleva a temperatura local e estimula a liberação de O_2.*

CORRELAÇÕES CLÍNICAS | Intoxicação por monóxido de carbono

O monóxido de carbono (CO) é um gás incolor e inodoro, presente na fumaça do cigarro e em escapamentos dos automóveis, em fornos e aquecedores a gás. O CO se liga ao grupo heme da hemoglobina, de modo muito semelhante ao O_2, exceto que o CO se liga 200 vezes mais fortemente. Além disso, em concentrações menores do que 0,1%, o CO se combina com metade das moléculas de hemoglobina disponíveis, reduzindo em 50% a capacidade do sangue de transportar oxigênio. O aumento nos níveis de CO no sangue provoca **intoxicação por monóxido de carbono**, da qual um dos sinais é a cor vermelho-cereja forte dos lábios e da túnica mucosa da boca (a cor da hemoglobina ligada ao CO). A administração de oxigênio puro, que acelera a separação do CO da hemoglobina, pode salvar a pessoa. •

Transporte de dióxido de carbono

O CO_2 é transportado pelo sangue de três formas principais (Fig. 18.11):

1. **CO_2 dissolvido.** O menor percentual – aproximadamente 7% – é dissolvido no plasma sanguíneo. Ao chegar aos pulmões, se difunde no ar alveolar e é exalado.
2. **Ligado a aminoácidos.** Um percentual um pouco maior, aproximadamente 23%, se combina com os grupos amino dos aminoácidos e das proteínas do sangue. Como a proteína mais prevalente no sangue é a hemoglobina (dentro dos eritrócitos), a maior parte do CO_2 transportado dessa maneira está ligada à hemoglobina. A hemoglobina ligada ao CO_2 é denominada ***carbamino-hemoglobina*** (Hb–CO_2):

$$\underset{\text{Hemoglobina}}{Hb} + \underset{\text{Dióxido de carbono}}{CO_2} \rightleftharpoons \underset{\text{Carbamino-hemoglobina}}{Hb\text{–}CO_2}$$

Nos capilares teciduais, a P_{CO_2} é relativamente alta, o que estimula a formação de Hb-CO_2. Nos capilares pulmonares, no entanto, a P_{CO_2} é relativamente baixa, e o CO_2 facilmente se separa da hemoglobina e entra nos alvéolos por difusão.

3. **Íons bicarbonato.** O maior percentual de CO_2 – aproximadamente 70% – é transportada pelo plasma sanguíneo como ***íons bicarbonato*** (HCO_3^-). À medida que o CO_2 se difunde para os capilares teciduais e entra nos eritrócitos, combina-se com a água para formar ácido carbônico (H_2CO_3). A enzima contida nos eritrócitos, que catalisa essa reação, é a *anidrase carbônica (AC)*. O ácido carbônico, em seguida, se decompõe em íon hidrogênio (H^+) e HCO_3^-:

$$\underset{\text{Dióxido de carbono}}{CO_2} + \underset{\text{Água}}{H_2O} \overset{CA}{\rightleftharpoons} \underset{\text{Ácido carbônico}}{H_2CO_3} \rightleftharpoons \underset{\text{Íon hidrogênio}}{H^+} + \underset{\text{Íon bicarbonato}}{HCO_3^-}$$

Assim, à medida que o sangue capta CO_2, HCO_3^- se acumula dentro dos eritrócitos. Um pouco de HCO_3^- se difunde dos eritrócitos para o plasma sanguíneo, baixando seu gradiente de concentração. Em troca, alguns íons cloreto (Cl^-) se movem do plasma para dentro dos eritrócitos. Essa troca de íons negativos, que mantém o equilíbrio eletrolítico entre o plasma sanguíneo e o citosol dos eritrócitos, é conhecida como *desvio de cloreto.* Como resultado dessas reações químicas, CO_2 é removido das células teciduais e transportado pelo plasma sanguíneo como íons HCO_3^-.

Quando o sangue passa pelos capilares pulmonares, nos pulmões, todas essas reações se invertem. O CO_2 que estava dissolvido no plasma sanguíneo se difunde no ar alveolar. O CO_2 que estava combinado com a hemoglobina se separa e se difunde para dentro do alvéolo. Os íons bicarbonato (HCO_3^-) que estavam no plasma sanguíneo entram novamente nos eritrócitos e se recombinam com o H^+ para formar H_2CO_3, que se decompõe em CO_2 e H_2O. Esse CO_2 sai dos eritrócitos, se difunde no ar alveolar e é expirado (Fig. 18.11a).

TESTE SUA COMPREENSÃO

11. Qual é a relação entre hemoglobina e P_{O_2}?
12. Que fatores levam a hemoglobina a descarregar mais oxigênio à medida que o sangue flui nos capilares dos tecidos metabolicamente ativos, como o músculo esquelético durante o exercício?

18.5 Controle da respiração

OBJETIVOS

- Explicar como o sistema nervoso controla a respiração.
- Listar os fatores que afetam a frequência e a intensidade da respiração.

*N. de R.T. 2,3 difosfoglicerato (2,3-DFG) é um intermediário glicolítico presente nos eritrócitos que influencia inversamente na afinidade do O_2 com a hemoglobina.

Em repouso, aproximadamente 200 mL de O_2 são utilizados por minuto pelas células do corpo. Durante o exercício vigoroso, entretanto, o uso de O_2 aumenta de 15 a 20 vezes, em adultos normais saudáveis, e 30 vezes em atletas de treinamento de resistência de elite. Diversos mecanismos ajudam a combinar o esforço respiratório à demanda metabólica.

Centro respiratório

O tamanho do tórax é alterado pela ação dos músculos da respiração, que se contraem como resultado dos impulsos nervosos transmitidos a partir de centros localizados no encéfalo e relaxam na ausência de impulsos nervosos. Esses impulsos são enviados a partir de grupos de neurônios, localizados no tronco encefálico. Esses grupos, coletivamente chamados de ***centro respiratório***, são divididos em duas áreas principais, com base na localização e na função: (1) a área de ritmicidade bulbar, no bulbo, e (2) a área pneumotáxica, na ponte (Fig. 18.12a).

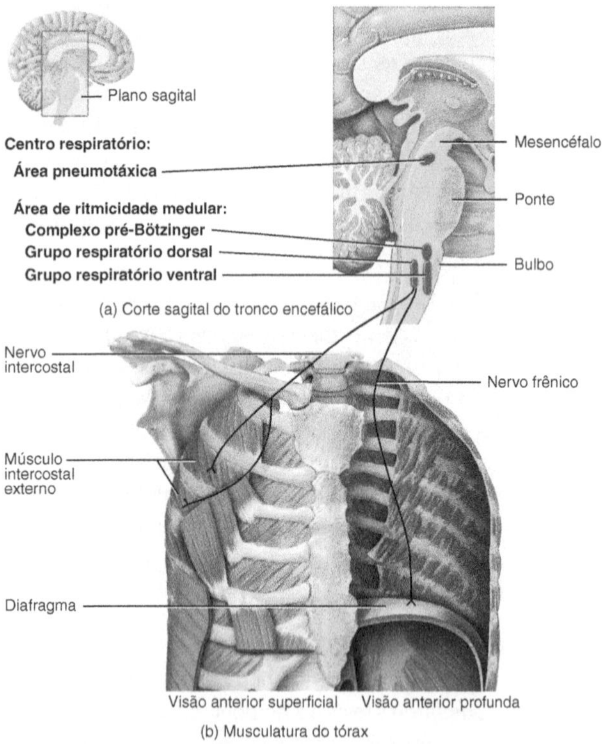

Que área contém neurônios que estão ativos e, em seguida, inativos em um ciclo repetitivo?

Figura 18.12 Localizações das áreas do centro respiratório.

O centro respiratório é composto de neurônios, na área de ritmicidade bulbar, no bulbo, mais a área pneumotáxica, na ponte.

Área de ritmicidade bulbar

A ***área de ritmicidade bulbar*** é composta de dois grupos de neurônios: o ***grupo respiratório dorsal*** (***DRG***, do inglês *dorsal respiratory group*), antigamente chamado de *área inspiratória*, e o ***grupo respiratório ventral*** (***VRG***, do inglês *ventral respiratory group*), anteriormente chamado de *área expiratória*. Durante a respiração calma normal, neurônios do DRG geram impulsos para o diafragma, via nervos frênicos, e para os músculos intercostais externos, via nervos intercostais (Fig. 18.12a). Esses impulsos são liberados em explosões, que começam de forma fraca, aumentam de intensidade por aproximadamente dois segundos e, em seguida, param completamente (Fig. 18.13a). Quando os impulsos nervosos atingem o diafragma e os músculos intercostais externos, esses músculos se contraem, e ocorre a inalação. Quando o DRG se torna inativo após dois segundos, o diafragma e os músculos intercostais externos relaxam por aproximadamente três segundos, permitindo a retração passiva dos pulmões e da parede torácica.* A seguir, o ciclo se repete.

Localizado no VRG, encontra-se um grupo de neurônios chamado ***complexo pré-Bötzinger***, que se acredita ser importante na geração do ritmo da respiração (ver Fig. 18.12a). Esse gerador de ritmo, análogo àquele do coração, é composto de células marca-passo que estabelecem o ritmo básico da respiração. O mecanismo exato dessas células marca-passo é desconhecido e é assunto de muitas pesquisas em andamento. No entanto, considera-se que as células marca-passo forneçam sinais para o DRG, conduzindo a frequência na qual os neurônios do DRG disparam potenciais de ação.

Os neurônios restantes do VRG não participam da respiração calma normal. O VRG é ativado quando é necessária uma respiração forçada, como durante um exercício, o ato de tocar um instrumento de sopro ou em altitudes elevadas. Durante inalação forçada (Fig. 18.13b), impulsos nervosos provenientes do DRG não apenas estimulam o diafragma e os músculos intercostais externos a se contraírem, mas também ativam neurônios do VRG, que participam na inalação forçada, para enviarem impulsos para os músculos acessórios da inalação (esternocleidomastóideo, escalenos e peitoral menor). A contração desses músculos resulta na inalação forçada.

Durante a exalação forçada (Fig. 18.13b), o DRG e os neurônios do VRG envolvidos com a inalação forçada estão inativos, mas neurônios do VRG implicados na exalação forçada enviam impulsos nervosos para os músculos acessórios da exalação (intercostais internos, oblíquo externo, oblíquo interno, transversos do abdome e reto do abdome). A contração desses músculos resulta na exalação forçada.

*N. de R.T. Ver N. de R.T. da p. 457.

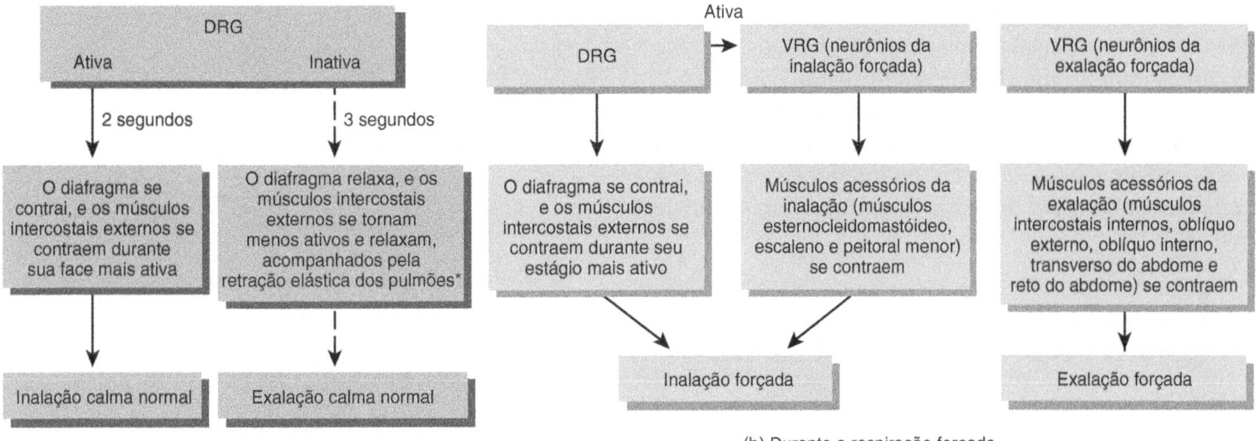

(a) Durante a respiração calma normal

(b) Durante a respiração forçada

Que nervos conduzem os impulsos do centro respiratório para o diafragma?

Figura 18.13 Funções da área de ritmicidade bulbar no controle (a) da respiração calma normal e (b) da respiração forçada.

Durante a respiração calma normal, o grupo respiratório ventral (VRG) está inativo; durante a respiração forçada, o grupo respiratório dorsal (DRG) ativa o VRG.

---

*N. de R.T. ver N. de R.T. da p. 457.

Área pneumotáxica

A ***área pneumotáxica***, anteriormente denominada *área pré-irrotáxica*, é um grupo de neurônios presentes na ponte (ver Fig. 18.12a). Os neurônios na área pneumotáxica estão ativos durante a inalação e a exalação. A área pneumotáxica transmite impulsos nervosos para o DRG, no bulbo. A área pneumotáxica exerce uma função tanto na inalação quanto na exalação, modificando o ritmo básico da respiração gerado pelo VRG, como quando nos exercitamos, falamos ou dormimos.

Regulação do centro respiratório

Embora o ritmo básico da respiração seja determinado e coordenado pelo DRG, o ritmo é alterado em resposta aos sinais provenientes de outras áreas encefálicas, receptores da parte periférica do sistema nervoso e de outros fatores.

Influências corticais na respiração

Como o córtex cerebral tem conexões com o centro respiratório, podemos alterar voluntariamente nosso padrão de respiração. Podemos, até mesmo, nos recusar a respirar por um curto período. O controle voluntário é protetor, porque nos permite impedir que a água e os gases irritantes penetrem nos pulmões. Contudo, a capacidade de não respirar é limitada pelo acúmulo de CO_2 e H^+ nos fluidos corporais. Quando a P_{CO_2} e a concentração de H^+ atinge um determinado nível, os neurônios do DRG, da área de ritmicidade bulbar, são intensamente estimulados, e a respiração recomeça, querendo a pessoa ou não. Apesar dos riscos para algumas crianças pequenas, é impossível as pessoas se matarem segurando voluntariamente a respiração. Mesmo que a respiração seja suspensa tempo suficiente para provocar um desmaio, é restabelecida quando a consciência é perdida. Os impulsos nervosos provenientes do hipotálamo e do sistema límbico também estimulam o centro respiratório, possibilitando que os estímulos emocionais alterem a respiração, como, por exemplo, quando rimos e choramos.

Regulação quimiorreceptora da respiração

Determinados estímulos químicos estabelecem a velocidade e a intensidade com que respiramos. O sistema respiratório funciona para manter os níveis adequados de CO_2 e O_2 e é muito responsivo às alterações nos níveis de ambos nos fluidos corporais. Os neurônios sensoriais responsivos aos estímulos químicos são denominados ***quimiorreceptores***. *Quimiorreceptores centrais*, localizados no bulbo, respondem às alterações no nível de H^+ ou da P_{CO_2}, ou em ambos, no líquido cerebrospinal. *Quimiorreceptores periféricos*, localizados no interior do arco da aorta e nas artérias carótidas comuns, são especialmente sensíveis às alterações na P_{O_2}, no H^+ e na P_{CO_2} no sangue.

Como o CO_2 é lipossolúvel, facilmente se difunde pela membrana plasmática para as células, nas quais se combina com a água (H_2O) para formar o ácido carbônico (H_2CO_3). O H_2CO_3 rapidamente se decompõe em H^+ e HCO_3^-. Qualquer aumento do CO_2 no sangue provoca um aumento de íons H^+ no interior das células, e qualquer diminuição do CO_2 provoca um decréscimo de íons H^+.

CORRELAÇÕES CLÍNICAS | Hipercapnia e hipóxia

Normalmente, a P_{CO_2} do sangue arterial é de 40 mmHg. Se houver mesmo um leve aumento da P_{CO_2} – uma condição chamada **hipercapnia** – os quimiorreceptores centrais são estimulados e respondem vigorosamente ao aumento resultante no nível de H^+. Os quimiorreceptores periféricos também são estimulados, tanto pela alta P_{CO_2} quanto pelo aumento no nível de H^+. Além disso, os quimiorreceptores periféricos respondem à **hipóxia** grave, uma deficiência de O_2. Se a P_{O_2} no sangue cair do nível normal de 100 mmHg para aproximadamente 50 mmHg, os quimiorreceptores periféricos são fortemente estimulados. •

Os quimiorreceptores participam de um sistema de retroalimentação negativa (*feedback* negativo) que regula os níveis de CO_2, O_2 e H^+ no sangue (Fig. 18.14). Como resultado do aumento de P_{CO_2}, da redução do pH (aumento de H^+) ou da diminuição de P_{O_2}, impulsos nervosos provenientes dos quimiorreceptores centrais e periféricos provocam ativação intensa do grupo respiratório dorsal. Em seguida, a frequência e a intensidade da respiração aumentam. A respiração rápida e intensa, chamada de ***hiperventilação***, permite a exalação de mais CO_2, até que a P_{CO_2} e o H^+ diminuam aos níveis normais.

CORRELAÇÕES CLÍNICAS | Hipocapnia

Se a P_{CO_2}, no sangue arterial, for menor do que 40 mmHg – uma condição chamada **hipocapnia** – os quimiorreceptores centrais e periféricos não são estimulados, e os impulsos excitatórios não são enviados ao grupo respiratório dorsal. Nesse caso, os neurônios do grupo respiratório dorsal estabelecem seu próprio ritmo moderado até que o C_{O_2} se acumule e a P_{CO_2} se eleve para 40 mmHg. As pessoas que hiperventilam voluntariamente e provocam hipocapnia seguram a respiração por um período de tempo anormalmente mais longo. Antigamente, os nadadores eram estimulados a hiperventilar pouco antes de uma competição. Entretanto, essa prática é arriscada, porque o nível de O_2 pode cair perigosamente e provocar desmaio antes que a P_{CO_2} se eleve o suficiente para estimular a inalação. Uma pessoa que desmaia e cai no chão pode sofrer contusões, mas aquela que desmaia na água pode se afogar. •

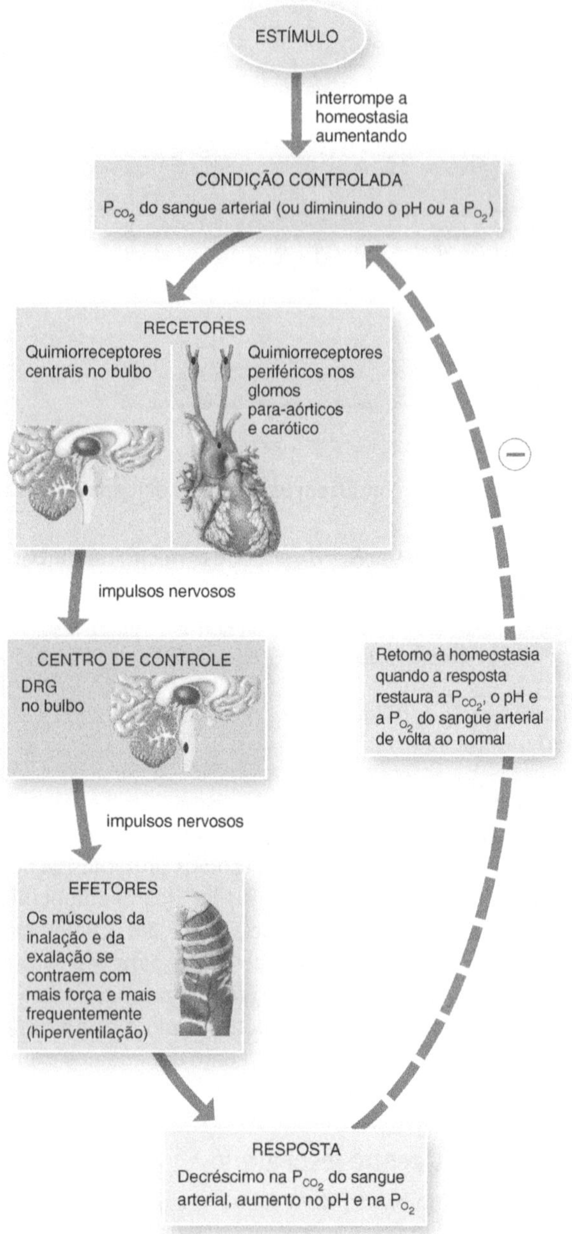

Qual é a P_{CO_2} normal do sangue arterial?

Figura 18.14 Controle por retroalimentação negativa (*feedback* negativo) da respiração, em resposta às alterações na P_{CO_2}, no pH (nível de H^+) e na P_{O_2} do sangue.

Um aumento na P_{CO_2} sanguínea estimula o grupo respiratório dorsal (DRG).

A deficiência grave de O_2 deprime a atividade dos quimiorreceptores centrais e do DRG, que então não respondem de forma adequada aos estímulos e enviam menos impulsos aos músculos da respiração. À medida que a frequência respiratória diminui ou a respiração cessa completamente, a P_{O_2} cai cada vez mais, estabelecendo-se assim um ciclo de retroalimentação positiva (*feedback* positivo) com um resultado possivelmente fatal.

Outras influências na respiração

Outros fatores que contribuem para a regulação da respiração incluem os seguintes:

- **Estimulação do sistema límbico.** A antecipação da atividade ou a ansiedade emocional podem estimular o sistema límbico, que, então, envia estímulos excitatórios para o DRG, aumentando a frequência e a intensidade da ventilação.
- **Estimulação proprioceptora da respiração.** Logo que começamos a nos exercitar, a frequência e a intensidade de nossa respiração aumentam, mesmo antes que o nível de P_{O_2}, P_{CO_2} ou H^+ se alterem. O principal estímulo para essas rápidas alterações na ventilação é a informação proveniente dos proprioceptores, que monitoram o movimento das articulações e dos músculos. Impulsos nervosos provenientes dos proprioceptores estimulam o DRG.
- **Temperatura.** Um aumento na temperatura corporal, como ocorre durante a febre ou um exercício muscular vigoroso, aumenta a frequência respiratória; uma diminuição na temperatura corporal reduz a frequência respiratória. Um estímulo frio súbito (como mergulhar em água fria) provoca ***apneia*** temporária, uma ausência da respiração.
- **Dor.** Uma dor intensa, súbita, produz apneia curta, mas uma dor somática prolongada aumenta a frequência respiratória. Dor visceral pode diminuir a frequência respiratória.
- **Irritação das vias respiratórias.** A irritação física ou química da faringe ou da laringe produz interrupção imediata da respiração, seguida de tosse ou espirros.
- **O reflexo de insuflação.** Localizados nas paredes dos brônquios e dos bronquíolos estão ***receptores de estiramento*** sensíveis à pressão. Quando esses receptores são estirados durante a hiperinsuflação dos pulmões, o DRG é inibido. Como resultado, a exalação começa. Esse reflexo é principalmente um mecanismo protetor que impede a hiperinsuflação dos pulmões.*

*N. de R.T. Este reflexo também é conhecido como reflexo de insuflação de Hering-Breuer.

TESTE SUA COMPREENSÃO

13. Como a área de ritmicidade bulbar funciona na regulação da respiração?
14. Como o córtex cerebral, os níveis de CO_2 e O_2, os proprioceptores, o reflexo de insuflação, as variações de temperatura, a dor e a irritação das vias respiratórias modificam a respiração?

18.6 Exercício e sistema respiratório

OBJETIVO

- Descrever os efeitos do exercício no sistema respiratório.

Durante o exercício, os sistemas respiratório e circulatório fazem ajustes em resposta à intensidade e à duração do exercício. Os efeitos do exercício sobre o coração foram estudados no Capítulo 15; aqui enfatizamos como o exercício afeta o sistema respiratório.

Lembre-se de que o coração bombeia a mesma quantidade de sangue para os pulmões e para todo o restante do corpo. Desse modo, quando o débito cardíaco aumenta, a taxa do fluxo sanguíneo pelos pulmões também aumenta. Se o sangue fluir pelos pulmões duas vezes mais rapidamente do que em repouso, captará duas vezes mais O_2 por minuto. Além disso, a taxa de difusão de O_2 do ar alveolar para o sangue aumenta durante o exercício máximo, porque o sangue flui em um percentual maior de capilares pulmonares, fornecendo uma área maior para difusão de O_2 no sangue.

Quando os músculos se contraem durante o exercício, consomem grandes quantidades de O_2 e produzem também grandes quantidades de CO_2, forçando o sistema respiratório a trabalhar mais para manter os níveis gasosos normais no sangue. Durante o exercício vigoroso, o consumo de O_2 e a ventilação aumentam extraordinariamente. No início do exercício, um aumento abrupto na ventilação, decorrente da ativação dos proprioceptores, é seguido de um aumento mais gradual. Com o exercício moderado, a intensidade da ventilação é aumentada, não a frequência respiratória. Quando o exercício é mais extenuante, a frequência respiratória também aumenta.

Ao fim de uma sessão de exercícios, uma diminuição abrupta na frequência de ventilação é acompanhada por um declínio gradativo até o nível de repouso. A queda inicial se deve principalmente à redução da estimulação dos proprioceptores, quando o movimento cessa ou diminui. A diminuição mais gradual reflete o retorno mais lento dos fatores químicos e térmicos do sangue aos níveis de repouso.

TESTE SUA COMPREENSÃO

15. Como o exercício afeta o DRG?

18.7 Envelhecimento e sistema respiratório

OBJETIVO

- Descrever os efeitos do envelhecimento no sistema respiratório.

Conforme a idade avança, as vias respiratórias e os tecidos do trato respiratório, incluindo os alvéolos, se tornam menos elásticos e mais rígidos, assim como a parede torácica. O resultado é uma redução da capacidade pulmonar. Na verdade, a capacidade vital (a quantidade máxima de ar que é expirada após uma inalação forçada) reduz aproximadamente 35%, por volta dos 70 anos. Ocorre uma redução nos níveis sanguíneos de O_2, na atividade dos macrófagos alveolares e na atividade ciliar do epitélio de revestimento do trato respiratório. Em razão dessas alterações, pessoas idosas são mais suscetíveis a pneumonias, bronquites, enfisemas e doenças pulmonares. Mudanças na estrutura e na função dos pulmões relacionadas à idade também contribuem para a redução, no idoso, da habilidade de praticar exercícios vigorosos como a corrida.

TESTE SUA COMPREENSÃO

16. O que explica a diminuição da capacidade vital com o avanço da idade?

• • •

A fim de avaliar as numerosas maneiras pelas quais o sistema respiratório contribui para a homeostasia de outros sistemas corporais, estude Foco na Homeostasia: O Sistema Respiratório. A seguir, no Capítulo 19, veremos como o sistema digestório disponibiliza os nutrientes para as células do corpo, de modo que o oxigênio fornecido pelo sistema respiratório possa ser usado para a produção de ATP.

FOCO na HOMEOSTASIA

SISTEMA MUSCULAR

- O aumento da frequência e da intensidade da respiração suporta o aumento da atividade dos músculos esqueléticos durante o exercício

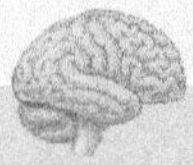

SISTEMA NERVOSO

- O nariz contém receptores para a sensação do olfato (olfação)
- Vibrações do ar fluindo pelas pregas vocais produzem sons para a fala

SISTEMA ENDÓCRINO

- A enzima conversora da angiotensina (ECA), nos pulmões, catalisa a formação do hormônio angiotensina II a partir do hormônio angiotensina

SISTEMA CIRCULATÓRIO

- Durante as inalações, a bomba respiratória auxilia o retorno de sangue venoso para o coração

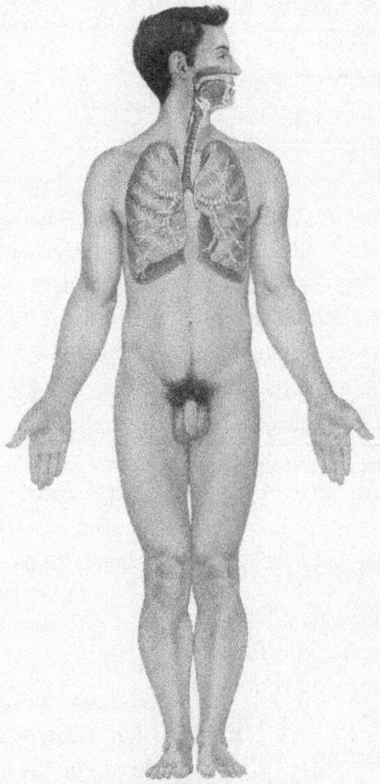

CONTRIBUIÇÕES DO SISTEMA RESPIRATÓRIO

PARA TODOS OS SISTEMAS DO CORPO

- Fornece oxigênio e remove dióxido de carbono
- Auxilia no ajuste do pH dos líquidos corporais, por meio da exalação do dióxido de carbono

SISTEMA LINFÁTICO E IMUNIDADE

- Os pelos no nariz, os cílios e o muco na traqueia, os brônquios e as vias respiratórias menores, e os macrófagos alveolares contribuem para a resistência inespecífica às doenças
- A faringe (garganta) contém tecido linfático (tonsilas)
- A bomba respiratória (durante a inalação) promove o fluxo de linfa

SISTEMA DIGESTÓRIO

- A contração forçada dos músculos respiratórios auxilia a defecação

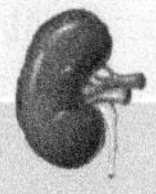

SISTEMA URINÁRIO

- Em conjunto, os sistemas respiratório e urinário regulam o pH dos líquidos corporais

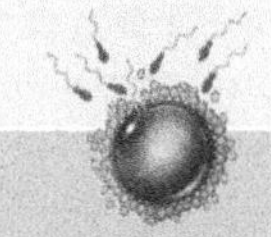

SISTEMAS GENITAIS

- O aumento da frequência e da intensidade da respiração auxilia a atividade durante a relação sexual
- A respiração interna fornece o oxigênio para o feto em desenvolvimento

DISTÚRBIOS COMUNS

Asma

A *asma* é uma doença caracterizada por inflamação crônica, hipersensibilidade a muitos estímulos e obstrução das vias respiratórias. A obstrução das vias respiratórias pode ser decorrente de espasmos do músculo liso nas paredes dos brônquios menores e bronquíolos, edema da túnica mucosa das vias respiratórias, aumento na secreção de muco ou lesão do epitélio das vias respiratórias. A asma é pelo menos parcialmente reversível, espontaneamente ou com tratamento. Afeta de 3 a 5% da população dos Estados Unidos e é cada vez mais comum em crianças.*

Os asmáticos em geral reagem a baixas concentrações de estímulos que normalmente não provocam sintomas em pessoas saudáveis. Às vezes, o desencadeador é um alérgeno, como pólen, ácaros da poeira, mofo ou alimento específico. Outros desencadeadores comuns são distúrbios emocionais, ácido acetilsalicílico, agentes sulfurados (usados no vinho, na cerveja e para conservar o frescor das verduras nas saladas), exercício e respiração de ar frio ou de fumaça de cigarro. Os sintomas incluem dificuldade de respirar, tosse, chiado, aperto no peito, taquicardia, fadiga, pele úmida e ansiedade.

Doença pulmonar obstrutiva crônica

A ***doença pulmonar obstrutiva crônica (DPOC)*** é um distúrbio respiratório caracterizado pela obstrução crônica do fluxo de ar. Os principais tipos de DPOC são o enfisema e a bronquite crônica. Na maioria dos casos, a DPOC é evitável, porque a causa mais comum é o tabagismo ativo ou passivo. Outras causas são poluição do ar, infecção pulmonar, exposição ocupacional a poeiras e gases e fatores genéticos.

Enfisema

O ***enfisema*** é um distúrbio caracterizado pela destruição das paredes alveolares, que produz espaços aéreos anormalmente grandes que permanecem cheios de ar durante a exalação. Com menor área para troca gasosa, a difusão de O_2 pela membrana respiratória é reduzida. O nível sanguíneo de O_2 é também um pouco diminuído, e qualquer exercício leve que aumente a demanda celular de O_2 deixa o paciente sem fôlego. À medida que a quantidade de paredes alveolares danificadas aumenta, o recolhimento elástico dos pulmões diminui em virtude da perda de fibras elásticas, e uma maior quantidade de ar fica aprisionada nos pulmões, ao fim da exalação. Após vários anos, o esforço respiratório adicional aumenta o tamanho da caixa torácica, resultando no chamado "tórax em barril". O enfisema é um precursor comum para o desenvolvimento do câncer de pulmão.

Bronquite crônica

A ***bronquite crônica*** é um distúrbio caracterizado pela secreção excessiva de muco pelos brônquios, acompanhada de tosse. A inalação de substâncias irritantes provoca inflamação crônica dos brônquios, com aumento do tamanho e da quantidade das glândulas mucosas e das células caliciformes no epitélio das vias respiratórias. O muco espesso e excessivo estreita as vias respiratórias e prejudica a atividade ciliar. Assim, os patógenos inalados ficam engastados nas secreções das vias respiratórias e se multiplicam rapidamente. Além da tosse, os sintomas da bronquite crônica são falta de ar, chiado, cianose e hipertensão pulmonar.

Câncer de pulmão

Tanto nos Estados Unidos como no Brasil, o ***câncer de pulmão*** é a principal causa de morte por câncer, tanto nos homens quanto nas mulheres. À época do diagnóstico, o câncer de pulmão geralmente está bem avançado. A maioria dos pacientes com câncer de pulmão morre no primeiro ano do diagnóstico, e a taxa geral de sobrevivência é de apenas 10 a 15%. Aproximadamente 85% dos casos de câncer de pulmão são decorrentes de tabagismo, e a doença é 10 a 30 vezes mais comum em fumantes do que em não fumantes. Exposição ao tabagismo passivo também provoca câncer de pulmão e doença cardíaca. Outras causas de câncer de pulmão são as radiações ionizantes, como a radiografia, e a inalação de substâncias irritantes, como asbesto e gás radônio.

Os sintomas do câncer de pulmão podem incluir tosse crônica, escarro com sangue do trato respiratório, chiado, falta de ar, dor torácica, rouquidão, dificuldade para deglutir, perda de peso, anorexia, fadiga, dor nos ossos, confusão mental, problemas de equilíbrio, dor de cabeça, anemia, baixa contagem de plaquetas no sangue e icterícia.

Pneumonia

A ***pneumonia*** ou *pneumonite* é uma infecção ou inflamação aguda dos alvéolos. É a causa infecciosa mais comum de morte tanto nos Estados Unidos quanto no Brasil, onde ocorrem aproximadamente 4 milhões de casos por ano. Quando determinados micróbios penetram nos pulmões de pessoas suscetíveis, liberam toxinas nocivas, estimulando a inflamação e as respostas imunes, que têm efeitos colaterais danosos. As toxinas e a resposta imune lesionam os alvéolos e as túnicas mucosas dos brônquios; a inflamação e o edema levam os alvéolos a se encherem de detritos e fluidos, interferindo na ventilação e na troca gasosa. A causa mais comum é a bactéria *Streptococcus pneumoniae*, mas outras bactérias, vírus ou fungos também podem provocar pneumonia.

Tuberculose

A bactéria *Mycobacterium tuberculosis* produz uma doença infecciosa, transmissível, chamada ***tuberculose (TB)***, que afeta mais frequentemente os pulmões e as pleuras, mas pode incluir outras partes do corpo. Uma vez no interior dos pulmões, as bactérias se multiplicam e provocam inflamação, que estimula os neutrófilos e macrófagos a migrarem para a área afetada e engolfarem as bactérias, para evitar sua disseminação. Se o sistema imune não estiver comprometido, as bactérias podem permane-

*N. de R.T. No Brasil a asma afeta 6,4 milhões de pessoas acima de 18 anos.

cer inativas durante toda a vida. Imunidade reduzida pode permitir que as bactérias escapem pela corrente sanguínea ou linfática para infectarem outros órgãos. Em muitas pessoas, os sintomas – fadiga, perda de peso, letargia, anorexia, febre baixa, sudorese noturna, tosse, dispneia, dor torácica e escarro com sangue (hemoptise) – só se desenvolvem quando a doença está avançada.

Coriza, influenza sazonal e gripe H1N1

Centenas de vírus provocam ***coriza*** ou *resfriado comum*, mas um grupo de vírus chamados *rinovírus* é responsável por aproximadamente 40% de todos os resfriados nos adultos. Sintomas típicos incluem espirros, secreção nasal excessiva, tosse seca e congestão. O resfriado comum sem complicações geralmente não é acompanhado de febre. Complicações incluem sinusite, asma, bronquite, otite e laringite. Investigações recentes indicam uma associação entre o estresse emocional e o resfriado comum. Quanto maior o nível de estresse, maior a frequência e a duração dos resfriados.

A ***influenza sazonal (gripe)*** também é provocada por um vírus. Seus sintomas incluem calafrios, febre (geralmente acima de 39°C), cefaleia e dores musculares. Influenza sazonal se torna potencialmente letal e pode evoluir para pneumonia. É importante reconhecer que a influenza é uma doença respiratória, não uma doença do trato gastrintestinal. Muitas pessoas relatam erroneamente terem influenza sazonal, quando, na realidade, sofrem de doença do trato gastrintestinal.

Gripe (influenza) H1N1, também conhecida como *gripe suína*, é um tipo de gripe provocada por um vírus novo, chamado *influenza H1N1*. O vírus se difunde da mesma forma que a gripe sazonal: de pessoa para pessoa, pela tosse ou espirro, ou pelo toque em objetos infectados e, em seguida, tocando sua boca ou nariz. A maioria dos indivíduos infectados com o vírus apresenta doença branda e se recupera sem tratamento médico, mas algumas pessoas apresentaram doença grave e, até mesmo, morreram. Os sintomas da gripe H1N1 incluem febre, tosse, coriza ou nariz entupido, cefaleia, dores corporais, calafrios e fadiga. Algumas pessoas também apresentam vômito e diarreia. A maioria das pessoas que foram hospitalizadas com a gripe H1N1 tinha uma ou mais condições médicas preexistentes, como diabetes, cardiopatias, asma, nefropatias ou gravidez. Pessoas infectadas com o vírus infectam outras, desde o primeiro dia antes de os sintomas ocorrerem até 5 a 7 dias ou mais após. O tratamento da gripe H1N1 inclui medicamentos antivirais, Tamiflu® e Relenza®. A vacina também está disponível, mas a vacina contra a gripe H1N1 não é um substituto das vacinas contra influenza (gripe) sazonal. Para evitar infecção, o Centers for Disease Control and Prevention (CDC) recomenda lavar as mãos frequentemente com sabão e água ou com desinfetante para mãos à base de álcool; cobrir a boca e o nariz com um tecido quando tossir ou espirrar e descartar o tecido; evitar tocar sua boca, nariz ou olhos; evitar contato íntimo (menos de 2 metros) com pessoas que apresentem sintomas semelhantes aos da gripe; e permanecer em casa por 7 dias após o início dos sintomas ou por 24 horas após ficar livre dos sintomas, o que for mais longo.

Edema pulmonar

Edema pulmonar é um acúmulo anormal de líquido intersticial nos espaços intersticiais e alvéolos dos pulmões. O edema pode surgir do aumento na permeabilidade dos capilares pulmonares (origem pulmonar) ou do aumento na pressão capilar pulmonar, decorrente da insuficiência cardíaca congestiva (origem cardíaca). O sintoma mais comum é a respiração dolorosa ou forçada. Outros sinais e sintomas incluem chiado, frequência respiratória rápida, inquietação, uma sensação de sufocação, cianose, palidez e sudorese excessiva.

TERMINOLOGIA E CONDIÇÕES MÉDICAS

Asfixia Privação de oxigênio em consequência de oxigênio atmosférico baixo ou de interferência com a ventilação, exalação ou inalação.

Aspiração Inalação de uma substância estranha, como água, alimento ou um corpo estranho para dentro da árvore bronquial.

Broncoscopia Exame visual dos brônquios com o auxílio de um ***broncoscópio***, um instrumento tubular iluminado que é passado pela boca (ou nariz), laringe e traqueia, até os brônquios.

Dispneia Respiração dolorosa ou forçada, resultando em sensação de falta de ar.

Epistaxe Perda de sangue pelo nariz, decorrente de trauma, infecção, alergia, neoplasia ou distúrbios hemorrágicos. Pode ser interrompida por cauterização com nitrato de prata, eletrocauterização ou tamponamento firme. Também chamada de *sangramento nasal*.

Estertores Sons ouvidos algumas vezes nos pulmões que se assemelham a borbulhas ou a um guizo ou chocalho. Tipos diferentes são consequência da presença de um tipo ou quantidade anormal de líquido ou muco no interior dos brônquios ou alvéolos ou em virtude de broncoconstrição que provoca fluxo de ar turbulento.

Fibrose cística Doença hereditária dos epitélios secretores que afeta vias respiratórias, fígado, pâncreas, intestino delgado e glândulas sudoríferas. A obstrução e a infecção das vias respiratórias provocam dificuldade para respirar e, finalmente, destruição do tecido pulmonar.

Hipóxia Deficiência de O_2 no nível tecidual que pode ser provocada por uma P_{O_2} baixa no sangue arterial, como decorrente de altitudes elevadas; muito pouca hemoglobina atuando no sangue, como na anemia; incapacidade de o sangue transportar O_2 para os tecidos, rápido o suficiente para manter suas necessidades, como na insuficiência cardíaca; ou incapacidade dos tecidos para usar adequadamente O_2, como no envenenamento por cianeto.

Insuficiência respiratória Condição na qual o sistema respiratório não fornece O_2 suficiente para manter o metabolismo ou não elimina CO_2 suficiente para evitar acidose respiratória (um nível de H^+ mais alto do que o normal no líquido intersticial).

Manobra de compressão abdominal Procedimento de primeiros socorros destinado a limpar as vias respiratórias de objetos obstrutores. É realizada aplicando-se um empuxo rápido para cima entre o umbigo e as costelas inferiores, provocando uma elevação repentina do diafragma e uma expulsão rápida forçada do ar pelos pulmões, forçando o ar para fora da traqueia, para ejetar o objeto obstrutor. A manobra de empuxo abdominal também é usada para expelir água dos pulmões de vítimas de quase afogamento, antes da reanimação. Também conhecida como manobra de Heimlich.

Pleurisia Inflamação das membranas pleurais que provoca atrito durante a respiração, sendo bastante dolorosa quando as membranas edemaciadas deslizam uma contra a outra. Também conhecida como *pleurite*.

Rinite Inflamação crônica ou aguda da túnica mucosa do nariz.

Sibilo Som semelhante a um assobio chiado ou som musical estridente durante a respiração resultante de uma obstrução parcial da via respiratória.

Síndrome da morte súbita do lactente (SMSL) Morte de lactentes entre as idades de uma semana a 12 meses, supostamente decorrente de hipóxia que ocorre durante o sono, em uma posição de decúbito ventral (de bruços sobre o estômago), e da respiração repetida do ar expirado e preso em uma depressão do colchão. Atualmente, recomenda-se que os recém-nascidos normais sejam posicionados em decúbito dorsal para dormir (lembre-se: "de costas para dormir").

Síndrome do desconforto respiratório (SDR) Distúrbio respiratório dos recém-nascidos prematuros, no qual os alvéolos não permanecem abertos, em virtude da ausência de surfactante. O surfactante reduz a tensão superficial e é necessário para evitar o colapso alveolar durante a exalação.

Taquipneia Frequência respiratória rápida.

Ventilação mecânica Uso de um dispositivo de ciclo automático (ventilador ou respirador) para auxiliar a respiração. Um tubo plástico é inserido pelo nariz ou pela boca e conectado ao dispositivo que direciona o ar para dentro dos pulmões. A expiração ocorre passivamente em virtude da retração elástica dos pulmões.

REVISÃO DO CAPÍTULO

18.1 Órgãos do sistema respiratório

1. Os órgãos respiratórios incluem nariz, faringe, laringe, traqueia, brônquios e pulmões. Atuam em conjunto com o sistema circulatório para fornecer oxigênio e remover dióxido de carbono do sangue.
2. A parte externa do **nariz** é composta por cartilagem, revestida externamente com pele e internamente com túnica mucosa. As aberturas para o exterior são as **narinas**. A parte interna do nariz é **cavidade nasal**, dividida da parte externa pelo **septo nasal**. Comunica-se com os seios paranasais e parte nasal da faringe pelos **cóanos**. O nariz é adaptado para aquecimento, umedecimento, filtração do ar, olfação e para servir como câmara de ressonância para sons.
3. A **faringe** (garganta), um tubo muscular revestido por túnica mucosa, é dividida em parte nasal da faringe, parte oral da faringe e parte laríngea da faringe. A **parte nasal da faringe** atua na respiração. As **partes oral** e **laríngea da faringe** atuam na digestão e na respiração.
4. A **laringe** conecta a faringe e a traqueia. Contém a **cartilagem tireóidea** (pomo de Adão), a **epiglote**, a **cartilagem cricóidea**, **cartilagens aritenóideas**, **pregas vestibulares** e **pregas vocais** (pregas vocais verdadeiras). As pregas vocais tensas produzem tons altos; as pregas relaxadas, tons baixos.
5. A **traqueia** se estende da laringe até os brônquios principais. É composta por músculo liso e anéis de cartilagem em forma de C, e revestida com epitélio colunar ciliado pseudoestratificado.
6. A **árvore bronquial** consiste em traqueia, **brônquios principais**, **brônquios lobares**, **brônquios segmentares**, **bronquíolos** e **bronquíolos terminais**.
7. **Pulmões** são órgãos pares na cavidade torácica, envolvidos pela **pleura**. A **pleura parietal** é a lâmina externa; a **pleura visceral** é a lâmina interna. O pulmão direito tem três lobos, separados por duas fissuras; o pulmão esquerdo tem dois lobos, separados por uma fissura e uma depressão denominada incisura cardíaca.
8. Cada lobo consiste em **lóbulos**, que contêm vasos linfáticos, arteríolas, vênulas, bronquíolos terminais, **bronquíolos respiratórios**, **ductos alveolares**, **sacos alveolares** e **alvéolos**.
9. A parede de um alvéolo é composta de células alveolares tipo I, células alveolares tipo II e macrófagos alveolares.
10. A troca de gases (oxigênio e dióxido de carbono) nos pulmões ocorre pela **membrana respiratória**, um "sanduíche" delgado que consiste em células alveolares, membrana basal e células endoteliais de um capilar.

18.2 Ventilação pulmonar

1. **Ventilação pulmonar (respiração)** consiste em inalação e exalação, o movimento do ar para dentro e para fora dos pulmões. O ar flui das áreas de alta para as de baixa pressão.
2. **Inalação** ocorre quando a **pressão alveolar** cai abaixo da pressão atmosférica. A contração do diafragma e dos músculos intercostais externos expande o volume do pulmão. O aumento no volume dos pulmões diminui a pressão alveolar, e o ar se move da pressão mais alta para a mais baixa, da atmosfera para os pulmões.
3. **Exalação** ocorre quando a pressão alveolar é mais alta do que a pressão atmosférica. O relaxamento do diafragma e dos músculos intercostais externos diminui o volume pulmonar, e a pressão alveolar aumenta, de modo que o ar se move dos pulmões para a atmosfera.*
4. Os músculos esternocleidomastóideos, escalenos e peitorais menores contribuem para a inalação forçada. A exalação forçada implica na contração dos músculos intercostais internos, oblíquo externo, oblíquo interno, transverso do abdome e reto do abdome.
5. A **ventilação-minuto** é o ar total captado durante um minuto (frequência respiratória por minuto multiplicada pelo **volume corrente**).
6. Os volumes pulmonares são volume corrente, **volume de reserva inspiratório, volume de reserva expiratório** e **volume residual**.
7. Capacidades pulmonares, a soma de dois ou mais volumes pulmonares, incluem **capacidade inspiratória, capacidade residual funcional, capacidade vital** e **capacidade total**.

18.3 Troca de oxigênio e dióxido de carbono

1. A **pressão parcial** de um gás (P_x) é a pressão exercida por aquele gás em uma mistura de gases.
2. Cada gás em uma mistura de gases exerce sua própria pressão e se comporta como se não houvesse outros gases presentes.
3. Nas respirações externa e interna, O_2 e o CO_2 se movem das áreas de maior pressão parcial para as áreas de menor pressão parcial.
4. **Respiração externa** é a troca gasosa entre o ar alveolar e os capilares pulmonares, e é auxiliada por uma fina membrana respiratória, uma grande área de superfície alveolar e um rico suprimento sanguíneo.
5. **Respiração interna** é a troca gasosa entre os capilares teciduais sistêmicos e as células teciduais sistêmicas.

18.4 Transporte de gases respiratórios

1. A maior parte do oxigênio, 98,5%, é transportada pelos átomos de ferro do heme, na hemoglobina; 1,5% é dissolvido no plasma.
2. A associação de O_2 e hemoglobina é afetada por P_{O_2}, pH, temperatura, P_{CO_2} e 2,3-difosfoglicerato.
3. O dióxido de carbono é transportado de três modos. Aproximadamente 7% é dissolvido no plasma, 23% se combina com a globina da hemoglobina e 70% é convertido em íons bicarbonato (HCO_3^-).

18.5 Controle da respiração

1. O **centro respiratório** consiste em uma **área de ritmicidade bulbar**, no bulbo, e uma **área pneumotáxica**, na ponte.
2. A área de ritmicidade bulbar, no bulbo, é composta de um **grupo respiratório dorsal (DRG)**, que controla a respiração calma normal, e um **grupo respiratório ventral (VRG)**, que é usado durante a respiração forçada e controla o ritmo da respiração.
3. A área pneumotáxica, na ponte, pode modificar o ritmo da respiração durante exercício, fala e sono.
4. A atividade do centro respiratório é modificada em resposta aos sinais provenientes de diversas partes do corpo, para manutenção da homeostasia da respiração.
5. Esses incluem influências corticais; reflexo de insuflação; estímulos químicos, como níveis de O_2, CO_2 e H^+; sinal proprioceptor; alterações na pressão sanguínea; temperatura; dor; e irritação das vias respiratórias.

18.6 Exercício e o sistema respiratório

1. A frequência e a intensidade da ventilação se alteram em resposta tanto à intensidade quanto à duração do exercício.
2. O aumento abrupto na respiração, no início do exercício, se deve às alterações neurais que enviam impulsos excitatórios para a área de ritmicidade bulbar, no bulbo. O aumento mais gradual na respiração durante o exercício moderado se deve às alterações físicas e químicas na corrente sanguínea.

18.7 Envelhecimento e o sistema respiratório

1. Envelhecimento resulta na diminuição da capacidade vital, do nível sanguíneo de O_2 e da atividade dos macrófagos alveolares.
2. As pessoas idosas são mais suscetíveis a pneumonia, enfisema, bronquite e a outras doenças pulmonares.

*N. de R.T. Ver N. de R.T. da p. 457.

APLICAÇÕES DO PENSAMENTO CRÍTICO

1. Seu sobrinho, de 3 anos de idade, quer fazer tudo a seu modo, o tempo todo! Agora, ele quer comer 20 bombons (um para cada dedo das mãos e dos pés), mas você lhe dá apenas 3, 1 para cada ano de idade. Nesse momento, está "prendendo a respiração até ficar azul e diz que não adianta ficar com pena!". Ele corre risco de morte?
2. Luana foi diagnosticada com asma induzida pelo exercício, depois de ter relatado dificuldade de inalar durante uma competição de natação. A asma induzida pelo exercício é uma condição especialmente incômoda para um atleta, porque a resposta corporal ao exercício é exatamente contrária às suas necessidades. Explique essa afirmativa.
3. Bianca tem tendência a ser dramática. "Eu não posso trabalhar hoje", ela sussurrou, "peguei uma laringite e uma coriza terrível". O que está acontecendo com Bianca?
4. Chris, em seu grupo de estudo de anatomia e fisiologia, contou uma piada divertida enquanto você bebia um copo de refrigerante. Em vez de rir, você começou a engasgar e, em seguida, tossiu. Chris esperava uma risada, mas foi borrifado com o refrigerante. O que aconteceu?

RESPOSTAS ÀS QUESTÕES DAS FIGURAS

18.1 A parte condutora do sistema respiratório inclui nariz, faringe, laringe, traqueia, brônquios e bronquíolos (exceto os bronquíolos respiratórios).

18.2 As moléculas de ar fluem pelas narinas, pela cavidade nasal e pelos cóanos.

18.3 Durante a deglutição, a epiglote se fecha acima da laringe, a fim de bloquear a entrada de alimentos e líquidos.

18.4 Há dois lobos e dois brônquios lobares no pulmão esquerdo e três lobos e três brônquios lobares no pulmão direito.

18.5 Um lóbulo do pulmão inclui um vaso linfático, uma arteríola, uma vênula e o ramo de um bronquíolo terminal envolto em tecido conectivo elástico.

18.6 As células alveolares tipo II secretam líquido alveolar, que inclui surfactante.

18.7 Os principais músculos responsáveis pela respiração calma são o diafragma e os intercostais externos e internos.

18.8 A pressão alveolar aumenta de 758 mmHg, durante a inalação, para 762 mmHg, durante a exalação.

18.9 Você demonstra a capacidade vital quando inspira tão profundamente quanto possível e depois expira o máximo de ar possível.

18.10 O oxigênio proveniente do ar alveolar penetra nos capilares pulmonares, e o proveniente dos capilares sistêmicos penetra nas células teciduais, em virtude das diferenças de P_{O_2}.

18.11 A hemoglobina transporta aproximadamente 98,5% do oxigênio carreado no sangue.

18.12 A área de ritmicidade bulbar contém neurônios que estão ativos e, em seguida, inativos em um ciclo repetitivo.

18.13 Os nervos frênicos estimulam o diafragma a se contrair.

18.14 A P_{CO_2} do sangue arterial normal é 40 mmHg.

CAPÍTULO 19

SISTEMA DIGESTÓRIO

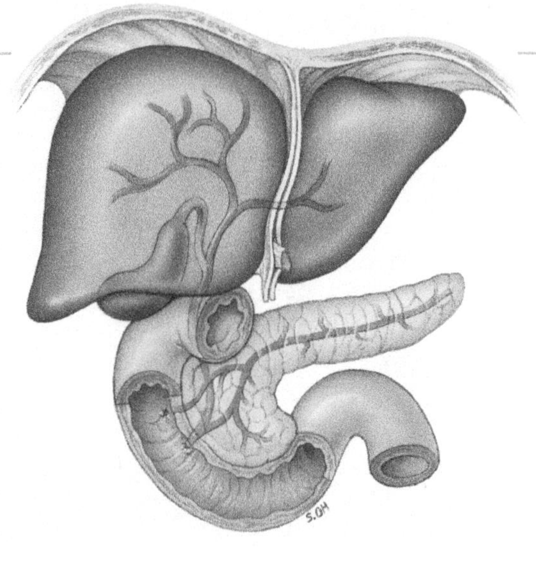

Os alimentos que ingerimos contêm uma variedade de nutrientes, que são utilizados para a construção de novos tecidos corporais e para o reparo dos tecidos danificados. No entanto, a maioria dos alimentos ingeridos é formada por moléculas muito grandes para serem utilizadas pelas células do corpo. Portanto, precisam ser decompostas em moléculas pequenas o suficiente para entrarem nas células do corpo, em um processo conhecido como *digestão*. Coletivamente, os órgãos que realizam essas funções são conhecidos como *sistema digestório*.

A especialidade médica que lida com a estrutura, a função, o diagnóstico e o tratamento de doenças do estômago e dos intestinos é a *gastrenterologia*. A especialidade médica que lida com o diagnóstico e tratamento dos distúrbios do reto e ânus é a *proctologia*.

OLHANDO PARA TRÁS PARA AVANÇAR...

Túnicas mucosas (Seção 4.4)
Túnicas serosas (Seção 4.4)
Tecido muscular liso (Seção 8.8)
Músculos que movem a mandíbula (Seção 8.11)
Sistemas de retroalimentação negativa (Seção 1.4)
Epitélio colunar simples (Seção 4.2)
Carboidratos, lipídeos e proteínas (Seção 2.2)
Enzimas (Seção 2.2)

19.1 Visão geral do sistema digestório

OBJETIVO

- Identificar os órgãos do sistema digestório e suas funções básicas

Dois grupos de órgãos compõem o sistema digestório (Fig. 19.1): o trato gastrintestinal e os órgãos acessórios da digestão. O ***trato gastrintestinal*** (***GI***), ou *canal alimentar*, é um tubo contínuo que começa na boca e termina no ânus. O trato GI contém o alimento desde o momento em que é ingerido até a digestão e absorção ou eliminação do corpo. Os órgãos do trato gastrintestinal incluem a boca, faringe, esôfago, estômago, intestino delgado e intestino grosso. O comprimento do trato GI é de aproximadamente 7 a 9 metros em um cadáver e de 5 a 7 metros em uma pessoa viva, porque os músculos ao longo da parede dos órgãos no trato GI, não estão mais no estado de tonicidade (contração contínua). Os dentes, língua, glândulas salivares, fígado, vesícula biliar e pâncreas funcionam como ***órgãos acessórios da digestão***. Os dentes auxiliam na desintegração física do alimento, e a língua ajuda na mastigação e deglutição. Os outros órgãos acessórios da digestão nunca entram em contato direto com o alimento. As secreções que produzem ou armazenam são liberadas no trato GI por meio de ductos e auxiliam na decomposição química do alimento.

Em geral, o sistema digestório desempenha seis processos básicos:

1. **Ingestão.** Este processo inclui a introdução de alimentos e líquidos pela boca (comer).
2. **Secreção.** Todos os dias, as células das paredes internas do trato GI e dos órgãos acessórios secretam um total aproximado de 7 litros de água, ácidos, tampões e enzimas no lúmen do trato.
3. **Mistura e propulsão.** As contrações e os relaxamentos alternados do músculo liso das paredes do trato GI misturam o alimento com as secreções digestivas e os impulsionam em direção ao ânus. A capacidade do trato GI de misturar e mover o material ao longo de sua extensão é chamada ***motilidade***.
4. **Digestão.** Processos químicos e mecânicos desintegram o alimento ingerido em moléculas pequenas. Na ***digestão mecânica***, os dentes cortam e moem o alimento antes de ser deglutido e, em seguida, os músculos lisos do estômago e do intestino delgado misturam vigorosamente o alimento para auxiliar ainda mais o processo. Por consequência, as moléculas de alimento são dissolvidas e misturadas completamente com as enzimas digestivas. Na ***digestão química***, as moléculas grandes de carboidratos, lipídeos, proteínas e ácidos nucleicos dos alimentos são

FUNÇÕES DO SISTEMA DIGESTÓRIO

1. Ingestão: introdução de alimento pela boca.
2. Secreção: liberação de água, ácidos, tampões e enzimas no lúmen do trato GI.
3. Mistura e propulsão: mistura vigorosa e propulsão do alimento pelo trato GI.
4. Digestão: decomposição mecânica e química do alimento.
5. Absorção: passagem dos produtos digeridos do trato GI para o sangue e linfa.
6. Defecação: eliminação de fezes do trato GI.

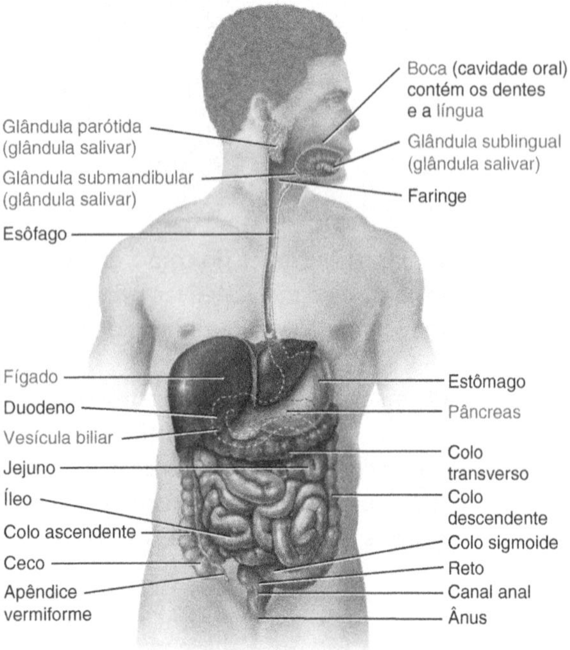

(a) Diagrama da vista lateral da cabeça e pescoço e vista anterior do tronco

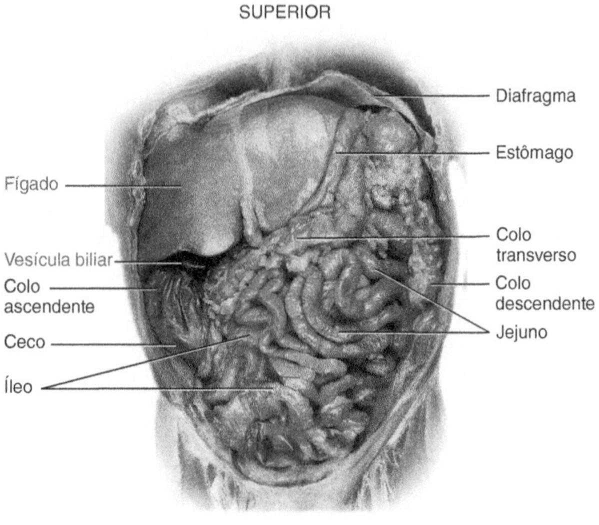

(b) Vista anterior

Quais órgãos acessórios da digestão auxiliam na decomposição mecânica do alimento?

Figura 19.1 Órgãos do sistema digestório e estruturas relacionadas.

Os órgãos do trato gastrintestinal (GI) são a boca, faringe, esôfago, estômago, intestino delgado e intestino grosso. Os órgãos acessórios da digestão são os dentes, língua, glândulas salivares, fígado, vesícula biliar e pâncreas, indicados em vermelho.

decompostos em moléculas menores pelas enzimas digestivas.

5. **Absorção.** A entrada de líquidos ingeridos e secretados, íons e pequenas moléculas que são produtos da digestão nas células epiteliais que revestem o lúmen do trato GI é chamada ***absorção***. As substâncias absorvidas passam para o líquido intersticial e, em seguida, para o sangue ou linfa, circulando por todas as células do corpo.
6. **Defecação.** Resíduos, substâncias indigeríveis, bactérias, células descamadas do revestimento do trato GI e materiais digeridos que não foram absorvidos saem do corpo pelo ânus, em um processo denominado ***defecação***. O material eliminado é chamado de ***fezes***.

TESTE SUA COMPREENSÃO

1. Quais componentes do sistema digestório são órgãos do trato GI e quais são órgãos acessórios da digestão?
2. Quais órgãos do sistema digestório entram em contato com o alimento?

19.2 Camadas do trato gastrintestinal e do omento

OBJETIVO

- Descrever as quatro camadas que formam a parede do trato gastrintestinal.

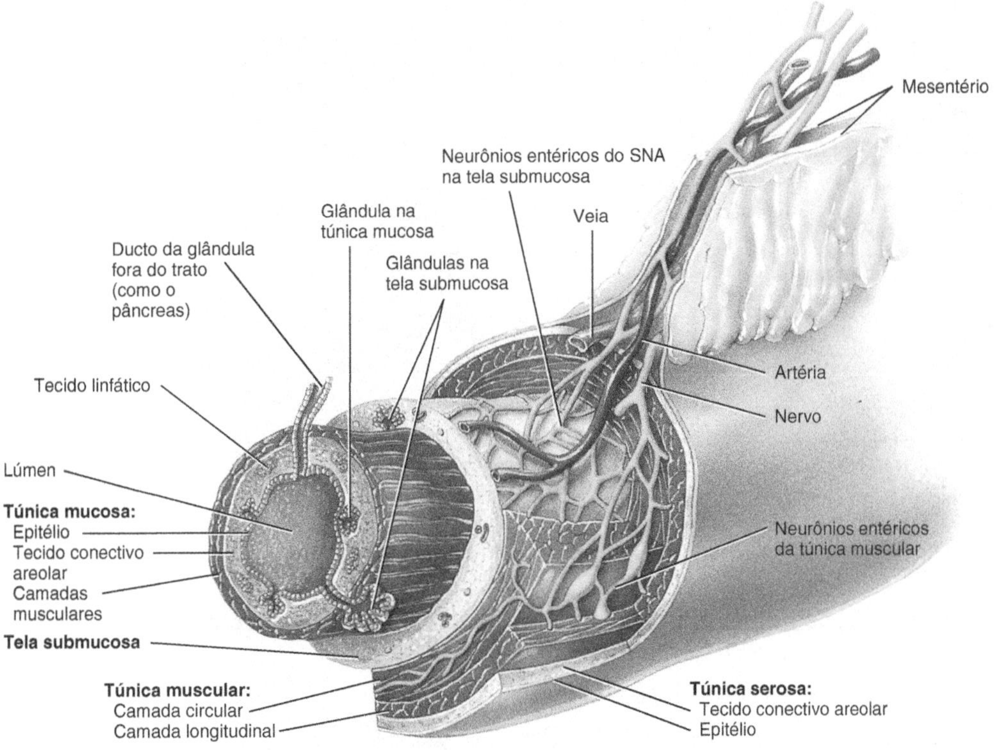

Qual é a função dos nervos na parede do trato gastrintestinal?

Figura 19.2 Camadas do trato gastrintestinal.

As quatro camadas do trato GI, de dentro para fora, são a túnica mucosa, tela submucosa, túnica muscular e túnica serosa.

A parede do trato GI, da parte inferior do esôfago até o canal anal, tem o mesmo arranjo básico, com quatro camadas de tecidos. As quatro camadas do trato, de dentro para fora, são a túnica mucosa, tela submucosa, túnica muscular e túnica serosa (Fig. 19.2).

1. **Túnica mucosa.** A ***túnica mucosa***, ou revestimento interno do trato, é uma membrana mucosa composta por uma camada de epitélio em contato direto com o conteúdo do trato GI, uma camada de tecido conectivo areolar e uma fina camada de músculo liso. As contrações dessa lâmina muscular criam pregas na túnica mucosa que aumentam a área de superfície para a digestão e absorção. A túnica mucosa também contém nódulos linfáticos proeminentes que protegem contra a entrada de patógenos pelo trato GI.
2. **Tela submucosa.** A ***tela submucosa*** consiste em tecido conectivo areolar que une a túnica mucosa à lâmina muscular da mucosa. Contém muitos vasos sanguíneos e linfáticos que recebem as moléculas absorvidas dos alimentos. Além disso, redes de neurônios controladas pela divisão autônoma do sistema nervoso (SNA), chamadas de ***parte entérica do sistema nervoso (SNE)***, se localizam na tela submucosa. Os neurônios do SNE, dentro da tela submucosa, controlam as secreções dos órgãos do trato GI.
3. **Túnica muscular.** Como o seu nome indica, a ***túnica muscular*** do trato GI é uma lâmina espessa de músculo. Na boca, faringe e na parte superior do esôfago consiste, em parte, de *músculo esquelético* que produz a deglutição voluntária. O músculo esquelético também forma o músculo esfíncter externo do ânus, que permite o controle voluntário da defecação. Lembre-se de que o músculo esfíncter é um círculo muscular espesso em torno de uma abertura. No restante do trato, a túnica muscular consiste em *músculo liso*, geralmente disposto como uma camada interna de fibras circulares e uma camada externa de fibras longitudinais. As contrações involuntárias desse músculo liso auxiliam fisicamente a decomposição do alimento, misturando-o com as secreções digestivas e impelindo-o ao longo do trato. Os neurônios do SNE, no interior da túnica muscular, controlam a frequência e a força de suas contrações.
4. **Túnica serosa e peritônio.** A ***túnica serosa***, a camada mais externa em torno dos órgãos do trato GI situados abaixo do diafragma, é uma membrana

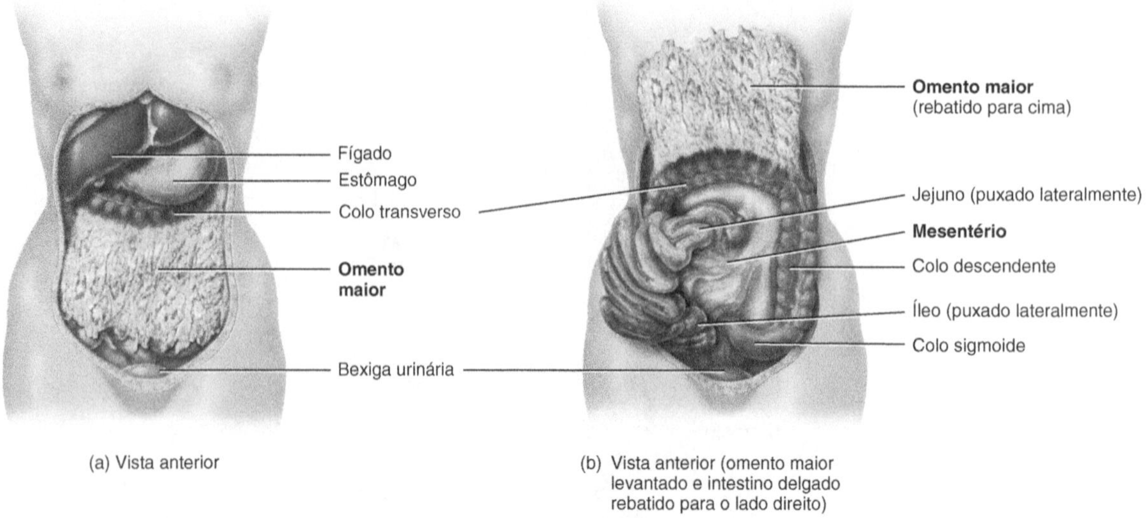

Qual parte do peritônio liga o intestino delgado à parede abdominal posterior?

Figura 19.3 Vistas do abdome e da pelve. São mostradas as relações das partes do peritônio (omento maior e mesentério) uma com a outra e com os órgãos do sistema digestório.

O peritônio é a maior túnica serosa do corpo.

composta por epitélio escamoso simples e tecido conectivo areolar. A túnica serosa secreta um líquido aquoso escorregadio, que permite ao trato deslizar facilmente contra outros órgãos. A túnica serosa também é denominada *peritônio visceral*. Lembre-se, do Capítulo 4, no qual o *peritônio* é a maior túnica serosa do corpo. O *peritônio parietal* reveste a parede da cavidade abdominal, ao passo que, o peritônio visceral, reveste os órgãos na cavidade.

Alguns órgãos do corpo se localizam na parede abdominal posterior, *atrás* do peritônio parietal, e são cobertos pelo peritônio apenas em suas faces anteriores. Esses órgãos são chamados de ***retroperitoniais*** e incluem a aorta, veia cava inferior, duodeno, colos ascendente e descendente, rins, glândulas suprarrenais e ureteres.

Além de ligar os órgãos uns aos outros e às paredes da cavidade abdominal, as pregas peritoneais contêm vasos sanguíneos e linfáticos, e nervos que inervam os órgãos abdominais. O ***omento maior*** pende em forma de pregas sobre o colo transverso e o intestino delgado como um "avental de gordura" (Fig. 19.3a, b). Os numerosos linfonodos do omento maior contribuem com macrófagos e plasmócitos produtores de anticorpos, que ajudam a combater e conter as infecções do trato GI. O omento maior normalmente contém uma considerável quantidade de tecido adiposo. Seu conteúdo de tecido adiposo se expande muito com o ganho de peso, originando a característica "barriga da cerveja" vista em alguns indivíduos com excesso de peso. Uma parte do peritônio, o ***mesentério***, liga o intestino delgado à parede abdominal posterior (Fig. 19.3b).

CORRELAÇÕES CLÍNICAS | Peritonite

Uma causa comum de **peritonite**, uma inflamação aguda do peritônio, é a contaminação do peritônio por micróbios infecciosos, que resultam de feridas cirúrgicas ou acidentais na parede abdominal, ou de perfuração ou ruptura dos órgãos abdominais. •

TESTE SUA COMPREENSÃO

3. Em qual parte ao longo do trato GI, a túnica muscular é composta por músculo esquelético? O controle desse músculo esquelético é voluntário ou involuntário?
4. Onde estão localizados o peritônio visceral e o peritônio parietal?

19.3 Boca

OBJETIVOS

- Identificar as localizações das glândulas salivares e descrever as funções de suas secreções.
- Delinear a estrutura e as funções da língua.
- Listar as partes de um dente comum e comparar as dentições decídua e permanente.

A ***boca*** ou *cavidade oral* é formada pelas bochechas, palatos duro e mole e língua (Fig. 19.4). As bochechas formam as paredes laterais da cavidade oral. Os *lábios* são pregas carnudas em torno da abertura da boca. Bochechas e lábios são recobertos por pele, externamente, e por túnica mucosa, internamente. Durante a mastigação, os lábios e as bochechas auxiliam a manter o alimento entre os dentes superiores e inferiores. Além disso, auxiliam na fala.

O *palato duro*, que consiste nas maxilas e palatinos, compõe a maior parte da parede superior da boca. O restante é formado pelo *palato mole* muscular. Suspensa do palato mole encontra-se uma estrutura digitiforme, chamada *úvula*. Durante a deglutição, a úvula se move para cima com o palato mole, o que impede a entrada de alimentos e líquidos deglutidos na cavidade nasal. Na parte posterior do palato mole, a boca se abre na parte oral da faringe, por meio de um espaço chamado *fauces*. As *tonsilas palatinas* se encontram logo atrás dessa abertura.

Língua

A ***língua*** forma a parede inferior (assoalho) da cavidade oral. É um órgão digestório acessório, composta de músculos esqueléticos recobertos com túnica mucosa (ver Fig. 12.4).

Os músculos da língua movimentam o alimento para a mastigação, moldam o alimento em uma massa arredondada, forçam o alimento para a parte posterior da boca, para a deglutição, e alteram a forma e o tamanho da língua para a deglutição e a fala. O ***frênulo da língua***, uma prega de túnica mucosa na linha mediana da face inferior da língua, limita o movimento posteriormente (Fig. 19.4a). Se o frênulo da língua de uma pessoa é anormalmente curto ou rígido, diz-se que a pessoa tem "língua presa", por causa do prejuízo resultante à fala, o que é corrigido cirurgicamente. As tonsilas linguais se situam na raiz da língua (ver Fig. 12.4a). O dorso (a face superior) e os lados da língua são recobertos com projeções chamadas ***papilas***, algumas das quais contêm calículos gustatórios. Glândulas na língua secretam uma enzima chamada ***lipase lingual***, que inicia a digestão de triglicerídeos em ácidos graxos e diglicerídeos (glicerol mais dois ácidos graxos), quando no ambiente ácido do estômago.

Glândulas salivares

Os três pares de ***glândulas salivares*** são órgãos acessórios da digestão que se situam fora da boca e liberam suas secreções em ductos que se esvaziam na cavidade oral (ver Fig. 19.1). As ***glândulas parótidas*** estão localizadas inferior e anterior às orelhas, entre a pele e o músculo masseter.

As ***glândulas submandibulares*** são encontradas na parede inferior (assoalho) da boca; situam-se mediais e parcialmente inferiores à mandíbula. As ***glândulas sublinguais*** se situam abaixo da língua e acima das glândulas submandibulares.

O líquido secretado pelas glândulas salivares, chamado ***saliva***, é composto por 99,5% de água e 0,5% de solutos. A água na saliva ajuda a dissolver os alimentos, de modo que consigam ser degustados e as reações di-

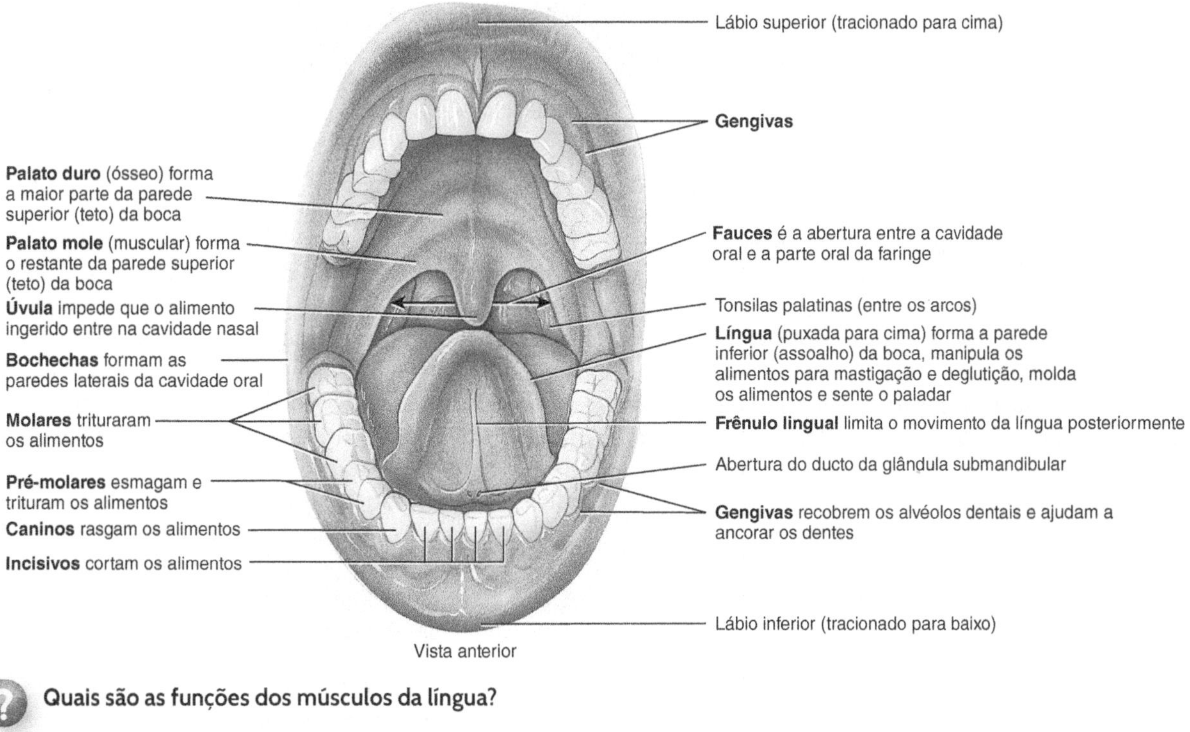

Quais são as funções dos músculos da língua?

Figura 19.4 Estruturas da boca (cavidade oral).

A boca é formada pelas bochechas, palatos duro e mole, e língua.

gestivas comecem. Um dos solutos, a enzima digestiva ***amilase salivar***, começa a digestão dos carboidratos na boca. O muco na saliva lubrifica o alimento, para que seja facilmente deglutido. A enzima lisozima destrói bactérias, protegendo, desse modo, a túnica mucosa da boca contra infecção e os dentes contra as cáries.

A secreção de saliva, chamada de ***salivação***, está sob controle da divisão autônoma do sistema nervoso. Normalmente, a estimulação parassimpática promove a secreção contínua de uma quantidade moderada de saliva, que mantêm as túnicas mucosas úmidas e lubrifica os movimentos da língua e lábios durante a fala. A estimulação simpática predomina durante o estresse, resultando no ressecamento da boca.*

Dentes

Os ***dentes*** são órgãos acessórios da digestão localizados nos alvéolos dentais da mandíbula e maxilas. Os alvéolos são recobertos pelas *gengivas* e estão alinhados com o *periodonto*. Esse tecido conectivo fibroso denso ancora os dentes ao osso (Fig. 19.5a).

Um dente normal possui três regiões externas principais: a coroa, raiz e colo. A ***coroa*** é a parte visível acima do nível das gengivas. A ***raiz*** consiste em uma a três projeções engastadas no alvéolo dental. O ***colo*** é a linha de junção entre a coroa e a raiz, próximo à linha da gengiva.

Internamente, a ***dentina*** forma a maior parte do dente. A dentina consiste em tecido conectivo calcificado, que dá ao dente sua forma básica e rigidez. A dentina da coroa é recoberta por ***esmalte***, que consiste basicamente em fosfato de cálcio e carbonato de cálcio. O esmalte, a substância mais dura no corpo e a mais rica em sais de cálcio (aproximadamente 95% do seu peso seco), protege o dente do desgaste da mastigação. Além disso, é uma barreira contra os ácidos que dissolvem facilmente a dentina. A dentina da raiz é recoberta com ***cemento***, uma substância semelhante ao osso, que fixa a raiz do dente ao periodonto. A dentina de um dente envolve a ***cavidade pulpar***, um espaço na coroa preenchido pela ***polpa***, um tecido conectivo que contém vasos sanguíneos, nervos e vasos linfáticos. As extensões estreitas da cavidade pulpar penetram na raiz do dente e são chamadas de ***canais da raiz do dente.*** Cada canal da raiz do dente possui uma abertura no ápice do dente, pela qual os vasos sanguíneos conduzem os nutrientes, vasos linfáticos oferecem proteção e os nervos produzem sensibilidade.

Os seres humanos possuem dois conjuntos de dentes. Os ***dentes decíduos*** ou *dentes de leite* começam a irromper por volta dos 6 meses de idade, e um par surge aproximadamente a cada mês, até que todos os 20 dentes estejam presentes (Fig. 19.5b). Geralmente, são perdidos na mesma sequência em que aparecem, entre os 6 e os 12 anos. Os ***dentes permanentes*** surgem entre os 6 anos e a idade adulta. Existem 32 dentes em uma dentição permanente completa (Fig. 19.5c).

Os seres humanos também possuem diferentes dentes para diferentes funções (ver Fig. 19.4). Os dentes ***incisivos*** (*centrais* e *laterais*) são os mais próximos da linha mediana, em forma de uma talhadeira, e são adaptados para cortar o alimento; os dentes ***caninos*** vêm após os incisivos e têm uma superfície pontiaguda (cúspide) para lacerar e rasgar o alimento; os dentes ***pré-molares*** têm duas cúspides para esmagar e triturar o alimento; e os ***dentes*** molares têm três ou mais cúspides cegas para esmagar e triturar o alimento.

> **CORRELAÇÕES CLÍNICAS | Tratamento de canal**
>
> **O tratamento de canal da raiz do dente** é um procedimento com múltiplas fases, em que todos os vestígios da polpa do dente são removidos da cavidade pulpar e dos canais da raiz do dente gravemente doente. Após fazer a abertura de um orifício no dente, os canais da raiz são esvaziados e lavados para remover as bactérias. Depois, os canais são tratados com medicamentos e selados firmemente. A coroa danificada é, em seguida, reparada. •

Digestão na boca

A digestão mecânica na boca resulta da ***mastigação***, na qual o alimento é manipulado pela língua, triturado pelos dentes e misturado à saliva. Como resultado, o alimento é reduzido a uma massa facilmente digerível, flexível e mole, chamada ***bolo***.

Os carboidratos dos alimentos são açúcares monossacarídeos ou dissacarídeos, ou polissacarídeos complexos, como o glicogênio e os amidos (ver Seção 2.2). A maior parte dos carboidratos que ingerimos é de amidos de origem vegetal, mas apenas os monossacarídeos (glicose, frutose e galactose) são absorvidos na corrente sanguínea. Desse modo, os amidos ingeridos devem ser decompostos em monossacarídeos. A amilase salivar começa a decomposição do amido, rompendo as ligações químicas específicas entre as subunidades da glicose. Os produtos resultantes incluem o dissacarídeo maltose (duas subunidades de glicose), o trissacarídeo maltotriose (três subunidades de glicose) e fragmentos maiores chamados de dextrinas (5 a 10 subunidades de glicose). A amilase salivar no alimento deglutido continua a agir durante aproximadamente uma hora, até ser inativada pelos ácidos do estômago.

TESTE SUA COMPREENSÃO

5. Quais estruturas formam a boca (cavidade oral)?
6. Como a secreção de saliva é regulada pelas partes parassimpática e simpática do SNA?
7. O que é um bolo? Como é formado?

*N. de R.T. A estimulação simpática promove um efeito transitório na secreção salivar. Inicialmente aumenta a secreção salivar, mas logo diminui a mesma pela vasoconstrição dos capilares que irrigam as glândulas salivares.

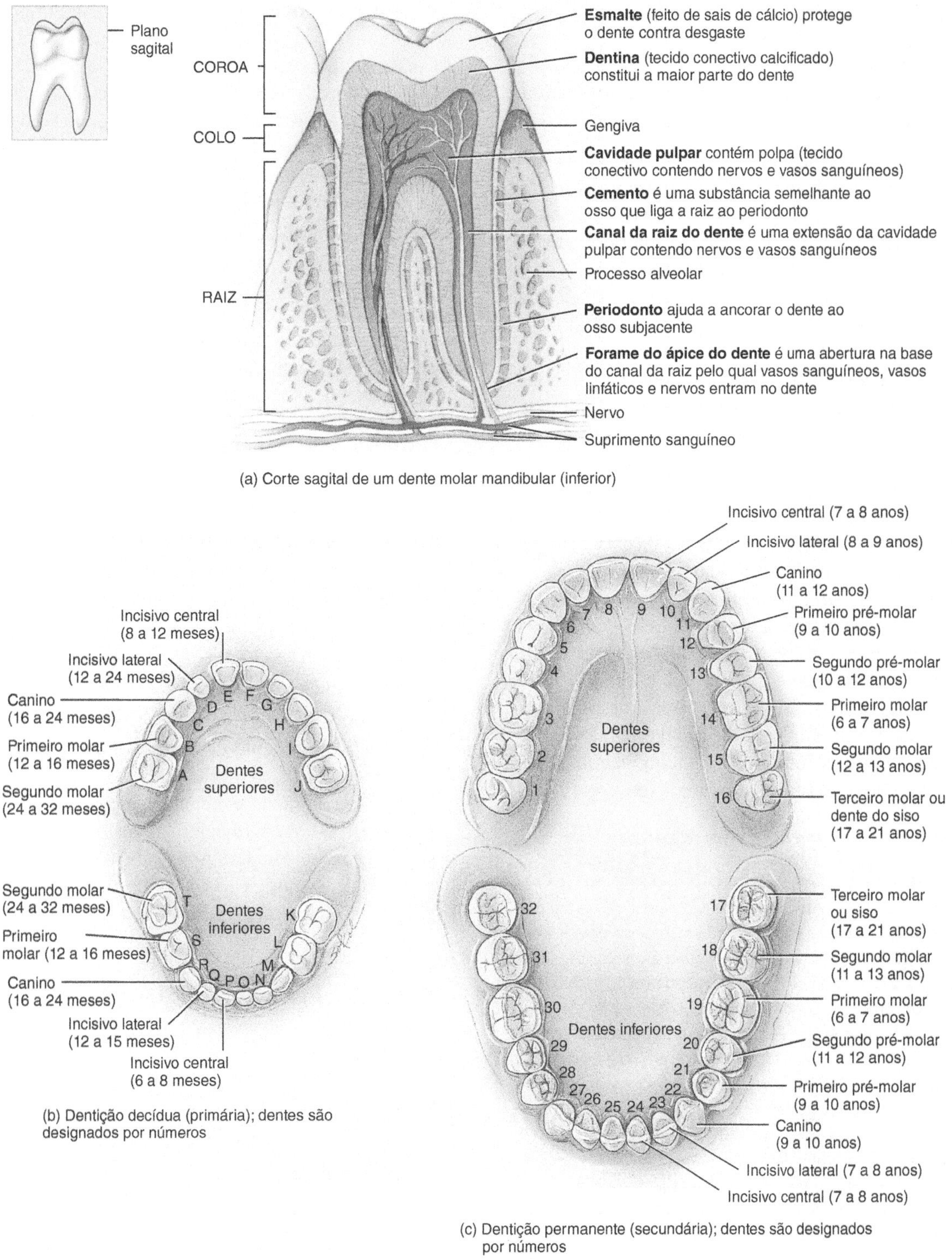

(a) Corte sagital de um dente molar mandibular (inferior)

(b) Dentição decídua (primária); dentes são designados por números

(c) Dentição permanente (secundária); dentes são designados por números

Qual tipo de tecido é o principal componente dos dentes?

Figura 19.5 Partes de um dente normal.

Existem 20 dentes em uma dentição decídua completa e 32 dentes em uma dentição permanente completa.

19.4 Faringe e esôfago

OBJETIVO

- Descrever a localização, a estrutura e as funções da faringe e do esôfago.

Quando o alimento é deglutido, passa da boca para a *faringe*, um tubo afunilado, composto por músculo esquelético e revestido por túnica mucosa. Estende-se dos cóanos até o esôfago posteriormente e, até a laringe anteriormente (Fig. 19.6a). A parte nasal da faringe participa da respiração (ver Fig. 18.2); o alimento que é deglutido passa da boca para as partes oral e laríngea da faringe, antes de passar para o esôfago. As contrações musculares das partes oral e laríngea da faringe ajudam a impulsionar o alimento para o esôfago.

O ***esôfago*** é um tubo muscular revestido por epitélio escamoso estratificado que se situa posterior à traqueia. Começa na extremidade final da parte laríngea da faringe, passa pelo mediastino e diafragma, e se conecta à parte superior do estômago. O esôfago transporta o alimento para o estômago e secreta muco. Em cada extremidade do esôfago, a túnica muscular forma dois músculos esfíncteres: o ***"músculo esfíncter superior do esôfago (ESE)"***,* que consiste em músculo esquelético, e o ***"músculo esfíncter inferior do esôfago (EIE)"*** ou *"músculo esfíncter cardíaco"* (próximo do coração), que consiste em músculo liso. O músculo esfíncter superior do esôfago regula o movimento do alimento da faringe para o esôfago; o "músculo esfíncter inferior do esôfago" regula o movimento do alimento do esôfago para o estômago.

CORRELAÇÕES CLÍNICAS | Doença por refluxo gastresofágico

Se o esfíncter inferior do esôfago não se fecha adequadamente após a entrada do alimento no estômago, o conteúdo do estômago pode refluir (voltar) à porção inferior do esôfago. Essa condição é conhecida como **doença por refluxo gastresofágico (DRGE)**. O ácido clorídrico do conteúdo do estômago irrita a parede esofágica, resultando em uma sensação de queimação, chamada **azia**, que é experimentada em uma região muito próxima do coração; no entanto, não está relacionada a qualquer problema cardíaco. A ingestão de álcool e o tabagismo provocam o relaxamento do esfíncter, piorando o problema. Os sintomas da DRGE, em geral, são controlados evitando-se alimentos que estimulem intensamente a secreção de ácidos pelo estômago (café, chocolate, tomate, alimentos gordurosos, suco de laranja, menta, hortelã e cebolas). Outras estratégias para redução do ácido, incluem tomar bloqueadores dos receptores da histamina do tipo 2 (H2), como Tagamet HB® ou Pepcid AC®, de 30 a 60 minutos antes das refeições para bloquear a secreção ácida, e a neutralização do ácido já secretado com antiácidos, como Tums® ou Maalox®. A DRGE pode estar associada ao câncer de esôfago. •

A ***deglutição*** é o movimento do alimento da boca até o estômago, que inclui a boca, faringe e esôfago, sendo auxiliada pela saliva e muco. A deglutição é dividida em três estágios: voluntário, faríngeo e esofágico.**

No ***estágio voluntário*** da deglutição, o bolo é forçado para a parte posterior da cavidade oral e para dentro da parte oral da faringe, pelo movimento da língua para cima e para trás contra o palato. Com a passagem do bolo para a parte oral da faringe, o ***estágio faríngeo*** involuntário da deglutição começa (Fig. 19.6b). A respiração é temporariamente interrompida, quando o palato mole e a úvula se movem para cima, fechando a comunicação com a parte nasal da faringe, a epiglote fecha a laringe, e as pregas vocais se aproximam. Após a passagem do bolo pela parte oral da faringe, as vias respiratórias reabrem e a respiração retorna. Uma vez que o "músculo esfíncter superior do esôfago" relaxa, o bolo entra no esôfago.

No ***estágio esofágico***, o alimento é empurrado pelo esôfago por um processo chamado ***peristalse*** (Fig. 19.6c):

1. As fibras da camada circular, no segmento acima do bolo se contraem, constringindo a parede do esôfago e espremendo o bolo para baixo.
2. As fibras da camada longitudinal, em torno da parte inferior do bolo, se contraem, diminuindo esse segmento abaixo do esôfago abaixo do bolo, empurrando suas paredes para fora.
3. Após o movimento do bolo para um novo segmento do esôfago, as fibras da camada circular acima dele se contraem, e o ciclo se repete. As contrações movem o bolo para baixo, ao longo do esôfago, em direção ao estômago. Assim que o bolo se aproxima do final do esôfago, o "músculo esfíncter inferior do esôfago" relaxa, e o bolo, entra no estômago.

TESTE SUA COMPREENSÃO

8. Como um bolo passa da boca para o estômago?

19.5 Estômago

OBJETIVO

- Descrever a localização, a estrutura e as funções do estômago.

O ***estômago*** é um alargamento em forma de "J", do trato GI, imediatamente inferior ao diafragma. O estômago conecta o esôfago ao duodeno, a primeira parte do intestino delgado (Fig. 19.7). Como uma refeição é ingerida muito mais rapidamente do que os intestinos conseguem digerir e absorver, uma das funções do estômago é servir como uma câmara de

*N. T. Os termos que não constam da Terminologia Anatômica oficial estão colocados entre aspas.

**N. de R.T. Mecanoreceptores da cavidade oral, língua e faringe ativam o reflexo da deglutição (involuntário) que é coordenado pelo centro da deglutição localizado no tronco encefálico.

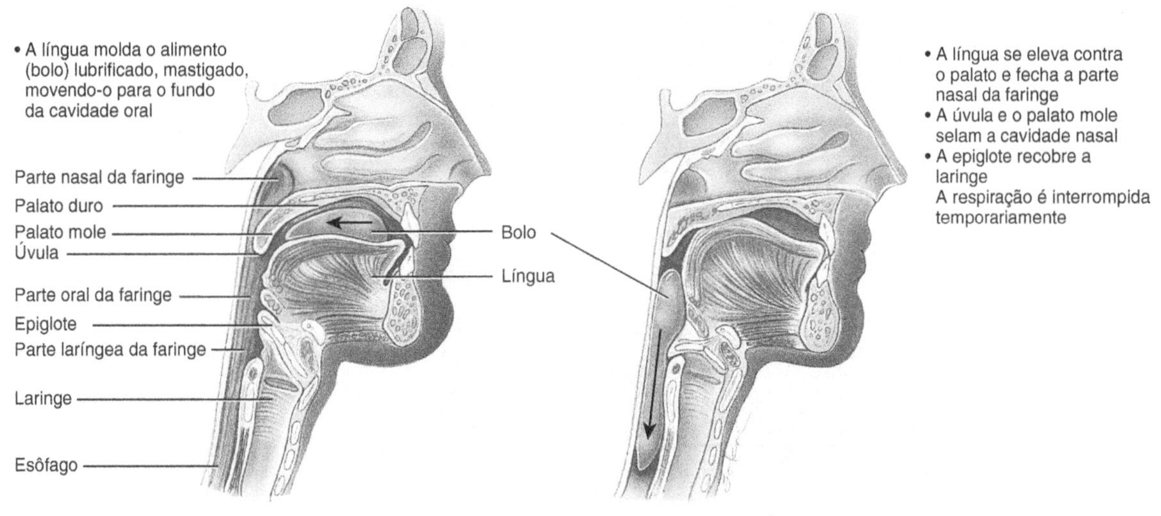

(a) Posição das estruturas durante o estágio voluntário da deglutição

(b) Estágio faríngeo da deglutição

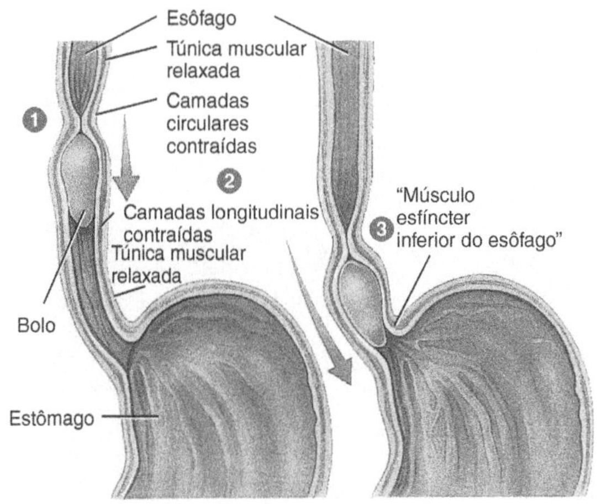

(c) Vista anterior dos cortes frontais da peristalse no esôfago

A deglutição é um ato voluntário ou involuntário?

Figura 19.6 Deglutição. Durante o estágio faríngeo da deglutição (b), a língua se eleva contra o palato, a parte nasal da faringe é fechada, a laringe se eleva, a epiglote fecha a laringe, e o bolo passa para o esôfago. Durante o estágio esofágico da deglutição (c), o alimento se move do esôfago para o estômago por meio da peristalse.

A deglutição move o alimento da boca para o estômago.

mistura e de reservatório de retenção. Em intervalos de tempos apropriados, após a ingestão do alimento, o estômago força uma pequena quantidade de material para o interior do duodeno. A posição e o tamanho do estômago variam continuamente; o diafragma o empurra para baixo a cada inspiração e o puxa para cima a cada expiração. O estômago é a parte mais elástica do trato GI e acomoda uma grande quantidade de alimento, até aproximadamente 6,4 litros.

Estrutura do estômago

O estômago possui quatro regiões principais: cárdia, fundo gástrico, corpo gástrico e piloro (Fig. 19.7). O ***cárdia*** envolve a abertura do esôfago para o estômago. O estômago se curva para cima. A região superior e à esquerda do cárdia é o ***fundo gástrico***. Inferior ao fundo se encontra a grande região central do estômago, chamada ***corpo gástrico***. A região mais inferior estreita é a ***parte pilórica***. A parte pilórica consiste no ***canal pilórico***, que se conecta ao corpo gástrico; ***antro pilórico***, que se liga ao canal pilórico; e o ***piloro***, que se liga ao duodeno. Entre o piloro e o duodeno se encontra o músculo ***esfíncter do piloro***.

A parede do estômago é composta pelas mesmas quatro camadas básicas que o restante do trato GI (túnica mucosa, tela submucosa, túnicas muscular e serosa), com diferenças específicas. Quando o estômago está vazio, a túnica mucosa fica com grandes dobras, chamadas ***pregas gástricas***. A superfície da túnica mucosa é uma camada de células epiteliais colunares simples não ciliadas, chamadas ***células mucosas superficiais*** (Fig. 19.8). As células epiteliais também se estendem para baixo e formam colunas de células secretoras, chamadas ***glândulas gástricas***, que revestem canais estreitos, chamados ***fovéolas gástricas***. As secreções das glândulas gástricas fluem para as fovéolas gástricas e, em seguida, para o lúmen do estômago.

As glândulas gástricas contêm três tipos de *células de glândulas exócrinas* que secretam seus produtos no lúmen do estômago: células mucosas do colo, células principais e células parietais (Fig. 19.8). As células mu-

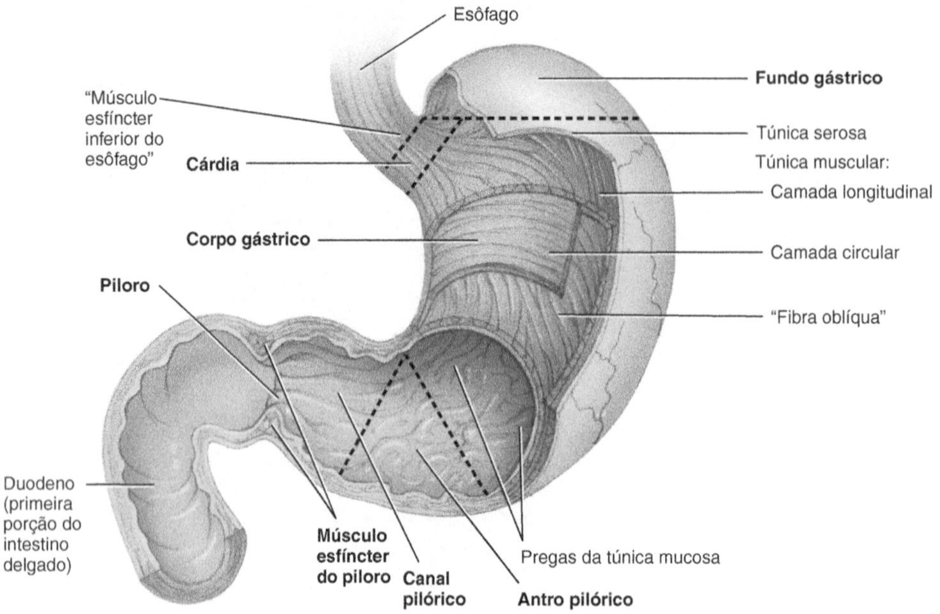

(a) Vista anterior das regiões do estômago

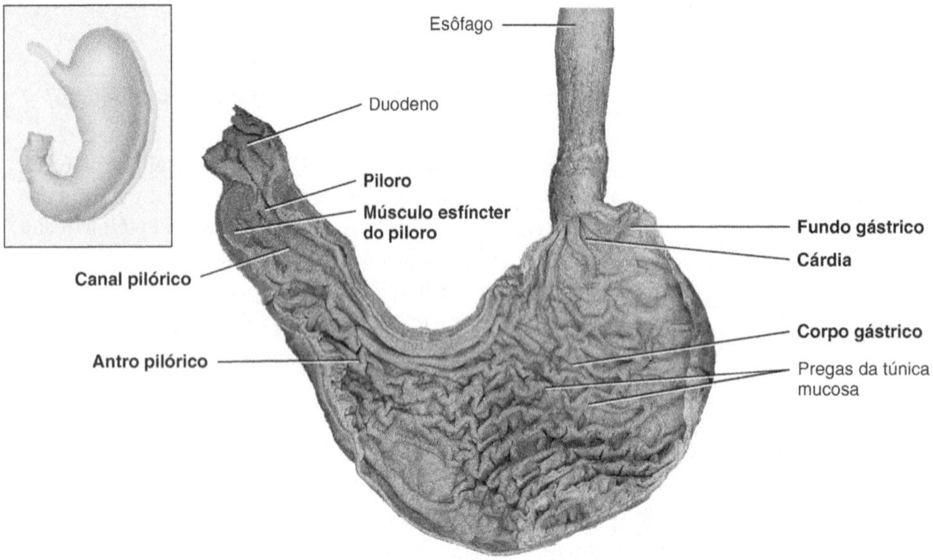

(b) Vista anterior da anatomia interna

FUNÇÕES DO ESTÔMAGO

1. Mistura saliva, alimentos e suco gástrico para formar o quimo.
2. Serve como um reservatório para o alimento antes da liberação no intestino delgado.
3. Secreta suco gástrico, que contém ácido clorídrico (HCl) (mata bactérias e desnatura proteínas); pepsina (começa a digestão de proteínas); fator intrínseco (auxilia na absorção de vitamina B_{12}); e lipase gástrica (auxilia na digestão de triglicerídeos).
4. Secreta gastrina no sangue.

Após uma farta refeição, o estômago ainda tem pregas?

Figura 19.7 Anatomia interna e externa do estômago. As linhas tracejadas indicam as margens aproximadas das regiões do estômago.

As quatro regiões do estômago são cárdia, fundo gástrico, corpo gástrico e piloro.

cosas superficiais e as ***células mucosas do colo*** secretam muco. As ***células principais*** secretam lipase gástrica e uma enzima gástrica inativa, chamada ***pepsinogênio***. As ***células parietais*** produzem o ácido clorídrico, que mata muitos micróbios no alimento e ajuda a converter o pepsinogênio na enzima digestiva ativa ***pepsina***. As células parietais também secretam um *fator intrínseco*, que participa na absorção da vitamina B_{12}. A produção inadequada de fator intrínseco resulta em anemia perniciosa, porque a vitamina B_{12} é necessária para a produção de eritrócitos. As secreções das células mucosas do colo, principais e parietais são coletivamente chamadas de ***suco gástrico***. As ***células G***, um quarto tipo de células nas glândulas gástricas, secretam o hormônio ***gastrina*** na corrente sanguínea.

A tela submucosa do estômago é composta por tecido conectivo areolar, que conecta a túnica mucosa à túnica muscular. A túnica muscular possui três estratos de músculo liso em vez de dois: uma camada longitudinal externa, uma camada circular média e uma fibra oblíqua interna (ver Fig. 19.7a). A túnica serosa que recobre o estômago, composta por epitélio escamoso simples e tecido conectivo areolar, faz parte do peritônio visceral.

Digestão e absorção no estômago

Alguns minutos após a entrada do alimento no estômago, ondas de peristalse passam sobre o estômago a cada 15 a 25 segundos. Poucas ondas peristálticas são observadas na região do fundo do estômago, que basicamente possui a função de armazenamento. Em vez disso, a maioria das ondas começa no corpo gástrico e se intensifica à medida que atinge o antro. Cada onda peristáltica move o conteúdo gástrico a partir do corpo gástrico para baixo em direção ao interior do antro, um processo conhecido como ***propulsão***. O músculo esfíncter do piloro permanece normalmente quase fechado, mas não completamente. Como a maioria das partículas de alimento no estômago, inicialmente, é muito grande para passar pelo músculo esfíncter estreito do piloro, é forçada de volta, para o interior do corpo gástrico, um processo referido como ***retropulsão***. Outra rodada de propulsão ocorre em seguida, movendo as partículas de alimentos de volta para baixo no interior do antro. Se as partículas de alimentos ainda forem demasiadamente grandes para passar pelo músculo esfíncter do piloro, a retropulsão ocorre novamente, à medida que

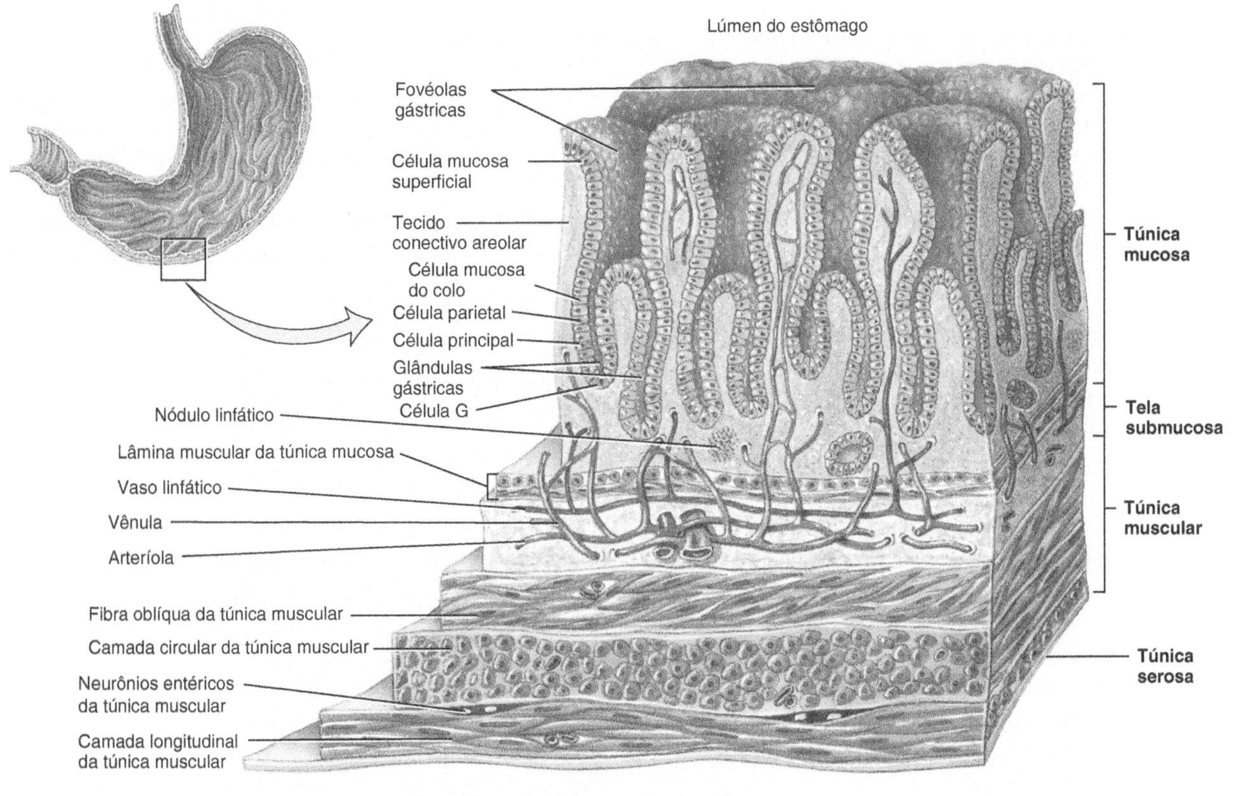

Qual camada do estômago está em contato com o alimento deglutido?

Figura 19.8 **Camadas do estômago.**

As secreções das glândulas gástricas fluem para as fovéolas gástricas e, em seguida, para o lúmen do estômago.

as partículas são espremidas para trás no interior do corpo gástrico. Em seguida, mais uma rodada de propulsão ocorre, e o ciclo continua a se repetir. O resultado efetivo desses movimentos é que os conteúdos gástricos são misturados com o suco gástrico, finalmente se tornando reduzidos a uma massa semilíquida, chamada ***quimo***.

Uma vez que as partículas de alimento no quimo são suficientemente pequenas, conseguem passar pelo músculo esfíncter pilórico, um fenômeno conhecido como ***esvaziamento gástrico***. O esvaziamento gástrico é um processo lento: apenas em torno de 3 mL de quimo se movimentam pelo músculo esfíncter do piloro de cada vez. Isso evita a sobrecarga do duodeno com mais quimo do que consegue processar. Os alimentos ricos em carboidratos passam o menor tempo no estômago; os ricos em proteínas permanecem um pouco mais; e o esvaziamento gástrico é mais lento após uma refeição contendo grande quantidade de gorduras.

CORRELAÇÕES CLÍNICAS | Vômito

O vômito é a expulsão forçada do conteúdo da parte superior do trato GI (estômago e, às vezes, duodeno) pela boca. Os estímulos mais fortes para o vômito são a irritação e a distensão excessiva do estômago. Outros estímulos incluem visões desagradáveis, anestesia geral, tontura e determinadas substâncias como a morfina. Os vômitos prolongados, especialmente em crianças e idosos, são graves, pois a perda de suco gástrico ácido leva à alcalose (pH do sangue mais alto do que o normal), desidratação e danos ao esôfago e dentes. •

O principal evento da digestão química no estômago é o início da digestão das proteínas pela enzima pepsina, que quebra as ligações peptídicas entre os aminoácidos das proteínas. Como resultado, as proteínas são fragmentadas em *peptídeos*, cadeias curtas de aminoácidos. A pepsina é mais eficaz no ambiente intensamente ácido do estômago, que tem um pH de 2. O que impede a pepsina de digerir as proteínas das células do estômago juntamente com o alimento? Em primeiro lugar, lembre-se de que as células principais secretam pepsina em uma forma inativa (pepsinogênio), que não é convertida em pepsina ativa até o contato com o ácido clorídrico no suco gástrico. Em segundo lugar, o muco secretado pelas células mucosas protege a túnica mucosa, formando uma barreira espessa entre as células de revestimento do estômago e o suco gástrico. A lipase lingual e a lipase gástrica digerem os triglicerídeos em ácidos graxos e diglicerídeos, no ambiente ácido do estômago.

As células epiteliais do estômago são impermeáveis à maioria dos materiais, de modo que ocorre pouca absorção. Entretanto, as células mucosas do estômago absorvem um pouco de água, íons e ácidos graxos de cadeia curta, bem como determinados fármacos (especialmente ácido acetilsalicílico) e álcool.

TESTE SUA COMPREENSÃO

9. Quais são os componentes do suco gástrico?
10. Qual é a função da pepsina? Por que é secretada em uma forma inativa?
11. Quais substâncias são absorvidas no estômago?

19.6 Pâncreas

OBJETIVO

- Descrever a localização, a estrutura e as funções do pâncreas.

Do estômago, o quimo passa para o intestino delgado. Como a digestão química, no intestino delgado, depende das atividades do pâncreas, fígado e vesícula biliar, primeiramente, consideraremos esses órgãos acessórios da digestão e suas contribuições para a digestão no intestino delgado.

Estrutura do pâncreas

O ***pâncreas*** se situa atrás do estômago (veja a Fig. 19.1). As secreções passam do pâncreas para o duodeno, via ***ducto pancreático***, que se une ao ducto biliar a partir do fígado e da vesícula biliar, formando a ampola hepatopancreática, que entra no duodeno (Fig. 19.9).

O pâncreas é formado por pequenas aglomerações de células epiteliais glandulares, cuja maioria está disposta em aglomerações, chamada ***ácinos***. Os ácinos constituem a porção *exócrina* do pâncreas (ver Fig. 13.11). As células no interior dos ácinos secretam uma mistura de líquido e enzimas digestivas, chamada ***suco pancreático.*** O remanescente 1% das células é organizado em aglomerações, chamadas ***ilhotas pancreáticas*** (*ilhotas de Langerhans*), a porção *endócrina* do pâncreas. Essas células secretam os hormônios glucagon, insulina, somatostatina e polipeptídeo pancreático, que são discutidos na Seção 13.6.

Suco pancreático

O ***suco pancreático*** é um líquido claro que consiste principalmente em água, alguns sais, bicarbonato de sódio e enzimas. Os íons de bicarbonato dão ao suco pancreático um pH levemente alcalino (entre 7,1 e 8,2), que inativa a pepsina do estômago e cria o ambiente ideal para a atividade enzimática no intestino delgado. As enzimas do suco pancreático incluem uma enzima que dissolve o amido, chamada ***amilase pancreática***; várias enzimas que dissolvem proteínas, incluindo ***tripsina***, ***quimotripsina*** e ***carboxipeptidase***; a principal enzima que dissolve triglicerídeos nos adultos, chamada ***lipase pancreática***; e as enzimas que dissolvem ácidos nucleicos, chamadas ***ribonuclease*** e ***desoxirribonuclease***. As enzimas que dissolvem as proteínas são produzidas na forma inativa, o que impede a dissolução

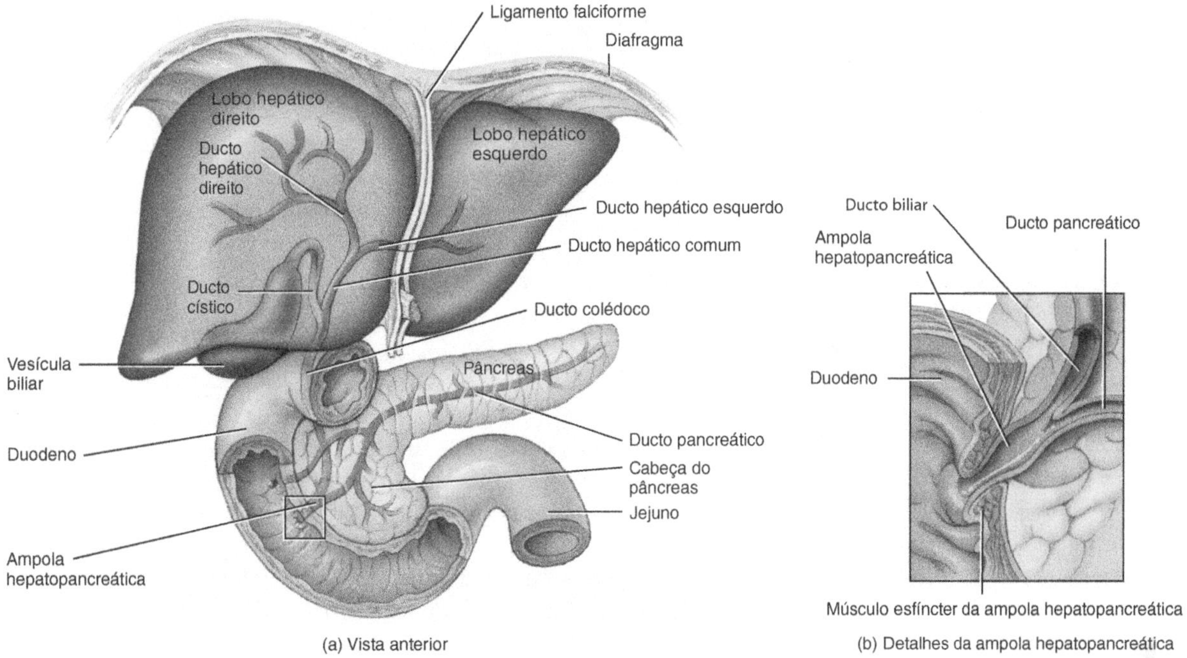

Quais substâncias estão presentes no suco pancreático?

Figura 19.9 **Relação do pâncreas com o fígado, vesícula biliar e duodeno.** A inserção mostra detalhes do ducto biliar e do ducto pancreático, formando a ampola hepatopancreática.

O suco pancreático, no ducto pancreático, e a bile, no ducto biliar, fluem para a ampola hepatopancreática e, em seguida, para o duodeno.

do próprio pâncreas. Ao alcançar o intestino delgado, a forma inativa da tripsina é ativada por uma enzima, chamada ***enteroquinase***. Por sua vez, a tripsina ativa as outras enzimas pancreáticas que dissolvem as proteínas.

CORRELAÇÕES CLÍNICAS | Câncer de pâncreas

O câncer de pâncreas, em geral, afeta pessoas acima dos 50 anos de idade e ocorre com mais frequência nos homens. Na maioria dos casos, existem poucos sintomas antes que o distúrbio atinja um estágio avançado e, geralmente, não até que tenha se espalhado para outras partes do corpo, como linfonodos, fígado ou pulmões. A doença é quase sempre fatal, sendo a quarta causa mais comum de morte por câncer nos Estados Unidos.* O câncer de pâncreas está ligado a alimentos gordurosos, consumo excessivo de álcool, fatores genéticos, fumo e pancreatite crônica (inflamação do pâncreas). •

*N. de R.T. No Brasil, o câncer de pâncreas representa 2% de todos os tipos de câncer diagnosticados e 4% do total de mortes por essa doença (www2.inca.gov.br).

TESTE SUA COMPREENSÃO

12. O que são os ácinos pancreáticos? Como suas funções são diferentes daquelas das ilhotas pancreáticas?
13. Qual é a função do suco pancreático na digestão?

19.7 Fígado e vesícula biliar

OBJETIVO

- Descrever a localização, estrutura e funções do fígado e vesícula biliar.

Em um adulto médio, o ***fígado*** pesa 1,4 kg e, depois da pele, é o segundo maior órgão do corpo. Está localizado abaixo do diafragma, em sua maior parte no lado direito do corpo. Uma cápsula de tecido conectivo recobre o fígado, sendo, por sua vez, recoberta pelo peritônio, a túnica serosa que recobre a maior parte das vísceras. A ***vesícula biliar*** é um saco piriforme, que pende da margem frontal inferior do fígado (ver Fig. 19.9). Funcionalmente, a vesícula biliar armazena, concentra e secreta bile no duodeno. A bile auxilia na digestão e absorção de gorduras.

Estrutura do fígado e da vesícula biliar

Microscopicamente, o fígado é formado por diversos componentes (Fig. 19.10):

1. ***Hepatócitos.*** São células funcionais importantes do fígado que realizam funções endócrinas, metabólicas e secretoras.

2. ***Canalículos bilíferos.*** São pequenos ductos entre os hepatócitos que coletam a bile produzida pelos hepatócitos. Dos canalículos bilíferos, a bile passa para os *ductos biliares*. Os ductos biliares se unem e formam os *ductos hepáticos esquerdo e direito*, que se unem e deixam o fígado como o *ducto hepático comum*. O ducto hepático comum se une ao *ducto cístico* da vesícula biliar para formar o *ducto biliar*. A partir daqui, a bile entra na *ampola hepatopancreática* para entrar no duodeno do intestino delgado, para participar na digestão (veja a Fig. 19.9). Quando o intestino delgado está vazio, o músculo esfíncter em torno da ampola hepatopancreática, na entrada do duodeno se fecha, e a bile retorna no ducto cístico para a vesícula biliar, para armazenamento.
3. **Sinusoides hepáticos.** Estes são capilares altamente permeáveis entre as fileiras de hepatócitos que recebem sangue oxigenado dos ramos da artéria hepática e sangue desoxigenado rico em nutrientes dos ramos da veia porta do fígado. Lembre-se de que a veia porta do fígado traz sangue venoso dos órgãos gastrintestinais para o fígado. Os sinusoides hepáticos convergem e entregam sangue na ***veia central***. Das veias centrais, o sangue flui para as ***veias hepáticas***, que drenam para a veia cava inferior (ver Fig. 16.16). Fagócitos fixos, chamados ***células reticuloendoteliais estreladas*** (*Kupffer*), também estão presentes nos sinusoides hepáticos. Os fagócitos destroem leucócitos e eritrócitos desgastados, bactérias e outras substâncias estranhas no sangue venoso drenado a partir do trato gastrintestinal.

Bile

Os sais biliares, na ***bile***, auxiliam na ***emulsificação***, a decomposição de grandes glóbulos de lipídeos em uma suspensão de pequenos glóbulos de lipídeos, e na absorção de lipídeos após sua digestão. Os pequenos glóbulos de lipídeos formados como resultado da emulsificação apresenta uma área de superfície muito grande, de modo que a lipase pancreática consegue dissolvê-los rapidamente. O principal pigmento da bile é a ***bilirrubina***, derivada do grupo heme. Quando os eritrócitos desgastados são decompostos, ferro, globina e bilirrubina são liberados. O ferro e a globina são reciclados, mas parte da bilirrubina é excretada na bile. A bilirrubina finalmente é degradada no intestino, e um de seus produtos de degradação, a estercobilina, dá às fezes sua cor marrom normal (ver Fig. 14.3). Após

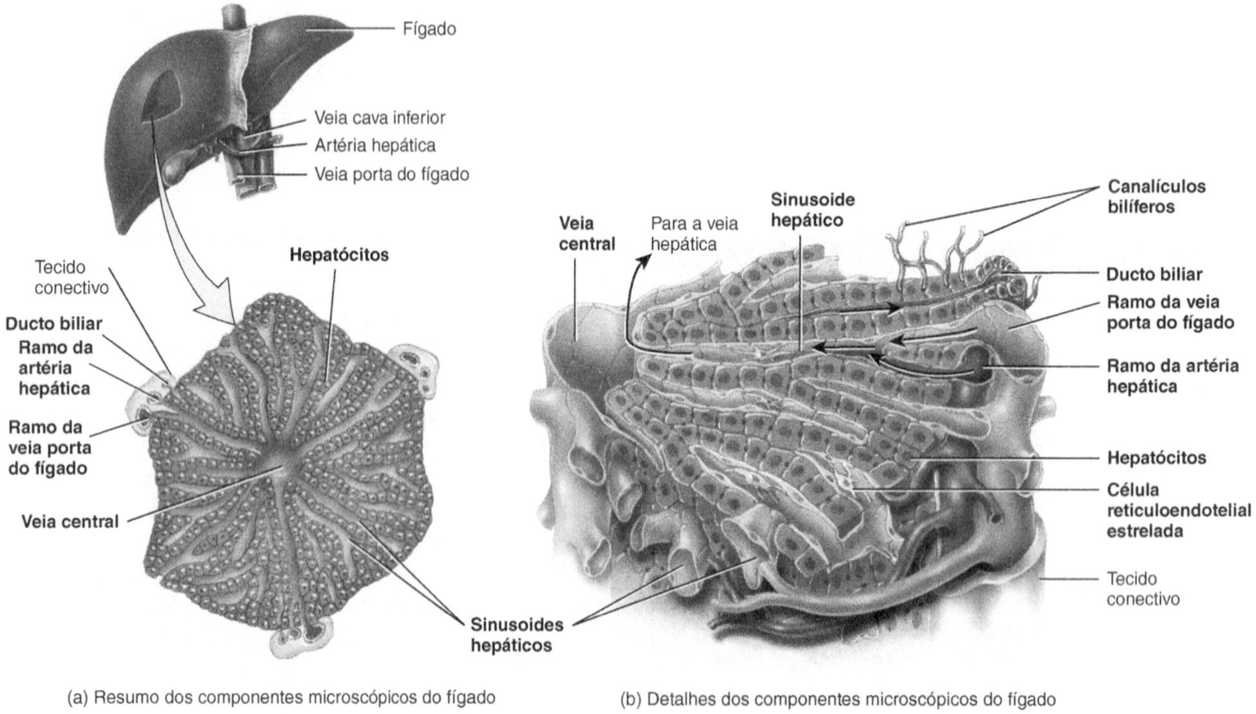

Quais células, no fígado, são fagócitos?

Figura 19.10 Estruturas microscópicas do fígado.

Um lóbulo hepático consiste nos hepatócitos dispostos em torno de uma veia central.

funcionarem como agentes emulsificantes, a maioria dos sais biliares é reabsorvida, por meio de transporte ativo, na porção final do intestino delgado (íleo) e, entra no sangue que flui para o fígado.

CORRELAÇÕES CLÍNICAS | Cálculos biliares

Se a bile contém insuficiência de sais biliares ou de lecitina, ou excesso de colesterol, o colesterol pode cristalizar e formar **cálculos biliares**. À medida que aumentam em tamanho e quantidade, os cálculos biliares podem provocar obstrução mínima ou completa do fluxo de bile proveniente da vesícula biliar para o duodeno. O tratamento consiste no uso de fármacos que dissolvem os cálculos biliares, litotripsia (terapia por ondas de choque), ou cirurgia. Para as pessoas com uma história de cálculos biliares ou para aqueles em que fármacos e litotripsia não são opções, é necessário **colecistectomia**, a remoção da vesícula biliar e de seu conteúdo. Mais de meio milhão de colecistectomias são realizadas a cada ano nos Estados Unidos. Para evitar os efeitos colaterais resultantes da perda da vesícula biliar, os pacientes devem fazer alterações no estilo de vida e alimentação, incluindo o seguinte: (1) limitar a ingestão de gordura saturada; (2) evitar o consumo de bebidas alcoólicas; (3) comer quantidades menores de alimentos durante a refeição e comer cinco ou seis pequenas refeições por dia, em vez de duas a três refeições maiores; e (4) tomar suplementos vitamínicos e minerais. •

Funções do fígado

O fígado desempenha muitas outras funções vitais, além da secreção de bile e sais biliares e da fagocitose de bactérias e material estranho ou morto pelas células reticuloendoteliais estreladas. Muitas dessas funções estão relacionadas ao metabolismo e são discutidas no Capítulo 20. Resumidamente, contudo, as outras funções vitais do fígado incluem as seguintes:

- **Metabolismo dos carboidratos.** O fígado é especialmente importante para manter um nível normal de glicose no sangue. Quando a glicose está baixa, o fígado pode decompor o glicogênio em glicose e liberá-la na corrente sanguínea. O fígado também converte determinados aminoácidos e o ácido lático em glicose, e converte outros açúcares, como a frutose e a galactose, em glicose. Quando a glicose está elevada, como ocorre logo após uma refeição, o fígado converte a glicose em glicogênio e em triglicerídeos para armazenamento.
- **Metabolismo dos lipídeos.** Os hepatócitos armazenam alguns triglicerídeos, decompõem ácidos graxos para produzir ATP, sintetizam lipoproteínas que transportam ácidos graxos, triglicerídeos e colesterol para dentro e para fora das células do corpo, sintetizam colesterol e utilizam colesterol para produzir sais biliares.
- **Metabolismo proteico.** Os hepatócitos removem o grupo amino ($-NH_2$) dos aminoácidos, para que estes sejam usados na produção de ATP ou convertidos em carboidratos ou gorduras. Além disso, convertem a amônia (NH_3) tóxica resultante em ureia, muito menos tóxica, eliminada na urina. Os hepatócitos também sintetizam a maioria das proteínas plasmáticas, como globulinas, albumina, protrombina e fibrinogênio.
- **Processamento de fármacos e hormônios.** O fígado desintoxica substâncias como o álcool ou secreta fármacos, como penicilina, eritromicina e sulfonamidas na bile. Além disso, inativam hormônios tireoidianos e esteroides, como estrogênios e aldosterona.
- **Excreção de bilirrubina.** A bilirrubina, derivada do grupo heme dos eritrócitos senis, é absorvida pelo fígado, no sangue, e secretada na bile. A maior parte da bilirrubina na bile é metabolizada pelas bactérias no intestino delgado e eliminada nas fezes.
- **Armazenamento de vitaminas e minerais.** Além do glicogênio, o fígado armazena determinadas vitaminas (A, D, E e K) e minerais (ferro e cobre), que são liberados pelo fígado quando necessários em outro local do corpo.
- **Ativação da vitamina D.** A pele, fígado e rins participam da síntese da forma ativa da vitamina D.

CORRELAÇÕES CLÍNICAS | Testes de função hepática

Os **testes de função hepática** são testes de sangue, cujo propósito é determinar a presença de determinadas substâncias químicas (enzimas e proteínas) liberadas pelos hepatócitos. Esses testes são usados para avaliar e monitorar doenças ou lesões no fígado. Causas comuns do número elevado de enzimas do fígado incluem medicamentos anti-inflamatórios não esteroides, medicamentos que reduzem o colesterol, alguns antibióticos, álcool, diabetes, infecções (hepatite viral e mononucleose), cálculos biliares, tumores do fígado e uso excessivo de suplementos de ervas como kava, confrei, poejo, raiz de dente de leão, *Scutellaria lateriflora (skullcap)* e efedra. •

TESTE SUA COMPREENSÃO

14. Como o fígado e a vesícula biliar se conectam ao duodeno?
15. Qual é a função da bile?
16. Liste as principais funções do fígado.

19.8 Intestino delgado

OBJETIVO

- Descrever a localização, estrutura e funções do intestino delgado.

Em um período de 2 a 4 horas após uma refeição, o estômago esvaziou seu conteúdo no intestino delgado, no qual ocorrem os principais eventos da digestão e absorção. O ***intestino delgado*** mede aproximadamente 2,5 cm de diâmetro; 3 m de comprimento em uma pessoa viva, e em torno de 6,5 m de comprimento em um cadáver, decorrente da diferença no tônus muscular após a morte.

Estrutura do intestino delgado

O intestino delgado possui três porções (Fig. 19.11): o duodeno, o jejuno e o íleo. A primeira porção do intestino delgado, o ***duodeno***, é a parte mais curta (aproximadamente 25 cm), e se prende ao piloro do estômago.

O termo *duodeno* significa "doze"; a estrutura é assim chamada porque tem aproximadamente 12 dedos de largura. O ***jejuno*** possui aproximadamente 1,2 metro de comprimento e é assim chamado porque está vazio no morto. Situa-se em sua maior parte, no quadrante superior esquerdo do abdome (ver Fig. 1.12). A parte final do intestino delgado, o ***íleo***, mede em torno de 1,65 metro e se une ao intestino grosso no nível da ***papila ileal***. O íleo se situa, em sua maior parte, no quadrante inferior direito do abdome.

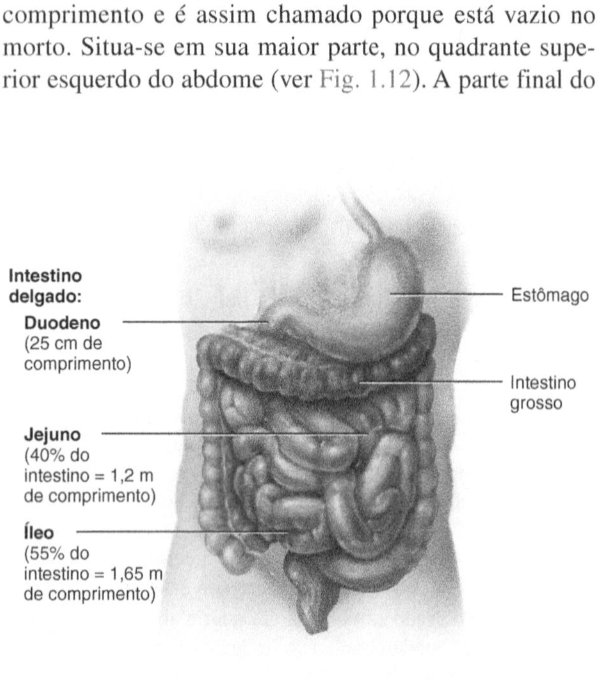

FUNÇÕES DO INTESTINO DELGADO

1. Segmentações misturam o quimo com os sucos digestivos e colocam o alimento em contato com a túnica mucosa para absorção; a peristalse impulsiona o quimo pelo intestino delgado.
2. Completa a digestão de carboidratos (amidos), proteínas e lipídeos; começa e termina a digestão dos ácidos nucleicos.
3. Absorve aproximadamente 90% de nutrientes e água.

Em qual quadrante o íleo está localizado?

Figura 19.11 Anatomia externa e interna do intestino delgado.

A maior parte da digestão e absorção ocorre no intestino delgado.

A parede do intestino delgado é composta pelas mesmas quatro camadas que formam a maior parte do trato GI: tela submucosa, túnicas mucosa, muscular e serosa (Fig. 19.12c). A camada epitelial da túnica mucosa do intestino delgado é formada por epitélio colunar simples que contém muitos tipos de células. ***Células absortivas*** do epitélio liberam enzimas para digerir o alimento e contêm microvilosidades para absorver nutrientes no quimo do intestino delgado. As ***células caliciformes***, que secretam muco, também estão presentes no epitélio. A túnica mucosa do intestino delgado contém ***glândulas intestinais***, cavidades profundas revestidas por células epiteliais que secretam suco intestinal. Além das células absortivas e caliciformes, as glândulas intestinais também contêm três tipos de células endócrinas que secretam hormônios na corrente sanguínea: ***células S***, ***células CCK*** e ***células K*** (que secretam ***peptídeo insulinotrófico dependente de glicose (GIP)***), respectivamente (ver Tab. 19.2 para secretina e CCK, e Tab. 13.3 para GIP). O tecido conectivo areolar da túnica mucosa do intestino delgado possui uma abundância de tecido linfático, que ajuda a defender contra os patógenos no alimento. A tela submucosa do duodeno contém ***glândulas duodenais*** que secretam muco alcalino, o que ajuda a neutralizar o ácido gástrico no quimo. A túnica muscular no intestino delgado é formada por duas camadas de músculo liso – uma camada de fibras longitudinais externas e uma camada de fibras circulares internas. A túnica serosa é composta por tecido conectivo areolar e epitélio escamoso simples.

Embora a parede do intestino delgado seja composta pelas mesmas quatro camadas básicas do resto do trato GI, características estruturais especiais do intestino delgado facilitam o processo de digestão e absorção. Essas características estruturais incluem pregas circulares, vilosidades e microvilosidades. As ***pregas circulares*** são cristas permanentes da túnica mucosa e tela submucosa que intensificam a absorção ao aumentar a área de superfície, levando o quimo a formar uma espiral, em vez de se mover em linha reta, à medida que passa pelo intestino delgado (Fig. 19.12a, b). Além disso, estão presentes no intestino delgado numerosas ***vilosidades***, projeções digitiformes da túnica mucosa que aumentam a área da superfície do epitélio intestinal (Fig. 19.12b, c). Cada vilosidade consiste em uma camada de epitélio colunar simples em torno de um núcleo de tecido conectivo areolar. No interior do núcleo existe uma arteríola, uma vênula, uma rede de capilares sanguíneos e um ***lácteo***, um vaso capilar linfático. Os nutrientes absorvidos pelas células epiteliais que recobrem a vilosidade passam pela parede de um capilar sanguíneo ou de um lácteo para

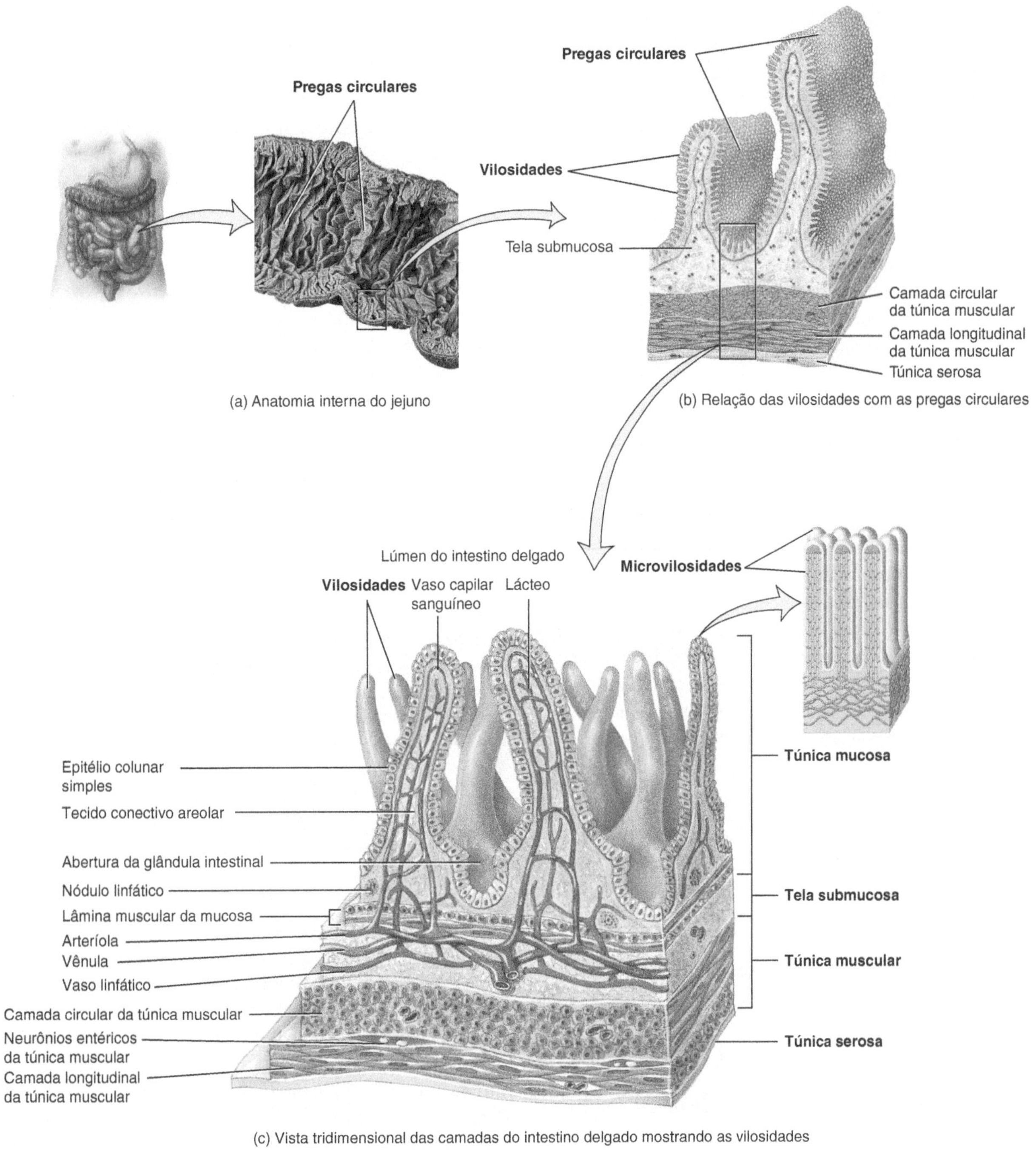

Onde estão localizadas as células que absorvem os nutrientes alimentares?

Figura 19.12 **Estrutura do intestino delgado.**

As pregas circulares, vilosidades e microvilosidades aumentam a área de superfície para a digestão e absorção no intestino delgado.

entrar no sangue ou na linfa, respectivamente. Além das pregas circulares e das vilosidades, o intestino delgado também possui ***microvilosidades***, projeções minúsculas da membrana plasmática das células absortivas que aumentam a área de superfície dessas células (ver Fig. 19.12c). Quando vistas em um microscópio óptico, as microvilosidades são demasiadamente pequenas para serem vistas individualmente; em vez disso, formam uma linha difusa, chamada ***borda em escova***, que se prolonga para dentro do lúmen do intestino delgado. Como as microvilosidades aumentam muito a área de superfície da membrana plasmática, grandes quantidades de nutrientes digeridos se difundem para as células absortivas em um dado período de tempo.

Suco intestinal

O ***suco intestinal***, secretado pelas glândulas intestinais, é um líquido aquoso amarelo-claro, com um pH levemente alcalino (7,6), contendo um pouco de muco. O pH alcalino do suco intestinal é decorrente do alto conteúdo de íons bicarbonato (HCO_3^-) no suco pancreático. Juntos, os sucos pancreático e intestinal proporcionam um meio líquido que auxilia na absorção das substâncias do quimo, à medida que entram em contato com as microvilosidades. As enzimas intestinais são sintetizadas nas células absortivas que revestem as vilosidades (enzimas da borda em escova). A maior parte da digestão, pelas enzimas do intestino delgado, ocorre no interior ou na superfície dessas células absortivas.

Digestão mecânica no intestino delgado

Dois tipos de movimentos contribuem para a motilidade intestinal no intestino delgado: movimentos segmentares e peristálticos. Os movimentos ***segmentares*** são contrações localizadas, que agitam o quimo para frente e para trás, misturando-o com os sucos digestivos, colocando as partículas alimentares em contato com a túnica mucosa para absorção. Esses movimentos são similares à compressão alternada das extremidades opostas de um tubo de pasta de dente. Não empurram o conteúdo intestinal ao longo do trato.

Após a absorção da maior parte de uma refeição, os movimentos segmentares cessam; a peristalse começa na porção inferior do estômago e empurra o quimo para frente, ao longo de uma pequena extensão de intestino delgado. A onda peristáltica migra lentamente para a parte inferior do intestino delgado, atingindo a extremidade do íleo em 90 a 120 minutos. Em seguida, outra onda peristáltica começa no estômago. Ao todo, o quimo permanece de 3 a 5 horas no intestino delgado.

Digestão química no intestino delgado

O quimo que entra no intestino delgado contém carboidratos, lipídeos e proteínas parcialmente digeridos. A conclusão da digestão no intestino delgado é um esforço coletivo do suco pancreático, bile e suco intestinal. Assim que a digestão termina, os produtos finais estão prontos para absorção.

Amidos e dextrinas não reduzidos à maltose, no momento em que o quimo deixa o estômago, são clivados pela ***amilase pancreática***, uma enzima do suco pancreático que age no intestino delgado. Três enzimas localizadas na superfície das células absortivas do intestino delgado completam a digestão dos dissacarídeos, decompondo-os em monossacarídeos, que são suficientemente pequenos para absorção. A ***maltase*** cliva a maltose em duas moléculas de glicose. A ***sacarase*** decompõe a sacarose em uma molécula de glicose e uma molécula de frutose. A ***lactase*** cliva a lactose em uma molécula de glicose e uma molécula de galactose.

CORRELAÇÕES CLÍNICAS | Intolerância à lactose

Em algumas pessoas, as células absortivas do intestino delgado não conseguem produzir lactase suficiente. Isso resulta em uma condição chamada **intolerância à lactose**, na qual a lactose não digerida no quimo retém líquidos nas fezes, e a fermentação bacteriana da lactose produz gases. Os sintomas da intolerância à lactose incluem diarreia, gases, arrotos e cólicas abdominais após o consumo de leite e outros laticínios. A gravidade dos sintomas varia de relativamente leve a suficientemente grave, a ponto de necessitar de cuidados médicos. •

As enzimas no suco pancreático (tripsina, quimotripsina, elastase e carboxipeptidase) continuam a digestão das proteínas iniciada no estômago, embora suas ações sejam um pouco diferentes, pois cada uma rompe as ligações peptídicas entre diferentes aminoácidos. A digestão das proteínas é completada pelas ***peptidases***, enzimas produzidas pelas células absortivas que revestem as vilosidades. Os produtos finais da digestão das proteínas são aminoácidos, dipeptídeos e tripeptídeos.

Em um adulto, a maior parte da digestão dos lipídeos ocorre no intestino delgado. Na primeira fase da digestão lipídica, os sais biliares emulsificam grandes glóbulos de triglicerídeos e lipídeos em pequenos glóbulos, dando fácil acesso à ação da lipase pancreática. Lembre-se de que os triglicerídeos consistem em uma molécula de glicerol com três ácidos graxos acoplados (ver Fig. 2.10). Na segunda fase, a ***lipase pancreática*** (encontrada no suco pancreático), cliva cada molécula de triglicerídeo, removendo dois dos três ácidos graxos do glicerol; o terceiro ácido graxo permanece conectado ao glicerol. Desse modo, os ácidos graxos e os monoglicerídeos são os produtos finais da digestão dos triglicerídeos.

O suco pancreático contém duas nucleases: a ribonuclease, que digere o RNA, e a desoxirribonuclease, que digere o DNA. Os nucleotídeos resultantes da ação dessas nucleases são ainda mais digeridos pelas enzimas do intestino delgado em pentoses, fosfatos e bases nitrogenadas.

A Tabela 19.1 resume as enzimas que contribuem para a digestão.

Absorção no intestino delgado

Todas as fases mecânicas e químicas da digestão, da boca ao intestino delgado, são dirigidas para transformar o alimento em moléculas que sofrem ***absorção.*** Lembre-se que a absorção se refere ao movimento de pequenas moléculas pelas células epiteliais absortivas da túnica mucosa para os vasos sanguíneos e linfáticos subjacentes. Aproximadamente 90% de toda a absorção ocorrem no intestino delgado. Os outros 10% ocorrem no estômago e no intestino grosso. A absorção no intestino delgado ocorre por difusão simples, difusão facilitada, osmose e transporte ativo. Qualquer material não digerido ou não absorvido deixado no intestino delgado é transportado para o intestino grosso.

Absorção de monossacarídeos

Todos os carboidratos são absorvidos como monossacarídeos. A glicose e a galactose são transportadas para as células absortivas das vilosidades por transporte ativo. A frutose é transportada por difusão facilitada (Fig. 19.13a). Após a absorção, os monossacarídeos são transportados para fora das células epiteliais por difusão facilitada e penetram nos capilares sanguíneos, que drenam nas vênulas das vilosidades. Dali, os monossacarídeos são transportados ao fígado pela veia porta do fígado e, em seguida, pelo coração e para a circulação geral (Fig. 19.13b). Lembre-se, do Capítulo 16, no qual o fígado processa as substâncias que recebe da veia porta do fígado antes de passarem para a circulação geral.

Absorção de aminoácidos

As enzimas decompõem as proteínas alimentares em aminoácidos, dipeptídeos e tripeptídeos, que são absorvidos principalmente no duodeno e jejuno. Aproximadamente metade dos aminoácidos absorvidos está presente

TABELA 19.1

Resumo das enzimas digestivas

ENZIMA	ORIGEM	SUBSTRATO	PRODUTO
Digestão de carboidratos			
Amilase salivar	Glândulas salivares	Amidos	Maltose (dissacarídeo), maltotriose (trissacarídeo) e dextrinas
Amilase pancreática	Pâncreas	Amidos	Maltose, maltotriose e dextrinas
Maltase	Intestino delgado	Maltose	Glicose
Sacarase	Intestino delgado	Sacarose	Glicose e frutose
Lactase	Intestino delgado	Lactose	Glicose e galactose
Digestão de proteínas			
Pepsina	Estômago (células principais)	Proteínas	Peptídeos
Tripsina	Pâncreas	Proteínas	Peptídeos
Quimotripsina	Pâncreas	Proteínas	Peptídeos
Carboxipeptidase	Pâncreas	Aminoácido terminal na extremidade carboxila (ácida) dos peptídeos	Peptídeos e aminoácidos
Peptidases	Intestino delgado	Aminoácido terminal na extremidade amino dos peptídeos e dipeptídeos	Peptídeos e aminoácidos
Digestão de lipídeos			
Lipase lingual	Língua	Triglicerídeos (gorduras)	Ácidos graxos e monoglicerídeos
Lipase pancreática	Pâncreas	Triglicerídeos (gorduras) que foram emulsificados por sais biliares	Ácidos graxos e monoglicerídeos
Nucleases			
Ribonuclease	Pâncreas	Nucleotídeos do RNA	Pentoses e bases nitrogenadas
Desoxirribonuclease	Pâncreas	Nucleotídeos do DNA	Pentoses e bases nitrogenadas

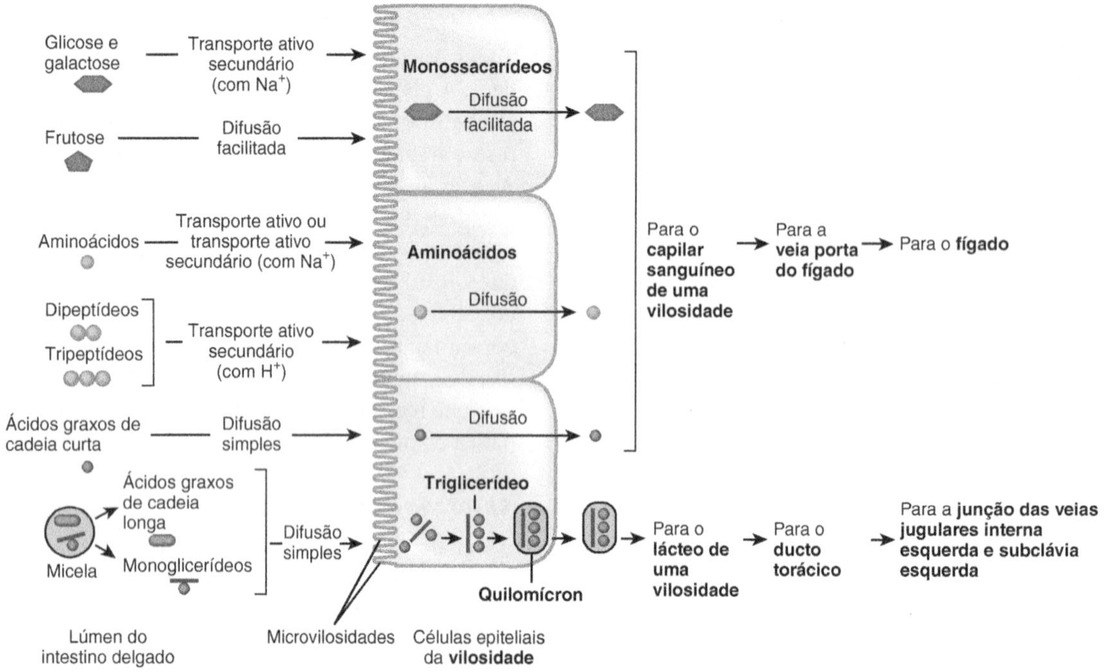

(a) Mecanismos para o movimento de nutrientes pelas células epiteliais absortivas das vilosidades

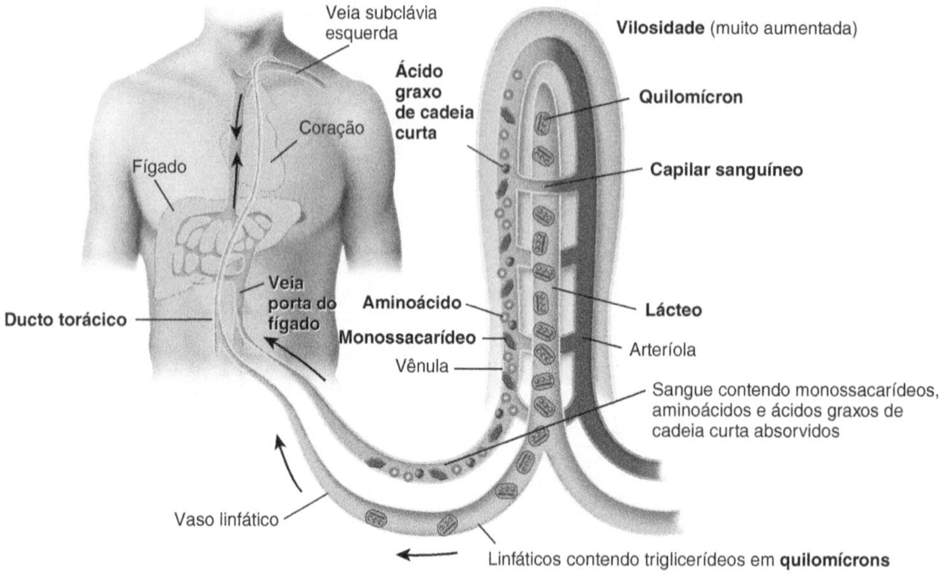

(b) Lipídeo simples de cadeia curta

Como as vitaminas lipossolúveis (A, D, E e K) são absorvidas?

Figura 19.13 Absorção dos nutrientes digeridos no intestino delgado. Para simplificar, todos os alimentos digeridos são mostrados no lúmen do intestino delgado, mesmo que alguns nutrientes sejam digeridos na superfície ou no interior das células epiteliais absortivas das vilosidades.

Os ácidos graxos de cadeia longa e os monoglicerídeos são absorvidos nos lácteos; outros produtos da digestão penetram nos capilares sanguíneos.

nos alimentos, mas a parte restante provém das proteínas nos sucos digestivos e de células mortas que se desprendem da túnica mucosa. Os aminoácidos, os dipeptídeos e os tripeptídeos penetram nas células absortivas das vilosidades por transporte ativo (Fig. 19.13a). No interior das células epiteliais, os peptídeos são clivados em aminoácidos, que saem por difusão e entram nos capilares sanguíneos. Como os monossacarídeos, os aminoácidos são transportados pela veia porta do fígado para o fígado (Fig. 19.13b). Se não forem removidos pelos hepatócitos, os aminoácidos penetram na circulação geral. A partir daí, as células do corpo captam os aminoácidos para utilizá-los na síntese proteica e na produção de ATP.

Absorção de íons e de água

As células absortivas que revestem o intestino delgado também absorvem a maior parte dos íons e da água que entram no trato GI nos alimentos, bebidas e secreções digestivas. Os principais íons absorvidos no intestino delgado incluem sódio, potássio, cálcio, ferro, magnésio, cloreto, fosfato, nitrato e iodeto. Toda a absorção de água no trato GI, quase 9 litros diários, ocorre via osmose. Quando monossacarídeos, aminoácidos, peptídeos e íons são absorvidos, "puxam" a água por osmose.

Absorção de lipídeos e de sais biliares

As lipases clivam os triglicerídeos em monoglicerídeos e ácidos graxos. Os ácidos graxos são de cadeia curta (com menos de 10-12 carbonos) ou de cadeia longa. Os ácidos graxos de cadeia curta são absorvidos por difusão simples pelas células absortivas das vilosidades intestinais e, em seguida, passam para os capilares sanguíneos, juntamente com monossacarídeos e aminoácidos (Fig. 19.13a). Os sais biliares emulsificam lipídeos maiores, formando muitas ***micelas***, gotículas minúsculas que incluem algumas moléculas de sais biliares, com ácidos graxos de cadeia longa, monoglicerídeos, colesterol e outros lipídeos alimentares (ver Fig. 19.13a). Das micelas, esses lipídeos se difundem para as células absortivas das vilosidades, na quais são compactadas nos quilomícrons, partículas esféricas grandes recobertas por proteínas.* Os quilomícrons deixam as células epiteliais por meio de exocitose e penetram na linfa dentro de um lácteo. Dessa maneira, a maior parte dos lipídeos alimentares absorvidos se desvia da circulação porta-hepática, pois penetra nos vasos linfáticos, em vez de penetrar nos capilares sanguíneos. A linfa que transporta os quilomícrons provenientes do intestino delgado passa para o ducto torácico e, no devido momento, esvazia na veia subclávia esquerda (Fig. 19.13b). À medida que o sangue passa pelos vasos capilares no tecido adiposo e no fígado, os quilomícrons são removidos e seus lipídeos armazenados para uso futuro.

Há muitos benefícios pela inclusão de algumas gorduras saudáveis na alimentação. Por exemplo, gorduras retardam o esvaziamento gástrico, o que ajuda a pessoa a se sentir satisfeita. As gorduras também intensificam a sensação de saciedade, ao estimular a liberação do hormônio colecistocinina (CCK) (ver a Tab. 19.2). Finalmente, as gorduras são necessárias para a absorção de vitaminas lipossolúveis.

Quando o quimo chega ao íleo, a maioria dos sais biliares é reabsorvida e retorna pelo sangue para o fígado, para reciclagem. Sais biliares insuficientes, decorrente da obstrução dos ductos biliares ou doença hepática, resultam na perda de até 40% dos lipídeos alimentares nas fezes, em decorrência da absorção reduzida de lipídeos.

Absorção de vitaminas

As vitaminas lipossolúveis (A, D, E e K) são incluídas, juntamente com os lipídeos ingeridos na alimentação, nas micelas, e são absorvidas por difusão simples. A maioria das vitaminas hidrossolúveis, como as vitaminas B e C, são absorvidas por difusão simples. A vitamina B_{12} precisa ser combinada com o fator intrínseco (produzido pelo estômago) para sua absorção, por transporte ativo, no íleo.

TESTE SUA COMPREENSÃO

17. De que maneiras a túnica mucosa e a tela submucosa do intestino delgado são adaptadas para digestão e absorção?
18. Defina absorção. Onde ocorre a maior parte da absorção?
19. Como são absorvidos os produtos finais da digestão de carboidratos e de proteínas? Como são absorvidos os produtos finais da digestão de lipídeos?
20. Por quais vias os nutrientes absorvidos chegam ao fígado?

19.9 Intestino grosso

OBJETIVO

- Descrever a localização, estrutura e funções do intestino grosso.

O intestino grosso é a última parte do trato GI. Suas funções gerais são a conclusão da absorção, a produção de certas vitaminas, e a formação e a expulsão das fezes do corpo.

Estrutura do intestino grosso

O ***intestino grosso*** mede aproximadamente 6,5 cm de diâmetro e 1,5 m de comprimento, tanto em seres humanos quanto em cadáveres. Estende-se do íleo até o ânus e está preso à parede posterior do abdome pelo seu mesentério

*N. de R.T. Ácidos graxos de cadeia longa também são absorvidos por proteínas específicas na membrana plasmática da borda em escova. Essas o fazem por transporte ativo secundário.

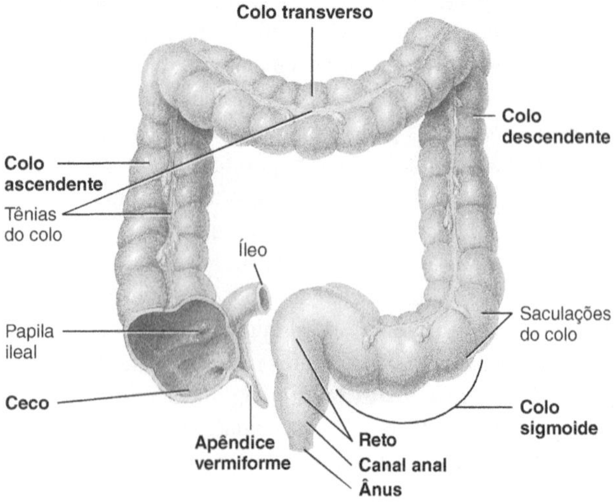

(a) Vista anterior do intestino grosso, mostrando suas regiões principais

FUNÇÕES DO INTESTINO GROSSO

1. Movimentação haustral*, peristalse e peristalse de massa direcionam o conteúdo do colo para o reto.
2. Bactérias no intestino grosso convertem proteínas em aminoácidos, decompõem aminoácidos e produzem algumas vitaminas B e vitamina K.
3. Absorção de um pouco de água, íons e vitaminas.
4. Formação de fezes.
5. Defecação (esvaziamento do reto).

N. de T. Relativo a haustro. Haustro é um dentre uma série de sáculos ou bolsas, assim denominado pela semelhança imaginária a baldes numa roda hidráulica; haustros do colo = saculações do colo.

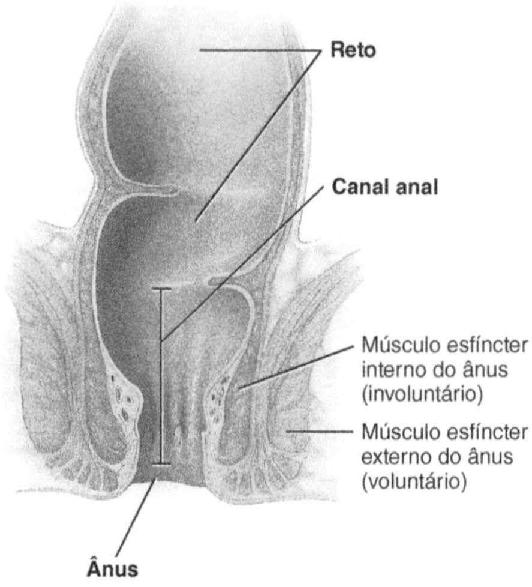

(b) Corte frontal do canal anal

CORRELAÇÕES CLÍNICAS | Pólipos no colo

Pólipos no colo são, em geral, neoplasmas benignos de desenvolvimento lento, que se originam a partir da túnica mucosa do intestino grosso. Frequentemente, não provocam sintomas. Se estes ocorrerem, inclui diarreia, sangue nas fezes e muco, eliminados pelo ânus. Os pólipos são removidos por colonoscopia ou cirurgia, porque alguns deles podem se tornar cancerosos. •

Quais são as funções do intestino grosso?

Figura 19.14 Anatomia do intestino grosso.

As regiões do intestino grosso são o ceco, colo, reto e canal anal.

(ver Fig. 19.3b). O intestino grosso possui quatro regiões principais: ceco, colo, reto e canal anal (Fig. 19.14).

Na abertura do íleo, no intestino grosso, existe uma válvula chamada papila ileal, que permite a passagem dos materiais do intestino delgado para o intestino grosso. Inferior à papila ileal se situa o primeiro segmento do intestino grosso, chamado ***ceco***. Anexo ao ceco fica um tubo contorcido espiralado, chamado ***apêndice vermiforme***. Esta estrutura possui grandes concentrações de nódulos linfáticos que controlam a entrada de bactérias no intestino grosso por meio da resposta imune.

A extremidade aberta do ceco se funde com o segmento mais longo do intestino grosso, chamado colo.

O colo do intestino é dividido em porções ascendente, transversa, descendente e sigmoide. O ***colo ascendente*** sobe no lado direito do abdome, atinge a face inferior do fígado e se curva para a esquerda. O colo continua pelo abdome para o lado esquerdo como ***colo transverso***, que se curva abaixo da margem inferior do baço, no lado esquerdo, e desce como ***colo descendente***. O ***colo sigmoide***, em forma de S, começa junto à crista ilíaca do osso do quadril esquerdo e termina como ***reto***.

Os últimos 2 a 3 cm do reto são chamados de ***canal anal***. A abertura do canal anal para o exterior é chamada de ***ânus***. O ânus possui um músculo esfíncter interno de músculo liso (involuntário) e um músculo esfíncter externo de músculo esquelético (voluntário). Normalmente, os músculos esfíncteres do ânus ficam fechados, exceto durante a eliminação das fezes.

A parede do intestino grosso contém as quatro camadas características encontradas no resto do trato GI: túnicas mucosa, muscular e serosa, e tela submucosa. O epitélio da túnica mucosa é o epitélio colunar simples que contém principalmente células absortivas e células caliciformes (Fig. 19.15). As células formam tubos longos, chamados *glândulas intestinais*. As células absortivas funcionam basicamente na absorção de água e íons. As células caliciformes secretam muco que lubrifica o conteúdo do colo. Nódulos linfáticos também são encontrados na túnica mucosa. Em comparação com o intestino

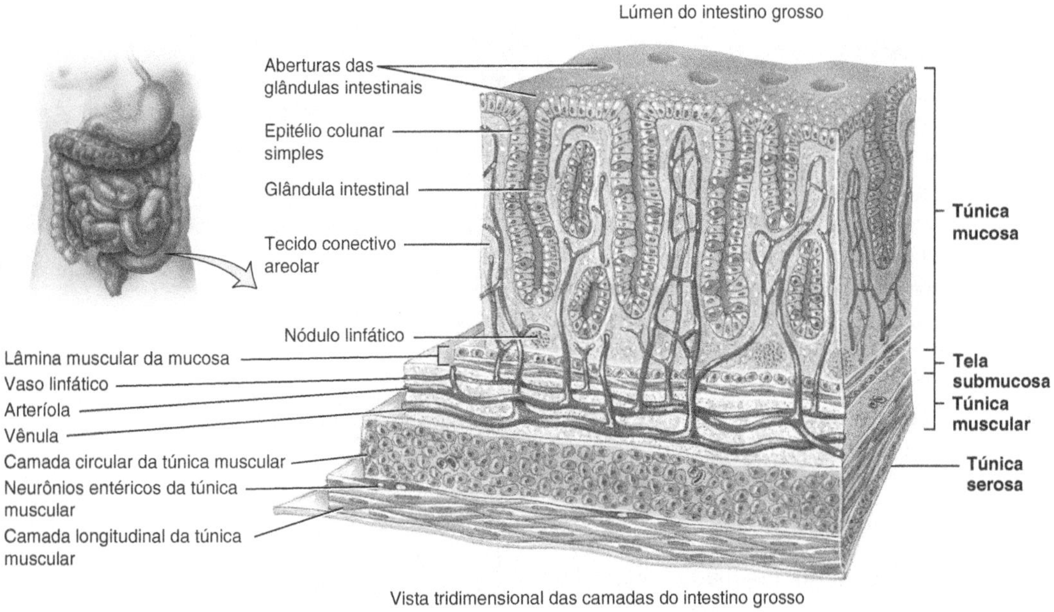

Como a túnica muscular do intestino grosso difere da túnica muscular das outras partes do trato GI?

Figura 19.15 **Estrutura do intestino grosso.**

As glândulas intestinais formadas pelas células absortivas e caliciformes se estendem por toda a espessura da túnica mucosa.

delgado, a túnica mucosa do intestino grosso não possui tantas adaptações estruturais que aumentem a área de superfície. Não existem pregas circulares ou vilosidades; entretanto, microvilosidades de células absortivas estão presentes. Consequentemente, uma maior absorção ocorre no intestino delgado do que no intestino grosso. A túnica muscular é formada por uma camada externa de músculos longitudinais e uma camada interna de músculos circulares. Ao contrário de outras partes do trato gastrintestinal, a camada longitudinal externa da túnica muscular é organizada em faixas longitudinais chamadas ***tênias do colo,*** que correm na maior parte do comprimento do intestino grosso (ver Fig. 19.14a). As contrações das faixas enrugam o colo em uma série de bolsas, chamadas ***saculações***, que emprestam ao colo uma aparência enrugada.

Digestão e absorção no intestino grosso

A passagem de quimo do íleo ao ceco é regulada pela papila ileal. A papila normalmente permanece levemente contraída, de modo que a passagem do quimo é um processo geralmente lento. Imediatamente após uma refeição, um reflexo intensifica a peristalse, forçando qualquer quimo no íleo a passar para o ceco. A ***peristalse*** ocorre no intestino grosso em uma velocidade mais lenta do que em outras partes do trato GI. Uma especificidade do intestino grosso é a ***peristalse de massa***, uma forte onda peristáltica que começa no meio do colo e impulsiona o conteúdo colônico para o reto. O alimento no estômago inicia a peristalse de massa, que em geral ocorre três ou quatro vezes ao dia, durante ou imediatamente após uma refeição.

O estágio final da digestão ocorre no colo, por meio da atividade de bactérias que normalmente habitam seu lúmen. As glândulas do intestino grosso secretam muco, mas não enzimas. As bactérias fermentam alguns carboidratos remanescentes e liberam os gases de hidrogênio, dióxido de carbono e metano. Esses gases contribuem para o flato (gás) no colo, conhecido como *flatulência* quando em excesso. Bactérias também convertem as proteínas restantes em aminoácidos e decompõem a bilirrubina em pigmentos mais simples, incluindo a estercobilina, que dá às fezes sua cor marrom. Diversas vitaminas necessárias para o metabolismo normal, incluindo algumas vitaminas B e K, são produtos bacterianos absorvidos no colo.

Embora a maior parte da absorção de água ocorra no intestino delgado, o intestino grosso também absorve uma quantidade significativa. Além disso, absorve íons, incluindo o sódio e o cloreto, bem como algumas vitaminas da alimentação.

Quando o quimo permanece no intestino grosso por 3 a 10 horas, torna-se sólido ou semissólido, como resultado da absorção de água e, passa, agora, a ser chamado de ***fezes***. Quimicamente, as fezes consistem em água, sais inorgânicos, células epiteliais desprendidas da túnica mucosa do trato gastrintestinal, bactérias, produtos da decomposição bacteriana, materiais digeridos não absorvidos e partes não digeridas de alimentos.

O reflexo da defecação

Os movimentos da peristalse de massa empurram o material fecal do colo sigmoide para o reto. A distensão resultante da parede do reto estimula os receptores de estiramento que iniciam o ***reflexo da defecação***, que esvazia o reto. Os impulsos provenientes da medula espinal seguem ao longo dos nervos parassimpáticos para o colo descendente, colo sigmoide, reto e ânus. A contração resultante dos músculos das camadas longitudinais do reto diminui o reto, aumentando, assim, a pressão em seu interior. Essa pressão somada à estimulação parassimpática abre o músculo esfíncter interno do ânus. O músculo esfíncter externo do ânus é controlado voluntariamente. Se for relaxado voluntariamente, ocorre a ***defecação***, eliminação de fezes do reto pelo ânus; se for contraído voluntariamente, a defecação é adiada. As contrações voluntárias do diafragma e dos músculos abdominais auxiliam a defecação, pelo aumento da pressão no interior do abdome, comprimindo as paredes do colo sigmoide e do reto para dentro. Se a defecação não ocorrer, as fezes voltam para o colo sigmoide, até que a onda seguinte de peristalse de massa estimule novamente os receptores de estiramento. Nos recém-nascidos, o reflexo de defecação provoca o esvaziamento automático do reto, pois o controle voluntário do músculo esfíncter externo do ânus ainda não se desenvolveu.

CORRELAÇÕES CLÍNICAS | Diarreia e constipação

Diarreia é o aumento na frequência, volume e conteúdo de líquido das fezes provocada pelo aumento da motilidade e diminuição da absorção pelos intestinos. Quando o quimo passa muito rapidamente pelo intestino delgado, e as fezes passam muito rapidamente pelo intestino grosso, não há tempo suficiente para absorção. Diarreia frequente resulta em desidratação e desequilíbrios eletrolíticos. A motilidade excessiva pode ser provocada por intolerância à lactose, estresse e micróbios que irritam a túnica mucosa do trato gastrintestinal. **Constipação** se refere à defecação infrequente ou difícil provocada pela diminuição da motilidade dos intestinos. Como as fezes permanecem no colo por períodos prolongados, ocorre absorção excessiva de água, e as fezes se tornam secas e duras. A constipação pode ser provocada por hábitos deficientes (defecação demorada), espasmos do colo, quantidade insuficiente de fibras na alimentação, ingestão inadequada de líquidos, falta de exercícios, estresse emocional ou determinados fármacos. •

TESTE SUA COMPREENSÃO

21. Quais atividades ocorrem no intestino grosso para transformar seus conteúdos em fezes?
22. O que é defecação e como ocorre?

19.10 Fases da digestão

OBJETIVOS

- Delinear as três fases da digestão.
- Descrever os principais hormônios que regulam as atividades do sistema digestório.

As atividades digestivas ocorrem em três fases sobrepostas: a fase cefálica, a fase gástrica e a fase intestinal.

Fase cefálica

Durante a ***fase cefálica*** da digestão, o olfato, visão, som ou pensamento do alimento ativam os centros neurais no encéfalo. O encéfalo, em seguida, ativa os nervos facial (VII), glossofaríngeo (IX) e vago (X). Os nervos facial e glossofaríngeo estimulam as glândulas salivares a secretar saliva, e os nervos vagos estimulam as glândulas gástricas a secretar suco gástrico. O propósito da fase cefálica da digestão é preparar a boca e o estômago para receberem o alimento que está prestes a ser ingerido.

Fase gástrica

Quando o alimento chega ao estômago, a ***fase gástrica*** da digestão começa. O propósito dessa fase da digestão é continuar a secreção e promover a motilidade gástricas. A secreção gástrica durante a fase gástrica é regulada pelo hormônio ***gastrina***. A gastrina é liberada pelas células G das glândulas gástricas, em resposta a diversos estímulos: distensão do estômago pelo quimo, proteínas parcialmente digeridas no quimo, cafeína no quimo e pH elevado do quimo, em virtude da presença de alimento no estômago. A gastrina estimula as glândulas gástricas a produzirem grandes quantidades de suco gástrico. Além disso, reforça a contração do "músculo esfíncter inferior do esôfago" para evitar o refluxo do quimo ácido para o esôfago, aumenta a motilidade do estômago e relaxa o músculo esfíncter do piloro, promovendo o esvaziamento gástrico.

Fase intestinal

A ***fase intestinal*** da digestão começa quando o alimento entra no intestino delgado. Ao contrário das atividades iniciadas durante as fases cefálica e gástrica, que estimulam a atividade secretora do estômago e a motilidade, aquelas que ocorrem durante a fase intestinal promovem efeitos inibidores, que diminuem a saída do quimo do estômago e evitam a sobrecarga do duodeno com mais quimo do que consegue processar. Além disso, as respostas que ocorrem durante a fase intestinal promovem a digestão contínua do alimento que chegou ao intestino delgado.

As atividades da fase intestinal são mediadas por dois hormônios principais, secretados pelo intestino delgado: colecistocinina e secretina. A ***colecistocinina (CCK)*** é secretada pelas células CCK nas glândulas in-

TABELA 19.2

Principais hormônios que controlam a digestão

HORMÔNIO	LOCAL DE PRODUÇÃO	ESTÍMULO	AÇÃO
Gastrina	Túnica mucosa do estômago (região do piloro)	Distensão do estômago, proteínas parcialmente digeridas e cafeína no estômago, e alto pH do quimo no estômago	Estimula a secreção do suco gástrico, aumenta a motilidade do trato GI e relaxa o músculo esfíncter do piloro*
Secretina	Túnica mucosa do intestino	Quimo ácido que entra no intestino delgado	Estimula a secreção do suco pancreático e biliar rico em íons bicarbonato
Colecistocinina (CCK)	Túnica mucosa do intestino	Aminoácidos e ácidos graxos no quimo no intestino delgado	Inibe o esvaziamento gástrico, estimula a secreção do suco pancreático rico em enzimas digestivas, provoca a ejeção de bile da vesícula biliar e induz a sensação de saciedade (sensação de satisfação)

*N. de R.T. A gastrina aumenta a constrição do esfíncter pilórico, promovendo diminuição da velocidade de esvaziamento gástrico.

testinais do intestino delgado em resposta ao quimo, que contém aminoácidos de proteínas parcialmente digeridas e ácidos graxos provenientes de triglicerídeos parcialmente digeridos. A CCK estimula a secreção de suco pancreático rico em enzimas digestivas. Além disso, provoca a contração da parede da vesícula biliar, que comprime a bile armazenada para fora da vesícula biliar, para o ducto cístico e por meio do ducto biliar. Adicionalmente, a CCK diminui o esvaziamento gástrico ao promover a contração do músculo esfíncter do piloro, e produz a *saciedade* (sensação de satisfação), atuando no hipotálamo, no encéfalo.

O quimo ácido, que entra no duodeno, estimula a liberação de ***secretina*** pelas células S nas glândulas intestinais do intestino delgado. Por sua vez, a secretina estimula o fluxo de suco pancreático rico em íons bicarbonato (HCO_3^-), para tamponar o quimo ácido que entra no duodeno, proveniente do estômago.

A Tabela 19.2 resume os principais hormônios que controlam a digestão.

TESTE SUA COMPREENSÃO

23. Quais são os estímulos que provocam a fase cefálica da digestão?
24. Compare e diferencie as atividades que ocorrem durante a fase gástrica da digestão com aquelas que ocorrem durante a fase intestinal da digestão.

19.11 Envelhecimento e sistema digestório

OBJETIVO

• Descrever os efeitos do envelhecimento no sistema digestório.

As alterações no sistema digestório associadas ao envelhecimento incluem diminuição dos mecanismos secretores, diminuição da motilidade dos órgãos do sistema digestório, perda da força e do tônus do tecido muscular e de suas estruturas de sustentação, modificações no sistema de retroalimentação sensorial relativo à liberação de enzimas e hormônios, e diminuição da resposta à dor e às sensações internas. Na porção superior do trato GI, as alterações comuns incluem redução da sensibilidade a irritações e feridas na boca, perda do paladar, doença periodontal, dificuldade para deglutir, hérnia hiatal, gastrite e úlcera péptica. As alterações que podem aparecer no intestino delgado abrangem úlceras duodenais, má digestão e má absorção. Outras doenças com aumento na incidência decorrente da idade são apendicite, problemas da vesícula biliar, icterícia, cirrose hepática e pancreatite aguda. No intestino grosso, também podem ocorrer alterações como constipação, hemorroidas e doença diverticular. A incidência de câncer de colo ou de reto, obstruções intestinais e fezes impactadas aumentam com a idade.

TESTE SUA COMPREENSÃO

25. Liste as várias alterações nas partes superior e inferior do trato GI associadas ao envelhecimento.

• • •

Agora que nossa exploração do sistema digestório está completa, você pode avaliar as numerosas maneiras com as quais esse sistema contribui para a homeostasia de outros sistemas do corpo, observando o Foco na Homeostasia: O Sistema Digestório. A seguir, no Capítulo 20, você descobrirá como os nutrientes absorvidos pelo trato GI são utilizados nas reações metabólicas pelos tecidos do corpo.

FOCO na HOMEOSTASIA

TEGUMENTO COMUM

- O intestino delgado absorve a vitamina D, que a pele e os rins modificam para produzir o hormônio calcitriol
- O excesso de calorias na alimentação é armazenado como triglicerídeos nas células adiposas na derme e na tela subcutânea

SISTEMA ESQUELÉTICO

- O intestino delgado absorve os sais de cálcio e de fósforo presentes na alimentação, necessários para formar a matriz óssea

SISTEMA MUSCULAR

- O fígado converte ácido lático (produzido pelos músculos durante o exercício) em glicose

SISTEMA NERVOSO

- A gliconeogênese (síntese de novas moléculas de glicose) no fígado, mais a digestão e absorção dos carboidratos na alimentação fornecem a glicose, necessária para a produção de ATP pelos neurônios

SISTEMA ENDÓCRINO

- O fígado inativa alguns hormônios, terminando sua atividade
- As ilhotas pancreáticas liberam insulina e glucagon
- As células na túnica mucosa do estômago e intestino delgado secretam hormônios que regulam as atividades digestivas
- O fígado produz angiotensinogênio

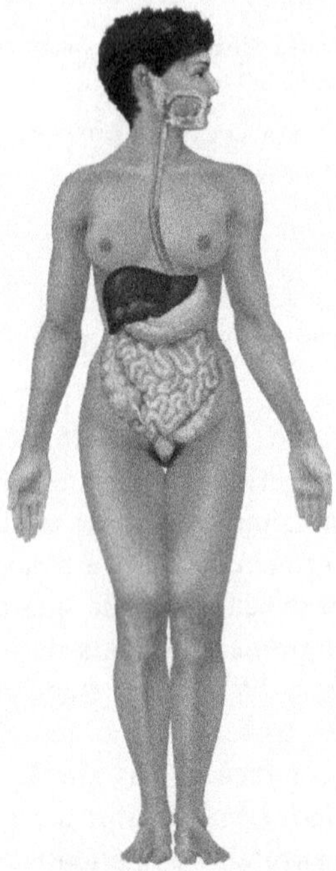

CONTRIBUIÇÕES DO SISTEMA DIGESTÓRIO PARA TODOS OS SISTEMAS DO CORPO

- O sistema digestório decompõe nutrientes da alimentação em formas que são absorvidas e utilizadas pelas células do corpo para a produção de ATP e construção dos tecidos do corpo
- Absorve água, minerais e vitaminas necessários para o crescimento e a função dos tecidos do corpo
- Elimina resíduos dos tecidos do corpo nas fezes

SISTEMA CIRCULATÓRIO

- O trato GI absorve água, que ajuda a manter o volume de sangue e ferro, necessário para a síntese de hemoglobina nos eritrócitos
- A bilirrubina da degradação da hemoglobina é parcialmente eliminada nas fezes
- O fígado sintetiza a maioria das proteínas plasmáticas

SISTEMA LINFÁTICO E IMUNIDADE

- A acidez do suco gástrico destrói bactérias e a maioria das toxinas no estômago
- Nódulos linfáticos no tecido conectivo areolar da túnica mucosa do trato gastrintestinal (nódulos linfáticos) destroem micróbios

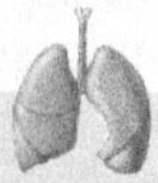

SISTEMA RESPIRATÓRIO

- A pressão dos órgãos abdominais contra o diafragma ajuda a expelir o ar rapidamente durante uma expiração forçada

SISTEMA URINÁRIO

- A absorção de água pelo trato GI fornece água necessária para a eliminação dos produtos residuais da urina

SISTEMA GENITAL

- A digestão e absorção fornecem os nutrientes adequados, incluindo gorduras, para o desenvolvimento normal das estruturas reprodutivas, para a produção de gametas (óvulos e espermatozoides) e para o crescimento e desenvolvimento do feto durante a gestação

DISTÚRBIOS COMUNS

As fibras alimentares e sistema digestório

As ***fibras alimentares*** consistem em substâncias vegetais indigeríveis, como celulose, lignina e pectina, encontradas em frutas, verduras, sementes e grãos. As ***fibras insolúveis***, que não se dissolvem na água, incluem partes estruturais das plantas, como cascas de frutas e vegetais e revestimento dos grãos de trigo e milho. As fibras insolúveis passam pelo trato GI basicamente inalteradas e aceleram a passagem do material pelo trato. As ***fibras solúveis***, que se dissolvem em água, formam um gel que atrasa a passagem dos materiais pelo trato. São encontradas em abundância no feijão, aveia, malte, brócolis, passas, maçãs e frutas cítricas.

Pessoas que escolhem uma dieta rica em fibras podem reduzir o risco de desenvolver obesidade, diabetes, aterosclerose, cálculos biliares, hemorroidas, diverticulite, apendicite e câncer de colo. As fibras insolúveis podem auxiliar a proteger contra o câncer de colo, e as fibras solúveis podem auxiliar a reduzir o nível de colesterol no sangue.

Cáries dentárias

As ***cáries dentárias*** incluem a desmineralização gradual (amolecimento) do esmalte e da dentina por ácidos bacterianos. Se não tratadas, vários microrganismos podem invadir a polpa do dente, provocando inflamação e infecção, com subsequente morte da polpa. Esses dentes são tratados por meio de tratamento do canal da raiz.

Doença periodontal

A ***doença periodontal*** se refere a uma série de condições caracterizadas por inflamação e degeneração da gengiva, osso, periodonto e cemento. As doenças periodontais são frequentemente provocadas por higiene oral deficiente; irritantes locais, como bactérias, alimento impactado e tabagismo; ou por uma "mordida" deficiente.

Úlcera péptica

De 5 a 10% da população norte-americana desenvolve a ***úlcera péptica*** (***DUP***) anualmente. Uma ***úlcera*** é uma lesão, em forma de cratera, em uma membrana; as úlceras que ocorrem nas áreas do trato GI expostas ao suco gástrico ácido, são chamadas ***úlceras pépticas***. A complicação mais comum das úlceras pépticas é o sangramento, que leva à anemia. Nos casos agudos, as úlceras pépticas levam ao choque e à morte. São reconhecidas três causas distintas da DUP: (1) bactéria *Helicobacter pylori*, (2) fármacos anti-inflamatórios não esteroides (AINES), como o ácido acetilsalicílico, e (3) hipersecreção de HCl.

Helicobacter pylori é a causa mais frequente de DUP. A bactéria produz uma enzima que cliva a ureia em amônia e dióxido de carbono. Enquanto protege a bactéria contra a acidez do estômago, a amônia também provoca danos à túnica mucosa protetora do estômago e às células gástricas subjacentes. *H. pylori* também produz várias proteínas de adesão que permitem à bactéria aderir às células gástricas.

Várias abordagens terapêuticas são úteis no tratamento da DUP. O consumo de cigarro, álcool, cafeína e AINES devem ser evitados, porque comprometem os mecanismos de defesa da túnica mucosa, o que aumenta a suscetibilidade da túnica mucosa aos efeitos prejudiciais do HCl. Nos casos associados com *H. pylori*, o tratamento com um fármaco antibiótico geralmente resolve o problema. Antiácidos orais, como Tums® ou Maalox®, ajudam temporariamente, pelo tamponamento do ácido gástrico. Quando a causa de DUP é a hipersecreção de HCl, são usados bloqueadores de histamina-2 (H_2), (como Tagamet HB®) ou Prilosec®, que inibem a secreção de H^+ das células parietais.

Apendicite

Apendicite é a inflamação do apêndice vermiforme. A apendicectomia (remoção cirúrgica do apêndice vermiforme) é recomendada em todos os casos suspeitos, pois é mais seguro operar nesse momento do que arriscar a ocorrência de gangrena, ruptura e peritonite.

Câncer colorretal

Câncer colorretal está entre as doenças malignas mais letais. Uma predisposição hereditária contribui para mais de metade de todos os casos de câncer. A ingestão de álcool e dietas ricas em gordura animal e proteínas estão associadas a um aumento no risco de câncer colorretal; fibras alimentares, retinoides, cálcio e selênio podem ser protetores. Os sinais e sintomas de câncer colorretal incluem diarreia, constipação, cólicas, dor abdominal e sangramento retal. A triagem para câncer colorretal inclui teste de sangue nas fezes, exame de toque retal, sigmoidoscopia, coloscopia e enema de bário.

Doença diverticular

Diverticulose é o desenvolvimento dos ***divertículos***, protrusões saculares da parede do colo, em lugares nos quais a túnica muscular está enfraquecida. Muitas pessoas que desenvolvem diverticulose não têm sintomas nem complicações. Aproximadamente 15% delas desenvolvem, posteriormente, uma inflamação conhecida como ***diverticulite***, caracterizada por dor, constipação ou aumento na frequência de defecação, náuseas, vômito e febre baixa. Os pacientes que passam a ingerir dietas ricas em fibras frequentemente mostram alívio acentuado dos sintomas.

Hepatite

Hepatite é uma inflamação do fígado provocada por vírus, fármacos e substâncias químicas, incluindo o álcool.

Hepatite A (*hepatite infecciosa*) é provocada pelo vírus da hepatite A e transmitida por contaminação fecal de alimentos, roupas, brinquedos, louças e assim por diante (via fecal-oral). Não provoca lesão hepática duradoura.

Hepatite B, provocada pelo vírus da hepatite B, se dissemina basicamente por contato sexual e contaminação de seringas e equipamentos de transfusão. Além disso, é disseminada por meio de saliva e lágrimas. A hepatite B produz uma inflamação hepática crônica. Estão disponíveis vacinas para a hepatite B, exigidas para determinados indivíduos, como os trabalhadores da área de saúde.

Hepatite C, provocada pelo vírus da hepatite C, é clinicamente semelhante à hepatite B. É, em geral, transmitida por transfusão de sangue e provoca cirrose e câncer de fígado.

Hepatite D, provocada pelo vírus da hepatite D, é transmitida como a hepatite B. Uma pessoa precisa estar infectada com hepatite B para contrair a hepatite D. A hepatite D resulta em lesão hepática grave e apresenta uma taxa de mortalidade maior do que a hepatite B, em virtude da infecção com o vírus da hepatite B.

Hepatite E é provocada pelo vírus da hepatite E, e se dissemina como a hepatite A. Embora não cause doença hepática crônica, o vírus da hepatite E é responsável por uma incidência de morte muito alta em mulheres grávidas.

TERMINOLOGIA E CONDIÇÕES MÉDICAS

Afta Úlcera dolorosa na túnica mucosa da boca, que afeta mulheres com mais regularidade do que homens, com idades, em geral, entre 10 e 40 anos; pode ser uma reação autoimune ou resultado de alergia alimentar.

Anorexia nervosa Distúrbio crônico caracterizado por perda de peso autoinduzida, percepção negativa da imagem corporal e alterações fisiológicas que resultam de depleção nutricional. Os pacientes apresentam fixação no controle de peso e, frequentemente, abusam de laxantes, o que piora o desequilíbrio hídrico e eletrolítico e deficiências nutricionais. Esse distúrbio é encontrado predominantemente em mulheres jovens e solteiras, podendo ser hereditário. Os indivíduos podem se tornar enfraquecidos e, finalmente, morrer de inanição ou de uma de suas complicações.

Cirrose Fígado desfigurado ou fibrosado como resultado da inflamação crônica, em decorrência de hepatite, determinadas substâncias químicas que destroem os hepatócitos, parasitas que infectam o fígado ou alcoolismo; os hepatócitos são substituídos por tecido conectivo adiposo ou fibroso. Os sintomas incluem icterícia, edema nas pernas, sangramento incontrolável e aumento da sensibilidade a fármacos.

Cirurgia bariátrica Procedimento cirúrgico que limita a quantidade de alimentos ingerida e absorvida, a fim de provocar perda de peso significativa em indivíduos obesos. O tipo de cirurgia bariátrica mais comumente realizado é chamado de cirurgia de *derivação (by-pass)* gástrica. Em uma variante desse procedimento, o estômago é reduzido em tamanho fazendo-se uma pequena bolsa na parte superior do estômago com o tamanho aproximado de uma noz. A bolsa, com apenas 5-10% do estômago, é isolada do resto do estômago usando-se grampos cirúrgicos ou uma banda de plástico. A bolsa está ligada ao jejuno do intestino delgado, evitando, assim, o resto do estômago e do duodeno. O resultado é que quantidades menores de alimentos são ingeridas, e menos nutrientes são absorvidos no intestino delgado. Isso leva à perda de peso.

Colecistite Em alguns casos, é uma inflamação autoimune da vesícula biliar; em outros casos, é provocada pela obstrução do ducto cístico por pedras biliares.

Colostomia Desvio do fluxo fecal para uma abertura no colo, criando um "estoma" (abertura artificial) cirúrgico, que é fixado à parte externa da parede abdominal. Essa abertura serve como um substituto do ânus, pelo qual as fezes são eliminadas em uma bolsa usada sobre o abdome.

Diarreia do viajante Doença infecciosa do trato gastrintestinal que resulta em evacuações moles e urgentes, cólicas, dor abdominal, mal-estar, náusea e, ocasionalmente, febre e desidratação. É adquirida por meio da ingestão de alimentos ou água contaminados com material fecal contendo bactérias (especialmente *Escherichia coli*); os vírus ou os parasitas protozoários constituem uma causa menos comum.

Doença inflamatória intestinal Distúrbio existente sob duas formas: (1) *Doença de Crohn*, uma inflamação do trato gastrintestinal, especialmente a parte distal do íleo e a parte proximal do colo, nas quais a inflamação pode se estender da túnica mucosa até a túnica serosa, e (2) *colite ulcerativa*, uma inflamação da túnica mucosa do trato gastrintestinal, geralmente limitada ao intestino grosso e acompanhada de sangramento retal.

Flato (flatulência) Ar (gás) no estômago ou no intestino delgado, geralmente expelido pelo ânus. Se o gás é expelido pela boca, é chamado ***eructação*** ou arroto. Flatos podem resultar de gás liberado durante a decomposição de alimentos no estômago ou da deglutição de ar ou substâncias contendo gás, como bebidas carbonadas.

Intoxicação alimentar Distúrbio súbito provocado pela ingestão de alimentos ou bebidas contaminados por um microrganismo infeccioso (bactéria, vírus ou protozoários) ou uma toxina (veneno). A causa mais comum de intoxicação alimentar é a toxina produzida pela bactéria *Staphylococcus aureus*. A maioria dos tipos de intoxicação alimentar provoca diarreia e/ou vômitos, muitas vezes associados a dor abdominal.

Maloclusão Condição em que as faces dos dentes maxilares (superiores) e mandibulares (inferiores) não se ajustam adequadamente.

Náuseas Desconforto caracterizado por perda de apetite e sensação de vômito iminente. Suas causas incluem irritação local do trato gastrintestinal, doença sistêmica, doença ou lesão encefálica, esforço excessivo, ou efeitos de fármacos ou overdose de fármacos.

Síndrome do intestino irritável (SII) Doença de todo o trato gastrintestinal, em que uma pessoa reage ao estresse desenvolvendo sintomas (como cólicas e dor abdominal) associados aos padrões alternados de diarreia e constipação. Podem aparecer quantidades excessivas de muco nas fezes; os outros sintomas incluem flatulência, náuseas e perda de apetite.

REVISÃO DO CAPÍTULO

Introdução

1. A decomposição das moléculas de alimentos grandes em moléculas menores é chamada **digestão**.
2. Os órgãos que desempenham coletivamente a digestão e absorção constituem o **sistema digestório**.

19.1 Visão geral do sistema digestório

1. O **trato gastrintestinal (GI)** é um tubo contínuo que se estende da boca até o ânus.
2. Os **órgãos acessórios da digestão** incluem os dentes, língua, glândulas salivares, fígado, vesícula biliar e pâncreas.
3. A digestão inclui seis processos básicos: ingestão, secreção, mistura e propulsão, digestão mecânica e química, absorção e defecação.

19.2 Camadas do trato gastrintestinal e do omento

1. A distribuição básica das camadas na maior parte do trato gastrintestinal, de dentro para fora, é **túnica mucosa**, **tela submucosa**, **túnica muscular** e **túnica serosa**.
2. As partes do peritônio incluem o **mesentério** e o **omento maior**.

19.3 Boca

1. A **boca** ou cavidade oral é formada por bochechas, palatos duro e mole, lábios e língua, que auxiliam na digestão mecânica.
2. A **língua** forma a parede inferior (assoalho) da cavidade oral. É composta por músculos esqueléticos recobertos por túnica mucosa. O dorso (superfície superior) e as margens (áreas laterais) da língua são recobertos com **papilas**. Algumas papilas contêm calículos gustatórios. Glândulas na língua secretam lipase lingual, que cliva triglicerídeos no ambiente ácido do estômago.
3. A maior parte da saliva é secretada pelas **glândulas salivares**, situadas fora da boca e liberam suas secreções em ductos que se esvaziam na cavidade oral. Há três pares de glândulas salivares: **parótidas**, **submandibulares**, e **sublinguais**. A saliva lubrifica o alimento e inicia a digestão química dos carboidratos. A **salivação** é totalmente controlada pela divisão autônoma do sistema nervoso.
4. Os **dentes** se projetam na boca e são adaptados para a digestão mecânica. Um dente comum consiste em três porções principais: **coroa**, **raiz** e **colo**. Os dentes são compostos primariamente de dentina e recobertos por esmalte, a substância mais dura do corpo. Os seres humanos têm dois conjuntos de dentes: **decíduos** e **permanentes.**
5. Por meio da **mastigação**, o alimento é misturado à saliva e forma um **bolo**.
6. A **amilase salivar** inicia a digestão dos amidos na boca.

19.4 Faringe e esôfago

1. O alimento que é deglutido, passa a partir da boca para dentro da parte da **faringe** chamada parte oral da faringe. Da parte oral da faringe, o alimento passa à parte laríngea da faringe.
2. O **esôfago** é um tubo muscular que conecta a faringe ao estômago.
3. A **deglutição** move o bolo da boca para o estômago por **peristalse**, que consiste em uma **fase voluntária**, uma **fase faríngea** (involuntária) e uma **fase esofágica** (involuntária).

19.5 Estômago

1. O **estômago** conecta o esôfago ao duodeno. As principais regiões do estômago são **cárdia**, **fundo gástrico**, **corpo gástrico** e **piloro**. Entre o piloro e o duodeno se situa o **músculo esfíncter do piloro.**
2. As adaptações do estômago para a digestão incluem as **pregas**; as glândulas gástricas, que produzem muco, ácido clorídrico, pepsina (enzima que digere proteínas), fator intrínseco e gastrina; e uma túnica muscular trilaminada para um movimento mecânico eficiente.
3. A digestão mecânica consiste em **ondas misturadoras** que maceram o alimento e o misturam com o **suco gástrico**, formando o **quimo**.
4. A digestão química consiste na conversão de proteínas em peptídeos pela **pepsina**.
5. A parede do estômago é impermeável à maioria das substâncias. Entre as que o estômago consegue absorver estão água, íons, ácidos graxos de cadeia curta, alguns fármacos e álcool.

19.6 Pâncreas

1. As secreções passam do **pâncreas** para o duodeno via **ducto pancreático**.
2. As **ilhotas pancreáticas** (ilhotas de Langerhans) secretam hormônios e constituem a porção endócrina do pâncreas.
3. Ácinos, que secretam o suco pancreático, constituem a porção exócrina do pâncreas.
4. O **suco pancreático** contém enzimas que digerem amido (**amilase pancreática**), proteínas (**tripsina**, **quimotripsina** e **carboxipeptidase**), triglicerídeos (**lipase pancreática**) e ácidos nucleicos (**ribonuclease** e **desoxirribonuclease**).

19.7 Fígado e vesícula biliar

1. O **fígado** possui lobos hepáticos esquerdo e direito. A **vesícula biliar** é um saco localizado em uma depressão abaixo do fígado, que armazena e concentra a **bile** produzida pelo fígado.
2. Os lobos hepáticos são formados por lóbulos contendo **hepatócitos**, **sinusoides hepáticos**, **células reticuloendoteliais estreladas**, e uma **veia central**.
3. Os hepatócitos produzem a bile, que é transportada por um sistema de ductos até a vesícula biliar, para concentração e armazenamento temporários.
4. A contribuição da bile para a digestão é a **emulsificação** de lipídeos da alimentação e a organização desses em micelas.
5. O fígado também atua no metabolismo de carboidratos, lipídeos e proteínas; no processamento de fármacos e hormônios; na eliminação de bilirrubina; na síntese de sais biliares; no armazenamento de vitaminas e minerais; na fagocitose; e na ativação da vitamina D.

19.8 Intestino delgado

1. O **intestino delgado** se estende do músculo esfíncter do piloro até a **papila ileal**. É dividido em **duodeno**, **jejuno** e **íleo**.
2. O intestino delgado está muito adaptado à digestão e absorção. Suas glândulas produzem enzimas e muco. As **vilosidades**, **microvilosidades** e **pregas circulares** de suas paredes fornecem uma grande superfície para a digestão e absorção.
3. A digestão mecânica no intestino delgado inclui **segmentação** e ondas migratórias de peristalse.
4. As enzimas no suco pancreático, bile e microvilosidades das células absortivas do intestino delgado decompõem os dissacarídeos em monossacarídeos; a digestão das proteínas é completada pelas enzimas **peptidases**; os triglicerídeos são clivados em ácidos graxos e monoglicerídeos pela **lipase pancreática**; e as nucleases degradam os ácidos nucleicos em pentoses e bases nitrogenadas.
5. **Absorção** é a passagem de nutrientes do alimento digerido, do trato gastrintestinal para o sangue ou linfa. Ocorre principalmente no intestino delgado por difusão simples, difusão facilitada, osmose e transporte ativo.
6. Monossacarídeos, aminoácidos e ácidos graxos de cadeia curta passam para os capilares sanguíneos.
7. Ácidos graxos de cadeia longa e monoglicerídeos são absorvidos como parte de **micelas**, ressintetizados em triglicerídeos e transportados em **quilomícrons** para o **lácteo** de uma vilosidade.
8. O intestino delgado também absorve água, eletrólitos e vitaminas.

19.9 Intestino grosso

1. O **intestino grosso** se estende da papila ileal até o ânus. Suas regiões incluem o **ceco**, o **colo**, o **reto** e o **canal anal**.
2. A túnica mucosa contém numerosas células absortivas que absorvem água e células caliciformes que secretam muco. Contrações das tênias do colo resultam em bolsas no colo (saculações).
3. A **peristalse de massa** é uma forte onda peristáltica que impulsiona os conteúdos do colo para o reto.
4. No intestino grosso, as substâncias são adicionalmente degradadas e algumas vitaminas são sintetizadas pela ação das bactérias.
5. O intestino grosso absorve água, eletrólitos e vitaminas.
6. As **fezes** consistem em água, sais inorgânicos, células epiteliais, bactérias e alimentos não digeridos.
7. A eliminação das fezes pelo reto é chamada de **defecação**. A defecação é uma ação reflexa auxiliada por contrações voluntárias do diafragma e músculos abdominais, bem como por relaxamento do músculo esfíncter externo do ânus.

19.10 Fases da digestão

1. As atividades digestivas ocorrem em três fases sobrepostas: **fase cefálica**, **fase gástrica** e **fase intestinal**.
2. Durante a **fase cefálica** da digestão, as glândulas salivares secretam saliva, e as glândulas gástricas secretam suco gástrico a fim de preparar a boca e o estômago para receber o alimento que está prestes a ser ingerido.
3. Na presença dos alimentos no estômago, ocorre a **fase gástrica** da digestão, que promove a secreção de suco gástrico e a motilidade gástrica.
4. Durante a **fase intestinal** da digestão, o alimento é digerido no intestino delgado. Adicionalmente, a motilidade gástrica e a secreção gástrica diminuem, a fim de desacelerar a saída de quimo do estômago, evitando que o intestino delgado seja sobrecarregado com mais quimo do que consegue processar.
5. As atividades que ocorrem durante as diversas fases da digestão são coordenadas por hormônios. A Tabela 19.2 resume os principais hormônios que controlam a digestão.

19.11 Envelhecimento e o sistema digestório

1. As alterações gerais com o envelhecimento incluem redução dos mecanismos secretores, diminuição da motilidade e perda do tônus.
2. As alterações específicas podem incluir perda de paladar, hérnias, úlcera péptica, constipação, hemorroidas e doença diverticular.

APLICAÇÕES DO PENSAMENTO CRÍTICO

1. Quatro entre cinco dentistas acham que você deve mascar chicletes sem açúcar, mas os cinco concordam que você deve escovar os seus dentes. Por quê?

2. A discussão entre duas amigas está ficando acalorada. Edna está convencida de que a intolerância à lactose é a causa da sua constipação. Gertrude insiste que a intolerância à lactose nada tem a ver com problemas intestinais, mas é a causa da sua azia. Naturalmente, essas senhoras não comem produtos derivados do leite há anos (o que pode ajudar a explicar a sua osteoporose). Por favor, ponha fim à discussão.

3. Tiago colocou uma aranha de plástico na bebida de sua irmã, como uma brincadeira. Infelizmente, a mãe não achou graça na brincadeira, pois a irmã engoliu o objeto, e agora estão todos na emergência. O médico suspeita que a aranha tenha se alojado na junção do estômago com o duodeno. Dê o nome do músculo esfíncter nessa junção. Trace a rota feita pela aranha de plástico na trajetória até seu novo lar. Qual procedimento o médico poderia usar para observar o interior do estômago? Quais estruturas podem ser vistas no estômago (além da aranha)?

4. Triste com a discussão que teve com Edna, Gertrude levantou e foi para casa. Ainda nervosa, esquentou um pouco do espaguete que sobrou do almoço e comeu acompanhado de uma taça de vinho. De sobremesa, comeu uma torta de chocolate e tomou duas xícaras de café. Naquela noite, a azia foi tão forte que ela não conseguiu dormir. Claro, ela culpa a discussão com Edna. O que você acha que agravou a azia e como pode ser aliviada temporariamente? Qual pode ser a solução a longo prazo?

RESPOSTAS ÀS QUESTÕES DAS FIGURAS

19.1 Os dentes cortam e moem os alimentos.

19.2 Os nervos nessa parede auxiliam a regular as secreções e as contrações do trato gastrintestinal.

19.3 O mesentério liga o intestino delgado à parede abdominal posterior.

19.4 Os músculos da língua manobram o alimento para mastigação, formam o bolo alimentar, forçando-o para a parte posterior da boca para deglutição e alteram a forma da língua para deglutição e produção da fala.

19.5 O principal componente dos dentes é um tecido conectivo, chamado dentina.

19.6 A deglutição é tanto voluntária quanto involuntária. O início da deglutição, realizado pelos músculos esqueléticos, é voluntário. O término da deglutição – a movimentação do bolo ao longo do esôfago para o estômago – inclui a peristalse do músculo liso e é involuntário.

19.7 Após uma farta refeição, o estômago provavelmente não tem pregas, pois, à medida que enche, as pregas se alisam.

19.8 As células epiteliais colunares simples da túnica mucosa estão em contato com o alimento no estômago.

19.9 O suco pancreático é uma mistura de água, sais, íons bicarbonato e enzimas digestivas.

19.10 As células reticuloendoteliais estreladas, no fígado, são fagócitos.

19.11 A maior parte do íleo se situa no quadrante inferior direito.

19.12 As células absortivas estão localizadas no epitélio da túnica mucosa.

19.13 As vitaminas lipossolúveis são absorvidas por difusão a partir das micelas.

19.14 As funções do intestino grosso incluem o término da absorção, síntese de determinadas vitaminas e formação e eliminação das fezes.

19.15 A túnica muscular do intestino grosso forma bandas longitudinais (tênias do colo) que pregueiam o colo em uma série de bolsas.

CAPÍTULO 20

NUTRIÇÃO E METABOLISMO

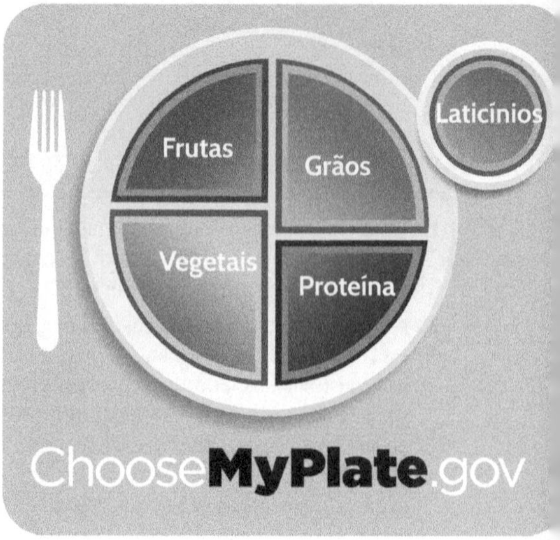

Os alimentos que ingerimos são a única fonte de energia para realizarmos nossas funções biológicas. Muitas moléculas necessárias para manter as células e os tecidos são construídas a partir de componentes estruturais existentes no corpo; outras devem ser obtidas a partir dos alimentos, pois somos incapazes de gerá-las. As moléculas alimentares absorvidas pelo trato gastrintestinal (TGI) têm três destinos principais:

1. *Fornecer energia* para manter os processos vitais, como transporte ativo, replicação do DNA, síntese de proteínas, contração muscular, manutenção da temperatura do corpo e divisão celular.
2. *Servir como componentes estruturais* para a síntese de moléculas mais complexas, como as proteínas dos músculos, hormônios e enzimas.
3. *Armazenar nutrientes para uso futuro*. Por exemplo, o glicogênio é armazenado nas células do fígado e, os triglicerídeos, nas células adiposas.

Neste capítulo, estudaremos os principais grupos de nutrientes; a orientação para uma alimentação saudável; a forma como cada grupo de alimentos é utilizado para produção de trifosfato de adenosina (ATP), crescimento e reparo do corpo; e como diversos fatores afetam a taxa metabólica do corpo.

OLHANDO PARA TRÁS PARA AVANÇAR...

Principais elementos químicos do corpo (Seção 2.1)
Enzimas (Seção 2.2)
Carboidratos, lipídeos e proteínas (Seção 2.2)
Sistemas de retroalimentação negativa (Seção 1.4)
Funções do fígado (Seção 19.7)
Hipotálamo e regulação da temperatura corporal (Seção 10.4)

20.1 Nutrientes

OBJETIVOS

- Definir nutriente e identificar os seis tipos principais de nutrientes.
- Especificar as normas para uma alimentação saudável.

Nutrientes são substâncias químicas, presentes nos alimentos, que as células do corpo utilizam para seu crescimento, manutenção e reparo. Os seis tipos principais de nutrientes são carboidratos, lipídeos, proteínas, água, minerais e vitaminas. ***Nutrientes essenciais*** são moléculas de nutrientes específicos que o corpo não consegue produzir em quantidade suficiente para atender a suas necessidades e, portanto, precisam ser obtidos a partir da alimentação. Alguns aminoácidos (como lisina, fenilalanina e triptofano), alguns ácidos graxos (como o ácido linolênico, um ácido graxo ômega-3, e o ácido linoleico, um ácido graxo ômega-6), vitaminas (como as vitaminas A, B_1-B_7-B_9, B_{12}, C, D, E e K) e minerais (como iodo, ferro, magnésio, fósforo, potássio, selênio, sódio e zinco) são nutrientes essenciais. As estruturas e as funções dos carboidratos, proteínas, lipídeos e água foram estudadas no Capítulo 2. Neste capítulo, estudaremos algumas normas para uma alimentação saudável e a função dos minerais e vitaminas no metabolismo.

Orientações para uma alimentação saudável

Cada grama de proteína ou carboidrato presente no alimento fornece aproximadamente 4 Calorias; 1 grama de gordura (lipídeos) fornece em torno de 9 quilocalorias.* Não sabemos ao certo quais são os níveis e tipos ideais de carboidratos, gordura e proteína na alimentação. Diferentes populações ao redor do mundo consomem alimentos radicalmente diferentes, adaptadas a um estilo de vida específico.

Em 2 de junho de 2011, o United States Department of Agriculture (USDA) apresentou um ícone atualizado chamado **MyPlate (Meu Prato)** com base em orien-

*Uma caloria (com letra inicial minúscula) é a quantidade de calor necessária para elevar em 1 °C a temperatura de 1 g de água. Devido à sua unidade de medida relativamente pequena, o conteúdo energético dos alimentos é representado como quilocaloria ou Caloria (com inicial maiúscula). Uma quilocaloria é igual a 1.000 calorias.

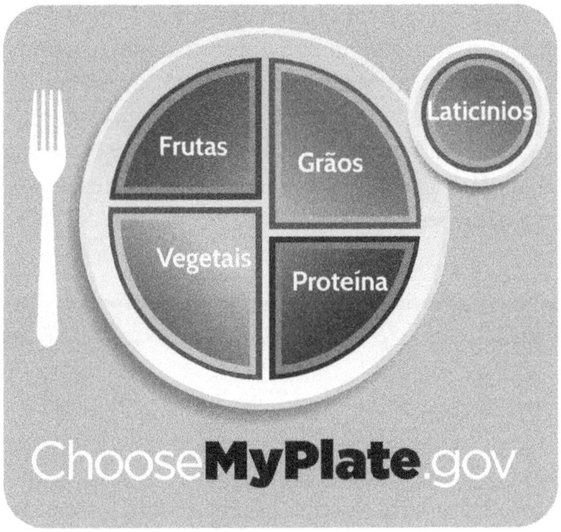

O que o copo azul representa?

Figura 20.1 MyPlate (meu prato).

As seções de cores diferentes são pistas visuais para ajudar a fazer escolhas alimentares mais saudáveis.

tações reavaliadas para uma alimentação saudável.* Ele substitui a USDA MyPyramid (pirâmide alimentar), que apareceu pela primeira vez em 2005. Como mostrado na Figura 20.1, o prato é dividido em quatro seções coloridas de tamanhos diferentes:

- Verde (vegetais)
- Vermelho (frutas)
- Laranja (grãos)
- Roxo (proteína)

O copo azul (produtos lácteos) ao lado do prato é um lembrete para incluir três porções diárias de laticínios.

O Dietary Guidelines for Americans, lançado em janeiro de 2011, é a base para o MyPlate. Entre as orientações estão as seguintes:

- Desfrute da alimentação, porém, equilibre calorias comendo menos.
- Evite grandes porções e componha a metade do seu prato com vegetais e frutas.
- Adote leite sem gordura ou com pouca gordura.
- Componha pelo menos metade dos grãos com cereais integrais.
- Escolha alimentos com baixo teor de sódio.
- Beba água em vez de bebidas açucaradas.

MyPlate coloca muita ênfase na proporcionalidade, variedade, moderação e quantidade de nutrientes em uma alimentação saudável. Proporcionalidade significa, simplesmente, comer mais de alguns tipos de alimentos do que outros. O ícone MyPlate mostra o quanto do seu prato deve ser preenchido com alimentos de diferentes grupos. Observe que legumes e frutas ocupam uma metade do prato, enquanto proteína e grãos, a outra metade. Observe também, que vegetais e grãos representam as maiores porções.

Variedade é importante para uma alimentação saudável, porque nenhum alimento ou grupo de alimentos fornece todos os nutrientes de que o corpo necessita. Consequentemente, uma variedade de alimentos deverá ser selecionada dentro de cada grupo. As opções de vegetais devem incluir vegetais verde-escuros, como brócolis e couve; legumes vermelhos e alaranjados, como cenoura, batata-doce e pimentas vermelhas; vegetais ricos em amido, como milho, ervilhas e batatas; outros vegetais, como repolho, aspargos e alcachofras; feijões e ervilhas, como lentilhas, grão-de-bico e feijão-preto. Feijões e ervilhas são boas fontes de nutrientes encontrados em legumes e alimentos ricos em proteínas, e são incluídos em ambos os grupos de alimentos. Escolhas alimentares de proteína são extremamente variadas e incluem carnes, aves, frutos do mar, feijões e ervilhas, ovos, produtos de soja processados, nozes e sementes. Grãos incluem grãos integrais, como pão de trigo integral, aveia e arroz integral, bem como grãos refinados, como pão branco, arroz branco, massas brancas. Frutas incluem as frescas, enlatadas, frutas secas e sucos de fruta naturais. Laticínios incluem todos os produtos lácteos e muitos alimentos à base de leite, como queijo, iogurte e pudim, bem como produtos de soja enriquecidos com cálcio.

A escolha de alimentos ricos em nutrientes ajuda as pessoas a praticar a moderação para equilibrar as calorias consumidas e as calorias gastas. Dicas incluem comer metade dos grãos como cereais integrais; escolher frutas inteiras ou em pedaços com mais frequência do que sucos; selecionar produtos lácteos sem gordura ou com baixo teor de gordura; e manter pequenas porções de carnes e aves magras.

Minerais

Minerais são elementos inorgânicos que constituem aproximadamente 4% do peso corporal total e estão mais concentrados no esqueleto. Os minerais com funções conhecidas no corpo incluem cálcio, fósforo, potássio, enxofre, sódio, cloreto, magnésio, ferro, iodeto, manganês, cobalto, cobre, zinco, fluoreto, selênio e cromo. Outros – alumínio, boro, silício e molibdênio – estão presentes, mas podem não ter função definida. Alimentos comuns fornecem quantidades adequadas de potássio, sódio, cloro e magnésio. Deve-se prestar atenção à ingestão de alimentos que forneçam quantidades

*N. de R.T. O Ministério da Saúde lançou em 2014 a 2ª edição do Guia Alimentar para a População Brasileira, o qual está disponível em bvsms.saude.gov.br/bvs/publicacoes/guia_alimentar_populacao_brasileira_2ed.pdf.

suficientes de cálcio, fósforo, ferro e iodo. As quantidades em excesso da maioria dos minerais são excretadas na urina e fezes.

A principal função dos minerais é ajudar a regular as reações enzimáticas. O cálcio, ferro, magnésio e manganês fazem parte de algumas coenzimas. O magnésio também atua como um catalisador para a conversão de difosfato de adenosina (ADP) em ATP. Minerais como o sódio e o fósforo funcionam como sistemas-tampão, que ajudam a controlar o pH dos líquidos corporais. O sódio também ajuda a regular a osmose e, juntamente com outros íons, participa da geração de impulsos nervosos. A Tabela 20.1 descreve as funções de vários minerais nas diversas funções do corpo.

TABELA 20.1

Minerais vitais para o corpo

MINERAL	COMENTÁRIOS	IMPORTÂNCIA
Cálcio	Mineral mais abundante no corpo. Aparece em combinação com os fosfatos. Aproximadamente 99% são armazenados nos ossos e nos dentes. O nível de Ca^{2+} no sangue é controlado pelo paratormônio (PTH). O calcitriol promove a absorção do cálcio da alimentação. Suas fontes são leite, gema de ovo, crustáceos e vegetais de folhas verdes	Formação de ossos e dentes, coagulação sanguínea, atividade neuromuscular normal, endocitose e exocitose, motilidade celular, movimento dos cromossomos durante a divisão celular, metabolismo do glicogênio e liberação de neurotransmissores e hormônios
Fósforo	Aproximadamente 80% são encontrados nos ossos e nos dentes como sais de fosfato. O nível de fosfato no sangue é controlado pelo paratormônio (PTH). Suas fontes são laticínios, carnes (bovina, frango e peixe) e nozes	Formação de ossos e dentes. Fosfatos constituem o principal sistema-tampão do sangue. Exerce função importante na contração muscular e na atividade nervosa. É componente de muitas enzimas. Participa da transferência de energia (ATP). É componente do DNA e do RNA
Potássio	Principal cátion (K^+) no líquido intracelular. O excesso é excretado na urina. Está presente na maioria dos alimentos (carnes bovina, frango e peixe, frutas e nozes)	Necessário para a geração e condução de potenciais de ação nos neurônios e fibras musculares
Enxofre	Componente de muitas proteínas (como a insulina). Atua como transportador de elétrons na cadeia de transporte de elétrons e de algumas vitaminas (tiamina e biotina). Fontes incluem carnes (bovina, fígado, ovina, peixe, frango), ovos, queijo e feijões	Como componente de hormônios e vitaminas, regula diversas atividades no corpo. É necessário para a produção de ATP pela cadeia de transporte de elétrons
Sódio	Cátion mais abundante (Na^+) nos líquidos extracelulares; um pouco é encontrado nos ossos. A absorção normal de NaCl (sal de cozinha) fornece mais do que a quantidade necessária	Afeta acentuadamente a distribuição da água por osmose. Faz parte do sistema-tampão bicarbonato. Atua na condução de potenciais de ação nervosos e musculares
Cloreto	Importante ânion (Cl^-) no líquido extracelular. Fontes incluem sal de cozinha (NaCl), molho de soja e alimentos processados	Exerce uma função importante no equilíbrio acidobásico do sangue, no balanço hídrico e na formação de HCl no estômago
Magnésio	Importante cátion (Mg^{2+}) no líquido extracelular. Excretado na urina e fezes. Abundante em diversos alimentos, como vegetais de folhas verdes, frutos do mar e cereais integrais	Necessário para o funcionamento normal dos tecidos muscular e nervoso. Participa da formação dos ossos. É constituinte de muitas coenzimas
Ferro	Aproximadamente 66% são encontrados na hemoglobina do sangue. Perdas normais de ferro ocorrem por descamação de pelos, células epiteliais e células mucosas e no suor, urina, fezes, bile e na perda sanguínea durante a menstruação. Fontes são carne bovina, fígado, crustáceos, gema de ovo, feijões, legumes, frutas secas, nozes e cereais	Como componente da hemoglobina, liga-se reversivelmente ao O_2. É componente de citocromos na cadeia de transporte de elétrons
Iodeto	Componente essencial dos hormônios tireoidianos. Fontes são frutos do mar, sal iodado e vegetais que crescem em solos ricos em iodo	Exigido pela glândula tireoide para sintetizar os hormônios tireoidianos, que regulam a taxa metabólica
Manganês	Armazenado em pequena quantidade no fígado e no baço. As fontes incluem espinafre, alface e abacaxi	Ativa diversas enzimas. Necessário para síntese de hemoglobina, formação de ureia, crescimento, reprodução, lactação e formação dos ossos
Cobre	Uma pequena quantidade é armazenada no fígado e no baço. Fontes incluem ovos, farinha de trigo integral, feijões, beterraba, fígado, peixe, espinafre e aspargo	Necessário com o ferro para a síntese de hemoglobina. Componente de coenzimas na cadeia de transporte de elétrons e da enzima necessária para a formação de melanina

(CONTINUA)

TABELA 20.1 (CONTINUAÇÃO)

Minerais vitais para o corpo

MINERAL	COMENTÁRIOS	IMPORTÂNCIA
Cobalto	Constituinte da vitamina B_{12}. Fontes incluem fígado, rins, leite, ovos, queijo e carnes	Como parte da vitamina B_{12}, é necessário para a eritropoiese
Zinco	Componente importante de determinadas enzimas. Abundante em muitos alimentos, especialmente carnes	Como um componente da anidrase carbônica, é importante no metabolismo de dióxido de carbono. Necessário para o crescimento normal e para a cicatrização de ferimentos, sensações normais de gustação e apetite, e quantidade normal de espermatozoides nos homens. Como um componente das peptidases, participa da digestão das proteínas
Fluoreto	Componente de ossos, dentes e outros tecidos. Fontes incluem frutos do mar, chá e gelatina	Parece melhorar a estrutura do dente e evitar a cárie dentária
Selênio	Componente importante de determinadas enzimas. Encontrado em frutos do mar, carne bovina, frango, tomates, gema de ovo, leite, cogumelos e alho, bem como grãos de cereais cultivados em solos ricos em selênio	Necessário para a síntese dos hormônios tireoidianos, motilidade dos espermatozoides e funcionamento adequado do sistema imunológico. Também atua como antioxidante. Impede as quebras cromossômicas e pode desempenhar uma função na prevenção de determinados defeitos congênitos, aborto, câncer de próstata e doença arterial coronariana
Cromo	Encontrado em altas concentrações no levedo de cerveja. Também encontrado no vinho e em algumas marcas de cerveja	Necessário para a atividade normal da insulina no metabolismo de lipídeos e carboidratos

Vitaminas

Os nutrientes orgânicos necessários em pequenas quantidades para manter o crescimento e o metabolismo normais são chamados ***vitaminas***. Diferentemente dos carboidratos, dos lipídeos ou das proteínas, as vitaminas não fornecem energia nem servem como materiais de construção do corpo. A maioria das vitaminas com funções conhecidas atua como coenzimas.

A maior parte das vitaminas não é sintetizada pelo corpo e deve ser ingerida. Outras vitaminas, como a vitamina K, são produzidas por bactérias no trato gastrintestinal (TGI) e, em seguida, absorvidas. O corpo consegue sintetizar algumas vitaminas se as matérias-primas, chamadas ***provitaminas***, forem fornecidas. Por exemplo, a vitamina A é produzida pelo corpo a partir da provitamina betacaroteno, uma substância química presente nos vegetais alaranjados e amarelos, como as cenouras, e nos vegetais da cor verde-escura, como o espinafre. Não existe um alimento único que contenha todas as vitaminas necessárias ao corpo – e essa é uma das melhores razões para se ter uma alimentação diversificada.

As vitaminas são divididas em dois grupos principais: solúveis em gordura (lipossolúveis) e solúveis em água (hidrossolúveis). As ***vitaminas lipossolúveis*** são as vitaminas A, D, E e K. São absorvidas no intestino delgado junto com lipídeos da alimentação e acondicionadas nos quilomícrons* (ver Seção 19.8). Não são absorvidas em quantidades adequadas a menos que sejam ingeridas junto com alguns lipídeos.

As vitaminas lipossolúveis podem ser armazenadas em células, especialmente no fígado. O excesso da ingestão diária de vitaminas lipossolúveis, acima das necessidades orgânicas, é denominado ***hipervitaminose*** e provoca efeitos tóxicos. As ***vitaminas hidrossolúveis*** incluem diversas vitaminas B e a vitamina C. São dissolvidas nos líquidos corporais. Embora quantidades excessivas dessas vitaminas não sejam armazenadas, mas normalmente excretadas na urina, pode ocorrer hipervitaminose.

Além de suas outras funções, três vitaminas – C, E e o betacaroteno (uma provitamina) – são denominadas ***vitaminas antioxidantes***, porque estabilizam os radicais livres de oxigênio. Lembre-se que os radicais livres são íons ou moléculas altamente reativos que carregam um elétron não pareado em sua camada externa de elétrons. Os radicais livres danificam as membranas das células, o DNA e outras estruturas celulares, além de contribuir para a formação de placas ateroscleróticas. Alguns radicais livres** surgem naturalmente no corpo e, outros, se originam de perigos ambientais, como tabagismo e radiação. Acredita-se que as vitaminas antioxidantes exerçam uma função fundamental na proteção contra alguns tipos de câncer, reduzindo a formação de placa aterosclerótica, retardando alguns efeitos do envelhecimento e diminuindo a chance de formação de catarata nas lentes dos olhos. A Tabela 20.2 lista as principais vitaminas, suas fontes e suas funções, assim como suas deficiências.

---

*N. de R.T. Quilomicro, quilomícrons são gotículas grandes (entre 0,8 e 5 nm de diâmetro) ou lipídeo reprocessado sintetizado nas células epiteliais do intestino delgado e contendo triglicerídeos, ésteres do colesterol, etc.

**N. de R.T. Os radicais livres são formados em baixas concentrações em condições fisiológicas. Nesses níveis são estabilizados pelos antioxidantes. Já em condições patológicas, a formação de radicais livres aumenta e ultrapassa a capacidade antioxidante, caracterizando o estresse oxidativo.

TABELA 20.2

As principais vitaminas

VITAMINA	COMENTÁRIO E FONTE	FUNÇÕES	DEFICIÊNCIA SELETIVA OU SINTOMAS E DISTÚRBIOS DA HIPERVITAMINOSE
Vitaminas lipossolúveis	**Todas necessitam de sais biliares e alguns lipídeos da dieta para a sua absorção adequada**		
A	Formada a partir da provitamina betacaroteno (e outras provitaminas) no trato GI. Armazenada no fígado. Fontes de caroteno e outras provitaminas incluem os vegetais alaranjados, amarelos e verdes; fontes de vitamina A incluem o fígado e o leite	Mantém a saúde geral e o vigor das células epiteliais. O betacaroteno age como um antioxidante, estabilizando os radicais livres	*Deficiência:* Atrofia e queratinização do epitélio, levando a pele e cabelos secos; aumento da incidência de infecções na orelha e seios da face e, também respiratórias, urinárias e digestórias; incapacidade de ganhar peso; ressecamento da córnea e uclerações na pele
		Essencial para a formação de pigmentos sensíveis à luz nos fotorreceptores da retina. Auxilia no crescimento de ossos e dentes, ajudando a regular a atividade dos osteoblastos e osteoclastos	*Deficiência*: ***Cegueira noturna*** ou diminuição da capacidade para a adaptação ao escuro *Deficiência*: Desenvolvimento lento e defeituoso de ossos e dentes *Hipervitaminose*: Defeitos de nascimento, pele seca, queda de cabelo, problemas no fígado, redução da densidade óssea, fechamento prematuro das epífises
D	Na presença da luz solar, a pele produz uma molécula precursora, em seguida, enzimas no fígado e rins modificam essa molécula para a forma ativa da vitamina D (calcitriol). Armazenada em pequena quantidade nos tecidos. A maior parte é excretada na bile. As fontes alimentares incluem óleos de fígado de peixe, gema de ovo e leite vitaminado	Essencial para a absorção de cálcio e fósforo pelo trato GI. Atua com o paratormônio (PTH) para manter a homeostasia do Ca^{2+}	*Deficiência:* Utilização defeituosa de cálcio pelo osso leva ao ***raquitismo*** em crianças e ***osteomalácia*** em adultos. Possível perda do tônus muscular *Hipervitaminose*: Constipação, anorexia, fadiga, desidratação, fraqueza muscular, vômitos, danos aos rins
E (tocoferóis)	Armazenada no fígado, tecido adiposo e músculos. Fontes incluem nozes frescas e germe de trigo, óleos de sementes e vegetais de folhas verdes	Inibe o catabolismo de determinados ácidos graxos que ajudam a formar as estruturas das células, especialmente as membranas. Participa da formação de DNA, RNA e hemácias. Pode promover a cicatrização de feridas, contribuir para a estrutura e funcionamento normais do sistema nervoso e evitar a formação de cicatrizes. Age como um antioxidante, estabilizando radicais livres	*Deficiência:* Pode provocar oxidação da gordura monoinsaturada, resultando em estrutura e funcionamento anormais das mitocôndrias, lisossomos e membranas plasmáticas. Uma possível consequência é a ***anemia hemolítica*** *Hipervitaminose:* Dores de cabeça, fadiga, visão dupla, diarreia
K	Produzida por bactérias do intestino. Armazenada no fígado e no baço. Fontes alimentares incluem espinafre, couve-flor, repolho e fígado	Coenzima essencial para a síntese de diversos fatores de coagulação no fígado, inclusive a protrombina	*Deficiência:* Retardo no tempo de coagulação resulta em sangramento excessivo *Hipervitaminose:* Erupção cutânea, diarreia, náuseas, vômitos, icterícia, danos ao fígado

(CONTINUA)

TABELA 20.2 (CONTINUAÇÃO)

As principais vitaminas

VITAMINA	COMENTÁRIO E FONTE	FUNÇÕES	DEFICIÊNCIA SELETIVA OU SINTOMAS E DISTÚRBIOS DA HIPERVITAMINOSE
Vitaminas hidrossolúveis	**Dissolvidas nos líquidos do corpo. A maioria não é armazenada no corpo. O excesso é eliminado na urina**		
B_1 (tiamina)	Destruída rapidamente pelo calor. Fontes incluem produtos integrais, ovos, carne suína, nozes, fígado e leveduras	Age como uma coenzima para muitas enzimas diferentes que quebram as ligações entre carbonos e participam no metabolismo de carboidratos do ácido pirúvico para CO_2 e H_2O. Essencial para a síntese do neurotransmissor acetilcolina	*Deficiência:* Acúmulo de ácidos pirúvico e lático e produção insuficiente de ATP para as células musculares e nervosas provocam (1) ***beribéri***, paralisia parcial do músculo liso do trato GI, provocando distúrbios digestivos, paralisia dos músculos esqueléticos e atrofia dos membros; e (2) ***polineurite***, decorrente da degeneração das bainhas de mielina: reflexos prejudicados, sentido de tato comprometido, crescimento atrofiado nas crianças e falta de apetite *Hipervitaminose:* Irritabilidade, insônia, erupções cutâneas, dores de cabeça
B_2 (riboflavina)	Pequenas quantidades fornecidas por bactérias do trato GI. Fontes da dieta incluem leveduras, fígado, carnes (bovina, vitela, ovina), ovos, produtos integrais, aspargos, ervilhas, beterrabas e amendoins	Componente de determinadas coenzimas (por exemplo, flavina-adenina-dinucleotídeo [FAD] e flavina-mononucleotídeo [FMN]) no metabolismo de carboidratos e proteínas, especialmente nas células dos olhos, tegumento comum, túnica mucosa do intestino e sangue	*Deficiência:* Utilização inadequada de oxigênio, resultando em visão embaçada, catarata e ulcerações da córnea. Além de dermatite e rachaduras na pele, lesões da túnica mucosa intestinal e um tipo de anemia *Hipervitaminose:* Coceira, sensibilidade à luz, dormência, urina de coloração alaranjada
Niacina (nicotinamida)	Derivada do aminoácido triptofano. Fontes incluem leveduras, carnes, fígado, peixe, produtos integrais, ervilhas, feijões e nozes	Componente essencial das coenzimas nicotinamida-adenina-dinucleotídeo (NAD) e NAD-fosfato (NADP), em reações de oxidação-redução. No metabolismo de lipídeos, inibe a produção de colesterol e ajuda na quebra dos triglicerídeos	*Deficiência:* ***Pelagra***, caracterizada por dermatite, diarreia e transtornos psicológicos *Hipervitaminose:* Ruborização da pele, náuseas, diarreia, danos ao fígado
B_6 (piridoxina)	Sintetizada por bactérias do trato GI. Armazenada no fígado, músculos e encéfalo. Outras fontes incluem salmão, leveduras, tomates, milho-verde, espinafre, produtos à base de grãos integrais, fígado e iogurtes	Coenzima essencial para o metabolismo normal dos aminoácidos. Auxilia na produção de anticorpos circulantes. Pode funcionar como coenzima no metabolismo dos triglicerídeos	*Deficiência:* Dermatite nos olhos, nariz e boca, retardo no crescimento e náuseas *Hipervitaminose:* Lesão nos nervos, dormência ou formigamento nos membros, falta de coordenação
B_{12} (cianocobalamina)	Única vitamina B não encontrada nos vegetais; única vitamina contendo cobalto. Absorção no trato GI depende de um fator intrínseco secretado pela túnica mucosa do estômago. Fontes incluem fígado, rins, leite, ovos, queijo e carnes	Coenzima necessária para a formação de hemácias e do aminoácido metionina, entrada de alguns aminoácidos no ciclo de Krebs e síntese de colina (utilizada na síntese de acetilcolina)	*Deficiência:* Anemia perniciosa, anormalidades neuropsiquiátricas (ataxia, perda de memória, fraqueza, alterações de humor e personalidade, e sensações anormais) e atividade deficiente dos osteoblastos *Hipervitaminose:* Micção excessiva, diarreia, aumento da sede, palpitações, insônia, hipotireoidismo
Ácido pantotênico	Parte produzida por bactérias do trato GI. Armazenado principalmente no fígado e rins. Outras fontes incluem fígado, rins, leveduras, vegetais verdes e cereais	Constituinte da coenzima A, que é utilizada para transferir grupos acetila para o ciclo de Krebs; conversão de lipídeos e aminoácidos em glicose; e síntese de colesterol e hormônios esteroides	*Deficiência:* Fadiga, espasmos musculares, produção insuficiente de hormônios esteroides da glândula suprarrenal, vômitos e insônia *Hipervitaminose:* diarreia

(CONTINUA)

TABELA 20.2 (CONTINUAÇÃO)

As principais vitaminas

VITAMINA	COMENTÁRIO E FONTE	FUNÇÕES	DEFICIÊNCIA SELETIVA OU SINTOMAS E DISTÚRBIOS DA HIPERVITAMINOSE
Ácido fólico (folato, folacina)	Sintetizado por bactérias do trato GI. Fontes alimentares incluem vegetais de folhas verdes, brócolis, aspargos, pães, feijões e frutas cítricas	Componente dos sistemas enzimáticos que sintetizam as bases nitrogenadas do DNA e do RNA. Essencial para a produção normal de eritrócitos e leucócitos	*Deficiência:* Produção de hemácias anormalmente grandes. Maior risco de defeitos do tubo neural em bebês nascidos de mães deficientes em ácido fólico *Hipervitaminose:* Diarreia, insônia, fadiga, dormência na boca, irritabilidade, reações alérgicas
Biotina	Sintetizada por bactérias do trato GI. Fontes alimentares incluem leveduras, fígado, gema de ovo e rins	Coenzima essencial para a conversão do ácido pirúvico em ácido oxalacético e para a síntese de ácidos graxos e purinas	*Deficiência:* Depressão mental, dor muscular, dermatite, fadiga e náuseas
C (ácido ascórbico)	Destruída rapidamente pelo calor. Parcialmente armazenada no tecido glandular e no plasma sanguíneo. Fontes incluem frutas cítricas, morangos, melões, tomates e vegetais verdes	Promove a síntese de proteínas, inclusive a síntese de colágeno no tecido conectivo. Como coenzima, pode se combinar a toxinas (venenos), tornando-as inofensivas até serem excretadas. Trabalha com os anticorpos, promove a cicatrização de ferimentos e funciona como antioxidante	*Deficiência:* Escorbuto; anemia; muitos sintomas relacionados à formação inadequada do colágeno, incluindo gengivas doloridas e inchadas, perda dos dentes, cicatrização deficiente de ferimentos, sangramento, respostas imunes deficientes e retardo no crescimento *Hipervitaminose:* Pedras nos rins e cálculos biliares em indivíduos com história de tais problemas

CORRELAÇÕES CLÍNICAS | Suplementos de vitaminas e minerais

A maioria dos nutricionistas recomenda a ingestão de uma alimentação balanceada que inclua uma variedade de alimentos, em vez da ingestão de **suplementos vitamínicos ou minerais**, exceto em circunstâncias especiais. Exemplos comuns de suplementações necessárias incluem ferro para as mulheres que apresentam sangramento menstrual excessivo; ferro e cálcio para as mulheres grávidas ou amamentando; ácido fólico (folato) para todas as mulheres que podem engravidar, a fim de reduzir o risco de defeitos no tubo neural no feto; cálcio para a maioria dos adultos, pois não recebem a quantidade recomendada em sua alimentação; e vitamina B12 para vegetarianos convictos, que não ingerem carne alguma. Uma vez que a maioria dos norte-americanos não ingere, na sua alimentação, altos níveis de vitaminas antioxidantes consideradas benéficas, alguns especialistas recomendam a suplementação das vitaminas C e E. Contudo, mais nem sempre é melhor; doses altas de vitaminas ou minerais podem ser muito prejudiciais. •

TESTE SUA COMPREENSÃO

1. Descreva o ícone MyPlate proposto pelo USDA e forneça exemplos de alimentos de cada grupo alimentar.
2. Descreva resumidamente as funções dos minerais, cálcio e sódio no corpo.
3. Explique como as vitaminas diferem dos minerais e diferencie uma vitamina lipossolúvel de uma hidrossolúvel.

20.2 Metabolismo

OBJETIVOS

- Definir metabolismo e descrever sua importância na homeostasia.
- Explicar como o corpo utiliza carboidratos, lipídeos e proteínas.

O ***metabolismo*** se refere a todas as reações químicas do corpo. Lembre-se, do Capítulo 2, de que as reações químicas ocorrem quando ligações químicas entre substâncias são formadas ou rompidas, e que as ***enzimas*** atuam como catalisadores para acelerar as reações químicas. Algumas enzimas necessitam da presença de um íon como cálcio, ferro ou zinco. Outras enzimas agem em conjunto com as ***coenzimas***, que funcionam como transportadoras temporárias de átomos sendo removidos ou adicionados a um substrato durante uma reação. Muitas coenzimas são derivadas de vitaminas. Exemplos incluem a coenzima ***NAD***$^{+}$, derivada da vitamina B niacina, e a coenzima ***FAD***, derivada da vitamina B_2 (riboflavina).

O metabolismo do corpo pode ser considerado como um ato de equilíbrio de energia entre reações anabólicas (de síntese) e catabólicas (de decomposição). As reações químicas que combinam substâncias simples em moléculas mais complexas são coletivamente conhecidas como ***anabolismo***. Em geral, reações anabólicas utilizam mais energia do que produzem. A energia que utilizam é fornecida pelas reações catabólicas (Fig. 20.2). Um exemplo de processo anabólico é a formação de ligações peptídicas entre aminoácidos, combinando-os em proteínas.

As reações químicas que decompõem compostos orgânicos complexos em compostos simples são conhecidas, coletivamente, como ***catabolismo***. As reações catabólicas liberam energia armazenada nas moléculas orgânicas. Essa energia é transferida para moléculas de ATP e, em seguida, utilizada para produzir reações anabólicas. Séries importantes de reações catabólicas ocorrem durante a glicólise, o ciclo de Krebs e a cadeia de transporte de elétrons, que serão discutidos em breve.

Aproximadamente 40% da energia liberada no catabolismo são utilizados para funções celulares; o restante é convertido em calor, parte do qual ajuda a manter a temperatura corporal normal. O calor excedente é perdido para o ambiente. Em comparação às máquinas, que convertem apenas 10-20% da energia em trabalho, a eficiência de 40% do metabolismo do corpo é impressionante.

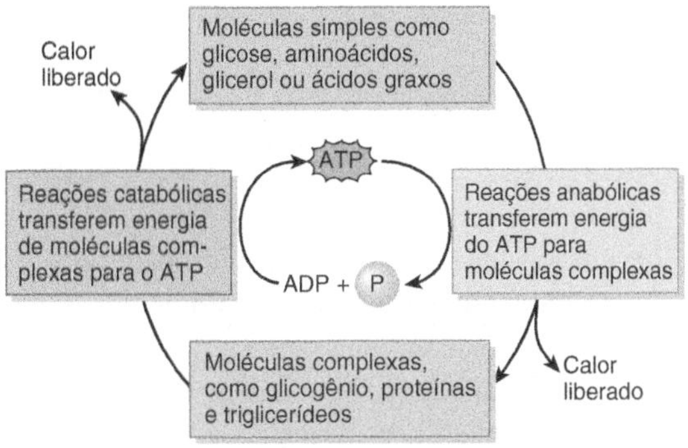

Em uma célula pancreática que produz enzimas digestivas, predomina o anabolismo ou o catabolismo?

Figura 20.2 A função do ATP na ligação de reações anabólicas e catabólicas. Quando as moléculas complexas são degradadas (catabolismo, à esquerda), parte da energia é transferida para formar o ATP, e o restante é liberado na forma de calor. Quando as moléculas simples são combinadas para formar moléculas complexas (anabolismo, à direita), o ATP fornece energia para a síntese, e novamente parte dessa energia é liberada na forma de calor.

A conexão das reações que liberam ou consomem energia é realizada por meio do ATP.

Entretanto, o corpo tem uma necessidade contínua de incorporar e processar fontes externas de energia para que as células sintetizem ATP suficiente para sustentar a vida.

Metabolismo dos carboidratos

Durante a digestão, carboidratos polissacarídeos e dissacarídeos são catabolizados em monossacarídeos – glicose, frutose e galactose – que são absorvidos no intestino delgado. Logo após sua absorção, no entanto, frutose e galactose são convertidas em glicose. Assim, quando nos referimos ao metabolismo de carboidratos, na verdade estamos nos referindo ao metabolismo da glicose.

Como a glicose é a fonte preferencial do corpo para a síntese de ATP, o destino da glicose absorvida a partir da alimentação, depende das necessidades das células do corpo. Se necessitarem de ATP imediatamente, oxidam a glicose. A glicose não necessária para a produção imediata de ATP pode ser convertida em glicogênio para armazenamento nos hepatócitos e nas fibras musculares esqueléticas. Caso os depósitos de glicogênio estejam repletos, os hepatócitos transformam essa glicose em triglicerídeos, para serem armazenados no tecido adiposo. Futuramente, quando as células precisarem de mais ATP, glicogênio e a fração glicerol dos triglicerídeos são reconvertidos em glicose. As células do corpo também usam glicose para produzir determinados aminoácidos, os componentes essenciais das proteínas.

Antes que a glicose seja utilizada pelas células do corpo, precisa atravessar a membrana plasmática por difusão facilitada e entrar no citosol. A insulina aumenta a velocidade de difusão facilitada da glicose.

Catabolismo da glicose

O catabolismo da glicose para produzir ATP na presença de oxigênio é conhecido como ***respiração celular***. Em geral, suas numerosas reações são resumidas da seguinte forma:

$$\begin{gathered}\text{1 molécula glicose} + \text{6 moléculas de oxigênio} \rightarrow \\ \text{30 ou 32 moléculas de ATP} + \\ \text{6 moléculas de dióxido de carbono} + \\ \text{6 moléculas de água.}\end{gathered}$$

Quatro séries interconectadas de reações químicas contribuem para a respiração celular (Fig. 20.3):

1. Durante a ***glicólise***, as reações que ocorrem no citosol convertem uma molécula de glicose com seis carbonos em duas moléculas de ácido pirúvico com três carbonos. As reações da glicólise produzem diretamente duas moléculas de ATP. Ocorre também a transferência de átomos de hidrogênio para a coenzima NAD^+, formando dois $NADH + H^+$.
2. A formação da ***acetilcoenzima A*** é uma etapa de transição que prepara o ácido pirúvico para entrar

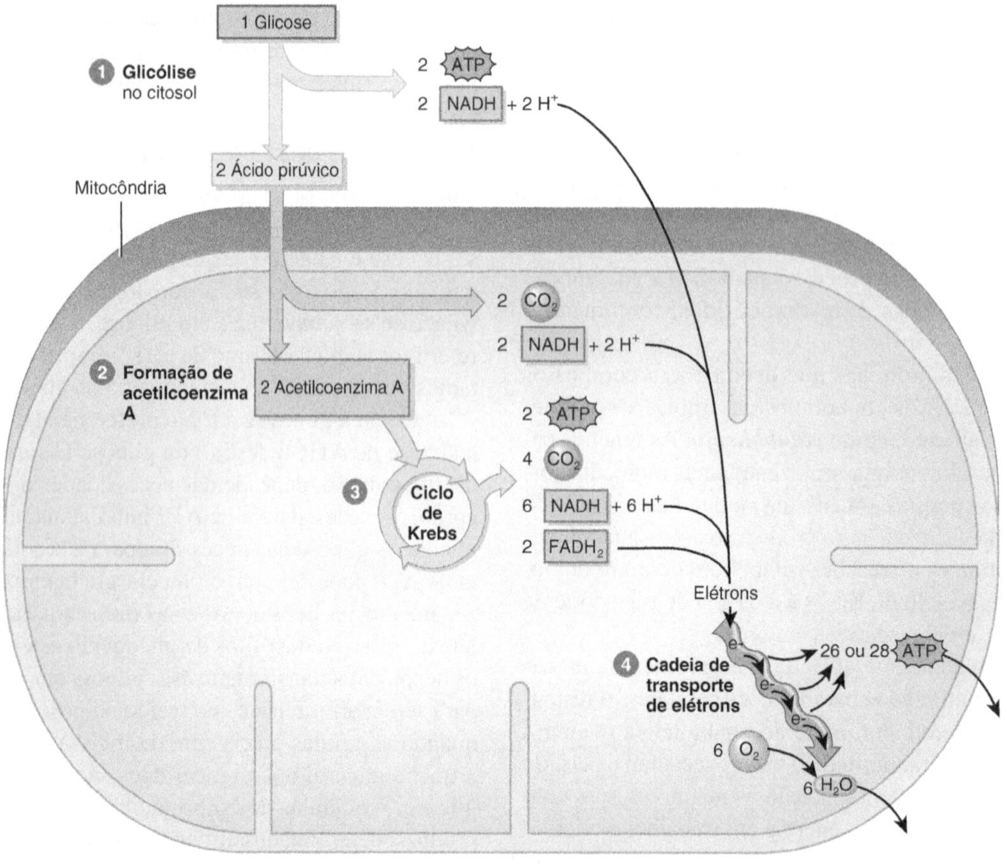

Quantas moléculas de ATP são produzidas durante o catabolismo completo de uma molécula de glicose?

Figure 20.3 **Respiração celular.**

O catabolismo aeróbio da glicose para produzir ATP inclui glicólise, a formação da acetilcoenzima A, o ciclo de Krebs e a cadeia de transporte de elétrons.

no ciclo de Krebs. Primeiramente, o ácido pirúvico entra em uma mitocôndria e é convertido em um fragmento de dois carbonos, mediante a remoção de uma molécula de dióxido de carbono (CO_2). As moléculas de CO_2 produzidas durante o catabolismo da glicose se difundem no sangue e, finalmente, exaladas. Em seguida, a coenzima NAD^+ é convertida em $NADH + H^+$. Finalmente, os átomos remanescentes, chamados ***grupo acetila*** são anexados à coenzima A para formar a acetilcoenzima A.

3 O ***ciclo de Krebs*** é uma série de reações que transferem átomos de hidrogênio para outras duas coenzimas – NAD^+ e FAD –, formando, assim, $NADH + H^+$ e $FADH_2$. As reações do ciclo de Krebs também produzem CO_2 e uma molécula de ATP para cada acetilcoenzima A que entra no ciclo de Krebs. Para utilizar a energia armazenada em NADH e $FADH_2$, os elétrons de seus átomos de hidrogênio precisam, primeiramente, passar pela cadeia de transporte de elétrons.

4 Por meio das reações da ***cadeia de transporte de elétrons***, a energia armazenada em $NADH + H^+$ e $FADH_2$ é utilizada para sintetizar ATP. Os átomos de hidrogênio do $NADH + H^+$ e $FADH_2$, que foram formados durante a glicólise, a formação de acetilcoenzima A e o ciclo de Krebs são removidos e divididos em íons H^+ e elétrons. Os íons H^+ são usados para estabelecer um gradiente de H^+, e os elétrons são transportados de um componente da cadeia de transporte de elétrons para outro, com o oxigênio atuando como aceptor final de elétrons. À medida que os íons H^+ se movimentam ao longo de seu gradiente de concentração, o ATP é produzido. Nesse processo de geração de ATP, ocorre também a produção de água.

Como a glicólise não necessita, obrigatoriamente, de oxigênio, pode ocorrer em condições ***aeróbias*** (com oxigênio) ou ***anaeróbias*** (sem oxigênio). Em contraste, as reações do ciclo de Krebs e o transporte de elétrons pela cadeia de transporte de elétrons requerem oxigênio e, coletivamente, são denominadas ***respirações aeróbias***. Portanto, quando o oxigênio está presente, todas as quatro fases ocorrem: glicólise, formação de acetilcoenzima A, ciclo de Krebs e cadeia de transporte de elétrons. Entretanto, se o oxigênio não está disponível ou está presente em baixa concentração, o ácido pirúvico é convertido em uma substância denominada *ácido lático*, e os demais passos da respiração celular não ocorrem. Quando a glicólise ocorre em condições de anaerobiose, é denominada ***glicólise anaeróbia***.

Anabolismo da glicose

Embora a maior parte da glicose no corpo seja catabolizada para gerar ATP, a glicose também pode participar de diversas reações anabólicas ou ser formada por meio delas. Uma destas é a síntese de glicogênio; outra é a síntese de novas moléculas de glicose a partir de alguns produtos resultantes da decomposição de proteínas e lipídeos.

Se a glicose não for imediatamente necessária para a produção de ATP, se combina com muitas outras moléculas de glicose para formar uma molécula de cadeia longa chamada ***glicogênio*** (Fig. 20.4). A síntese do glicogênio é estimulada pela insulina. O corpo armazena aproximadamente 500 gramas de glicogênio, em torno de 75% nas fibras musculares esqueléticas e o restante nos hepatócitos.

Se o nível de glicose no sangue cair abaixo do normal, glucagon é liberado pelo pâncreas, e a epinefrina é liberada pela glândula suprarrenal. Esses hormônios estimulam a decomposição do glicogênio em suas subunidades de glicose (Fig. 20.4). Os hepatócitos liberam essa glicose no sangue, e as células do corpo a incorporam, para utilizá-la na produção de ATP. A decomposição do glicogênio geralmente ocorre entre as refeições.

CORRELAÇÕES CLÍNICAS | Carregamento de carboidratos

A quantidade de glicogênio armazenada no fígado e nos músculos esqueléticos é variável e completamente utilizada durante os treinos atléticos de longa duração. Portanto, muitos corredores de maratona e outros atletas de provas de resistência seguem uma rotina de exercícios rigorosos e um regime alimentar que inclui a ingestão de grandes quantidades de carboidratos complexos, como massas e batatas, nos três dias anteriores ao evento. Essa prática, chamada de **carregamento de carboidratos**, ajuda a maximizar a quantidade de glicogênio disponível para a produção de ATP nos músculos. Foi provado que o carregamento de carboidratos para eventos atléticos que duram mais de uma hora aumenta a resistência do atleta. •

Quando os níveis de glicogênio no fígado estão baixos, é hora de se alimentar. Caso contrário, o corpo começa a catabolizar triglicerídeos (gorduras) e proteínas. Na realidade, o corpo normalmente cataboliza parte dos triglicerídeos e proteínas, mas não ocorre catabolismo de triglicerídeos e proteínas em grande escala, a menos que você esteja passando fome, ingerindo muito pouco carboidrato ou sofrendo de um distúrbio endócrino.

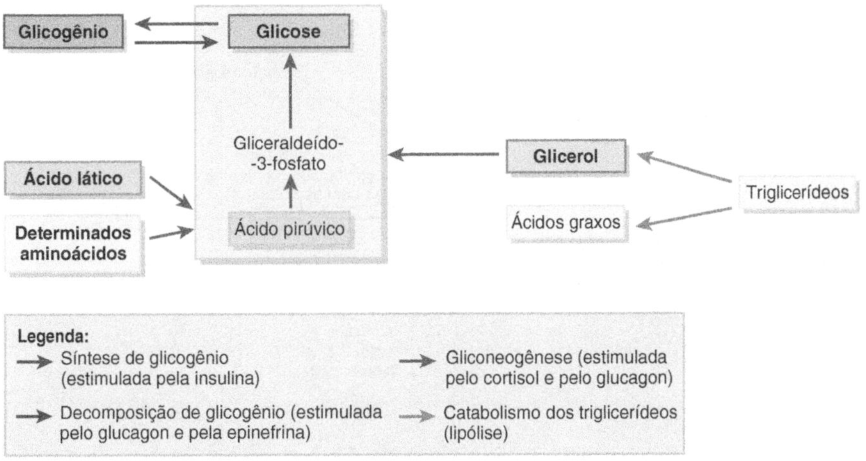

Quais células do corpo sintetizam glicose a partir de aminoácidos?

Figura 20.4 **Reações do anabolismo da glicose: síntese do glicogênio, decomposição do glicogênio e síntese de glicose a partir de aminoácidos, ácido lático ou glicerol.**

Aproximadamente 500 gramas de glicogênio são armazenados nos músculos esqueléticos e no fígado.

Hepatócitos convertem a parte glicerol dos triglicerídeos, ácido lático e determinados aminoácidos em glicose (Fig. 20.4). A série de reações que forma a glicose a partir dessas fontes de não carboidratos é chamada ***gliconeogênese***. Esse processo libera glicose no sangue, mantendo, assim, o nível normal da glicemia durante os intervalos entre as refeições, quando a absorção de glicose é reduzida. A gliconeogênese ocorre quando o fígado é estimulado pelo cortisol proveniente do córtex da glândula suprarrenal, da epinefrina da medula suprarrenal e pelo glucagon proveniente do pâncreas.

Metabolismo dos lipídeos

Lipídeos, assim como carboidratos, podem ser catabolizados para produzir ATP. Se o corpo não tem necessidade imediata de utilizar os lipídeos dessa maneira, são armazenados como triglicerídeos no tecido adiposo de todas as partes do corpo e no fígado. Alguns lipídeos são utilizados como moléculas estruturais ou na síntese de outras substâncias. Dois ácidos graxos essenciais que o corpo não consegue sintetizar são os ácidos linoleico e linolênico. As fontes alimentares desses lipídeos incluem óleos vegetais e vegetais foliáceos.

Catabolismo dos lipídeos

Células musculares, hepáticas e adiposas catabolizam rotineiramente os ácidos graxos, a partir dos triglicerídeos, para produzir ATP. Primeiramente, os triglicerídeos são decompostos em glicerol e ácidos graxos – um processo chamado ***lipólise*** (Fig. 20.5). Os hormônios epinefrina (adrenalina), norepinefrina (noradrenalina) e cortisol intensificam a lipólise.

O glicerol e os ácidos graxos resultantes da lipólise são catabolizados por meio de diferentes vias. O glicerol é convertido em gliceraldeído-3-fosfato, por muitas células do corpo. Se o suprimento de ATP em uma célula for alto, o gliceraldeído-3-fosfato é convertido em glicose, um exemplo de gliconeogênese. Se o suprimento de ATP em uma célula for baixo, o gliceraldeído-3-fosfato entra na via catabólica para o ácido pirúvico.

O catabolismo dos ácidos graxos começa quando, em algum momento, as enzimas removem dois átomos de carbono do ácido graxo, fixando-os às moléculas da coenzima A, formando a acetilcoenzima A (acetil-CoA). Em seguida, a acetil-CoA entra no ciclo de Krebs (Fig. 20.5). Um ácido graxo com 16 carbonos, assim como o ácido palmítico, gera até 129 moléculas de ATP por meio do ciclo de Krebs e da cadeia de transporte de elétrons.

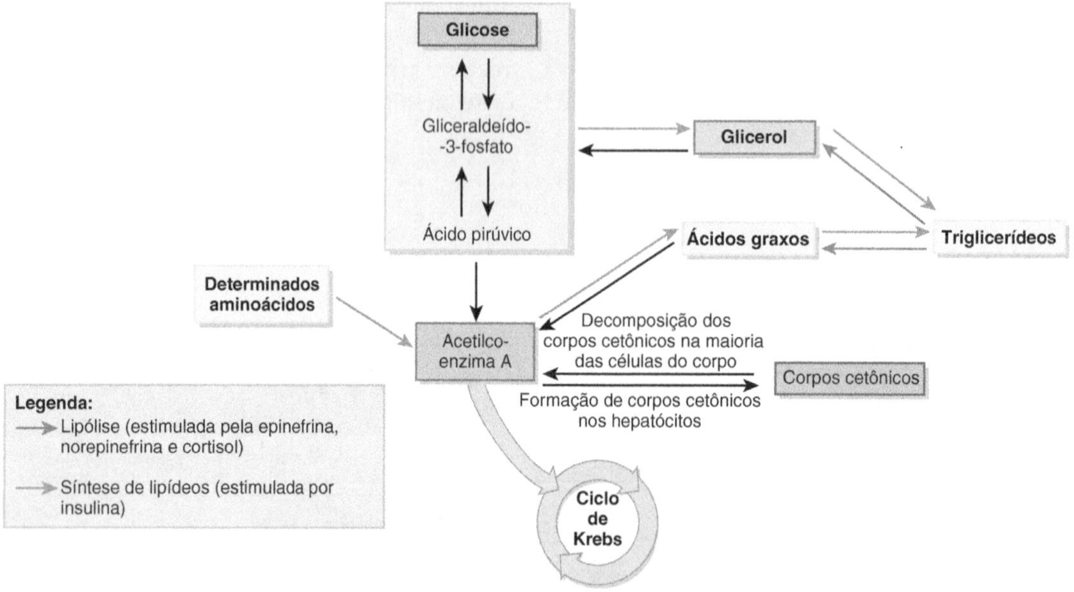

Quais células formam os corpos cetônicos?

Figura 20.5 Metabolismo dos lipídeos. A lipólise é a decomposição dos triglicerídeos em glicerol e ácidos graxos. O glicerol pode ser convertido em gliceraldeído-3-fosfato que, em seguida, é convertido em glicose ou entra no ciclo de Krebs. Os fragmentos de ácidos graxos entram no ciclo de Krebs como acetil-CoA. Ácidos graxos também são convertidos em corpos cetônicos.

Glicerol e ácidos graxos são catabolizados em vias metabólicas diferentes.

Como parte do catabolismo normal dos ácidos graxos, o fígado converte algumas moléculas de acetil-CoA em substâncias conhecidas como ***corpos cetônicos*** (Fig. 20.5). Os corpos cetônicos, em seguida, deixam o fígado para entrar nas células do corpo, nas quais são decompostos em acetil-CoA, que entra no ciclo de Krebs.

> **CORRELAÇÕES CLÍNICAS | Cetose e acidose**
>
> O nível de corpos cetônicos no sangue normalmente é muito baixo, porque outros tecidos os utilizam para produzir ATP tão logo são formados. Quando a concentração de corpos cetônicos no sangue sobe acima do normal - uma condição chamada **cetose** -, os corpos cetônicos, cuja maioria é ácida, devem ser tamponados. Se houver um acúmulo, o pH do sangue diminui. Quando o nível de insulina em um diabético se torna gravemente deficiente, um dos sinais indicativos é o aroma adocicado no hálito, decorrente da acetona dos corpos cetônicos. A cetose prolongada leva à **acidose**, um pH anormalmente baixo do sangue, que resulta em morte. •

Anabolismo dos lipídeos

A insulina estimula os hepatócitos e as células adiposas a sintetizar triglicerídeos, quando são consumidas mais calorias do que as necessárias para satisfazer as necessidades de ATP (Fig. 20.5). Os excessos de carboidratos, proteínas e gorduras da alimentação têm o mesmo destino: são convertidos em triglicerídeos. Determinados aminoácidos passam pelas seguintes reações: aminoácidos → acetil-CoA → ácidos graxos → triglicerídeos. O uso da glicose para a formação de lipídeos ocorre por meio de duas vias:

1. glicose → gliceraldeído-3-fosfato → glicerol;

   ou

2. glicose → gliceraldeído-3-fosfato → acetil-CoA → ácidos graxos

O glicerol e os ácidos graxos resultantes passam por reações anabólicas para se transformar em triglicerídeos armazenados ou por uma série de reações anabólicas para produzir outros lipídeos, como lipoproteínas, fosfolipídeos e colesterol.

Transporte dos lipídeos no sangue

A maioria dos lipídeos, como triglicerídeos e colesterol, não é hidrossolúvel. Para transporte no sangue, essas moléculas primeiramente são combinadas com proteínas para tornarem-se mais solúveis em água. Tais ***lipoproteínas*** são partículas esféricas com uma camada externa de proteínas e fosfolipídeos, circundando um núcleo de triglicerídeos, colesterol e outros lipídeos. As proteínas da camada externa ajudam as partículas de lipoproteína a se dissolverem nos líquidos corporais e também têm funções específicas.

Lipoproteínas são veículos de transporte: fazem o serviço de entrega e coleta, de forma que os lipídeos estejam disponíveis quando as células necessitarem deles, ou para removê-los quando não são necessários. Lipoproteínas são classificadas e denominadas, basicamente, de acordo com seu tamanho e densidade. Das maiores e mais leves às menores e mais pesadas, os quatro tipos principais de lipoproteínas são quilomícrons, lipoproteínas de muito baixa densidade, lipoproteínas de baixa densidade e lipoproteínas de alta densidade.

1. **Quilomícrons** se formam nas células epiteliais absortivas do intestino delgado e transportam os lipídeos alimentares para os tecidos adiposos para armazenamento.
2. **Lipoproteínas de muito baixa densidade (VLDLs)** transportam os triglicerídeos produzidos nos hepatócitos para as células adiposas para armazenamento. Após depositarem alguns triglicerídeos nas células adiposas, as VLDLs são convertidas em LDLs.
3. **Lipoproteínas de baixa densidade (LDLs)** carregam aproximadamente 75% do colesterol total no sangue, liberando-o nas células de todo o corpo para ser usado no reparo das membranas plasmáticas e na síntese dos hormônios esteroides e ácidos biliares.
4. **Lipoproteínas de alta densidade (HDLs)** removem o excesso de colesterol das células do corpo, transportando-o para o fígado para sua eliminação.

> **CORRELAÇÕES CLÍNICAS | Colesterol "bom" e "mau"**
>
> Quando presentes em quantidades excessivas, as LDLs depositam o colesterol no interior e ao redor das fibras musculares nas artérias, formando placas de gordura que aumentam o risco de doença arterial coronariana (ver Cap. 15, Distúrbios Comuns). Por esse motivo, o colesterol contido nas LDLs, chamado de colesterol LDL, é conhecido como o **"mau" colesterol**. A ingestão de uma alimentação rica em gordura aumenta a produção de VLDL, o que eleva o nível de LDL e aumenta a formação de placas de gordura. Como as HDLs impedem o acúmulo de colesterol no sangue, um nível alto de HDL é associado a um baixo risco de doença arterial coronariana. Por essa razão, o colesterol HDL é conhecido como o **"bom" colesterol**.
>
> Os níveis desejáveis de colesterol no sangue, em adultos, são de colesterol total abaixo de 200 mg/dL, LDL abaixo de 130 mg/dL, e HDL acima de 40 mg/dL. A proporção de colesterol total para colesterol HDL prediz o risco de desenvolvimento de doença arterial coronariana. Uma pessoa com um colesterol total de 180 mg/dL e HDL de 60 mg/dL tem índice de risco igual a 3. Índices acima de 4 são considerados indesejáveis; quanto mais alto esse índice, maior o risco de desenvolver a doença arterial coronariana. •

CORRELAÇÕES CLÍNICAS | Fenilcetonúria

Fenilcetonúria (PKU) é um erro genético do metabolismo de proteínas caracterizado por níveis sanguíneos elevados do aminoácido fenilalanina. A maioria das crianças com fenilcetonúria tem uma mutação no gene que codifica a enzima necessária para converter a fenilalanina no aminoácido tirosina, que entra no ciclo de Krebs. Como a enzima é deficiente, a fenilalanina não é metabolizada, e o que não é utilizado na síntese de proteínas se acumula no sangue. Sem tratamento, a doença provoca vômitos, dermatites, convulsões, deficiência do crescimento e retardo mental grave. Os recém-nascidos passam pelo teste de PKU, e, caso a condição seja detectada, o retardo mental é evitado, restringindo-se a criança a uma alimentação que fornece apenas a quantidade de fenilalanina necessária para o crescimento, embora problemas de aprendizagem ainda possam ocorrer. Como o adoçante artificial aspartame (NutraSweet®) contém fenilalanina, seu consumo deve ser evitado em crianças com PKU. •

Metabolismo das proteínas

Durante a digestão, proteínas são decompostas em aminoácidos. Diferentemente dos carboidratos e dos triglicerídeos, as proteínas não são armazenadas para uso futuro. Em vez disso, seus aminoácidos são oxidados para produzir ATP ou utilizados para sintetizar novas proteínas destinadas ao crescimento e ao reparo dos tecidos do corpo. O excesso de aminoácidos alimentares é convertido em glicose (gliconeogênese) ou triglicerídeos.

O transporte ativo de aminoácidos para as células do corpo é estimulado pelos fatores de crescimento semelhantes à insulina (IGFs) e pela insulina. Quase imediatamente após a absorção, os aminoácidos são reagrupados em proteínas. Muitas proteínas atuam como enzimas; outras participam no transporte (hemoglobina) ou funcionam como anticorpos, fatores de coagulação (fibrinogênio), hormônios (insulina) ou elementos contráteis nas fibras musculares (actina e miosina). Diversas proteínas atuam como componentes estruturais do corpo (colágeno, elastina e queratina).

Catabolismo das proteínas

Uma determinada quantidade de catabolismo de proteínas ocorre no corpo todos os dias, estimulada principalmente pelo cortisol do córtex da glândula suprarrenal. As proteínas das células desgastadas (como os eritrócitos) são decompostos em aminoácidos. Alguns aminoácidos são convertidos em outros aminoácidos, ligações peptídicas são refeitas, e novas proteínas são sintetizadas como parte do processo de reciclagem. Os hepatócitos convertem alguns aminoácidos em ácidos graxos, corpos cetônicos ou glicose. A Figura 20.4 mostra a conversão de aminoácidos em glicose (gliconeogênese). A Figura 20.5 mostra a conversão de aminoácidos em ácidos graxos ou corpos cetônicos.

Aminoácidos também são oxidados para gerar ATP. Antes de entrarem no ciclo de Krebs, no entanto, o grupo amino ($-NH_2$) deve ser primeiramente removido, um processo denominado ***desaminação***. A desaminação ocorre nos hepatócitos e produz a amônia (NH_3). Em seguida, os hepatócitos convertem a amônia altamente tóxica em ureia, uma substância relativamente inofensiva que é excretada na urina.

Anabolismo das proteínas

Anabolismo de proteínas, a formação de ligações peptídicas entre os aminoácidos para produzir novas proteínas, é realizado nos ribossomos de quase todas as células do corpo, dirigido por seu DNA e RNA. IGFs, hormônios tireoidianos, insulina, estrogênios e testosterona estimulam a síntese de proteínas. Como as proteínas constituem o principal componente estrutural da maioria das células, uma alimentação proteica adequada é essencial, especialmente, durante o período de crescimento, durante a gestação e quando o tecido é danificado por doença ou lesão. Assim que a ingestão de proteínas na alimentação estiver adequada, ingerir mais proteínas não aumenta a massa muscular ou óssea; somente um programa regular de treinamento muscular alcança esse objetivo.

Dos 20 aminoácidos no corpo humano, 10 são ***aminoácidos essenciais***: precisam estar presentes na alimentação, porque não são sintetizados pelo corpo em quantidade adequada. ***Aminoácidos não essenciais*** são aqueles sintetizados pelo corpo. São formados pela transferência de um grupo amino de um aminoácido para o ácido pirúvico ou para um ácido no ciclo de Krebs. Uma vez que os aminoácidos essenciais e não essenciais estejam presentes nas células, a síntese das proteínas ocorre rapidamente. A Tabela 20.3 resume os processos que ocorrem tanto no catabolismo quanto no anabolismo de carboidratos, lipídeos e proteínas.

TESTE SUA COMPREENSÃO

4. O que acontece durante a glicólise?
5. O que acontece na cadeia de transporte de elétrons?
6. Quais reações produzem ATP durante a oxidação completa de uma molécula de glicose?
7. O que é a gliconeogênese e por que é importante?
8. Qual é a diferença entre o anabolismo e o catabolismo?
9. Como o ATP fornece uma conexão entre o anabolismo e o catabolismo?
10. Quais são as funções das proteínas nas lipoproteínas?

TABELA 20.3

Resumo do metabolismo

PROCESSO	COMENTÁRIO
Metabolismo dos carboidratos	
Catabolismo da glicose	Catabolismo completo da glicose (respiração celular) é a principal fonte de ATP na maioria das células. Consiste na glicólise, ciclo de Krebs e cadeia de transporte de elétrons. Uma molécula de glicose gera entre 30 a 32 moléculas de ATP
Glicólise	Conversão da glicose em ácido pirúvico, com a produção líquida de duas moléculas de ATP por molécula de glicose; reações não necessitam de oxigênio (respiração celular anaeróbia), mas ocorrem em condições de anaerobiose ou aerobiose
Ciclo de Krebs	Série de reações nas quais coenzimas (NAD^+ e FAD) captam átomos de hidrogênio. Um pouco de ATP é produzido. CO_2, H_2O e calor são subprodutos. As reações são aeróbias
Cadeia de transporte de elétrons	Terceiro conjunto de reações no catabolismo da glicose, no qual os elétrons são passados de um transportador para o seguinte, e a maior parte do ATP é produzida. As reações são aeróbias
Anabolismo da glicose	Uma parte da glicose é convertida em glicogênio para armazenamento, caso não seja necessária imediatamente para a produção de ATP. O glicogênio é convertido novamente em glicose, para uso na produção de ATP. A gliconeogênese é a síntese da glicose a partir de aminoácidos, do glicerol ou do ácido lático
Metabolismo dos lipídeos	
Catabolismo dos triglicerídeos	Triglicerídeos são decompostos em glicerol e ácidos graxos. O glicerol pode ser convertido em glicose (gliconeogênese) ou catabolizado por meio da glicólise. Os ácidos graxos são convertidos em acetil-CoA, que entra no ciclo de Krebs para a produção de ATP ou ser usada para formar os corpos cetônicos
Anabolismo dos triglicerídeos	Síntese de triglicerídeos a partir da glicose e de aminoácidos. Os triglicerídeos são armazenados no tecido adiposo
Metabolismo das proteínas	
Catabolismo	Aminoácidos são desaminados para entrar no ciclo de Krebs. A amônia formada durante a desaminação é convertida em ureia no fígado e excretada na urina. Aminoácidos podem ser convertidos em glicose (gliconeogênese), ácidos graxos ou corpos cetônicos
Anabolismo	A síntese de proteínas é dirigida pelo DNA e utiliza o RNA e os ribossomos da célula

11. Quais partículas lipoproteicas contêm o "bom" e o "mau" colesterol, e por que esses termos são usados?
12. Onde os triglicerídeos são armazenados no corpo?
13. O que são corpos cetônicos? O que é cetose?
14. Quais são os possíveis destinos dos aminoácidos, a partir do catabolismo das proteínas?

20.3 Metabolismo e calor corporal

OBJETIVOS

- Explicar como o calor do corpo é produzido e perdido.
- Descrever como a temperatura do corpo é regulada.

Consideraremos agora as relações entre os alimentos e o calor do corpo, a produção e a perda de calor, e a regulação da temperatura do corpo.

Medindo calor

Calor é uma forma de energia mensurada como ***temperatura*** e expressa em unidades chamadas calorias. Como definido anteriormente neste capítulo, uma ***caloria (cal)***, a quantidade de calor necessária para elevar em 1 °C a temperatura de 1 grama de água, é uma unidade relativamente pequena; assim, ***quilocaloria*** (***kcal***) ou ***Caloria*** (***Cal***) (sempre escrita com um C maiúsculo) é frequentemente utilizada para medir a taxa metabólica basal e para exprimir o conteúdo energético dos alimentos. Uma quilocaloria é igual a 1.000 calorias. Portanto, quando dizemos que um item alimentar específico contém 500 Calorias, na realidade, estamos nos referindo a quilocalorias. É importante conhecer o valor calórico dos alimentos. Se soubermos a quantidade de energia que o corpo usa para as suas diversas atividades, conseguiremos ajustar nosso consumo alimentar, ingerindo apenas as quilocalorias necessárias para a manutenção das nossas atividades.

Homeostasia da temperatura corporal

O corpo produz mais ou menos calor, dependendo das taxas de reações metabólicas. A homeostasia da temperatura corporal é mantida apenas se a taxa de produção de calor pelo metabolismo for igual à taxa de perda de calor do corpo. Desse modo, é importante compreender os meios pelos quais o calor pode ser produzido e perdido.

Produção de calor corporal

A maior parte do calor produzido pelo corpo vem do catabolismo dos alimentos ingeridos. A taxa na qual esse calor é produzido, chamada ***taxa metabólica***, é medida em quilocalorias. Como muitos fatores afetam a taxa metabólica, esta é medida em certas condições padronizadas, com o corpo em condição de jejum, repouso e silêncio, chamado de ***estado basal***. A medida obtida é chamada ***taxa metabólica basal*** (***BMR***). A BMR varia de 1.200 a 1.800 Calorias por dia nos adultos, o que equivale a aproximadamente 24 Calorias por quilograma de massa corporal nos homens adultos e 22 Calorias por quilograma de massa corporal nas mulheres adultas.

As Calorias adicionais necessárias para sustentar as atividades cotidianas, como digestão e caminhada, variam de 500 Calorias, para uma pessoa pequena relativamente sedentária, até 3.000 Calorias, para uma pessoa em treinamento para competições de nível olímpico. Os seguintes fatores afetam a taxa metabólica:

1. **Exercícios.** Durante exercícios extenuantes, a taxa metabólica aumenta de 15 a 20 vezes a BMR.
2. **Hormônios.** Hormônios tireoidianos são os principais reguladores da BMR, que aumenta quando os níveis sanguíneos desses hormônios aumentam. Testosterona, insulina e hormônio do crescimento humano (hGH) aumentam a taxa metabólica em 5 a 15%.
3. **Sistema nervoso.** Durante o exercício ou em uma situação estressante, a parte simpática da divisão autônoma do sistema nervoso provoca liberação de norepinefrina e estimula a liberação dos hormônios epinefrina e norepinefrina pela medula da glândula suprarrenal. Tanto a epinefrina quanto a norepinefrina aumentam a taxa metabólica das células do corpo.
4. **Temperatura do corpo.** Quanto mais alta a temperatura corporal, mais alta é a taxa metabólica. Como consequência, a taxa metabólica é substancialmente aumentada durante a febre.
5. **Ingestão de alimentos.** A ingestão de alimentos, especialmente de proteínas, aumenta a taxa metabólica em 10 a 20%.
6. **Idade.** A taxa metabólica de uma criança, em relação ao seu tamanho, é aproximadamente duas vezes maior do que a de uma pessoa idosa, em virtude das reações relacionadas à taxa de crescimento nas crianças.
7. **Outros fatores.** Outros fatores que afetam a taxa metabólica são sexo (é menor nas mulheres, exceto durante a gravidez e a lactação), clima (menor nas regiões tropicais), sono (menor) e desnutrição (menor).

Perda de calor corporal

Como o calor corporal é produzido continuamente pelas reações metabólicas, esse calor também deve ser removido continuamente, caso contrário a temperatura do corpo subiria continuamente. As quatro principais rotas de perda de calor do corpo para o ambiente são irradiação, condução, convecção e evaporação.

1. ***Irradiação*** é a transferência de calor, na forma de raios infravermelhos, entre um objeto mais quente e um mais frio, sem contato físico. Seu corpo perde calor pela irradiação de mais ondas infravermelhas do que absorve de objetos mais frios. Se os objetos ao redor estiverem mais quentes do que você está, você absorverá mais calor pela irradiação do que perderá.
2. ***Condução*** é a troca de calor que ocorre entre dois materiais que estejam em contato direto. O calor corporal é perdido, por condução, para os materiais sólidos que estejam em contato com o corpo, como uma cadeira, roupas ou joias. O calor também é ganho por condução, por exemplo, mergulhando em uma banheira de hidromassagem.
3. ***Convecção*** é a transferência de calor pelo movimento de um gás ou de um líquido entre áreas de temperaturas diferentes. O contato do ar ou da água com o corpo resulta na transferência de calor tanto por condução quanto por convecção. Quando o ar frio entra em contato com o corpo, torna-se aquecido e é dissipado pelas correntes de convecção. Quanto mais rápido for o movimento do ar – por exemplo, de uma brisa ou de um ventilador –, mais rápida será a taxa de convecção.
4. ***Evaporação*** é a conversão de um líquido em vapor. Em condições típicas de repouso, aproximadamente 22% da perda de calor ocorre pela evaporação da água – uma perda diária em torno de 300 mL no ar exalado e 400 mL pela superfície da pele. A evaporação fornece a principal defesa contra o superaquecimento durante o exercício. Em condições extremas, aproximadamente 3 litros de suor são produzidos

por hora, removendo mais de 1.700 kcal, caso todo ele se evapore. O suor que encharca o corpo, em vez de evaporar, remove muito pouco calor.

Regulação da temperatura corporal

Se a quantidade de calor produzido equivale à quantidade de calor perdido, você mantém uma temperatura corporal próxima de 37 °C. Se seus mecanismos geradores de calor produzirem mais calor do que é perdido por seus mecanismos de perda de calor, sua temperatura corporal aumentará. Por exemplo, os exercícios extenuantes e algumas infecções elevam a temperatura do corpo. Se você perde calor mais rapidamente do que produz, sua temperatura corporal diminui. A imersão em água fria, determinadas doenças como o hipotireoidismo e algumas substâncias, como álcool e antidepressivos fazem com que a temperatura corporal caia. Uma temperatura corporal alta pode destruir as proteínas do corpo, ao passo que uma temperatura baixa pode causar arritmias cardíacas; ambas levam à morte.

O equilíbrio entre produção e perda de calor é controlado por neurônios localizados no hipotálamo. Esses neurônios geram mais impulsos nervosos quando a temperatura sanguínea aumenta e menos impulsos quando a temperatura sanguínea diminui. Se a temperatura corporal cair, os mecanismos que ajudam a conservar o calor e aumentar a produção de calor agem por meio de diversas alças de retroalimentação negativa, para elevar a temperatura corporal até o normal (Fig. 20.6). Termorreceptores enviam impulsos nervosos para o hipotálamo, que produz a liberação de um hormônio chamado hormônio liberador de tireotrofina (TRH). O TRH, por sua vez, estimula a adeno-hipófise a liberar hormônio tireoestimulante (TSH). Os impulsos nervosos do hipotálamo e o TSH, em seguida, ativam diversos efetores:

- Nervos simpáticos provocam a constrição dos vasos sanguíneos da pele (vasoconstrição). A diminuição do fluxo sanguíneo diminui a taxa de perda de calor da pele. Como menos calor é perdido, a temperatura do corpo se eleva, mesmo se a taxa metabólica permanecer inalterada.
- Nervos simpáticos estimulam a medula da glândula suprarrenal a liberar epinefrina e norepinefrina no sangue. Esses hormônios aumentam o metabolismo celular, que aumenta a produção de calor.
- O hipotálamo estimula partes do encéfalo que aumentam o tônus muscular. Quando o tônus muscular aumenta em um músculo (o agonista), as pequenas contrações estiram os fusos musculares em seu músculo antagonista, iniciando um reflexo de estiramento. A contração resultante no antagonista distende os fusos musculares no agonista, que também desenvolve

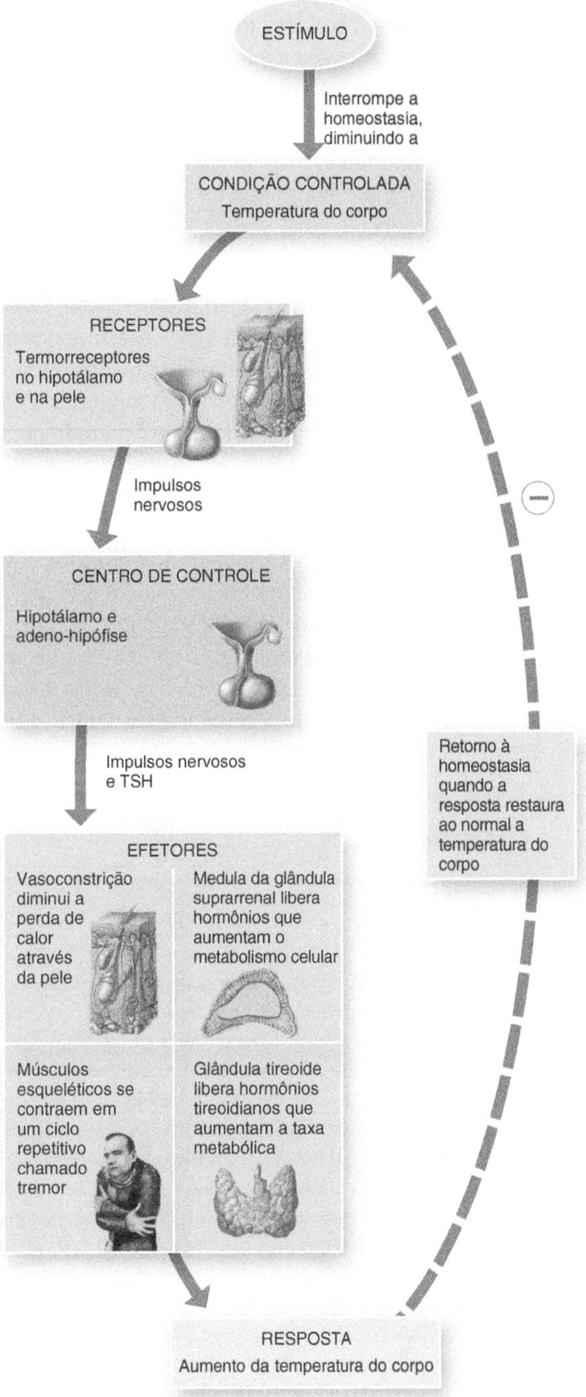

Quais fatores aumentam a taxa metabólica e, desse modo, aumentam a produção de calor?

Figura 20.6 Mecanismos de retroalimentação negativa que aumentam a produção de calor.

Quando estimulado, o centro da produção de calor no hipotálamo aumenta a temperatura corporal.

um reflexo de estiramento. Esse ciclo repetitivo – chamado de ***tremor*** – aumenta muito a taxa de produção de calor. Durante o pico máximo dos tremores, a produção de calor do corpo aumenta aproximadamente quatro vezes a taxa basal em apenas alguns minutos.

- A glândula tireoide responde ao TSH, liberando mais hormônios tireoidianos no sangue, o que aumenta a taxa metabólica.

Se a temperatura corporal se elevar acima do normal, um sistema de retroalimentação negativa oposto ao mostrado na Figura 20.6, entra em ação. A temperatura mais elevada do sangue estimula o hipotálamo. Os impulsos nervosos provocam dilatação dos vasos sanguíneos na pele, a pele se aquece, e o calor em excesso é perdido para o ambiente por irradiação e condução, à medida que um maior volume de sangue flui do interior mais aquecido do corpo para a pele mais fria.

Ao mesmo tempo, a taxa metabólica diminui, e a alta temperatura do sangue estimula as glândulas sudoríferas da pele, por meio da ativação hipotalâmica dos nervos simpáticos. À medida que a água contida no suor se evapora da superfície da pele, esta se resfria. Todas essas respostas neutralizam os efeitos geradores de calor e ajudam a temperatura do corpo a retornar ao normal.

CORRELAÇÕES CLÍNICAS | Hipotermia

Hipotermia é a diminuição da temperatura central do corpo para 35 °C ou menos. As causas da hipotermia incluem estresse pelo frio intenso (imersão em água gelada), doenças metabólicas (hipoglicemia, insuficiência da glândula suprarrenal ou hipotireoidismo), e fármacos (álcool, antidepressivos, sedativos ou tranquilizantes), queimaduras e desnutrição. Os sintomas da hipotermia incluem sensação de frio, tremores, confusão mental, vasoconstrição, rigidez muscular, frequência cardíaca baixa, perda dos movimentos espontâneos e coma. A morte geralmente é provocada por arritmias cardíacas. Em razão de terem proteção metabólica reduzida contra um ambiente frio, associada à percepção do frio diminuída, os idosos têm maior risco de apresentar hipotermia. •

TESTE SUA COMPREENSÃO

15. **De que maneiras uma pessoa perde ou ganha calor do ambiente que a cerca? Como é possível que uma pessoa perca calor em uma praia ensolarada, quando a temperatura é de 40 °C e a umidade é de 85%?**

DISTÚRBIOS COMUNS

Febre

Febre é uma elevação da temperatura corporal resultante do reajuste do termostato hipotalâmico. As causas mais frequentes da febre são as infecções virais ou bacterianas e as toxinas bacterianas; outras causas são a ovulação, secreção excessiva de hormônios tireoidianos, tumores e reações a vacinas. Quando os fagócitos ingerem determinadas bactérias, são estimulados a secretar um ***pirogênio***, substância química que produz a febre. O pirogênio circula até o hipotálamo e induz a secreção de prostaglandinas. Algumas dessas prostaglandinas reajustam o termostato hipotalâmico em uma temperatura mais alta e os mecanismos de reflexos reguladores de temperatura, em seguida, atuam para trazer a temperatura do corpo a esse novo nível mais alto. *Antipiréticos* são agentes que aliviam ou reduzem a febre. Exemplos incluem ácido acetilsalicílico, paracetamol e ibuprofeno, que reduzem a febre pela inibição da síntese de determinadas prostaglandinas.

Embora a morte ocorra se a temperatura central ultrapassar 44-46 ºC, até certo ponto a febre é benéfica. Uma temperatura mais alta intensifica o efeito da interferona e as atividades fagocíticas dos macrófagos, ao mesmo tempo em que impede a replicação de alguns patógenos. Como a febre aumenta a frequência cardíaca, os leucócitos que combatem as infecções chegam mais rapidamente aos locais infectados. Além disso, a produção de anticorpos e a proliferação de células T aumentam.

Obesidade

Obesidade é definida como um peso corporal maior do que 20% acima do padrão desejável, em razão do acúmulo excessivo de tecido adiposo; afeta um terço da população adulta dos Estados Unidos (Um atleta pode ter sobrepeso em virtude da quantidade maior do que o normal de tecido muscular, sem ser obeso). Mesmo a obesidade moderada é perigosa à saúde; está implicada como fator de risco para doenças cardiovasculares, hipertensão, doença pulmonar, diabetes melito não insulinodependente, artrite, certos tipos de câncer (mama, útero e colo), varizes e doença da vesícula biliar.

Em alguns casos, a obesidade pode resultar de trauma ou tumores dos centros reguladores da nutrição no hipotálamo. Na maioria dos casos de obesidade, nenhuma causa específica é identificada. Os fatores contribuintes incluem os genéticos, hábitos alimentares aprendidos na infância, a hiperalimentação para aliviar a tensão e os costumes sociais.

TERMINOLOGIA E CONDIÇÕES MÉDICAS

Bulimia ou **síndrome compulsivo-purgativa** Distúrbio que afeta, em geral, mulheres jovens, solteiras, de classe média e brancas, caracterizada por ingestão alimentar excessiva, ao menos duas vezes por semana, seguida por purgação, realizada por autoindução do vômito, alimentação restrita ou jejum, exercício vigoroso, uso de laxantes ou diuréticos. Ocorre em resposta ao medo do sobrepeso ou decorrente de estresse, depressão e distúrbios fisiológicos como tumores hipotalâmicos.

Cãibras de calor Cãibras que resultam da sudorese intensa. A perda de sal no suor provoca contrações musculares dolorosas; essas cãibras tendem a ocorrer nos músculos utilizados no trabalho, mas só aparecem quando a pessoa relaxa, após o trabalho realizado. A ingestão de líquidos salgados geralmente leva a uma rápida melhora.

Desnutrição Desequilíbrio da ingestão calórica total ou da ingestão de nutrientes específicos, que é inadequada ou excessiva.

Exaustão de calor (prostração de calor) Condição em que a temperatura central é normal, ou um pouco baixa, e a pele é fresca e úmida em razão da transpiração abundante. Exaustão de calor é geralmente caracterizada por perda de fluidos e eletrólitos, especialmente sal (NaCl). A perda de sal resulta em cãibras musculares, tonturas, vômitos e desmaios; a perda de líquido pode provocar pressão sanguínea baixa. Recomenda-se descanso completo, reidratação e reposição de eletrólitos.

Insolação (intermação) Distúrbio grave e frequentemente letal provocado pela exposição a altas temperaturas. O fluxo sanguíneo para a pele é diminuído, a transpiração é drasticamente reduzida, e a temperatura do corpo se eleva bruscamente, decorrente de falha do termostato hipotalâmico. A temperatura corpórea pode alcançar 43 °C. O tratamento, que precisa ser feito imediatamente, consiste no resfriamento do corpo, mediante imersão da vítima em água fria e administração de líquidos e eletrólitos.

Kwashiorkor Distúrbio em que a ingestão de proteínas é deficiente, apesar de ingestão calórica normal ou quase normal, caracterizado por edema do abdome, aumento do fígado, pressão sanguínea baixa, frequência de pulso baixa, temperatura corporal inferior à normal e, às vezes, retardo mental. Uma vez que a principal proteína do milho não contém dois aminoácidos essenciais necessários para o crescimento e o reparo dos tecidos, muitas crianças africanas cuja alimentação consiste, basicamente em fubá, desenvolvem kwashiorkor.

Marasmo Um tipo de subnutrição que resulta da ingestão inadequada de proteínas e calorias. Suas características incluem retardo de crescimento, peso baixo, definhamento muscular, emaciação, pele seca e cabelos finos, secos e sem brilho.

REVISÃO DO CAPÍTULO

Introdução

1. O alimento que ingerimos é nossa única fonte de energia para realizarmos nossas funções biológicas; também fornece as substâncias essenciais que não conseguimos sintetizar.
2. As moléculas de nutrientes absorvidas pelo trato gastrintestinal são utilizadas para fornecer energia para os processos vitais, atuam como componentes estruturais durante a síntese de moléculas complexas ou são armazenadas para uso posterior.

20.1 Nutrientes

1. **Nutrientes** incluem carboidratos, lipídeos, proteínas, água, sais minerais e vitaminas.
2. **MyPlate (meu prato)** enfatiza proporcionalidade, variedade, moderação e quantidade de nutrientes. Em uma alimentação saudável, vegetais e frutas ocupam metade do prato, enquanto proteínas e grãos ocupam a outra metade. Legumes e grãos representam as maiores porções. Três porções de produtos lácteos por dia também são recomendados.
3. Alguns **minerais** que participam de funções essenciais incluem cálcio, fósforo, potássio, sódio, cloreto, magnésio, ferro, manganês, cobre e zinco. Suas funções estão resumidas na Tabela 20.1.
4. **Vitaminas** são nutrientes orgânicos que mantêm o crescimento e o metabolismo normais. Muitas funcionam como coenzimas. **Vitaminas lipossolúveis** são absorvidas com lipídeos e incluem as vitaminas A, D, E e K; **vitaminas hidrossolúveis** são absorvidas com água e incluem as vitaminas B e a C. As funções das principais vitaminas e seus distúrbios estão resumidos na Tabela 20.2.

20.2 Metabolismo

1. **Metabolismo** refere-se a todas as reações químicas do corpo e tem duas fases: catabolismo e anabolismo. **Anabolismo** consiste em reações que combinam substâncias simples em moléculas mais complexas. **Catabolismo** consiste em reações que decompõem compostos orgânicos complexos em compostos simples. As reações metabólicas são catalisadas por **enzimas**, proteínas que aceleram as reações químicas sem serem modificadas. As reações anabólicas exigem energia, que é fornecida pelas reações catabólicas.

2. Durante a digestão, polissacarídeos e dissacarídeos são convertidos em glicose. A glicose entra nas células por meio de difusão facilitada, estimulada pela insulina. Uma parte da glicose é catabolizada pelas células para produzir ATP. A glicose em excesso é armazenada no fígado e nos músculos esqueléticos, na forma de glicogênio, ou convertida em gordura. O catabolismo aeróbio da glicose é também chamado de **respiração celular**. O catabolismo completo da glicose para produzir ATP inclui a glicólise, ciclo de Krebs e cadeia de transporte de elétrons. É representado assim: 1 glicose + 6 oxigênios → 30 ou 32 ATPs + 6 dióxidos de carbono + 6 águas.
3. **Glicólise** ocorre em condições de aerobiose ou anaerobiose. Durante a glicólise, que ocorre no citosol, uma molécula de glicose é decomposta em duas moléculas de ácido pirúvico. A glicólise gera um total de 2 moléculas de ATP e 2 moléculas de NADH + H^+.
4. Quando o oxigênio é abundante, a maioria das células converte o ácido pirúvico em **acetilcoenzima A**, que entra no ciclo de Krebs. O **ciclo de Krebs** ocorre nas mitocôndrias. A energia química originalmente contida na glicose, ácido pirúvico e **acetilcoenzima A** é transferida para as coenzimas NADH e $FADH_2$.
5. A **cadeia de transporte de elétrons** é uma série de reações que ocorrem nas mitocôndrias, nas quais a energia das coenzimas reduzidas é transferida ao ATP.
6. A conversão de glicose em **glicogênio** para armazenamento ocorre em grande escala no fígado e nas fibras musculares esqueléticas, sendo estimulada pela insulina. O corpo armazena aproximadamente 500 g de glicogênio. A conversão do glicogênio de volta à glicose ocorre principalmente entre as refeições. A **gliconeogênese** é a conversão de glicerol, ácido lático ou aminoácidos em glicose.
7. Alguns triglicerídeos podem ser catabolizados para produzir ATP, ao passo que outros são armazenados no tecido adiposo. Outros lipídeos são usados como moléculas estruturais ou na síntese de outras substâncias. Os triglicerídeos devem ser decompostos em ácidos graxos e glicerol, antes de serem catabolizados. O glicerol é convertido em glicose por meio da conversão em gliceraldeído-3-fosfato. Os ácidos graxos são catabolizados mediante formação da **acetil-CoA**, que entra no ciclo de Krebs. A formação de corpos cetônicos pelo fígado é uma fase normal do catabolismo dos ácidos graxos, mas um excesso de **corpos cetônicos**, chamado cetose, pode causar a acidose.
8. A conversão de glicose ou de aminoácidos em lipídeos é estimulada pela insulina. As **lipoproteínas** transportam os lipídeos na corrente sanguínea. Os tipos de lipoproteínas incluem quilomícrons, que carregam os lipídeos alimentares para o tecido adiposo; as **lipoproteínas de densidade muito baixa** (**VLDL**), que carregam os triglicerídeos do fígado para o tecido adiposo; as **lipoproteínas de baixa densidade** (**LDL**), que entregam o colesterol para as células do corpo; e as **lipoproteínas de alta densidade** (**HDL**), que removem o excesso de colesterol das células do corpo e o transportam até o fígado, para eliminação.
9. Os aminoácidos, sujeitos à influência de IGFs e da insulina, entram nas células do corpo por meio de transporte ativo. Dentro das células, os aminoácidos são reagrupados em proteínas, que funcionam como enzimas, hormônios, elementos estruturais e assim por diante; são armazenados como gordura ou glicogênio; ou são utilizados para a produção de ATP. Antes que os aminoácidos sejam catabolizados, devem ser **desaminados**. Os hepatócitos convertem a amônia resultante em ureia, que é excretada na urina. Os aminoácidos também podem ser convertidos em glicose, ácidos graxos e corpos cetônicos. A síntese de proteínas é estimulada pelos IGFs, hormônios tireoidianos, insulina, estrogênios e testosterona. Essa síntese é dirigida pelo DNA e pelo RNA e realizada nos ribossomos.
10. A Tabela 20.3 resume o metabolismo de carboidratos, lipídeos e proteínas.

20.3 Metabolismo e calor corporal

1. Uma **caloria** é a quantidade de energia necessária para elevar a temperatura de 1 grama de água a 1 °C. A **Caloria** é a unidade de calor usada para expressar o valor calórico dos alimentos e medir a taxa metabólica do corpo. Uma Caloria é igual a 1.000 calorias ou 1 **quilocaloria**.
2. A maior parte do **calor** do corpo é resultado do catabolismo dos alimentos que ingerimos. A taxa em que esse calor foi produzida é conhecida como **taxa metabólica**, sendo afetada por exercícios, hormônios, sistema nervoso, temperatura do corpo, ingestão de alimentos, idade, sexo, clima, sono e nutrição. A medida da taxa metabólica em condições basais é chamada de **taxa metabólica basal** (**TMB**).
3. Os mecanismos de perda de calor são irradiação, condução, convecção e evaporação. **Irradiação** é a transferência de calor de um objeto mais quente para um objeto mais frio, sem que haja contato físico entre eles. **Condução** é a transferência de calor entre dois objetos em contato físico um com o outro. **Convecção** é a transferência de calor pelo movimento de um líquido ou gás entre áreas de temperaturas diferentes. **Evaporação** é a conversão de um líquido em vapor; nesse processo, calor é perdido.
4. A temperatura normal do corpo é mantida por meio de retroalimentação negativa, que regula os mecanismos de produção e perda de calor. As respostas que produzem ou retêm o calor quando a temperatura do corpo diminui, incluem vasoconstrição, liberação de epinefrina, norepinefrina e hormônios tireoidianos, e tremores. As respostas que aumentam a perda de calor quando a temperatura do corpo aumenta, incluem vasodilatação, diminuição da taxa metabólica e evaporação do suor.

APLICAÇÕES DO PENSAMENTO CRÍTICO

1. Jerry e Bryan são estudantes de uma mesma faculdade, e ambos seguem um estilo de vida saudável; Jerry está se formando em anatomia e Bryan, em fisiologia. Recentemente, aprenderam na aula de nutrição que a MyPyramid (pirâmide alimentar) do USDA fora substituída pelo MyPlate (meu prato), para refletir as novas orientações para uma alimentação saudável. Com base em seu conhecimento de MyPlate, quais sugestões você poderia dar a Jerry e Bryan para manter seus estilos de vida saudáveis? Faça isso pelo desenho de um prato, colorindo as quatro áreas, indicando o significado de cada uma delas, e dando vários exemplos. Não se esqueça do copo azul.
2. É meio-dia, em um dia quente de verão; o sol está a pino, e um grupo de banhistas toma banho de sol na praia. Quais mecanismos provocam o aumento da temperatura corporal? Muitos banhistas mergulham na água fria. Quais mecanismos diminuem a temperatura corporal?
3. Marco está treinando para uma maratona. Ouviu dizer que comer muita massa, pão e arroz irá ajudá-lo a melhorar seu desempenho. Essa alimentação traria algum benefício para Marco em sua missão de correr maratona?
4. Rodrigo toma um comprimido de multivitaminas todas as manhãs e um comprimido de antioxidante contendo betacaroteno, vitamina C e vitamina E na hora do jantar, todas as noites. Quais são as funções dos antioxidantes no corpo? O que acontece aos antioxidantes se alguém exceder suas necessidades diárias?

RESPOSTAS ÀS QUESTÕES DAS FIGURAS

20.1 O copo azul é um lembrete para incluir três porções diárias de laticínios, como leite, iogurte e queijo.

20.2 A formação das enzimas digestivas no pâncreas faz parte do anabolismo.

20.3 O catabolismo completo de uma molécula de glicose gera 30 ou 32 moléculas de ATP.

20.4 Os hepatócitos podem realizar a gliconeogênese.

20.5 Os hepatócitos formam os corpos cetônicos.

20.6 Exercícios, parte simpática do sistema nervoso, hormônios (epinefrina e norepinefrina, hormônios tireoidianos, testosterona, hGH), temperatura corporal elevada e ingestão de alimentos são fatores que aumentam a taxa metabólica.

CAPÍTULO 21

SISTEMA URINÁRIO

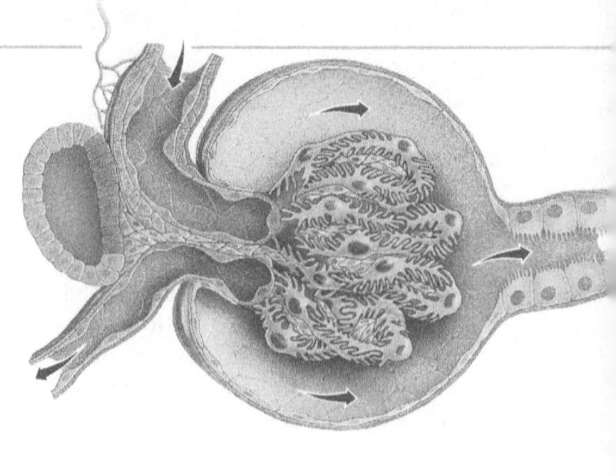

À medida que as células do corpo desenvolvem suas funções metabólicas, consomem oxigênio e nutrientes, e produzem substâncias como o dióxido de carbono que não têm função útil e precisam ser eliminadas do corpo. Enquanto o sistema respiratório livra o corpo do dióxido de carbono, o sistema urinário elimina a maior parte de outras substâncias desnecessárias. Como você aprenderá neste capítulo, entretanto, a função do sistema urinário não está somente relacionada à remoção de dejetos, pois desempenha também outras numerosas e importantes funções.

OLHANDO PARA TRÁS PARA AVANÇAR...

Transporte pela membrana plasmática (Seção 3.3)
Epitélio cuboide simples (Seção 4.2)
Epitélio de transição (Seção 4.2)
Ações do hormônio antidiurético (ADH) (Seção 13.3)
Homeostasia da vitamina D, do calcitriol e do cálcio (Seção 13.5)
Sistema renina-angiotensina-aldosterona (Seção 13.7)
Filtração e reabsorção nos vasos capilares (Seção 16.1)
Pressão coloidosmótica do sangue (Seção 16.1)

21.1 Visão geral do sistema urinário

OBJETIVO

- Listar os componentes do sistema urinário e suas funções gerais.

O ***sistema urinário*** é composto por dois rins, dois ureteres, uma bexiga urinária e uma uretra (Fig. 21.1). Após os rins filtrarem o sangue, devolvem a maior parte da água e muitos solutos à corrente sanguínea. A água e os solutos remanescentes formam a ***urina***, que passa pelos ureteres e é armazenada na bexiga urinária até ser expelida do corpo pela uretra. ***Nefrologia*** é o estudo da anatomia, fisiologia e distúrbios renais. O ramo da medicina que cuida dos sistemas urinários dos homens e das mulheres e do sistema genital masculino é a ***urologia***. O médico que se especializa nesta área é chamado ***urologista***.

Os rins fazem o trabalho vital do sistema urinário. As outras partes do sistema são essencialmente vias de passagem e locais de armazenamento temporário. Os rins ajudam a manter a homeostasia de todo o corpo executando as seguintes funções:

- **Regulação dos níveis de íons no sangue.** Os rins ajudam a regular os níveis sanguíneos de vários íons, principalmente os íons sódio (Na^+), potássio (K^+), cálcio (Ca^{2+}), cloreto (Cl^-) e fosfato (HPO_4^{2-}).
- **Regulação do volume e da pressão sanguíneos.** Os rins ajustam o volume de sangue no corpo ao retornar água para o sangue ou eliminar água pela urina. Ajudam a regular a pressão sanguínea ao secretar a enzima renina, que ativa o sistema renina-angiotensina-aldosterona (ver Fig. 13.14), ajustando o fluxo sanguíneo para dentro e para fora dos rins e regulando o volume sanguíneo.
- **Regulação do pH sanguíneo.** Os rins ajudam a regular a concentração de íons H^+ no sangue ao excretar uma quantidade variável de H^+ na urina. Além disso, conservam no sangue os íons bicarbonato (HCO_3^-), um importante tampão de H^+. Ambas as atividades ajudam a regular o pH sanguíneo.
- **Produção de hormônios.** Os rins produzem dois hormônios. *Calcitriol*, a forma ativa da vitamina D, ajuda a regular a homeostasia do cálcio (ver Fig. 13.10), e a *eritropoietina* estimula a produção de eritrócitos (ver Fig. 14.4)
- **Excreção de resíduos.** Ao formar a urina, os rins ajudam a eliminar ***resíduos*** – substâncias que não têm função útil para o corpo. Alguns resíduos eliminados na urina são resultado de reações metabólicas no corpo. Entre essas substâncias estão amônia e ureia, provenientes da desaminação dos aminoácidos; bilirrubina, do catabolismo da hemoglobina; creatinina, decomposição do fosfato de creatina nas fibras musculares; e ácido úrico, do catabolismo de ácidos nucleicos. Outros resíduos excretados na urina são substâncias estranhas oriundas da alimentação, como fármacos e toxinas ambientais (chumbo, mercúrio e pesticidas).

TESTE SUA COMPREENSÃO

1. O que são resíduos e como os rins participam na sua remoção do corpo?

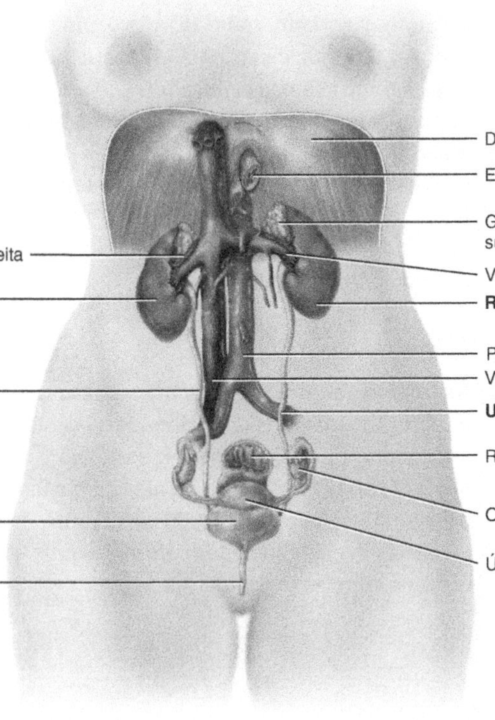

(a) Vista anterior do sistema urinário

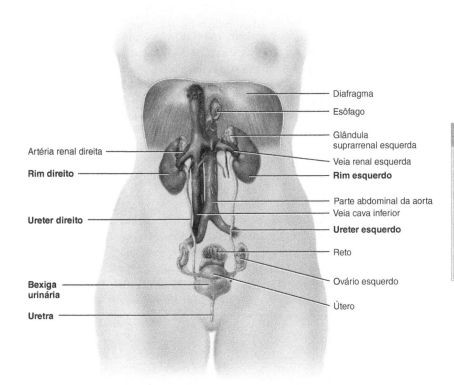

FUNÇÕES DO SISTEMA URINÁRIO

1. Os rins regulam o volume e a composição do sangue, ajudam a regular a pressão e o pH sanguíneos, produzem dois hormônios e excretam resíduos.
2. Os ureteres transportam a urina dos rins à bexiga urinária.
3. A bexiga urinária armazena a urina e a expele pela uretra.
4. A uretra elimina a urina do corpo.

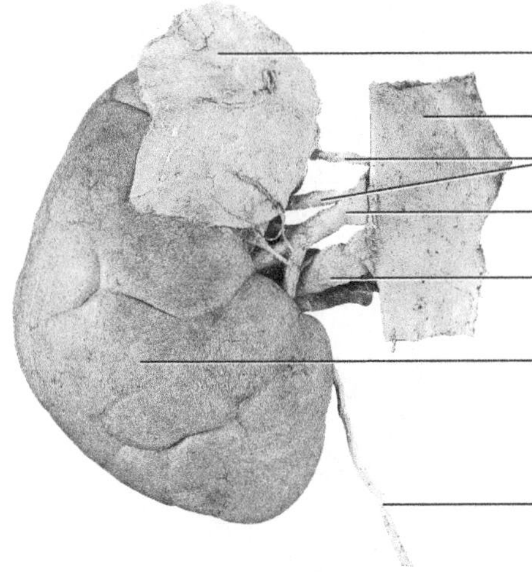

(b) Vista anterior do rim direito

Qual órgão do sistema urinário executa a maior parte do trabalho para formar a urina?

Figura 21.1 Órgãos do sistema urinário feminino em relação às estruturas adjacentes.

A urina formada pelos rins passa primeiramente pelos ureteres, em seguida, pela bexiga urinária para armazenamento e, finalmente, pela uretra para eliminação do corpo.

21.2 Estrutura dos rins

OBJETIVO

- Descrever a estrutura e o suprimento sanguíneo dos rins.

Os ***rins*** constituem um par de órgãos avermelhados faseoliformes (Fig. 21.2). Situam-se em ambos os lados da coluna vertebral, entre o peritônio e a parede posterior da cavidade abdominal, no nível da 12ª vértebra torácica e das três primeiras vértebras lombares. O 11º e o 12º pares de costelas fornecem alguma proteção para as partes superiores dos rins. O rim direito fica um pouco mais baixo do que o esquerdo, porque o fígado ocupa uma grande área acima dele no lado direito. Mesmo assim, ambos os rins são de certa forma protegidos pelas costelas falsas.

Anatomia externa dos rins

O rim de um adulto tem o tamanho aproximado de um sabonete. Perto do centro da margem medial, encontra-se uma indentação chamada ***hilo renal***, pela qual o ureter deixa o rim, e pela qual os vasos sanguíneos, a artéria e a veia renais, bem como os nervos, também chegam no rim. Ao redor de cada rim se encontra uma camada fina e transparente chamada *cápsula renal*, uma bainha de tecido conectivo que ajuda a manter a forma do rim e atua como uma barreira contra traumas (Fig. 21.2). Tecido adiposo (gordura) envolve a cápsula renal e fixa os rins. Em conjunto com uma camada fina de tecido conectivo denso não modelado, o tecido adiposo ancora o rim à parede posterior do abdome.

Anatomia interna dos rins

Internamente, os rins apresentam duas regiões principais: uma região externa, vermelho-clara, chamada ***córtex renal***, e uma interior, vermelho-castanho escuro, chamada ***medula renal*** (Fig. 21.2). Dentro da medula renal encontram-se diversas ***pirâmides renais*** coniformes. Extensões do córtex renal, chamadas ***colunas renais***, preenchem os espaços entre as pirâmides renais.

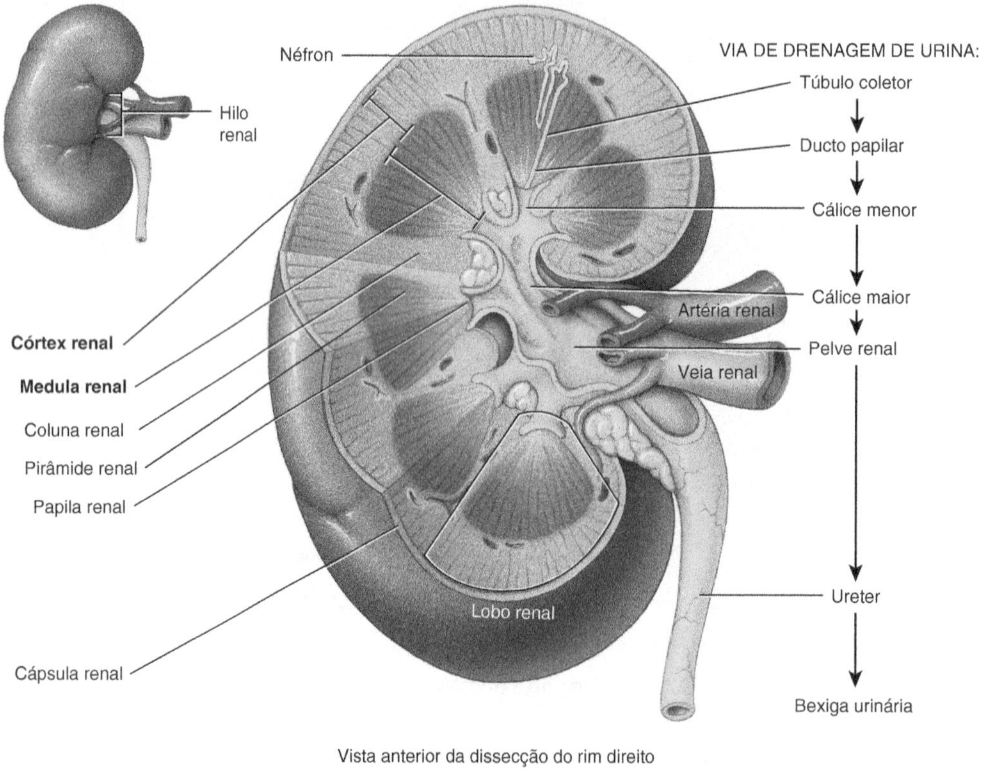

Onde, no rim, estão localizadas as pirâmides renais?

Figura 21.2 Estrutura do rim.

A cápsula renal recobre o rim. Internamente, as duas principais regiões do rim são o córtex renal, superficial, e a medula renal, profunda.

A urina formada nos rins passa por milhares de ductos papilares dentro das pirâmides renais (consulte a Fig. 21.4) em estruturas cupuliformes, chamadas ***cálices menores***. Cada rim tem de 8 a 18 cálices menores. A partir dessas estruturas, a urina flui para 2 ou 3 ***cálices maiores*** e, depois, para uma única grande cavidade chamada pelve renal. A ***pelve renal*** drena a urina em um ureter, que a transporta para a bexiga urinária para armazenagem e, posterior, eliminação do corpo.

Suprimento sanguíneo renal

Aproximadamente 20 a 25% do débito cardíaco em repouso – 1.200 mL de sangue por minuto – fluem para os rins pelas ***artérias renais*** direita e esquerda (Fig. 21.3). Dentro de cada rim, a artéria renal se divide em vasos de diâmetro cada vez menor (*artérias do segmento, interlobares, arqueadas, interlobulares*) que, por fim, fornecem sangue para ***arteríolas aferentes***. Cada arteríola aferente se divide em uma rede capilar enovelada chamada ***glomérulo***.

Os vasos capilares do glomérulo se unem para formar uma ***arteríola eferente***. Após deixar o glomérulo, cada arteríola eferente se divide para formar uma rede de vasos capilares ao redor dos túbulos renais (descritos a seguir). Esses ***capilares peritubulares*** finalmente se reúnem para formar as *veias peritubulares*, que se fundem nas *veias interlobulares, arqueadas* e *interlobares*. Por fim, todas essas veias menores drenam para a ***veia renal***.

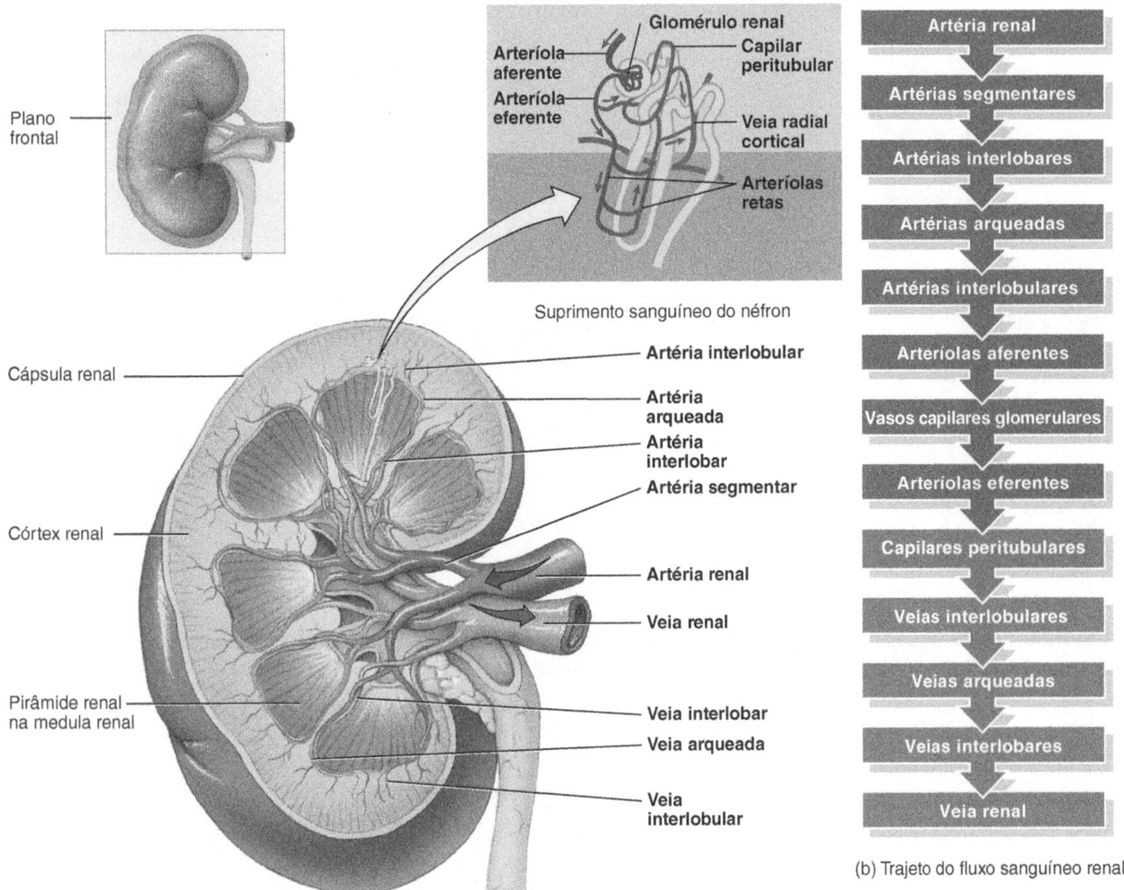

(b) Trajeto do fluxo sanguíneo renal

(a) Corte frontal do rim direito

Qual volume de sangue que entra nas artérias renais a cada minuto?

Figura 21.3 **Suprimento sanguíneo do rim direito.** As artérias são vermelhas, as veias, azuis, e as estruturas de drenagem de urina são amarelas.

As artérias renais distribuem aproximadamente 25% do débito cardíaco em repouso para os rins.

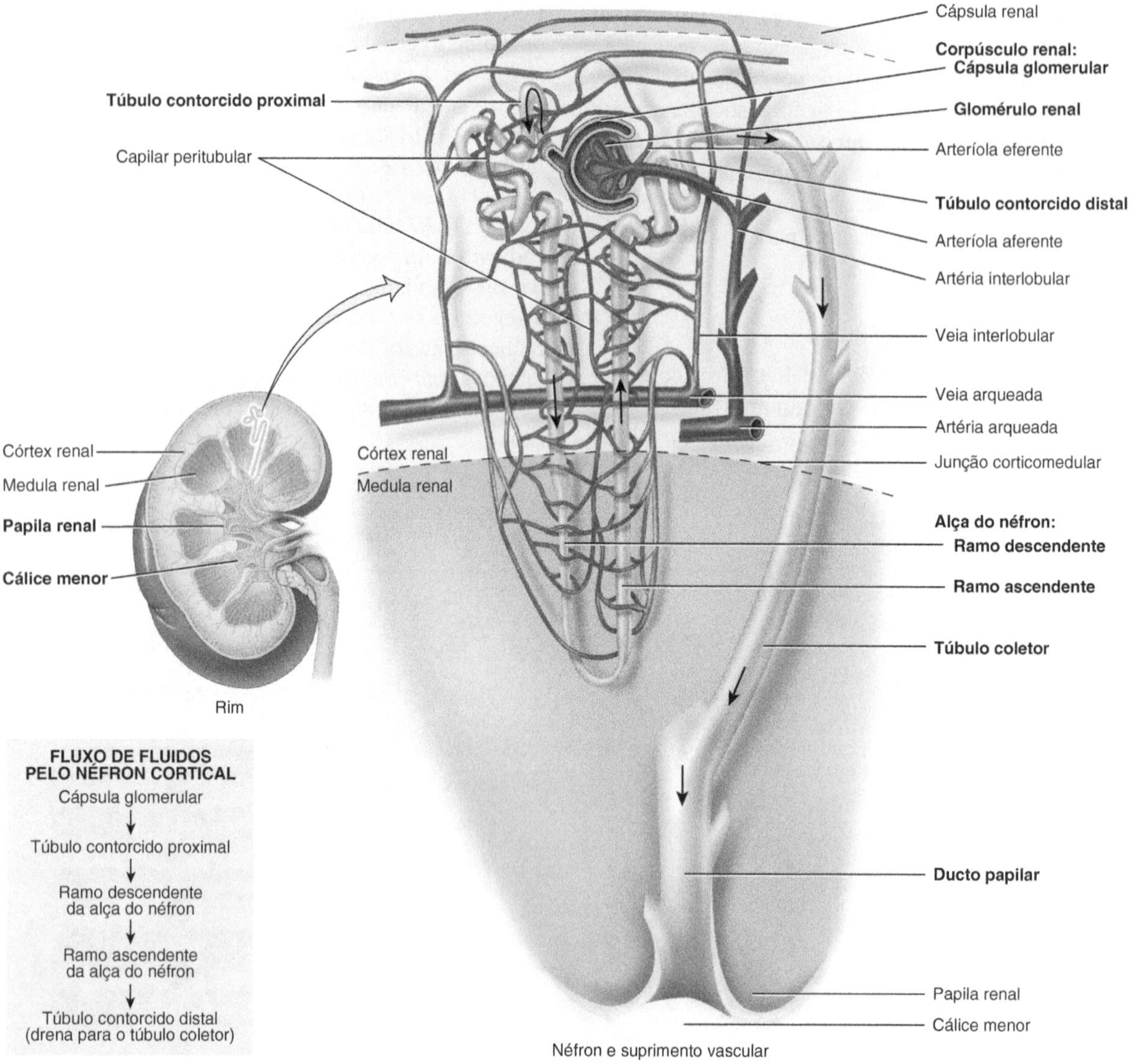

Uma molécula de água acabou de entrar no túbulo contorcido proximal de um néfron. Em quais partes do néfron ela passará (em ordem) antes de alcançar a pelve renal em uma gota de urina?

Figura 21.4 As partes de um tipo de néfron (néfron cortical), um túbulo coletor e vasos sanguíneos associados.
A maioria dos néfrons é de néfrons corticais; seus corpúsculos renais se situam no córtex renal externo, e suas alças curtas de Henle estão localizadas, em sua maioria, no córtex renal. Veja Fig. 21.7 para um néfron isolado.

Os néfrons são as unidades funcionais dos rins.

Néfrons

As unidades funcionais do rim são chamadas ***néfrons***, totalizando aproximadamente 1 milhão em cada rim (Fig. 21.4). Um néfron é composto por duas partes: um ***corpúsculo renal***, no qual o plasma sanguíneo é filtrado, e um ***túbulo renal***, pelo qual passa o líquido filtrado, chamado filtrado glomerular. Estreitamente associado ao néfron encontra-se o seu suprimento sanguíneo. Enquanto o líquido se move pelos túbulos renais, os resíduos e as substâncias em excesso são adicionados, e os materiais úteis são devolvidos ao sangue pelos vasos capilares peritubulares.

As duas partes que formam o corpúsculo renal são o ***glomérulo*** e a ***cápsula glomerular*** (*de Bowman*), uma estrutura em forma de taça bilaminada de células epiteliais que circunda os capilares glomerulares. O filtrado glomerular, primeiro entra na cápsula glomerular e, em seguida, passa para o túbulo renal. O líquido passa de forma ordenada pelas três seções principais do túbulo renal: o ***túbulo contorcido proximal***, a ***alça do néfron*** e o ***túbulo contorcido distal***. O termo *proximal* se refere à parte do túbulo ligada à cápsula glomerular, e o termo *distal* se refere à parte que está mais longe. *Contorcido* quer dizer que o túbulo é levemente retorcido em vez de reto. O corpúsculo renal e ambos os túbulos contorcidos se encontram no interior do córtex renal; as alças dos néfrons se estendem até a medula renal. A primeira parte da alça do néfron começa no ponto em que o túbulo contorcido proximal faz sua curva descendente final, que começa no córtex renal e se estende para baixo até a medula renal e é denominada ***ramo descendente da alça do néfron*** (Fig. 21.4). Em seguida, faz uma curva fechada e retorna para o córtex renal, onde termina no túbulo contorcido distal e é conhecido como o ***ramo ascendente da alça do néfron***. Os túbulos contorcidos distais de diversos néfrons são esvaziados em um ***túbulo coletor*** comum. Vários túbulos coletores se fundem para formar um ***ducto papilar***, que leva a um cálice menor, um cálice maior, uma pelve renal e um ureter (Fig. 21.4).

CORRELAÇÕES CLÍNICAS | Número de néfrons

O número de néfrons é constante desde o nascimento. Novos néfrons não são formados para substituir aqueles que são danificados ou adoecem. Sinais de disfunção renal, normalmente, não se tornam aparentes até que a maioria dos néfrons esteja danificada, pois os néfrons funcionais remanescentes se adaptam para atender uma carga maior de trabalho do que a normal. A remoção cirúrgica de um rim, por exemplo, estimula o aumento do outro rim que, posteriormente, é capaz de filtrar o sangue com aproximadamente 80% da velocidade dos dois rins normais. •

TESTE SUA COMPREENSÃO

2. Quais estruturas ajudam a proteger e acolchoar os rins?
3. Qual é a unidade funcional do rim? Descreva a sua estrutura.

21.3 Funções do néfron

OBJETIVO

- Identificar as três funções básicas realizadas pelos néfrons e pelos túbulos coletores e indicar onde cada uma ocorre.

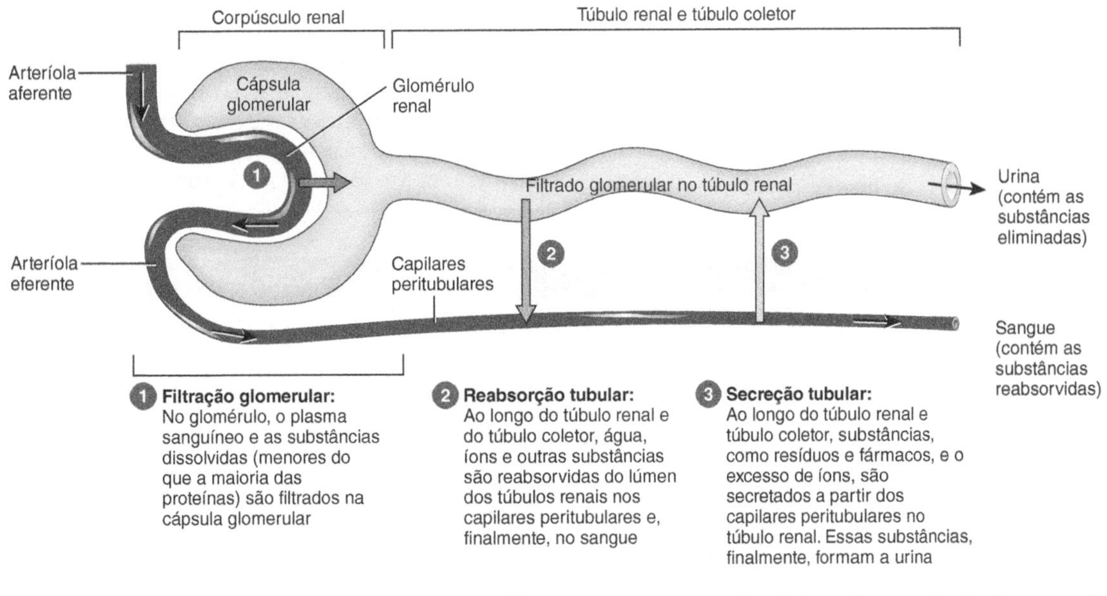

Quando os túbulos renais secretam a penicilina, essa substância está sendo adicionada ou retirada do sangue?

Figura 21.5 Visão geral das funções de um néfron. As substâncias eliminadas permanecem na urina e, posteriormente, deixam o corpo.

A filtração glomerular ocorre no corpúsculo renal; a reabsorção e a secreção tubulares ocorrem ao longo do túbulo renal e do túbulo coletor.

Para produzir a urina, os néfrons e os túbulos coletores realizam três processos básicos–filtração glomerular, reabsorção tubular e secreção tubular (Fig. 21.5):

1. Filtração é a passagem forçada de líquidos e substâncias dissolvidas menores do que um determinado tamanho por uma membrana, sob pressão. **Filtração glomerular:** é o primeiro estágio na produção de urina: a pressão sanguínea força a água e a maioria dos solutos, no plasma sanguíneo, através das paredes dos capilares glomerulares. O líquido filtrado pelo glomérulo, que entra na cápsula glomerular, é chamado ***filtrado glomerular***. A cápsula ocorre nos glomérulos, assim como ocorre em outros capilares (ver Fig. 16.3).
2. **Reabsorção tubular** ocorre à medida que o líquido filtrado flui ao longo do túbulo renal e pelo túbulo coletor. As células do túbulo e ducto retornam aproximadamente 99% da água filtrada e muitos solutos úteis para o sangue, que fluem pelos capilares peritubulares.
3. A ***secreção tubular*** também ocorre à medida que o líquido flui ao longo do túbulo e pelo túbulo coletor. As células do túbulo e do ducto removem substâncias indesejadas, como resíduos, fármacos e o excesso de íons do sangue nos capilares peritubulares, transportando-os para o líquido dos túbulos renais. No momento em que o líquido filtrado sofre reabsorção e secreção tubulares, e entra nos cálices menores e maiores, é chamado ***urina***.

À medida que os néfrons realizam suas tarefas, ajudam a manter a homeostasia do volume e composição do sangue. A situação é um tanto parecida com um centro de reciclagem: os caminhões de lixo despejam os refugos em uma moega alimentadora, na qual os refugos menores passam para uma esteira transportadora (filtração glomerular do plasma sanguíneo). Conforme a esteira transporta o lixo, trabalhadores removem itens úteis, como latas de alumínio, plásticos e recipientes de vidro (reabsorção). Outros trabalhadores colocam lixo adicional e itens maiores na esteira transportadora (secreção). No final da esteira, todo o lixo remanescente cai em um caminhão, que o transporta para o aterro sanitário (excreção dos resíduos na urina).

A Tabela 21.1 compara as substâncias filtradas, reabsorvidas e secretadas na urina de um homem adulto, diariamente. Embora os valores mostrados sejam normais, variam consideravelmente de acordo com a alimentação. As seções seguintes descrevem cada um dos três estágios que contribuem para a formação da urina em mais detalhes.

CORRELAÇÕES CLÍNICAS | Transplante de rim

O **transplante de rim** é a transferência de um rim de um doador para um receptor, cujos rins não funcionam mais. No procedimento, o rim doado é colocado na pelve do receptor, por meio de uma incisão abdominal. A artéria e a veia renais do rim transplantado são ligadas a uma artéria e a uma veia próximas, na pelve do receptor, e o ureter do rim transplantado é, em seguida, ligado à bexiga urinária. Durante um transplante de rim, o paciente recebe apenas um rim doado, uma vez que apenas um rim é necessário para manter suficientemente a função renal. Os rins lesados não funcionais geralmente são deixados no lugar. Assim como em todos os outros tipos de transplante, os receptores do transplante renal devem sempre estar atentos para sinais de infecção ou rejeição do órgão. O receptor do transplante tomará fármacos imunossupressores para o resto de sua vida a fim de evitar a rejeição do órgão "estranho". •

TABELA 21.1

Substâncias filtradas, reabsorvidas e eliminadas na urina por dia

SUBSTÂNCIA	FILTRADA* (ENTRA NO TÚBULO RENAL)	REABSORVIDA (RETORNA AO SANGUE)	SECRETADA NA URINA
Água	180 L	178-179 L	1-2 L
Íons cloreto (Cl^-)	640 g	633,7 g	6,3 g
Íons Sódio (Na^+)	579 g	575 g	4 g
Íons bicarbonato (HCO_3^-)	275 g	274,97 g	0,03 g
Glicose	162 g	162 g	0
Ureia	54 g	24 g	30 g†
Íons potássio (K^+)	29,6 g	29,6 g	2,0 g‡
Ácido úrico	8,5 g	7,7 g	0,8 g
Creatinina	1,6 g	0	1,6 g

*Considerando que a filtração glomerular seja de 180 L por dia.
†Além de ser filtrada e reabsorvida, a ureia é secretada.
‡Após a reabsorção de praticamente todo o K^+ filtrado nos túbulos contorcidos e na alça do néfron, uma quantidade variável de K^+ é secretada no túbulo coletor.

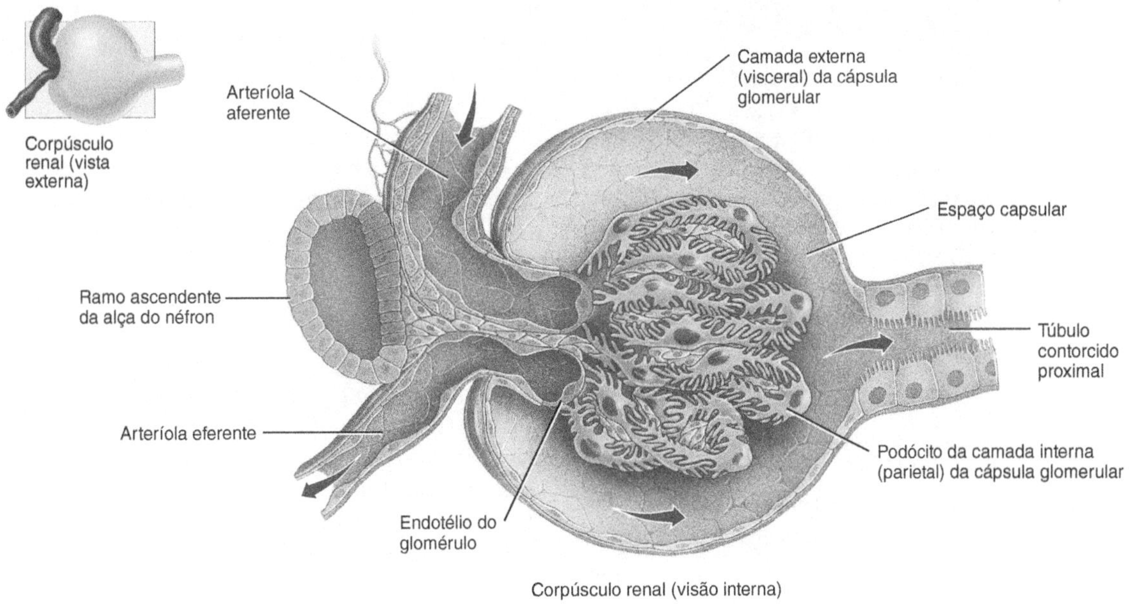

Quais células compõem a membrana de filtração no corpúsculo renal?

Figura 21.6 **Filtração glomerular, o primeiro estágio na formação da urina.**

O filtrado glomerular (setas vermelhas) passa para o espaço capsular e, em seguida, para o túbulo contorcido proximal.

Filtração glomerular

Duas camadas de células compõem a cápsula que envolve os capilares glomerulares (Fig. 21.6). Imagine o corpúsculo renal como um punho (os capilares glomerulares) empurrado para dentro de um balão flácido (a cápsula glomerular) até que o punho fique recoberto por duas camadas do balão com um espaço entre elas, o ***espaço capsular***. As células que formam a parede interna da cápsula glomerular, chamadas *podócitos*, aderem firmemente às células endoteliais dos capilares do glomérulo. Juntos, os podócitos e o endotélio glomerular formam uma *membrana de filtração*, que permite a passagem de água e solutos do sangue para o espaço capsular. Os elementos figurados do sangue e a maioria das proteínas do plasma permanecem no sangue porque são muito grandes para passar pela membrana de filtração. As células epiteliais escamosas simples formam a camada externa da cápsula glomerular.

Pressão efetiva de filtração

A pressão que provoca a filtração é a pressão do sangue nos capilares glomerulares. Duas outras pressões se opõem à filtração glomerular: (1) pressão coloidosmótica do sangue (ver Cap. 16) e (2) pressão da cápsula glomerular (decorrente do fluido já presente no espaço capsular e no túbulo renal). Quando qualquer uma dessas pressões aumenta, a filtração glomerular diminui. Normalmente, a pressão do sangue é maior do que as duas pressões opostas, produzindo uma ***pressão efetiva de filtração*** de aproximadamente 10 mmHg. A pressão efetiva de filtração força um grande volume de fluido para o espaço capsular, em torno de 150 litros por dia em mulheres e 180 litros por dia em homens. A pressão efetiva de filtração é resumida como se segue:

Pressão efetiva de filtração = pressão do sangue no capilar glomerular − (pressão coloidosmótica do sangue + pressão da cápsula glomerular)

Como o diâmetro da arteríola eferente é menor do que o da arteríola aferente, essa característica ajuda a aumentar a pressão do sangue nos capilares glomerulares. Quando a pressão do sangue aumenta ou diminui ligeiramente, alterações nos diâmetros das arteríolas aferentes e eferentes, de fato, mantêm a pressão de filtração efetiva constante para manter a filtração glomerular normal. A constrição da arteríola aferente diminui o fluxo sanguíneo para o glomérulo, o que diminui a pressão efetiva de filtração. A constrição da arteríola eferente diminui a saída de sangue e aumenta a pressão efetiva de filtração.

CORRELAÇÕES CLÍNICAS | Oligúria e anúria

Condições que reduzem drasticamente a pressão sanguínea – por exemplo, uma hemorragia grave – podem provocar a queda da pressão sanguínea glomerular a níveis tão baixos que a pressão de filtração total também cai, mesmo com a constrição das arteríolas eferentes. Nesse caso, a filtração glomerular diminui ou cessa completamente. O resultado é **oligúria**, uma diurese diária entre 50 e 250 mL, ou **anúria**, uma diurese diária abaixo de 50 mL. Obstruções, como a de uma pedra no rim que bloqueia um ureter ou de um aumento da próstata além do tamanho normal, que bloqueia a uretra em um homem, também diminuem a pressão efetiva de filtração, reduzindo, dessa forma, o débito urinário. •

Taxa de filtração glomerular

A quantidade de filtrado que se forma em ambos os rins por minuto é chamada ***taxa de filtração glomerular*** (***TFG***). Nos adultos, a TFG é de 105 mL/min, nas mulheres, e 125 mL/min, nos homens. É muito importante que os rins mantenham uma TFG constante. Se a TFG for muito alta, as substâncias necessárias passam tão rápido pelos túbulos renais que são incapazes de ser reabsorvidas, e deixam o corpo como parte da urina. Por outro lado, se a TFG for muito baixa, quase todo o filtrado é reabsorvido, e os resíduos não são devidamente eliminados.

O ***peptídeo natriurético atrial*** (***PNA***) é um hormônio que promove a perda de íons sódio e água na urina, em parte, porque aumenta a taxa de filtração glomerular. As células nos átrios do coração secretam mais PNA, quanto mais distendido estiver o coração, como ocorre quando o volume sanguíneo aumenta. Nesse caso, o PNA atua nos rins para aumentar a perda de íons sódio e água na urina, o que leva o volume sanguíneo de volta ao normal.

Como a maioria dos vasos sanguíneos do corpo, aqueles dos rins são supridos por neurônios simpáticos da divisão autônoma do sistema nervoso (SNA). Quando esses neurônios estão ativos, provocam constrição dos vasos. Em repouso, a estimulação simpática é baixa, e as arteríolas aferentes e eferentes estão relativamente dilatadas. Com uma estimulação simpática maior, como ocorre durante o exercício ou a hemorragia, a vasoconstrição das arteríolas aferentes é maior do que a das arteríolas eferentes. Como resultado, o fluxo de sangue nos vasos capilares glomerulares diminui drasticamente, diminuindo também a pressão efetiva de filtração e a TFG. Essas mudanças reduzem o débito de urina, o que ajuda a conservar o volume de sangue, permitindo maior fluxo de sangue para outros tecidos do corpo.

Reabsorção tubular

A ***reabsorção tubular*** – retorno da maioria da água filtrada e de muitos solutos filtrados para o sangue – é a segunda função básica dos néfrons e dos túbulos coletores. O líquido filtrado se transforma em *líquido tubular*, a partir do momento em que entra no túbulo contorcido proximal. Em virtude da reabsorção e secreção, a composição do líquido tubular muda conforme flui ao longo do túbulo do néfron até o túbulo coletor. Em geral, aproximadamente 99% da água filtrada são reabsorvidos. Apenas 1% da água do filtrado glomerular, de fato, sai do corpo na *urina*, o líquido que drena para a pelve renal.

As células epiteliais, ao longo dos túbulos renais e dos túbulos coletores, realizam reabsorção tubular (Fig. 21.7). Alguns solutos são reabsorvidos passivamente por difusão, ao passo que outros são reabsorvidos por transporte ativo. As células do túbulo contorcido proximal dão a maior contribuição, reabsorvendo 65% de toda a água filtrada, 100% da glicose e dos aminoácidos filtrados e grandes quantidades de diversos íons, como sódio (Na^+), potássio (K^+), cloro (Cl^-), bicarbonato (HCO_3^-), cálcio (Ca^{2+}) e magnésio (Mg^{2+}).

A reabsorção dos solutos também promove a reabsorção de água da seguinte maneira: o movimento dos solutos para os capilares peritubulares diminui a concentração desses no líquido tubular e aumenta nos capilares peritubulares. Como resultado, a água se move por osmose para os capilares peritubulares. As células localizadas distais ao túbulo contorcido proximal regulam a reabsorção para manter o equilíbrio homeostático da água e dos íons selecionados. Para avaliar a enorme extensão da reabsorção tubular, veja a Tabela 21.1 e compare as quantidades das substâncias filtradas, reabsorvidas e eliminadas na urina.

CORRELAÇÕES CLÍNICAS | Glicosúria e poliúria

Quando a concentração de glicose no sangue aumenta acima do normal, os transportadores nos túbulos contorcidos proximais podem não ser capazes de trabalhar rápido o suficiente para reabsorver toda a glicose filtrada. Como resultado, algumas moléculas de glicose aparecem na urina, uma condição denominada **glicosúria**. A causa mais comum de glicosúria é o diabetes melito, no qual o nível de glicose no sangue pode subir acima do normal, em função do déficit de insulina ou da baixa eficiência desse hormônio. Como "a água segue os solutos", à medida que a reabsorção tubular ocorre, qualquer condição que reduza a reabsorção dos solutos filtrados também aumenta a quantidade de água perdida na urina. **Poliúria**, eliminação excessiva de urina, geralmente acompanha a glicosúria e é um sintoma comum de diabetes. •

Secreção tubular

A terceira função dos néfrons e dos túbulos coletores é a ***secreção tubular***, a transferência de substâncias do san-

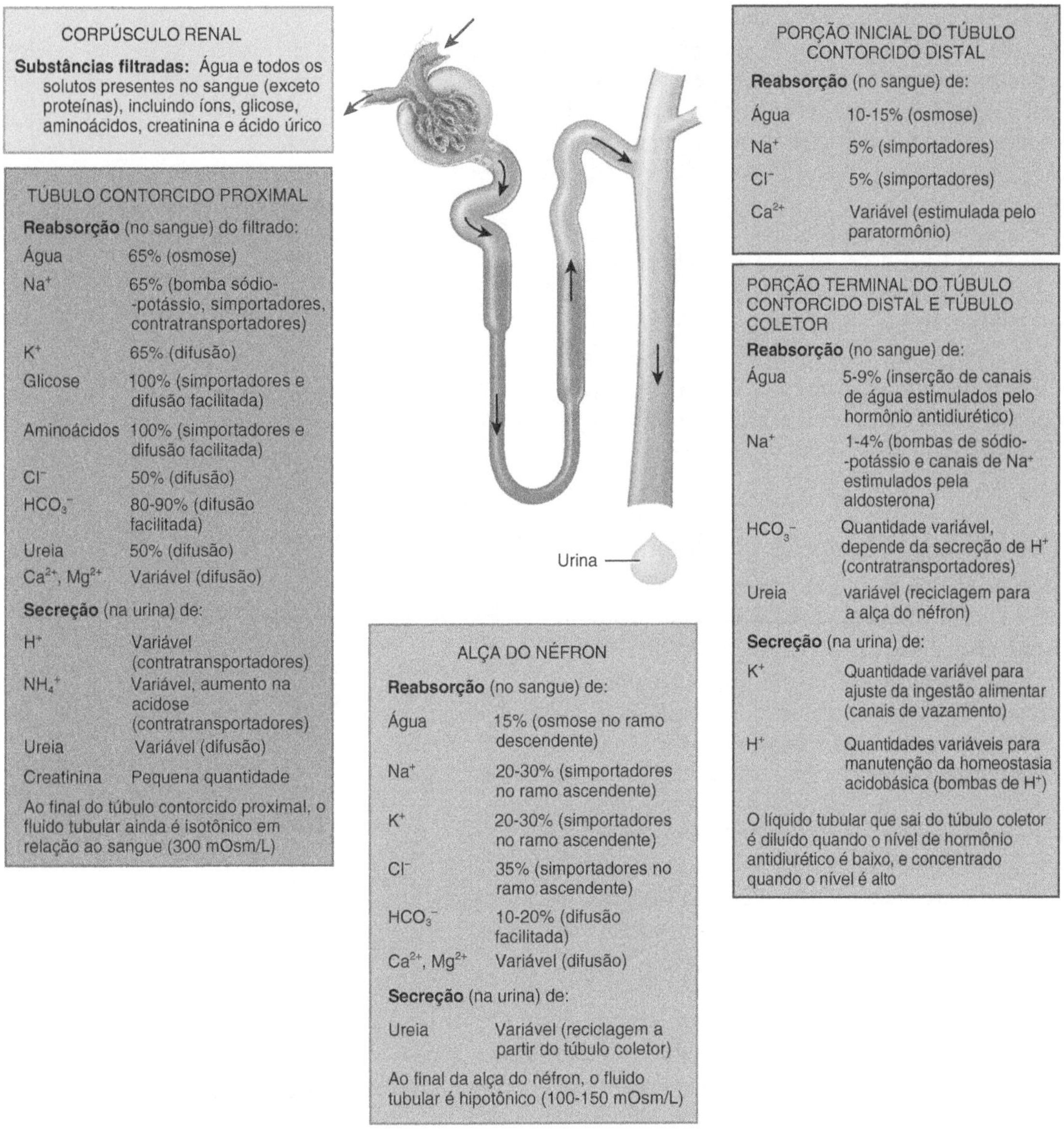
CORPÚSCULO RENAL
Substâncias filtradas: Água e todos os solutos presentes no sangue (exceto proteínas), incluindo íons, glicose, aminoácidos, creatinina e ácido úrico
TÚBULO CONTORCIDO PROXIMAL
Reabsorção (no sangue) do filtrado:
Água 65% (osmose)
Na^+ 65% (bomba sódio--potássio, simportadores, contratransportadores)
K^+ 65% (difusão)
Glicose 100% (simportadores e difusão facilitada)
Aminoácidos 100% (simportadores e difusão facilitada)
Cl^- 50% (difusão)
HCO_3^- 80-90% (difusão facilitada)
Ureia 50% (difusão)
Ca^{2+}, Mg^{2+} Variável (difusão)
Secreção (na urina) de:
H^+ Variável (contratransportadores)
NH_4^+ Variável, aumento na acidose (contratransportadores)
Ureia Variável (difusão)
Creatinina Pequena quantidade
Ao final do túbulo contorcido proximal, o fluido tubular ainda é isotônico em relação ao sangue (300 mOsm/L)
Urina
ALÇA DO NÉFRON
Reabsorção (no sangue) de:
Água 15% (osmose no ramo descendente)
Na^+ 20-30% (simportadores no ramo ascendente)
K^+ 20-30% (simportadores no ramo ascendente)
Cl^- 35% (simportadores no ramo ascendente)
HCO_3^- 10-20% (difusão facilitada)
Ca^{2+}, Mg^{2+} Variável (difusão)
Secreção (na urina) de:
Ureia Variável (reciclagem a partir do túbulo coletor)
Ao final da alça do néfron, o fluido tubular é hipotônico (100-150 mOsm/L)
PORÇÃO INICIAL DO TÚBULO CONTORCIDO DISTAL
Reabsorção (no sangue) de:
Água 10-15% (osmose)
Na^+ 5% (simportadores)
Cl^- 5% (simportadores)
Ca^{2+} Variável (estimulada pelo paratormônio)
PORÇÃO TERMINAL DO TÚBULO CONTORCIDO DISTAL E TÚBULO COLETOR
Reabsorção (no sangue) de:
Água 5-9% (inserção de canais de água estimulados pelo hormônio antidiurético)
Na^+ 1-4% (bombas de sódio--potássio e canais de Na^+ estimulados pela aldosterona)
HCO_3^- Quantidade variável, depende da secreção de H^+ (contratransportadores)
Ureia variável (reciclagem para a alça do néfron)
Secreção (na urina) de:
K^+ Quantidade variável para ajuste da ingestão alimentar (canais de vazamento)
H^+ Quantidades variáveis para manutenção da homeostasia acidobásica (bombas de H^+)
O líquido tubular que sai do túbulo coletor é diluído quando o nível de hormônio antidiurético é baixo, e concentrado quando o nível é alto

A secreção ocorre em quais segmentos do néfron e do túbulo coletor?

Figura 21.7 Filtração, reabsorção e secreção no néfron e no túbulo coletor. Os percentuais se referem às quantidades filtradas inicialmente no glomérulo.

A filtração ocorre no corpúsculo renal; a reabsorção ocorre ao longo de todo o túbulo renal e túbulos coletores.

gue e das células do túbulo para o líquido tubular. Como no caso da reabsorção tubular, a secreção tubular ocorre em toda a extensão dos túbulos renais e ductos coletores e ocorre tanto por meio de difusão passiva quanto pelos processos de transporte ativo. As substâncias secretadas incluem íons hidrogênio (H^+), potássio (K^+), amônia (NH_3), ureia, creatinina (um resíduo da creatina nas células musculares), e determinadas substâncias, como a penicilina. A secreção tubular ajuda a eliminar essas substâncias do corpo.

A amônia é um produto residual tóxico produzido quando grupos amino são removidos dos aminoácidos. Os hepatócitos convertem a maior parte da amônia em ureia, um composto menos tóxico. Mesmo que pequenas quantidades de ureia e amônia estejam presentes no suor, a maior excreção desses resíduos que contêm nitrogênio ocorre na urina. Ureia e amônia presentes no sangue são filtradas no glomérulo e secretadas pelas células do túbulo contorcido proximal no líquido tubular. Em alguns indivíduos próximos da morte, um odor de amônia pode ser detectado, à medida que se acumula no organismo decorrente de insuficiência renal. A secreção de K^+ em excesso para eliminação na urina também é muito importante. A secreção de K^+ pelas células tubulares varia de acordo com a quantidade de potássio proveniente da alimentação para manter um nível estável de K^+ nos líquidos corporais.

A secreção tubular também ajuda a controlar o pH do sangue. O pH normal do sangue é mantido entre 7,35 e 7,45, embora a alimentação normal rica em proteína na América do Norte forneça mais alimentos produtores de ácidos do que produtores de álcalis. Para eliminar os ácidos, as células dos túbulos renais secretam H^+ no líquido tubular, o que ajuda a manter o pH do sangue em seus limites normais. Em virtude da secreção de H^+, a urina é, em geral, ácida (tem um pH abaixo de 7).

Regulação hormonal das funções do néfron

Os hormônios afetam a extensão da reabsorção de Na^+, Cl^-, Ca^{2+} e água, assim como a secreção de K^+ pelos túbulos renais. Os reguladores hormonais mais importantes na reabsorção e secreção de íons são a ***angiotensina II*** e a ***aldosterona***. Nos túbulos contorcidos proximais, a angiotensina II aumenta a reabsorção de Na^+ e Cl^-. A angiotensina II também estimula o córtex suprarrenal a liberar aldosterona, um hormônio que, por sua vez, estimula as células tubulares na última parte do túbulo contorcido distal e ao longo dos túbulos coletores a reabsorverem mais Na^+ e Cl^- e a secretarem mais K^+. Quanto mais Na^+ e Cl^- forem reabsorvidos, mais água também é reabsorvida por osmose. A secreção de K^+ estimulada pela aldosterona é o principal regulador do nível de K^+ no sangue. Um nível elevado de K^+ (hipercalemia) no plasma sanguíneo causa sérios distúrbios no ritmo cardíaco ou até mesmo parada cardíaca. Além de aumentar a taxa de filtração glomerular, o hormônio ***peptídeo natriurético atrial*** (***PNA***) exerce uma função menor na inibição da reabsorção de Na^+ (e Cl^- e água) pelos túbulos renais. Enquanto a TFG aumenta e, a reabsorção de Na^+, Cl^- e água diminui, mais água e sal são perdidos na urina. O efeito final é a diminuição do volume de sangue.

O principal hormônio regulador da reabsorção de água é o ***hormônio antidiurético*** (***ADH***), que atua por meio de retroalimentação negativa (Fig. 21.8). Quando a concentração de água no sangue diminui aproximadamente 1%, osmorreceptores no hipotálamo estimulam a neuro-hipófise a liberar ADH. Um segundo estímulo poderoso para a secreção de ADH é a diminuição do volume de sangue, como ocorre na hemorragia ou na desidratação grave. O ADH age nas células tubulares presentes na parte final dos túbulos contorcidos distais e ao longo dos túbulos coletores. Na ausência do ADH, essas partes do túbulo renal têm pouca permeabilidade à água. O ADH aumenta

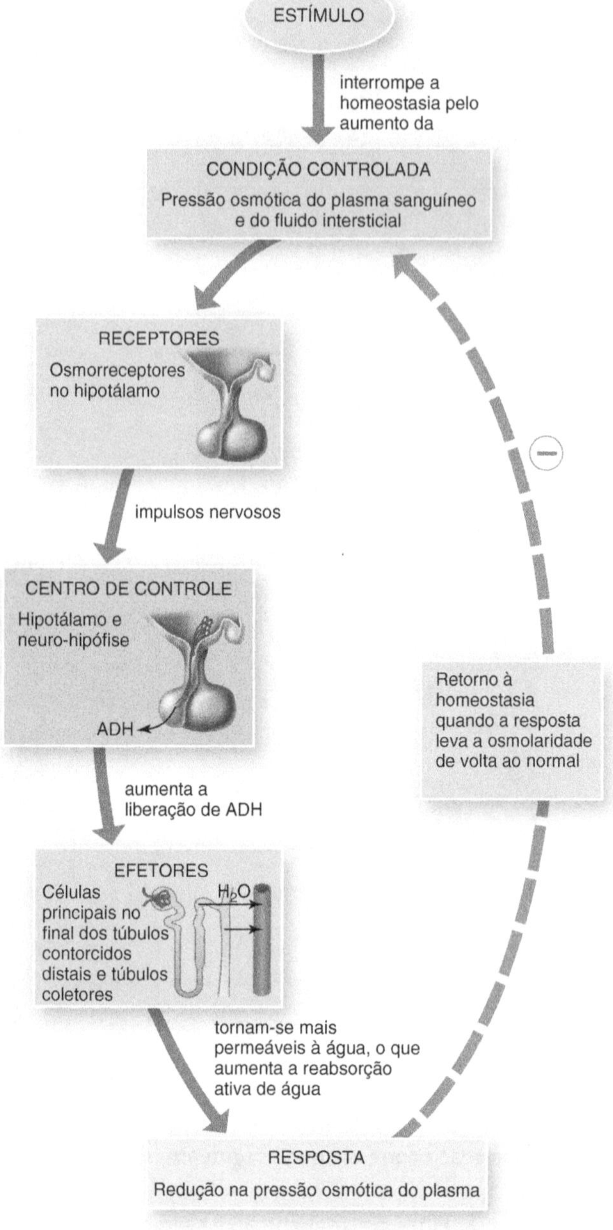

Em uma pessoa que acabou de completar uma corrida de 5 km sem beber uma gota de água sequer, o nível de ADH no sangue seria superior ou inferior ao normal?

Figura 21.8 Regulação da retroalimentação negativa da reabsorção de água pelo ADH.

Quando o nível de ADH está alto, os rins reabsorvem mais água.

essa permeabilidade à água nas células tubulares ao inserir proteínas que funcionam como canais de água em suas membranas plasmáticas. Quando a permeabilidade à água das células tubulares aumenta, as moléculas de água se movem do líquido tubular para as células e, em seguida, para o sangue. Os rins produzem aproximadamente 400 a 500 mL de urina concentrada por dia, quando a concentração de ADH é máxima – por exemplo, durante a desidratação grave. No entanto, quando o nível de ADH diminui, os canais de água são removidos das membranas. Os rins produzem um grande volume de urina diluída quando o nível de ADH é baixo.

CORRELAÇÕES CLÍNICAS | Diuréticos

Diuréticos são substâncias que diminuem a reabsorção de água pelos rins e, desse modo, provocam *diurese*, uma taxa elevada do fluxo de urina. Os diuréticos naturais incluem a *cafeína*, presente no café, chá e em refrigerantes do tipo cola, que inibem a reabsorção de Na^+, e o *álcool*, presente na cerveja, no vinho e em coquetéis, que inibe a secreção de ADH. Em uma condição conhecida como diabetes *insípido*, a secreção de ADH é inadequada ou os receptores de ADH são deficientes, de modo que uma pessoa pode eliminar até 20 litros de urina muito diluída por dia. •

Embora os hormônios mencionados até agora envolvam a regulação da perda de água como urina, os túbulos renais também respondem a um hormônio que regula a composição iônica. Por exemplo, um nível de Ca^{2+} abaixo do normal no sangue estimula as glândulas paratireoides a liberar o ***paratormônio*** (***PTH***). O PTH, por sua vez, estimula as células dos túbulos contorcidos distais a reabsorverem mais Ca^{2+} no sangue. O PTH também inibe a reabsorção de fosfato (HPO_4^{2-}) nos túbulos contorcidos proximais, promovendo, portanto, a excreção de fosfato.

Componentes da urina

Uma análise do volume e das características físicas, químicas e microscópicas da urina, chamada ***urinálise***, nos informa muito sobre o estado geral do corpo. A Tabela 21.2 resume as principais características físicas da urina.

O volume de urina eliminado por dia por um adulto normal varia de 1 a 2 litros. A água é responsável por 95% do volume total da urina. Além de ureia, creatinina, potássio e amônia, os solutos característicos normalmente presentes na urina incluem ácido úrico e também íons sódio, cloreto, magnésio, sulfato, fosfato e cálcio.

TABELA 21.2

Características físicas da urina normal

CARACTERÍSTICA	DESCRIÇÃO
Volume	1 ou 2 litros em 24 horas, mas varia consideravelmente
Cor	Amarelo ou âmbar, mas varia com a concentração de urina e alimentação. A cor se deve ao urocromo (pigmento produzido a partir da decomposição da bile) e à urobilina (pigmento produzido pela decomposição da hemoglobina). A urina concentrada é de cor mais escura. Alimentos (p.ex., o avermelhado da beterraba), fármacos e determinadas doenças afetam a cor. Pedras nos rins podem resultar em sangue na urina
Turbidez	Transparente quando recém-eliminada, mas se torna turva após algum tempo
Odor	Levemente aromática, mas se torna amoniacal após algum tempo. Algumas pessoas herdam a capacidade de formar metilmercaptano a partir da digestão de aspargos, o que dá à urina um odor característico
pH	Varia entre 4,6 e 8, com média de 6; varia consideravelmente de acordo com a alimentação. Dietas ricas em proteínas aumentam a acidez; dietas vegetarianas aumentam a alcalinidade
Gravidade específica	A gravidade específica (densidade) é a relação entre peso e volume de uma substância com peso de um volume igual de água destilada. A densidade específica da urina varia de 1,001 a 1,035. Quanto maior a concentração de solutos, maior a gravidade específica. A gravidade específica é maior pela manhã, quando a urina está mais concentrada

Se uma doença alterar o metabolismo do corpo ou a função renal, podem aparecer traços de substâncias que normalmente não estão presentes na urina, ou os próprios constituintes normais podem aparecer em quantidades anormais. A Tabela 21.3 mostra diversos constituintes anormais da urina que podem ser detectados pela urinálise.

TESTE SUA COMPREENSÃO

4. Como a pressão sanguínea influencia a filtração do sangue nos rins?
5. Que solutos são reabsorvidos e secretados à medida que o líquido tubular se move ao longo dos túbulos renais?
6. Como a angiotensina II, a aldosterona e o ADH regulam a reabsorção e a secreção tubulares?
7. Quais são as características da urina normal?

TABELA 21.3

Resumo dos constituintes anormais da urina

CONSTITUINTE ANORMAL	COMENTÁRIOS
Albumina	Constituinte normal do plasma sanguíneo que geralmente aparece apenas em pequenas quantidades na urina, porque é muito grande para ser filtrada. A presença de albumina em excesso na urina, chamada albuminúria, indica um aumento na permeabilidade das membranas de filtração, decorrente de lesão ou doença, aumento na pressão sanguínea ou danos nas células dos rins
Glicose	*Glicosúria*, a presença de glicose na urina, geralmente indica diabetes melito
Eritrócitos	*Hematúria*, a presença de hemoglobina proveniente dos eritrócitos rompidos na urina, ocorre com inflamação aguda dos órgãos do sistema urinário, como resultado de doença ou irritação por cálculos nos rins, tumores, trauma e doença renal
Leucócitos	A presença de leucócitos e outros componentes de pus na urina, chamada *piúria*, indica infecção nos rins ou em outros órgãos do sistema urinário
Corpos cetônicos	Altos níveis de corpos cetônicos na urina, chamado cetonúria, podem indicar diabetes melito, anorexia, jejum ou simplesmente muito pouco carboidrato na dieta
Bilirrubina	Quando os eritrócitos são destruídos pelos macrófagos, a porção globina da hemoglobina é separada, e o heme é convertido em biliverdina. A maior parte da biliverdina é convertida em bilirrubina. Um aumento no nível de bilirrubina na urina, acima dos valores normais, é chamado *bilirrubinúria*
Urobilinogênio	A presença de urobilinogênio (produto da decomposição da hemoglobina) na urina é chamado de *urobilinogenúria*. Pequenas quantidades são normais, mas quantidades altas de urobilinogênio pode ser decorrente de anemia hemolítica ou perniciosa, hepatite infecciosa, obstrução dos ductos biliares, icterícia, cirrose, insuficiência cardíaca congestiva ou mononucleose infecciosa
Cilindros	*Cilindros* são massas minúsculas de material que endureceram e assumiram a forma do lúmen de um túbulo no qual foram formados. São eliminados do túbulo quando o filtrado glomerular se acumula atrás deles. Cilindros são denominados de acordo com as células ou com as substâncias que os compõem ou com base em seu aspecto. Por exemplo, existem cilindros leucocitários, eritrocitários e cilindros de células epiteliais (células dos túbulos renais)
Micróbios	O número e o tipo de bactérias variam de acordo com as infecções específicas do trato urinário. Uma das mais comuns é a *Escherichia coli*. O fungo mais comum na urina é a *Candida albicans*, uma causa da vaginite. O protozoário mais frequente é o *Trichomonas vaginalis*, uma causa de vaginite nas mulheres e uretrite nos homens

21.4 Transporte, armazenamento e eliminação da urina

OBJETIVO

- Descrever a estrutura e as funções dos ureteres, bexiga urinária e uretra.

Como você aprendeu anteriormente neste capítulo, a urina produzida pelos néfrons drena nos cálices menores, que se juntam para formar os cálices maiores, que também se unem para formar a pelve renal (ver Fig. 21.2). Da pelve renal, a urina drena primeiramente para os ureteres e, em seguida, para a bexiga urinária; a urina então é eliminada pelo corpo pela uretra (ver Fig. 21.1).

Ureteres

Cada um dos dois ***ureteres*** transporta a urina da pelve renal de um dos rins para a bexiga urinária (ver a Fig. 21.1). Os ureteres passam vários centímetros abaixo da bexiga urinária, provocando a compressão dos ureteres pela bexiga, evitando, dessa forma, o refluxo de urina quando a pressão se acumula na bexiga urinária durante a micção. Se essa válvula fisiológica não estiver funcionando, cistite (inflamação da bexiga urinária) pode progredir para uma infecção dos rins.

A parede do ureter é formada por três túnicas. A túnica interna é a túnica mucosa, que contém *epitélio de transição* (ver Tab. 4.11) com uma camada subjacente de tecido conectivo areolar. O epitélio de transição é capaz de distensão – uma vantagem adicional para qualquer órgão que precisa acomodar um volume variável de líquido. O muco secretado pelas células caliciformes da túnica mucosa impede que as células entrem em contato com a urina, cujo pH e concentração de solutos podem ser drasticamente diferentes do citosol das células que formam a parede dos ureteres. A túnica intermediária é formada por músculo liso. A urina é transportada da pelve renal para a bexiga urinária, basicamente por contrações peristálticas

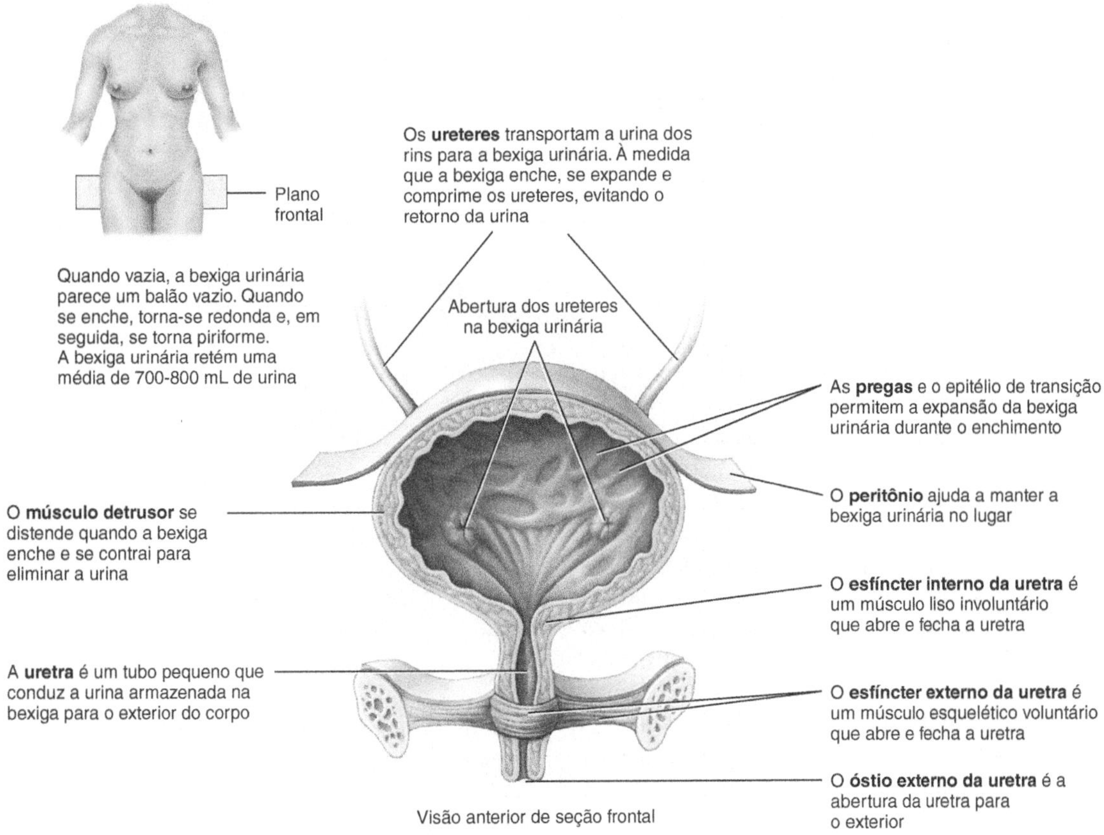

Como é denominada a falta de controle voluntário da micção?

Figura 21.9 **Ureteres, bexiga urinária e uretra (feminina).**

A urina é armazenada na bexiga urinária até ser eliminada por micção.

desse músculo liso, mas a pressão hidrostática da urina e a gravidade também podem contribuir. A túnica superficial é formada por tecido conectivo areolar, contendo vasos sanguíneos, vasos linfáticos e nervos.

Bexiga urinária

A ***bexiga urinária*** é um órgão muscular oco localizado na cavidade pélvica atrás da sínfise púbica (Fig. 21.9). Nos homens, está diretamente na frente do reto (ver Fig. 23.1). Nas mulheres, está na frente da vagina e abaixo do útero. Pregas do peritônio mantêm a bexiga urinária em sua posição. A forma da bexiga urinária depende da quantidade de urina que contém. Quando vazia, parece um balão esvaziado. Torna-se esférica quando levemente distendida e, à medida que o volume de urina aumenta, se torna piriforme e sobe na cavidade abdominal. A capacidade da bexiga urinária varia entre 700 e 800 mL. É menor nas mulheres, porque o útero ocupa o espaço logo acima da bexiga urinária. Próximo à base da bexiga urinária, os ureteres drenam na bexiga urinária via ***óstios dos ureteres***. Como os ureteres, a túnica mucosa da bexiga urinária contém epitélio de transição, que permite o estiramento. A túnica mucosa também contém ***pregas***, que também permitem a expansão da bexiga urinária. A túnica muscular da parede da bexiga urinária é formada por três camadas de músculo liso, chamado ***músculo detrusor***. O peritônio, que recobre a face superior da bexiga urinária, forma uma túnica serosa externa; o restante da bexiga urinária possui uma camada externa fibrosa.

Uretra

A ***uretra***, a porção terminal do sistema urinário, é formada por um pequeno tubo que vai da base da bexiga urinária até o exterior do corpo (ver Fig. 21.9). Nas mulheres, a uretra fica localizada diretamente atrás da sínfise púbica e engastada na parede anterior da vagina. A abertura da uretra para o exterior, o ***óstio externo da uretra***, fica entre o clitóris e o óstio da vagina (ver Fig. 23.6). Nos homens, a uretra passa verticalmente pela próstata, pelo músculo transverso profundo do períneo e, finalmente, pelo pênis (ver Fig. 23.1).

Ao redor do óstio externo da uretra fica o ***esfíncter interno da uretra***, composto por músculo liso. A abertura e o fechamento desse esfíncter são involuntários. Abaixo dele está o ***esfíncter externo da uretra***, composto por músculo esquelético e está sob controle voluntário. Tanto nos homens quanto nas mulheres, a uretra é a via para eliminar a urina do corpo. A uretra masculina também serve como um canal pelo qual o sêmen é ejaculado.

Micção

A bexiga urinária armazena a urina antes de sua eliminação e, em seguida, eliminando-a pela uretra por meio de um ato chamado ***micção***, comumente conhecido como *urinação*. A micção requer a combinação de contrações musculares involuntárias e voluntárias. Quando o volume de urina na bexiga excede 200 a 400 mL, a pressão dentro da bexiga aumenta consideravelmente, e os receptores de estiramento em sua parede transmitem impulsos nervosos para a medula espinal. Esses impulsos se propagam até a parte inferior da medula espinal e acionam um reflexo chamado ***reflexo de micção***. Neste reflexo, impulsos parassimpáticos provenientes da medula espinal provocam a *contração* do músculo detrusor e o *relaxamento* do músculo liso do esfíncter interno da uretra. Simultaneamente, a medula espinal inibe os neurônios motores somáticos, provocando o relaxamento do músculo esquelético no esfíncter externo da uretra. Por contração da parede da bexiga urinária e relaxamento dos esfíncteres, a micção começa. O enchimento da bexiga urinária provoca uma sensação de "plenitude", que inicia um desejo consciente de urinar antes que o reflexo de micção aconteça de fato. Embora o esvaziamento da bexiga urinária seja controlado por um reflexo, muito cedo, na infância, aprendemos a iniciá-lo e a suspendê-lo voluntariamente. Por meio do controle aprendido do músculo do esfíncter externo da uretra e de determinados músculos do diafragma da pelve, o córtex cerebral inicia ou retarda a micção por um tempo limitado.

CORRELAÇÕES CLÍNICAS | Incontinência urinária

A incapacidade do controle voluntário da micção é chamada **incontinência urinária**. Antes dos 2 ou 3 anos de idade, a incontinência urinária é normal, porque os neurônios para o músculo esfíncter externo da uretra não estão completamente desenvolvidos. As crianças urinam sempre que a bexiga urinária estiver suficientemente distendida para acionar o reflexo. Na *incontinência de estresse*, o tipo mais comum de incontinência urinária, os estresses físicos que aumentam a pressão abdominal – como tosses, espirros, risadas, exercícios, levantamento de objetos pesados, gravidez ou simplesmente caminhada – provocam o vazamento de urina da bexiga urinária. Os fumantes têm duas vezes mais chances de desenvolver incontinência urinária do que os não fumantes. •

TESTE SUA COMPREENSÃO

8. Quais forças ajudam a impulsionar a urina da pelve renal para a bexiga urinária?
9. O que é micção? Como ocorre o reflexo de micção?
10. Como se compara a localização da uretra nos homens e nas mulheres?

21.5 Envelhecimento e sistema urinário

OBJETIVO

- Descrever os efeitos do envelhecimento no sistema urinário.

Com o envelhecimento, os rins diminuem de tamanho, apresentam um fluxo sanguíneo menor e filtram menos sangue. A massa de ambos os rins diminui de uma média de 260 g, aos 20 anos de idade, para menos de 200 g, aos 80 anos. Da mesma forma, o fluxo sanguíneo e a taxa de filtração renal diminuem em aproximadamente 50% entre os 40 e 70 anos de idade. As doenças renais que se tornam mais comuns com a idade incluem inflamações renais agudas e crônicas e cálculos renais (pedras nos rins). Como a sensação de sede diminui com a idade, pessoas mais velhas também se tornam suscetíveis à desidratação. As infecções do trato urinário são mais comuns entre os idosos, assim como poliúria, noctúria (micção excessiva à noite), aumento na frequência de micções, disúria (micção dolorosa), retenção ou incontinência urinária e hematúria (sangue na urina).

TESTE SUA COMPREENSÃO

11. Por que os idosos são mais suscetíveis à desidratação?

• • •

Para entender como o sistema urinário contribui para a homeostasia de outros sistemas do corpo, leia o Foco na Homeostasia: O Sistema Urinário. A seguir, no Capítulo 22, veremos como os rins e os pulmões contribuem para a manutenção da homeostasia do volume e dos níveis iônicos dos líquidos corporais e do equilíbrio acidobásico.

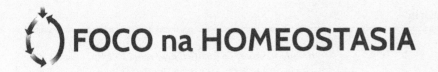

FOCO na HOMEOSTASIA

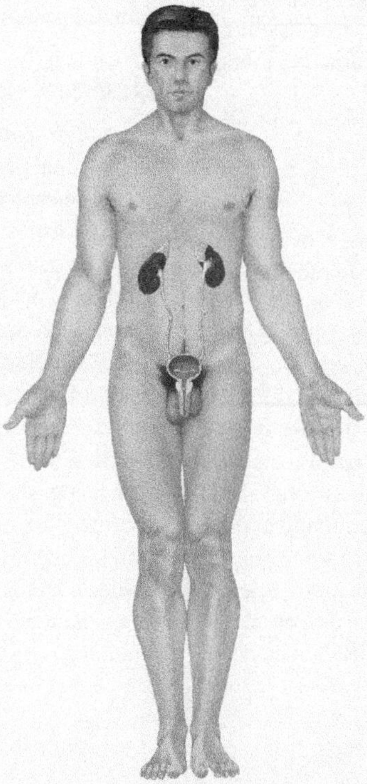

TEGUMENTO COMUM

- Rins e pele contribuem para a síntese de calcitriol, a forma ativa da vitamina D

SISTEMA ESQUELÉTICO

- Os rins ajudam a ajustar os níveis de cálcio e de fosfatos no sangue, necessários para formar a matriz óssea

SISTEMA MUSCULAR

- Os rins ajudam a ajustar o nível de cálcio no sangue, necessário para a contração dos músculos

SISTEMA NERVOSO

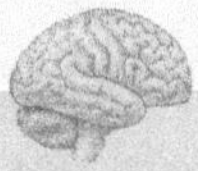

- Os rins realizam a gliconeogênese, que fornece glicose para a produção de ATP em neurônios, especialmente durante jejum ou inanição

SISTEMA ENDÓCRINO

- Os rins participam da síntese de calcitriol, a forma ativa da vitamina D
- Os rins liberam eritropoietina, o hormônio que estimula a produção de eritrócitos

CONTRIBUIÇÕES DO SISTEMA URINÁRIO

PARA TODOS OS SISTEMAS DO CORPO

- Os rins regulam o volume, a composição e o pH dos líquidos corporais, removendo resíduos e substâncias em excesso do sangue e eliminando-os na urina
- Os ureteres transportam a urina dos rins para a bexiga urinária, armazenando a urina até que seja eliminada pela uretra

SISTEMA CIRCULATÓRIO

- Aumentando ou diminuindo a reabsorção de água filtrada do sangue, os rins ajudam a ajustar o volume e a pressão do sangue
- A renina liberada pelos rins ativa a via da angiotensina e aumenta a pressão sanguínea
- Uma parte da bilirrubina proveniente da decomposição da hemoglobina é convertida em um pigmento amarelo (urobilina), eliminada na urina

SISTEMA LINFÁTICO E IMUNIDADE

- Aumentando ou diminuindo a reabsorção de água filtrada do sangue, os rins ajudam a ajustar o volume do líquido intersticial e da linfa; urina elimina micróbios da uretra

SISTEMA RESPIRATÓRIO

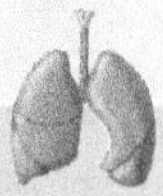

- Rins e pulmões cooperam no ajuste do pH dos líquidos corporais

SISTEMA DIGESTÓRIO

- Os rins ajudam a sintetizar calcitriol, a forma ativa da vitamina D, que é necessária para a absorção do cálcio da dieta alimentar

SISTEMAS GENITAIS

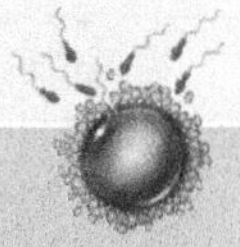

- Nos homens, a porção da uretra que se estende pela próstata e pelo pênis é a via de passagem, tanto para o sêmen quanto para a urina

DISTÚRBIOS COMUNS

Glomerulonefrite

Glomerulonefrite é uma inflamação dos glomérulos renais. Uma das causas mais comuns é uma reação alérgica às toxinas produzidas pelas bactérias estreptocócicas que infectaram recentemente outra parte do corpo, especialmente a garganta. Como os glomérulos inflamados e inchados permitem que as células sanguíneas e proteínas plasmáticas penetrem no filtrado, a urina contém muitos eritrócitos (hematúria) e grandes quantidades de proteínas (proteinúria).

Insuficiência renal

Insuficiência renal é a diminuição ou cessação da filtração glomerular. Na ***insuficiência renal aguda*** (***IRA***), os rins param de funcionar completamente (ou quase completamente) de forma repentina. A principal característica da IRA é a supressão do fluxo de urina, levando à oligúria e à anúria. As causas incluem baixo volume sanguíneo (p. ex., decorrente de hemorragia), diminuição do débito cardíaco, lesão nos túbulos renais, cálculos renais, reações aos contrastes usados para visualizar os vasos sanguíneos em angiografias, e uso de anti-inflamatórios não esteroides e de alguns antibióticos.

Insuficiência renal crônica (***IRC***) é a diminuição progressiva e frequentemente irreversível na taxa de filtração glomerular (TGF). A IRC pode ser resultado de glomerulonefrite crônica, pielonefrite, doença do rim policístico ou perda traumática de tecido renal. O estágio final da IRC é chamado ***estágio terminal da insuficiência renal*** e ocorre quando aproximadamente 90% dos néfrons foram perdidos. Nesse estágio, a TFG diminui para 10 a 15% do normal, a oligúria está presente, e os níveis de resíduos contendo nitrogênio no sangue e de creatinina estão altos. As pessoas no último estágio da insuficiência renal necessitam de diálise e são possíveis candidatas a um transplante renal.

Doença do rim policístico

Doença do rim policístico (***DRP***) é um dos distúrbios hereditários mais comuns. Nessa doença, os túbulos renais ficam cheios de centenas a milhares de cistos (cavidades preenchidas por líquido). Além disso, a apoptose (morte celular programada) inadequada das células nos túbulos não policísticos leva à debilidade progressiva da função renal e, finalmente, ao estágio terminal da insuficiência renal.

As pessoas com DRP também podem ter cistos e apoptose no fígado, pâncreas, baço e órgãos genitais; aumento no risco de aneurisma cerebral; defeitos nas valvas cardíacas; e diverticulite no colo. Em geral, os sintomas não são percebidos até a idade adulta, quando os pacientes podem ter dor nas costas, infecções do trato urinário, sangue na urina, hipertensão e grandes massas abdominais. O uso de medicamentos para restabelecer a pressão sanguínea normal, a restrição de proteínas e sal na dieta e o controle das infecções do trato urinário podem retardar a progressão para a insuficiência renal.

TERMINOLOGIA E CONDIÇÕES MÉDICAS

Diálise A separação de solutos maiores dos menores por difusão através de uma membrana seletivamente permeável. É utilizada para limpar o sangue da pessoa artificialmente, quando os rins estão muito debilitados por doença ou lesão, que não conseguem funcionar adequadamente. Um método de diálise é a **hemodiálise**, que filtra o sangue do paciente diretamente, removendo resíduos e o excesso de eletrólitos e fluidos, retornando o sangue limpo para o paciente. O sangue removido do corpo passa pelo *hemodialisador* (rim artificial). Dentro do hemodialisador, o sangue flui através da *membrana de diálise*, que contém poros grandes o suficiente para permitir a difusão de pequenos solutos. Uma solução especial, chamada *dialisato*, é bombeada no hemodialisador, de forma que circunde a membrana de diálise. O dialisato é especialmente formulado para manter os gradientes de difusão que removem os resíduos do sangue (p. ex., ureia, creatinina, ácido úrico, fosfato em excesso, íons potássio e sulfato) e adiciona substâncias necessárias (p. ex., glicose e íons bicarbonato). Em geral, a maioria das pessoas em hemodiálise necessita de 6 a 12 horas por semana, normalmente divididas em três sessões.

Disúria Micção dolorosa.

Enurese Micção involuntária que ocorre depois da idade em que o controle voluntário já tenha sido obtido.

Enurese noturna Emissão involuntária de urina durante o sono, resultando em cama molhada; ocorre em aproximadamente 15% das crianças com 5 anos de idade e geralmente se resolve espontaneamente, acometendo em torno de 1% dos adultos. Possíveis causas incluem capacidade menor do que o normal da bexiga urinária, não conseguir acordar em resposta à bexiga urinária cheia, e produção acima do normal de urina durante a noite. Também denominada *noctúria*.

Pedras nos rins Pedras insolúveis ocasionalmente formadas a partir da solidificação de cristais de sal da urina. É provocada pela ingestão de sais minerais em excesso, absorção insuficiente de água, urina anormalmente ácida ou alcalina, ou glândula paratireoide com atividade anormal. Geralmente se forma na pelve renal. Frequentemente provoca dor intensa. Também chamado de *cálculos renais*

Pielograma intravenoso (IVP) Radiografia (filme de raios-X) dos rins após a injeção de corante.

Retenção urinária Falha completa ou parcial em liberar a urina; pode ser provocada por obstrução na uretra ou colo da bexiga urinária, contração nervosa da uretra, ou falta do impulso para urinar. Nos homens, uma próstata edemaciada pode constringir a uretra e provocar retenção urinária. Se a retenção urinária é prolongada, um cateter (tubo de drenagem fino de borracha) deve ser inserido na uretra para drenar a urina.

REVISÃO DO CAPÍTULO

21.1 Visão geral do sistema urinário

1. Os órgãos do sistema urinário incluem os rins, os ureteres, a bexiga urinária e a uretra.
2. Após os rins filtrarem e retornarem a maior parte da água e dos solutos para o sangue, a água e os solutos remanescentes constituem a **urina**.
3. Os rins regulam a composição iônica, o volume, a pressão e o pH do sangue.
4. Os rins também liberam calcitriol e eritropoietina, bem como eliminam resíduos e substâncias estranhas.

21.2 Estrutura dos rins

1. Os **rins** se situam em ambos os lados da coluna vertebral, entre o peritônio e a parede posterior da cavidade abdominal.
2. Cada rim é revestido por uma cápsula renal, cercada por tecido adiposo.
3. Internamente, os rins são constituídos de **córtex renal**, **medula renal**, **pirâmides renais**, **colunas renais**, **cálices maiores** e **menores**, e **pelve renal**.
4. O sangue entra nos rins por meio da **artéria renal** e sai por meio da **veia renal**.
5. O **néfron** é a unidade funcional do rim. Um néfron é constituído de corpúsculo renal (**glomérulo** e **cápsula glomerular** [de Bowman]) e de **túbulo renal** (**túbulo contorcido proximal**, **ramo descendente da alça do néfron**, **ramo ascendente da alça do néfron** e **túbulo contorcido distal**). Cada néfron tem seu próprio suprimento de sangue. Os túbulos contorcidos distais de diversos néfrons são esvaziados em um túbulo coletor comum.

21.3 Funções do néfron

1. Néfrons realizam três tarefas básicas: **filtração glomerular**, **reabsorção tubular** e **secreção tubular**.
2. Em conjunto, os podócitos e o endotélio glomerular formam uma membrana de filtração permeável que permite a passagem de água e de solutos do sangue para o **espaço capsular**. As células sanguíneas e a maioria das proteínas plasmáticas permanecem no sangue, porque são muito grandes para atravessar a membrana de filtração. A pressão que provoca a filtração é a pressão sanguínea nos vasos capilares glomerulares.
3. A Tabela 21.1 descreve as substâncias que são filtradas, reabsorvidas e eliminadas na urina diariamente.
4. A quantidade de filtrado que se forma em ambos os rins por minuto é a **taxa de filtração glomerular (TFG)**. O **peptídeo natriurético atrial (PNA)** aumenta a TFG, ao passo que a estimulação simpática a diminui.
5. As células epiteliais existentes ao longo dos túbulos renais e ductos coletores realizam a reabsorção e a secreção tubulares. A reabsorção tubular retém as substâncias necessárias ao corpo, incluindo água, glicose, aminoácidos e íons como sódio (Na^+), potássio (K^+), cloro (Cl^-), bicarbonato (HCO_3^-), cálcio (Ca^{2+}) e magnésio (Mg^{2+}).
6. A **angiotensina II** intensifica a reabsorção de Na^+ e de Cl^-. Além disso, estimula o córtex da glândula suprarrenal a liberar **aldosterona**, que estimula os ductos coletores a reabsorverem mais Na^+ e Cl^- e a secretarem mais K^+. O **peptídeo natriurético atrial (PNA)** inibe a reabsorção de Na^+ (e também de Cl^- e água) pelos túbulos renais, reduzindo o volume de sangue.
7. A maior parte da água é reabsorvida por osmose junto com os solutos reabsorvidos, principalmente no túbulo contorcido proximal. A reabsorção da água restante é regulada pelo **hormônio antidiurético (ADH)**, na parte terminal do túbulo contorcido distal e no túbulo coletor.
8. A secreção tubular elimina substâncias químicas desnecessárias ao corpo, pela urina. Estão incluídos íons em excesso, resíduos nitrogenados, hormônios e determinadas substâncias. Os rins ajudam a manter o pH do sangue ao secretar o íon H^+. A secreção tubular também ajuda a manter níveis apropriados de K^+ no sangue.
9. A Tabela 21.2 descreve as características físicas da urina que são avaliadas por **urinálise**: cor, odor, turbidez, pH e densidade. Quimicamente, a urina normal contém aproximadamente 95% de água e 5% de solutos.
10. A Tabela 21.3 lista os constituintes anormais que são diagnosticados pela urinálise, incluindo albumina, glicose, hemácias, leucócitos, corpos cetônicos, bilirrubina, urobilinogênio, cilindros e micróbios.

21.4 Transporte, armazenamento e eliminação da urina

1. Os **ureteres** transportam a urina das pelves renais dos rins direito e esquerdo para a bexiga urinária e são formados por uma túnica mucosa, tecido muscular e tecido conectivo areolar.
2. A **bexiga urinária** se localiza posteriormente à sínfise púbica. Sua função é armazenar a urina antes da **micção**.
3. A túnica mucosa da bexiga urinária contém um epitélio de transição distensível. A túnica muscular da parede é formada por três camadas de músculo liso, que em conjunto recebem o nome de **músculo detrusor**.
4. A **uretra** é um tubo que se origina do assoalho da bexiga urinária até o exterior do corpo. Sua função é descarregar a urina do corpo.
5. O **reflexo de micção** esvazia a urina da bexiga urinária por meio de impulsos parassimpáticos que provocam contração do músculo detrusor e relaxamento do músculo liso do esfíncter interno da uretra, e pela inibição dos neurônios motores somáticos ao músculo esquelético do esfíncter externo da uretra.

21.5 Envelhecimento e o sistema urinário

1. Com o envelhecimento, os rins diminuem de tamanho, têm menos fluxo sanguíneo e filtram menos sangue.
2. Os problemas mais comuns associados ao envelhecimento incluem infecções do trato urinário, aumento da frequência da micção, retenção ou incontinência urinária e cálculos renais (pedras nos rins).

APLICAÇÕES DO PENSAMENTO CRÍTICO

1. Ontem você foi a uma grande festa ao ar livre em que a cerveja era a única bebida disponível. Você se lembra de ter urinado muitas e muitas vezes, e hoje você sente muita sede. Qual hormônio é afetado pelo álcool e como isso afeta sua função renal?
2. Sara é uma criança de 1 ano de idade "acima da média", cujos pais gostariam que fosse a primeira criança na pré-escola a aprender a usar o banheiro. No entanto, nesse caso, Sara está na média para sua idade e permanece incontinente. Seus pais devem ficar preocupados com essa falta de sucesso?
3. Gabriel é uma criança de 4 anos de idade saudável e MUITO ativa. Não gosta de perder tempo para ir ao banheiro, porque, como ele diz: "Eu posso perder alguma coisa". A mãe está preocupada que os rins de Gabriel parem de trabalhar quando a bexiga urinária estiver cheia. A mãe deveria ficar preocupada?
4. Maria está irritada hoje, porque, pela segunda vez neste mês, experimenta urinação frequente e com urgência, disúria e febre baixa. O médico confirma o que ela já suspeitava e lhe prescreve antibióticos. Descreva a condição, por que está acontecendo novamente e como é evitada.

RESPOSTAS ÀS QUESTÕES DAS FIGURAS

21.1 Ao formar a urina, os rins fazem o principal trabalho do sistema urinário.

21.2 As pirâmides renais ficam localizadas na medula renal.

21.3 Cerca de 1.200 mL de sangue entram nos rins a cada minuto.

21.4 Uma molécula de água percorrerá o seguinte caminho: túbulo contorcido proximal → ramo descendente da alça do néfron → ramo ascendente da alça do néfron → túbulo contorcido distal → túbulo coletor → ducto papilar → cálice menor → cálice maior → pelve renal.

21.5 A penicilina secretada está sendo removida do sangue.

21.6 Os podócitos e o endotélio glomerular formam a membrana de filtração.

21.7 A secreção ocorre no túbulo contorcido proximal, na alça de Henle, na porção terminal do túbulo contorcido distal e no túbulo coletor.

21.8 O nível de ADH no sangue seria mais alto do que o normal após uma corrida de 5 km, em função da perda de água corporal pelo suor.

21.9 A falta de controle voluntário sobre a micção é chamada incontinência urinária.

CAPÍTULO 22

EQUILÍBRIO HÍDRICO, ELETROLÍTICO E ACIDOBÁSICO

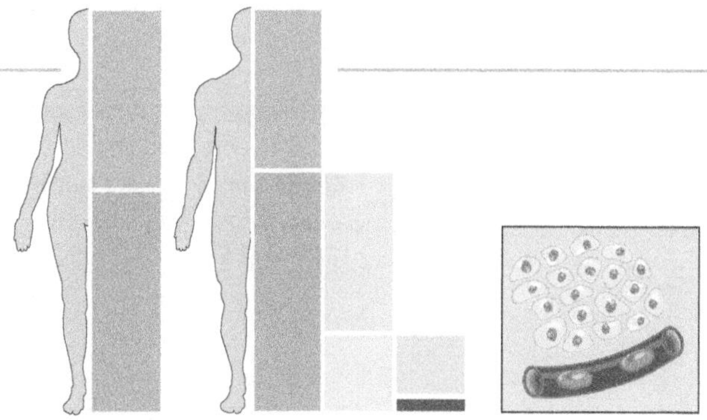

OLHANDO PARA TRÁS PARA AVANÇAR...

Ácidos, bases e pH (Seção 2.2)

Líquidos intracelular e extracelular (Seção 3.3)

Osmose (Seção 3.3)

Hormônio antidiurético (Seção 13.3)

Regulação hormonal do cálcio nos líquidos corporais (Seção 13.5)

Sistema renina-agiotensina-aldosterona (Seção 13.7)

Controle da profundidade e da frequência respiratórias (Seção 18.5)

Íons reabsorvidos e secretados nos rins (Seção 21.3)

Regulação por retroalimentação negativa da secreção de ADH (Seção 21.3)

No Capítulo 21, aprendemos como os rins formam a urina. Uma função importante dos rins é a de manter o equilíbrio dos líquidos no corpo. A água e os solutos nela dissolvidos constituem os *líquidos corporais*. Mecanismos reguladores que compreendem os rins e outros órgãos, normalmente mantêm a homeostasia dos líquidos corporais. Alterações no funcionamento de qualquer um desses mecanismos pode colocar em risco o funcionamento adequado de outros órgãos no corpo. Neste capítulo, exploraremos os mecanismos que regulam o volume, a distribuição dos líquidos corporais, e os fatores que determinam as concentrações dos solutos e o pH desses líquidos.

22.1 Compartimentos de líquidos e equilíbrio hídrico

OBJETIVOS

- Comparar as localizações dos líquidos intracelulares e extracelulares, e descrever os diversos compartimentos de líquidos do corpo.
- Descrever as fontes de ganho e perda de água e solutos, e explicar como são reguladas.

Em adultos magros, os líquidos corporais representam entre 55 e 60% da massa total do corpo (Fig. 22.1). Os líquidos estão presentes em dois "compartimentos" principais – dentro e fora das células. Aproximadamente dois terços do líquido corporal é ***líquido intracelular*** (***LIC***) ou *citosol*, o líquido no interior das células. O outro terço, chamado ***líquido extracelular*** (***LEC***), está fora das células e inclui todos os outros líquidos corporais. Em torno de 80% do LEC é o ***líquido intersticial*** que ocupa os espaços entre os tecidos celulares, e quase 20% do LEC é ***plasma sanguíneo***, a porção líquida do sangue. Outros líquidos extracelulares que são agrupados com o líquido intersticial incluem linfa, nos vasos linfáticos; líquido cerebrospinal (LCS), no sistema nervoso; líquido sinovial, nas articulações; humor aquoso e humor vítreo, nos olhos; endolinfa e perilinfa, nas orelhas; líquidos pleural, pericárdico e peritoneal, entre as túnicas serosas dos pulmões, coração e órgãos abdominais.

Duas "barreiras" separaram os líquidos intracelulares, intersticial e o plasma sanguíneo.

1. A *membrana plasmática* de cada célula separa o líquido intracelular do líquido intersticial à sua volta. Aprendemos na Seção 3.2, que a membrana plasmática é uma barreira permeável e seletiva: permite a passagem de algumas substâncias e bloqueia a movimentação de outras. Adicionalmente, bombas de transporte ativo trabalham continuamente para manter as diferentes concentrações de determinados íons no citosol e no líquido intersticial.
2. As *paredes dos vasos sanguíneos* separam o líquido intersticial do plasma sanguíneo. Apenas nos capilares, os menores vasos sanguíneos, as paredes são finas e permeáveis o suficiente para permitir a troca de água e de solutos entre o plasma sanguíneo e o líquido intersticial.

O corpo está em ***equilíbrio hídrico*** quando as quantidades necessárias de água e de solutos estão presentes e distribuídas corretamente entre os diversos compartimentos. A água é, sem dúvida, o componente individual mais abundante no corpo, representando de 45 a 75% da massa corporal total, dependendo da idade e do sexo.

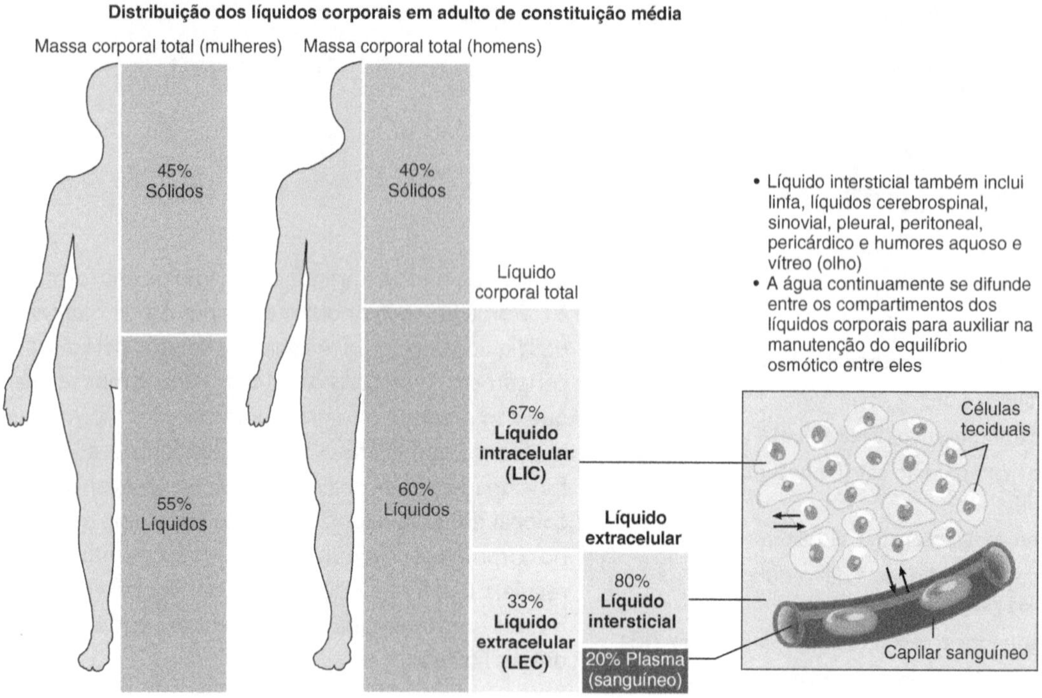

O que é líquido corporal?

Figura 22.1 Compartimentos dos líquidos corporais.

Em adultos magros, os líquidos representam de 55 a 60% da massa corporal.

Os processos de filtração, reabsorção, difusão e osmose favorecem a troca contínua de água e de solutos entre os compartimentos de líquido corporal (Fig. 22.1). Ainda assim, o volume de líquido em cada compartimento permanece estável. Como a osmose é o meio primário de movimentação da água entre os líquidos intracelular e intersticial, a concentração de solutos nesses líquidos determina a *direção* do movimento da água. A maior parte dos solutos nos líquidos corporais é de ***eletrólitos***, compostos inorgânicos que se dissociam em íons quando dissolvidos em água. São os principais contribuintes para o movimento osmótico da água. O equilíbrio hídrico depende primariamente do equilíbrio eletrolítico, portanto, os dois estão inter-relacionados.

Como a absorção de água e eletrólitos raramente ocorre na proporção exata de acordo com sua presença nos líquidos corporais, a capacidade dos rins de excretar o excesso de água produzindo uma urina diluída, ou excretar o excesso de eletrólitos produzindo uma urina concentrada, é de suma importância para a manutenção da homeostasia. Proteínas plasmáticas (que não são eletrólitos), como a albumina, também contribuem para a osmolaridade.

Fontes corporais de ganho e perda de água

O corpo ganha água por ingestão ou reações metabólicas (Fig. 22.2). As principais fontes de água do corpo são os líquidos ingeridos (aproximadamente 1.600 mL) e os alimentos pastosos (em torno de 700 mL) absorvidos pelo trato gastrintestinal (TGI), que totaliza próximo de 2.300 mL/dia. A outra fonte de água é ***água metabólica***, produzida no corpo durante reações químicas. A maior parte é produzida durante a respiração celular aeróbia (ver Fig. 20.3) e, em menor quantidade, durante as reações de síntese por desidratação (ver Fig. 2.8). O ganho de água metabólica é equivalente a 200 mL/dia. Portanto, o ganho diário total de água é de aproximadamente 2.500 mL.

Normalmente, o volume de líquido corporal permanece constante, porque o ganho de água equivale à perda. A perda de água ocorre de quatro maneiras (Fig. 22.2). Por dia, os rins excretam cerca de 1.500 mL na urina, aproximadamente 600 mL evaporam da superfície da pele, os pulmões exalam em torno de 300 mL como vapor d'água e, o trato gastrintestinal elimina aproximadamente 100 mL nas fezes. Nas mulheres em idade reprodutiva, mais água é perdida durante o fluxo menstrual. Em média,

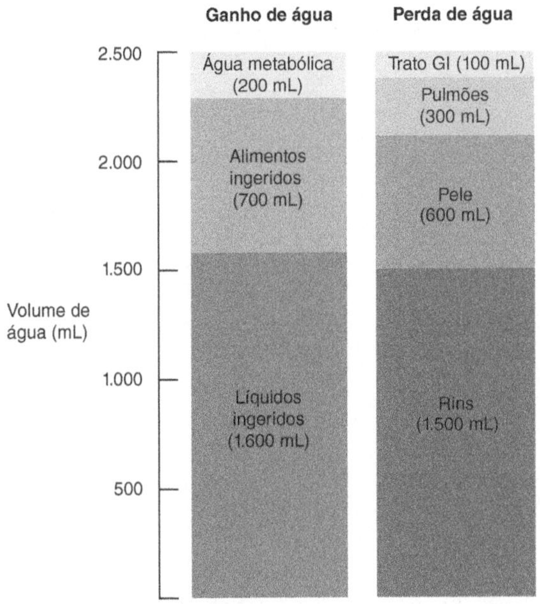

Como um medicamento diurético afetaria o balanço de água em uma pessoa?

Figura 22.2 **Balanço hídrico: fontes de ganhos e de perdas diárias sob condições normais.** Os números indicam os volumes médios para adultos.

Normalmente, o ganho e a perda diária de água é igual a 2.500 mL.

a perda diária de água totaliza 2.500 mL. A quantidade de água perdida em uma determinada via varia consideravelmente com o tempo. Por exemplo, a água pode literalmente jorrar da pele na forma de suor durante exercícios extenuantes. Em outros casos, a água pode ser perdida no vômito ou na diarreia durante uma infecção do trato GI.

Regulação do ganho de água corporal

Uma área do hipotálamo conhecida como o ***centro da sede*** controla o desejo de beber água. Quando a perda de água é maior do que o ganho, há a ***desidratação*** – diminuição no volume e aumento na osmolaridade dos líquidos corporais –, que estimula a sede (Fig. 22.3). Quando a massa corporal diminui em 2%, em virtude da perda de líquidos, ocorre uma desidratação moderada. A diminuição no volume de sangue provoca a queda da pressão sanguínea. Essa mudança estimula os rins a liberarem renina, que promove a formação de angiotensina II. Os osmorreceptores no hipotálamo e o aumento de angiotensina II no sangue estimulam o centro da sede no hipotálamo. Outros sinais que estimulam a sede vêm dos neurônios na boca que detectam a secura decorrente da diminuição do fluxo de saliva. Como resultado, a sensação de sede aumenta o que, geralmente, leva ao aumento da ingestão de líquidos (se estiverem disponíveis) e à restauração do volume normal. Em geral, o ganho de líquidos contrabalança a perda.

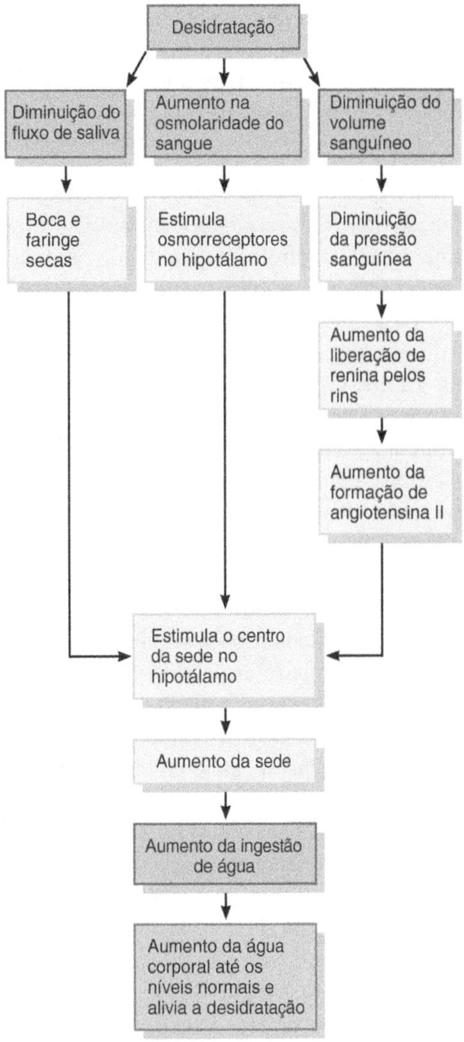

A regulação dessas vias ocorre por retroalimentação positiva ou negativa? Por quê?

Figura 22.3 **Vias pelas quais a desidratação estimula a sede.**

A desidratação ocorre quando a perda de água é maior do que o ganho.

Às vezes, a sensação de sede não ocorre rápido o suficiente ou o acesso aos líquidos é restrito, e uma desidratação grave ocorre. Isso acontece com mais frequência em pessoas idosas, crianças e naquelas pessoas em estado de confusão mental. Nas situações em que há sudorese intensa ou perda de líquidos por diarreia ou vômitos, é aconselhável repor os líquidos corporais antes mesmo de a sensação de sede ocorrer, para a manutenção do equilíbrio osmótico e homeostasia de líquidos.

Regulação da perda de água e de solutos

A eliminação do *excesso* de água e solutos do corpo ocorre geralmente pelo controle da quantidade perdida na urina. A extensão da *perda urinária de sal* (*NaCl*) é o principal fator para determinar o *volume* de líquido corporal. A razão disso é que, na osmose, "a água segue os solutos", e os dois solutos principais no líquido extracelular (e na urina) são íons sódio (Na^+) e íons cloreto (Cl^-). Como nossa alimentação diária contém uma quantidade muito variável de NaCl, a excreção urinária de Na^+ e Cl^- também deve variar para manter a homeostasia. Dois hormônios regulam o grau da reabsorção renal de Na^+ e Cl^- (e, portanto, o quanto será perdido na urina): ***peptídeo natriurético atrial*** (***PNA***) e ***aldosterona***.

A Figura 22.4 demonstra a sequência das mudanças que ocorrem após uma refeição salgada. O aumento decorrente do volume sanguíneo distende os átrios do coração e promove a liberação do peptídeo natriurético atrial. O PNA provoca ***natriurese***, aumento da perda urinária de Na^+ (e Cl^-) e água, que provoca redução do volume de sangue. O aumento inicial do volume de sangue desacelera a liberação de renina pelos rins. Conforme os níveis de renina diminuem, menos angiotensina II é formada. A redução da angiotensina II provoca a redução da aldosterona, que, por sua vez, reduz a reabsorção de Na^+ e Cl^- pelos túbulos renais. Assim, mais Na^+ e Cl^- filtrados permanecem no líquido tubular para serem excretados na urina. A consequência osmótica da excreção de mais Na^+ e Cl^- é a perda de mais água na urina, o que diminui o volume e a pressão sanguíneos. Em contrapartida, quando ocorre desidratação, os níveis elevados de angiotensina II e aldosterona promovem a reabsorção urinária de Na^+ e Cl^- (e de água por osmose, juntamente com os solutos), conservando, assim, o volume de líquidos corporais com redução da perda urinária.

O principal hormônio que regula a perda de água é o ***hormônio antidiurético*** (***ADH***). Um aumento na osmolaridade dos líquidos corporais (diminuição na concentração de água nos líquidos) estimula a liberação de ADH (ver Fig. 21.8). O ADH promove a inserção de canais de água (aquaporinas) nas membranas plasmáticas das células dos ductos coletores dos rins. Como resultado, a permeabilidade dessas células para a água aumenta, e a água se move do líquido tubular para as células e, em seguida, para a corrente sanguínea. Em contrapartida, a absorção de água pura diminui a osmolaridade do sangue e do líquido intersticial. Dentro de minutos, a secreção de ADH

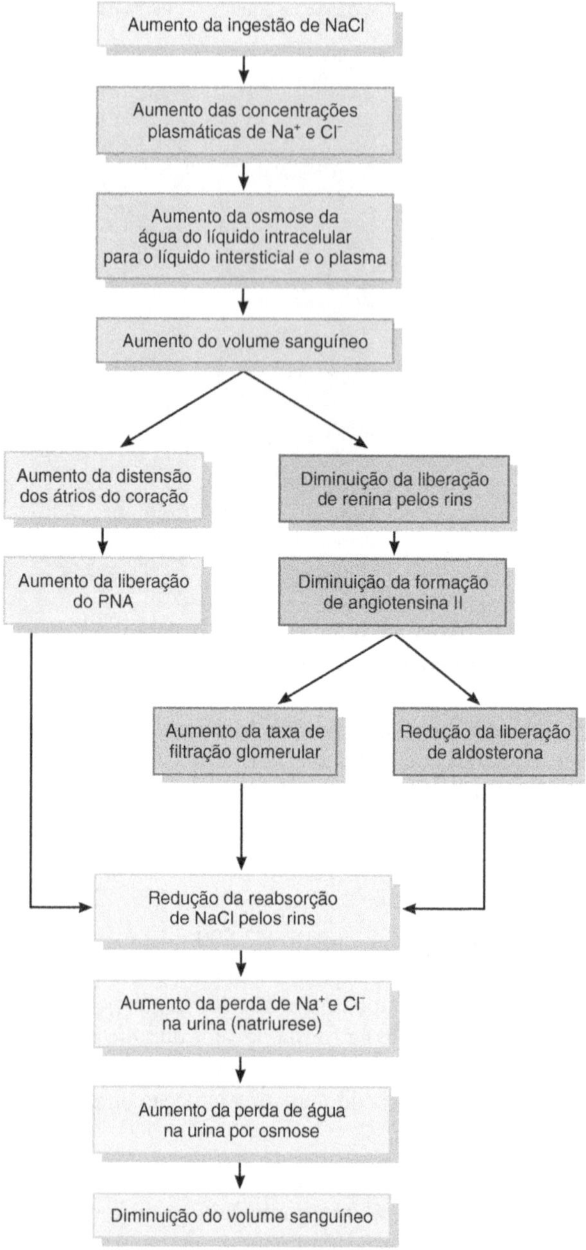

Como a secreção excessiva de aldosterona provoca edema?

Figura 22.4 Regulação hormonal da reabsorção renal de Na^+ e Cl^-.

Os dois principais hormônios que regulam a reabsorção renal de Na^+ e Cl^- (e, portanto, a quantidade perdida na urina) são a aldosterona e o peptídeo natriurético atrial (PNA).

cessa, e logo o nível no sangue está próximo de zero. Então, os canais de água são removidos das membranas. Enquanto o número de canais de água diminui, mais água é perdida na urina.

A Tabela 22.1 resume os fatores que mantêm o equilíbrio hídrico do corpo.

CORRELAÇÕES CLÍNICAS | Indicadores do desequilíbrio do Na^+

Se o excesso de íons sódio permanece no corpo, porque os rins não estão eliminando quantidades suficientes, a água também é osmoticamente retida. O resultado é aumento do volume sanguíneo, aumento da pressão sanguínea e **edema**, um acúmulo anormal de líquido intersticial. A insuficiência renal e a secreção excessiva de aldosterona são duas causas para a retenção de Na^+. A perda urinária excessiva de Na^+, em contrapartida, tem o efeito osmótico de provocar perda excessiva de água, resultando em **hipovolemia**, um volume de sangue anormalmente baixo. A hipovolemia relacionada à perda de Na^+ é, geralmente, provocada pela secreção inadequada de aldosterona. •

Movimento da água entre os compartimentos líquidos

Os líquidos intracelular e intersticial normalmente têm a mesma osmolaridade, para que as células não expandam nem diminuam. Um aumento na osmolaridade no líquido intersticial tira a água das células, fazendo com que se encolham ligeiramente. A diminuição na osmolaridade do líquido intersticial provoca tumefação das células. As mudanças na osmolaridade, geralmente, são resultado de mudanças na concentração de Na^+. A diminuição na osmolaridade de líquido intersticial inibe a secreção do ADH. Os rins com função normal, em seguida, excretam o excesso de água na urina, o que eleva a osmolaridade dos líquidos corporais ao nível normal. Como resultado, as células incham apenas um pouco e somente por um curto período de tempo.

CORRELAÇÕES CLÍNICAS | Intoxicação por água e terapia de reidratação oral

Quando uma pessoa consome água continuamente e mais rápido do que os rins podem excretá-la (a taxa máxima de fluxo de urina é de aproximadamente 15 mL/min) ou quando o funcionamento do rim é irregular, a diminuição da concentração de Na^+ no líquido intersticial, faz a água se mover por osmose do líquido intersticial para o líquido intracelular. O resultado pode ser **intoxicação por água**, um estado no qual a água em excesso no corpo provoca o aumento perigoso das células, produzindo convulsões, coma e, possivelmente, morte. Para evitar essa sequência de eventos, as soluções aplicadas por via intravenosa ou oral, como na **terapia de reidratação oral** (**TRO**), incluem uma pequena quantidade de sal de cozinha (NaCl). •

TESTE SUA COMPREENSÃO

1. Qual é o volume aproximado de cada um dos compartimentos de líquidos do corpo?
2. Quais vias de ganho e de perda de água do corpo são reguladas?
3. Como a angiotensina II, a aldosterona, o PNA e o ADH regulam o volume e a osmolaridade dos líquidos corporais?

22.2 Eletrólitos nos líquidos corporais

OBJETIVOS

- Comparar a composição eletrolítica dos três principais compartimentos de líquidos: plasma, líquido intersticial e líquido intracelular.
- Discutir as funções dos íons sódio, cloreto, potássio e cálcio, e explicar como suas concentrações são reguladas.

TABELA 22.1

Resumo dos fatores que mantêm o equilíbrio hídrico do corpo

FATOR	MECANISMOS	EFEITO
Centro da sede no hipotálamo	Estimula o desejo de beber líquidos	Promove ganho de água se a sede é saciada
Angiotensina II	Estimula a secreção de aldosterona	Reduz a perda de água na urina
Aldosterona	Promove a reabsorção urinária de Na^+ e Cl^-, com consequente aumento da reabsorção de água via osmose	Reduz a perda de água na urina
Peptídeo natriurético atrial (PNA)	Estimula a natriurese, aumento na excreção urinária de Na^+ (e Cl^-), acompanhada de água	Aumenta a perda de água na urina
Hormônio antidiurético (ADH)	Promove a inserção de canais de água (aquaporinas) nas membranas plasmáticas das células dos ductos coletores dos rins; como resultado, a permeabilidade dessas células para a água aumenta, e mais água é reabsorvida	Reduz a perda de água na urina

Os íons formados quando os eletrólitos se separam têm quatro funções gerais no corpo:

1. Como são limitados a um compartimento de líquido específico e são mais numerosos do que os não eletrólitos, determinados íons *controlam a osmose da água entre compartimentos de líquidos*.
2. Alguns íons específicos *ajudam a manter o equilíbrio acidobásico* necessário para as atividades celulares normais.
3. Os íons *conduzem corrente elétrica*, o que permite a produção de impulsos nervosos.
4. Diversos íons *atuam como cofatores* necessários para a atividade ideal das enzimas.

A Figura 22.5 compara as concentrações dos principais eletrólitos e dos ânions proteicos no líquido extracelular (plasma sanguíneo e líquido intersticial) e no líquido intracelular. A principal diferença entre os dois líquidos extracelulares, é que o plasma sanguíneo contém muitos ânions proteicos, mas o líquido intersticial tem pouquíssimos. Como as membranas dos vasos capilares normais são praticamente impermeáveis às proteínas, apenas algumas proteínas plasmáticas extravasam dos vasos sanguíneos para o líquido intersticial. Essa diferença na concentração de proteínas é amplamente responsável pela pressão coloidosmótica do sangue, a diferença na osmolaridade entre o plasma sanguíneo e o líquido intersticial. Os outros componentes dos dois líquidos extracelulares são similares.

O conteúdo eletrolítico do líquido intracelular é consideravelmente diferente do conteúdo do líquido extracelular. Os íons sódio (Na^+) são os íons extracelulares mais abundantes, representando aproximadamente 90% dos cátions extracelulares. O Na^+ desempenha uma função crucial no equilíbrio hídrico e eletrolítico, porque é responsável por quase metade da osmolaridade do líquido extracelular. O Na^+ é necessário para a geração e a condução de impulsos nervosos nos neurônios e fibras musculares. Como aprendemos anteriormente neste capítulo, o nível de Na^+ no sangue é controlado pela aldosterona, pelo ADH e pelo PNA.

Os íons cloreto (Cl^-) são os ânions mais prevalentes no líquido extracelular e participam da formação de ácido clorídrico (HCl) no suco gástrico. Como a maioria das membranas citoplasmáticas contém muitos canais de vazamento de Cl^-, este se move facilmente entre os compartimentos extracelular e intracelular. Por essa razão, o Cl^- ajuda a equilibrar o nível de ânions em diferentes compartimentos de líquidos. Como mencionado anteriormente, os processos que aumentam ou diminuem a reabsorção renal de Na^+, também afetam a reabsorção de íons clo-

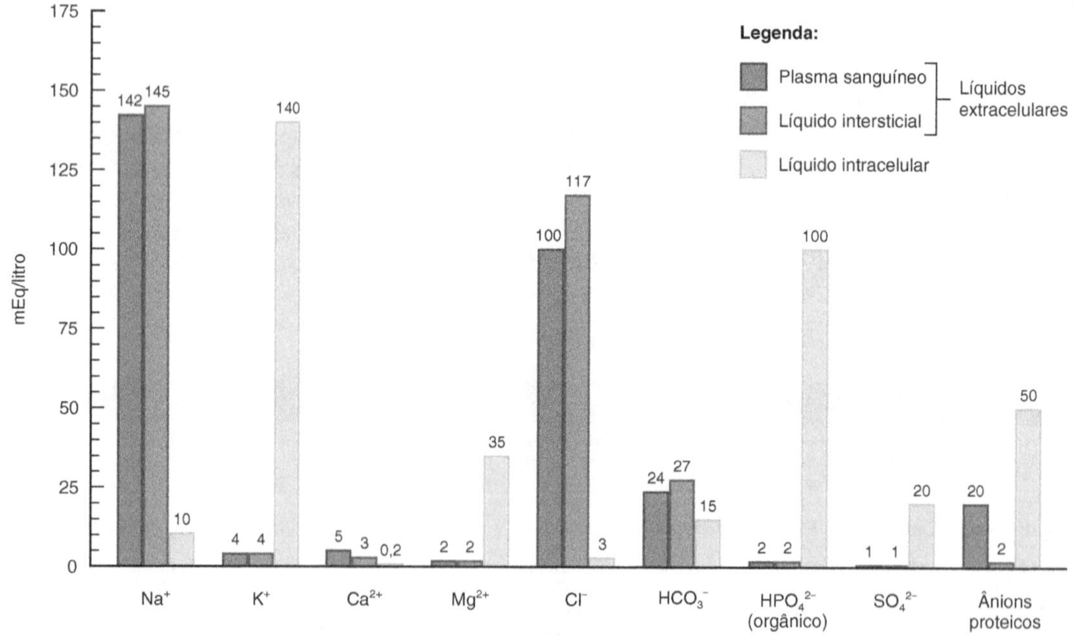

Qual é o principal cátion do LEC?

Figura 22.5 **Concentrações de eletrólitos e ânions proteicos no plasma sanguíneo, líquido intersticial e líquido intracelular.** A altura de cada coluna representa os miliequivalentes por litro (mEq/L), o número total de cátions ou ânions (cargas elétricas positivas ou negativas) em um dado volume de solução.

A concentração dos eletrólitos presentes nos líquidos extracelulares são diferentes daqueles presentes no líquido intracelular.

reto. O Cl^-, com carga negativa, segue o Na^+, com carga positiva, em virtude da atração elétrica das partículas de cargas opostas.

Os íons potássio (K^+), os cátions mais abundantes no líquido intracelular, desempenham uma função importante no estabelecimento do potencial de repouso da membrana e na fase de repolarização dos potenciais de ação nos neurônios e fibras musculares. Quando o K^+ entra ou sai das células, geralmente é trocado por H^+ e, portanto, ajuda a regular o pH dos líquidos corporais. O nível de K^+ no plasma sanguíneo é controlado principalmente pela aldosterona. Quando a concentração de K^+ no plasma sanguíneo é alta, mais aldosterona é secretada no sangue. A aldosterona, em seguida, estimula os ductos coletores renais a secretarem mais K^+, e o excesso de K^+ é excretado na urina. Inversamente, quando a concentração de K^+ no plasma sanguíneo está baixa, a secreção de aldosterona diminui, e menos K^+ é excretado na urina.

Aproximadamente 98% do cálcio em adultos estão no esqueleto e dentes, nos quais está combinado com fosfatos para formar sais minerais. Nos líquidos corporais, o cálcio é principalmente um cátion extracelular (Ca^{2+}). Além de contribuir para a solidez dos ossos e dentes, o Ca^{2+} desempenha funções importantes na coagulação do sangue, liberação de neurotransmissores, manutenção do tônus muscular e excitabilidade dos tecidos nervoso e muscular.

Os dois principais reguladores do nível de Ca^{2+} no plasma sanguíneo são o paratormônio (PTH) e o calcitriol, a forma da vitamina D que age como hormônio (ver Fig. 13.10). Um nível baixo de Ca^{2+}, no plasma, promove a liberação de mais PTH, que aumenta a *reabsorção* óssea, estimulando os osteoclastos no tecido ósseo a liberarem Ca^{2+} (e fosfato) dos sais minerais da matriz óssea. O PTH também intensifica a *reabsorção* de Ca^{2+}, do filtrado glomerular de volta para o sangue e aumenta a produção de calcitriol (que, por sua vez, aumenta a absorção de Ca^{2+} do trato gastrintestinal).

A Tabela 22.2 descreve os desequilíbrios que ocorrem a partir da deficiência ou do excesso de diversos eletrólitos.

CORRELAÇÕES CLÍNICAS | Desequilíbrio dos líquidos e eletrólitos

Pessoas em risco de **desequilíbrio de líquidos e eletrólitos** incluem aquelas que dependem dos outros para obter líquidos e alimentos, como crianças, idosos e pessoas hospitalizadas. Além disso, estão em risco as pessoas que passam por tratamento médico que inclui infusão intravenosa, drenagens e sucções, e cateteres urinários. Pacientes que recebem medicamentos diuréticos sofrem perda excessiva de líquidos e precisam repor essa perda; aqueles que sofrem com retenção de líquido e apresentam restrições a líquidos também estão em risco. Finalmente, pessoas em período pós-operatório, com queimaduras graves, casos de trauma ou com doenças crônicas (insuficiência cardíaca congestiva, diabetes, doença pulmonar obstrutiva crônica e câncer) também estão em risco, assim como pessoas confinadas e com níveis alterados de consciência que podem não ser capazes de comunicar suas necessidades ou responder à sede. •

TABELA 22.2

Desequilíbrios eletrolíticos do sangue

	DEFICIÊNCIA		EXCESSO	
ELETRÓLITO*	NOME E CAUSAS	SINAIS E SINTOMAS	NOME E CAUSAS	SINAIS E SINTOMAS
Sódio (Na^+) 136-148 mEq/L	***Hiponatremia*** pode ser provocada por diminuição do consumo de sódio, aumento da perda de sódio no vômito, diarreia, deficiência de aldosterona ou ingestão de determinados diuréticos, e ingestão excessiva de água	Fraqueza muscular, tontura, cefaleia e hipotensão, taquicardia e choque, confusão mental, letargia e coma	***Hipernatremia*** pode ocorrer com desidratação, privação de água, ou sódio excessivo na alimentação ou líquidos intravenosos; provoca hipertonicidade do líquido extracelular, que retira água das células do corpo para o líquido extracelular, provocando desidratação	Sede intensa, hipertensão, edema, agitação e convulsões
Cloreto (Cl^-) 95-105 mEq/L	***Hipocloremia*** pode ser decorrente de vômitos excessivos, hiperidratação, deficiência de aldosterona, insuficiência cardíaca congestiva e terapia com determinados diuréticos, como a furosemida (Lasix®)	Espasmos musculares, alcalose metabólica, respiração superficial, hipotensão e tetania	***Hipercloremia*** pode resultar de desidratação decorrente da perda ou privação de água, ingestão excessiva de cloreto, ou insuficiência renal grave, hiperaldosteronismo, determinados tipos de acidose e alguns fármacos.	Letargia, fraqueza, acidose metabólica e respiração profunda e rápida

(CONTINUA)

TABELA 22.2 (CONTINUAÇÃO)

Desequilíbrios eletrolíticos do sangue

	DEFICIÊNCIA		EXCESSO	
ELETRÓLITO*	NOME E CAUSAS	SINAIS E SINTOMAS	NOME E CAUSAS	SINAIS E SINTOMAS
Potássio (K^+) 3,5-5,0 mEq/L	***Hipocalemia*** pode resultar da perda excessiva de íons decorrente de vômitos ou diarreia, redução da ingestão de potássio, hiperaldosteronismo, doença renal e terapia com alguns diuréticos	Fadiga muscular, paralisia flácida, confusão mental, aumento do débito urinário, redução da ventilação e alterações no eletrocardiograma, como o achatamento das ondas T	***Hipercalemia*** pode ser decorrente da ingestão excessiva de potássio, insuficiência renal, deficiência de aldosterona, lesões por esmagamento dos tecidos do corpo ou transfusão de sangue hemolisado	Irritabilidade, náusea, vômitos, diarreia, fraqueza muscular; leva à morte induzindo fibrilação ventricular
Cálcio (Ca^{2+}) Total = 9,0-10,5 mg/dL Ionizado = 4,5-5,5 mEq/L	***Hipocalcemia*** pode ser decorrente do aumento da perda ou redução da ingestão de cálcio, aumento nos níveis de fosfato, ou hipoparatireoidismo	Dormência e formigamento nos dedos, reflexos hiperativos, cãibras musculares, tetania e convulsões; fraturas ósseas; espasmos dos músculos da laringe que levam à morte por asfixia	***Hipercalcemia*** pode resultar de hiperparatireoidismo, alguns cânceres, ingestão excessiva de vitamina D e doença óssea de Paget	Letargia, fraqueza, anorexia, náusea, vômitos, poliúria, coceira, dores nos ossos, depressão, confusão, parestesia, estupor e coma
Fosfato (HPO_4^{2-}) 1,7- 2,6 mEq/L	***Hipofosfatemia*** pode ocorrer por aumento das perdas urinárias, diminuição da absorção intestinal, ou aumento na utilização	Confusão, convulsões, coma, dor no peito e muscular, dormência e formigamento dos dedos, diminuição da coordenação, perda de memória, e letargia	***Hiperfosfatemia*** ocorre quando os rins não conseguem excretar o excesso de fosfato, como na insuficiência renal; também resultam de aumento da ingestão de fosfato ou da destruição das células do corpo, que liberam fosfato no sangue	Anorexia, náusea, vomito, fraqueza muscular, reflexos hiperativos, tetania e taquicardia
Magnésio (Mg^{2+}) 1,3- 2,1 mEq/L	***Hipomagnesemia*** pode ser decorrente de ingestão insuficiente ou à perda excessiva na urina ou nas fezes; também ocorre em casos de alcoolismo, desnutrição, diabetes melito e terapia diurética	Fraqueza, irritabilidade, tetania, delírio, convulsões, confusão, anorexia, náuseas, vômitos, parestesia e arritmias cardíacas	***Hipermagnesemia*** ocorre na insuficiência renal ou decorrente do aumento da ingestão de Mg^{2+}, como em antiácidos contendo Mg^{2+}; também ocorre na deficiência de aldosterona e no hipotireoidismo	Hipotensão, fraqueza muscular ou paralisia, náuseas, vômitos e alteração do funcionamento mental

*Os valores representam variações normais das concentrações de eletrólitos de plasma sanguíneo em adultos.

TESTE SUA COMPREENSÃO

4. Quais são as funções dos eletrólitos no corpo?

22.3 Equilíbrio acidobásico

OBJETIVOS

- Comparar as funções dos tampões, exalação do dióxido de carbono e excreção de H^+ pelos rins para manutenção do pH dos líquidos corporais.
- Definir os desequilíbrios acidobásicos, descrever seus efeitos no corpo e explicar como são tratados.

Pelo que foi estudado até agora, fica claro que vários íons desempenham funções diferentes, ajudando na manutenção da homeostasia. Um grande desafio homeostático é manter o nível de H^+ (pH) dos líquidos corporais dentro de padrões apropriados. Essa tarefa – a manutenção do equilíbrio acidobásico – é de suma importância, porque a forma tridimensional de todas as proteínas do corpo, o que possibilita que desempenhem funções específicas, é muito sensível à maioria das mínimas mudanças no pH. Quando a alimentação contém uma grande quantidade de proteína (que se decompõe em aminoácidos durante a digestão), o metabolismo celular produz mais ácidos do que bases e, portanto, tende a acidificar o sangue.

Em uma pessoa saudável, o pH do sangue arterial sistêmico permanece entre 7,35 e 7,45. A remoção do H^+ dos líquidos corporais e sua subsequente eliminação do corpo dependem de três mecanismos principais: os sistemas-tampão, exalação do dióxido de carbono e excreção de H^+ pelos rins na urina.

As ações dos sistemas-tampão

Tampões são substâncias que agem rapidamente para se ligar ao H^+ de forma temporária, removendo o excesso de H^+ altamente reativo da solução, mas não do corpo. Por exemplo, se o corpo está produzindo ácido em excesso no estômago (ácido clorídrico), um antiácido (que é uma base), como o Benzomidazol, pode ser ingerido para ajudar a remover o excesso de H^+ do ácido. Os tampões também podem libertar H^+ em solução, se a concentração de H^+ for muito baixa. Os tampões evitam mudanças drásticas e rápidas no pH do líquido corporal ao converterem ácidos e bases fortes em ácidos e bases mais fracos. Os ácidos fortes liberam H^+ mais rapidamente do que os ácidos fracos e, portanto, contribuem com mais íons hidrogênio livres. Similarmente, bases fortes aumentam mais o pH do que as bases fracas. Os principais ***sistemas-tampão*** dos líquidos corporais são o sistema-tampão proteico, sistema-tampão do ácido carbônico-bicarbonato e sistema-tampão do fosfato.

Sistema-tampão proteico

Muitas proteínas atuam como tampões. Em suma, as proteínas nos líquidos corporais compreendem o ***sistema-tampão proteico***, que é o tampão mais abundante no líquido intracelular e no plasma. A hemoglobina é um tampão especialmente útil dentro dos eritrócitos, e a albumina é o principal tampão proteico no plasma sanguíneo. Lembre-se de que as proteínas são compostas de aminoácidos, moléculas orgânicas que contêm pelo menos um grupo carboxila (–COOH) e um grupo amino ($-NH_2$); esses grupos são os componentes funcionais do sistema-tampão proteico. O grupo carboxila libera H^+ quando o pH aumenta. O H^+ é, nesse caso, capaz de agir com qualquer excesso de OH^- na solução para formar água. O grupo amino se combina com o H^+ formando um grupo $-NH_3^+$ quando o pH diminui. Portanto, as proteínas tamponam tanto os ácidos quanto as bases.

Sistema-tampão do ácido carbônico-bicarbonato

O *sistema-tampão do ácido carbônico-bicarbonato* é baseado no *íon bicarbonato* (HCO_3^-), que atua como uma base fraca, e pelo *ácido carbônico* (H_2CO_3), que atua como um ácido fraco. O HCO_3^- é um ânion importante tanto no líquido intracelular quanto no líquido extracelular (ver Fig. 22.5). Como os rins absorvem o HCO_3^- filtrado, esse importante tampão não é perdido na urina. Se houver excesso de H^+, o HCO_3^- funciona como uma base fraca e remove o excesso de H^+, como a seguir:

$$\underset{\text{Íon hidrogênio}}{H^+} + \underset{\substack{\text{Íon bicarbonato}\\ \text{(base fraca)}}}{HCO_3^-} \longrightarrow \underset{\text{Ácido carbônico}}{H_2CO_3}$$

Inversamente, se houver deficiência de H^+, o H_2CO_3 funciona como um ácido fraco e fornece H^+, como a seguir:

$$\underset{\substack{\text{Ácido carbônico}\\ \text{(ácido fraco)}}}{H_2CO_3} \longrightarrow \underset{\text{Íon hidrogênio}}{H^+} + \underset{\text{Íon bicarbonato}}{HCO_3^-}$$

Sistema-tampão do fosfato

O sistema-tampão do fosfato age por meio de um mecanismo similar ao do Sistema-tampão do ácido carbônico-bicarbonato. Os componentes do sistema-tampão do fosfato são os íons fosfato de di-hidrogênio ($H_2PO_4^-$) e fosfato de mono-hidrogênio (HPO_4^{2-}). Lembre-se que os fosfatos são os principais ânions do líquido intracelular e são menos importantes nos líquidos extracelulares (ver Fig. 22.5). O íon fosfato de di-hidrogênio age como um ácido fraco e é capaz de tamponar bases fortes como OH^-, como a seguir:

$$\underset{\substack{\text{Íon hidróxido}\\ \text{(base forte)}}}{OH^-} + \underset{\substack{\text{Fosfato de}\\ \text{di-hidrogênio}\\ \text{(ácido fraco)}}}{H_2PO_4^-} \longrightarrow \underset{\text{Água}}{H_2O} + \underset{\substack{\text{Fosfato de}\\ \text{mono-hidrogênio}\\ \text{(base fraca)}}}{HPO_4^{2-}}$$

O íon fosfato de mono-hidrogênio, em contrapartida, age como uma base fraca e é capaz de tamponar o H^+ liberado por um ácido forte como o ácido clorídrico (HCl):

$$\underset{\substack{\text{Íon hidrogênio}\\ \text{(ácido forte)}}}{H^+} + \underset{\substack{\text{Fosfato de}\\ \text{mono-hidrogênio}\\ \text{(base fraca)}}}{HPO_4^{2-}} \longrightarrow \underset{\substack{\text{Fosfato de}\\ \text{di-hidrogênio}\\ \text{(ácido fraco)}}}{H_2PO_4^-}$$

Como a concentração de fosfatos é maior no líquido intracelular, o sistema-tampão do fosfato é um importante regulador de pH no citosol. Também age com menor efeito nos líquidos extracelulares, e tampona os ácidos na urina.

Exalação de dióxido de carbono

A respiração exerce uma função importante na manutenção do pH dos líquidos corporais. Um aumento na concentração de dióxido de carbono (CO_2), nos líquidos corporais, aumenta a concentração de H^+ e, portanto, diminui o pH (torna os líquidos corporais mais ácidos). Inversamente, a diminuição na concentração de CO_2, nos líquidos corporais, aumenta o pH (torna os líquidos corporais mais alcalinos). Essas interações químicas são ilustradas pelas seguintes reações reversíveis:

$$\underset{\text{Dióxido de carbono}}{CO_2} + \underset{\text{Água}}{H_2O} \rightleftharpoons \underset{\text{Ácido carbônico}}{H_2CO_3} \rightleftharpoons \underset{\text{Íon hidrogênio}}{H^+} + \underset{\text{Íon bicarbonato}}{HCO_3^-}$$

Mudanças na frequência e na profundidade da respiração podem alterar o pH dos líquidos corporais em questão de minutos. Com o aumento na ventilação, mais CO_2 é exalado, a reação vai da direita para a esquerda, a concentração de H^+ diminui, e o pH do sangue aumenta. Se a ventilação for reduzida, menos CO_2 é exalado, e o pH do sangue diminui.

O pH dos líquidos corporais e a frequência e a profundidade da respiração interagem por meio de retroalimentação negativa (Fig. 22.6). A diminuição do pH do sangue (maior acidez pelo aumento na concentração de H^+) é detectada pelos quimiorreceptores no bulbo e nos glomos caróticos e para-aórticos, que estimulam o grupo respiratório dorsal no bulbo. Como resultado, o diafragma e outros músculos respiratórios se contraem com mais força e com maior frequência, para que mais CO_2 seja exalado, direcionando a reação para a esquerda. Na medida em que menos H_2CO_3 se forma e menos H^+ está presente, o pH do sangue aumenta. Quando a resposta traz o pH sanguíneo (concentração de H^+) de volta ao normal, ocorre o retorno da homeostasia acidobásica.

Em contrapartida, se o pH do sangue aumenta, o centro respiratório é inibido, e a frequência e a profundidade da respiração diminuem. Nesse caso, o CO_2 se acumula no sangue, e a concentração de H^+ aumenta. Esse mecanismo respiratório é poderoso, mas regula a concentração de apenas um ácido: o ácido carbônico.

Excreção de H^+ pelo rim

O mecanismo mais lento para a remoção de ácidos é também a única forma de eliminar a maioria dos ácidos que se formam no corpo: as células dos túbulos renais secretam H^+ que, em seguida, é excretado na urina. Além disso, como os rins sintetizam HCO_3^- novo e reabsorvem HCO_3^- filtrado, esse tampão importante não é perdido na urina. Dadas as contribuições dos rins para o equilíbrio acidobásico, não é surpreendente que a insuficiência renal leve rapidamente à morte.

A Tabela 22.3 resume os mecanismos que mantêm o pH dos líquidos corporais.

Desequilíbrios acidobásicos

Acidose é uma condição na qual o pH do sangue arterial cai abaixo de 7,35. O principal efeito fisiológico da acidose é a depressão da parte central do sistema nervoso

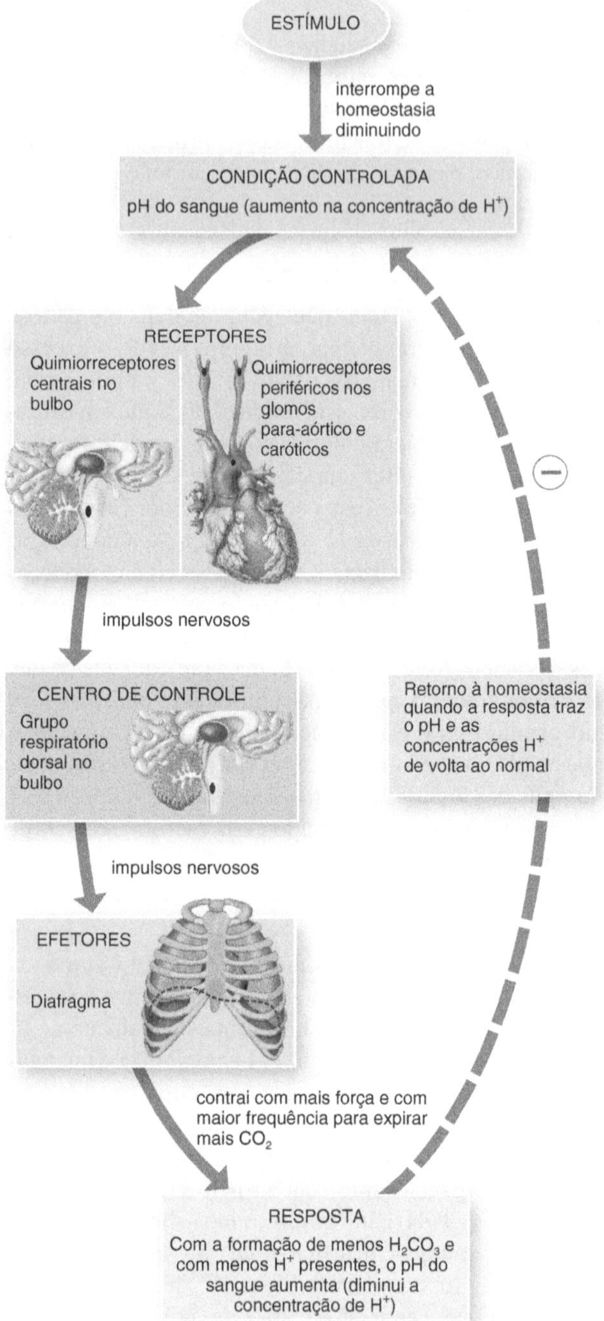

Se prendermos a respiração por 30 segundos, o que, provavelmente, acontecerá no pH sanguíneo?

Figura 22.6 Regulação da retroalimentação negativa do pH do sangue pelo sistema respiratório.

A exalação do CO_2 diminui a concentração de H^+ no sangue.

TABELA 22.3

Mecanismos que mantêm o pH dos líquidos corporais

MECANISMOS	COMENTÁRIOS
Sistemas-tampão	Convertem ácidos e bases fortes em ácidos e bases fracas, impedindo mudanças drásticas no pH dos líquidos corporais
Proteico	Os tampões mais abundantes nas células do corpo e no sangue. A hemoglobina é um tampão no citosol dos eritrócitos; a albumina é um tampão no plasma sanguíneo
Ácido carbônico-bicarbonato	Importantes reguladores do pH do sangue; sistema-tampão mais abundante no líquido extracelular
Fosfato	Tampões importantes no líquido intracelular e na urina
Exalação de CO_2	Com o aumento da exalação de CO_2, o pH sobe (menos H^+); com a diminuição da exalação de CO_2, o pH desce (mais H^+)
Rins	Os túbulos renais secretam H^+ na urina e reabsorvem HCO_3^-, de modo que a excreção de HCO_3^- é bem controlada

mediante depressão da transmissão sináptica. Se o pH do sangue arterial sistêmico cair abaixo de 7, a depressão do sistema nervoso é tão intensa que a pessoa fica desorientada, em seguida, entra em coma e pode morrer.

Na ***alcalose***, o pH do sangue arterial está acima de 7,45. O principal efeito fisiológico da alcalose é a excitabilidade excessiva, tanto da parte central do sistema nervoso quanto dos nervos periféricos. Os neurônios conduzem os impulsos repetidamente, mesmo que não estimulados; os resultados são nervosismo, espasmos musculares e até convulsões e morte.

Uma variação no pH do sangue que leva à alcalose ou à acidose pode ser contraposta pela ***compensação***, resposta fisiológica a um desequilíbrio acidobásico que age para normalizar o pH do sangue arterial. A compensação pode ser *completa*, se o pH, de fato, volta aos padrões normais, ou *parcial*, se o pH do sangue arterial sistêmico ainda continuar abaixo de 7,35 ou acima de 7,45. Se uma pessoa tiver o pH do sangue alterado por causas metabólicas, hiperventilação ou hipoventilação ajudam a trazer o pH do sangue ao normal; essa forma de compensação, chamada de ***compensação respiratória***, ocorre em poucos minutos e atinge seu pico de eficácia em horas. Se, no entanto, uma pessoa tiver o pH do sangue alterado por causas respiratórias, então a ***compensação renal*** – mudanças na secreção de H^+ e reabsorção de HCO_3^- pelos túbulos renais – pode ajudar a reverter essa mudança. A compensação renal pode começar em minutos, mas leva dias para atingir a efetividade máxima.

TESTE SUA COMPREENSÃO

5. Como proteínas, íons bicarbonato e íons fosfato ajudam a manter o pH dos líquidos corporais?
6. Quais são os principais efeitos fisiológicos da acidose e da alcalose?

22.4 Envelhecimento e equilíbrio hídrico, eletrolítico e acidobásico

OBJETIVO

- Descrever as mudanças no equilíbrio hídrico, eletrolítico e acidobásico que podem ocorrer com o envelhecimento.

Existem diferenças significativas entre adultos, crianças e recém-nascidos, especialmente no que diz respeito à distribuição de líquidos, regulação do equilíbrio de líquidos e eletrólitos, e homeostasia acidobásica. Por conseguinte, as crianças enfrentam mais problemas do que os adultos nessas áreas. As diferenças estão relacionadas com as seguintes condições:

- ***Proporção e distribuição de água.*** A massa corporal total do recém-nascido é de aproximadamente 75% (e é de até 90% em uma criança prematura); a massa corporal total de um adulto é em torno 55 a 60% de água. (O percentual do "adulto" é atingido por volta dos 2 anos de idade.) Os adultos têm duas vezes mais água no líquido intracelular do que no líquido extracelular, mas o oposto é verdadeiro em prematuros. Como o líquido extracelular está sujeito a mais mudanças do que o líquido intracelular, perdas ou ganhos rápidos de água corporal são muito mais críticas em recém-nascidos. Tendo em conta que, a taxa de ingestão e de eliminação de líquidos é aproximadamente sete vezes maior em crianças do que em adultos, as menores variações no equilíbrio de líquidos resultam em anormalidades graves.
- ***Taxa metabólica.*** A taxa metabólica de recém-nascidos é aproximadamente o dobro da dos adultos.

Isso resulta na produção de mais resíduos e ácidos metabólicos, que levam ao desenvolvimento de acidose nos recém-nascidos.

- ***Desenvolvimento funcional dos rins.*** Os rins dos recém-nascidos apresentam apenas aproximadamente metade da eficiência na concentração de urina, em relação aos dos adultos (O desenvolvimento funcional não está completo até perto do fim do primeiro mês após o nascimento). Como resultado, os rins de recém-nascidos não concentram urina, nem secretam o excesso de ácidos do corpo de forma tão eficaz quanto os rins dos adultos.
- ***Área de superfície corporal.*** A proporção entre a área de superfície corporal e o volume do corpo dos recém-nascidos é aproximadamente três vezes maior do que aquela dos adultos. A perda de água através da pele é significativamente maior em crianças do que em adultos.
- ***Taxa de respiração.*** A maior frequência da respiração dos recém-nascidos (aproximadamente entre 30 a 80 vezes por minuto) provoca uma maior perda de água a partir dos pulmões. Alcalose respiratória pode ocorrer, porque uma maior ventilação elimina mais CO_2 e diminui a P_{CO_2}.
- ***Concentrações de íons.*** Os recém-nascidos apresentam maior concentração K^+ e Cl^- do que os adultos. Isso cria uma tendência para a acidose metabólica.

Em comparação com crianças e adultos jovens, os adultos mais velhos geralmente têm menor capacidade para manter o equilíbrio hídrico, eletrolítico e acidobásico. Com o envelhecimento, muitas pessoas têm redução do volume do líquido intracelular e do K^+ corporal total, decorrente da diminuição da massa dos músculos esqueléticos e do aumento na massa de tecido adiposo (que contém pouquíssima água). As deficiências nas funções renais e respiratórias relacionadas ao envelhecimento podem comprometer o equilíbrio acidobásico ao diminuir a exalação de CO_2 e a excreção do excesso de ácidos na urina. Outras mudanças nos rins, como redução no fluxo sanguíneo, diminuição da taxa de filtração glomerular e redução da sensibilidade ao ADH, possuem um efeito adverso na capacidade de manutenção do equilíbrio de líquidos e eletrólitos. Em virtude da diminuição na quantidade e eficiência das glândulas sudoríferas, a perda de água através da pele diminui com a idade. Em razão das mudanças relacionadas com a idade, adultos mais velhos são suscetíveis a diversos distúrbios relacionados aos líquidos e aos eletrólitos:

- *Desidratação e hipernatremia* frequentemente ocorrem em virtude da ingestão inadequada de líquidos ou perda de mais água do que Na^+ nos vômitos, fezes ou urina.
- *Hiponatremia* pode ocorrer pela ingestão inadequada de Na^+; perda elevada de Na^+ na urina, vômito ou diarreia; ou incapacidade dos rins de produzir urina diluída.
- *Hipocalemia* frequentemente ocorre em adultos mais velhos que utilizam laxantes constantemente para constipação intestinal ou fármacos diuréticos que eliminam o K^+, para o tratamento da hipertensão ou doença cardíaca.
- *Acidose* pode ocorrer pela incapacidade dos rins e dos pulmões de compensar os desequilíbrios acidobásicos. Uma causa da acidose é a redução da produção de amônia (NH_3) pelas células do túbulo renal, que, nesse caso, não está disponível para se combinar com o H^+ e ser eliminada na urina como NH_4^+; outra causa de acidose é a redução na exalação de CO_2.

TESTE SUA COMPREENSÃO

7. Por que os recém-nascidos sofrem mais problemas com líquidos, eletrólitos e equilíbrio acidobásico do que os adultos?

REVISÃO DO CAPÍTULO

22.1 Compartimentos de líquidos e equilíbrio hídrico

1. A água e os solutos dissolvidos no corpo constituem os **líquidos corporais**.
2. Aproximadamente dois terços dos líquidos do corpo estão localizados no interior das células e são chamados **líquido intracelular (LIC)**. O outro terço restante é chamado de **líquido extracelular (LEC)** e inclui todos os outros líquidos do corpo. Aproximadamente 80% do LEC é **líquido intersticial**, que ocupa espaços microscópicos entre as células teciduais, e quase 20% do LEC é **plasma sanguíneo**, a parte líquida do sangue.
3. **Equilíbrio hídrico** significa que os diversos compartimentos do corpo contêm a quantidade normal de água e de solutos. A água é o mais abundante constituinte do corpo, correspondendo a aproximadamente 55 a 60% da massa corporal total em adultos magros. Um **eletrólito** é uma substância inorgânica que se dissocia em íons em uma solução. O equilíbrio hídrico e o eletrolítico estão inter-relacionados.
4. O ganho e a perda diários de água são de aproximadamente 2.500 mL. As fontes de ganho de água são os líquidos e os alimentos ingeridos e a água produzida pelas reações metabólicas (**água metabólica**). A água é perdida pelo corpo por meio de micção, evaporação pela superfície da pele, exalação do vapor d'água e defecação. Nas mulheres, o fluxo menstrual é uma via adicional para a perda de água pelo corpo.
5. A principal maneira de regular o ganho de água pelo corpo é ajustar o consumo de água. O **centro da sede,** no hipotálamo, comanda a vontade de beber água.
6. **Aldosterona** reduz a perda urinária de Na^+ e Cl^- e, portanto, aumenta o volume dos líquidos corporais. O **peptídeo natriurético atrial (PNA)** promove a natriurese, excreção elevada de Na^+ (e Cl^-) e água, o que diminui o volume do sangue.
7. A Tabela 22.1 resume os fatores que mantêm o equilíbrio hídrico.

22.2 Eletrólitos nos líquidos corporais

1. Os eletrólitos controlam a osmose da água entre os compartimentos de líquidos, ajudam a manter o equilíbrio acidobásico, conduzem a corrente elétrica e agem como cofatores das enzimas.
2. Os íons sódio (Na^+) são os íons extracelulares mais abundantes. Participam dos impulsos nervosos, contrações musculares e equilíbrio hídrico e eletrolítico. O nível de Na^+ é controlado pela aldosterona, hormônio antidiurético (ADH) e PNA.
3. Os íons cloreto (Cl^-) são os principais ânions extracelulares. Desempenham uma função na regulação da osmolaridade e formam o HCl no suco gástrico. O nível de Cl^- é controlado por processos que aumentam ou diminuem a reabsorção de Na^+ pelos rins.
4. Os íons potássio (K^+) são os cátions mais abundantes no líquido intracelular. Desempenham uma função essencial no estabelecimento do potencial de membrana em repouso nos neurônios e nas fibras musculares e contribuem para a regulação do pH. O nível de K^+ é controlado pela aldosterona.
5. O cálcio é o mineral mais abundante no corpo. Os sais de cálcio são componentes estruturais dos ossos e dentes. O Ca^{2+}, que é um cátion principalmente extracelular, é importante para a coagulação do sangue, liberação de neurotransmissores e contração muscular. O nível de Ca^{2+} é controlado principalmente pelo paratormônio (PTH) e calcitriol.
6. A Tabela 22.2 descreve os desequilíbrios que resultam da deficiência ou do excesso de eletrólitos importantes do corpo.

22.3 Equilíbrio acidobásico

1. O pH normal do sangue arterial sistêmico varia de 7,35 a 7,45. A homeostasia do pH é mantida pelos sistemas-tampão (**proteico**, do **ácido carbônico-bicarbonato**, do **fosfato**), pela exalação de CO_2, e pelos processos renais de excreção de H^+ e reabsorção de HCO_3^-. A Tabela 22.3 resume os mecanismos que mantêm o pH dos líquidos corporais.
2. **Acidose** é um pH do sangue arterial sistêmico abaixo de 7,35; seu principal efeito é a depressão da parte central do sistema nervoso (SNC). **Alcalose** é um pH do sangue arterial sistêmico acima de 7,45; seu principal efeito é a excitabilidade excessiva da parte central do sistema nervoso (SNC).

22.4 Envelhecimento e equilíbrio hídrico, eletrolítico e acidobásico

1. Com o aumento da idade, ocorre uma diminuição do volume de líquido intracelular e uma diminuição do potássio, em virtude da redução da massa muscular esquelética.
2. A diminuição da função renal afeta adversamente o equilíbrio de líquidos e eletrólitos.

APLICAÇÕES DO PENSAMENTO CRÍTICO

1. José estava almoçando com pressa, comendo em um trailer na rua. Pediu uma porção grande de batatas fritas com bastante sal e um cachorro quente grande com ketchup (um almoço com uma grande quantidade de sódio). Depois, José comprou uma grande garrafa de água mineral e a bebeu toda. Como seu corpo responderá a esse almoço?
2. Tiago, de apenas um ano de idade, teve uma manhã ocupada no programa de natação para mamães e bebês. A aula de hoje incluiu uma série de exercícios para fazer bolhas embaixo da água. Após a aula, Tiago parecia desorientado e sofreu uma convulsão. A enfermeira da sala de emergência acha que a aula de natação tem algo a ver com o problema dele. O que aconteceu com Tiago?
3. Muitos anos fumando sem parar, prejudicaram os pulmões de Ema. O enfisema torna a respiração tão difícil que Ema não consegue andar no shopping sem parar frequentemente para descansar e recuperar o fôlego. Descreva o que está ocorrendo com o equilíbrio acidobásico de Ema relacionado a seu enfisema.
4. Alex chegou 15 minutos atrasado para a aula. Enquanto procurava sua caneta, pensou ter ouvido o professor dizer algo sobre como o coração afeta o equilíbrio hídrico, mas achava que era o contrário. Então, decidiu ignorar tudo. Péssima jogada, Alex! Explique a relação do coração com o equilíbrio de líquidos.

RESPOSTAS ÀS QUESTÕES DAS FIGURAS

22.1 O termo *líquido corporal* se refere à água e às substâncias dissolvidas.

22.2 Um medicamento diurético aumenta a taxa de fluxo de urina; portanto, aumenta a perda de líquidos, diminuindo o volume dos líquidos corporais.

22.3 A retroalimentação negativa está operando, porque o resultado (um aumento na ingestão de líquidos) é oposto ao estímulo inicial (desidratação).

22.4 Um aumento na aldosterona promove a reabsorção renal anormalmente alta de NaCl e água, o que expande o volume sanguíneo e aumenta a pressão sanguínea. O aumento na pressão sanguínea provoca a passagem de mais líquido para fora dos capilares e seu acúmulo no líquido intersticial, uma condição chamada edema.

22.5 O principal cátion do LEC é o Na^+.

22.6 Segurar a respiração provoca uma ligeira diminuição do pH no sangue, enquanto ocorre acúmulo de CO_2 e H^+.

CAPÍTULO 23

SISTEMAS GENITAIS

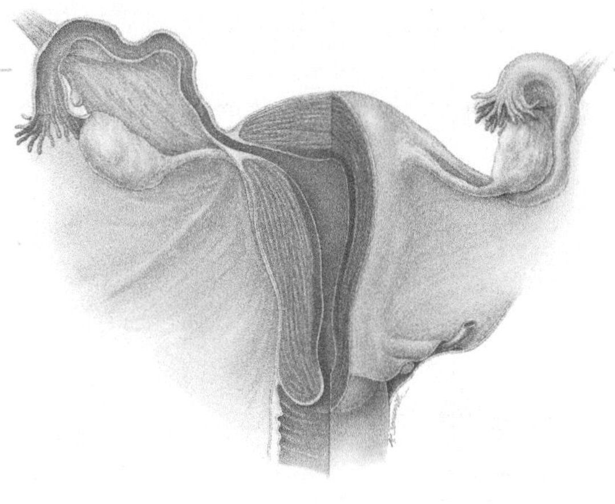

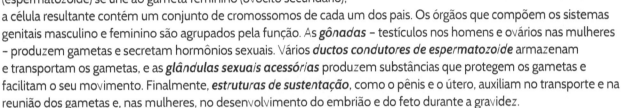

R*eprodução sexual* é o processo pelo qual os organismos produzem prole, por meio da produção de células germinativas chamadas *gametas*. Após a *fertilização*, quando o gameta masculino (espermatozoide) se une ao gameta feminino (ovócito secundário), a célula resultante contém um conjunto de cromossomos de cada um dos pais. Os órgãos que compõem os sistemas genitais masculino e feminino são agrupados pela função. As *gônadas* – testículos nos homens e ovários nas mulheres – produzem gametas e secretam hormônios sexuais. Vários *ductos condutores de espermatozoide* armazenam e transportam os gametas, e as *glândulas sexuais acessórias* produzem substâncias que protegem os gametas e facilitam o seu movimento. Finalmente, *estruturas de sustentação*, como o pênis e o útero, auxiliam no transporte e na reunião dos gametas e, nas mulheres, no desenvolvimento do embrião e do feto durante a gravidez.

Ginecologia é o ramo especializado da medicina relacionado com o diagnóstico e o tratamento de doenças do sistema genital feminino. Como observado no Capítulo 21, *urologia* é o estudo do sistema urinário. Urologistas também diagnosticam e tratam as doenças e os distúrbios do sistema genital masculino. O ramo da medicina que lida com os distúrbios masculinos, especialmente a infertilidade e a disfunção sexual, é chamado *andrologia*.

OLHANDO PARA TRÁS PARA AVANÇAR...

Divisão celular somática (Seção 3.7)

Partes simpática e parassimpática da divisão autônoma do sistema nervoso (Seção 11.1)

Hormônios do hipotálamo e da hipófise (Seção 13.3)

23.1 Sistema genital masculino

OBJETIVOS

- **Descrever** a localização, a estrutura e as funções dos órgãos do sistema genital masculino interno.
- **Descrever** como os espermatozoides são produzidos.
- **Explicar** as atribuições dos hormônios na regulação das funções reprodutivas masculinas.

Os ***órgãos genitais masculinos*** são os testículos, um sistema de ductos (epidídimos, ductos deferentes, ductos ejaculatórios e uretra); as glândulas sexuais acessórias (glândulas seminais, próstata e glândulas bulbouretrais); e várias estruturas de sustentação, incluindo o escroto e o pênis (Fig. 23.1). Os testículos produzem os espermatozoides e secretam hormônios. Um sistema de ductos transporta, armazena e auxilia na maturação dos espermatozoides, transportando-os para o exterior. O sêmen contém os espermatozoides mais as secreções fornecidas pelas glândulas sexuais acessórias.

Escroto

O ***escroto*** é uma bolsa que sustenta os testículos; consiste em pele frouxa, túnica dartos (fáscia superficial) e músculo liso (Fig. 23.1). Internamente, um septo divide o escroto em dois compartimentos, cada um contendo um único testículo.

A produção e a sobrevivência dos espermatozoides é ótima em temperatura de aproximadamente 2-3 °C, abaixo da temperatura normal do corpo. Essa temperatura inferior à corporal é mantida no interior do escroto, porque se encontra fora da cavidade pélvica. Na exposição ao frio, os músculos esqueléticos se contraem para elevar os testículos, movendo-os para mais perto da cavidade pélvica, onde podem absorver o calor do corpo. A exposição ao calor provoca o relaxamento dos músculos esqueléticos e a descida dos testículos, aumentando a área de superfície exposta ao ar, de modo que os testículos liberem o excesso de calor para o ambiente.

Testículos

Os ***testículos*** (Fig. 23.2) são um par de glândulas ovais que se desenvolvem na parede abdominal posterior do embrião e, geralmente, começam sua descida para o escroto no sétimo mês do desenvolvimento fetal.

Os testículos são cobertos por uma ***cápsula fibrosa branca*** densa que se estende para dentro e divide cada testículo em compartimentos internos chamados ***lóbulos*** (Fig. 23.2a). Cada um dos 200 a 300 lóbulos contém de 1 a 3 túbulos muito espiralados, os ***túbulos seminíferos contorcidos***, que produzem os espermatozoides por um processo chamado espermatogênese (descrito em breve).

FUNÇÕES DO SISTEMA GENITAL MASCULINO

1. Os testículos produzem espermatozoides e o hormônio sexual masculino, a testosterona.
2. Os ductos transportam e armazenam os espermatozoides, além de auxiliar na sua maturação.
3. As glândulas sexuais acessórias secretam a maior parte da porção líquida do sêmen.
4. O pênis contém a uretra, uma via de passagem para a ejaculação do sêmen e a excreção da urina.

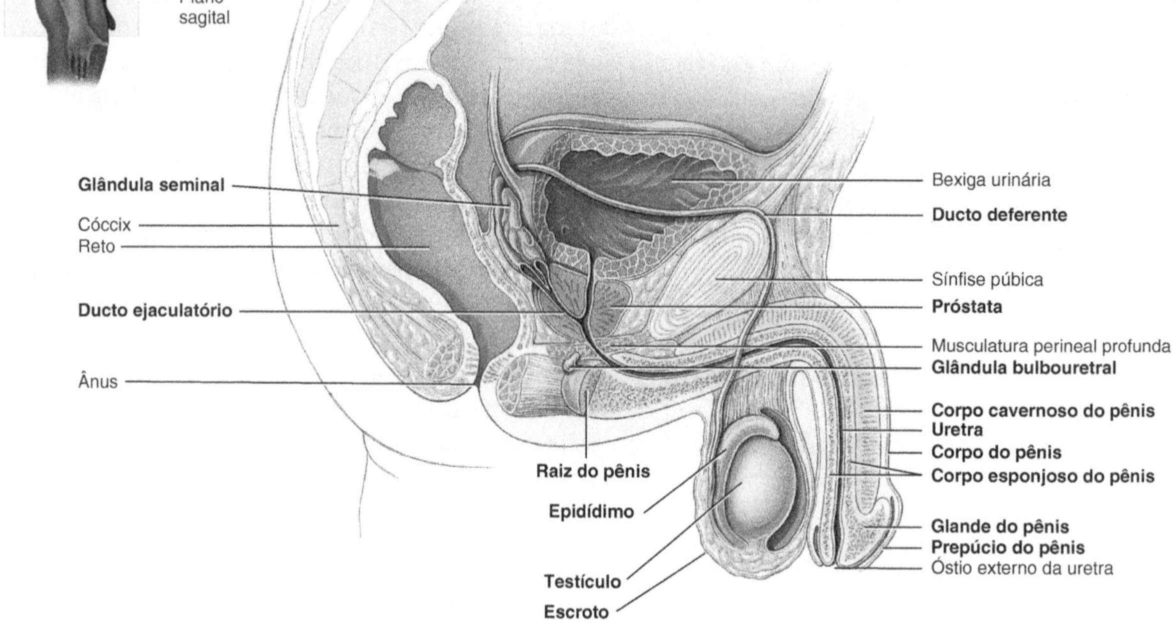

(a) Corte sagital

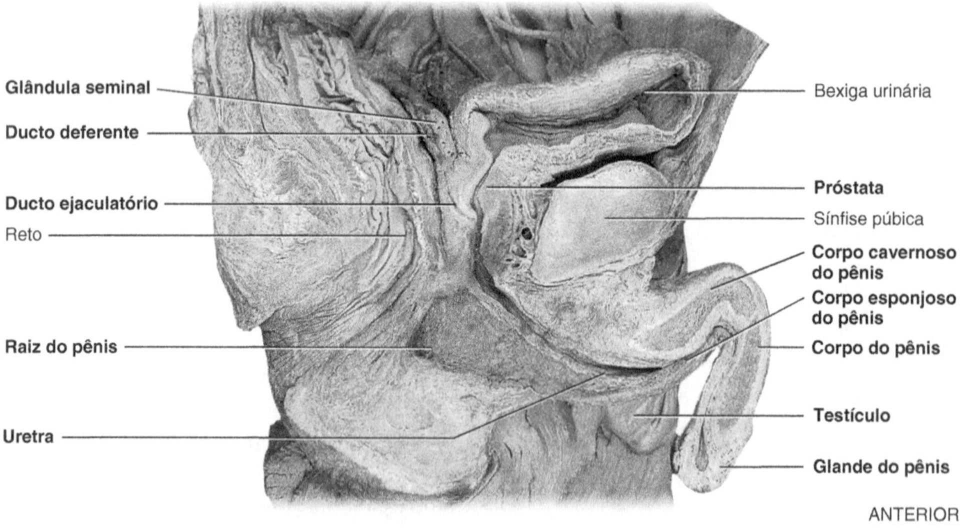

(b) Corte sagital

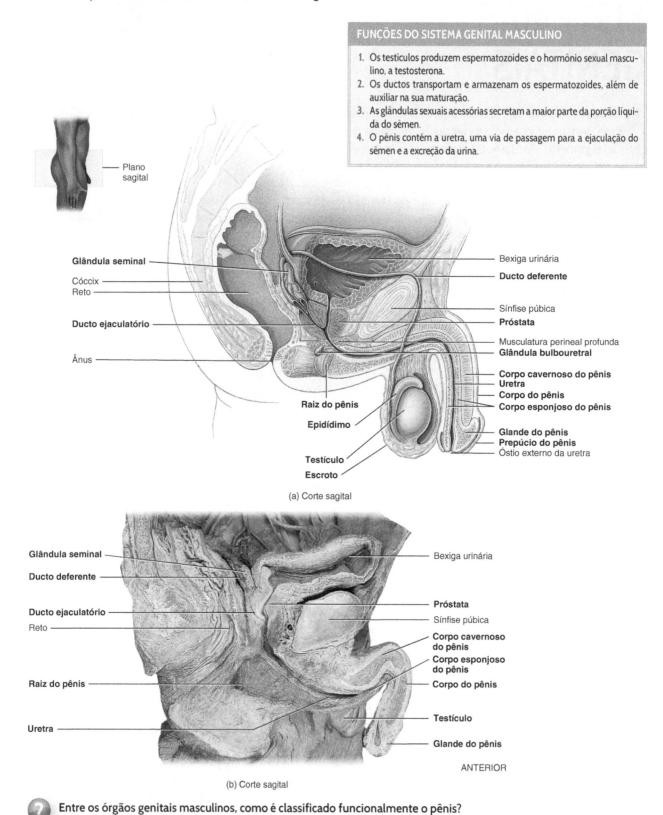

Entre os órgãos genitais masculinos, como é classificado funcionalmente o pênis?

Figura 23.1 **Órgãos genitais masculinos e estruturas vizinhas.**

Os órgãos genitais masculinos são adaptados para produzirem novos indivíduos e para transmitirem o material genético de uma geração para seguinte.

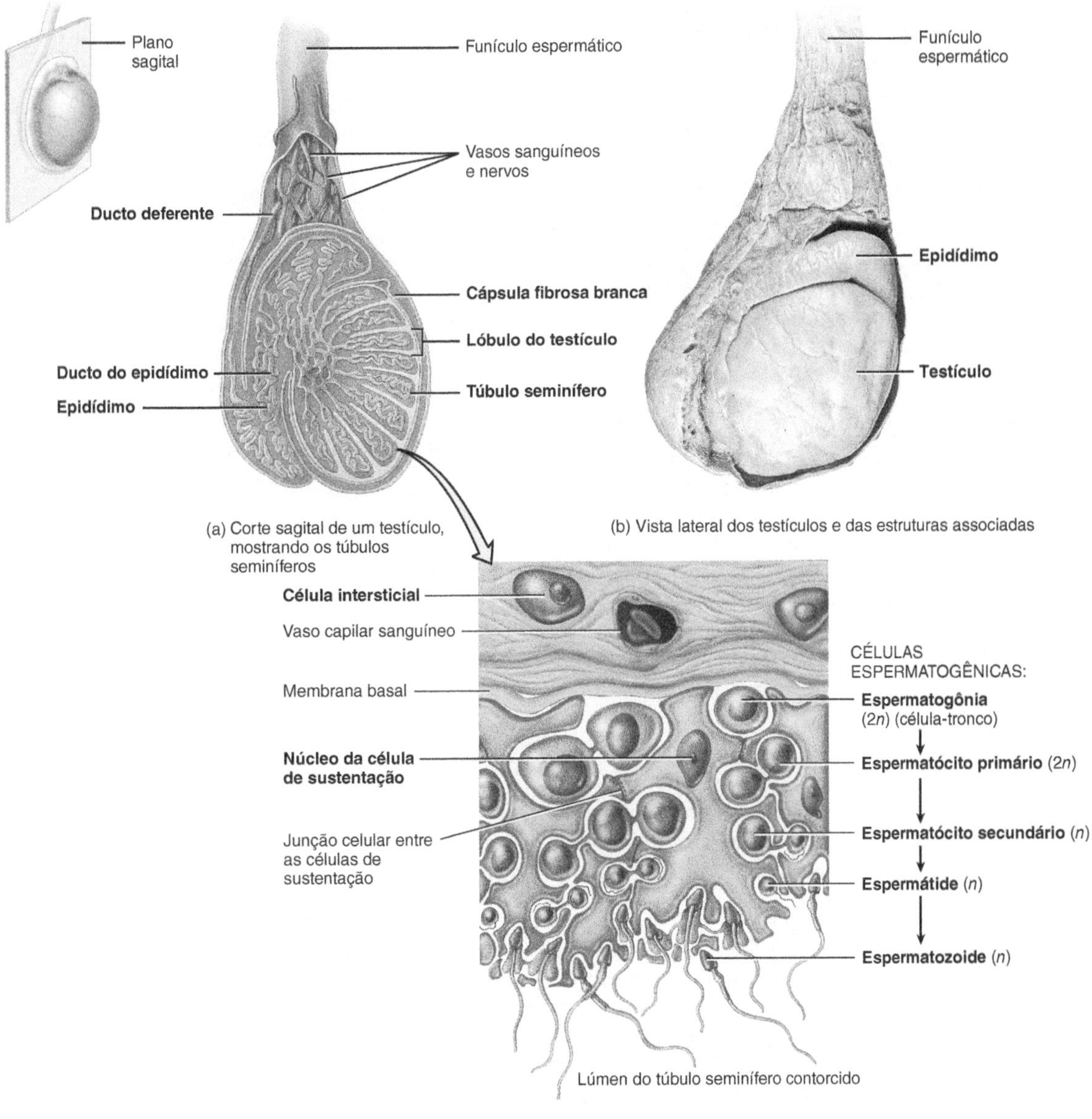

Quais células espermatogênicas, em um túbulo seminífero contorcido, são menos maduras?

Figura 23.2 Anatomia e histologia dos testículos. (a) A espermatogênese ocorre nos túbulos seminíferos contorcidos. (b) Estágios da espermatogênese. As setas indicam a progressão das células espermatogênicas, das menos maduras para as mais maduras. O (*n*) e o (2*n*) se referem ao número haploide e diploide de cromossomos, a ser descrito em breve.

As gônadas masculinas são os testículos, que produzem espermatozoides haploides.

Túbulos seminíferos contorcidos são revestidos por células produtoras de espermatozoide, chamadas ***células espermatogênicas*** (Fig. 23.2c). Posicionadas contra a membrana basal, na direção da parte de fora dos túbulos, encontram-se as ***espermatogônias***, precursoras da célula-tronco. Na direção do lúmen do túbulo, encontram-se camadas de células em ordem de maturidade crescente: espermatócitos primários, espermatócitos secundários, espermátides e células espermáticas. Após a formação de um ***espermatozoide***, este é liberado no lúmen do túbulo seminífero contorcido.

Localizadas entre os espermatozoides em desenvolvimento nos túbulos seminíferos contorcidos, grandes ***células de sustentação*** mantêm, protegem e nutrem as células espermatogênicas; realizam fagocitose, degenerando as células espermatogênicas; secretam líquido para transporte dos espermatozoides; e liberam o hormônio inibina, que ajuda a regular a produção de espermatozoides. Entre os túbulos seminíferos contorcidos encontram-se aglomerações de ***células intersticiais*** ou *células de Leydig*. Essas células secretam o hormônio testosterona, o andrógeno mais importante. O ***andrógeno*** é um hormônio que promove o desenvolvimento de características masculinas. A testosterona também promove a libido do homem (impulso sexual).

CORRELAÇÕES CLÍNICAS | Criptorquidia

A condição na qual os testículos não descem para o escroto é denominada **criptorquidia**. Isso ocorre em aproximadamente 3% dos bebês nascidos a termo e em torno de 30% dos prematuros. A criptorquidia bilateral não tratada provoca esterilidade, em virtude da temperatura mais elevada da cavidade pélvica. A chance de câncer de testículo é de 30 a 50 vezes maior em testículos com criptorquidia, possivelmente em decorrência da divisão anormal das células germinativas, provocada pela temperatura mais elevada da cavidade pélvica. Os testículos de aproximadamente 80% dos meninos com criptorquidia descerão espontaneamente durante o primeiro ano de vida. Quando os testículos não descem, a condição é corrigida cirurgicamente, preferencialmente antes dos 18 meses de idade. •

Espermatogênese

O processo pelo qual os túbulos seminíferos contorcidos dos testículos produzem os espermatozoides é denominado ***espermatogênese***. Consiste em três estágios: meiose I, meiose II e espermiogênese. Começaremos com a meiose.

VISÃO GERAL DA MEIOSE Como você aprendeu no Capítulo 3, a maioria das células do corpo (células somáticas), como as células do encéfalo, do estômago, do rim e assim por diante, contém 23 pares de cromossomos, ou um total de 46 cromossomos. Um membro de cada par é herdado de cada um dos pais. Os dois cromossomos que compõem cada par são chamados de ***cromossomos homólogos***; contêm genes similares dispostos na mesma (ou quase na mesma) ordem. Como as células somáticas contêm dois conjuntos de cromossomos, são denominadas ***células diploides***, cujo símbolo é ***2n***. Os gametas diferem das células somáticas porque contêm um único conjunto de 23 cromossomos, simbolizados como ***n***; são, por conseguinte, chamados ***haploides***.

Na reprodução sexuada, um organismo resulta da fusão de dois gametas diferentes, cada um deles produzido por um dos pais. Se cada gameta tivesse o mesmo número de cromossomos que as células somáticas, o número de cromossomos duplicaria cada vez que a fertilização ocorresse. Em vez disso, os gametas recebem um único conjunto de cromossomos, por meio de um tipo especial de divisão celular reprodutiva, chamado ***meiose***. Meiose ocorre em dois estágios sucessivos: ***meiose I*** e ***meiose II***. Inicialmente, examinaremos como a meiose ocorre durante a espermatogênese. Posteriormente neste capítulo, acompanharemos as fases da meiose durante a ovogênese, a produção de gametas femininos.

ESTÁGIOS DA ESPERMATOGÊNESE A espermatogênese começa durante a puberdade e continua por toda a vida. O tempo desde o início da divisão celular, em uma ***espermatogônia***, até a liberação dos espermatozoides no lúmen de um túbulo seminífero contorcido, é de 65 a 75 dias. As espermatogônias contêm o número diploide de cromossomos (46). Após uma espermatogônia sofrer mitose, uma célula permanece próxima à membrana basal como espermatogônia; desse modo, restam células-tronco para futuras mitoses (Fig. 23.3a). A outra célula se diferencia em um ***espermatócito primário***. Como as espermatogônias, os espermatócitos primários são diploides.

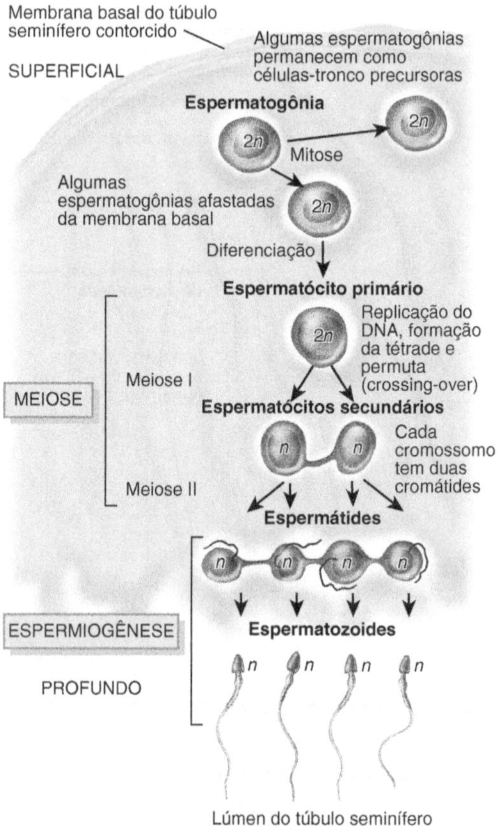

(a) Espermatogênese

Qual é o significado do *crossing-over*?

Figura 23.3 Espermatogênese e meiose. A designação *2n* significa diploide (46 cromossomos); *n* significa haploide (23 cromossomos). Compare meiose com mitose, que é mostrada na Figura 3.21. (*Continua*)

A espermiogênese é o processo que consiste na maturação das espermátides em espermatozoides.

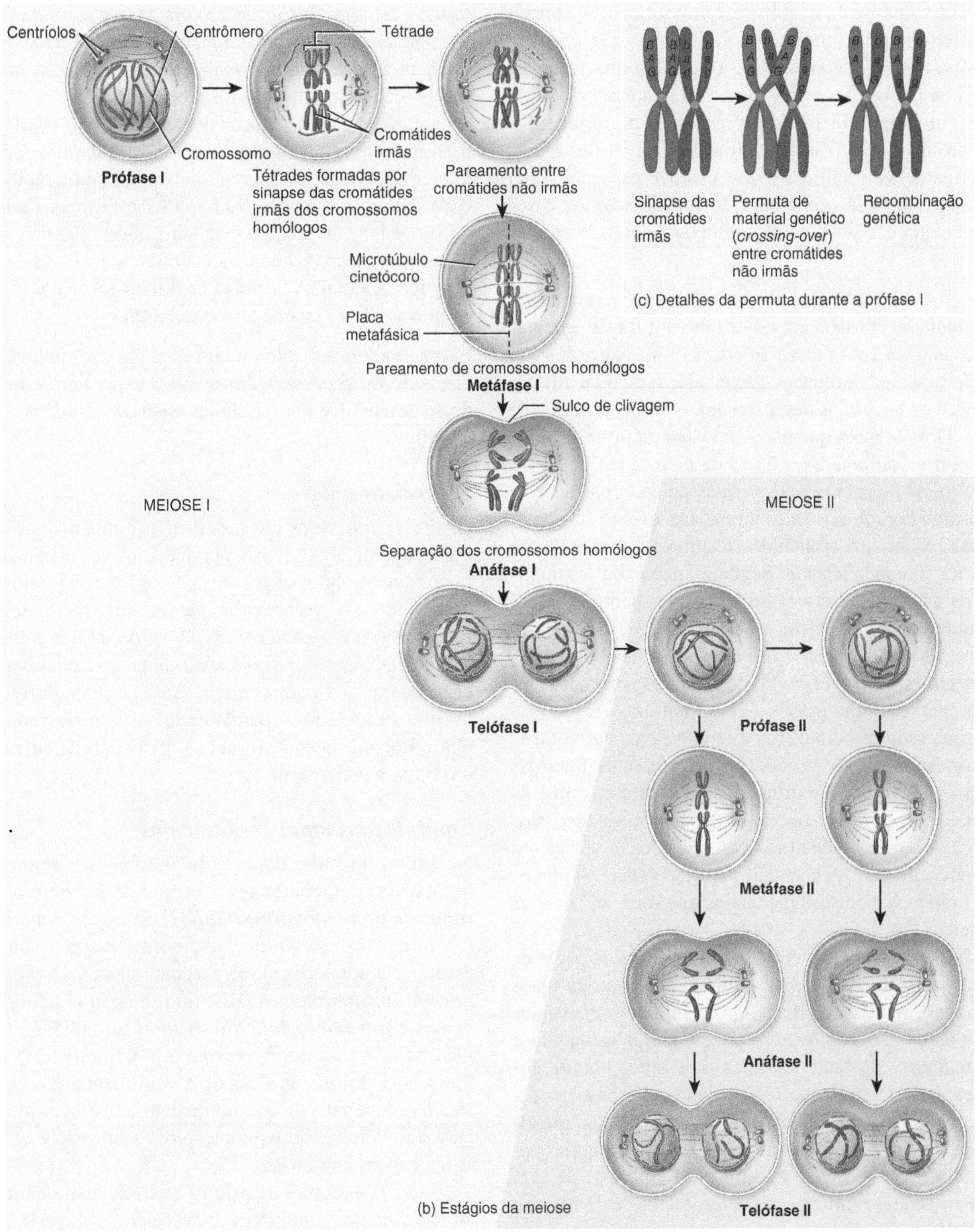

Figura 23.3 ***(Continuação)* Espermatogênese e meiose.** A designação $2n$ significa diploide (46 cromossomos); n significa haploide (23 cromossomos). Compare meiose com mitose, que é mostrada na Figura 3.21.

Diferentemente da mitose, que está completa após um único estágio, a meiose ocorre em dois estágios sucessivos: ***meiose I*** e ***meiose II***. Durante a interfase que precede a meiose I, os cromossomos da célula diploide começam a se replicar. Como resultado da replicação, cada cromossomo consiste em duas cromátides irmãs (geneticamente idênticas), que estão presas nos seus centrômeros. Essa replicação dos cromossomos é semelhante àquela que precede a mitose na divisão celular somática.

MEIOSE I. Meiose I, que começa assim que a replicação é completada, consiste em quatro fases: prófase I, metáfase I, anáfase I e telófase I (Fig. 23.3b). Na prófase I, os cromossomos diminuem e se condensam, o envoltório nuclear e os nucléolos desaparecem, e o fuso mitótico se forma. Dois eventos que não são vistos na prófase mitótica ocorrem durante a prófase I da meiose (Fig. 23.3b). Primeiro, as duas cromátides irmãs de cada par de cromossomos homólogos se separam, um evento chamado ***sinapse***. As quatro cromátides resultantes formam uma estrutura chamada ***tétrade***. Segundo, partes das cromátides dos dois cromossomos homólogos podem ser trocadas mutuamente. Essa troca entre partes de cromátides não irmãs (geneticamente diferentes) é chamada ***permuta (crossing-over)*** (ver Fig. 23.3c). Esse processo, entre outros, permite uma troca de genes entre as cromátides dos cromossomos homólogos. Em virtude da permuta, as células resultantes são geneticamente diferentes umas das outras e geneticamente diferentes da célula-mãe que as produziu. A permuta resulta em *recombinação genética* – isto é, a formação de novas combinações de genes – e responde, em parte, pela grande variação genética entre os seres humanos e outros organismos que formam gametas via meiose.

Na metáfase I, as tétrades formadas pelos pares de cromossomos homólogos se alinham ao longo da placa equatorial (metafásica) da célula, com os cromossomos homólogos lado a lado (Fig. 23.3b). Durante a anáfase I, os membros de cada par de cromossomos homólogos se separam à medida que são puxados para polos opostos da célula, pelos microtúbulos cinetocóricos, presos aos centrômeros. As cromátides emparelhadas, unidas por um centrômero, permanecem juntas. (Lembre-se de que, durante a anáfase mitótica, os centrômeros se dividem, e as cromátides irmãs se separam.) A telófase I e a citocinese, da meiose, são semelhantes à telófase e à citocinese da mitose. O efeito efetivo da meiose I é que cada célula resultante (***espermatócito secundário***) contém o número haploide de cromossomos, porque cada célula contém apenas um membro de cada par de cromossomos homólogos presente na célula-mãe.

MEIOSE II. A segunda fase da meiose, a meiose II, também consiste em quatro fases: prófase II, metáfase II, anáfase II e telófase II (Fig. 23.3b). Essas fases são semelhantes àquelas que ocorrem durante a mitose; os centrômeros dividem-se, e as cromátides irmãs se separam e se movem em direção aos polos opostos da célula.

Em resumo, a meiose I começa com uma célula-mãe diploide e termina com duas células, cada uma com um número haploide de cromossomos. Durante a meiose II, cada uma das duas células haploides, formadas durante a meiose I, se divide, e o resultado efetivo são quatro gametas haploides, geneticamente diferentes da célula-mãe diploide original. As células haploides formadas a partir da meiose II são chamadas ***espermátides***.

ESPERMIOGÊNESE. No estágio final da espermatogênese, chamado de ***espermiogênese***, cada espermátide haploide se desenvolve em um único ***espermatozoide*** (ver Fig. 23.2c).

Espermatozoides

Os ***espermatozoides*** são produzidos a uma taxa de aproximadamente 300 milhões por dia. Uma vez ejaculados, a maioria não sobrevive por mais de 48 horas no trato genital feminino. As partes principais de um espermatozoide são a cabeça e a cauda (Fig. 23.4). A ***cabeça*** contém o núcleo (DNA) e um ***acrossomo***, uma vesícula contendo enzimas que auxiliam a penetração do espermatozoide no ovócito secundário. A ***cauda*** de um espermatozoide contém mitocôndrias que fornecem trifosfato de adenosina (ATP) para locomoção.

Controle hormonal dos testículos

No início da puberdade, células neurossecretoras no hipotálamo aumentam sua secreção do ***hormônio liberador de gonadotrofina*** (***GnRH***, do inglês *gonadotropin-releasing hormone*). Esse hormônio, por sua vez, estimula a adeno-hipófise a aumentar sua secreção de ***hormônio luteinizante*** (***LH***, do inglês *luteinizing hormone*) e ***hormônio folículo-estimulante*** (***FSH***, do inglês *follicle-stimulating hormone*). A Figura 23.5 mostra os hormônios e as alças de retroalimentação negativa (*feedback* negativo) que controlam as células intersticiais e as células de sustentação dos testículos e estimulam a espermatogênese.

O LH estimula as células intersticiais, localizadas entre os túbulos seminíferos contorcidos, a secretar o hormônio ***testosterona***. Esse hormônio esteroide é sintetizado a partir do colesterol, nos testículos, e é o andrógeno principal. A testosterona atua via retroalimentação negativa para suprimir a secreção de LH, pela adeno-hipófise, e a secreção de GnRH, pelas células neurossecretoras hipotalâmicas. Em algumas células-alvo, como aquelas nos órgãos genitais externos e na próstata, uma enzima converte testosterona em outro andrógeno, chamado de ***di-hidrotestosterona*** (***DHT***).

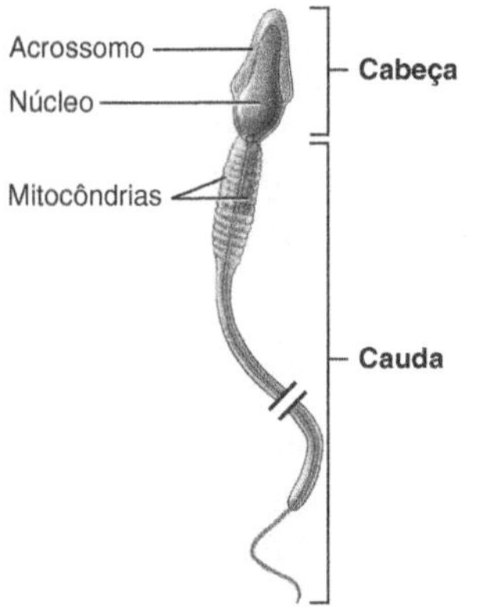

Qual é a função da cauda do espermatozoide?

Figura 23.4 **Partes de um espermatozoide.**

Aproximadamente 300 milhões de espermatozoides amadurecem a cada dia.

O FSH e a testosterona atuam em conjunto para estimular a espermatogênese. Uma vez que o grau de espermatogênese necessário para as funções reprodutivas masculinas tenha sido alcançado, as células de sustentação liberam ***inibina***, um hormônio assim nomeado por inibir a secreção de FSH pela adeno-hipófise (Fig. 23.5). A inibina, desse modo, inibe a secreção de hormônios necessários à espermatogênese. Se a espermatogênese estiver ocorrendo muito lentamente, menos inibina é liberada, o que permite mais secreção de FSH e uma taxa mais elevada de espermatogênese.

A testosterona e a DHT se ligam aos mesmos receptores de andrógenos, produzindo vários efeitos, descritos a seguir.

- ***Desenvolvimeto pré-natal.*** Antes do nascimento, a testosterona estimula o padrão de desenvolvimento masculino dos ductos do sistema genital e a descida dos testículos. A DHT, em contrapartida, estimula o desenvolvimento dos órgãos genitais externos. A testosterona também é convertida, no encéfalo, em estrogênios (hormônios feminizantes), os quais podem desempenhar, nos homens, um papel no desenvolvimento de determinadas regiões do encéfalo.
- ***Desenvolvimento de características sexuais masculinas.*** Na puberdade, a testosterona e a DHT provocam o desenvolvimento e o aumento dos órgãos sexuais masculinos e o desenvolvimento das características sexuais secundárias masculinas. Estas incluem crescimento muscular e esquelético, que resulta em ombros largos e quadris estreitos; desenvolvimento de pelos pubianos, axilares, faciais e no peito (dentro dos limites hereditários); espessamento da pele; aumento da secreção das glândulas sebáceas (óleo); e aumento da laringe e consequente engrossamento da voz.

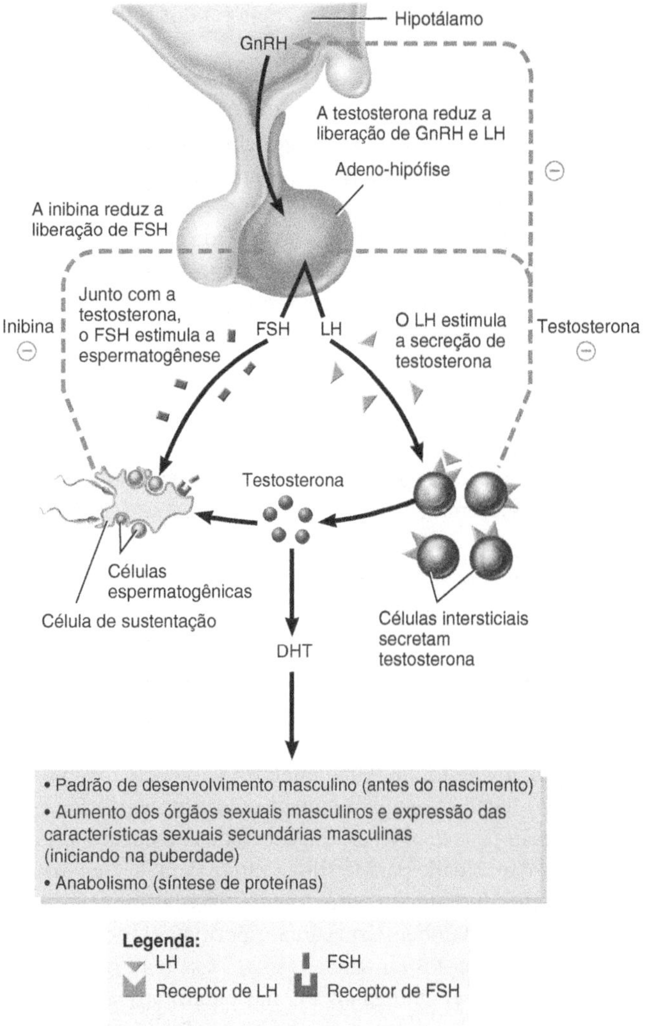

Que células secretam a inibina?

Figura 23.5 **Controle hormonal da espermatogênese e ações da testosterona e da DHT.** As linhas cinza tracejadas indicam inibição por retroalimentação negativa.

A liberação do FSH é estimulada pelo GnRH e inibida pela inibina; a liberação do LH é estimulada pelo GnRH e inibida pela testosterona.

- ***Desenvolvimento da função sexual.*** Os andrógenos contribuem para o comportamento sexual masculino, para a espermatogênese e para o impulso sexual (libido), tanto nos homens quanto nas mulheres. Lembre-se de que o córtex da glândula suprarrenal é a principal fonte de andrógenos nas mulheres.
- ***Estimulação do anabolismo.*** Os andrógenos são hormônios anabólicos, isto é, estimulam a síntese de proteínas. Esse efeito é evidente na massa muscu-

lar e óssea mais pesada da maioria dos homens, em comparação com as mulheres.

TESTE SUA COMPREENSÃO

1. Como o escroto protege os testículos?
2. Quais são os principais eventos da espermatogênese e onde eles ocorrem?
3. Quais são as funções do FSH, do LH, da testosterona e da inibina no sistema genital masculino? Como é controlada a secreção desses hormônios?

Ductos do sistema genital masculino

Após a espermatogênese, a pressão gerada pela liberação contínua de espermatozoides e de fluido secretado pelas células de sustentação impulsiona os espermatozoides pelos túbulos seminíferos contorcidos e para dentro do epidídimo (ver Fig. 23.2a).

Epidídimo

O ***epidídimo*** é um órgão em forma de vírgula que se situa ao longo da margem posterior do testículo (ver Figs. 23.1 e 23.2a). Cada epidídimo consiste no fortemente espiralado ***ducto do epidídimo***. Funcionalmente, o ducto do epidídimo é o local de *amadurecimento dos espermatozoides*, o processo pelo qual os espermatozoides adquirem motilidade e capacidade para fertilizar um ovócito secundário. Isso ocorre durante um período de 10 a 14 dias. O ducto do epidídimo também armazena espermatozoides e ajuda a impulsioná-los durante a excitação sexual, por meio da contração peristáltica de sua musculatura lisa, para o ducto deferente. Os espermatozoides podem permanecer armazenados no ducto do epidídimo por vários meses. Quaisquer espermatozoides armazenados, que não são ejaculados até então, são finalmente fagocitados e reabsorvidos.

Ducto deferente

No final do epidídimo, o ducto do epidídimo se torna menos convoluto, e seu diâmetro aumenta. Além desse ponto, o ducto é conhecido como ***ducto deferente*** (ver Fig. 23.1). O ducto deferente sobe ao longo da margem posterior do epidídimo e penetra o canal inguinal, uma passagem na parede abdominal anterior. Ele entra na cavidade pélvica, onde se curva lateralmente e para baixo da face posterior da bexiga urinária (ver Fig. 23.1). O ducto deferente apresenta uma densa túnica de três camadas de músculo. Funcionalmente, o ducto deferente armazena espermatozoides, que permanecem viáveis, nesse local, por até vários meses. O ducto deferente também conduz espermatozoides do epidídimo em direção à uretra, durante a excitação sexual, por meio das contrações peristálticas da túnica muscular.

Acompanhando o ducto deferente, conforme sobe no escroto, estão os vasos sanguíneos, nervos autônomos e vasos linfáticos que, em conjunto, compõem o ***funículo espermático***, uma estrutura de suporte do sistema genital masculino (ver Fig. 23.2a).

Ductos ejaculatórios

Os ***ductos ejaculatórios*** (ver Fig. 23.1) são formados pela união dos ductos deferentes e dos ductos das glândulas seminais (a serem descritas posteriormente). Os ductos ejaculatórios curtos transportam espermatozoides para a uretra.

Uretra

A ***uretra*** é o ducto terminal do sistema genital masculino, que serve como via de passagem tanto para o esperma quanto para a urina. No homem, a uretra atravessa a próstata, a musculatura profunda do períneo e o pênis (ver Fig. 23.1). A abertura da uretra para o exterior é chamada de ***óstio externo da uretra.***

Glândulas sexuais acessórias

Os ductos do sistema genital masculino armazenam e transportam espermatozoides, mas as ***glândulas sexuais acessórias*** secretam a maior parte da porção líquida do sêmen.

As ***glândulas seminais*** pareadas são estruturas semelhantes a bolsas, situando-se posteriormente à base da bexiga urinária e anteriormente ao reto (ver Fig. 23.1). Secretam um fluido viscoso e alcalino, que contém frutose, prostaglandinas e proteínas de coagulação (diferentes daquelas encontradas no sangue). A natureza alcalina do fluido ajuda a neutralizar o meio ácido da uretra masculina e do aparelho genital feminino que, caso contrário, inativariam e matariam os espermatozoides. A frutose é utilizada para a produção de ATP pelos espermatozoides. As prostaglandinas contribuem para a motilidade e a viabilidade dos espermatozoides e também podem estimular a contração muscular no interior do trato genital feminino. As proteínas de coagulação ajudam o sêmen a coagular após a ejaculação. Acredita-se que a coagulação do sêmen ocorra para evitar que os espermatozoides vazem da vagina. O fluido secretado pelas glândulas seminais normalmente constitui aproximadamente 60% do volume do sêmen.

A ***próstata*** é uma glândula anelada simples, aproximadamente do tamanho de uma bola de golfe (ver Fig. 23.1). Situa-se abaixo da bexiga urinária e circunda a parte superior da uretra. A próstata aumenta lentamente de tamanho, desde o nascimento até a puberdade, e, então, expande rapidamente. O tamanho atingido por volta dos 30 anos de idade permanece estável até aproximadamente os 45 anos, quando um aumento adicional pode ocorrer, constringindo a uretra e interferindo com o fluxo de urina. A próstata secreta um fluido leitoso, levemente ácido (pH de aproximadamente 6,5), contendo (1) *ácido cítrico*, que é utilizado pelo espermatozoide para a produção de ATP, via ciclo de Krebs (ver Seção 20.2); (2) fosfatase ácida (cuja função é desconhecida); e (3) várias enzimas para digestão de proteínas, como o *antígeno prostático específico* (*PSA*, do inglês *prostate-specific antigen*). As secreções prostáticas compõem aproximadamente 25% do volume do sêmen.

As ***glândulas bulbouretrais*** pareadas são aproximadamente do tamanho de ervilhas. Estão localizadas inferiormente à próstata, em cada lado da uretra (ver Fig. 23.1). Durante a excitação sexual, as glândulas bulbouretrais secretam uma substância alcalina na uretra que protege os espermatozoides de passagem, neutralizando os ácidos da urina. Ao mesmo tempo, secretam muco que lubrifica a extremidade do pênis e o revestimento da uretra, diminuindo, desse modo, o número de espermatozoides danificados durante a ejaculação.

Sêmen

Sêmen é uma mistura de espermatozoides e secreções das glândulas seminais, da próstata e das glândulas bulbouretrais. O volume de sêmen em uma ejaculação típica é de 2,5 a 5 mililitros, com 50 a 150 milhões de espermatozoides por mililitro. Quando o número cai abaixo de 20 milhões por mililitro, é provável que o homem seja infértil. Um grande número de espermatozoides é necessário para a fertilização, porque apenas uma fração minúscula consegue alcançar o ovócito secundário, ao passo que uma quantidade muito grande de espermatozoides, sem diluição suficiente do líquido seminal, resulta em infertilidade, porque a cauda do espermatozoide se entrecruza e perde motilidade.

Apesar da leve acidez do líquido prostático, o sêmen tem um pH levemente alcalino, de 7,2 a 7,7, decorrente do pH mais elevado e do maior volume do líquido das glândulas seminais. A secreção prostática dá ao sêmen um aspecto leitoso, e os líquidos das glândulas seminais e bulbouretrais conferem uma consistência pegajosa. O sêmen também contém um antibiótico que destrói determinadas bactérias. O antibiótico pode ajudar a controlar a abundância de bactérias que ocorrem naturalmente no sêmen e no trato genital inferior feminino. A presença de sangue no sêmen é chamada de ***hemospermia***. Na maioria dos casos, é provocada pela inflamação dos vasos sanguíneos que revestem as glândulas seminais; é geralmente tratada com antibióticos.

Pênis

O ***pênis*** contém a uretra e é via de passagem para a ejaculação do sêmen e a excreção da urina. Possui forma cilíndrica e consiste em raiz, corpo e glande do pênis (ver Fig. 23.1). A ***raiz do pênis*** é a parte fixa (parte proximal). O ***corpo do pênis*** é composto de três massas cilíndricas de tecido. As duas massas dorsolaterais são chamadas de ***corpos cavernosos do pênis***. A massa medioventral menor, o ***corpo esponjoso do pênis***, contém a uretra. Todas as três massas são envolvidas por fáscia (uma lâmina de tecido conectivo fibroso) e pele, e consistem em tecido erétil permeado por seios sanguíneos.

A extremidade distal do corpo esponjoso do pênis é uma região levemente ampliada, chamada ***glande do pênis***. Na glande do pênis se encontra a abertura da uretra (o ***óstio externo da uretra***) para o exterior. Cobrindo a glande em um pênis não circuncidado, está o ***prepúcio do pênis***, frouxamente ajustado.

CORRELAÇÕES CLÍNICAS | Circuncisão

Circuncisão é um procedimento cirúrgico no qual parte do prepúcio é removida. É geralmente realizada logo após o parto, 3 a 4 dias após o nascimento, ou no oitavo dia, como parte de um rito religioso judaico. Embora a maioria dos profissionais da saúde não encontre justificativa médica para a circuncisão, alguns acreditam que tem benefícios, como um menor risco de adquirir infecções do trato urinário, proteção contra o câncer peniano e, possivelmente, um menor risco de contrair doenças sexualmente transmissíveis. De fato, estudos em várias aldeias africanas encontraram menores taxas de infecção pelo HIV entre os homens circuncidados. •

Na maioria das vezes, o pênis está flácido (mole), porque suas artérias sofrem vasoconstrição, o que limita o fluxo sanguíneo. O primeiro sinal visível de excitação sexual é a ***ereção***, o aumento e o enrijecimento do pênis. Impulsos parassimpáticos provocam a liberação de neurotransmissores e hormônios locais, incluindo o gás óxido nítrico, que relaxa o músculo liso vascular nas artérias penianas. As artérias que irrigam o pênis se dilatam, e grandes quantidades de sangue entram nos seios sanguíneos. A expansão desses espaços comprime as veias que drenam o pênis, de maneira que o fluxo de saída do sangue se torna mais lento. A inserção de um pênis ereto na vagina é chamada de ***relação sexual*** ou *coito*.

Ejaculação, a poderosa liberação do sêmen da uretra para o exterior, é um reflexo simpático, coordenado pela parte lombar da medula espinal. Como parte do reflexo, o músculo liso do esfíncter, na base da bexiga urinária, se fecha. Desse modo, a urina não é expelida durante a ejaculação, e o sêmen não entra na bexiga urinária. Mesmo antes que a ejaculação ocorra, contrações peristálticas no ducto deferente, glândulas seminais, ductos ejaculatórios e próstata impulsionam o sêmen para dentro da parte esponjosa da uretra. Normalmente, isso leva à ***emissão***, a descarga de um pequeno volume de sêmen antes da ejaculação. A emissão também pode ocorrer durante o sono (polução noturna). O pênis retorna ao seu estado flácido quando as artérias se contraem e a pressão nas veias é atenuada. Observe que, no sistema genital masculino, tanto a parte simpática quanto a parassimpática da divisão autônoma do sistema nervoso atuam em conjunto para promover a resposta sexual masculina. Isso não ocorre em outras partes do corpo, nas quais as duas partes da divisão autônoma têm atuações que, normalmente, se opõem uma à outra.

CORRELAÇÕES CLÍNICAS | Disfunção erétil

Disfunção erétil (*DE*), anteriormente denominada *impotência*, é a incapacidade consistente de um homem adulto de ejacular ou de alcançar ou manter uma ereção por tempo suficiente para a relação sexual. Muitos casos de DE são provocados pela liberação insuficiente de óxido nítrico. O fármaco sildenafila (Viagra®) aumenta o efeito do óxido nítrico. •

TESTE SUA COMPREENSÃO

4. Trace o curso do espermatozoide pelo sistema de ductos, a partir dos túbulos seminíferos contorcidos até a uretra.
5. O que é o sêmen? Qual é a sua função?

23.2 Sistema genital feminino

OBJETIVOS

- Descrever a localização, a estrutura e as funções dos órgãos do sistema genital feminino.
- Explicar como os ovócitos são produzidos.

Os órgãos do ***sistema genital feminino*** (Fig. 23.6) incluem ovários, tubas uterinas (de Falópio), útero, vagina e órgãos genitais femininos externos, os quais são chamados coletivamente de pudendo feminino, ou vulva. As glândulas mamárias também são consideradas parte do sistema genital feminino.

Ovários

Ovários são órgãos pareados que produzem os ovócitos secundários (células que se desenvolvem em óvulos maduros, ou ovos, após a fertilização) e hormônios, como progesterona e estrogênios (os hormônios sexuais femininos), inibina e relaxina. Os ovários se originam do mesmo tecido embrionário que os testículos, e têm o tamanho e a forma de uma amêndoa sem casca. Os ovários se situam em cada lado da cavidade pélvica, e são mantidos no lugar por ligamentos. A Figura 23.7 mostra a histologia de um ovário.

O ***epitélio germinativo*** é uma camada de epitélio simples (cuboide baixo ou escamoso) que recobre a superfície do ovário. Profundamente ao epitélio germinativo, encontra-se o ***córtex do ovário***, uma região de tecido conectivo denso que contém folículos ováricos. Cada ***folículo ovárico*** consiste em um ***ovócito*** e em um número variável de células circundantes que nutrem o ovócito em desenvolvimento e começam a secretar estrogênios, à medida que o folículo cresce. O folículo aumenta até se tornar um ***folículo maduro*** (*de Graaf*), um folículo grande cheio de líquido que está se preparando para se romper e expelir um ovócito secundário (Fig. 23.7). Os remanescentes de um folículo ovulado se desenvolvem em um ***corpo lúteo*** (= ***corpo amarelo***). O corpo lúteo produz progesterona, estrogênios, relaxina e inibina até degenerar e se transformar em um tecido fibroso chamado de ***corpo albicante*** (= ***corpo branco***). A ***medula do ovário*** é uma região profunda ao córtex do ovário que consiste em tecido conectivo frouxo e contém vasos sanguíneos, vasos linfáticos e nervos.

CORRELAÇÕES CLÍNICAS | Cisto ovariano

Um cisto ovariano é um saco cheio de líquido, no interior ou na superfície de um ovário. Esses cistos são relativamente comuns, em geral não são cancerosos, e frequentemente desaparecem por si próprios. Os cistos cancerosos têm mais probabilidade de ocorrer em mulheres acima dos 40 anos de idade. Cistos ovarianos podem provocar dor, pressão, dor surda ou plenitude no abdome; dor durante a relação sexual; períodos menstruais atrasados, dolorosos ou irregulares; início abrupto de dor aguda na parte inferior do abdome; e/ou sangramento vaginal. A maioria dos cistos ovarianos não requer tratamento, mas os maiores (mais do que 5 cm) podem ser removidos cirurgicamente. •

Ovogênese

A formação de gametas nos ovários é denominada ***ovogênese***. Diferentemente da espermatogênese, que começa nos homens na puberdade, a ovogênese começa nas mulheres antes mesmo de nascerem. Além disso, os homens produzem novos espermatozoides ao longo de toda a vida, ao passo que as mulheres já têm todos os óvulos de sua vida quando nascem. A ovogênese ocorre essencialmente da mesma maneira que a espermatogênese (ver Fig. 23.3). Envolve meiose e maturação.

MEIOSE I Durante o desenvolvimento fetal inicial, células nos ovários se diferenciam em ***ovogônias***, que dão origem a células que se desenvolvem em ovócitos secundários (Fig. 23.8). Antes do nascimento, a maioria dessas células se degenera, mas algumas se desenvolvem em células maiores chamadas ***ovócitos primários***. Essas células começam a meiose I durante o desenvolvimento fetal, mas somente a completam após a puberdade. No nascimento, de 200.000 a 2.000.000 de ovócitos primários permane-

FUNÇÕES DO SISTEMA GENITAL FEMININO

1. Os ovários produzem ovócitos secundários e hormônios, incluindo estrogênio, progesterona, inibina e relaxina.
2. As tubas uterinas transportam um ovócito secundário para o útero e, normalmente, são os locais em que ocorre a fertilização.
3. O útero é o local de implantação de um óvulo, desenvolvimento do feto durante a gravidez e trabalho de parto.
4. A vagina recebe o pênis durante a relação sexual e é uma passagem para o parto.
5. As glândulas mamárias sintetizam, secretam e ejetam o leite para a nutrição do recém-nascido.

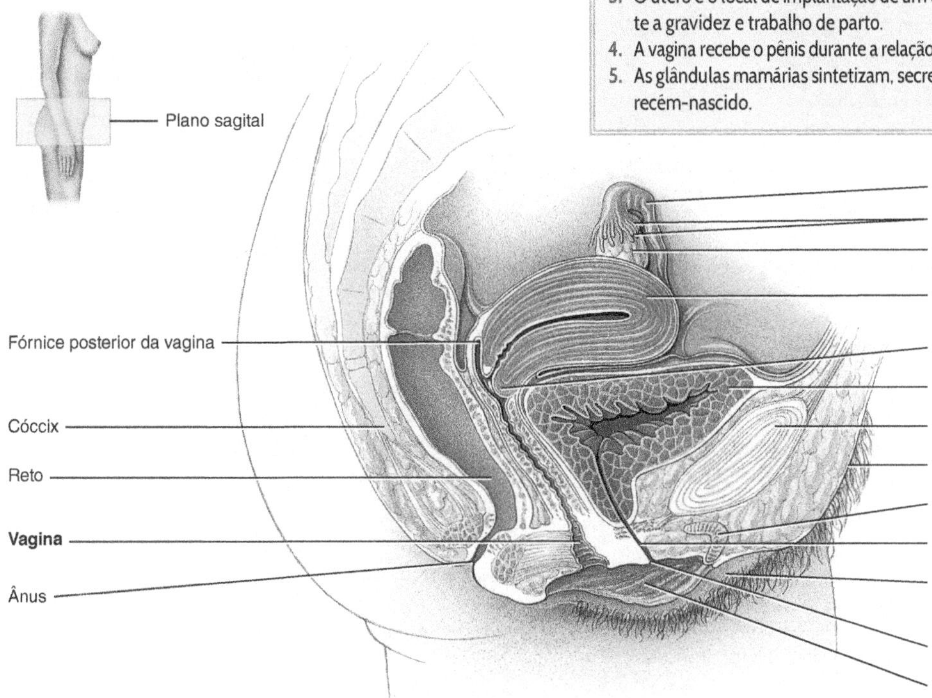

(a) Corte sagital

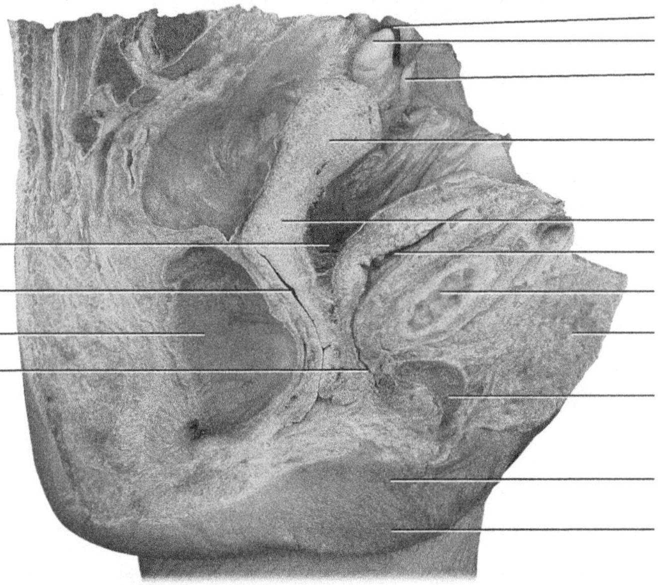

(b) Corte sagital

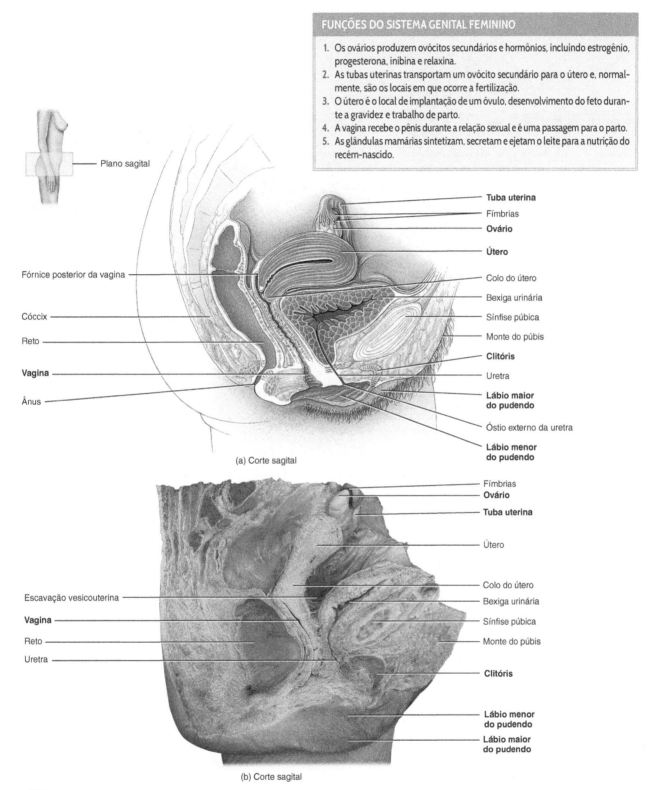

Que termo se refere aos órgãos genitais externos da mulher?

Figura 23.6 Órgãos genitais femininos e estruturas vizinhas.

Os órgãos genitais femininos incluem ovários, tubas uterinas (de Falópio), útero, vagina, pudendo feminino e glândulas mamárias.

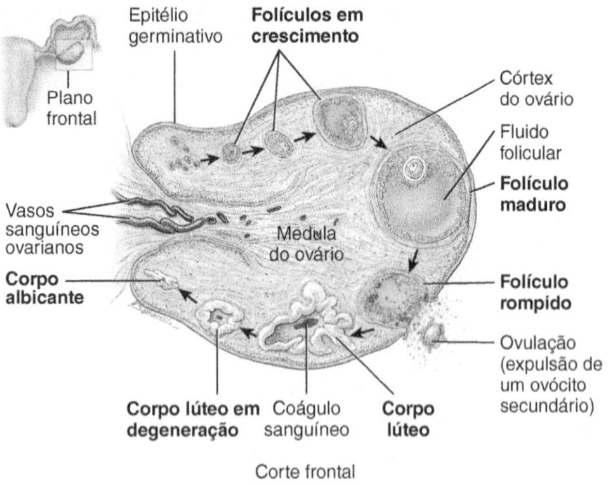

Que estruturas, no ovário, contêm tecido endócrino e que hormônios secretam?

Figura 23.7 Histologia do ovário. As setas indicam a sequência dos estágios de desenvolvimento que ocorrem, como parte da maturação de um ovócito, durante o ciclo ovariano.

Os ovários são as gônadas femininas; produzem ovócitos haploides.

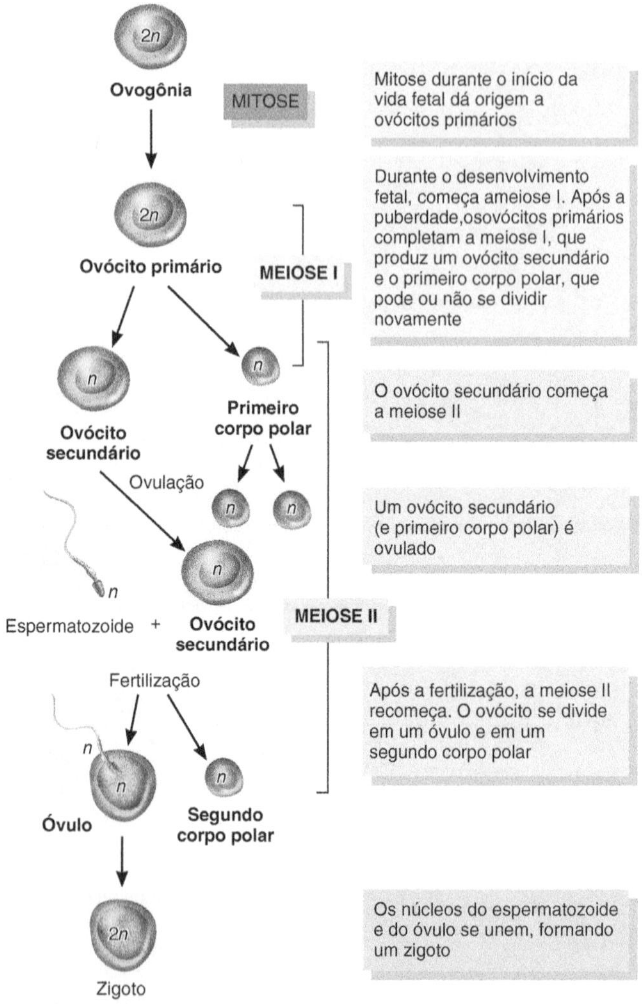

Como se compara a idade de um ovócito primário na mulher com a idade de um espermatócito primário no homem?

Figura 23.8 Ovogênese. Células diploides ($2n$) têm 46 cromossomos; células haploides (n) têm 23 cromossomos.

Em um ovócito, a meiose II é completada apenas se ocorrer a fertilização.

cem em cada ovário. Desses, aproximadamente 40.000 permanecem na puberdade, mas apenas 400 continuam a amadurecer e ovulam durante a vida reprodutiva de uma mulher. O restante se degenera.

Após a puberdade, hormônios secretados pela adeno-hipófise estimulam o recomeço da ovogênese mensalmente. A meiose I recomeça em vários ovócitos primários, embora em cada ciclo apenas um folículo normalmente alcance a maturidade necessária para ovulação. O ovócito primário diploide completa a meiose I, resultando em duas células haploides de tamanhos desiguais, ambas com 23 cromossomos (n), com duas cromátides cada uma. A célula menor produzida pela meiose I, chamada de *primeiro corpo polar*, é essencialmente um pacote de material nuclear descartado; a célula maior, conhecida como ***ovócito secundário***, recebe a maior parte do citoplasma. Assim que um ovócito secundário é formado, começa a meiose II, que em seguida para. O folículo no qual esses eventos estão ocorrendo – o folículo maduro (de Graaf) – logo se rompe e libera seu ovócito secundário, um processo conhecido como ***ovulação.***

MEIOSE II. Na ovulação, geralmente um único ovócito secundário (com o primeiro corpo polar) é expelido para dentro da cavidade pélvica e varrido para dentro da tuba uterina. Se um espermatozoide penetrar o ovócito secundário (fertilização), a meiose II recomeça. O ovócito secundário se divide em duas células haploides (n) de tamanhos desiguais. A célula maior é o ***óvulo***, ou ovo maduro; a menor é o *segundo corpo polar*. Os núcleos do espermatozoide e do óvulo então se unem, formando um ***zigoto*** diploide ($2n$). O primeiro corpo polar também pode sofrer outra divisão para produzir dois corpos polares. Se isso ocorrer, o ovócito primário, finalmente, dá origem a um único óvulo haploide (n) e três corpos polares haploides (n). Desse modo, cada ovócito primário dá origem a um único gameta (ovócito secundário, que se torna um óvulo após a fertilização); em contrapartida, cada espermatócito primário produz quatro gametas (espermatozoides).

Tubas uterinas

As mulheres têm duas ***tubas uterinas*** (*de Falópio*) que se estendem lateralmente a partir do útero e transportam os ovócitos secundários dos ovários para o útero (Fig. 23.9). A extremidade aberta afunilada de cada tuba, o ***infundíbulo***, se situa próximo do ovário, mas é aberta para a cavidade pélvica. Termina em uma franja de projeções digitiformes chamadas ***fímbrias***. A partir do infundíbulo, as tubas uterinas se estendem medialmente, ligando-se aos ângulos superiores e externos do útero.

Após a ovulação, correntes locais produzidas pelos movimentos das fímbrias, que envolvem a superfície do folículo maduro pouco antes de ocorrer a ovulação, varrem o ovócito secundário para o interior da tuba uterina. O ovócito é movido ao longo da tuba pelos cílios no revestimento mucoso da tuba e por contrações peristálticas da sua túnica de músculo liso.

O local para a fertilização de um ovócito secundário por um espermatozoide é a tuba uterina. A fertilização pode ocorrer a qualquer momento até aproximadamente 24 horas após a ovulação. O óvulo fertilizado (zigoto) desce para o útero no período de sete dias. Os ovócitos secundários não fertilizados se desintegram.

Útero

O ***útero*** (*matriz*) é parte do trajeto dos espermatozoides depositados na vagina até chegarem às tubas uterinas. É também o local de implantação de um óvulo fertilizado, do desenvolvimento do feto durante a gestação e do trabalho de parto. Durante os ciclos reprodutivos, quando a implantação não ocorre, o útero é a fonte do fluxo menstrual. O útero está situado entre a bexiga urinária e o reto e tem a forma de uma pera invertida.

As partes do útero incluem a parte em forma de domo, superior às tubas uterinas, chamada de ***fundo do útero***; a parte central afunilada, chamada de ***corpo do útero***; e a porção estreita que se abre para dentro da vagina, chamada de ***colo do útero***. O interior do corpo do útero é chamado de ***cavidade uterina*** (Fig. 23.9).

Histologicamente, o útero consiste em três camadas de tecido: perimétrio, miométrio e endométrio (Fig. 23.9). A camada externa – o ***perimétrio*** ou túnica serosa – é parte do peritônio visceral; é constituída de epitélio escamoso simples e tecido conectivo areolar.

A camada muscular média do útero, o ***miométrio***, consiste em músculo liso e forma a parte principal da parede uterina. Durante o parto, contrações coordenadas da musculatura uterina ajudam a expelir o feto.

A parte mais interna da parede uterina, o ***endométrio***, é uma túnica mucosa. Nutre o feto em crescimento ou é eliminada mensalmente durante a menstruação, se a fertilização não ocorrer. O endométrio contém muitas *glândulas endometriais*, cujas secreções nutrem os espermatozoides e o zigoto.

CORRELAÇÕES CLÍNICAS | Histerectomia

Histerectomia, a remoção cirúrgica do útero, é a operação ginecológica mais comum. Pode ser indicada para o tratamento de miomas, endometriose, doença inflamatória pélvica, cistos de ovário recorrentes, sangramento uterino excessivo e câncer do colo do útero, do corpo do útero ou dos ovários. Na *histerectomia parcial* (*subtotal*), o corpo do útero é removido, mas o colo do útero é deixado no seu local. Uma *histerectomia total* é a remoção do corpo e do colo do útero. Uma *histerectomia radical* inclui a remoção do corpo e do colo do útero, tubas uterinas, possivelmente os ovários, a parte superior da vagina, linfonodos pélvicos e estruturas de sustentação, como os ligamentos. Uma histerectomia é realizada por meio de uma incisão na parede abdominal ou pela vagina. •

Vagina

A ***vagina*** é um canal tubular que se estende do óstio da vagina ao colo uterino (Fig. 23.9). É o receptáculo para o pênis durante a relação sexual, a saída para o fluxo menstrual e a via de passagem no parto. A vagina está situada entre a bexiga urinária e o reto. Um recesso chamado ***fórnice*** circunda o colo do útero (ver Fig. 23.6). Um diafragma contraceptivo, quando inserido apropriadamente, repousa sobre o fórnice, recobrindo o colo do útero.

A túnica mucosa da vagina contém grandes depósitos de glicogênio, cuja decomposição produz ácidos orgânicos. O ambiente ácido resultante retarda o crescimento microbiano, mas também é nocivo aos espermatozoides. Componentes alcalinos do sêmen, principalmente provenientes das glândulas seminais, neutralizam a acidez da vagina e aumentam a viabilidade dos espermatozoides. A túnica muscular é composta de músculo liso que se distende para receber o pênis durante a relação sexual e permitir o parto. Pode haver uma fina dobra de túnica mucosa, chamada ***hímen***, recobrindo parcialmente o ***óstio da vagina***, a abertura da vagina (ver Fig. 23.10).

Períneo e pudendo feminino

O ***períneo*** é a área em formato de losango entre as coxas e as nádegas, dos homens e das mulheres, contendo os órgãos genitais externos e o ânus (Fig. 23.10).

O termo ***pudendo feminino*** ou *vulva* se refere aos órgãos genitais femininos externos (Fig. 23.10). O ***monte do púbis*** é uma elevação de tecido adiposo, recoberta por pelos pubianos espessos, que protege a sínfise púbica. A partir do monte do púbis, duas pregas cutâneas longitudinais, os ***lábios maiores do pudendo***, se estendem inferior e posteriormente. Nas mulheres, os lábios maio-

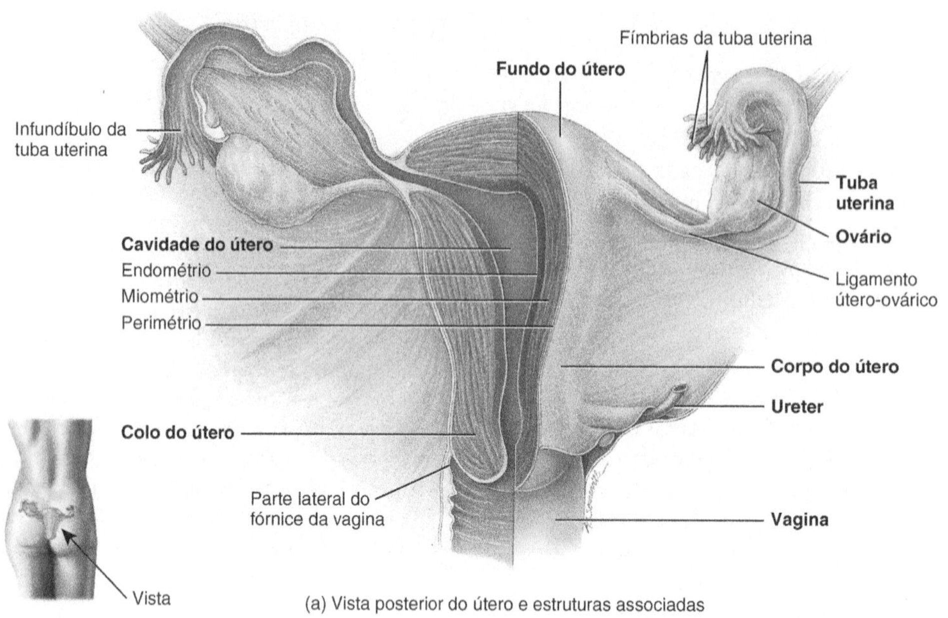

(a) Vista posterior do útero e estruturas associadas

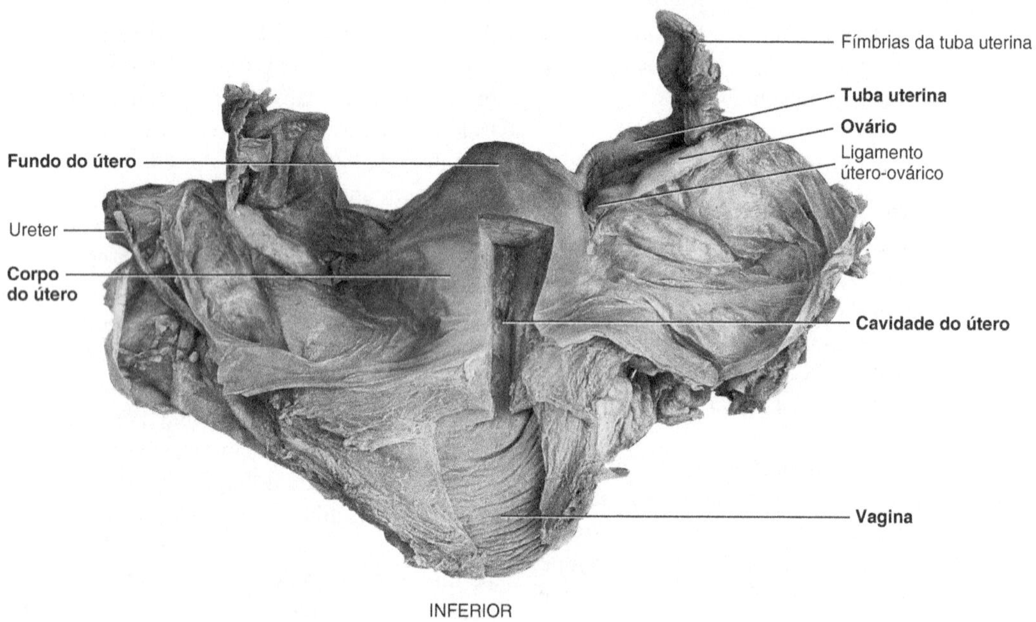

(b) Vista posterior do útero e estruturas associadas

Que parte do revestimento uterino se reconstrói após cada menstruação?

Figura 23.9 **Útero e estruturas associadas.** No lado esquerdo da figura, a tuba uterina e o útero foram cortados para mostrar as estruturas internas.

O útero é o local da menstruação, da implantação de um óvulo fertilizado, do desenvolvimento do feto e do trabalho de parto.

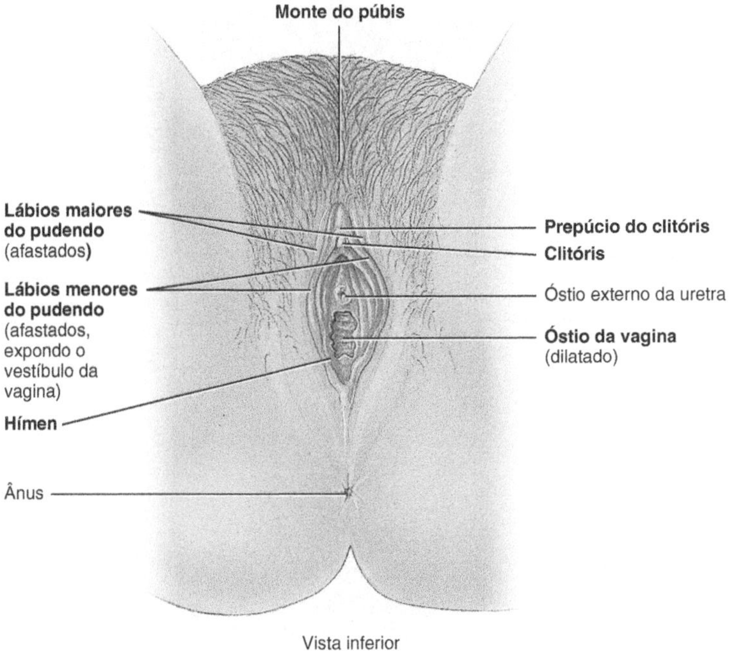

Que estruturas superficiais se encontram anteriores ao óstio da vagina?

Figura 23.10 Componentes do pudendo feminino.

Como o pênis, o clitóris é capaz de ereção em resposta à estimulação sexual.

CORRELAÇÕES CLÍNICAS | Episiotomia

Em situações materno-fetais específicas que requerem um parto rápido, uma episiotomia pode ser realizada. No procedimento, um corte perineal é realizado com tesoura cirúrgica. O corte pode ser feito ao longo da linha mediana ou em um ângulo de aproximadamente 45° em relação à linha mediana. Na realidade, um corte reto, mais facilmente suturado, substitui uma ruptura irregular que, de outra maneira, seria produzida pela passagem do feto. A incisão é fechada em camadas com suturas absorvíveis assimiladas pelo corpo em poucas semanas, de modo que a nova e atarefada mãe não precise se preocupar com sua remoção. •

res do pudendo se desenvolvem a partir do mesmo tecido embrionário do qual o escroto se desenvolve nos homens. Os lábios maiores do pudendo contêm tecido adiposo e glândulas sebáceas (óleo) e sudoríferas (suor). Assim como o monte do púbis, os lábios são recobertos por pelos pubianos. Protegem as estruturas genitais femininas internas, localizadas profundamente a elas. Medialmente aos lábios maiores do pudendo se encontram duas dobras cutâneas, chamadas de ***lábios menores do pudendo.*** Os lábios menores do pudendo não contêm pelos pubianos ou gordura e possuem poucas glândulas sudoríferas (suor); entretanto, contêm numerosas glândulas sebáceas (óleo). Produzem substâncias antimicrobianas e lubrificação durante a relação sexual.

O ***clitóris*** é uma pequena massa cilíndrica de tecido erétil e nervos. Está localizado na junção anterior dos lábios menores. Uma camada de pele, chamada ***prepúcio do clitóris***, se forma no ponto onde os lábios menores se unem e recobrem o corpo do clitóris. A parte exposta do clitóris é a ***glande do clitóris.*** Como o pênis, o clitóris é capaz de aumentar de tamanho em resposta à estimulação sexual.

A região entre os lábios menores é chamada ***vestíbulo da vagina***. No vestíbulo, encontram-se o hímen (se presente); o ***óstio da vagina***, a abertura da vagina para o exterior; o ***óstio externo da uretra***, a abertura da uretra para o exterior; e, em cada lado do óstio externo da uretra, as aberturas dos ductos das ***glândulas parauretrais***. Essas glândulas, na parede da uretra, secretam muco. A próstata se desenvolve a partir do mesmo tecido embrionário que as glândulas uretrais femininas. Em cada lado do óstio da vagina, encontram-se as ***glândulas vestibulares maiores***, que produzem uma pequena quantidade de muco durante a excitação e a relação sexual, que se adiciona ao muco do colo do útero e fornece lubrificação. Nos homens, as glândulas bulbouretrais são as estruturas equivalentes.

Glândulas mamárias

As ***glândulas mamárias***, localizadas nas mamas, são glândulas sudoríferas (suor) modificadas que produzem leite. As mamas se situam sobre os músculos peitoral maior e serrátil anterior e são fixadas a eles por uma camada de tecido conectivo (Fig. 23.11). Cada mama tem uma projeção pigmentada, a ***papila mamária***, com uma série de aberturas estreitamente espaçadas de ductos, de onde emerge o leite. A área circular de pele pigmentada que circunda a papila mamária é chamada de ***aréola da mama***. Essa região parece rugosa porque contém glândulas sebáceas (óleo) modificadas. Internamente, cada glândula mamária consiste em 15 a 20 ***lobos***, dispostos radialmente e separados por tecido adiposo e faixas de tecido conectivo, chamadas ***ligamentos suspensores da mama***

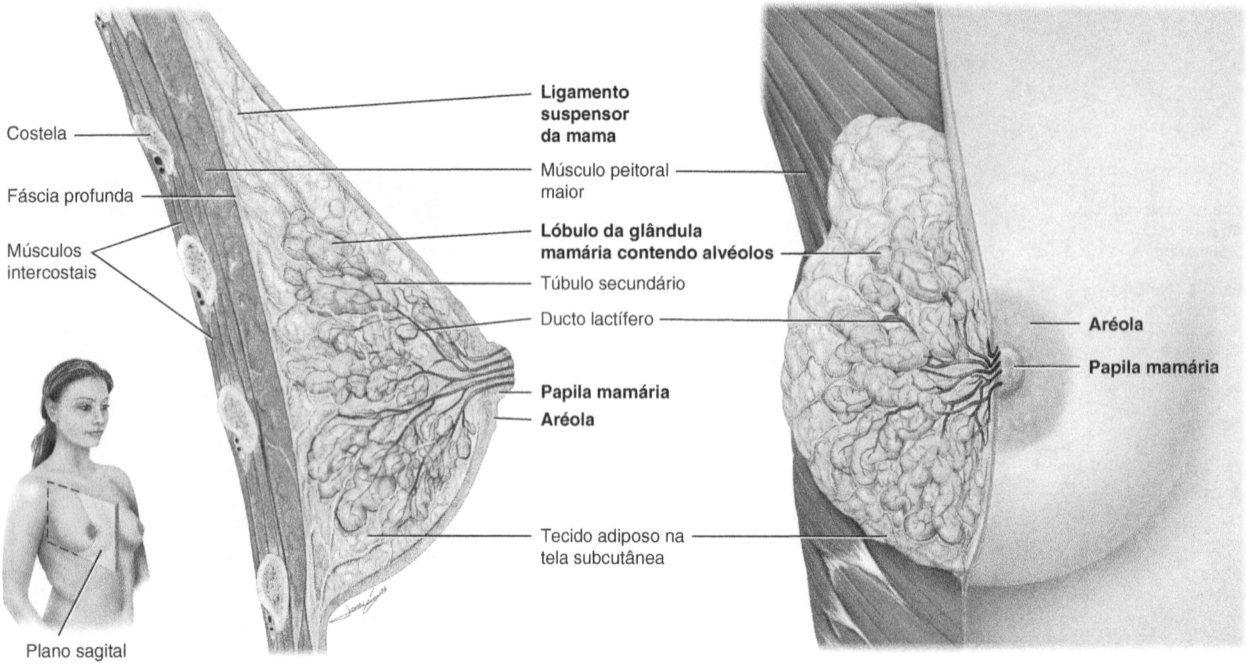

(a) Corte sagital

(b) Vista anterior, parcialmente seccionado

Que hormônio regula a ejeção de leite pelas glândulas mamárias?

Figura 23.11 Glândulas mamárias.

As glândulas mamárias atuam na síntese, na secreção e na ejeção do leite (lactação).

(*ligamentos de Cooper*), que sustentam a mama. Em cada lobo se encontram ***lóbulos*** menores, nos quais são encontradas glândulas secretoras de leite, chamadas ***alvéolos***. Quando o leite é produzido, passa dos alvéolos para uma série de túbulos que drenam em direção à papila mamária.

No nascimento, as glândulas mamárias não estão desenvolvidas e aparecem como leves elevações no peito. Com o início da puberdade, conforme a influência de estrogênios e progesterona se intensifica, as mamas femininas começam a se desenvolver. O sistema de ductos amadurece, e gordura é depositada, o que aumenta o tamanho da mama. A aréola da mama e a papila mamária também aumentam e se tornam mais fortemente pigmentadas.

CORRELAÇÕES CLÍNICAS | Aumento e redução das mamas

Aumento das mamas, tecnicamente chamada *mamoplastia de aumento*, é um procedimento cirúrgico para aumentar o tamanho e o formato das mamas. Pode ser realizado para aumentar o tamanho das mamas em mulheres que acham suas mamas muito pequenas; para restaurar o volume das mamas, perdido por emagrecimento ou após a gravidez; para melhorar a aparência das mamas flácidas; e para melhorar a aparência das mamas após cirurgia, traumatismo ou anormalidade congênitas. Os implantes mais comumente usados contêm solução salina ou gel de silicone. A incisão para o implante é realizada abaixo da mama, ao redor da aréola, na axila ou no umbigo. Em seguida, uma bolsa é feita para colocar o implante diretamente atrás do tecido mamário ou abaixo do músculo peitoral maior.

Redução das mamas ou *mamoplastia redutora* é um procedimento cirúrgico que compreende a redução do tamanho das mamas, pela remoção de gordura, pele e tecido glandular. Esse procedimento é realizado em virtude de dor crônica no dorso, no pescoço e nos ombros; postura incorreta; problemas respiratórios ou circulatórios; erupção cutânea sob as mamas; restrição dos níveis de atividade física; problemas de autoestima; sulcos profundos nos ombros decorrentes da pressão das alças do sutiã; e dificuldade para vestir ou caber em determinadas roupas e sutiãs. O procedimento mais comum inclui uma incisão ao redor da aréola, descendo da mama em direção à prega entre a mama e o abdome e, em seguida, ao longo da prega. O cirurgião remove o excesso de tecido por meio da incisão. Na maioria dos casos, papila mamária e aréola permanecem presas às mamas. No entanto, se as mamas são extremamente grandes, pode ser necessário fixar a papila mamaria e a aréola em uma posição mais elevada. •

As funções das glândulas mamárias são síntese, secreção e ejeção de leite; essas funções, chamadas de ***lactação***, estão associadas à gravidez e ao parto (ver Fig. 24.10). A produção de leite é amplamente estimulada pelo hormônio prolactina, da adeno-hipófise, com contribuições da progesterona e dos estrogênios. A ejeção do leite é estimulada pela ocitocina, que é liberada a partir da neuro-hipófise, em resposta à sucção de um bebê na papila mamária da mãe (aleitamento).

CORRELAÇÕES CLÍNICAS | Doença fibrocística das mamas

As mamas femininas são altamente suscetíveis a cistos e tumores. Na **doença fibrocística**, a causa mais comum de nódulos mamários nas mulheres, desenvolvem-se um ou mais cistos (sacos cheios de líquido) e o espessamento dos alvéolos. A condição, que ocorre principalmente em mulheres entre os 30 e os 50 anos de idade, provavelmente é decorrente de um excesso relativo de estrogênios ou de uma deficiência de progesterona na fase pós-ovulatória do ciclo reprodutivo (discutido posteriormente). A doença fibrocística geralmente leva uma ou ambas as mamas a se tornarem granulosas, inchadas e sensíveis, aproximadamente uma semana antes do começo da menstruação. •

TESTE SUA COMPREENSÃO

6. Descreva os principais eventos da ovogênese.
7. Onde as tubas uterinas estão localizadas? Qual é a sua função?
8. Descreva a histologia do útero.
9. Como a histologia da vagina contribui para seu funcionamento?
10. Descreva a estrutura e a sustentação das glândulas mamárias.

23.3 Ciclo reprodutivo feminino

OBJETIVO

• Descrever os principais eventos dos ciclos ovariano e uterino.

Durante os anos férteis, as mulheres que não engravidam normalmente exibem alterações cíclicas nos ovários e no útero. Cada ciclo leva aproximadamente um mês e envolve a ovogênese e a preparação do útero para receber um óvulo. Hormônios secretados pelo hipotálamo, pela adeno-hipófise e pelos ovários controlam os principais eventos. Você já aprendeu sobre o ***ciclo ovariano***, a série de eventos que ocorre nos ovários durante e após a maturação de um ovócito. Os hormônios esteroides liberados pelos ovários controlam o ***ciclo uterino*** (*menstrual*), uma série concomitante de alterações no endométrio do útero a fim de prepará-lo para a chegada do óvulo que aí se desenvolverá até o nascimento. Se a fertilização não ocorrer, os níveis de hormônios ovarianos diminuem, o que provoca o desprendimento de parte do endométrio. O termo geral do ***ciclo reprodutivo feminino*** engloba os ciclos ovariano e uterino, as alterações hormonais que os regulam e as alterações cíclicas relacionadas nas mamas e no colo do útero.

Regulação hormonal do ciclo reprodutivo feminino

O *GnRH*, secretado pelo hipotálamo, controla os ciclos ovariano e uterino (Fig. 23.12). Ele estimula a liberação do *FSH* e do *LH*, a partir da adeno-hipófise. O FSH, por sua vez, inicia o crescimento folicular e a secreção de estrogênios pelos folículos em crescimento. O LH estimula o desenvolvimento posterior dos folículos ováricos e toda a sua secreção de estrogênios. Na metade do ciclo, o LH desencadeia a ovulação e, em seguida, promove a formação do corpo lúteo, a razão para seu nome, hormônio luteinizante. Estimulado pelo LH, o corpo lúteo produz e secreta estrogênios, progesterona, relaxina e inibina.

Estrogênios secretados pelos folículos ováricos têm várias funções importantes por todo o corpo:

- Promovem o desenvolvimento e a manutenção das estruturas genitais femininas, das características sexuais secundárias femininas e das glândulas mamárias. As características sexuais secundárias incluem a distribuição do tecido adiposo nas mamas, no abdome, no monte do púbis e nos quadris, uma pélvis ampla e o padrão de crescimento capilar na cabeça e no corpo.
- Estimulam a síntese de proteínas, agindo juntamente com fatores de crescimento semelhantes à insulina, com a insulina e com os hormônios tireoidianos.
- Reduzem o nível de colesterol no sangue, motivo pelo qual as mulheres com menos de 50 anos de idade têm um risco muito menor de doença arterial coronariana do que os homens de idade comparável.

A ***progesterona***, secretada principalmente pelas células do corpo lúteo, atua juntamente com os estrogênios para preparar e manter o endométrio para a implantação de um óvulo, preparando as glândulas mamárias para a secreção de leite.

Uma pequena quantidade de ***relaxina***, produzida pelo corpo lúteo durante cada ciclo mensal, relaxa o útero, inibindo contrações do miométrio. Presume-se que a implantação de um óvulo fertilizado ocorra mais prontamente em um útero "calmo". Durante a gravidez, a placenta produz muito mais relaxina e continua a relaxar o músculo liso uterino. Ao final da gravidez, a relaxina também aumenta a flexibilidade da sínfise púbica e ajuda a dilatar o colo do útero, facilitando o parto do bebê.

Inibina é secretada pelos folículos em crescimento e pelo corpo lúteo após a ovulação. Ela inibe a secreção de FSH e, em menor extensão, de LH.

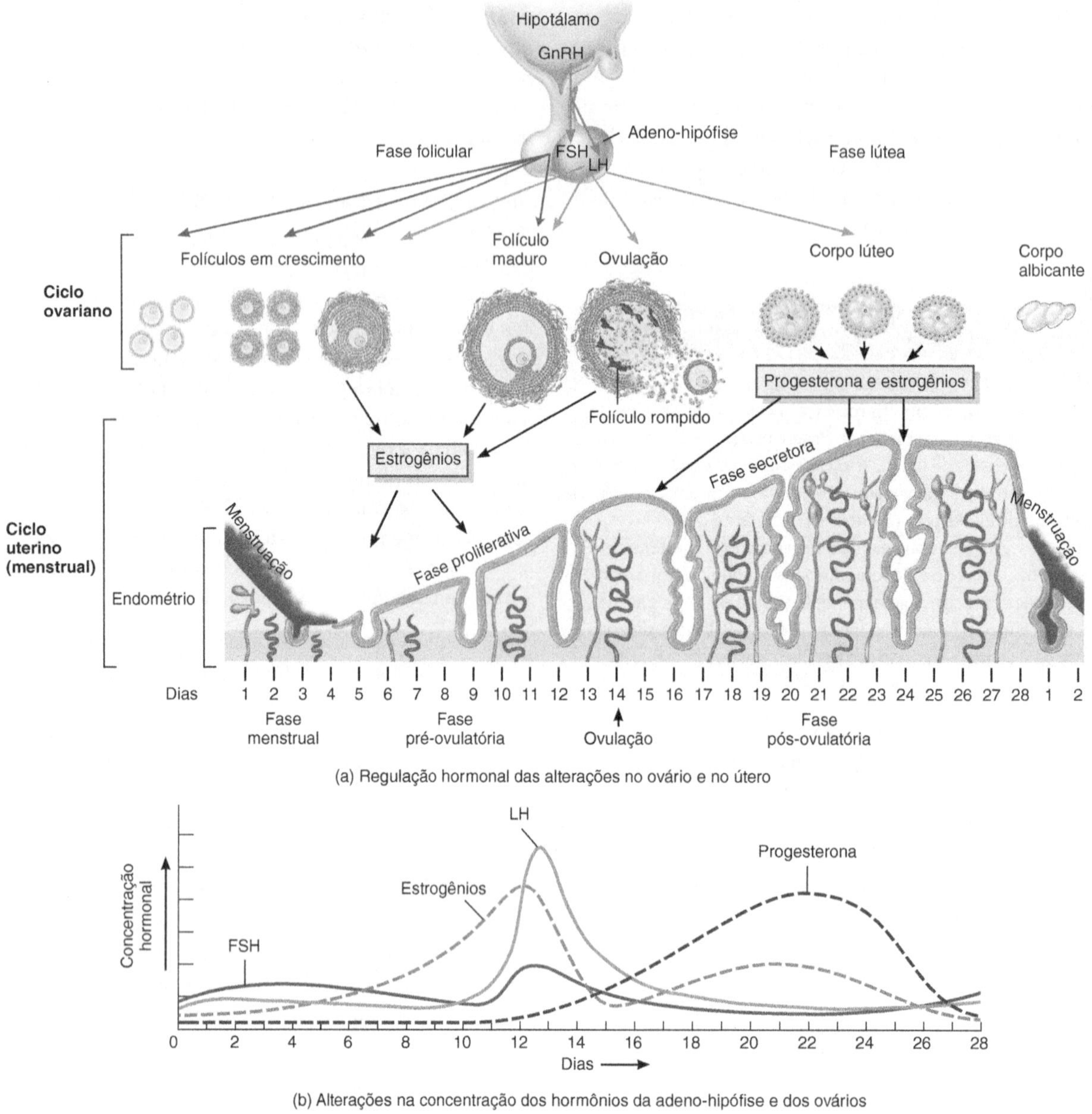

Que hormônios são responsáveis pela fase proliferativa do crescimento endometrial, pela ovulação, pelo crescimento do corpo lúteo e pelo pico de LH na metade do ciclo?

Figura 23.12 **O ciclo reprodutivo feminino.** A duração do ciclo reprodutivo feminino é, em geral, de 24 a 36 dias; a fase pré-ovulatória é mais variável em sua duração do que as outras fases. (a) Eventos nos ciclos ovariano e uterino e a liberação de hormônios da adeno-hipófise estão correlacionados com a sequência das quatro fases do ciclo. No ciclo apresentado, a fertilização e a implantação não ocorreram. (b) Concentrações relativas dos hormônios da adeno-hipófise (FSH e LH) e dos hormônios ovarianos (estrogênios e progesterona) durante as fases de um ciclo reprodutivo feminino normal.

Estrogênios são secretados pelo folículo dominante antes da ovulação; após a ovulação, tanto a progesterona quanto os estrogênios são secretados pelo corpo lúteo.

Fases do ciclo reprodutivo feminino

A duração do ciclo reprodutivo feminino varia de 24 a 36 dias. Para esse debate, admitimos a duração de 28 dias e dividimos o ciclo em quatro fases: a fase menstrual, a fase pré-ovulatória, a ovulação e a fase pós-ovulatória (Fig. 23.12). Como ocorrem ao mesmo tempo, os eventos do ciclo ovariano (eventos nos ovários) e do ciclo menstrual (eventos no útero) serão estudados em conjunto.

Fase menstrual

A ***fase menstrual***, também chamada de ***menstruação***, dura aproximadamente os primeiros cinco dias do ciclo. (Por convenção, o primeiro dia da menstruação marca o primeiro dia de um novo ciclo.)

EVENTOS NOS OVÁRIOS Durante a fase menstrual, vários folículos ováricos crescem e aumentam.

EVENTOS NO ÚTERO O fluxo menstrual do útero consiste em 50 a 150 mL de sangue e células teciduais provenientes do endométrio. Essa descarga ocorre porque o nível decrescente de hormônios ovarianos (progesterona e estrogênios) faz as artérias uterinas se contraírem. Como resultado, as células que irrigam se tornam privadas de oxigênio e começam a morrer. Finalmente, parte do endométrio se desprende. O fluxo menstrual passa da cavidade uterina para o colo do útero e, pela vagina, para o exterior.

Fase pré-ovulatória

A ***fase pré-ovulatória*** é o período entre o fim da menstruação e a ovulação. A fase pré-ovulatória do ciclo é responsável pela maior parte da variação na extensão do ciclo. Em um ciclo de 28 dias, dura de 6 a 13 dias.

EVENTOS NOS OVÁRIOS Sob a influência do FSH, vários folículos continuam a crescer e começam a secretar estrogênios e inibina. Por volta do 6º dia, um único folículo em um dos dois ovários amadurece antes do que todos os outros e se torna o *folículo dominante*. Estrogênios e inibina secretados pelo folículo dominante diminuem a secreção do FSH (Fig. 23.12b, ver do 8º ao 11º dias), o que provoca a interrupção do crescimento e a degeneração dos outros folículos menos desenvolvidos.

O folículo dominante se torna o ***folículo maduro*** (*de Graaf*). O folículo maduro continua a aumentar até que esteja pronto para a ovulação, formando uma protuberância vesicular na superfície do ovário. Durante a maturação, o folículo continua a aumentar sua produção de estrogênios, sob a influência de um nível crescente de LH.

Com referência ao ciclo ovariano, a fase menstrual e a fase pré-ovulatória, em conjunto, são denominadas ***fase folicular***, porque os folículos ováricos estão crescendo e se desenvolvendo.

EVENTOS NO ÚTERO Estrogênios liberados no sangue por folículos ováricos em crescimento estimulam o reparo do endométrio. À medida que o endométrio se espessa, as glândulas endometriais curtas e retas se desenvolvem, e as arteríolas se espiralam e se alongam.

Ovulação

Ovulação, a ruptura do folículo maduro e a liberação do ovócito secundário na cavidade pélvica, geralmente ocorre no 14º dia em um ciclo de 28 dias.

Os níveis elevados de estrogênios durante a última parte da fase pré-ovulatória exercem um efeito de *retroalimentação positiva* no LH e no GnRH. Um aumento no nível de estrogênios estimula o hipotálamo a liberar mais GnRH e a adeno-hipófise a produzir mais LH. O GnRH promove a liberação de ainda mais LH. O pico de LH resultante (Fig. 23.12b) provoca a ruptura do folículo maduro e a expulsão de um ovócito secundário. Um teste caseiro isento de prescrição, que detecta o pico de LH associado à ovulação, é utilizado para predizer a ovulação com um dia de antecedência.

Fase pós-ovulatória

A ***fase pós-ovulatória*** do ciclo reprodutivo feminino é o período entre a ovulação e o início da próxima menstruação. Essa fase tem duração mais constante e subsiste por 14 dias, a partir do 15º ao 28º dia em um ciclo de 28 dias.

EVENTOS EM UM OVÁRIO Após a ovulação, ocorre o colapso do folículo maduro. Estimuladas pelo LH, as células foliculares remanescentes aumentam e formam o corpo lúteo, que secreta progesterona, estrogênios, relaxina e inibina. Com referência ao ciclo ovariano, essa fase também é chamada de **fase lútea**.

Eventos subsequentes dependem da fertilização do ovócito. Se o ovócito não for fertilizado, o corpo lúteo dura apenas duas semanas, após as quais sua atividade secretora declina. e ocorre a degeneração em corpo albicante (Fig. 23.12). À medida que os níveis de progesterona, estrogênios e inibina diminuem, a liberação de GnRH, FSH e LH se eleva, em razão da perda da supressão por retroalimentação negativa pelos hormônios ovarianos. Posteriormente, o crescimento folicular é retomado, e começa um novo ciclo ovariano.

Se o ovócito secundário for fertilizado e começar a se dividir, o corpo lúteo persiste após sua vida útil normal de duas semanas. É "resgatado" da degeneração pela ***gonadotrofina coriônica humana*** (***hCG***, do inglês *human chorionic gonadotropin*), um hormônio produzido pelo embrião a partir de aproximadamente oito dias após a fertilização. Como o LH, a hCG estimula a atividade secretora do corpo lúteo. A presença de hCG no sangue ou na urina maternos é um indicador de gravidez e é também o hormônio detectado pelos testes caseiros de gravidez.

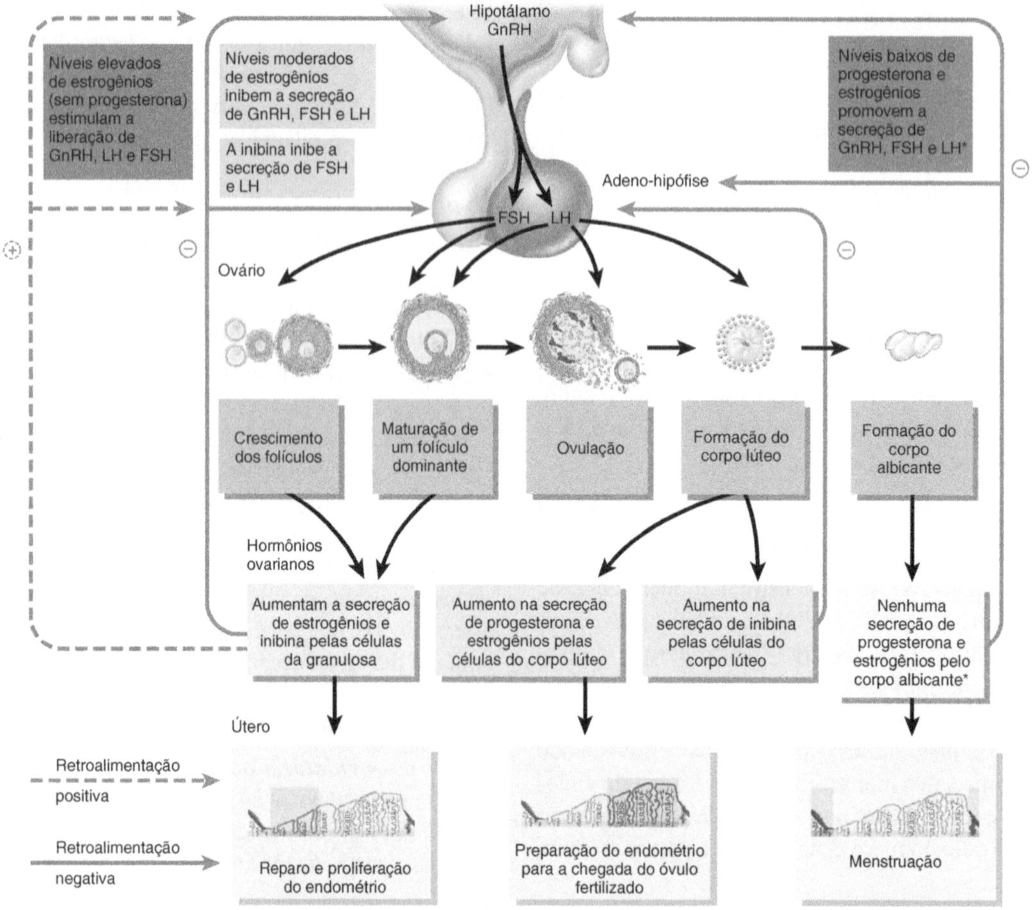

Quando os níveis em declínio de estrogênios e progesterona estimulam a secreção de GnRH, trata-se de um efeito de retroalimentação positiva ou negativa? Por quê?

Figura 23.13 **Resumo das interações hormonais nos ciclos ovariano e menstrual.**

Hormônios provenientes da adeno-hipófise regulam a função ovariana, e hormônios dos ovários regulam as alterações no revestimento endometrial do útero.

*N. de R.T. Os baixos níveis de progesterona e estrogênio diminuem o efeito inibitório (*feedback* negativo) que esses exercem sobre a secreção de GnRH (hipotálamo) e de FSH e LH (adeno-hipófise).

EVENTOS NO ÚTERO A progesterona e os estrogênios produzidos pelo corpo lúteo promovem o crescimento das glândulas endometriais, que começam a secretar glicogênio, e promovem a vascularização e o espessamento do endométrio. Essas mudanças preparatórias atingem um pico aproximadamente uma semana após a ovulação, no momento em que um óvulo fertilizado poderia chegar ao útero.

A Figura 23.13 resume as interações hormonais e as alterações cíclicas nos ovários e no útero, durante os ciclos ovariano e menstrual.

TESTE SUA COMPREENSÃO

11. Descreva a função de cada um dos seguintes hormônios nos ciclos uterino e ovariano: GnRH, FSH, LH, estrogênios, progesterona e inibina.
12. Resuma rapidamente os principais eventos e alterações hormonais de cada fase do ciclo uterino e os correlacione com os eventos do ciclo ovariano.
13. Prepare um diagrama rotulado com as principais alterações hormonais que ocorrem durante os ciclos uterino e ovariano.

23.4 Métodos de controle da natalidade e aborto

OBJETIVOS

- **Comparar** a eficiência dos vários tipos de métodos contraceptivos/métodos para controle da natalidade.
- **Explicar** a diferença entre abortos induzido e espontâneo.

Controle da natalidade ou ***contracepção*** se refere à restrição do número de crianças por diversos métodos destinados a controlar a fertilidade e evitar a concepção. Não existe um único método ideal para controle da natalidade. O único método contraceptivo 100% confiável é a ***abstinência total***, isto é, evitar a relação sexual. Diversos outros métodos estão disponíveis; cada um possui vantagens e desvantagens. Estes incluem esterilização cirúrgica, métodos hormonais, dispositivos intrauterinos, espermicidas, métodos de barreira e abstinência periódica. A Tabela 23.1 fornece as taxas de insucesso para os diversos métodos de controle da natalidade. Embora não seja uma forma de controle de natalidade, nesta seção também estudaremos o aborto, expulsão prematura dos produtos da concepção do útero.

Métodos de controle da natalidade

Esterilização cirúrgica

Esterilização é um procedimento que torna um indivíduo incapaz de reprodução. O método principal para a esterilização dos homens é a ***vasectomia***, na qual uma porção de cada ducto deferente é removida. Para ter acesso ao ducto deferente, uma incisão é realizada com um bisturi (procedimento convencional) ou uma punção é feita com pinça especial (vasectomia sem bisturi). A seguir, os ductos são localizados e cortados, cada um é amarrado (ligado) em dois lugares com fios de sutura, e a porção entre os fios é removida. Embora a produção de espermatozoides continue nos testículos após a vasectomia, os espermatozoides não chegam mais ao exterior. Em vez disso, se degeneram e são destruídos por fagocitose. Como os vasos sanguíneos não são cortados, níveis de testosterona no sangue continuam normais; portanto, a vasectomia não tem efeito no desejo ou no desempenho sexual. Se for realizada apropriadamente, tem quase 100% de eficácia. O procedimento é reversível, mas a possibilidade de recuperar a fertilidade é de apenas 30 a 40%. A esterilização nas mulheres é mais frequentemente obtida por meio da realização de uma ***laqueadura tubária***, na qual ambas as tubas uterinas são amarradas, fechadas e cortadas. Isso é feito de formas diferentes. "Grampos" ou "pinças" são colocados nas tubas uterinas, as tubas são ligadas e/ou cortadas e, algumas vezes, são cauterizadas. Em todo caso, o resultado é que o ovócito secundário não consegue atravessar as tubas uterinas, e os espermatozoides não alcançam o ovócito.

Esterilização sem incisão

Essure® é um procedimento de ***esterilização sem incisão***, isto é, uma opção à laqueadura tubária. No procedimento Essure®, um microimplante espiral macio, feito de fibras de poliéster e metais (níquel-titânio e aço inoxidável), é inserido com um cateter na vagina, através do útero até o interior de cada tuba uterina. Ao longo de um período de três meses, o implante estimula o crescimento de tecido (tecido cicatricial) em seu interior e ao seu redor, bloqueando as tubas uterinas. Como acontece com a laqueadura tubária, o ovócito secundário não atravessa as tubas uterinas, e os espermatozoides não alcançam o ovócito. Diferentemente da laqueadura tubária, a esterilização sem incisão não requer anestesia geral.

TABELA 23.1

Taxas de insucesso para vários métodos de controle da natalidade

MÉTODO	TAXAS DE INSUCESSO* (%) USO PERFEITO**	UTILIZAÇÃO TÍPICA
Abstinência completa	0	0
Esterilização cirúrgica		
Vasectomia	0,10	0,15
Laqueadura tubária	0,5	0,5
Esterilização sem incisão (Essure®)	0,2	0,2
Métodos hormonais		
Anticoncepcionais orais		
Contraceptivo combinado (Yasmin®)	0,3	1-2
Contraceptivo de controle da natalidade de ciclo prolongado (Seasonale®)	0,3	1-2
Minipílula (Micronar®)	0,5	2
Contraceptivos não orais		
Adesivo cutâneo contraceptivo	0,1	1-2
Anel contraceptivo vaginal	0,1	1-2
Contracepção de emergência	25	25
Injeções de hormônio	0,3	1-2
Dispositivos intrauterinos (Copper T 380A®)	0,6	0,8
Espermicidas (isolados)	15	29
Métodos de barreira		
Preservativo masculino	2	15
Preservativo feminino	5	21
Diafragma (com espermicida)	6	16
Capuz cervical (com espermicida)	9	16
Abstinência periódica		
Método do ritmo	9	25
Método sintotérmico (STM)	2	20
Nenhum método	85	85

*Definidas como o percentual de mulheres que têm uma gravidez involuntária durante o primeiro ano de uso.
**Taxa de insucesso quando o método é utilizado correta e consistentemente.

Métodos hormonais

Com exceção da abstinência total ou da esterilização cirúrgica, os métodos hormonais são os meios mais eficazes de controle da natalidade. Contraceptivos orais (pílula) contêm hormônios destinados a evitar a gravidez. Alguns, chamados *contraceptivos orais combinados* (*COCs*), contêm progestina (hormônio com ações semelhantes às da progesterona) e estrogênios. A ação básica dos COCs é inibir a ovulação por meio da supressão das gonadotrofinas FSH e LH. Os baixos níveis de FSH e LH geralmente impedem o desenvolvimento de um folículo dominante no ovário. Como resultado, níveis de estrogênios não aumentam, o pico de LH não ocorre na metade do ciclo, e a ovulação não é desencadeada. Mesmo se houver ovulação, como ocorre com alguns casos, os COCs também podem bloquear a implantação no útero e inibir o transporte dos óvulos e espermatozoides nas tubas uterinas.

Progestinas espessam o muco cervical, dificultando a entrada dos espermatozoides no útero. *Pílulas que contêm apenas progestina* engrossam o muco cervical e podem bloquear a implantação no útero, mas não inibem a ovulação de forma consistente.

Entre os benefícios não contraceptivos dos anticoncepcionais orais estão a regulação da duração do ciclo menstrual e a diminuição do fluxo menstrual (e, portanto, a diminuição do risco de anemia). A pílula também fornece proteção contra os cânceres endometrial e ovariano e reduz o risco de endometriose. Contudo, os anticoncepcionais orais podem não ser recomendados para mulheres com histórico de distúrbios de coagulação sanguínea, lesão dos vasos sanguíneos encefálicos, enxaquecas, hipertensão, disfunção do fígado ou cardiopatias. As mulheres fumantes que tomam a pílula enfrentam chances muito maiores de um ataque do coração ou acidente vascular encefálico (AVE) do que as usuárias de pílula não fumantes. As fumantes deveriam parar de fumar ou utilizar um método alternativo para o controle da natalidade.

A seguir, são descritas diversas variações de métodos hormonais orais de contracepção.

- **Pílula combinada.** A ***pílula combinada*** contém progestina e estrogênios e, geralmente, é ingerida uma vez ao dia, durante três semanas, para evitar a gravidez e regular o ciclo menstrual. As pílulas ingeridas durante a quarta semana são inativas (não contêm hormônios) e permitem que a menstruação ocorra. Um exemplo é a Yasmin®.
- **Pílula de controle da natalidade de ciclo prolongado.** Contendo progestina e estrogênios, a ***pílula de controle da natalidade de ciclo prolongado*** é ingerida uma vez ao dia em ciclos de 3 meses com 12 semanas de comprimidos contendo hormônios, seguidas por uma semana de pílulas inativas. A menstruação ocorre durante a 13ª semana. Um exemplo é a Seasonale®.
- **Minipílula.** A ***minipílula*** contém apenas uma baixa dose de progestina e é ingerida todos os dias do mês. Um exemplo é a Micronar®.

Métodos hormonais *não orais* de contracepção também estão disponíveis. Entre esses estão os seguintes:

- **Adesivo cutâneo contraceptivo.** O ***adesivo cutâneo contraceptivo*** (Ortho Evra®) contém progestina e estrogênios administrados por meio de um adesivo cutâneo, colocado na face externa superior do braço, no dorso, na parte inferior do abdome ou nas nádegas, uma vez por semana durante três semanas. Após uma semana, o adesivo é retirado de um local e, em seguida, substituído por um novo aplicado em outro local. Durante a quarta semana, a mulher não usa adesivo.
- **Anel contraceptivo vaginal.** Um anel flexível com diâmetro de aproximadamente 5 cm de diâmetro, o ***anel contraceptivo vaginal*** (NuvaRing®) contém estrogênios e progesterona, sendo inserido pela própria mulher na vagina. É deixado na vagina durante três semanas para evitar a concepção e, em seguida, removido por uma semana para permitir a menstruação.
- **Contracepção de emergência (CE).** A ***CE***, também conhecida como a *pílula do dia seguinte*, consiste apenas em progestina e estrogênios para evitar a gravidez após uma relação sexual desprotegida. Os níveis relativamente altos de estrogênios e progestina nas pílulas para CE proporcionam inibição da secreção de FSH e LH. A perda dos efeitos estimulantes desses hormônios gonadotróficos faz os ovários cessarem a secreção de seus próprios estrogênios e progesterona. Por sua vez, os níveis decrescentes de estrogênios e progesterona induzem o desprendimento do revestimento uterino, bloqueando, desse modo, a implantação. Uma pílula é ingerida o mais cedo possível, no máximo 72 horas após a relação sexual sem proteção. A segunda pílula precisa ser ingerida 12 horas após a primeira. As pílulas atuam da mesma forma que as pílulas para o controle da natalidade regulares.
- **Injeções de hormônio.** ***Injeções de hormônio*** são progestinas injetáveis, como a Depo-provera®, administradas por via intramuscular por um profissional de saúde a cada três meses.

Dispositivos intrauterinos

Um ***dispositivo intrauterino*** (***DIU***) é um pequeno objeto feito de plástico, cobre ou aço inoxidável que é inserido na cavidade do útero. Os DIUs impedem que a fertilização ocorra, bloqueando a entrada dos espermatozoides nas tubas uterinas. O DIU mais frequentemente utilizado nos Estados Unidos, atualmente, é o Copper T 380A®,*

*N. de R.T. Este modelo de DIU também é utilizado no Brasil.

aprovado para até 10 anos de uso e com eficácia em longo prazo comparável à da laqueadura tubária. Algumas mulheres não podem utilizar DIU, em virtude de expulsão, sangramento ou desconforto.

Espermicidas

Várias espumas, cremes, geleias, supositórios e duchas que contêm agentes exterminadores de espermatozoides ou ***espermicidas*** tornam a vagina e o colo do útero desfavoráveis para a sobrevivência dos espermatozoides e estão disponíveis sem prescrição. São inseridos na vagina antes da relação sexual. O espermicida mais amplamente utilizado é o *nonoxinol-9*, que destrói os espermatozoides por ruptura da membrana plasmática. Um espermicida é mais eficaz quando utilizado em conjunto com um método de barreira, como preservativo masculino, preservativo feminino, diafragma ou capuz cervical.

Métodos de barreira

Métodos de barreira usam uma barreira física e são projetados para impedir que os espermatozoides tenham acesso à cavidade uterina e às tubas uterinas. Além de evitarem a gravidez, os métodos de barreira também fornecem proteção contra doenças sexualmente transmissíveis (DSTs), como a AIDS. Em contrapartida, os anticoncepcionais orais e DIUs não conferem tal proteção. Entre os métodos de barreira estão os preservativos masculino e feminino, o diafragma e o capuz cervical.

O ***preservativo masculino*** é um revestimento de látex não poroso que reveste o pênis e impede a deposição de espermatozoides no sistema genital feminino. O ***preservativo feminino*** tem a finalidade de evitar a entrada de espermatozoides no útero. É constituído de dois anéis flexíveis unidos por uma bainha de poliuretano. Um anel se encontra no interior da bainha e é inserido para se ajustar sobre o colo do útero; o outro anel permanece para fora da vagina e cobre os órgãos genitais femininos externos. O ***diafragma*** é uma estrutura cupuliforme de borracha que se encaixa sobre o colo do útero, e utilizada em conjunto com um espermicida. É inserido até seis horas antes da relação sexual. O diafragma impede a passagem da maioria dos espermatozoides para o colo do útero, e o espermicida destrói a maioria dos espermatozoides ao redor. Embora o uso do diafragma diminua o risco de algumas DSTs, não protege totalmente contra a infecção pelo HIV. O ***capuz cervical*** se assemelha ao diafragma, mas é menor e mais rígido. Encaixa-se confortavelmente sobre o colo do útero e precisa ser inserido por um profissional de saúde. Espermicidas devem ser usados com o capuz cervical.

Abstinência periódica

Um casal usa o seu conhecimento a respeito das alterações fisiológicas que ocorrem durante o ciclo reprodutivo feminino para decidir se abster da relação sexual naqueles dias, quando a gravidez é um resultado provável, ou planejar a relação sexual nesses dias se desejarem ter filhos. Em mulheres com ciclos menstruais normais e regulares, esses eventos fisiológicos ajudam a predizer o dia da provável ovulação.

O primeiro método fisiologicamente fundamentado, desenvolvido na década de 1930, é conhecido como o ***método do ritmo***. Inclui a abstenção da atividade sexual nos dias de provável ovulação em cada ciclo reprodutivo. Durante esse período (três dias antes da ovulação, o dia da ovulação e três dias após a ovulação), o casal se abstém da relação sexual. A eficiência do método do ritmo para controle da natalidade é fraca em muitas mulheres, em razão da irregularidade dos ciclos reprodutivos.

Outro sistema é o ***método sintotérmico*** (***STM***, do inglês *sympto-thermal method*), um método baseado na compreensão da fertilidade natural de planejamento familiar, usado para evitar ou concluir a gravidez. O STM utiliza marcadores fisiológicos que flutuam normalmente para determinar a ovulação, como um aumento na temperatura basal do corpo e a produção abundante de muco cervical elástico transparente, que se assemelha a uma clara de ovo crua. Esses indicadores, ao refletirem as alterações hormonais que controlam a fertilidade feminina, fornecem um sistema de dupla verificação, pelo qual uma mulher sabe quando está fértil ou não. A relação sexual é evitada durante o período fértil para impedir a gravidez. Usuárias do STM observam e acompanham em um gráfico essas alterações, interpretando-as de acordo com regras precisas.

Aborto

Aborto se refere à expulsão prematura dos produtos da concepção do útero, em geral antes da 20ª semana de gestação. Um aborto pode ser *espontâneo* (ocorrendo naturalmente; também chamado de *natural*) ou *induzido* (realizado intencionalmente).

Existem diversos tipos de abortos induzidos. Um emprega ***mifepristona***, também conhecida como RU-486. É um hormônio aprovado apenas nas gestações de 9 semanas ou menos, quando usado com misoprostol (uma prostaglandina). Mifepristona é uma antiprogestina: bloqueia a ação da progesterona, ligando-se aos receptores de progesterona e bloqueando-os. Progesterona prepara o endométrio do útero para implantação e, em seguida, mantém o revestimento do útero após a implantação. Se o nível de progesterona diminuir após a gravidez, ou se a ação do hormônio for bloqueada, a menstruação ocorre, e o embrião se desprende junto com o revestimento do útero. No período de 12 horas após a administração da mifepristona, o endométrio começa a se degenerar e, em 72 horas, começa a se desprender. Misoprostol estimula as contrações do útero e é administrado após a mifepristona para auxiliar na expulsão do endométrio.

Outro tipo de aborto induzido é chamado de ***aspiração a vácuo*** (sucção) e é realizado até a 16ª semana de gravidez. Um tubo flexível pequeno, preso a uma fonte de vácuo, é inserido no útero pela vagina. O embrião ou feto, a placenta e o revestimento do útero são removidos por sucção. Para gestações entre a 13ª e a 16ª semanas, é comumente usada uma técnica chamada ***dilatação e evacuação***. Após a dilatação do colo do útero, sucção e pinça são usados para remover o feto, a placenta e o revestimento do útero. A partir da 16ª até a 24ª semanas, um ***aborto tardio*** pode ser empregado, utilizando métodos cirúrgicos semelhantes à dilatação e à evacuação usando solução salina ou por meio de métodos não cirúrgicos usando solução salina ou medicamentos parta induzir o aborto. O trabalho de parto pode ser induzido usando-se supositórios vaginais, infusão intravenosa ou injeções no líquido amniótico pelo útero.

TESTE SUA COMPREENSÃO

14. Como os anticoncepcionais orais reduzem a probabilidade de gravidez?
15. Como alguns métodos de controle da natalidade protegem contra doenças sexualmente transmissíveis?

23.5 Envelhecimento e sistemas genitais

OBJETIVO

- Descrever os efeitos do envelhecimento sobre os sistemas genitais.

Durante a primeira década de vida, o sistema genital se encontra em um estado juvenil. Por volta dos 10 anos de idade, mudanças influenciadas por hormônios começam a ocorrer em ambos os sexos. ***Puberdade*** (idade de maturação) é o período no qual as características sexuais secundárias começam a se desenvolver, e o potencial para a reprodução sexual é atingido. O início da puberdade é caracterizado por pulsos de secreção de LH e FSH, cada um desencadeado por um pulso de GnRH. Os estímulos que provocam os pulsos de GnRH ainda não são claros, mas uma função desempenhada pelo hormônio leptina está começando a se revelar. Pouco antes da puberdade, os níveis de leptina se elevam em proporção à massa de tecido adiposo. A leptina pode sinalizar ao hipotálamo que as reservas de energia de longo prazo (triglicerídeos no tecido adiposo) são adequadas para as funções reprodutivas se iniciarem.

Nas mulheres, o ciclo reprodutivo normalmente ocorre uma vez a cada mês, desde a ***menarca***, primeira menstruação, até a ***menopausa***, cessação permanente das menstruações. Assim, o sistema genital feminino tem um período de tempo limitado de fertilidade, entre a menarca e a menopausa. Entre os 40 e 50 anos de idade, o conjunto de folículos ováricos remanescentes se esgota. Como resultado, os ovários se tornam menos responsivos à estimulação hormonal. A produção de estrogênios diminui, apesar da secreção abundante de FSH e LH pela adeno-hipófise. Muitas mulheres experimentam ondas de calor e transpiração intensa, que coincidem com os pulsos de liberação de GnRH. Outros sintomas da menopausa são cefaleia, queda de cabelo, dores musculares, ressecamento vaginal, insônia, depressão, ganho de peso e oscilações de humor. Certo grau de atrofia de ovários, tubas uterinas, útero, vagina, órgãos genitais externos e mamas ocorrem em mulheres pós-menopáusicas. Em razão da perda de estrogênios, a maioria das mulheres, após a menopausa, experimenta um declínio na densidade mineral óssea. O desejo sexual (libido) não apresenta um declínio paralelo; pode ser mantido por andrógenos suprarrenais. O risco de desenvolver câncer de útero atinge seu ponto máximo por volta dos 65 anos de idade, mas o câncer de colo do útero é mais comum em mulheres mais jovens.

Nos homens, o declínio da função reprodutiva é muito mais sutil do que nas mulheres. Os homens saudáveis frequentemente retêm a capacidade reprodutiva até os 80 ou 90 anos. Por volta dos 55 anos de idade, um declínio na síntese de testosterona provoca redução da força muscular, menos espermatozoides viáveis e diminuição do desejo sexual. Contudo, espermatozoides em abundância podem estar presentes mesmo na velhice.

O aumento da próstata de 2 a 4 vezes seu tamanho normal ocorre em aproximadamente um terço de todos os homens acima dos 60 anos de idade. Essa condição, chamada de ***hiperplasia prostática benigna*** (***HPB***), é caracterizada por micção frequente, noctúria (urinar na cama), hesitação na micção, diminuição da força do fluxo urinário, gotejamento pós-miccional e uma sensação de esvaziamento incompleto.

TESTE SUA COMPREENSÃO

17. Que alterações ocorrem nos homens e nas mulheres durante a puberdade?
18. O que significam os termos *menarca* e *menopausa*?

• • •

Para conhecer as muitas maneiras pelas quais o sistema genital contribui para a homeostasia de outros sistemas do corpo, leia o Foco na Homeostasia: Os Sistemas Genitais. A seguir, no Capítulo 24, você explorará os principais eventos que ocorrem durante a gravidez e descobrirá como a genética (herança) desempenha um papel importante no desenvolvimento de uma criança.

FOCO na HOMEOSTASIA

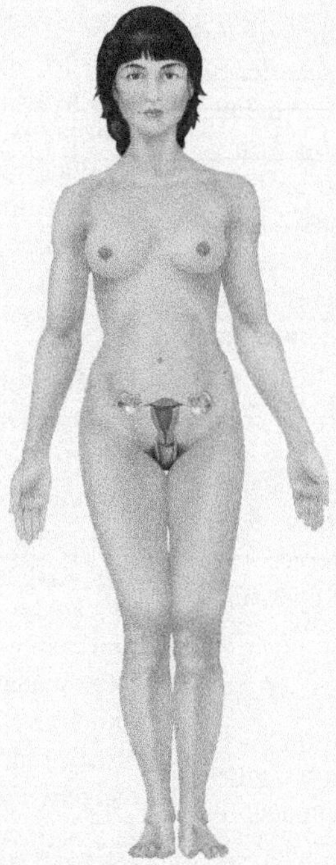

CONTRIBUIÇÕES DOS SISTEMAS GENITAIS

PARA TODOS OS SISTEMAS DO CORPO

- Os sistemas genitais masculino e feminino produzem gametas (ovócitos e espermatozoides) que se unem para formar embriões e fetos, contendo células que se dividem e se diferenciam para formar todos os sistemas orgânicos do corpo

TEGUMENTO COMUM

- Os andrógenos promovem o crescimento dos pelos corporais
- Os estrogênios estimulam a deposição de gordura nas mamas, no abdome e nos quadris
- As glândulas mamárias produzem leite.
- A pele distende durante a gravidez à medida que o feto aumenta

SISTEMA ESQUELÉTICO

- Os andrógenos e os estrogênios estimulam o crescimento e a manutenção dos ossos do sistema esquelético

SISTEMA MUSCULAR

- Os andrógenos estimulam o crescimento dos músculos esqueléticos

SISTEMA NERVOSO

- Os andrógenos influenciam a libido (impulso sexual).
- Os estrogênios podem desempenhar uma função no desenvolvimento de determinadas regiões do encéfalo nos homens

SISTEMA ENDÓCRINO

- A testosterona e os estrogênios exercem efeitos de retroalimentação sobre o hipotálamo e a adeno-hipófise

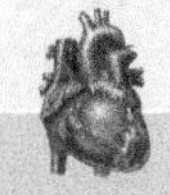

SISTEMA CIRCULATÓRIO

- Os estrogênios diminuem o nível de colesterol no sangue e podem reduzir o risco de doença arterial coronariana em mulheres com menos de 50 anos de idade

SISTEMA LINFÁTICO E IMUNIDADE

- A presença de uma substância química similar aos antibióticos no sêmen e o pH ácido do fluido vaginal fornecem imunidade inata contra microrganismos no sistema genital

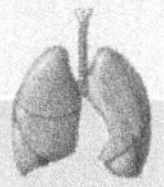

SISTEMA RESPIRATÓRIO

- A excitação sexual aumenta a taxa e a intensidade da respiração

SISTEMA DIGESTÓRIO

- A presença do feto durante a gravidez comprime os órgãos digestórios, produzindo azia e constipação

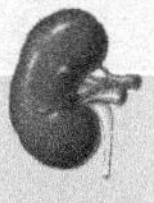

SISTEMA URINÁRIO

- No homem, a porção da uretra que se estende pela próstata e pelo pênis é uma via de passagem para a urina e para o sêmen

DISTÚRBIOS COMUNS

Distúrbios do sistema genital nos homens

Câncer de testículo

O ***câncer de testículo*** é o câncer mais comum, e também um dos mais curáveis, em homens entre 20 e 35 anos de idade. Mais de 95% dos cânceres testiculares se originam de células espermatogênicas nos túbulos seminíferos contorcidos. Um sinal precoce de câncer de testículo é uma massa no testículo, frequentemente associada a uma sensação de peso testicular ou a uma dor vaga na parte inferior do abdome; geralmente não há dor. Para aumentar a probabilidade de detecção precoce de um câncer de testículo, todos os homens devem fazer autoexame regular dos testículos. O exame deve ser feito no início da adolescência e, daí em diante, uma vez por mês. Após um banho ou ducha quente (quando a pele do escroto está frouxa e relaxada) cada testículo deve ser examinado da seguinte forma: pegue o testículo e suavemente role-o entre o indicador e o polegar, procurando nódulos, tumefações, rigidez ou outras alterações; se perceber um nódulo, consulte um médico assim que possível.

Distúrbios da próstata

Como a próstata circunda parte da uretra, qualquer infecção prostática, hipertrofia ou tumor obstrui o fluxo de urina. As infecções agudas e crônicas da próstata são comuns em homens adultos, frequentemente em associação com inflamação da uretra. Na ***prostatite aguda***, a próstata se torna inchada e hipersensível. A ***prostatite crônica*** é uma das infecções crônicas mais comuns em homens de meia-idade e de idade mais avançada; no exame, sente-se a próstata aumentada, macia, muito sensível, e o contorno de sua superfície é irregular.

O ***câncer de próstata**** é a principal causa de morte por câncer em homens nos Estados Unidos. Um exame de sangue mede o nível do PSA no sangue. A quantidade de PSA, que é produzido apenas pelas células epiteliais da próstata, aumenta com a hipertrofia da próstata e pode indicar infecção, hipertrofia benigna ou câncer de próstata. Os homens com mais de 40 anos de idade devem se submeter a um exame anual da próstata. Em um ***exame retal digital***, um médico palpa a próstata pelo reto, com os dedos. Muitos médicos também recomendam um teste de PSA anual para homens com mais de 50 anos. O tratamento para o câncer de próstata pode envolver cirurgia, radiação, terapia hormonal e quimioterapia. Como muitos cânceres de próstata crescem muito lentamente, alguns urologistas recomendam uma "espera vigilante" antes de tratar pequenos tumores em homens com mais de 70 anos de idade.

Distúrbios do sistema genital nas mulheres

Tensão pré-menstrual

A ***tensão pré-menstrual*** (***TPM***) é um distúrbio cíclico de estresse físico e emocional grave. Aparece durante a fase pós-ovulatória do ciclo reprodutivo feminino e desaparece abruptamente quando a menstruação começa. Os sinais e sintomas são muito variáveis de uma mulher para outra. Podem incluir edema, ganho de peso, inchaço e sensibilidade da mama, distensão abdominal, dor nas costas, dor articular, constipação, erupções cutâneas, fadiga e letargia, sono excessivo, depressão ou ansiedade, irritabilidade, oscilações de humor, dor de cabeça, má coordenação e falta de jeito, e desejo por alimentos doces ou salgados. A causa da TPM é desconhecida. Para algumas mulheres, fazer exercícios regulares, evitar cafeína, sal e álcool e ingerir uma alimentação rica em carboidratos complexos e proteínas de carnes magras pode trazer alívio considerável.

Endometriose

Endometriose é caracterizada pelo crescimento do tecido endometrial fora do útero. O tecido entra na cavidade pélvica por uma abertura nas tubas uterinas e pode ser encontrado em qualquer um dos vários locais – ovários, face externa do útero, colo sigmoide, linfonodos pélvicos e abdominais, colo do útero, parede abdominal, rins e bexiga urinária. O tecido endometrial responde às flutuações hormonais, quer esteja dentro ou fora do útero, primeiramente por proliferação, em seguida por rompimento e sangramento. Quando isso ocorre fora do útero, provoca inflamação, dor, cicatriz e infertilidade. Os sintomas incluem dor pré-menstrual ou dor menstrual intensa.

Câncer de mama

Uma em oito mulheres, nos Estados Unidos, enfrenta a probabilidade de ***câncer de mama***.** Após o câncer de pulmão, é a segunda principal causa de morte por câncer nas mulheres norte-americanas. O câncer de mama ocorre nos homens, mas é raro. Nas mulheres, o câncer de mama raramente é visto antes dos 30 anos de idade; sua incidência cresce rapidamente após a menopausa. Uma estimativa de 5% dos 180.000 casos diagnosticados todos os anos nos Estados Unidos, especialmente aqueles que se originam em mulheres jovens, são decorrentes de mutações genéticas hereditárias (alterações no DNA). Pesquisadores, atualmente, identificaram dois genes que aumentam a suscetibilidade para o câncer de mama: *BRCA1* (câncer de mama 1) e *BRCA2*. A mutação do *BRCA1* também confere um risco grande para câncer ovariano. Além disso, mutações no gene *p53* aumentam o risco de câncer de mama, tanto em homens quanto em mulheres, e mutações do gene receptor de andrógeno estão associadas com a ocorrência de câncer de mama em alguns homens. Como o câncer de mama, em geral, não é doloroso até se tornar muito avançado, qualquer nódulo, não importa o tamanho, deve ser relatado a um médico imediatamente. A detecção precoce pelo autoexame da mama e mamografias é a melhor maneira de aumentar a chance de sobrevivência.

A técnica mais eficiente para detectar tumores menores do que 1 cm de diâmetro é a ***mamografia***, um tipo de radiografia usando uma chapa radiográfica muito sensível. A imagem da mama, chamada ***mamograma***, é obtida, com melhor reso-

*N. de R.T. No Brasil, o câncer de próstata é o segundo mais comum entre os homens. Número de mortes em 2013 foi de 13.772 homens.

**N. de R.T. É o tipo de câncer mais comum entre as mulheres no Brasil. Número de mortes em 2013 foi de 14.206 mulheres.

lução, comprimindo-se as mamas, uma de cada vez, usando placas planas. Um procedimento suplementar para avaliação de anormalidades da mama é a ***ultrassonografia***, embora não consiga detectar tumores menores do que 1 cm de diâmetro (o que a mamografia consegue). Pode ser utilizada para determinar se um nódulo é um cisto benigno preenchido por líquido ou um tumor sólido (e, portanto, possivelmente maligno).

Entre os fatores que aumentam o risco de desenvolvimento de câncer de mama estão (1) histórico familiar de câncer de mama, especialmente na mãe ou na irmã; (2) nuliparidade (condição da mulher que nunca deu à luz) ou primeira gravidez após os 35 anos de idade; (3) câncer prévio em uma mama; (4) exposição a radiações ionizantes, como raios X; (5) consumo excessivo de álcool; e (6) tabagismo.

A *American Cancer Society* recomenda os seguintes passos para auxiliar no diagnóstico do câncer de mama o mais cedo possível:

- Todas as mulheres com mais de 20 anos devem desenvolver o hábito do autoexame mensal das mamas.
- Um médico deve examinar as mamas a cada 3 anos, quando uma mulher tiver entre 20 e 40 anos de idade, e a cada ano depois dos 40 anos de idade.
- Uma mamografia deve ser feita nas mulheres entre os 35 e os 39 anos de idade, para ser utilizada mais tarde para comparação (mamografia de base).
- Mulheres sem sintomas devem fazer uma mamografia a cada ano, após os 40 anos de idade.
- Mulheres de qualquer idade com histórico de câncer de mama, ocorrência familiar elevada da doença ou outros fatores de risco devem consultar um médico para determinar um cronograma para a mamografia.

Em novembro de 2009, o *United States Preventive Services Task Force* (USPSTF) emitiu uma série de recomendações relativas ao exame de câncer de mama para mulheres com risco normal para a doença, isto é, mulheres que não apresentam sinais ou sintomas e nem risco elevado para câncer de mama (por exemplo, sem história familiar). Essas recomendações são as seguintes:

- Mulheres com idade entre 50-74 anos devem fazer um mamograma a cada 2 anos.
- Mulheres acima dos 75 anos não devem fazer mamogramas.
- Autoexame da mama não é necessário.

O tratamento para o câncer de mama pode envolver terapia hormonal, quimioterapia, radioterapia, ***lumpectomia*** (a remoção do tumor e do tecido imediatamente circundante), mastectomia modificada ou radical ou uma combinação dessas abordagens. Uma ***mastectomia radical*** inclui a remoção da mama afetada, juntamente com os músculos peitorais subjacentes e os linfonodos axilares. Os linfonodos são removidos porque a metástase de células cancerosas, geralmente, ocorre por meio dos vasos linfáticos ou sanguíneos. A radioterapia e a quimioterapia podem ser feitas após a cirurgia para assegurar a destruição de quaisquer células cancerosas dispersas.

Diversos tipos de medicamentos quimioterápicos são usados para reduzir o risco de recidiva ou progressão da doença. Tamoxifeno é um antagonista para estrogênios que se liga a receptores para estrogênios e os bloqueia, diminuindo, assim, o efeito estimulante dos estrogênios sobre as células cancerígenas da mama. Tamoxifeno é usado há 20 anos e reduz consideravelmente o risco de recorrência de câncer. *Herceptin*®, um medicamento anticorpo monoclonal, visa um antígeno na superfície das células cancerígenas da mama. É eficiente na regressão dos tumores e no retardamento da progressão da doença. Os dados iniciais, provenientes dos estudos clínicos de dois novos medicamentos, *Femara*® e *Amimidex*®, mostram taxas de reincidência menores do que aquelas do tamoxifeno. Esses fármacos são inibidores da aromatase, a enzima necessária para o passo final na síntese dos estrogênios. Finalmente, dois medicamentos – tamoxifeno e *Evista*® (*raloxifeno*) – estão sendo comercializados para a *prevenção* do câncer de mama. É interessante observar que o raloxifeno bloqueia os receptores para estrogênio nas mamas e no útero, mas ativa os receptores para estrogênio no osso. Portanto, é usado para tratar osteoporose, sem aumentar o risco de câncer de mama ou do endométrio (útero).

Câncer ovariano e câncer de colo do útero

Embora o ***câncer ovariano*** seja a sexta forma mais comum de câncer em mulheres, é a principal causa de morte proveniente de todas as malignidades ginecológicas (excluindo o câncer de mama), porque só é percebido quando a metástase está além dos ovários. Os fatores de risco associados ao câncer de ovário incluem idade (geralmente acima de 50 anos de idade); raça (as mulheres brancas estão em maior risco); história familiar de câncer de ovário; mais de 40 anos de ovulação ativa; nuliparidade ou primeira gravidez depois dos 30 anos de idade; alimentação rica em gordura, pobre em fibras e deficiente em vitamina A; e exposição prolongada a asbesto e talco. O câncer ovariano inicial não apresenta sintomas ou aqueles associados com outros problemas comuns, como desconforto abdominal, azia, náusea, perda de apetite, inchaço e flatulência. Os sinais e sintomas tardios incluem aumento do abdome, dor abdominal e/ou pélvica, perturbações gastrintestinais persistentes, complicações urinárias, irregularidades menstruais e sangramento menstrual intenso.

Câncer de colo do útero é um carcinoma do colo do útero que acomete aproximadamente 12.000 mulheres por ano nos Estados Unidos, com uma taxa de mortalidade, anualmente, em torno de 4.000.* Começa com uma condição pré-cancerígena, chamada **displasia de colo do útero (cervical)**, uma alteração no número, no formato e no crescimento das células do colo do útero, em geral células escamosas. Algumas vezes as células anormais retornam ao normal; outras vezes evoluem para câncer, o qual, em geral, se desenvolve lentamente. Na maioria dos casos, o câncer de colo do útero é detectado em seus estágios mais iniciais por um esfregaço de Papanicolaou. (Ver Correlação Clínica: Teste de Esfregaço de Papanicolaou, na Seção 4.2). Quase todos os cânceres de colo do útero são provocados

*N. de R.T. É o terceiro tumor mais frequente nas mulheres e a quarta causa de morte por câncer entre as brasileiras. O número de mortes em 2013 foi de 5.430 mulheres.

por diversos tipos de papilomavírus humano (HPV)* outros tipos de HPV provocam verrugas vaginais (descritas posteriormente). Estima-se que aproximadamente 20 milhões de norte-americanos estejam, atualmente, infectados com HPV. Não maioria dos casos, o corpo combate o HPV por meio de suas respostas imunes, mas algumas vezes ele provoca câncer, que leva anos para se desenvolver. HPV é transmitido via sexo vaginal, anal e oral; o(a) parceiro(a) infectado(a) pode não apresentar quaisquer sinais ou sintomas. Os sinais e sintomas de câncer de colo do útero incluem sangramento vaginal anormal (sangramento entre menstruações, após a relação sexual ou após a menopausa, menstruações mais intensas e mais longas do que as menstruações normais ou secreção vaginal contínua, que pode ser pálida ou tingida de sangue). Há diversas maneiras de reduzir o risco de infecção por HPV. Essas incluem evitar práticas sexuais arriscadas (sexo sem proteção, sexo em idade muito precoce, múltiplos parceiros sexuais ou parceiros que se envolvem em atividades sexuais de alto risco), ter um sistema imune resistente e tomar a vacina contra HPV. Duas vacinas estão disponíveis para proteção masculina e feminina contra os tipos de HPV que provocam a maioria dos tipos de câncer de colo do útero (Gardasil® e Ceravix®). As opções de tratamento incluem o *procedimento de excisão eletrocirúrgica* (*LEEP*, do inglês *loop electrosurgical excision procedure*); *crioterapia*, o congelamento de células anormais; *laserterapia*, o uso de luz para queimar tecido anormal; *histerectomia*, *histerectomia radical*, *exenteração (evisceração) pélvica*, a remoção dos órgãos pélvicos; *radiação* e *quimioterapia*.

Candidíase vulvovaginal

Candida albicans é um fungo semelhante à levedura, responsável pela ***candidíase vulvovaginal***, a forma mais comum de vaginite, inflamação da vagina. A candidíase, comumente referida como uma micose, é caracterizada por prurido intenso, secreção caseosa amarela e espessa, odor de levedura (acre) e dor. O distúrbio, vivenciado pelo menos uma vez por aproximadamente 75% das mulheres, é geralmente resultado da proliferação do fungo, após antibioticoterapia para outra condição. As condições predisponentes incluem uso de anticoncepcionais orais ou medicamentos semelhantes à cortisona, gravidez e diabetes.

Doenças sexualmente transmissíveis

Uma ***doença sexualmente transmissível*** (***DST***) é aquela disseminada pelo contato sexual. A AIDS e a hepatite B são DSTs que também podem ser contraídas de outras formas, e são discutidas nos Capítulos 17 e 19, respectivamente.

Clamídia

Clamídia é uma DST provocada pela bactéria *Chlamydia trachomatis*. Essa bactéria incomum não pode se reproduzir fora das células do corpo; "disfarça-se" dentro das células, nas quais se divide. Atualmente, a clamídia é a DST mais prevalente nos Estados Unidos.** Na maioria dos casos, a infecção inicial é assintomática e, assim, difícil de reconhecer clinicamente. Nos homens, a uretrite é o resultado principal, provocando corrimento transparente e micção ardente, frequente e dolorosa. Sem tratamento, os epidídimos também podem se tornar inflamados, levando à esterilidade masculina. Em 70% das mulheres com clamídia, os sintomas estão ausentes, mas a clamídia é a principal causa da doença inflamatória pélvica. As tubas uterinas também podem se tornar inflamadas, aumentando o risco de infertilidade feminina, decorrente da formação de tecido cicatricial nas tubas.

Tricomoníase

Tricomoníase é uma DST muito comum e considerada a mais curável. É provocada pelo protozoário *Trichomonas vaginalis*, que é um habitante normal da vagina, nas mulheres, e da uretra, nos homens. A maioria das pessoas infectadas não apresenta quaisquer sinais ou sintomas. Quando os sintomas estão presentes, incluem coceira, ardência, dor vaginal, desconforto na urinação e uma secreção com cheiro incomum nas mulheres. Homens experimentam coceira ou irritações no pênis, ardência após a urinação ou ejaculação ou um pouco de secreção. Tricomoníase aumenta o risco de infecção para outras DSTs, como HIV e gonorreia.

Gonorreia

Gonorreia é provocada pela bactéria *Neisseria gonorrhoeae*. As secreções das túnicas mucosas infectadas são a fonte de transmissão das bactérias durante o contato sexual ou durante a passagem de um recém-nascido pelo canal do parto. Os homens geralmente experimentam uretrite, com drenagem profusa de pus e micção dolorosa. Nas mulheres, a infecção ocorre normalmente na vagina, frequentemente com um corrimento purulento; a infecção e a consequente inflamação prosseguem a partir da vagina para o útero, as tubas uterinas e a cavidade pélvica. A cada ano, milhares de mulheres se tornam inférteis pela gonorreia, como resultado da formação de tecido cicatricial que fecha as tubas uterinas. A transmissão das bactérias, no canal do parto, para os olhos de um recém-nascido resulta em cegueira.

Sífilis

Sífilis, provocada pela bactéria *Treponema pallidum*, é transmitida por meio de contato sexual ou transfusão de sangue, ou por meio da placenta para o feto. A doença passa por vários estágios. Durante o *estágio primário*, o principal sinal é uma ferida aberta indolor chamada ***cancro***, no ponto de contato. O cancro se cura no período de 1 a 5 semanas. De 6 a 24 semanas mais tarde, sinais e sintomas como erupção cutânea, febre e dores nas articulações e músculos anunciam o *estágio secundário*, que é sistêmico – a infecção se dissemina para todos os principais sistemas do corpo. Quando surgem sinais de degeneração orgânica, diz-se que a doença está no *terceiro estágio*. Se o sistema nervoso estiver comprometido, o terceiro estágio é chamado ***neurossífilis***. À medida que as áreas motoras se tornam extensamente danificadas, as vítimas podem ser incapazes de controlar a urina e os movimentos intestinais; finalmente podem se tornar acamadas, incapazes até mesmo de se alimentar. O dano ao córtex cerebral produz perda de memória e mudanças de personalidade que vão de irritabilidade a alucinações.

---

*N. de R.T. Segundo dados da Organização Mundial da Saúde, o HPV atingia 685.400 mulheres no Brasil em 2011.

**N. de R.T. No Brasil, cerca de 10% das mulheres jovens (15 e 24 anos) estavam infectadas em 2011.

Herpes genital

Herpes genital é provocada pelo vírus herpes simples tipo 2 (HSV-2), produzindo bolhas dolorosas no prepúcio, na glande e no corpo do pênis, nos homens, e no pudendo feminino ou, algumas vezes, no fundo da vagina, nas mulheres. As bolhas desaparecem e reaparecem na maioria dos pacientes, mas o vírus em si permanece no corpo; não há cura. Um vírus relacionado, o vírus herpes simples tipo 1 (HSV-1), que não é uma DST, provoca lesões cutâneas abertas (aftas) na boca e nos lábios. Indivíduos infectados normalmente experimentam recorrências dos sintomas várias vezes ao ano.

Verrugas genitais

Verrugas genitais normalmente aparecem como protuberância simples ou múltipla, na área genital, e são provocadas por diversos tipos de HPV. As lesões são planas ou elevadas, pequenas ou grandes, ou com formato semelhante ao de uma couve-flor, com múltiplas projeções digitiformes. Quase um milhão de pessoas nos Estados Unidos desenvolvem verrugas genitais anualmente. Verrugas genitais são transmitidas sexualmente e podem aparecer semanas ou meses após o contato sexual, mesmo que um parceiro infectado não apresente os sinais ou sintomas da doença. Na maioria dos casos, o sistema imune se defende contra o HPV, e as células infectadas retornam ao normal no período de dois anos. Quando a imunidade é ineficaz, aparecem lesões. Não há cura para as verrugas genitais, embora géis tópicos sejam tratamentos frequentemente uteis. Como observado anteriormente, a vacina Gardasil® está disponível para proteção contra a maioria das verrugas genitais.

TERMINOLOGIA E CONDIÇÕES MÉDICAS

Amenorreia Ausência de menstruação; pode ser provocada por desequilíbrio hormonal, obesidade, perda de peso extrema ou gordura corporal muito baixa, como pode ocorrer durante o treinamento atlético rigoroso.

Castração Remoção, inativação ou destruição das gônadas; comumente usada em referência apenas à remoção dos testículos.

Cisto ovariano A forma mais comum de tumor ovariano, na qual um folículo cheio de líquido, ou o corpo lúteo, persiste e continua crescendo.

Colposcopia Inspeção visual da vagina e do colo do útero usando um colposcópio, instrumento que possui uma lente de aumento (entre 5 e 50 vezes) e uma luz. O procedimento geralmente ocorre após um esfregaço de Papanicolaou incomum.

Curetagem endocervical Procedimento no qual o colo do útero é dilatado, e o endométrio do útero é raspado com um instrumento em forma de colher chamado de cureta; comumente chamado de um D&C (dilatação e curetagem).

Dismenorreia Menstruação dolorosa; o termo é geralmente reservado para descrever sintomas menstruais graves o bastante para desregular o ciclo por um ou mais dias a cada mês. Alguns casos são provocados por tumores uterinos, cistos ovarianos, doença inflamatória pélvica ou dispositivos intrauterinos.

Dispareunia Dor durante a relação sexual. Pode ocorrer na área genital ou na cavidade pélvica, e pode ser decorrente de lubrificação inadequada, inflamação, infecção, diafragma ou capuz cervical ajustados inadequadamente, endometriose, doença inflamatória pélvica, tumores pélvicos ou ligamentos uterinos enfraquecidos.

Doença inflamatória pélvica (DIP) Termo coletivo para qualquer infecção bacteriana extensiva dos órgãos pélvicos, especialmente útero, tubas uterinas ou ovários, caracterizada por desconforto pélvico, dor lombar inferior, dor abdominal e uretrite. Frequentemente os sintomas iniciais da DIP ocorrem logo após a menstruação. Conforme a infecção se espalha e os casos avançam, febre pode se desenvolver, juntamente com abscessos dolorosos nos órgãos genitais.

Esmegma Secreção, consistindo basicamente de células epiteliais descamadas, encontrada principalmente em torno dos órgãos genitais externos e, especialmente, sob o prepúcio, no homem.

Menorragia Período menstrual profuso ou excessivamente prolongado. Pode ser consequência de um distúrbio na regulação hormonal do ciclo menstrual, infecção pélvica, medicamentos (anticoagulantes), fibroides, endometriose ou DIU.

Miomas (mio- = músculo; **-oma** = tumor) Tumores não cancerosos no miométrio do útero, compostos de tecido muscular e fibroso. O crescimento parece estar relacionado a altos níveis de estrogênios. Não ocorrem antes da puberdade, e geralmente cessam o crescimento após a menopausa. Os sinais e sintomas incluem sangramento menstrual anormal e dor ou pressão na área pélvica.

Ooforectomia Remoção de ovário.

Salpingectomia Remoção de uma tuba uterina.

Teste de Papanicolaou, ou esfregaço de Papanicolaou Teste para detectar o câncer uterino, em que algumas células do colo do útero e da parte da vagina que circunda o colo do útero são removidas com um coletor e examinadas microscopicamente. As células malignas têm uma aparência característica que permite o diagnóstico mesmo antes de os sintomas ocorrerem.

REVISÃO DO CAPÍTULO

Introdução

1. A **reprodução sexual** é o processo de produção da prole pela união dos **gametas** (ovócitos e espermatozoides).
2. Os órgãos de reprodução são agrupados em **gônadas** (produzem gametas), **ductos** (transportam e armazenam gametas), **glândulas sexuais acessórias** (produzem materiais que sustentam os gametas) e **estruturas de sustentação**.

23.1 Sistema genital masculino

1. O **sistema genital masculino** inclui testículos, epidídimos, ductos deferentes, ductos ejaculatórios, uretra, glândulas seminais, próstata, glândulas bulbouretrais (de Cowper), escroto e pênis.
2. O **escroto** é um saco que sustenta e regula a temperatura dos testículos. As gônadas masculinas incluem **testículos**, órgãos ovalados no escroto que contêm os **túbulos seminíferos contorcidos**, nos quais os **espermatozoides** se desenvolvem; **células sustentaculares**, que nutrem os espermatozoides e produzem o hormônio inibina; e **células intersticiais**, que produzem o hormônio sexual testosterona.
3. A **espermatogênese** ocorre nos testículos e consiste em **meiose I**, **meiose II** e **espermiogênese**. Resulta na formação de quatro espermatozoides haploides, a partir de um **espermatócito primário**.
4. Os espermatozoides maduros consistem em uma **cabeça** e uma **cauda**. Sua função é fertilizar um ovócito secundário.
5. Na puberdade, o **hormônio liberador da gonadotrofina (GnRH)** estimula a secreção dos **hormônios luteinizante (LH)** e **folículo-estimulante (FSH)** pela adeno-hipófise. O LH estimula as células intersticiais a produzirem testosterona. O FSH e a testosterona começam a espermatogênese.
6. A **testosterona** controla o crescimento, o desenvolvimento e a manutenção dos órgãos sexuais; estimula o crescimento dos ossos, o anabolismo proteico e a maturação dos espermatozoides; e estimula o desenvolvimento das características sexuais secundárias masculinas. A **inibina** é produzida pelas células sustentaculares; sua inibição do FSH ajuda a regular a taxa de espermatogênese.
7. Os espermatozoides são transportados para fora dos testículos para um órgão adjacente, o **epidídimo**, no qual sua motilidade aumenta. O **ducto deferente** armazena os espermatozoides, impulsionando-os na direção da **uretra** durante a **ejaculação**. Os **ductos ejaculatórios** são formados pela união dos ductos das glândulas seminais e do ducto deferente e ejetam os espermatozoides na uretra. A uretra masculina passa pela próstata, pela musculatura perineal profunda e pelo pênis.
8. As **glândulas seminais** secretam um líquido alcalino viscoso que constitui aproximadamente 60% do volume do sêmen e contribui para a viabilidade dos espermatozoides. A **próstata** secreta um líquido levemente ácido que constitui aproximadamente 25% do volume do sêmen e contribui para a motilidade dos espermatozoides. As **glândulas bulbouretrais** secretam muco para lubrificação e uma substância alcalina que neutraliza a acidez.
9. O **sêmen** é uma mistura de espermatozoides e líquido seminal; fornece o líquido no qual os espermatozoides são transportados, fornece nutrientes e neutraliza a acidez da uretra masculina e da vagina.
10. O **pênis** é composto por três partes: a **raiz do pênis**, o **corpo do pênis** e a **glande do pênis**. Sua função é introduzir os espermatozoides na vagina. A expansão dos seus seios sanguíneos, sob a influência da excitação sexual, é chamada de **ereção**.

23.2 Sistema genital feminino

1. Os órgãos femininos de reprodução incluem ovários (gônadas), tubas uterinas, útero, vagina e pudendo feminino. As glândulas mamárias também são consideradas parte do sistema genital.
2. As gônadas femininas são os **ovários**, localizados na parte superior da cavidade pélvica, em ambos os lados do útero. Os ovários produzem os ovócitos secundários; liberam os ovócitos secundários (o processo de ovulação); e secretam estrogênios, progesterona, relaxina e inibina.
3. A **ovogênese** (produção de ovócitos secundários haploides) começa nos ovários. A sequência da ovogênese inclui a meiose I e a meiose II. A meiose II é completada apenas depois que um ovócito secundário ovulado é fertilizado por um espermatozoide.
4. A **tuba uterina**, que transporta um ovócito secundário de um ovário para o útero, é o local normal da fertilização.
5. O **útero** é um órgão do tamanho e da forma de uma pera invertida, que atua na menstruação, na implantação de um óvulo fertilizado, no desenvolvimento de um feto durante a gravidez e no trabalho de parto. Também faz parte da via de passagem para o espermatozoide alcançar uma tuba uterina e fertilizar um ovócito secundário. A camada mais interna da parede uterina é o **endométrio**, que sofre alterações pronunciadas durante o ciclo menstrual.
6. A **vagina** é via de passagem para o fluxo menstrual, receptáculo para o pênis durante a relação sexual e parte inferior do canal do parto. O músculo liso da parede vaginal permite que se distenda consideravelmente.
7. O pudendo feminino, um termo coletivo para os órgãos genitais femininos externos, consiste em **monte do púbis**, **lábios maiores**, **lábios menores**, **clitóris**, **vestíbulo**, **óstio da vagina** e **óstios externo** e **interno da uretra**, **glândulas parauretrais** e **glândulas vestibulares maiores**.
8. As **glândulas mamárias** das mamas femininas são glândulas sudoríferas modificadas, localizadas sobre os músculos peitorais maiores. Sua função é secretar e ejetar o leite (**lactação**). O desenvolvimento das glândulas mamárias depende dos estrogênios e da progesterona. A produção do leite é estimulada por prolactina, estrogênios e progesterona; a ejeção do leite é estimulada pela ocitocina.

23.3 Ciclo reprodutivo feminino

1. O **ciclo reprodutivo feminino** inclui os ciclos ovariano e uterino (menstrual). A função do **ciclo ovariano** é o desenvolvimento de um ovócito secundário; a do **ciclo uterino** é a preparação do endométrio, a cada mês, para receber um óvulo.
2. Os ciclos ovariano e uterino são controlados pelo GnRH, do hipotálamo, que estimula a liberação de FSH e LH, pela adeno-hipófise. O FSH estimula o desenvolvimento dos folículos e inicia a secreção de estrogênios pelos folículos. O LH estimula o desenvolvimento adicional dos folículos, a secreção de estrogênios pelas células foliculares, a ovulação, a formação do **corpo lúteo** e a secreção de progesterona e estrogênios pelo corpo lúteo.
3. Os **estrogênios** estimulam o crescimento, o desenvolvimento e a manutenção das estruturas genitais femininas; o desenvolvimento das características sexuais secundárias; e a síntese de proteínas.
4. A **progesterona** trabalha em conjunto com os estrogênios para preparar o endométrio para a implantação e as glândulas mamárias para a síntese de leite.
5. A **relaxina** aumenta a flexibilidade da sínfise púbica e ajuda a dilatar o colo do útero para facilitar o parto.
6. Durante a **fase menstrual**, parte do endométrio é eliminada, juntamente com sangue e células teciduais.
7. Durante a **fase pré-ovulatória**, um grupo de folículos nos ovários começa a sofrer maturação. Um folículo supera os outros e se torna dominante, enquanto os outros morrem. Ao mesmo tempo, o reparo endometrial ocorre no útero. Os estrogênios são os hormônios ovarianos dominantes durante a fase pré-ovulatória.
8. A **ovulação** é a ruptura do **folículo maduro** dominante (de Graaf) e a liberação de um ovócito secundário na cavidade pélvica. É desencadeada por um aumento do LH.
9. Durante a **fase pós-ovulatória**, tanto a progesterona quanto os estrogênios são secretados em grande quantidade pelo corpo lúteo do ovário, e o endométrio uterino espessa-se, em prontidão para a implantação.
10. Se a fertilização e a implantação não ocorrerem, o corpo lúteo se degenera, e os baixos níveis de progesterona e estrogênios resultantes permitem a eliminação do endométrio (menstruação), seguida pelo início de outro ciclo reprodutivo. Se a fertilização e a implantação ocorrerem, o corpo lúteo é mantido pela **gonadotrofina coriônica humana** (hCG).

23.4 Métodos de controle da natalidade e aborto

1. Métodos de controle da natalidade incluem abstinência total, esterilização cirúrgica (vasectomia, ligadura tubária), esterilização sem incisão, métodos hormonais (pílula combinada, pílula de ciclo prolongado, minipílula, adesivo cutâneo contraceptivo, anel contraceptivo vaginal, contracepção de emergência, injeções de hormônio), dispositivos intrauterinos, espermicidas, métodos de barreira (preservativo masculino, capuz vaginal, diafragma, capuz cervical) e abstinência periódica (métodos de ritmo e sintotérmico).
2. Pílulas anticoncepcionais combinadas contêm progestina e estrogênios em concentrações que diminuem a secreção de FSH e LH e, assim, inibem o desenvolvimento dos fólicos ovarianos e a ovulação, inibem o transporte dos óvulos e espermatozoides nas tubas uterinas e bloqueiam a implantação no útero.
3. No aborto, os produtos da concepção são expulsos do útero prematuramente; pode ser espontâneo ou induzido.

23.5 Envelhecimento e os sistemas genitais

1. **Puberdade** é o período de tempo em que as características sexuais secundárias começam a se desenvolver e surge o potencial para a reprodução sexual. Nas mulheres mais velhas, os níveis de progesterona e estrogênios diminuem, resultando em alterações na menstruação e, posteriormente, na **menopausa**.
2. Nos homens mais velhos, a diminuição dos níveis de testosterona está associada com redução da força muscular, declínio do desejo sexual e menos espermatozoides viáveis; os distúrbios da próstata são comuns.

APLICAÇÕES DO PENSAMENTO CRÍTICO

1. Janaína, de 30 anos de idade, não tem problemas para engravidar, mas tem dificuldade para manter a gravidez; ela aborta espontaneamente no início das gestações. Que hormônio vital pode estar insuficiente e contribuindo para o aborto espontâneo?
2. Phil prometeu à esposa que fará uma vasectomia após o nascimento do próximo filho. No entanto, está um pouco preocupado com os possíveis efeitos na virilidade. O que você diria a ele sobre o procedimento?
3. Júlio e sua esposa tentam, sem sucesso, engravidar. A clínica de fertilidade insinuou que o problema pode ter algo a ver com os hábitos de Júlio de usar cuecas muito justas durante o dia e tomar um longo banho, todas as noites, na banheira com água quente. Que efeito isso poderia ter sobre a fertilidade?
4. Seu tio acaba de receber o diagnóstico de aumento da próstata (hiperplasia prostática benigna). Quais são os sintomas dessa condição? Qual é o efeito, no sêmen, da remoção da próstata?

RESPOSTAS ÀS QUESTÕES DAS FIGURAS

23.1 Funcionalmente, o pênis é considerado uma estrutura de sustentação.

23.2 As espermatogônias (células-tronco) são as menos maduras.

23.3 A permuta (*crossing-over*) permite a formação de novas combinações dos genes a partir dos cromossomos maternos e paternos.

23.4 A cauda do espermatozoide contém mitocôndrias, que produzem ATP, fornecendo energia para sua locomoção.

23.5 As células sustentaculares secretam inibina.

23.6 Os órgãos genitais femininos externos são referidos, coletivamente, como pudendo feminino.

23.7 Os folículos ováricos secretam estrogênios, e o corpo lúteo secreta estrogênios, progesterona, relaxina e inibina.

23.8 Os ovócitos primários estão presentes no ovário desde o nascimento, de modo que envelhecem com a mulher. Nos homens, os espermatócitos primários estão continuamente sendo formados a partir das espermatogônias e, portanto, têm apenas uns poucos dias de idade.

23.9 O endométrio é reconstruído após cada menstruação.

23.10 O monte do púbis, o clitóris, o prepúcio do clitóris e o óstio externo da uretra são anteriores ao óstio da vagina.

23.11 A ocitocina regula a ejeção do leite pelas glândulas mamárias.

23.12 Os hormônios responsáveis pela fase proliferativa do crescimento endometrial são os estrogênios; pela ovulação, o LH; pelo crescimento do corpo lúteo, o LH; e pelo pico de LH na metade do ciclo, os estrogênios.

23.13 Isso é um efeito de retroalimentação negativa, porque a resposta é oposta ao estímulo. Níveis decrescentes de estrogênios e progesterona estimulam a liberação de GnRH, o que, por sua vez, aumenta a produção e a liberação de estrogênios.

CAPÍTULO 24

DESENVOLVIMENTO E HERANÇA GENÉTICA

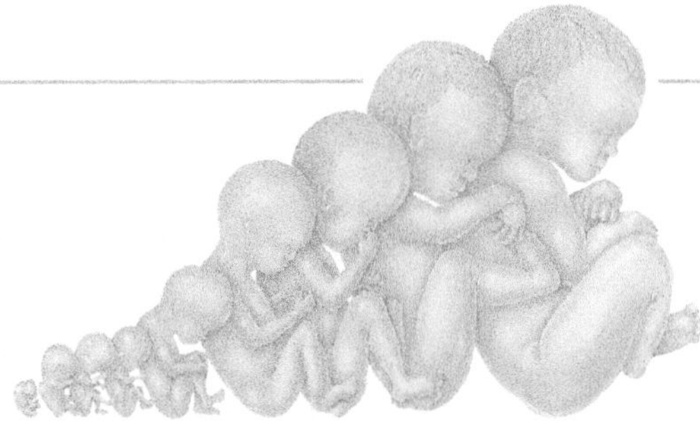

Após o desenvolvimento de um espermatozoide e um ovócito secundário, por meio da meiose e da maturação, e o espermatozoide ter sido depositado na vagina, a gravidez pode ocorrer. ***Gravidez*** é uma sequência de eventos que começa com a fertilização e prossegue com a implantação, o desenvolvimento embrionário e o desenvolvimento fetal e, normalmente, termina com o nascimento, aproximadamente 38 semanas mais tarde, ou 40 semanas após o último período menstrual.

Biologia do desenvolvimento é o estudo da sequência extraordinária de eventos, desde a fertilização de um ovócito secundário até a formação de um organismo adulto. Da fertilização até a oitava semana de desenvolvimento, o ser humano em desenvolvimento é chamado de ***embrião***, e esse é o ***período embrionário***. ***Embriologia*** é o estudo do desenvolvimento a partir de um ovócito fertilizado até a oitava semana. O ***período fetal*** começa na nona semana e continua até o nascimento. Durante esse período, o ser humano em desenvolvimento é chamado de ***feto***.

Obstetrícia é o ramo da medicina que trata da gestação, do trabalho de parto e do ***período neonatal***, os primeiros 28 dias após o nascimento. ***Desenvolvimento pré-natal*** é o tempo desde a fertilização até o nascimento e inclui os períodos embrionário e fetal.

Neste capítulo, abordaremos a sequência de desenvolvimento da fertilização à implantação, o desenvolvimento embrionário e fetal, o trabalho de parto e o nascimento. Também consideraremos o conceito de herança genética.

OLHANDO PARA TRÁS PARA AVANÇAR...

Divisão Celular Somática (Seção 3.7)
Testículos e Ovários (Seções 23.1 e 23.2)
Tubas Uterinas e Útero (Seção 23.2)
Estrogênio e Progesterona (Seção 23.3)
Sistemas de Retroalimentação Positiva (Seção 1.4)
Glândulas Mamárias (Seção 23.2)
Ocitocina (Seção 13.3)
Prolactina (Seção 13.3)

24.1 Período embrionário

OBJETIVO

- Explicar os principais eventos do desenvolvimento que ocorrem durante o período embrionário.

Primeira semana de desenvolvimento

A primeira semana de desenvolvimento é caracterizada por vários eventos significativos que incluem a fertilização, a clivagem do zigoto, a formação do blastocisto e a implantação.

Fertilização

Durante a ***fertilização***, o material genético de um espermatozoide haploide e o de um ovócito secundário haploide se fundem em um único núcleo diploide (Fig. 24.1). Dos aproximadamente 200 milhões de espermatozoides introduzidos na vagina, menos de 2 milhões (1%) atingem o colo do útero, e somente em torno de 200 (0,0001%) alcançam o ovócito secundário. Normalmente, a fertilização ocorre na tuba uterina (de Falópio) de 12 a 24 horas após a ovulação. Os espermatozoides permanecem viáveis por aproximadamente 48 horas após a deposição na vagina, embora um ovócito secundário seja viável por apenas 24 horas após a ovulação. Assim, a gravidez tem *mais probabilidade* de ocorrer se a relação sexual acontecer durante uma "janela" de três dias – dois dias antes da ovulação a um dia após a ovulação.

Os espermatozoides nadam da vagina para o canal do colo do útero, impulsionados pelos movimentos de sua cauda (flagelo). A passagem dos espermatozoides pelo restante do útero e, em seguida, para as tubas uterinas resulta, principalmente, de contrações das paredes desses órgãos. Acredita-se que as prostaglandinas, no sêmen, estimulem a motilidade uterina no momento da relação sexual e ajudem o movimento dos espermatozoides pelo útero até a tuba uterina. Os espermatozoides que atingem a vizinhança do ovócito minutos após a ejaculação *não estão aptos* a fertilizá-lo até, aproximadamente, sete horas mais tarde. Durante esse período no trato genital feminino, principalmente na tuba uterina, os espermatozoides passam pelo processo de ***capacitação***, uma série de mudanças funcionais que faz a cauda dos espermatozoides bater ainda mais vigorosamen-

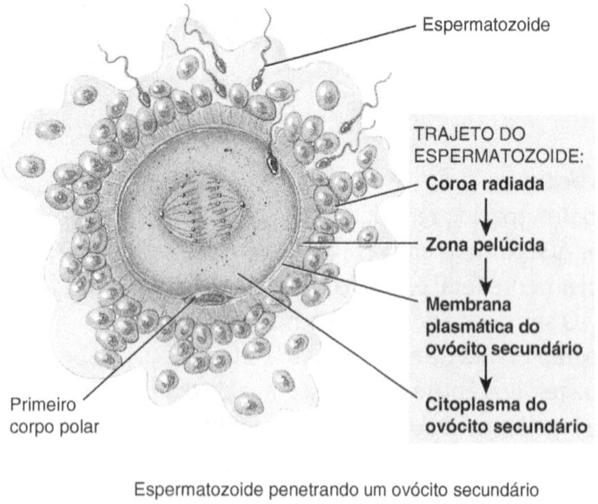

O que é capacitação?

Figura 24.1 **Fertilização.** Espermatozoide penetrando a coroa radiada e a zona pelúcida em torno de um ovócito secundário.

Durante a fertilização, o material genético do espermatozoide e do ovócito secundário se funde para formar um único núcleo diploide.

te, e prepara sua membrana plasmática para se fundir com a membrana plasmática do ovócito.

Para que ocorra a fertilização, um espermatozoide deve primeiramente penetrar a ***coroa radiada***, células que circundam o ovócito secundário, e, em seguida, a ***zona pelúcida***, camada translúcida de glicoproteína entre a coroa radiada e a membrana plasmática do ovócito (Fig. 24.1). Uma das glicoproteínas na zona pelúcida atua como um receptor de espermatozoides. Sua ligação às proteínas de membrana específicas, na cabeça dos espermatozoides, provoca a liberação de enzimas do ***acrossomo***, uma estrutura semelhante a um capuz que recobre a cabeça do espermatozoide.

As enzimas acrossômicas preparam uma via pela zona pelúcida, à medida que o chicoteamento da cauda impulsiona o espermatozoide para a frente. Embora muitos espermatozoides se liguem à zona pelúcida e liberem suas enzimas, apenas o primeiro espermatozoide a penetrar toda a zona pelúcida e alcançar a membrana plasmática do ovócito se funde com ele. A fusão de um espermatozoide com um ovócito secundário aciona o conjunto de eventos que bloqueia a fertilização por mais de um espermatozoide.

Assim que um espermatozoide entra em um ovócito secundário, o ovócito deve, primeiramente, completar a meiose II. Divide-se em um óvulo maior (ovo maduro) e em um segundo corpo polar menor que se fragmenta e se desintegra (ver Fig. 23.8). O núcleo na cabeça do espermatozoide e o núcleo do óvulo* se fundem, produzindo um único núcleo diploide contendo 23 cromossomos de cada célula. Assim, a fusão das células haploides (n) restaura o número diploide ($2n$) de 46 cromossomos. O óvulo, agora, é chamado de ***zigoto***.

CORRELAÇÕES CLÍNICAS | Gêmeos dizigóticos e monozigóticos

Gêmeos dizigóticos (*fraternos*) são produzidos a partir da liberação independente de dois ovócitos secundários e da subsequente fertilização de cada um por espermatozoides diferentes. Têm a mesma idade e se implantam no útero ao mesmo tempo, mas são tão diferentes geneticamente como o são quaisquer outros irmãos. Os gêmeos dizigóticos podem ou não ser do mesmo sexo. Como **gêmeos monozigóticos** (*idênticos*) se desenvolvem a partir de um único óvulo fertilizado, contêm exatamente o mesmo material genético e são sempre do mesmo sexo. Os gêmeos monozigóticos se originam da separação do zigoto em desenvolvimento em dois embriões, o que ocorre 8 dias após a fertilização em 99% dos casos. As separações que ocorrem após 8 dias provavelmente produzem **gêmeos siameses**, uma situação em que os gêmeos são unidos e compartilham algumas estruturas corporais. •

Desenvolvimento embrionário inicial

Após a fertilização, ocorrem divisões celulares mitóticas rápidas do zigoto, chamadas de ***clivagem*** (Fig. 24.2). A primeira divisão do zigoto começa, aproximadamente, 24 horas após a fertilização e se completa em torno de seis horas mais tarde. Cada divisão sucessiva leva ligeiramente menos tempo. No segundo dia após a fertilização, a segunda clivagem é completada, e há quatro células (Fig. 24.2b). Ao final do terceiro dia, há 16 células. As células progressivamente menores, produzidas por clivagem, são chamadas de ***blastômeros***. Clivagens sucessivas, finalmente, produzem uma esfera sólida de células, chamada ***mórula***. A mórula ainda está circundada pela zona pelúcida e é, aproximadamente, do mesmo tamanho do zigoto original (Fig. 24.2c).

Ao final do 4º dia, o número de células da mórula aumenta, enquanto continua a se movimentar pela tuba uterina em direção à cavidade do útero. Quando a mórula penetra na cavidade do útero, no 4º ou 5º dia, uma secreção rica em glicogênio das glândulas uterinas penetra a cavidade e se acumula entre os blastômeros, reorganizando-os em torno de uma grande cavidade cheia de líquido, chamada de ***cavidade do blastocisto*** (Fig. 24.2e). Com a formação dessa cavidade, a massa em desenvolvimento é

*N. de R.T. A penetração do espermatozoide em um ovócito secundário caracteriza a fertilização. A partir desse momento, esse ovócito passa a se chamar óvulo.

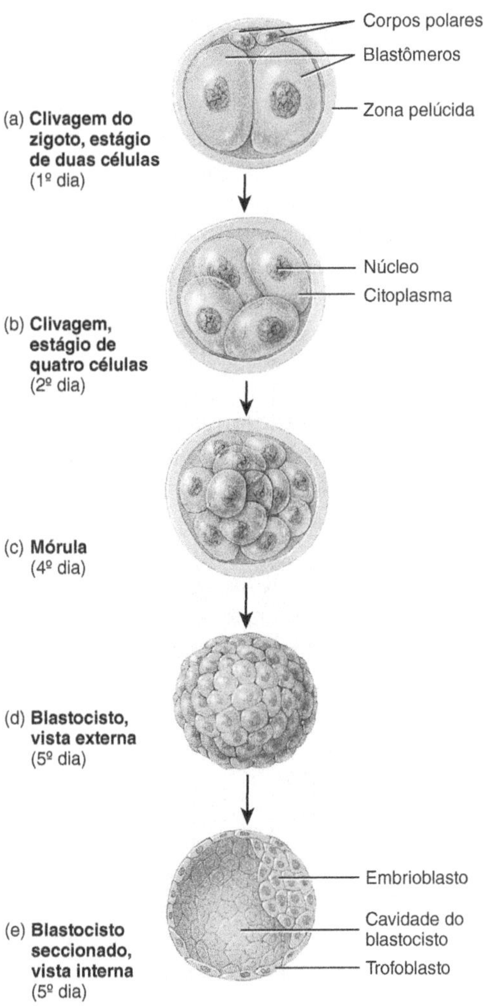

Qual é a diferença histológica entre uma mórula e um blastocisto?

Figura 24.2 Clivagem e formação da mórula e do blastocisto.

A clivagem se refere às divisões mitóticas rápidas iniciais de um zigoto.

então chamada de ***blastocisto.*** Apesar de agora ter centenas de células, o blastocisto ainda tem aproximadamente o mesmo tamanho do zigoto original. O rearranjo adicional dos blastômeros resulta na formação de duas estruturas distintas: o embrioblasto e o trofoblasto (Fig. 24.2e). O ***embrioblasto*** (*massa celular interna*) está localizado internamente e, depois, se transforma no embrião. O ***trofoblasto*** é uma camada superficial externa de células que forma a parede do blastocisto. Posteriormente, se desenvolve para se tornar a parte fetal da placenta, local de troca de nutrientes e de resíduos entre a mãe e o feto.

O blastocisto permanece livre dentro da cavidade do útero por aproximadamente dois dias, antes de se fixar à parede uterina. Quase seis dias após a fertilização, o blastocisto se fixa frouxamente ao endométrio, um processo chamado de ***implantação*** (Fig. 24.3). À medida que o blastocisto se implanta, se orienta com o embrioblasto na direção do endométrio (Fig. 24.3).

CORRELAÇÕES CLÍNICAS | Células-tronco

Células-tronco são células não especializadas (células sem uma função específica), que têm a capacidade de se dividir por longos períodos e se desenvolver em células especializadas. Com base em seu potencial, as células-tronco são classificadas em três tipos:

1. *Células-tronco totipotentes* têm o potencial de formar todas as células de um organismo completo. Um exemplo é um zigoto (óvulo).
2. *Células-tronco pluripotentes* têm o potencial de se desenvolverem em muitos tipos diferentes de células de um organismo (mas nem todos). Exemplos são os embrioblastos.
3. *Células-tronco multipotentes* têm o potencial de se desenvolver em alguns tipos diferentes de células de um organismo. Os exemplos são células-tronco mieloides e linfoides que se desenvolvem em células sanguíneas.

Células-tronco pluripotentes, atualmente usadas em pesquisa, são derivadas de (1) embriões extras destinados a serem usados em tratamentos de infertilidade, mas que não foram necessários, e de (2) fetos não vivos no primeiro trimestre da gravidez. Como as células-tronco pluripotentes dão origem a quase todos os tipos de células do corpo, são extremamente importantes na pesquisa e nos cuidados da saúde. Por exemplo, poderiam ser usadas para gerar células e tecidos para transplantes no tratamento de condições como câncer, doenças de Parkinson e de Alzheimer, lesão na medula espinal, diabetes, cardiopatias, acidente vascular encefálico, queimaduras, defeitos congênitos, osteoartrite e artrite reumatoide.

Os cientistas também investigam as aplicações clínicas potenciais do uso de *células-tronco adultas*, as células-tronco que permanecem no corpo por toda a vida adulta. Estudos mostram que as células-tronco da medula óssea vermelha de seres humanos adultos têm a capacidade de se diferenciar em células de fígado, rim, coração, pulmão, músculo esquelético, pele e órgãos do trato gastrintestinal. Em teoria, as células-tronco adultas da medula óssea vermelha são coletadas de um paciente e utilizadas para reparar outros tecidos e órgãos no corpo do mesmo paciente, sem ter de usar as células-tronco de embriões. •

Os principais eventos associados à primeira semana de desenvolvimento estão resumidos na Figura 24.4.

TESTE SUA COMPREENSÃO

1. Onde normalmente ocorre a fertilização?
2. Descreva as camadas de um blastocisto e seus destinos finais.
3. Quando, onde e como ocorre a implantação?

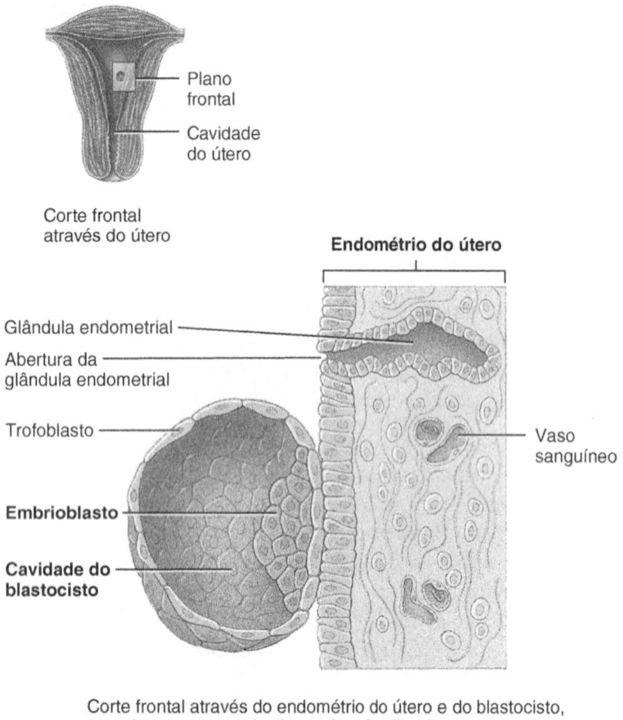

Como o blastocisto se funde ao endométrio e se aprofunda nele?

Figura 24.3 Relação de um blastocisto com o endométrio do útero, no momento da implantação.

Implantação, a fixação de um blastocisto ao endométrio, ocorre aproximadamente 6 dias após a fertilização.

Segunda semana de desenvolvimento

Aproximadamente oito dias após a fertilização, o trofoblasto se desenvolve em duas camadas: um ***sinciciotrofoblasto*** e um ***citotrofoblasto*** (Fig. 24.5a). As duas camadas de trofoblasto se tornam parte do córion (uma das membranas fetais), à medida que vão crescendo (ver Fig. 24.8, inserção). Durante a implantação, o sinciciotrofoblasto secreta enzimas que permitem ao blastocisto penetrar no revestimento uterino. Outra secreção do trofoblasto é a gonadotrofina coriônica humana (hCG, do inglês *human chorionic gonadotropin*), um hormônio que sustenta a secreção de progesterona e estrogênios pelo corpo lúteo. Esses hormônios mantêm o revestimento do útero em um estado secretor, evitando a menstruação. Por volta da nona semana de gestação, a placenta está totalmente desenvolvida e produz a progesterona e os estrogênios que continuam mantendo a gravidez. Testes precoces de gravidez detectam pequenas quantidades de hCG na urina, que começa a ser excretada aproximadamente 8 dias após a fertilização.

As células do embrioblasto também se diferenciam em duas camadas por volta do oitavo dia após a fertilização: o ***hipoblasto*** (*endoderma primitivo*) e o ***epiblasto*** (*ectoderma primitivo*) (Fig. 24.5b). As células do hipoblasto e do epiblasto formam, em conjunto, um disco achatado referido como ***disco embrionário bilaminado***. Além disso, uma pequena cavidade aparece no interior do epiblasto e, posteriormente, aumenta para formar a ***cavidade amniótica***.

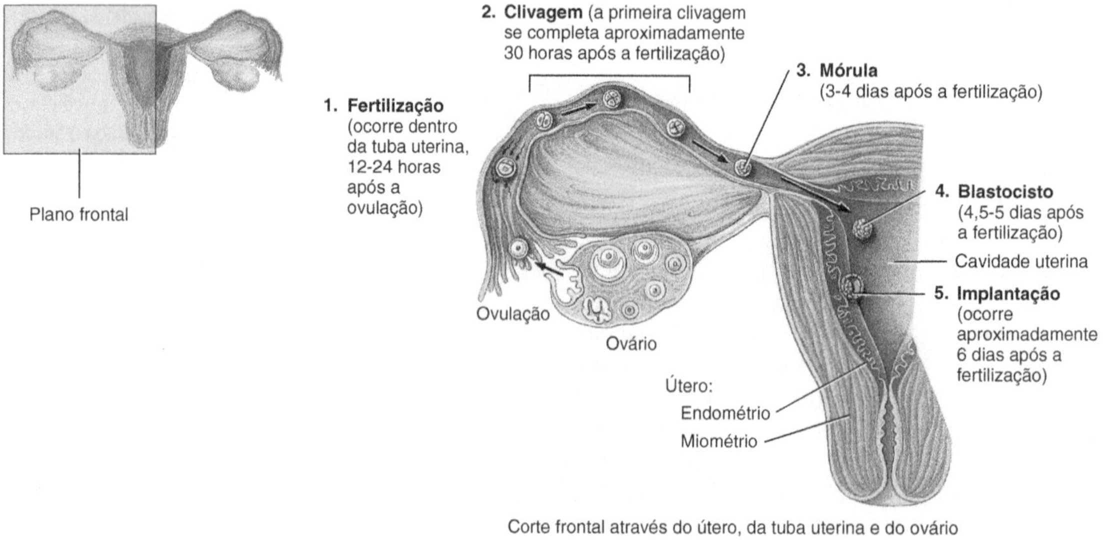

Na implantação, como o blastocisto está orientado?

Figura 24.4 Resumo dos eventos associados à primeira semana de desenvolvimento.

A fertilização geralmente ocorre na tuba uterina.

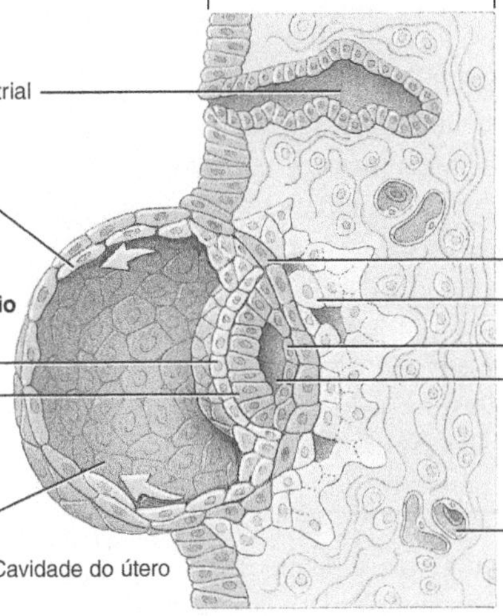

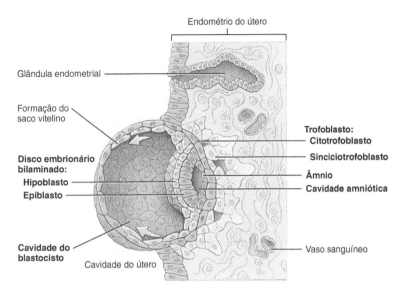

(a) Corte frontal através do endométrio do útero, mostrando o blastocisto, aproximadamente 8 dias após a fertilização

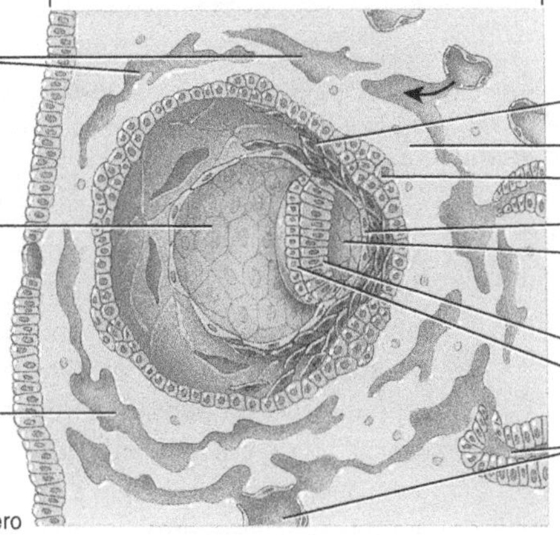

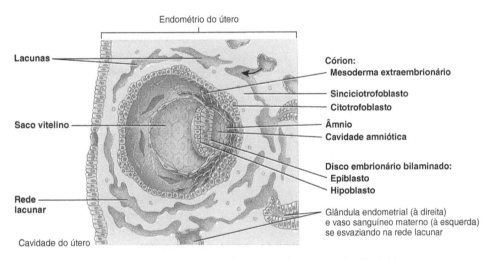

(b) Corte frontal através do endométrio do útero, mostrando o blastocisto, aproximadamente 12 dias após a fertilização

Como o disco embrionário bilaminado está conectado ao trofoblasto?

Figura 24.5 Principais eventos da segunda semana de desenvolvimento.

Aproximadamente oito dias após a fertilização, o trofoblasto se desenvolve em um sinciciotrofoblasto e um citotrofoblasto; o embrioblasto se desenvolve em hipoblasto e epiblasto (disco embrionário bilaminado).

À medida que a cavidade amniótica aumenta, uma fina membrana protetora, chamada de ***âmnio***, se desenvolve a partir do epiblasto (Fig. 24.5a). Com o crescimento do embrião, o âmnio finalmente circunda o embrião inteiro (ver Fig. 24.8, inserção), criando a cavidade amniótica, que é preenchida pelo ***líquido amniótico***. O líquido amniótico atua como um absorvedor de choques para o feto, ajuda a regular sua temperatura corporal e evita o ressecamento e as aderências entre a pele do feto e os tecidos circundantes. Como as células embrionárias são normalmente descartadas no líquido amniótico, são examinadas em um procedimento chamado *amniocentese* (ver seção de Terminologia e condições médicas).

Além disso, no oitavo dia após a fertilização, as células do hipoblasto migram e recobrem a superfície interna da parede do blastocisto (Fig. 24.5a), formando a parede do ***saco vitelino***, anteriormente chamado de cavidade do blastocisto (Fig. 24.5b). O saco vitelino possui diversas funções importantes nos seres humanos: fornece nutrientes para o embrião durante a segunda e a terceira semanas de desenvolvimento; é a fonte de células sanguíneas da terceira à sexta semanas; contém as primeiras células (células germinativas primordiais) que, posteriormente, migraram para as gônadas em desenvolvimento; e forma parte do intestino (trato gastrintestinal). Finalmente, o saco vitelino funciona como um absorvedor de choques e ajuda a evitar o ressecamento do embrião.

No nono dia após a fertilização, o blastocisto está completamente engastado no endométrio, e pequenos espaços chamados de ***lacunas*** se desenvolvem no interior do trofoblasto (Fig. 24.5b). Por volta do 12º dia de desenvolvimento, as lacunas se fundem para formar espaços maiores, interconectados, chamados de ***redes lacunares***. O sangue materno e as secreções glandulares entram nas redes lacunares, que atuam como uma rica fonte de materiais para a nutrição embrionária e um local disponível para os resíduos do embrião.

Por volta do 12º dia após a fertilização, as células mesodérmicas derivadas do saco vitelino formam um tecido conectivo (mesênquima) em torno do âmnio e do saco vitelino, chamado de ***mesoderma extraembrionário*** (Fig. 24.5b). O mesoderma extraembrionário e as duas camadas do trofoblasto formam, em conjunto, o ***córion*** (membrana) (Fig. 24.5b). Ele envolve o embrião e, posteriormente, o feto (ver Fig. 24.8, inserção). Finalmente, o córion se torna a principal parte embrionária da placenta, estrutura para a troca de materiais entre a mãe e o feto. O córion protege o embrião e o feto das respostas imunológicas da mãe e também produz hCG, um importante hormônio da gravidez.

Ao final da segunda semana de desenvolvimento, o disco embrionário bilaminado se conecta ao trofoblasto por uma faixa de mesoderma extraembrionário chamado de ***pedículo*** (***corpo***) ***de conexão*** (ver Fig. 24.6, inserção), o futuro cordão umbilical.

TESTE SUA COMPREENSÃO

4. Quais são as funções do trofoblasto?
5. Descreva a formação do âmnio, do saco vitelino e do córion e explique suas funções.

Terceira semana de desenvolvimento

A terceira semana de desenvolvimento começa um período de seis semanas de rápido desenvolvimento e diferenciação embrionária. Durante a terceira semana, as três camadas germinativas primárias estão estabelecidas e formam a base para o desenvolvimento de órgãos, da quarta à oitava semanas.

Gastrulação

O principal evento da terceira semana de desenvolvimento é chamado de ***gastrulação*** (Fig. 24.6). Nesse processo, o disco embrionário bilaminado se transforma em um disco embrionário trilaminado, composto por três camadas germinativas primárias: ectoderma, mesoderma e endoderma. As ***camadas germinativas primárias*** são os principais tecidos embrionários, a partir dos quais os vários tecidos e órgãos do corpo se desenvolvem.

Como parte da gastrulação, células do epiblasto se movem para dentro e se separam dele (Fig. 24.6b). Algumas das células deslocam outras células do hipoblasto, formando o ***endoderma***. Outras células permanecem entre o epiblasto e o recém-formado endoderma para formar o ***mesoderma***. As células remanescentes do epiblasto formam o ***ectoderma***. À medida que o embrião se desenvolve, o endoderma finalmente se torna o revestimento epitelial dos tratos gastrintestinal e respiratório, e de vários outros órgãos. O mesoderma dá origem a músculos, ossos e outros tecidos conectivos. O ectoderma se desenvolve em epiderme e sistema nervoso.

Aproximadamente de 22 a 24 dias após a fertilização, as células mesodérmicas formam um cilindro sólido de células, chamado de ***notocorda***, que estimula as células mesodérmicas a formarem as partes da coluna vertebral e os discos intervertebrais. A notocorda também estimula as células ectodérmicas sobre ela a formarem a ***placa neural*** (Fig. 24.9a). Ao final da terceira semana, as margens laterais da placa neural se tornam mais elevadas e formam a ***prega neural***. A região mediana deprimida é chamada de ***sulco neural***. Geralmente, as pregas neurais se aproximam uma da outra e se fundem, convertendo, assim, a placa neural em ***tubo neural***. As células do tubo neural se desenvolvem no encéfalo e na medula espinal. O processo no qual a placa neural, as pregas neurais e o tubo neural se formam é chamado de ***neurulação***.

CORRELAÇÕES CLÍNICAS | Defeitos do tubo neural

Os **defeitos do tubo neural (DTNs)** são provocados por problemas no desenvolvimento normal e no fechamento do tubo neural. Esses incluem **espinha bífida** (estudada no Capítulo 6) e anencefalia. Na **anencefalia**, os ossos do crânio não se desenvolvem, e determinadas partes do encéfalo permanecem em contato com o líquido amniótico e se degeneram. Geralmente, a parte do encéfalo que controla as funções vitais, como respiração e regulação do coração, também é afetada. Recém-nascidos com anencefalia são natimortos ou morrem poucos dias após o nascimento. A condição ocorre, aproximadamente, uma vez em cada 1 mil nascimentos e é de 2 a 4 vezes mais comum em crianças do sexo feminino do que do sexo masculino. Os defeitos do tubo neural estão associados a baixos níveis de ácido fólico, uma das vitaminas B. •

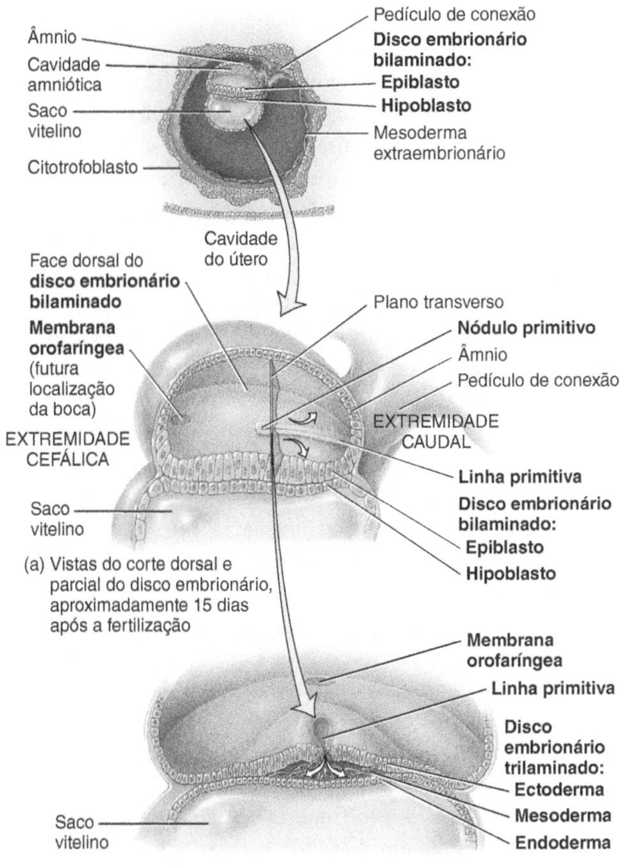

Qual é o significado da gastrulação?

Figura 24.6 Gastrulação.

A gastrulação compreende o rearranjo e a migração de células do epiblasto.

Desenvolvimento do alantoide, das vilosidades coriônicas e da placenta

A parede do saco vitelino forma uma pequena invaginação vascularizada, chamada ***alantoide*** (ver Fig. 24.8, inserção). Na maioria dos outros mamíferos, o alantoide é utilizado para troca gasosa e remoção de resíduos. Em virtude da função da placenta humana nessas atividades, o alantoide não é uma estrutura proeminente nos seres humanos. Contudo, atua na formação inicial do sangue e dos vasos sanguíneos e está associado ao desenvolvimento da bexiga urinária.

Ao final da segunda semana de desenvolvimento, as ***vilosidades coriônicas*** começam a se desenvolver. Essas projeções digitiformes consistem no córion (sinciciotrofoblasto circundado pelo citotrofoblasto) e contêm os vasos sanguíneos fetais (Fig. 24.7). No fim da terceira semana, os vasos capilares sanguíneos que se desenvolvem nas vilosidades coriônicas se conectam ao coração embrionário por meio das artérias umbilicais e da veia umbilical. Como resultado, os vasos sanguíneos maternos e fetais ficam em estreita proximidade. Observe, entretanto, que os vasos sanguíneos maternos e fetais não se unem, e o sangue que transportam *normalmente não se mistura.* Em vez disso, o oxigênio e os nutrientes no sangue da mãe se difundem através das membranas celulares para os capilares das vilosidades coriônicas. Produtos residuais como o dióxido de carbono se difundem na direção oposta.

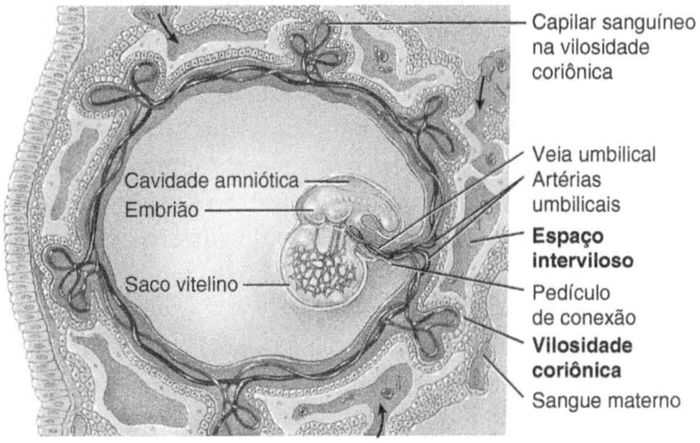

Corte frontal através do útero, mostrando um embrião e seu suprimento vascular, aproximadamente 21 dias após a fertilização

Por que o desenvolvimento das vilosidades coriônicas é importante?

Figura 24.7 Desenvolvimento das vilosidades coriônicas.

Vasos sanguíneos nas vilosidades coriônicas se conectam ao coração embrionário por meio das artérias umbilicais e da veia umbilical.

A ***placenta*** é o local da troca de nutrientes e de resíduos entre a mãe e o feto. A placenta é incomparável, porque se desenvolve a partir de dois indivíduos separados, a mãe e o feto. No início da 12ª semana, a placenta tem duas partes distintas: (1) a porção fetal, formada pelas vilosidades coriônicas, e (2) a porção materna, formada por parte do endométrio do útero (Fig. 24.8a). Quando totalmente desenvolvida, a placenta tem um formato semelhante ao de uma panqueca (Fig. 24.8b). A maioria dos microrganismos não passa através da placenta, mas determinados vírus, como os que causam Aids, rubéola, catapora, sarampo, encefalite e poliomielite, conseguem atravessar a placenta, bem como muitos medicamentos, álcool e outras substâncias que podem provocar defeitos congênitos. A placenta também armazena nutrientes, como carboidratos, proteínas, cálcio e ferro liberados na circulação fetal, quando necessário, e produz diversos hormônios que são indispensáveis para manter a gravidez (estudados posteriormente).

A verdadeira conexão entre a placenta e o embrião e, mais tarde, o feto é o ***cordão umbilical***, que se desenvolve a partir do pedículo de conexão. O cordão umbilical consiste em duas artérias umbilicais, que transportam o sangue fetal desoxigenado para a placenta; uma veia umbilical, que transporta o sangue materno oxigenado para o feto; e tecido conectivo mucoso de sustentação. Uma camada de âmnio circunda todo o cordão umbilical e lhe dá uma aparência brilhante (Fig. 24.8a).

Após o nascimento do bebê, a placenta se descola do útero e, consequentemente, é denominada ***secundina***. Nesse momento, o cordão umbilical é ligado e cortado. A pequena porção (aproximadamente 2,54 cm) do cordão que permanece ligada à criança começa a secar e cai, geralmente, entre 12 e 15 dias após o nascimento. A área em que o cordão estava fixado se torna recoberta por uma fina camada de pele, e começa a formação do tecido cicatricial. A cicatriz é o ***umbigo***.

Os laboratórios farmacêuticos usam placentas humanas como fonte de hormônios, fármacos e sangue; porções de placenta também são utilizadas para cobrir queimaduras. As veias da placenta e do cordão umbilical também são utilizadas em enxertos de vasos sanguíneos, e o sangue do cordão umbilical é congelado para fornecer uma futura fonte de células-tronco pluripotentes para, por exemplo, repovoar a medula óssea vermelha após a radioterapia contra o câncer.

CORRELAÇÕES CLÍNICAS | Placenta prévia

Em alguns casos, toda a placenta, ou parte dela, pode se tornar implantada na parte inferior do útero, próximo do colo do útero ou recobrindo-o. Essa condição é chamada **placenta prévia**. Embora a placenta prévia possa levar ao aborto espontâneo, também ocorre em aproximadamente 1 a cada 250 nascidos vivos. É perigosa para o feto, pois pode causar parto prematuro e hipóxia intrauterina, em razão do sangramento materno. A mortalidade materna aumenta em virtude de hemorragia e infecção. O sintoma mais importante é um súbito sangramento vaginal vermelho-vivo e indolor, no terceiro trimestre. Na placenta prévia, a cesariana é o método preferido para o parto. •

Quarta a oitava semanas de desenvolvimento

O período entre a quarta e a oitava semanas é muito significativo para o desenvolvimento embrionário, porque todos os principais órgãos aparecem durante esse período. No final da oitava semana, todos os principais sistemas do corpo já começaram a se desenvolver, ainda que suas funções, geralmente, sejam mínimas.

Durante a quarta semana após a fertilização, o embrião sofre mudanças significativas na forma e no tamanho, quase triplicando seu tamanho. É essencialmente convertido de um disco embrionário trilaminado bidimensional achatado para um cilindro tridimensional, em um processo chamado de ***dobramento embrionário.***

As primeiras estruturas distinguíveis são as da área cefálica. O primeiro sinal de uma orelha em desenvolvimento é uma área espessada do ectoderma, o ***placoide ótico*** (futura orelha interna), que é distinguida, aproximadamente, 22 dias após a fertilização (ver Fig. 24.9d). Os olhos também começam seu desenvolvimento por volta do 22º dia após a fertilização. Isso é indicado por uma área espessada do ectoderma chamada ***placoide da lente*** (ver Fig. 24.9c).

Na metade da quarta semana, os membros superiores começam seu desenvolvimento como protuberâncias do mesoderma recobertas por ectoderma, chamadas de ***brotos dos membros superiores*** (ver Fig. 24.9c,d). No final da quarta semana, desenvolvem-se os ***brotos dos membros inferiores***. O coração também forma uma projeção distinta na superfície anterior do embrião, chamada de ***proeminência cardíaca*** (ver Fig. 24.9c). A ***cauda*** é, também, uma característica distinguível de um embrião no final da quarta semana (ver Fig. 24.9c).

Durante a quinta semana, há um desenvolvimento muito rápido do encéfalo; portanto, o crescimento da cabeça é considerável. No final da sexta semana, a cabeça cresce ainda mais em relação ao tronco, e os membros mostram desenvolvimento substancial. Além disso, o pescoço e o tronco começam a se endireitar, e o coração possui agora quatro câmaras. Na sétima semana, as diversas regiões dos membros se tornam distintas, e aparecem os primórdios dos dedos (ver Fig. 24.9e). No início da oitava semana, a última semana do período embrionário, os dedos das mãos são curtos e palmados, e a cauda ainda é visível, mas mais curta. Além disso, os olhos estão abertos, e as aurículas das orelhas são visíveis. Ao final da oitava semana, todas as regiões dos membros estão aparentes, e os dedos são distintos e não mais palmados. Além disso, as pálpebras se fecham e podem se fundir, a cauda desaparece, e os órgãos genitais externos começam a se diferenciar. O embrião, agora, possui claramente características humanas.

TESTE SUA COMPREENSÃO

6. Como se formam as três camadas germinativas primárias? Por que são importantes?
7. Descreva como ocorre a neurulação. Por que é significativa?
8. Como se forma a placenta e qual é a sua função?
9. Por que o período que vai da segunda à quarta semana de desenvolvimento é tão importante?
10. Quais mudanças ocorrem nos membros, durante a segunda metade do período embrionário?

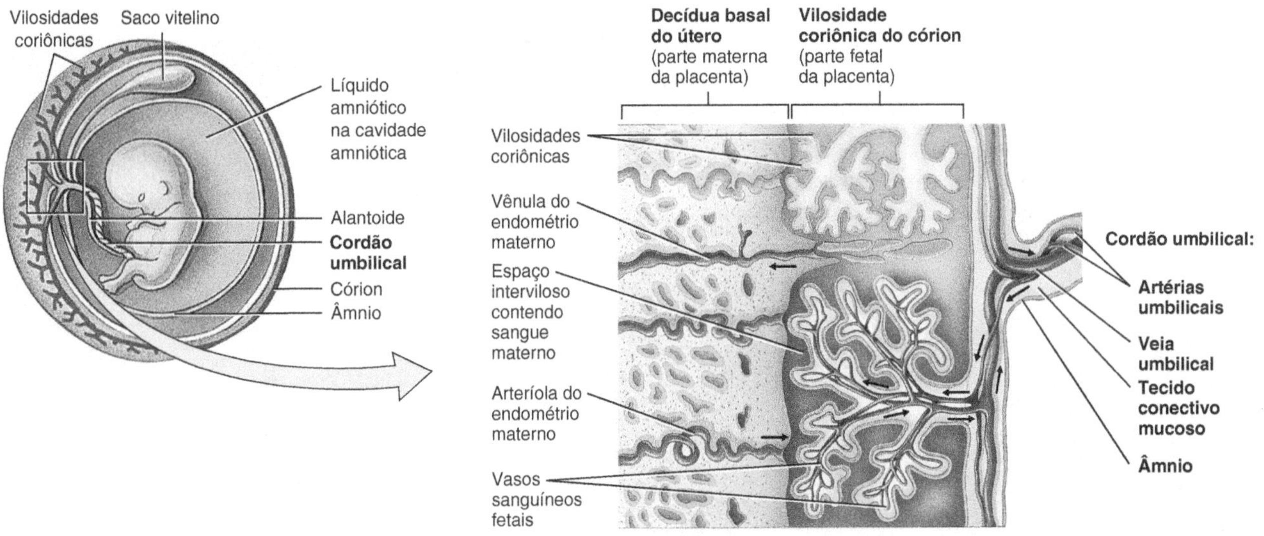

(a) Detalhes da placenta e do cordão umbilical

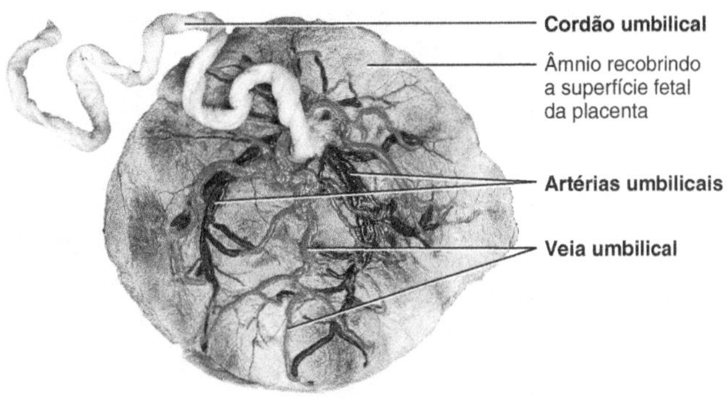

(b) Aspecto fetal da placenta

Qual é a função da placenta?

Figura 24.8 Placenta e cordão umbilical.

A placenta é formada pelas vilosidades coriônicas do embrião e por parte do endométrio da mãe.

24.2 Período fetal

OBJETIVO

- Definir **o período fetal e delinear seus principais eventos.**

Durante o período fetal, tecidos e órgãos que se desenvolveram no período embrionário crescem e se diferenciam. Raras estruturas novas aparecem durante o período fetal, mas a taxa de crescimento corporal é notável, especialmente durante a segunda metade de vida intrauterina. Por exemplo, durante os últimos dois meses e meio de vida intrauterina, metade do peso a termo é adicionado. No início do período fetal, a cabeça tem metade do comprimento do corpo. No fim do período fetal, o tamanho da cabeça é apenas de um quarto do comprimento do corpo. Durante o

CORRELAÇÕES CLÍNICAS | Gravidez ectópica

Gravidez ectópica é o desenvolvimento de um embrião ou feto fora da cavidade do útero. Geralmente ocorre quando o movimento do óvulo fertilizado pela tuba uterina é prejudicado. As situações que prejudicam esse movimento incluem cicatrizes decorrentes de uma infecção tubária anterior, redução da mobilidade do músculo liso da tuba uterina ou anatomia tubária anormal. Embora o local mais comum das gravidezes ectópicas seja a tuba uterina, também podem ocorrer no ovário, na cavidade abdominal ou no colo do útero. Os sinais e sintomas da gravidez ectópica incluem a ausência de um ou dois ciclos menstruais, seguidos por sangramento e dor aguda abdominal e pélvica. A menos que seja removido, o embrião em desenvolvimento pode romper a tuba uterina, frequentemente resultando na morte da mãe. •

mesmo período, os membros fetais também aumentam de tamanho, de um oitavo à metade do comprimento fetal. O feto também é menos vulnerável aos efeitos prejudiciais de fármacos, radiação e micróbios do que antes, como um embrião.

Um resumo dos principais eventos do desenvolvimento dos períodos embrionário e fetal é apresentado na Tabela 24.1 e ilustrado na Fig. 24.9.

TESTE SUA COMPREENSÃO

11. Quais são as tendências gerais de desenvolvimento durante o período fetal?
12. Usando a Tabela 24.1 como guia, selecione qualquer estrutura corporal entre a 9ª e 12ª semanas e trace seu desenvolvimento até o fim do período fetal.

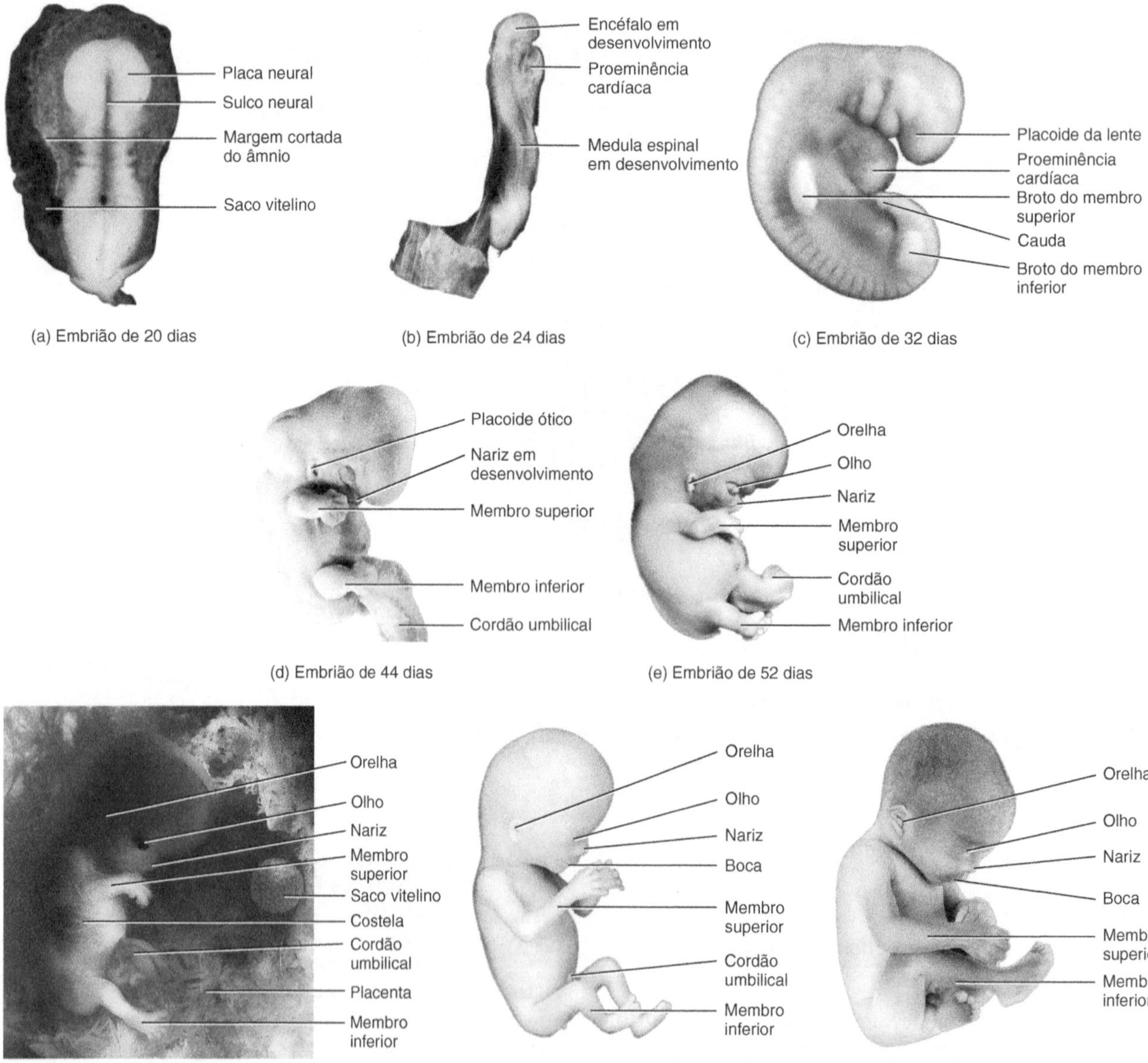

Como se compara o peso fetal médio ao peso fetal final?

Figura 24.9 Resumo dos eventos representativos do desenvolvimento dos períodos embrionário e fetal. Os embriões e os fetos não são mostrados em seus tamanhos reais.

O desenvolvimento durante o período fetal está, em grande parte, relacionado ao crescimento e à diferenciação dos tecidos e dos órgãos formados durante o período embrionário.

TABELA 24.1

Resumo das mudanças durante o desenvolvimento embrionário e fetal

PERÍODO	TAMANHO E PESO APROXIMADOS	MUDANÇAS REPRESENTATIVAS
Período embrionário		
1-4 semanas	0,35-0,5 cm 0,02 g	As camadas germinativas primárias e a notocorda se desenvolvem. Ocorre a neurulação. Começa o desenvolvimento do encéfalo. A formação de vasos sanguíneos começa, e o sangue se forma no saco vitelino, no alantoide e no córion. O coração se forma e começa a bater. As vilosidades coriônicas se desenvolvem, e começa a formação da placenta. O embrião se dobra. O intestino primitivo e os brotos dos membros se desenvolvem. Os olhos e as orelhas começam a se desenvolver, forma-se a cauda, e os sistemas corporais começam a se formar
5-8 semanas	0,8-2,3 cm 1 g	O desenvolvimento do encéfalo continua. Os membros se tornam mais distintos e os dedos aparecem. O coração passa a ter quatro câmaras. Os olhos estão separados, e as pálpebras, fundidas. O nariz se desenvolve e é plano. A face torna-se mais semelhante à humana. A ossificação começa. As células do sangue começam a se formar no fígado. Os órgãos genitais externos começam a se diferenciar. A cauda desaparece. Formam-se os principais vasos sanguíneos. Muitos órgãos internos continuam a se desenvolver
Período fetal		
9-12 semanas	2,3-5,4 cm 2-14 g	A cabeça constitui aproximadamente metade do comprimento do corpo fetal, e o comprimento fetal quase dobra. O encéfalo continua a aumentar. A face é larga, com os olhos totalmente desenvolvidos, fechados e amplamente separados. O nariz desenvolve uma ponte. As orelhas externas se desenvolvem e são localizadas inferiormente. A ossificação continua. Os membros superiores quase alcançam seu comprimento relativo final, mas os membros inferiores não estão tão bem desenvolvidos. O batimento cardíaco é detectado. O sexo é distinguível pela genitália externa. A urina secretada pelo feto é adicionada ao líquido amniótico. A medula óssea vermelha, o timo e o baço participam na formação das células sanguíneas. O feto começa a se mover, mas seus movimentos ainda não são sentidos pela mãe. Os sistemas corporais continuam a se desenvolver
13-16 semanas	7,4-1,6 cm 23-100 g	A cabeça é relativamente menor do que o resto do corpo. Os olhos se movem medialmente para suas posições finais, e as orelhas se movem para as suas posições finais nas laterais da cabeça. Os membros inferiores se alongam. O feto tem aparência mais humana. Ocorre rápido desenvolvimento dos sistemas corporais
17-20 semanas	13-16,4 cm 140-300 g	A cabeça é mais proporcional ao resto do corpo. As sobrancelhas e os pelos da cabeça são visíveis. O crescimento é mais lento, mas os membros inferiores continuam a se alongar. O verniz caseoso (secreções gordurosas das glândulas sebáceas e células epiteliais mortas) e o lanugo (pelos fetais delicados) recobrem o feto. A gordura castanha se forma e é o local de produção de calor. Os movimentos fetais são comumente sentidos pela mãe (sinal de vida)
21-25 semanas	27-35 cm 550-800 g	A cabeça se torna ainda mais proporcional ao resto do corpo. O ganho de peso é considerável, e a pele é rosada e enrugada. Com 24 semanas, as células do pulmão começam a produzir surfactante
26-29 semanas	32-42 cm 1.110-1.350 g	A cabeça e o corpo são mais proporcionais, e os olhos são abertos. As unhas dos dedos dos pés são visíveis. A gordura corporal representa 3,5% da massa corporal total, e a gordura subcutânea adicional suaviza algumas rugas. Os testículos começam a descida em direção ao escroto entre a 28ª e 32ª semanas. A medula óssea vermelha é o principal local de produção de células do sangue. Muitos fetos nascidos prematuramente durante este período sobrevivem se houver cuidado intensivo, porque os pulmões podem fornecer ventilação adequada, e a parte central do sistema nervoso está suficientemente desenvolvida para controlar a respiração e a temperatura corporal
30-34 semanas	41-45 cm 2.000-2.300 g	A pele é rosada e lisa. O feto assume a posição de cabeça para baixo. O reflexo pupilar está presente, por volta de 30 semanas. A gordura corporal representa 8% da massa total. Os fetos de 33 semanas ou mais velhos geralmente sobrevivem, se nascerem prematuramente
35-38 semanas	50 cm 3.200-3.400 g	Com 38 semanas, a circunferência do abdome fetal é maior do que a da cabeça. A pele é geralmente róseo-azulada, e o crescimento fica mais lento à medida que o nascimento se aproxima. A gordura corporal representa 16% da massa total. Os testículos estão geralmente no escroto, em bebês a termo do sexo masculino. Mesmo após o nascimento, um recém-nascido não está completamente desenvolvido; um ano adicional é necessário, especialmente, para o desenvolvimento completo do sistema nervoso

24.3 Mudanças maternas durante a gravidez

OBJETIVOS

- Descrever as fontes e as funções dos hormônios secretados durante a gravidez.
- Descrever as mudanças hormonais, anatômicas e fisiológicas da mãe durante a gravidez.

Hormônios da gravidez

Durante os primeiros 3 a 4 meses de gravidez, o corpo lúteo, no ovário, continua a secretar ***progesterona*** e ***estrogênios***, que mantêm o revestimento do útero durante a gravidez e preparam as glândulas mamárias para secretar o leite. As quantidades secretadas pelo corpo lúteo, no entanto, são apenas levemente maiores do que aquelas produzidas após a ovulação, em um ciclo menstrual normal. A partir do terceiro mês até o final da gravidez, a própria placenta fornece os elevados níveis de progesterona e estrogênios necessários. O córion da placenta secreta ***hCG*** no sangue. Por sua vez, a hCG estimula o corpo lúteo a continuar a produção de progesterona e estrogênios – uma atividade necessária para evitar a menstruação e para a fixação continuada do embrião e do feto ao revestimento do útero. Por volta do oitavo dia após a fertilização, a hCG é detectada no sangue e na urina de uma mulher grávida. O pico de secreção de hCG ocorre em torno da nona semana de gravidez. Durante o 4º e o 5º meses, o nível de hCG diminui bruscamente e, em seguida, se estabiliza até o nascimento.

O córion começa a secretar estrogênios após as primeiras 3 a 4 semanas de gravidez e progesterona por volta da sexta semana. Esses hormônios são secretados em quantidades crescentes até o momento do nascimento. A partir do 3º até o 9º mês, a placenta supre os níveis de progesterona e estrogênios necessários para manter a gravidez. Um aumento no nível de progesterona garante que o miométrio uterino esteja relaxado e que o colo do útero esteja firmemente fechado. Após o parto, os estrogênios e a progesterona no sangue diminuem para os níveis normais.

A ***relaxina***, um hormônio produzido, primeiro, pelo corpo lúteo do ovário e, mais tarde, pela placenta, aumenta a flexibilidade da sínfise púbica e dos ligamentos das articulações sacroilíaca e sacrococcígea e ajuda a dilatar o colo do útero durante o parto. Ambas as ações facilitam o nascimento do bebê.

Um terceiro hormônio produzido pelo córion da placenta é a ***somatomamotrofina coriônica humana*** (***hCS***, do inglês *human chorionic somatomammotropin*). A taxa de secreção de hCS aumenta em proporção à massa placentária, atingindo níveis máximos após 32 semanas e permanecendo relativamente constante depois disso. Acredita-se que ajude a preparar as glândulas mamárias para a lactação, estimule o desenvolvimento do corpo da mãe por meio do aumento da síntese proteica e regule determinados aspectos do metabolismo da mãe e do feto.

O hormônio produzido pela placenta encontrado mais recentemente é o ***hormônio liberador de corticotrofina*** (***CRH***, do inglês *corticotropin-releasing hormone*), que em mulheres não gestantes é secretado apenas pelo hipotálamo. Agora, acredita-se que o CRH faça parte do "relógio" que estabelece o momento do nascimento. Mulheres com níveis elevados de CRH, no início da gravidez, têm maior probabilidade de partos prematuros; aquelas com níveis baixos têm maior probabilidade de partos após a data prevista. O CRH da placenta possui um segundo efeito importante: aumenta a secreção de cortisol, necessário para o amadurecimento dos pulmões fetais e a produção de surfactante (ver Seção 18.1).

CORRELAÇÕES CLÍNICAS | Testes iniciais de gravidez

Testes iniciais de gravidez detectam quantidades mínimas de hCG na urina, que começa a ser excretada aproximadamente 8 dias após a fertilização. Os *kits* de teste detectam a gravidez desde o primeiro dia de um período menstrual que não ocorreu – isto é, por volta de 14 dias após a fertilização. Substâncias químicas nos *kits* produzem uma mudança de cor, se ocorrer uma reação entre a hCG na urina e os anticorpos para hCG incluídos no *kit*. •

Mudanças durante a gravidez

Por volta do final do terceiro mês de gravidez, o útero ocupa a maior parte da cavidade pélvica. À medida que o feto continua a crescer, o útero se estende cada vez mais para cima até a cavidade abdominal. Próximo ao término de uma gravidez a termo, o útero preenche quase toda a cavidade abdominal, quase alcançando o processo xifoide do esterno. O útero empurra para cima os intestinos, o fígado e o estômago maternos, eleva o diafragma e alarga a cavidade torácica.

As mudanças na pele durante a gravidez são mais aparentes em algumas mulheres do que em outras. Essas alterações incluem aumento da pigmentação ao redor dos olhos e na região zigomática, em um padrão de máscara facial; nas aréolas mamárias; e na parte inferior do abdome. As estrias (marcas de distensão) sobre o abdome ocorrem à medida que o útero se expande, e a perda de pelos diminui. As mudanças fisiológicas induzidas pela gravidez incluem ganho de peso, em função do feto, do líquido amniótico, da placenta, do aumento do útero e da água corporal total; aumento no armazenamento de proteínas, triglicerídeos e minerais; notável crescimento das mamas em preparação para a lactação; e dor na parte inferior do dorso, decorrente da hiperlordose.

Várias mudanças ocorrem no sistema circulatório da mãe. O volume sistólico aumenta aproximadamente 30%, e o débito cardíaco se eleva 20 a 30%, em função do aumento do fluxo sanguíneo materno para a placenta e do aumento do metabolismo. A frequência cardíaca aumenta 10 a 15%, e o volume sanguíneo, 30 a 50%, principalmente durante a segunda metade da gravidez. Esses aumentos são necessários para atender às demandas adicionais do feto por nutrientes e oxigênio.

A função pulmonar também é alterada durante a gravidez, para atender às demandas adicionais de oxigênio do feto. O volume corrente aumenta 30 a 40%, o volume de reserva expiratória é reduzido em até 40%, a ventilação/minuto (o volume total de ar inspirado e expirado a cada minuto) aumenta em até 40%, e o consumo total de oxigênio aumenta aproximadamente 10 a 20%. Dispneia (respiração difícil) também ocorre quando o útero em expansão empurra o diafragma.

No que diz respeito ao trato gastrintestinal, as mulheres grávidas experimentam um aumento no apetite. Pressão sobre o estômago pode forçar os conteúdos do estômago para cima, em direção ao esôfago, resultando em azia. Um decréscimo geral na motilidade do trato gastrintestinal provoca constipação e atraso no tempo de esvaziamento gástrico, e produz náuseas, vômitos e azia. A pressão sobre a bexiga pelo útero em expansão produz sintomas urinários, como o aumento da frequência e da urgência de micção e incontinência urinária por estresse.

As mudanças no sistema genital incluem edema e aumento do fluxo sanguíneo para a vagina. No útero, há um aumento de sua massa "não grávida" de 60 a 80 g para 900 a 1.200 g a termo, decorrente do aumento do número de fibras musculares no miométrio, no início da gravidez, e ao aumento das fibras musculares durante o segundo e o terceiro trimestres.

TESTE SUA COMPREENSÃO

13. Liste os hormônios que participam da gravidez e descreva as funções de cada um.
14. Quais mudanças estruturais e funcionais ocorrem na mãe durante a gravidez?

24.4 Exercício e gravidez

OBJETIVO

- Explicar os efeitos da gravidez no exercício e do exercício na gravidez.

Apenas algumas mudanças no início da gravidez afetam a atividade física. Uma mulher grávida pode cansar mais facilmente do que o comum, ou o mal-estar matinal (náuseas e, às vezes, vômito) pode interferir no exercício regular. Conforme a gestação progride, ocorre ganho de peso, e a postura se modifica, sendo necessária mais energia para executar as atividades, e determinadas manobras (parada súbita, mudanças na direção, movimentos rápidos) são mais difíceis de executar. Além disso, determinadas articulações, especialmente a sínfise púbica, se tornam menos estáveis, em resposta ao aumento do nível do hormônio relaxina. Como compensação, muitas futuras mamães caminham com as pernas amplamente separadas e arrastando os pés.

Embora o sangue se desloque das vísceras (incluindo o útero) para os músculos e a pele durante a atividade física, não há indícios de fluxo sanguíneo inadequado para a placenta. O calor gerado durante o exercício pode causar desidratação e aumento adicional da temperatura do corpo. Exercício excessivo e acúmulo de calor devem ser evitados, especialmente durante o início da gravidez, porque o aumento de temperatura corporal está relacionado com defeitos do tubo neural. O exercício não tem qualquer efeito conhecido sobre a lactação, desde que a mulher permaneça hidratada e vista um sutiã que forneça sustentação adequada. De forma geral, a atividade física moderada não põe em perigo o feto de uma mulher saudável que tem uma gravidez normal.

Entre os benefícios do exercício para a mãe, durante a gravidez, estão uma maior sensação de bem-estar.

TESTE SUA COMPREENSÃO

15. Como as mudanças durante o início e o fim da gravidez afetam a capacidade de realizar exercícios?

24.5 Trabalho de parto

OBJETIVO

- Explicar os eventos associados aos três estágios do trabalho de parto.

Trabalho de parto é o processo pelo qual o feto é expulso do útero pela vagina. ***Parto*** também significa dar à luz.

A progesterona inibe as contrações uterinas. No final da gravidez, os níveis de estrogênios no sangue da mãe aumentam acentuadamente, produzindo alterações que superam os efeitos inibidores da progesterona. Os estrogênios também estimulam a liberação de prostaglandina pela placenta. As prostaglandinas induzem a produção de enzimas que digerem as fibras de colágeno no colo do útero, fazendo-as amolecer. Os níveis elevados de estrogênios provocam a apresentação pelas fibras do músculo uterino de receptores para a ocitocina, o hormônio que estimula as contrações uterinas. A relaxina colabora aumentando a flexibilidade da sínfise púbica e ajudando a dilatar o colo do útero.

O controle das contrações do trabalho de parto ocorre por meio de um ciclo de retroalimentação positiva.

As contrações do útero forçam a cabeça ou o corpo do bebê para o colo do útero, que se distende. Isso estimula os receptores de estiramento, no colo do útero, a enviar impulsos nervosos para o hipotálamo, levando-o a liberar ocitocina. A ocitocina estimula contrações uterinas mais fortes, que distendem mais o colo do útero, promovendo secreção de mais ocitocina. O sistema de retroalimentação positiva é rompido com o nascimento do bebê, o que diminui a distensão do colo do útero.

As contrações uterinas ocorrem em ondas (muito semelhantes às ondas peristálticas) que começam na parte superior do útero e se movem inferiormente, acabando finalmente por expelir o feto. O ***trabalho de parto verdadeiro*** começa quando as contrações uterinas ocorrem em intervalos regulares, geralmente produzindo dor. À medida que o intervalo entre as contrações diminui, as contrações se intensificam. Outro sintoma do trabalho de parto verdadeiro, em algumas mulheres, é a localização da dor no dorso, que se intensifica ao caminhar. O indicador confiável do trabalho de parto verdadeiro é a dilatação do colo do útero e a "extrusão do tampão", uma secreção mucosa contendo sangue que aparece no canal do colo do útero, durante o trabalho de parto. No ***trabalho de parto falso***, a dor é sentida no abdome em intervalos irregulares, mas não se intensifica, e o caminhar não a altera significativamente. Não ocorre "extrusão do tampão" e nem dilatação do colo do útero.

O trabalho de parto verdadeiro pode ser dividido em três estágios:

1. **Estágio de dilatação.** O período desde o início do trabalho de parto até a dilatação completa do colo do útero é o ***estágio da dilatação.*** Este estágio, que em geral dura entre 6 e 12 horas, apresenta contrações regulares do útero, geralmente uma ruptura do saco amniótico e dilatação completa (10 cm) do colo do útero. Se o saco amniótico não se romper espontaneamente, é rompido de modo intencional.
2. **Estágio de expulsão.** O período (de 10 minutos a várias horas) desde a dilatação completa do colo do útero até a saída do bebê é o ***estágio de expulsão***.
3. **Estágio placentário.** O período (de 5 a 30 minutos ou mais) após o parto até que a placenta ou "as secundinas" sejam expulsas por poderosas contrações uterinas é o ***estágio placentário***. Essas contrações também constringem os vasos sanguíneos que foram rompidos durante o parto, reduzindo a probabilidade de hemorragia.

Como regra, o parto dura mais tempo na primeira gravidez, normalmente em torno de 14 horas. Para as mulheres que já deram à luz, a duração média do trabalho de parto é de aproximadamente 8 horas – embora o tempo varie muito entre os nascimentos.

O parto de um bebê fisiologicamente imaturo apresenta determinados riscos. Um ***lactente prematuro***, ou "um lactente pré-termo", é geralmente considerado um bebê que pesa menos de 2.500 g ao nascer. Cuidado pré-natal insuficiente, abuso de substâncias ilícitas, história de parto prematuro anterior e idade materna abaixo de 16 ou acima de 35 anos aumentam as chances de parto prematuro. O corpo de um bebê prematuro ainda não está pronto para sustentar algumas funções essenciais; assim, sem intervenção médica, sua sobrevivência é incerta. O principal problema após o parto de um lactente com menos de 36 semanas de gestação é a síndrome de angústia respiratória aguda (SARA) do recém-nascido, decorrente de surfactante insuficiente. A SARA pode ser minimizada pelo uso de surfactante artificial e um aparelho de ventilação que forneça oxigênio até que os pulmões possam funcionar por si próprios.

Aproximadamente 7% das gestantes não dão à luz até duas semanas após sua data prevista. Tais lactentes são chamados de *bebês pós-termo* ou *bebês pós-maduros.* Essa situação aumenta o risco de dano encefálico para o feto, e mesmo de morte fetal, em razão dos suprimentos inadequados de oxigênio e nutrientes a partir de uma placenta envelhecida. Os partos pós-termo podem ser facilitados pela indução do trabalho de parto, iniciado pela administração de ocitocina sintética (Pitocin®) ou pelo parto cirúrgico (cirurgia cesariana).

Depois do parto do bebê e da expulsão da placenta, há um período de 6 semanas durante o qual os órgãos genitais e a fisiologia materna retornam ao estado pré-gestacional. Esse período é chamado ***puerpério***.

CORRELAÇÕES CLÍNICAS | Distocia e cesariana

Distocia, ou parto difícil, pode resultar de uma posição (apresentação) anormal do feto ou de um canal de parto de tamanho inadequado para permitir o parto vaginal. Em uma apresentação pélvica, por exemplo, as nádegas ou os membros inferiores do feto, em vez da cabeça, entram primeiro no canal do parto, o que ocorre mais frequentemente nos nascimentos prematuros. Se o sofrimento fetal ou materno impedir um parto vaginal, o bebê poderá ser retirado cirurgicamente, por meio de uma incisão abdominal. Um corte horizontal baixo é feito na parede abdominal e na parte inferior do útero, pelo qual o bebê e a placenta são removidos. Apesar de ser associado popularmente ao nascimento do imperador romano Júlio César, a verdadeira razão para que esse procedimento seja chamado **operação cesariana** é porque foi descrito no Direito Romano, *lex cesarea*, aproximadamente 600 anos antes de Júlio César nascer. Mesmo uma história de múltiplas cesarianas não precisa excluir uma mulher grávida de tentar um parto vaginal. •

TESTE SUA COMPREENSÃO

16. Quais alterações hormonais induzem o parto?
17. O que acontece durante os estágios de dilatação, de expulsão e placentário do trabalho de parto verdadeiro?

24.6 Lactação

OBJETIVO

- Estudar o controle hormonal da lactação.

Lactação é a produção e a ejeção de leite pelas glândulas mamárias. Um hormônio essencial na promoção da produção de leite é a ***prolactina*** (***PRL***), secretada pela adeno-hipófise. Embora os níveis de PRL aumentem enquanto a gestação progride, nenhuma produção de leite ocorre, porque a progesterona inibe os efeitos da PRL. Após o parto, os níveis de progesterona e estrogênios no sangue da mãe diminuem, e a inibição é removida. O principal estímulo à manutenção da produção da PRL durante a lactação é a ação de sucção do bebê. A sucção inicia impulsos nervosos a partir de receptores de estiramento nas papilas mamárias para o hipotálamo, e mais PRL é liberada pela adeno-hipófise.

A ocitocina provoca a liberação de leite nos ductos lactíferos (Fig. 24.10). O leite formado pelas células glandulares das mamas é armazenado até que o bebê comece a mamar ativamente. A estimulação dos receptores de toque nas papilas mamárias inicia impulsos nervosos sensitivos que são retransmitidos para o hipotálamo. Em resposta, a secreção de ocitocina, a partir da neuro-hipófise, aumenta.

A ocitocina estimula a contração das células semelhantes às do músculo liso que circundam as células glandulares e os ductos. A compressão resultante move o leite dos alvéolos das glândulas mamárias para os ductos lactíferos, nos quais é sugado.

Durante a fase final da gravidez e os primeiros dias após o nascimento, as glândulas mamárias secretam um líquido turvo chamado ***colostro***. Embora não seja tão nutritivo quanto o leite – contém menos lactose e praticamente nenhuma gordura –, o colostro atua adequadamente até o aparecimento do verdadeiro leite, por volta do quarto dia. O colostro e o leite materno contêm anticorpos importantes que protegem o lactente durante os primeiros meses de vida.

A lactação frequentemente bloqueia os ciclos ovarianos nos primeiros meses após o parto, se a frequência de sucção for de aproximadamente 8 a 10 vezes por dia. Entretanto, esse efeito é inconsistente, e a ovulação normalmente precede o primeiro período menstrual depois do parto de um bebê. Como resultado, a mãe nunca pode ter certeza de que não está fértil. Portanto, a amamentação não é uma medida muito confiável de controle da natalidade.

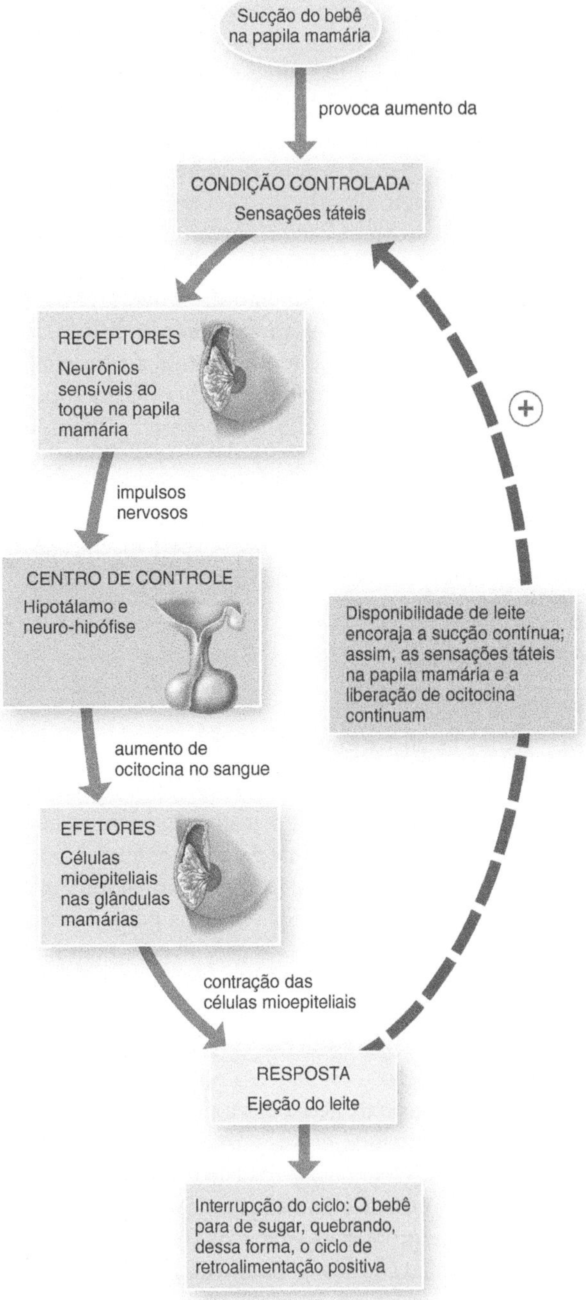

Qual é a outra função da ocitocina?

Figura 24.10 O reflexo da ejeção do leite, um ciclo de retroalimentação positiva.

Ocitocina estimula a contração das células mioepiteliais nas mamas, que espreme os ductos e as células glandulares, e provoca a ejeção do leite.

O benefício básico da amamentação é nutricional: o leite humano é uma solução estéril que contém quantidades de ácidos graxos, lactose, aminoácidos, minerais, vitaminas e água ideais para a digestão, o desenvolvimento cerebral e o crescimento do bebê.

Anos antes da descoberta da ocitocina, era prática comum entre as parteiras deixar o primeiro gêmeo nascido mamar no seio da mãe para acelerar o nascimento do segundo filho. Agora sabemos por que essa prática é útil: estimula a liberação de ocitocina. Mesmo após um único nascimento, o aleitamento promove a expulsão da placenta (secundinas) e ajuda o útero a retornar ao seu tamanho normal. A ocitocina sintética (Pitocin®) é frequentemente administrada para induzir o trabalho de parto ou aumentar o tônus uterino e controlar a hemorragia logo após o parto.

TESTE SUA COMPREENSÃO

18. Quais hormônios contribuem para a lactação? Qual é a função de cada um?

24.7 Herança

OBJETIVO

- Definir herança e explicar a herança de características dominantes, recessivas e ligadas ao sexo.

Como indicado previamente, o material genético de um pai e de uma mãe se unem, quando um espermatozoide se funde com um ovócito secundário, para formar um zigoto. As crianças se assemelham aos seus pais porque herdam características transmitidas por ambos. Agora examinaremos alguns dos princípios que influenciam esse processo chamado de herança.

Herança é a passagem das características hereditárias de uma geração à seguinte. É o processo pelo qual você adquiriu suas características a partir de seus pais e pode transmitir algumas de suas características aos seus filhos. O ramo da biologia que trata da herança é chamado de ***genética***. A área dos cuidados de saúde que oferece conselhos sobre problemas genéticos (ou problemas potenciais) é chamada de ***aconselhamento genético.***

Genótipo e fenótipo

Os núcleos de todas as células humanas, exceto os gametas, contêm 23 pares de cromossomos – o número diploide ($2n$). Em cada par, um cromossomo veio da mãe, e o outro, do pai. Cada ***cromossomo homólogo*** – um dos dois cromossomos que formam um par – contém genes que controlam as mesmas características. Se um cromossomo contém um gene para pelos corporais, por exemplo, o seu homólogo também irá conter um gene para pelos corporais, na mesma posição no cromossomo. Essas formas alternativas de um gene que codifica para a mesma característica e estão na mesma localização em cromossomos homólogos é chamada de ***alelos.*** Por exemplo, um alelo de um gene para pelos corporais pode codificar para pelos espessos, e o outro alelo, para pelos finos. Uma ***mutação*** é uma mudança hereditária permanente em um alelo, que produz uma variante diferente da mesma característica.

A relação entre genes e hereditariedade é ilustrada pela análise dos alelos que participam de um distúrbio chamado de ***fenilcetonúria*** (***PKU***, do inglês *phenylketonuria*). As pessoas com PKU têm falta de fenilalanina-hidroxilase, uma enzima que converte o aminoácido fenilalanina em tirosina, outro aminoácido. Se os lactentes com PKU ingerirem alimentos que contenham fenilalanina, níveis elevados de fenilalanina se acumulam no sangue.

O resultado é dano cerebral grave e retardo mental. O alelo que codifica para a fenilalanina-hidroxilase é simbolizado como *P*; o alelo mutante, que é incapaz de produzir uma enzima funcional, é simbolizado como *p*. O diagrama da Figura 24.11, que mostra as combinações possíveis dos gametas dos pais, cada um tendo um alelo *P* e um alelo *p*, é chamado de ***Quadro de Punnett***. Na construção de um Quadro de Punnett, os possíveis alelos paternos nos espermatozoides são escritos no lado esquerdo, e os possíveis alelos maternos nos óvulos (ou ovócitos secundários) são escritos acima do quadrado. Os quatro espaços no diagrama mostram como os alelos se combinam em zigotos formados pela união desses espermatozoides e óvulos, para produzir as três diferentes constituições genéticas ou ***genótipos:*** *PP*, *Pp* ou *pp*. Observe que, a partir do Quadro de Punnett, 25% da descendência terá genótipo *PP*, 50% terá genótipo *Pp*, e 25% terá genótipo *pp*. As pessoas que herdam genótipos *PP* ou *Pp* não têm PKU; aqueles com genótipo *pp* sofrem do distúrbio. Embora as pessoas com um genótipo *Pp* tenham um alelo para a PKU (*p*), o alelo que codifica a característica normal (*P*) é mais dominante. Um alelo que domina ou mascara a presença de outro alelo e é completamente expresso (*P*, neste exemplo) é considerado um ***alelo dominante***, e a característica expressa é chamada de característica dominante. O alelo cuja presença é completamente mascarada (*p*, neste exemplo) é considerado um ***alelo recessivo***, e a característica que ele determina é chamada característica recessiva.

Por tradição, os símbolos para os genes são escritos em itálico, com os alelos dominantes escritos em letras maiúsculas, e os alelos recessivos, em letras minúsculas. Uma pessoa com os mesmos alelos em cromossomos homólogos (p. ex., *PP* ou *pp*) é considerada ***homozigota*** para a característica. *PP* é homozigoto dominante, e *pp* é homozigoto recessivo. Um indivíduo com alelos diferen-

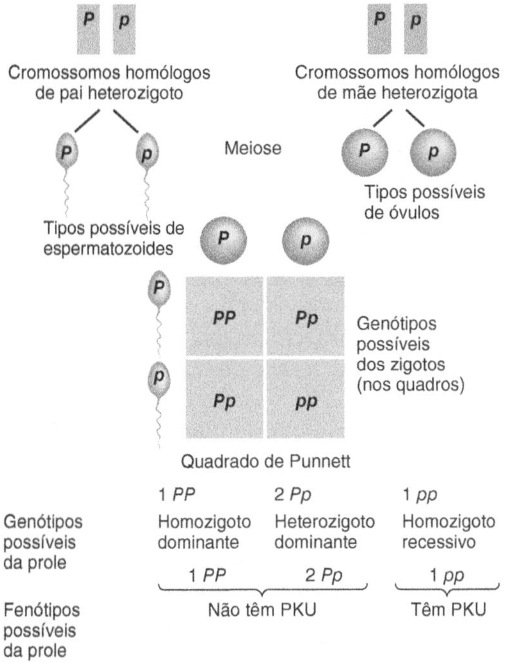

Se os pais tiverem os genótipos mostrados aqui, qual é a probabilidade em percentual de que o primogênito tenha PKU? Qual é a probabilidade de que a PKU ocorra no seu segundo filho?

Figura 24.11 Herança da fenilcetonúria (PKU).

Genótipo se refere à constituição genética; fenótipo, à expressão física ou externa de um gene.

tes em cromossomos homólogos (p. ex., *Pp*) é considerada ***heterozigota*** para a característica.

Fenótipo se refere a como a constituição genética é expressa no corpo; é a expressão física ou externa de um gene. Uma pessoa com *Pp* (heterozigota) tem um *genótipo* diferente de uma pessoa com *PP* (homozigota), mas ambas têm o mesmo *fenótipo*: a produção normal da fenilalanina-hidroxilase. Indivíduos heterozigotos portadores de um gene recessivo, mas que não o expressam (*Pp*), passam o gene aos seus descendentes. Esses indivíduos são chamados de *portadores* do gene recessivo.

Os alelos que codificam para características normais nem sempre exercem dominância sobre aqueles que codificam para características anormais, mas os alelos dominantes para os distúrbios graves são geralmente letais e provocam a morte do embrião ou feto. Uma exceção é a doença de Huntington (DH), que é provocada por um alelo dominante que não se expressa até a idade adulta. Tanto as pessoas homozigotas dominantes quanto as heterozigotas exibem a doença; as homozigotas recessivas são pessoas normais. A DH provoca degeneração progressiva do sistema nervoso e, finalmente, morte; porém, como os sintomas normalmente não aparecem até após os 30 ou 40 anos de idade, muitos indivíduos atingidos já transmitiram o alelo responsável pela doença aos seus filhos.

Na ***dominância incompleta***, nenhum membro de um par de alelos é dominante sobre o outro, e o heterozigoto tem um fenótipo intermediário entre os fenótipos do homozigoto dominante e do homozigoto recessivo. Um exemplo de dominância incompleta em seres humanos é a herança ***anemia falciforme*** (***SCD***, do inglês *sickle cell disease*). As pessoas com o genótipo homozigoto dominante Hb^AHb^A formam hemoglobina normal; aqueles com o genótipo homozigoto recessivo Hb^SHb^S têm anemia falciforme, uma anemia grave. Embora sejam normalmente saudáveis, aqueles com genótipo heterozigoto *HbAHbS* têm menos problemas de anemia, porque metade de sua hemoglobina é normal, e a outra metade, não. Heterozigotos são portadores, e considerados como *tendo a característica falciforme*.

Embora um único indivíduo herde apenas dois alelos para cada gene, alguns genes podem ter mais de duas formas alternativas, e essa é a base para a ***herança de alelos múltiplos.*** Um exemplo de herança de alelos múltiplos é a herança do sistema sanguíneo ABO. Os quatro tipos sanguíneos (fenótipos) do sistema ABO – A, B, AB e O – resultam da herança de seis combinações dos três diferentes alelos de um único gene, chamado de gene *I:* (1) alelo I^A produz o antígeno A, (2) alelo I^B produz o antígeno B, e (3) alelo *i* não produz nem o antígeno A nem o B. Cada pessoa herda dois alelos do gene *I*, um de cada pai, que dá origem a diversos fenótipos. Os seis genótipos possíveis produzem quatro tipos de sangue, como se segue:

Genótipo	Tipo sanguíneo (fenótipo)
I^AI^A ou I^Ai	A
I^BI^B ou I^Bi	B
I^AI^B	AB
ii	O

Observe que tanto I^A quanto I^B são herdados como características dominantes, e *i* é herdado como característica recessiva. Um indivíduo com tipo sanguíneo AB tem características de ambos os tipos de eritrócitos, A e B.

Cromossomos sexuais e autossomos

Quando vistos ao microscópio, os 46 cromossomos humanos de uma célula somática normal são identificados pelo tamanho, pela forma e pelo padrão de coloração como membros de 23 diferentes pares de cromossomos. Em 22 dos pares, os cromossomos homólogos são parecidos e têm a mesma aparência nos homens e nas mulheres; esses 22 pares são chamados de ***autossomos.*** Os dois membros do 23º par são denominados ***cromossomos sexuais***; são diferentes nos homens e nas mulheres (Fig. 24.12a). Nas

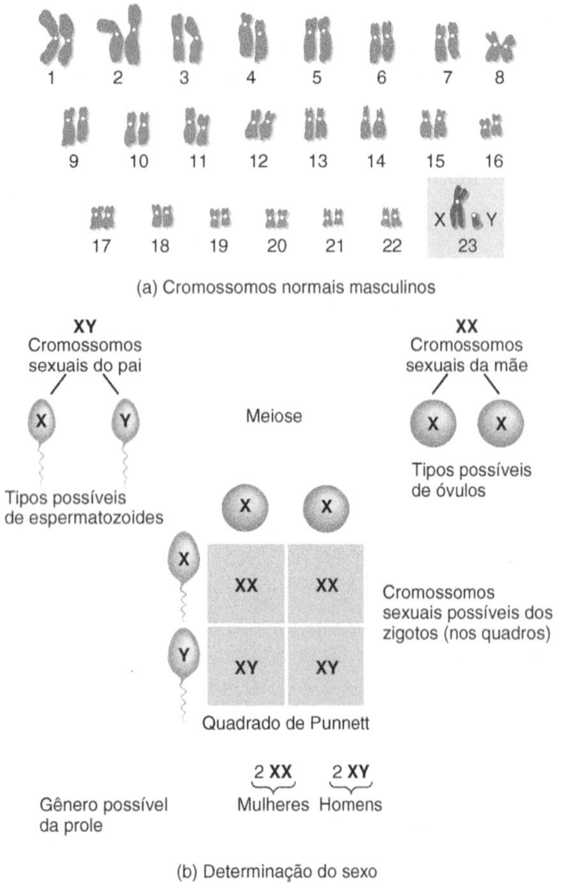

Como são chamados os outros cromossomos diferentes dos cromossomos sexuais?

Figura 24.12 **Herança de gênero (sexo).** Os cromossomos sexuais, par 23, são indicados no quadro colorido.

O sexo é determinado no momento da fertilização, pelo cromossomo sexual do espermatozoide.

mulheres, o par consiste em dois cromossomos, chamados cromossomos X. Um cromossomo X está presente também nos homens, mas seu parceiro é um cromossomo muito menor, chamado de cromossomo Y.

Quando um espermatócito sofre meiose para reduzir seu número de cromossomos, dá origem a dois espermatozoides que contêm um cromossomo X e dois espermatozoides que contêm um cromossomo Y. Ovócitos não têm cromossomos Y e produzem apenas gametas contendo o X. Se o ovócito secundário for fertilizado por um espermatozoide contendo o X, a prole normalmente é feminina (XX). A fertilização por um espermatozoide que contém o cromossomo Y produz prole masculina (XY). Assim, o sexo de um indivíduo é determinado pelos cromossomos paternos (Fig. 24.12b). O principal gene de determinação do sexo masculino é um chamado de ***SRY*** (***região determinante do sexo do cromossomo Y***). O gene *SRY* atua como um interruptor para ligar o padrão masculino de desenvolvimento. Apenas se o gene *SRY* estiver presente e funcional em um óvulo o feto desenvolverá testículos e se diferenciará em um homem; na ausência do gene *SRY*, o feto desenvolverá ovários e se diferenciará em uma mulher.

Os cromossomos sexuais também são responsáveis pela transmissão de várias características não sexuais. Muitos dos genes para essas características estão presentes nos cromossomos X, mas estão ausentes nos cromossomos Y. Esse aspecto produz um padrão de herança denominado ***herança ligada ao sexo***, que é diferente dos padrões já descritos.

Um exemplo de herança ligada ao sexo é o ***daltonismo para cores vermelho-verde***, o tipo mais comum de daltonismo. Essa condição é caracterizada por uma deficiência dos cones sensíveis ao vermelho ou ao verde, de modo que o vermelho e o verde são vistos como a mesma cor (vermelho ou verde, dependendo de que cone está presente). O gene para o daltonismo para cores vermelho-verde é recessivo e designado por *c*. A visão normal para as cores, designada *C*, é dominante.

Os genes *C/c* estão localizados apenas no cromossomo X; portanto, a capacidade de ver cores depende inteiramente dos cromossomos X. As combinações possíveis são as seguintes:

Genótipo	Fenótipo
X^CX^C	Mulher normal
X^CX^c	Mulher normal, mas portadora de gene recessivo
X^cX^c	Mulher com daltonismo para cores vermelha-verde
X^CY	Homem normal
X^cY	Homem com daltonismo para cores vermelha-verde

Somente mulheres que têm dois cromossomos X^c apresentam daltonismo para cores vermelho-verde. Essa situação rara resulta somente do casamento de um homem daltônico vermelho-verde com uma mulher daltônica vermelho-verde ou uma mulher portadora. (Nas mulheres X^CX^c, a característica é mascarada pelo gene normal, dominante.) Como os homens não têm um segundo cromossomo X que mascare a característica, todos os homens com um cromossomo X^c serão daltônicos vermelho-verde. A Figura 24.13 ilustra a herança do daltonismo vermelho-verde na prole de um homem normal com uma mulher normal portadora. As características herdadas da maneira recém-descrita são chamadas de ***características ligadas ao sexo***. O tipo mais comum de ***hemofilia*** – uma condição em que o sangue não coagula ou coagula muito lentamente após uma lesão – também é uma característica ligada ao sexo.

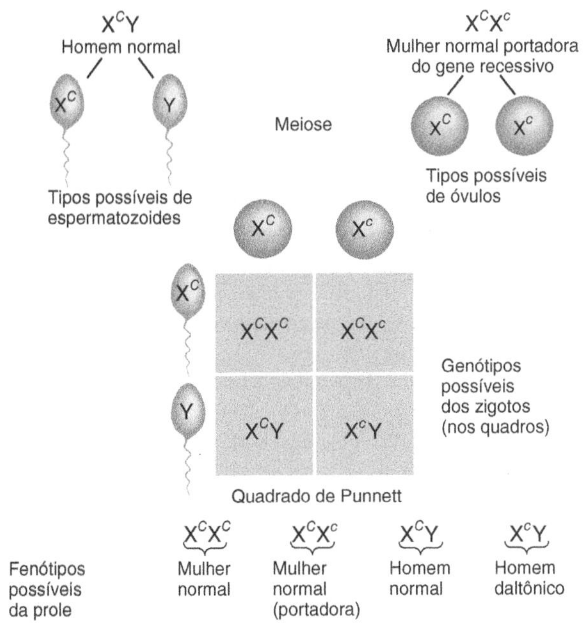

Qual é o genótipo de uma mulher com daltonismo para cores vermelho-verde?

Figura 24.13 **Um exemplo da herança do daltonismo para cores vermelho-verde.**

Daltonismo para cores vermelha-verde é uma característica ligada ao sexo.

TESTE SUA COMPREENSÃO

19. Qual é o significado dos termos *genótipo, fenótipo, dominante, recessivo, homozigoto* e *heterozigoto*?
20. Defina dominância incompleta e exemplifique.
21. O que é herança de alelo múltiplo? Exemplifique.
22. Como o desenvolvimento de sexo é determinado?
23. Defina e exemplifique herança ligada ao sexo.

DISTÚRBIOS COMUNS

Infertilidade

Infertilidade feminina, ou a incapacidade de conceber, ocorre em aproximadamente 10% de todas as mulheres em idade reprodutiva nos Estados Unidos.* A infertilidade feminina pode ser provocada por doença do ovário, obstrução das tubas uterinas ou condições em que o útero não esteja preparado adequadamente para receber um óvulo. A ***infertilidade masculina*** (*esterilidade*) é a incapacidade de fertilizar um ovócito secundário, que não implica disfunção erétil (impotência). A fertilidade masculina requer a produção, pelos testículos, de quantidades adequadas de espermatozoides viáveis e normais, o transporte desobstruído dos espermatozoides pelos ductos e a deposição satisfatória dos espermatozoides na vagina. Os túbulos seminíferos contorcidos dos testículos são sensíveis a muitos fatores – raios X, infecções, toxinas, má nutrição e temperaturas do escroto mais altas do que a normal – que podem provocar alterações degenerativas e produzir esterilidade masculina.

Para começar e manter um ciclo reprodutivo normal, uma mulher precisa ter uma quantidade mínima de gordura corporal. Mesmo uma deficiência moderada de gordura – 10 a 15% abaixo do peso normal para a altura – pode atrasar o início da menstruação, inibir a ovulação durante o ciclo reprodutivo ou provocar amenorreia (cessação da menstruação). Tanto a dieta quanto o exercício físico intenso podem reduzir a gordura corporal abaixo da quantidade mínima e levar à infertilidade, que é reversível se ocorrer ganho de peso ou redução do exercício intensivo (ou ambos). Estudos em mulheres muito obesas indicam que, assim como as muito magras, elas também desenvolvem problemas com amenorreia e infertilidade. Os homens também experimentam problemas reprodutivos em resposta à subnutrição e à perda de peso. Por exemplo, produzem menos líquido prostático e um número reduzido de espermatozoides, tendo diminuição da motilidade.

Hoje, existem muitas técnicas de aumento da fertilidade para auxiliar os casais inférteis a terem um bebê.

- Para realizar a ***fertilização in vitro*** (***FIV***) – fertilização em uma placa de laboratório –, a futura mãe recebe hormônio folículo-estimulante (FSH, do inglês *follicle-stimulating hormone*) logo após a menstruação, para que vários ovócitos secundários, em vez do típico ovócito único, sejam produzidos (superovulação). Quando vários folículos atingirem o tamanho apropriado, uma pequena incisão é feita próximo ao umbigo, e os ovócitos secundários são aspirados dos folículos estimulados. São, então, transferidos para uma solução contendo espermatozoides, na qual ocorre a fertilização.
- ***Injeção de espermatozoide intracitoplasmática*** (***IEIC***), a injeção de espermatozoide ou de espermátide no citoplasma de um ovócito, é usada quando a infertilidade decorre de deficiências na motilidade do espermatozoide ou em falhas que impedem o desenvolvimento das espermátides em espermatozoides. Quando o zigoto obtido por FIV ou IEIC atinge o estágio de 8 ou 16 células, é introduzido no útero para implantação e crescimento subsequente.
- Na ***transferência de embrião***, o sêmen de um homem é usado para inseminar artificialmente uma doadora fértil de ovócito secundário. Após a fertilização na tuba uterina da doadora, a mórula ou o blastocisto são transferidos

*N. de R.T. Dos casos de infertilidade no Brasil, 30% são exclusivamente femininos.

da doadora para a mulher infértil, que o carrega (e subsequentemente o feto) até o termo.

- Na ***transferência intrafalopiana de gametas*** (***TIFG***), o objetivo é imitar o processo normal de concepção, pela união do espermatozoide e do ovócito secundário nas tubas uterinas da futura mãe. É uma tentativa de contornar as condições do trato genital feminino que possam impedir a fertilização, como acidez elevada ou muco inapropriado. Nesse procedimento, a mulher recebe FSH e hormônio luteinizante (LH, do inglês *luteinizing hormone*) para estimular a produção de vários ovócitos secundários, que são aspirados dos folículos maduros, misturados fora do corpo com uma solução contendo espermatozoides e imediatamente inseridos nas tubas uterinas.

Síndrome de Down

Síndrome de Down (***SD***) é um distúrbio que resulta mais frequentemente quando um cromossomo extra 21 passa para um dos gametas durante a meiose. Na maioria das vezes, o cromossomo extra é materno – um achado não muito surpreendente, dado que todos os ovócitos começaram a meiose quando ela própria era um feto. Assim, podem ter sido expostos a substâncias químicas e radiações nocivas aos cromossomos durante anos. (Os espermatozoides, em contrapartida, geralmente têm menos de 10 semanas de idade no momento em que fertilizam um ovócito secundário.) A probabilidade de conceber um bebê com essa síndrome, que é de menos de 1 em 3.000 para mulheres com idade abaixo dos 30 anos, aumenta para 1 em 300 no grupo etário de 35 a 39 anos, e para 1 em 9 aos 48 anos.

A síndrome de Down é caracterizada por retardo mental, desenvolvimento físico insuficiente (estatura baixa e dedos curtos e grossos), estruturas faciais específicas (língua grande, perfil achatado, crânio largo, olhos oblíquos e cabeça arredondada) e malformações do coração, das orelhas, das mãos e dos pés. O amadurecimento sexual dificilmente é alcançado, e a expectativa de vida é mais curta.

TERMINOLOGIA E CONDIÇÕES MÉDICAS

Amniocentese Procedimento de diagnóstico pré-natal que inclui a retirada de líquido amniótico e a análise das células fetais e substâncias dissolvidas, para testar a presença de distúrbios genéticos, como síndrome de Down, hemofilia, doença de Tay-Sachs, anemia falciforme e determinadas distrofias musculares. Geralmente é realizada com 14 a 18 semanas de gestação e traz uma probabilidade de aproximadamente 0,5% de aborto espontâneo, após o procedimento.

Amostragem das vilosidades coriônicas (CVS, do inglês *chorionic villi sampling*) Procedimento de diagnóstico pré-natal que inclui a remoção de tecido das vilosidades coriônicas, para examiná-lo quanto aos mesmos distúrbios genéticos detectados pela amniocentese. Pode ser realizada com antecedência, já na oitava semana de gestação; os resultados estão disponíveis em poucos dias. Origina uma probabilidade aproximada de 1 a 2% de aborto espontâneo, após o procedimento.

Apresentação pélvica Mau posicionamento em que as nádegas ou os membros inferiores do feto estão presentes na pelve materna; a causa mais comum é a prematuridade.

Cirurgia fetal Procedimento cirúrgico realizado no feto; em alguns casos, o útero é aberto, e o feto é operado diretamente. A cirurgia fetal é usada para reparar hérnias diafragmáticas e remover lesões nos pulmões.

Concepto Inclui todas as estruturas que se desenvolvem a partir de um zigoto: um embrião mais a parte embrionária da placenta e membranas associadas (córion, âmnio, saco vitelino e alantoide).

Êmese gravídica Episódios de náuseas e possivelmente vômitos, com ocorrência mais provável pela manhã, durante os primeiros estágios da gravidez; também chamada de *mal estar matinal*. A causa é desconhecida, mas os níveis elevados de hCG, secretada pela placenta, e de progesterona, secretada pelos ovários, estão implicados. Em algumas mulheres, a gravidade desses sintomas requer hospitalização, para alimentação intravenosa.

Febre puerperal Doença infecciosa materna do parto, também chamada de *sepse puerperal* e *febre do parto*. A doença, que resulta de uma infecção originária do canal de parto, afeta o endométrio. Pode se espalhar para outras estruturas pélvicas e levar à septicemia.

Gene letal Gene que, quando expresso, resulta em morte no estado embrionário ou logo após o nascimento.

Idade de fertilização Duas semanas a menos que a idade gestacional, uma vez que um ovócito secundário não é fertilizado até aproximadamente duas semanas após o último período menstrual normal (UPMN).

Idade gestacional Idade de um embrião ou feto, calculada a partir do primeiro dia do UPMN.

Pré-eclâmpsia Síndrome da gravidez caracterizada por hipertensão súbita, grandes quantidades de proteína na urina e edema generalizado; possivelmente relacionada a uma reação autoimune ou alérgica à presença do feto. Quando a condição é também associada a convulsões e coma, é referida como ***eclâmpsia***.

Síndrome alcoólica fetal (SAF) Um padrão específico de malformação fetal decorrente da exposição intrauterina ao álcool. A SAF é uma das causas mais comuns de retardo mental e a causa evitável mais comum de defeitos congênitos nos Estados Unidos. Os sintomas da SAF podem incluir crescimento lento antes e depois do nascimento, características faciais típicas (fissuras palpebrais curtas, lábio superior fino e ponte nasal profunda), defeitos cardíacos e em outros órgãos, membros malformados, anormalidades genitais e dano à parte central do sistema nervoso. Problemas comportamentais, como hiperatividade, nervosismo extremo, redução da capacidade de concentração e incapacidade de avaliar relações de causa e efeito, são comuns.

Síndrome da metafêmea Distúrbio dos cromossomos sexuais caracterizado por pelo menos três cromossomos X (XXX), que ocorre em aproximadamente 1 a cada 700 nascimentos. Essas mulheres têm órgãos genitais subdesenvolvidos e fertilidade limitada. Geralmente, há retardo mental.

Teratógeno Qualquer agente ou influência que provoca defeitos de desenvolvimento no embrião. Exemplos incluem álcool, pesticidas, substâncias químicas industriais, antibióticos, talidomida, LSD e cocaína.

Ultrassonografia fetal Procedimento diagnóstico pré-natal que utiliza o ultrassom para confirmar a gravidez, identificar gestações múltiplas, determinar a idade fetal, avaliar a viabilidade e o crescimento fetais, determinar a posição fetal, identificar as anormalidades materno-fetais e auxiliar em procedimentos como a amniocentese.

REVISÃO DO CAPÍTULO

24.1 Período embrionário

1. **Gravidez** é uma sequência de eventos que começa com a fertilização e prossegue para a implantação, o desenvolvimento embrionário e o desenvolvimento fetal. Normalmente termina em nascimento.
2. Durante a **fertilização**, um espermatozoide penetra um ovócito secundário, e seus núcleos se unem. A penetração da zona pelúcida é facilitada pelas enzimas no acrossomo do espermatozoide. A célula resultante é um **zigoto**. Normalmente, apenas um espermatozoide fertiliza um ovócito secundário.
3. A divisão celular inicial rápida de um zigoto é chamada de **clivagem**, e as células produzidas pela clivagem são chamadas de **blastômeros**. A esfera sólida de células produzidas pela clivagem é uma **mórula**.
4. A mórula se desenvolve em um **blastocisto**, uma esfera oca de células diferenciadas em um **trofoblasto** e um **embrioblasto**. A fixação de um blastocisto ao endométrio é denominada **implantação**.
5. O trofoblasto se desenvolve em **sinciciotrofoblasto e citotrofoblasto**. O embrioblasto se diferencia em **hipoblasto** e **epiblasto**, o **disco embrionário bilaminado**. O **âmnio** é uma membrana protetora fina que se desenvolve a partir do citotrofoblasto.
6. O hipoblasto forma o **saco vitelino**, que transfere nutrientes para o embrião, forma células do sangue, produz células germinativas primordiais e forma parte do intestino. O sangue e as secreções entram nas **redes lacunares** para fornecer nutrição e remover os resíduos do embrião. O **mesoderma extraembrionário** e o trofoblasto formam o **córion**, a principal parte embrionária da placenta.
7. A terceira semana de desenvolvimento é caracterizada pela **gastrulação**, conversão do disco bilaminado em um embrião trilaminado, que consiste em **ectoderma**, **mesoderma** e **endoderma**. As três camadas germinativas primárias formam todos os tecidos e órgãos do organismo em desenvolvimento. O processo pelo qual a **placa neural**, as **pregas neurais** e o **tubo neural** se formam é chamado de **neurulação**. O encéfalo e a medula espinal se desenvolvem a partir do tubo neural.
8. **Vilosidades coriônicas**, projeções do córion, se conectam ao coração embrionário, de modo que os vasos sanguíneos maternos e fetais ficam muito próximos. Assim, nutrientes e resíduos são trocados entre o sangue materno e o sangue fetal.
9. A **placenta** é o local de troca de nutrientes e de resíduos entre a mãe e o feto. A placenta também atua como barreira protetora, armazenagem de nutrientes e produção de diversos hormônios que mantêm a gravidez. A conexão real entre a placenta e o embrião (e mais tarde o feto) é o **cordão umbilical**.
10. A formação dos órgãos e sistemas do corpo ocorre durante a quarta semana de desenvolvimento. Ao final da quarta semana, os **brotos dos membros superiores e inferiores** se desenvolvem; ao final da oitava semana, o embrião tem características claramente humanas.

24.2 Período fetal

1. O período fetal relaciona-se basicamente com o crescimento e a diferenciação de tecidos e órgãos que se desenvolveram durante o período embrionário.
2. A taxa de crescimento corporal é notável, especialmente entre a 9ª e a 16ª semanas.
3. As principais mudanças associadas ao crescimento embrionário e fetal estão resumidas na Tabela 24.1.

24.3 Mudanças maternas durante a gravidez

1. A gravidez é mantida por **gonadotrofina coriônica humana** (**hCG**), **estrogênios** e **progesterona**.
2. A **relaxina** aumenta a flexibilidade da sínfise púbica e ajuda a dilatar o colo do útero, próximo ao final da gravidez.
3. **Somatomamotrofina coriônica humana** (**hCS**) contribui para desenvolvimento da mama, anabolismo proteico e catabolismo de glicose e ácidos graxos.
4. Acredita-se que o **hormônio liberador de corticotrofina** (**CRH**), produzido pela placenta, estabeleça o momento do nascimento e estimule a secreção de cortisol pela glândula suprarrenal do feto.
5. Durante a gravidez, diversas mudanças anatômicas e fisiológicas ocorrem na mãe.

24.4 Exercício e gravidez

1. Durante a gravidez, algumas articulações se tornam menos estáveis, e determinadas manobras são mais difíceis de executar.
2. Em uma gravidez normal, atividade física moderada não traz risco para o feto.

24.5 Trabalho de parto

1. **Trabalho de parto** é o processo pelo qual o feto é expulso do útero, pela vagina, para o exterior. O **trabalho de parto verdadeiro** inclui a dilatação do colo do útero, e a expulsão do feto e da placenta.
2. A ocitocina estimula as contrações uterinas.

24.6 Lactação

1. **Lactação** se refere à produção e à ejeção do leite pelas glândulas mamárias.
2. A produção do leite é influenciada pela **prolactina** (**PRL**), pelos estrogênios e pela progesterona.
3. A ejeção do leite é estimulada pela ocitocina.
4. Alguns dos muitos benefícios da amamentação materna incluem nutrição ideal para o bebê, proteção contra doenças e redução da probabilidade de desenvolvimento de alergias.

24.7 Herança

1. **Herança** é a passagem das características hereditárias de uma geração à seguinte.
2. A composição genética de um organismo é chamada de **genótipo**; as características expressas são chamadas de **fenótipo**.
3. Os **alelos dominantes** controlam uma característica específica; a expressão dos **alelos recessivos** é mascarada pelos alelos dominantes.
4. Na **dominância incompleta**, nenhum membro do par alélico domina; fenotipicamente, o heterozigoto é intermediário entre o homozigoto dominante e o homozigoto recessivo. Um exemplo é a anemia falciforme.
5. Na **herança de alelos múltiplos**, os genes têm mais de duas formas alternativas. Um exemplo é a herança dos grupos sanguíneos ABO.
6. Cada célula somática tem 46 cromossomos – 22 pares de **autossomos** e 1 par de **cromossomos sexuais**.
7. Nas mulheres, os cromossomos sexuais são dois cromossomos X; nos homens, são um cromossomo X e um cromossomo Y, muito menor, que normalmente inclui o principal gene determinante do sexo masculino, chamado de ***SRY.***
8. Se o gene *SRY* estiver presente e funcional em um óvulo, o feto desenvolverá testículos e se diferenciará em um indivíduo do sexo masculino. Na ausência de *SRY*, o feto desenvolverá ovários e se diferenciará em um indivíduo do sexo feminino.
9. **Daltonismo para cores vermelho-verde** e **hemofilia** resultam de genes recessivos localizados no cromossomo X. São **características ligadas ao sexo** que ocorrem basicamente nos homens, em virtude da ausência de quaisquer genes dominantes de compensação no cromossomo Y.

APLICAÇÕES DO PENSAMENTO CRÍTICO

1. Seu vizinho colocou um anúncio do nascimento de seus filhos gêmeos, uma menina e um menino. Outro vizinho disse: "Oh, que gracinha! Gostaria de saber se eles são gêmeos idênticos". Sem nem mesmo ver os gêmeos, o que você pode dizer a ele?
2. Na aula de ciências, estavam estudando genética na escola, e Carla chegou em casa chorando. Disse à irmã mais velha, "Estávamos fazendo a nossa árvore genealógica e, quando preenchi nossas características, descobri que mamãe e papai não são meus pais verdadeiros, porque as características não combinam!". Acontece que os pais podem enrolar a língua, mas Carla não. Eles ainda seriam os pais dela?
3. Fernanda está preocupada com relação à saúde do bebê que ainda não nasceu. Em razão da anamnese de Fernanda, seu médico quer testar a presença de um distúrbio genético; no entanto, ela tem medo de que isso venha a ferir o bebê. O médico garante que o procedimento não tocará o bebê, mesmo que obtenha uma amostra de tecido fetal. Como isso é possível?
4. O bebê de Daiane está para nascer em três semanas. Ela está se perguntando se amamenta ou alimenta seu bebê com mamadeira. Daiane trabalha como ajudante em uma creche e observou que lactentes amamentados parecem não ficar doentes tão frequentemente como aqueles alimentados com fórmulas infantis. Ela sabe que você tem aulas de anatomia e fisiologia e quer que você lhe explique os benefícios da amamentação materna.

RESPOSTAS ÀS QUESTÕES DAS FIGURAS

24.1 Capacitação se refere às alterações funcionais nos espermatozoides, após deposição no trato genital feminino, que torna possível a fertilização de um ovócito secundário.

24.2 Mórula é uma esfera sólida de células; um blastocisto consiste em um aro de células (trofobasto) circundando uma cavidade (blastocele) e um embrioblasto.

24.3 O blastocisto secreta enzimas digestivas que digerem o revestimento endometrial no local da implantação.

24.4 Na implantação, o blastocisto é orientado de modo que o embrioblasto fique mais próximo ao endométrio.

24.5 O disco embrionário bilaminado está fixado ao trofoblasto pelo pedículo de conexão.

24.6 Gastrulação converte um disco embrionário bilaminado em um disco embrionário trilaminado.

24.7 As vilosidades coriônicas ajudam a aproximar os vasos sanguíneos fetais e maternos uns dos outros.

24.8 A placenta opera na troca de materiais entre o feto e a mãe, atua como uma barreira protetora contra muitos micróbios e armazena nutrientes.

24.9 Durante este período, o peso fetal dobra.

24.10 Ocitocina também estimula as contrações uterinas durante o nascimento.

24.11 As probabilidades de que uma criança tenha PKU são as mesmas para cada criança: 25%.

24.12 Os cromossomos que não são cromossomos sexuais são chamados de autossomos.

24.13 Uma mulher com daltonismo vermelho-verde tem genótipo X^cX^c.

APÊNDICE A: RESPOSTAS PARA AS APLICAÇÕES DO PENSAMENTO CRÍTICO

RESPOSTAS PARA AS APLICAÇÕES DO PENSAMENTO CRÍTICO

Capítulo 1

1. Na posição anatômica, o braço penderia ao longo da face lateral do tronco, com a palma da mão voltada para a frente.
2. O nível mínimo de organização no qual os processos vitais ocorrem é o nível celular. Para assegurar que o organismo está vivo, precisaríamos observar os processos vitais como metabolismo, responsividade, movimento, crescimento, diferenciação e reprodução.
3. Anatomicamente falando, a resposta de Guy não faz sentido. Caudal significa inferior ou distante da cabeça; dorsal significa o dorso; e sural é a região da panturrilha da perna. A área da virilha está localizada na parte anterior do tronco, próxima à parte superior do membro inferior.
4. O plano sagital mediano divide o corpo em metades iguais, direita e esquerda. O plano transverso (transversal ou horizontal) divide a parte superior e a parte inferior do corpo.

Capítulo 2

1. A proteína no leite é desnaturada pelo ácido no suco de limão. A desnaturação altera a forma característica da proteína do leite, de modo que não seja mais solúvel.
2. Para cozinhar o salmão de maneira saudável para o coração, o óleo de milho líquido seria preferível à margarina de óleo de milho. Acredita-se que o óleo de milho puro contenha gorduras poli-insaturadas, que diminuem o risco de doença cardíaca. Contudo, para fabricar a margarina de óleo de milho, o óleo de milho líquido é hidrogenado, o que cria ácidos graxos *trans* não saudáveis.
3. Albert não compreende o pH. Cada aumento de um número inteiro na escala de pH representa uma diminuição de 10 vezes na concentração de H^+. A mistura de pH 3,5 é 10 vezes menos ácida (ou 10 vezes mais alcalina) do que a mistura de pH 2,5.
4. Simplesmente adicionar água ao açúcar de mesa não provoca sua degradação em monossacarídeos. A água atua como um solvente, dissolvendo a sacarose, e formando uma solução sacarose-água. Para completar a degradação do açúcar de mesa em glicose e frutose, seria necessária a presença da enzima sacarase.

Capítulo 3

1. Lisossomos contêm enzimas digestivas que digerem o tecido ósseo e liberam o cálcio armazenado.
2. A água do mar é hipertônica em relação ao corpo, contendo uma concentração mais alta de solutos (NaCl) do que as células do corpo. Beber água do mar provocaria a crenação das células.
3. Mucina (proteína) é sintetizada nos ribossomos fixados ao RE rugoso. Ela se move do RE rugoso para uma vesícula de transporte que a leva até o complexo de Golgi. Essa proteína é modificada em uma glicoproteína enquanto está sendo transportada pelas cisternas de Golgi (novamente utilizando vesículas de transporte). A mucina é empacotada em uma vesícula secretora e movida para a membrana plasmática, onde é liberada por exocitose.
4. Jared possui vários fatores de risco que contribuem para o seu envelhecimento "prematuro". Níveis elevados de estresse encurtam os telômeros protetores nas extremidades dos cromossomos, contribuindo para o envelhecimento e a inevitável morte das células. As ligações cruzadas de glicose que se formam entre as proteínas contribuem para a perda de elasticidade, o que envelhece os tecidos. Seu sistema imunológico pode estar funcionando mal, produzindo respostas autoimunes que também podem afetar o processo de envelhecimento.

Capítulo 4

1. As agulhas estão presas no epitélio estratificado escamoso queratinizado da pele. Não há sangramento porque o epitélio é avascular.
2. Colágeno é a proteína mais abundante do corpo. Osso, cartilagem e tecido conectivo denso contêm colágeno em abundância. Colágeno é encontrado em tendões, ligamentos e ossos.
3. A tuba uterina é revestida com epitélio colunar simples ciliado. Os cílios (pelos) ajudam a mover o óvulo.
4. A "cartilagem fraturada" de Mara incluiu a cartilagem hialina na tíbia, em uma área onde os ossos crescem em comprimento. Como a cartilagem não possui suprimento sanguíneo, cicatrizou lentamente e atrasou o crescimento na perna direita. Uma vez que a perna esquerda ilesa cresceu normalmente, a diferença no comprimento entre as pernas direita e esquerda resultou na claudicação.

Capítulo 5

1. A haste do pelo é de células queratinizadas mortas e fundidas. Na base do pelo, o bulbo capilar contém a matriz viva, na qual a divisão celular ocorre. Os plexos da raiz do pelo (tecido nervoso) circundam cada folículo piloso.
2. A camada epidérmica é reparada pela divisão celular dos queratinócitos, começando na camada mais profunda da

epiderme, o estrato basal. Os queratinócitos se movem na direção da superfície, pelos estratos espinhoso, granular e córneo. As células se tornam totalmente queratinizadas, planas e mortas à medida que se movem para a superfície. O processo dura aproximadamente de 2 a 4 semanas.

3. A extensibilidade e a elasticidade da pele são decorrentes principalmente da presença de colágeno e fibras elásticas na região profunda da derme. Os riscos brancos, ou estrias, resultam de pequenos rompimentos na derme como resultado da distensão excessiva da pele com a gravidez.
4. Os cravos de Jonas são provocados pelo acúmulo de óleo (sebo) nas glândulas sebáceas. A secreção sebácea frequentemente aumenta após a puberdade. Sua coloração é consequência da melanina e do óleo oxidado.

Capítulo 6

1. J.R. fraturou a tíbia e a fíbula, o processo estiloide do rádio e o escafoide.
2. Você pode comparar os tamanhos dos ossos longos, especialmente as extremidades articulares, que tendem a ser maiores e mais espessas em homens. Protuberâncias, linhas, tuberosidades e cristas para as fixações musculares também são tipicamente mais pronunciadas em homens. Deve haver diferenças na estrutura óssea da pelve. A pelve feminina deve ser mais ampla e rasa e ter mais espaço nas aberturas superior e inferior, para o parto.
3. Em razão da idade e do sexo, vovó Olga provavelmente tem osteoporose. A perda óssea é consequência do aumento da perda de cálcio e da redução na produção de hGH e estrogênio. O encolhimento das vértebras resulta em dorso recurvado e perda de estatura.
4. Cátia fraturou a parte superior do maior dos dois ossos da perna (abaixo da patela). O corpo necessita de cálcio, fósforo, magnésio, vitaminas A, C e D, hGH e outros hormônios, e proteína para a matriz óssea, a fim de que a lesão cicatrize.

Capítulo 7

1. Flexionar os joelhos, flexionar o quadril (na lateral com o joelho para cima), hiperestender o pescoço, flexionar os dedos das mãos, flexionar e estender o cotovelo e o ombro e deprimir a mandíbula.
2. A articulação do quadril é uma articulação do tipo diartrose sinovial esferóidea, formada pela cabeça do fêmur que se encaixa no acetábulo do osso do quadril. Os movimentos são extensão/flexão, abdução/adução, rotação e circundução.
3. O LCA é o ligamento cruzado anterior. Conecta a tíbia ao fêmur, estendendo-se posterior e lateralmente. O LCA trabalha juntamente com outros ligamentos internos e externos para estabilizar a articulação do joelho.
4. A vovó provavelmente está sofrendo de osteoartrite – a doença articular degenerativa mais comum em idosos. Embora ela não possa "comprar pernas", poderia conversar com o seu médico sobre os prós e os contras da artroplastia – a substituição de articulações danificadas por articulações artificiais.

Capítulo 8

1. Os músculos esqueléticos não se contraem sem receber um sinal do neurotransmissor ACh. Visto que a liberação de ACh está bloqueada, os músculos esqueléticos não funcionam.
2. Alice usou o orbicular da boca (lábios franzidos), o occipitofrontal (supercílios), o zigomático maior e o bucinador (bochechas).
3. Os músculos da perna de Cátia se atrofiaram a partir da perda de miofibrilas, em consequência da falta de uso dos músculos. Ela precisa se exercitar a fim de aumentar o tamanho do músculo, desenvolvendo miofibrilas, mitocôndrias e retículo sarcoplasmático.
4. Os velocistas têm proporções mais altas de fibras musculares GR, que são maiores em diâmetro, quando comparados aos maratonistas, que teriam uma proporção mais alta de fibras OGR, com diâmetros menores. Os velocistas teriam esquemas de treinamento que tenderiam a encorajar a hipertrofia muscular, ao passo que o treinamento dos maratonistas encorajaria maiores mudanças respiratórias e cardiovasculares, mas não um aumento na massa muscular.

Capítulo 9

1. Sentir o aroma do café e ouvir uma campainha são sensitivas somáticas; espreguiçar e bocejar são motoras somáticas; e salivar é motora autônoma (parassimpática).
2. A ACh é o neurotransmissor excitatório liberado pelos neurônios motores para iniciar a contração muscular. O fármaco administrado a Marta bloqueia os sítios receptores nas fibras musculares, de modo que a ACh não se liga às células musculares e não as estimula.
3. Neuropeptídeos, como as endorfinas, são encontrados no encéfalo. Estão relacionados às sensações de prazer e são analgésicos naturais.
4. Uma bainha de mielina aumenta a velocidade da condução (propagação) do impulso nervoso. Como a mielinização não está completa nos recém-nascidos, as respostas são mais lentas e menos coordenadas do que em crianças mais velhas.

Capítulo 10

1. O plexo braquial corre pela região axilar e supre os braços e as mãos. O peso de Cátia colocou pressão sobre o plexo braquial e interrompeu a transmissão dos impulsos nervosos.
2. Joana sofreu uma lesão na cabeça, decorrente de um acidente de carro, que provocou um bloqueio da circulação de LCS, no espaço subaracnóideo, próximo ao lobo occipital, no qual a função visual está centrada. O acúmulo de LCS é drenado com um desvio para evitar dano cerebral permanente e potencialmente fatal.
3. A área motora primária, no giro pré-central esquerdo, e a área de Broca, no lobo frontal esquerdo, foram danificadas pelo acidente vascular encefálico. Ambas as áreas estão no córtex cerebral.
4. Um receptor no pé de Kyle detectou a dor proveniente do prego. O impulso percorreu um nervo sensitivo até a me-

dula espinal, que repassou o sinal para um neurônio motor. O neurônio motor estimulou a contração dos músculos da perna de Kyle, resultando em um reflexo de retirada.

Capítulo 11

1. A parte parassimpática do SNA dirige as atividades de repouso e digestão. Os órgãos do sistema digestório terão aumento na atividade para digerir o alimento, absorver os nutrientes e defecar os resíduos. Na condição relaxada, o corpo também exibirá frequência cardíaca mais lenta e constrição dos brônquios.
2. A ansiedade de ministrar a apresentação ativou a parte simpática do SNA. Mesmo que você não esteja em perigo físico, seu corpo iniciou a resposta de luta ou fuga, resultando nos sintomas que você experimentou. A liberação de epinefrina e norepinefrina a partir da medula da glândula suprarrenal assegura que os efeitos não desaparecerão tão cedo.
3. A pele arrepiada é uma resposta da parte simpática do SNA. Os corpos celulares dos neurônios pré-ganglionares simpáticos estão nos segmentos toracolombares (T1-L2) da medula espinal; seus axônios saem nas raízes anteriores dos nervos espinais e se estendem até um gânglio simpático. A partir daí, neurônios pós-ganglionares se estendem até os músculos lisos do folículo piloso (músculos eretores do pelo), que produzem a pele arrepiada quando se contraem.
4. Inervação dupla se refere à inervação da maioria dos órgãos por ambas as partes, simpática e parassimpática, do SNA, não à presença de mais de uma cabeça.

Capítulo 12

1. Há vários tipos de receptores que são ativados pelas ações de Evelyn, incluindo termorreceptores de calor a partir do banho; terminações nervosas livres a partir das cócegas; corpúsculos táteis (de Meissner) a partir do beijo nos lábios; plexos das raízes dos pelos a partir do ato de acariciar os braços.
2. O sáculo e o utrículo, no vestíbulo da orelha interna, respondem à posição da cabeça e mantêm o equilíbrio estático. A membrana dos estatocônios das máculas se move em resposta ao movimento da cabeça, estimulando células ciliadas e desencadeando impulsos que percorrem o nervo craniano VIII.
3. A córnea é responsável por aproximadamente 75% da refração total dos raios luminosos que entram no olho. Modificar a forma da córnea, raspando as camadas superficiais, alterará a refração da luz e modificará o foco da imagem na retina, esperançosamente melhorando a acuidade visual.
4. O optometrista utilizou o colírio para paralisar temporariamente os músculos da íris durante o exame. Os músculos dilatadores da pupila são contraídos no estado paralisado, resultando na dilatação das pupilas de Laura. A sensibilidade à luz ocorre porque os músculos esfíncteres da pupila também são paralisados, e não se contraem para constringir a pupila em resposta à claridade.

Capítulo 13

1. Patrick tem diabetes melito tipo 1, em virtude da destruição das células beta do pâncreas. Precisa receber injeções de insulina para metabolizar a glicose. Sua tia tem diabetes melito tipo 2, e ainda produz insulina, mas as células do corpo têm sensibilidade diminuída ao hormônio.
2. À medida que o envelhecimento ocorre, há uma diminuição na liberação de muitos hormônios, incluindo o hGH. A ausência de hGH é uma causa da perda muscular com o envelhecimento. Uma diminuição nos níveis de testosterona com a idade também afeta a perda muscular.
3. Melatonina é liberada pela glândula pineal durante a escuridão e o sono. Esse hormônio ajuda a estabelecer o relógio biológico, controlado pelo hipotálamo, que determina os padrões de sono. O TAS pode ser provocado pelo excesso de melatonina. A claridade inibe a secreção de melatonina e é um tratamento para o TAS.
4. Desidratação estimulará a liberação de ADH a partir da neuro-hipófise. O ADH aumentará a retenção de água pelos rins, diminuirá a transpiração e constringirá as arteríolas, o que aumentará a pressão sanguínea. A epinefrina e a norepinefrina serão liberadas pelas medulas das glândulas suprarrenais, em resposta ao estresse.

Capítulo 14

1. A bilirrubina é um pigmento formado a partir da degradação do heme da hemoglobina de eritrócitos senis fagocitados pelo fígado. Se os ductos biliares não transportarem a bilirrubina na bile para longe do fígado, a bilirrubina se acumulará no sangue e em outros tecidos, provocando uma coloração amarela na pele e nos olhos, chamada de icterícia.
2. A pessoa 1 tem tipo sanguíneo A, a pessoa 2 tem tipo sanguíneo AB, e a pessoa 3 tem tipo sanguíneo O.
3. Uma coloração roxo-azulada nos leitos ungueais é vista na cianose, que é provocada pela falta prolongada de oxigênio (hipóxia).
4. As células-tronco pluripotentes se transformam em células-tronco mieloides e células-tronco linfoides e, a partir dessas, produzem todos os elementos figurados do sangue: eritrócitos, plaquetas e leucócitos (monócitos, eosinófilos, neutrófilos, basófilos e linfócitos).

Capítulo 15

1. Um marca-passo envia impulsos elétricos para o lado direito do coração, que estimulam a contração do músculo cardíaco. Um marca-passo é utilizado em condições nas quais o ritmo cardíaco é irregular, para assumir a função do nó SA.
2. O aparecimento súbito do carro ativou a parte simpática do SNA. Os sinais simpáticos do centro CV, no bulbo, percorrem a medula espinal para baixo até os nervos aceleradores cardíacos, que liberam norepinefrina, aumentando a frequência cardíaca e a força da contração.
3. VS = DC ÷ FC (batimentos/min). Assumindo um DC médio de 5.250 mL/min em repouso, VS = 5.250 mL/min ÷ 40 batimentos/min = 131,25 mL. Rearranjando a equação,

DC = VS × FC (batimentos/min). Com o exercício, o DC de Jean-Claude é = 131,25 mL × 60 batimentos/min = 7.875 mL/min.

4. Janete deve ver as notícias de seu marido como boas. As HDLs estão associadas com a remoção do excesso de colesterol do corpo; assim, são consideradas um "colesterol bom". As LDLs estão associadas com a promoção de placas ateroscleróticas e são consideradas um "colesterol ruim". Os pacientes querem que as HDLs estejam elevadas e que as LDLs estejam baixas.

Capítulo 16

1. A epinefrina irá provocar vasoconstrição das arteríolas. Se esses vasos fossem contraídos temporariamente, isso reduziria o fluxo sanguíneo localmente no sítio do trabalho dentário e reduziria o sangramento.
2. As veias varicosas são provocadas por válvulas venosas fracas que permitem o refluxo de sangue. Com o envelhecimento, as paredes venosas podem perder sua elasticidade e se tornar frouxas e distendidas com o sangue. As artérias raramente se tornam distendidas, porque possuem as túnicas íntima e média mais espessas do que as veias e não contêm válvulas.
3. A troca de nutrientes, resíduos, oxigênio e dióxido de carbono ocorre pela placenta, que une os sistemas circulatórios materno e fetal. O cordão umbilical contém vasos que transferem materiais entre a mãe e o feto. A veia umbilical transfere nutrientes e oxigênio da placenta para o feto. Parte do sangue da veia umbilical entra no fígado, enquanto a maior parte flui para o ducto venoso e então para a veia cava inferior. O sangue desoxigenado e cheio de resíduos do feto retorna à placenta por duas artérias umbilicais, vasos que se formam a partir de ramos das artérias ilíacas internas fetais.
4. Pedro cortou uma artéria. O sangue flui das artérias em esguichos rápidos, em função da alta pressão gerada pela contração ventricular.

Capítulo 17

1. Os linfonodos axilares direitos, provavelmente, foram removidos porque a linfa que flui nos vasos linfáticos para longe do tumor (nódulo da mama) foi filtrada pelos linfonodos axilares. Células cancerosas do tumor podem ser carregadas na linfa para os linfonodos axilares e disseminar o câncer por metástase.
2. O baço contém linfócitos (células B, células T, plasmócitos), leucócitos granulares e macrófagos, todos implicados no combate aos patógenos. O baço também armazena plaquetas, destrói eritrócitos e plaquetas defeituosas e desgastadas, e produz células sanguíneas (durante a vida fetal). Embora seja preferível manter o baço, as suas funções podem ser realizadas por outros órgãos do corpo, como a medula óssea vermelha e o fígado.
3. A imunização inicial contra o tétano forneceu imunidade ativa adquirida artificialmente. A dose de reforço antitetânico é necessária para manter a imunidade contra as bactérias e a toxina do tétano.
4. Sem um suprimento de sangue, os anticorpos e as células T não possuem acesso fácil à córnea. Consequentemente, nenhuma resposta imune ocorre para rejeitar a córnea estranha transplantada.

Capítulo 18

1. Prender a respiração aumentará os níveis sanguíneos de CO_2 e H^+ e diminuirá os de O_2. Essas alterações estimularão fortemente a área inspiratória, que enviará impulsos para retomar a respiração, quer ainda esteja consciente ou não.
2. O exercício normalmente induz a parte simpática do SNA a enviar sinais para dilatar os bronquíolos, o que aumenta o fluxo de ar e o suprimento de oxigênio. A asma provoca a constrição dos bronquíolos, tornando a inspiração mais difícil e reduzindo o fluxo de ar.
3. Bianca tem uma infecção viral – o resfriado comum (coriza). A laringite, uma inflamação da laringe, é uma complicação comum de um resfriado. A inflamação das pregas vocais pode resultar na perda da voz.
4. Quando você engoliu, a epiglote não se fechou completamente, permitindo que o líquido entrasse na laringe. A irritação provocada pelo líquido resultou em apneia temporária, seguida pelo reflexo da tosse para expelir o líquido.

Capítulo 19

1. Você deve escovar seus dentes para remover resíduos de alimentos e bactérias. Quando as bactérias metabolizam os açúcares deixados nos dentes após uma refeição, produzem ácido que desmineraliza o esmalte, resultando nas cáries (cavidades) dentárias.
2. Edna e Gertrude estão ambas erradas. A intolerância à lactose provoca sintomas de cólicas, diarreia e flatulência por excesso de gases no intestino grosso.
3. O músculo esfíncter do piloro está localizado nessa junção. A aranha seguiu da boca até as partes oral e laríngea da faringe, depois para o esôfago e, finalmente, entrou no estômago. A gastroscopia do estômago, com um endoscópio, revelaria o epitélio revestido de muco, as fovéolas gástricas e as pregas gástricas.
4. A azia de Gertrude é decorrente do fechamento inadequado do esfíncter esofagiano inferior, o que está trazendo os ácidos estomacais de volta para o esôfago, resultando em uma sensação de queimação. Dietas que estimulam a secreção de ácido gástrico (com alimentos como tomates, chocolate e café), bem como o álcool (que pode fazer o esfíncter relaxar) piorarão a condição. Se Gertrude possuir antiácidos em seu armário de remédios, pode consumi-los para neutralizar temporariamente os ácidos. Se a condição for persistente, precisará modificar seus hábitos alimentares e pode querer conversar sobre a prescrição de medicamentos com seu médico.

Capítulo 20

1. Ver Figura 20.1.
2. A temperatura corporal aumentará, em consequência da irradiação do sol e da areia quente ao redor e, possivelmente, da condução de se deitarem sobre a areia quente. O calor será perdido para a água por condução e convecção.
3. A dieta que Marco está considerando é normalmente conhecida como "carregamento de carboidratos". Há algum indício de que ingerir uma dieta alta em carboidratos 2 a 3 dias antes de um evento atlético de resistência encoraje níveis elevados de estoques de glicogênio nos músculos. Durante o evento, o glicogênio é catabolizado em glicose, que é subsequentemente utilizada para a produção de ATP.
4. Os antioxidantes protegem contra os danos dos radicais livres às membranas celulares, ao DNA e às paredes dos vasos sanguíneos. A vitamina C é hidrossolúvel; assim, as quantidades excedentes serão excretadas na urina. As vitaminas A (do betacaroteno) e E são lipossolúveis e poderiam se acumular em níveis tóxicos em tecidos como os do fígado.

Capítulo 21

1. O álcool inibe a secreção do ADH. Esse hormônio é secretado quando o hipotálamo detecta uma diminuição na quantidade de água no sangue. O ADH torna os ductos coletores e a porção distal dos túbulos contorcidos distais mais permeáveis à água, de modo que esta possa ser reabsorvida.
2. A incontinência (falta do controle voluntário sobre a micção) é normal em crianças da idade de Sara. Neurônios para o esfíncter externo da uretra não estão completamente desenvolvidos até aproximadamente os 2 anos de idade. O desejo de controlar a micção voluntariamente também precisa estar presente e ser iniciado pelo córtex cerebral.
3. Não. A filtração glomerular é conduzida principalmente pela pressão sanguínea e oposta pela pressão capsular glomerular, não pela pressão da urina na bexiga urinária. Em condições fisiológicas normais, a urina permanece na bexiga urinária e não volta para os rins.
4. A partir dos sintomas descritos, Maria possui uma infecção do trato urinário (ITU). A maioria das ITUs são curadas por antibióticos. As mulheres são mais propensas a ITUs recorrentes, por causa do curto comprimento da uretra feminina e de sua proximidade com área anal. As bactérias entram facilmente no trato urinário feminino e o colonizam. A prevenção inclui realizar higiene adequada ao se limpar e durante a relação sexual, trocar tampões higiênicos e absorventes regularmente, consumir grandes quantidades de líquido diariamente e urinar com frequência para ajudar a eliminar as bactérias.

Capítulo 22

1. A alta concentração de sódio e o aumento do volume sanguíneo decorrente da grande quantidade de água ingerida estimularão a secreção do PNA para reduzir a concentração de Na^+ no sangue e para reduzir o volume sanguíneo.
2. Tiago tem intoxicação por água. Teve ingestão excessiva de água durante sua aula de natação, fazendo os líquidos corporais se tornarem muito diluídos ou hipotônicos. A água se moveu para dentro de células por osmose, inchando as células e resultando em convulsões.
3. O enfisema de Ema resulta em uma incapacidade para exalar completamente o CO_2 que o corpo produz. Conforme os níveis de CO_2 se elevam, o CO_2 reage com a água para formar ácido carbônico (H_2CO_3), que então se dissocia em H^+ e íon bicarbonato (HCO_3^-). O aumento de H^+ produz acidose respiratória. Os rins de Emma tentam compensar, secretando mais H^+ e reabsorvendo mais HCO_3^-.
4. Um aumento no volume sanguíneo distende os átrios, provocando a liberação do PNA. O PNA promove a excreção de Na^+ (natriurese) na urina. O aumento da perda de água acompanha a perda de Na^+ e reduz o volume sanguíneo.

Capítulo 23

1. Janaína pode possuir níveis insuficientes de progesterona, que é secretada pelo corpo lúteo e que prepara e mantém o útero para a gravidez. Baixos níveis de progesterona podem contribuir para o aborto espontâneo.
2. A vasectomia corta os ductos deferentes, de modo que os espermatozoides não possam ser transportados para fora do corpo. A função dos testículos não é afetada. As células intersticiais (de Leydig) secretam o hormônio testosterona, que mantém as características sexuais masculinas e o impulso sexual. Uma vasectomia não afetará a produção do hormônio ou o seu transporte para o restante do corpo pelo sangue.
3. A produção de espermatozoides é ótima a uma temperatura levemente abaixo da temperatura corporal normal. A temperatura mais elevada, que resulta do uso de cuecas muito justas por Júlio e do fato de ele se banhar na banheira com água quente, inibe a produção e a sobrevivência dos espermatozoides e, portanto, a fertilidade.
4. Os sintomas da HPB incluem micção frequente, noctúria, hesitação ao urinar, diminuição na força do fluxo urinário e esvaziamento incompleto. As secreções prostáticas fornecem uma aparência leitosa ao sêmen, nutrientes para os espermatozoides e enzimas de coagulação, como o PSA, que liquefazem o sêmen. Sem a contribuição prostática, o volume do sêmen diminuiria aproximadamente 25%.

Capítulo 24

1. Os gêmeos do vizinho são fraternos (ou dizigóticos). Se as células resultantes da clivagem de um único óvulo se separassem em dois grupos independentes e continuassem a desenvolver-se em dois bebês, então resultariam em gêmeos idênticos (ou monozigóticos). Uma vez que os gêmeos idênticos vieram do mesmo óvulo original, devem conter a mesma informação genética e ser do mesmo sexo.

2. Sim. O enrolamento da língua é uma característica dominante. Os pais de Kendra são ambos heterozigotos para o gene do enrolamento da língua (Tt). O gene dominante (T) determina a capacidade deles de enrolar a língua, mas cada um deles transmitiu o gene recessivo (t) para Kendra. Kendra é homozigota recessiva (tt) e não enrola a língua.
3. O médico pode obter uma amostra do tecido fetal a partir do líquido amniótico, que contém células fetais descartadas, ou a partir da vilosidade coriônica, que é o tecido placentário fetal. A amniocentese e a amostragem das vilosidades coriônicas não colhem amostras do próprio bebê (feto).
4. O lactente obtém determinados anticorpos secretores (IgAs) da mãe pelo leite materno. Esses anticorpos protegem o lactente contra muitos patógenos nos primeiros poucos meses de vida, até que possa começar a produzir seus próprios anticorpos. Outras substâncias importantes passadas do leite da mãe para o recém-nascido, que ajudam a prevenir a inflamação e a enfermidade, incluem interleucina-10, mucinas, glicoproteínas, linfócitos T e macrófagos. Compostos que inibem o crescimento de bactérias nocivas e promovem o crescimento das bactérias benéficas também estão presentes no leite materno. Além disso, o leite materno contém as quantidades apropriadas de nutrientes, hormônios e fatores de crescimento necessários para o desenvolvimento do recém-nascido. Amamentar estimula a liberação de ocitocina, que ajuda a retornar o útero para o estado de pré-gravidez.

GLOSSÁRIO

A

Abdução Movimento para longe da linha mediana do corpo.

Aborto Perda prematura (espontânea) ou por remoção (induzida) do embrião ou feto inviável; aborto decorrente de falha no processo normal de desenvolvimento ou maturação.

Abscesso Uma coleção de pus e tecido liquefeito localizados em uma cavidade.

Absorção Ingestão de líquidos ou outras substâncias pelas células cutâneas ou túnicas mucosas; passagem de alimentos digeridos do trato gastrintestinal para o sangue ou linfa.

Acetilcolina (ACh) Neurotransmissor liberado por muitos neurônios da parte periférica do sistema nervoso e alguns neurônios da parte central do sistema nervoso. É excitatória na junção neuromuscular, mas inibitória em algumas outras sinapses.

Acidente vascular encefálico (AVE) Destruição do tecido encefálico (infarto), resultante de obstrução ou rompimento dos vasos sanguíneos que irrigam o encéfalo. Também denominado **acidente vascular cerebral**, **derrame** e **ataque cerebral**.

Ácido desoxirribonucleico (DNA) Ácido nucleico composto de nucleotídeos, consistindo em uma das quatro bases (adenina, citosina, guanina ou timina), desoxirribose e um grupo fosfato; a informação genética está codificada nos nucleotídeos.

Ácido graxo Lipídeo simples consistindo em um grupo carboxila e uma cadeia de hidrocarboneto; usado para sintetizar triglicerídeos e fosfolipídeos.

Ácido hialurônico Material extracelular amorfo viscoso que mantém as células unidas, lubrifica as articulações e mantém o formato dos bulbos dos olhos.

Ácido nucleico Composto orgânico que é um polímero longo de nucleotídeos, com cada nucleotídeo contendo um açúcar pentose, um grupo fosfato e uma das quatro bases nitrogenadas possíveis (adenina, citosina, guanina e timina ou uracila).

Ácido ribonucleico (RNA) Ácido nucleico de filamento único, composto de nucleotídeos, cada um consistindo em uma base nitrogenada (adenina, citosina, guanina ou uracila), ribose e um radical fosfato; os tipos principais são RNA mensageiro (RNAm), RNA de transferência ou transportador (RNAt) e RNA ribossômico (RNAr), cada um possuindo uma função específica durante a síntese proteica.

Acrossomo Organela, semelhante ao lisossomo, na cabeça de um espermatozoide, contendo enzimas que facilitam a penetração do espermatozoide em um ovócito secundário.

Actina Proteína contrátil que é parte dos filamentos finos nos sarcômeros.

Adaptação Ajuste da pupila do bulbo do olho às variações na intensidade da luz. A propriedade pela qual um neurônio sensorial emite uma frequência reduzida de potenciais de ação a partir de um receptor, mesmo que a força do estímulo permaneça constante; a diminuição na percepção de uma sensação ao longo do tempo, enquanto o estímulo ainda está presente.

Adeno-hipófise Lobo anterior da hipófise.

Adesão Aderência ou união anormal de duas partes.

Adipócito Célula adiposa (de gordura), derivada de um fibroblasto.

Adução Movimento em direção à linha mediana do corpo.

Aeróbio Que necessita de oxigênio molecular.

Afasia Perda da capacidade para se expressar adequadamente por meio da fala ou perda da compreensão verbal.

Alantoide Uma pequena evaginação vascularizada do saco vitelino, que serve como local inicial para formação de sangue e desenvolvimento da bexiga urinária.

Albinismo Ausência total ou parcial não patológica anormal de pigmentos na pele, pelos ou olhos.

Aldosterona Mineralocorticoide produzido pelo córtex da glândula suprarrenal, que promove a reabsorção de sódio e água pelos rins e excreção de potássio na urina.

Alelos Formas alternativas de um único gene que controla a mesma característica hereditária (como o sangue tipo A), localizadas na mesma posição em cromossomos homólogos.

Alérgeno Antígeno que evoca uma reação de hipersensibilidade.

Alvéolo Cavidade oca pequena; saco de ar nos pulmões; parte secretora de leite de uma glândula mamária.

Amenorreia Ausência de menstruação.

Amilase salivar Enzima na saliva que inicia a decomposição (digestão) química do amido.

Âmnio Membrana fetal protetora fina que se desenvolve a partir do epiblasto; mantém o feto suspenso no líquido amniótico. Também chamado "bolsa das águas".

Ampola Dilatação saculiforme de um canal ou ducto. Parte terminal dilatada do ducto deferente. Parte maior e mais longa da tuba uterina.

Anabolismo Reações sintéticas que necessitam de energia, por meio das quais moléculas maiores são formadas a partir de moléculas menores.

Anaeróbio Que não necessita de oxigênio.

Anáfase Terceiro estágio da mitose, em que as cromátides que foram separadas nos centrômeros se movem para os polos opostos da célula.

Analgesia Alívio da dor; ausência da sensação de dor.

Anastomoses Uma união término-terminal ou conexão de vasos sanguíneos, linfáticos ou nervos.

Anatomia A estrutura ou o estudo da estrutura do corpo e da relação entre as suas partes.

Andrógeno Hormônio sexual masculinizante produzido pelos testículos e pelo córtex da glândula suprarrenal em ambos os gêneros; também é responsável pela libido (desejo sexual); os dois principais andrógenos são a testosterona e a di-hidrotestosterona.

Anemia Condição do sangue na qual o número de eritrócitos funcionais ou seu conteúdo de hemoglobina está abaixo do normal.

Anestesia Perda de sensação.

Aneurisma Parte enfraquecida fina da parede de uma artéria ou veia que se projeta para fora, formando um saco em forma de balão.

Anfiartrose Articulação pouco móvel, na qual as faces ósseas articulares são separadas por tecido conectivo fibroso ou fibrocartilagem, às quais ambas estão ligadas; os tipos são sindesmose e sínfise.

Angina pectoris Uma dor no tórax, relacionada com a redução da circulação coronária, em consequência de doença arterial coronariana (DAC) ou espasmos do músculo liso vascular nas artérias coronárias.

Angiogênese A formação de vasos sanguíneos no mesoderma extraembrionário do saco vitelino, do pedículo de conexão, e do córion, no começo da terceira semana de desenvolvimento.

Antagonista Músculo com ação oposta àquela do agonista (agente motor) e se submete ao movimento do agonista.

Anterolateral Na frente e afastado da linha mediana.

Anticoagulante Fármaco que dificulta a coagulação sanguínea e previne a formação de trombos.

Anticorpo Proteína produzida por células do plasma, em resposta a um antígeno específico; o anticorpo se combina com esse antígeno para neutralizá-lo, inibi-lo ou destruí-lo. Também denominado **imunoglobulina ou Ig**.

Antidiurético Substância que inibe a formação de urina.

Antígeno Substância que possui imunogeneticidade (capacidade de provocar resposta imune) e reatividade (habilidade de reagir com os anticorpos ou células que resultam da resposta imune); derivado do termo *gerador de anticorpos*. Também denominado **antígeno completo**.

Antígeno do complexo de histocompatibilidade principal (MHC) Proteína na superfície dos leucócitos e outras células nucleadas que é exclusivo para cada pessoa (exceto para gêmeos idênticos); usado para tipagem de tecidos, ajudando a evitar a rejeição dos tecidos transplantados. Também conhecido como antígeno leucocitário humano (HLA).

Antioxidante Uma substância que estabiliza espécies reativas de oxigênio/nitrogênio. Exemplos: selênio, zinco, betacaroteno e vitaminas C e E.

Anúria Débito urinário diário menor que 50 mL.

Ânus A extremidade distal e a saída do reto.

Aorta Maior artéria do corpo.

Aparelho vestibular Termo coletivo para os órgãos do equilíbrio que inclui o sáculo, o utrículo e os canais semicirculares.

Ápice Extremidade pontiaguda de uma estrutura cônica, como o ápice do coração.

Apneia Cessação temporária da respiração.

Apoptose Morte celular programada; um tipo normal de morte celular, que remove as células desnecessárias durante o desenvolvimento embriológico, regula a quantidade de células nos tecidos e elimina muitas células potencialmente perigosas, como, por exemplo, as células cancerosas.

Aracnoide-máter Parte média das três meninges (revestimentos) do encéfalo e da medula espinal. Também denominada aracnoide.

Arco da aorta Parte mais superior da aorta, que se situa entre as partes ascendente e descendente da aorta.

Área da fala de Broca Parte do encéfalo que traduz pensamentos em fala.

Área de associação Grandes regiões do córtex cerebral, nas faces laterais dos lobos occipital, parietal e temporal e, nos lobos frontais, anteriores às áreas motoras, conectadas por muitos axônios sensoriais e motores a outras partes do córtex; relacionadas com padrões motores, memória, conceitos de audição e visualização de palavras, raciocínio, vontade, julgamento e características de personalidade.

Área de ritmicidade bulbar Neurônios do centro respiratório, no bulbo, que consistem em grupo respiratório posterior (dorsal), ativo durante a respiração calma, e grupo respiratório anterior (ventral), ativo durante a respiração forçada.

Área motora Região do córtex cerebral que controla o movimento muscular, especialmente o giro pré-central do lobo frontal.

Área motora primária Região do córtex cerebral, no giro pré-central do lobo frontal do cérebro, que controla músculos ou grupos de músculos específicos.

Área pneumotáxica Coleção de neurônios, na ponte, que transmite impulsos nervosos para o grupo respiratório dorsal e pode modificar o ritmo básico da respiração. Anteriormente denominado área pneumotáxica.

Área sensorial Região do córtex cerebral relacionada com a interpretação dos impulsos sensitivos.

Área somatossensorial primária Região do córtex cerebral, posterior ao sulco central, no giro pós-central do lobo parietal do cérebro, que localiza exatamente (com precisão) os pontos do corpo nos quais se originam as sensações somáticas.

Aréola Qualquer espaço minúsculo de um tecido. Anel pigmentado em torno da papila mamária.

Arritmia Ritmo cardíaco irregular. Também denominado **disritmia**.

Artéria Vaso sanguíneo que transporta sangue para longe do coração.

Arteríola Artéria pequena, quase microscópica, que leva sangue para os capilares.

Arteríola aferente Vaso sanguíneo de um rim, que se divide em uma rede capilar chamada glomérulo; existe uma arteríola aferente para cada glomérulo.

Arteríola eferente Vaso do sistema vascular renal que transporta sangue do glomérulo para os capilares peritubulares.

Articulação Ponto de contato entre dois ossos, entre osso e cartilagem ou entre osso e dentes.

Articulação cartilagínea Articulação sem cavidade sinovial, na qual os ossos articulantes são mantidos firmemente juntos por cartilagem, permitindo pouco ou nenhum movimento.

Articulação elipsóidea Articulação sinovial estruturada, de maneira tal que, o côndilo ovalado de um osso se encaixe na cavidade elíptica de outro osso, permitindo movimentos de um lado para o outro e de vaivém, como a articulação no pulso, entre o rádio e os ossos carpais.

Articulação esferóidea Articulação sinovial, na qual a face arredondada de um osso se move dentro de uma concavidade ou alvéolo de outro osso, como na articulação do ombro ou do quadril.

Articulação fibrosa Articulação que permite pouco ou nenhum movimento, como uma sutura, sindesmose ou membrana interóssea.

Articulação plana Articulação na qual as faces articulantes planas ou ligeiramente encurvadas permitem apenas movimentos de vaivém e latero-laterais, e de rotação entre as faces planas.

Articulação selar Articulação sinovial em que a face articular de um osso possui o formato de uma sela, e a face articular do outro osso possui a forma das pernas de um cavaleiro sentado na sela, como ocorre na articulação entre o trapézio e o metacarpal do polegar.

Articulação sinovial Articulação completamente móvel ou diartrose em que uma cavidade (articular) sinovial está presente entre os dois ossos articulantes.

Articulação trocóidea Articulação sinovial na qual uma face cônica, pontiaguda ou arredondada de um osso se articula com um anel formado, em parte, por outro osso e, em parte, por um ligamento, como na articulação entre o atlas e o áxis e entre as extremidades proximais do rádio e da ulna.

Artrite Inflamação de uma articulação.

Artrologia Estudo ou descrição das articulações.

Artroplastia Substituição cirúrgica das articulações, por exemplo, as articulações do quadril e do joelho.

Árvore bronquial Traqueia, brônquios, bronquíolos e suas estruturas ramificadas.

Asma Reação normalmente alérgica, caracterizada por espasmos da musculatura lisa nos brônquios, resultando em respiração ofegante e dificuldade de respirar. Também chamada de asma brônquica.

Astrócito Célula da neuróglia com o formato de uma estrela, que participa do desenvolvimento do encéfalo e do metabolismo dos neurotransmissores, ajudando a formação da barreira hematencefálica, manutenção do equilíbrio adequado de K^+ para geração de impulsos nervosos e, fornecendo uma ligação entre neurônios e vasos sanguíneos.

Ataxia Incapacidade de coordenação muscular, falta de precisão.

Aterosclerose Uma doença progressiva caracterizada pela formação, nas paredes de artérias calibrosas e de tamanho médio, de lesões chamadas placas ateroscleróticas.

Átomo Unidade de matéria que compõe um elemento químico; consiste em um núcleo (contendo prótons carregados positivamente e nêutrons eletricamente neutros) e elétrons carregados negativamente que gravitam em torno do núcleo.

Átrios As câmaras superiores do coração.

Atrofia Diminuição no tamanho das células sem subsequente diminuição no tamanho do órgão ou tecido afetado; desgaste.

Autofagia Processo pelo qual organelas desgastadas são digeridas pelos lisossomos.

Autólise Autodestruição das células por suas próprias enzimas digestivas lisossômicas, em consequência de um processo patológico ou morte.

Autossomo Qualquer cromossomo, exceto os cromossomos X e Y (cromossomos sexuais).

Axônio O processo longo, geralmente único, de uma célula nervosa que transmite um impulso nervoso em direção aos axônios terminais.

B

Baço Massa grande de tecido linfático, entre o fundo do estômago e o diafragma, que atua na formação das células sanguíneas durante o desenvolvimento fetal inicial, na fagocitose de células sanguíneas laceradas e na proliferação de células B durante as respostas imunes.

Bainha de mielina Revestimento com multicamadas de proteínas e lipídeos formadas por células de Schwann (do neurolema) e oligodendrócitos em torno dos axônios de muitos neurônios das partes central e periférica do sistema nervoso.

Barorreceptor Neurônio capaz de responder às mudanças na pressão arterial, atmosférica ou hidrostática. Também denominado **receptor de estiramento**.

Barreira hematencefálica (BBB) Barreira consistindo nos capilares especializados do encéfalo e astrócitos, que impedem a passagem de materiais provenientes do sangue para o líquido cerebrospinal e encéfalo.

Basófilo Tipo de leucócito caracterizado por um núcleo pálido e grânulos grandes, que se tingem de azul-purpúreo com corantes básicos.

Bastonete Um dos dois tipos de fotorreceptores na retina; especializado para visão sob iluminação fraca.

Bexiga urinária Órgão muscular oco situado na cavidade pélvica, posterior à sínfise púbica; recebe urina por meio de dois ureteres, armazenando-a até que seja excretada pela uretra.

Bicamada lipídica Disposição de moléculas de fosfolipídeos, glicolipídeos e colesterol, em duas camadas paralelas, nas quais as "cabeças" hidrofílicas ficam voltadas para fora, e as "caudas" hidrofóbicas ficam voltadas para dentro; encontrada nas membranas celulares.

Bile Secreção do fígado composta de água, sais biliares, pigmentos biliares, colesterol, lecitina e diversos íons que emulsificam lipídeos antes de serem digeridos.

Bilirrubina Pigmento cor de laranja que é um dos produtos finais da degradação da hemoglobina pelos hepatócitos, sendo excretada como material supérfluo na bile.

Biologia celular Estudo da estrutura e função das células. Também chamada de citologia.

Biologia do desenvolvimento Estudo do desenvolvimento, desde a fertilização do ovo até a fase adulta.

Biópsia Remoção e exame microscópico de tecido proveniente do corpo vivo para diagnóstico.

Blastocele Cavidade cheia de líquido, no interior do blastocisto.

Blastocisto Esfera oca de células composta de um blastocele (a cavidade interna), trofoblasto (células externas) e massa celular interna no desenvolvimento do embrião.

Blastômero Uma das células resultantes da clivagem de um ovo fertilizado.

Bloqueio atrioventricular (AV) total Arritmia (disritmia) do coração em que os átrios e ventrículos se contraem independentemente, em decorrência de um bloqueio dos impulsos elétricos pelo coração, em algum ponto no complexo estimulante do coração.

Bócio Aumento da glândula tireoide.

Bolo Massa arredondada, mole, normalmente alimento, que é deglutida.

Bolsa Saco de líquido sinovial localizado em pontos de atrito, especialmente sobre as articulações.

Bomba de sódio-potássio Bomba de transporte ativo, localizada na membrana plasmática, que transporta íons sódio para fora da célula e íons potássio para dentro da célula, às custas de ATP celular. Atua na manutenção das concentrações iônicas desses íons nos níveis fisiológicos. Também chamada de **Na^+-K^+ ATPase**.

Botão terminal sináptico Extremidade distal expandida de uma terminação axônica que contém vesículas sinápticas. Também denominado **corpúsculo sináptico** e **bulbo terminal**.

Bradicardia Frequência cardíaca lenta de repouso ou frequência de pulso (abaixo de 50 batimentos por minuto).

Brônquio Estrutura tubuliforme encontrada fora dos pulmões (brônquios principais direito e esquerdo) ou dentro dos pulmões (brônquio lobar, brônquio segmentar, etc).

Bronquíolo Ramificação de menor calibre dos brônquios.

Bronquite crônica Distúrbio caracterizado por secreção excessiva do muco brônquico acompanhada por tosse.

Bulbo (medula oblonga) Parte mais inferior do tronco encefálico.

Bulbo olfatório Massa de substância cinzenta que contém corpos celulares de neurônios, que formam sinapses com neurônios do nervo olfatório (I) e situam-se inferiormente ao lobo frontal do cérebro, em ambos os lados da crista etmoidal do etmoide.

Bulimia Distúrbio caracterizado pela ingestão excessiva de alimento, pelo menos duas vezes por semana, seguida pela evacuação copiosa dos intestinos, pelo vômito autoinduzido, dieta ou jejum rigoroso, exercício vigoroso, ou o uso de laxantes ou diuréticos.

C

Cabeça Parte superior de um ser humano, superior ao pescoço. Parte superior ou proximal de uma estrutura.

Cabelo Estrutura filamentosa produzida pelos folículos pilosos que se desenvolvem na derme. Também denominado pelo.

Cãibra Contração dolorosa, normalmente espasmódica, de um músculo.

Calcificação Deposição de sais minerais, principalmente hidroxiapatita, em um arcabouço formado por fibras colágenas, na qual os tecidos endurecem. Também denominado **mineralização**.

Calcitonina (CT) Hormônio produzido pelas células parafoliculares da glândula tireoide, que diminuem os teores de cálcio e fosfatos no sangue, inibindo a reabsorção óssea (degradação da matriz óssea extracelular) e acelerando a absorção de cálcio e fosfatos pela matriz óssea.

Cálculo biliar Massa sólida, normalmente, contendo colesterol, na vesícula biliar ou em um ducto contendo bile; formado em qualquer ponto entre os canalículos bilíferos, no fígado, e a ampola hepatopancreática (ampola de Vater), na qual a bile entra no duodeno. Também denominado **pedra na vesícula**.

Cálculo renal Pedra insolúvel ocasionalmente formada a partir da solidificação de cristais dos sais da urina.

Cálice Estrutura acetabuliforme na qual a urina drena.

Camada germinativa primária Tecidos embrionários essenciais a partir dos quais os diversos tecidos e órgãos do corpo se desenvolvem: ectoderma, mesoderma e endoderma.

Canais semicirculares Três canais ósseos (anterior, posterior e lateral) cheios de perilinfa nos quais se situam os canais semicirculares membranáceos, cheios de endolinfa. Os canais contêm receptores para o equilíbrio.

Canal anal Os últimos 2 ou 3 cm do reto; abre-se para o exterior através do ânus.

Canal central Tubo microscópico que percorre todo o comprimento da medula espinal, na comissura cinzenta. Um canal circular que corre longitudinalmente no centro de um ósteon (sistema de Havers) do osso compacto maduro, contendo vasos sanguíneos e linfáticos, e nervos. Também denominado **canal de Havers**.

Canal da raiz Extensão estreita da cavidade pulpar no interior da raiz do dente.

Canal perfurante Passagem diminuta por meio da qual vasos sanguíneos e nervos provenientes do periósteo penetram no osso compacto. Também chamado pelo epônimo **canal de Volkmann**.

Canal vertebral Cavidade no interior da coluna vertebral formada pelos forames vertebrais de todas as vértebras, contendo a medula espinal. Também chamada de **canal espinal**.

Canalículo bilífero Pequeno ducto entre os hepatócitos do fígado que coletam bile produzida pelos hepatócitos.

Canalículo lacrimal Ducto, um em cada pálpebra, começando no ponto lacrimal, na margem medial de uma pálpebra, que conduz lágrimas medialmente para o saco lacrimal.

Canalículos Pequenos canais ou condutos, como nos ossos, nos quais conectam as lacunas.

Câncer Grupo de doenças caracterizadas por divisão celular anormal ou descontroladas.

Capacitação Alterações funcionais pelas quais os espermatozoides passam no sistema genital feminino, permitindo que fertilizem um ovócito secundário.

Capilar Vaso sanguíneo microscópico localizado entre uma arteríola e uma vênula, por meio do qual ocorre troca de materiais entre o sangue e o líquido intersticial.

Capilar linfático Vaso linfático microscópico com fundo cego, que começa nos espaços entre as células, convergindo com outros capilares linfáticos para formar os vasos linfáticos.

Cápsula articular Estrutura semelhante a um manguito, em torno de uma articulação sinovial, composta de uma cápsula fibrosa e uma membrana sinovial.

Carboidrato Composto orgânico formado por carbono, hidrogênio; oxigênio e a proporção de átomos de hidrogênio/oxigênio, em geral, é de 2:1. Exemplos incluem os açúcares, glicogênio, amidos e glicose.

Carcinógeno Substância química ou radiação que provoca câncer.

Cardiologia O estudo do coração e de suas doenças associadas.

Cárie dentária Desmineralização gradual do esmalte e da dentina de um dente, podendo invadir a polpa do dente e o osso alveolar.

Caroteno Precursor antioxidante da vitamina A, necessário para a síntese de fotopigmentos; pigmento amarelo-alaranjado presente no estrato córneo da epiderme. Responsável pela coloração amarelada da pele. Também denominado **betacaroteno**.

Carpo Termo coletivo para os oito ossos do pulso.

Cartilagem Tipo de tecido conectivo composto de condrócitos nas lacunas engastadas em densa rede de fibras elásticas e colágenas, e de matriz de sulfato de condroitina.

Cartilagem articular Cartilagem hialina fixada às faces ósseas articulares.

Cartilagem tireoidea A maior cartilagem individual da laringe, consistindo em duas placas fundidas que formam a parede anterior da laringe. Também chamada pelo epônimo **pomo de Adão**.

Catabolismo Reações químicas que degradam compostos orgânicos complexos em compostos mais simples, com a liberação efetiva de energia.

Catarata Perda da transparência da lente do bulbo do olho, de sua cápsula, ou de ambos.

Cauda equina Estrutura de raízes de nervos espinais, semelhante a uma cauda de cavalo, na extremidade inferior da medula espinal.

Cavidade abdominal Parte superior da cavidade abdominopélvica que contém o estômago, baço, fígado, vesícula biliar, a maior parte do intestino delgado e parte do intestino grosso.

Cavidade abdominopélvica A cavidade inferior ao diafragma, subdividida em cavidade abdominal, superior e, cavidade pélvica, inferior.

Cavidade corporal Espaço no interior do corpo que contém, protege e suporta órgãos internos.

Cavidade do crânio Subdivisão da cavidade dorsal do crânio formada pelos ossos do crânio, contendo o encéfalo.

Cavidade do pericárdio Pequeno espaço potencial entre as lâminas visceral e parietal do pericárdio seroso, contendo líquido pericárdico.

Cavidade medular Espaço, no interior do corpo (diáfise) de um osso, que contém medula óssea amarela.

Cavidade nasal Cavidade revestida por túnica mucosa, em ambos os lados do septo nasal, que se abre na face pelas narinas e na parte nasal da faringe pelos cóanos.

Cavidade pélvica Parte inferior da cavidade abdominopélvica que contém bexiga urinária, colo sigmoide, reto e órgãos genitais masculinos e femininos internos.

Cavidade pleural Pequeno espaço potencial entre as pleuras visceral e parietal.

Cavidade pulpar Cavidade no interior da coroa e do colo de um dente preenchida com polpa, um tecido conectivo contendo vasos sanguíneos, nervos e vasos linfáticos.

Cavidade torácica Cavidade superior ao diafragma que contém duas cavidades pleurais, o mediastino e a cavidade do pericárdio.

Ceco Bolsa cega na extremidade proximal do intestino grosso, que se prende ao íleo.

Célula Unidade funcional e estrutural básica de todos os organismos; a menor estrutura capaz de realizar todas as atividades indispensáveis à vida.

Célula α Tipo de célula nas ilhotas pancreáticas (ilhotas de Langerhans), no pâncreas, que secreta o hormônio glucagon. Também chamada célula A.

Célula apresentadora de antígeno (APC) Classe especial de célula migratória que processa e apresenta antígenos às células T, durante uma resposta imune; APCs incluem macrófagos, células B e células dendríticas que estão presentes na pele, túnicas mucosas e linfonodos.

Célula β Tipo de célula, nas ilhotas pancreáticas (ilhas de Langerhans), no pâncreas, que secretam o hormônio insulina. Também chamada de célula B.

Célula caliciforme Glândula unicelular caliciforme secretora de muco; presente no epitélio das vias respiratórias e intestinos.

Célula de Schwann Célula da neuróglia, da parte periférica do sistema nervoso, que forma a bainha de mielina e o neurolema em torno de um axônio, enrolando-se em torno da fibra nervosa como um rocambole.

Célula diploide Célula que possui o número total de 46 cromossomos.

Célula epitelial tátil Tipo de célula na epiderme destituída de pelo que faz contato com um disco tátil, que atua no tato. Também chamada de **célula de Merkel**.

Célula mucosa superficial Célula epitelial colunar simples não ciliada que reveste a superfície da túnica mucosa do intestino.

Célula neurossecretora Neurônio que secreta um hormônio liberador ou inibidor hipotalâmico nos capilares sanguíneos do hipotálamo; neurônio que secreta ocitocina ou hormônio antidiurético nos capilares sanguíneos da neuro-hipófise.

Célula osteoprogenitora Célula-tronco derivada do mesênquima que possui potencial mitótico e capacidade de se diferenciar em osteoblasto.

Célula parietal Tipo de célula secretora, nas glândulas gástricas, que produz ácido clorídrico e fator intrínseco.

Célula plasmática Célula que se desenvolve de uma célula B (linfócito) e produz anticorpos.

Célula principal Célula secretora de uma glândula gástrica que produz pepsinogênio, o precursor da enzima pepsina e da enzima gástrica, lipase. Também chamada de célula zimogênica. Célula localizada nas glândulas paratireoides, que secreta o hormônio paratormônio (PTH).*

Célula reticuloendotelial estrelada Célula fagocítica que limita um sinusoide do fígado. Também chamada pelo epônimo **célula de Kupffer**.

Célula satélite Células planas da neuróglia, circundando os corpos celulares dos gânglios da parte periférica do sistema nervoso, que fornecem suporte estrutural e regulam a troca de material entre um corpo celular neuronal e o líquido intersticial.

Célula-alvo Célula que responde a um hormônio específico.

Célula-tronco Célula não especializada que possui a capacidade de se dividir por períodos indefinidos e originar uma célula especializada.

Célula-tronco pluripotente Célula-tronco imatura, na medula óssea vermelha, que dá origem aos precursores de todas as diferentes células sanguíneas maduras.

Células ependimárias Células da neuróglia que recobrem os plexos corióideos e produzem líquido cerebrospinal (LCS); também revestem os ventrículos do encéfalo e, provavelmente, auxiliam na circulação do líquido cerebrospinal.

Cemento Tecido calcificado que reveste a raiz do dente.

Cento de ossificação Área no modelo cartilagíneo do futuro osso na qual as células cartilagíneas hipertrofiam, secretam enzimas que calcificam a matriz celular e morrem, com a área antes ocupada pelas células sendo invadida por osteoblastos que depositam o osso.

Centro cardiovascular (CV) Grupos de neurônios dispersos por todo o bulbo, que regulam a frequência cardíaca, a força de contração cardíaca e o diâmetro dos vasos sanguíneos.

Centro respiratório Neurônios na ponte e no bulbo do tronco encefálico que regulam a

*N. de R.T. Célula predominante no túbulo contorcido distal do néfron.

respiração. É dividido em centro respiratório bulbar e centro respiratório pontino.

Centrômero Parte comprimida de um cromossomo, na qual se unem as duas cromátides; atua como o ponto de fixação para os microtúbulos que atraem as cromátides, durante a anáfase da divisão celular.

Centrossomo Rede densa de pequenas fibras proteicas, próxima do núcleo de uma célula, contendo um par de centríolos e material pericentriolar.

Cerebelo Parte do encéfalo situada posterior ao bulbo e à ponte; controla o equilíbrio e coordena os movimentos que requerem habilidade.

Cérebro Os dois hemisférios do prosencéfalo (derivado do telencéfalo), formando a maior parte do encéfalo.

Cerume Secreção cérea produzida pelas glândulas ceruminosas no meato acústico externo (canal auditivo). Também denominada de cera de ouvido.

Choque Falha do sistema circulatório na distribuição de quantidades adequadas de oxigênio e nutrientes para atender às necessidades metabólicas do corpo, decorrente do débito cardíaco inadequado.

Cianose Mancha cutânea azulada ou púrpura escura, resultante do baixo nível de oxigênio no sangue sistêmico.

Cianótico Coloração azulada decorrente da falta de oxigênio.

Ciática Inflamação e dor no nervo isquiático; sentida ao longo da face posterior da coxa, estendendo-se para a face interna da perna.

Ciclo cardíaco Batimento cardíaco completo, consistindo em sístole (contração) e em diástole (relaxamento) dos dois átrios, mais sístole e diástole dos dois ventrículos.

Ciclo celular Crescimento e divisão de uma única célula em duas células idênticas; consiste na interfase e divisão celular.

Ciclo ovariano Série mensal de eventos, no ovário, associada com a maturação de um oócito secundário.

Ciclo reprodutivo feminino Termo geral para os ciclos ovariano e uterino, as alterações que os acompanham, e as variações cíclicas nas mamas e colo do útero; inclui alterações no endométrio de uma mulher não grávida, preparando o revestimento do útero para receber o ovo fertilizado. De forma menos correta, denominado ciclo menstrual.

Ciclo uterino Série de alterações no endométrio de uma mulher não grávida que prepara o revestimento do útero para receber o ovo fertilizado. Também denominado **ciclo menstrual**.

Cílio Pelo ou processo piloso se projetando a partir da célula, podendo ser usado para movimentar toda a célula ou para mover substâncias ao longo da superfície da célula.

Cinesiologia Estudo do movimento das partes do corpo.

Cinestesia Percepção de extensão e direção do movimento de partes do corpo; essa sensação é possível graças aos impulsos nervosos gerados pelos proprioceptores.

Circulação Termo coletivo para os vasos sanguíneos do corpo.

Circulação fetal Sistema circulatório do feto, incluindo a placenta e os vasos sanguíneos especiais, que participam na troca de materiais entre o feto e a mãe.

Circulação porta-hepática Fluxo de sangue dos órgãos gastrintestinais para o fígado, antes de retornar para o coração.

Circulação pulmonar Fluxo de sangue desoxigenado do ventrículo direito para os pulmões e retorno de sangue oxigenado dos pulmões para o átrio esquerdo.

Circulação sistêmica Vias pelas quais o sangue oxigenado flui do ventrículo esquerdo, passando pela aorta, para chegar a todos os órgãos do corpo, e pelas quais o sangue desoxigenado retorna para o átrio direito.

Circundução Movimento em uma articulação sinovial, em que a extremidade distal do osso se move em círculo, enquanto a extremidade proximal permanece relativamente estável.

Cirrose Distúrbio hepático, no qual as células parenquimatosas são destruídas e substituídas por tecido conectivo.

Cisto Vesícula ou saco no interior do corpo.

Citocinese Distribuição do citoplasma em duas células separadas durante a divisão celular; é coordenada com a divisão nuclear (mitose).

Citoesqueleto Estrutura interna complexa de citoplasma, que consiste em microfilamentos, microtúbulos e filamentos intermediários.

Citólise Ruptura das células vivas, com perda dos conteúdos.

Citoplasma Citosol mais todas as organelas, com exceção do núcleo.

Citosol Parte semilíquida do citoplasma, na qual organelas e inclusões ficam suspensas e os solutos estão dissolvidos. Também denominado **líquido intracelular**.

Clitóris Órgão erétil da mulher, localizado na junção anterior dos lábios menores do pudendo, homólogo ao pênis.

Clivagem Divisões mitóticas rápidas, após a fertilização de um ovócito secundário, resultando em um aumento no número de células progressivamente menores, chamadas de blastômeros.

Clone População de células idênticas.

Coágulo sanguíneo Gel que consiste em elementos formados do sangue aprisionados em uma rede de fibras proteicas insolúveis.

Cóanos Duas aberturas posteriores às cavidades nasais, que se abrem na parte nasal da faringe.

Cóccix Ossos fundidos na extremidade inferior da coluna vertebral.

Cóclea Tubo coniforme espiralado, formando uma parte da orelha interna, contendo o órgão espiral (órgão de Corti).

Colágeno Um tipo de proteína formada por fibras colágenas.

Colecistectomia Remoção cirúrgica da vesícula biliar.

Colecistite Inflamação da vesícula biliar.

Colesterol Classificado como lipídeo, é o esteroide mais abundante nos tecidos animais; localizado nas membranas celulares e usado para a síntese de hormônios esteroides e sais biliares.

Colo Porção estreitada de um órgão, como o colo do intestino, do fêmur ou do útero.

Colo Qualquer parte estreitada de um órgão, como, por exemplo, a parte cilíndrica inferior do útero.

Colo (do intestino) A parte do intestino grosso composta dos colos ascendente, transverso, descendente e sigmoide.

Colo ascendente Parte do intestino grosso que passa, superiormente, a partir do ceco, para a margem inferior do fígado, na qual se curva na flexura direita do colo para se tornar o colo transverso.

Colo descendente Parte do intestino grosso que desce da flexura esquerda do colo (esplênica) até o nível da crista ilíaca esquerda.

Colo sigmoide Parte em forma de S do intestino grosso que começa no nível da crista ilíaca esquerda e se projeta medialmente e termina no reto, quase no nível da terceira vértebra sacral.

Colo transverso Parte do intestino grosso que se estende pelo abdome, a partir da flexura direita (hepática) do colo até a flexura esquerda (esplênica) do colo.

Colostro Líquido turvo pouco viscoso secretado pelas glândulas mamárias, poucos dias antes ou depois do nascimento, antes da produção do leite verdadeiro.

Coluna vertebral As 26 vértebras de um adulto e as 33 vértebras de uma criança; circunda e protege a medula espinal, atuando como ponto de fixação para as costelas e os músculos do dorso. Também conhecida como espinha dorsal.

Complexo de Golgi Organela no citoplasma das células que consiste em quatro a seis sacos (cisternas) achatados empilhados, com áreas expandidas em suas extremidades; atua no processamento, classificação, empacotamento e transporte de proteínas e lipídeos para a membrana plasmática, lisossomos e vesículas secretoras.

Complexo estimulante Conjunto de fibras musculares cardíacas autorrítmicas, que gera e distribui impulsos elétricos para estimular contrações coordenadas das câmaras do coração; inclui o nó sinoatrial (SA), o nó atrioventricular (AV), os ramos direito e esquerdo do fascículo atrioventricular (AV) e os ramos subendocárdicos (fibras de Purkinje).

Complexo pré-Bötzinger Região no interior do grupo respiratório anterior (ventral) que se acredita estar implicada na geração do ritmo da respiração.

Complexo QRS Deflexões de um eletrocardiograma que representa a despolarização ventricular.

Concha nasal Osso semelhante a uma concha que aumenta a área de superfície da túnica mucosa e membrana vascular da cavidade nasal; também provoca o movimento rápido helicoidal do ar inalado que, por sua vez, provoca a inalação das partículas inaladas aprisionadas no muco que reveste a cavidade nasal.

Condrócito Célula de cartilagem madura.

Condução contínua Propagação de um potencial de ação (impulso nervoso) em uma despolarização gradual de cada área adjacente de uma membrana axônica.

Cone Tipo de fotorreceptor, na retina, especializado para a visão de alta precisão e para cores, sujeitas à luz intensa.

Contratura dos músculos Laceração das fibras em um músculo esquelético ou em seus tendões.

Convergência Arranjo sináptico, no qual os botões terminais sinápticos de diversos neurônios pré-ganglionares terminam sobre um neurônio pós-ganglionar. O movimento medial dos dois bulbos do olho, de modo que ambos fiquem direcionados para um objeto próximo ao alcance dos olhos, para produzir uma única imagem.

Coração Órgão do sistema circulatório, responsável pelo bombeamento de sangue por todo o corpo; localizado na parte superior da cavidade torácica, acima do diafragma.

Cordão umbilical Estrutura longa funicular contendo veia e artérias umbilicais que conecta o feto à placenta.

Cordas tendíneas Cordões fibrosos, semelhantes a tendões, que conectam as valvas atrioventriculares do coração aos músculos papilares.

Córion Membrana fetal mais superficial, que se torna a principal porção embrionária da placenta; tem funções protetoras e nutritivas.

Coriônica humana Pertencente ao córion humano.

Córnea Túnica fibrosa transparente avascular, através da qual a íris do bulbo do olho pode ser vista.

Corno Área de substância cinzenta (anterior, lateral ou posterior) na medula espinal.

Coroa radiada Camada mais interna de células granulosas que está firmemente fixada à zona pelúcida, em torno de um ovócito secundário.

Coroide Uma das túnicas vasculares do bulbo do olho.

Coronária Significa *coroa*. Refere-se à circulação coronária (sistema de vasos sanguíneos) que irriga o miocárdio.

Corpo albicante Tecido fibroso branco, no ovário, que se forma após a regressão do corpo lúteo.

Corpo caloso Grande comissura do cérebro, entre os hemisférios cerebrais.

Corpo ciliar Uma das três partes da túnica vascular do bulbo do olho; as outras são a coroide e a íris; inclui o músculo ciliar e os processos ciliares.

Corpo lúteo Corpo amarelado, no ovário, formado quando um folículo libera seu ovócito secundário; secreta estrogênios, progesterona, relaxina e inibina.

Corpúsculo de Meissner *Ver* **Corpúsculo tátil**.

Corpúsculo lamelado Receptor pressórico ovalado, localizado na derme ou tela subcutânea, consistindo de camadas concêntricas de tecido conectivo envolto em torno de dendritos de um neurônio sensorial. Também denominado **corpúsculo de Pacini**.

Corpúsculo renal Cápsula glomerular (de Bowman) e seu glomérulo incluso.

Corpúsculo tátil Receptor sensorial para o tato; encontrado nas papilas dérmicas, especialmente nas palmas e plantas. Também denominado **corpúsculo de Meissner**.

Córtex da glândula suprarrenal Parte externa de uma glândula suprarrenal, dividida em três zonas; a zona glomerulosa, secreta mineralocorticoides; a zona fasciculada, secreta glicocorticoides, e a zona reticular, secreta andrógenos.

Crânio Esqueleto da cabeça, consistindo nos ossos do crânio e da face.

Crescimento Aumento no tamanho decorrente do desenvolvimento (1) do número de células, (2) o tamanho das células existente, à medida que os componentes internos crescem ou (3) o tamanho das substâncias intercelulares.

Criptorquidia A condição de ausência de descida dos testículos.

Crista Crista ou estrutura com uma crista. Pequena elevação na ampola de cada ducto semicircular, que contém receptores para o equilíbrio dinâmico.

Cromátide Um de um par de filamentos de nucleoproteína conectados idênticos, que se unem no centrômero e se separam durante a divisão celular, cada um se tornando um cromossomo de uma das duas células-filhas.

Cromatina Massa filiforme de material genético, consistindo em DNA e proteínas histonas, que está presente no núcleo da célula que não está se dividindo ou na interfase.

Cromossomo Uma das pequenas estruturas filiformes (filamentosas) presentes no núcleo da célula, normalmente 46 na célula diploide humana, que contém o material genético; composta de DNA e proteínas (histonas) que formam um delicado filamento de cromatina durante a interfase; torna-se acondicionada em compactas estruturas semelhantes a bastonetes, visíveis ao microscópio óptico, durante a divisão celular.

Cromossomos homólogos Dois cromossomos que formam um par.

Cromossomos sexuais Vigésimo terceiro par de cromossomos, designados X e Y, que determina o sexo genético do indivíduo; nos homens, o par é XY; nas mulheres, XX.

Crossing-over A permuta de parte de uma cromátide pela outra durante a meiose. Permite a troca de genes entre as cromátides, sendo um fator que resulta na variação genética da prole (progênia).

Cúpula Massa de material gelatinoso recobrindo as células ciliadas da crista; receptor sensorial, na ampola de um canal semicircular, estimulado quando a cabeça se movimenta.

D

Débito cardíaco (DC) Volume de sangue ejetado do ventrículo esquerdo (ou do ventrículo direito) para a aorta (ou tronco pulmonar) a cada minuto.

Decíduo Primeiro conjunto de dentes. Também denominado **dentes primários** ou **dente de leite**.

Defecação Evacuação das fezes pelo reto.

Defeito do tubo neural (DTN) Anormalidade relativa ao desenvolvimento em que o tubo neural não se fecha adequadamente. Espinha bífida e anencefalia são exemplos típicos.

Dendrito Processo neuronal que conduz sinais elétricos, normalmente potenciais graduados, em direção ao corpo celular.

Dentes Estruturas acessórias da digestão compostas de tecido conectivo calcificado e engastadas nos alvéolos ósseos na mandíbula e na maxila, que cortam, rasgam, esmagam e moem o alimento.

Dentina Tecidos ósseos dos dentes, que envolvem a cavidade pulpar.

Depressão Movimento no qual uma parte do corpo se move para baixo.

Dermatologia Especialidade médica que trata de doenças da pele.

Derme Camada de tecido conectivo não modelado denso que se situa abaixo da epiderme.

Desidratação Perda excessiva de água pelo corpo ou por suas partes.

Desmineralização Perda de cálcio e fósforo pelos ossos.

Desvio do septo nasal Septo nasal que não acompanha a linha mediana da cavidade nasal, desviando-se (curvando-se) para um dos lados.

Diabetes melito Distúrbio endócrino provocado pela incapacidade de produzir ou usar insulina. É caracterizado por três "polis": poliúria (produção excessiva de urina), polidipsia (sede excessiva) e polifagia (ingestão excessiva de alimentos).

Diáfise Corpo de um osso longo.

Diafragma Qualquer partição que separe uma área de outra, especialmente o músculo esquelético cupuliforme entre as cavidades torácica e abdominal. Também um dispositivo abobadado, colocado sobre o colo do útero para evitar a concepção, normalmente com um espermicida.

Diagnóstico Distinção entre uma doença e outra ou determinação de sua natureza, a partir de sinais e sintomas, por meio de inspeção, palpação, exames laboratoriais e outros métodos.

Diálise Remoção de produtos residuais do sangue por difusão, através de uma membrana seletivamente permeável.

Diarreia Defecação frequente de fezes líquidas, provocada pelo aumento da motilidade dos intestinos.

Diartrose Articulação livremente móvel; seus tipos incluem articulações plana, gínglimo, trocóidea, elipsóidea, selar e esferóidea.

Diástole No ciclo cardíaco, fase de relaxamento ou dilatação do músculo cardíaco, especialmente dos ventrículos.

Diencéfalo Parte do encéfalo formada pelo tálamo, hipotálamo e epitálamo.

Diferenciação Desenvolvimento de uma célula, a partir de um estado não especializado em um especializado.

Diferenciar Desenvolver-se em uma estrutura mais específica.

Difusão Processo passivo no qual há um movimento efetivo ou maior de moléculas ou de íons, de uma região de alta concentração para uma de baixa concentração, até que o equilíbrio seja atingido.

Digestão Decomposição mecânica e química do alimento, em moléculas simples que são absorvidas e usadas pelas células do corpo.

Disco articular Coxim de fibrocartilagem entre as faces articulares dos ossos de algumas articulações sinoviais. Também denominado **menisco**.

Disco intercalado Espessamento transverso irregular do sarcolema contendo desmossomos que mantêm unidas as fibras (células) musculares cardíacas e junções comunicantes, que auxiliam na condução dos potenciais de ação musculares de uma fibra para a outra.

Disco intervertebral Coxim de fibrocartilagem localizado entre os corpos de duas vértebras.

Disco óptico Pequena área da retina contendo aberturas por meio das quais os axônios das células ganglionares emergem como o nervo óptico (II). Também denominado **ponto cego.**

Disco tátil Terminação nervosa livre semelhante a uma expansão caliciforme que faz contato com as células epiteliais táteis, na epiderme, e atua como receptor tátil. Também denominado **disco de Merkel**.

Disfunção erétil (DE) Falha em manter uma ereção por tempo suficiente para o ato sexual. Anteriormente conhecida como impotência.

Dismenorreia Menstruação dolorosa.

Displasia Alteração no tamanho, forma e organização das células, decorrente de irritação ou inflamação crônicas; pode progredir para neoplasia ou retornar ao normal se a irritação for removida.

Dispneia Dificuldade respiratória; respiração dolorosa ou laboriosa.

Distrofia muscular Doenças hereditárias que destroem os músculos, caracterizadas pela degeneração das fibras (células) musculares, provocando atrofia progressiva do músculo esquelético.

Diurético Substância química que aumenta a eliminação de água pelos rins.

Divisão autônoma do sistema nervoso (SNA) Neurônios motores (eferentes) viscerais e sensoriais (aferentes) viscerais. Os neurônios motores autônomos, simpáticos e parassimpáticos, conduzem impulsos nervos da parte central do sistema nervoso para o músculo liso e glândulas. Assim denominada, porque essa parte do sistema nervoso era considerada autônoma ou espontânea.

Divisão celular Processo pelo qual uma célula se reproduz, consistindo na divisão nuclear (mitose) e na divisão citoplasmática (citocinese); tipos de divisão incluem divisão das células somáticas e reprodutoras.

Divisão celular reprodutiva Tipo de divisão celular em que são produzidos gametas (espermatozoides e oócitos); consiste em meiose e citocinese.

Divisão celular somática Tipo de divisão celular em que uma única célula genitora se duplica para produzir duas células idênticas; consiste em mitose e citocinese.

Doença Enfermidade caracterizada por um conjunto reconhecível de sinais e sintomas.

Doença arterial coronariana (DAC) Condição como a aterosclerose que provoca estenose das artérias coronárias, diminuindo, dessa forma, o fluxo de sangue para o coração. O resultado é uma doença cardíaca coronária (DCC), na qual o músculo cardíaco recebe fluxo sanguíneo inadequado, em decorrência de uma interrupção de sua irrigação sanguínea.

Doença de Alzheimer Distúrbio neurológico incapacitante, caracterizado por disfunção e morte de neurônios cerebrais específicos, resultando em prejuízo intelectual disseminado, mudanças na personalidade e variações no estado de alerta.

Doença de Parkinson (DP) Degeneração progressiva dos núcleos da base e substância negra do cérebro que resulta na redução da produção de dopamina e provoca tremor, diminuição dos movimentos voluntários e fraqueza muscular.

Doença periodontal Termo coletivo para condições caracterizadas pela degeneração da gengiva, alvéolo dental, periodonto e cemento.

Doença pulmonar obstrutiva crônica (DPOC) Doença, como bronquite ou enfisema, em que existe algum grau de obstrução das vias respiratórias e consequente aumento na resistência dessas vias.

Dor referida Dor que é sentida em um local distante do local de origem.

Dorsiflexão Curvatura do pé na direção do dorso (face superior).

Ducto alveolar Ramo de um bronquíolo respiratório em torno do qual, alvéolos e sacos alveolares estão dispostos.

Ducto arterial Pequeno vaso que conecta o tronco pulmonar com a aorta; encontrado apenas no feto.

Ducto deferente Ducto que transporta espermatozoides do epidídimo para o ducto ejaculatório.

Ducto do epidídimo Tubo firmemente contorcido, dentro do epidídimo, dividido em cabeça, corpo e cauda, no qual os espermatozoides sofrem maturação.

Ducto ejaculatório O tubo que transporta espermatozoides do ducto deferente para a parte prostática da uretra.

Ducto lacrimonasal Canal que transporta as secreções lacrimais (lágrimas) do saco lacrimal para o nariz.

Ducto linfático direito Vaso do sistema linfático que drena a linfa do lado direito superior do corpo, levando-a para a veia subclávia direita.

Ducto pancreático Ducto calibroso simples que se une ao ducto colédoco, proveniente do fígado e da vesícula biliar, drenando suco pancreático no duodeno, na ampola hepatopancreática. Também chamado pelo epônimo **ducto de Wirsung**.

Ducto torácico Vaso linfático que começa como uma dilatação, chamada cisterna do quilo; recebe linfa do lado esquerdo da cabeça, pescoço e tórax, do braço esquerdo e de todo o corpo abaixo das costelas; e se abre na junção entre as veias jugular interna e subclávia esquerda. Também denominado **ducto linfático esquerdo**.

Ducto venoso Pequeno vaso, no feto, que ajuda a desviar a circulação do fígado.

Ductos semicirculares Canais semicirculares membranáceos, cheios de endolinfa, flutuando na perilinfa dos canais semicirculares ósseos; estes contêm cristas relacionadas com o equilíbrio dinâmico.

Duodeno Os primeiros 25 cm do intestino delgado, que conecta o estômago ao íleo.

Dura-máter A mais externa das três meninges (revestimentos) do encéfalo e medula espinal.

E

Ectoderma Camada germinativa primária, que dá origem ao sistema nervoso e à epiderme da pele e a seus derivados.

Ectópico Fora do lugar; fora da posição normal.

Edema Acúmulo anormal de líquido intersticial.

Edema pulmonar Acúmulo anormal de líquido intersticial nos espaços teciduais e alvéolos dos pulmões, em consequência do aumento da permeabilidade ou da pressão capilar pulmonar.

Efetor Órgão do corpo, um músculo ou glândula, inervado por neurônios motores autônomos ou somáticos.

Ejaculação Ejeção reflexa ou expulsão de esperma pelo pênis.

Eletrocardiograma Registro das alterações elétricas que acompanham o ciclo cardíaco e são detectadas na superfície do corpo; pode ser realizado em repouso, sob estresse ou em esteira ergométrica.

Elevação Movimento no qual uma parte do corpo se move para cima.

Embolia pulmonar Presença de coágulo sanguíneo ou de substância estranha em um vaso sanguíneo arterial pulmonar, que impede a circulação para o tecido pulmonar.

Êmbolo Coágulo sanguíneo, bolha de ar ou gordura proveniente de ossos fraturados, massas de bactérias ou de outros fragmentos ou material estranho transportado pelo sangue.

Embrião Prole imatura de qualquer organismo, no estágio inicial de desenvolvimento; nos seres humanos, o organismo em desenvolvimento, desde a fertilização até o final da oitava semana de desenvolvimento.

Embrioblasto Região de células do blastocisto, que se diferencia nas três camadas germinativas primárias – ectoderma, mesoderma e endoderma – a partir das quais todos os tecidos e órgãos se desenvolvem; também denominado **massa celular interna**.

Embriologia Estudo do desenvolvimento, desde a fertilização até o final da oitava semana de desenvolvimento.

Emissão Propulsão de espermatozoides para dentro da uretra, decorrente de contrações peristálticas dos dúctulos dos testículos, do epidídimo e do ducto deferente, como resultado da estimulação simpática.

Emulsificação Dispersão de grandes glóbulos lipídicos em partículas menores, distribuídas uniformemente, em presença de bile.

Encéfalo Porção da parte central do sistema nervoso, no interior da cavidade do crânio.

Endocárdio Camada da parede do coração composta de endotélio e músculo liso, que reveste o interior do coração e recobre as valvas e os tendões que mantêm as valvas abertas.

Endocitose Captação pela célula de grandes moléculas e partículas pelas vesículas formadas a partir da membrana plasmática.

Endocrinologia Ciência relacionada com a estrutura e as funções das glândulas endócrinas, tratamento e diagnóstico dos distúrbios do sistema endócrino.

Endoderma Camada germinativa primária do embrião em desenvolvimento; dá origem ao trato gastrintestinal, bexiga urinária, uretra e trato respiratório.

Endométrio Túnica mucosa que reveste o útero.

Endometriose Crescimento de tecido endometrial fora do útero.

Endomísio Invaginação do perimísio separando cada fibra muscular (célula) individualmente.

Endoneuro Envoltório de tecido conectivo que reveste os axônios individualmente.

Endósteo Membrana que reveste a cavidade medular dos ossos (medula óssea), consistindo em células osteogênicas e osteoclastos dispersos.

Endotélio Camada de epitélio escamoso simples que reveste as cavidades do coração, vasos sanguíneos e vasos linfáticos.

Enfisema Distúrbio pulmonar, no qual as paredes alveolares se desintegram, produzindo espaços aéreos anormalmente grandes, com perda de elasticidade dos pulmões; normalmente provocado pela exposição à fumaça do cigarro.

Entorse Distensão ou torção forçada de uma articulação, com ruptura parcial ou outra lesão a suas fixações, sem luxação.

Enxerto de pele Transferência de um fragmento (retalho) de pele saudável retirado de uma parte do corpo para cobrir uma ferida.

Enzima Substância que acelera as reações químicas; um catalisador orgânico, normalmente uma proteína.

Eosinófilo Tipo de leucócito caracterizado por grânulos que se tingem de vermelho ou rosa com corantes ácidos.

Epidemiologia Estudo da ocorrência e transmissão de doenças e distúrbios nas populações humanas.

Epiderme Camada mais fina e superficial de pele, composta de epitélio escamoso estratificado queratinizado.

Epidídimo Órgão em forma de vírgula situado ao longo da margem posterior do testículo, contendo o ducto do epidídimo, no qual os espermatozoides sofrem maturação.

Epífise Extremidade de um osso longo, geralmente de diâmetro maior do que o corpo (diáfise).

Epiglote Peça grande foliforme de cartilagem que se situa no topo da laringe, fixada à cartilagem tireoide; sua porção não fixada é livre para se mover para cima e para baixo, cobrindo a glote (pregas vocais e rima da glote) durante a deglutição.

Epimísio Tecido conectivo fibroso em torno dos músculos.

Epinefrina Hormônio secretado pela medula da glândula suprarrenal, que produz ações semelhantes àquelas resultantes da estimulação simpática. Também chamada de adrenalina.

Epineuro Tecido conectivo superficial recobrindo todo o nervo.

Episiotomia Incisão feita com uma tesoura cirúrgica, para evitar laceração do períneo no final do segundo estágio do trabalho de parto.

Equilíbrio dinâmico Manutenção da posição do corpo, principalmente da cabeça, em resposta a movimentos súbitos, como os de rotação.

Equilíbrio Estado de estar uniformemente equilibrado.

Equilíbrio estático Manutenção da postura em resposta às alterações na orientação do corpo, principalmente da cabeça, com relação ao solo.

Ereção Estado dilatado e rígido do pênis ou clitóris, resultante do ingurgitamento do tecido erétil esponjoso com sangue.

Eritema Vermelhidão cutânea normalmente provocada pela dilatação dos capilares.

Eritrócito (célula sanguínea vermelha/CSV) Célula sanguínea sem núcleo que contém a proteína hemoglobina, que transporta oxigênio; responsável pelo transporte de oxigênio por todo o corpo.

Eritropoietina (EPO) Hormônio liberado pelos rins, que estimula a produção de eritrócitos.

Esclera Túnica branca de tecido fibroso que forma o revestimento protetor superficial sobre o bulbo do olho, exceto na parte mais anterior; parte posterior da túnica fibrosa.

Escroto Bolsa recoberta por pele que contém os testículos e suas estruturas acessórias.

Esfíncter pré-capilar Anel de fibras (células) musculares, no local de origem dos verdadeiros capilares, que regula o fluxo sanguíneo para os capilares.

Esmalte Substância branca dura que recobre a coroa de um dente.

Esôfago Tubo muscular oco conectando a faringe ao estômago.

Espaço epidural Espaço entre a parte espinal da dura-máter e o canal vertebral, contendo tecido conectivo aureolar e um plexo de veias.

Espaço morto anatômico Espaços do nariz, faringe, laringe, traqueia, brônquios e bronquíolos (até a 16ª divisão), totalizando aproximadamente 150 mL dos 500 mL em uma respiração calma; ar no espaço morto anatômico não atinge os alvéolos para participar na troca gasosa.

Espaço subaracnóideo Espaço entre a aracnoide-máter e a pia-máter, que circunda o encéfalo e a medula espinal e pelo qual circula o líquido cerebrospinal.

Espasmo Contração involuntária súbita de grandes grupos de músculos.

Espasmo vascular Contração do músculo liso na parede de um vaso sanguíneo lesado para evitar/impedir a perda de sangue.

Espermatozoide Gameta masculino maduro.

Espermiogênese Maturação de espermátides em espermatozoides.

Estatocônio Partícula de carbonato de cálcio engastada na membrana otolítica que atua na manutenção do equilíbrio estático.

Esterilização Eliminação de todos os microrganismos vivos. Qualquer procedimento que torne o indivíduo incapaz de se reproduzir; exemplos: castração, vasectomia, histerectomia ou ooforectomia.

Estímulo Qualquer estresse que altere uma condição controlada; qualquer alteração no ambiente interno ou externo que estimule (excite) um receptor sensorial, um neurônio ou uma fibra muscular.

Estômago Dilatação em forma de J do trato gastrintestinal, diretamente inferior ao diafragma nas regiões epigástria e umbilical e no hipocôndrio esquerdo do abdome, entre o esôfago e o intestino delgado.

Estrogênios Hormônios sexuais femininos produzidos pelos ovários; regulam o desenvolvimento dos ovócitos, a manutenção das estruturas reprodutoras femininas e o aparecimento das características sexuais secundárias, afetando também o equilíbrio hidroeletrolítico e o anabolismo proteico.

Estroma Tecido que forma a substância fundamental, a fundação ou o arcabouço de um órgão, em oposição às suas partes funcionais (parênquima).

Esvaziamento gástrico Passagem de pequenas partículas de alimento (quimo), do estômago, para o intestino delgado pelo esfíncter do pilórico.

Eupneia Respiração normal calma.

Eversão Movimento da sola lateralmente, na articulação talocrural, ou o movimento da valva atrioventricular, para um átrio, durante contração ventricular.

Exalação Expirar; expulsão de ar dos pulmões na atmosfera. Também chamada de expiração.

Exocitose Processo em que as vesículas secretoras, envoltas em membrana, se formam dentro da célula, se fundem com a membrana plasmática e liberam seus conteúdos no líquido intersticial; realiza a secreção de materiais de uma célula.

Extensão Aumento no ângulo entre dois ossos; retorno de uma parte do corpo à sua posição anatômica normal, após a flexão.

F

Fadiga dos músculos Incapacidade de um músculo em manter sua força de contração ou tensão; pode estar relacionada com insuficiência de oxigênio, depleção de glicogênio e/ou acúmulo de ácido lático.

Fagocitose Processo pelo qual o fagócito ingere e destrói micróbios, fragmentos de células e outras substâncias estranhas.

Falanges Ossos dos dedos das mãos ou dos pés.

Faringe Garganta; tubo que começa nos cóanos e segue para baixo até o pescoço, onde se abre no esôfago, posteriormente, e na laringe, anteriormente.

Farmacologia Ciência que estuda efeitos e usos de medicamentos (substâncias) no tratamento de doenças.

Fáscia Lâmina grande de tecido conectivo que envolve grupos de músculos.

Fasciculação Abalos espontâneos anormais de todas as fibras musculares esqueléticas de uma unidade motora, visíveis na superfície da pele; não associados ao movimento do músculo afetado; presentes nas doenças progressivas dos neurônios motores, por exemplo, na poliomielite.

Fascículo atrioventricular (AV) Parte do complexo estimulante do coração que começa no nó atrioventricular (AV), passa através do esqueleto cardíaco separando os átrios e os ventrículos e, em seguida, prolonga-se um pouco para baixo do septo interventricular antes de se dividir nos ramos direito e esquerdo. Também conhecido como fascículo de His.

Fascículo Pequeno feixe ou aglomerado, especialmente de fibras (células) musculares ou nervosas.

Fator Rh Antígeno Rh que pode estar presente nas membranas plasmáticas dos eritrócitos.

Febre Elevação da temperatura corporal acima da temperatura normal de 37 °C, em decorrência do reajuste do termostato hipotalâmico.

Fenda sináptica Espaço estreito, na sinapse química, que separa a terminação axônica de um neurônio de outro neurônio ou fibra (célula) muscular, e por meio da qual um neurotransmissor se propaga para afetar a célula pós-sináptica.

Fenótipo Expressão observável do genótipo; características físicas de um organismo determinadas pela composição genética e influenciadas pela interação entre genes e fatores ambientais externos e internos.

Fertilização Penetração de um ovócito secundário por um espermatozoide, a divisão meiótica do ovócito secundário para formar um ovo e a subsequente união dos núcleos dos gametas.

Feto Nos seres humanos, o organismo em desenvolvimento *in utero* (intrauterino), a partir do início do terceiro mês até o nascimento.

Fezes Material descarregado pelo reto, composto de bactérias, excreções e resíduos de alimentos.

Fibrilação atrial Contração assíncrona das fibras musculares cardíacas, nos átrios, que resulta na interrupção do bombeamento atrial.

Fibrilação ventricular Contrações ventriculares assíncronas; resulta em insuficiência cardíaca, salvo se for interrompida por desfibrilação.

Fibroblasto Célula achatada grande, que secreta a maior parte da matriz extracelular dos tecidos conectivos denso e areolar.

Fibrose Processo pelo qual os fibroblastos sintetizam fibras colágenas e outros materiais da matriz extracelular, que se agregam para formar o tecido cicatricial.

Fígado Órgão grande situado abaixo do diafragma, ocupando a maior parte do hipocôndrio direito e parte da região epigástria. Funcionalmente, produz bile e sintetiza a maioria das proteínas plasmáticas; realiza a interconversão de nutrientes; desintoxica substâncias; armazena glicogênio, ferro e vitaminas; realiza a fagocitose de células sanguíneas e bactérias desgastadas; e participa da síntese da forma ativa da vitamina D.

Filamento intermediário Filamento de proteína, medindo entre 8 e 12 nm de diâmetro, que pode fornecer reforço estrutural, manter as organelas no lugar e dar forma às células.

Filtração Fluxo de um líquido através de um filtro (ou de uma membrana que atua como um filtro) decorrente da pressão hidrostática; ocorre nos capilares em função da pressão sanguínea.

Filtração glomerular Processo pelo qual o sangue é filtrado pelo glomérulo e lâmina interna da cápsula glomerular.

Fímbrias Estruturas digitiformes, especialmente as extremidades laterais das tubas uterinas (tubas de Falópio).

Fisiologia Ciência que estuda as funções de um organismo ou de suas partes.

Fissura Sulco, prega ou fenda que pode ser normal ou anormal.

Fixador Músculo que estabiliza a origem do agonista (agente motor), de modo que esse atue com maior eficiência.

Flácido Relaxado, frouxo ou mole; desprovido de tônus muscular.

Flagelo Projeção móvel longa da superfície celular, usada para locomoção.

Flato Gás no estômago ou intestinos; comumente usado para expressar expulsão de gás pelo ânus.

Flebite Inflamação de uma veia, geralmente no membro inferior.

Flexão Movimento no qual ocorre redução do ângulo entre os dois ossos.

Flexão plantar Inclinação (curvatura) do pé na direção da face plantar (sola).

Folículo da glândula tireoide Saco esférico que forma o parênquima da glândula tireoide, consistindo nas células foliculares que produzem tiroxina (T_4) e tri-iodotironina (T_3).

Folículo ovárico (folículo maduro) Folículo grande, cheio de líquido, contendo um ovócito secundário e as células circundantes da granulosa que secretam estrogênios. Também denominado **folículo de Graaf**.

Folículo ovárico Termo geral para oócitos (ovos imaturos), em qualquer estágio de desenvolvimento, junto com suas células epiteliais circundantes.

Folículo piloso Estrutura formada por epitélio envolvendo a raiz de um pelo, a partir da qual o pelo se desenvolve.

Fontículo Espaço preenchido por mesênquima, no qual a formação do osso ainda não está completa, especialmente entre os ossos do crânio de um lactente.

Forame oval Abertura no coração do feto, no septo, entre os átrios direito e esquerdo. O orifício na asa maior do esfenoide, pelo qual o nervo (ramo) mandibular do nervo trigêmeo (V) passa.

Formação reticular Rede de pequenos grupos de corpos celulares neuronais espalhados (dispersos) entre feixes de axônios (mistura das substâncias cinzenta e branca), começando no bulbo e estendendo-se, superiormente, pela parte central do tronco encefálico.

Fórnice Arco ou uma prega; um trato no encéfalo composto de fibras de associação, conectando o hipocampo aos corpos mamilares; recesso em torno do colo do útero, do qual se projeta para a vagina.

Fossa hipofisial Depressão no interior da sela turca do esfenoide, na qual a hipófise está localizada.

Fotopigmento Substância que absorve luz e sofre alterações estruturais que levam ao desenvolvimento de um potencial receptor. No olho, também denominado **pigmento visual**.

Fotorreceptor Receptor que detecta luz brilhante incidindo sobre a retina.

Fóvea central Depressão no centro da mácula lútea da retina, contendo apenas cones e sem vasos sanguíneos; a área de maior acuidade visual (agudeza visual).

Fovéolas gástricas Canal estreito no interior das glândulas gástricas.

Fratura Qualquer ruptura em um osso.

Frênulo da língua Prega de túnica mucosa que conecta a língua ao assoalho da boca.

Fundo Parte de um órgão oco mais distante da abertura; a porção arredondada da parte superior do estômago e à esquerda da cárdia; a porção ampla da vesícula biliar que se projeta para baixo, além da margem inferior do fígado.

Funículo espermático Estrutura de suporte dos órgãos genitais masculinos internos (sistema reprodutor) que se estende de um dos testículos até o anel inguinal profundo, incluindo ducto deferente, artérias, veias, vasos linfáticos, nervos, músculo cremaster e tecido conectivo.

Fuso mitótico Termo coletivo para um conjunto de microtúbulos fusiformes (não cinetócoros, cinetócoros e áster) responsável pelo movimento dos cromossomos durante a divisão celular.

G

Gameta Célula reprodutiva feminina ou masculina; um espermatozoide ou um ovócito secundário.

Gânglio Geralmente, um grupo de corpos celulares neuronais localizados fora da parte central do sistema nervoso (SNC).

Gânglio autônomo Uma massa de corpos celulares de neurônios simpáticos ou parassimpáticos localizados fora da parte central do sistema nervoso.

Gânglio do tronco simpático Aglomerado de corpos celulares de neurônios simpáticos pós-ganglionares, laterais à coluna vertebral, próximos do corpo de uma vértebra. Esses gânglios estendem-se inferiormente pelo pescoço, tórax e abdome, até o cóccix, nos dois lados da coluna vertebral, e conectam-se uns aos outros para formar uma cadeia de cada lado da coluna vertebral. Também denominados **gânglios da cadeia vertebral** ou **gânglios da cadeia paravertebral**.

Gânglio pré-vertebral Aglomerado (grupo) de corpos celulares de neurônios pós-ganglionares simpáticos anterior à medula espinal e próximo das grandes artérias abdominais. Também denominado **gânglio colateral**.

Gânglio sensitivo de nervo espinal Grupo de corpos celulares dos neurônios sensitivos e suas células de sustentação, situado ao longo da raiz posterior de um nervo espinal.

Gânglio terminal Aglomerado de corpos celulares de neurônios pós-ganglionares parassimpáticos situado muito próximo dos efetores viscerais ou no interior das paredes dos efetores viscerais, inervados pelos neurônios pós-ganglionares. Também denominado **gânglio intramural**.

Gastrenterologia Especialidade médica relacionada com a estrutura, função, diagnóstico e tratamento de doenças do estômago e intestinos.

Gastrulação Migração de grupos de células do epiblasto, que transforma o disco embrionário bilaminado, no disco embrionário trilaminado, com as três camadas germinativas primárias; transformação de uma blástula em gástrula.

Gene Unidade biológica de hereditariedade; o segmento de DNA localizado em uma posição definida, em cromossomo específico; uma sequência de DNA que codifica um mRNA, rRNA ou tRNA específicos.

Genética Estudo dos genes e da hereditariedade.

Genoma Conjunto completo de genes de um organismo.

Genótipo Formação genética de um indivíduo; a combinação dos alelos presentes em um ou mais locais cromossômicos, como diferenciada da aparência ou fenótipo, que resulta daqueles alelos.

Geriatria Ramo da medicina dedicado aos problemas médicos e cuidados das pessoas idosas.

Ginecologia Ramo da medicina relacionada com o estudo e tratamento de distúrbios do sistema genital interno (reprodutor) feminino.

Ginecomastia Desenvolvimento excessivo das glândulas mamárias masculinas.

Gínglimo Articulação sinovial em que a face convexa de um osso se ajusta à face côncava de outro osso, por exemplo: no cotovelo, no joelho, no tornozelo e nas articulações interfalângicas.

Giro pós-central Giro do córtex cerebral localizado imediatamente posterior ao sulco central; contém a área somatossensorial primária.

Giro pré-central Giro do córtex cerebral localizado imediatamente anterior ao sulco central; contém a área motora primária.

Giro Uma das pregas (dobras) do córtex cerebral. Também denominado convolução.

Glande do pênis Região ligeiramente dilatada na extremidade distal do pênis.

Glândula bulbouretral Uma de um par de glândulas localizada abaixo da próstata, de cada lado da uretra, que secreta um líquido alcalino na parte esponjosa da uretra. Também conhecida como glândula de Cowper.

Glândula Célula ou células epiteliais especializadas que secretam substâncias; podem ser endócrinas ou exócrinas.

Glândula ceruminosa Glândula sudorífera (de suor) modificada, no meato acústico externo, que secreta cerume (cera do ouvido).

Glândula duodenal Glândula, na tela submucosa do duodeno, que produz muco alcalino para proteger o revestimento do intestino contra a ação de enzimas e para ajudar a neutralizar o ácido no quimo. Também chamada de Glândula de Brunner.

Glândula endócrina Glândula que secreta hormônios no líquido intersticial e, em seguida, no sangue; a glândula destituída de ductos.

Glândula exócrina Glândula que secreta seus produtos nos ductos que conduzem as secreções para as cavidades do corpo, para o lúmen de um órgão, ou para a face externa do corpo.

Glândula lacrimal Células secretoras localizadas na parte anterolateral superior de cada órbita que secretam lágrimas nos ductos excretores que se abrem na superfície da túnica conjuntiva.

Glândula mamária Glândula sudorífera (produtora de suor) modificada, na mulher, que produz leite para alimentação (nutrição) da criança.

Glândula paratireoide Uma de quatro glândulas endócrinas, normalmente pequenas, incrustadas nas faces posteriores dos lobos laterais da glândula tireoide.

Glândula parótida Uma das glândulas salivares pares localizada inferior e anteriormente às orelhas e conectada à cavidade oral por meio do ducto parotídeo, que se abre na face interna da bochecha, oposta ao segundo dente molar maxilar.

Glândula pineal Glândula coniforme, localizada no teto do terceiro ventrículo, que secreta melatonina.

Glândula salivar Um dos três pares de glândulas, situados externamente à boca, que despejam seu produto secretor (saliva) em ductos que se abrem na cavidade oral. As pincipais glândulas salivares são: parótida, submandibular e sublingual.

Glândula sebácea Glândula exócrina, na derme, quase sempre associada com o folículo piloso, que produz sebo. Também chamada de **glândula oleosa**.

Glândula seminal Uma do par de estruturas saculiformes contorcidas, situando-se posterior e inferiormente à bexiga urinária e anteriormente ao reto, que produz um componente do sêmen nos ductos ejaculatórios. Também chamada de **vesícula seminal.**

Glândula sublingual Uma de um par de glândulas salivares situada no assoalho da boca, profundamente à túnica mucosa e lateralmente ao frênulo da língua, com um ducto sublingual menor (de Rivinus) que se abre no assoalho da boca.

Glândula submandibular Uma de um par de glândulas salivares, encontrada abaixo da base da língua, profundamente à túnica mucosa, na parte superior do assoalho da boca, posteriormente às glândulas sublinguais, com um ducto submandibular, situado ao lado do frênulo da língua.

Glândula sudorífera Glândula exócrina, apócrina ou écrina, na derme ou na tela subcutânea, que produz a perspiração. Também chamada de **glândula sudorífera**.

Glândula tireoide Glândula endócrina com lobos laterais direito e esquerdo, em ambos os lados da traqueia, conectados pelo istmo; localizada à frente da traqueia, imediatamente inferior à cartilagem cricóidea; produz tiroxina (T_4), tri-iodotironina (T_3) e calcitonina (CT).

Glândula uretral Glândula incrustada na parede da uretra cujo ducto se abre nos dois lados do óstio interno da uretra e secreta muco. Também conhecida pelo epônimo **glândula de Skene**.

Glândulas gástricas Glândulas na túnica mucosa do estômago, formadas por células que lançam suas secreções em canais estreitos, chamados de fovéolas gástricas.

Glândulas intestinais Glândulas que se abrem na superfície da túnica mucosa do intestino e secretam enzimas digestivas. Também chamadas de **criptas de Lieberkühn**.

Glândulas suprarrenais Duas glândulas localizadas superiormente a cada rim.

Glândulas vestibulares maiores Um par de glândulas, em ambos os lados do óstio da vagina, que se abrem por meio de um ducto no espaço entre o hímen e os lábios menores. Também chamadas Glândulas de Bartholin.

Glaucoma Distúrbio ocular, no qual há um aumento da pressão intraocular, decorrente do excesso de humor aquoso.

Glicocorticoides Hormônios secretados pelo córtex da glândula suprarrenal, especialmente o cortisol, que influenciam o metabolismo da glicose.

Glicogênio Polímero muito ramificado da glicose, contendo milhares de subunidades; atua como um depósito compacto de moléculas de glicose, no fígado e nas fibras (células) musculares.

Glicose Hexose (açúcar contendo seis átomos de carbono), $C_6H_{12}O_6$, que é a principal fonte de energia para a produção de ATP pelas células do corpo.

Glicosúria Presença de glicose na urina; pode ser temporária ou patológica.

Glomerular Termo usado para se referir ao glomérulo ou cápsula que envolve o glomérulo.

Glomérulo Massa arredondada de nervos ou vasos sanguíneos, especialmente o tufo microscópico de capilares, envolvidos pela cápsula glomerular (cápsula de Bowman) de cada túbulo renal.

Glomo carótico Aglomeração de quimiorreceptores no seio carótico ou próximo a ele, que responde a alterações nos teores sanguíneos de oxigênio, dióxido de carbono e íons hidrogênio.

Glomos para-aórticos Agrupamento de quimiorreceptores situado no arco da aorta ou próximo deste, que respondem às alterações nos níveis sanguíneos de oxigênio (O_2), dióxido de carbono (CO_2) e íons de hidrogênio (H^+).

Glucagon Hormônio produzido pelas células alfas das ilhotas pancreáticas (ilhotas de Langerhans), que aumentam o teor de glicose no sangue.

Gônada Glândula que produz gametas e hormônios; o ovário, na mulher, e o testículo, no homem.

Gonadotrofina coriônica humana (hCG) Hormônio produzido pela placenta em desenvolvimento que mantém o corpo lúteo.

Gonfose Articulação fibrosa na qual uma projeção cilíndrica cônica se ajusta em uma depressão.

Gordura monoinsaturada Ácido graxo que contém uma ligação covalente dupla entre os átomos de carbonos; não é completamente saturada com átomos de hidrogênio. Abundante nos triglicerídeos dos óleos de oliva e de amendoim.

Gordura poli-insaturada Ácido graxo que contém mais de uma ligação covalente dupla entre seus átomos de carbono; abundante nos triglicerídeos dos óleos de milho, açafrão e sementes de algodão.

Gordura saturada Ácido graxo que contém apenas ligações simples (nenhuma ligação dupla) entre seus átomos de carbono; todos os átomos de carbono estão ligados ao número máximo de átomos de hidrogênio; prevalente nos triglicerídeos de produtos animais, como carne, leite, derivados do leite (produtos lácteos) e ovos.

Granulações aracnóideas Tufos semelhantes a amoras da aracnoide-máter que se projetam no interior do seio sagital superior da dura-máter e, por meio dos quais, o líquido cerebrospinal é reabsorvido na corrente sanguínea.

Gravidez Sequência de eventos que, normalmente, inclui fertilização, implantação, crescimentos embrionário e fetal, terminando com o nascimento.

Gustação Sentido do paladar.

H

Haploide Que possui apenas 23 cromossomos.

Hematócrito Porcentual de sangue formado de eritrócitos (células sanguíneas vermelhas). Comumente, obtém-se esse porcentual centrifugando-se uma amostra de sangue em um tubo graduado; em seguida, lê-se o volume de eritrócitos e divide-se esse volume pelo volume total de sangue na amostra.

Hematologia Estudo do sangue.

Hemiplegia Paralisia de membro superior, tronco e membro inferior de um lado do corpo.

Hemodiálise Tipo de diálise que filtra o sangue do paciente diretamente, removendo resíduos, eletrólitos e líquido em excesso, em seguida retornando o sangue depurado (purificado) para o paciente.

Hemofilia Distúrbio sanguíneo hereditário em que há uma produção deficiente de determinados fatores implicados na coagulação do sangue, resultando em sangramento excessivo em articulações, tecidos profundos e outras partes.

Hemoglobina (Hb) Substância nos eritrócitos formada pela proteína globulina e pelo heme, pigmento vermelho contendo ferro, que transporta a maior parte do oxigênio e uma parte do dióxido de carbono no sangue.

Hemólise Extravasamento da hemoglobina do interior de um eritrócito para o meio circundante; resulta do rompimento da membrana celular por toxinas ou fármacos, por congelamento ou descongelamento ou por soluções hipotônicas.

Hemopoese Produção de células sanguíneas que ocorre na medula óssea vermelha após o nascimento. Também chamada de hematopoiese.

Hemorragia Sangramento; extravasamento de sangue dos vasos sanguíneos, especialmente quando a perda é profusa.

Hepatócito Célula do fígado.

Herança Aquisição de traços corporais característicos pela transmissão de informações genéticas dos pais para os filhos.

Herniado Termo usado para descrever um órgão ou tecido protraído; exemplo: disco herniado.

Hímen Prega fina de túnica mucosa vascularizada no óstio da vagina.

Hipercapnia Aumento da P_{CO_2} no sangue arterial.

Hiperextensão Continuação da extensão além da posição anatômica, como na inclinação (curvatura) da cabeça para trás.

Hiperplasia Aumento anormal no número de células normais em tecido ou órgão, aumentando seu tamanho.

Hipersecreção Hiperatividade glandular resultando em secreção excessiva.

Hipertensão Pressão sanguínea elevada.*

Hipertonia Aumento do tônus muscular, manifestado como espasticidade ou rigidez.

Hipertrofia Aumento ou crescimento excessivo do tecido sem divisão celular.

Hiperventilação Intensidade de inalação e exalação maior do que aquela necessária, para manter normal a pressão parcial de dióxido de carbono no sangue.

Hipófise Pequena glândula endócrina que ocupa a fossa hipofisial do esfenoide, presa ao hipotálamo pelo infundíbulo.

Hipossecreção Redução na atividade das glândulas que resulta em diminuição da secreção.

Hipotálamo Parte do diencéfalo situada abaixo do tálamo, formando a parede inferior (assoalho) e parte da parede do terceiro ventrículo.

---

*N. de R.T. De acordo com a VI Diretrizes Brasileiras de Hipertensão, a hipertensão arterial sistêmica é uma condição clínica multifatorial caracterizada por níveis elevados (PAS ≥ 140 mmHg; PAD ≥ 90 mmHg) e sustentados de pressão arterial.

Hipotermia Redução da temperatura corporal abaixo de 35 °C; nos procedimentos cirúrgicos, refere-se ao resfriamento deliberado do corpo, para desacelerar o metabolismo e reduzir a necessidade de oxigênio dos tecidos.

Hipotonia Diminuição da tonicidade muscular, dando uma aparência de flacidez aos músculos.

Hipóxia Ausência de oxigênio adequado no nível tecidual.

Hirsutismo Crescimento excessivo de pelos, em mulheres e crianças, com uma distribuição semelhante àquela que ocorre nos homens adultos, decorrente da conversão de penugem em pelos terminais espessos, em resposta a níveis de andrógenos maiores do que o normal.

Histerectomia Remoção cirúrgica do útero.

Histologia Estudo microscópico da estrutura dos tecidos.

Homeostasia Condição em que o ambiente interno do corpo permanece relativamente constante, dentro dos limites fisiológicos.

Hormônio Secreção das células endócrinas que regula a atividade fisiológica das células-alvo do corpo.

Hormônio adrenocorticotrófico (ACTH) Hormônio produzido pela adeno-hipófise que influencia a produção e a secreção de determinados hormônios do córtex da glândula suprarrenal.

Hormônio antidiurético (ADH) Hormônio produzido pelas células neurossecretoras nos núcleos supraóptico e paraventricular do hipotálamo, que estimula a reabsorção de água das células tubulares renais para o sangue e a vasoconstrição das arteríolas. Também denominado **vasopressina**.

Hormônio do crescimento humano (hGH) Hormônio secretado pela adeno-hipófise que estimula o crescimento dos tecidos corporais, especialmente os tecidos muscular e esquelético. Também conhecido como somatotrofina.

Hormônio foliculo-estimulante (FSH) Hormônio secretado pela adeno-hipófise; o hormônio inicia o desenvolvimento dos óvulos e estimula os ovários a secretar estrogênios, nas mulheres, e inicia a produção de espermatozoides nos homens.

Hormônio inibidor Hormônio secretado pelo hipotálamo que consegue suprimir a secreção de hormônios pela adeno-hipófise.

Hormônio luteinizante (LH) Hormônio secretado pela adeno-hipófise que estimula ovulação e secreção de progesterona pelo corpo lúteo, e prepara as glândulas mamárias para secreção de leite, nas mulheres; estimula secreção de testosterona pelos testículos, nos homens.

Hormônio tireoestimulante (TSH) Hormônio produzido pela adeno-hipófise que estimula a síntese e a secreção de tiroxina (T_4) e tri-iodotironina (T_3). Também denominado **tirotrofina**.

Hormônio trófico Hormônio cujo alvo é outra glândula endócrina.

Hormônios liberadores Hormônio secretado pelo hipotálamo capaz de estimular a produção de hormônios da adeno-hipófise.

Humor aquoso Líquido aquoso, com composição semelhante àquela do líquido cerebrospinal, que preenche a câmara anterior do bulbo do olho.

Humor vítreo Substância gelatinosa, mole, que enche a câmara vítrea do bulbo do olho, situada entre a lente e a retina.

I

Icterícia Condição caracterizada pela coloração amarelada da pele, do branco dos olhos, das túnicas mucosas e dos líquidos do corpo, causada por acúmulo de bilirrubina.

Íleo Parte terminal do intestino delgado.

Ilhotas pancreáticas Aglomerado (grupo) de células glandulares endócrinas, no pâncreas, que secreta insulina, glucagon, somatostatina e polipeptídeo pancreático. Também chamada pelo epônimo **ilhotas de Langerhans**.

Implantação Inserção de um tecido ou de uma parte no corpo. Fixação do blastócito no estrato basal do endométrio, aproximadamente seis dias após a fertilização.

Imunidade Estado de ser resistente à lesão, especialmente pela ação de venenos, proteínas estranhas e patógenos invasores. Também chamada de resistência.

Imunoglobulina (Ig) Proteína sintetizada pelos plasmócitos que são derivados dos linfócitos B em resposta a um antígeno específico. Também denominada **anticorpo**.

Imunologia Estudo das respostas do corpo quando alteradas por antígenos.

Inalação Ato de encher os pulmões de ar. Também denominada **inspiração**.

Incisura cardíaca Incisura angular, na margem anterior do pulmão esquerdo, na qual se encaixa parte do coração.

Inervação dupla Conceito pelo qual a maioria dos órgãos do corpo recebe impulsos dos neurônios simpáticos e parassimpáticos.

Infarto do miocárdio (IM) Necrose macroscópica do tecido miocárdico, em virtude da interrupção do suprimento sanguíneo. Também denominado **ataque cardíaco**.

Inferior Afastado da cabeça ou direcionado para a parte inferior de uma estrutura. Também denominado **caudal**.

Infertilidade Incapacidade de conceber ou de provocar a concepção. Também chamada de **esterilidade**.

Inflamação Resposta protetora localizada à lesão tecidual, destinada a destruir, dissolver ou isolar o agente infeccioso ou o tecido lesado; caracterizada por vermelhidão, dor, calor, tumefação e, algumas vezes, perda de função.

Infundíbulo Estrutura pediculada que prende a hipófise ao hipotálamo, no encéfalo. Extremidade distal aberta funicular da tuba uterina (de Falópio).

Inibina Hormônio secretado pelas gônadas que inibe a liberação do hormônio folículo-estimulante (FSH) pela adeno-hipófise.

Inserção Fixação de um tendão muscular a um osso móvel ou à extremidade oposta à origem.

Insulina Hormônio produzido pela célula β das ilhotas pancreáticas (ilhotas de Langerhans) que reduz o teor (nível) de glicose no sangue.

Interfase Período do ciclo celular entre as divisões celulares que consiste na fase G_1 (intervalo ou de crescimento), quando a célula está estimulando o crescimento, o metabolismo e a produção de substâncias necessárias para a divisão; fase S (síntese), durante a qual os cromossomos são replicados; e fase G_2.

Interneurônio Neurônio cujos axônios se estendem apenas por curtas distâncias e se comunicam com neurônios próximos do encéfalo, da medula espinal ou do gânglio; compreendem a grande maioria de neurônios no corpo. Também denominado neurônio de associação.

Intestino delgado Tubo longo do trato gastrintestinal que começa no músculo esfíncter do piloro do estômago, espirila-se pelas partes central e inferior da cavidade abdominal e termina no intestino grosso; divide-se em três segmentos: duodeno, jejuno e íleo.

Intestino grosso Parte do trato gastrintestinal que se estende do íleo do intestino delgado até o ânus; dividido estruturalmente em ceco, colo, reto e canal anal.

Inversão Movimento da planta do pé medialmente, na articulação talocrural.

Íris Parte colorida da túnica vascular do bulbo do olho vista através da córnea, contendo fibras radiais e circulares de músculo liso; o orifício no centro da íris é a pupila.

J

Janela da cóclea Pequena abertura entre a orelha média e interna, diretamente abaixo da janela do vestíbulo, recoberta pela membrana timpânica secundária.

Janela do vestíbulo Pequena abertura recoberta por membrana, entre a orelha média e a orelha interna, na qual se encaixa a base do estribo.

Jejuno Parte média do intestino delgado.

Junção celular Ponto de contato entre as membranas plasmáticas das células teciduais.

Junção neuromuscular (JNM) Sinapse entre as terminações axônicas de um neurônio motor e o sarcolema de uma fibra (célula) muscular.

L

Lábios maiores do pudendo Duas pregas longitudinais de pele que se estendem para baixo e para trás, a partir do monte do púbis do pudendo feminino.

Lábios menores do pudendo Duas pequenas pregas de túnica mucosa que se situam medialmente aos lábios maiores do pudendo feminino.

Labirinto membranáceo Parte do labirinto da orelha interna localizada no interior do labirinto ósseo e separada dele pela perilinfa; composto de ductos semicirculares, sáculo, utrículo e ducto coclear.

Labirinto ósseo Série de cavidades no interior da parte petrosa do temporal, formando vestíbulo, cóclea e canais semicirculares da orelha interna.

Lactação Secreção e ejeção de leite pelas glândulas mamárias.

Lácteo Um dos muitos vasos linfáticos, nas vilosidades intestinais, que absorvem triglicerídeos e outros lipídeos do alimento digerido.

Lacuna Pequeno espaço oco, como aquele encontrado no interior do sinciotrofoblasto.

Lamelas Anéis concêntricos de matriz extracelular calcificada endurecida encontradas no osso compacto.

Lâmina epifisial Lâmina de cartilagem hialina na metáfise dos ossos longos; local de crescimento longitudinal dos ossos longos. Também chamada de lâmina de crescimento.

Lâmina visceral do pericárdio seroso Camada fina externa da parede do coração, composta de tecido seroso e mesotélio. Também chamada de pericárdio visceral ou epicárdio.

Laringe Caixa da voz; pequena passagem que une a faringe com a traqueia.

Lente Órgão transparente formado por proteínas (cristalinas), situando-se posteriormente à pupila e à íris do bulbo do olho e anteriormente ao humor vítreo.

Leucemia Doença maligna dos tecidos hemopoéticos caracterizada tanto pela produção descontrolada quanto pelo acúmulo de leucócitos imaturos, nos quais muitas células não alcançam a maturidade (forma aguda) ou há acúmulo de leucócitos maduros no sangue, pois não morrem no final de seu período de vida normal (forma crônica).

Leucócito (WBC) Célula sanguínea nucleada responsável pela proteção do corpo contra substâncias estranhas via fagocitose ou reações imunes.

Leucócito Célula sanguínea branca.

Ligadura tubária Procedimento de esterilização no qual as tubas uterinas (de Falópio) são ligadas e cortadas.

Ligamento (ducto) arterial patente Defeito cardíaco congênito em que o ligamento (ducto) arterial permanece aberto. Como resultado, o sangue da aorta flui para o tronco pulmonar, com menor pressão, aumentando a pressão do tronco pulmonar e sobrecarregando ambos os ventrículos.

Ligamento Tecido conectivo modelado denso que fixa um osso a outro osso.

Linfa Líquido contido nos vasos linfáticos que flui pelo sistema linfático até retornar ao sangue.

Linfócito Tipo de leucócito que ajuda a executar as respostas imunes mediadas por anticorpos e mediadas por células; encontrado no sangue e nos tecidos linfáticos.

Linfonodo Estrutura oval ou reniforme localizada ao longo dos vasos linfáticos.

Língua Músculo esquelético grande, recoberto por túnica mucosa, localizado no assoalho da cavidade oral.

Linha epifisial Remanescente da lâmina epifisial na metáfise de um osso longo.

Lipídeo Composto orgânico formado por carbono, hidrogênio e oxigênio que, normalmente, é insolúvel em água, mas solúvel em álcool, éter e clorofórmio; exemplos: triglicerídeos (gorduras e óleos), fosfolipídeos, esteroides e eicosanoides.

Lipoproteína Um dos diversos tipos de partículas contendo lipídeos (colesterol e triglicerídeos) e proteínas que as tornam hidrossolúveis para serem transportadas no sangue; altos níveis de lipoproteínas de baixa densidade (LDLs) estão associados ao aumento do risco de aterosclerose, e altos níveis de lipoproteína de alta densidade (HDL) estão associados à diminuição do risco de aterosclerose.

Líquido amniótico Líquido na cavidade amniótica, derivado do sangue materno e de resíduos provenientes do feto.

Líquido cerebrospinal (LCS) Líquido produzido pelas células ependimárias que recobrem os plexos corióideos, nos ventrículos do encéfalo; o líquido circula nos ventrículos, canal central e espaço subaracnóideo, em torno do encéfalo e medula espinal.

Líquido extracelular (LEC) Líquido fora das células do corpo, como o plasma e o líquido intersticial.

Líquido intersticial Porção do líquido extracelular que preenche os espaços microscópicos entre as células dos tecidos; ambiente interno do corpo. Também denominado **líquido intercelular** ou **tecidual**.

Líquido intracelular (LIC) Líquido contido nas células. Também denominado **citosol**.

Líquido sinovial Secreção das membranas sinoviais que lubrifica as articulações e nutre a cartilagem articular.

Lisossomo Organela no citoplasma de uma célula revestida por membrana simples, contendo enzimas digestivas potentes.

Lisozima Enzima bactericida encontrada em lágrimas, saliva e perspiração.

Lobo insular Área triangular do córtex cerebral que se situa profundamente no interior do sulco lateral do cérebro, sob os lobos temporal, frontal e parietal.

Lúmen Espaço no interior de uma artéria, veia, intestino, túbulo renal ou outra estrutura tubular.

Lúnula Área branca semilunar, na base da unha.

M

Macrófago Célula fagocítica derivada de um monócito; pode ser fixo ou nômade (migratório).

Macrófago intraepidérmico Célula dendrítica epidérmica que atua com uma célula apresentadora de antígeno (APC), durante uma resposta imune. Também denominado **célula de Langerhans**.

Macrófago nômade (migratório) Célula fagocítica que se desenvolve a partir de um monócito, deixa o sangue e migra para tecidos infectados.

Mácula Ponto ou mancha descorada ou área corada. Pequena região espessada, na parede do utrículo e do sáculo, que contém receptores para o equilíbrio estático.

Mácula lútea Ponto ou mancha amarelada no centro da retina.

Manguito rotador Tendões dos quatro músculos profundos do ombro (subescapular, supraespinal, infraespinal e redondo menor), que formam um círculo completo em torno do ombro; reforça e estabiliza a articulação do ombro.

Manobra de compressão abdominal Procedimento de primeiros socorros para limpeza das vias respiratórias de objetos obstrutores. É aplicada aplicando-se uma compressão rápida para cima, entre o umbigo e as costelas inferiores que provoca a elevação do diafragma e a expulsão rápida forçada do ar dos pulmões, forçando o ar para fora da traqueia, ejetando o objeto obstrutor.

Mastigação Processo de trituração do alimento na boca pela ação dos dentes.

Mastócito Célula encontrada no tecido conectivo areolar que libera histamina, um dilatador de vasos sanguíneos pequenos, durante a inflamação.

Matriz da unha Porção do epitélio proximal à raiz da unha.

Matriz extracelular Substância fundamental e as fibras entre as células no tecido conectivo.

Meato acústico externo Tubo curvo, no temporal, que conduz à orelha média.

Mecanismo dos filamentos deslizantes Modelo que descreve como um músculo esquelético se encurta à medida que filamentos espessos deslizam sobre filamentos finos.

Mecanorreceptor cutâneo tipo I Receptor para o tato de adaptação lenta para o toque tátil discriminatório; também denominado **disco tátil** ou pelo epônimo **disco de Merkel**.

Mecanorreceptor cutâneo tipo II Receptor sensorial engastado profundamente na derme e nos tecidos mais profundos que detecta o estiramento da pele. Também chamado pelo epônimo **corpúsculo de Ruffini**.

Mediastino Porção média ampla entre as pleuras dos pulmões que se estende desde o esterno até a coluna vertebral na cavidade torácica.

Medula da glândula suprarrenal Parte interna de uma glândula suprarrenal, consistindo em células que secretam epinefrina, norepinefrina e uma pequena quantidade de dopamina, em resposta à estimulação pelos neurônios pré-ganglionares simpáticos.

Medula espinal Massa de tecido nervoso localizada no canal vertebral a partir da qual se originam 31 pares de nervos espinais.

Medula óssea vermelha Tecido conectivo extremamente vascularizado localizado em espaços microscópicos entre as trabéculas do tecido ósseo esponjoso.

Meiose Tipo de divisão celular que ocorre durante a produção dos gametas, incluindo duas divisões nucleares sucessivas, que resultam em células com o número haploide (*n*) de cromossomos.

Melanina Pigmento amarelo, marrom ou preto encontrado em algumas partes do corpo, como pele, pelos e estrato pigmentoso da retina.

Melanócito Célula pigmentada, que sintetiza melanina, localizada entre as células das camadas mais profundas da epiderme ou abaixo delas.

Melatonina Hormônio secretado pela glândula pineal que participa na regulação de sincronização do relógio biológico do corpo.

Membrana Lâmina flexível delgada de tecido, composta de uma camada epitelial e de uma camada de tecido conectivo subjacente, como na membrana epitelial, ou apenas de tecido conectivo areolar, como na membrana sinovial.

Membrana basal Lâmina extracelular fina, entre o epitélio e o tecido conectivo, consistindo em uma lâmina basilar e uma membrana reticular.

Membrana dos estatocônios Camada de glicoproteína espessa e gelatinosa localizada diretamente sobre as células pilosas da mácula, no sáculo e utrículo da orelha interna.

Membrana plasmática Membrana limitante externa que separa as partes internas da célula do líquido extracelular ou do ambiente externo.

Membrana sinovial A mais profunda das duas camadas da cápsula articular da articulação sinovial, composta de tecido conectivo areolar, que produz líquido na cavidade (articular) sinovial.

Membro inferior Apêndice preso ao cíngulo do membro inferior, consistindo em coxa, joelho, perna, tarso, pé e dedos. Também denominado **extremidade inferior**.

Membro superior Apêndice fixado ao cíngulo dos membros superiores que consiste em braço, antebraço, pulso/carpo, mão e dedos. Também denominado **extremidade superior**.

Memória Capacidade de recordar pensamentos; comumente classificada como de curto prazo (ativada) e de longo prazo.

Menarca Primeira menstruação (fluxo menstrual) e início dos ciclos ovárico e uterino.

Meninges Três membranas que recobrem o encéfalo e a medula espinal, chamadas de dura-máter, aracnoide-máter e pia-máter.

Menopausa Interrupção dos ciclos menstruais.

Menstruação Eliminação periódica de sangue, líquido tecidual, muco e células epiteliais que perdura normalmente cinco dias; provocada por uma redução súbita de estrogênios e progesterona. Também denominada **fase (período) menstrual**.

Mesencéfalo Parte do encéfalo entre a ponte e o diencéfalo.

Mesênquima Tecido conectivo embrionário do qual se originam todos os outros tecidos conectivos.

Mesentério Prega de peritônio que fixa o intestino delgado à parede abdominal posterior.

Mesoderma Camada germinativa primária média que dá origem aos tecidos conectivos, sangue, vasos sanguíneos e músculos.

Mesotélio Camada de epitélio escamoso simples que reveste as túnicas serosas.

Metabolismo Todas as reações bioquímicas que ocorrem dentro do organismo, incluindo as reações sintéticas (anabólicas) e as reações de decomposição (degradação) (catabólicas).

Metacarpo Termo coletivo para os cinco ossos que compõem a palma (da mão).

Metáfase Segundo estágio da mitose, em que os pares de cromátides se alinham na placa equatorial da célula.

Metáfise Região do osso longo entre o corpo (diáfise) e a epífise, que contém a lâmina epifisial de um osso em crescimento.

Metástase Disseminação do câncer para os tecidos circundantes (locais) ou para outros locais do corpo (distantes).

Metatarso Termo coletivo para os cinco ossos localizados no pé, entre os ossos tarsais e as falanges.

Miastenia grave Fraqueza e fadiga dos músculos esqueléticos provocada por anticorpos direcionados contra os receptores de acetilcolina.

Micção Ato de expelir urina da bexiga urinária. Também chamada de **urinação**.

Microfilamento Elemento mais fino do citoesqueleto que contribui para a resistência e o formato da célula.

Micróglia Células neurogliais que realizam fagocitose.

Microtúbulo Filamento proteico cilíndrico, com diâmetro entre 18 e 30 nm, que consiste da proteína tubulina; fornece suporte, estrutura e transporte.

Microvilosidade Projeção digitiforme microscópica das membranas plasmáticas das células que aumenta a área de superfície para absorção, especialmente no intestino delgado e nos túbulos contorcidos proximais dos rins.

Mineralocorticoides Grupo de hormônios do córtex da glândula suprarrenal que participam da regulação do equilíbrio de sódio e potássio.

Miocárdio Camada média da parede do coração, composta de tecido muscular cardíaco, que se situa entre a lâmina visceral do pericárdio fibroso e o endocárdio e constitui o volume principal do coração.

Miofibrila Estrutura filiforme (filamentosa) que se estende longitudinalmente por toda a fibra (célula) muscular e consiste principalmente de filamentos espessos (miosina) e filamentos finos (actina, troponina e tropomiosina).

Mioglobina Proteína de ligação de oxigênio que contém ferro e está presente no sarcoplasma das fibras (células) musculares; contribui para a cor vermelha do músculo.

Miograma Registro ou traçado produzido pelo miógrafo, um aparelho que mede e registra a força das contrações musculares.

Miologia Estudo dos músculos.

Miométrio Camada de músculo liso do útero.

Miopatia Qualquer condição anormal ou doença do tecido muscular.

Miopia Defeito na visão em que os objetos podem ser vistos com nitidez (distintamente) apenas quando muito próximos dos olhos.

Miosina Proteína contrátil que compõe os filamentos espessos das fibras musculares.

Mitocôndria Organela envolta por membrana dupla que exerce uma função essencial na produção de ATP; conhecida como a "usina energética" da célula.

Mitose Divisão ordenada do núcleo de uma célula que assegura que cada novo núcleo tenha o mesmo número e tipo de cromossomos do núcleo original. O processo inclui a replicação dos cromossomos e a distribuição de dois conjuntos de cromossomos em dois núcleos separados iguais.

Molécula Combinação de dois ou mais átomos que compartilham elétrons.

Monócito O maior tipo de leucócito caracterizado por citoplasma agranular.

Monte do púbis Proeminência arredondada de gordura sobre a sínfise púbica, recoberta por pelos púbicos espessos.

Mórula Esfera sólida de células produzida por clivagens sucessivas de um ovo fertilizado, aproximadamente quatro dias após a fertilização.

Muco Secreção líquida viscosa de células caliciformes, células mucosas, glândulas mucosas e túnicas mucosas.

Músculo agonista Músculo diretamente responsável pela produção de um movimento desejado. Também denominado **agente motor**.

Músculo cardíaco Fibras (células) musculares estriadas que formam a parede do coração; são estimuladas por neurônios motores autônomos e por um complexo estimulante intrínseco do coração.

Músculo detrusor Músculo liso que forma a parede da bexiga urinária.

Músculo eretor do pelo Músculos lisos fixados aos pelos; a contração produz ereção dos pelos, resultando em um aspecto de "pele de galinha".

Músculo esfíncter do piloro Anel espessado de músculo liso por meio do qual o piloro do estômago se comunica com o duodeno.

Músculo esquelético Órgão composto de centenas a milhares de fibras (células) musculares esqueléticas.

Mutação Qualquer alteração na sequência de bases na molécula de DNA que resulta em modificação permanente de alguns traços hereditários.

N

Narinas Aberturas na cavidade nasal, na parte externa do corpo.

Necropsia Exame do corpo após a morte.

Necrose Tipo patológico de morte celular, resultante de doença, lesão ou falta de suprimento sanguíneo, em que muitas células adjacentes incham (intumescem), se rompem e lançam seu conteúdo no líquido intersticial, desencadeando uma resposta inflamatória.

Néfron Unidade funcional do rim.

Neoplasma Novo crescimento de tecido, que pode ser benigno ou maligno.

Nervo craniano Um dos 12 pares de nervos que deixam o encéfalo; atravessam os forames cranianos e enviam neurônios sensoriais e motores para a cabeça, pescoço, parte do tronco e vísceras do tórax e abdome. Cada um é designado por um numeral romano e um nome.

Nervo espinal Um dos 31 pares de nervos que se originam na medula espinal, a partir das raízes anteriores e posteriores.

Nervo intercostal Nervo que supre um músculo localizado entre as costelas. Também denominado **nervo torácico**.

Neuralgia Ataque de dor ao longo de todo o trajeto ou ramo de um nervo sensitivo periférico.

Neurite Inflamação de um ou mais nervos.

Neuro-hipófise Lobo posterior da hipófise.

Neuróglia Células do sistema nervoso que desempenham diversas funções de suporte. A neuróglia da parte central do sistema nervoso inclui astrócitos, oligodendrócitos, micróglia e células ependimárias; a neuróglia da parte periférica do sistema nervoso inclui as células de Schwann e as células satélites. Também chamada de **células gliais**.

Neurologia Estudo do funcionamento normal e dos distúrbios do sistema nervoso.

Neurônio Célula nervosa que consiste em corpo celular, dendritos e axônio.

Neurônio motor Neurônio que conduz impulsos do encéfalo para a medula espinal ou para fora do encéfalo e medula espinal em nervos espinais ou cranianos para os efetores que podem ser músculos ou glândulas. Também chamado de **neurônio efetor**.

Neurônio pós-ganglionar Segundo neurônio motor autônomo na via autônoma. Seu corpo celular e dendritos localizam-se em um gânglio autônomo, e seu axônio desmielinizado (não mielinizado/amielínico) termina no músculo cardíaco, no músculo liso ou em uma glândula.

Neurônio pós-sináptico Célula nervosa ativada pela liberação de um neurotransmissor, proveniente de outro neurônio, que conduz impulsos nervosos para longe da sinapse.

Neurônio pré-ganglionar Primeiro neurônio motor autônomo na via autônoma. Seu corpo celular e dendritos localizam-se no encéfalo ou na medula espinal, e seu axônio mielinizado termina em um gânglio autônomo, no qual faz sinapse com um neurônio pós-ganglionar.

Neurônio pré-sináptico Neurônio que propaga impulsos nervosos em direção a uma sinapse.

Neurônios sensoriais Neurônios que conduzem informações sensoriais dos nervos cranianos ou espinais para o encéfalo e a medula espinal ou de um nível inferior para um superior, na medula espinal e no encéfalo. Também chamados de **neurônios aferentes**.

Neurotransmissor Uma entre uma diversidade de moléculas dentro das terminações axônicas que são liberadas na fenda sináptica, em resposta a um impulso nervoso, e que altera o potencial de membrana do neurônio pós-ganglionar.

Neurulação Processo de desenvolvimento da placa neural, das pregas neurais e do tubo neural.

Neutrófilo Tipo de leucócito caracterizado por grânulos que se coram de lilás claro por meio de uma combinação de corantes ácidos e básicos.

Nó atrioventricular (AV) Parte do complexo estimulante do coração formado por uma massa compacta de células condutoras, localizadas no septo entre os dois átrios.

Nó sinoatrial (SA) Pequena massa de fibras (células) musculares cardíacas localizadas no átrio direito, abaixo da abertura da veia cava superior, que despolariza espontaneamente e gera um potencial de ação cardíaco, de aproximadamente 100 vezes por minuto. Também denominado marca-passo natural.

Nociceptor Terminação nervosa livre (sem revestimento) que detecta estímulos dolorosos.

Nódulo de Ranvier Espaço, ao longo de um axônio mielinizado, entre as células individuais de Schwann, que forma a bainha de mielina e o neurolema.

Norepinefrina (NE) Hormônio secretado pela medula da glândula suprarrenal que produz ações semelhantes àquelas resultantes da estimulação simpática. Também chamada de **noradrenalina**.

Notocorda Bastonete flexível de tecido mesodérmico situado no local de desenvolvimento da futura coluna vertebral e que atua na indução.

Núcleo Organela oval ou esférica de uma célula que contém os fatores hereditários da célula, chamados de genes. Aglomerado (grupo) de corpos de células nervosas (neuronais) desmielinizados (não mielinizados) na parte central do sistema nervoso. Parte central de um átomo formada por prótons e nêutrons.

Núcleo rubro Aglomerado de corpos celulares, no mesencéfalo, que ocupa uma grande parte do teto, a partir do qual axônios estendem-se até os tratos rubrospinal e rubrorreticular.

Nucléolo Corpo esférico, no interior do núcleo celular, composto por proteína, DNA e RNA, que é o local de aglomeração de subunidades ribossômicas grandes e pequenas.

Núcleos da base Um de um par de aglomerações de substância cinzenta, localizado profundamente em cada hemisfério cerebral, incluindo o globo pálido, putame e núcleo caudado.

Nutriente Substância química presente no alimento que fornece energia, forma novos componentes corporais ou auxilia nas diversas funções (processos) corporais.

O

Obesidade Peso corporal acima de 20% do padrão desejável, em decorrência do acúmulo excessivo de gordura.

Obstetrícia Ramo especializado da medicina que trata de gravidez, trabalho de parto e período imediatamente após o nascimento (aproximadamente seis semanas).

Ocitocina Hormônio secretado pelas células neurossecretoras, nos núcleos paraventriculares e supraópticos do hipotálamo, que estimula a contração do músculo liso, no útero grávido, e nas células mioepiteliais em torno dos ductos das glândulas mamárias.

Oftalmologia Estudo da estrutura, da função e das doenças dos olhos.

Olfação Sensação do olfato.

Oligodendrócito Célula da neuróglia que sustenta os neurônios e produz a bainha de mielina, em torno dos axônios dos neurônios da parte central do sistema nervoso.

Oligúria Débito urinário diário entre 50 e 250 mL.

Omento maior Grande prega, na túnica serosa do estômago, que desce como um avental, anterior aos intestinos.

Oncogene Gene que provoca câncer; deriva de um gene normal, denominado proto-oncogene, que codifica as proteínas que participam do crescimento celular ou da regulação celular, mas tem a capacidade de transformar uma célula normal em uma célula cancerosa quando sofre ativação ou mutação de forma imprópria.

Oncologia Estudos dos tumores.

Onda cerebral Sinais elétricos que são registrados no couro cabeludo, em decorrência da atividade elétrica dos neurônios encefálicos.

Onda P Onda de deflexão de um eletrocardiograma que representa a despolarização atrial.

Onda T Onda de deflexão de um eletrocardiograma que representa a repolarização ventricular.

Ooforectomia Remoção cirúrgica dos ovários.

Orelha externa Parte externa da orelha consiste na orelha (pavilhão), meato acústico externo e membrana timpânica.

Orelha interna Situa-se no interior do temporal e contém os órgãos da audição e do equilíbrio. Também chamada **labirinto**.

Orelha média Pequena cavidade revestida por epitélio, escavada no temporal, separada da orelha externa pela membrana timpânica, e da orelha interna por uma repartição óssea delgada, contendo as janelas do vestíbulo e da cóclea; estendendo-se transversalmente na orelha média, estão os três ossículos da audição. Também chamada de **cavidade timpânica**.

Organela Estrutura permanente, no interior da célula, com morfologia característica, especializada em uma função específica nas atividades celulares.

Organismo Forma viva completa; Indivíduo.

Órgão Estrutura composta de dois ou mais tipos diferentes de tecidos, com uma função específica e, geralmente, de formato reconhecível.

Órgão espiral Órgão da audição; consiste em células de sustentação e células ciliadas que repousam sobre a membrana basilar e se estendem até a membrana tectorial do ducto coclear. Também conhecido pelo epônimo **órgão de Corti**.

Origem Fixação de um tendão muscular a um osso fixo (estacionário) ou à extremidade oposta à inserção.

Ortopedia Ramo da medicina que trata da preservação e da restauração do sistema esquelético, das articulações e das estruturas associadas.

Osmose Movimento efetivo das moléculas de água, através de uma membrana seletivamente permeável, de uma área com alta concentração de água para uma área de baixa concentração, até que o equilíbrio seja alcançado.

Ossículo auditivo Um dos três pequenos ossos da orelha média, chamados de martelo, bigorna e estribo.

Ossificação endocondral Substituição da cartilagem por osso. Também chamada de ossificação intracartilagínea.

Ossificação Formação de osso. Também chamada de **osteogênese**.

Ossificação intramembranácea Método de formação óssea no qual o osso é formado diretamente no mesênquima, disposto em camadas laminares que se assemelham a membranas.

Osteoblasto Célula derivada de uma célula osteoprogenitora que participa da formação de osso e secreta alguns componentes orgânicos e sais inorgânicos.

Osteócito Célula óssea madura que mantém as atividades diárias do tecido ósseo.

Osteoclasto Grande célula multinucleada que reabsorve (destrói) a matriz óssea.

Osteologia Estudo dos ossos.

Ósteon Unidade básica da estrutura do osso compacto adulto que consiste em um canal central (de Havers), com lacunas, osteócitos e canalículos concentricamente dispostos. Também denominado **sistema de Havers**.

Óstio da vagina Abertura externa da vagina.

Otorrinolaringologia Ramo da medicina relacionado com diagnóstico e tratamento das doenças de ouvido, nariz e garganta.

Ovário Gônada feminina que produz oócitos e os hormônios estrogênio, progesterona, inibina e relaxina.

Ovo Célula germinativa ou sexual (reprodutiva) feminina; célula-ovo; origina-se por meio da conclusão da meiose em um ovócito secundário, após a penetração pelo espermatozoide.

Ovogênese Formação e desenvolvimento de gametas femininos (ovócitos).

Ovulação O rompimento (ruptura) do folículo ovário maduro (de Graaf), com liberação de um oócito secundário na cavidade pélvica.

Oxi-hemoglobina Hemoglobina combinada com oxigênio.

P

Pâncreas Órgão oblongo mole situado ao longo da curvatura maior do estômago, conectado por meio de um ducto ao duodeno. É, ao mesmo tempo, uma glândula exócrina (secreta suco pancreático) e endócrina (secreta insulina, glucagon, somatostatina e polipeptídeo pancreático).

Papila Projeção da lâmina própria da mucosa recoberta com epitélio escamoso estratificado que reveste as faces dorsal e lateral da língua.

Papila ileal Prega da túnica mucosa que protege a passagem do íleo para o intestino grosso.

Papila mamária Projeção rugosa pigmentada, na superfície da mama, que, nas mulheres, é o local das aberturas dos ductos lactíferos para liberação (ejeção) de leite.

Papilas dérmicas Projeções digitiformes da região papilar da derme, que podem conter capilares sanguíneos ou corpúsculos táteis (corpúsculos de Meissner).

Paraplegia Paralisia dos dois membros inferiores.

Paratormônio (PTH) Hormônio secretado pelas células principais das glândulas paratireoides que aumenta o nível sanguíneo de cálcio e reduz o nível sanguíneo de fosfato.

Parênquima Parte funcional de qualquer órgão em oposição ao tecido que forma seu estroma ou arcabouço.

Parte central do sistema nervoso (SNC) Parte do sistema nervoso que compreende o encéfalo e a medula espinal.

Parte laríngea da faringe Parte inferior da faringe que se estende para baixo a partir do nível do hioide; divide-se posteriormente no esôfago e anteriormente na laringe.

Parte nasal da faringe Parte superior da faringe que se situa posteriormente ao nariz e se estende inferiormente até o palato mole.

Parte oral da faringe Parte intermediária da faringe, situada posteriormente à boca, estendendo-se do palato mole até o hioide.

Parte parassimpática Uma das duas subdivisões da divisão autônoma do sistema nervoso, contendo corpos celulares de neurônios pré-ganglionares em núcleos no tronco encefálico e no corno lateral da substância cinzenta da parte sacral da medula espinal; inicialmente relacionada com as atividades que conservam e restauram a energia do corpo. Também conhecida como **divisão craniossacral**.

Parte periférica do sistema nervoso (SNP) Parte do sistema nervoso situada fora da parte central do sistema nervoso, composta de nervos e gânglios.

Parte simpática Uma das duas subdivisões da divisão autônoma do sistema nervoso; possui corpos celulares de neurônios pré-ganglionares nas colunas cinzentas laterais do segmento torácico da medula espinal e nos dois ou três segmentos lombares da medula espinal; originariamente relacionada com os processos comprometidos com o consumo de energia. Também chamada de **divisão toracolombar**.

Parte somática do sistema nervoso (SNS) Porção da parte periférica do sistema nervoso que consiste em neurônios sensitivos (aferentes) somáticos e neurônios motores (eferentes) somáticos.

Parturição Ato de dar à luz um filho. Também conhecida como **trabalho de parto**.

Patógeno Micróbio ou microrganismo que provoca doença.

Patologista Médico especializado em estudos laboratoriais de células e tecidos para auxiliar outros médicos a fazer diagnósticos precisos.

Pedúnculo cerebelar Feixe de axônios que conecta o cerebelo ao tronco encefálico.

Pedúnculo cerebral Um par de feixes de axônios localizados na face anterior do mesencéfalo, que conduz impulsos nervosos entre a ponte e os hemisférios cerebrais.

Pele Cobertura externa (revestimento externo) do corpo; consiste em epiderme, mais fina (tecido epitelial) e superficial, e em derme, mais espessa (tecido conectivo) e profunda, que está ancorada à tela subcutânea.

Pelve Estrutura em forma de bacia formada pelos dois ossos do quadril, o sacro e o cóccix.

Pelve renal Cavidade no centro do rim formada pela parte proximal expandida do ureter, situada no interior do rim e na qual se abrem os cálices renais maiores.

Pênis Órgão de micção e cópula nos homens; usado para depositar sêmen na vagina.

Pepsina Enzima que digere as proteínas. A pepsina é secretada pelas células principais do estômago, na forma inativa de pepsinogênio, que é convertida em pepsina ativa pelo ácido clorídrico.

Peptídeo natriurético atrial (PNA) Hormônio peptídico produzido pelos átrios do coração em resposta ao estiramento, que inibe a produção de aldosterona e, portanto, abaixa a pressão arterial; produz natriurese, aumento na excreção urinária de sódio.

Pericárdio Membrana frouxa que reveste o coração, consistindo em uma camada fibrosa externa e uma camada serosa interna.

Pericardite Inflamação do pericárdio que envolve o coração.

Pericôndrio Revestimento de tecido conectivo irregular não modelado que recobre a superfície da maioria das cartilagens.

Perimétrio Túnica serosa do útero.

Perimísio Invaginação do epimísio, que divide músculos em feixes (fascículos).

Períneo Diafragma da pelve; espaço entre o ânus e o escroto, no homem, e entre o ânus e o pudendo feminino, na mulher.

Perineuro Envoltório de tecido conectivo em torno dos fascículos de um nervo.

Periósteo Membrana que recobre osso e consiste em tecido conectivo, células osteogênicas e osteoblastos; é essencial para crescimento, reparo e nutrição do osso.

Peristalse Contrações musculares sucessivas ao longo da parede de uma estrutura muscular oca (côncava).

Peritônio A maior túnica serosa do corpo; reveste a cavidade abdominal e recobre as vísceras em seu interior.

Peritonite Inflamação do peritônio.

Permeabilidade seletiva Propriedade da membrana pela qual a passagem de determinadas substâncias é permitida, mas a passagem de outras é restrita.

Peroxissomo Organela com estrutura semelhante à do lisossomo que contém enzimas que usam oxigênio molecular para oxidar vários compostos orgânicos; tais reações produzem peróxido de hidrogênio; abundante nas células hepáticas.

Perspiração Suor; é produzida pelas glândulas sudoríferas e contém água, sais, ureia, ácido úrico, aminoácidos, amônia, açúcar, ácido lático e ácido ascórbico.

Pescoço Parte do corpo que liga a cabeça ao tronco.

pH Medida da concentração de íons de hidrogênio (H^+) em uma solução. A **escala de pH** vai de 0 a 14; o valor 7 expressa neutralidade, valores menores do que 7 expressam aumento de acidez, e valores maiores do que 7 expressam aumento de alcalinidade.

Pia-máter A mais interna das três meninges (revestimentos) do encéfalo e da medula espinal.

Pinocitose Processo pelo qual a maioria das células do corpo engolfam gotículas envolvidas por membrana de líquido intersticial.

Pirâmide renal Estrutura triangular, na medula renal, que contém os segmentos retos dos túbulos renais e as arteríolas retas.

Placa motora terminal Região do sarcolema de uma fibra (célula) muscular que inclui os receptores de acetilcolina (ACh), os quais se ligam à ACh liberada pelos bulbos terminais sinápticos dos neurônios motores somáticos.

Placa neural Espessamento do ectoderma, induzido pela notocorda, que se forma no início da terceira semana do desenvolvimento e representa o começo do desenvolvimento do sistema nervoso.

Placas ateroscleróticas Uma lesão resultante do acúmulo de colesterol e de fibras (células) musculares lisas da túnica média de uma artéria; pode se tornar obstrutiva.

Placenta Estrutura especial por meio da qual ocorre troca de materiais entre as circulações fetal e materna. Também chamada de **secundina** após o nascimento.

Plano frontal Plano em ângulo reto com o plano mediano, que divide o corpo ou os órgãos em partes anterior e posterior. Também denominado **plano coronal**.

Plano mediano Plano vertical através da linha mediana do corpo que divide o corpo ou os órgãos em lados direito e esquerdo iguais.

Plano oblíquo Plano que atravessa o corpo ou um órgão formando um ângulo entre o plano transverso e os planos mediano, sagital ou frontal.

Plano sagital Plano que divide o corpo ou órgãos em partes direita e esquerda. Esse plano pode ser mediano, no qual as divisões são iguais, ou paramediano, no qual as divisões são desiguais.

Plano transverso Plano que divide o corpo ou órgãos em partes superior e inferior. Também denominado **plano horizontal** ou **planos transversos**.

Plaqueta Fragmento de citoplasma envolto por membrana celular e destituído de núcleo; encontrada no sangue circulante; participa da homeostasia.

Plasma Líquido extracelular encontrado nos vasos sanguíneos; sangue menos os elementos formados (figurados).

Plasma sanguíneo Líquido extracelular encontrado nos vasos sanguíneos; sangue menos os elementos figurados.

Pleura parietal Camada externa da túnica serosa da pleura que envolve e protege os pulmões; camada que se fixa à parede da cavidade pleural.

Pleura Túnica serosa que recobre os pulmões e reveste as paredes do tórax e do diafragma.

Plexo Rede de nervos, veias ou vasos linfáticos.

Plexo braquial Rede de axônios dos ramos anteriores dos nervos espinais C5, C6, C7, C8 e T1. Os nervos que emergem do plexo braquial inervam o membro superior.

Plexo cervical Rede formada por fibras nervosas provenientes dos ramos anteriores do primeiro ao quarto nervos cervicais, que recebe ramos comunicantes cinzentos do gânglio cervical superior.

Plexo corióideo Rede de capilares localizada no teto de cada um dos quatro ventrículos do cérebro; células ependimárias em torno dos plexos corióideos produzem líquido cerebrospinal.

Plexo da raiz do pelo Rede de dendritos disposta em torno da raiz de um pelo, como terminações nervosas livres ou sem revestimento, que são estimuladas quando o pelo é movido.

Plexo lombar Rede formada pelos ramos anteriores dos nervos espinais L1 a L4.

Plexo sacral Rede formada pelos ramos anteriores dos nervos espinais L4 a S3.

Poliúria Produção excessiva de urina.

Ponte Parte do tronco encefálico que forma uma "ponte", anterior ao cerebelo, entre o bulbo e o mesencéfalo.

Posição anatômica Uma posição do corpo universalmente usada em descrições anatômicas, nas quais o corpo está ereto, a cabeça nivelada, os olhos voltados para frente, os membros superiores nos lados, as palmas das mãos voltadas para frente e os pés apoiados no solo.

Posterior No dorso do corpo ou mais próximo deste. Equivalente a **dorsal** nos bípedes.

Potencial de ação (PA) muscular Impulso estimulante que se propaga ao longo do sarcolema e dos túbulos transversos; no músculo esquelético é gerado pela acetilcolina, que aumenta a permeabilidade do sarcolema aos cátions, especialmente aos íons de sódio (Na^+).

Potencial de ação Sinal elétrico que se propaga ao longo da membrana de um neurônio ou fibra (célula) muscular; uma rápida mudança no potencial de membrana, que envolve uma despolarização seguida por uma repolarização. Também chamado potencial de ação nervoso ou impulso nervoso, quando se refere a um neurônio, e potencial de ação muscular, quando se refere a uma fibra muscular.

Pregas circulares Pregas transversas profundas permanentes, na túnica mucosa e na tela submucosa do intestino delgado, que aumentam a área de superfície para absorção.

Pregas vocais Par de pregas da túnica mucosa, abaixo das pregas ventriculares, que atua na fonação (produção da voz). Também chamadas de **pregas vocais verdadeiras**.

Prepúcio Pele frouxa que recobre a glande do pênis e do clitóris.

Pressão sanguínea (PS) Força exercida pelo sangue contra as paredes dos vasos sanguíneos, em virtude da contração do coração e influenciada pela elasticidade das paredes dos vasos; clinicamente, medida da pressão nas artérias durante a sístole e a diástole ventriculares.

Pressão sanguínea diastólica (PSD) Força exercida pelo sangue sobre as paredes arteriais, durante o relaxamento ventricular; valor mais baixo da pressão sanguínea medida nas grandes artérias, normalmente menor do que 80 mmHg em um adulto jovem.

Pressão sanguínea sistólica (PSS) Força exercida pelo sangue contra as paredes arteriais durante a contração ventricular; pressão maior mensurada nas artérias calibrosas, de aproximadamente 120 mmHg sob condições normais para um adulto jovem.

Proctologia Ramo da medicina relacionado com o reto e seus distúrbios.

Prófase Primeiro estágio da mitose, durante o qual pares de cromátides são formados e agregados em torno da placa de metáfase da célula.

Profundo Afastado da superfície do corpo ou de um órgão.

Progênia Prole ou descendentes.

Progesterona Hormônio sexual feminino produzido pelos ovários que ajuda a preparar o endométrio do útero para a implantação de um óvulo e as glândulas mamárias para a secreção de leite.

Prolactina (PRL) Hormônio produzido pela adeno-hipófise que inicia e mantém a produção de leite pelas glândulas mamárias.

Proliferar Aumentar em quantidade.

Pronação Movimento do antebraço no qual a palma é virada para trás.

Proprioceptor Receptor localizado em músculos, tendões, articulações ou orelha interna (fusos musculares, órgão tendíneos, receptores cinestésicos da articulação e células ciliadas do aparelho vestibular) que fornece informações sobre a posição e os movimentos do corpo. Também denominado **viscerorreceptor**.

Prostaglandina (PG) Lipídeo liberado pelas células danificadas que intensifica os efeitos da histamina e das cininas.

Próstata Glândula em forma de amêndoa, inferior à bexiga urinária, que circunda a parte superior da uretra masculina e produz uma solução levemente alcalina que contribui para a mobilidade e a viabilidade dos espermatozoides.

Proteína Composto orgânico que consiste em carbono, hidrogênio, oxigênio, nitrogênio e, algumas vezes, enxofre e fósforo; sintetizada nos ribossomos e composta por aminoácidos unidos por ligações peptídicas.

Proteossomo Organela celular minúscula presente no citosol e no núcleo, contendo proteases, que destrói proteínas desnecessárias, danificadas ou defeituosas.

Proto-oncogene Gene responsável por algum aspecto do crescimento e desenvolvimento normais; pode se transformar em um oncogene, gene capaz de provocar câncer.

Protração Movimento da mandíbula ou do cíngulo do membro superior para a frente, em um plano paralelo ao solo.

Pseudópode Protrusão temporária da margem principal de uma célula migrante; projeção celular que circunda uma partícula submetida à fagocitose.

Puberdade Época da vida em que as características sexuais secundárias começam a aparecer, tornando possível a capacidade de reprodução sexual; normalmente, ocorre entre 10 e 17 anos.

Pudendo feminino Designação coletiva para os órgãos genitais femininos externos.

Pulmões Principais órgãos da respiração, se situam em ambos os lados do coração, na cavidade torácica.

Pulso Expansão rítmica e retração elástica de uma artéria sistêmica, após cada contração do ventrículo esquerdo.

Pupila Orifício no centro da íris, a área através da qual a luz entra na cavidade posterior do bulbo do olho.

Pus Produto líquido da inflamação contendo leucócitos ou seus resquícios e fragmentos (detritos) de células mortas.

Q

Quadrante Uma de quatro partes.

Quadriplegia Paralisia dos quatro membros: os dois superiores e os dois inferiores.

Quarto ventrículo Cavidade preenchida com líquido cerebrospinal, no interior do encéfalo, situando-se entre o cerebelo, bulbo e ponte.

Queratina Proteína insolúvel encontrada em pelos, unhas e outros tecidos queratinizados da epiderme.

Queratinócito Célula epidérmica mais numerosa; produz queratina.

Quiasma óptico Ponto de cruzamento de dois ramos do nervo óptico (II), anterior à adeno-hipófise.

Química Ciência da estrutura e das interações da matéria.

Quimiorreceptor Receptor sensorial que detecta a presença de uma substância química específica.

Quimo Mistura semilíquida do alimento parcialmente digerido e secreções digestivas encontradas no estômago e no intestino delgado durante a digestão de uma refeição.

R

Radical livre Átomo ou grupo de átomos com um elétron não pareado na órbita mais externa. É instável, muito reativo e destrói moléculas circunvizinhas.

Raiz anterior Estrutura composta por axônios de neurônios motores (eferentes) que emerge da face anterior da medula espinal e se estende lateralmente para se unir à raiz posterior, formando um nervo espinal.

Raiz do pênis Parte fixa do pênis que consiste no bulbo e nos ramos.

Raiz posterior Estrutura composta de axônios sensoriais, situados entre um nervo espinal e a face dorsolateral da medula espinal.

Ramos subendocárdicos Fibra (célula) muscular, no tecido ventricular do coração, especializada na condução do potencial de ação para o miocárdio; parte do complexo estimulante do coração. Também chamados pelo epônimo **fibras de Purkinje**.

Reabsorção tubular Processo pelo qual as substâncias se movem do lúmen do túbulo renal para a corrente sanguínea.

Reação química Formação de novas ligações químicas ou a degradação de ligações químicas antiga entre átomos.

Receptor Célula especializada ou parte distal de um neurônio que responde a uma modalidade sensitiva específica, como tato, pressão, frio, luz ou som, convertendo-a em um sinal elétrico (potencial gerador ou receptor). Molécula específica ou aglomeração (grupo) de moléculas que reconhece e fixa um ligante específico.

Receptor de estiramento Receptor nas paredes de vasos sanguíneos, respiratórias ou órgãos que monitora seu grau do estiramento. Também denominado **barorreceptor**.

Receptor olfatório Neurônio bipolar com seu corpo celular se situando entre as células de suporte localizadas na túnica mucosa, que reveste a parte superior de cada cavidade nasal; converte odores em sinais neurais.

Reflexo Resposta rápida a uma alteração (estímulo) no ambiente externo ou interno, que tenta restaurar a homeostasia.

Rejeição tecidual Resposta imune do corpo direcionada contras as proteínas estranhas em um órgão ou tecido transplantado.

Relaxina (RLX) Hormônio feminino produzido pelos ovários e pela placenta que aumenta a flexibilidade da sínfise púbica e ajuda a dilatar o colo do útero, facilitando a passagem do feto.

Remodelação óssea Substituição de osso velho por tecido ósseo novo.

Repouso e digestão Expressão usada para descrever o funcionamento da parte parassimpática do SNA.

Reprodução Formação de células novas para crescimento, reparo ou substituição; produção de um novo indivíduo.

Reservatório sanguíneo Veias e vênulas sistêmicas que contêm grandes volumes de sangue, sendo deslocadas, rapidamente, para partes do corpo que necessitem de sangue.

Respiração Troca global de gases entre a atmosfera, o sangue e as células corporais; consiste em ventilação pulmonar e respirações externa e interna.

Respiração aeróbia Produção de ATP (36 moléculas) a partir da oxidação completa do acido pirúvico nas mitocôndrias. Dióxido de carbono e calor também são produzidos.

Respiração celular Oxidação da glicose para produzir ATP que compreende glicólise, acetilcoenzima. A formação do ciclo de Krebs e a cadeia transportadora de elétron.

Respiração externa Troca de gases respiratórios entre os pulmões e o sangue. Também chamada de respiração pulmonar.

Respiração interna Troca de gases respiratórios entre o sangue e as células do corpo. Também chamada de respiração tecidual ou troca gasosa sistêmica.

Resposta de luta ou fuga Efeitos produzidos pela estimulação da parte simpática da divisão autônoma do sistema nervoso. Primeiro de três estágios da resposta ao estresse.

Retículo endoplasmático (RE) Rede de canais seguindo pelo citoplasma de uma célula, que atua no transporte intracelular, sustentação, armazenamento, síntese e empacotamento de moléculas. As porções de retículo endoplasmático às quais os ribossomos aderem, em sua superfície externa, são chamadas de retículo endoplasmático rugoso; porções sem ribossomos são chamadas de retículo endoplasmático liso.

Retículo sarcoplasmático (RS) Rede de sáculos e tubos circundando as miofibrilas de uma fibra (célula) muscular, comparável ao retículo endoplasmático; atua na reabsorção dos íons cálcio durante o relaxamento, liberando-os para produzir a contração.

Reticulócito Tipo de precursor do eritrócito que acabou de ejetar seu núcleo.

Retina Túnica profunda da parte posterior do bulbo do olho que consiste em tecido nervoso (no qual o processo de visão começa) e camada pigmentada de células epiteliais que fazem contato com a coroide.

Retração Movimento de uma parte protraída do corpo para trás, em um plano paralelo ao solo, como ao trazer a mandíbula de volta ao alinhamento com a maxila.

Retroperitoneal Externo ao revestimento peritoneal da cavidade abdominal.

Ribossomo Estrutura celular no citoplasma das células composta de subunidades grandes e pequenas que contêm RNA ribossômico e proteínas ribossômicas; local da síntese proteica.

Rigor mortis Estado de contração parcial dos músculos após a morte em consequência da falta de ATP; as cabeças de miosina (ligações transversais) permanecem fixadas à actina, impedindo, dessa forma, o relaxamento.

Rim Órgão avermelhado de um par localizado na região lombar, que regula a composição, o volume e a pressão do sangue, além de produzir urina.

Rotação Movimento de um osso ao redor de seu próprio eixo, sem qualquer outro movimento.

Ruga Prega grande na túnica mucosa de um órgão oco vazio, como o estômago ou a vagina.

S

Saco alveolar Agrupamento de alvéolos que compartilham uma abertura comum.

Saco vitelino Membrana extraembrionária composta de membrana exocelômica e hipoblasto. Transfere nutrientes para o embrião, sendo uma fonte de células sanguíneas, contendo as células germinativas primordiais, que migram para as gônadas, para formar as células germinativas primitivas, e ajuda a evitar a dessecação do embrião.

Saculação Bolsa que caracteriza o colo; produzida pelas contrações tônicas das tênias do colo.

Sáculo A mais inferior e a menor das duas câmaras do labirinto membranáceo, no interior do vestíbulo da orelha interna, contendo um órgão receptor para o equilíbrio estático.

Saliva Secreção alcalina clara, relativamente viscosa, produzida principalmente pelos três pares de glândulas salivares; contém diversos sais, mucina, lisossomo, amilase salivar e lipase lingual (produzida pelas glândulas na língua).

Sangue Líquido que circula pelo coração, artérias, capilares e veias e, que constitui o meio principal de transporte dentro do corpo.

Sarcolema Membrana celular de uma fibra (célula) muscular, especialmente de uma fibra do músculo esquelético.

Sarcômero Unidade contrátil em uma fibra (célula) muscular, estendendo-se da linha Z até a linha Z seguinte.

Sarcoplasma Citoplasma de uma fibra (célula) muscular.

Sebo Secreção das glândulas sebáceas (oleosas).

Secreção Produção e liberação de uma substância fisiologicamente ativa por uma célula ou glândula.

Secreção tubular Processo pelo qual as substâncias se movem da corrente sanguínea para o lúmen do túbulo renal.

Seio Concavidade no osso (seio paranasal) ou em outro tecido; canal para passagem do sangue (seio vascular); qualquer cavidade com abertura (orifício estreito) estreita.

Seio coronário Canal venoso amplo, na face posterior do coração, que coleta o sangue proveniente do miocárdio.

Seio paranasal Cavidade cheia de ar, revestida por túnica mucosa, em um osso do crânio, que se comunica com a cavidade nasal. Os seios paranasais localizam-se nos ossos frontal, maxilar, etmoide e esfenoide.

Sêmen Líquido descarregado na ejaculação masculina que consiste na mistura de espermatozoides e secreções dos túbulos seminíferos, das glândulas seminais, da próstata e das glândulas bulbouretrais (de Cowper).

Sensação Estado de estar ciente ou cônscio das condições internas e externas do corpo.

Sensação proprioceptiva Sensação que nos permite saber onde as partes do corpo estão localizadas e como estão se movendo.

Septo nasal Partição vertical composta de osso (lâmina perpendicular do etmoide e do vômer) e cartilagem, recoberta por túnica mucosa, que separa a cavidade nasal em lados direito e esquerdo.

Sinal Qualquer indício objetivo de doença que pode ser observado ou mensurado, como lesão, inchaço (tumefação) ou febre.

Sinapse Junção funcional entre dois neurônios ou entre um neurônio e um efetor, como um músculo ou uma glândula; pode ser elétrica ou química.

Sinapse cromossômica Pareamento de cromossomos homólogos durante a prófase I da meiose.

Sinartrose Articulação fixa, como uma sutura, uma gonfose ou uma sincondrose.

Sincondrose Articulação cartilagínea na qual o material de conexão é cartilagem hialina.

Sindesmose Articulação pouco móvel na qual os ossos articulados são unidos por tecido conectivo fibroso.

Síndrome da imunodeficiência adquirida (Aids) Uma doença provocada pelo vírus da imunodeficiência humana (HIV). Caracterizada por um teste positivo de anticorpo anti-HIV, baixa contagem de células T auxiliares e determinadas doenças indicadoras (p. ex., sarcoma de Kaposi, pneumonia por Pneumocystis carinii, tuberculose, doenças fúngicas). Outros sinais e sintomas incluem febre ou suores noturnos, tosse, garganta inflamada, fadiga, dores no corpo, perda de peso e linfonodos aumentados.

Síndrome de Cushing Condição provocada por uma hipersecreção de glicocorticoides, caracterizada por membros inferiores alongados, "face de lua cheia", "giba de búfalo", abdome em avental (pendular), pele da face avermelhada, cicatrização deficiente de feridas, hiperglicemia, osteoporose, hipertensão e aumento da suscetibilidade a doenças.

Síndrome do intestino irritável (SII) Doença de todo o trato gastrintestinal na qual uma pessoa reage ao estresse desenvolvendo sintomas (tais como cãibras e dor abdominal) associados com padrões alternados de diarreia e constipação. Volumes excessivos de muco podem aparecer nas fezes, e outros sintomas incluem flatulência, náusea e perda do apetite. Também conhecida como colo irritável ou colite espástica.

Sinergista Músculo que auxilia o agonista, reduzindo ações indesejadas ou movimentos desnecessários.

Sínfise Linha de união. Articulação cartilagínea, pouco móvel, como a sínfise púbica.

Sínfise púbica Articulação cartilagínea pouco móvel entre as faces anteriores dos ossos do quadril.

Sintoma Alteração subjetiva no funcionamento do corpo, imperceptível a um observador.

Sinusoide Tipo de capilar permeável calibroso, com paredes finas, que possui fendas intercelulares grandes, podendo permitir a passagem de proteínas e células sanguíneas de um tecido para a corrente sanguínea; presente em fígado, baço, adeno-hipófise, glândulas paratireoides e medula óssea vermelha.

Sistema Associação de órgãos com uma função comum.

Sistema ativador reticular (SAR) Parte da formação reticular com muitas conexões ascendentes com o córtex cerebral; quando essa área do tronco encefálico está ativa, impulsos nervosos passam pelo tálamo e para amplas áreas do córtex cerebral, resultando em alerta generalizado ou em despertar do sono.

Sistema circulatório Sistema do corpo formado por sangue, coração e vasos sanguíneos.

Sistema de retroalimentação Ciclo de eventos, no qual o estado de uma condição do corpo é monitorada, avaliada, alterada, monitorada novamente e reavaliada.

Sistema de retroalimentação negativa Sistema de retroalimentação que reverte uma alteração em uma condição controlada.

Sistema de retroalimentação positiva Sistema de retroalimentação que reforça uma alteração em uma das condições controladas do corpo.

Sistema digestório Sistema do corpo que ingere, decompõe e processa o alimento, eliminando os resíduos do corpo.

Sistema Endócrino Todas as glândulas endócrinas e células secretoras de hormônios.

Sistema esquelético Arcabouço dos ossos e cartilagens, ligamentos e tendões associados.

Sistema límbico Parte do prosencéfalo, algumas vezes denominado encéfalo visceral, relacionado aos vários aspectos da emoção e do comportamento; inclui lobo límbico, giro dentado, tonsila, núcleos septais, corpos mamilares, núcleo anterior do tálamo, bulbos olfatórios e feixes de axônios mielinizados.

Sistema linfático Sistema composto de um líquido chamado linfa; vasos chamados linfáticos, que conduzem a linfa; inúmeros órgãos contendo tecido linfático (linfócitos no interior de tecido de filtração); e medula óssea vermelha.

Sistema musculosquelético Sistema integrado do corpo que consiste em ossos, articulações e músculos.

Sistema nervoso entérico (SNE) Parte do sistema nervoso engastada na tela submucosa e túnica muscular do trato gastrintestinal; exerce controle sobre a motilidade e as secreções do trato gastrintestinal.

Sistema nervoso Rede de bilhões de neurônios, e ainda mais neuróglia, organizada em duas divisões principais: a parte central do sistema nervoso (encéfalo e medula espinal) e a parte periférica do sistema nervoso (nervos, gânglios, plexos entéricos e receptores sensoriais, fora da parte central).

Sistema respiratório Sistema do corpo composto de nariz, cavidade nasal, faringe, laringe, traqueia, brônquios e pulmões.

Sistema urinário Sistema do corpo composto por rins, ureteres, bexiga urinária e uretra.

Sistema-tampão Um ácido fraco e o sal daquele ácido (que atua como uma base fraca). Tampões evitam alterações drásticas no pH, pela conversão de ácidos e bases fortes em bases e ácidos fracos.

Sístole No ciclo cardíaco, a fase de contração do músculo cardíaco, especialmente dos ventrículos.

Solução hipertônica Solução que provoca o encolhimento das células decorrente da perda de água por osmose.

Solução hipotônica Solução que provoca o inchamento e, provavelmente, o rompimento das células, em decorrência do ganho de água por osmose.

Solução isotônica Solução que tem a mesma concentração dos solutos impermeáveis que o citosol.

Sono Estado de inconsciência parcial do qual uma pessoa consegue ser despertada; associado a um baixo nível de atividade no sistema ativador reticular.

Soro Plasma sanguíneo sem suas proteínas de coagulação.

Substância branca Agregações (agregados) ou feixes de axônios mielinizados e desmielinizados (amielínicos) localizadas no encéfalo e na medula espinal.

Substância cinzenta Áreas do SNC e dos gânglios contendo corpos celulares neuronais, dendritos, axônios amielínicos, terminações axônicas e neuróglia. Os corpúsculos de Nissl dão a tonalidade cinza e há pouca ou nenhuma mielina na substância cinzenta.

Substrato Molécula reagente sobre a qual uma enzima atua.

Sulco Prega ou depressão entre partes, especialmente entre as convoluções do encéfalo.

Sulfato de condroitina Material de matriz amorfa encontrada fora das células de tecido conectivo.

Supercílio Crista pilosa acima do olho. Também denominado **sobrancelha**.

Superficial Localizado na superfície do corpo ou de um órgão, ou próximo dela. Também chamado de **externo**.

Superior Em direção à cabeça ou à parte superior de uma estrutura. Também denominado **cefálico** ou **cranial**.

Supinação Movimento do antebraço em que a palma é virada para a frente.

Surfactante Mistura complexa de fosfolipídeos e lipoproteínas produzida pelas células alveolares (septais) tipo II, nos pulmões, que reduz a tensão superficial.

Sutura Articulação fibrosa fixa que une os ossos do crânio.

Sutura lambdóidea Articulação no crânio, entre os parietais e o occipital; algumas vezes, contém ossos suturais.

T

Tálamo Estrutura oval grande, localizada bilateralmente nos lados do terceiro ventrículo, que consiste em duas massas de substância cinzenta organizadas em núcleos; principal centro de retransmissão (centro elétrico) para os impulsos sensitivos que sobem para o córtex cerebral.

Tampão plaquetário Agregação de plaquetas (trombócitos) no local em que o vaso sanguíneo está danificado, ajudando a parar ou a reduzir a perda de sangue.

Taquicardia Batimento cardíaco ou frequência do pulso anormalmente rápida em repouso (acima de 100 batimentos por minuto).

Tarso Designação coletiva para os sete ossos do tornozelo.

Taxa de filtração glomerular Volume de filtrado formado nos dois rins por minuto (105 mL/min nas mulheres e 125 mL/min nos homens).

Tecido Grupo de células semelhantes e sua substância intercelular, unidos para desempenhar uma função específica.

Tecido conectivo Um dos mais abundantes dos quatro tipos básicos de tecidos do corpo, desempenhando as funções de ligação e sustentação; consiste em relativamente poucas células, engastadas em uma matriz extracelular abundante (a substância fundamental e as fibras entre as células).

Tecido epitelial Tecido que forma as faces mais internas e externas das estruturas do corpo e forma as glândulas. Também denominado **epitélio**.

Tecido linfático Tipo especializado de tecido reticular contendo grandes quantidades de linfócitos.

Tecido muscular liso Tecido especializado para contração composto de fibras (células) musculares lisas, localizado nas paredes dos órgãos internos ocos e inervado pelos neurônios motores autônomos.

Tecido muscular Tecido especializado na produção de movimento em resposta aos potenciais de ação muscular por suas qualidades de contratilidade, extensibilidade, elasticidade e excitabilidade; os tipos incluem o esquelético, o cardíaco e o liso.

Tecido nervoso Tecido contendo neurônios que iniciam e conduzem impulsos nervosos, para coordenar a homeostasia, e neuróglia, que fornece suporte e nutrição para os neurônios.

Tecido ósseo compacto (denso) Tecido ósseo que contém poucos espaços entre os ósteons (sistemas de Havers); forma a parte externa de todos os ossos e a maior parte do corpo (diáfise) dos ossos longos; é encontrado imediatamente abaixo do periósteo e externo osso esponjoso.

Tecido ósseo esponjoso Tecido ósseo que consiste em uma treliça irregular de placas ósseas delgadas, chamadas trabéculas; espaços entre as trabéculas de alguns ossos são preenchidos com medula óssea vermelha; encontrado no interior de ossos irregulares, planos e curtos e nas epífises (extremidades) dos ossos longos.

Tegumento comum Sistema do corpo composto de pele, pelo e glândulas sudoríferas e sebáceas, unhas e receptores sensoriais.

Tela subcutânea Camada contínua de tecido conectivo areolar e tecido adiposo, entre a derme e a fáscia dos músculos. Também chamada de **hipoderme**.

Tela submucosa Camada de tecido conectivo localizada profundamente à túnica mucosa, como no trato gastrintestinal ou na bexiga urinária; a tela submucosa conecta a túnica mucosa à túnica muscular.

Telófase Estágio final da mitose.

Tempo de circulação Tempo necessário para que uma gota de sangue passe pelas circulações pulmonar e sistêmica; normalmente em torno de 1 minuto.

Tendão Cordão fibroso branco de tecido conectivo modelado que fixa o músculo ao osso.

Tênias do colo As três faixas achatadas (planas) de músculo liso longitudinal espessado que seguem ao longo de todo o comprimento do intestino grosso, exceto no reto.

Terceiro ventrículo Cavidade fissiforme entre as metades direita e esquerda do tálamo e entre os ventrículos laterais do encéfalo.

Termorreceptor Receptor sensorial que detecta alterações na temperatura.

Teste de Papanicolaou Teste de coloração citológica para detecção e diagnóstico de condições pré-malignas e malignas dos órgãos genitais femininos internos. As células raspadas do epitélio do colo do útero são examinadas microscopicamente. Também denominado **teste de esfregaço de Papanicolaou**.

Testículo Gônada masculina que produz espermatozoides e os hormônios testosterona e inibina.

Testosterona Hormônio sexual masculino (andrógeno) produzido pelas células intersticiais (de Leydig) do testículo maduro; necessária para o desenvolvimento dos espermatozoides; junto com um segundo andrógeno, chamado di-hidrotestosterona (DHT), controla o crescimento e o desenvolvimento dos órgãos genitais masculinos internos (órgãos reprodutores), das características secundárias e do corpo.

Tetralogia de Fallot Combinação de quatro defeitos cardíacos congênitos: (1) estenose da válvula semilunar da valva do tronco pulmonar, (2) abertura do septo interventricular, (3) surgimento da aorta a partir de ambos os ventrículos, em vez de apenas do ventrículo esquerdo, e (4) aumento do ventrículo direito.

Timo Órgão bilobado localizado no mediastino superior, posterior ao esterno e entre os pulmões, no qual as células T desenvolvem imunocompetência.

Tique Abalos espasmódicos involuntários dos músculos que, normalmente, estão sob controle voluntário.

Tiroxina (T_4) Hormônio produzido pela glândula tireoide que regula o metabolismo, o crescimento, o desenvolvimento e a atividade do sistema nervoso. Também chamada de **tetraiodotironina**.

Tonsila Agregação (agregado) de nódulos linfáticos grandes, engastados na túnica mucosa da garganta.

Tônus muscular Contração parcial prolongada de partes de um músculo esquelético ou liso, em resposta à ativação dos receptores de estiramento ou a um nível basal de potenciais de ação nos neurônios motores que os inervam.

Tórax Região do peito.

Trabalho de parto Processo de dar à luz, no qual o feto é expelido do útero através da vagina. Também denominado **parturição**.

Trabécula Treliça irregular de finas placas de osso esponjoso. Cordão fibroso de tecido conectivo que atua como fibra de sustentação, formando um septo que se estende para o interior de um órgão, a partir de sua parede ou cápsula.

Transporte ativo Movimento de substâncias pelas membranas celulares contra um gradiente de concentração, necessitando de gasto de energia celular (ATP).

Traqueia Via respiratória tubular que se estende da laringe até a quinta vértebra torácica. Também chamada de **tubo de vento/ar**.

Trato Feixe de axônios na parte central do sistema nervoso.

Trato espinotalâmico Trato sensorial (ascendente) que conduz informações ao longo da medula espinal até o tálamo, para sensações de dor, temperatura, coceira e formigamento.

Trato gastrintestinal (GI) Tubo contínuo percorrendo a cavidade anterior (ventral) do corpo, estendendo-se da boca até o ânus. Também denominado canal alimentar.

Trato olfatório Feixe de axônios que se estende do bulbo olfatório, posteriormente, até as regiões olfatórias do córtex cerebral.

Trato óptico Feixe de axônios que transmite impulsos nervosos da retina, entre o quiasma óptico e o tálamo.

Tremor Contração despropositada, rítmica e involuntária de grupos musculares oponentes.

Tri-iodotironina (T_3) Hormônio produzido pela glândula tireoide que regula o metabolismo, o crescimento, o desenvolvimento e a atividade do sistema nervoso.

Trifosfato de adenosina (ATP) Principal moeda energética nas células vivas; usada para transferir a energia química necessária para as reações metabólicas. Consiste na base purina adenina e no açúcar de cinco carbonos ribose, aos quais são adicionados, em arranjo linear, três grupos fosfato.

Trofoblasto Revestimento superficial de células do blastocisto.

Trombo Coágulo estacionário formado em vasos sanguíneos intactos, geralmente uma veia.

Trombose Formação de um coágulo em vasos sanguíneos intactos, geralmente uma veia.

Trombose venosa profunda (TVP) Presença de trombo em uma veia, geralmente uma veia profunda dos membros inferiores.

Tronco encefálico Porção do encéfalo, imediatamente superior à medula espinal, formada pelo bulbo (medula oblonga), ponte e mesencéfalo.

Tronco Parte do corpo à qual estão fixados os membros superiores e inferiores.

Tuba auditiva Tubo que liga a orelha média ao nariz e à região nasal da faringe da garganta. Também chamada de trompa de Eustáquio ou tuba faringotimpânica.

Tuba uterina Ducto que transporta ovos do ovário para o útero. Também denominado **oviducto** ou pelo epônimo **trompa de Falópio**.

Túbulo seminífero contorcido Ducto firmemente espiralado, localizado no testículo, no qual os espermatozoides são produzidos.

Túbulos transversos Pequenas invaginações cilíndricas do sarcolema das fibras (células) musculares estriadas que conduzem potenciais de ação muscular para o centro da fibra muscular.

Tumor maligno Malignidade ou tumor cancerígeno.

Túnica conjuntiva Membrana delicada que recobre o bulbo do olho e reveste os olhos.

Túnica fibrosa Revestimento superficial do bulbo do olho formado pela parte posterior da esclera e pela face anterior da córnea.

Túnica mucosa Membrana que reveste uma cavidade do corpo que se abre para o exterior. Também chamada de **mucosa**.

Túnica muscular Túnica muscular de um órgão, como a túnica muscular da vagina.

Túnica serosa Membrana que reveste uma cavidade do corpo que não se abre para o exterior. Camada externa de um órgão formada pela túnica serosa. Membrana que reveste as cavidades pleural, pericárdica e peritoneal. Também chamada de **serosa**.

Túnica vascular Camada média do bulbo do olho composta de coroide, corpo ciliar e íris.

U

Úlcera péptica Úlcera que se desenvolve nas áreas do trato gastrintestinal expostas ao ácido clorídrico; classificada como úlcera gástrica, se estiver presente na curvatura menor do estômago, e como úlcera duodenal, se estiver presente na primeira porção do duodeno.

Umbigo Pequena cicatriz no abdome que marca a fixação anterior do cordão umbilical ao feto.

Unha Placa dura, composta basicamente de queratina, que se origina da epiderme da pele para formar um revestimento protetor na face dorsal das falanges distais dos dedos da mão e do pé.

Unidade motora Neurônio motor com todas as fibras (células) musculares que estimula.

Ureter Um dos dois tubos que conectam o rim à bexiga urinária.

Uretra Ducto da bexiga urinária para o exterior do corpo que conduz urina, nas mulheres, e urina e sêmen, nos homens.

Urina Líquido produzido pelos rins que contém resíduos e materiais em excesso; excretado do corpo pela uretra.

Urinálise Análise do volume e das propriedades física, química e microscópica da urina.

Urologia Ramo especializado da medicina relacionado com estrutura, função e doenças dos sistemas urinários masculino e feminino e dos órgãos genitais masculinos (reprodutores).

Útero Órgão muscular oco, nas mulheres, que é o local de menstruação, implantação, desenvolvimento do feto e parto.

Utrículo A maior das duas divisões do labirinto membranáceo, localizado no interior do vestíbulo da orelha interna, contendo um órgão receptor para o equilíbrio estático.

V

Vagina Órgão tubular muscular que vai do útero até o vestíbulo, situada entre a bexiga urinária e o reto na mulher.

Valva atrioventricular (AV) direita Valva AV no lado direito do coração. Também chamada pelo termo obsoleto **valva tricúspide**.

Valva atrioventricular (AV) Valva do coração composta de folhetos ou válvulas que permitem o fluxo de sangue em apenas uma direção, de um átrio para um ventrículo.

Valva atrioventricular esquerda Valva atrioventricular (AV), no lado esquerdo do coração. Também chamada de valva mitral ou valva bicúspide.

Válvulas semilunares Válvula entre a aorta ou o tronco pulmonar e um ventrículo do coração.

Vasectomia Método de esterilização masculina em que se remove uma parte de cada ducto deferente.

Vaso linfático Vaso calibroso que coleta linfa dos capilares linfáticos, convergindo com outros vasos linfáticos para formar os ductos torácico e linfático direitos.

Vasoconstrição Redução no tamanho (diâmetro) do lúmen do vaso sanguíneo provocada pela contração do músculo liso na parede do vaso.

Vasodilatação Aumento no tamanho (diâmetro) do lúmen de um vaso sanguíneo provocado pelo relaxamento do músculo liso na parede do vaso.

Veia Vaso sanguíneo que conduz sangue dos tecidos de volta para o coração.

Veia cava inferior (VCI) Veia calibrosa que coleta sangue das partes do corpo inferiores ao coração, retornando-o para o átrio direito.

Veia cava superior (VCS) Veia calibrosa que coleta sangue de partes do corpo acima do coração, retornando-o para o átrio direito.

Veia varicosa Veia que apresenta aparência dilatada e torcida.

Ventilação pulmonar Influxo (inalação/inspiração) e efluxo (exalação/expiração) de ar entre a atmosfera e os pulmões. Também chamada de **respiração**.

Ventre Tecido muscular esquelético entre a origem e a inserção.

Ventrículo Cavidade, no encéfalo, cheia de líquido cerebrospinal. Câmara inferior do coração.

Ventrículo lateral Cavidade, no interior do hemisfério cerebral, que se comunica com o ventrículo lateral no outro hemisfério cerebral e com o terceiro ventrículo, por meio do forame interventricular.

Vênula Pequena veia que coleta sangue dos capilares, enviando-o para as veias.

Vértebra Osso que forma a coluna vertebral.

Vesícula Pequena bexiga ou saco, contendo líquido.

Vesícula biliar Pequena bolsa localizada abaixo do fígado, que armazena bile e se esvazia por intermédio do ducto cístico.

Vestíbulo Pequeno espaço ou cavidade, no início de um canal, especialmente na orelha interna, na laringe, na boca, no nariz e na vagina.

Via coluna posterior-lemnisco medial Via sensorial que conduz informações relacionadas com propriocepção, tato discriminatório, discriminação entre dois pontos, pressão e vibração. Neurônios de primeira ordem se projetam da medula espinal para o bulbo (medula oblonga) ipsilateral, nas colunas posteriores (fascículo grácil e fascículo cuneiforme). Neurônios de segunda ordem se projetam do bulbo para o tálamo contralateral, no menisco medial. Neurônios de terceira ordem projetam-se do tálamo para o córtex somatossensorial (giro pós-central), no mesmo lado.

Via motora somática Via de passagem que conduz informações do córtex cerebral, dos núcleos da base e do cerebelo, estimulando a contração dos músculos esqueléticos.

Via sensorial somática Via de passagem que conduz informações do receptor sensitivo somático para a área somatossensorial primária, no córtex cerebral e no cerebelo.

Vilosidade Projeção das células da túnica mucosa do intestino, contendo tecido conectivo, vasos sanguíneos e vaso linfático; atua na absorção dos produtos terminais da digestão.

Vilosidades coriônicas Projeções digitiformes do córion, que crescem no interior da decídua basal do endométrio, contendo os vasos sanguíneos fetais.

Visão Ato de enxergar.

Vísceras Órgãos no interior da cavidade anterior (ventral) do corpo.

Vitamina Molécula orgânica necessária, em quantidades mínimas, para atuar como catalisadora nos processos metabólicos normais do corpo.

Z

Zigoto Célula individual resultante da união dos gametas masculino e feminino; ovo fertilizado.

Zona pelúcida Camada clara de glicoproteína entre um ovócito secundário e as células granulosas adjacentes da coroa radiada.

LISTA DE EPÔNIMOS

EPÔNIMO	TERMO ANATÔMICO
Alça de Henle	Alça do néfron
Ampola de Vater	Ampola hepatopancreática
Área de Broca	Área motora da fala
Área de Wernicke	Área de associação auditiva
Bainha de Schwann	Neurolema
Bolsa de Douglas	Escavação retouterina
Bolsa de Rathke	Bolsa hipofisial
Canal de Havers	Canal central
Canal de Schlemm	Seio venoso da esclera
Canal de Volkmann	Canal perfurante
Cápsula de Bowman	Cápsula gromerular
Célula de Kupffer	Célula reticuloendotelial estrelada
Célula de Sertoli	Célula de sustentação
Célula intersticial de Leydig	Endocrinócito intersticial
Círculo de Willis	Círculo arterial do cérebro
Cordão de Billroth	Cordão esplênico
Corpúsculo de Hassall	Corpúsculo tímico
Corpúsculo de Meissner	Corpúsculo do tato
Corpúsculo de Pacini	Corpúsculo lamelado
Corpúsculo de Ruffini	Mecanorreceptor cutâneo tipo II
Corpúsculos de Nissl	Substâncias cromatofílicas
Cripta de Lieberkühn	Glândula intestinal
Disco de Merkel	Disco tátil
Ducto de Müller	Ducto paramesonéfrico
Ducto de Rivinus	Ducto sublingual menor
Ducto de Santorini	Ducto pancreático acessório
Ducto de Stensen (Stenon)	Ducto parotídeo
Ducto de Wharton	Ducto submandibular

EPÔNIMO	TERMO ANATÔMICO
Ducto de Wirsung	Ducto pancreático
Esfíncter de Oddi	Músculo esfíncter da ampola hepatopancreática
Feixe de His	Fascículo atrioventricular
Fibra de Sharpey	Fibra perfurante
Folículo de Graaf	Folículo ovariano maduro
Geleia de Wharton	Tecido conectivo mucoso
Glândula de Bartholin	Glândula vestibular maior
Glândula de Bowman	Glândula olfatória
Glândula de Brunner	Glândula duodenal
Glândula de Cowper	Glândula bulbouretral
Glândula de Littré	Glândula uretral
Glândula de Meibômio	Glândula tarsal
Glândula de Skene	Glândula parauretral
Ilhota de Langerhans	Ilhotas pancreáticas
Ligamento de Cowper	Ligamento suspensor da mama
Manobra de Heimlich	Manobra de compressão abdominal
Órgão de Corti	Órgão espiral
Órgão tendinoso de Golgi	Fuso neurotendinoso
Osso Wormiano	Osso sutural
Placa de Peyer	Folículo linfático agregado
Plexo de Auerbach	Plexo mioentérico
Plexo de Meissner	Plexo submucoso
Pomo de Adão	Proeminência laríngea da cartilagem tireóidea
Sistema de Havers	Ósteon
Tendão de Aquiles	Tendão do calcâneo
Trompa de Eustáquio	Tuba auditiva
Trompa de Falópio	Tuba uterina

FORMAS COMBINADAS, RAÍZES, PREFIXOS E SUFIXOS

Muitos dos termos usados em anatomia e fisiologia são palavras compostas, isto é, palavras formadas por raízes de palavras e um ou mais prefixos ou sufixos. Por exemplo, leucócito é formada a partir da raiz *leuco-*, que significa "branco", uma vogal conectiva (o), e *-cito* que significa "célula". Portanto, um leucócito é uma célula chamada de glóbulo branco. A lista a seguir inclui algumas das mais utilizadas formas combinadas, raízes, prefixos e sufixos dentre os estudos de anatomia e fisiologia. Cada entrada inclui um exemplo de uso. Aprender os significados dessas partículas fundamentais das palavras ajudará na memorização dos termos que, à primeira vista, possam parecer longos ou complicados.

FORMAS COMBINADAS E RAÍZES

Acr-: extremidade Acromegalia.
Acus-, Acu-: audição Acústico.
Aden-: glândula Adenoma.
Alg-, Algia-: dor Neuralgia.
Angio-: vaso Angiocardiografia.
Artro-: articulação Artropatia.
Audit-: audição Auditivo.
Aut-, Auto-: próprio Autólise.

Bio-: vida, vivo Biópsia.
Blast-: germe, broto Blástula.
Blefar-: pálpebra Blefarite.
Braqui-: braço Plexo braquial.
Bronc-: traqueia, brônquio Broncoscopia.
Buc-: bochecha Bucal.

Capit-: cabeça Decapitar.
Carcin-: câncer Carcinogênico.
Cardi-, Cardia-, Cardio-: coração Cardiograma.
Cefal-: cabeça Hidrocefalia.
Cerebro-: cérebro Líquido cerebrospinal.
Cinesio-: movimento Cinesiologia.
Cist-: bexiga Citoscópio.
Cole-: bile, fel Colecistograma.
Condro-: cartilagem Condrócito.
Cor-, Coron-: coração Coronária.
Cost-: costela Costal.
Crani-: crânio Craniotomia.
Cut-: pele Subcutâneo.

Derma-, Dermato-: pele Dermatose.
Dura-: rígido Dura-máter.
Entero-: intestino Enterite.
Eritro-: vermelho Eritrócito.
Esclero-: duro Aterosclerose.
Estase-, Estat-: ficar parado Homeostasia.
Esteno-: estreito Estenose.

Fago-: comer Fagocitose.
Fleb-: veia Flebite.
Freno-: diafragma Frênico.

Gastr-: estômago Gastrintestinal.
Gino-, Gineco-: feminino, mulher Ginecologia.
Glico-: açúcar Glicogênio.
Glosso-: língua Hipoglosso.

Hemo-, Hemato-: sangue Hematoma.
Hepar-, Hepato-: fígado Hepatite.
Hidro-: água Desidratação.
Hister-: útero Histerectomia.
Histo-, Histio-: tecido Histologia.

Isqui-: quadril, articulação do quadril Ísquio.

Labi-: lábio Labial.
Lacri-: lágrimas Glândulas lacrimais.
Laparo-: lombo, flanco, abdome Laparoscopia.
Leuco-: branco Leucócito.
Lingua-: língua Glândulas sublinguais.
Lip-: gordura Lipídio
Lomb-: parte inferior do dorso, lombo Lombar.

Macula-: mancha Mácula.
Malign-: ruim, danoso Maligno.
Mamo-, Masto-: mama Mamografia, Mastite.
Meningo-: membrana Meningite.
Mielo-: medula, medula espinal Mieloblasto.
Mio-: músculo Miocárdio.

Necro-: cadáver, morto Necrose.
Nefro-: rim Néfron.
Neuro-: nervo Neurotransmissor.

Oculo-: olho Binocular.
Odonto-: dente Ortodôntico.
Oftalmo-: olho Oftalmologia.
Onco-: massa, tumor Oncologia.
Oo-: ovo Oócito.
Oro-: boca Oral.
Os-, Osseo-, Osteo-: osso Osteócito.
Osm-: odor, sentido do olfato Anosmia.
Oto-: orelha Otite média.

Palpebra-: pálpebra Palpebral.
Pato-: doença Patógeno.
Pelv-: bacia Pelve renal.
Pilo-: pelo Depilatório.
Pneumo-: pulmão, ar Pneumotórax.
Podo-: pé Podócito.
Procto-: ânus, reto Proctologia.
Pulmo-: pulmão Pulmonar.

Ren-: rins Artéria renal.
Rino-: nariz Rinite.

Sep-, Septic-: condição tóxica devido a microorganismos Septicemia.
Soma-, Somato-: corpo Somatotrofina.
Tegument-: pele, revestimento Tegumentar.
Termo-: calor Termogênese.
Tromb-: coágulo, grumo Trombo.

Vas-: vaso, ducto Vasoconstrição.

Zigo-: unido Zigoto.

PREFIXOS

A-, An-: falta de, deficiência Anestesia.
Ab-: longe de Abdução.
Ad-, Af-: para, na direção de Adução, Neurônio aferente.
Alb-: branco Albino.
Alveol-: cavidade, soquete Alvéolo.
Andro-: homem, masculino Andrôgenio.
Ante-: antes Veia antebraquial.
Anti-: contra Anticoagulante.

Bas-: base, fundação Núcleo da base.
Bi-: dois, dobro Bíceps.
Bradi-: lento Bradicardia.

Cata-: baixo, inferior, abaixo Catabolismo.
Circun-: em torno de Circundução.
Cirro-: amarelo Cirrose do fígado.
Co-, Con-: com, junto Congênito.
Contra-: contra Contracepção.

Cripto-: escondido, oculto Criptorquidia.
Ciano-: azul Cianose.

De-: baixo, a partir de Decíduo.
Demi-, Hemi-: metade Hemiplegia.
Di-, Diplo-: dois Diploide.
Dis-: separação, distância Dissecação.
Dys-: doloroso, difícil Dispneia.

E-, Ec-, Ef-: separação, saída Neurônio eferente.
Ecto-, Exo-: externo, do lado de fora Gravidez ectópica.
Em-, En-: dentro, sobre Emetropia.
End-, Endo-: dentro, interior Endocárdio.
Epi-: em cima, sobre, acima Epiderme.
Eu-: bom, fácil, normal Eupneia.
Ex-, Exo-: externo, além de Glândula exócrina.
Extra-: externo, além de, em adição a Líquido extracelular.

Fore-: anterior, em frente à Testa.

Gen-: originar, produzir, formar Genitália.
Gengiv-: gengiva Gengivite.

Hemi-: metade Hemiplegia.
Heter-, Hetero-: outro, diferente Heterozigoto.
Homeo-, Homo-: imutável, mesmo, estável Homeostase
Hiper-: superior, acima, excessivo Hiperglicemia.
Hipo-: sob, abaixo de, deficiente Hipotálamo.

Im-, In-: dentro, interno, não Incontinente.
Infra-: abaixo Infraorbital.
Inter-: entre, no meio de Intercostal.
Intra-: dentro, interno Líquido intracelular.
Ipsi-: mesmo Ipsilateral.
Iso-: igual, semelhante Isotônico.

Justa-: perto de Aparelho justaglomerular.

Later-: lado Lateral.

Macro-: amplo, grande Macrófago.
Mal-: ruim, anormal Malnutrido.
Medi-, Meso-: médio Medial.
Mega-, Megalo-: grande, amplo Megacariócito.
Melan-: preto Melanina.
Meta-: depois, além Metacarpo.
Micro-: pequeno Microfilamento.
Mono-: um Gordura monoinsaturada.

Neo-: novo Neonatal.

Oligo-: pequeno, pouco Oligúria.
Orto-: reto, normal Ortopedia.

Para-: perto, além, ao lado Seio paranasal.
Peri-: em torno de Pericárdio.
Poli-: muito, vários, excesso Policitemia.
Pos-: após, além de Pós-natal.
Pre-, Pro-: antes, na frente de Pré-sináptico.
Pseudo-: falso Pseudoestratificado.

Retro-: atrás, para trás Retroperitoneal.

Semi-: metade Canais semicirculares.
Sub-: inferior, abaixo, sob Submucosa.
Super-: acima, além de Superficial.
Supra-: em cima, sobre Suprarrenal.
Sin-: com, junto Sínfise.

Taqui-: rápido Taquicardia.
Trans-: através de, além de Transudação.
Tri-: três Trígono.

SUFIXOS

-ac, -al: pertencente a Cardíaco.
-algia: condição dolorosa Mialgia.
-an, -ian: pertencente a Circadiano.
-ar: conectado com Ciliar.
-ase, -asia, -ese, -ose: condição ou estado de Hemostasia.
-astenia: fraqueza Miastenia.
-ável: capaz de, possui habilidade de Viável.

-ção: processo, condição Inalação.
-centese: punção, geralmente para drenagem Amniocentese.
-cid, -cida, -cis: cortar, matar, destruir Espermicida.

-ectomia: excisão de, remoção de Tireoidectomia.
-emia: condição do sangue Anemia.
-estesia: sensação Anestesia.
-fer: conduzir Arteríola eferente.
-filia: gostar, ter afinidade por Hidrofílico.
-fobo, -fobia: medo de, aversão a Fotofobia.

-gen: agente que produz ou origina Patógeno.
-genic: produzir Piogênico.
-graf: instrumento para registrar Eletrencefalógrafo.
-gram: registro Eletrocardiograma.

-ia: estado, condição Hipermetropia.
-ico: arte de, ciência de Óptico
-ism: condição, estado Reumatismo.
-ite: inflamação Neurite.

-lise: dissolução, frouxidão, destruição Hemólise.
-logia: o estudo ou a ciência de Fisiologia.

-malacia: amolecimento Osteomalácia.
-megalia: aumentado Cardiomegalia.
-mero, -meros: partes Polímero.
-oma: tumor Fibroma.

-ose: condição, doença Necrose.
-ostomia: criar uma abertura Colostomia.
-otomia: incisão cirúrgica Traqueotomia.

-patia: doença Miopatia.
-penia: deficiência Tombocitopenia.
-plasia, -plastia: formação, modelagem Rinoplastia.
-pneia: respiração Apneia.
-poiese: fazer Hematopoiese.
-ptose: queda, flacidez Blefaroptose.

-rragia: irrompimento, descarga anormal Hemorragia.
-rreia: fluxo, descarga Diarreia.

-scopio: instrumento para ver Broncoscópio.
-stomia: criação de uma boca ou abertura: artificial Traqueostomia.

-tomia: corte em, incisão em Laparotomia.
-tripsia: esmagar Litotripsia.
-trofia: relativo à nutrição ou crescimento Atrofia.

-uria: urina Poliúria.

CRÉDITOS

CRÉDITOS DAS ILUSTRAÇÕES

CAPÍTULO 1 Figura 1.1: John Gibb/Imagineering. 1.2–1.4: Morales Studio. 1.5: Molly Borman. 1.6, 1.11: John Gibb. 1.7, Tabela 1.1: DNA Illustration. 1.8, 1.10: Kevin Somerville/Imagineering. 1.9: Imagineering.

CAPÍTULO 2 Figura 2.1–2.16, Tabela 2.1: Imagineering.

CAPÍTULO 3 Figura 3.1, 3.2, 3.12–3.17: Tomo Narashima. 3.4–3.11, 3.18–3.22: Imagineering.

CAPÍTULO 4 Figura 4.1–4.4, Tabelas 4.1–4.5: Imagineering.

CAPÍTULO 5 Figura 5.1, 5.3, 5.4: Kevin Somerville. 5.2, 5.6, 5.7: Imagineering.

CAPÍTULO 6 Figura 6.1, 6.4, 6.6–6.10, 6.13–6.27: John Gibb. 6.2a: Lauren Keswick. 6.2b, 6.3: Kevin Somerville. 6.5: Morales Studio. 6.11, 6.12: John Gibb/Imagineering.

CAPÍTULO 7 Figura 7.1–7.3, 7.10, 7.11: John Gibb. 7.12: John Gibb/Imagineering.

CAPÍTULO 8 Figura 8.1, 8.2a: Kevin Somerville. 8.2b, 8.3, 8.5–8.11, Tabela 8.1: Imagineering. 8.4: Kevin Somerville/Imagineering. 8.12–8.24: John Gibb.

CAPÍTULO 9 Figura 9.1a, Tabela 9.1: Kevin Somerville/Imagineering. 9.2: Kevin Somerville. 9.3–9.8: Imagineering.

CAPÍTULO 10 Figura 10.1, 10.2, 10.4, 10.6–10.9, 10.11–10.13: Kevin Somerville. 10.3, 10.10: Kevin Somerville/Imagineering. 10.5: Leonard Dank/Imagineering. 10.14, 10.15: Imagineering.

CAPÍTULO 11 Figura 11.1–11.3: Imagineering.

CAPÍTULO 12 Figura 12.1: Kevin Somerville. 12.2: Imagineering. 12.3, 12.6, 12.12–12.14: Tomo Narashima. 12.4: Molly Borman. 12.5: Sharon Ellis. 12.7, 12.8, 12.9–12.11, Tabelas 12.2 e 12.3: Imagineering. 12.15, 12.16: Tomo Narashima/Sharon Ellis.

CAPÍTULO 13 Figura 13.1: Kevin Somerville/Imagineering. 13.2, 13.3, 13.10, 13.12, 13.14: Imagineering. 13.4, 13.5, 13.7, 13.9, 13.11, 13.13: Lynn O'Kelley/Imagineering. 13.6, 13.8, 13.10, 13.12, 13.14: Morales Studio.

CAPÍTULO 14 Figura 14.1–14.3, 14.5, 14.6: Tabela 14.2: Imagineering. 14.4: Morales Studio.

CAPÍTULO 15 Figura 15.1a, 15.2–15.4, 15.6: John Gibb. 15.5, 15.7, 15.9: Imagineering. 15.8: John Gibb/Imagineering.

CAPÍTULO 16 Figura 16.1, 16.5, 16.8, 16.9, 16.12, 16.16a, 16.17: Kevin Somerville. 16.2, 16.3, 16.4. 16.16b: Imagineering. 16.6, 16.16: Kevin Somerville/Imagineering. 16.7: Morales Studio. 16.10, 16.11, 16.13–16.15: John Gibb.

CAPÍTULO 17 Figura 17.1: John Gibb. 17.4a: Kevin Somerville. 17.2, 17.3, 17.4c, 17.5–17.13, Tabela 17.2: Imagineering.

CAPÍTULO 18 Figura 18.1, 18.5, 18.6: Kevin Somerville. 18.2–18.4: Molly Borman. 18.7: John Gibb. 18.8–18.11: Imagineering. 18.12: John Gibb/Imagineering. 18.14: Morales Studio.

CAPÍTULO 19 Figura 19.1, 19.2, 19.8, 19.10–19.12, 19.15: Kevin Somerville. 19.3, 19.13, 19.14: Imagineering. 19.4–19.6: Nadine Sokol. 19.7, 19.9: Steve Oh.

CAPÍTULO 20 Figura 20.2–20.5: Imagineering. 20.6: Morales Studio.

CAPÍTULO 21 Figura 21.1, 21.6: Kevin Somerville. 21.2, 21.3, 21.9: Steve Oh/ Imagineering. 21.4, 21.7: Imagineering. 21.8: Morales Studio.

CAPÍTULO 22 Figura 22.1–22.5: Imagineering. 22.6: Morales Studio.

CAPÍTULO 23 Figura 23.1, 23.4, 23.6, 23.7, 23.9, 23.10: Kevin Somerville. 23.2: Kevin Somerville/Imagineering. 23.11: John Gibb. 23.3, 23.5, 23.8, 23.12, 23.13: Imagineering.

CAPÍTULO 24 Figura 24.1–24.8, Tabela 24.1: Kevin Somerville. 24.10: Morales Studio. 24.11–24.13: Imagineering.

Diagramas de orientação e ícones dos Focos na homeostasia: Imagineering

Figuras principais dos Focos na homeostasia: DNA Illustrations

CRÉDITOS DAS FOTOS

Todas as fotos deste livro são de Mark Nielsen com as seguintes exceções:

CAPÍTULO 1 Figura 1.8, 1.12: Dissecação de Shawn Miller; Foto de Mark Nielsen. Figura 1.11a: Andy Washnik.

CAPÍTULO 3 Figura 3.3: Andy Washnik. Figura 3.8a, 3.8b, 3.8c: David Phillips/ Science Source. Figura 3.10b, 3.10c: Omikron/Science Source. Figura 3.21a thru 3.21f: Michael Ross, University of Florida. Figura 3.21 inferior esquerda: Andrew Syred/Science Source.

CAPÍTULO 5 Figura 5.5a: Publiphoto/Science Source. Figura 5.5b, 5.5c, 5.5d: Biophoto Associates/Science Source. Figura 5.6a: David R. Frazier/Science Source. Figura 5.6b, 5.6c: St. Stephen's Hospital/SPL/ Science Source.

CAPÍTULO 6 Figura 6.2: Science Source. Figura 6.4: Scott Camazine/ Science Source. Figura 6.28a, 6.28b: P. Motta, Dept. de Anatomy/Science Source.

CAPÍTULO 7 Figura 7.1, 7.11d: Dissecação de Shawn Miller; Foto de Mark Nielsen.

CAPÍTULO 8 Figura 8.16c: Dissecação de Nathan Mortensen and Shawn Miller; Foto de Mark Nielsen. Figura 8.20c, 8.20d, 8.23c, 8.24c, 8.24f: Dissecação de Shawn Miller, Foto de Mark Nielsen.

CAPÍTULO 10 Figura 10.1, Tabela 10.1, 10.6, 10.8b: Dissecação de Shawn Miller, Foto de Mark Nielsen. Figura 10.3b: Michael Ross, University of Florida.

CAPÍTULO 12 Figura 12.6: Geirge Diebold/Getty Images, Inc.

CAPÍTULO 13 Figura 13.7c: Dissecação de Shawn Miller, Foto de Mark Nielsen. Figura 13.11d: Michael Ross, University of Florida. Figura 13.13c: Dissecação de Shawn Miller, Foto de Mark Nielsen. Figura 13.15a: do New England Journal of Medicine, February 18, 1999, vol. 340, No. 7, page 524. Foto gentilmente cedida por Robert Gagel, Department of Internal Medicine, University of Texas M.D. Anderson Cancer Center, Houston Texas. Reproduzida com permissão. Figura 13.15b: © The Bergman Collection/Project Masters, Inc. Figura 13.15c: Dr. M.A. Ansary/Science Source, Inc. Figura 13.15d: ISM/Phototake. Figura 13.15e: Biophoto Associates/ Science Source.

CAPÍTULO 14 Figura 14.5: DKM/Phototake. Figura 14.7: Jean Claude Revy/ Phototake. Figura 14.2: Michael Ross, University of Florida.

CAPÍTULO 15 Figura 15.10a: Chuck Brown/Science Source. Figura 15.10b: Carolina Biological Supply Company/Phototake.

CAPÍTULO 16 Figura 16.2b: Michael Ross, University of Florida.

CAPÍTULO 17 Figura 17.4b: Dissecação de Shawn Miller, Foto de Mark Nielsen.

CAPÍTULO 18 Figura 18.1b: Dissecação de Shawn Miller, Foto de Mark Nielsen. Figura 18.5: Biophoto Associates/Science Source.

CAPÍTULO 19 Figura 19.1b, 19.7b, 19.12a: Dissecação de Shawn Miller, Foto de Mark Nielsen.

CAPÍTULO 21 Figura 21.1: Dissecação de Shawn Miller, Foto de Mark Nielsen.

CAPÍTULO 23 Figura 23.1, 23.2b, 23.6, 23.9: Dissecação de Shawn Miller, Foto de Mark Nielsen.

CAPÍTULO 24 Figura 24.9a, 24.9g, 24.9h: Foto gentilmente cedida por Kohei Shiota, Congenital Anomaly Research Center, Kyoto University, Graduate School of Medicine. Figura 24.9b, 24.9c, 25.9d, 24.9e: Courtesy National Museum of Health and Medicine, Armed Forces Institute of Pathology. Figura 24.9f: Foto de Lennart Nilsson/Scanpix.

Ícone do estetoscópio © Markus Gann/Shutterstock.

ÍNDICE

Número da página seguido de *f* indica uma ilustração; *t* indica uma tabela; e *q* indica um quadro.

B

D

E

F

N

O

Q

R

S

U

X

Z